水利系统组织沿革

（2001—2021 年）

中华人民共和国水利部办公厅　编

中国水利水电出版社
www.waterpub.com.cn
·北京·

内 容 提 要

本书全面记录了 2001—2021 年水利系统各单位职能职责调整、机构编制变化、领导人员任免等情况。本书共包括四部分，分别是水利部机关、水利部直属单位、地方水行政主管部门、水利部各社团的组织沿革。

本书可作为水利系统干部职工的案头工具书，也可供水利院校师生以及关心水利事业高质量发展的社会各界人士参阅。

图书在版编目（ＣＩＰ）数据

水利系统组织沿革. 2001—2021年 / 中华人民共和
国水利部办公厅编. -- 北京 ：中国水利水电出版社，
2024.12
ISBN 978-7-5226-2375-7

Ⅰ．①水… Ⅱ．①中… Ⅲ．①水利系统－组织机构－
概况－2001-2021 Ⅳ．①F426.9

中国国家版本馆CIP数据核字(2024)第037542号

书　名	**水利系统组织沿革 （2001—2021 年）** SHUILI XITONG ZUZHI YANGE (2001—2021 NIAN)
作　者	中华人民共和国水利部办公厅　编
出版发行	中国水利水电出版社 （北京市海淀区玉渊潭南路 1 号 D 座　100038） 网址：www.waterpub.com.cn E - mail：sales@mwr.gov.cn 电话：(010) 68545888（营销中心）
经　售	北京科水图书销售有限公司 电话：(010) 68545874、63202643 全国各地新华书店和相关出版物销售网点
排　版	中国水利水电出版社微机排版中心
印　刷	涿州市星河印刷有限公司
规　格	210mm×285mm　16 开本　60.25 印张　1824 千字
版　次	2024 年 12 月第 1 版　2024 年 12 月第 1 次印刷
定　价	**450.00 元**

《水利系统组织沿革（2001—2021 年）》
编 委 会 名 单

编委会主任

李良生　水利部党组成员、副部长

编委会副主任

唐　亮　水利部办公厅主任

郭海华　水利部人事司司长

白岩红　水利部机关服务中心（局）主任（局长）

编委会成员

李训喜　水利部办公厅

王　鑫　水利部办公厅

王　健　水利部人事司

胡甲均　水利部长江水利委员会

李　群　水利部黄河水利委员会

谢兴广　水利部淮河水利委员会

户作亮　水利部海河水利委员会

李春贤　水利部珠江水利委员会

郭　海　水利部松辽水利委员会

朱月明　水利部太湖流域管理局

陈先月　水利部综合事业局

钱　峰　水利部信息中心（水利部水文水资源监测预报中心）

鞠连义　水利部南水北调规划设计管理局

种青芳　水利部机关服务中心（局）

汪福学　水利部机关服务中心（局）

郦建强　水利部水利水电规划设计总院（水利部水利规划与战略
研究中心）

高　一　中水北方勘测设计研究有限责任公司

周树宇　中水东北勘测设计研究有限责任公司

李锦秀　中国水利水电科学研究院
刘耀祥　水利部宣传教育中心
李国隆　中国水利报社
刘小勇　水利部发展研究中心
刘云波　中国灌溉排水发展中心（水利部农村饮水安全中心）
郑宇辉　水利部建设管理与质量安全中心
刘鹏鸿　水利部预算执行中心
于义彬　水利部水资源管理中心
张清勇　水利部节约用水促进中心
叶炜民　水利部河湖保护中心
营幼峰　中国水利水电出版传媒集团有限公司
戴济群　水利部　交通运输部　国家能源局南京水利科学研究院
黄　燕　国际小水电中心
李松慈　水利部小浪底水利枢纽管理中心
俞勇强　中国水利博物馆
徐　洪　水利部移民管理咨询中心
李　刚　中国南水北调集团有限公司
田　勇　中国南水北调集团中线有限公司
冯旭松　中国南水北调集团东线有限公司
张淑华　中国水利学会
刘光明　北京市水务局
王　峰　天津市水务局
边文辉　河北省水利厅
王　兵　山西省水利厅
彭雅丽　内蒙古自治区水利厅
王福东　辽宁省水利厅
张伟平　吉林省水利厅
魏邦记　黑龙江省水利厅
史家明　上海市水务局
王冬生　江苏省水利厅
吴宏晖　浙江省水利厅
徐维国　安徽省水利厅
余德贵　福建省水利厅
蔡　勇　江西省水利厅

崔培学　山东省水利厅
刘玉柏　河南省水利厅
焦泰文　湖北省水利厅
杨诗君　湖南省水利厅
蔡泽辉　广东省水利厅
陈润东　广西壮族自治区水利厅
邢孔波　海南省水务厅
任丽娟　重庆市水利局
郭亨孝　四川省水利厅
张　渊　贵州省水利厅
霍玉河　云南省水利厅
郑连武　西藏自治区水利厅
左怀理　陕西省水利厅
陈继军　甘肃省水利厅
刘泽军　青海省水利厅
麦　山　宁夏回族自治区水利厅
张　强　新疆维吾尔自治区水利厅
卢　冬　大连市水务局
竺灵英　宁波市水利局
周光明　厦门市水利局
徐志向　青岛市水务管理局
赵彬斌　深圳市水务局
周　力　新疆生产建设兵团水利局

主　编　唐　亮
副主编　李训喜　汪福学　邵仲伟　陈业平　喜　洋　巫常林
编　辑　牛成业　杨晶亮　张　腾　刘　扬　马守英　吉　凯
　　　　　杜　钧　潘瑞欣　张国华　高　源　马东坡　龚秉生

为深入学习贯彻习近平总书记关于治水重要论述精神和习近平总书记关于档案工作重要指示批示精神，进一步发挥档案存史、资政、育人的重要作用，全面记录2001—2021年历次机构改革中水利系统各单位职能职责调整、机构编制变化、领导人员任免等情况，水利部办公厅组织编写了《水利系统组织沿革（2001—2021年）》。

一、本书收录了全国水利系统99家单位的组织沿革，根据各单位的机构性质、隶属关系，以及历史演变情况，按照2021年年底全国水利系统机构状况并结合历史情况，将其编排为四个部分：

（一）水利部机关组织沿革

（二）水利部直属单位组织沿革

（三）地方水行政主管部门组织沿革

（四）水利部各社团组织沿革

二、本书统一采用阶段法的编写体例，即主要根据机关、单位机构改革划分为若干个历史阶段，每个阶段再分别记述各方面的情况。每个阶段内容包含单位主要职责、编制与机构设置、领导任免等。

1. 书中所述各单位的主要职责，主要是依据"三定"规定，以及档案材料中的有关文字记载。

2. 书中所述各单位领导干部的任免情况，主要是分阶段叙述。在本阶段内未被免职的，则没有免职时间；在新组建或成立的机构中继续任职的，则用"继任"来表示；因机构变化有些领导同志未被免职，但在新机构中又没有再继续任职的，则不再列入新机构的领导任免表中。

三、水利部机关的组织沿革，由水利部办公厅会同人事司进行编写和校核，并履行审定程序；水利部直属单位、地方水行政主管部门、水利部各社团的组织沿革，由各单位分别编写，经本单位审核人审定后，形成报送稿。各单位文稿的内容（文字、数据）和保密等问题均经供稿单位负责人或有关部门审定。

四、水利部办公厅会同机关服务中心（局）负责对各单位组织沿革文稿进行收集汇总审核，对其内容作适当调整或删节，文字不作修改或润色，故不同单位在表达方式上略有不同。为尊重历史背景和档案原貌，本书中部分说法和用词沿用档案材料表述，未做修改。

五、本书在编写过程中得到了全国水利系统各单位领导的重视和支持，在此表示衷心感谢。

六、本书时间跨度大，涉及面广，使用档案材料浩繁，限于水平和经验，难免存在疏漏，诚望各位领导和广大读者提出宝贵意见。

《水利系统组织沿革（2001—2021 年）》编委会

2024 年 11 月

目 录

地方水行政主管部门组织沿革

水利部各社团组织沿革

水利部机关
组织沿革

水利部机关

水利部是国务院组成部门（正部级），贯彻落实党中央关于水利工作的方针政策和决策部署，主管全国水行政管理工作。新中国成立以来，水利部机构和职能历经多次调整，曾和电力工业部两次合并与分开：1949年10月—1958年3月为水利部，其中1954年9月由中央人民政府水利部更名为中华人民共和国水利部；1958年3月—1979年2月为水利电力部（水利部、电力工业部合并）；1979年2月—1982年3月为水利部（撤销水利电力部，设立水利部）；1982年3月—1988年3月为水利电力部（水利部、电力工业部合并）；1988年3月至今为水利部（撤销水利电力部，组建水利部）。办公地点设在北京市西城区白广路二条2号。

2001年以来，党和国家开展了多次机构改革，水利部均予保留设置。该时期水利部组织沿革划分为以下3个阶段：2001年1月—2008年7月，2008年7月—2018年7月，2018年7月—2021年12月。

一、第一阶段（2001年1月—2008年7月）

根据第九届全国人民代表大会第一次会议批准的国务院机构改革方案和《国务院关于机构设置的通知》（国发〔1998〕5号），设置水利部。水利部是主管水行政的国务院组成部门。

（一）主要职责

（1）拟定水利工作的方针政策、发展战略和中长期规划，组织起草有关法律法规并监督实施。

（2）统一管理水资源（含空中水、地表水、地下水）。组织拟定全国和跨省（自治区、直辖市）水长期供求计划、水量分配方案并监督实施；组织有关国民经济总体规划、城市规划及重大建设项目的水资源和防洪的论证工作；组织实施取水许可制度和水资源费征收制度；发布国家水资源公报；指导全国水文工作。

（3）拟定节约用水政策、编制节约用水规划，制定有关标准，组织、指导和监督节约用水工作。

（4）按照国家资源与环境保护的有关法律法规和标准，拟定水资源保护规划；组织水功能区的划分和向饮水区等水域排污的控制；监测江河湖库的水量、水质，审定水域纳污能力；提出限制排污总量的意见。

（5）组织、指导水政监察和水行政执法；协调并仲裁部门间和省（自治区、直辖市）间的水事纠纷。

（6）拟定水利行业的经济调节措施；对水利资金的使用进行宏观调节；指导水利行业的供水、水电及多种经营工作；研究提出有关水利的价格、税收、信贷、财务等经济调节意见。

（7）编制、审查大中型水利基建项目建议书和可行性报告；组织重大水利科学研究和技术推广；

组织拟定水利行业技术质量标准和水利工程的规程、规范并监督实施。

（8）组织、指导水利设施、水域及其岸线的管理与保护；组织指导大江、大河、大湖及河口、海岸滩涂的治理和开发；办理国际河流的涉外事务；组织建设和管理具有控制性的或跨省（自治区、直辖市）的重要水利工程；组织、指导水库、水电站大坝的安全监管。

（9）指导农村水利工作；组织协调农田水利基本建设、农村水电电气化和乡镇供水工作。

（10）组织全国水土保持工作。研究制定水土保持的工程措施规划，组织水土流失的监测和综合防治。

（11）负责水利方面的科技和外事工作；指导全国水利队伍建设。

（12）承担国家防汛抗旱总指挥部的日常工作，组织、协调、监督、指导全国防洪工作，对大江大河和重要水利工程实施防汛抗旱调度。

（13）承办国务院交办的其他事项。

（二）编制与机构设置及主要职能

根据《国务院办公厅关于印发水利部职能配置内设机构和人员编制规定的通知》（国办发〔1998〕87号），水利部机关行政编制220名。其中部长1名、副部长4名，司局级领导职数37名（含正副总工程师各1名和机关党委专职副书记）。

2003年1月，增加援派机动编制4名。

2004年3月，增加两委人员编制2名，增加援派机动编制1名。

2006年6月，为2004—2005年在机关接收安置军队转业干部增加机关行政编制1名。

2006年9月，增加机关行政编制60名。

2006年12月，核销已完成援派任务的援派机动编制4名。

2007年5月，为2006年度在机关接收安置军队转业干部增加机关行政编制1名。

1. 第一时段（2001年1月—2005年2月）

根据《国务院办公厅关于印发水利部职能配置内设机构和人员编制规定的通知》（国办发〔1998〕87号）和水利部《关于印发水利部机关各司职能配置、内设处室和人员编制规定的通知》（水人教〔1998〕467号），水利部机关设10个职能司（厅）。

水利部机关机构图（2001年）见图1。

（1）办公厅。协助水利部领导组织机关日常工作；协助水利部领导对各司工作进行综合协调；负责水利部领导和总工的秘书工作；管理水利部机关文秘工作，指导水利系统文秘工作；组织水利部召开的综合性的全国性会议、部务会议和部长办公会议，管理水利部机关行政会议计划；组织水利部对外宣传和新闻发布工作，指导水利系统宣传工作；组织水利部综合性重要政务文稿的草拟工作，对重大问题进行调研；负责重要事项的督办、查办和催办工作；管理水利部机关综合政务信息工作，指导水利系统综合政务信息工作；负责水利部机关工作规章制度建设；组织水利部重要接待工作；管理水利部机关档案，指导水利系统档案工作；管理水利部机关保密和保卫工作，指导水利系统保密和保卫工作；管理水利部机关信访工作，指导水利系统信访工作；组织全国人大和全国政协提案和建议的办理工作。

（2）规划计划司。组织拟定全国水利发展战略、中长期发展规划；组织编制流域综合规划、专项水利规划，组织和拟定全国和跨省（自治区、直辖市）水长期供求规划；组织指导有关国民经济总体规划、城市规划及重大建设项目的防洪论证工作；组织编制、审查全国重点水利基建项目的立项（含项目建议书和可行性报告）及协调流域开发工作；组织指导河口、海岸滩涂治理和开发；对大中型水电站的选址、库容规划及对国家重大基础设施建设对水资源的供需提出意见；负责全国重点水利基建项目、水利部直属基建项目的年度投资计划；组织管理水利建设发展后评估规划；研究制定水利投资、计划相关的政策、法规及办法；负责组织协调、归口管理与国家有关部委相关的基本建设规划计划管

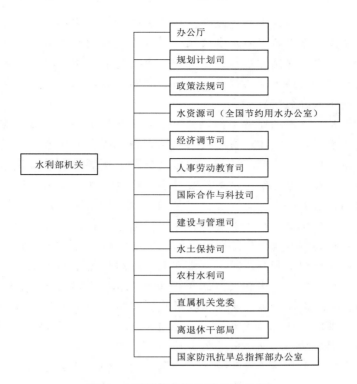

图 1　水利部机关机构图（2001 年）

理工作；组织协调水利综合统计工作。

（3）政策法规司。组织制定并实施水法规体系建设规划和年度立法计划；组织拟定水利法律和综合性水行政法规、规章并监督实施，指导拟定专项水行政法规、规章；归口管理水利部拟定的法律、行政法规的上报和审议的有关工作，负责水利部规章的备案和清理；参与全国人大、国务院各部门制定与水有关的法规起草和协调工作；负责对全国人大、国务院及各部门起草、审议的法律、法规征求意见的答复工作；负责水利部规章的解释和水法律、行政法规适用问题的答复工作；指导地方水法规体系建设，组织水法规的执法检查，指导水利系统法律顾问工作；组织指导水法制宣传，负责水法规普法宣传教育工作；组织指导全国水行政执法和水政监察队伍建设，组织查处跨部门、跨省（自治区、直辖市）和重大水事违法案件；承办水利部行政复议、行政应诉工作；承办省际和部门间的水事纠纷协调的有关工作；参与省际勘界的有关工作；组织制定并实施水利方针政策研究计划，组织研究提出综合性水利方面的方针政策并组织实施；研究提出水管理体制改革方案。

（4）水资源水文司（全国节约用水办公室）。负责水资源（含空中水、地表水、地下水）的统一规划、管理和保护工作；组织拟定水资源管理和保护、节约用水、水文管理等方面的政策法规并监督实施；组织指导有关国民经济总体规划、城市规划及重大建设项目的水资源论证工作，指导全国水资源调查评价、核算工作；组织指导全国地下水（含矿泉水、地热水）管理和保护工作，组织指导地下水开发利用规划、城市供水水源规划的编制并监督实施；组织拟定并监督实施全国和跨省（自治区、直辖市）水量分配方案；指导全国计划用水、节约用水工作，组织拟定并监督实施全国节约用水规划，制定有关标准；组织指导全国节约用水宣传和统计工作；指导各行业水平衡测试工作，组织拟定区域与行业用水定额并监督管理；组织拟定并监督实施取水许可制度；组织拟定水资源有偿使用制度，监督实施水资源费的征收和使用；组织指导全国水资源专业规划；组织拟定并监督实施水资源保护总体规划，组织水功能区的划分和向饮水区等水域排污的控制；指导监测江河湖库的水量、水质，组织审定江河湖库纳污能力；组织指导入河排污口设置的管理工作，提出限制排污总量的意见并监督实施；

指导全国供水水源地保护工作，组织水利建设项目环境影响评价工作；组织指导全国水文监测和防汛抗旱的水文测报工作，监督管理省际水质水量监测，组织编制全国水环境状况通报；组织拟定并监督实施全国水文发展规划和国家水文站网规划，负责全国水文行业管理；组织拟定水文技术标准与规范并监督实施，组织拟定和监督管理水文预算计划；组织编制并发布国家水资源公报。［注：1999 年更名为水资源司（全国节约用水办公室）］

（5）经济调节司。指导全国水利经济工作，拟定水利经济发展规划、计划并监督实施；拟定水利行业的经济调节措施，对水利资金的使用进行宏观调节；研究提出有关水利的价格、税收、信贷、财务等经济调节意见，并拟定相关的政策、法规、制度和办法；指导水利系统供水、水电、农村水电电气化的经济方面的工作，以及水库养殖、水利旅游等多种经营工作；组织编制水利技术改造的年度计划并监督实施；指导水利国有资产（国有资本金）基础管理的规章制度建设，拟定管理办法和保值增值的考核指标并监督管理；组织实施水利部直属企业资产监管工作；指导全国水利系统财务、会计管理的规章制度建设，指导水利部直属单位的财务工作；负责水利部机关的财务管理。

（6）人事劳动教育司。指导水利系统职工队伍建设，组织拟定水利系统人才规划，综合管理水利部直属单位人才开发工作；组织拟定水利部直属单位干部队伍建设规划及干部教育培训规划和计划；综合管理水利部直属单位人事工作，负责实施水利部直属单位领导班子和后备干部队伍建设工作，承办水利部部管干部的日常管理工作和水利部在京直属单位有关干部调配及军队转业干部的安置工作；负责水利部机关公务员管理，承办水利部机关公务员录用、考核、任免、奖惩、培训、交流、工资保险福利和辞职辞退工作；指导水利系统专业技术干部和经营管理干部队伍建设；组织拟定水利系统专业技术职务评审的政策、规定和标准，负责水利部直属单位的专家工作和毕业生就业工作；负责水利部机关、直属单位和社团的职能、机构、编制管理工作，以及企业劳动定额定员标准管理工作；组织拟定并实施水利部机关、事业单位工作人员工资调整方案，对企业工资进行宏观调控和监督检查，编制劳动工资计划，指导内部分配制度改革；归口管理水利部表彰奖励工作，组织拟定政策、规定，承办水利系统先进集体和劳动模范、先进工作者的评选表彰工作；组织拟定水利行业职业技能培训、鉴定的规划、政策，指导水利行业技能人才开发工作；指导水利系统劳动保护、安全卫生工作，组织拟定安全生产规划和标准；负责水利部部管干部、司局级干部及水利部机关公务员出国出境的政审工作；拟定全国水利教育发展规划，指导水利部部属院校工作；管理水利部部属院校的招生计划、基建投资计划和教学条件建设，组织制定水利类专业教学大纲；负责水利行业职业技术教育和成人文化教育。

（7）国际合作与科技司。承办政府间水利涉外事宜，负责政府间水利合作协议签署的有关工作并组织实施；承办水利部领导外事活动及国外高层来访的有关安排；指导国外智力引进和人员交流工作；组织拟定水利国际合作规划，指导全国水利行业对外经济、技术合作与交流，归口管理与联合国等国际组织的合作及国际水事活动，指导水利利用外国政府和国际金融组织贷款和赠款工作，指导水利对外经贸工作；研究拟定国际河流有关政策，组织协调国际河流的对外谈判与磋商，办理国际河流的涉外事务；负责水利外事管理工作，审批审核出国任务和人员，指导出国人员外事教育、护照及签证管理工作，承办外事经费的财务管理；负责水利科技工作，组织拟定水利科技进步、科技产业和技术推广政策法规；归口管理水利科技知识产权工作，组织拟定水利科技中长期发展规划及优先发展领域并指导实施；指导水利部部属科研院所工作，负责水利科技统计工作；承办重大水利科学研究项目的管理工作，组织实施国家科技攻关和重大基础研究项目计划，组织指导技术推广工作；负责拟定水利行业标准化、计量工作发展规划，组织制定水利行业技术质量标准的规程、规范并监督实施，指导水利行业计量工作。

（8）建设与管理司。组织拟定水利工程建设的政策法规、规章制度、规程规范、技术标准和概（估）算、定额标准并监督实施；组织拟定管理和保护河道、水库、湖泊等水域、岸线、河堤、海堤、水闸的政策法规、规章制度、技术标准并监督实施；组织指导大江、大河、大湖的综合治理与开发，指导重要支流及跨省际重要河流的治理；监督实施重要江河和跨省（自治区、直辖市）江河、河段的规划治导线，对整治航道提出意见；组织指导江河湖泊和水利工程的防洪安全管理，水库、水电站大坝的安全监管，指导城市防洪，监督大江大河干堤、重要病险水库、重要水闸的除险加固和蓄滞洪区的安全建设；组织水利建设项目的项目报建、主体工程开工审批及工程后评价；组织、协调、监督具有控制性或跨省（自治区、直辖市）的重点水利工程建设与验收，对其运行进行监管；组织拟定并审查批准建设、设计、施工、监理等单位的资质标准及其执业人员的资格标准；管理水利建设市场，监督指导市场准入、工程招标投标、建设监理和工程质量，组织工程建设项目的执法监察；指导水利行业的供水、水电管理和农村水电电气化工作。

（9）水土保持司。组织全国水土保持生态环境建设工作，协调水土流失综合防治；组织拟定和监督实施水土保持法律法规，组织指导地方水土保持法规体系和监督执法体系建设，协调和指导跨流域、跨地区的水土保持重大违法行为的查处工作，协调省际间的水土流失防治纠纷；拟定治理水土流失、改善生态环境的发展战略、中长期发展规划和方针政策；指导制定开发建设项目水土保持方案并协调实施，负责开发建设项目水土保持方案的审批管理工作，组织拟定和监督实施开发建设项目水土保持方案和水土保持收费等各项管理制度，承办中央立项的大型开发建设项目水土保持方案的审批和监督实施工作，负责水土保持方案编制资格单位的管理工作；制定水土保持监测网络及信息系统的规划并组织实施，组织对全国水土流失动态进行监测并定期公告；组织开展全国水土保持重点防治区的工作，研究提出和组织实施全国水土保持重点预防保护区、重点监督区和重点治理区的工作，组织指导全国城市水土保持工作；制定全国水土保持工程措施规划并组织实施，组织全国"四荒"资源开发利用管理工作，负责沙棘资源与黄土高原治理骨干工程建设的规划与实施管理工作，组织实施全国水土保持试点示范工程；组织推广全国水土保持科研成果，指导全国水土保持服务体系建设；组织拟定和监督实施有关水土保持技术规程、规范、标准，组织开展水土保持设施的质量监控；指导全国水利系统植树造林和绿化工作，承办水利部绿化委员会的日常工作。

（10）农村水利司。指导全国农村水利工作，研究提出农村水利的方针政策、发展战略和发展规划，组织拟定有关规范、标准和规章制度；指导全国农田水利基本建设，编制农田水利基本建设实施方案并监督实施；指导全国乡镇供水、农村节约用水、节水灌溉、打井及井灌区建设和牧区水利工作；组织拟定并实施大型灌区及灌排骨干工程发展规划和续建配套、更新改造计划；组织拟定山丘区水利发展规划，组织实施农村饮水、农田排水和泵站排涝方面的国家计划；指导农村水利社会化服务体系建设和农田水利工程管理制度建设；归口管理国家农业综合开发、商品粮基地、粮食自给工程等重大支农项目农田水利建设业务；承担中国—联合国儿童基金会供水合作项目的有关工作。

直属机关党委。按照党组织的隶属关系，领导水利部机关及水利部直属在京企事业单位党的工作；宣传和执行党的路线、方针、政策，宣传和执行党中央、中央国家机关工委、水利部党组的决议；分类指导水利部机关和在京企事业单位党组织围绕中心工作开展活动，发挥作用；组织水利部直属机关党员、干部认真学习马克思列宁主义、毛泽东思想、邓小平理论和党的路线、方针、政策；指导所属各级党组织对党员进行管理，督促党员履行义务，保障党员的权利不受侵犯；指导所属各级党组织对党员进行监督，严格执行党的纪律，加强党风廉政建设，反对腐败；配合各司局做好机关工作人员的思想政治工作，推进机关社会主义精神文明建设；了解反映群众的意见，维护群众的正当权益，帮助群众解决实际困难；指导所属各级党组织对入党积极分子进行教育、培养和考察，做好发展党员工作；协助水利部党组管理机关党组织和群众组织的干部，配合干部人事部门对机关行政领导干部进行考核和民主评议，对机关行政干部的任免、调动和奖惩提出意见和建议；负责联系水利部党校，提出直属机关处以上党员领导干部的政治理论培训规划并督促实施；领导直属机关纪委工作，按干部管理权限审批党员违反党纪的处理决定；指导所属党组织做好统战工作；领导直属机关工会、共青团、妇委会等群众组织，支持这些组织依照各自章程独立负责地开展工作；负责联系水利部精神文明建设指导委员会办公室的工作。

离退休干部工作机构、后勤服务机构及编制，按有关规定另行核定。

国家防汛抗旱总指挥部办公室设在水利部，其主要职能是：组织全国防汛抗旱工作，承办国家防汛抗旱总指挥部的日常工作；按照国家防汛抗旱总指挥部的指示，统一调控和调度全国水利、水电设施的水量。

2. 第二时段（2005年2月—2008年7月）

2005年2月，根据水利部《关于印发水利部机关各司局职能配置、内设处室和人员编制规定的通知》（水人教〔2005〕58号），对机关内设机构调整情况如下：

（1）办公厅。协助水利部领导对各司工作进行综合协调，组织机关日常工作；负责水利部领导和总工的秘书工作；管理水利部机关公文处理、政务信息、档案、保密、机要、政务信息化、信访工作，并指导水利系统的相关工作；管理协调水利部机关政务公开工作；组织水利部召开的综合性的全国性会议、部务会议和部长办公会议，管理水利部机关行政会议计划；组织水利部对外宣传和新闻发布工作，指导水利系统宣传工作；组织水利部综合性重要政务文稿的草拟工作，对重大问题进行调研；负责重要事项的督办、查办和催办工作；负责水利部机关工作规章制度建设；负责水利部值班工作，组织水利部重要接待工作；组织全国人大和全国政协提案和建议的办理工作。

（2）规划计划司。组织编制全国水利发展战略、中长期发展规划，组织水利发展和改革的重大专题研究；组织编制全国水资源综合规划、流域综合规划和水中长期供求规划，归口管理专业和专项水利规划的编制和审批工作；组织指导有关国民经济总体规划、城市规划及重大建设项目的防洪论证工作；负责审批重大建设项目洪水影响评价和规划同意书，参与拟定全国和省际水量分配和调度方案工作；组织审查、审批全国重点水利基建项目和水利部直属单位基础设施建设项目的立项和初步设计；协调流域开发工作；指导河口、海岸滩涂治理和开发；对大中型水电站的选址、防洪库容规划提出意见；负责国家重点水利基建项目、水利部直属基建项目的年度投资计划管理和水利前期工作投资计划管理；指导水利建设项目后评估工作；研究制定与水利规划计划相关的政策、法规及制度；归口管理与国家有关部委相关的基本建设规划计划工作；负责水利综合统计工作。

（3）政策法规司。组织编制并监督实施水利法制建设规划与年度立法计划；组织拟订水利法律和综合性水行政法规、规章并监督实施，指导拟订专项水行政法规、规章；负责水利部规范性文件的审查；负责水利部规章的解释、备案、清理和水法律、行政法规适用问题的答复工作；参与全国人大、国务院各部门制定与水有关的法律、法规起草和协调工作，负责法律、法规征求意见的答复工作；组织制定并实施水利方针政策研究计划，组织研究提出综合性水利方针政策、水管理体制改革方案，并组织实施；指导地方水法制建设，组织水法规的执法检查，组织指导水法制宣传，负责普法宣传教育工作；组织指导水政监察和水行政执法工作，组织重大水事违法案件的查处以及省际、部门间水事纠纷的调处工作；组织指导行政许可和行政审批工作并实施监督；承办水利部行政复议、行政诉讼、民事诉讼工作，指导水利法律顾问工作。

（4）水资源管理司（全国节约用水办公室）。负责水资源（含空中水、地表水、地下水）的统一管理，负责水资源配置、节约和保护工作，组织拟定相关政策、法规、制度、标准并监督实施；组织指导有关国民经济和社会发展总体规划、城市规划及建设项目的水资源论证工作，负责组织水资源调查评价工作；组织水资源专业规划的编制、审查，并监督实施；组织拟定全国和省际水量分配和调度方案，监督年度省际水量分配和调度方案的实施；组织取水许可制度和水资源有偿使用制度的实施和监督，对流域和区域用水实行总量控制和监督管理；组织指导全国地下水（含矿泉水、地热水）管理和保护工作，及地下水开发利用规划的编制并监督实施；组织编制全国地下水通报；组织指导全国计划用水、节约用水工作；指导全国节水型社会建设工作；承担全国节约用水办公室日常工作，组织指导全国节约用水宣传工作；指导水务管理工作；组织实施水资源保护制度；组织指导水功能区划分、湿地生态补水和控制向饮水区等水域排污，监督管理省界水量、水质，组织审定江河湖库纳污能力，组织指导入河排污口设置管理工作，提出限制排污总量的意见；组织编制全国水环境状况通报；指导全国供水水源地和水生态保护工作，管理水利建设项目环境保护、水利规划环境影响评价工作，负责水利项目环境影响报告书（表）预审工作；指导各行业水平衡测试工作，组织拟定区域与行业用水定额并监督管理；组织管理全国用水统计工作，组织编制国家水资源公报。

（5）财务经济司。指导全国水利经济财务管理工作；研究拟定水利预算管理、财务会计、国库集中支付、政府采购等水利资金管理方面的制度；提出水利部中央级部门预算建议并组织实施；指导水利系统财务管理、会计核算及信息化建设工作；研究拟定水利国有资产监督管理，推进体制改革；指导水利系统国有资产监督管理和运营工作；研究提出有关水利的价格及行政性收费政策、制度；提出水利行业财政、税收、信贷政策建议；指导水利系统经营管理工作；负责中央水利资金的监督检查和绩效考评工作；负责水利部机关后勤行政管理工作。

（6）人事劳动教育司。组织拟定水利系统人才开发规划及相关政策，指导水利系统职工队伍建设。综合管理水利部直属单位人事工作；组织拟定水利部机关及直属单位干部队伍建设规划并监督实施；指导干部人事制度改革。负责水利部机关公务员管理；归口管理流域机构各级机关依照国家公务员制度管理工作。负责水利部直属单位领导班子、水利部部管后备干部队伍建设和干部监督工作；承办水利部部管干部的日常管理工作。组织拟定水利工程专业技术职务评审标准、水利行业职业技能鉴定标准；归口管理水利部直属单位专业技术职务评聘、专家管理和表彰奖励工作；管理水利行业职业资格。负责水利部机关和直属单位职能、机构、编制管理和体制、机构改革工作；组织拟定水利事业单位定岗定员标准。归口管理水利社团工作。管理水利部机关和直属单位工资福利工作，研究拟定水利行业特殊岗位津贴标准。指导水利系统安全生产工作，组织拟定安全生产标准。承担水利部安全生产领导小组的日常工作；归口管理水利部直属单位劳动保护和卫生保健工作。组织拟定水利部机关和直属单位干部教育培训规划并组织实施。

（7）国际合作与科技司。管理水利部机关及直属单位外事工作。组织指导水利系统对外经济、技术合作与交流；归口管理与联合国等国际组织的合作及国际水事活动。承办政府间水利涉外事务，指导引进国外智力和人员交流工作；归口管理涉及港澳台地区的水利交流工作。承办国际河流的涉外事务，研究拟订国际河流有关政策。负责水利科技工作，组织研究水利科技政策；指导水利知识产权工作；组织编制水利科技中长期发展规划、计划并指导实施；承担水利部科学技术委员会的日常工作。负责水利科技项目和科技成果的管理工作，指导水利技术推广工作。指导水利部部属科研院所工作。负责水利行业质量技术监督工作。

（8）建设与管理司。组织拟定水利建设的政策、法规、制度和标准并监督实施；组织拟定管理和保护河道、水库、湖泊等水域、岸线、河（湖）堤、海堤、水库大坝、水闸管理和保护的政策、法规制度、标准并监督实施。指导大江、大河、大湖及其他重要河流的整治。监督实施重要江河和跨省（自治区、直辖市）江河、河段的规划治导线，对整治航道提出意见。组织指导江河湖泊和水利工程的管理，负责水库、水电站大坝的安全监管，监督大江大河干堤、重要病险水库、重要水闸的除险加固。组织指导水利工程运行管理；组织指导水利建设项目的主体工程开工审批、蓄水安全鉴定、验收、后评价和水利工程确权划界。组织指导具有流域控制性或跨省的重点水利工程建设和管理。管理水利建设市场，监督管理市场准入、工程招标投标、建设监理、工程造价、工程质量和施工安全生产，组织重大工程建设项目的稽察。组织指导江河湖泊采砂管理以及河道管理范围内建设项目管理。

（9）水土保持司。管理全国水土保持工作，协调水土流失综合防治。组织拟定和监督实施水土保持政策、法规；组织编制水土保持规划、技术标准并监督实施。负责开发建设项目水土保持方案的管理工作；承办中央立项的大型开发建设项目水土保持方案的审批和监督实施工作。组织水土流失动态监测并定期公告。组织、指导、协调水土流失重点防治区综合防治工作。制定全国水土保持工程措施规划并组织实施；指导并监督重点水土保持建设项目的实施。组织推广水土保持科研成果；指导水土保持服务体系建设。承担水利部绿化委员会的日常工作。

（10）农村水利司。指导全国农村水利工作。组织拟定农村水利政策、发展规划和技术标准并监督实施。指导全国农田水利基本建设。指导村镇供水、农村饮水安全和农村节约用水工作；组织拟定农村饮水工程建设规划并监督实施。指导灌溉排水、节水灌溉、牧区水利、雨水集蓄利用等工作；实施灌区、泵站工程节水改造发展规划。指导农村水利管理体制和运行机制改革、农村水利社会化服务体系建设和农村水利技术推广工作。归口管理国家农业综合开发水利骨干工程等水利项目。

（11）直属机关党委。领导水利部机关及在京直属单位党群工作。宣传和执行党的路线、方针、政策；组织水利部机关及在京直属单位党员干部政治理论学习。编制处以上党员领导干部政治理论培训计划并监督实施。指导所属各级党组织做好发展党员、党员管理及统战工作，保障党员的权利不受侵犯。指导所属各级党组织做好党员和群众的思想政治工作。协助水利部党组管理机关党组织和群众组织的干部；配合干部人事部门对机关行政领导干部进行考核和民主评议；对机关行政干部的任免、调动和奖惩提出意见和建议。领导直属机关纪委工作，加强党风廉政建设，按干部管理权限审批党员违反党纪的处理决定。领导直属机关工会、共青团、妇委会等群众组织，支持这些组织依照各自章程独立负责地开展工作。指导水利部审计室和精神文明建设指导委员会办公室的工作。

（12）离退休干部局。贯彻党中央、国务院有关离退休干部工作的方针、政策，并根据离退休干部统一管理、待遇分开的原则，具体拟定实施办法。组织离退休干部阅读、学习文件和参加政治活动。负责离退休干部的医疗保健、生活福利、休养和用车等服务的安排。有组织有领导地发挥离退休干部在社会主义三个文明建设中的作用。会同有关部门办理离退休干部的丧葬和善后处理事宜。负责对直属单位的离退休干部工作进行检查指导，并转发和传达有关文件。

（13）国家防汛抗旱总指挥部办公室。组织、指导、协调、监督全国防汛抗旱工作。组织拟订防汛抗旱工作的政策法规、规章制度、规程规范、技术标准等并监督实施。组织指导台风与山洪等灾害的防御工作，以及全国蓄滞洪区安全建设、管理和运用补偿工作。组织指导全国干旱影响评价工作和蓄滞洪区、洪泛区（河道管理范围除外）的洪水影响评价工作。组织编制全国大江大河防御洪水方案、大江大河大湖及重要大型水库的洪水调度和水量应急调度方案并监督实施。组织指导全国重点干旱地区、重点缺水城市抗旱预案的制定与实施；组织指导国家跨流域、跨省区的应急调水。组织指导和监督江河湖泊和水利、水电工程的应急调度。掌握和发布全国汛情、旱情和灾情，组织防汛抗旱指挥决策和调度，指导、监督大江大河抗洪抢险工作。负责管理中央特大防汛抗旱经费和中央水利防汛资金；组织指导全国防汛物资的储备与管理。

2006年6月，根据《关于国家防汛抗旱总指挥部办公室加挂水利部防汛抗旱办公室牌子的通知》（办人教〔2006〕91号），国家防汛抗旱总指挥部办公室加挂"水利部防汛抗旱办公室"牌子。

2004年4月，根据《中央纪委 中央组织部 中央编办 监察部关于中央纪委监察部派驻机构实行统一管理的实施意见》，将派驻机构由中央纪委监察部和驻在部门双重领导改为由中央纪委监察部直接领导。中央纪委监察部对派驻机构的业务工作和干部工作实行统一管理。派驻机构的后勤保障仍由驻在部门负责。

（三）部领导任免

2001年5月，国务院任命陈雷、索丽生为水利部副部长，免去周文智的水利部副部长职务（国人字〔2001〕89号）；中央组织部批准陈雷、鄂竟平任水利部党组成员，免去周文智的水利部党组成员职务（组任字〔2001〕111号）。

2003年8月，中共中央批准敬正书任水利部党组副书记；国务院任命鄂竟平为水利部副部长（国人字〔2003〕108号）；国务院免去张基尧的水利部副部长职务（国人字〔2003〕110号）；中央组织部免去张基尧的水利部党组成员职务（组任字〔2003〕157号）。

2004年7月，中央组织部批准周保志任水利部党组成员（副部级）（组任字〔2004〕64号）。

2005 年 3 月，中央组织部免去陈雷的水利部党组成员职务（组任字〔2005〕35 号）。

2005 年 4 月，国务院免去陈雷的水利部副部长职务（国人字〔2005〕10 号）。

2005 年 5 月，中共中央免去敬正书的水利部党组副书记职务；国务院任命矫勇、周英为水利部副部长，免去敬正书的水利部副部长职务（国人字〔2005〕48 号）；中央组织部批准矫勇、周英任水利部党组成员，免去周保志的水利部党组成员职务（组任字〔2005〕60 号）。

2005 年 10 月，中共中央任命张印忠为中央纪委驻水利部纪检组组长，免去刘光和的中央纪委驻水利部纪检组组长职务；中央组织部批准张印忠任水利部党组成员，免去刘光和的水利部党组成员职务（组任字〔2005〕127 号）。

2005 年 12 月，国务院任命胡四一为水利部副部长，免去索丽生的水利部副部长职务（国人字〔2005〕106 号）。

2007 年 1 月，国务院免去翟浩辉的水利部副部长职务（国人字〔2007〕10 号）；中央组织部免去翟浩辉的水利部党组成员职务（组任字〔2007〕10 号）。

2007 年 4 月，第十届全国人民代表大会常务委员会第二十七次会议决定，任命陈雷为水利部部长，免去汪恕诚的水利部部长职务；中共中央批准陈雷任水利部党组书记，免去汪恕诚的水利部党组书记职务。

水利部部领导和司局级领导任免表（2001 年 1 月—2008 年 3 月）详见表 1。

表 1　　　　　　　　　水利部部领导和司局级领导任免表（2001 年 1 月—2008 年 3 月）

机构名称	姓 名	职 务	任 免 时 间	备 注
水利部	汪恕诚	部 长	1998 年 11 月—2007 年 4 月	
		党组书记	1998 年 10 月—2007 年 4 月	
	陈 雷	部长、党组书记	2007 年 4 月—	
		副部长	2001 年 5 月—2005 年 4 月	
		党组成员	2001 年 5 月—2005 年 3 月	
	周文智	副部长	1991 年 4 月—2001 年 5 月	
		党组成员	1991 年 3 月—2001 年 5 月	
	敬正书	副部长	2000 年 1 月—2005 年 5 月	
		党组副书记	2003 年 8 月—2005 年 5 月	
		党组成员	2000 年 1 月—2003 年 8 月	
	张基尧	副部长	1996 年 5 月—2003 年 8 月	
		党组成员	1996 年 4 月—2003 年 8 月	
	翟浩辉	副部长、党组成员	2000 年 1 月—2007 年 1 月	
	索丽生	副部长	2001 年 5 月—2005 年 12 月	
	鄂竟平	副部长	2003 年 8 月—	
		党组成员	2001 年 5 月—	
	刘光和	纪检组组长、党组成员	2000 年 5 月—2005 年 10 月	
	张印忠	纪检组组长、党组成员	2005 年 10 月—	
	矫 勇	副部长、党组成员	2005 年 5 月—	
	周英（女）	副部长、党组成员	2005 年 5 月—	
	胡四一	副部长	2005 年 12 月—	

机构名称	姓 名	职 务	任 免 时 间	备 注
水利部	周保志	党组成员	2004 年 7 月—2005 年 5 月	
	朱尔明	技术顾问	1998 年 9 月—2001 年 3 月	
	高安泽	总工程师	1999 年 6 月—2003 年 3 月	
	何文垣	总工程师	2000 年 3 月—2003 年 3 月	
	刘 宁	总工程师	2003 年 3 月—	
		副总工程师	2002 年 4 月—2003 年 3 月	
	陆承吉	副总工程师	2003 年 12 月—2006 年 2 月	
	庞进武	副总工程师	2006 年 3 月—	
办公厅	顾 浩	主 任	1998 年 9 月—2008 年 3 月	
	张志彤	副主任	2001 年 2 月—2002 年 1 月	
	周学文	副主任	1996 年 10 月—2001 年 2 月	
	周英（女）	副主任	2000 年 2 月—2001 年 3 月	
	杨得瑞	副主任	2000 年 6 月—2008 年 3 月	
	李 鹰	副主任	2002 年 1 月—2004 年 6 月	
	卢胜芳	副主任	2002 年 6 月—2003 年 9 月	
	罗湘成	副主任	2003 年 9 月—	
	赵国训	副主任	2004 年 6 月—2005 年 6 月	交流
	郭孟卓	副主任	2004 年 8 月—	
	陈茂山	副主任	2007 年 12 月—	
	郑 贤	巡视员	2000 年 9 月—2002 年 2 月	
	李春宁	助理巡视员	2000 年 2 月—2003 年 2 月	
	王恩敏（女）	助理巡视员	2005 年 6—11 月	
	于琪洋	副巡视员	2007 年 12 月—	交流
规划计划司	陈 雷	司 长	2000 年 2 月—2001 年 6 月	
	矫 勇	司 长	2001 年 6 月—2005 年 6 月	
		副司长	1998 年 9 月—2001 年 6 月	
	周学文	司 长	2005 年 6 月—	
	李代鑫	副司长	1999 年 6 月—2002 年 1 月	
	张志彤	副司长	2002 年 1—10 月	
	王爱国	副司长	2001 年 6 月—	
	庞进武	副司长	2003 年 1 月—2006 年 3 月	
	段红东	副司长	2006 年 3 月—	
	张国良	巡视员	1999 年 6 月—2003 年 3 月	
	叶树石	助理巡视员	2003 年 12 月—2004 年 12 月	
	张新玉	助理巡视员	2003 年 12 月—	
	陈群香（女）	副巡视员	2007 年 12 月—	
	田克军	副巡视员	2007 年 12 月—	

续表

机构名称	姓 名	职 务	任 免 时 间	备 注
政策法规司	张林祥	司 长	1999 年 12 月—2001 年 3 月	
		巡视员	2001 年 3—12 月	
	高而坤	司 长	2001 年 3 月—2004 年 8 月	
	赵 伟	司 长	2004 年 8 月—	
		副司长	1998 年 9 月—2004 年 8 月	
	王 治	副司长	2000 年 11 月—	
	赵 卫	副司长	2005 年 6 月—	
	李崇兴	助理巡视员	2005 年 6 月—	
	郭永胜	副巡视员	2007 年 12 月—	
水资源司 （2005 年 2 月更名 为水资源管理司） （全国节约用水 办公室）	吴季松	司 长	1998 年 9 月—2004 年 8 月	
	高而坤	司 长	2004 年 8 月—	
	张德尧	副司长	1998 年 9 月—2001 年 6 月	
	刘伟平	副司长	2000 年 11 月—2003 年 9 月	
	郭孟卓	副司长	2002 年 7 月—2004 年 8 月	
	孙雪涛	副司长	2003 年 9 月—	
	许新宜	巡视员	2004 年 7 月—2006 年 11 月	
	程晓冰	副司长	2004 年 8 月—	
		助理巡视员	2003 年 12 月—2004 年 8 月	
	陈晓军	助理巡视员	2004 年 8 月—	
经济调节司 （2005 年 2 月更名 为财务经济司）	王文珂	司 长	1998 年 9 月—2001 年 11 月	
	张红兵（女）	司 长	2001 年 11 月—	
	高 军	副司长	1998 年 9 月—2008 年 3 月	
	郑通汉	副司长	2000 年 11 月—	
	魏炳才	巡视员	1997 年 1 月—2002 年 9 月	
	赫崇成	助理巡视员	2003 年 4 月—2008 年 3 月	
人事劳动 教育司	周保志	司 长	1997 年 2 月—2001 年 7 月	
	周英（女）	司 长	2001 年 11 月—2005 年 6 月	
		副司长	2001 年 3—11 月	
	刘雅鸣（女）	司 长	2005 年 6 月—	
	高而坤	副司长	1995 年 5 月—2001 年 3 月	
	陈自强	巡视员	2006 年 3 月—2007 年 3 月	
		副司长	2001 年 1 月—2006 年 3 月	
		助理巡视员	1997 年 2 月—2001 年 1 月	
	刘学钊	副司长	2001 年 6 月—2008 年 3 月	
	侯京民	副司长	2003 年 4 月—	
	李秀英（女）	助理巡视员	1999 年 11 月—2001 年 1 月	
	杨燕山	副巡视员	2007 年 12 月—	

机构名称	姓 名	职 务	任 免 时 间	备 注
国际合作与科技司	董哲仁	司 长	1998 年 9 月—2003 年 4 月	
	高 波	司 长	2003 年 4 月—	
	刘建明	副司长（正司级）	2006 年 3—11 月	
		巡视员	2003 年 9 月—2006 年 3 月	
		副司长	1998 年 9 月—2003 年 9 月	
	陈明忠	副司长	2000 年 11 月—	
	孟志敏（女）	巡视员	2006 年 3—11 月	
		副司长	2003 年 9 月—2006 年 3 月	
		助理巡视员	2001 年 12 月—2003 年 9 月	
	刘志广	副司长	2007 年 3 月—	
	郑如刚	巡视员	2005 年 6—8 月	
		助理巡视员	2003 年 9 月—2005 年 6 月	
建设与管理司	俞衍升	司 长	2000 年 2 月—2003 年 3 月	
	周学文	司 长	2003 年 4 月—2005 年 6 月	
		副司长	2001 年 2 月—2003 年 4 月	
	孙继昌	司 长	2005 年 6 月—	
	刘伟平	副司长	2003 年 9 月—2006 年 11 月	
	李新军	副司长	1998 年 9 月—2003 年 9 月	
	孙国胜	副司长	2001 年 5—11 月	挂职
	邓铭江	副司长	2002 年 5—11 月	挂职
	祖雷鸣	副司长	2003 年 4 月—	
	涂 集	副司长	2003 年 9 月—2004 年 8 月	挂职
	王玫林	副司长	2005 年 6—12 月	挂职
	李文汉	副司长	2006 年 4—10 月	挂职
	苏 亮	副司长	2007 年 7—9 月	挂职
		司长助理	2007 年 3—7 月	挂职
	许文海	副司长	2004 年 4—10 月	挂职
	陆承吉	巡视员	2001 年 6 月—2003 年 12 月	
	李兰奇	助理巡视员	1999 年 7 月—2005 年 6 月	
	张汝石	助理巡视员	2004 年 8 月—	
	韦志立	副巡视员	2007 年 12 月—	
水土保持司	焦居仁	司 长	1998 年 9 月—2002 年 9 月	
	刘 震	司 长	2002 年 9 月—	
		副司长	1998 年 9 月—2002 年 9 月	
	张学俭	副司长	1998 年 9 月—2008 年 3 月	
	郭德发	副司长	2002 年 5—11 月	挂职

续表

机构名称	姓 名	职 务	任 免 时 间	备 注
水土保持司	王华滔	副司长	2003 年 9 月—2004 年 3 月	挂职
	曾大林	副司长	2003 年 9 月—2008 年 3 月	
	佟伟力	助理巡视员	2003 年 12 月—2008 年 3 月	
	冯国华	副司长	2005 年 6—12 月	挂职
	牛崇桓	副司长	2008 年 3 月—	
	刘润堂	巡视员	2006 年 3 月—2007 年 7 月	
农村水利司	冯广志	司 长	2000 年 2 月—2002 年 1 月	
	李代鑫	司 长	2002 年 1 月—2008 年 3 月	
	姜开鹏	副司长	1999 年 6 月—2008 年 3 月	
	李仰斌	副司长	2000 年 11 月—2006 年 3 月	
	张邦平	副司长	2001 年 5—11 月	挂职
	杨伟林	副司长	2002 年 5—11 月	挂职
	于士琴	副司长	2003 年 9 月—2004 年 3 月	挂职
	吾买尔江·吾布力	副司长	2004 年 4—10 月	挂职
	罗 强	副司长	2005 年 6—12 月	挂职
	李远华	副司长	2006 年 3 月—	
	周瑾成	副司长	2007 年 3—9 月	挂职
	黎仁寅	司长助理	2006 年 4—10 月	挂职
	吴守信	副巡视员	1999 年 6 月—2007 年 3 月	
	顾斌杰	助理巡视员	2005 年 6 月—2008 年 3 月	
直属机关党委	翟浩辉	书记（兼）	2000 年 3 月—2003 年 8 月	
	敬正书	书记（兼）	2003 年 8 月—2005 年 6 月	
	周英（女）	书记（兼）	2005 年 6 月—	
	陈小江	常务副书记	1998 年 9 月—2008 年 3 月	
		文明办（廉政办）主任	2005 年 12 月—2008 年 3 月	
	蒋旭光	副书记	2001 年 12 月—2004 年 6 月	
	韦树桐	纪委书记	1998 年 9 月—2004 年 6 月	
	徐开濯	纪委书记（正局级）	2004 年 6 月—	
	袁建军	文明办（廉政办）副主任	2005 年 12 月—	
	涂曙明	副书记	2006 年 1 月—	交流
	浦晓津	助理巡视员	2003 年 4 月—	
离退休干部局	杜彦甫	局 长	1998 年 9 月—2004 年 12 月	
		党委书记	1998 年 10 月—2004 年 12 月	
	何源满	局长、党委书记	2004 年 12 月—	
		副局长	1995 年 2 月—2004 年 12 月	
	谭 林	副局长	1993 年 2 月—2001 年 3 月	

机构名称	姓名	职务	任免时间	备注
离退休干部局	邹佩华（女）	副局长	2001年6月—2006年2月	
	钟志芳（女）	党委副书记	2002年8月—2006年11月	
	凌先有	副局长	2005年6月—	
	巫明强	副局长	2006年7月—	
	邢志勇	党委副书记	2006年11月—	
	王炳生	巡视员	2001年12月—2004年12月	
国家防汛抗旱总指挥部办公室	周文智	主任	1995年5月—2001年5月	
	鄂竟平	主任	2001年5月—	
	赵春明	常务副主任	1997年4月—2002年10月	
	张志彤	常务副主任	2002年10月—	
		副主任	1996年12月—2001年2月	
	赵广发	副主任	1996年1月—2002年12月	
	邓坚	副主任	1996年12月—2003年3月	
	田以堂	副主任	2001年1月—	2005年6月明确职级为正司级
	邱瑞田	总工程师	2001年2月—2003年1月	
		副主任	2003年1月—	
	程殿龙	副主任	2002年5月—	
	李苦峰	副主任	2006年4—10月	挂职
	李坤刚	总工程师	2003年1月—2008年3月	
	王栋林	主任助理	2007年3—9月	挂职
	邱瑞田	巡视员	2007年12月—	
	周一敏	副巡视员	2006年11月—	
	束庆鹏	副局级干部	2005年6月—	
	黄朝忠	助理巡视员	1995年5月—2003年9月	
	张旭	助理巡视员	2004年8月—	
中央纪委驻水利部纪检组、监察部驻水利部监察局	王星	局长	1999年10月—	
	钟启华	副局长、副局级纪律检查员	2001年5月—2005年10月	
	陈庚寅	副局长	2006年11月—	
		纪检监察一室副局级主任	2001年3月—2006年11月	
	张秀荣（女）	正局级纪律监察员监察专员	2006年11月—	
		纪检监察综合室副局级主任	1995年3月—2006年11月	
	徐开濯	纪律监察专员（副局级）	1999年9月—2004年6月	

续表

机构名称	姓 名	职 务	任 免 时 间	备 注
中央纪委驻水利部纪检组、监察部驻水利部监察局	李肇桀	副局级纪律监察员、监察专员兼室主任	2007年9月—	
	葛培玉	纪检监察二室副局级主任	2006年10月—	
	梁世闻	纪检监察二室副局级主任	1995年5月—2002年12月	

（四）流域管理机构、直属企事业单位及直管（挂靠）社团

1. 流域管理机构

流域管理机构有长江水利委员会、黄河水利委员会、淮河水利委员会、海河水利委员会、珠江水利委员会、松辽水利委员会和太湖流域管理局。

2. 直属企事业单位

（1）直属事业单位有综合事业局、水文局（水利信息中心）、中国水利水电科学研究院、南京水利科学研究院、南京水文水资源研究所、水库渔业研究所（与中国科学院共管）、西北水利科学研究所、牧区水利科学研究所、农村电气化研究所（亚太地区小水电研究培训中心）、国际小水电中心、机电研究所（与电力工业部共管）、河海大学、华北水利水电学院、北京水利水电管理干部学院、南昌水利水电高等专科学校、水库移民开发局、机关服务中心（局）、发展研究中心、国际泥沙研究培训中心、大坝安全中心、中国水利报社、中国水利水电出版社、水利水电规划设计总院、南水北调规划设计管理局、上海勘测设计研究院（与电力工业部共管）、东北勘测设计研究院、天津水利水电勘测设计研究院、社会保险事业管理中心（局）、中水资产评估事务所、中国灌溉排水技术开发培训中心、遥感技术应用中心、北戴河疗养院、三门峡温泉疗养院、密云绿化基地、农村水电及电气化发展中心（局）和参事室。

2001年，根据《关于对水利部等四部门所属98个科研机构分类总体方案的批复》（国科发政字〔2001〕428号），水利部遥感技术应用中心并入中国水利水电科学研究院，牌子暂保留。

2001年4月，根据《关于水利部中国科学院水库渔业研究所并入水利部长江水利委员会的批复》（水人教〔2001〕118号），水利部中国科学院水库渔业研究所并入水利部长江水利委员会。

2001年6月，根据《关于水利部南京水文水资源研究所并入南京水利科学研究院的通知》（水人教〔2001〕253号），水利部南京水文水资源研究所并入南京水利科学研究院。

2002年1月，根据《关于调整水利部农村电气化研究所 水利部长江勘测技术研究所管理体制的通知》（水人教〔2002〕12号），水利部农村电气化研究所划归南京水利科学研究院管理，转为科技企业。水利部长江勘测技术研究所划归水利部长江水利委员会，为委属事业单位，对外可继续使用原名称。

2002年7月，根据《关于东北勘测设计研究院体制改革实施方案的批复》（水人教〔2002〕290号），水利部东北勘测设计研究院整体转制成立中水东北勘测设计研究有限责任公司，由水利部水利水电规划设计总院、水利部松辽水利委员会和新华水利水电投资公司三方作为投资主体。

2002年7月，根据《关于天津水利水电勘测设计研究院体制改革实施方案的批复》（水人教〔2002〕291号），水利部天津水利水电勘测设计研究院整体转制成立中水天津勘测设计研究有限责任公司，由水利部水利水电规划设计总院、水利部海河水利委员会和新华水利水电投资公司三方作为投资主体。

2002 年 10 月，根据《关于水利部所属事业单位机构编制调整的批复》（中央编办复字〔2002〕157 号），东北勘测设计研究院、天津勘测设计研究院、农村电气化研究所、机电研究所、中水资产评估事务所改制为企业；上海勘测设计研究院、华北水利水电学院、南昌水利水电高等专科学校下放地方管理；河海大学、西北水利科学研究所划转其他部门管理；撤销社会保险事业管理中心（局）。

2003 年 8 月，根据《关于水利部天津水利水电勘测设计研究院改制后变更名称的批复》（水人教〔2003〕350 号），天津水利水电勘测设计研究院改制后更名为中水北方勘测设计研究有限责任公司。

2004 年 3 月，根据中央编办批复和水利部《关于成立水利部预算执行中心的通知》（水人教〔2004〕70 号），成立水利部预算执行中心。

2004 年 3 月，根据《关于将北戴河疗养院划转综合事业局管理的通知》（水人教〔2004〕99 号），将北戴河疗养院划转综合事业局管理。

2004 年 6 月，根据《关于亚太地区小水电研究培训中心管理体制的批复》（人教劳〔2004〕55 号），明确亚太地区小水电研究培训中心为南京水利科学研究院管理的事业单位。

2004 年 7 月，根据中央编办批复和水利部《关于水利部中国科学院水库渔业研究所更名的批复》（人教劳〔2004〕60 号），水利部中国科学院水库渔业研究所更名为水利部中国科学院水工程生态研究所。

2004 年 10 月，根据中央编办批复和水利部《关于成立中国水利博物馆的通知》（水人教〔2004〕450 号），成立中国水利博物馆。

2005 年 2 月，根据《关于同意在水利部牧区水利科学研究所增挂水利部草地水土保持生态研究中心牌子的批复》（人教劳〔2005〕7 号），水利部牧区水利科学研究所增挂"水利部草地水土保持生态研究中心"牌子。

2006 年 6 月，根据《关于成立水利部北戴河培训中心的批复》（人教劳〔2006〕23 号），成立水利部北戴河培训中心，与水利部北戴河疗养院"一个机构，两块牌子"。

2006 年 10 月，根据《关于中国灌溉排水发展中心加挂水利部农村饮水安全中心牌子的批复》（水人教〔2006〕540 号），中国灌溉排水发展中心加挂"水利部农村饮水安全中心"牌子。

（2）直属企业有小浪底水利枢纽建设管理局和万家寨工程建设管理局。

2001 年 8 月，根据《关于将水利部万家寨工程建设管理局并入水利部综合事业局的通知》（水人教〔2001〕338 号），水利部万家寨工程建设管理局并入水利部综合事业局。

3. 直管（挂靠）社团

直管（挂靠）社团有中国水利学会、中国水利经济研究会、中国水利职工思想政治工作研究会、中国水利文学艺术协会、中华江河体育游乐促进会、中国水利水电勘测设计协会、中国老区建设促进会、中国灌区协会、黄河研究会、南方水土保持研究会、中国水利教育协会、中国黄河文化经济发展研究会、中国土工合成材料工程协会、中国水利企业协会和中国农业节水技术协会。

2001 年 8 月，根据《关于变更中国水利文学艺术协会业务主管单位的批复》（水人教〔2001〕319 号），中国水利文学艺术协会业务主管单位变更为水利部。

2001 年 12 月，根据《关于中国水利教育协会变更业务主管单位的批复》（水人教〔2001〕549 号），中国水利教育协会业务主管单位变更为水利部。

2003 年 4 月，根据《关于同意中华江河体育游乐促进会更名的批复》（水人教〔2003〕128 号），中华江河体育游乐促进会更名为中国水利江河体育协会。

2004 年 4 月，根据《关于同意成立中国水利工程管理协会的批复》（水人教〔2004〕121 号），成立中国水利工程管理协会。同年 7 月，根据《关于同意成立中国水利工程协会的函》（水函〔2004〕95 号），筹备成立中国水利工程协会。

2006年4月，根据《关于中国水利职工思想政治工作研究会更名的批复》（人教劳〔2006〕16号），中国水利职工思想政治工作研究会更名为中国水利思想政治工作研究会。

2007年2月，根据《民政部关于国际小水电联合会成立登记的批复》（民函〔2007〕36号），成立国际小水电联合会。

2007年8月，根据《关于同意变更中国老区建设促进会业务主管单位的批复》（水人教函〔2007〕228号），中国老区建设促进会业务主管单位由水利部变更为国务院扶贫开发领导小组办公室。

2007年11月，根据《民政部关于中国农业节水技术协会更名为中国农业节水和农村供水技术协会的批复》（民函〔2007〕333号），中国农业节水技术协会更名为中国农业节水和农村供水技术协会。

二、第二阶段（2008年7月—2018年7月）

根据第十一届全国人民代表大会第一次会议批准的国务院机构改革方案和《国务院关于机构设置的通知》（国发〔2008〕11号），设立水利部，为国务院组成部门。

（一）主要职责

（1）负责保障水资源的合理开发利用，拟订水利战略规划和政策，起草有关法律法规草案，制定部门规章，组织编制国家确定的重要江河湖泊的流域综合规划、防洪规划等重大水利规划。按规定制定水利工程建设有关制度并组织实施，负责提出水利固定资产投资规模和方向、国家财政性资金安排的意见，按国务院规定权限，审批、核准国家规划内和年度计划规模内固定资产投资项目；提出中央水利建设投资安排建议并组织实施。

（2）负责生活、生产经营和生态环境用水的统筹兼顾和保障。实施水资源的统一监督管理，拟订全国和跨省、自治区、直辖市水中长期供求规划、水量分配方案并监督实施，组织开展水资源调查评价工作，按规定开展水能资源调查工作，负责重要流域、区域以及重大调水工程的水资源调度，组织实施取水许可、水资源有偿使用制度和水资源论证、防洪论证制度。指导水利行业供水和乡镇供水工作。

（3）负责水资源保护工作。组织编制水资源保护规划，组织拟订重要江河湖泊的水功能区划并监督实施，核定水域纳污能力，提出限制排污总量建议，指导饮用水水源保护工作，指导地下水开发利用和城市规划区地下水资源管理保护工作。

（4）负责防治水旱灾害，承担国家防汛抗旱总指挥部的具体工作。组织、协调、监督、指挥全国防汛抗旱工作，对重要江河湖泊和重要水工程实施防汛抗旱调度和应急水量调度，编制国家防汛抗旱应急预案并组织实施。指导水利突发公共事件的应急管理工作。

（5）负责节约用水工作。拟订节约用水政策，编制节约用水规划，制订有关标准，指导和推动节水型社会建设工作。

（6）指导水文工作。负责水文水资源监测、国家水文站网建设和管理，对江河湖库和地下水的水量、水质实施监测，发布水文水资源信息、情报预报和国家水资源公报。

（7）指导水利设施、水域及其岸线的管理与保护，指导大江、大河、大湖及河口、海岸滩涂的治理和开发，指导水利工程建设与运行管理，组织实施具有控制性的或跨省（自治区、直辖市）及跨流域的重要水利工程建设与运行管理，承担水利工程移民管理工作。

（8）负责防治水土流失。拟订水土保持规划并监督实施，组织实施水土流失的综合防治、监测预报并定期公告，负责有关重大建设项目水土保持方案的审批、监督实施及水土保持设施的验收工作，指导国家重点水土保持建设项目的实施。

（9）指导农村水利工作。组织协调农田水利基本建设，指导农村饮水安全、节水灌溉等工程建设与管理工作，协调牧区水利工作，指导农村水利社会化服务体系建设。按规定指导农村水能资源开发工作，指导水电农村电气化和小水电代燃料工作。

（10）负责重大涉水违法事件的查处，协调、仲裁跨省（自治区、直辖市）水事纠纷，指导水政监察和水行政执法。依法负责水利行业安全生产工作，组织、指导水库、水电站大坝的安全监管，指导水利建设市场的监督管理，组织实施水利工程建设的监督。

（11）开展水利科技和外事工作。组织开展水利行业质量监督工作，拟订水利行业的技术标准、规程规范并监督实施，承担水利统计工作，办理国际河流有关涉外事务。

（12）承办国务院交办的其他事项。

（二）编制与机构设置及主要职能

根据《国务院办公厅关于印发水利部主要职责内设机构和人员编制规定的通知》（国办发〔2008〕75号），水利部机关行政编制318名（含两委人员编制2名、援派机动编制1名、离退休干部工作人员编制33名）。其中部长1名、副部长4名，司局级领导职数49名（含总工程师1名、总规划师1名、机关党委专职副书记1名、离退休干部局领导职数3名）。

水利部机关机构图（2008年）见图2。

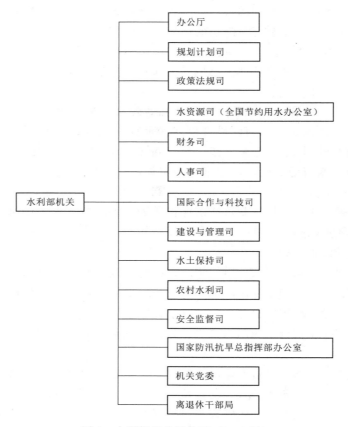

图2　水利部机关机构图（2008年）

2009年1月，增加援派机动编制5名。

2010年11月，设立6名国家防汛抗旱督察专员（司局级）。调整后，水利部机关司局级领导职数为55名。

2010 年 11 月，为 2008—2009 年度在机关接收安置军队转业干部增加 1 名机关行政编制。

2011 年 12 月，为 2010 年度在机关接收安置军队转业干部增加 1 名机关行政编制。

2012 年 5 月，增加司局级领导职数 2 名，行政编制不变。

2012 年 8 月，为 2011 年度在水利部机关接收安置军队转业干部增加 1 名机关行政编制。

2013 年 10 月，为 2012 年度在水利部机关接收安置军队转业干部增加 1 名机关行政编制。

2015 年 11 月，为 2014 年度在水利部机关接收安置军队转业干部增加 1 名机关行政编制。

2017 年 8 月，增加司局级领导职数 7 名、机关行政编制 67 名。

2017 年 9 月，增加司局级领导职数 1 名。

2017 年 12 月，为 2016 年度在机关接收安置军队转业干部增加 1 名机关行政编制。

根据《国务院办公厅关于印发水利部主要职责内设机构和人员编制规定的通知》（国办发〔2008〕75 号）和水利部《关于印发水利部机关各司局主要职责内设处室和人员编制规定的通知》（水人教〔2008〕383 号），水利部机关设 12 个内设机构。

（1）办公厅。协助水利部领导对水利部机关政务、业务等有关工作进行综合协调，组织水利部机关日常工作；负责水利部领导和总工程师、总规划师的秘书工作；负责水利部机关公文处理、政务信息、政务公开、档案、保密、机要、密码、信访、督办等工作，并指导水利系统相关工作；负责水利部召开的综合性的全国性会议、部务会议和部长办公会议的组织工作，负责水利部机关行政会议计划管理工作；组织水利部宣传、新闻发布和舆情分析工作，指导水利系统宣传工作；组织水利部政务信息化规划与建设工作，组织开展水利部网站及政务内网的建设、运行管理和内容保障工作；组织草拟水利部综合性重要政务文稿，组织重大水利问题的调研；负责水利部值班工作，组织水利部重要接待工作，承担水利部印章的管理，归口水利部直属单位的印章管理工作；组织协调全国人大建议和全国政协提案的办理工作。

（2）规划计划司。组织编制全国水利发展战略、中长期发展规划，组织水利发展和改革的重大专题研究；组织编制全国水资源综合规划、国家确定的重要江河湖泊的流域综合规划、流域防洪规划，拟订全国和跨省（自治区、直辖市）水中长期供求规划，归口管理水利专业和专项规划的编制和审批工作；组织指导有关防洪论证工作，负责重大建设项目洪水影响评价和水工程建设规划同意书制度的组织实施；负责中央审批（核准）的大中型水利工程移民安置规划大纲审批和移民安置规划审核工作；组织审查、审批全国重点水利建设项目和水利部直属基础设施建设项目的项目建议书、可行性研究报告和初步设计，指导河口、海岸滩涂的治理和开发；负责提出中央水利建设投资（含专项资金）的规模、方向和项目安排的意见，负责提出中央水利建设年度投资建议计划，负责审批、核准国家规划内和年度计划规模内水利建设投资项目，负责中央投资水利基建项目、水利部直属基础设施建设项目投资计划管理和水利前期工作投资计划管理；组织水利规划中期评估工作，指导水利建设项目后评估工作，负责水利统计工作。

（3）政策法规司。拟订水利立法规划和年度立法计划并组织实施；组织起草综合性水利法律、行政法规和水利部规章草案，指导起草专项水利法律、行政法规和水利部规章，承办水利法律和行政规章立法中的协调、审查和审议有关工作；负责水利法律、行政法规适用问题的答复工作和水利部规章的解释、备案、清理，承办法律、行政法规、规章征求意见的答复和立法协调工作；负责立法后评估工作，组织与立法后评估有关的水利法律、行政法规和水利部规章贯彻执行情况的监督检查；指导流域管理机构和地方水利立法工作；指导水利系统法制宣传教育工作，制订水利普法规划和年度计划并组织实施，承担水利部普法办公室的日常工作；拟订水利政策研究与制度建设规划和年度计划并组织实施，研究拟订综合性水利政策，拟订水权制度建设的行政法规、规章和规范性文件；组织协调水利系统依法行政工作，指导水利行政许可和行政审批工作并监督检查；负责水利部规范性文件清理工作，承办水利部机关规范性文件合法性审核和流域管理机构规范性文件备案管理工作，承办水利部行政复议，行政赔偿和诉讼工作。

（4）水资源司（全国节约用水办公室）。负责水资源管理、配置、节约和保护工作，承担全国节约用水办公室的日常工作；组织指导水资源调查、评价和监测工作，组织编制水资源专业规划并监督实施，组织实施水资源论证制度；负责水权制度建设并监督实施，组织指导水量分配和水资源调度工作并监督实施；组织取水许可制度和水资源有偿使用制度的实施和监督；指导水资源信息发布，组织编制国家水资源公报；组织指导计划用水、节约用水工作，指导全国节水型社会建设，组织编制全国节约用水规划，组织拟订区域与行业用水定额并监督实施；按照有关规定指导城市供水、排水、节水、污水处理回用等方面的有关工作，指导城市污水处理回用等非传统水资源开发工作，指导城市供水水源规划的编制和实施，指导水利行业供水有关工作；组织编制水资源保护规划，组织指导水功能区的划分并监督实施，指导饮用水水源保护和水生态保护工作，指导湿地生态补水；组织审定江河湖库纳污能力，提出限制排污总量的意见；组织指导省界水量水质监督、监测和入河排污口设置管理工作；组织指导地下水资源开发利用和保护工作，指导水利建设项目环境保护、水利规划环境影响评价工作，负责水利建设项目环境影响报告书（表）预审工作。

（5）财务司。编制中央水利部门预决算并负责预算的执行，归口提出中央水利非建设性财政资金安排的意见，研究拟订水利预算项目规划、经费开支定额并组织实施；研究拟订水利预算管理、财务管理、政府采购等水利资金管理方面的制度并组织实施，负责水利部机关和直属单位财政性资金的支付管理；研究拟订中央水利国有资产监督管理的规章制度，承担中央水利行政事业单位国有资产监督管理工作，办理水利部直属单位所属企业国有资本经营预算、资产评估管理和产权登记等有关工作；研究提出水利价格、行政事业性收费、信贷政策建议，参与中央直属和跨省（自治区、直辖市）水利工程供水价格及水利部直属水利枢纽上网电价管理的有关工作，承担水利部直属单位行政事业性收费管理工作；承担中央水利资金的监督检查和绩效考评工作，负责中央水利项目利用外资的财务管理；指导水利部直属单位财务管理和会计核算等工作，负责水利部机关财务和行政经费管理，监管机关国有资产。

（6）人事司。组织拟订水利系统人才规划及相关政策，组织指导水利部机关和直属单位干部人事制度改革；负责水利部机关和参照公务员法管理单位的公务员管理工作；负责水利部直属单位领导班子、部管后备干部队伍建设和干部监督工作，承办水利部部管干部的日常管理工作；组织拟订水利专业技术职务评审标准、水利行业职业技能标准，组织指导水利部直属单位专业技术职务评聘和专家管理工作，负责水利行业职业资格管理工作；负责水利部机关和直属单位机构编制管理、机构改革工作，组织指导水行政管理体制改革和水利经济体制改革有关工作，负责水利社团管理有关工作；负责水利部机关和直属单位工资管理工作，指导水利部直属单位收入分配制度改革，研究拟订水利行业定岗定员标准；组织指导水利部直属单位职工劳动保护、卫生保健和疗休养工作，负责水利干部人事统计工作，归口管理水利部表彰奖励工作；负责水利部机关和直属单位干部教育培训管理工作，组织拟订水利干部教育培训规划并监督实施。

（7）国际合作与科技司。负责水利部机关和直属单位外事工作；承办政府间水利涉外事宜，组织开展水利多边、双边国际合作，归口管理涉及港澳台地区的水利交流工作；指导水利系统对外经济、技术合作交流及引进国外智力工作；承办国际河流有关涉外事务，研究拟订国际河流有关政策，组织协调国际河流对外谈判；负责水利科技工作，研究拟订水利科技政策与水利科技发展规划，承担水利部科学技术委员会的日常工作；负责水利科技项目和科技成果的管理工作，组织重大水利科学研究、技术引进与科技推广工作；组织指导水利科技创新体系建设，指导水利部部属科研院所的有关工作以及部级重点实验室和工程技术研究中心的建设与运行管理；组织拟订水利行业的技术标准并监督实施，归口管理水利行业计量、认证认可和质量监督工作。

（8）建设与管理司。指导水利设施、河道、湖泊、水域及其岸线的管理和保护，指导江河、湖泊的治理和开发；指导水利工程建设管理，负责水利工程质量监督管理，组织指导水利工程开工审批、蓄水安全鉴定和验收；组织编制水库运行调度规程，指导水库、水电站大坝、堤防、水闸等水利工程的运行管理与确权划界；组织实施具有控制性的或跨省（自治区、直辖市）及跨流域的重要水利工程建设与运行管理；指导大江大河干堤、重要病险水库、重要水闸的除险加固，组织实施中央投资的病险水库、水闸除险加固工程的建设管理；指导水利建设市场的监督管理，负责水利建设市场准入、项目法人组建、工程招标投标、建设监理、工程造价和工程质量检测的监督管理，组织指导水利建设市场信用体系建设；组织指导河道采砂管理，指导河道管理范围内建设项目管理有关工作，组织实施河道管理范围内工程建设方案审查制度；承担水利部援藏工作领导小组办公室的日常工作。

（9）水土保持司。组织协调全国水土保持工作，承担水土流失综合防治和监督管理；组织拟订和监督实施水土保持政策、法律、法规，组织编制水土保持规划、技术标准并监督实施；负责审核大中型生产建设项目水土保持方案并监督实施；负责水土流失监测管理工作，组织水土流失监测、预报并定期公告；负责国家水土流失重点防治区管理工作，指导并监督国家重点水土保持建设项目的实施；协调全国水土保持科技工作，组织推广水土保持科研成果，指导水土保持服务体系建设。

（10）农村水利司。指导农村水利工作，组织拟订农村水利法规、政策、发展规划和行业技术标准并监督实施；组织协调农田水利基本建设，承担水利部农田水利基本建设办公室的日常工作；指导农村饮水安全、村镇供水排水工作，组织实施农村饮水安全工程建设；指导农田灌溉排水工作，组织实施节水灌溉、灌区续建配套与节水改造、泵站建设与改造工程建设，指导灌溉试验工作，指导农村节水工作；指导农村雨水集蓄利用工作，组织实施中央补助的重点小型农田水利工程建设，组织指导国家农业综合开发水利骨干工程建设与管理；指导牧区水利工作，组织实施牧区水利工程建设规划；指导农村水利管理体制改革、农村水利社会化服务体系建设和农村水利技术推广工作。

（11）安全监督司。指导水利行业安全生产工作，组织开展水利行业安全生产大检查和专项督查，承担水利部安全生产领导小组办公室的日常工作；组织开展水利工程建设安全生产和水库、水电站大坝等水工程安全的监督检查，组织或参与重大水利安全事故的调查处理；组织开展中央投资的水利工程建设项目的稽察，组织调查和处理违规违纪事件；组织指导水政监察和水行政执法；组织水利法律和综合性水行政法规、规章实施情况的监督检查，参与中央有关部门牵头的水利法律、行政法规的执法检查；协调、仲裁跨省（自治区、直辖市）水事纠纷，组织重大涉水违法事件的查处。

（12）国家防汛抗旱总指挥部办公室。组织、协调、指导、监督全国防汛抗旱工作；组织协调指导台风、山洪等灾害防御和城市防洪工作；负责对重要江河湖泊和重要水工程实施防汛抗旱调度和应急水量调度；编制国家防汛抗旱应急预案并组织实施，组织编制、实施全国大江大河大湖及重要水工程防御洪水方案、洪水调度方案、水量应急调度方案和全国重点干旱地区及重点缺水城市抗旱预案等防汛抗旱应急专项预案；负责全国洪泛区、蓄滞洪区和防洪保护区的洪水影响评价工作，组织协调指导蓄滞洪区安全管理和运用补偿工作；负责全国汛情、旱情和灾情掌握和发布，指导、监督重要江河防汛演练和抗洪抢险工作；负责国家防汛抗旱总指挥部各成员单位综合协调工作，组织各成员单位分析会商、研究部署和开展防汛抗旱工作，并向国家防汛抗旱总指挥部提出重要防汛抗旱指挥、调度、决策意见；负责中央防汛抗旱资金管理的有关工作，指导全国防汛抗旱物资的储备与管理、防汛抗旱机动抢险队和抗旱服务组织的建设与管理；负责组织实施国家防汛抗旱指挥系统建设，组织开展全国防汛抗旱工作评估工作。

直属机关党委。负责水利部机关及在京直属单位党群工作；宣传贯彻党的路线、方针、政策，组织水利部机关及在京直属单位党员政治理论学习，编制局处级党员领导干部政治理论培训计划并组织实施；指导所属各级党组织做好党员发展、管理和统战工作，以及党员、群众的思想政治工作；协助水利部党组管理机关各司局党组织和群众组织的干部，配合干部人事部门对机关行政领导干部进行考核和民主评议，对机关行政干部的任免、调动和奖惩提出意见和建议；负责直属机关纪律检查和党风廉政建设工作，组织协调反腐败工作，受理所属党组织党员的检举、控告和申诉，检查、处理部直属机关党组织和党员违反党纪的案件，按干部管理权限审批党员违反党纪的处理决定；领导水利部直属机关工会、共青团、妇女工作委员会等群众组织，指导各群众组织依照章程开展工作；指导水利部精神文明建设指导委员会办公室和水利部党风廉政建设领导小组办公室的工作。

离退休干部局。贯彻党中央、国务院有关离退休干部工作的方针、政策，组织拟订实施办法；组织落实水利部机关离退休干部的政治和生活待遇，引导离退休干部发挥积极作用；承担水利部机关离退休干部经费管理工作，协调流域管理机构参照公务员法管理人员离退休费的发放工作；负责水利部机关离退休干部日常服务管理工作；负责水利部机关老干部活动站的建设和管理工作，指导水利部老年大学和老干部活动中心工作，组织水利部机关离退休干部开展文化体育活动；指导水利部直属单位的离退休干部工作。

2009年12月，根据《关于政策法规司和安全监督司机构编制调整有关事项的通知》（水人事〔2009〕621号），政策法规司主要职责修改为：拟订水利立法规划和年度立法计划并组织实施；组织起草综合性水利法律、行政法规和水利部规章草案，指导起草专项水利法律、行政法规和水利部规章，承办水利法律和行政法规立法中的协调、审查和审议有关工作；指导流域管理机构和地方水利立法工作；负责水利法律、行政法规适用问题的答复工作和水利部规章的解释、备案、清理，承办法律、行政法规、规章征求意见的答复和立法协调工作；负责立法后评估工作，组织水利法律和水行政法规、规章实施情况的监督检查，参与中央有关部门牵头的水利法律、行政法规的执法检查；指导水利系统法制宣传教育工作，制订水利普法规划和年度计划并组织实施，承担水利部普法办公室的日常工作；拟订水利政策研究与制度建设规划和年度计划并组织实施，研究拟订综合性水利政策，拟订水权制度建设的行政法规、规章和规范性文件；组织协调水利系统依法行政工作，指导水利行政许可和行政审批工作并监督检查；负责水利部规范性文件清理工作，承办水利部机关规范性文件合法性审核和流域管理机构规范性文件备案管理工作，承办水利部行政复议、行政赔偿和诉讼工作；组织指导水政监察和水行政执法；协调、仲裁跨省（自治区、直辖市）水事纠纷，组织重大涉水违法事件的查处。

2009年12月，根据《关于政策法规司和安全监督司机构编制调整有关事项的通知》（水人事〔2009〕621号），安全监督司主要职责修改为：组织拟订水利安全生产以及水利建设项目稽察的法规、政策和技术标准并监督实施；指导水利行业安全生产工作，负责水利安全生产综合监督管理，组织开展水利行业安全生产大检查和专项督查，组织开展水利工程建设安全生产和水库、水电站大坝等水工程安全的监督管理和检查；组织落实水利工程项目安全设施"三同时"制度，组织开展水利工程项目安全评价工作，监督管理水利安全生产社会中介机构，负责管理水利生产经营单位主要负责人和安全管理人员的安全资格考核工作；组织或参与重大水利生产安全事故的调查处理，负责水利行业生产安全事故统计、报告，承担水利部安全生产领导小组办公室的日常工作；指导水利行业稽察工作，组织开展对中央投资的水利工程建设项目的稽察，以及整顿落实情况的监督检查；组织或参与调查水利建设项目违规违纪事件，并按照规定提出处理意见。

2017年9月，根据国务院办公厅印发的《水利部主要职责内设机构和人员编制规定》（国办发〔2008〕75号）和《中央编办关于水利部承担行政职能事业单位改革试点方案的批复》（中央编办复字〔2017〕233号），设立水文司。主要职责：指导全国水文工作，组织拟定水文法规、政策、规划和技术标准并监督实施。组织指导国家水文站网的建设与管理，组织编制国家水文站网规划并监督实施。组织指导水文水资源监测工作，组织实施对江河湖库和地下水的水量、水质监测、协调重大突发水污染、水生态事件的水文应急监测工作，指导水文监测计量器具检定工作。组织指导全国水文水资源情报预报、监测数据整编和资料管理工作，组织实施水文调查评价、水文监测数据统一汇交、水文数据使用审定等制度。组织指导国家防汛抗旱防台风的水文及相关信息收集、处理、监测、预警和全国江河湖泊、重要水库的雨情、水情、汛情以及重点区域的旱情分析预报。组织发布水文水信息，参与组织水资源调查评价，参与组织编制国家水资源公报。负责对外提供水文资料和外国组织、个人来华从事水文业务等事项的审查，参与组织国际水文业务的合作与交流。

2017 年 9 月，根据国务院办公厅印发的《水利部主要职责内设机构和人员编制规定》（国办发〔2008〕75 号）和《中央编办关于水利部承担行政职能事业单位改革试点方案的批复》（中央编办复字〔2017〕233 号），原农村水电及电气化发展中心、水库移民开发局撤销，设立农村水电与水库移民司。主要职责：指导农村水能资源开发和全国水利工程移民工作，组织拟定农村水能资源开发和水利工程移民法规、政策和技术标准并监督实施。组织拟定农村水能资源开发规划。组织开展水能资源调查工作。负责水能资源信息系统及水能资源调查成果的管理运用。指导农村水能资源权属管理工作。指导水电农村电气化、绿色小水电建设、农村水电增效扩容改造以及小水电代燃料等工作。指导农村水能资源开发工程质量和安全工作，参与重大安全事故的督查。组织实施水利工程移民安置的验收、监督评估等制度，参与中央审批（核准）的大中型水利工程移民安置规划大纲和移民安置规划审核工作。督促、检查和指导水库移民后期扶持政策执行情况，组织对大中型水利工程移民安置和水库移民后期扶持相关规划实施的稽查和内部审计。指导大中型水库移民后期扶持规划、大中型水库库区和移民安置区基础设施建设和经济发展规划的编制，负责新建大中型水库移民后期扶持人口的核定工作。指导水利扶贫开发及水利行业扶贫工作，承担水利部扶贫领导小组日常工作，协调解决水利扶贫开发工作中的重大问题。负责编制水利扶贫规划、年度工作计划并组织实施。指导小水电扶贫工程有关工作。组织开展水利部定点扶贫、对口支援及重点地区扶贫开发工作，承担滇桂黔石漠化片区区域发展与扶贫攻坚联系工作。

2015 年 11 月，根据中央一级党和国家机关派驻纪检机构设置方案，中央纪委驻水利部纪检组负责综合监督水利部、国务院南水北调工程建设委员会办公室等 2 家单位；撤销监察部驻水利部监察局。

（三）部领导任免

2008 年 7 月，中共中央批准鄂竟平任水利部党组副书记。

2008 年 8 月，中共中央批准董力任中央纪委驻水利部纪检组组长，免去张印忠的中央纪委驻水利部纪检组组长职务；中央组织部批准董力任水利部党组成员，免去张印忠的水利部党组成员职务（组任字〔2008〕132 号）。

2009 年 1 月，中央组织部批准刘宁、陈小江任水利部党组成员（组任字〔2009〕12 号）。

2009 年 2 月，国务院任命刘宁为水利部副部长（国人字〔2009〕18 号）。

2011 年 3 月，中共中央批准矫勇任水利部党组副书记；中央组织部批准李国英任水利部党组成员，免去陈小江的水利部党组成员职务（组任字〔2011〕26 号）。

2011 年 4 月，国务院任命李国英为水利部副部长（国人字〔2011〕38 号）。

2012 年 5 月，中央组织部批准刘雅鸣任水利部党组成员（组任字〔2012〕80 号）。

2012 年 9 月，中央组织部批准蔡其华任水利部党组成员，免去刘雅鸣的水利部党组成员职务（组任字〔2012〕147 号）。

2012 年 10 月，国务院任命蔡其华为水利部副部长（国人字〔2012〕116 号）。

2013 年 4 月，中央组织部批准周学文任水利部党组成员（组任字〔2013〕57 号）。

2015 年 1 月，国务院免去胡四一的水利部副部长职务（国人字〔2015〕19 号）。

2015 年 4 月，中共中央批准田野任中央纪委驻水利部纪检组组长，免去董力的中央纪委驻水利部纪检组组长职务；中央组织部批准田野任水利部党组成员，免去董力的水利部党组成员职务（组任字

〔2015〕105号）。

2015年7月，中央组织部免去李国英的水利部党组成员职务（组任字〔2015〕206号）；中央组织部批准田学斌任水利部党组成员（组任字〔2015〕224号）。

2015年8月，国务院任命田学斌为水利部副部长（国人字〔2015〕183号）；国务院免去李国英的水利部副部长职务（国人字〔2015〕184号）。

2015年10月，国务院任命周学文为水利部副部长，免去蔡其华的水利部副部长职务（国人字〔2015〕208号）；中央组织部免去蔡其华的水利部党组成员职务（组任字〔2015〕268号）。

2016年6月，中共中央免去矫勇的水利部党组副书记职务；国务院任命刘雅鸣、陆桂华为水利部副部长，免去矫勇的水利部副部长职务（国人字〔2016〕114号）；中央组织部批准刘雅鸣任水利部党组成员（组任字〔2016〕142号）。

2016年12月，国务院免去刘雅鸣的水利部副部长职务（国人字〔2016〕232号）；中央组织部免去刘雅鸣的水利部党组成员职务（组任字〔2016〕330号）。

2017年3月，国务院任命叶建春为水利部副部长（国人字〔2017〕35号）；中央组织部批准叶建春任水利部党组成员（组任字〔2017〕32号）。

2017年5月，国务院免去刘宁的水利部副部长职务（国人字〔2017〕67号）；中央组织部免去刘宁的水利部党组成员职务（组任字〔2017〕90号）。

2017年7月，中央组织部批准魏山忠任水利部党组成员（组任字〔2017〕182号）。

2017年8月，国务院任命魏山忠为水利部副部长（国人字〔2017〕138号）。

水利部部领导和司局级领导任免表（2008年3月—2018年3月）见表2。

表2　　　　　　　　水利部部领导和司局级领导任免表（2008年3月—2018年3月）

机构名称	姓名	职务	任免时间	备注
水利部	陈雷	部长、党组书记	继任—2018年3月	
	鄂竟平	副部长	继任—2018年3月	
		党组副书记	2008年7月—2018年3月	
		党组成员	继任—2008年7月	
	张印忠	纪检组组长、党组成员	继任—2008年8月	
	矫勇	副部长	继任—2016年6月	
		党组副书记	2011年3月—2016年6月	
		党组成员	继任—2011年3月	
	董力	纪检组组长、党组成员	2008年8月—2015年4月	
	周英（女）	副部长、党组成员	继任—2012年7月	
	胡四一	副部长	继任—2015年1月	
	田学斌	党组成员	2015年7月—	
		副部长	2015年8月—	
	刘宁	副部长	2009年2月—2017年5月	
		党组成员	2009年1月—2017年5月	
		总工程师	继任—2009年5月	
	陈小江	党组成员	2009年1月—2011年3月	
	李国英	副部长	2011年4月—2015年8月	
		党组成员	2011年3月—2015年7月	

机构名称	姓 名	职 务	任 免 时 间	备 注
水利部	蔡其华（女）	副部长、党组成员	2012年10月—2015年10月	
	刘雅鸣（女）	副部长	2016年6—12月	
		党组成员	2012年5—9月	
			2016年6—12月	
	田 野	纪检组组长、党组成员	2015年4月—	
	周学文	副部长	2015年10月—	
		党组成员	2013年4月—	
		总规划师	2009年5月—2015年11月	
	陆桂华	副部长	2016年6月—	
	叶建春	副部长、党组成员	2017年3月—	
	魏山忠	党组成员	2017年7月—	
		副部长	2017年8月—	
	汪 洪	总工程师	2009年5月—2017年5月	
	张志彤	总规划师	2015年11月—2017年5月	
	刘伟平	总工程师	2017年5月—	
	汪安南	总规划师	2017年5月—	
	庞进武	副总工程师	继任—2009年6月	
办公厅	陈小江	主 任	2008年3月—2011年5月	
	刘建明	主 任	2011年5月—	
	郭孟卓	巡视员	2009年6月—2011年5月	
		副主任	继任—2009年6月	
	王韩民	副主任（正司级）	2011年6月—2014年2月	
	罗湘成	副主任	继任—2011年6月	
	陈茂山	巡视员	2012年8月—2017年12月	
		副主任	继任—2012年8月	
	吴文庆	副主任	2009年6月—2012年8月	
	李训喜	巡视员	2018年1月—	
		副主任	2012年8月—2018年1月	
	李国隆	副主任	2015年7月—	
		副巡视员	2011年7月—2015年7月	
	于琪洋	副巡视员	继任—2008年12月	交流
	王 磊	副巡视员	2009年7—11月	
规划计划司	周学文	司 长	继任—2015年11月	
	汪安南	司 长	2015年11月—	
		常务副司长（正司级）	2013年5月—2015年11月	
		副司长	2008年9月—2013年5月	
	王爱国	副司长	继任—2008年9月	

机构名称	姓名	职务	任免时间	备注
规划计划司	吴强	副司长（正司级）	2012年8月—2016年9月	
		巡视员	2009年5月—2012年8月	
	庞进武	巡视员	2009年6月—	
	段红东	副司长	继任—2012年8月	
	王磊	副司长	2009年11月—2015年11月	
	高敏凤（女）	巡视员	2017年11月—	
		副司长	2015年11月—2017年11月	
		副巡视员	2012年8月—2015年11月	
	张祥伟	副司长	2016年3月—	
	乔建华	副司长	2016年11月—	
	张新玉	助理巡视员	继任—2009年5月	
	陈群香（女）	副巡视员	继任—2017年3月	
	田克军	副巡视员	继任—2010年11月	
	张世伟	副巡视员	继任—	
	王毅	副巡视员	2017年11月—	
政策法规司	赵伟	司长	继任—2012年1月	
	李鹰	司长	2012年1月—	
		副司长（正司级）	2009年6月—2012年1月	
	王治	副司长（正司级）	2012年8月—	
		副司长	继任—2009年5月	
	陈晓军	副司长（正司级）	2014年11月—2017年3月	
	陈琴（女）	副司长（正司级）	2017年3月—	
		副司长	2009年5月—2014年11月	
	赵卫	副司长	继任—2008年9月	
	李崇兴	副巡视员	继任—2008年7月	
	郭永胜	副巡视员	继任—2011年6月	
	杨谦	副巡视员	2008年7月—2017年3月	
	李晓静（女）	副巡视员	2017年5月—	
水资源司（全国节约用水办公室）	高而坤	司长	继任—2009年6月	
	孙雪涛	司长	2009年6月—2011年7月	
		副司长	继任—2009年6月	
	陈明忠	司长	2011年7月—	
	许文海	副司长（正司级）	2011年7月—2016年8月	
	郭孟卓	副司长（正司级）	2016年8月—	
	程晓冰	巡视员	2011年9月—	
		副司长	继任—2011年9月	

机构名称	姓　名	职　务	任　免　时　间	备　注
水资源司（全国节约用水办公室）	于琪洋	副司长	2009 年 6 月—2012 年 8 月	
	陈　明	副司长	2012 年 8 月—2015 年 4 月	
		副巡视员	2009 年 7 月—2012 年 8 月	
	石秋池（女）	副司长	2015 年 7 月—	
		副巡视员	2011 年 7 月—2015 年 7 月	
	马艳（女）	副司长	2016 年 3 月—2017 年 3 月	挂职
	陈晓军	助理巡视员	继任—2009 年 7 月	
	颜　勇	副巡视员	2012 年 8 月—	
财务司	张红兵（女）	司　长	继任—2012 年 8 月	
	吴文庆	司　长	2012 年 8 月—2016 年 6 月	
	叶建春	司　长	2016 年 6 月—2017 年 9 月	
	杨昕宇	司　长	2017 年 9 月—	
	牛志奇（女）	副司长（正司级）	2017 年 3 月—	
	高　军	巡视员	2008 年 3 月—2017 年 11 月	
	郑通汉	巡视员	2009 年 6—7 月	
		副司长	继任—2009 年 6 月	
	赫崇成	副司长	2008 年 3 月—2017 年 3 月	
	裴宏志	副司长	2010 年 12 月—2017 年 1 月	
	周明勤	副司长	2017 年 5 月—	
		副巡视员	2011 年 6 月—2017 年 5 月	
	付涛（女）	副司长	2017 年 12 月—	
	张　程	副巡视员	2015 年 7 月—	
	郑红星	副巡视员	2017 年 5 月—	
人事司	刘雅鸣（女）	司　长	继任—2012 年 10 月	
	侯京民	司　长	2012 年 10 月—	2015 年 12 月兼任直属机关党委副书记
		常务副司长（正司级）	2012 年 8—10 月	
		副司长	2003 年 4 月—2012 年 8 月	
	郭海华	副司长（正司级）	2017 年 1 月—	
	曾大林	巡视员	2012 年 8 月—2014 年 11 月	
		副司长	2008 年 3 月—2012 年 8 月	
	段　虹	巡视员	2016 年 3 月—	
		副司长	2009 年 5 月—2016 年 3 月	
	孙高振	副司长	2012 年 8 月—	
	汪大丁	副司长	2015 年 3 月—2017 年 8 月	
	刘祥峰	副司长	2016 年 3—11 月	
		副巡视员	2011 年 7 月—2016 年 3 月	

机构名称	姓 名	职 务	任 免 时 间	备 注
人事司	王新跃	副司长	2017 年 7 月—	
	杨燕山	副巡视员	继任—2009 年 11 月	
	任长征（女）	副巡视员	2016 年 3—6 月	
国际合作与科技司	高 波	司 长	继任—2016 年 6 月	
	刘志广	司 长	2016 年 8 月—	
		巡视员	2012 年 8 月—2016 年 8 月	
		副司长	继任—2012 年 8 月	
	陈明忠	巡视员	2009 年 6 月—2011 年 7 月	
		副司长	继任—2009 年 6 月	
	董新光	副司长	2009 年 5 月—	挂职
	吴宏伟	副司长	2011 年 9 月—	
	李 戈	副司长	2012 年 8 月—	
	乔世珊	巡视员	2009 年 5 月—2012 年 8 月	
	于兴军	巡视员	2017 年 3 月—	
		副巡视员	2016 年 9 月—2017 年 3 月	
建设与管理司	孙继昌	司 长	继任—2016 年 8 月	
	刘伟平	司 长	2016 年 8 月—2017 年 6 月	
	祖雷鸣	司 长	2017 年 6 月—	
		水利建设管理督察专员（正司级）	2012 年 8 月—2017 年 6 月	
		副司长	继任—2012 年 8 月	
	骆 涛	副司长（正司级）	2013 年 6 月—2016 年 3 月	
	张严明	副司长（正司级）	2016 年 4 月—	
	孙献忠	副司长	2008 年 3 月—2016 年 5 月	
	温雪琼（女）	副司长	2009 年 5—11 月	挂职
	张文捷	副司长	2009 年 11 月—2010 年 2 月	挂职
	王 健	副司长	2011 年 3 月—2012 年 3 月	挂职
	徐元明	副司长	2012 年 8 月—	
	巩同梁	副司长	2013 年 3 月—2015 年 2 月	挂职
	达 桑	副司长	2014 年 3 月—2015 年 3 月	挂职
	闫九球	副司长	2015 年 4 月—2016 年 4 月	挂职
	朱 云	副司长	2016 年 3 月—2017 年 3 月	挂职
	李激扬	副司长	2017 年 3 月—2018 年 3 月	挂职
	张汝石	助理巡视员	继任—2008 年 9 月	
	韦志立	副巡视员	继任—2009 年 7 月	
	汪安南	副巡视员	2008 年 3—9 月	
	肖向红（女）	副巡视员	2009 年 7 月—2011 年 9 月	
	刘六宴	副巡视员	2016 年 8 月—	
	司毅军	副巡视员	2017 年 11 月—	

机构名称	姓名	职务	任免时间	备注
水土保持司	刘震	司长	继任—2016年7月	
	蒲朝勇	司长	2016年7月—	
		副司长	2012年8月—2016年7月	
	牛崇桓	水利建设管理督察专员（正司级）	2017年11月—	
		副司长	继任—2017年11月	
	张学俭	巡视员	2008年3月—2012年8月	
	佟伟力	副司长	2008年3月—2009年5月	
	张新玉	巡视员	2012年8月—	
		副司长	2009年5月—2012年8月	
	经大忠	副司长	2011年3月—2012年3月	挂职
	邓家富	副司长	2013年3月—2015年2月	挂职
	郭索彦	副司长	2016年8月—	
	刘辉	副司长	2017年7月—	挂职
	张文聪	副司长	2017年11月—	
农村水利司	王晓东	司长	2008年3月—2010年11月	
	王爱国	司长	2010年12月—	
	姜开鹏	巡视员	2008年3月—2010年2月	
	李远华	巡视员	2010年2月—	
		副司长	继任—2010年2月	
	张向群	副司长（正司级）	2018年1月—	
	龙长春	副司长	2008年3—9月	挂职
	顾斌杰	副司长	2008年3月—2016年11月	
	倪文进	副司长	2010年2月—	
	栾维功	副司长	2010年3—12月	挂职
	张晓宁	副司长	2011年3月—2012年3月	挂职
	李天佑	副司长	2013年3月—2015年2月	挂职
	胡朝碧	副司长	2015年4月—2016年4月	挂职
	赵德永	副司长	2016年3月—2017年3月	挂职
	赵乐诗	副司长	2016年11月—2017年12月	
		副巡视员	2008年7月—2016年11月	
	王华	副司长	2017年3月—2018年3月	挂职
	张敦强	副司长	2018年1月—	
		副巡视员	2016年11月—2018年1月	

机构名称	姓 名	职 务	任 免 时 间	备 注
安全监督司	王爱国	司 长	2008 年 9 月—2010 年 12 月	
	武国堂	司 长	2010 年 12 月—2016 年 8 月	
	许文海	司 长	2016 年 8 月—	
	赵 卫	水利建设管理督察专员（正司级）	2012 年 8 月—2016 年 4 月	
		副司长	2008 年 9 月—2012 年 8 月	
	祝瑞祥	副司长（正司级）	2015 年 7 月—	
	田克军	水利建设管理督察专员（正司级）	2016 年 8 月—	
	张汝石	巡视员	2015 年 7—12 月	
		副司长	2008 年 9 月—2015 年 7 月	
	钱宜伟	副司长	2012 年 8 月—	
	赵东晓	副巡视员	2016 年 8 月—	
国家防汛抗旱总指挥部办公室	鄂竟平	主 任	继任—2009 年 4 月	
	刘 宁	主 任	2009 年 4 月—2012 年 9 月	
	张志彤	主 任	2012 年 9 月—2016 年 3 月	
		常务副主任（正司级）	继任—2012 年 9 月	
	李坤刚	主 任	2016 年 3 月—	
		国家防汛抗旱督察专员（正司级）	2011 年 5 月—2016 年 3 月	
		副主任	2008 年 3 月—2011 年 5 月	
	田以堂	国家防汛抗旱督察专员（正司级）	2010 年 12 月—	
		副主任（正司级）	继任—2010 年 12 月	
	邱瑞田	国家防汛抗旱督察专员（正司级）	2010 年 12 月—2015 年 11 月	
		巡视员	2007 年 12 月—2010 年 12 月	
		副主任	继任—2009 年 7 月	
	张 旭	国家防汛抗旱督察专员（正司级）	2012 年 8 月—2017 年 12 月	
		副主任	2009 年 7 月—2012 年 8 月	
		助理巡视员	继任—2009 年 7 月	
	束庆鹏	国家防汛抗旱督察专员（正司级）	2012 年 8 月—2015 年 11 月	
		副主任	2009 年 7 月—2012 年 8 月	
		副局级干部	继任—2009 年 7 月	

机构名称	姓　名	职　务	任　免　时　间	备　注
国家防汛抗旱总指挥部办公室	梁家志	国家防汛抗旱督察专员（正司级）	2012 年 8 月—2014 年 10 月	
	王　翔	国家防汛抗旱督察专员（正司级）	2014 年 10 月—	
		副主任	2012 年 8 月—2014 年 10 月	
	王　磊	国家防汛抗旱督察专员（正司级）	2015 年 11 月—	
	张家团	国家防汛抗旱督察专员（正司级）	2015 年 11 月—	
		副主任	2011 年 5 月—2015 年 11 月	
	孙献忠	国家防汛抗旱督察专员（正司级）	2016 年 5—8 月	
	顾斌杰	国家防汛抗旱督察专员（正司级）	2016 年 11 月—	
	程殿龙	副主任	继任—2009 年 6 月	
	张幸福	副主任	2008 年 3—9 月	挂职
	史芳斌	副主任	2010 年 5 月—2011 年 1 月	挂职
	万海斌	国家防汛抗旱督察专员（正司级）	2017 年 12 月—	
		副主任	2011 年 5 月—2017 年 12 月	
	刘学峰	副主任	2014 年 10 月—2015 年 4 月	
		国家防汛抗旱督察专员（副司级）	2011 年 5 月—2012 年 8 月	
	姚文广	副主任	2012 年 8 月—2017 年 3 月	
		国家防汛抗旱督察专员（副司级）	2011 年 5 月—2012 年 8 月	
	张世丰	副主任	2013 年 3 月—2015 年 2 月	挂职
	尚全民	副主任	2015 年 7 月—	
		副巡视员	2014 年 10 月—2015 年 7 月	
	徐宪彪	副主任	2015 年 11 月—	
	符传君	副主任	2016 年 3 月—2017 年 3 月	挂职
	王章立	副主任	2017 年 5 月—	
	周一敏	副巡视员	继任—2010 年 2 月	
	刘玉忠	副巡视员	2011 年 1 月—2013 年 12 月	
	翟自宏	副巡视员	2014 年 3 月—2015 年 3 月	挂职
	李兴学	副巡视员	2015 年 7 月—	

续表

机构名称	姓名	职务	任免时间	备注
水文司	蔡建元	司长	2017年9月—	
	林祚顶	副司长	2017年9月—	
	杨燕山	副司长	2017年9月—	
	张文胜	副巡视员	2017年9月—	
农村水电与水库移民司	唐传利	司长	2017年9月—	
	邢援越	副司长（正司级）	2017年9月—	
	杨嘉隆	副司长（正司级）	2017年9月—	
	刘冬顺	副司长（正司级）	2017年9月—	
	陈大勇	副司长	2017年9月—	
	顾茂华	副司长	2017年9月—	
	许德志	副司长	2017年9月—	
	朱闽丰	副司长	2017年9月—	
	田中兴	正司级干部	2017年9月—	
直属机关党委	周英（女）	书记（兼）	继任—2012年10月	
	蔡其华（女）	书记（兼）	2012年10月—2015年11月	
	矫勇	书记（兼）	2015年11月—2016年9月	
	田学斌	书记（兼）	2016年9月—	
	刘学钊	常务副书记	2008年3月—2017年12月	2015年12月—2017年12月兼任人事司副司长
	杨得瑞	常务副书记	2017年12月—	2017年12月兼任人事司副司长
	徐开濯	副书记	2008年11月—2011年8月	
		纪委书记（正局级）	继任—2011年8月	
	罗湘成	副书记、纪委书记（正司级）	2011年8月—	
	涂曙明	副书记	继任—2009年7月	交流
	白岩红	副书记	2017年11月—	
	周振红	副巡视员	2015年7月—	
		纪委副书记、廉政办（文明办）副主任	2013年12月—	
	浦晓津	助理巡视员	继任—2012年8月	
离退休干部局	何源满	局长、党委书记	继任—2012年1月	
	凌先有	局长、党委书记	2012年1月—	
		副局长	继任—2012年1月	
	巫明强	副局长	继任—	

机构名称	姓 名	职 务	任 免 时 间	备 注
离退休干部局	邢志勇	巡视员	2016 年 11 月—2017 年 3 月	
		党委副书记	继任—2016 年 11 月	
	张宝林	副局长	2012 年 8 月—2014 年 10 月	
	贾庭欣（女）	副局长	2014 年 10 月—2015 年 2 月	
	宋飞越	副局长	2016 年 3 月—	
	李青（女）	党委副书记	2016 年 11 月—	
	陈信华	副巡视员	2009 年 5 月—2012 年 8 月	
	关业祥	副巡视员	2011 年 1—5 月	
中央纪委驻水利部纪检组、监察部驻水利部监察局（2015 年 11 月撤销监察部驻水利部监察局）	王星	监察局局长	继任—2011 年 2 月	
	曲吉山	纪检组副组长、监察局局长	2011 年 2 月—2014 年 12 月	
	张志刚	纪检组副组长（正局级）	2016 年 3 月—	
		纪检组副组长监察局局长	2014 年 12 月—2016 年 3 月	
	张凯	纪检组副组长（副局级）	2016 年 7 月—	
		副局级纪律检查员	2016 年 3—7 月	
		副局级纪律检查员监察专员	2014 年 10 月—2016 年 3 月	
	张秀荣（女）	正局级纪律监察员监察专员	2006 年 11 月—2009 年 8 月	
	唐宝振	正局级纪律检查员	2016 年 3 月—	
	陈庚寅	监察局副局长	2006 年 11 月—2011 年 1 月	
	段同华	副局级纪律检查员	2016 年 1 月—	
	李肇燊	纪检组副组长（副局级）	2016 年 3—11 月	
		监察局副局长	2011 年 11 月—2016 年 3 月	
		副局级纪律监察员监察专员兼室主任	继任—2011 年 11 月	
	任长征（女）	副局级纪律检查员监察专员	2012 年 7 月—2016 年 3 月	
	李晓军	副局级纪律检查员	2017 年 1 月—	
	葛培玉	纪检监察二室副局级主任	2006 年 10 月—2012 年 5 月	
		副局级纪律检查员监察专员	2012 年 5 月—2013 年 10 月	
	隋洪波	纪检组副组长（副局级）	2017 年 7 月—	挂职

（四）流域管理机构、直属企事业单位及直管（挂靠）社团

1. 流域管理机构

流域管理机构有长江水利委员会、黄河水利委员会、淮河水利委员会、海河水利委员会、珠江水

利委员会、松辽水利委员会和太湖流域管理局。

2. 直属企事业单位

（1）直属事业单位有综合事业局、水文局（水利信息中心）、农村水电及电气化发展中心（局）、水库移民开发局、南水北调规划设计管理局、机关服务中心（局）、水利水电规划设计总院（水利部水利规划与战略研究中心）、中国水利水电科学研究院、中国水利报社、中国水利水电出版社、发展研究中心、中国灌溉排水发展中心（水利部农村饮水安全中心）、预算执行中心、南京水利科学研究院、国际小水电中心、中国水利博物馆、三门峡温泉疗养院和参事室。

2008年9月，根据国务院办公厅印发的《水利部主要职责内设机构和人员编制规定》（国办发〔2008〕75号）和中央机构编制委员会办公室有关文件规定，设置农村水电及电气化发展局。主要职责：指导农村水能资源开发工作，拟定农村水能资源开发的政策、法规、发展战略、技术标准和规程规范并组织实施；组织开展水能资源调查工作，负责水能资源信息系统建设和水能资源调查成果的管理；指导农村水能资源开发规划编制及监督实施，指导农村水能资源权属管理工作，研究拟定农村水能资源有偿使用制度；承担中央补助的农村水能资源开发项目审核工作，参与指导水电项目合规性和工程建设方案审查；指导农村水能资源开发工程质量和安全工作，参与重大安全事故的督查；指导农村水电体制改革，指导农村水电工程设施产权制度改革，指导农村水电电网建设与改造有关工作；指导水电农村电气化工作，组织编制水电农村电气化规划并监督实施，指导水电农村电气化县建设及后评价工作；指导小水电代燃料工作，组织编制全国小水电代燃料规划并监督实施，指导小水电代燃料工程建设和管理工作；指导农村水电行业技术进步和技术培训，承担全国农村水能资源开发及水利系统综合利用枢纽电站统计工作。

2009年10月，经商国家能源局、交通运输部同意，并报中央编办批准，根据《关于南京水利科学研究院名称问题的批复》（水人事〔2009〕506号），南京水利科学研究院名称变更为"水利部 交通运输部 国家能源局南京水利科学研究院"。

2010年5月，根据《关于核销中国水利水电出版社事业编制的批复》（中央编办复字〔2010〕144号），中国水利水电出版社不再列入事业单位序列。

2010年12月，根据《关于成立水利部水文情报预报中心的批复》（水人事〔2010〕585号），同意在水利部水文局（水利信息中心）组建水利部水文情报预报中心。

2011年3月，根据中央编办批复和水利部《关于成立水利部新闻宣传中心的通知》（水人事〔2011〕145号），成立水利部新闻宣传中心。

2011年5月，根据《关于中国水利博物馆增挂水利部水文化遗产研究中心的批复》（水人事〔2011〕222号），同意在中国水利博物馆增挂"水利部水文化遗产研究中心"牌子。

2011年9月，根据中央编办批复和水利部《关于成立水利部小浪底水利枢纽管理中心的通知》（水人事〔2011〕480号），成立水利部小浪底水利枢纽管理中心。

2012年2月，根据《关于水利部展览音像制作中心更名的批复》（中央编办复字〔2012〕32号），水利部展览音像制作中心更名为水利部水情教育中心。

2012年8月，根据中央编办批复和水利部《关于成立水利部水情教育中心的通知》（水人事〔2012〕351号），成立水利部水情教育中心。

2012年8月，根据中央编办批复和水利部《关于成立水利部建设管理与质量安全中心的通知》（水人事〔2012〕349号），成立水利部建设管理与质量安全中心。

2012年10月，根据《中央编办关于水利部所属事业单位清理规范意见的函》（中央编办函〔2012〕245号），撤销水利部参事室。

2012年10月，根据《中央编办关于水利部所属事业单位清理规范意见的函》（中央编办函〔2012〕245号），水利部水利水电规划设计总院加挂"水利部水利规划与战略研究中心"牌子。

2017 年 9 月，根据中央编办批复和《水利部关于印发水利部信息中心（水利部水文水资源监测预报中心）主要职责机构设置和人员编制方案的通知》（水人事〔2017〕289 号），原水利部水文局（水利部水利信息中心）更名为水利部信息中心，加挂"水利部水文水资源监测预报中心"牌子。

2017 年 10 月，根据中央编办批复和《水利部关于印发水利部水资源管理中心主要职责机构设置和人员编制方案的通知》（水人事〔2017〕348 号），成立水利部水资源管理中心。

2017 年 10 月，根据中央编办批复和《水利部关于印发水利部宣传教育中心主要职责机构设置和人员编制方案的通知》（水人事〔2017〕349 号），原水利部新闻宣传中心、水情教育中心合并，组建水利部宣传教育中心。

（2）直属企业：2014 年 10 月，根据《水利部关于同意组建中国水利水电出版传媒集团的批复》（水人事〔2014〕324 号），组建中国水利水电出版传媒集团。

3. 直管（挂靠）社团

直管（挂靠）社团有中国水利学会、中国水利经济研究会、中国水利思想政治工作研究会、中国水利文学艺术协会、中国水利江河体育协会、中国水利教育协会、中国水利工程协会、中国黄河文化经济发展研究会、黄河研究会、南方水土保持研究会、国际小水电联合会、中国农业节水和农村供水技术协会、中国灌区协会、中国水利企业协会、中国水利水电勘测设计协会和中国土工合成材料工程协会。

2009 年 6 月，根据《关于同意成立中国保护黄河基金会的批复》（水人事〔2009〕330 号），成立中国保护黄河基金会。

2009 年 7 月，根据《民政部关于世界泥沙研究学会成立登记的批复》（民函〔2009〕192 号），成立世界泥沙研究学会。

2009 年 7 月，根据《关于同意中国大坝协会成立登记的批复》（水人事〔2009〕368 号），成立中国大坝协会。2016 年 3 月，根据《民政部关于中国大坝协会更名为中国大坝工程学会的批复》（民函〔2016〕71 号），中国大坝协会更名为中国大坝工程学会。

2009 年 10 月，根据《民政部关于中国水利江河体育协会更名为中国水利体育协会的批复》（民函〔2009〕266 号），中国水利江河体育协会更名为中国水利体育协会。

2011 年 9 月，根据《民政部关于国际沙棘学会成立登记的批复》（民函〔2011〕240 号），成立国际沙棘协会。

2015 年 4 月，根据《民政部关于世界水土保持学会成立登记的批复》（民函〔2015〕149 号），成立世界水土保持学会。

2016 年 11 月，根据《民政部关于中国水资源战略研究会成立登记的批复》（民函〔2016〕273 号），成立中国水资源战略研究会。

2016 年 10 月，根据《关于中国土工合成材料工程协会脱钩试点实施方案的批复》（联组办〔2016〕27 号），中国土工合成材料工程协会与水利部脱钩。

2017 年 6 月，根据《关于中国农业节水和农村供水技术协会等 2 家协会脱钩实施方案的批复》（联组办〔2017〕2 号），中国农业节水和农村供水技术协会、中国灌区协会与水利部脱钩。

2018 年 2 月，根据《关于中国水利企业协会、中国水利水电勘测设计协会脱钩实施方案的批复》（联组办〔2018〕5 号），中国水利企业协会、中国水利水电勘测设计协会与水利部脱钩。

三、第三阶段（2018 年 7 月—2021 年 12 月）

根据党的十九届三中全会审议通过的《中共中央关于深化党和国家机构改革的决定》、《深化党和国家机构改革方案》以及第十三届全国人民代表大会第一次会议批准的《国务院机构改革方案》，设置水利部，是国务院组成部门。

（一）主要职责

（1）负责保障水资源的合理开发利用。拟定水利战略规划和政策，起草有关法律法规草案，制定部门规章，组织编制全国水资源战略规划、国家确定的重要江河湖泊流域综合规划、防洪规划等重大水利规划。

（2）负责生活、生产经营和生态环境用水的统筹和保障。组织实施最严格水资源管理制度，实施水资源的统一监督管理，拟订全国和跨区域水中长期供求规划、水量分配方案并监督实施。负责重要流域、区域以及重大调水工程的水资源调度。组织实施取水许可、水资源论证和防洪论证制度，指导开展水资源有偿使用工作。指导水利行业供水和乡镇供水工作。

（3）按规定制定水利工程建设有关制度并组织实施，负责提出中央水利固定资产投资规模、方向、具体安排建议并组织指导实施，按国务院规定权限审批、核准国家规划内和年度计划规模内固定资产投资项目，提出中央水利资金安排建议并负责项目实施的监督管理。

（4）指导水资源保护工作。组织编制并实施水资源保护规划。指导饮用水水源保护有关工作，指导地下水开发利用和地下水资源管理保护。组织指导地下水超采区综合治理。

（5）负责节约用水工作。拟订节约用水政策，组织编制节约用水规划并监督实施，组织制定有关标准。组织实施用水总量控制等管理制度，指导和推动节水型社会建设工作。

（6）指导水文工作。负责水文水资源监测、国家水文站网建设和管理。对江河湖库和地下水实施监测，发布水文水资源信息、情报预报和国家水资源公报。按规定组织开展水资源、水能资源调查评价和水资源承载能力监测预警工作。

（7）指导水利设施、水域及其岸线的管理、保护与综合利用。组织指导水利基础设施网络建设。指导重要江河湖泊及河口的治理、开发和保护。指导河湖水生态保护与修复、河湖生态流量水量管理以及河湖水系连通工作。

（8）指导监督水利工程建设与运行管理。组织实施具有控制性的和跨区域跨流域的重要水利工程建设与运行管理。组织提出并协调落实三峡工程运行、南水北调工程运行和后续工程建设的有关政策措施，指导监督工程安全运行，组织工程验收有关工作，督促指导地方配套工程建设。

（9）负责水土保持工作。拟订水土保持规划并监督实施，组织实施水土流失的综合防治、监测预报并定期公告。负责建设项目水土保持监督管理工作，指导国家重点水土保持建设项目的实施。

（10）指导农村水利工作。组织开展大中型灌排工程建设与改造。指导农村饮水安全工程建设管理工作，指导节水灌溉有关工作。协调牧区水利工作。指导农村水利改革创新和社会化服务体系建设。指导农村水能资源开发、小水电改造和水电农村电气化工作。

（11）指导水利工程移民管理工作。拟订水利工程移民有关政策并监督实施，组织实施水利工程移民安置验收、监督评估等制度。指导监督水库移民后期扶持政策的实施，协调监督三峡工程、南水北调工程移民后期扶持工作，协调推动对口支援等工作。

（12）负责重大涉水违法事件的查处，协调和仲裁跨省、自治区、直辖市水事纠纷，指导水政监察和水行政执法。依法负责水利行业安全生产工作，组织指导水库、水电站大坝、农村水电站的安全监管。指导水利建设市场的监督管理，组织实施水利工程建设的监督。

（13）开展水利科技和外事工作。组织开展水利行业质量监督工作，拟订水利行业的技术标准、规程规范并监督实施。办理国际河流有关涉外事务。

（14）负责落实综合防灾减灾规划相关要求，组织编制洪水干旱灾害防治规划和防护标准并指导实施。承担水情旱情监测预警工作。组织编制重要江河湖泊和重要水工程的防御洪水抗御旱灾调度及应急水量调度方案,按程序报批并组织实施。承担防御洪水应急抢险的技术支撑工作。承担台风防御期间重要水工程调度工作。

(15)完成党中央、国务院交办的其他任务。

(16)职能转变。水利部应切实加强水资源合理利用、优化配置和节约保护。坚持节水优先,从增加供给转向更加重视需求管理,严格控制用水总量和提高用水效率。坚持保护优先,加强水资源、水域和水利工程的管理保护,维护河湖健康美丽。坚持统筹兼顾,保障合理用水需求和水资源的可持续利用,为经济社会发展提供水安全保障。

(二)编制与机构设置及主要职能

根据《中共中央办公厅 国务院办公厅关于印发〈水利部职能配置、内设机构和人员编制规定〉的通知》(厅字〔2018〕57号),水利部机关行政编制502名(含两委人员编制10名、援派机动编制6名、离退休干部工作人员编制31名)。其中部长1名、副部长4名、司局级领导职数88名(含总工程师1名、总规划师1名、总经济师1名、督察专员4名、机关党委专职副书记1名、离退休干部局领导职数3名)。

水利部机关机构图(2018年)见图3。

2019年4月,为2017年度在机关接收安置军队转业干部增加2名机关行政编制。

2021年2月,为2019年度机关接收安置军队转业干部增加1名行政编制。

根据《中共中央办公厅 国务院办公厅关于印发〈水利部职能配置、内设机构和人员编制规定〉的通知》(厅字〔2018〕57号)和《水利部关于印发机关各司局职能配置内设处室和人员编制规定的通知》(水人事〔2018〕235号),水利部机关设22个内设机构。

(1)办公厅。协助水利部领导对水利部机关政务、业务等有关工作进行综合协调,组织水利部机关日常工作。负责水利部机关公文处理、督办督查、政务信息、政务公开、保密、机要、密码、信访、档案、国家安全人民防线、印章管理等工作,并指导水利系统相关工作。负责水利部召开的综合性的全国性会议、部务会议和部长办公会议的组织工作,负责水利部机关行政会议计划管理工作。组织水利部宣传、新闻发布和舆情分析工作,指导水利系统宣传、水情教育和水文化工作。负责水利部政务信息化规划的管理工作,组织开展水利部网站及政务内网的建设、运行管理和内容保障工作。组织草拟水利部综合性重要政务文稿。负责水利部值班工作和水利部领导的秘书工作。组织协调全国人大建议和全国政协提案的办理工作。

(2)规划计划司。组织编制全国水利发展战略规划、中长期改革发展规划、重大区域发展战略水利专项规划,组织开展水利改革和发展重大专题(课题)研究。组织编制全国水资源综合规划、国家确定的重要江河湖泊的流域综合规划、流域防洪规划,拟订全国和跨省、自治区、直辖市水中

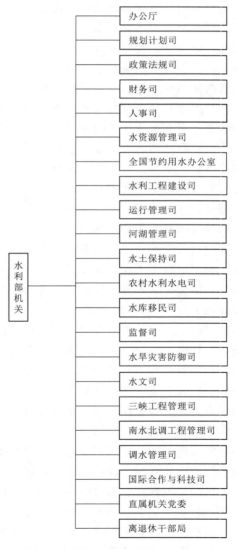

图3 水利部机关机构图(2018年)

水利部机关

- 办公厅
- 规划计划司
- 政策法规司
- 财务司
- 人事司
- 水资源管理司
- 全国节约用水办公室
- 水利工程建设司
- 运行管理司
- 河湖管理司
- 水土保持司
- 农村水利水电司
- 水库移民司
- 监督司
- 水旱灾害防御司
- 水文司
- 三峡工程管理司
- 南水北调工程管理司
- 调水管理司
- 国际合作与科技司
- 直属机关党委
- 离退休干部局

长期供求规划，归口管理水利专业和专项规划的编制和审批工作。组织指导重大水利规划实施评估工作。指导水工程建设项目合规性审查工作，负责水工程建设规划同意书制度的组织实施。组织指导城市总体规划和重大水利建设项目等有关防洪论证工作。组织审查审批全国重大水利建设项目和水利部直属基础设施建设项目建议书、可行性研究和初步设计报告。负责中央审批（核准）的大中型水利工程移民安置规划大纲审批和移民安置规划审核工作。组织指导重大水利基础设施项目前期工作。负责提出中央水利固定资产投资（含专项基金）的规模、方向和项目安排的意见。负责提出中央水利固定资产投资年度建议计划，组织指导中央水利固定资产投资计划执行。负责中央水利固定资产投资建设项目、水利部直属基础设施建设项目投资计划管理和水利前期工作投资计划管理。承担水利部深化水利改革领导小组办公室日常工作，负责水利改革统筹协调工作。负责水利统计和水利普查工作，指导水利建设项目后评估工作。

（3）政策法规司。指导水利系统依法行政工作，组织协调水利部依法行政和法治政府建设工作。拟订水利立法规划，组织起草水利法律、行政法规草案和部门规章，承担水利立法协调、后评估、清理、解释等工作，承办有关部门起草的法律、行政法规、部门规章征求意见答复工作。负责综合性和重大水利政策的研究制订，组织编制水利政策研究与制度建设项目规划和年度计划并监督实施，指导政策研究项目管理，推动研究成果转化应用。指导水利行政许可工作，负责水利部"放管服"改革工作并监督检查。指导水事纠纷预防调处工作，协调和仲裁跨省（自治区、直辖市）水事纠纷。承办水利部行政应诉、行政复议和行政赔偿工作。组织指导水政监察和水行政执法，指导水政监察队伍建设，组织建立水行政执法制度，负责水利法律、行政法规和部门规章实施情况的监督检查，组织查处重大涉水违法事件。指导水利系统法治宣传教育和普法工作，组织拟订水利普法规划和年度计划并监督实施。承担水利部规范性文件审查、法律文书文件合法性审核和流域管理机构规范性文件备案管理等工作。承办水利部法律顾问和公职律师工作。

（4）财务司。负责拟订水利预算管理制度办法、支出定额、政策建议。编制中央水利部门预决算和政府财务报告。负责部门预算项目库的管理。负责归口提出中央财政水利专项资金安排和工作清单建议方案，组织编制中央财政水利专项资金三年滚动规划和实施方案并监督实施。统筹协调中央财政水利资金监督管理。归口管理政府性基金。指导水利项目利用金融信贷资金工作。负责中央水利项目利用外资的财务管理工作。负责拟订中央水利国有资产监督管理的规章制度。承担中央水利行政事业单位国有资产配置、使用和处置等的监管工作。指导水利部直属单位对所属企业国有资产的监管工作。组织编制国有资本经营预决算、政府国有资产报告和企业财务会计决算。研究提出水利价格、税费、基金、信贷、保险等政策建议，参与中央直属和跨省（自治区、直辖市）水利工程供水、发电价格管理有关工作。对水权交易平台建设、运营和水权交易重大事项进行监督管理。负责拟订水利财务管理制度并组织实施。组织开展预算执行考核、监督检查、项目验收和动态监控。负责水利部机关财务管理，监管机关国有资产。负责水利部直属单位基本建设项目竣工财务决算审批。负责部门预算、中央财政水利资金和国有资产的绩效管理工作。

（5）人事司。指导水利行业人才队伍建设，组织拟订水利系统人才规划及相关政策，组织指导水利部机关和直属单位干部人事制度改革。负责水利部机关和参照公务员法管理单位的公务员管理工作。负责水利部直属单位领导班子、水利部部管后备干部队伍建设和干部监督工作，承办水利部部管干部的日常管理工作。组织拟订水利专业技术职务评审标准、水利行业职业技能标准，组织指导水利部直属单位专业技术职务评聘和专家管理工作，负责水利行业职业资格管理工作。负责水利部机关和直属单位机构编制管理、机构改革工作，组织指导水行政管理体制改革有关工作，负责水利社团管理有关工作。负责水利部机关和直属单位工资管理工作，指导水利部直属单位收入分配制度改革。组织指导水利部直属单位职工劳动保护、卫生保健和疗休养工作，负责水利干部人事统计工作，归口管理水利部表彰奖励工作。负责水利部机关和直属单位干部教育培训管理工作，组织拟订水利干部教育培训规划并监督实施。

（6）水资源管理司。组织开展水资源评价有关工作，按规定组织开展水资源承载能力预警工作，指导水资源监控能力建设。组织实施流域区域取用水总量控制。组织指导水量分配工作并监督实施。组织实施取水许可、水资源论证等制度。指导开展水资源有偿使用工作，指导水权制度建设。按规定指导城市水务方面的有关工作。指导河湖水生态保护与修复、河湖生态流量水量管理以及河湖水系连通工作。指导地下水开发利用和地下水资源管理保护，组织指导地下水超采区综合治理。组织编制并实施水资源保护规划，指导饮用水水源保护有关工作，参与编制水功能区划和指导入河排污口设置管理工作。承担实施最严格水资源管理制度相关工作，负责最严格水资源管理制度考核。组织编制并发布国家水资源公报。

（7）全国节约用水办公室。拟订节约用水政策、法规、制度，组织指导计划用水和节约用水工作。组织编制全国节约用水规划，指导拟订区域与行业节水规划，并协调实施。负责落实用水总量控制制度相关工作，组织实施用水效率控制制度，组织指导节水标准、用水定额的制定并监督实施。协调推进农业、工业、城镇等领域节水和重点区域节水，指导和推动节水型社会建设工作。承担节约用水工作部门协调机制日常工作，推动实施国家节水行动。组织实施节水监督管理，承担节水考核有关工作，组织实行用水报告和重点用水单位监控。协调推动节水科技创新和成果转化，指导水效标识建设、合同节水管理、水效领跑和节水认证等工作。指导节水宣传教育工作，负责节水统计和信息发布。指导城市污水处理回用等非常规水源开发利用工作。

（8）水利工程建设司。指导水利工程建设管理，制定水利建设管理制度并组织实施。组织实施具有控制性的和跨区域跨流域的重要水利工程建设。组织指导水利工程蓄水安全鉴定和验收工作，负责水利部主持验收项目的验收组织工作。指导水利工程建设质量、进度、造价管理，承担水利建设质量考核工作，负责水利建设项目法人责任制、建设监理制、招标投标制、合同管理制执行情况的监督管理。指导水利建设市场监督管理，负责施工、监理、造价、质量检测等水利建设市场主体和人员的资质资格认定相关工作。指导水利建设市场信用体系建设，规范水利建设市场信用信息应用。指导大江大河干堤、重要病险水库、重要水闸的除险加固。

（9）运行管理司。指导水库、水电站大坝、堤防、水闸等水利工程的运行管理与划界。指导水利设施的管理、保护和综合利用。组织水库大坝、水闸注册登记工作，组织指导水库大坝降等报废和水库运行调度规程编制工作。指导水库大坝、水闸工程安全鉴定和堤防工程安全评价工作，参与组织编制病险水库、水闸等工程的除险加固规划或实施方案。组织指导水库、堤防、水闸等水利工程管理标准化工作。负责水利工程管理体制改革工作。组织指导水利工程安全监测以及运行管理考核工作。参与涉及水利工程及管理和保护范围的涉河建设项目管理。

（10）河湖管理司。承担全面推行河长制工作部际联席会议办公室具体工作。负责全面推行河长制湖长制工作，组织对河长制湖长制实施情况进行督查。指导河湖水域及其岸线的管理、保护和水利风景区建设管理工作。指导河道管理范围划定工作。指导河口管理和保护工作。指导、监督河道采砂管理工作，指导河道采砂规划和计划的编制。指导、监督河道管理范围内建设项目和活动管理有关工作。组织实施河道管理范围内建设项目工程建设方案审查制度。

（11）水土保持司。组织、协调、指导全国水土保持工作，负责水土流失综合防治、监督管理和监测评价。组织拟订水土保持政策、法律、法规和技术标准并监督实施。组织编制和监督实施全国及重点区域水土保持规划，负责规划实施的考核评估。负责水土保持监测和信息化应用工作，组织全国水土保持监测网络的建设和管理，组织全国水土流失调查、动态监测、预报并公告。负责重大生产建设项目水土保持方案的审批、监督检查及水土保持设施自主验收的核查。指导国家水土保持重点工程实施和生态清洁小流域建设。组织推广水土保持科技成果，指导水土保持服务体系建设。

（12）农村水利水电司。指导农村水利和农村水电工作，组织拟订农村水利和农村水电法规、政策、发展战略、发展规划和行业技术标准并监督实施。指导灌排工程建设与管理工作，组织实施大中型灌区和大中型灌排泵站工程建设与改造，指导灌溉试验工作。承担协调牧区水利工作。指导农村饮水工程建设与管理工作，组织实施农村饮水安全巩固提升工程。指导节水灌溉有关工作，指导农业水价综合改革工作。指导农村水能资源开发与管理，组织开展水能资源调查工作，组织拟订农村水能资源开发规划。指导小水电改造、水电农村电气化、农村水电增效扩容改造以及小水电代燃料等工作，组织指导农村水电站安全监管。指导农村水利改革创新。指导农村水利社会化服务体系和基层水利服务体系建设。

（13）水库移民司。指导水利工程移民工作和水库移民后期扶持工作，组织拟订水利工程移民和水库移民后期扶持法规、政策和技术标准并监督实施。指导水利工程移民安置前期工作，参与中央审批（核准）的大中型水利工程移民安置规划大纲和移民安置规划审核工作。负责水利工程移民安置实施的监督指导工作，组织实施水利工程移民安置的资金稽察、监督评估、验收等制度，协调移民安置工作中的重大问题。组织开展新增水库移民后期扶持人口核定。指导编制和实施大中型水库移民后期扶持相关规划。组织开展大中型水库移民后期扶持政策实施的督导检查、稽察、监测评估等工作。组织开展中央水库移民扶持基金绩效评价工作。组织开展全国对口支援三峡库区工作，协助做好三峡移民安稳致富工作。协调指导南水北调工程移民后续发展规划、对口协作等工作并监督实施。指导水利扶贫工作。组织拟订水利扶贫政策，编制水利扶贫规划、年度工作计划，并督促实施。组织协调水利部定点扶贫工作和对口支援工作，承担滇桂黔石漠化片区区域发展与扶贫攻坚联系工作。指导水库移民信息化管理工作，组织开展水库移民和水利扶贫统计工作。

（14）监督司。督促检查水利重大政策、决策部署和重点工作的贯彻落实。组织开展节约用水、水资源管理、水利建设与管理等相关业务领域的督查。组织实施水利工程质量监督，指导水利行业安全生产工作，组织或参与重大水利质量、安全事故的调查处理。组织指导中央水利投资项目稽察。指导水库、水电站大坝安全监管。组织指导水利工程运行安全管理的监督检查。指导协调水利行业监督检查体系建设。

（15）水旱灾害防御司。组织编制重要江河湖泊和重要水工程防御洪水方案和洪水调度方案并组织实施。组织编制干旱防治规划及重要江河湖泊和重要水工程应急水量调度方案并组织实施，指导编制抗御旱灾预案。负责对重要江河湖泊和重要水工程实施防洪调度及应急水量调度，承担台风防御期间重要水工程调度工作，协调指导山洪灾害防御相关工作。组织协调指导洪泛区、蓄滞洪区和防洪保护区洪水影响评价工作。组织协调指导蓄滞洪区安全建设、管理和运用补偿工作。组织协调指导水情旱情信息报送和预警工作，组织指导全国水库蓄水和干旱影响评估工作。指导重要江河湖泊和重要水工程水旱灾害防御调度演练。组织协调指导防御洪水应急抢险的技术支撑工作。组织指导水旱灾害防御物资的储备与管理、水旱灾害防御信息化建设和全国洪水风险图编制运用工作，负责提出水利工程水毁修复经费的建议。

（16）水文司。组织指导全国水文工作，组织拟订水文法规、政策、规划和技术标准并监督实施。负责国家水文站网的建设与管理，组织编制国家水文站网规划并监督实施。负责水文水资源监测工作，组织实施对江河湖库和地下水包括水位、流量、水质、泥沙等水文要素监测。指导水文监测计量器具检定工作。组织指导全国水文水资源情报预报，组织指导国家防汛抗旱防台风的水文及相关信息收集分析和全国江河湖泊及重要水库的雨情、水情、汛情以及重点区域的旱情预测预报。组织指导水文水资源监测数据整编和资料管理工作，组织实施水文水资源监测数据统一汇交等制度。参与组织国际河流及国际水文业务的合作与交流。指导水资源评价技术工作，负责水资源调查有关工作，组织开展水资源承载能力监测分析。组织发布水文水资源信息、情报预报。负责对外提供水文资料和外国组织、个人来华从事水文业务等事项的审查。

（17）三峡工程管理司。组织提出三峡工程运行的有关政策建议，组织指导三峡工程运行调度规程规范编制并监督实施。指导监督三峡工程运行安全和三峡水库蓄退水安全工作。承担三峡工程投资管理和建设收尾有关工作，组织三峡工程验收有关工作。组织和协调三峡水运新通道有关工作。研究提出三峡后续工作规划调整完善的意见建议，负责组织规划实施的动态监测、中期评估和后评价工作。负责制定三峡后续工作年度实施意见，组织项目申报和合规性审核并监督检查项目实施情况。负责三峡后续工作专项资金使用管理和绩效管理有关工作，研究提出年度资金分配建议方案并对执行情况进行监督。组织落实三峡库区基金绩效管理和中央统筹部分的安排使用，组织落实三峡库区工程维护和管理。

（18）南水北调工程管理司。协调落实南水北调工程有关重大政策和措施，参与重大技术经济问题研究。组织协调南水北调工程运行管理工作，指导开展南水北调工程运行规范化、标准化建设。监督指导南水北调工程安全运行管理，组织开展监督检查。组织制定南水北调工程年度水量调度计划并指导调度实施。组织协调南水北调工程竣工财务决算和审计有关工作。组织协调南水北调工程验收有关工作。指导协调南水北调后续工程及东中线一期剩余工程的建设管理工作。督促指导地方南水北调配套工程建设。

（19）调水管理司。组织跨区域跨流域水资源供需形势分析，提出水资源供需总量平衡的意见建议，指导地方开展水资源供需形势分析。组织指导重要流域、区域以及重大调水工程的水资源调度工作，并对实施情况进行监督检查。组织编制重点跨省、自治区、直辖市江河流域年度水量调度计划并监督实施。指导监督跨区域跨流域调水工程调度管理工作。组织指导大型调水工程前期工作。负责南水北调后续工程前期工作。组织指导大型调水工程后评估工作。指导地方调水工程前期工作。

（20）国际合作与科技司。负责水利部机关和直属单位外事工作。承办政府间水利涉外事宜，组织开展水利多双边国际合作，归口管理涉及港澳台地区水利交流工作。指导水利系统对外经济技术合作交流及引进国外智力工作。承办国际河流有关涉外事务，研究拟订国际河流有关政策，组织协调国际河流对外谈判。负责拟订水利科技政策与发展规划并组织实施和监督检查，组织重大水利科技问题研究工作。负责水利科技项目和科技成果的管理工作，组织开展水利科技评估、科技奖励、技术引进、科技推广及科普工作，承担水利部科学技术委员会的日常工作。组织指导水利科技创新体系建设，指导水利部部属科研院所的有关工作，指导重点实验室、工程技术研究中心等科技创新基地的建设与运行管理。组织拟订水利行业的技术标准、规程规范并监督实施，归口管理水利行业计量、认证认可和质量监督工作。

（21）直属机关党委。负责机关和在京直属单位的党群工作。承担水利部党组履行党建主体责任的日常工作，组织协调水利部部属系统党建工作。承担水利部党组履行党风廉政建设主体责任的日常工作，组织协调水利系统党风廉政建设。负责直属机关党的政治建设、思想建设。宣传贯彻党的基本理论、基本路线、基本方略，拟订水利部党组中心组理论学习计划并组织实施，组织水利部机关及在京直属单位党员政治理论学习。指导做好党员、群众的思想政治工作。协助水利部党组落实意识形态工作责任制。负责直属机关党组织建设，指导所属各级党组织做好党员发展工作，组织实施党内集中学习教育，推动落实党内政治生活制度，对党员进行教育、管理、监督和服务。协助水利部党组管理机关各司局党组织和群众组织的干部，配合干部人事部门对机关行政领导干部进行考核和民主评议，对机关行政干部的任免、调动和奖惩提出意见和建议。负责机关纪检工作，领导在京直属单位纪检工作，对所属党组织和党员进行监督执纪问责。领导直属机关工会、共青团（青联）、妇工委、侨联等群团组织，负责统战、双拥工作，指导直属机关民主党派组织依照章程开展工作。承担水利系统精神文明建设指导委员会办公室工作。

（22）离退休干部局。贯彻落实党中央、国务院有关离退休干部工作的方针政策，组织拟订实施办法。组织落实水利部机关离退休干部的政治待遇和生活待遇，引导离退休干部发挥积极作用。负责水利部机关离退休干部思想政治建设和党组织建设工作。承担水利部机关离退休干部经费预算的编制、执行及年终财务决算工作。负责水利部机关离退休干部医疗保健服务管理工作。负责水利部机关老干部活动站的建设和管理工作。指导水利部老年大学和老干部活动中心工作，组织水利部机关离退休干部开展文化体育活动。指导水利部直属单位的离退休干部工作。

2020 年 3 月，根据《中央编办关于水利部机关党委加挂党组巡视工作领导小组办公室牌子的批复》（中编办复字〔2020〕36 号），机关党委加挂"水利部党组巡视工作领导小组办公室"牌子。

2021 年 11 月，根据《水利部人事司关于调整水利部机关各司局人员编制的通知》（人事机〔2021〕12 号），调整水利部机关各司局人员编制。

（三）部领导任免

2018 年 3 月，第十三届全国人民代表大会第一次会议任命鄂竟平为水利部部长；中共中央批准鄂竟平任水利部党组书记，免去陈雷的水利部党组书记职务；国务院任命蒋旭光、雷鸣山为水利部副部长（国人字〔2018〕105 号）；中央组织部批准蒋旭光、雷鸣山任水利部党组成员（组任字〔2018〕198 号）。

2018 年 8 月，中央组织部免去雷鸣山的水利部党组成员职务（组任字〔2018〕536 号）；中央组织部免去周学文的水利部党组成员职务（组任字〔2018〕526 号）。

2018 年 9 月，国务院免去雷鸣山的水利部副部长职务（国人字〔2018〕333 号）；国务院免去周学文的水利部副部长职务（国人字〔2018〕307 号）。

2020 年 1 月，国务院任命周学文兼任水利部副部长（国人字〔2020〕13 号）；中央组织部批准周学文兼任水利部党组成员（组任字〔2020〕18 号）。

2020 年 9 月，国务院免去蒋旭光的水利部副部长职务（国人字〔2020〕254 号）；中央组织部免去蒋旭光的水利部党组成员职务（组任字〔2020〕448 号）。

2021 年 1 月，中共中央批准李国英任水利部党组书记，免去鄂竟平的水利部党组书记职务。

2021 年 2 月，第十三届全国人大常委会第二十六次会议决定，任命李国英为水利部部长，免去鄂竟平的水利部部长职务；国务院免去叶建春的水利部副部长职务（国人字〔2021〕52 号）；中央组织部免去叶建春的水利部党组成员职务（组任字〔2021〕57 号）。

2021 年 5 月，中央组织部批准刘伟平任水利部党组成员（组任字〔2021〕195 号）。

2021 年 6 月，国务院任命刘伟平为水利部副部长（国人字〔2021〕138 号）。

2021 年 12 月，中共中央批准王新哲任中央纪委国家监委驻水利部纪检监察组组长，免去田野中央纪委国家监委驻水利部纪检监察组组长职务；中央组织部批准王新哲任水利部党组成员，免去田野水利部党组成员职务（组任字〔2021〕586 号）。

水利部部领导和司局级领导任免表（2018 年 3 月—2021 年 12 月）见表 3。

（四）流域机构、直属企事业单位及直管（挂靠）社团

1. 流域机构

流域机构有长江水利委员会、黄河水利委员会、淮河水利委员会、海河水利委员会、珠江水利委员会、松辽水利委员会和太湖流域管理局。

2. 直属企事业单位

（1）直属事业单位有综合事业局、信息中心（水利部水文水资源监测预报中心）、南水北调规划设计管理局、机关服务中心（局）、水利水电规划设计总院（水利部水利规划与战略研究中心）、中国水利水电科学研究院、宣传教育中心、中国水利报社、发展研究中心、中国灌溉排水发展中心（水利部

农村饮水安全中心）、建设管理与质量安全中心、预算执行中心、水资源管理中心、南京水利科学研究院、国际小水电中心、小浪底水利枢纽管理中心、中国水利博物馆、三门峡温泉疗养院、移民管理咨询中心、南水北调工程政策及技术研究中心、南水北调工程建设监管中心和南水北调工程设计管理中心。

表3　　　　　　　水利部部领导和司局级领导任免表（2018年3月—2021年12月）

机构名称	姓名	职务	任免时间	备注
水利部	李国英	部长	2021年2月—	
		党组书记	2021年1月—	
	鄂竟平	部长	2018年3月—2021年2月	
		党组书记	2018年3月—2021年1月	
	田学斌	副部长、党组成员	继任—	
	蒋旭光	副部长、党组成员	2018年3月—2020年9月	
	雷鸣山	副部长、党组成员	2018年3—9月	
	田野	纪检监察组组长	2018年6月—2021年12月	
		纪检组组长	继任—2018年6月	
		党组成员	继任—2021年12月	
	周学文	副部长	2020年1月—	兼任
			继任—2018年9月	
		党组成员	2020年1月—	兼任
			继任—2018年8月	
	陆桂华	副部长	继任—	
	叶建春	副部长	继任—2021年2月	
		党组成员	继任—2021年2月	
	魏山忠	副部长、党组成员	继任—	
	王新哲	纪检监察组组长、党组成员	2021年12月—	
	刘伟平	副部长	2021年6月—	
		党组成员	2021年5月—	
		总工程师	继任—	
	汪安南	总规划师	继任—	
	张忠义	总经济师	2018年11月—2020年5月	
	程殿龙	总经济师	2020年5月—	
办公厅	刘建明	主任	继任—2018年12月	
	耿六成	主任	2019年2月—2020年12月	
		副主任（正司级）	2018年8月—2019年2月	
	唐亮	主任	2020年12月—	

续表

机构名称	姓名	职务	任免时间	备注
办公厅	李训喜	一级巡视员（正司级）	2019 年 6 月—	
		巡视员	继任—2019 年 6 月	
	李国隆	副主任	继任—2018 年 10 月	
	井书光	副主任	2018 年 8—10 月	
	寇全安	副主任	2018 年 4 月—2019 年 4 月	挂职
	李晓琳（女）	副主任	2019 年 10 月—	
		二级巡视员（副司级）	2019 年 6—10 月	
		副巡视员	2019 年 5—6 月	
	姜成山	副主任	2019 年 10 月—	
		二级巡视员（副司级）	2019 年 6—10 月	
		副巡视员	2018 年 8 月—2019 年 6 月	
	王鑫	副主任	2021 年 3 月—	
		二级巡视员（副司级）	2019 年 6 月—2021 年 3 月	
		副巡视员	2019 年 5—6 月	
规划计划司	汪安南	司长	继任—2018 年 8 月	
	石春先	司长	2018 年 8 月—	
	庞进武	巡视员	继任—2018 年 12 月	
	高敏凤（女）	一级巡视员（正司级）	2019 年 6 月—	
		巡视员	继任—2019 年 6 月	
	谢义彬	一级巡视员	2019 年 9 月—	
		副司长	2018 年 8 月—	
	张祥伟	副司长	继任—2020 年 11 月	
	乔建华	副司长	继任—	
	李明	副司长	2021 年 1 月—	
	张世伟	二级巡视员（副司级）	2019 年 6 月—	
		副巡视员	继任—2019 年 6 月	
	王毅	副巡视员	继任—2018 年 9 月	
政策法规司	李鹰	一级巡视员（正司级）	2019 年 6 月—	
		巡视员	2018 年 8 月—2019 年 6 月	
		司长	继任—2018 年 8 月	
	王爱国	司长	2018 年 8 月—2020 年 11 月	
		正司级干部	2020 年 11 月—2021 年 2 月	
	张祥伟	司长	2020 年 11 月—	
	王治	副司长（正司级）	继任—2020 年 7 月	
	陈琴（女）	副司长（正司级）	继任—2018 年 8 月	
	陈东明	副司长（正司级）	2020 年 11 月—	

机构名称	姓 名	职 务	任 免 时 间	备 注
政策法规司	李晓静（女）	副司长	2019年4月—	
		副巡视员	继任—2019年4月	
	夏海霞（女）	副司长	2020年6月—	
	刘宇敏	二级巡视员（副司级）	2019年6月—2020年2月	
		副巡视员	2019年4—6月	
财务司	杨昕宇	司 长	继任—	
	牛志奇（女）	一级巡视员（正司级）	2021年6月—	
		副司长（正司级）	继任—2020年12月	
	周明勤	一级巡视员	2019年9月—2020年12月	
		副司长	继任—2020年12月	
	张爱辉	副司长	2018年8月—2020年11月	
	付涛（女）	副司长	继任—	
	张 程	二级巡视员（副司级）	2019年6月—2020年11月	
		副巡视员	继任—2019年6月	
	郑红星	副司长	2021年3月—	
		二级巡视员（副司级）	2019年6月—2021年3月	
		副巡视员	继任—2019年6月	
	俞欣（女）	副司长	2021年12月—	
人事司	侯京民	司 长	继任—	
	王理平	副司长（正司级）	2018年8—11月	
	郭海华	副司长（正司级）	继任—	
	段 虹	巡视员	继任—2018年12月	
	孙高振	副司长	继任—2018年12月	
	王静（女）	副司长	2018年8月—	
	王新跃	副司长	继任—2020年12月	
	王 健	副司长	2021年3月—	
		二级巡视员（副司级）	2019年6月—2021年3月	
		副巡视员	2019年5—6月	
水资源司（全国节约用水办公室）	陈明忠	司 长	继任—2018年8月	
	郭孟卓	副司长（正司级）	继任—2018年8月	
	程晓冰	巡视员	继任—2018年8月	
	石秋池（女）	副司长	继任—2018年8月	
	颜勇	副巡视员	继任—2018年8月	
水资源管理司	杨得瑞	司 长	2018年8月—	
	郭孟卓	副司长（正司级）	2018年8月—	
	杨 谦	副司长（正司级）	2021年1月—	

续表

机构名称	姓名	职务	任免时间	备注
水资源管理司	石秋池（女）	副司长	2018 年 8—10 月	
	杜丙照	副司长	2018 年 8 月—	
	赵 刚	副司长	2020 年 6 月—2021 年 12 月	挂职
全国节约用水办公室	许文海	司 长	2018 年 8 月—	
	熊中才	副主任（正司级）	2018 年 8 月—	
	李 烽	一级巡视员（正司级）	2019 年 6 月—	
		巡视员	2018 年 8 月—2019 年 6 月	
	张清勇	副主任	2018 年 8 月—	
	颜 勇	二级巡视员（副司级）	2019 年 6 月—	
		副巡视员	2018 年 8 月—2019 年 6 月	
	张玉山	二级巡视员（副司级）	2020 年 5 月—	
建设与管理司	祖雷鸣	司 长	继任—2018 年 8 月	
	张严明	副司长（正司级）	继任—2018 年 8 月	
	徐元明	副司长	继任—2018 年 8 月	
	王美荣（女）	副司长	2018 年 4—8 月	挂职
	刘六宴	副巡视员	继任—2018 年 8 月	
	司毅军	副巡视员	继任—2018 年 8 月	
水利工程建设司	王胜万	司 长	2018 年 8 月—	
	张严明	副司长（正司级）	2018 年 8 月—2020 年 6 月	
	田克军	督察专员（正司级）	2018 年 8 月—	
	赵 卫	一级巡视员（正司级）	2020 年 6 月—	
	袁文传	副司长	2018 年 8 月—2020 年 7 月	
	白玛罗布	副司长	2020 年 6 月—2021 年 12 月	挂职
	徐永田	二级巡视员（副司级）	2020 年 8 月—	
	刘远新	副司长	2021 年 3 月—	
		二级巡视员（副司级）	2019 年 6 月—2021 年 1 月	
		副巡视员	2018 年 8 月—2019 年 6 月	
运行管理司	阮利民	司 长	2018 年 8 月—	
	徐元明	副司长	2018 年 8 月—	
	李远华	一级巡视员（正司级）	2019 年 6 月—2020 年 6 月	
		巡视员	2018 年 9 月—2019 年 6 月	
	张文洁（女）	副司长	2020 年 12 月—	
	刘宝军	二级巡视员（副司级）	2020 年 5 月—	
	徐 洪	二级巡视员（副司级）	2019 年 6 月—	
		副巡视员	2018 年 8 月—2019 年 6 月	
	司毅军	二级巡视员（副司级）	2019 年 6 月—	
		副巡视员	2018 年 8 月—2019 年 6 月	

续表

机构名称	姓 名	职 务	任 免 时 间	备 注
河湖管理司	祖雷鸣	司 长	2018年8月—	
	刘冬顺	副司长（正司级）	2018年8月—2020年11月	
	陈大勇	一级巡视员	2019年9月—	
		副司长	2018年8月—	
	王美荣（女）	副司长	2018年8月—2019年3月	挂职
	刘六宴	副司长	2020年12月—	
		二级巡视员（副司级）	2019年6月—2020年12月	
		副巡视员	2018年8月—2019年6月	
	荆茂涛	二级巡视员（副司级）	2021年6月—	
水土保持司	蒲朝勇	司 长	继任—	
	陈琴（女）	副司长（正司级）	2018年8月—	
	牛崇桓	督察专员（正司级）	继任—2018年12月	
	张新玉	一级巡视员（正司级）	2019年6月—	
		巡视员	继任—2019年6月	
	郭索彦	一级巡视员	2019年9月—2021年8月	
		副司长	继任—2020年10月	
	刘 辉	副司长	继任—2018年7月	挂职
	莫 沫	副司长	2018年8月—2020年6月	
	张文聪	副司长	2018年8月—2021年11月	
农村水利司	王爱国	司 长	继任—2018年8月	
	李远华	巡视员	继任—2018年8月	
	张向群	副司长（正司级）	2018年1—8月	
	倪文进	副司长	继任—2018年8月	
	张敦强	副司长	2018年1—8月	
农村水利水电司	陈明忠	司 长	2018年8月—	
	邢援越	副司长（正司级）	2018年8月—	
	张向群	副司长（正司级）	2018年8月—	
	倪文进	一级巡视员	2019年9月—	
		副司长	2018年8月—	
	许德志	副司长（正司级）	2018年11月—	
		副司长	2018年8月—	
	张敦强	副司长	2018年8月—	
农村水电与水库移民司	唐传利	司 长	继任—2018年8月	
	邢援越	副司长（正司级）	继任—2018年8月	
	杨嘉隆	副司长（正司级）	继任—2018年5月	
	刘冬顺	副司长（正司级）	继任—2018年8月	

机构名称	姓　名	职　务	任　免　时　间	备　注
农村水电 与水库移民司	陈大勇	副司长	继任—2018 年 8 月	
	顾茂华	副司长	继任—2018 年 8 月	
	许德志	副司长	继任—2018 年 8 月	
	朱闽丰	副司长	继任—2018 年 8 月	
	田中兴	正司级干部	继任—2018 年 8 月	
水库移民司	唐传利	司　长	2018 年 8 月—2019 年 6 月	
	卢胜芳	司　长	2019 年 6 月—	
	王宝恩	副司长（正司级）	2018 年 8 月—2019 年 6 月	
	陈曦川	一级巡视员（正司级）	2019 年 7—8 月	
	赵晓明	副司长	2018 年 8 月—	
	朱闽丰	副司长	2018 年 8 月—	
	谭　文	副司长	2018 年 8 月—	
	夏　泉	副司长	2019 年 4 月—2020 年 4 月	挂职
	史晓立	二级巡视员（副司级）	2019 年 6 月—2020 年 3 月	
		副巡视员	2018 年 8 月—2019 年 6 月	
安全监督司	许文海	司　长	继任—2018 年 8 月	
	祝瑞祥	副司长（正司级）	继任—2018 年 8 月	
	田克军	水利建设管理督察专员 （正司级）	继任—2018 年 8 月	
	钱宜伟	副司长	继任—2018 年 8 月	
	赵东晓	副巡视员	继任—2018 年 8 月	
监督司	王松春	司　长	2018 年 8 月—	
	祝瑞祥	副司长（正司级）	2018 年 8 月—	
	皮　军	巡视员	2018 年 10—12 月	
		副司长	2018 年 8—12 月	
	钱宜伟	副司长	2018 年 8 月—	
	曹纪文	副司长	2018 年 8 月—	
	满春玲（女）	督察专员（副司级）	2018 年 8 月—	
	赵东晓	副巡视员	2018 年 8—12 月	
国家防汛抗旱 总指挥部办公室	李坤刚	主　任	继任—2018 年 10 月	
	田以堂	国家防汛抗旱督察专员 （正司级）	继任—2018 年 10 月	
	王　翔	国家防汛抗旱督察专员 （正司级）	继任—2018 年 10 月	
	王　磊	国家防汛抗旱督察专员 （正司级）	继任—2018 年 10 月	

续表

机构名称	姓 名	职 务	任 免 时 间	备 注
国家防汛抗旱总指挥部办公室	张家团	国家防汛抗旱督察专员（正司级）	继任—2018 年 10 月	
	顾斌杰	国家防汛抗旱督察专员（正司级）	继任—2018 年 10 月	
	万海斌	国家防汛抗旱督察专员（正司级）	继任—2018 年 10 月	
	尚全民	副主任	继任—2018 年 10 月	
	徐宪彪	副主任	继任—2018 年 10 月	
	王章立	副主任	继任—2018 年 10 月	
	李兴学	副巡视员	继任—2018 年 11 月	
水旱灾害防御司	田以堂	司 长	2018 年 10 月—2020 年 11 月	
		正司级干部	2020 年 11 月—2021 年 2 月	
	姚文广	司 长	2020 年 11 月—	
	王 翔	督察专员（正司级）	2018 年 10 月—	
	顾斌杰	督察专员（正司级）	2018 年 10 月—	
	万海斌	督察专员（正司级）	2018 年 10 月—	
	尚全民	副司长	2018 年 10 月—	
	王章立	副司长	2018 年 10 月—	
	张长青	副司长	2020 年 4 月—	
	胡亚林	二级巡视员（副司级）	2020 年 10 月—	
水文司	蔡建元	司 长	继任—2020 年 6 月	
	林祚顶	司 长	2020 年 6 月—	
		副司长	继任—2018 年 10 月	
	杨燕山	副司长	继任—2019 年 4 月	
	李兴学	副司长	2018 年 11 月—	
	束庆鹏	一级巡视员（正司级）	2020 年 6 月—	
	张文胜	一级巡视员	2019 年 9 月—	
		副司长	2019 年 2 月—2020 年 10 月	
		副巡视员	继任—2019 年 2 月	
	魏新平	副司长	2019 年 4 月—	
三峡工程管理司	罗元华	司 长	2018 年 8 月—	
	李铁平	督察专员（正司级）	2018 年 8 月—2020 年 2 月	
	张云昌	一级巡视员（正司级）	2019 年 6 月—	
		巡视员	2018 年 8 月—2019 年 6 月	
	任骁军（女）	副司长	2018 年 8 月—	
	万志勇	副司长	2018 年 8 月—	
	周秋君（女）	副司长	2018 年 8 月—	
	王治华	二级巡视员（副司级）	2019 年 6 月—	
		副巡视员	2018 年 8 月—2019 年 6 月	

续表

机构名称	姓名	职务	任免时间	备注
南水北调工程管理司	李鹏程	司长	2018 年 8 月—	
	李勇	一级巡视员（正司级）	2019 年 6 月—	
		巡视员	2018 年 8 月—2019 年 6 月	
	袁其田	一级巡视员	2021 年 10 月—	
		副司长	2018 年 8 月—	
	谢民英（女）	一级巡视员	2019 年 9 月—	
		副司长	2018 年 8 月—2020 年 12 月	
	马黔	副司长	2018 年 8 月—	
	朱涛	二级巡视员（副司级）	2019 年 6 月—	
		副巡视员	2018 年 8 月—2019 年 6 月	
调水管理司	卢胜芳	司长	2018 年 8 月—2019 年 6 月	
	朱程清（女）	司长	2019 年 6 月—	
	程晓冰	一级巡视员（正司级）	2019 年 6 月—	
		巡视员	2018 年 8 月—2019 年 6 月	
	王平	一级巡视员	2019 年 9 月—	
		副司长	2018 年 8 月—	
	韩占峰	副司长	2018 年 9 月—2020 年 12 月	
	周曰农	副司长	2021 年 8 月—	
	孙卫（女）	二级巡视员（副司级）	2019 年 6 月—	
		副巡视员	2018 年 8 月—2019 年 6 月	
国际合作与科技司	刘志广	司长	继任—	
	于兴军	一级巡视员（正司级）	2019 年 6 月—2020 年 11 月	
		巡视员	继任—2019 年 6 月	
	武文相	副司长（正司级）	2020 年 11 月—	
	吴宏伟	副司长	继任—2020 年 11 月	
	李戈	副司长	继任—	
	倪莉（女）	副司长	2018 年 8 月—	
	钟勇	二级巡视员（副司级）	2021 年 1 月—	
直属机关党委（2020 年 5 月加挂党组巡视工作领导小组办公室）	田学斌	书记（兼）	继任—	
	杨得瑞	常务副书记	继任—2018 年 8 月	兼任人事司副司长

机构名称	姓 名	职 务	任 免 时 间	备 注
直属机关党委（2020年5月加挂党组巡视工作领导小组办公室）	唐亮	常务副书记	2018年9月—2020年12月	
		部党组巡视办主任	2020年6—12月	
	张向群	常务副书记部党组巡视办主任	2021年1月—	
	罗湘成	副书记、纪委书记（正司级）	继任—	
		部党组巡视办副主任	2020年6月—	
	陈曦川	副书记（正司级）	2018年11月—2019年7月	
		巡视员	2018年9—11月	
	白岩红	副书记	2018年9月—2021年6月	
		部党组巡视办副主任	2020年6月—2021年6月	
	周振红	副巡视员	2018年9月—2019年5月	
		纪委副书记	2018年9月—2019年5月	
	张文洁（女）	部党组巡视办专职副主任	2020年6—12月	
	李铭	部党组巡视办专职副主任	2021年1月—	
		副书记、部党组巡视办副主任	2020年6月—2021年1月	
	付静波（女）	二级巡视员（副司级）	2019年6月—	
		副巡视员	2019年5—6月	
	何韵华（女）	部党组巡视办副主任	2021年5月—	
	何仕伟	部党组巡视办副主任	2021年10月—	
离退休干部局	凌先有	局长、党委书记	继任—2020年3月	
	刘岩	局 长	2020年3—10月	
		一级巡视员（正司级）	2020年10月—	
			2019年6月—2020年3月	
		巡视员	2018年8月—2019年6月	
	陈楚	局长	2020年10月—	
		党委副书记	2020年12月—	
	巫明强	党委书记	2020年3月—	
		一级巡视员	2019年9月—	
		副局长	继任—	
	宋飞越	副局长	继任—	
	李青（女）	一级巡视员	2021年3—5月	
		党委副书记	继任—2021年5月	
	赵龙华	二级巡视员（副司级）	2019年6月—	
		副巡视员	2018年8月—2019年6月	

机构名称	姓 名	职 务	任 免 时 间	备 注
中央纪委驻水利部纪检组（2018年6月更名为中央纪委国家监委驻水利部纪检监察组）	张志刚	纪检监察组副组长（正局级）	2018年6—8月	
		纪检组副组长（正局级）	继任—2018年6月	
	张运生	纪检监察组副组长（正局级）	2018年9月—	
	张凯	纪检监察组副组长（正局级）	2019年5月—2020年9月	
		纪检监察组副组长（副局级）	2018年6月—2019年5月	
		纪检组副组长（副局级）	继任—2018年6月	
	唐宝振	一级巡视员纪检监察员	2019年6月—	
		纪检监察组正局级纪检监察员	2018年6月—2019年6月	
		正局级纪律检查员	继任—2018年6月	
	刘世春	一级巡视员纪检监察员	2020年2月—	
		二级巡视员纪检监察员	2019年6月—2020年2月	
		纪检监察组副局级纪检监察员	2018年8月—2019年6月	
	何潇	纪检监察组副组长（副局级）	2020年12月—	
	段同华	二级巡视员纪检监察员	2019年6月—2021年11月	
		纪检监察组副局级纪检监察员	2018年6月—2019年6月	
		副局级纪律检查员	继任—2018年6月	
	李晓军	纪检监察组副局级纪检监察员	2018年6—8月	
		副局级纪律检查员	继任—2018年6月	
	丁峰（女）	二级巡视员纪检监察员	2021年1月—	
	隋洪波	纪检组副组长（副局级）	继任—2018年7月	挂职

2019 年 4 月，根据《中央编办关于南水北调工程政策及技术研究中心更名等事业单位机构编制调整有关事宜的批复》（中央编办复字〔2019〕36 号），南水北调工程政策及技术研究中心更名为节约用水促进中心；南水北调工程建设监管中心更名为河湖保护中心；撤销南水北调工程设计管理中心，有关职责和编制并入南水北调规划设计管理局。

2019 年 12 月，根据《水利部人事司关于明确三门峡温泉疗养院由水利部小浪底水利枢纽管理中心代管的通知》（人事机〔2019〕30 号），三门峡温泉疗养院由水利部小浪底水利枢纽管理中心代管。

2021 年 7 月，根据《中央编办关于撤销水利部社会路招待所的批复》（中编办复字〔2021〕139 号），撤销水利部社会路招待所，核销其 80 名经费自理事业编制。

（2）直属企业单位有中国水利水电出版传媒集团有限公司、南水北调中线干线工程建设管理局和南水北调东线总公司。

2020 年 1 月，根据《国务院关于组建中国南水北调集团有限公司有关问题的批复》，组建中国南水北调集团有限公司。该集团公司为国有独资有限公司，注册资本暂定为人民币 1500 亿元。在 2022 年前的过渡期内，该集团公司暂由水利部代表国务院履行出资人职责，过渡期满后改由国务院国有资产监督管理委员会代表国务院履行出资人职责，接受水利部的业务指导和行业管理。集团公司领导班子及成员列入党中央管理。

该集团公司负责南水北调工程的前期工作、资金筹集、开发建设和运营管理，有效发挥工程在保障国家水安全、改善生态环境等方面的战略性基础性功能作用，全面实现工程的社会效益、生态效益和经济效益，树立"中国南水北调"品牌，致力于打造国际一流跨流域供水工程开发运营集团化企业。其主要职责包括：负责研究提出南水北调发展战略、规划、政策、规章和标准等建议；负责南水北调后续工程的前期工作、资金筹集、开发建设和运营管理，拟订南水北调投资建议计划；负责南水北调工程安全、运行安全、供水安全，履行企业社会责任；负责南水北调资产经营，享有公司法人财产权，依法开展各类投资、经营业务，行使对所属企业和控（参）股公司出资人权利，承担南水北调资产保值责任；承担国务院及有关部门委托的其他工作。

2021 年 8 月，根据《水利部关于明确过渡期内水利部对中国南水北调集团有限公司管理职责的通知》（水人事〔2021〕258 号），明确过渡期内水利部对中国南水北调集团有限公司的管理职责，自通知下发之日起南水北调中线干线工程建设管理局和南水北调东线总公司移交中国南水北调集团有限公司管理。

3. 直管（挂靠）社团

直管（挂靠）社团有中国水利学会、中国水利经济研究会、中国水利思想政治工作研究会、中国水利文学艺术协会、中国水利体育协会、中国水利教育协会、中国水利工程协会、中国黄河文化经济发展研究会、黄河研究会、南方水土保持研究会、国际小水电联合会、世界泥沙研究学会、中国保护黄河基金会、中国大坝工程学会、国际沙棘协会、世界水土保持学会和中国水资源战略研究会。

2020 年 10 月，根据《关于中国水利工程协会脱钩试点实施方案的批复》（联组办〔2020〕11 号），中国水利工程协会与水利部脱钩。

2021 年 1 月，根据《水利部关于同意中国水利体育协会办理注销登记的批复》（水人事函〔2021〕2 号），同意中国水利体育协会办理注销登记。

执笔人：汪福学　吉　凯　陈业平　喜　洋　牛成业　杨晶亮　张　腾　刘　扬
审核人：王　鑫　郭海华　王　健

水利部直属单位
组织沿革

水利部长江水利委员会

水利部长江水利委员会（以下简称"长江委"）为水利部派出的流域管理机构，代表水利部在长江流域和澜沧江以西（含澜沧江）区域内依法行使水行政管理职责，承担长江防汛抗旱总指挥部办事机构职责。

2001年以来，在水利部的领导下，长江委的职责不断完善，组织建设不断巩固，人才队伍不断壮大，流域水行政管理地位不断增强，内部政事企统一管理、分开运行的组织架构逐步形成。根据水利部批复的长江委"三定"规定划分，2001年1—4月为上一时期延续，2001年5月—2021年12月划分为以下两个阶段。

一、第一阶段（2001 年 5 月—2009 年 12 月）

2001年5月起，长江委在水利部统一部署下开展机构改革。根据中央编办印发的《水利部派出的流域机构的主要职责、机构设置和人员编制调整方案》（中央编办发〔2002〕39号），长江水利委员会（副部级）作为水利部的派出机构，代表水利部在长江流域和澜沧江以西（含澜沧江）区域内行使水行政主管职责，为具有行政职能的事业单位。

（一）主要职责

（1）负责《中华人民共和国水法》等有关法律法规的实施和监督检查，拟定流域性的水利政策法规；负责职权范围内的水行政执法、水政监察、水行政复议工作，查处水事违法行为；负责省际水事纠纷的调处工作。

（2）组织编制流域综合规划及有关的专业或专项规划并负责监督实施；组织开展具有流域控制性的水利项目、跨省（自治区、直辖市）重要水利项目等中央水利项目的前期工作；按照授权，对地方大中型水利项目的前期工作进行技术审查；编制和下达流域内中央水利项目的年度投资计划。

（3）统一管理流域水资源（包括地表水和地下水）。负责组织流域水资源调查评价；组织拟定流域内省际水量分配方案和年度调度计划以及旱情紧急情况下的水量调度预案，实施水量统一调度。组织或指导流域内有关重大建设项目的水资源论证工作；在授权范围内组织实施取水许可制度；指导流域内地方节约用水工作；组织或协调流域主要河流、河段的水文工作，指导流域内地方水文工作；发布流域水资源公报。

（4）根据国务院确定的部门职责分工，负责流域水资源保护工作，组织水功能区的划分和向饮用水水源保护区等水域排污的控制；审定水域纳污能力，提出限制排污总量的意见；负责省（自治区、直辖市）界水体、重要水域和直管江河湖库及跨流域调水的水量和水质监测工作。

（5）组织制定或参与制定流域防御洪水方案并负责监督实施；按照规定和授权对重要的水利工程实

施防汛抗旱调度；指导、协调、监督流域防汛抗旱工作；指导、监督流域内蓄滞洪区的管理和运用补偿工作；组织或指导流域内有关重大建设项目的防洪论证工作；负责流域防汛指挥部办公室的有关工作。

（6）指导流域内河流、湖泊及河口、海岸滩涂的治理和开发；负责授权范围内的河段、河道、堤防、岸线及重要水工程的管理、保护和河道管理范围内建设项目的审查许可；指导流域内水利设施的安全监管。按照规定或授权负责具有流域控制性的水利项目、跨省（自治区、直辖市）重要水利项目等中央水利项目的建设与管理，组建项目法人；负责对中央投资的水利工程的建设和除险加固进行检查监督，监管水利建筑市场。

（7）负责长江干流宜宾至长江河口河道采砂的统一管理和监督检查以及相关的组织、协调、指导工作；组织编制长江河道采砂规划并负责监督实施；负责省际边界重点河段的采砂许可、砂石资源费的征收与管理以及对非法采砂行为的依法查处。

（8）组织实施流域水土保持生态建设重点区水土流失的预防、监督与治理；组织流域水土保持动态监测；指导流域内地方水土保持生态建设工作。

（9）按照规定或授权负责具有流域控制性的水利工程、跨省（自治区、直辖市）水利工程等中央水利工程的国有资产的运营或监督管理；拟定直管工程的水价电价以及其他有关收费项目的立项、调整方案；负责流域内中央水利项目资金的使用、稽查、检查和监督。

（10）承办水利部交办的其他事项。

（二）编制与机构设置及主要职能

根据水利部《关于印发〈长江水利委员会主要职责、机构设置和人员编制规定〉的通知》（水人教〔2002〕325号），长江水利委员会事业编制总数为7081名，其中行政执行人员编制共851名，公益事业人员编制6230名。委领导职数7名；委机关内设机构领导职数49名，其中局长（副局级）19名（含副总工4名）、副局长（正处级）30名；长江流域水资源保护局领导职数4名；委属二级事业单位领导职数51名，其中局级22名、处级29名。

长江水利委员会机关内设机构及其主要职能如下：

（1）办公室。协助委领导组织机关日常工作；对委属各单位工作进行综合协调，负责目标管理工作。负责委机关工作制度建设，组织对重大问题进行调研；组织委综合性政务文稿的草拟工作，负责重要事项的督办、查办和催办。负责安排委领导的公务活动，协助委总工开展技术管理工作。组织开展委机关电子政务信息系统规划并监督实施，指导委属单位的电子政务信息系统建设。承办委机关并指导委属单位的文秘、档案、保密、保卫、宣传、信访、信息、行政管理等工作。负责委机关及委属单位综合政务信息发布和重大事项的对外联系。负责委机关财务管理工作。组织承办委重要会议和委机关的重要接待活动。

（2）规划计划局。组织编制流域综合规划和有关的专业、专项规划及水中长期供求计划，批准后负责监督实施。组织开展流域内中央水利项目的前期工作并负责计划管理。按照授权，负责或组织对流域内中央水利项目及地方大中型水利项目的前期工作成果进行技术审查或审批，组织指导流域内有关重大建设项目的论证工作，负责流域内建设项目规划同意书的审查和颁发。负责协调流域治理开发工作，指导实施流域内河流、湖泊及河口、海岸滩涂的治理开发。负责流域内中央水利投资计划和血防规划计划的管理。负责流域水利统计工作。组织编制长江委发展战略规划和中长期计划并监督实施。根据授权，负责对外签订有关经济技术合同、协议；指导委属单位拓展业务领域。负责流域水利规划后评价工作。

（3）水政水资源局（水政监察总队）。负责组织《中华人民共和国水法》等法律、法规的宣传实施和监督检查。参与国家水法规的起草与修订，负责长江委政策法规的规划、研究、制订与修订，指导地方性水法规的制订与修订。负责职权范围内的水行政执法、水政监察、水行政复议和听证工作，查处水事违法行为；负责长江委水政监察队伍的建设与管理；指导流域内地方水行政执法工作。组织拟定省际边界河流水事纠纷多发地区水利规划并监督实施；负责省际水事纠纷的调处工作。负责统一管理流域水资源。组织编制长江干流及主要支流、跨省及省际边界河流、国际河流水量分配方案及年度调度计划并监督实施；负责节水管理，指导流域节水工作。负责授权范围内取水许可制度和水资源费征收制度的实施和监督管理。组织流域水资源调查评价，协助组织并负责指导拟订流域水资源规划、城市供水水源规划和节约用水规划；组织编制并负责发布流域水资源公报以及其他的水资源信息。负责组织和指导流域内重大建设项目的水资源论证和报告审查工作，负责水资源论证的资质管理。负责长江委水行政管理和重大经济活动的法律咨询。

（4）财务经济局。负责具有流域控制性和跨省（自治区、直辖市）的中央水利工程国有资产的运营和监督管理。拟定委管工程水价、电价的立项调整方案，负责委内行政性收费的立项报批与服务性收费的审批，监督收费价格执行。负责流域内中央水利项目资金使用、检查和监督；负责委内基本建设财务管理，参与基本建设项目概算审批和工程竣工验收。负责部门预算编审、上报，根据批准的预算分解下达并监督执行；负责国库集中支付和政府采购管理。指导全委经济工作，参与拟定委经济发展规划、计划和实施监督；负责委属企业的资产监管和财务监督等有关事项，对委内企业进行指导和监督，分析委内宏观经济情况，提出经济调节措施。研究、贯彻财政法规，拟定长江委经济、财务、会计方面内控制度和管理办法。负责国有资产的监管和委属企业、事业单位经济目标考核、评价。负责委属单位银行账户管理及财政资金和其他资金使用的管理和监督。负责全委集中采购的管理和监督工作。负责审查、汇总上报财务报表、报告；指导、检查和监督全委会计基础工作。

（5）人事劳动教育局。组织拟定长江委人才规划、干部队伍建设规划和干部教育培训规划，指导委属单位职工队伍建设。负责委管领导班子建设，承办委管干部的考核、任免、奖惩、交流、培训教育和后备干部的培养、考核、选拔、推荐等工作。负责全委人事劳动教育工作的行业指导，研究提出干部人事及分配制度改革意见。负责组织全委的专业技术职务任职资格评审，执业资格管理，专家管理，人才引进工作。负责委机关的人事劳动教育工作，承办委机关干部的考核、任免、奖惩、交流、培训教育、工资保险福利和辞职辞退等工作。负责委机关和委属单位的职能配置、机构设置、人员编制和领导职数的管理工作。负责全委人事劳动教育统计；归口管理全委表彰奖励工作。指导委属单位劳动保护、安全卫生、人事档案管理工作。拟定全委职业技能培训规划并组织实施，指导委属单位技能人才开发和职业技能鉴定工作。

（6）国际合作与科技局。归口管理全委涉外事宜，协助水利部办理国际河流的有关涉外事务；负责拟定全委外事管理规章制度；负责外经业务及相关事宜的归口管理；组织协调和指导委国际经济合作、国际科技合作及交流工作。归口管理全委重大涉外协议的拟定和参与签署，并组织实施；归口管理全委国外智力、先进技术和现代管理经验的引进。归口管理全委外资项目，组织和指导外资项目的实施工作。负责全委公派出国工作的管理，负责委领导的外事活动及国外高层来访安排。归口管理全委对香港、澳门特别行政区及台湾地区的科技交流事宜。负责全委科技管理工作，拟定全委科技发展规划、科研管理办法及科技成果奖励政策。负责全委重大科研项目的申报和管理；归口管理委级科技项目立项、审查、检查和验收。负责全委科技成果评审管理以及科研成果与技术推广工作；归口管理全委技术监督、知识产权及专利工作。组织重大学术交流活动，开展科学普及工作。

（7）建设与管理局（水利部水利工程质量监督总站长江流域分站）。负责授权范围内在建水利水电工程的建设管理及除河道、堤防和蓄滞洪区以外的水工程的管理和保护工作，制定有关水利工程建设与管理的实施细则和管理办法并监督实施。按照规定或授权，负责具有控制性的水利项目、跨省（自治区、直辖市）重要水利水电工程的建设与管理，组建项目法人。负责对中央投资的水利工程的建设和除险加固进行检查监督；根据委托，负责病险水库等除险加固项目的初步设计技术审查工作。负责重点水利工程及委属建设项目的报建、开工批复、招标投标、竣工验收、后评价及造价（定额）管理工作。负责并组织流域内重点水利工程的质量监督，组织协调流域内重要水利工程的质量监督与质量检测工作。监管水利建筑市场。负责对委属建设、设计、施工、监理、咨询、招标代理等单位进行行业管理,组织申报并初审建设、设计、施工、监理等单位及执业人员的资质、资格。负责组织协调中央直属水库移民遗留问题的处理和管理工作。组织指导流域重点水库的安全鉴定及安全监管。指导委属水管单位建设和流域内水利设施的安全监管。

(8)长江河道采砂管理局。负责对长江干流宜宾至长江河口河道采砂的统一管理、监督检查,以及相关的组织协调与指导工作。负责《长江河道采砂管理条例》的宣传实施,研究起草相关的政策法规。协助组织并负责指导拟定长江河道采砂规划,批准后负责监督实施。负责对各省河道采砂规划实施方案的审查与审批。负责各采砂区年开采控制总量的审批与调整。负责水政监察采砂管理专业队伍的建设与管理。负责省际边界重点河段采砂许可的审批、发证和砂石资源费的征收与管理,以及对非法采砂行为的查处。负责协调省际边界河段因采砂活动而引起的水事纠纷。负责因吹填固基、整治河道、吹填造地采砂的审批和监督管理。负责因航道整治采砂的审查。

(9)水土保持局。协助组织并负责指导拟定流域性及重要支流水系水土保持综合防治规划、实施方案,批准后负责监督实施。负责国家水土流失重点防治工程项目的管理,组织实施水土保持试点工程。负责流域重点预防保护区、重点监督区的水土流失预防监督管理工作,负责长江上游水土保持重点防治区滑坡、泥石流预警系统建设与管理,指导流域内城市水土保持工作。协调流域水土保持监测网络和信息系统建设,组织流域水土流失动态调查与监测。组织开展流域水土保持科研与示范推广。指导流域内地方水土保持生态建设工作。组织编制流域水土保持有关技术标准和规范、规程。承担长江上游水土保持委员会办公室的日常工作。

(10)防汛抗旱办公室(江务局)。负责授权范围内的河道、堤防、岸线及分蓄洪区的管理和保护工作,拟定实施细则并监督实施。负责河道管理范围内建设项目的审查许可、防洪影响评价报告书的审查审批以及防洪论证工作的组织实施。监督、指导授权范围内江河、湖泊、分蓄洪区和水利工程的防洪安全管理、安全建设以及分蓄洪区的运用补偿工作。组织流域内堤防(含穿堤建筑物、护岸工程)重点险工、险段、防汛抗旱应急工程的处理方案和水毁工程修复设计的审查。协助组织和指导拟定长江流域防洪规划和防御洪水方案并负责监督实施;组织制定跨省(自治区、直辖市)河流的防御洪水方案和审批授权范围内的水库调度方案。按照规定和授权对重要的水利工程实施防汛抗旱调度,组织拟定流域内旱情紧急情况下的水量调度预案;指导流域内与长江干流防洪有关水库的洪水调度。负责洪涝干旱灾情的调查、统计,指导、协调、监督流域防汛抗旱工作。负责授权范围内的防汛信息系统的建设与管理。负责长江防汛总指挥部办公室的日常工作。负责防汛抗旱经费的管理;归口管理长江防汛机动抢险队和中央防汛物资长江委汉口定点仓库的业务。

(11)监察局。依照国家法律、政策和行政法规、纪律,履行监督、惩处、教育和保护职能。对贯彻执行国家法律法规、政策、决议、命令和本系统内部规章的情况进行监督检查,对违法违纪行为进行调查、处理。受理对监督对象违法违纪行为的检举控告,受理被处分人员的申诉。完善廉政制度,实施专项执法监察,开展廉政宣传教育,纠正部门不正之风。对系统内监察工作进行业务指导,承办纪检组的日常工作。

(12)审计局。贯彻执行国家审计、经济法规及政策,对长江委各项经济活动开展内部审计工作。组织制定各项内审规章制度。对委属单位基建投资计划、经费预算、专项资金、经济效益、财务收支等进行审计监督。对委属单位主要负责人任期(离任)经济责任进行审计监督。对委属国有资产保值增值、安全、完整情况进行审计监督。对委属单位违反财经纪律的问题进行审计。对委属单位审计业务工作进行指导与监督。

(13)离退休职工管理局。贯彻执行党和国家关于离退休工作的方针、政策和有关规定,并结合本单位实际,制定具体实施办法。对全委离退休工作实行宏观管理、进行业务指导,协调各级离退休部门的工作。督促、检查老干部的政治、生活待遇落实情况。负责离退休职工的党支部建设,做好离退休职工思想政治工作,建设好离退休职工活动场所,组织他们在精神文明和物质文明建设中发挥作用。

负责委机关离退休职工的统一管理工作。负责离退休职工的来信来访和接待工作，协同有关部门做好离退休职工的遗属工作。加强离退休职工工作部门的自身建设，提高工作人员的政治思想和业务素质。负责委机关离退休职工的财务工作，编制年度经费计划，并按规定掌握使用。

直属单位党委。宣传贯彻党的路线、方针、政策和上级党组织的决议、指示，按照党组织的隶属关系，领导委机关及委属单位党的工作。制定全委党的建设计划，指导委属单位党组织的思想建设、组织建设和作风建设。组织对党员、干部进行党的路线、方针、政策、理论及党的基础知识的培训和教育。负责委机关党的工作，指导委属单位和委机关各局做好思想政治工作。配合干部人事部门对领导干部进行考核，对机关和二级单位党务干部的任免和奖惩提出意见和建议。归口管理全委精神文明建设工作，组织开展创建省级、部级及委级文明单位活动；组织实施普法等有关工作。领导直属单位纪委工作，按照干部管理权限负责审批所属单位党员干部违反党纪的处理决定。指导委政研会和《水利水电政工研究》编辑部的工作。领导共青团组织；归口管理全委统战工作。

中国农林水利工会长江委员会。贯彻落实党和国家关于工会工作的政策法规，领导全江工会工作。维护职工合法权益；指导基层工会代表职工与行政平等协商和签订集体合同，帮助、指导职工签订劳动合同；参与劳动争议调解工作；反映并协助解决职工生活困难。维护女职工的特殊权益。协助行政做好女职工特殊保护、计划生育等工作。组织和代表职工参政议政，维护职工的民主政治权利。组织职工开展劳动竞赛活动；与有关部门共同做好劳动模范、先进生产（工作）者和先进集体的推荐、评选、表彰和管理工作。协同有关部门对职工进行思想政治教育和科学、技术、文化、技能的培训工作。组织职工开展群众性文化、体育、娱乐活动，丰富职工精神文化生活。负责管理长江文化体育发展中心。负责全江工会系统组织建设工作，协助有关部门选配好工会干部；负责全江工会财务和工会资产管理工作。负责职工民事调解工作和委机关工会工作。

2003年6月，人事部《关于同意水利部长江水利委员会等7个流域机构各级机关依照国家公务员制度管理的复函》（人函〔2003〕56号），同意长江委机关列入依照国家公务员制度管理范围。

2004年5月，根据水利部人教司《关于同意成立长江水利委员会总工程师办公室的批复》（人教劳〔2004〕28号），委机关设立总工程师办公室，主要负责协调全委技术管理、组织治江战略问题及重大技术问题的研究和水行政管理的信息化等工作。

2005年10月，根据水利部《关于成立流域机构水政监察总队的通知》（水人教〔2001〕126号），长江委印发《长江水利委员会水政监察总队主要职责、机构设置和人员编制规定的通知》（长人劳〔2005〕561号），组建水政监察总队，依法依规开展水行政执法工作。

2006年7月，根据水利部《关于水利部水利工程质量监督总站更名等有关事项的通知》（水人教〔2006〕75号）和《关于水利部水利工程质量监督总站流域分站更名的通知》（人教劳〔2006〕19号），水利部水利工程质量监督总站长江流域分站更名为水利部水利工程建设质量与安全监督总站长江流域分站，相应增加水利工程建设安全监督相关职责。

2006年8月，人事部《关于批准水利部长江水利委员会等7个流域机构各级机关、农村水电及电气化发展中心（局）参照公务员法管理的函》（国人部函〔2006〕142号），批准长江委机关参照《中华人民共和国公务员法》管理。

截至2009年12月，长江委机关内设机构有办公室、总工程师办公室、规划计划局、水政水资源局（水政监察总队）、财务经济局、人事劳动教育局、国际合作与科技局、建设与管理局（水利部水利工程建设质量与安全监督总站长江流域分站）、长江河道采砂管理局、水土保持局、防汛抗旱办公室（江务局）、监察局、审计局、离退休职工管理局；直属单位党委、中国农林水利工会长江委员会。

（三）长江委领导任免

2001年5月，周保志任长江委党组书记。

2001 年 5 月，蔡其华任长江委主任，黎安田不再担任长江委主任职务。

2004 年 7 月，蔡其华任长江委党组书记，周保志不再担任长江委党组书记职务。

2001 年 3 月，水利部任命熊铁为长江委副主任（部任〔2001〕14 号）。

2001 年 5 月，水利部党组任命徐安雄为长江委纪检组组长，免去殷欣春长江委纪检组组长职务（部党任〔2001〕5 号）。

2001 年 6 月，水利部党组任命蔡其华为长江委党组副书记，免去黎安田长江委党组副书记职务（部党任〔2001〕16 号）；水利部任命周保志、徐尚阁为长江委副主任（部任〔2001〕27 号）。

2003 年 2 月，水利部免去王家柱长江委副主任职务（部任〔2003〕10 号）。

2003 年 5 月，水利部免去傅秀堂长江委副主任职务（部任〔2003〕34 号）。

2004 年 6 月，水利部任命岳中明、徐安雄为长江委副主任，任命马建华为长江委总工程师（部任〔2004〕29 号），免去周保志长江委副主任职务（部任〔2004〕35 号）；水利部党组任命陈飞为长江委纪检组组长，免去徐安雄长江委纪检组组长职务（部党任〔2004〕19 号）。

2006 年 3 月，水利部任命魏山忠为长江委副主任，免去王忠法长江委副主任职务（部任〔2006〕18 号）。

2006 年 11 月，水利部任命钮新强、杨淳为长江委副主任，免去徐尚阁、徐安雄长江委副主任职务（部任〔2006〕51 号）。

2008 年 9 月，水利部免去钮新强长江委副主任职务（部任〔2008〕38 号）。

2009 年 7 月，水利部任命陈晓军为长江委副主任（部任〔2009〕60 号）。

2009 年 11 月，水利部任命马建华为长江委副主任（部任〔2009〕70 号）。

截至 2009 年 12 月，中共水利部长江水利委员会党组由 6 人组成，蔡其华为党组书记，熊铁、陈飞、马建华、魏山忠、陈晓军为党组成员；蔡其华为长江委主任，熊铁、马建华、魏山忠、杨淳、陈晓军为副主任，陈飞为纪检组组长，马建华、郑守仁为总工程师。

（四）单列机构及直属企事业单位

（1）单列机构：长江流域水资源保护局。

2002 年 4 月，水利部《关于印发〈长江水利委员会主要职责、机构设置和人员编制规定〉的通知》（水人教〔2002〕325 号），明确长江水资源保护局为长江委单列机构。

2002 年 11 月，水利部人教司《关于明确长江水资源保护科学研究所级别的批复》（人教劳〔2002〕62 号），同意长江流域水资源保护科学研究所规格为副局级，为长江流域水资源保护局所属事业单位。

2003 年 4 月，《关于印发〈长江流域水资源保护局主要职责、机构设置和人员编制规定〉的通知》（长人劳〔2003〕207 号），明确长江流域水资源保护科学研究所（副局级）、长江流域水环境监测中心（正处级）、长江流域水资源保护局上海局（正处级）为长江流域水资源保护局所属事业单位。

2003 年 6 月，根据《关于设立长江流域水资源保护局丹江口局的批复》（长人劳〔2003〕385 号），设立长江流域水资源保护局丹江口局（正处级），为长江流域水资源保护局所属事业单位。

（2）事业单位：长江水利委员会水文局（正局级）、长江水利委员会长江科学院（正局级）、水利部中国科学院水库渔业研究所（正局级）、水利部长江勘测技术研究所（副局级）、长江水利委员会综合管理中心（副局级）、长江水利委员会网络与信息中心（副局级）、长江水利委员会宣传出版中心（副局级）、长江水利委员会人才资源开发中心（副局级）、长江水利委员会机关服务中心（副局级）、长江水利委员会长江流域水土保持监测中心站（正处级）、长江水利委员会长江医院（血吸虫病防治监测中心）（正处级）、长江水利委员会驻北京联络处（正处级）。

2001 年 4 月，根据水利部《关于水利部中国科学院水库渔业研究所并入水利部长江水利委员会的批复》（水人教〔2001〕118 号），同意水利部中国科学院水库渔业研究所资产、人员等成建制并入水利部长江水利委员会，对外可继续使用原名称。

2001年10月，科技部、财政部、中央编办批复水利部等四部门所属98个科研机构分类改革总体方案（国科发政字〔2001〕428号），长江水利委员会长江科学院转为非营利性科研机构。

2002年1月，根据水利部《关于调整水利部农村电气化研究所 水利部长江勘测技术研究所管理体制的通知》（水人教〔2002〕12号），水利部长江勘测技术研究所划归长江水利委员会，为委属事业单位，对外可继续使用原名称。

2002年3月，设立网络与信息中心，由原电子与通讯中心和信息研究中心（档案馆）合并组建；设立宣传出版中心，由原新闻宣传中心、长江志总编辑室和长江年鉴社合并组建；设立人才资源开发中心，由原教育中心、党校、劳动服务公司及原人才资源开发中心合并组建；机关服务局更名为机关服务中心，对外可使用机关服务局的印章，将保卫处成建制划入该中心，保留长江水利委员会保卫处（人民武装部）的牌子；长江职工医院更名为长江医院，并将血吸虫病防治监测中心设在该院。

2002年5月，根据水利部人教司《关于设立长江水利委员会综合管理中心的批复》（人教劳〔2002〕25号）设立综合管理中心，由原防汛机动抢险队、物资处、综合经营管理办公室和水利水电工程管理局的部分合并组成，为委直属事业单位。

2003年2月，水利部《关于长江水利委员会长江科学院体制改革实施方案的批复》（水人教〔2003〕58号），同意长江水利委员会长江科学院按业务性质分为非营利、综合事业、科技产业3部分，分类进行改革。

2003年11月，根据中央编办《关于陆水试验枢纽管理局有关问题的批复》（中央编办复字〔2003〕154号），同意陆水试验枢纽管理局作为长江水利委员会管理的事业单位。2003年12月，水利部《关于陆水试验枢纽管理局机构编制有关问题的批复》（水人教〔2003〕647号），明确陆水试验枢纽管理局为长江委所属副局级事业单位。

2003年12月，水利部《关于长江水利委员会长江工程建设局机构编制的批复》（水人教〔2003〕638号），同意将长江重要堤防隐蔽工程建设管理局更名为长江工程建设局，为委属事业单位，规格为副局级。该局作为长江委负责流域内中央投资水利工程项目建设的法人单位，主要负责流域规划中中央投资公益性水利工程建设项目的建设管理工作。

2004年3月，长江委印发《关于组建长江工程建设局的通知》（长人劳〔2004〕139号），明确长江工程建设局由长江水利委员会长江重要堤防隐蔽工程建设管理局、长江水利委员会基本建设办公室两个临时机构合并组建，保留"长江重要堤防隐蔽工程建设管理局"牌子，直至长江重要堤防隐蔽工程竣工验收完为止。

2004年6月，根据湖北省《省人民政府关于长江工程职业技术学院变更管理体制有关问题的批复》（鄂政函〔2004〕98号），长江工程职业技术学院（在原长江职工大学基础上更名组建）由水利部划转湖北省管理，归口湖北省教育厅管理。

2004年7月，中央编办《关于水利部中国科学院水库渔业研究所更名的批复》（中央编办复字〔2004〕96号），同意水利部中国科学院水库渔业研究所更名为水利部中国科学院水工程生态研究所。2004年7月，水利部《关于水利部中国科学院水库渔业研究所更名的批复》（人教劳〔2004〕60号），同意水利部中国科学院水库渔业研究所更名为水利部中国科学院水工程生态研究所。更名后，该所主要负责开展水工程生态研究、促进水资源和水生物资源的有效保护和合理利用等工作，管理体制和事业编制保持不变。

2006年2月，长江委印发《关于撤销长江重要堤防隐蔽工程建设管理局有关事项的批复》（长人劳〔2006〕31号），撤销长江工程建设局的"长江重要堤防隐蔽工程建设管理局"牌子。

2006年2月，根据《关于设立长江水利委员会执业资格指导中心的批复》（长人劳〔2006〕59号），设立长江水利委员会执业资格指导中心，与人才资源开发中心一个机构、两块牌子。

截至2009年12月，长江委事业单位有14家：长江水利委员会水文局、长江水利委员会长江科学院、水利部中国科学院水工程生态研究所、长江水利委员会长江工程建设局、长江水利委员会陆水试验枢纽管理局、水利部长江勘测技术研究所、长江水利委员会综合管理中心、长江水利委员会网络与信息中心、长江水利委员会宣传出版中心、长江水利委员会人才资源开发中心、长江水利委员会机关服务中心（局）、长江水利委员会长江流域水土保持监测中心站、长江水利委员会长江医院（血吸虫病防治监测中心）、长江水利委员会驻北京联络处。

（3）企业。

2003年8月，水利部《关于长江水利委员会长江勘测规划设计研究院体制改革实施方案的批复》（水人教〔2003〕351号），同意将长江水利委员会综合勘测局、长江勘测规划设计研究院合并组建成新的长江水利委员会长江勘测规划设计研究院，并将长江水利委员会扬子江工程咨询公司、三峡工程代表局划入该院。长江委工程建设监理中心、长江招投标有限公司、长江清淤疏浚工程有限公司、长江移民工程监理有限公司列为委直属企业。

2004年8月，按现代企业制度组建长江出版社（武汉）有限公司，由长江水利委员会控股，主管、主办单位均为长江水利委员会，委托宣传出版中心管理；长江清淤疏浚工程有限公司、长江招投标有限公司调整为由长江水利水电开发总公司（湖北）管理；长江委工程建设监理中心（湖北）调整为长江工程建设局所属企业。

2004年9月，长江勘测规划设计研究院全面负责长江勘测技术研究所日常管理工作。

2004年10月，扬子江工程咨询公司调整为委直属公司。

2005年5月，扬子江工程咨询公司由委直属公司调整为由长江水利水电开发总公司（湖北）管理，并与湖北长江招投标有限公司进行整合。

2005年10月，长江清淤疏浚工程有限公司调整为由综合管理中心管理。

2006年5月，水利部办公厅《关于加强南水北调中线水源有限责任公司管理有关问题的意见》（办人教〔2006〕79号），明确长江水利委员会作为中线水源公司股东单位的出资人和主管单位，履行出资人职责，对中线水源公司实施归口管理。

2006年12月，长江工程建设局、长江委工程建设监理中心（湖北）和长江工程监理咨询有限责任公司（原长江移民工程监理有限责任公司）调整为由长江水利水电开发总公司（湖北）管理。

截至2009年12月，长江委直接管理的企业有4家：长江水利水电开发总公司（湖北）、长江勘测规划设计研究院、汉江水利水电（集团）有限责任公司（丹江口水利枢纽管理局）、南水北调中线水源有限责任公司。

表1列出了2001年1月—2009年12月长江委领导和副总工程师任免情况，图1为2009年长江委机构图。

表1　　　　水利部长江水利委员会领导和副总工程师任免表（2001年1月—2009年12月）

机构名称	姓　名	职　务	任免时间	备　注
水利部 长江水利委员会	黎安田	主　任	1994年9月—2001年5月	
		党组副书记	2000年3月—2001年6月	
	蔡其华	党组书记	2004年7月—	
		党组副书记	2001年6月—2004年6月	
		主　任	2001年5月—	
	周保志	党组书记	2001年5月—2004年6月	调水利部任职
		副主任	2001年6月—2004年6月	
	傅秀堂	副主任	1991年7月—2003年5月	
		党组成员	1991年7月—2003年5月	
	王家柱	副主任	1993年8月—2001年5月	调三峡公司任职
		党组成员	1990年12月—2001年5月	

续表

机构名称	姓　名	职　务	任免时间	备　注
水利部 长江水利委员会	郑守仁	总工程师	1994 年 3 月—	
		党组成员	1994 年 2 月—2004 年 6 月	
	沈　泰	副主任	1999 年 6 月—2005 年 4 月	
		党组副书记	1999 年 6 月—2005 年 4 月	
	王忠法	副主任	1999 年 6 月—2006 年 3 月	调湖北省水利厅任职
		党组成员	1999 年 6 月—2006 年 3 月	
	熊　铁	副主任	2001 年 3 月—	
		党组成员	2001 年 5 月—	
	周保志	副主任	2001 年 6 月—2004 年 6 月	调水利部任职
		党组书记	2001 年 5 月—2004 年 7 月	
	徐尚阁	副主任	2001 年 6 月—2006 年 11 月	
		党组成员	2001 年 5 月—2006 年 11 月	
	徐安雄	副主任	2004 年 6 月—2006 年 11 月	
		党组成员	2001 年 5 月—2006 年 11 月	
		纪检组组长	2001 年 5 月—2004 年 6 月	
	陈　飞	党组成员	2004 年 6 月—	
		纪检组组长	2004 年 6 月—	
	岳中明	副主任	2004 年 6—9 月	调珠江水利委员会任职
		党组成员	2004 年 6—9 月	
	马建华	副主任	2009 年 11 月—	
		总工程师	2004 年 6 月—	
		党组成员	2004 年 6 月—	
	魏山忠	副主任	2006 年 3 月—	
		党组成员	2006 年 3 月—	
	钮新强	副主任	2006 年 11 月—2008 年 9 月	
		党组成员	2006 年 11 月—2008 年 9 月	
	杨　淳	副主任	2006 年 11—	
	陈晓军	副主任	2009 年 7 月—	
		党组成员	2009 年 8 月—	
	成昆煌	副总工程师	1993 年 12 月—2002 年 4 月	
	陈雪英	副总工程师	1993 年 12 月—2002 年 4 月	
	刘　宁	副总工程师	1998 年 7 月—2002 年 4 月	
	马建华	副总工程师	2001 年 8 月—2004 年 6 月	
	杨　淳	副总工程师	2002 年 3 月—2004 年 8 月	
	夏仲平	副总工程师	2002 年 3 月—	
	杨甫生	副总工程师	2005 年 1 月—2009 年 2 月	
	仲志余	副总工程师	2006 年 2—8 月	
	金兴平	副总工程师	2006 年 8 月—	

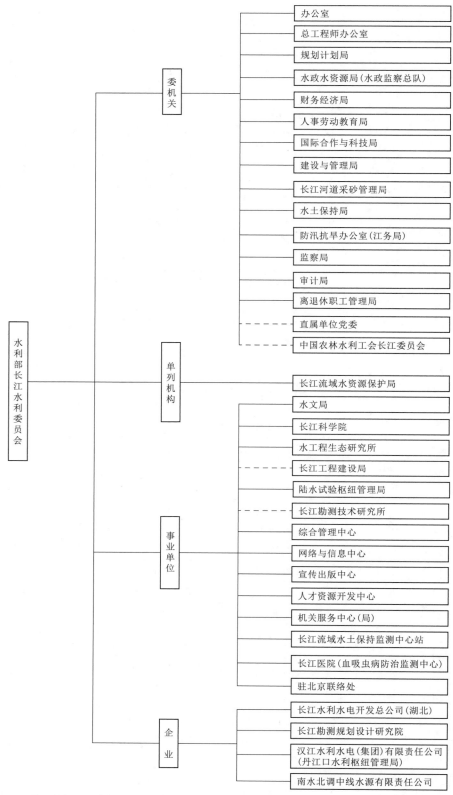

注 长江工程建设局由长江水利水电开发总公司（湖北）管理；长江勘测技术研究所由长江勘测规划设计研究院管理。

图1 水利部长江水利委员会机构图（2009年）

二、第二阶段（2010年1月—2021年12月）

为进一步加强流域水行政管理，水利部决定再次开展流域机构改革。根据国务院办公厅《关于印发水利部主要职责内设机构和人员编制规定的通知》（国办发〔2008〕75号）和水利部《关于印发〈长江水利委员会主要职责机构设置和人员编制规定〉的通知》（水人事〔2009〕642号），长江水利委员会为水利部派出的流域管理机构，在长江流域和澜沧江以西（含澜沧江）区域内依法行使水行政管理职责，为具有行政职能的事业单位。

（一）主要职责

（1）负责保障流域水资源的合理开发利用。受水利部委托组织编制流域或流域内跨省（自治区、直辖市）的江河湖泊的流域综合规划及有关的专业或专项规划并监督实施；拟定流域性的水利政策法规。组织开展流域控制性水利项目、跨省（自治区、直辖市）重要水利项目与中央水利项目的前期工作。根据授权，负责流域内有关规划和中央水利项目的审查、审批及有关水工程项目的合规性审查。对地方大中型水利项目进行技术审核。负责提出流域内中央水利项目、水利前期工作、直属基础设施项目的年度投资计划并组织实施。组织、指导流域内有关水利规划和建设项目的后评估工作。

（2）负责流域水资源的管理和监督，统筹协调流域生活、生产和生态用水。受水利部委托组织开展流域水资源调查评价工作，按规定开展流域水能资源调查评价工作。按照规定和授权，组织拟定流域内省际水量分配方案和流域年度水资源调度计划以及旱情紧急情况下的水量调度预案并组织实施，组织开展流域取水许可总量控制工作，组织实施流域取水许可和水资源论证等制度，按规定组织开展流域和流域重要水工程的水资源调度。

（3）负责流域水资源保护工作。组织编制流域水资源保护规划，组织拟定跨省（自治区、直辖市）江河湖泊的水功能区划并监督实施，核定水域纳污能力，提出限制排污总量意见，负责授权范围内入河排污口设置的审查许可；负责省界水体、重要水功能区和重要入河排污口的水质状况监测；指导协调流域饮用水水源保护、地下水开发利用和保护工作。指导流域内地方节约用水和节水型社会建设有关工作。

（4）负责防治流域内的水旱灾害，承担流域防汛抗旱总指挥部的具体工作。组织、协调、监督、指导流域防汛抗旱工作，按照规定和授权对重要的水工程实施防汛抗旱调度和应急水量调度。组织实施流域防洪论证制度。组织制定流域防御洪水方案并监督实施。指导、监督流域内蓄滞洪区的管理和运用补偿工作。按规定组织、协调水利突发公共事件的应急管理工作。

（5）指导流域内水文工作。按照规定和授权，负责流域水文水资源监测和水文站网的建设和管理工作。负责流域重要水域、直管江河湖库及跨流域调水的水量水质监测工作，组织协调流域地下水监测工作。发布流域水文水资源信息、情报预报以及流域水资源公报、泥沙公报。

（6）指导流域内河流、湖泊及河口、海岸滩涂的治理和开发；按照规定权限，负责流域内水利设施、水域及其岸线的管理与保护以及重要水利工程的建设与运行管理。指导流域内所属水利工程移民管理有关工作。负责授权范围内河道范围内建设项目的审查许可及监督管理。负责长江宜宾以下干流河道采砂的统一管理和监督检查，负责长江省际边界重点河段采砂的管理和监督检查，指导、监督流域内河道采砂管理有关工作。指导流域内水利建设市场监督管理工作。

（7）指导、协调流域内水土流失防治工作。组织有关重点防治区水土流失预防、监督与管理。按规定负责有关水土保持中央投资建设项目的实施，指导并监督流域内国家重点水土保持建设项目的实施。受水利部委托组织编制流域水土保持规划并监督实施，承担国家立项审批的大中型生产建设项目水土保持方案实施的监督检查。组织开展流域水土流失监测、预报和公告。

（8）负责职权范围内水政监察和水行政执法工作，查处水事违法行为；负责省际水事纠纷的调处工作。指导流域内水利安全生产工作，负责流域管理机构内安全生产工作及其直接管理的水利工程质量和安全监督；根据授权，组织、指导流域内水库、水电站大坝等水工程的安全监管。开展流域内中央投资的水利工程建设项目稽查。

（9）按规定指导流域内农村水利及农村水能资源开发有关工作，指导水电农村电气化和小水电代燃料工作。负责开展水利科技、外事和质量技术监督工作。承办国际河流有关涉外事务。承担有关水利统计工作。

（10）按照规定或授权负责流域控制性水利工程、跨省（自治区、直辖市）水利工程等中央水利工程的国有资产的运营或监督管理；研究提出直管工程和流域内跨省（自治区、直辖市）水利工程供水价格及直管工程上网电价核定与调整的建议。

（11）承办水利部交办的其他事项。

（二）编制与机构设置及主要职能

根据水利部《关于印发〈长江水利委员会主要职责、机构设置和人员编制规定〉的通知》（水人教〔2009〕642号），长江水利委员会事业编制总数为7081名，其中行政执行人员编制851名，公益事业人员编制6230名。委领导职数7名；委机关内设机构领导职数55名，其中局长（副局级）21名（含副总工程师4名），副局长（正处级）34名；长江流域水资源保护局领导职数4名；委属二级事业单位领导职数63名，其中局级领导职数31名，处级领导职数32名。

2018年11月，根据《水利部人事司关于明确部分部属事业单位机构编制事项的通知》（人事机函〔2018〕9号），长江水利委员会编制调整为6809名，其中行政执行人员编制589名，公益事业人员编制6220名。

长江水利委员会机关内设机构及其主要职能如下：

（1）办公室。协助委领导对机关各部门工作进行综合协调，组织委机关日常工作；承担委机关绩效考核工作。负责委领导的秘书工作，组织草拟委综合性重要政务文稿工作，组织委内重大问题的调查研究工作，负责委级内部规章制度建设工作。负责委机关公文处理、政务信息、政务公开、保密、机要、信访等工作，并指导全委相关工作。负责委召开的综合性会议、委务会议、委主任办公会议组织工作；负责委机关会议计划管理工作。组织委对外宣传、新闻发布和舆情分析工作，指导全委宣传工作；承担委行政许可申请的受理、督办及行政许可决定的送达工作。负责委重要事项的督办工作，承担委应急管理的日常工作和重大事项的对外联系工作；负责委印章的管理工作，承担委机关各部门和委直属事业单位的印章制发工作。监督、指导全委档案、保卫和机关后勤工作，组织委重要接待工作。组织委政务信息化规划与建设工作，组织开展委网站及政务内网的建设运行管理和内容保障工作。负责委机关财务管理、会计核算工作，负责委机关资产和政府采购管理工作。

（2）总工程师办公室。负责协调全委技术管理工作，协助委总工程师、副总工程师处理全委的重大技术工作，组织拟定全委技术管理办法，协调有关重大技术活动。负责组织治江战略及重大技术问题的研究。负责中央级行政事业类预算项目的技术统筹与协调，组织审查委属单位有关生产及研究项目的出委技术成果，协助组织水利规划和项目前期的技术管理。负责委水行政许可项目专家评审管理工作，归口管理委非行政许可项目技术审查工作。组织编制全委信息化发展战略和总体规划并监督实施，指导全委信息化工作；协调处理全委信息化建设中的重大问题，促进委属各单位、各专业的互联互通和协同工作。负责委级信息化建设项目的审批、验收和评估；组织、协调和指导全委信息资源开发、利用和共享，以及信息技术应用和推广。承担委科学技术委员会的日常工作。

（3）规划计划局。负责保障流域水资源的合理开发利用，组织编制流域水利发展战略、中长期发展规划，组织流域水利发展和改革的重大专题研究。组织编制流域水资源综合规划，组织编制流域或流域内跨省（自治区、直辖市）江河湖泊的流域综合规划、流域防洪规划、河道治理规划、水利血防规划并监督实施；归口管理流域和流域内跨省（自治区、直辖市）江河湖泊的水利专业或专项规划的编制工作。组织开展流域控制性水利项目、跨省（自治区、直辖市）重要水利项目与中央水利项目的前期工作。根据授权，负责流域内有关规划、中央水利项目、直属基础设施项目的审查、审批及有关水工程项目的合规性审查，对地方大中型水利项目进行技术审核。负责提出流域内中央水利项目、水利前期工作、直属基础设施项目的年度投资计划并组织实施。组织、指导流域有关防洪论证工作，负责流域内重大建设项目洪水影响评价和水工程建设规划同意书制度的组织实施。按规定开展流域内水能资源调查评价工作；指导流域内农村水能资源开发有关工作；指导水电农村电气化和小水电代燃料工作。指导流域内河流、湖泊及河口、海岸滩涂的治理和开发。组织、指导流域内有关水利规划和建设项目的后评估工作；承担流域有关水利统计工作。

（4）水资源局。负责流域水资源的管理和监督，统筹协调流域生活、生产和生态用水。按规定组织开展流域水资源调查评价，组织开展流域内省界断面和重要控制断面水资源监测工作。组织编制流域水资源专业规划、水中长期供求规划、供水水源规划和节约用水规划并监督实施。按照规定和授权，组织拟定流域水量分配方案和流域年度水资源调度计划并组织实施；组织开展流域取水许可总量控制工作；负责流域水权制度建设。组织实施流域内取水许可制度，指导和协调流域内水资源费的征收工作；组织实施流域内水资源有偿使用制度等水资源管理制度。组织实施流域内水资源论证制度，负责流域内有关规划及建设项目的水资源论证报告书的审查和审批，负责水资源论证资质审核和监督管理。按规定组织开展流域和流域重要水工程的水资源调配；审批授权范围内取用水工程年度取用水计划。指导流域内地方节约用水和节水型社会建设有关工作；指导流域内地方计划用水工作；指导协调流域地下水开发利用工作。负责流域水资源管理信息系统的建设与管理；组织编制并负责发布流域水资源公报、泥沙公报以及其他的水资源信息；归口管理列入预算内的水资源项目。

（5）水政与安全监督局（水政监察总队）。组织拟定流域性的水利政策法规，参与有关水法规的起草与修订。负责《中华人民共和国水法》等有关水利法律法规的宣传、实施和监督检查，承担委水行政管理的法律咨询。负责职权范围内水政监察和水行政执法工作，查处水事违法行为；承办水行政应诉、复议、听证、赔偿工作。负责委水政监察队伍的建设与管理；负责长江干流省际边界重点河段现场采砂执法工作。负责流域内省际水事纠纷的调处工作；参与拟定省际重点水事矛盾敏感地区水利规划并监督实施。参与委水行政许可工作，承办委水行政规范性文件合法性审核；承担水行政许可、处罚、征收等水行政行为的合法性审查工作。指导流域内水利安全生产工作，负责全委安全生产工作及直管水利工程的安全监督；根据授权，组织、指导流域内水库、水电站大坝等水工程的安全监管。组织或参与委内重大水利生产安全事故的调查处理；负责生产安全事故统计报告；承担委安全生产领导小组办公室的日常工作。组织开展流域内中央投资的水利工程和委属工程建设项目稽查工作；组织或参与调查水利建设项目违规违纪事件，并按规定提出处理意见。

（6）财务局。组织编制全委预决算并负责预算的执行，研究拟定行政事业预算项目规划并组织实施，参与经费支出定额标准制定。负责全委财政性资金的支付管理，按照规定或授权，审核或审批水利基本建设项目竣工财务决算。按照规定或授权，负责流域控制性水利工程、跨省（自治区、直辖市）水利工程等中央水利工程的国有资产的运营或监督管理。负责委国有资产监督管理，承担事业单位国有资产配置、使用和处置管理；负责产权管理和资产评估工作。负责全委政府采购管理，监督指导委属单位政府采购执行。研究提出直管工程和流域内跨省（自治区、直辖市）水利工程供水价格及直管工程上网电价核定与调整的建议，承担委非税收入和内部有偿服务收费管理工作。研究委经济发展形势和运行状况，对委内企业进行指导和监督；承担所属企业财务监督、绩效考核以及国有资本经营预算管理工作。拟定委财务经济管理制度并组织实施，指导委属单位财务管理、会计核算和经济工作。

（7）人事劳动局。组织拟定委人才规划及相关规定，组织指导委机关和委属单位干部人事制度改革；负责全委绩效考核管理工作。负责委机关和其他参照《中华人民共和国公务员法》管理单位的公务员管理工作。负责委属单位领导班子、委管后备干部队伍建设和干部监督工作，承办委管干部的日常管理工作。负责组织委专业技术职务评审、专家管理和职业技能鉴定管理工作。负责委机关和委属单位的机构编制管理、机构改革工作，组织指导水行政管理体制改革和水利经济体制改革有关工作。负责委机关和委属单位工资管理工作，指导委属单位工资收入分配制度改革工作。负责委人事劳动统计工作，负责委行政表彰奖励管理工作，指导委属单位职工劳动保护、卫生保健、疗休养和人事档案管理工作。负责全委干部教育培训管理工作，组织拟定委干部教育培训规划并监督实施。

（8）国际合作与科技局。负责全委外事工作，承担全委因公出国（境）的管理工作。组织开展水利国际合作以及与香港、澳门特别行政区及台湾地区的水利交流工作，指导全委对外经济、技术合作与交流及引进国外智力工作。承办国际河流有关涉外事务，组织开展流域内国际河流相关技术研究，参与拟定西南国际河流有关政策和对外谈判。负责全委科技管理工作，组织编制全委科技发展规划，拟定科研管理办法，承担重大科技交流和科学普及工作。负责全委科技项目的管理工作，组织重大水利科学研究、技术引进与科技推广工作，负责全委科技成果鉴定、评审、奖励及转化工作。负责全委水利科技创新体系建设，指导委属科研院所的有关工作以及国家、省部级重点实验室和工程技术研究中心的建设与运行管理。负责全委水利行业的技术标准管理，归口管理全委水利行业计量、认证认可、质量技术监督和知识产权管理等工作。承担长江论坛秘书处的日常工作，负责长江论坛的筹备并组织实施。

（9）建设与管理局。按照规定权限，负责流域内水利设施、水域及其岸线的管理与保护。指导流域内水利工程建设管理，负责流域内重要水利工程的质量监督管理，组织指导流域内水利工程开工审批、蓄水安全鉴定和验收。按照规定权限，负责流域内重要水利工程的建设与运行管理；指导流域水库、水电站大坝、堤防、水闸等水利工程的运行管理与确权划界。负责授权范围内河道范围内建设项目的审查许可及监督管理。负责流域内中央投资的水利工程建设和重要病险水库、重要水闸除险加固的监督管理；负责流域内病险水库、水闸除险加固工程初步设计的技术审查和复核工作。指导流域内水利建设市场监督管理工作，按规定负责流域内水利建设市场准入、项目法人组建、工程招标投标、建设监理、工程造价和工程质量检测的监督管理。指导流域内所属水利工程移民管理有关工作。负责委属基本建设项目的建设管理工作。

（10）河道采砂管理局。负责长江宜宾以下干流河道采砂的统一管理和监督检查。贯彻执行《长江河道采砂管理条例》，研究起草有关政策法规。组织编制长江干流河道采砂规划及流域内重点江河湖泊的采砂专项规划。负责长江干流河道采砂总量控制，调整年度采砂控制总量。审批长江干流省际边界重点河段、长江干流吹填固基、整治长江河道的采砂许可；负责长江干流省际边界重点河段以外10万吨以上吹填造地采砂审查；审核长江航道整治采砂意见。负责组织长江干流采砂执法检查与专项执法活动，协调省际边界河段因采砂活动引起的水事纠纷。指导、监督长江干流省际边界重点河段砂石资源费的征收。指导、监督流域内河道采砂管理有关工作。

（11）水土保持局。指导、协调流域内水土流失防治工作，组织流域内有关重点防治区水土流失预防、监督与管理。按规定负责流域内有关水土保持和农村水利中央投资建设项目的实施，指导并监督流域内国家重点水土保持建设项目的实施。受水利部委托组织编制流域水土保持和农村水利规划并监督实施，承担国家立项审批的大中型生产建设项目水土保持方案实施的监督检查。负责流域内水土流失监测管理工作，组织开展流域水土流失监测、预报和公告；组织开展流域内水土保持重大问题和关键技术研究、科技示范与推广。按规定指导流域内农田水利基本建设、农村饮水安全、农田灌溉排水、雨水集蓄利用等农村水利工作。根据授权承担流域内国家重点水土保持和农村水利建设项目的技术审查。按规定组织、指导流域内水土保持、农村水利规划和水土保持、农村水利重点建设项目的后评估工作。承担长江上游水土保持委员会办公室的日常工作。

（12）防汛抗旱办公室（三峡水库管理局）。负责防治流域内的水旱灾害，承担长江防汛抗旱总指挥部的具体工作。组织、协调、监督、指导流域防汛抗旱工作，协调指导流域内台风、山洪灾害的防御以及城市防洪工作。按照规定和授权对重要的水工程实施防汛抗旱调度和应急水量调度，审批授权范围内的水库防汛抗旱调度方案。组织制定流域及跨省河流的防御洪水方案并监督实施，组织拟定旱情紧急情况下的水量调度预案并组织实施。负责三峡水库防汛抗旱调度管理，参与三峡水库管理相关工作以及重大问题的研究。负责流域内蓄滞洪区和防洪保护区的洪水影响评价工作，指导、监督流域内蓄滞洪区的管理和运用补偿工作；监督、指导授权范围内江河、湖泊、蓄滞洪区和水利工程的防洪安全管理。组织流域内水库、电站大坝、堤防、水闸（含穿堤建筑物、护岸工程）重点险工、险段、防汛抗旱应急工程的处理方案和水毁工程修复设计的审查。负责防汛抗旱经费管理的有关工作；指导流域机构内长江防汛抗旱机动抢险队的建设与管理和中央防汛物资定点仓库的储备与管理。按规定组织、协调水利突发公共事件的应急管理工作，负责授权范围内防汛抗旱信息系统的建设与管理，承担洪涝干旱灾情的调查和统计工作。

（13）监察局。监督检查全委执行国家法律法规、政策、决议、命令和内部规章制度的情况。负责调查处理委机关、委属单位及委任命的工作人员违法违纪的行为。负责受理违法违纪行为的检举控告，受理被处分人员的申诉。组织开展反腐倡廉宣传教育，完善反腐倡廉制度。指导委属单位监察业务工作。承担委纪检组的日常工作。

（14）审计局。贯彻执行《中华人民共和国审计法》等政策法规，拟定委各项内部审计规章制度。负责对委机关有关部门和委属单位主要负责人进行经济责任审计。负责对委机关和委属事业单位的预决算和财务收支等经济活动进行审计，负责对委属企业的资产、负债、损益进行审计。负责对委属国有资产的保值增值、安全、完整情况进行审计，负责对委属建设项目和专项资金进行审计。负责对委属单位违反财经法规和纪律的问题进行审计。负责对委机关和委属单位的内部控制进行审计，对有关重大事项开展专项审计调查。指导委属单位审计业务工作。

（15）离退休职工管理局。贯彻执行党中央、国务院有关离退休工作的方针、政策，拟订委离退休职工管理实施办法。组织落实离退休职工的政治和生活待遇，引导离退休职工发挥积极作用。组织离退休职工开展文化体育活动，指导委老年大学和活动中心工作。负责委机关离退休职工的日常服务管理工作，承担委机关离退休职工经费管理工作，协调参照公务员法管理人员离退休费的发放工作。指导委属单位离退休职工管理工作。

直属机关党委。按照党组织的隶属关系，负责委机关及委直属单位党的工作。宣传贯彻党的路线、方针、政策，组织党员政治理论学习，编制局处级党员领导干部政治理论培训计划并组织实施。指导所属党组织做好党员发展、管理工作，做好思想政治和统战工作。协助委党组管理机关党组织的干部，配合干部人事部门对领导干部进行考核，对所属党组织党务干部的任免、调动和奖惩提出意见和建议。指导委精神文明建设工作，组织开展创建省级、部级及委级文明单位活动；组织实施普法等有关工作。按照干部管理权限审批党员干部违反党纪的处理决定。领导机关共青团工作，指导直属单位共青团工作。

长江工会（中国农林水利工会长江委员会）。贯彻落实《中华人民共和国工会法》，负责全委工会工作，承担委机关工会工作。保障职工行使民主权利，推行职工代表大会等多种形式的民主管理、民主参与和民主监督制度。维护职工合法权益，指导委属单位工会组织签订集体合同，参与职工重大伤亡事故的调查处理，保护女职工特殊权益，承担委妇女工作委员会的日常工作。参与职工民事调解工作，参与职工劳动争议调解，协助解决职工生活困难。协助做好省部级及以上劳动模范、先进工作者的推荐、评选工作，负责省部级及以上劳动模范、先进工作者的管理工作；负责"五一"劳动奖章、奖状的推荐和管理工作。组织开展劳动竞赛活动，组织开展群众性的文化体育活动。负责委级工会财务和资产管理工作；协助有关部门选配工会干部。

2012年7月，根据水利部《关于在长江水利委员会设立农村水利机构有关事项的通知》（水人事〔2012〕140号），在水土保持局加挂农村水利局牌子，核增内设机构领导职数（正处级）1名。在农村水利方面的主要职责为：参与指导全国有关农村水利专项规划的编制与实施；组织开展流域内农村水利省级专项规划、重大项目前期工作的咨询、技术审查以及相关水资源论证；组织流域内农村水利重点工程的专项检查、督查，对流域内反映的农村水利有关问题进行调查，提出处理意见；组织开展流域内农村水利重大政策研究、农村用水状况分析等工作；负责流域内农村水利相关数据的统计、分析和汇总工作。

2014 年 8 月，根据水利部党组《关于对长江水利委员会 黄河水利委员会纪检监察机构实行直接管理的试点方案》（水党〔2014〕36 号），中共长江水利委员会党组纪检组和长江水利委员会监察局的领导体制由长江委党组领导调整为水利部党组直接领导。

2016 年 6 月，根据水利部人事司《关于长江水利委员会防汛抗旱办公室加挂水库联合调度管理局牌子的批复》（人事机〔2016〕12 号），防汛抗旱办公室（三峡水库管理局）加挂水库联合调度管理局牌子，相应核增委机关内设机构领导职数（正处级）1 名。

2019 年 1 月，根据《水利部人事司关于明确长江水利委员会监督机构及支撑单位的通知》（人事机〔2018〕7 号），成立监督局。

2019 年 4 月，根据《水利部人事司关于调整长江水利委员会机关内设机构的通知》（人事机〔2019〕5 号），新组建水资源节约与保护局、河湖管理局；总工程师办公室与国际合作与科技局整合组建新的国际合作与科技局；水政与安全监督局（水政监察总队）更名为政策法规局（水政监察总队）、人事劳动局更名为人事局、水资源局更名为水资源管理局、建设与管理局更名为建设与运行管理局、水土保护局（农村水利局）更名为水土保持局（农村水利水电局）、防汛抗旱办公室（三峡水库管理局）（水库联合调度管理局）更名为水旱灾害防御局（水工程调度管理局）、长江工会（中国农林水利工会长江委员会）更名为长江工会（中国农林水利气象工会长江委员会）。

截至 2021 年 12 月，长江委内设机构为：办公室、规划计划局、政策法规局（水政监察总队）、财务局、人事局、水资源管理局、水资源节约与保护局、建设与运行管理局、河湖管理局、河道采砂管理局、水土保持局（农村水利水电局）、监督局、水旱灾害防御局（水工程调度管理局）、国际合作与科技局、审计局、离退休职工管理局；直属机关党委、长江工会（中国农林水利气象工会长江委员会）。

（三）长江委领导任免

2012 年 10 月，刘雅鸣任长江委主任，蔡其华不再担任长江委主任职务。

2016 年 6 月，魏山忠任长江委主任，刘雅鸣不再担任长江委主任职务。

2018 年 2 月，马建华任长江委主任，魏山忠不再担任长江委主任职务。

2014 年 11 月，水利部任命陈琴为长江委副主任，免去陈晓军长江委副主任职务（部任〔2015〕25 号）。

2015 年 12 月，水利部任命胡甲均为长江委副主任，免去杨淳长江委副主任职务（部任〔2016〕6 号）。

2016 年 9 月，水利部党组任命熊铁为长江委党组副书记（部党任〔2016〕78）；水利部任命金兴平为长江委总工程师，免去马建华长江委总工程师职务（部任〔2016〕107 号）。

2016 年 11 月，水利部党组任命刘祥峰为长江委纪检组组长，免去陈飞长江委纪检组组长职务（部党任〔2016〕91 号）。

2017 年 3 月，水利部任命杨谦为长江委副主任，免去陈琴长江委副主任职务（部任〔2017〕93 号）。

2017 年 9 月，水利部免去郑守仁长江委总工程师职务（部任〔2017〕102 号）。

2018 年 9 月，水利部免去熊铁长江委副主任职务（部任〔2018〕87 号文）；水利部党组免去熊铁长江委党组副书记职务（部党任〔2018〕43 号）。

2018 年 10 月，水利部任命吴道喜为长江委副主任（部任〔2018〕90 号）。

2018 年 11 月，水利部任命金兴平为长江委副主任，任命仲志余为长江委总工程师，免去金兴平长江委总工程师职务（部任〔2018〕107 号）。

2019 年 4 月，水利部任命戴润泉为长江委副主任（部任〔2019〕46 号）。

2020 年 12 月，水利部党组任命任红梅为长江委纪检组组长（部党任〔2020〕99 号），免去刘祥峰长江委纪检组组长职务（部党任〔2020〕84 号）。

2021 年 3 月，水利部免去杨谦长江委副主任职务（部任〔2021〕27 号）。

2021 年 6 月，水利部任命王威为长江委副主任（部任〔2021〕45 号）。

截至 2021 年 12 月，中共水利部长江水利委员会党组由 7 人组成，马建华为党组书记，胡甲均、金兴平、吴道喜、戴润泉、任红梅、王威为党组成员；马建华为长江委主任，胡甲均、金兴平、吴道喜、戴润泉、王威为副主任，仲志余为总工程师，任红梅为纪检组组长。

（四）单列机构及直属企事业单位

（1）单列机构：长江流域水资源保护局。

2019 年 4 月，根据《中央编办关于水利部所属事业单位机构编制调整的批复》（中央编办复字〔2019〕3 号）以及机构改革的相关要求，原长江流域水资源保护局机关及长江流域水环境监测中心转隶生态环境部，长江水资源保护科学研究所仍作为长江委的事业单位；10 月，原长江流域水资源保护局所属上海局和丹江口局划转至生态环境部。

（2）事业单位：长江水利委员会水文局（正局级）、长江水利委员会长江科学院（正局级）、水利部中国科学院水工程生态研究所（正局级）、长江水利委员会陆水试验枢纽管理局（正局级）、水利部长江勘测技术研究所（副局级）、长江水利委员会长江工程建设局（副局级）、长江水利委员会综合管理中心（副局级）、长江水利委员会网络与信息中心（长江档案馆）（副局级）、长江水利委员会宣传出版中心（副局级）、长江水利委员会人才资源开发中心（副局级）、长江水利委员会机关服务中心（局）（副局级）、长江水利委员会长江医院（血吸虫病防治监测中心）（副局级）、长江水利委员会长江流域水土保持监测中心站（正处级）、长江水利委员会驻北京联络处（正处级）。

2017 年 6 月，根据《中央编办关于调整设立澜湄水资源合作中心等事项的批复》（中央编办复字〔2016〕144 号）和《水利部人事司关于组建澜湄水资源合作中心有关事项的通知》（人事机〔2016〕21 号），撤销长江水利委员会驻北京联络处，设立澜湄水资源合作中心，核定财政补助事业编制 20 名，所需编制从长江水利委员会驻北京联络处划转，核销该处其余 10 名财政补助事业编制。澜湄水资源合作中心主要职责为：承担与澜沧江—湄公河水资源合作相关的政策研究、平台建设、技术交流以及培训宣传等工作。

2019 年 1 月，根据《水利部人事司关于明确长江水利委员会监督机构及支撑单位的通知》（人事机〔2018〕7 号），在综合管理中心基础上改造组建河湖保护与建设运行安全中心。

2019 年 10 月，根据《长江水利委员会关于明确长江水资源保护科学研究所管理体制等有关事项的通知》（长人事〔2019〕623 号），明确长江水资源保护科学研究所作为长江委直属事业单位管理，举办单位为长江科学院，实行委管院属的管理体制。

截至 2021 年 12 月，长江委二级事业单位有 14 家：长江水利委员会水文局、长江水利委员会长江科学院、水利部中国科学院水工程生态研究所、长江水利委员会陆水试验枢纽管理局、水利部长江勘测技术研究所、长江水利委员会长江工程建设局、澜湄水资源合作中心、长江水利委员会河湖保护与建设运行安全中心、长江水利委员会网络与信息中心（长江档案馆）、长江水利委员会宣传出版中心、长江水利委员会人才资源开发中心、长江水利委员会机关服务中心（局）、长江水利委员会长江医院（血吸虫病防治监测中心）、长江水利委员会长江流域水土保持监测中心站。

（3）企业：长江水利水电开发总公司（湖北）、长江勘测规划设计研究院、汉江水利水电（集团）有限责任公司（丹江口水利枢纽管理局）、南水北调中线水源有限责任公司。

2016 年 12 月，经水利部研究决定，对湖南澧水流域水利水电开发有限责任公司的管理方式进行适当调整，明确：除企业领导班子及领导干部管理方式维持不变外，流域管理机构作为控股股东单位要在工程建设管理、年度考核述职述廉、党风廉政建设责任书签订、参加会议等方面对企业进行管理，同时要加强对企业重大事项、财务等内部管理的监督，指导企业的其他日常管理。

2019年5月，根据《水利部人事司关于同意长江水利水电开发总公司（湖北）更名的函》（人事机函〔2019〕7号），长江水利水电开发总公司（湖北）更名为长江水利水电开发集团（湖北）有限公司。

2021年6月，根据《长江水利委员会关于长江勘测规划设计研究院改制有关事项的批复》（长财务〔2021〕293号），长江勘测规划设计研究院由全民所有制企业改制为一人有限责任公司，改制后公司名称为长江设计集团有限公司。

截至2021年12月，长江委直接管理的企业有5家：长江水利水电开发集团（湖北）有限公司、长江设计集团有限公司、汉江水利水电（集团）有限责任公司（丹江口水利枢纽管理局）、南水北调中线水源有限责任公司、湖南澧水流域水利水电开发有限责任公司。

表2列出了2010年1月—2021年12月长江委领导和副总工程师任免情况，图2为2021年长江委机构图。

表2　　　　水利部长江水利委员会领导和副总工程师任免表（2010年1月—2021年12月）

机构名称	姓名	职务	任免时间	备注
水利部长江水利委员会	蔡其华	党组书记	继任—2012年10月	调水利部任职
		主任	继任—2012年10月	
	刘雅鸣	党组书记	2012年10月—2016年6月	调水利部任职
		主任	2012年10月—2016年6月	
	魏山忠	党组书记	2016年6月—2018年2月	调水利部任职
		主任	2016年6月—2018年2月	
		副主任	继任—2016年6月	
		党组成员	继任—2016年6月	
	马建华	党组书记	2018年2月—	
		主任	2018年2月—	
		副主任	继任—2018年2月	
		总工程师	继任—2016年9月	
		党组成员	继任—2018年2月	
	郑守仁	总工程师	继任—2017年9月	
	熊铁	党组副书记	2016年9月—2018年9月	
		副主任	继任—2018年9月	
	陈飞	党组成员	继任—2016年11月	2014年8月—2016年11月兼任监察局局长
		纪检组组长	继任—2016年11月	
	杨淳	副主任	继任—2015年12月	
	陈晓军	副主任	继任—2014年11月	调水利部任职
		党组成员	继任—2014年11月	

续表

机构名称	姓 名	职 务	任 免 时 间	备 注
水利部 长江水利委员会	陈 琴	副主任	2014 年 11—2017 年 3 月	调水利部任职
		党组成员	2014 年 11—2017 年 3 月	
	胡甲均	副主任	2015 年 12 月—	
		党组成员	2015 年 12 月—	
	金兴平	副主任	2018 年 11 月—	
		党组成员	2016 年 9 月—	
		总工程师	2016 年 9 月—2018 年 11 月	
	刘祥峰	党组成员	2016 年 11 月—2020 年 12 月	2016 年 11 月—2019 年 8 月 兼任监察局局长，后调 水利部综合事业局任职
		纪检组组长	2016 年 11 月—2020 年 12 月	
	杨 谦	副主任	2017 年 3 月—2021 年 3 月	调水利部任职
		党组成员	2017 年 3 月—2021 年 3 月	
	吴道喜	副主任	2018 年 10 月—	
		党组成员	2018 年 10 月—	
	仲志余	总工程师	2018 年 11 月—	
	戴润泉	副主任	2019 年 4 月—	
		党组成员	2019 年 4 月—	
	任红梅	党组成员	2020 年 12 月—	
		纪检组组长	2020 年 12 月—	
	王 威	副主任	2021 年 6 月—	
		党组成员	2021 年 6 月—	
	夏仲平	副总工程师	继任—2020 年 6 月	
	金兴平	副总工程师	继任—2016 年 9 月	
	刘振胜	副总工程师	2010 年 5 月—2014 年 5 月	
	周苗建	副总经济师	2010 年 5 月—2016 年 8 月	
	王新友	副总工程师	2014 年 11 月—2021 年 5 月	
	胡维忠	副总工程师	2016 年 11 月—2020 年 1 月	
	王新才	副总工程师	2019 年 2 月—2021 年 6 月	
	陈桂亚	副总工程师	2020 年 1 月—	
	黄 艳	副总工程师	2020 年 10 月—	
	余启辉	副总工程师	2021 年 7 月—	

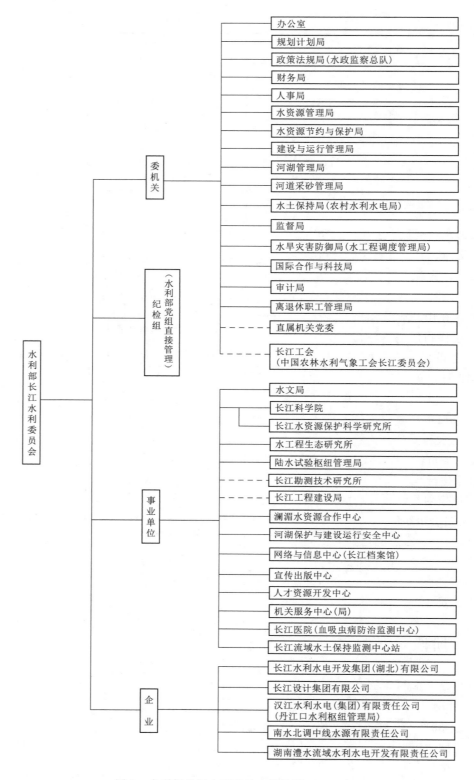

图2　水利部长江水利委员会机构图（2021年）

执笔人：钟敬全　李静希　杨　帆　李　翔　秦飞
审核人：贺良铸　肖行健

水利部黄河水利委员会

水利部黄河水利委员会（以下简称"黄委"）为水利部派出的流域管理机构，代表水利部在黄河流域和新疆、青海、甘肃、内蒙古内陆河区域内依法行使水行政管理职责，承担黄河防汛抗旱总指挥部办事机构职责，为副部级。

1946 年 2 月和 5 月，冀鲁豫解放区和渤海解放区分别成立治黄机构。1949 年 6 月，华北、华东、中原解放区在山东省济南市成立联合性的黄河治理机构——黄河水利委员会。1949 年 7 月，黄河水利委员会迁移到河南省开封市办公。1949 年 11 月，黄河水利委员会改属政务院水利部领导。1950 年初，政务院发布水字第一号令，决定将黄河水利委员会改组为流域性机构，统筹黄河治理开发。1953 年 12 月，黄河水利委员会由开封市迁至郑州市。黄河水利委员会办公地点设在郑州市金水路 11 号。

2002 年，黄河水利委员会进行机构改革，从体制、机构、财务和人员上基本实现政、事、企分开。2003 年黄河水利委员会各级机关依照公务员制度管理，2006 年黄河水利委员会各级机关参照《中华人民共和国公务员法》管理。2005—2006 年，黄河水利委员会完成了水利工程管理体制改革。2009 年，根据国家深化行政管理体制改革要求，黄河水利委员会开展机构改革，进一步完善了组织机构设置。2018 年，国家对组织机构进行优化调整，在水利部的部署下，黄河水利委员会开启新一轮机构改革。黄河水利委员会组织沿革大体上划分为两个阶段：第一阶段为 2001 年 1 月—2009 年 12 月；第二阶段为 2009 年 12 月—2021 年 12 月。

截至 2021 年 12 月底，黄河水利委员会事业编制 20413 名，其中行政执行人员编制 3058 名，公益事业人员编制 17355 名。黄河水利委员会职工总数 41982 人，其中在职职工 21924 人（行政执行人员 2647 人、事业人员 12054 人、企业人员 7223 人），离退休人员 20058 人。

一、第一阶段（2001 年 1 月—2009 年 12 月）

根据中央编办《水利部派出的流域机构的主要职责、机构设置和人员编制调整方案》（中央编办发〔2002〕39 号）和水利部《关于印发〈黄河水利委员会主要职责、机构设置和人员编制规定〉的通知》（水人教〔2002〕331 号），黄河水利委员会是水利部在黄河流域和新疆、青海、甘肃、内蒙古内陆河区域内（以下简称"流域内"）的派出机构，代表水利部行使所在流域内的水行政主管职责，为具有行政职能的事业单位。

（一）主要职责

（1）负责《中华人民共和国水法》等有关法律法规的实施和监督检查，拟定流域性的水利政策法规；负责职权范围内的水行政执法、水政监察、水行政复议工作，查处水事违法行为；负责省际水事纠纷的调处工作。

（2）组织编制流域综合规划及有关的专业或专项规划并负责监督实施；组织开展具有流域控制性的水利项目、跨省（自治区、直辖市）重要水利项目等中央水利项目的前期工作；按照授权，对地方大中型水利项目的前期工作进行技术审查；编制和下达流域内中央水利项目的年度投资计划。

（3）统一管理流域水资源（包括地表水和地下水）。负责组织流域水资源调查评价；组织拟定流域内省际水量分配方案和年度调度计划以及旱情紧急情况下的水量调度预案，实施水量统一调度。组织或指导流域内有关重大建设项目的水资源论证工作；在授权范围内组织实施取水许可制度；指导流域内地方节约用水工作；组织或协调流域主要河流、河段的水文工作，指导流域内地方水文工作；发布流域水资源公报。

（4）根据国务院确定的部门职责分工，负责流域水资源保护工作，组织水功能区的划分和向饮用水水源保护区等水域排污的控制；审定水域纳污能力，提出限制排污总量的意见；负责省（自治区、直辖市）界水体、重要水域和直管江河湖库及跨流域调水的水量和水质监测工作。

（5）组织制定或参与制定流域防御洪水方案并负责监督实施；按照规定和授权对重要的水利工程实施防汛抗旱调度；指导、协调、监督流域防汛抗旱工作；指导、监督流域内蓄滞洪区的管理和运用补偿工作；组织或指导流域内有关重大建设项目的防洪论证工作；负责流域防汛指挥部办公室的有关工作。

（6）指导流域内河流、湖泊及河口、海岸滩涂的治理和开发；负责授权范围内的河段、河道、堤防、岸线及重要水工程的管理、保护和河道管理范围内建设项目的审查许可；指导流域内水利设施的安全监管。按照规定或授权负责具有流域控制性的水利项目、跨省（自治区、直辖市）重要水利项目等中央水利项目的建设与管理，组建项目法人；负责对中央投资的水利工程的建设和除险加固进行检查监督，监管水利建筑市场。

（7）组织实施流域水土保持生态建设重点区水土流失的预防、监督与治理；组织流域水土保持动态监测；指导流域内地方水土保持生态建设工作。

（8）按照规定或授权负责具有流域控制性的水利工程、跨省（自治区、直辖市）水利工程等中央水利工程的国有资产的运营或监督管理；拟订直管工程的水价电价以及其他有关收费项目的立项、调整方案；负责流域内中央水利项目资金的使用、稽查、检查和监督。

（9）承办水利部交办的其他事项。

（二）人员编制与内设机构

（1）人员编制。

根据水利部《关于印发〈黄河水利委员会主要职责、机构设置和人员编制规定〉的通知》（水人教〔2002〕331号），黄河水利委员会事业编制总数为22550名，其中行政执行人员编制3123名，公益事业人员编制19427名。黄河水利委员会机关行政执行人员编制327名，委领导职数7名。

（2）内设机构。

黄河水利委员会机关内设16个部门，分别为办公室、总工程师办公室、规划计划局、水政局（水政监察总队）、水资源管理与调度局、财务局、人事劳动教育局、国际合作与科技局、建设与管理局（水利部水利工程质量监督总站黄河流域分站）、水土保持局、防汛办公室、监察局、审计局、离退休职工管理局、直属单位党委、中国农林水利工会黄河委员会。

（三）黄委领导任免

2001年2月，水利部任命石春先、苏茂林为黄河水利委员会副主任，免去陈效国的黄河水利委员会副主任职务（部任〔2001〕12号）；中共水利部党组批准石春先、苏茂林任黄河水利委员会党组成员（部党任〔2001〕3号）。

2001年5月，李国英任黄河水利委员会党组书记、主任，鄂竟平不再担任黄河水利委员会党组书记、主任职务。

2002年5月，水利部免去李志远的黄河水利委员会总会计师职务（部任〔2002〕19号）。

2002年9月，水利部任命薛松贵为黄河水利委员会总工程师，确定郭国顺的职级为正局级，免去陈效国的黄河水利委员会总工程师职务（部任〔2002〕40号）；中共水利部党组批准李春安任黄河水利委员会党组成员、纪检组长，免去陈效国的黄河水利委员会党组成员职务，免去冯国斌的黄河水利委员会党组成员、纪检组长职务（部党任〔2002〕22号）。

2002年10月，中共黄河水利委员会党组批准郭国顺兼任中国农林水利工会黄河委员会主席，免去徐乘兼任的中国农林水利工会黄河委员会主席职务（黄党〔2002〕35号）。

2004年4月，水利部免去黄自强的黄河水利委员会副主任职务（部任〔2004〕18号）；中共水利部党组批准免去黄自强的黄河水利委员会党组成员职务（部党任〔2004〕8号）。

2004年12月，水利部免去石春先的黄河水利委员会副主任职务（部任〔2005〕2号）；中共水利部党组批准免去石春先的黄河水利委员会党组成员职务（部党任〔2005〕2号）。

2006年3月，中共水利部党组批准薛松贵任黄河水利委员会党组成员（部党任〔2006〕6号）。

2006年11月，水利部任命赵勇为黄河水利委员会副主任（部任〔2007〕4号）；中共水利部党组批准赵勇任黄河水利委员会党组成员（部党任〔2007〕5号）。

2009年11月，中共水利部党组批准徐乘任黄河水利委员会党组副书记（部党任〔2009〕29号）。

（四）委属企事业单位及直管（挂靠）社团

（1）委属事业单位。

根据水利部《关于印发〈黄河水利委员会主要职责、机构设置和人员编制规定〉的通知》（水人教〔2002〕331号），黄河水利委员会直属事业单位15个，其中正局级7个，分别是山东黄河河务局、河南黄河河务局、黄河上中游管理局、黑河流域管理局、黄河流域水资源保护局、水文局、经济发展管理局；副局级6个，分别是黄河水利科学研究院、移民局、黄河服务中心、黄河中心医院、新闻宣传出版中心、信息中心；正处级2个，分别是黄河小北干流山西河务局、黄河小北干流陕西河务局。

2001年1月—2009年12月，黄河水利委员会所属事业单位调整如下：

2001年3月，黄河水利委员会批复黄河上中游管理局成立黄河水土保持生态环境监测中心。

2001年9月，黄河水利委员会成立黄河水利委员会招投标管理中心，为委属正处级事业单位。

2001年11月，黄河水利委员会成立黄河水利委员会黄河水利工程交易中心，为委属正处级事业单位。

2002年1月，黄河水利委员会撤销黄河水利委员会再就业服务中心。

2002年5月，黄河水利委员会批复机关服务处保留黄河水利委员会公安处机构，与机关服务处合署办公。

2002年9月，黄河水利委员会成立黄河水利委员会供水局（正处级）。10月，黄河水利委员会批复山东黄河河务局成立山东黄河河务局供水局（副处级）、河南黄河河务局成立河南黄河河务局供水局（副处级）。

2004年6月，黄河水利委员会成立黄河河口研究院。

2004年8月，黄河水利委员会将黄河水利委员会资金结算调度中心更名为黄河水利委员会预算执行中心，由财务局归口管理。

2005年1月，黄河水利委员会批复河南黄河河务局成立郑州黄河河务局荥阳黄河河务局，级别为副处级，撤销巩义黄河石料厂，其资产、人员整体划归郑州黄河河务局荥阳黄河河务局。

2005年4月，黄河水利委员会批复水文局成立黄河河源区水文水资源及水生态研究所，为正处级事业单位，与水文局上游水文水资源局合署办公，实行一套班子、两块牌子。

2005年6月，黄河水利委员会成立社会保险管理中心，与黄河水利委员会人才交流服务中心、职业技能鉴定指导中心、教育培训中心合署办公，实行一套班子、四块牌子。

2005年7月，黄河水利委员会成立工程建设管理中心，与黄河水利委员会招投标管理中心合署办公，实行一套班子、两块牌子。

2006年2月，黄河水利委员会成立黄河国际论坛秘书处和《黄河国际论坛》编辑部，均为正处级；黄河国际论坛秘书处与《黄河国际论坛》编辑部合署办公，实行一套班子、两块牌子，挂靠新闻宣传出版中心，日常管理由国际合作与科技局负责。

2006年5月，黄河水利委员会批复成立山东黄河河务局工程建设管理站，根据授权履行山东黄河水利工程建设质量与安全监督管理、定额管理、招投标管理、监理指导等职责，为副处级事业单位；批复成立河南黄河河务局工程建设管理站，根据授权履行河南黄河水利工程建设质量与安全监督管理、定额管理、招投标管理、监理指导等职责，为副处级事业单位。

2006年5月，黄河水利委员会将水利部水利工程质量监督总站黄河流域分站更名为水利部水利工程建设质量与安全监督总站黄河流域分站。

2006年6月，水利部批复黄河水利委员会黄河服务中心加挂黄河水利委员会机关服务局的牌子。

2006年11月，黄河水利委员会成立黄河水利委员会科技推广中心，为正处级事业单位，挂靠黄河水利科学研究院管理，业务上受国际合作与科技局指导。

2008年12月，黄河水利委员会成立黄河防汛抗旱物资储备管理中心（正处级），同时加挂中央防汛物资黄委郑州定点仓库的牌子，由经济发展管理局负责管理。

（2）委属企业单位：黄河勘测规划设计有限公司、三门峡黄河明珠（集团）有限公司。

（3）直管（挂靠）社团：黄河研究会（业务主管单位为水利部，挂靠黄河水利委员会管理），黄河职工思想政治工作研究会，黄河水利水电协会，水利部黄河水利委员会会计学会。

2008年3月，根据《关于同意成立保护黄河基金会的批复》（水人教〔2008〕93号），黄河水利委员会成立保护黄河基金会。2009年9月，根据《关于同意成立中国保护黄河基金会的批复》（水人事〔2009〕330号），保护黄河基金会更名为中国保护黄河基金会，业务主管单位为水利部，挂靠黄河水利委员会管理。

二、第二阶段（2009年12月—2021年12月）

根据水利部《关于印发〈黄河水利委员会主要职责、机构设置和人员编制规定〉的通知》（水人教〔2009〕643号），黄河水利委员会为水利部派出的流域管理机构，在黄河流域和新疆、青海、甘肃、内蒙古内陆河区域内（以下简称"流域内"）依法行使水行政管理职责，为具有行政职能的事业单位。

（一）主要职责

（1）负责保障流域水资源的合理开发利用。受水利部委托组织编制流域或流域内跨省（自治区、直辖市）的江河湖泊的流域综合规划及有关的专业或专项规划并监督实施；拟定流域性的水利政策法规。组织开展流域控制性水利项目、跨省（自治区、直辖市）重要水利项目与中央水利项目的前期工作。根据授权，负责流域内有关规划和中央水利项目的审查、审批及有关水工程项目的合规性审查。对地方大中型水利项目进行技术审核。负责提出流域内中央水利项目、水利前期工作、直属基础设施项目的年度投资计划并组织实施。组织、指导流域内有关水利规划和建设项目的后评估工作。

（2）负责流域水资源的管理和监督，统筹协调流域生活、生产和生态用水。负责《黄河水量调度条例》的实施并监督检查。受水利部委托组织开展流域水资源调查评价工作，按规定开展流域水能资源调查评价工作。按照规定和授权，组织拟订流域内省际水量分配方案和流域年度水资源调度计划以及旱情紧急情况下的水量调度预案并组织实施，组织开展流域取水许可总量控制工作，组织实施流域取水许可和水资源论证等制度，按规定组织开展流域和流域重要水工程的水资源调度。

（3）负责流域水资源保护工作。组织编制流域水资源保护规划，组织拟定跨省（自治区、直辖市）江河湖泊的水功能区划并监督实施，核定水域纳污能力，提出限制排污总量意见，负责授权范围内入河排污口设置的审查许可；负责省界水体、重要水功能区和重要入河排污口的水质状况监测；指导协调流域饮用水水源保护、地下水开发利用和保护工作。指导流域内地方节约用水和节水型社会建设有关工作。

（4）负责防治流域内的水旱灾害，承担流域防汛抗旱总指挥部的具体工作。组织、协调、监督、指导流域防汛抗旱工作，按照规定和授权对重要的水工程实施防汛抗旱调度和应急水量调度。组织实施流域防洪论证制度。组织制定流域防御洪水方案并监督实施。指导、监督流域内蓄滞洪区的管理和运用补偿工作。按规定组织、协调水利突发公共事件的应急管理工作。

（5）指导流域内水文工作。按照规定和授权，负责流域水文水资源监测和水文站网的建设和管理工作。负责流域重要水域、直管江河湖库及跨流域调水的水量水质监测工作，组织协调流域地下水监测工作。发布流域水文水资源信息、情报预报、流域水资源公报和流域泥沙公报。

（6）指导流域内河流、湖泊及河口、海岸滩涂的治理和开发；按照规定权限，负责流域内水利设施、水域及其岸线的管理与保护以及重要水利工程的建设与运行管理。指导流域内所属水利工程移民管理有关工作。负责授权范围内河道范围内建设项目的审查许可及监督管理。负责直管河段及授权河段河道采砂管理，指导、监督流域内河道采砂管理有关工作。指导流域内水利建设市场监督管理工作。

（7）指导、协调流域内水土流失防治工作。组织有关重点防治区水土流失预防、监督与管理。按规定负责有关水土保持中央投资建设项目的实施，指导并监督流域内国家重点水土保持建设项目的实施。受水利部委托组织编制流域水土保持规划并监督实施，承担国家立项审批的大中型生产建设项目水土保持方案实施的监督检查。组织开展流域水土流失监测、预报和公告。

（8）负责职权范围内水政监察和水行政执法工作，查处水事违法行为；负责省际水事纠纷的调处工作。指导流域内水利安全生产工作，负责流域管理机构内安全生产工作及其直接管理的水利工程质量和安全监督；根据授权，组织、指导流域内水库、水电站大坝等水工程的安全监管。开展流域内中央投资的水利工程建设项目稽查。

（9）按规定指导流域内农村水利及农村水能资源开发有关工作，负责开展水利科技、外事和质量技术监督工作；承担有关水利统计工作。

（10）按照规定或授权负责流域控制性水利工程、跨省（自治区、直辖市）水利工程等中央水利工程的国有资产的运营或监督管理；研究提出直管工程和流域内跨省（自治区、直辖市）水利工程供水价格及直管工程上网电价核定与调整的建议。

（11）承办水利部交办的其他事项。

（二）人员编制与内设机构

（1）人员编制。

根据《关于印发〈黄河水利委员会主要职责、机构设置和人员编制规定〉的通知》（水人教〔2009〕643号），黄河水利委员会事业编制总数为22550名，其中行政执行人员编制3123名，公益事业人员编制 19427 名。黄河水利委员会机关行政执行人员编制 327 名，委领导职数 7 名。

2010 年 8 月，根据《关于黄河水利委员会海河水利委员会人员编制调整有关事项的通知》（水人事〔2010〕319 号），黄河水利委员会编制调整为 20734 名，其中行政执行人员编制 3123 名，公益事业人员编制 17611 名。

2014 年 8 月，根据《中共水利部党组印发〈关于对长江水利委员会黄河水利委员会纪检监察机构实行直接管理的试点方案〉的通知》（水党〔2014〕36 号），黄河水利委员会设纪检组组长 1 名。

2018 年 11 月，根据《水利部人事司关于明确部分部属事业单位机构编制事项的通知》（人事机函〔2018〕9 号），黄河水利委员会编制调整为 20423 名，其中行政执行人员编制 3058 名，公益事业人员编制 17365 名。

2020 年 3 月，根据《中央编办关于水利部水资源管理中心等事业单位编制调整的通知》（中编办复字〔2020〕56 号），黄河水利委员会编制调整为 20413 名，其中行政执行人员编制 3058 名，公益事业人员编制 17355 名。

（2）内设机构。

黄河水利委员会机关内设 17 个部门：办公室、总工程师办公室、规划计划局、水政局（水政监察总队）、水资源管理与调度局、财务局、人事劳动局、国际合作与科技局、建设与管理局、水土保持局、安全监督局、防汛办公室、监察局、审计局、离退休职工管理局、直属机关党委、黄河工会（中国农林水利工会黄河委员会）。

2012 年 4 月，根据水利部《关于黄河水利委员会设立农村水利机构有关事项的通知》（水人事〔2012〕141 号），在水资源管理与调度局加挂农村水利局牌子，核增 1 名内设机构领导职数（正处级）。

2014 年 8 月，根据《中共水利部党组印发〈关于对长江水利委员会黄河水利委员会纪检监察机构实行直接管理的试点方案〉的通知》（水党〔2014〕36 号），黄河水利委员会纪检监察机构由黄河水利委员会党组领导调整为水利部党组直接领导，工作上接受中央纪委驻水利部纪检组、监察部驻水利部监察局的指导。黄河水利委员会纪检组、监察局实行一套班子、两块牌子，合署办公。

2017 年 3 月，根据中国农林水利气象工会全国委员会《关于中国农林水利工会黄河委员会更名请示的批复》（农林水利气象工发〔2017〕7 号），中国农林水利工会黄河委员会更名为中国农林水利气象工会黄河委员会。

2018 年 12 月，根据《水利部人事司关于明确黄河水利委员会监督机构及支撑单位的通知》（人事机〔2018〕8 号），黄河水利委员会机关设立监督局。2019 年 1 月，黄河水利委员会在安全监督局基础上组建监督局。

2019 年 3 月，根据《水利部人事司关于调整黄河水利委员会机关内设机构的通知》（人事机〔2019〕6 号），黄河水利委员会机关内设机构调整为 18 个，分别是办公室、规划计划局、政策法规局（水政监察总队）、财务局、人事局、水资源管理与调度局、水资源节约与保护局、水利工程建设局、运行管理局、河湖管理局、水土保持局（农村水利水电局）、监督局、水旱灾害防御局、国际合作与科技局、审计局、离退休职工管理局、直属机关党委、黄河工会（中国农林水利气象工会黄河委员会）。

2019 年 9 月，根据《中共水利部党组关于规范部党组直接管理的流域机构纪检监察机构名称等有关事项的通知》（水党〔2019〕86 号），中共水利部黄河水利委员会纪检组、水利部黄河水利委员会监察局更名为中共水利部黄河水利委员会纪检组。直接管理机构的内设机构名称由纪检监察综合室、纪检监察一室、纪检监察二室改为纪检综合室、纪检一室、纪检二室。直接管理机构的领导职务名称由纪检组组长（兼监察局局长）、纪检组副组长（兼监察局副局长）改为纪检组组长、纪检组副组长，原设的不兼任纪检组副组长的监察局副局长职务名称改为纪检组副组长。

（三）黄委领导任免

2011 年 3 月，陈小江任黄河水利委员会党组书记，李国英不再担任黄河水利委员会党组书记职务。

2011 年 4 月，李国英不再担任黄河水利委员会主任职务，陈小江任黄河水利委员会主任。

2012 年 7 月，水利部任命薛松贵为黄河水利委员会副主任（部任〔2012〕28 号）。

2014 年 5 月，水利部任命李春安为黄河水利委员会副主任（部任〔2014〕22 号）；中共水利部党组批准赵国训任黄河水利委员会纪检组组长、党组成员，免去李春安的黄河水利委员会纪检组组长职务（部党任〔2014〕9 号）。

2014 年 10 月，水利部任命赵国训为黄河水利委员会监察局局长（部任〔2014〕42 号）。

2015 年 3 月，水利部免去郭国顺的中国农林水利工会黄河委员会主席职务（人事干〔2015〕36 号）。

2015 年 4 月，中共水利部党组批准免去郭国顺的黄河水利委员会党组成员职务（部党任〔2015〕10 号）。

2015 年 7 月，水利部任命牛玉国为黄河水利委员会副主任；任命李文学为黄河水利委员会总工程师；免去薛松贵的黄河水利委员会总工程师职务（部任〔2016〕16 号）。

2015 年 8 月，陈小江不再担任黄河水利委员会主任职务。

2015 年 10 月，岳中明任黄河水利委员会主任、党组书记，陈小江不再担任黄河水利委员会党组书记职务。

2016 年 3 月，水利部免去徐乘的黄河水利委员会副主任职务（部任〔2016〕15 号）；中共水利部党组批准免去徐乘的黄河水利委员会党组副书记职务（部党任〔2016〕12 号）。

2016 年 11 月，中共黄河水利委员会党组批准苏茂林任黄河工会（中国农林水利工会黄河委员会）主席（黄党〔2016〕109 号）。

2017 年 3 月，中共水利部党组批准姚文广任中共黄河水利委员会党组成员，免去李春安的中共黄河水利委员会党组成员职务（部党任〔2017〕21 号）；水利部任命姚文广为黄河水利委员会副主任；免去李春安的黄河水利委员会副主任职务（部任〔2017〕34 号）。

2017 年 11 月，中国农林水利气象工会批复同意王健当选中国农林水利气象工会黄河委员会主席（农林水利气象工发〔2017〕40 号）。

2017 年 11 月，中共水利部党组批准苏茂林任中共黄河水利委员会党组副书记（部党任〔2017〕76 号）。

2018 年 9 月，中共水利部党组批准免去赵国训的中共黄河水利委员会党组成员职务（部党任〔2018〕37 号）；中共水利部党组批准免去赵国训的中共黄河水利委员会纪检组组长（监察局局长）职务（部党任〔2018〕38 号）。

2018 年 12 月，中共水利部党组批准孙高振任中共黄河水利委员会党组成员（部党任〔2019〕2 号）；中共水利部党组批准孙高振任中共黄河水利委员会纪检组组长（监察局局长）（部党任〔2019〕3 号）。

2019 年 4 月，中共水利部党组批准免去赵勇的中共黄河水利委员会党组成员职务（部党任〔2019〕19 号）；水利部免去赵勇的黄河水利委员会副主任职务（部任〔2019〕43 号）。

2019 年 5 月，中共水利部党组批准周海燕任中共黄河水利委员会党组成员（部党任〔2019〕32 号）；水利部任命周海燕为黄河水利委员会副主任（部任〔2019〕61 号）。

2019 年 9 月，中共水利部党组批准孙高振任中共黄河水利委员会纪检组组长（部党任〔2019〕49 号）。

2020 年 11 月，中共水利部党组批准免去姚文广的中共黄河水利委员会党组成员职务（部党任

〔2020〕80号）；水利部免去姚文广的黄河水利委员会副主任职务（部任〔2020〕114号）。

2021年1月，水利部任命徐雪红为黄河水利委员会副主任（部任〔2021〕8号）。

2021年6月，汪安南任黄河水利委员会党组书记，岳中明不再担任黄河水利委员会党组书记职务。

2021年7月，汪安南任黄河水利委员会主任，岳中明不再担任黄河水利委员会主任职务。

（四）委属企事业单位及直管（挂靠）社团

（1）委属事业单位。

根据《关于印发〈黄河水利委员会主要职责、机构设置和人员编制规定〉的通知》（水人教〔2009〕643号），黄河水利委员会直属事业单位有15个，其中正局级8个，分别是山东黄河河务局、河南黄河河务局、黄河上中游管理局、黑河流域管理局、黄河流域水资源保护局、水文局、经济发展管理局、黄河水利科学研究院；副局级7个，分别是移民局、机关服务局（黄河服务中心）、黄河中心医院、新闻宣传出版中心、信息中心、山西黄河河务局、陕西黄河河务局。

2009年12月—2021年12月，黄河水利委员会所属事业单位主要调整如下：

2010年8月，黄河水利委员会将黄河水利委员会人才交流服务中心（职业技能鉴定指导中心、教育培训中心、社会保险管理中心）更名为黄河水利委员会人才开发中心（职业技能鉴定指导中心、社会保险管理中心）。

2010年8月，中央各部门各单位出版社体制改革工作领导小组办公室批复同意黄河水利出版社转制为企业。

2010年12月，黄河水利委员会印发山西黄河河务局主要职责机构设置和人员编制规定，成立山西黄河河务局黄河北干流管理局。黄河水利委员会印发陕西黄河河务局主要职责机构设置和人员编制规定，成立陕西黄河河务局黄河北干流管理局。

2011年11月，黄河水利委员会成立山东黄河河务局工程建设局和河南黄河河务局工程建设局。

2012年10月，根据《中央编办关于水利部所属事业单位清理规范意见的函》（中央编办函〔2012〕245号），中央编办明确将黄河水利委员会工程建设管理中心列入黄河水利委员会直属事业单位。

2014年4月，黄河水利委员会将黄河水利委员会黄河水利工程交易中心更名为黄河水利委员会黄河水资源中心，其主要职责和机构设置作相应的调整，业务上受黄河水利委员会水资源管理与调度局指导。

2015年8月，水利部批复同意黑河黄藏寺水利枢纽工程建设项目法人按副局级事业单位组建，黄河水利委员会印发黑河黄藏寺水利枢纽工程建设管理中心（局）主要职责、机构设置和人员编制规定。

2015年12月，黄河水利委员会撤销劳动服务公司。

2016年7月，中共水利部党组印发《关于对黄委所属有关单位实施纪检管理体制改革的批复》（水党〔2016〕40号），批复同意山东黄河河务局和河南黄河河务局纪检监察机构由黄河水利委员会党组直接管理。8月，黄河水利委员会将山东黄河河务局和河南黄河河务局纪检监察机构由所在单位党组管理调整为黄河水利委员会党组直接管理，工作上接受黄河水利委员会纪检组监察局的指导。

2016年8月，黄河水利委员会撤销山东黄河河务局、黄河水利科学研究院黄河河口研究院。

2016年9月，黄河水利委员会撤销黄河水利委员会招待所。

2018年12月，水利部人事司印发《水利部人事司关于明确黄河水利委员会监督机构及支撑单位的通知》（人事机〔2018〕8号），同意在黄河水利委员会工程建设管理中心基础上改造组建河湖保护与建设运行安全中心。2019年1月，黄河水利委员会明确了河湖保护与建设运行安全中心职能定位、机构设置和人员编制。

2019 年 4 月，黄河水利委员会将黄河档案馆、驻北京联络处、黄河中学成建制划归经济发展管理局管理，将机关服务处成建制划归机关服务局管理，将预算执行中心、供水局、人才开发中心（职业技能鉴定指导中心、社会保险管理中心）、工程建设管理中心整合并入河湖保护与建设运行安全中心，将黄河水资源中心整合并入移民局。

2019 年 5 月，生态环境部黄河流域生态环境监督管理局完成挂牌，原由黄河水利委员会管理的黄河流域水资源保护局机关及其所属黄河流域水环境监测中心、黄河流域水资源保护培训中心、机关服务中心 4 个单位正式划转生态环境部。

2020 年 5 月，中共水利部党组印发《中共水利部党组关于对长江水利委员会等四个流域管理机构对所属有关单位实施纪检管理体制改革的批复》（水党〔2020〕34 号），批复同意黄河上中游管理局和水文局纪检监察机构由黄河水利委员会党组直接管理。7 月，黄河水利委员会将黄河上中游管理局和水文局纪检监察机构由所在单位党组管理调整为黄河水利委员会党组直接管理，工作上接受黄河水利委员会纪检组的指导。

2020 年 5 月，黄河水利委员会对水利部水利工程建设质量与安全监督总站黄河流域分站进行了调整。调整后，黄河水利工程建设质量和安全监督行政职能由监督局履行，具体工作由水利部水利工程建设质量与安全监督总站黄河流域分站承担。水利部水利工程建设质量与安全监督总站黄河流域分站改设在河湖保护与建设运行安全中心。

2020 年 6 月，水利部印发《水利部关于明确流域管理机构事业单位分类意见的通知》，黄河水利委员会公益一类事业单位（含暂定公益一类事业单位）99 个，事业编制 12340 名；公益二类事业单位 35 个，事业编制 3642 名；经营类事业单位 1 个，事业编制 20 名；暂不分类事业单位 112 个。

2020 年 6 月，河南水文水资源局撤销河南水文水资源局机关服务中心。

2020 年 11 月，黄河水利委员会撤销黄河水利委员会驻上海办事处。

2020 年 11 月，山东黄河河务局撤销济南黄河防汛抢险设备维修中心。

2021 年 10 月，河南省人民政府印发《河南省人民政府关于建设黄河实验室的批复》（豫政文〔2021〕153 号），批复同意由黄河水利委员会黄河水利科学研究院和郑州大学牵头组建黄河实验室。

（2）委属企业单位：黄河勘测规划设计有限公司、三门峡黄河明珠（集团）有限公司。

2019 年 1 月，经水利部人事司同意，黄河勘测规划设计有限公司更名为黄河勘测规划设计研究院有限公司。

（3）直管（挂靠）社团：黄河研究会（业务主管单位为水利部，挂靠黄河水利委员会管理），中国保护黄河基金会（业务主管单位为水利部，挂靠黄河水利委员会管理），黄河职工思想政治工作研究会，黄河水利水电协会，水利部黄河水利委员会会计学会。

2013 年 1 月，经水利部人事司同意，黄河水利委员会成立中国保护黄河基金会秘书处，承担中国保护黄河基金会各项日常工作。中国保护黄河基金会秘书处人员编制 18 名，挂靠经济发展管理局，设秘书长、常务副秘书长和副秘书长各 1 人，内设综合部、基金运作部、事业发展部、财务部 4 个部门。

2018 年 4 月，黄河水利委员会注销黄河水利水电协会。

2020 年 5 月，经水利部人事司同意，黄河水利委员会成立黄河研究会秘书处，承担黄河研究会各项日常工作。黄河研究会秘书处人员编制 15 名，挂靠黄河水利科学研究院，设秘书长和副秘书长各 1 人，内设综合部、科技研究部、学术交流部 3 个部门。

图 1 为 2021 年黄委机构图，表 1 为黄委下属各级机关事业单位名录，表 2 和表 3 分别列出了 2001 年 1 月—2009 年 12 月和 2009 年 12 月—2021 年 12 月黄委领导任免情况。表 4～表 7 列出了 2001 年 1 月—2021 年 12 月黄委副总工程师任免情况。

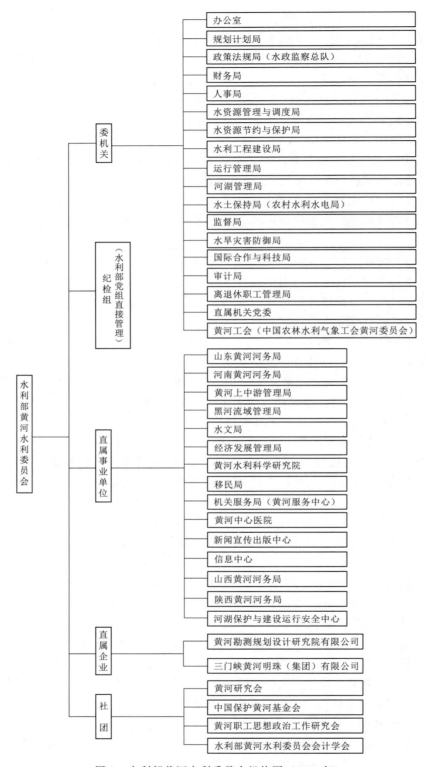

图 1　水利部黄河水利委员会机构图（2021 年）

表 1   **水利部黄河水利委员会下属各级机关事业单位名录**

机 构 名 称	级 别
一、黄河水利委员会山东黄河河务局	正 局
（一）山东黄河河务局黄河河口管理局	副 局
1. 黄河河口管理局东营黄河河务局	副 处
2. 黄河河口管理局利津黄河河务局	副 处
3. 黄河河口管理局垦利黄河河务局	副 处
4. 黄河河口管理局河口黄河河务局	副 处
5. 黄河河口管理局机关服务中心	副 处
6. 黄河河口管理局经济发展管理局	正 科
7. 黄河河口管理局信息中心	正 科
8. 黄河河口管理局故道管理处	正 科
9. 黄河河口管理局黄河专业机动抢险队	正 科
（二）山东黄河河务局东平湖管理局	副 局
1. 东平湖管理局梁山黄河河务局	副 处
2. 东平湖管理局东平黄河河务局	副 处
3. 东平湖管理局梁山管理局	副 处
4. 东平湖管理局东平管理局	副 处
5. 东平湖管理局汶上管理局	副 处
6. 东平湖管理局防汛石料供应处	正 处
7. 东平湖管理局机关服务中心	副 处
8. 东平湖管理局经济发展管理局	正 科
9. 东平湖管理局信息中心	正 科
10. 东平湖管理局黄河专业机动抢险队	正 科
（三）山东黄河河务局济南黄河河务局	副 局
1. 济南黄河河务局平阴黄河河务局	副 处
2. 济南黄河河务局长清黄河河务局	副 处
3. 济南黄河河务局槐荫黄河河务局	副 处
4. 济南黄河河务局天桥黄河河务局	副 处
5. 济南黄河河务局历城黄河河务局	副 处
6. 济南黄河河务局章丘黄河河务局	副 处
7. 济南黄河河务局济阳黄河河务局	副 处
8. 济南黄河河务局机关服务中心	副 处
9. 济南黄河河务局经济发展管理局	正 科
10. 济南黄河河务局信息中心	正 科
11. 济南黄河河务局黄河专业机动抢险队	正 科
（四）山东黄河河务局菏泽黄河河务局	正 处
1. 菏泽黄河河务局东明黄河河务局	副 处
2. 菏泽黄河河务局牡丹黄河河务局	副 处
3. 菏泽黄河河务局鄄城黄河河务局	副 处
4. 菏泽黄河河务局郓城黄河河务局	副 处
5. 菏泽黄河河务局机关服务中心	正 科
6. 菏泽黄河河务局经济发展管理局	正 科
7. 菏泽黄河河务局信息中心	正 科

机 构 名 称	级 别
8. 菏泽黄河河务局黄河专业机动抢险队	正科
（五）山东黄河河务局聊城黄河河务局	正处
1. 聊城黄河河务局莘县黄河河务局	副处
2. 聊城黄河河务局阳谷黄河河务局	副处
3. 聊城黄河河务局东阿黄河河务局	副处
4. 聊城黄河河务局机关服务中心	正科
5. 聊城黄河河务局经济发展管理局	正科
6. 聊城黄河河务局信息中心	正科
7. 聊城黄河河务局黄河专业机动抢险队	正科
（六）山东黄河河务局德州黄河河务局	正处
1. 德州黄河河务局齐河黄河河务局	副处
2. 德州黄河河务局机关服务中心	正科
3. 德州黄河河务局经济发展管理局	正科
4. 德州黄河河务局信息中心	正科
5. 德州黄河河务局黄河专业机动抢险队	正科
（七）山东黄河河务局淄博黄河河务局	正处
1. 淄博黄河河务局高青黄河河务局	副处
2. 淄博黄河河务局机关服务中心	正科
3. 淄博黄河河务局经济发展管理局	正科
4. 淄博黄河河务局信息中心	正科
5. 淄博黄河河务局防汛物资储备中心	正科
6. 淄博黄河河务局黄河专业机动抢险队	正科
（八）山东黄河河务局滨州黄河河务局	正处
1. 滨州黄河河务局邹平黄河河务局	副处
2. 滨州黄河河务局惠民黄河河务局	副处
3. 滨州黄河河务局滨城黄河河务局	副处
4. 滨州黄河河务局博兴黄河河务局	副处
5. 滨州黄河河务局滨开黄河河务局	副处
6. 滨州黄河河务局机关服务中心	正科
7. 滨州黄河河务局经济发展管理局	正科
8. 滨州黄河河务局信息中心	正科
9. 滨州黄河河务局黄河专业机动抢险队	正科
（九）山东黄河河务局经济发展管理局	正处
（十）山东黄河河务局机关服务处（山东黄河服务中心）	正处
（十一）山东黄河河务局山东黄河信息中心	正处
（十二）山东黄河河务局供水局	正处
（十三）山东黄河河务局山东黄河医院	正处
（十四）山东黄河河务局山东黄河职工中等专业学校	正处
（十五）山东黄河水利工程质量检测中心	正处
（十六）山东黄河河务局会计核算中心	正处
（十七）山东黄河河务局人才开发中心（社会保险管理中心）	副处
（十八）山东黄河河务局工程建设中心	正处

续表

机 构 名 称	级 别
（十九）山东黄河河务局山东黄河物资储备中心	正科
（二十）山东黄河河务局山东黄河职工培训中心	正科
（二十一）山东黄河河务局将山防汛石料供应处	正科
二、黄河水利委员会河南黄河河务局	正局
（一）河南黄河河务局濮阳黄河河务局	副局
1. 濮阳黄河河务局第一黄河河务局	副处
2. 濮阳黄河河务局第二黄河河务局	副处
3. 濮阳黄河河务局范县黄河河务局	副处
4. 濮阳黄河河务局台前黄河河务局	副处
5. 濮阳黄河河务局渠村分洪闸管理处	副处
6. 濮阳黄河河务局张庄闸管理处	副处
7. 濮阳黄河河务局滑县黄河河务局	副处
8. 濮阳黄河河务局机关服务处	副处
9. 濮阳黄河河务局经济发展管理局	正科
10. 濮阳黄河河务局信息中心	正科
11. 濮阳黄河河务局水上抢险队	正科
12. 濮阳黄河河务局黄河专业机动抢险队	正科
（二）河南黄河河务局郑州黄河河务局	正处
1. 郑州黄河河务局惠金黄河河务局	副处
2. 郑州黄河河务局中牟黄河河务局	副处
3. 郑州黄河河务局巩义黄河河务局	副处
4. 郑州黄河河务局荥阳黄河河务局	副处
5. 郑州黄河河务局机关服务中心	正科
6. 郑州黄河河务局经济发展管理局	正科
7. 郑州黄河河务局信息中心	正科
8. 郑州黄河河务局黄河专业机动抢险队	正科
（三）河南黄河河务局开封黄河河务局	正处
1. 开封黄河河务局第一黄河河务局	副处
2. 开封黄河河务局第二黄河河务局	副处
3. 开封黄河河务局兰考黄河河务局	副处
4. 开封黄河河务局机关服务中心	正科
5. 开封黄河河务局经济发展管理局	正科
6. 开封黄河河务局信息中心	正科
7. 开封黄河河务局水上抢险队	正科
8. 开封黄河河务局黄河专业机动抢险队	正科
（四）河南黄河河务局豫西黄河河务局	正处
1. 豫西黄河河务局济源黄河河务局	正处
2. 豫西黄河河务局孟津黄河河务局	副处
3. 豫西黄河河务局吉利黄河河务局	副处
4. 豫西黄河河务局机关服务中心	正科
5. 豫西黄河河务局经济发展管理局	正科
6. 豫西黄河河务局信息中心	正科

机　构　名　称	级　别
7. 豫西黄河河务局机动抢险队	正　科
（五）河南黄河河务局新乡黄河河务局	正　处
1. 新乡黄河河务局原阳黄河河务局	副　处
2. 新乡黄河河务局封丘黄河河务局	副　处
3. 新乡黄河河务局长垣黄河河务局	副　处
4. 新乡黄河河务局机关服务中心	正　科
5. 新乡黄河河务局经济发展管理局	正　科
6. 新乡黄河河务局信息中心	正　科
7. 新乡黄河河务局黄河专业机动抢险队	正　科
（六）河南黄河河务局焦作黄河河务局	正　处
1. 焦作黄河河务局武陟第一黄河河务局	副　处
2. 焦作黄河河务局武陟第二黄河河务局	副　处
3. 焦作黄河河务局温县黄河河务局	副　处
4. 焦作黄河河务局孟州黄河河务局	副　处
5. 焦作黄河河务局沁阳沁河河务局	副　处
6. 焦作黄河河务局博爱沁河河务局	副　处
7. 焦作黄河河务局机关服务中心	正　科
8. 焦作黄河河务局经济发展管理局	正　科
9. 焦作黄河河务局信息中心	正　科
10. 焦作黄河河务局黄河专业机动抢险队	正　科
（七）河南黄河河务局经济发展管理局	正　处
（八）河南黄河河务局机关服务处（河南黄河服务中心）	正　处
（九）河南黄河河务局信息中心	正　处
（十）河南黄河河务局供水局	正　处
（十一）河南黄河河务局干部学校［黄河水利委员会（郑州）职工教育培训中心］	正　处
（十二）河南黄河河务局会计核算中心	正　处
（十三）河南黄河河务局人才资源开发中心	副　处
（十四）河南黄河河务局工程建设中心	正　处
（十五）河南黄河河务局防汛物资储备调配中心	正　科
（十六）河南黄河河务局规划研究院	正　处
（十七）河南黄河河务局直属第一机动抢险队	正　科
（十八）河南黄河河务局直属第二机动抢险队	正　科
三、黄河水利委员会黄河上中游管理局	正　局
（一）黄河水利委员会晋陕蒙接壤地区水土保持监督局	副　局
（二）黄河水土保持天水治理监督局（天水水土保持科学试验站）	正　处
（三）黄河水土保持西峰治理监督局（西峰水土保持科学试验站）	正　处
（四）黄河水土保持绥德治理监督局（绥德水土保持科学试验站）	正　处
（五）黄河流域水土保持生态环境监测中心	正　处
（六）黄河水土保持工程建设局	正　处
（七）黄河上中游管理局黄河服务中心	正　处
（八）黄河上中游管理局会计核算中心	正　处

续表

机 构 名 称	级 别
（九）黄河上中游管理局临潼黄河职工疗养院	正 处
四、黄河水利委员会黑河流域管理局	正 局
（一）黑河黄藏寺水利枢纽工程建设管理中心（局）	副 局
（二）黑河水资源与生态保护研究中心	正 处
五、黄河水利委员会水文局	正 局
（一）黄河水利委员会水文局机关服务中心	正 处
（二）黄河水文水资源科学研究院	正 处
（三）黄河水利委员会水文水资源信息中心	正 处
（四）黄河水文勘察测绘局	副 处
（五）黄河水利委员会上游水文水资源局	正 处
1. 黄河水利委员会黑河水文水资源勘测局	副 处
2. 黄河水利委员会西宁水文水资源勘测局	副 处
3. 黄河水利委员会兰州水文水资源勘测局	副 处
（六）黄河水利委员会宁蒙水文水资源局	正 处
黄河水利委员会宁夏水文水资源勘测局	副 处
（七）黄河水利委员会中游水文水资源局	正 处
1. 黄河水利委员会府谷水文水资源勘测局	副 处
2. 黄河水利委员会榆林水文水资源勘测局	副 处
3. 黄河水利委员会延安水文水资源勘测局	副 处
4. 黄河水利委员会榆次水文水资源勘测局	副 处
（八）黄河水利委员会三门峡库区水文水资源局	正 处
1. 黄河水利委员会三门峡库区测绘大队	副 处
2. 黄河水利委员会三门峡库区水文水资源勘测局	副 处
3. 黄河水利委员会西峰水文水资源勘测局	副 处
4. 黄河水利委员会天水水文水资源勘测局	副 处
（九）黄河水利委员会河南水文水资源局	正 处
1. 黄河水利委员会洛阳水文水资源勘测局	副 处
2. 黄河水利委员会小浪底库区水文水资源勘测局	副 处
3. 黄河水利委员会郑州水文水资源勘测局	副 处
（十）黄河水利委员会山东水文水资源局	正 处
1. 黄河水利委员会济南勘测局	副 处
2. 黄河口水文水资源勘测局（黄河河口海岸科学研究所）	副 处
3. 黄委会山东水文水资源局高村水文站	正 科
4. 黄委会山东水文水资源局孙口水文站	正 科
5. 黄委会山东水文水资源局艾山水文站	正 科
6. 黄委会山东水文水资源局利津水文站	正 科
7. 黄委会山东水文水资源局泺口水文站	正 科
六、黄河水利委员会经济发展管理局	正 局
（一）黄河水利委员会黄河中学	正 处

机 构 名 称	级 别
（二）黄河水利委员会驻北京联络处	正 处
（三）黄河防汛抗旱物资储备管理中心	正 处
（四）黄河水利委员会黄河档案馆（档案信息处）	正 处
七、黄河水利委员会黄河水利科学研究院	正 局
（一）黄河水利科学研究院引黄灌溉工程技术研究中心	正 处
（二）黄河实验室	
八、黄河水利委员会移民局	副 局
黄河水利委员会黄河水资源中心	正 处
九、黄河水利委员会黄河服务中心［黄河水利委员会机关服务局（黄河服务中心）］	副 局
（一）黄河水利委员会机关服务处	正 处
（二）黄河水利委员会幼儿园	副 处
十、黄河水利委员会黄河中心医院	副 局
十一、黄河水利委员会新闻宣传出版中心	副 局
十二、黄河水利委员会信息中心	副 局
（一）黄河水利委员会信息中心洛阳通信管理处	副 处
（二）黄河水利委员会信息中心三门峡通信管理处	副 处
十三、黄河水利委员会山西黄河河务局	副 局
（一）山西黄河河务局黄河北干流管理局（山西黄河北干流水政监察支队）	正 处
（二）山西黄河河务局河津黄河河务局	副 处
（三）山西黄河河务局万荣黄河河务局	副 处
（四）山西黄河河务局临猗黄河河务局	副 处
（五）山西黄河河务局永济黄河河务局	副 处
（六）山西黄河河务局芮城黄河河务局	副 处
（七）山西黄河河务局机关服务中心	副 处
（八）山西黄河河务局山西黄河专业机动抢险队	正 科
十四、黄河水利委员会陕西黄河河务局	副 局
（一）陕西黄河河务局黄河北干流管理局（陕西黄河北干流水政监察支队）	正 处
（二）陕西黄河河务局韩城黄河河务局	副 处
（三）陕西黄河河务局合阳黄河河务局	副 处
（四）陕西黄河河务局大荔黄河河务局	副 处
（五）陕西黄河河务局潼关黄河河务局	副 处
（六）陕西黄河河务局机关服务中心	副 处
（七）陕西黄河河务局陕西黄河专业机动抢险队	正 科
十五、黄河水利委员会河湖保护与建设运行安全中心	副 局
（一）黄河水利委员会预算执行中心	正 处
（二）黄河水利委员会供水局	正 处
（三）黄河水利委员会人才开发中心（职业技能鉴定指导中心、社会保险管理中心）	正 处
（四）黄河水利委员会工程建设管理中心	正 处
十六、黄河水利委员会故县水利枢纽管理局	副 局
十七、黄河水资源保护科学研究院	正 处

表 2　　　　　　　　　水利部黄河水利委员会领导任免表（2001 年 1 月—2009 年 12 月）

机构名称	姓　名	职　务	任 免 时 间	备　注
水利部 黄河水利委员会	鄂竟平	主　任	1997 年 5 月—2001 年 5 月	
		党组书记	1997 年 5 月—2001 年 5 月	
	李国英	主　任	2001 年 5 月—	
		副主任	1997 年 5 月—2001 年 5 月	
		党组书记	2001 年 5 月—	
		党组成员	1997 年 5 月—2001 年 5 月	
	陈效国	副主任	1997 年 5 月—2001 年 2 月	
		总工程师（兼）	1995 年 8 月—2002 年 9 月	
		党组成员	1995 年 8 月—2002 年 9 月	
	黄自强	副主任	1990 年 12 月—2004 年 4 月	1988 年 12 月任副主任 （副局级）、党组成员
		党组成员	1990 年 12 月—2004 年 4 月	
	徐　乘	副主任	1997 年 5 月—	
		党组副书记	2009 年 11 月—	
		党组成员	1995 年 10 月—2009 年 11 月	
	廖义伟	副主任	1999 年 8 月—	
		党组成员	1999 年 8 月—	
	石春先	副主任	2001 年 2 月—2004 年 12 月	
		主任助理	1999 年 3 月—2001 年 2 月	
		党组成员	2001 年 2 月—2004 年 12 月	
	苏茂林	副主任	2001 年 2 月—	
		党组成员	2001 年 2 月—	
	冯国斌	纪检组组长	1998 年 5 月—2002 年 9 月	
		党组成员	1998 年 5 月—2002 年 9 月	
	郭国顺	主任助理	1995 年 11 月—2007 年 12 月	
		党组成员	1996 年 1 月—	
	李春安	纪检组组长	2002 年 9 月—	
		党组成员	2002 年 9 月—	
	李志远	总会计师	1996 年 4 月—2002 年 5 月	
	薛松贵	总工程师	2002 年 9 月—	
		党组成员	2006 年 3 月—	
	赵　勇	副主任	2006 年 11 月—	
		党组成员	2006 年 11 月—	

表3   水利部黄河水利委员会领导任免表（2009年12月—2021年12月）

机构名称	姓 名	职 务	任 免 时 间	备 注
水利部黄河水利委员会	李国英	主 任	继任—2011年4月	
		党组书记	继任—2011年3月	
	陈小江	主 任	2011年4月—2015年8月	
		党组书记	2011年3月—2015年10月	
	岳中明	主 任	2015年10月—2021年7月	
		党组书记	2015年10月—2021年6月	
	汪安南	主 任	2021年7月—	
		党组书记	2021年6月—	
	徐 乘	副主任	继任—2016年3月	
		党组副书记	继任—2016年3月	
	廖义伟	副主任	继任—2014年3月	
		党组成员	继任—2014年3月	
	苏茂林	副主任	继任—	
		党组副书记	2017年11月—	
		党组成员	继任—2017年11月	
	郭国顺	党组成员	继任—2015年4月	
	李春安	副主任	2014年5月—2017年3月	
		纪检组组长	继任—2014年5月	
		党组成员	继任—2017年3月	
	李志远	总会计师	继任—2002年5月	
	薛松贵	副主任	2012年7月—	
		总工程师	继任—2015年7月	
		党组成员	继任—	
	赵 勇	副主任	继任—2019年4月	
		党组成员	继任—2019年4月	
	赵国训	纪检组组长	2014年5月—2018年9月	
		党组成员	2014年5月—2018年9月	
	牛玉国	副主任	2015年7月—	
		党组成员	2015年7月—	
	李文学	总工程师	2015年7月—	
		党组成员	2015年7月—	
	姚文广	副主任	2017年3月—2020年11月	
		党组成员	2017年3月—2020年11月	
	孙高振	纪检组组长	2018年12月—	
		党组成员	2018年12月—	
	周海燕	副主任	2019年5月—	
		党组成员	2019年5月—	
	徐雪红（女）	副主任	2021年1月—	

表 4 　　　　　　　水利部黄河水利委员会副总工程师任免表（2001 年 1 月—2002 年 4 月）

姓　名	职　务	任　免　时　间	备　注
胡一三	副总工程师	1991 年 7 月—	1987 年 5 月任副总工程师（正处级）
常炳炎	副总工程师	1997 年 10 月—	
薛松贵	副总工程师	2000 年 10 月—	

表 5 　　　　　　　水利部黄河水利委员会副总工程师任免表（2002 年 4 月—2009 年 12 月）

姓　名	职　务	任　免　时　间	备　注
胡一三	副总工程师	2002 年 4 月—2002 年 10 月	
常炳炎	副总工程师	2002 年 4 月—2004 年 4 月	
薛松贵	副总工程师	2002 年 4 月—2002 年 9 月	
朱庆平	副总工程师	2002 年 4 月—2006 年 6 月	
李文家	副总工程师	2003 年 5 月—	
翟家瑞	副总工程师	2003 年 5 月—	
吴宾格	副总工程师	2005 年 3 月—	
刘晓燕（女）	副总工程师	2006 年 6 月—	
张红武（聘）	副总工程师	2004 年 3 月—2007 年 12 月	

表 6 　　　　　　　水利部黄河水利委员会副总工程师任免表（2009 年 12 月—2019 年 4 月）

姓　名	职　务	任　免　时　间	备　注
李文家	副总工程师	2009 年 12 月—2016 年 10 月	
翟家瑞	副总工程师	2009 年 12 月—2015 年 12 月	
吴宾格	副总工程师	2009 年 12 月—2014 年 5 月	
赵卫民	副总工程师（正局级）	2016 年 9 月—	
刘晓燕（女）	副总工程师	2009 年 12 月—	
何兴照	副总工程师	2015 年 8 月—	
李景宗	副总工程师	2016 年 9 月—2018 年 11 月	

表 7 　　　　　　　水利部黄河水利委员会副总工程师任免表（2019 年 4 月—2021 年 12 月）

姓　名	职　务	任　免　时　间	备　注
赵卫民	副总工程师（正局级）	2019 年 4 月—2021 年 7 月	
刘晓燕（女）	一级巡视员	2019 年 10 月—	
	副总工程师	2019 年 4 月—	
何兴照	一级巡视员	2020 年 4 月—	
	副总工程师	2019 年 4 月—	
乔西现	一级巡视员	2020 年 5 月—	
	副总工程师	2020 年 5 月—	

执笔人：程迎春　谢　晨　张英娜　王博强　孟现岭　王　森
审核人：苏茂林　来建军　陈晓磊　程　领

水利部淮河水利委员会

　　水利部淮河水利委员会（以下简称"淮委"）是水利部派出的流域管理机构，在淮河流域和山东半岛区域内（以下简称"流域内"）依法行使水行政管理职责，为具有行政职能的正厅级事业单位。1949年4月23日，南京解放，南京市军事管制委员会接管国民政府时期的淮河水利工程总局，同年10月，新的淮河水利工程总局正式宣告成立。1950年，淮河发生流域性大洪水，10月14日，中央人民政府政务院作出《关于治理淮河的决定》，淮河治理翻开历史新页。同年11月，成立直属于中央人民政府的治淮专职机构——治淮委员会。1958年7月8日，经中共中央书记处批准，水利部治淮委员会撤销，人员并入安徽省水电厅，治淮工作由淮河流域四省分别负责实施。1965年9月，水利电力部成立淮河规划工作组。1969年11月，成立国务院治淮规划小组。1971年10月，经国务院批准，成立治淮规划小组办公室（以下简称"淮办"）。1977年5月，经国务院批准，成立水利电力部治淮委员会，淮办撤销。1990年2月，水利电力部治淮委员会更名为水利部淮河水利委员会。办公地点设在安徽省蚌埠市凤阳西路41号。2005年10月，淮委办公地点搬迁至安徽省蚌埠市东海大道3055号。

　　2001—2021年期间淮委组织沿革划分为以下两个阶段：第一阶段为2001年1月—2009年12月；第二阶段为2009年12月—2021年12月。

一、第一阶段（2001年1月—2009年12月）

　　2002年1月，根据水利部人事劳动教育司《关于淮河水利委员会职能配置、机构设置和人员编制方案的批复》（人教劳〔2002〕3号），水利部人事劳动教育司预批复淮委"三定"方案。淮委设置13个机关内设机构（均为正处级），即办公室、规划计划处、水政水资源处（水政监察总队）、财务经济处、人事劳动教育处、建设与管理处（水利部水利工程质量监督总站淮河流域分站）、水土保持处、防汛抗旱办公室、监察处、审计处（与监察处合署办公）、离退休职工管理处、直属机关党委、中国农林水利工会淮河委员会（与直属机关党委合署办公）；1个单列机构，即水利部国家环境保护总局淮河流域水资源保护局（规格待定）；8个直属事业单位，即沂沭泗水利管理局（正局级）、治淮工程建设管理局（规格待定）、水文局（信息中心）（正处级）、通信总站（正处级）、治淮档案馆（正处级）、淮河流域水土保持监测中心站（正处级）、水利水电工程技术研究中心（正处级）、后勤服务中心（正处级）。预批复中规定淮委事业编制总数为1487人，其中，行使水行政管理职能的各级机关编制共602人，委属单位其他事业编制885人。

　　2002年7月，根据水利部《转发中编办关于印发水利部派出的流域机构主要职责、机构设置和人员编制调整方案的通知》（水人教〔2002〕303号），明确淮委为水利部的派出流域机构。淮委管理的事业单位机构设置1个单列机构，即淮河流域水资源保护局；8个直属事业单位，分别为沂沭泗水利管理局、治淮工程建设管理局、水文局（信息中心）、通信总站、治淮档案馆、淮河流域水土保持监测中心站、水利水电工程技术研究中心、后勤服务中心。

2002 年 8 月，根据水利部《关于印发〈淮河水利委员会主要职责、机构设置和人员编制规定〉的通知》（水人教〔2002〕324 号），明确淮委是水利部在流域内的派出机构，代表水利部行使所在流域内的水行政主管职责，为具有行政职能的事业单位。

（一）主要职责

（1）负责《中华人民共和国水法》等有关法律法规的实施和监督检查，拟定流域性的水利政策法规；负责职权范围内的水行政执法、水政监察、水行政复议工作，查处水事违法行为；负责省际水事纠纷的调处工作。

（2）组织编制流域综合规划及有关的专业或专项规划并负责监督实施；组织开展具有流域控制性的水利项目、跨省（自治区、直辖市）重要水利项目等中央水利项目的前期工作；按照授权，对地方大中型水利项目的前期工作进行技术审查；编制和下达流域内中央水利项目的年度投资计划。

（3）统一管理流域水资源（包括地表水和地下水）。负责组织流域水资源调查评价；组织拟定流域内省际水量分配方案和年度调度计划以及旱情紧急情况下的水量调度预案，实施水量统一调度。组织或指导流域内有关重大建设项目的水资源论证工作；在授权范围内组织实施取水许可制度；指导流域内地方节约用水工作；组织或协调流域主要河流、河段的水文工作，指导流域内地方水文工作；发布流域水资源公报。

（4）根据国务院确定的部门职责分工，负责流域水资源保护工作，组织水功能区的划分和向饮用水水源保护区等水域排污的控制；审定水域纳污能力，提出限制排污总量的意见；负责省（自治区、直辖市）界水体、重要水域和直管江河湖库及跨流域调水的水量和水质监测工作。

（5）组织制定或参与制定流域防御洪水方案并负责监督实施；按照规定和授权对重要的水利工程实施防汛抗旱调度；指导、协调、监督流域防汛抗旱工作；指导、监督流域内蓄滞洪区的管理和运用补偿工作；组织或指导流域内有关重大建设项目的防洪论证工作；负责流域防汛指挥部办公室的有关工作。

（6）指导流域内河流、湖泊及河口、海岸滩涂的治理和开发；负责授权范围内的河段、河道、堤防、岸线及重要水工程的管理、保护和河道管理范围内建设项目的审查许可；指导流域内水利设施的安全监管。按照规定或授权，负责具有流域控制性的水利项目、跨省（自治区、直辖市）重要水利项目等中央水利项目的建设与管理，组建项目法人；负责对中央投资的水利工程的建设和除险加固进行检查监督，监管水利建筑市场。

（7）组织实施流域水土保持生态建设重点区水土流失的预防、监督与治理；组织流域水土保持动态监测；指导流域内地方水土保持生态建设工作。

（8）按照规定或授权，负责具有流域控制性的水利工程、跨省（自治区、直辖市）水利工程等中央水利工程的国有资产的运营或监督管理；拟定直管工程的水价电价以及其他有关收费项目的立项、调整方案；负责流域内中央水利项目资金的使用、稽查、检查和监督。

（9）承办水利部交办的其他事项。

（二）编制与机构设置

1. 编制

根据水利部《关于印发〈淮河水利委员会主要职责、机构设置和人员编制规定〉的通知》（水人教〔2002〕324 号），淮委事业编制总数为 1710 名，其中行政执行人员编制共 710 名，公益事业人员编制1000 名。上述编制中，淮委领导职数 6 名，淮委机关内设机构处级领导职数 37 名（含副总工程师 3

名），淮河流域水资源保护局领导职数 3 名（副局级 1 名、正处级 2 名），委属二级事业单位领导职数 28 名（局级 7 名、处级 21 名）。

2. 机构设置

2002 年 8 月，根据水利部《关于印发〈淮河水利委员会主要职责、机构设置和人员编制规定〉的通知》（水人教〔2002〕324 号），淮委设置 13 个机关内设机构、1 个单列机构、8 个委属事业单位。

（1）内设机构：办公室、规划计划处、水政水资源处（水政监察总队）、财务经济处、人事劳动教育处、建设与管理处（水利部水利工程质量监督总站淮河流域分站）、水土保持处、防汛抗旱办公室、监察处、审计处（与监察处合署办公）、离退休职工管理处、直属机关党委、中国农林水利工会淮河委员会（与直属机关党委合署办公），均为正处级。

2002 年 3 月，根据《关于印发〈淮河水利委员会机构改革实施方案〉的通知》（淮委人劳〔2002〕116 号），淮委撤销科教外事处、经济管理处、水利管理处、保卫处。原科教外事处的科技管理和外事工作职能划入办公室，教育职能划入人事劳动处。原人事劳动处更名为人事劳动教育处。原经济管理处的职能划入财务处，原财务处更名为财务经济处。原水利管理处的水利管理职能划入基本建设管理局，原基本建设管理局更名为建设与管理处。水利部水利工程质量监督总站淮河流域分站挂靠建设与管理处。原防汛抗旱指挥部办公室更名为防汛抗旱办公室。原保卫处的行政管理职能划入办公室。成立水政监察总队，挂靠水政水资源处。原监察室更名为监察处，原直属单位党委更名为直属机关党委，原中国水利电力工会淮河委员会更名为中国农林水利工会淮河委员会。审计处与监察处合署办公，中国农林水利工会淮河委员会与直属机关党委合署办公。水土保持处从事业单位机构中划出，纳入机关机构序列。

2002 年 5 月，根据《关于印发〈淮委机关处室主要职责、内设机构和人员编制〉的通知》（淮委人劳〔2002〕191 号），淮委机关内设办公室、规划计划处、水政水资源处（水政监察总队）、财务经济处、人事劳动教育处、建设与管理处（水利部水利工程质量监督总站淮河流域分站）、水土保持处、防汛抗旱办公室、监察处、审计处（与监察处合署办公）、离退休职工管理处、直属机关党委、中国农林水利工会淮河委员会（与直属机关党委合署办公）。

2003 年 5 月，根据国家防汛抗旱总指挥部《关于成立淮河防汛总指挥部的批复》（国汛〔2003〕3 号），成立淮河防汛总指挥部。

2003 年 6 月，根据人事部《关于同意水利部长江水利委员会等 7 个流域机构各级机关依照国家公务员制度管理的复函》（人函〔2003〕56 号），批准同意水利部 7 个流域机构各级机关列入依照国家公务员制度管理范围。

2003 年 9 月，根据《关于成立淮委政府采购办公室的通知》（淮委人教〔2003〕467 号），成立淮委政府采购办公室，挂靠在淮委财务处。

2005 年 10 月，淮委办公地点由安徽省蚌埠市凤阳西路 41 号搬迁至安徽省蚌埠市东海大道 3055 号。

2006 年 8 月，根据人事部《关于批准水利部长江水利委员会等 7 个流域机构各级机关、农村水电及电气化发展中心（局）参照公务员法管理的函》（国人部函〔2006〕142 号），批准水利部 7 个流域机构各级机关参照《中华人民共和国公务员法》管理。

2008 年 5 月，根据《关于淮委办公室增设政务公开科的通知》（淮委人教〔2008〕159 号），淮委办公室增设政务公开科，与宣传信息科合署办公。

（2）单列机构：淮河流域水资源保护局（副局级）。

2002 年 7 月，根据《关于淮河流域水资源保护局职能配置、机构设置和人员编制方案的批复》（淮委人教〔2002〕269 号），淮河流域水资源保护局是淮委的单列机构，同时又是淮河流域水资源保护领导小组办公室。按照国家资源与环境保护的有关法律法规，淮河流域水资源保护局在淮河流域和山东半岛范围内行使水资源保护和水污染防治的行政管理职责。局机关内设机构 3 个，为办公室、规划保护处、监督管理处，均为正处级。淮河流域水资源保护局事业单位 1 个，为淮河流域水环境监测中心（淮河水资源保护科学研究所），正处级。

2004 年 11 月，根据《关于淮河流域水环境监测中心和淮河水资源保护科学研究所机构分设的批复》（淮委人教〔2004〕588 号），同意淮河流域水环境监测中心和淮河水资源保护科学研究所机构分设，为淮河流域水资源保护局直属事业单位（正处级）。淮河流域水环境监测中心内设 4 个科室，为综合管理室、化学分析室、生物分析室、质量控制室。淮河水资源保护科学研究所内设 2 个科室，为环评室、项目室。

2008 年 9 月，根据《关于淮河水资源保护科学研究所增设生态研究室的批复》（淮委人教〔2008〕382 号），淮河流域水资源保护局淮河水资源保护科学研究所增设生态研究室。

（3）直属事业单位：沂沭泗水利管理局（正局级）、治淮工程建设管理局（副局级）、水文局（信息中心）（正处级）、通信总站（正处级）、治淮档案馆（正处级）、淮河流域水土保持监测中心站（正处级）、水利水电工程技术研究中心（正处级）、后勤服务中心（正处级）。

2002 年 2 月，根据水利部人事劳动教育司《关于明确淮河水利委员会治淮工程建设管理局规格的通知》（人教劳〔2002〕12 号），明确治淮工程建设管理局为副局级。

2002 年 5 月，根据《关于成立治淮档案馆的通知》（淮委人劳〔2002〕208 号），成立治淮档案馆，由原隶属于淮委办公室的淮委档案馆、《治淮汇刊（年鉴）》编辑部和直属淮委的宣传出版中心等联合组成，为淮委直属的二级机构，正处级建制。

2003 年 9 月，根据《关于委托治淮档案馆承办〈治淮〉杂志和〈治淮汇刊（年鉴）〉的通知》（淮委人教〔2003〕437 号），原淮委办公室承办的《治淮汇刊（年鉴）》及原宣传出版中心承办的《治淮》杂志出版等工作由治淮档案馆承办。

2004 年 1 月，根据水利部人事劳动教育司《关于同意淮河水利委员会在治淮档案馆增挂"治淮宣传中心"牌子的批复》（人教劳〔2003〕43 号）和《关于淮委治淮档案馆增挂治淮宣传中心牌子的通知》（淮委人教〔2004〕3 号），同意治淮档案馆增挂治淮宣传中心牌子，实行一套班子、两块牌子，具体承办治淮档案管理和治淮宣传工作。

2004 年 7 月，根据水利部人事劳动教育司《关于同意淮河水利委员会治淮工程建设管理局增挂水利水电工程建设管理中心牌子的批复》（人教劳〔2004〕39 号）和《关于淮委治淮工程建设管理局增挂"淮河水利委员会水利水电工程建设管理中心"牌子的通知》（淮委人教〔2004〕337 号），同意在治淮工程建设管理局增挂淮河水利委员会水利水电工程建设管理中心的牌子。

2004 年 8 月，根据《关于同意成立工程咨询中心的批复》（淮委人教〔2004〕384 号），水利水电工程技术研究中心成立工程咨询中心。

2005 年 9 月，根据《关于治淮工程建设管理局内设机构调整的批复》（淮委人教〔2005〕397 号），调整治淮工程建设管理局内设机构，调整后的内设机构为综合处、计划财务处和项目管理处（招标投标办公室）。

2006 年 4 月，根据水利部人事劳动教育司《关于设立淮河水利委员会综合事业发展中心的批复》（人教劳〔2006〕13 号），同意淮委设立综合事业发展中心（正处级）。

2007 年 2 月，根据《关于水文局设立淮河水文巡测队的批复》（淮委人教〔2007〕35 号），水文局设立淮河水文巡测队。

2008 年 3 月，根据水利部人事劳动教育司《关于淮河水利委员会水文局（信息中心）机构编制有关事项的批复》（人教机〔2008〕2 号）和《关于印发〈淮河水利委员会水文局（信息中心）主要职责、机构设置和人员编制调整方案〉的通知》（淮委人教〔2008〕58 号），明确水文局（信息中心）为副局级，内设 4 个处（室），为办公室、技术处、水情气象处、信息化处；下设 1 个事业单位，即淮河水文巡测中心。

2008 年 9 月，根据《关于通信总站车队机构设置的批复》（淮委人教〔2008〕383 号），通信总站将车队作为内设机构（正科级）设置。

2008 年 9 月，根据《关于后勤服务中心内设机构调整的批复》（淮委人教〔2008〕384 号），后勤服务中心增设物业管理科，保留计划生育办公室，其职能和现有人员并入后勤服务中心办公室，与后勤服务中心办公室合署办公。卫生所不再作为后勤服务中心的内设机构设置，卫生服务工作和人员由后勤服务中心办公室管理。

2009 年 3 月，根据《关于成立淮河水利委员会综合事业发展中心的通知》（淮委人教〔2009〕71 号），淮委决定成立综合事业发展中心（正处级）。

（三）淮委领导任免

2001 年 3 月，水利部党组任命段红东、汪斌为淮委党组成员，免去张菊生淮委党组成员职务（部党任〔2001〕6 号）；水利部任命段红东、汪斌为淮委副主任，免去张菊生淮委副主任职务（部任〔2001〕15 号）。

2001 年 11 月，水利部任命段红东为淮委总工程师（兼），免去王玉太淮委总工程师职务（部任〔2001〕55 号）；中共水利部党组免去王玉太淮委党组成员职务（部党任〔2001〕35 号）。

2002 年 1 月，水利部党组任命钱敏为淮委党组书记，免去宁远淮委党组书记职务（部党任〔2002〕3 号）；水利部任命钱敏为淮委主任，免去宁远淮委主任职务（部任〔2002〕7 号）。

2003 年 2 月，水利部党组任命汪安南为淮委党组成员（部党任〔2003〕5 号）；水利部任命汪安南为淮委副主任（部任〔2003〕9 号）。

2004 年 1 月，水利部党组任命曹为民为淮委党组成员，免去段红东淮委党组成员职务（部党任〔2004〕1 号）；水利部任命曹为民为淮委总工程师，免去段红东淮委副主任、总工程师职务（部任〔2004〕1 号）。

2004 年 5 月，水利部党组任命肖幼为淮委党组副书记，免去曹为民淮委党组成员职务（部党任〔2004〕9 号）；水利部免去曹为民淮委总工程师职务（部任〔2004〕19 号）。

2004 年 6 月，水利部党组任命刘玉年为淮委党组成员（部党任〔2004〕18 号）；水利部任命刘玉年为淮委副主任（部任〔2004〕27 号）。

2008 年 4 月，水利部党组任命顾洪为淮委党组成员，免去汪安南淮委党组成员职务（部党任〔2008〕4 号）；水利部任命顾洪为淮委总工程师，免去汪安南淮委副主任职务（部任〔2008〕16 号）。

2009 年 11 月，水利部党组任命王翔为淮委党组成员（部党任〔2009〕33 号）；水利部任命王翔为淮委副主任（部任〔2009〕73 号）。

（四）淮委直属企业

淮委直属企业：中水淮河工程有限责任公司、淮河水利水电开发总公司、淮委水利水电开发中心、安徽省厚德设备租赁有限责任公司。

2002 年 3 月，根据《关于印发〈淮河水利委员会机构改革实施方案〉的通知》（淮委人劳〔2002〕116 号），规划设计研究院按有关规定要求落实改企后的有关工作；物资站由事业编制改为企业。

2003 年 4 月，中水淮河工程有限责任公司完成工商注册登记，宣告正式成立中水淮河工程有限责任公司，规划设计研究院正式改为企业。

2003 年 8 月，根据《关于物资站成建制划入安徽省厚德设备租赁有限责任公司的通知》（淮委人教〔2003〕359 号），撤销物资站，其人员、资产成建制划入安徽省厚德设备租赁有限责任公司。

2004 年 6 月，安徽省厚德设备租赁有限责任公司更名为安徽省厚德物资设备有限责任公司。

2006 年 7 月，根据《关于淮委水利水电工程建设监理中心改制工作衔接有关事项的通知》（淮委办〔2006〕340 号），淮委水利水电工程建设监理中心改制完成，新成立中水淮河安徽恒信工程咨询有限公司。

2008 年 7 月，中水淮河工程有限责任公司更名为中水淮河规划设计研究有限公司。

表 1 列出了 2001 年 1 月—2009 年 12 月淮委领导任免情况，图 1 为 2009 年 12 月淮委机构图。

表 1　　　　水利部淮河水利委员会领导任免表（2001 年 1 月—2009 年 12 月）

机构名称	姓　名	职　务	任 免 时 间	备　注
水利部 淮河水利委员会	宁　远	主　任	1998 年 12 月—2002 年 1 月	
		党组书记	1998 年 12 月—2002 年 1 月	
	钱　敏	主　任	2002 年 1 月—	
		党组书记	2002 年 1 月—	
		副主任	1999 年 9 月—2002 年 1 月	
		党组成员	1999 年 9 月—2002 年 1 月	
	肖　幼	副主任	1999 年 9 月—	
		党组副书记	2004 年 5 月—	
		党组成员	1999 年 9 月—2004 年 5 月	
		纪检组组长	1999 年 9 月—	
	张菊生	副主任	1992 年 10 月—2001 年 3 月	
		党组成员	1992 年 10 月—2001 年 3 月	
	段红东	副主任	2001 年 3 月—2004 年 1 月	
		总工程师（兼）	2001 年 11 月—2004 年 1 月	
		党组成员	2001 年 3 月—2004 年 1 月	
	汪　斌	副主任	2001 年 3 月—	
		党组成员	2001 年 3 月—	
	汪安南	副主任	2003 年 2 月—2008 年 4 月	
		党组成员	2003 年 2 月—2008 年 4 月	
	刘玉年	副主任	2004 年 6 月—	
		党组成员	2004 年 6 月—	
	顾　洪	总工程师	2008 年 4 月—	
		党组成员	2008 年 4 月—	
	王　翔	副主任	2009 年 11 月—	
		党组成员	2009 年 11 月—	
	王玉太	总工程师	1994 年 2 月—2001 年 11 月	
		党组成员	1994 年 2 月—2001 年 11 月	
	曹为民	总工程师	2004 年 1—5 月	
		党组成员	2004 年 1—5 月	

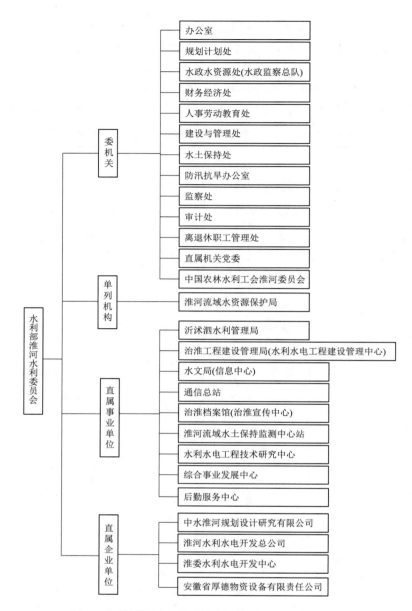

图 1　水利部淮河水利委员会机构图（2009 年 12 月）

二、第二阶段（2009 年 12 月—2021 年 12 月）

2009 年 12 月，根据水利部《关于印发〈淮河水利委员会主要职责机构设置和人员编制规定〉的通知》（水人事〔2009〕644 号），水利部重新核定了淮委职能配置、机构设置和人员编制，明确淮委为水利部派出的流域管理机构，在淮河流域和山东半岛区域内依法行使水行政管理职责，为具有行政职能的事业单位。

（一）主要职责

（1）负责保障流域水资源的合理开发利用。受水利部委托组织编制流域或流域内跨省（自治区、直辖市）的江河湖泊的流域综合规划及有关的专业或专项规划并监督实施；拟定流域性的水利政策法规。组织开展流域控制性水利项目、跨省（自治区、直辖市）重要水利项目与中央水利项目的前期工作。根据授权，负责流域内有关规划和中央水利项目的审查、审批及有关水工程项目的合规性审查。对地方大中型水利项目进行技术审核。负责提出流域内中央水利项目、水利前期工作、直属基础设施项目的年度投资计划并组织实施。组织、指导流域内有关水利规划和建设项目的后评估工作。

（2）负责流域水资源的管理和监督，统筹协调流域生活、生产和生态用水。受部委托组织开展流域水资源调查评价工作，按规定开展流域水能资源调查评价工作。按照规定和授权，组织拟定流域内省际水量分配方案和流域年度水资源调度计划以及旱情紧急情况下的水量调度预案并组织实施，组织开展流域取水许可总量控制工作，组织实施流域取水许可和水资源论证等制度，按规定组织开展流域和流域重要水工程的水资源调度。

（3）负责流域水资源保护工作。组织编制流域水资源保护规划，组织拟定跨省（自治区、直辖市）江河湖泊的水功能区划并监督实施，核定水域纳污能力，提出限制排污总量意见，负责授权范围内入河排污口设置的审查许可；负责省界水体、重要水功能区和重要入河排污口的水质状况监测；按规定组织开展枯水期流域水污染联防工作，组织制定流域内重要闸坝防污调度方案并监督实施；指导协调流域饮用水水源保护、地下水开发利用和保护工作。指导流域内地方节约用水和节水型社会建设有关工作。

（4）负责防治流域内的水旱灾害，承担流域防汛抗旱总指挥部的具体工作。组织、协调、监督、指导流域防汛抗旱工作，按照规定和授权对重要的水工程实施防汛抗旱调度和应急水量调度。组织实施流域防洪论证制度。组织制定流域防御洪水方案并监督实施。指导、监督流域内蓄滞洪区的管理和运用补偿工作。按规定组织、协调水利突发公共事件的应急管理工作。

（5）指导流域内水文工作。按照规定和授权，负责流域水文水资源监测和水文站网的建设和管理工作。负责流域重要水域、直管江河湖库及跨流域调水的水量水质监测工作，组织协调流域地下水监测工作。发布流域水文水资源信息、情报预报和流域水资源公报。

（6）指导流域内河流、湖泊及河口、海岸滩涂的治理和开发；按照规定权限，负责流域内水利设施、水域及其岸线的管理与保护以及重要水利工程的建设与运行管理。指导和协调流域内所属水利工程移民管理有关工作。负责授权范围内河道范围内建设项目的审查许可及监督管理。负责直管河段及授权河段河道采砂管理，指导、监督流域内河道采砂管理有关工作。指导流域内水利建设市场监督管理工作。

（7）指导、协调流域内水土流失防治工作。组织有关重点防治区水土流失预防、监督与管理。按规定负责有关水土保持中央投资建设项目的实施，指导并监督流域内国家重点水土保持建设项目的实施。受水利部委托组织编制流域水土保持规划并监督实施，承担国家立项审批的大中型生产建设项目水土保持方案实施的监督检查。组织开展流域水土流失监测、预报和公告。

（8）负责职权范围内水政监察和水行政执法工作，查处水事违法行为；负责省际水事纠纷的调处工作。指导流域内水利安全生产工作，负责流域管理机构内安全生产工作及其直接管理的水利工程质量和安全监督；根据授权，组织、指导流域内水库、水电站大坝等水工程的安全监管。开展流域内中央投资的水利工程建设项目稽查。

（9）按规定指导流域内农村水利及农村水能资源开发有关工作，负责开展水利科技、外事和质量技术监督工作；承担有关水利统计工作。

（10）按照规定或授权，负责流域控制性水利工程、跨省（自治区、直辖市）水利工程等中央水利工程的国有资产的运营或监督管理；研究提出直管工程和流域内跨省（自治区、直辖市）水利工程供水价格及直管工程上网电价核定与调整的建议。

（11）承办水利部交办的其他事项。

（二）编制与机构设置

1. 编制

根据水利部《关于印发〈淮河水利委员会主要职责机构设置和人员编制规定〉的通知》（水人事

〔2009〕644号），淮委事业编制总数为1710名，其中行政执行人员编制710名，公益事业人员编制1000名。上述编制中，淮委领导职数6名，淮委机关内设机构处级领导职数43名（含副总工程师3名）。淮河流域水资源保护局领导职数4名，其中副局级领导职数1名，正处级领导职数3名；委属二级事业单位领导职数32名，其中局级领导职数8名，处级领导职数24名。

2011年7月，根据水利部人事司《关于同意成立沂沭河水利管理局刘家道口水利枢纽管理局的批复》（人事机〔2011〕7号），成立沂沭河水利管理局刘家道口水利枢纽管理局，核定淮委公益事业编制1022名。

2013年3月，根据《水利部人事司关于淮河水利委员会编制调整的通知》（人事机〔2013〕4号），核增淮委事业编制118名。调整后，淮委事业编制总数为1850名，其中行政执行人员编制710名，公益事业人员编制1140名。

2014年11月，根据《水利部人事司关于核增淮河水利委员会委领导职数的批复》（人事机〔2014〕14号），核增委领导职数1名。调整后，委领导职数为7名。

2016年4月，根据水利部人事司《关于淮河水利委员会机构编制调整的通知》（人事机〔2016〕7号），同意淮委配备正处级直属机关纪委书记1名，核定审计处处级领导职数2名，调整后，淮委机关内设机构（不含部直接管理的纪检监察机构）处级领导职数44名（含副总工程师3名）。

2018年11月，根据《水利部人事司关于明确部分部属事业单位机构编制事项的通知》（人事机函〔2018〕9号），调整淮委编制1840名，其中行政执行人员编制710名，公益事业人员编制1130名。

2020年8月，根据《水利部人事司关于明确淮河水利委员会行政执行人员编制的通知》（人事机〔2020〕10号），淮委行政执行人员编制710名，其中本级机关行政执行人员编制210名，沂沭泗水利管理局行政执行人员编制500名。

2. 机构设置

根据水利部《关于印发〈淮河水利委员会主要职责机构设置和人员编制规定〉的通知》（水人事〔2009〕644号），淮委的机构设置包括机关处（室）14个、单列机构1个、委属事业单位9个。

（1）内设机构：办公室（科技外事处）、规划计划处、水政与安全监督处（水政监察总队）、水资源处、财务处、人事处、建设与管理处、水土保持处、防汛抗旱办公室、监察处、审计处（与监察处合署办公）、离退休职工管理处、直属机关党委、淮河工会（中国农林水利工会淮河委员会）（与直属机关党委合署办公），均为正处级。

2010年9月，根据《关于印发淮委机关处室主要职责内设机构和人员编制的通知》（淮委人教〔2010〕225号），委机关内设办公室（科技外事处）、规划计划处、水政与安全监督处（水政监察总队）、水资源处、财务处、人事处、建设与管理处、水土保持处、防汛抗旱办公室、监察处、审计处（与监察处合署办公）、离退休职工管理处、直属机关党委、淮河工会（中国农林水利工会淮河委员会）（与直属机关党委合署办公）。

2011年8月，根据《关于水政与安全监督处安全监督科增挂"水利稽察科"牌子的通知》（淮委人事〔2011〕196号），淮委同意在水政与安全监督处安全监督科增挂水利稽察科牌子。

2012年6月，根据水利部《关于淮河水利委员会设立农村水利机构有关事项的通知》（水人事〔2012〕142号）和《关于水土保持处加挂农村水利处牌子和调整内设机构人员编制的通知》（淮委人事〔2012〕188号），决定在淮委水土保持处加挂农村水利处牌子，核增1名处级领导，内设监督管理科、农水科（综合治理科）。

2015年10月，根据《中共水利部党组关于在淮河水利委员会等五个流域管理机构全面实施纪检监察机构直接管理的通知》（水党〔2015〕41号），设立中共水利部淮河水利委员会纪检组，水利部淮河水利委员会监察局（简称"淮委纪检组监察局"），内设纪检监察一室、纪检监察二室，由水利部党组直接领导，工作上接受中央纪委驻水利部纪检组、监察部驻水利部监察局的指导，实行一套班子、两块牌子，合署办公，人员编制为 8 名，由淮委内部调剂解决，其工资关系、党（团）组织关系、群团关系由淮委负责管理。

2016 年 4 月，根据水利部人事司《关于淮河水利委员会机构编制调整的通知》（人事机〔2016〕7 号），设立审计处。

2016 年 5 月，根据《水利部淮河水利委员会关于落实水利部党组对淮委实施纪检监察机构直接管理有关事宜的通知》（淮委人事〔2016〕80 号），撤销原合署办公的监察处（审计处），单独设立审计处，审计处人员编制为 4 名。

2017 年 12 月，根据《水利部淮河水利委员会关于防汛抗旱办公室内设科室调整的通知》（淮委人事〔2017〕253 号），调整防汛抗旱办公室内设科室，撤销河道科、水库科，成立调度科、减灾科。

2019 年 2 月，根据《水利部人事司关于明确淮河水利委员会监督机构及支撑单位的通知》（人事机〔2018〕9 号）和《水利部淮河水利委员会关于成立监督处的通知》（淮委人事〔2019〕24 号），在淮委机关设立监督处，负责监督管理相关工作。

2019 年 3 月，根据《水利部人事司关于调整淮河水利委员会机关内设机构的通知》（人事机〔2019〕7 号）和《水利部淮河水利委员会关于调整机关内设机构的通知》（淮委人事〔2019〕49 号），淮委内设机构调整为 16 个。新增 3 个处室，更名 7 个处室。委机关内设机构为办公室（国际合作与科技处）、规划计划处、政策法规处（水政监察总队）、财务处、人事处、水资源管理处、水资源节约与保护处、建设与运行管理处、河湖管理处、水土保持处（农村水利水电处）、监督处、水旱灾害防御处、审计处、离退休职工管理处、直属机关党委、淮河工会（中国农林水利气象工会淮河委员会）（与直属机关党委合署办公）。委机关内设机构处级领导职数在现状基础上增加 9 名，待水利部正式印发"三定"规定时再统筹核定。

2019 年 9 月，根据《淮委办公室关于调整水利部党组直接管理的纪检监察机构及内设机构名称及规范化简称的通知》（办秘〔2019〕146 号），明确"中共水利部淮河水利委员会纪检组，水利部淮河水利委员会监察局"改为"中共水利部淮河水利委员会纪检组"，规范化简称由"淮委纪检组监察局"改为"淮委纪检组"。

2020 年 11 月，根据《水利部淮河水利委员会关于印发〈淮委机关处室主要职责内设机构和人员编制规定（试行）〉的通知》（淮委人事〔2020〕209 号），初步明确淮委机关处室主要职责、内设机构和人员编制。

（2）单列机构：淮河流域水资源保护局（副局级）。

2012 年 1 月，根据水利部《关于印发淮河流域水资源保护局主要职责机构设置和人员编制规定的通知》（水人事〔2012〕3 号），水利部明确淮河流域水资源保护局为淮委的单列机构，是具有行政职能的事业单位。淮委水资源保护的行政职责由淮河流域水资源保护局承担；机关内设机构 4 个，为办公室（人事处）、计划财务处、监督管理处、规划保护处，均为正处级；事业单位 2 个，为淮河流域水环境监测中心、淮河水资源保护科学研究所，均为正处级。

2019 年 4 月，根据《水利部淮河水利委员会关于调整淮河水资源保护科学研究所隶属关系的通知》（淮委人事〔2019〕70 号），淮河水资源保护科学研究所改为由淮委举办。

2019 年 5 月，根据《中央编办关于生态环境部淮河流域生态环境监督管理局事业单位机构编制的批复》（中央编办复字〔2019〕38 号），撤销淮河流域水资源保护局，并核销其行政执行人员编制。

（3）直属事业单位：沂沭泗水利管理局（正局级）、治淮工程建设管理局（水利水电工程建设管理中心）（副局级）、水文局（信息中心）（副局级）、通信总站（正处级）、治淮档案馆（治淮宣传中心）（正处级）、淮河流域水土保持监测中心站（正处级）、水利水电工程技术研究中心（正处级）、综合事业发展中心（正处级）、后勤服务中心（正处级）。

2013 年 5 月，根据《关于淮委综合事业发展中心内设机构调整的通知》（淮委人事〔2013〕102号），调整综合事业发展中心内设机构，调整后内设机构为综合科、资产管理科、项目管理科、淮河模型基地管理办公室。

2014 年 6 月，根据《关于印发〈淮委水文局（信息中心）主要职责机构设置和人员编制规定〉的通知》（淮委人事〔2014〕156 号），撤销水文局（信息中心）直属事业单位淮河水文技术服务中心（淮河水文巡测中心），新设水文监测处为内设处（室）（正处级）。

2016 年 9 月，根据《水利部淮河水利委员会关于淮委治淮工程建设管理局（水利水电工程建设管理中心）综合处加挂纪检监察处牌子的通知》（淮委人事〔2016〕174 号），在淮委治淮工程建设管理局（水利水电工程建设管理中心）综合处加挂纪检监察处牌子。

2016 年 9 月，根据《水利部淮河水利委员会关于淮委水文局（信息中心）设置纪检监察处的通知》（淮委人事〔2016〕175 号），在淮委水文局（信息中心）设置纪检监察处（正处级）。

2019 年 2 月，根据《水利部人事司关于明确淮河水利委员会监督机构及支撑单位的通知》（人事机〔2018〕9 号）和《水利部淮河水利委员会关于组建河湖保护与建设运行安全中心的通知》（淮委人事〔2019〕25 号），在淮委治淮工程建设管理局加挂河湖保护与建设运行安全中心，作为水利监督工作的支撑单位，其主要职责、内设机构及人员编制等事宜待水利部批复淮委新"三定"规定后另行确定。

（三）淮委领导任免

2012 年 4 月，水利部党组任命唐洪武为淮委党组成员（挂职 2 年）（部党任〔2012〕5 号）；水利部任命唐洪武为淮委副主任（挂职 2 年）（部任〔2012〕12 号）。

2012 年 9 月，水利部党组任命尚全民为淮委党组成员，免去王翔淮委党组成员职务（部党任〔2012〕16 号）；水利部任命尚全民为淮委副主任，免去王翔淮委副主任职务（部任〔2012〕60 号）。

2013 年 5 月，水利部任命顾洪为淮委副主任，免去顾洪淮委总工程师职务（部任〔2013〕19 号）。

2014 年 11 月，水利部党组任命王章立为淮委党组成员，免去尚全民淮委党组成员职务（部党任〔2014〕28 号）；水利部任命王章立为淮委副主任，免去尚全民淮委副主任职务（部任〔2014〕49 号）。

2015 年 8 月，水利部党组任命姜永生为淮委党组成员（部党任〔2015〕41 号）；水利部任命姜永生为淮委副主任（部任〔2015〕52 号）。

2015 年 11 月，水利部党组任命肖幼为淮委党组书记，免去钱敏淮委党组书记职务（部党任〔2015〕49 号）；水利部任命肖幼为淮委主任，任命汪斌为淮委巡视员，免去钱敏淮委主任职务，免去汪斌淮委副主任职务（部任〔2015〕72 号）。

2016 年 4 月，水利部党组免去肖幼淮委纪检组组长职务（部党任〔2016〕18 号）；任命俞叔平为淮委纪检组组长（监察局局长）、党组成员（部党任〔2016〕19 号）。

2017 年 6 月，水利部党组免去俞叔平淮委纪检组组长（监察局局长）职务（部党任〔2017〕33号）；任命杨卫忠为淮委党组成员，免去王章立、俞叔平淮委党组成员职务（部党任〔2017〕35 号）；水利部任命杨卫忠为淮委副主任，免去王章立淮委副主任职务（部任〔2017〕51 号）。

2017 年 7 月，水利部党组任命伍海平、颜庭国为淮委党组成员（部党任〔2017〕41 号）；任命颜庭国为淮委纪检组组长（监察局局长）（部党任〔2017〕40 号）；水利部任命伍海平为淮委副主任（部任〔2017〕56 号）。

2019 年 6 月，水利部确定汪斌的职级为一级巡视员（部任〔2019〕69 号）。

2019 年 7 月，水利部党组免去姜永生淮委党组成员职务（部党任〔2019〕37 号）；水利部免去姜永生淮委副主任职务（部任〔2019〕66 号）。

2019 年 10 月，水利部党组任命郑维立为淮委党组成员，免去颜庭国淮委党组成员职务（部党任

〔2019〕53 号）；任命郑维立为淮委纪检组组长，免去颜庭国淮委纪检组组长职务（部党任〔2019〕52 号）。

2019 年 11 月，水利部确定刘玉年、顾洪的职级为一级巡视员（部任〔2019〕111 号）。

2020 年 11 月，水利部党组任命刘冬顺为淮委党组书记，谢兴广、杨锋为淮委党组成员，免去肖幼淮委党组书记职务，免去汪斌、顾洪淮委党组成员职务（部党任〔2020〕90 号）；任命刘玉年为淮委沂沭泗水利管理局党组书记（部党任〔2020〕92 号）；水利部任命刘冬顺为淮委主任，谢兴广、杨锋为淮委副主任，免去肖幼淮委主任职务，免去刘玉年、顾洪淮委副主任职务（部任〔2020〕135 号）；任命刘玉年为沂沭泗水利管理局局长（部任〔2020〕138 号）。

2021 年 12 月，水利部党组免去杨卫忠淮委党组成员职务（部党任〔2022〕6 号）；水利部免去杨卫忠淮委副主任职务（部任〔2022〕11 号）。

（四）淮委直属企业

淮委直属企业：中水淮河规划设计研究有限公司、淮河水利水电开发总公司（驻蚌）、淮委水利水电开发中心、安徽省厚德物资设备有限责任公司。

2015 年 12 月，根据《水利部淮河水利委员会关于淮河水利水电开发总公司（驻蚌）公司制改制方案的批复》（淮委财务〔2015〕246 号），淮河水利水电开发总公司（驻蚌）由全民所有制企业改为国有独资公司。

2015 年 12 月，根据《水利部淮河水利委员会关于淮委水利水电开发中心公司制改制方案的批复》（淮委财务〔2015〕247 号），淮委水利水电开发中心由全民所有制企业改为国有独资公司。

2017 年 1 月，淮河水利水电开发总公司（驻蚌）改制成功，由全民所有制企业改为国有独资有限责任公司，并更名为淮河水利水电开发有限公司。

2017 年 4 月，淮委水利水电开发中心改制成功，由全民所有制企业改为国有独资有限责任公司，并更名为安徽治淮水利投资有限公司。

表 2 列出了 2009 年 12 月—2021 年 12 月淮委领导任免情况，图 2 为 2021 年 12 月淮委机构图。

表 2　　　　水利部淮河水利委员会领导任免表（2009 年 12 月—2021 年 12 月）

机构名称	姓　名	职　务	任 免 时 间	备　注
水利部淮河水利委员会	钱　敏	主　任	继任—2015 年 11 月	
		党组书记	继任—2015 年 11 月	
	肖　幼	主　任	2015 年 11 月—2020 年 11 月	
		党组书记	2015 年 11 月—2020 年 11 月	
		副主任	继任—2015 年 11 月	
		党组副书记	继任—2015 年 11 月	
		纪检组组长	继任—2016 年 4 月	
	刘冬顺	主　任	2020 年 11 月—	
		党组书记	2020 年 11 月—	
	汪　斌	副主任	继任—2015 年 11 月	
		党组成员	继任—2020 年 11 月	
		巡视员	2015 年 11 月—2019 年 6 月	
		一级巡视员	2019 年 6 月—	

机构名称	姓　名	职　务	任免时间	备　注
水利部 淮河水利委员会	刘玉年	副主任	继任—2020 年 11 月	2020 年 11 月起，任水利部淮委沂沭泗局局长、党组书记
		党组成员	继任—	
		一级巡视员	2019 年 11 月—	
	顾洪	副主任	2013 年 5 月—2020 年 11 月	
		总工程师	继任—2013 年 5 月	
		一级巡视员	2019 年 11 月—	
		党组成员	继任—2020 年 11 月	
	王翔	副主任	继任—2012 年 9 月	
		党组成员	继任—2012 年 9 月	
	唐洪武	副主任	2012 年 4 月—2014 年 4 月	
		党组成员	2012 年 4 月—2014 年 4 月	
	尚全民	副主任	2012 年 9 月—2014 年 11 月	
		党组成员	2012 年 9 月—2014 年 11 月	
	王章立	副主任	2014 年 11 月—2017 年 6 月	
		党组成员	2014 年 11 月—2017 年 6 月	
	姜永生	副主任	2015 年 8 月—2019 年 7 月	
		党组成员	2015 年 8 月—2019 年 7 月	
	杨卫忠	副主任	2017 年 6 月—2021 年 12 月	
		党组成员	2017 年 6 月—2021 年 12 月	
	伍海平	副主任	2017 年 7 月—	
		党组成员	2017 年 7 月—	
	谢兴广	副主任	2020 年 11 月—	
		党组成员	2020 年 11 月—	
	杨锋	副主任	2020 年 11 月—	
		党组成员	2020 年 11 月—	
	俞叔平	纪检组组长（监察局局长）	2016 年 4 月—2017 年 6 月	
		党组成员	2016 年 4 月—2017 年 6 月	
	颜庭国	纪检组组长（监察局局长）	2017 年 7 月—2019 年 10 月	
		党组成员	2017 年 7 月—2019 年 10 月	
	郑维立（女）	纪检组组长	2019 年 10 月—	
		党组成员	2019 年 10 月—	

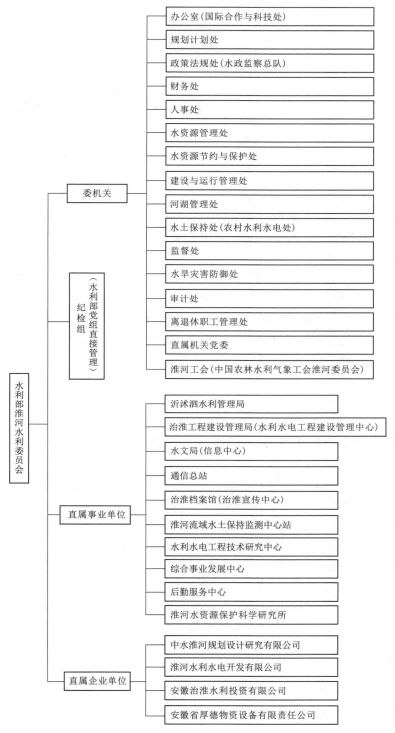

委机关（水利部党组直接管理）：
- 办公室（国际合作与科技处）
- 规划计划处
- 政策法规处（水政监察总队）
- 财务处
- 人事处
- 水资源管理处
- 水资源节约与保护处
- 建设与运行管理处
- 河湖管理处
- 水土保持处（农村水利水电处）
- 监督处
- 水旱灾害防御处
- 审计处
- 离退休职工管理处
- 直属机关党委
- 淮河工会（中国农林水利气象工会淮河委员会）

纪检组

直属事业单位：
- 沂沭泗水利管理局
- 治淮工程建设管理局（水利水电工程建设管理中心）
- 水文局（信息中心）
- 通信总站
- 治淮档案馆（治淮宣传中心）
- 淮河流域水土保持监测中心站
- 水利水电工程技术研究中心
- 综合事业发展中心
- 后勤服务中心
- 淮河水资源保护科学研究所

直属企业单位：
- 中水淮河规划设计研究有限公司
- 淮河水利水电开发有限公司
- 安徽治淮水利投资有限公司
- 安徽省厚德物资设备有限责任公司

图 2　水利部淮河水利委员会机构图（2021 年 12 月）

执笔人：刘莉娜　张思文
审核人：姚建国　陈忠国

水利部海河水利委员会

水利部海河水利委员会（以下简称"海委"）（正局级），是水利部派出的流域管理机构，在海河流域内依法行使水行政管理职责，为具有行政职能的事业单位。1980年4月，海委在天津正式成立，办公地点设在天津市河东区中山门龙潭路15号。

2001年以来，海委改革发展迎来新的机遇和挑战，以中央出台关于加快水利改革发展的决定、习近平总书记发表"3·14"重要讲话、京津冀协同发展战略深入实施、雄安新区规划建设启动等重大历史机遇为契机，以2002年、2009年、2018年三次机构改革为标志，海委不断完善组织机构，大力优化职能配置，为全面推进流域水治理体系和治理能力现代化建设奠定了坚实的组织保障。

海委组织沿革根据水利部批准的海委"三定"规定及内设机构调整划分为以下三个阶段：第一阶段为2001年1月—2009年12月；第二阶段为2009年12月—2018年11月；第三阶段为2018年11月—2021年12月。

一、第一阶段（2001年1月—2009年12月）

2001年1月—2002年7月，海委继续执行1994年3月水利部办公厅办秘〔1994〕第24号文有关要求，延续1994年4月—2000年12月期间的职能配置、机构设置和人员编制方案。2002年7月，水利部以水人教〔2002〕291号文批复天津水利水电勘测设计研究院体制改革实施方案，天津水利水电勘测设计研究院由事业性质整体转制为股权多元化的有限责任公司，成立中水北方勘测设计研究有限责任公司，由水利部水利水电规划设计总院控股。

2002年8月，水利部印发《关于印发〈海河水利委员会主要职责、机构设置和人员编制规定〉的通知》（水人教〔2002〕337号），明确海委是水利部在海河流域、滦河流域和鲁北地区区域内的派出机构，代表水利部行使所在流域内的水行政主管职责，为具有行政职能的事业单位。

（一）主要职责

（1）负责《中华人民共和国水法》等有关法律法规的实施和监督检查，拟定流域性的水利政策法规；负责职权范围内的水行政执法、水政监察、水行政复议工作，查处水事违法行为；负责省际水事纠纷的调处工作。

（2）组织编制流域综合规划及有关的专业或专项规划并负责监督实施；组织开展具有流域控制性的水利项目、跨省（自治区、直辖市）重要水利项目等中央水利项目的前期工作；按照授权，对地方大中型水利项目的前期工作进行技术审查；编制和下达流域内中央水利项目的年度投资计划。

（3）统一管理流域水资源（包括地表水和地下水）。负责组织流域水资源调查评价；组织拟定流域内省际水量分配方案和年度调度计划以及旱情紧急情况下的水量调度预案，实施水量统一调度。组织或指导流域内有关重大建设项目的水资源论证工作；在授权范围内组织实施取水许可制度；指导流域内地方节约用水工作；组织或协调流域主要河流、河段的水文工作，指导流域内地方水文工作；发布流域水资源公报。

（4）根据国务院确定的部门职责分工，负责流域水资源保护工作，组织水功能区的划分和向饮用水水源保护区等水域排污的控制；审定水域纳污能力，提出限制排污总量的意见；负责省（自治区、直辖市）界水体、重要水域和直管江河湖库及跨流域调水的水量和水质监测工作。

（5）组织制定或参与制定流域防御洪水方案并负责监督实施；按照规定和授权对重要的水利工程实施防汛抗旱调度；指导、协调、监督流域防汛抗旱工作；指导、监督流域内蓄滞洪区的管理和运用补偿工作；组织或指导流域内有关重大建设项目的防洪论证工作；负责流域防汛指挥部办公室的有关工作。

（6）指导流域内河流、湖泊及河口、海岸滩涂的治理和开发；负责授权范围内的河段、河道、堤防、岸线及重要水工程的管理、保护和河道管理范围内建设项目的审查许可；指导流域内水利设施的安全监管。按照规定或授权，负责具有流域控制性的水利项目、跨省（自治区、直辖市）重要水利项目等中央水利项目的建设与管理，组建项目法人；负责对中央投资的水利工程的建设和除险加固进行检查监督，监管水利建筑市场。

（7）组织实施流域水土保持生态建设重点区水土流失的预防、监督与治理；组织流域水土保持动态监测；指导流域内地方水土保持生态建设工作。

（8）按照规定或授权，负责具有流域控制性的水利工程、跨省（自治区、直辖市）水利工程等中央水利工程的国有资产的运营或监督管理；拟定直管工程的水价电价以及其他有关收费项目的立项、调整方案；负责流域内中央水利项目资金的使用、稽查、检查和监督。

（9）承办水利部交办的其他事项。

（二）编制与机构设置

根据水利部《关于印发〈海河水利委员会主要职责机构设置和人员编制规定〉的通知》（水人教〔2002〕337号），海委事业编制总数为2354名，其中行政执行人员编制共1100名，公益事业人员编制1254名。核定海委委领导职数7名，委机关内设机构处级领导职数38名（含副总工程师3名），海河流域水资源保护局领导职数3名，其中副局级1名，正处级2名；委属二级事业单位领导职数34名，其中局级13名，处级21名。

海委机关内设机构：办公室、规划计划处、水政水资源处（水政监察总队）、财务经济处、人事劳动教育处、建设与管理处（水利部水利工程质量监督总站海河流域分站）、科技与水土保持处、防汛抗旱办公室、监察处、审计处（与监察处合署办公）、离退休职工管理处、直属机关党委、中国农林水利工会海河委员会（与直属机关党委合署办公）。

单列机构：海河流域水资源保护局。

直属事业单位：漳卫南运河管理局、海河下游管理局、漳河上游管理局、水文局、通讯中心、水利信息网络中心、科技咨询中心、机关服务中心、海河流域水土保持监测中心站、防汛机动抢险队。

2002年"三定"规定出台后，海委编制及机构设置又进行了多次调整，主要调整如下：

2003年6月，人事部以《关于同意水利部长江水利委员会等7个流域机构各级机关依照国家公务员制度管理的复函》（人函〔2003〕56号），正式批复了长江水利委员会等7个流域机构各级机关依照国家公务员制度管理，范围为7个流域机构行使国家行政权力、依法执行公务的人员。依照国家公务员制度管理后，不改变流域机构各级机关的单位性质和人员编制性质，流域机构依然定性为具有行政职能的事业单位，享受事业单位的权利和义务。2004年1月，海委各级机关正式依照国家公务员制度管理。

2005年5月，水利部人教司以人教劳〔2005〕19号文批复科技与水土保持处分设为水土保持处和科技外事处，同时核增处级领导职数3名，委机关处级领导职数由38名调整为41名。

2006 年 4 月，水利部人教司以人教劳〔2006〕14 号文批复成立海委综合管理中心，同时核增委所属二级单位处级领导职数 4 名，委所属二级事业单位处级领导职数调整为 25 名。

2006 年 8 月，根据人事部《关于批准水利部长江水利委员会等 7 个流域机构各级机关、农村水电及电气化发展中心（局）参照公务员法管理的函》（国人部函〔2006〕142 号）批准，海委各级机关参照《中华人民共和国公务员法》管理。

2006 年 9 月，根据水利部《关于水利部水利工程质量监督总站更名等有关事项的通知》（水人教〔2006〕75 号），将水利部水利工程质量监督总站海河流域分站更名为水利部水利工程建设质量与安全监督总站海河流域分站。

2008 年 1 月，水利部人教司以人教机〔2008〕3 号文批复海委综合管理中心加挂培训中心牌子。

2008 年 6 月，国家防汛抗旱总指挥部以国汛〔2008〕10 号文批准成立海河防汛抗旱总指挥部。海河防总成员单位包括北京、天津、河北、山西、河南、山东六省（直辖市）防汛抗旱指挥部及北京军区，总指挥为河北省省长，常务副总指挥为海委主任，副总指挥为北京、天津、河北、山西、河南、山东副省（市）长以及北京军区副参谋长，秘书长及防总办公室主任由海委副主任担任。

2008 年，经海委党组研究决定，以原天津华北水利水电开发总公司作为母公司，以水利部漳卫南运河管理局德州工程总公司、唐山市潘家口水利水电工程公司和天津中海水利水电工程有限公司作为集团的全资子公司，以天津市中水科技咨询公司和天津市龙网科技发展有限公司作为集团的控股子公司，进行改制重组，成立具有一定规模、产权明晰、管理完善、创新高效的新型企业集团，华北水利水电工程集团有限公司于 2009 年 9 月在天津滨海新区注册成立。

（三）海委领导任免

2001 年 7 月，水利部党组任命户作亮为海委副主任，免去刘英的海委副主任职务（部任〔2001〕36 号）；任命户作亮为海委党组成员，免去刘英的海委党组成员职务（部党任〔2001〕20 号）。

2001 年 11 月，水利部党组任命田友为海委副主任、党组成员（部任〔2001〕47 号、部党任〔2001〕28 号）。

2002 年 1 月，水利部党组免去赵慧家的海委副主任、党组成员职务（部任〔2002〕8 号、部党任〔2002〕2 号）。

2002 年 5 月，水利部党组免去郭宏宇的海委总工程师、党组成员职务（部任〔2002〕18 号、部党任〔2002〕10 号）。

2002 年 7 月，水利部党组任命曹寅白为海委总工程师、党组成员（部任〔2002〕33 号、部党任〔2002〕14 号）。

2003 年 1 月，水利部党组任命于耀军为海委党组成员、纪检组组长，免去王继章的海委党组成员的职务（部党任〔2003〕3 号）；免去王继章的海委副主任职务（部任〔2003〕6 号）。

2003 年 3 月，水利部党组任命邓坚为海委主任，免去王志民的海委主任职务（部任〔2003〕17 号）；任命邓坚为海委党组书记，免去王志民的海委党组书记职务（部党任〔2003〕8 号）。

2005 年 6 月，水利部党组免去邓坚的海委主任、党组书记职务（部任〔2005〕33 号、部党任〔2005〕13 号）。

2005 年 8 月，水利部党组任命任宪韶为海委主任、党组书记（部任〔2005〕41 号部、党任〔2005〕16 号）。

2008 年 9 月，水利部党组任命李福生为海委副主任、党组成员（部任〔2008〕40 号、部党任〔2008〕25 号）。

2009 年 5 月，水利部党组任命王治为海委副主任、党组成员（部任〔2009〕21 号、部党任〔2009〕8 号）。

表 1 列出了 2001 年 1 月—2009 年 12 月海委领导任免情况。

表 1　　　　　水利部海河水利委员会领导任免表（2001 年 1 月—2009 年 12 月）

机构名称	姓 名	职 务	任 免 时 间	备 注
水利部海河水利委员会	王志民	党组书记、主任	1998 年 10 月—2003 年 3 月	调国务院南水北调工程建设委员会办公室工作
	邓 坚	党组书记、主任	2003 年 3 月—2005 年 6 月	调水利部水文局工作
	任宪韶	党组书记、主任	2005 年 8 月—	
		党组成员、副主任	1997 年 6 月—2005 年 8 月	
	刘 英	党组成员、副主任	1993 年 3 月—2001 年 7 月	2002 年 4 月退休
	王继章	党组成员、副主任	1993 年 3 月—2003 年 1 月	2003 年 2 月退休
	赵慧家	党组成员、副主任	1994 年 6 月—2002 年 1 月	2002 年 9 月退休
	王文生	党组成员、副主任	2000 年 6 月—	
	郭宏宇	党组成员、总工程师	2001 年 7 月—2002 年 5 月	2003 年 7 月退休
	户作亮	党组成员、副主任	2001 年 7 月—	
	田 友	党组成员、副主任	2001 年 11 月—	
	曹寅白	党组成员、总工程师	2002 年 7 月—	
	于耀军	党组成员、纪检组组长	2003 年 1 月—	
	李福生	党组成员、副主任	2008 年 9 月—	
	王 治	党组成员、副主任	2009 年 5 月—	

二、第二阶段（2009 年 12 月—2018 年 11 月）

2009 年 12 月，根据水利部《关于印发〈海河水利委员会主要职责机构设置和人员编制规定〉的通知》（水人事〔2009〕645 号），明确海委为水利部派出的流域管理机构，在海河流域内依法行使水行政管理职责，为具有行政职能的事业单位。

（一）主要职责

（1）负责保障流域水资源的合理开发利用。受水利部委托组织编制流域内或流域跨省（自治区、直辖市）的江河湖泊的流域综合规划及有关的专业或专项规划并监督实施；拟定流域性的水利政策法规。组织开展流域控制性水利项目、跨省（自治区、直辖市）重要水利项目与中央水利项目的前期工作。根据授权，负责流域内有关规划和中央水利项目的审查、审批以及有关水工程项目的合规性审查。对地方大中型水利项目进行技术审核。负责提出流域内中央水利项目、水利前期工作、直属基础设施项目的年度投资计划并组织实施。组织、指导流域内有关水利规划和建设项目的后评估工作。

（2）负责流域水资源的管理和监督，统筹协调流域生活、生产和生态用水。受水利部委托组织开展流域水资源调查评价工作，按规定开展流域水资源调查评价工作。按照规定和授权，组织拟定流域内省际水量分配方案和流域年度水资源调度计划以及旱情紧急情况下的水量调度预案并组织实施，组织开展流域取水许可总量控制工作，组织实施流域取水许可和水资源论证等制度，按规定组织开展流域和流域重要水工程的水资源调度。

（3）负责流域水资源保护工作。组织编制流域水资源保护规划，组织拟定跨省（自治区、直辖市）江河湖泊的水功能区划并监督实施，核定水域纳污能力，提出限制排污总量意见，负责授权范围内入河排污口设置的审查许可；负责省界水体、重要水功能区和重要入河排污口的水质状况监测；指导协调流域饮用水水源保护、地下水开发利用和保护工作。指导流域内地方节约用水和节水型社会建设有关工作。

（4）负责防治流域内的水旱灾害，承担流域防汛抗旱总指挥部的具体工作。组织、协调、监督、指导流域防汛抗旱工作，按照规定和授权对重要的水工程实施防汛抗旱调度和应急水量调度。组织实施流域防洪论证制度。组织制定流域防御洪水方案并监督实施。指导、监督流域内蓄滞洪区的管理和运用补偿工作。按规定组织、协调水利突发公共事件的应急管理工作。

（5）指导流域内水文工作。按照规定和授权，负责流域水文水资源监测和水文站网的建设和管理工作。负责流域重要水域、直管江河湖库及跨流域调水的水量水质监测工作，组织协调流域地下水监测工作。发布流域水文水资源信息、情报预报和流域水资源公报。

（6）指导流域内河流、湖泊及河口、海岸滩涂的治理和开发；按照规定权限，负责流域内水利设施、水域及其岸线的管理与保护以及重要水利工程的建设与运行管理。指导流域内所属水利工程移民管理有关工作。负责授权范围内河道范围内建设项目的审查许可及监督管理。负责直管河段及授权河段采砂管理，指导、监督流域内河道采砂管理有关工作。指导流域内水利建设市场监督管理工作。

（7）指导、协调流域内水土流失防治工作。组织有关重点防治区水土流失预防、监督与管理。按规定负责有关水土保持中央投资建设项目的实施，指导并监督流域内国家重点水土保持建设项目的实施。受水利部委托组织编制流域水土保持规划并监督实施，承担国家立项审批的大中型生产建设项目水土保持方案实施的监督检查。组织开展流域水土流失监测、预报和公告。

（8）负责职权范围内水政监察和水行政执法工作，查处水事违法行为；负责省际水事纠纷的调处工作。指导流域内水利安全生产，负责流域管理机构内安全生产工作及其直接管理的水利工程质量与安全监督；根据授权，组织、指导流域内水库、水电站大坝等水工程的安全监管。开展流域内中央投资的水利工程建设项目稽查。

（9）按规定指导流域内农村水利及农村水能资源开发有关工作，负责开展水利科技、外事和质量监督工作；承担有关水利统计工作。

（10）按照规定或授权，负责流域控制性水利工程、跨省（自治区、直辖市）水利工程等中央水利工程的国有资产的运营或监督管理；研究提出直管工程和流域内跨省（自治区、直辖市）水利工程供水价格及直管工程上网电价核定与调整的建议。

（11）承办水利部交办的其他事项。

（二）编制与机构设置

根据《关于印发〈海河水利委员会主要职责机构设置和人员编制规定〉的通知》（水人事〔2009〕645号），海委事业编制总数为2354名，其中行政执行人员编制1100名，公益事业人员编制1254名。核定海委委领导职数7名，海委机关内设机构处级领导职数44名（含副总工程师3名）；海河流域水资源保护局领导职数3名，其中副局级1名，正处级2名；委属二级事业单位领导职数49名，其中局级22名，处级27名。

委机关内设机构：办公室、规划计划处、水政水资源处（水政监察总队）、财务处、人事处、建设与管理处、水土保持处、科技外事处、防汛抗旱办公室、安全监督处、监察处、审计处（与监察处合署办公）、离退休职工管理处、直属机关党委、海河工会（中国农林水利工会海河委员会）（与直属机关党委合署办公）。

单列机构：海河流域水资源保护局。

委直属事业单位：漳卫南运河管理局、引滦工程管理局、海河下游管理局、漳河上游管理局、水文局、通讯中心、信息中心（海河档案馆）、科技咨询中心、机关服务中心、海河流域水土保持监测中心站、防汛机动抢险队、综合管理中心（培训中心　经济发展中心）。其中，引滦工程管理局列入海委直属事业单位，水文局升格为副局级。

在 2009 年"三定"规定出台后，海委编制及机构设置进行了多次调整，主要调整如下。

2010 年 8 月，根据水利部有关文件要求，海委公益事业人员编制调整为 1131 名。

2011 年 2 月，根据水利部水人事〔2011〕42 号文件，海委公益事业人员编制调整为 1146 名。

2012 年 4 月，为充分发挥流域管理机构作用，全面加强农村水利工作，经水利部水人事〔2012〕143 号文件批准，设立海委农村水利处，为海委机关正处级内设机构，核增处级领导职数 2 名。4 月，水利部人事司以人事机〔2012〕2 号文件批复，明确海委处级领导职数 50 名（含 3 名副总工程师）。11 月，为加强海委信访工作，根据海人事〔2012〕87 号文件，在海委办公室加挂信访办公室牌子，不另增加人员编制。

2013 年 3 月，根据《水利部人事司关于海河水利委员会编制调整的通知》（人事机〔2013〕5 号），核增海委事业编制 311 名，用于引滦工程管理局。调整后，海委事业单位编制总数为 2557 名，其中行政执行人员编制 1100 名，公益事业人员编制 1457 名。

2015 年 10 月，根据《中共水利部党组关于在淮河水利委员会等五个流域管理机构全面实施纪检监察机构直接管理的通知》（水党〔2015〕41 号），成立海委纪检组监察局，由水利部党组直接领导，工作上接受中央纪检驻水利部纪检组、监察部驻水利部监察局的指导，核定人员编制 8 名，所需编制由海委内部调剂，内设纪检监察一室、纪检监察二室。

2016 年 4 月，根据《关于海河水利委员会机构编制调整的通知》（人事机〔2016〕6 号），配备正处级直属机关纪委书记 1 名；设立审计处，核定处级领导职数 2 名。调整后，委机关内设机构（不含部直接管理的纪检监察机构）处级领导职数 49 名（含副总工程师 3 名）。

（三）海委领导任免

2011 年 5 月，水利部党组任命李福生为海委纪检组组长，免去于耀军的海委纪检组组长、党组成员职务（部党任〔2011〕17 号）。

2011 年 9 月，水利部党组任命翟学军为海委副主任、党组成员（部任〔2011〕69 号、部党任〔2011〕28 号）。

2012 年 8 月，水利部党组任命王文生为海委党组副书记，于琪洋为海委党组成员，免去王治的海委党组成员职务（部党任〔2012〕17 号）；任命于琪洋为海委副主任，免去王治的海委副主任职务（部任〔2012〕61 号）。

2015 年 2 月，水利部党组免去于琪洋的海委副主任、党组成员职务（部任〔2015〕7 号、部党任〔2015〕8 号）。

2015 年 4 月，水利部党组任命刘学峰为海委副主任、党组成员（部任〔2015〕31 号、部党任〔2015〕23 号）。

2016 年 3 月，水利部党组任命靳怀堾为海委纪检组组长（监察局局长）、党组成员，免去李福生的海委纪检组组长职务（部党任〔2016〕21 号）。

2016 年 11 月，水利部党组任命徐士忠为海委副主任、党组成员（部任〔2016〕144 号、部党任〔2016〕99 号）。

2017 年 1 月，水利部党组免去李福生的海委副主任、党组成员职务（部任〔2017〕7 号、部党任〔2017〕5 号）。

2017 年 3 月，水利部党组免去曹寅白的海委总工程师、党组成员职务（部党任〔2017〕19 号、部任〔2017〕30 号）。

2017 年 5 月，水利部党组任命王文生为海委主任，免去任宪韶的海委主任职务（部任〔2017〕52 号）；任命王文生为海委党组书记，免去任宪韶的海委党组书记职务（部党任〔2017〕36 号）。

2017 年 11 月，水利部党组任命户作亮为海委巡视员（仍为党组成员），免去其海委副主任职务，任命张胜红为海委副主任，梁凤刚为海委总工程师（部任〔2017〕121号）；任命张胜红为海委党组成员（部党任〔2017〕78号）。

图1为2009年海委机构图，表2列出了2009年12月—2018年11月海委领导任免情况。

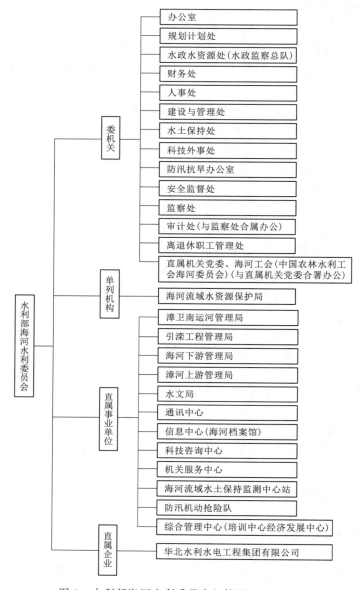

图1　水利部海河水利委员会机构图（2009年）

表2　　　　水利部海河水利委员会领导任免表（2009年12月—2018年11月）

机构名称	姓　名	职　务	任　免　时　间	备　注
水利部 海河水利委员会	任宪韶	党组书记、主任	继任—2017年5月	2020年4月退休
	王文生	党组书记、主任	2017年5月—	
		党组副书记、副主任	2012年8月—2017年5月	
		党组成员、副主任	继任—2012年8月	
	户作亮	党组成员、巡视员	2017年11月—	
		党组成员、副主任	继任—2017年11月	

续表

机构名称	姓　名	职　务	任　免　时　间	备　注
水利部 海河水利委员会	田　友	党组成员、副主任	继任—	
	曹寅白	党组成员、总工程师	继任—2017年3月	2017年4月退休
	于耀军	党组成员、纪检组组长	继任—2011年5月	2012年2月退休
	李福生	党组成员、副主任	继任—2017年1月	2017年2月退休
		纪检组组长	2011年5月—2016年3月	
	王　治	党组成员、副主任	继任—2012年8月	调水利部政法司工作
	翟学军	党组成员、副主任	2011年9月—	
	于琪洋	党组成员、副主任	2012年8月—2015年2月	调中国水利学会工作
	刘学峰	党组成员、副主任	2015年4月—	
	靳怀塔	党组成员、纪检组组长	2016年3月—	
	徐士忠	党组成员、副主任	2016年11月—	
	张胜红	党组成员、副主任	2017年11月—	
	梁凤刚	总工程师	2017年11月—	

三、第三阶段（2018年11月—2021年12月）

（一）编制与机构设置

2018年11月，水利部人事司下发《关于明确部分部属事业单位机构编制事项的通知》（人事机函〔2018〕9号），明确海委编制调整为2547名，其中行政执行人员编制1100名，公益事业人员编制1447名。

2018年12月，水利部人事司下发《开展事业单位法人变更登记的通知》，明确根据中央机构改革要求，流域机构水资源保护局划转生态环境部。

2018年12月，水利部人事司下发《关于明确海河水利委员会监督机构及支撑单位的通知》（人事机〔2018〕10号），通知明确在海委机关设立监督处，并在海委防汛机动抢险队基础上改造组建海委河湖保护与建设运行安全中心作为水利督查工作的支撑单位。

2018年12月，天津市龙网科技发展有限公司从华北水利水电工程集团有限公司分离，由海委直属管理。

2019年3月，水利部人事司下发《关于调整海河水利委员会机关内设机构的通知》（人事机〔2019〕8号），根据机构改革情况和实际工作需要，对海委内设机构予以调整。海委机关内设机构领导职数在现状基础上增加6名（2正、4副），待正式印发"三定"规定时再统筹核定。

2019年9月，根据水利部党组文件，海委纪检组监察局改为海委纪检组。

2020年5月，中共水利部党组下发《中共水利部党组关于长江水利委员会等四个流域管理机构对所属有关单位实施纪检管理体制改革的批复》（水党〔2020〕34号），明确在海委漳卫南运河管理局、海委引滦工程管理局的纪检机构由海委党组直接管理。

截至2021年12月，海委机构设置情况如下。

海委机关内设机构：办公室、规划计划处、政策法规处（水政监察总队）、财务处、人事处、水资源管理处、水资源节约与保护处、建设与运行管理处、河湖管理处、水土保持处（农村水利水电处）、监督处、水旱灾害防御处、国际合作与科技处、审计处、离退休职工管理处、直属机关党委、海河工会（中国农林水利气象工会海河委员会）（与直属机关党委合署办公）。

海委直属事业单位：漳卫南运河管理局、引滦工程管理局、海河下游管理局、漳河上游管理局、水文局、通讯中心、信息中心（海河档案馆）、科技咨询中心、机关服务中心、海河流域水土保持监测中心站、河湖保护与建设运行安全中心、综合管理中心（培训中心、经济发展中心）。

海委直属企业：华北水利水电工程集团有限公司、天津市龙网科技发展有限公司。

（二）海委领导任免

2020年11月，水利部党组任命马涛为海委副主任，免去田友的海委副主任职务（部任〔2020〕132号）；任命秦海鹏为海委纪检组组长，免去靳怀堵的纪检组组长职务（部党任〔2020〕88号）；任命秦海鹏、马涛为海委党组成员，免去田友、靳怀堵的海委党组成员职务（部党任〔2020〕89号）。免去徐士忠的海委副主任、党组成员职务（部任〔2020〕104号、部党任〔2020〕74号）。

2021年7月，水利部党组任命韩瑞光为海委副主任，免去刘学峰的海委副主任职务（部任〔2021〕67号）；任命韩瑞光为海委党组成员，免去刘学峰的海委党组成员职务（部党任〔2021〕55号）。

图2为2019年海委机构图，表3为2018年11月—2021年12月海委领导任免情况。

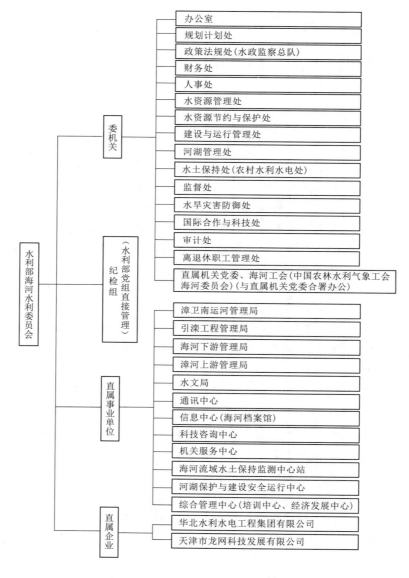

图2　水利部海河水利委员会机构图（2019年）

表3　　　　　　　**水利部海河水利委员会领导任免表（2018年11月—2021年12月）**

机构名称	姓　名	职　务	任 免 时 间	备　注
水利部海河水利委员会	王文生	党组书记、主任	继任—	
	户作亮	党组成员、一级巡视员（正司级）	2019年6月—	
		党组成员、巡视员	继任—2019年6月	
	田　友	党组成员、副主任	继任—2020年11月	
	翟学军	党组成员、副主任	继任—	
	刘学峰	党组成员、副主任	继任—2021年7月	
	靳怀堾	党组成员、纪检组组长	继任—2020年11月	
	徐士忠	党组成员、副主任	继任—2020年11月	2020年11月退休
	张胜红	党组成员、副主任	继任—	
	梁凤刚	总工程师	继任—	
	秦海鹏	党组成员、纪检组组长	2020年11月—	
	马　涛	党组成员、副主任	2020年11月—	
	韩瑞光	党组成员、副主任	2021年7月—	

执笔人：杨利斌　陈　帅　张梦婕
审核人：黄　诚　赵立坤　李　超

水利部珠江水利委员会

水利部珠江水利委员会（以下简称"珠江委"）（正局级）是水利部派出的流域管理机构，在珠江流域、韩江流域、澜沧江以东国际河流（不含澜沧江）、粤桂沿海诸河和海南省区域内依法行使水行政管理职责，为具有行政职能的事业单位。

新中国的珠江流域管理机构历经多次调整，1949年10月23日，中国人民解放军广州市军事管制委员会接管珠江水利工程总局；1956年12月，国务院批准设立珠江水利委员会；1957年2月，国务院同意在珠江水利委员会下设珠江流域规划办公室，撤销珠江水利工程总局；1979年8月13日，根据《国务院批转水利部关于成立珠江水利委员会的报告》（国发〔1979〕203号），重新成立水利部珠江水利委员会，驻地设在广州，属水利部领导。2004年1月，珠江委办公地点由广州市天河区沾益直街19号迁移至广州市天河区天寿路80号。

2001年以来，水利部进行了多次机构改革，珠江委均予保留设置。该时期珠江委组织沿革划分为以下两个阶段：第一阶段为2001年1月—2009年11月，第二阶段为2009年12月—2021年12月。

一、第一阶段（2001年1月—2009年11月）

2001年，珠江委职责无变化。2002年8月，水利部批复珠江委"三定"方案。根据水利部《关于印发〈珠江水利委员会主要职责、机构设置和人员编制规定〉的通知》（水人教〔2002〕328号），珠江委是水利部在珠江流域、韩江流域、澜沧江以东国际河流（不含澜沧江）、粤桂沿海诸河和海南省区域内的派出机构，代表水利部行使所在流域内的水行政主管职责，为具有行政职能的事业单位。

（一）主要职责

（1）负责《中华人民共和国水法》等有关法律法规的实施和监督检查，拟定流域性的水利政策法规；负责职权范围内的水行政执法、水政监察、水行政复议工作，查处水事违法行为；负责省际水事纠纷的调处工作。

（2）组织编制流域综合规划及有关的专业或专项规划并负责监督实施；组织开展具有流域控制性的水利项目、跨省（自治区、直辖市）重要水利项目等中央水利项目的前期工作；按照授权，对地方大中型水利项目的前期工作进行技术审查；编制和下达流域内中央水利项目的年度投资计划。

（3）统一管理流域水资源（包括地表水和地下水）；负责组织流域水资源调查评价；组织拟定流域内省际水量分配方案和年度调度计划以及旱情紧急情况下的水量调度预案，实施水量统一调度；组织或指导流域内有关重大建设项目的水资源论证工作；在授权范围内组织实施取水许可制度；指导流域内地方节约用水工作；组织或协调流域主要河流、河段的水文工作，指导流域内地方水文工作；发布流域水资源公报。

（4）根据国务院确定的部门职责分工，负责流域水资源保护工作，组织水功能区划分和控制饮用水水源保护区等水域排污；审定水域纳污能力，提出限制排污总量的意见；负责省（自治区、直辖市）界水体、重要水域和直管江河湖库及跨流域调水的水量和水质监测工作。

（5）组织制定或参与制定流域防御洪水方案并负责监督实施；按照规定和授权对重要的水利工程实施防汛抗旱调度；指导、协调、监督流域防汛抗旱工作；指导、监督流域内蓄滞洪区的管理和运用补偿工作；组织或指导流域内有关重大建设项目的防洪论证工作；负责流域防汛指挥部办公室的有关工作。

（6）指导流域内河流、湖泊及河口、海岸滩涂的治理和开发；负责授权范围内的河段、河道、堤防、岸线及重要水工程的管理、保护和河道管理范围内建设项目的审查许可；指导流域内水利设施的安全监督。按照规定或授权负责具有流域控制性的水利项目、跨省（自治区、直辖市）重要水利项目等中央水利项目的建设与管理，组建项目法人；负责对中央投资的水利工程的建设和除险加固进行检查监督，监管水利建筑市场。

（7）组织实施流域水土保持生态建设重点区水土流失的预防、监督和治理；组织流域水土保持动态监测；指导流域内地方水土保持生态建设工作。

（8）按照规定或授权负责具有流域控制性的水利工程、跨省（自治区、直辖市）水利工程等中央水利工程的国有资产的运营或监督管理；拟定直管工程的水价电价以及其他有关收费项目的立项、调整方案；负责流域内中央水利项目资金的使用、稽查、检查和监督。

（9）承办水利部交办的其他事项。

（二）编制与机构设置

（1）编制。2001年1月，珠江委事业编制总数为1180人。其中，委机关编制180人，委属事业单位编制1000人。

2002年8月，根据水利部《关于印发〈珠江水利委员会主要职责、机构设置和人员编制规定〉的通知》（水人教〔2002〕328号），珠江委事业编制总数为664名（含行政执行人员编制196名，公益事业人员编制468名）；委领导职数6名，委机关内设机构处级领导职数38名（含副总工程师3名），珠江流域水资源保护局（水文局）领导职数5名（含副局级1名，正处级4名），委属二级事业单位领导职数17名。

2008年2月，根据水利部人教司《关于核定珠江水利委员会参照公务员法管理的有关机关非领导职务职数的通知》（水人教〔2008〕8号），核定委机关巡视员（正局级）、副巡视员（副局级）2名（其中巡视员不超过1名），调研员、副调研员19名；西江局调研员、副调研员2名（其中调研员不超过1名）。

（2）机构设置。2001年1月，委机关内设机构为办公室、水政水资源处（政策研究室/水政监察总队）、规划技术（计划）处、财务处（审计室/综合经营办公室）、人事教育处、基建处（房改办）、水利管理处（防汛抗旱指挥办公室）、监察室（纪检组）、政治工作处（直属机关党委）、直属机关工会、离退休职工管理处。

2001年4月，根据水利部《关于成立流域机构水政监察总队的通知》（水人教〔2001〕126号），成立水政监察总队，作为流域机构实施水行政执法的专职队伍，开展水行政执法工作。

2002年1月，根据水利部人教司《关于珠江水利委员会职能配置、机构设置和人员编制方案的批复》（人教劳〔2002〕5号），预批复珠江委职能配置、机构设置和人员编制方案。机关设11个内设机构（均为正处级），分别为办公室、规划计划处、水政水资源处（水政监察总队）、财务经济处、人事劳动教育处、建设与管理处（水利部水利工程质量监督总站珠江流域分站）、水土保持处、防汛抗旱办公室、监察处、审计处（与监察处合署办公）、离退休职工管理处（与人事劳动教育处合署办公），以及直属机关党委、中国农林水利工会珠江委员会（与直属机关党委合署办公）。

2002 年 8 月，根据水利部《关于印发〈珠江水利委员会主要职责、机构设置和人员编制规定〉的通知》（水人教〔2002〕328 号），珠江委机关设 11 个内设机构，分别为办公室、规划计划处、水政水资源处（水政监察总队）、财务经济处、人事劳动教育处、建设与管理处（水利部水利工程质量监督总站珠江流域分站）、水土保持处、防汛抗旱办公室、监察处、审计处（与监察处合署办公）、离退休职工管理处，以及直属机关党委、中国农林水利工会珠江委员会（与直属机关党委合署办公）。

2002 年 11 月，根据珠江委《关于设立珠江水利委员会水政监察总队的通知》（珠水人教〔2002〕80 号），设立珠江水利委员会水政监察总队。机构设置包括办公室、西江支队。水政监察总队与水政水资源处合署办公，编制 15 人，西江支队设在西江局，编制 5 人，使用西江局机关编制，不另增加编制。

2003 年 3 月，根据珠江委《关于成立珠江委水政监察水文水资源和珠江河口支队的通知》（珠水人教〔2003〕13 号），决定增设水文水资源和珠江河口水政监察支队。

2003 年 10 月，根据水利部《关于印发〈流域机构各级机关依照国家公务员制度管理实施办法〉的通知》（水人教〔2003〕496 号），水利部 7 个流域机构各级机关依照国家公务员制度进行管理。

2006 年 4 月，根据珠江委《关于水利部水利工程质量监督总站珠江流域分站更名等有关事项的通知》（珠水人教〔2006〕64 号），水利部水利工程质量监督总站珠江流域分站相应更名为水利部水利工程建设质量与安全监督总站珠江流域分站。

2006 年 6 月，根据国家防汛抗旱总指挥部《关于成立珠江防汛抗旱总指挥部的批复》（国汛〔2006〕7 号），成立珠江防汛抗旱总指挥部，珠江防汛抗旱总指挥部办公室设在珠江委。

2006 年 8 月，根据人事部《关于批准水利部长江水利委员会等 7 个流域机构各级机关、农村水电及电气化发展中心（局）参照公务员法管理的函》（国人部函〔2006〕142 号），水利部长江水利委员会等 7 个流域机构各级机关、农村水电及电气化发展中心（局）参照公务员法进行管理。

2006 年 9 月，根据国家防汛抗旱总指挥部《关于成立珠江防总西江调度指挥中心的批复》（中淮〔2006〕34 号），批准依托西江局在南宁市设立珠江防总西江调度指挥中心。

2007 年 7 月，根据珠江委《关于调整珠江委水政监察总队河道河口支队、水资源支队和成立遥感工作站的通知》（珠水人教〔2007〕123 号），将珠江河口支队调整更名为河道河口支队，水文水资源支队调整更名为水资源支队，另成立水政监察总队遥感工作站。

2008 年 5 月，根据珠江委《关于成立珠江委水政监察总队水土保持支队、百色支队的通知》（珠水人教〔2008〕82 号），成立珠江委水政监察总队水土保持支队和百色支队。

2009 年 10 月，根据珠江委《关于成立珠江防汛抗旱总指挥部调度研究中心的通知》（珠水人教〔2009〕199 号），依托珠江设计公司成立珠江防汛抗旱总指挥部调度研究中心。

（三）珠江委领导任免

2001 年 8 月，水利部任命何少润为珠江委总工程师，免去王秋生珠江委总工程师职务（部任〔2001〕38 号）。

2001 年 11 月，水利部任命黄远亮为珠江委副主任（部任〔2001〕56 号），水利部党组任命黄远亮为珠江委党组成员（部党任〔2001〕36 号）。

2003 年 5 月，水利部党组任命黄远亮为珠江委党组纪检组组长，免去尹金峰珠江委党组成员、纪检组组长职务（部党任〔2003〕15 号），免去尹金峰珠江委副主任职务（部任〔2003〕28 号）。

2004 年 6 月，水利部免去何少润珠江委总工程师职务（部任〔2004〕32 号）。

2004 年 8 月，水利部任命岳中明为珠江委主任，免去薛建枫珠江委主任职务（部任〔2004〕39 号），水利部党组任命岳中明为珠江委党组书记，免去薛建枫珠江委党组书记职务（部党任〔2004〕19 号）。

2008 年 9 月，水利部任命陈洁钊为珠江委总工程师（部任〔2008〕46 号），水利部党组任命陈洁钊为珠江委党组成员（部党任〔2008〕32 号）。

水利部珠江水利委员会领导任免表（2001 年 1 月—2009 年 11 月）见表 1。

表 1 水利部珠江水利委员会领导任免表（2001 年 1 月—2009 年 11 月）

机构名称	姓 名	职 务	任 免 时 间	备 注
水利部 珠江水利委员会	薛建枫	主任、党组书记	1995 年 4 月—2004 年 8 月	
	岳中明	主任、党组书记	2004 年 8 月—	
	尹金峰	副主任、纪检组组长	1995 年 4 月—2003 年 5 月	
		党组成员	1995 年 4 月—2003 年 5 月	
	崔伟中	副主任、党组成员	1997 年 12 月—	
	陈泽健	副主任、党组成员	2000 年 7 月—	
	王秋生	总工程师	2000 年 7 月—2001 年 8 月	
		副主任、党组成员	2000 年 7 月—	
	黄远亮	副主任、党组成员	2001 年 11 月—	
		纪检组组长	2003 年 5 月—	
	何少润	总工程师	2001 年 8 月—2004 年 6 月	
	陈洁钊	总工程师、党组成员	2008 年 9 月—	

（四）珠江委委属企事业单位

（1）单列机构。2001 年 1 月，委属单列机构有水资源保护局（副局级）。

2002 年 1 月，根据水利部人教司《关于珠江水利委员会职能配置、机构设置和人员编制方案的批复》（人教劳〔2002〕5 号），预批复珠江委单列机构为：水利部、国家环境保护总局珠江流域水资源保护局（副局级）。

2002 年 6 月，根据珠江委《关于珠江流域水资源保护局、珠江水利委员会水文局职能配置、机构设置和人员编制方案的批复》（珠水人〔2002〕35 号），批复珠江流域水资源保护局职能配置、机构设置和人员编制方案，与水文局合署办公，是具有部分水行政管理职能的事业单位。

2002 年 8 月，根据水利部《关于印发〈珠江水利委员会主要职责、机构设置和人员编制规定〉的通知》（水人教〔2002〕328 号），珠江委设 1 个单列机构：珠江流域水资源保护局（副局级）。

（2）事业单位。2001 年 1 月，委属事业单位有勘测设计研究院（副局级）、西江局（处级）、水文局（处级）、珠江水利科学研究所（处级）、珠江水利委员会信息中心（副处级，挂靠防汛抗旱办公室）、宣传中心（含记者站，副处级，挂靠政治工作处）、档案馆（副处级）、《人民珠江》编辑部（副处级）。

2002 年 1 月，根据水利部人教司《关于珠江水利委员会职能配置、机构设置和人员编制方案的批复》（人教劳〔2002〕5 号），预批复珠江委事业单位有西江局（正处级）、水文局（正处级）、科学研究所（正处级）、珠江水利综合技术中心（信息中心）（正处级）、服务中心（正处级）、珠江流域水土保持监测中心站（正处级）。

2002 年 5 月，根据珠江委《关于下达珠江水利综合技术中心（信息中心）职能配置、机构设置和人员编制方案的通知》（珠水人〔2002〕30 号），批准设立珠江水利综合技术中心（信息中心）（以下简称"技术中心"），以委机关分解出的部分职能为基础进行组建，为独立核算的委属事业单位，明确职能配置、机构设置和人员编制方案。

2002 年 5 月，根据珠江委《关于下达服务中心职能配置、机构设置和人员编制方案的通知》（珠水人〔2002〕31 号），批准设立珠江水利委员会服务中心，为独立核算的委属事业单位，明确职能配置、机构设置和人员编制方案。

2002 年 5 月，根据珠江委《关于珠江委技术咨询中心隶属关系变更的通知》（珠水人〔2002〕34

号），技术咨询中心隶属关系变更为由技术中心进行管理。

2002 年 6 月，根据珠江委《关于珠江水利委员会西江局职能配置、机构设置和人员编制方案的批复》（珠水人〔2002〕36 号），批复西江局职能配置、机构设置和人员编制方案，是珠江委的办事机构，具有部分水行政管理职能的事业单位。

2002 年 7 月，根据珠江委《关于珠江水利委员会科学研究所机构方案的批复》（珠水人〔2002〕42 号），批复珠江水利委员会科学研究所职能配置、机构设置和人员编制方案，是珠江委管理的事业单位。

2002 年 7 月，根据水利部《关于珠江水利委员会勘测设计研究院体制改革实施方案的批复》（水人教〔2002〕289 号），明确勘测设计研究院由现行的部属事业性质整体转制为股权多元化的有限责任公司。

2002 年 8 月，根据水利部《关于印发〈珠江水利委员会主要职责、机构设置和人员编制规定〉的通知》（水人教〔2002〕328 号），珠江委设 6 个直属事业单位：珠江水利委员会西江局（正处级）、珠江水利委员会水文局（与水资源保护局合署办公）、珠江水利委员会科学研究所（正处级）、珠江水利委员会珠江水利综合技术中心（信息中心）（正处级）、珠江水利委员会服务中心（正处级）、珠江水利委员会珠江流域水土保持监测中心站（正处级）。

2004 年 1 月，根据广东省科学技术协会《关于成立广东珠江水利经济研究会的审查意见》（粤科协组〔2004〕2 号），成立广东珠江水利经济研究会（1985 年 5 月珠江水利经济研究会成立，2002 年更名为广东珠江水利经济研究会）。同年 2 月，广东省民政厅印发《关于同意成立广东珠江水利经济研究会的批复》（粤民民〔2004〕11 号），广东珠江水利经济研究会具备法人资格，取得社会团体法人登记证书。

2005 年 4 月，根据水利部《关于同意珠江水利委员会科学研究所更名的批复》（人教劳〔2005〕15 号）和珠江委《关于建立珠江水利科学研究院的批复》（珠水人教〔2005〕22 号），珠江水利委员会科学研究所更名为珠江水利委员会珠江水利科学研究院，简称"珠科院"。

2005 年 6 月，根据珠江委《关于珠江水利科学研究院机构设置的批复》（珠水人教〔2005〕26 号），批复珠江水利科学研究院机构设置。

2005 年 6 月，根据珠江委《关于珠江流域水土保持监测中心站职能配置、机构设置和人员编制方案的批复》（珠水人教〔2005〕30 号），批复珠江流域水土保持监测中心站职能配置、机构设置和人员编制方案。

2005 年 8 月，根据珠江委《关于调整档案馆、〈人民珠江〉编辑部管理方式的通知》（珠水人教〔2005〕33 号），档案馆、《人民珠江》编辑部作为技术中心（信息中心）的内设机构，由技术中心（信息中心）直接管理。

（3）企业单位。2001 年 1 月，委属企业单位有珠江水利水电开发公司、广东江河房地产开发公司、劳动服务公司。

2001 年 1 月，根据水利部和广西壮族自治区人民政府《关于印发百色水利枢纽工程建设领导小组第一次会议纪要的通知》（水建管〔2001〕176 号），广西右江水利开发有限责任公司〔1997 年 1 月根据《自治区人民政府关于成立广西右江水利开发有限责任公司的通知》（桂政发〔1997〕12 号）设立〕由水利部和广西壮族自治区人民政府共同出资组建，珠江水利水电开发公司作为水利部出资方代表水利部控股。

2001 年 12 月，根据珠江委办公室《关于撤销珠江水利委员会劳动服务公司的通知》（珠办〔2001〕30 号），撤销劳动服务公司及其分支机构珠委招待所。

2001 年 12 月，根据珠江委《关于广东江河房地产公司隶属关系变更的通知》（珠水人〔2001〕66 号），广东江河房地产公司隶属关系变更为由珠江水利水电开发公司进行管理。

2002 年 2 月，根据珠江委《关于印发〈珠江水利委员会机构改革实施意见〉》（珠水人〔2002〕4 号），珠江水利水电开发公司组建成为多种经营既资产运营公司。

2002 年 11 月，根据珠江委《关于中水珠江规划设计有限公司法人治理结构及人员组成的通知》（珠水人教〔2002〕83 号），组成公司法人治理结构，股东由水利部珠江水利委员会、水利部水利水电规划设计总院和新华水利水电投资公司三方组成；2003 年 1 月，中水珠江规划勘测设计有限公司完成工商登记，广东省工商行政管理局核准企业变更，同意珠江委勘测设计研究院转制后成立公司，名称为"中水珠江规划勘测设计有限公司"。

2004 年 4 月，根据水利部《关于进一步完善广西右江水利开发有限责任公司嫩江尼尔基水利水电有限责任公司管理体制的意见》（水人教〔2004〕136 号），流域机构作为建设单位的控股单位的出资人，除以出资人的身份对建设单位进行监督管理外，还应对建设项目具有行业管理和行政监督管理的职能。

2009 年 3 月，珠江水利水电开发公司完成由全民所有制向有限责任公司的改制变更。

2009 年 8 月，根据水利部与广西壮族自治区人民政府召开的大藤峡水利枢纽工程前期工作领导小组《大藤峡水利枢纽工程前期工作领导小组第二次会议纪要》（水规计〔2009〕422 号），广西大藤峡水利枢纽开发有限责任公司正式注册成立，由广州华南水资源投资有限公司、广西投资集团有限公司和广西水利电业集团有限公司共同出资组建。

水利部珠江水利委员会机构图（2009 年 11 月）如图 1 所示。

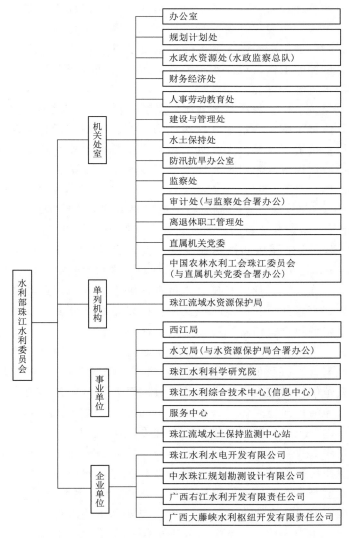

图 1　水利部珠江水利委员会机构图（2009 年 11 月）

二、第二阶段（2009 年 12 月—2021 年 12 月）

根据水利部《关于印发〈珠江水利委员会主要职责机构设置和人员编制规定〉的通知》（水人事〔2009〕646 号），珠江委为水利部派出的流域管理机构，在珠江流域、韩江流域、澜沧江以东国际河流（不含澜沧江）、粤桂沿海诸河和海南省区域内依法行使水行政管理职责，为具有行政职能的事业单位。

（一）主要职责

（1）负责保障流域水资源的合理开发利用。受水利部委托，组织编制流域或流域内跨省（自治区、直辖市）江河湖泊的流域综合规划及有关的专业或专项规划并监督实施；拟定流域性的水利政策法规；组织开展流域控制性水利项目、跨省（自治区、直辖市）重要水利项目与中央水利项目的前期工作；根据授权，负责流域内有关规划和中央水利项目的审查、审批以及有关水工程项目的合规性审查；对地方大中型水利项目进行技术审核；负责提出流域内中央水利项目、水利前期工作、直属基础设施项目的年度投资计划并组织实施；组织、指导流域内有关水利规划和建设项目的后评估工作。

（2）负责流域水资源的管理和监督，统筹协调流域生活、生产和生态用水。受水利部委托，组织开展流域水资源调查评价工作，按规定开展流域水能资源调查评价工作；按照规定和授权，组织拟定流域内省际水量分配方案和流域年度水资源调度计划以及旱情紧急情况下的水量调度预案并组织实施，组织开展流域取水许可总量控制工作，组织实施流域取水许可和水资源论证等制度，按规定组织开展流域和流域重要水工程的水资源调度。

（3）负责流域水资源保护工作。组织编制流域水资源保护规划，组织拟定跨省（自治区、直辖市）江河湖泊的水功能区划并监督实施，核定水域纳污能力，提出限制排污总量意见，负责授权范围内入河排污口设置的审查许可；负责省（自治区、直辖市）界水体、重要水功能区和重要入河排污口的水质状况监测；指导协调流域饮用水水源保护、地下水开发利用和保护工作；指导流域内地方节约用水和节水型社会建设有关工作。

（4）负责防治流域内的水旱灾害，承担流域防汛抗旱总指挥部的具体工作。组织、协调、监督、指导流域防汛抗旱工作，指导、协调并监督防御台风工作；按照规定和授权，对重要的水工程实施防汛抗旱调度和应急水量调度；组织实施流域防洪论证制度；组织制定流域防御洪水方案并监督实施；指导、监督流域内蓄滞洪区的管理和运用补偿工作；按规定组织、协调水利突发公共事件的应急管理工作。

（5）指导流域内水文工作。按照规定和授权，负责流域水文水资源监测和水文站网的建设和管理工作；负责流域重要水域、直管江河湖库及跨流域调水的水量水质监测工作，组织协调流域地下水监测工作；发布流域水文水资源信息、情报预报和流域水资源公报。

（6）指导流域内河流、湖泊及河口、海岸滩涂的治理和开发；按照规定权限，负责流域内水利设施、水域及其岸线的管理与保护以及重要水利工程的建设与运行管理；指导流域内所属水利工程移民管理有关工作；负责授权范围内河道内建设项目的审查许可及监督管理；负责直管河段及授权河段河道采砂管理，指导、监督流域内河道采砂管理有关工作；指导流域内水利建设市场监督管理工作。

（7）指导、协调流域内水土流失防治工作。组织有关重点防治区水土流失预防、监督与管理工作；按规定负责有关水土保持中央投资建设项目的实施，指导并监督流域内国家重点水土保持建设项目的实施；受水利部委托，组织编制流域水土保持规划并监督实施，承担国家立项审批的大中型生产建设项目水土保持方案实施的监督检查；组织开展流域水土流失监测、预报和公告。

（8）负责职权范围内水政监察和水行政执法工作，查处水事违法行为；负责省际水事纠纷的调处工作；指导流域内水利安全生产工作，负责流域管理机构内安全生产工作及其直接管理的水利工程质量和安全监督；根据授权，组织、指导流域内水库、水电站大坝等水工程的安全监管；开展流域内中央投资的水利工程建设项目稽查。

（9）按规定指导流域内农村水利及农村水能资源开发有关工作，指导水电农村电气化和小水电代燃料工作；承办国际河流有关涉外事务，负责开展水利科技、外事和质量技术监督工作；承担有关水利统计工作。

（10）按照规定或授权，负责流域控制性水利工程、跨省（自治区、直辖市）水利工程等中央水利工程的国有资产的运营或监督管理；研究提出直管工程和流域内跨省（自治区、直辖市）水利工程供水价格及直管工程上网电价核定与调整的建议。

（11）承办水利部交办的其他事项。

（二）编制与机构设置

（1）编制。2009年12月，根据水利部《关于印发〈珠江水利委员会主要职责机构设置和人员编制规定〉的通知》（水人事〔2009〕646号），珠江委事业编制总数为664名（含行政执行人员编制196名，公益事业人员编制468名）；委领导职数6名，委机关内设机构处级领导职数44名（含副总工程师3名），珠江流域水资源保护局（水文局）领导职数5名（含副局级1名，正处级4名），委属二级事业单位领导职数20名（含副局级领导职数1名，处级领导职数19名）。

2012年4月，根据水利部《关于珠江水利委员会设立农村水利机构有关事项的通知》（水人事〔2012〕144号），核增2名处级领导职数。

2013年3月，根据水利部人事司《关于珠江水利委员会编制调整的通知》（人事机〔2013〕6号），核增珠江委事业编制100名。调整后，珠江委事业编制为764名，其中行政执行人员编制196名，公益事业人员编制568名。

2016年4月，根据水利部人事司《关于珠江水利委员会机构编制调整的通知》（人事机〔2016〕9号），同意配备正处级直属机关纪委书记1名，审计处和财务处合署办公，核增1名副处级领导职数。调整后，委机关内设机构（不含部直接管理的纪检监察机构）处级领导职数44名（含副总工程师3名）。

2018年11月，根据水利部人事司《关于明确部分部属事业单位机构编制事项的通知》（人事机函〔2018〕9号），调整珠江委事业编制为754名，其中行政执行人员编制196名，公益事业人员编制558名。

2019年3月，根据水利部人事司《关于调整珠江水利委员会机关内设机构的通知》（人事机〔2019〕9号），珠江委机关内设机构领导职数在现状基础上增加6名（2正4副）。

2020年7月，根据水利部《关于明确流域管理机构事业单位分类意见的通知》（水人事〔2020〕106号），珠江委公益一类事业单位编制261名，其中水文局126名（含珠江水文水资源勘测中心），技术中心75名，西江技术综合技术中心60名；公益二类事业单位编制239名，其中珠科院176名，水保站21名，珠江水资源保护科学研究所42名；暂不分类事业单位编制254名，其中珠江委机关行政执行人员编制176名，西江局机关行政执行编制20名，服务中心事业编制58名。

（2）机构设置。2009年12月，根据水利部《关于印发〈珠江水利委员会主要职责机构设置和人员编制规定〉的通知》（水人事〔2009〕646号），珠江委机关设13个处（室）。机关内设机构为办公室、规划计划处、水政水资源处（水政监察总队）、财务处、人事处、国际河流与科技处、建设与管理处、水土保持处、安全监督处、防汛抗旱办公室、监察处、审计处（与监察处合署办公）、离退休职工管理处，以及直属机关党委、中国农林水利工会珠江委员会（与直属机关党委合署办公）。

2010年6月，根据珠江委《关于调整成立珠江委水政监察总队水文水资源保护支队的通知》（珠水人事〔2010〕75号），调整水政监察总队下设机构，将水政监察总队原水资源支队调整为水文水资源保护支队。

2012年4月，根据水利部《关于珠江水利委员会设立农村水利机构有关事项的通知》（水人事〔2012〕144号），设立农村水利处。

2012年11月，根据珠江委《关于调整珠江委水政监察队伍的通知》（珠水人事〔2012〕183号），对珠江委水政监察队伍进行调整，调整后的珠江委水政监察总队设置办公室、西江支队、百色支队、河口及规划支队、建管支队、水土保持支队、安全监督支队、水文支队、水资源保护支队、遥感工作站10个内设机构。

2013年1月，根据珠江委《关于成立珠江委信访办公室的通知》（珠水人事〔2013〕14号），成立信访办公室，设在珠江委办公室，人员由委办公室、委人事处、委监察处、委工会等有关人员组成。

2015年10月，根据水利部党组《关于在淮河水利委员会等五个流域管理机构全面实施纪检监察机构直接管理的通知》（水党〔2015〕41号），珠江委纪检监察机构由珠江委党组领导调整为水利部党组直接领导，工作上接受中央纪委驻水利部纪检组、监察部驻水利部监察局的指导。机构名称为"中共水利部珠江水利委员会纪检组，水利部珠江水利委员会监察局"（简称"珠江委纪检组监察局"），实行一套班子、两块牌子，合署办公。人员编制6名，编制由珠江委内部调剂解决。根据工作需要，内设纪检监察一室、纪检监察二室。

2016年4月，根据水利部人事司《关于珠江水利委员会机构编制调整的通知》（人事机〔2016〕9号），珠江委审计处与财务处合署办公。

2017年4月，根据中国农林水利气象工会全国委员会《关于"中国农林水利工会珠江委员会"更名为"中国农林水利气象工会珠江委员会"请示的批复》（农林水利气象工发〔2017〕10号），中国农林水利工会珠江委员会批准更名为中国农林水利气象工会珠江委员会。

2018年12月，根据水利部人事司《关于明确珠江水利委员会监督机构及支撑单位的通知》（人事机〔2018〕11号），珠江委机关设立监督处。

2019年2月，根据珠江委《关于成立监督处的通知》（珠水人事〔2019〕25号），在原委安全监督处的基础上组建监督处，负责监督管理相关工作。

2019年3月，根据水利部人事司《关于调整珠江水利委员会机关内设机构的通知》（人事机〔2019〕9号），珠江委机关内设机构进行调整，调整后珠江委机关设14个处（室）。机关内设机构为办公室、规划计划处、政策法规处（水政监察总队）、财务处（审计处）、人事处、水资源管理处、水资源节约与保护处、建设与运行管理处、河湖管理处、水土保持处（农村水利水电处）、监督处、水旱灾害防御处、国际合作与科技处、离退休职工管理处，以及直属机关党委、珠江工会（中国农林水利气象工会珠江委员会与直属机关党委合署办公）。

2019年5月，根据珠江委办公室《关于印发过渡期间委机关内设机构主要职责及科室设置方案的通知》（办人事〔2019〕56号），明确机构改革过渡期珠江委机关各处室职责和科室设置。

2019年9月，根据中共水利部党组《关于规范部党组直接管理的流域管理机构纪检监察机构名称等有关事项的通知》（水党〔2019〕86号），决定将直接管理的机构名称由"中共水利部珠江水利委员会纪检组，水利部珠江水利委员会监察局"改为"中共水利部珠江水利委员会纪检组"；内设机构名称由"纪检监察一室""纪检监察二室"相应改为"纪检一室""纪检二室"；纪检组长（兼监察局局长）、纪检组副组长（兼监察局副局长）相应改为纪检组组长、纪检组副组长；非领导职务名称，按照职务与职级并行有关规定，套转为职级巡视员（调研员）、纪律检查员。

2019年9月，根据珠江委《关于调整珠江委水政监察队伍的通知》（珠水人事〔2019〕188号），调整珠江委水政监察队伍。珠江委水政监察总队设总队长1名、常务副总队长1名、副总队长1名，下设办公室、西江支队、百色支队、大藤峡支队、河口与规划支队、河湖与建管支队、安全监督支队、水资源支队、水文监管中心、遥感中心10个内设机构（百色支队、大藤峡支队与西江支队合署办公），不另增加编制。

（三）珠江委领导任免

2010年11月，水利部任命陈泽健为珠江委正局级干部，免去其珠江委副主任职务（部任〔2010〕41号）。

2011 年 5 月，水利部任命谢志强为珠江委副主任（部任〔2011〕27 号），水利部党组任命谢志强为珠江委党组成员（部党任〔2011〕16 号）。

2012 年 7 月，水利部任命崔伟中为珠江委巡视员，免去其珠江委副主任职务，任命廖志伟为珠江委副主任（部任〔2012〕30 号）；水利部党组任命廖志伟为珠江委党组成员，免去崔伟中珠江委党组成员职务（部党任〔2012〕10 号）。

2013 年 5 月，水利部任命陈洁钊为珠江委副主任，免去其珠江委总工程师职务；任命程国银为珠江委总工程师（部任〔2013〕20 号）。

2014 年 6 月，水利部党组免去陈泽健珠江委党组成员职务（部党任〔2014〕19 号）。

2014 年 11 月，水利部免去廖志伟珠江委副主任职务（部任〔2014〕54 号），水利部党组免去廖志伟珠江委党组成员职务（部党任〔2014〕39 号）。

2015 年 11 月，水利部任命束庆鹏为珠江委主任，免去岳中明珠江委主任职务，免去崔伟中珠江委巡视员职务（部任〔2015〕76 号），水利部党组任命束庆鹏为珠江委党组书记，免去岳中明珠江委党组书记职务（部党任〔2015〕50 号）。

2015 年 12 月，水利部免去陈洁钊珠江委副主任职务（部任〔2016〕8 号），水利部党组免去陈洁钊珠江委党组成员职务（部党任〔2016〕8 号）。

2016 年 3 月，水利部党组任命邓克难为珠江委纪检组组长（监察局局长）、党组成员，免去黄远亮珠江委纪检组组长职务（部党任〔2016〕26 号）。

2016 年 6 月，水利部任命胥加仕为珠江委副主任（部任〔2016〕57 号），水利部党组任命胥加仕为珠江委党组成员（部党任〔2016〕42 号）。

2016 年 9 月，水利部任命李春贤为珠江委副主任（部任〔2016〕116 号），水利部党组任命李春贤为珠江委党组成员（部党任〔2016〕83 号）。

2017 年 8 月，水利部任命王秋生为珠江委巡视员，免去其珠江委副主任职务（部任〔2017〕85 号），水利部任命苏训为珠江委副主任（正局级）（部任〔2018〕26 号），水利部党组任命苏训为珠江委党组成员（部党任〔2018〕14 号）。

2018 年 1 月，水利部免去程国银珠江委总工程师职务（部任〔2018〕20 号）。

2019 年 6 月，水利部任命王宝恩为珠江委主任，免去束庆鹏珠江委主任职务（部任〔2019〕65 号），水利部党组任命王宝恩为珠江委党组书记，免去束庆鹏珠江委党组书记职务（部党任〔2019〕35 号）；水利部任命王秋生为珠江委一级巡视员（部任〔2019〕69 号）。

2019 年 9 月，水利部党组任命邓克难为珠江委纪检组组长（部党任〔2019〕54 号）。

2019 年 12 月，水利部任命黄远亮、谢志强为珠江委一级巡视员（部任〔2019〕113 号）。

2020 年 7 月，水利部免去王秋生珠江委一级巡视员职务（部任〔2020〕63 号），水利部党组免去王秋生珠江委党组成员职务（部党任〔2020〕44 号）。

2020 年 10 月，水利部任命易越涛为珠江委副主任，免去黄远亮、谢志强珠江委副主任职务（部任〔2020〕97 号），水利部党组任命易越涛为珠江委党组成员，免去黄远亮、谢志强珠江委党组成员职务（部党任〔2020〕70 号）。

2020 年 11 月，水利部免去黄远亮珠江委一级巡视员职务（部任〔2020〕121 号）。

2021 年 7 月，水利部党组任命杨丽萍为珠江委纪检组组长，免去邓克难纪检组组长职务（部党任〔2021〕48 号），水利部党组任命杨丽萍为珠江委党组成员，免去邓克难珠江委党组成员职务（部党任〔2021〕49 号）；水利部任命邓克难、胥加仕为珠江委一级巡视员（部任〔2021〕56 号）。

2021 年 11 月，水利部免去谢志强珠江委一级巡视员职务（部任〔2021〕104 号）。

2021 年 12 月，水利部免去邓克难珠江委一级巡视员职务（部任〔2021〕121 号）。

水利部珠江水利委员会领导任免表（2009 年 12 月—2021 年 12 月）见表 2。

表2　　　　　水利部珠江水利委员会领导任免表（2009年12月—2021年12月）

机构名称	姓　名	职　　务	任　免　时　间	备　　注
水利部 珠江水利委员会	岳中明	主任、党组书记	继任—2015年11月	
	束庆鹏	主任、党组书记	2015年11月—2019年6月	
	王宝恩	主任、党组书记	2019年6月—	
	崔伟中	副主任、党组成员	继任—2012年7月	
		巡视员	2012年7月—2015年11月	
	陈泽健	副主任	继任—2010年11月	
		正局级干部	2010年11月—2014年6月	
		党组成员	继任—2014年6月	
	王秋生	副主任	继任—2017年8月	
		巡视员	2017年8月—2019年6月	
		一级巡视员	2019年6月—2020年7月	
		党组成员	继任—2020年7月	
	黄远亮	纪检组组长	继任—2016年3月	
		副主任、党组成员	继任—2020年10月	
		一级巡视员	2019年12月—2020年11月	
	陈洁钊	总工程师	继任—2013年5月	
		副主任	2013年5月—2015年12月	
		党组成员	继任—2015年12月	
	谢志强	副主任、党组成员	2011年5月—2020年10月	
		一级巡视员	2019年12月—2021年11月	
	廖志伟	副主任、党组成员	2012年7月—2014年11月	
	邓克难	纪检组组长（监察局局长）	2016年3月—2019年9月	
		纪检组组长	2019年9月—2021年7月	
		党组成员	2016年3月—2021年7月	
		一级巡视员	2021年7—12月	
	胥加仕	副主任、党组成员	2016年6月—	
		一级巡视员	2021年7月—	
	李春贤	副主任、党组成员	2016年9月—	
	苏训	副主任（正局级）、党组成员	2017年8月—	
	易越涛	副主任、党组成员	2020年10月—	
	杨丽萍	纪检组组长、党组成员	2021年7月—	
	程国银	总工程师	2013年5月—2018年1月	

（四）珠江委委属企事业单位

（1）单列机构。2009年12月，根据水利部《关于印发〈珠江水利委员会主要职责机构设置和人员编制规定〉的通知》（水人事〔2009〕646号），珠江委设1个单列机构：珠江流域水资源保护局（副局级）。

2012年1月，根据水利部《关于印发珠江流域水资源保护局主要职责机构设置和人员编制规定的通知》（水人事〔2012〕5号），珠江流域水资源保护局为珠江委单列机构，是具有行政职能的事业单位。珠江委水资源保护的行政职责由珠江流域水资源保护局承担，珠江流域水资源保护局与珠江委水文局合署办公。

2019年4月，根据2018年中共中央印发的《深化党和国家机构改革方案》和水利部、生态环境部关于流域水资源保护局转隶工作的相关要求，珠江流域水资源保护局机关及所属事业单位珠江流域水环境监测中心划转至生态环境部。

（2）事业单位。2009年12月，根据水利部《关于印发〈珠江水利委员会主要职责机构设置和人员编制规定〉的通知》（水人事〔2009〕646号），珠江委设6个直属事业单位：珠江水利委员会水文局（副局级）、珠江水利委员会珠江水利科学研究院（副局级）、珠江水利委员会西江局（正处级）、珠江水利委员会珠江水利综合技术中心（信息中心）（正处级）、珠江水利委员会服务中心（正处级）、珠江水利委员会珠江流域水土保持监测中心站（正处级）。

2010年7月，根据珠江委《关于印发〈珠江水利科学研究院主要职责机构设置和人员编制规定〉的通知》（珠水人事〔2010〕93号），明确珠科院主要职责机构设置和人员编制规定。珠科院是珠江委直属副局级事业单位，主要为珠江委依法行使水行政管理职责和珠江水利事业发展提供科学研究与技术支持，协助管理珠江流域水土保持监测中心站。

2010年7月，根据《珠江委关于印发〈珠江水利委员会西江局主要职责机构设置和人员编制规定〉的通知》（珠水人事〔2010〕94号），明确西江局主要职责机构设置和人员编制规定。西江局是珠江委派出机构，根据授权，在西江流域内行使水行政管理职责，为具有水行政管理职能的正处级事业单位。

2010年7月，根据珠江委《关于印发〈珠江水利综合技术中心（信息中心）主要职责机构设置和人员编制规定〉的通知》（珠水人事〔2010〕95号），明确技术中心（信息中心）主要职责机构设置和人员编制规定。技术中心（信息中心）是珠江委直属正处级事业单位。

2010年7月，根据珠江委《关于印发〈珠江水利委员会服务中心主要职责机构设置和人员编制规定〉的通知》（珠水人事〔2010〕96号），明确服务中心主要职责机构设置和人员编制规定。服务中心是珠江委直属正处级事业单位。

2010年7月，根据珠江委《关于印发〈珠江流域水土保持监测中心站主要职责机构设置和人员编制规定〉的通知》（珠水人事〔2010〕97号），明确珠江流域水土保持监测中心站主要职责机构设置和人员编制规定。珠江流域水土保持监测中心站是珠江委直属正处级事业单位。

2012年12月，根据珠江委《关于成立珠江水利水电培训中心的通知》（珠水人事〔2012〕192号），依托综合技术中心（信息中心）成立珠江水利水电培训中心，业务上受委人事处指导。

2014年1月，根据珠江委《关于成立新闻宣传中心的通知》（珠水人事〔2014〕18号），成立珠江委新闻宣传中心，新闻宣传中心挂靠珠江委综合技术中心（信息中心）成立，暂与《人民珠江》编辑部合署办公，业务上归口委办公室进行管理。

2018年12月，根据水利部人事司《关于明确珠江水利委员会监督机构及支撑单位的通知》（人事机〔2018〕11号），在珠江水利综合技术中心（信息中心）基础上改造组建珠江水利综合技术与网络信息中心（河湖保护与建设运行安全中心），作为水利督查工作的支撑单位。

2019年4月，根据水利部人事司《关于组建珠江水利委员会水文水资源局的通知》（人事机〔2019〕13号），在原珠江水利委员会水文局的基础上组建珠江水利委员会水文水资源局（筹）（副局级），明确过渡期间机构设置有关事项。

2020年4月，根据珠江委《关于同意注销广东珠江水利经济研究会的批复》（珠水人事〔2020〕72号），注销广东珠江水利经济研究会。

（3）企业单位。2009年12月，委属企业单位有珠江水利水电开发有限公司、中水珠江规划勘测设计有限公司、广西右江水利开发有限责任公司、广西大藤峡水利枢纽开发有限责任公司。

2012 年 12 月，根据《广西大藤峡水利枢纽开发有限责任公司 2012 年第一次股东会决议》，公司股东单位变更为广州华南水资源投资有限公司、广西投资集团有限公司和广西水利电业集团有限公司、广东水电二局股份有限公司、广东省水利电力勘测设计研究院。

2020 年 4 月，根据《水利部关于同意将新华水利控股集团有限公司持有的 5 家设计单位股权无偿划转的批复》（水财务函〔2020〕35 号），中水珠江规划勘测设计有限公司股东单位变更为水利部珠江水利委员会、水利部水利水电规划设计总院和水利部机关服务中心（局）。

水利部珠江水利委员会机构图（2021 年 12 月）如图 2 所示。

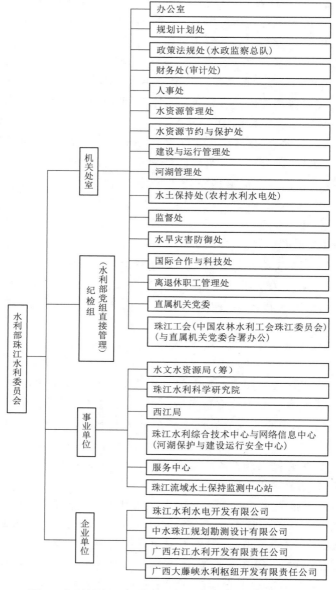

图 2　水利部珠江水利委员会机构图（2021 年 12 月）

执笔人：邹军荣　钱益民

审核人：谢　宝　蔡海平　田玉丽　罗勇强　郭燕玲

水利部松辽水利委员会

松辽水利委员会（以下简称"松辽委"）（正局级）是水利部在松花江、辽河流域和东北地区国际界河（湖）及独流入海河流区域内派出的流域管理机构，代表水利部依法行使所在流域内的水行政管理职责。

1982 年 10 月，根据国务院（国办发〔1982〕55 号文）批准，松辽水利委员会在吉林省长春市正式成立，属于事业单位，地师级。办公地址为长春市工农大路 10 号（后改为 888 号），2006 年迁至长春市解放大路 4188 号。

松辽水利委员会成立后，与东北勘测设计研究院合署办公。1995 年，水利部根据国务院关于勘察设计单位改革的有关精神，经研究决定，松辽水利委员会与东北勘测设计研究院分设，不再实行合署办公。松辽水利委员会与东北勘测设计研究院机构分设后，松辽水利委员会又进行了两次大的机构改革。

根据水利部 2001 年以后印发的关于松辽水利委员会主要职责、机构设置和人员编制的文件及内设机构变化，此次组织沿革可划分为以下两个阶段：2001 年 1 月—2008 年 12 月、2009 年 1 月—2021 年 12 月。

一、第一阶段（2001 年 1 月—2008 年 12 月）

根据水利部《关于印发松辽水利委员会主要职责、机构设置和人员编制规定的通知》（水人教〔2002〕329 号），松辽水利委员会是水利部在松花江、辽河流域和东北地区国际界河（湖）及独流入海河流区域内（以下简称"流域内"）的派出机构，代表水利部行使所在流域内的水行政主管职责，为具有行政职能的事业单位。

（一）主要职责

（1）负责《中华人民共和国水法》等有关法律法规的实施和监督检查，拟定流域性的水利政策法规；负责职权范围内的水行政执法、水政监察、水行政复议工作，查处水事违法行为；负责省际水事纠纷的调处工作。

（2）组织编制流域综合规划及有关的专业或专项规划并负责监督实施；组织开展具有流域控制性的水利项目、跨省（自治区、直辖市）重要水利项目等中央水利项目的前期工作；按照授权，对地方大中型水利项目的前期工作进行技术审查；编制和下达流域内中央水利项目的年度投资计划。

（3）统一管理流域水资源（包括地表水和地下水）。负责组织流域水资源调查评价；组织拟订流域内省际水量分配方案和年度调度计划以及旱情紧急情况下的水量调度预案，实施水量统一调度。组织或指导流域内有关重大建设项目的水资源论证工作；在授权范围内组织实施取水许可制度；指导流域内地方节约用水工作；组织或协调流域主要河流、河段的水文工作，指导流域内地方水文工作；发布流域水资源公报。

（4）根据国务院确定的部门职责分工，负责流域水资源保护工作，组织水功能区的划分和向饮用水水源保护区等水域排污的控制；审定水域纳污能力，提出限制排污总量的意见；负责省（自治区、直辖市）界水体、重要水域和直管江河湖库及跨流域调水的水量和水质监测工作。

（5）组织制定或参与制定流域防御洪水方案并负责监督实施；按照规定和授权对重要的水利工程实施防汛抗旱调度；指导、协调、监督流域防汛抗旱工作；指导、监督流域内蓄滞洪区的管理和运用补偿工作；组织或指导流域内有关重大建设项目的防洪论证工作；负责流域防汛指挥部办公室的有关工作。

（6）指导流域内河流、湖泊及河口、海岸滩涂的治理和开发；负责授权范围内的河段、河道、堤防、岸线及重要水工程的管理、保护和河道管理范围内建设项目的审查许可；指导流域内水利设施的安全监管。按照规定或授权，负责具有流域控制性的水利项目、跨省（自治区、直辖市）重要水利项目等中央水利项目的建设与管理，组建项目法人；负责对中央投资的水利工程的建设和除险加固进行检查监督，监管水利建筑市场。

（7）组织实施流域水土保持生态建设重点区水土流失的预防、监督与治理；组织流域水土保持动态监测；指导流域内地方水土保持生态建设工作。

（8）按照规定或授权，负责具有流域控制性的水利工程、跨省（自治区、直辖市）水利工程等中央水利工程的国有资产的运营或监督管理；拟定直管工程的水价电价以及其他有关收费项目的立项、调整方案；负责流域内中央水利项目资金的使用、稽查、检查和监督。

（9）承办水利部交办的其他事项。

（二）编制与机构设置

根据水利部《关于印发松辽水利委员会主要职责、机构设置和人员编制规定的通知》（水人教〔2002〕329号），松辽水利委员会事业编制总数为795名，其中行政执行人员编制280名，公益事业人员编制515名。其中委领导职数7名，委机关内设机构处级领导职数38名（含副总工程师3名），松辽流域水资源保护局领导职数3名，委属二级事业单位领导职数23名。

2004年10月，松辽委成立国际河流管理处，增加处级领导职数2名。

2006年8月，松辽委成立松辽委综合管理中心，增加处级领导职数3名。委属二级事业单位领导职数调整为26名。

根据水利部《关于印发松辽水利委员会主要职责、机构设置和人员编制规定的通知》（水人教〔2002〕329号）和松辽水利委员会《关于印发松辽委机关、事业单位机构设置、职能配置的通知》（松辽人教〔2002〕79号），松辽委机关设11个内设机构：办公室、规划计划处、水政水资源处（水政监察总队）、财务经济处、人事劳动教育处、建设与管理处（水利部水利工程质量监督总站松辽流域分站）、水土保持处、防汛抗旱办公室、监察处、审计处（与监察处合署办公）、离退休职工管理处，以及直属机关党委、中国农林水利工会松辽委员会（与直属机关党委合署办公）。

2001年4月，根据水利部《关于成立流域机构水政监察总队的通知》（水人教〔2001〕126号）规定，成立松辽水利委员会水政监察总队，办公室设在水政水资源处。

2003年6月，根据人事部《关于水利部长江水利委员会等7个流域机构各级机关依照国家公务员制度管理的复函》（人函〔2003〕56号），松辽水利委员会机关列入依照公务员制度管理范围。

2004年10月，根据水利部人事劳动教育司《关于同意松辽水利委员会成立国际河流管理处的批复》（人教劳〔2004〕53号），松辽委成立国际河流管理处，并印发了国际河流管理处的主要职责及人员编制。

2006年5月，根据水利部《关于水利部水利工程质量监督总站更名等有关事项的通知》（水人教〔2006〕75号）和水利部人事劳动教育司《关于水利部水利工程质量监督总站流域分站更名的通知》

（人教劳〔2006〕19号），水利部水利工程质量监督总站松辽流域分站更名为水利部水利工程建设质量与安全监督总站松辽流域分站，同时增加水利工程建设安全监督的相关职能。

（三）松辽委领导任免

2001年11月，水利部党组任命齐玉亮为水利部松辽水利委员会党组成员（部党任〔2001〕29号），任命齐玉亮为水利部松辽水利委员会副主任（部任〔2001〕48号）。

2005年4月，水利部党组任命朱振家为水利部松辽水利委员会副主任（部任〔2005〕11号）。

2008年9月，水利部党组任命李金祥为水利部松辽水利委员会党组成员，免去武龙甫的水利部松辽水利委员会党组成员职务（部党任〔2008〕19号），任命李金祥为水利部松辽水利委员会副主任，免去武龙甫的水利部松辽水利委员会副主任职务（部任〔2008〕34号）。

水利部松辽水利委员会领导任免表（2001年1月—2008年12月）见表1。

表1　　　　　水利部松辽水利委员会领导任免表（2001年1月—2008年12月）

机构名称	姓名	职务	任免时间	备注
水利部松辽水利委员会	党连文	党组书记、主任	1999年3月—	
	武龙甫	党组成员、副主任	1995年6月—2008年9月	
	栾卫国	党组成员、纪检组组长	1995年6月—	
	王福庆	党组成员、副主任	1995年6月—	
	刘明	党组成员、副主任	1998年2月—	
	朱振家	党组成员、总工程师	2000年11月—	
		党组成员、副主任	2005年4月—	
	齐玉亮	党组成员、副主任	2001年11月—	
	李金祥	党组成员、副主任	2008年9月—	

（四）松辽委单列机构及委直属企事业单位

（1）松辽委单列机构：松辽流域水资源保护局（正局级）。

（2）松辽委直属事业单位：察尔森水库管理局（正处级）、水文局（信息中心）（正处级）、流域规划与政策研究中心（正处级）、移民开发中心（正处级）、松辽流域水土保持监测中心站（正处级）、水利工程建设管理站（正处级）、综合服务中心（正处级）。

2004年11月，松辽委《关于印发松辽流域水土保持监测中心站职能配置机构设置的通知》（松辽人教〔2004〕280号），明确松辽流域水土保持监测中心站与水土保持处分设，明确分设后松辽流域水土保持监测中心站的主要职责及机构设置。

2006年8月，根据水利部人事劳动教育司《关于设立松辽水利委员会综合管理中心的批复》（人教劳〔2006〕15号），松辽委成立综合管理中心（正处级），明确了综合管理中心为委直属事业单位，明确综合管理中心主要职责、内设机构及人员编制。

（3）松辽委委属企业单位：吉林松辽水资源开发有限责任公司、松辽水利水电开发有限责任公司、吉林松辽工程监理有限公司、吉林松辽工程招标有限公司、嫩江尼尔基水利水电有限责任公司。

2000年5月，松辽委决定成立吉林松辽水资源开发有限责任公司。

2000年11月，松辽委决定成立吉林松辽工程监理有限公司。

2001年2月，根据工作需要，并经水利部批准，成立嫩江尼尔基水利水电有限责任公司。

2001年8月，松辽委决定成立吉林松辽工程招标有限公司。

2001 年 12 月，按照国家工商总局有关要求，同意将东北水利水电开发总公司变更为松辽水利水电开发有限责任公司。

水利部松辽水利委员会机构图（2008 年）如图 1 所示。

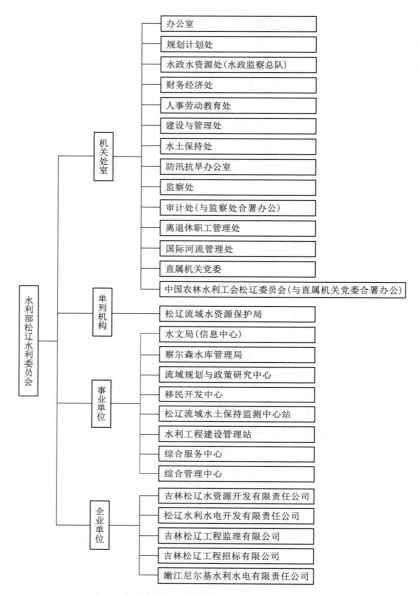

图 1　水利部松辽水利委员会机构图（2008 年）

机关处室：
- 办公室
- 规划计划处
- 水政水资源处（水政监察总队）
- 财务经济处
- 人事劳动教育处
- 建设与管理处
- 水土保持处
- 防汛抗旱办公室
- 监察处
- 审计处（与监察处合署办公）
- 离退休职工管理处
- 国际河流管理处
- 直属机关党委
- 中国农林水利工会松辽委员会（与直属机关党委合署办公）

单列机构：
- 松辽流域水资源保护局

事业单位：
- 水文局（信息中心）
- 察尔森水库管理局
- 流域规划与政策研究中心
- 移民开发中心
- 松辽流域水土保持监测中心站
- 水利工程建设管理站
- 综合服务中心
- 综合管理中心

企业单位：
- 吉林松辽水资源开发有限责任公司
- 松辽水利水电开发有限责任公司
- 吉林松辽工程监理有限公司
- 吉林松辽工程招标有限公司
- 嫩江尼尔基水利水电有限责任公司

二、第二阶段（2009 年 1 月—2021 年 12 月）

根据水利部《关于印发松辽水利委员会主要职责机构设置和人员编制规定的通知》（水人事〔2009〕647 号），松辽水利委员会为水利部派出的流域管理机构，在松花江、辽河流域和东北地区国际界河（湖）及独流入海河流区域内依法行使水行政管理职责，为具有行政职能的事业单位。

（一）主要职责

（1）负责保障流域水资源的合理开发利用。受水利部委托，组织编制流域或流域内跨省（自治区、直辖市）的江河湖泊的流域综合规划及有关的专业或专项规划并监督实施；拟定流域性的水利政策法规；组织开展流域控制性水利项目、跨省（自治区、直辖市）重要水利项目与中央水利项目的前期工作；根据授权，负责流域内有关规划和中央水利项目的审查、审批以及有关水工程项目的合规性审查；对地方大中型水利项目进行技术审核；负责提出流域内中央水利项目、水利前期工作、直属基础设施项目的年度投资计划并组织实施；组织、指导流域内有关水利规划和建设项目的后评估工作。

（2）负责流域水资源的管理和监督，统筹协调流域生活、生产和生态用水。组织开展流域水资源调查评价工作；按规定开展流域水能资源调查评价工作；按照规定和授权，组织拟定流域内省际水量分配方案和流域年度水资源调度计划以及旱情紧急情况下的水量调度预案并组织实施，组织开展流域取水许可总量控制工作，组织实施流域取水许可和水资源论证等制度，按规定组织开展流域和流域重要水工程的水资源调度。

（3）负责流域水资源保护工作。组织编制流域水资源保护规划，组织拟定跨省（自治区、直辖市）江河湖泊的水功能区划并监督实施，核定水域纳污能力，提出限制排污总量意见，负责授权范围内入河排污口设置的审查许可；负责省（自治区、直辖市）界水体、重要水功能区和重要入河排污口的水质状况监测；指导协调流域饮用水水源保护、地下水开发利用和保护工作；指导流域内地方节约用水和节水型社会建设有关工作。

（4）负责防治流域内的水旱灾害，承担流域防汛抗旱总指挥部的具体工作。组织、协调、监督、指导流域防汛抗旱工作，按照规定和授权对重要的水工程实施防汛抗旱调度和应急水量调度；组织实施流域防洪论证制度；组织制定流域防御洪水方案并监督实施；指导、监督流域内蓄滞洪区的管理和运用补偿工作；按规定组织、协调水利突发公共事件的应急管理工作。

（5）指导流域内水文工作。按照规定和授权，负责流域水文水资源监测和水文站网的建设和管理工作；负责流域重要水域、直管江河湖库及跨流域调水的水量水质监测工作，组织协调流域地下水监测工作；发布流域水文水资源信息、情报预报和流域水资源公报。

（6）指导流域内河流、湖泊及河口、海岸滩涂的治理和开发；按照规定权限，负责流域内水利设施、水域及其岸线的管理与保护以及重要水利工程的建设与运行管理；指导流域内所属水利工程移民管理有关工作；负责授权范围内河道范围内建设项目的审查许可及监督管理；负责直管河段及授权河段河道采砂管理，指导、监督流域内河道采砂管理有关工作；指导流域内水利建设市场监督管理工作。

（7）指导、协调流域内水土流失防治工作。组织有关重点防治区水土流失预防、监督与管理；按规定负责有关水土保持中央投资建设项目的实施，指导并监督流域内国家重点水土保持建设项目的实施；受水利部委托，组织编制流域水土保持规划并监督实施，承担国家立项审批的大中型生产建设项目水土保持方案实施的监督检查；组织开展流域水土流失监测、预报和公告。

（8）负责职权范围内水政监察和水行政执法工作，查处水事违法行为；负责省际水事纠纷的调处工作；指导流域内水利安全生产工作，负责流域管理机构内安全生产工作及其直接管理的水利工程质量和安全监督；根据授权，组织、指导流域内水库、水电站大坝等水工程的安全监管；开展流域内中央投资的水利工程建设项目稽查。

（9）按规定指导流域内农村水利及农村水能资源开发有关工作，负责开展水利科技、外事和质量技术监督工作；承办国际河流有关涉外事务；承担有关水利统计工作。

（10）按照规定或授权，负责流域控制性水利工程、跨省（自治区、直辖市）水利工程等中央水利工程的国有资产的运营或监督管理；研究提出直管工程和流域内跨省（自治区、直辖市）水利工程供水价格及直管工程上网电价核定与调整的建议。

（11）承办水利部交办的其他事项。

（二）编制与机构设置

根据水利部《关于印发松辽水利委员会主要职责机构设置和人员编制规定的通知》（水人事〔2009〕647号），松辽水利委员会事业编制总数为795名，其中行政执行人员编制280名，公益事业人员编制515名；委领导职数7名，委机关内设机构处级领导职数44名（含副总工程师3名），松辽流域水资源保护局领导职数3名，委属二级事业单位领导职数30名，其中副局级领导职数1名，处级领导职数29名。

2012年4月，根据水利部《关于松辽水利委员会设立农村水利机构有关事项的通知》（水人事〔2012〕145号），松辽委成立农村水利处，核增2名处级领导职数。

2018年11月，根据《水利部人事司关于明确部分部属事业单位机构编制事项的通知》（人事机函〔2018〕9号），松辽水利委员会编制调整为785名（其中行政执行人员编制280名，公益事业人员编制505名）。

2019年3月，根据《水利部人事司关于调整松辽水利委员会机关内设机构的通知》（人事机〔2019〕10号），结合机构改革情况和实际工作需要，对松辽委内设机构予以调整，调整后委机关设14个职能处（室）和直属机关党委、松辽工会，委机关内设机构领导职数在现状基础上增加6名（2正4副）。

2019年5月，根据《中央编办关于生态环境部流域生态环境监督管理局事业单位机构编制的批复》（中央编办复字〔2019〕38号），撤销松辽流域水资源保护局。

根据《水利部关于印发松辽水利委员会主要职责机构设置和人员编制规定的通知》（水人事〔2009〕647号），松辽委机关设13个内设机构：办公室、规划计划处、水政与安全监督处（水政监察总队）、水资源处、财务处、人事处、国际河流与科技处、建设与管理处、水土保持处、防汛抗旱办公室、监察处、审计处（与监察处合署办公）、离退休职工管理处，以及直属机关党委、松辽工会（中国农林水利工会松辽委员会）（与直属机关党委合署办公）。

2012年4月，根据水利部《关于松辽水利委员会设立农村水利机构有关事项的通知》（水人事〔2012〕145号），松辽委成立农村水利处，并印发了农村水利处的主要职责、内设科室及人员编制。

2015年10月，水利部党组印发《中共水利部党组关于在淮河水利委员会等五个流域管理机构全面实施纪检监察机构直接管理的通知》（水党〔2015〕41号），决定将松辽委纪检监察机构由所在单位党组领导调整为水利部党组直接领导，工作上接受中央纪委驻水利部纪检组、监察部驻水利部监察局的指导。松辽委纪检组组长担任松辽委党组成员，并参加松辽委有关行政领导会议，纪检组副组长列席松辽委有关行政领导会议。

2019年1月，根据《水利部人事司关于明确松辽水利委员会监督机构及支撑单位的通知》（人事机〔2018〕12号），松辽委成立监督处，水政与安全监督处职责内的有关工作暂由监督处负责。

2019年3月，根据《水利部人事司关于调整松辽水利委员会机关内设机构的通知》（人事机〔2019〕10号），结合机构改革情况和实际工作需要，对松辽委内设机构予以调整，调整后委机关设14个内设机构和直属机关党委、松辽工会（中国农林水利气象工会松辽委员会）（与直属机关党委合署办公），内设机构有办公室、规划计划处、政策法规处（水政监察总队）、财务处（审计处）、人事处、水资源管理处、水资源节约与保护处、建设与运行管理处、河湖管理处、水土保持处（农村水利水电处）、监督处、水旱灾害防御处、国际合作与科技处、离退休职工管理处。

2019年9月，根据《中共水利部党组关于规范部党组直接管理的流域管理机构纪检监察机构名称等有关事项的通知》（水党〔2019〕86号），决定将直接管理机构的名称由"中共水利部松辽水利委员会纪检组，水利部松辽水利委员会监察局"改为"中共水利部松辽水利委员会纪检组"。

（三）松辽委领导任免

2009 年 7 月，水利部党组免去栾卫国的水利部松辽水利委员会党组成员、纪检组组长职务（部党任〔2009〕23 号）。

2009 年 11 月，水利部党组任命刘明为水利部松辽水利委员会纪律检查组组长，任命赵万智为水利部松辽水利委员会党组成员（部党任〔2009〕34 号），任命赵万智为水利部松辽水利委员会副主任（部任〔2009〕74 号）。

2012 年 7 月，水利部党组任命郑沛溟为水利部松辽水利委员会总工程师，免去朱振家兼任的水利部松辽水利委员会总工程师职务（部任〔2012〕31 号）。

2014 年 10 月，水利部党组免去刘明的水利部松辽水利委员会副主任职务（部任〔2014〕50 号）。

2015 年 2 月，水利部党组任命马铁民为水利部松辽水利委员会党组成员（部党任〔2015〕3 号），任命马铁民为水利部松辽水利委员会副主任（部任〔2015〕1 号）。

2015 年 3 月，水利部党组任命齐玉亮为水利部松辽水利委员会党组副书记（部党任〔2015〕13 号）。

2015 年 4 月，水利部党组任命陈明为水利部松辽水利委员会党组成员、松辽流域水资源保护局委员会书记（部党任〔2015〕22 号）。

2015 年 12 月，水利部党组任命齐玉亮为水利部松辽水利委员会党组书记，免去党连文的水利部松辽水利委员会党组书记职务（部党任〔2015〕57 号），任命齐玉亮为水利部松辽水利委员会主任，免去党连文的水利部松辽水利委员会主任职务（部任〔2015〕81 号）。

2016 年 3 月，水利部党组任命任红梅为水利部松辽水利委员会纪检组组长（监察局局长）、党组成员（部党任〔2016〕23 号）。

2017 年 1 月，水利部党组任命陈明为水利部松辽水利委员会副主任，免去王福庆的水利部松辽水利委员会副主任职务（部任〔2017〕12 号）。

2017 年 8 月，水利部党组免去朱振家的水利部松辽水利委员会党组成员职务（部党任〔2017〕59 号），免去朱振家的松辽水利委员会副主任职务（部任〔2017〕84 号）。

2017 年 9 月，水利部党组任命廉茂庆为水利部松辽水利委员会党组成员（部党任〔2017〕69 号），任命廉茂庆为水利部松辽水利委员会副主任（部任〔2017〕104 号）。

2019 年 6 月，水利部党组免去陈明的水利部松辽水利委员会党组成员职务（部党任〔2019〕38 号），免去陈明的水利部松辽水利委员会副主任职务（部任〔2019〕67 号）。

2019 年 8 月，水利部党组任命张延坤为水利部松辽水利委员会党组成员（部党任〔2019〕47 号），任命张延坤为水利部松辽水利委员会副主任（部任〔2019〕85 号）。

2020 年 8 月，水利部党组免去王福庆的水利部松辽水利委员会党组成员职务（部党任〔2020〕52 号）。

2020 年 11 月，水利部党组免去李金祥的水利部松辽水利委员会党组成员职务（部党任〔2020〕82 号），免去李金祥的水利部松辽水利委员会副主任职务，免去郑沛溟的水利部松辽水利委员会总工程师职务（部任〔2020〕122 号）。

2020 年 12 月，水利部党组免去任红梅的水利部松辽水利委员会党组成员职务（部党任〔2020〕101 号），免去任红梅的水利部松辽水利委员会纪检组组长职务（部党任〔2020〕100 号）。

2020 年 12 月，水利部党组任命安鹏为水利部松辽水利委员会党组成员（部党任〔2021〕5 号），任命安鹏为水利部松辽水利委员会纪检组组长（部党任〔2021〕4 号）。

2021 年 12 月，水利部党组免去赵万智的水利部松辽水利委员会党组成员职务（部党任〔2021〕96 号），免去赵万智的水利部松辽水利委员会副主任职务（部任〔2021〕126 号）。

水利部松辽水利委员会领导任免表（2009 年 1 月—2021 年 12 月）见表 2。

表2　　　　　　水利部松辽水利委员会领导任免表（2009年1月—2021年12月）

机构名称	姓　名	职　务	任免时间	备　注
水利部松辽水利委员会	齐玉亮	党组成员、副主任	继任—2015年3月	
		党组副书记、副主任	2015年3—12月	
		党组书记、主任	2015年12月—	
	党连文	党组书记、主任	继任—2015年12月	
	栾卫国	党组成员、纪检组组长	继任—2009年7月	
	王福庆	党组成员、副主任	继任—2017年1月	
		党组成员、巡视员	2017年2月—2020年8月	
	刘　明	党组成员、副主任	继任—2014年10月	
	朱振家	党组成员、总工程师	继任—2012年7月	
		党组成员、副主任	继任—2017年8月	2017年8月，任嫩江尼尔基水利水电有限责任公司董事长
	李金祥	党组成员、副主任	继任—2020年11月	2019年12月，晋升为一级巡视员
	赵万智	党组成员、副主任	2009年11月—2021年12月	2019年12月，晋升为一级巡视员
	马铁民	党组成员、副主任	2015年2月—	
	陈　明	党组成员	2015年4月—2019年6月	2015年4月—2019年6月，任松辽流域水资源保护局局长（正司级）
		副主任	2017年1月—2019年6月	
	任红梅	党组成员、纪检组组长	2016年3月—2020年12月	
	廉茂庆	党组成员、副主任	2017年9月—	
	张延坤	党组成员、副主任	2019年8月—	
	安　鹏	党组成员、纪检组组长	2020年12月—	
	郑沛溟	总工程师	2012年7月—2020年11月	2019年12月，晋升为一级巡视员

（四）松辽委单列机构及委直属企事业单位

（1）松辽委单列机构：松辽流域水资源保护局（正局级）。

2019年5月，根据《中央编办关于生态环境部流域生态环境监督管理局事业单位机构编制的批复》（中央编办复字〔2019〕38号），撤销松辽流域水资源保护局。

（2）松辽委直属事业单位：水文局（信息中心）（副局级）、察尔森水库管理局（正处级）、流域规划与政策研究中心（正处级）、移民开发中心（正处级）、松辽流域水土保持监测中心站（正处级）、水利工程建设管理站（正处级）、综合服务中心（正处级）、综合管理中心（正处级）。

2019年1月，根据《水利部人事司关于明确松辽水利委员会监督机构及支撑单位的通知》（人事机〔2018〕12号），在原松辽水利委员会水利工程建设管理站的基础上，改造组建松辽水利委员会河湖保护与建设运行安全中心。

（3）松辽委委属企业单位：吉林松辽水资源开发有限责任公司、松辽水利水电开发有限责任公司、吉林松辽工程监理有限公司、吉林松辽工程招标有限公司、嫩江尼尔基水利水电有限责任公司。

2010年11月，吉林松辽工程监理监测咨询有限公司第六届第一次股东大会决议通过，吉林松辽工程监理有限公司变更为吉林松辽工程监理监测咨询有限公司。

2017年4月，吉林松辽工程招标有限公司第十二届第五次股东会议决议通过，吉林松辽工程招标有限公司被吉林松辽工程监理监测咨询有限公司合并吸收。

水利部松辽水利委员会机构图（2021年）如图2所示。

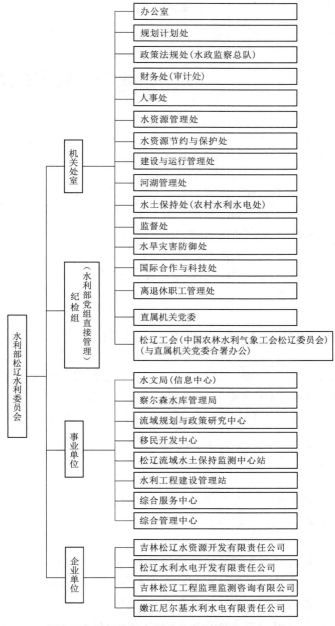

图 2　水利部松辽水利委员会机构图（2021 年）

执笔人：杨春晖　李晓楠　李培杰
审核人：廉茂庆　翟天夫　李应硕

水利部太湖流域管理局

　　水利部太湖流域管理局（以下简称"太湖局"）（正局级）是水利部派出的流域管理机构，在太湖流域、钱塘江流域和浙江省、福建省（韩江流域除外）区域内依法行使水行政管理职责，为具有行政职能的事业单位。太湖局经历了由水利电力部领导和由水利部领导两个时期：1984年12月—1988年4月由水利电力部领导；1988年4月起由水利部领导。

　　2001年以来，太湖局组织沿革划分为以下两个阶段：2001年1月—2008年12月，2009年1月—2021年12月。

一、第一阶段（2001年1月—2008年12月）

　　2002年8月，水利部以《关于印发〈太湖流域管理局主要职责、机构设置和人员编制规定〉的通知》（水人教〔2002〕323号），明确太湖局是水利部在太湖流域、钱塘江流域和浙江省、福建省（韩江流域除外）区域内（以下简称"流域内"）的派出机构，代表水利部行使所在流域内的水行政主管职责，为具有行政职能的事业单位。

（一）主要职责

　　（1）负责《中华人民共和国水法》等有关法律法规的实施和监督检查，拟定流域性的水利政策法规；负责职权范围内的水行政执法、水政监察、水行政复议工作，查处水事违法行为；负责省际水事纠纷的调处工作。

　　（2）组织编制流域综合规划及有关的专业或专项规划并负责监督实施；组织开展具有流域控制性的水利项目、跨省（自治区、直辖市）重要水利项目等中央水利项目的前期工作；按照授权，对地方大中型水利项目的前期工作进行技术审查；编制和下达流域内中央水利项目的年度投资计划。

　　（3）统一管理流域水资源（包括地表水和地下水）。负责组织流域水资源调查评价；组织拟定流域内省际水量分配方案和年度调度计划以及旱情紧急情况下的水量调度预案，实施水量统一调度；组织或指导流域内有关重大建设项目的水资源论证工作；在授权范围内组织实施取水许可制度；指导流域内地方节约用水工作；组织或协调流域主要河流、河段的水文工作，指导流域内地方水文工作；发布流域水资源公报。

　　（4）根据国务院确定的部门职责分工，负责流域水资源保护工作，组织水功能区的划分和向饮用水水源保护区等水域排污的控制；审定水域纳污能力，提出限制排污总量的意见；负责省（自治区、直辖市）界水体、重要水域和直管江河湖库及跨流域调水的水量和水质监测工作。

　　（5）组织制定或参与制定流域防御洪水方案并负责监督实施；按照规定和授权对重要的水利工程实施防汛抗旱调度；指导、协调、监督流域防汛抗旱工作；指导、监督流域内蓄滞洪区的管理和运用补偿工作；组织或指导流域内有关重大建设项目的防洪论证工作；负责流域防汛指挥部办公室的有关工作。

（6）指导流域内河流、湖泊及河口、海岸滩涂的治理和开发；负责授权范围内的河段、河道、堤防、岸线及重要水工程的管理、保护和河道管理范围内建设项目的审查许可；指导流域内水利设施的安全监管；按照规定或授权，负责具有流域控制性的水利项目、跨省（自治区、直辖市）重要水利项目等中央水利项目的建设与管理，组建项目法人；负责对中央投资的水利工程的建设和除险加固进行检查监督，监管水利建筑市场。

（7）组织实施流域水土保持生态建设重点区水土流失的预防、监督与治理；组织流域水土保持动态监测；指导流域内地方水土保持生态建设工作。

（8）按照规定或授权，负责具有流域控制性的水利工程、跨省（自治区、直辖市）水利工程等中央水利工程的国有资产的运营或监督管理；拟定直管工程的水价电价以及其他有关收费项目的立项、调整方案；负责流域内中央水利项目资金的使用、稽查、检查和监督。

（9）承办水利部交办的其他事项。

（二）机构设置及变化情况

根据 2002 年 8 月水利部批复的"三定"方案，太湖局的机构设置包括局机关处室 10 个、单列机构 1 个、局属事业单位 6 个。

太湖局机关处室有办公室、规划计划处、水政水资源处（水土保持处、水政监察总队）、财务经济处、人事劳动教育处、建设与管理处（水利部水利工程质量监督总站太湖流域分站）、防汛抗旱办公室（水文处）、监察处、审计处（与监察处合署办公）、直属机关党总支（含机关工会）。

单列机构为太湖流域水资源保护局（副局级）。

太湖局局属事业单位有太湖水利发展研究中心（正处级）、太湖局综合事业发展中心（正处级）、太湖局苏州管理局（正处级）、太湖局水文水资源监测局（正处级）、太湖流域管理局苏州培训中心（正处级）、太湖流域管理局太湖流域水土保持监测中心站（正处级）。

2002 年，太湖局事业编制总数为 330 名，其中行政执行人员编制 120 名，公益事业人员编制 210 名。至 2002 年年底，太湖局局机关及局属事业单位在职在编职工人数为 132 名。

在 2002 年"三定"方案出台前后，太湖局对内设机构及局属单位进行了多次调整，主要调整情况如下：

2001 年 4 月，水利部决定在各流域成立水政监察总队，作为流域机构实施水行政执法的专职队伍，开展水行政执法工作。9 月，太湖局党组成立苏州管理处水政监察支队、太湖监测管理处水政监察支队。

2001 年 6 月，水利部、上海市人民政府以会议纪要明确上海勘测设计研究院正式划归上海市管理。8 月，根据水利部《关于划转水利部上海勘测设计研究院办公楼部分产权的通知》（水经调〔2000〕435 号），太湖局与上海勘测设计院签订了办公楼产权划分协议，将上海市逸仙路 388 号 9～10 楼约 1736 平方米房屋产权从上海勘测设计院划归太湖局。

2001 年 11 月，太湖局将水政水资源处（规划处）的职能调整到计划基建处，太湖局将水利部苏州培训中心交由苏州管理处管理。

2002 年 4 月，中央机构编制委员会办公室印发《关于印发〈水利部派出的流域机构的主要职责、机构设置和人员编制调整方案〉的通知》（中编办〔2002〕39 号），明确太湖流域水资源保护局为太湖局的单列机构，不再由水利部和国家环境局双重领导。

2002 年 8 月，太湖局印发关于开展水利发展研究中心 综合事业发展中心筹建工作的通知，决定由林泽新负责水利发展研究中心筹建工作，欧炎伦负责综合事业发展中心筹建工作。

2002 年 9 月，太湖局印发太湖流域水资源保护局主要职责、机构设置和人员编制规定，明确其为单列机构；分别印发水利发展研究中心、综合事业发展中心主要职责、机构设置和人员编制规定，明确其为太湖局直属事业单位。

2002 年 11 月，太湖局印发苏州管理局主要职责、机构设置和人员编制规定，明确其为太湖局直属事业单位；印发太湖局水文水资源监测局主要职责、机构设置和人员编制规定，明确其为太湖局的直属事业单位，其下属直属机构太湖流域水环境监测中心为副处级机构；印发太湖局苏州培训中心主要职责、机构设置和人员编制规定，明确其为太湖局的直属事业单位。

2003 年 6 月，人事部批准同意水利部 7 个流域机构各级机关列入依照国家公务员制度管理的范围。

2003 年 9 月，中共上海市建设和管理工作委员会批复同意太湖局直属机关党总支改为局直属机关党委。

2003 年 10 月，太湖流域防汛调度中心举行启用仪式，标志着太湖局从此拥有了属于自己的独立办公场所，局址为纪念路 480 号。

2003 年 12 月，太湖局印发太湖局水政监察总队主要职责、机构设置和人员编制规定；成立太湖局水政监察总队，办公室设在水政水资源处，承担总队的日常工作。

2004 年 1 月 1 日起，流域机构各级机关依照国家公务员制度管理执行。自 2004 年 8 月，水利部正式批复太湖局孙继昌等 63 人转为依照国家公务员制度管理的人员。

2005 年 1 月，中国农林水利工会全国委员会批复同意太湖局设立中国农林水利工会太湖委员会。中国农林水利工会太湖委员会负责全局工会工作，组织关系挂靠在上海市建设和交通工作委员会。

2005 年 4 月，太湖局同意水文水资源监测局开展水文水政监察大队和水资源水政监察大队筹备工作。

2006 年 1 月，太湖局解散上海铁城饭店。2006 年 8 月，人事部批准水利部 7 个流域机构各级机关参照公务员法进行管理。

2006 年 9 月，太湖局将水利部水利工程质量管理监督总站太湖流域分站更名为水利部水利工程建设质量与安全监督总站太湖流域分站，并明确其职能及领导成员。

2006 年 11 月，水利部同意太湖局人事劳动教育处增挂科技外事处牌子。

水利部太湖流域管理局机构图（2008 年）如图 1 所示。

（三）太湖局领导任免

2001 年 4 月，太湖局党组免去唐胜德水利部上海勘测设计研究院党委书记职务。8 月，水利部党组任命房玲娣为太湖局党组成员；太湖局党组任命房玲娣为水利部、国家环保总局太湖流域水资源保护局局长（副局级）；水利部批准唐胜德退休。

2002 年 5 月，水利部党组免去吴泰来的太湖党组成员职务、副局长、总工程师职务；水利部批准吴泰来退休。6 月，太湖局党组任命房玲娣兼任太湖局职工技术协会主任，免去吴泰来兼任的太湖局职工技术协会副主任职务。8 月，水利部党组任命刘春生为太湖局党组书记，任命林泽新为太湖局党组成员、总工程师。

2003 年 2 月，水利部党组免去王道根的太湖局党组成员、纪检组长职务、副局长职务（副局级不变）。3 月，水利部党组任命孙继昌为太湖局党组书记、局长；免去刘春生的太湖局党组书记、局长职务。9 月，水利部党组任命吴浩云为太湖局党组成员、副局长。

2004 年 8 月，水利部任命林泽新为太湖局副局长。12 月，水利部党组任命吴浩云为太湖局党组纪检组组长，任命唐坚为太湖局助理巡视员。

2005 年 6 月，水利部党组任命叶建春为太湖局党组书记、局长，免去孙继昌的太湖局党组书记、

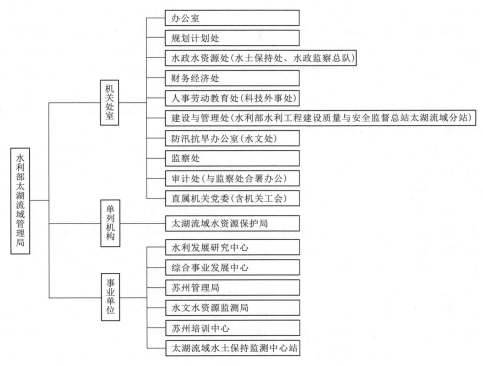

图 1　水利部太湖流域管理局机构图（2008 年）

局长职务。12 月，中国农林水利工会同意房玲娣兼任第一届中国农林水利工会太湖委员会主席。

2006 年 2 月，水利部批准王道根退休。3 月，水利部党组免去欧炎伦的太湖局党组成员、副局长职务。7 月，水利部党组任命朱威为太湖局党组成员、副局长。9 月，太湖局任命叶寿仁为局直属机关党委委员、书记，免去欧炎伦局直属机关党委委员、书记职务；水利部批准欧炎伦退休。11 月，水利部党组免去房玲娣的太湖局党组成员职务。

2007 年 1 月，太湖局党组免去房玲娣太湖流域水资源保护局局长职务；水利部批准房玲娣退休。3 月，水利部同意朱威兼任太湖流域水资源保护局局长。5 月，上海建设和交通工作委员会批准同意唐坚在中国农林水利工会太湖委员会主席，房玲娣不再担任中国农林水利工会太湖委员会主席职务。7 月，太湖局党组决定唐坚兼任太湖局职工技术协会主任，免去房玲娣兼任的太湖局职工技术协会主任职务。

2008 年 9 月，水利部任命叶寿仁为太湖局巡视员。

二、第二阶段（2009 年 1 月—2021 年 12 月）

2009 年 12 月，水利部以《关于印发〈太湖流域管理局主要职责机构设置和人员编制规定〉的通知》（水人事〔2009〕648 号）明确太湖局为水利部派出的流域管理机构，在太湖流域、钱塘江流域和浙江省、福建省（韩江流域除外）区域内依法行使水行政管理职责，为具有行政职能的事业单位。

（一）主要职责

（1）负责保障流域水资源的合理开发利用。受水利部委托，组织编制流域或流域内跨省（自治区、直辖市）的江河湖泊的流域综合规划及有关的专业或专项规划并监督实施；拟定流域性的水利政策法规；组织开展流域控制性水利项目、跨省（自治区、直辖市）重要水利项目与中央水利项目的前期工作；根据授权，负责流域内有关规划和中央水利项目的审查、审批以及有关水工程项目的合规性审查；对地方大中型水利项目进行技术审核；负责提出流域内中央水利项目、水利前期工作、直属基础设施项目的年度投资计划并组织实施；组织、指导流域内有关水利规划和建设项目的后评估工作。

（2）负责流域水资源的管理和监督，统筹协调流域生活、生产和生态用水。组织开展流域水资源调查评价工作；按规定开展流域水能资源调查评价工作；按照规定和授权，组织拟定流域内省际水量分配方案和流域年度水资源调度计划以及旱情紧急情况下的水量调度预案并组织实施，组织开展流域取水许可总量控制工作，组织实施流域取水许可和水资源论证等制度，按规定组织开展流域和流域重要水工程的水资源调度。

（3）负责流域水资源保护工作。组织编制流域水资源保护规划，组织拟定跨省（自治区、直辖市）江河湖泊的水功能区划并监督实施，核定水域纳污能力，提出限制排污总量意见，负责授权范围内入河排污口设置的审查许可；负责省（自治区、直辖市）界水体、重要水功能区和重要入河排污口水质状况监测；指导协调流域饮用水水源保护、地下水开发利用和保护工作；组织开展太湖流域水环境综合治理有关工作；指导流域内地方节约用水和节水型社会建设有关工作。

（4）负责防治流域内的水旱灾害，承担流域防汛抗旱总指挥部的具体工作。组织、协调、监督、指导流域防汛抗旱工作，指导、协调并监督防御台风工作。按照规定和授权，对重要的水工程实施防汛抗旱调度和应急水量调度；组织实施流域防洪论证制度；组织制定流域防御洪水方案并监督实施；指导、监督流域内蓄滞洪区的管理和运用补偿工作；按规定组织、协调水利突发公共事件的应急管理工作。

（5）指导流域内水文工作。按照规定和授权，负责流域水文水资源监测和水文站网的建设和管理工作；负责流域重要水域、直管江河湖库及跨流域调水的水量水质监测工作，组织协调流域地下水监测工作；发布流域水文水资源信息、情报预报和流域水资源公报。

（6）指导流域内河流、湖泊及河口、海岸滩涂的治理和开发；按照规定权限，负责流域内水利设施、水域及其岸线的管理与保护以及重要水利工程的建设与运行管理；指导和协调流域内所属水利工程移民管理有关工作；负责授权范围内河道范围内建设项目的审查许可及监督管理；负责直管河段及授权河段河道采砂管理，指导、监督流域内河道采砂管理有关工作；指导流域内水利建设市场监督管理工作。

（7）指导、协调流域内水土流失防治工作。组织有关重点防治区水土流失预防、监督与管理；按规定负责有关水土保持中央投资建设项目的实施，指导并监督流域内国家重点水土保持建设项目的实施；受水利部委托，组织编制流域水土保持规划并监督实施，承担国家立项审批的大中型生产建设项目水土保持方案实施的监督检查；组织开展流域水土流失监测、预报和公告。

（8）负责职权范围内水政监察和水行政执法工作，查处水事违法行为；负责省际水事纠纷的调处工作；指导流域内水利安全生产工作，负责流域管理机构内安全生产工作及其直接管理的水利工程质量和安全监督；根据授权，组织、指导流域内水库、水电站大坝等水工程的安全监督；开展流域内中央投资的水利工程建设项目稽查。

（9）按规定指导流域内农村水利及农村水能资源开发有关工作。负责开展水利科技、外事和质量技术监督工作；承担有关水利统计工作。

（10）按照规定或授权，负责流域控制性水利工程、跨省（自治区、直辖市）水利工程等中央水利工程的国有资产的运营或监督管理；研究提出直管工程和流域内跨省（自治区、直辖市）水利工程供水价格及直管工程上网电价核定与调整的建议。

（11）承办水利部交办的其他事项。

（二）机构设置及变化情况

2009 年 12 月 31 日，水利部以"三定"方案批复太湖局的机构设置，包括局机关处室 12 个、单列机构 1 个、局属事业单位 6 个。

局机关有办公室、规划计划处、水政水资源处（水土保持处、水政监察总队）、财务处、人事处（科技外事处）、建设与管理处、安全监督处、防汛抗旱办公室、监察处、审计处（与监察处合署办公）、直属机关党委、太湖工会（中国农林水利工会太湖委员会）（与直属机关党委合署办公）。

太湖局单列机构为太湖流域水资源保护局（副局级）。

太湖局局属事业单位为太湖局水文局（信息中心）（副局级）、太湖局水利发展研究中心（正处级）、太湖局综合事业发展中心（正处级）、太湖局苏州管理局（正处级）、太湖局苏州培训中心（正处级）、太湖局太湖流域水土保持监测中心站（正处级）。

2009 年，太湖局编制总数为 330 名，其中行政执行人员编制 120 名，公益事业人员编制 210 名。

机构设置实际情况包括局机关处室 10 个、单列机构 1 个、局属事业单位 6 个和企业单位 4 个。至 2009 年年底，太湖局局机关及局属事业单位在职在编职工人数 185 人。

太湖局机关有办公室、规划计划处、水政水资源处（水土保持处、水政监察总队）、财务经济处、人事劳动教育处、建设与管理处（水利部水利工程建设质量与安全监督总站太湖流域分站）、防汛抗旱办公室（水文处）、监察审计处、直属机关党委（含机关工会）。

太湖局单列机构为太湖流域水资源保护局（副局级）。

太湖局属事业单位有太湖局水利发展研究中心（正处级）、太湖局综合事业发展中心（正处级）、太湖局苏州管理局（正处级）、太湖局水文水资源监测局（正处级）、太湖局苏州培训中心（正处级）、太湖局太湖流域水土保持监测中心站（正处级）。

在 2009 年"三定"方案出台前后，太湖局对内设机构及下属单位进行了多次调整，主要调整情况如下：

2009 年 3 月，国家防总批复成立太湖流域防汛抗旱总指挥部，由江苏省省长担任总指挥，江苏省、浙江省、上海市、福建省、安徽省副省（市）长和原南京军区副参谋长担任副总指挥，太湖局局长担任常务副总指挥。太湖流域防汛抗旱总指挥部办公室设在太湖局。

2009 年 7 月，太湖局印发太湖流域水土保持监测中心站主要职责、机构设置和人员编制规定，明确其为太湖局直属事业单位。

2009 年 8 月，太湖局在沪事业单位水利发展研究中心和综合事业发展中心迁入防汛调度中心西邻的荣振大厦，办公条件得到改善。

2011 年 2 月，水利部人事司批复同意太湖局成立科技外事处，不再与人事处一套班子、两块牌子，监察处与审计处实行一套班子、两块牌子。

2011 年 9 月，太湖局印发太湖局水利发展研究中心、太湖局综合事业发展中心、太湖局太湖流域水土保护监测中心站、太湖局苏州管理局、太湖局苏州培训中心主要职责、机构设置和人员编制。

2011 年 10 月，太湖局印发太湖局水文局（信息中心）主要职责、机构设置及人员编制，明确其为太湖局副局级直属事业单位。同月，太湖局印发太湖流域及水资源监测局（太湖流域及环境监测中心）主要职责机构设置及人员编制。

2012 年 1 月，水利部印发太湖流域水资源保护局主要职责、机构设置和人员编制。

2012 年 3 月，太湖局决定将太湖局水文水资源监测局变更为太湖局水文局（信息中心）。11 月，太湖局决定将太湖流域水文水资源监测局（太湖流域水环境监测中心）更名为太湖流域水文水资源监测中心（太湖流域水环境监测中心）。

2012年4月，水利部印发《关于太湖流域管理局设立农村水利机构有关事项的通知》，决定在水政水资源处加挂农村水利处牌子。

2012年5月，太湖局决定在水政水资源处加挂农村水利处牌子，增加水政水资源处农村水利工作职责。

2012年11月，水利部人事司批复同意太湖局人事处加挂离退休职工管理处牌子。

2012年年底，太湖局机构设置包括局机关处室12个、单列机构1个、局属事业单位6个、局属企业4个。

太湖局机关有办公室、规划计划处、水政水资源处（水土保持处、农村水利处、水政监察总队）、财务处、人事处（离退休职工管理处）、建设与管理处、安全监督处、科技外事处、防汛抗旱办公室、监察处（审计处）、直属机关党委、中国农林水利工会太湖委员会（与直属机关党委合署办公）。

太湖局单列机构为太湖流域水资源保护局（副局级）。

太湖局局属事业单位有太湖局水文局（信息中心）（副局级）、太湖局水利发展研究中心（正处级）、太湖局综合事业发展中心（正处级）、太湖局苏州管理局（正处级）、太湖局苏州培训中心（正处级）、太湖局太湖流域水土保持监测中心站（正处级）。

2015年10月，水利部党组印发《关于在淮河水利委员会等五个流域管理机构全面实施纪检监察机构直接管理的通知》，决定将太湖流域管理局纪检监察机构由太湖局党组领导调整为水利部党组直接领导，名称统一为"中共水利部太湖流域管理局纪检组，水利部太湖流域管理局监察局"（简称"水利部太湖流域管理局纪检组监察局"），实行一套班子、两块牌子，合署办公。

2016年4月，水利部人事司印发《关于太湖流域管理局机构编制调整的通知》，同意太湖局审计处与财务处合署办公，水政水资源处（水土保持处、农村水利处、水政监察总队）分设为水政水资源处（水政监察总队）和水土保持处（农村水利处）。

2016年11月，太湖局印发《关于同意苏州管理局增设直属机构的批复》，同意苏州管理局增设直属机构太湖水事管理中心（太湖流域管理局直属苏州管理局太湖水政监察大队）。

2016年年底，太湖局机构设置包括局机关处室12个、纪检组监察局、单列机构1个、局属事业单位6个、局属企业4个。

太湖局局机关有办公室、规划计划处、水政水资源处（水政监察总队）、财务处（审计处）、人事处（离退休职工管理处）、建设与管理处、水土保持处（农村水利处）、安全监督处、科技外事处、防汛抗旱办公室，党团机关为直属机关党委、中国农林水利工会太湖委员会（与直属机关党委合署办公）。

太湖局单列机构为太湖流域水资源保护局（副局级）。

太湖局局属事业单位有太湖局水文局（信息中心）（副局级）、太湖局水利发展研究中心（正处级）、太湖局综合事业发展中心（正处级）、太湖局苏州管理局（正处级）、太湖局苏州培训中心（正处级）、太湖局太湖流域水土保持监测中心站（正处级）。

2018年11月，水利部人事司印发《关于明确部分部属事业单位机构编制事项的通知》，根据《中央编办关于水利部所属事业单位机构编制调整的批复》（中央编办复字〔2018〕125号），太湖局编制调整为325名（其中行政执行人员编制120名，公益事业人员编制205名）。

2018年12月，水利部人事司印发《关于明确太湖流域管理局监督机构及支撑单位的通知》，同意在太湖局设立监督处，并在太湖流域管理局苏州管理局加挂河湖保护与建设运行安全中心牌子作为水利监督工作的支撑单位。

2019年3月，水利部人事司印发《关于调整太湖流域管理局机关内设机构的通知》，根据机构改革情况和实际工作需要，对太湖局机关内设机构予以调整，调整后太湖局机关内设处室15个处室。

太湖局机关内设处室有办公室、规划计划处、政策法规处（水政监察总队）、财务处（审计处）、人事处（离退休职工管理处）、水资源管理处、水资源节约与保护处、建设与运行管理处、河湖管理处、水土保持处（农村水利水电处）、监督处、水旱灾害防御处、国际合作与科技处，以及直属机关党委、太湖工会（中国农林水利气象工会太湖委员会）（与直属机关党委合署办公）。

2019年5月，水利部人事司和生态环境部行政体制与人事司印发《关于做好流域水资源保护局转隶工作的通知》，要求尽快沟通对接协调，做好太湖流域水资源保护局转隶工作。

2019年9月，水利部党组印发《关于规范部党组直接管理的流域管理机构纪检监察机构名称等有关事项的通知》，决定将直接管理机构的名称由"中共水利部太湖流域管理局纪检组，水利部太湖流域管理局监察局"改为"中共水利部太湖流域管理局纪检组"。

2021年1月，中国农林水利气象工会全国委员会批复同意中国农林水利工会太湖委员会更名为中国农林水利气象工会太湖委员会。

水利部太湖流域管理局机构图（2021年）如图2所示。

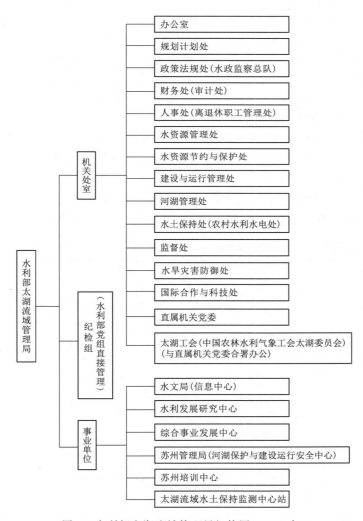

图2　水利部太湖流域管理局机构图（2021年）

（三）太湖局领导任免

2011年5月，水利部任命徐洪为太湖局党组成员、副局长。9月，水利部任命戴甦为太湖局水文局局长（信息中心主任）。11月，水利部人事司批复同意朱威任太湖局直属机关党委书记，免去叶寿仁的太湖局直属机关党委书记职务。

2013年5月，水利部任命徐雪红为太湖流域水资源保护局局长，免去朱威兼任的太湖流域水资源保护局局长职务；免去唐坚的太湖局副巡视员职务。6月，水利部批准唐坚退休。

2014年6月，水利部任命曹正伟为太湖局副巡视员；9月，上海市城乡建设和交通工作委员会批复同意曹正伟任中国农林水利工会太湖委员会主席。

2015年2月，水利部免去叶寿仁的太湖局党组成员、巡视员、副局长职务。3月，水利部任命黄卫良为太湖局党组成员、副局长；水利部任命林泽新为太湖局巡视员，免去其太湖局副局长职务；水利部免去曹正伟的太湖局副巡视员职务；水利部批准叶寿仁退休。4月，水利部批准曹正伟退休。

2016年4月，水利部党组任命朱月明为太湖局纪检组组长（监察局局长）、党组成员，免去吴浩云的太湖局纪检组组长职务；水利部任命吴志平为太湖局副巡视员。6月，水利部任命吴文庆为太湖局党组书记、局长，免去叶建春的太湖局党组书记、局长职务。

2017年5月，水利部党组任命戴甦为太湖局党组成员、副局长。6月，上海市城乡建设和交通工会工作委员会同意吴志平为中国农林水利工会太湖委员会第二届工会委员会委员、主席。9月，水利部党组批复同意戴甦任太湖局直属机关党委书记，朱威不再担任太湖局直属机关党委书记职务。

2018年11月，水利部任命孟庆宇为太湖局水文局（信息中心）局长（主任），免去戴甦的太湖局水文局（信息中心）局长（主任）职务。

2019年6月，水利部确定林泽新的职级为太湖局一级巡视员（正司级），吴志平的职级为太湖局二级巡视员（副司级）。9月，水利部党组任命朱月明为太湖局纪检组组长。12月，水利部晋升吴浩云的职级为太湖局一级巡视员。

2020年10月，水利部免去吴浩云的太湖局党组成员、副局长职务。

水利部太湖流域管理局领导任免表（2001年1月—2021年12月）见表1。

表1　　　　　　　　水利部太湖流域管理局领导任免表（2001年1月—2021年12月）

机构名称	姓名	职务（级别）	任免时间	备注
水利部 太湖流域管理局	刘春生	局长	2000年12月—2003年3月	
		党组书记	2002年8月—2003年3月	
	孙继昌	局长、党组书记	2003年3月—2005年6月	
	叶建春	局长、党组书记	2005年6月—2016年6月	
	吴文庆	局长、党组书记	2016年6月—	
	叶寿仁	副局长	1995年8月—2015年2月	
		巡视员	2008年9月—2015年2月	
	林泽新	总工程师	2002年8月—	
		副局长	2004年8月—2015年3月	
		巡视员	2015年3月—2019年6月	
		一级巡视员（正司级）	2019年6月—	
	吴浩云	副局长	2003年9月—2020年10月	
		一级巡视员	2019年12月—	

续表

机构名称	姓　名	职务（级别）	任　免　时　间	备　注
水利部太湖流域管理局	王道根	副局长	1993 年 8 月—2003 年 2 月	
	吴泰来	副局长、总工程师	1994 年 5 月—2002 年 5 月	
	欧炎伦	副局长	1999 年 12 月—2006 年 3 月	
	朱　威	副局长	2006 年 7 月—	
	徐　洪	副局长	2011 年 5 月—	
	黄卫良	副局长	2015 年 3 月—	
	戴　甦	副局长	2017 年 5 月—	2011 年 9 月—2018 年 11 月任水文局（信息中心）局长（主任）
	唐　坚	助理（副）巡视员	2004 年 12 月—2013 年 5 月	
	曹正伟	副巡视员	2014 年 6 月—2015 年 3 月	
	吴志平	副巡视员	2016 年 4 月—2019 年 6 月	
		二级巡视员（副司级）	2019 年 6 月—	

执笔人：武亚琪　王佩华
审核人：朱月明

水利部综合事业局

水利部综合事业局为水利部直属正局级事业单位。2017年4月，明确事业单位类型为公益二类。

一、主要职责

1. 2021年之前

2000年7月，根据《关于综合事业局"三定"方案的批复》（人教劳〔2000〕39号），综合事业局主要职责是受水利部委托，承担水利科技推广、人才资源开发、水资源管理、水利水电建设与管理、水土保持生态环境建设、利用外资、水利水电机电产品制造、水利多种经营等方面的综合管理和服务工作。具体如下：

（1）承担相关业务的政策、规章的调研及规划的编制工作；承担相关业务技术规程、规范、标准的调研及拟定工作。

（2）负责水利行业重大科技成果管理；组织科技推广与奖励工作；负责水利水电重大装备和技术的研制开发和引进工作；承办水利行业知识产权、科技保密、技术市场等管理工作。

（3）组织实施水利人才资源开发、人才培训和职业技能鉴定工作，负责水利人才国际合作培训项目的实施；承担水利人事劳动工资统计工作；承担水利人才开发服务体系建设、人事代理和人才信息系统建设与管理工作。

（4）承担水利国际经济技术交流与合作工作；承担水利系统利用国际金融组织及外国政府贷款项目的执行管理工作，参与利用外资项目立项审查和前期准备工作；负责水利系统国外智力引进工作；负责水利部机电产品进出口的立项预审、编报计划和监督实施工作；承担水利部出国人员护照和签证办理、外事教育、成果管理等工作。

（5）承办水资源管理、保护、节约的业务工作；负责全国水资源统计工作；开展与水资源管理、保护、节约有关的社会化服务工作。

（6）负责水土保持生态环境监测网络建设与管理工作；负责水土流失生态环境状况普查和动态监测工作；承担水土保持建设咨询与管理工作；承担水土保持方案编制资质、监测资质的审查和管理工作。

（7）承担水利水电建设项目监管和工程质量监督有关业务工作；承办水利水电建设与管理发展战略研究工作；承担水利水电建设与管理资质及从业人员执业资格评审的业务工作；承担全国水利水电工程安全管理业务工作。

（8）负责水利水电机电产品质量监督管理和发放水利水电机电产品生产（使用）许可证工作；负责机电设备监造工程师执业资格管理工作；负责水利水电机电新产品鉴定及推广工作。

（9）承担水利部委托的国有资产、股权及收益管理工作，并行使出资人权利；受水利部委托管理有关资金；负责拟定有关资产运营方案并组织实施；负责水利系统技术改造项目的评审和咨询工作。

（10）承担水利系统多种经营规划编制及行业管理工作；负责本局综合经营开发项目的管理工作。

（11）负责全国沙棘种植示范基地建设工作；承担沙棘资源普查及管理工作；承担沙棘产品科研、开发和咨询工作。

（12）承担水利宣传、展览和音像制作等工作。

（13）开展与综合事业局业务有关的有偿服务及经营活动。

（14）承担水利系统精神文明建设工作。

（15）承办水利部交办的其他事项。

2. 2021 年之后

2021 年 7 月，根据《水利部关于印发水利部综合事业局主要职责、机构设置和人员编制规定的通知》（水人事〔2021〕209 号），综合事业局主要职责如下：

（1）统一管理水利部科技推广中心、水利部人才资源开发中心、水利部国际经济技术合作交流中心、水利部水土保持监测中心和水利部沙棘开发管理中心（水利部水土保持植物开发管理中心）等单位的党建纪检、综合政务、干部人事、财务审计、因公出国（境）、安全生产等综合性工作，组织开展有关技术支撑工作。

（2）承担水利风景区建设与管理的政策、法规、制度、标准的研究、起草、评估等工作，承担国家水利风景区认定与复核有关事务性工作，承担水利风景区宣传、技术交流和人才培训等工作。

（3）承担水利工程启闭机事中事后监管和设计备案的有关技术支撑工作，按照有关规定承担水利机械新产品鉴定、推广以及水工金属结构防腐蚀单位专业能力评定工作。

（4）组织实施水工金属结构产品质量检测和安全评价有关工作，组织开展水利产品质量标准研究和水利施工机械研发有关工作。

（5）按照规定或授权，负责有关国有资产、股权及收益的管理与监督工作，并行使出资人权利。

（6）受水利部委托，承担有关代管（挂靠）单位的管理工作。

（7）承办水利部交办的其他工作。

二、编制与机构设置

2000 年 7 月，《关于综合事业局"三定"方案的批复》（人教劳〔2000〕39 号）明确综合事业局内设 8 个职能部门、7 个直属单位，并列入 1 个议事协调机构的办事机构，事业编制合计 283 名。局机关职能部门有办公室、党委办公室（监察处）、人事劳动处、计划财务处（审计处）、资产管理运营处、多种经营管理处、水利机械管理处、水资源处，事业编制 70 名，正副处级领导职数 21 名。直属单位有水利部科技推广中心、水利部人才资源开发中心、水利部国际经济技术合作交流中心、水利部建设与管理总站、水利部水土保持监测中心、水利部沙棘开发管理中心、水利部展览音像制作中心，事业编制 210 名，内设处室 30 个、正副处级领导职数 62 名。议事协调机构为水利部精神文明建设指导委员会办公室（以下简称"文明办"），事业编制 3 名。

2001 年 4 月，《关于印发水利社团机构改革意见的通知》（人教劳〔2001〕18 号）明确中国水利经济研究会（以下简称"水经会"）、中国水利企业协会（以下简称"企协"）、中国水利职工思想政治工作研究会（以下简称"政研会"）为部直管社团，委托政研会代管中国水利文学艺术协会（以下简称"文协"）和中国水利体育协会（以下简称"体协"），以上社团均挂靠在综合事业局。

2001 年 7 月，水利部印发《关于成立水利部水利风景区评审委员会的通知》（水人教〔2001〕271 号），明确水利部水利风景区评审委员会下设办公室，设在综合事业局，具体承担日常工作。

2001 年 8 月，《关于综合事业局办公室加挂外事处牌子的批复》（人教劳〔2001〕51 号）明确在综合事业局办公室加挂外事处牌子，增加外事管理职责。

2001年8月，水利部印发《关于将水利部万家寨工程建设管理局并入水利部综合事业局的通知》（水人教〔2001〕338号），将水利部万家寨工程建设管理局资产、人员等成建制并入水利部综合事业局。

2001年12月，《关于水利部综合事业局增加事业编制的批复》（人教劳〔2001〕67号）同意核增综合事业局事业编制12名，用于挂靠水利社团专职工作人员。

2002年8月，《关于综合事业局机构设置、人员编制调整的批复》（人教劳〔2002〕54号）明确综合事业局机关内设机构由8个调整为9个，具体有办公室（外事处）、党群工作办公室（监察处）、人事劳动教育处、计划处、财务资产处（审计处）、总工程师办公室、多种经营管理处、水利机械管理处、水资源处。7个直属在京单位内设处室由30个减少为29个。综合事业局事业编制合计295名，其中局机关70名，内设机构处级领导职数22名；在京直属单位210名，内设处室领导职数58名；文明办3名，挂靠水利社团12名。展览音像制作中心由事业单位转为企业。

2003年5月，《关于成立综合事业局基建工作办公室的通知》（综人〔2003〕95号）明确成立基建工作办公室临时办事机构，负责综合事业局基建工作。

2003年10月，《关于同意成立水利部水资源管理中心的批复》（人教劳〔2003〕39号）明确水利部水资源管理中心为综合事业局非独立核算事业单位，下设资质管理处、技术管理处、项目咨询处，核定人员编制18名，人员编制和领导职数从综合事业局内部调剂解决，水资源处同时撤销。

2004年3月，水利部印发《关于将北戴河疗养院划转综合事业局管理的通知》（水人教〔2004〕99号），将水利部北戴河疗养院（水利部北戴河培训中心筹建处）划转到综合事业局，保留两块牌子。

2004年4月，水利部印发《关于同意成立中国水利工程管理协会的批复》（水人教〔2004〕121号），同意成立中国水利工程管理协会并挂靠在综合事业局。

2005年4月，《关于同意综合事业局成立发展战略处的批复》（人教劳〔2005〕16号）同意成立发展战略处，主要承担研究拟定综合事业局发展战略并组织实施等相关工作，人员编制和领导职数由内部调剂解决。

2005年7月，《关于明确水利部精神文明建设指导委员会办公室和水利部党风廉政建设领导小组办公室管理体制有关问题的通知》（人教劳〔2005〕42号）明确水利部精神文明建设指导委员会办公室和水利部党风廉政建设领导小组办公室合署办公，一套班子、两块牌子，列在综合事业局，人员编制5名，业务工作由水利部直属机关党委代管。

2005年8月，《关于同意水利部综合开发管理中心实体化运行有关问题的批复》（人教劳〔2005〕48号）明确综合开发管理中心为综合事业局管理的事业单位，核定事业编制18名。

2006年6月，《关于成立水利部北戴河培训中心的批复》（人教劳〔2006〕23号）同意成立水利部北戴河培训中心，与北戴河疗养院一个机构、两块牌子，同时撤销水利部北戴河培训中心筹建处。

2007年4月，水利部印发《关于调整展览音像制作中心管理体制有关事项的通知》（水人教〔2007〕115号），将展览音像制作中心从综合事业局成建制划转中国水利报社管理。

2008年10月，《关于水资源管理中心成立水生态评价处的批复》（人教机〔2008〕20号）同意水资源管理中心成立水生态评价处。

2009年6月，《关于调整水利建设与管理总站部分内设机构的批复》（人事机〔2009〕4号）明确核增水利建设与管理总站处级领导职数1名。

2009年9月，水利部印发《关于成立水利部水利风景区建设与管理领导小组的通知》（水人事〔2009〕485号），决定成立水利部水利风景区建设与管理领导小组，办公室设在综合事业局。

2010年1月，《关于中国水利职工思想政治工作研究会、中国水利文学艺术协会、中国水利体育协会办事机构合署办公有关事项的批复》同意政研会、文协、体协办事机构合署办公。

2010年3月，《关于明确中国水利经济研究会人员机构管理有关事项的通知》（人事机〔2010〕4

号）将水经会的挂靠单位由综合事业局调整为发展研究中心。

2012 年 8 月，水利部印发《关于成立水利部建设管理与质量安全中心的通知》（水人事〔2012〕349 号），明确中国水利工程管理协会挂靠单位由综合事业局调整为水利部建设管理与质量安全中心。

2012 年 11 月，《水利部人事司关于综合事业局内设机构调整的批复》（人事机〔2012〕30 号）同意撤销多种经营管理处，成立景区规划建设处和景区监督与技术处，作为水利部水利风景区建设与管理领导小组办公室的支撑机构，主要承担办公室的日常工作；核增局机关处级领导职数 3 名。

2013 年 3 月，《水利部人事司关于综合事业局及所属事业单位编制调整的通知》（人事机〔2013〕1 号）明确综合事业局事业编制由 70 名增加到 80 名（含水资源管理中心 22 名和水利风景区建设与管理领导小组办公室支撑机构 16 名），人才资源开发中心事业编制由 20 名增加到 25 名，综合开发管理中心事业编制由 18 名增加到 30 名［含政研会和企协各 4 名、文明办（廉政办）5 名］。

2013 年 12 月，《水利部人事司关于综合事业局内设机构调整的批复》（人事机〔2013〕14 号）同意党群工作办公室（监察处）分设为党群工作办公室和监察处，核增处级领导职数 2 名。

2015 年 8 月，《水利部综合事业局关于撤销基建工作办公室的通知》（综人〔2015〕184 号）决定撤销基建工作办公室。

2015 年 12 月，《关于在水资源管理中心增设地下水保护处（非常规水源处）的批复》（人事机〔2015〕12 号）同意撤销发展战略处，在水资源管理中心增设地下水保护处（非常规水源处），核增处级领导职数 1 名。

2017 年 6 月，《关于明确部属事业单位分类意见的通知》（人事机函〔2017〕6 号）明确综合事业局为公益二类事业单位。

2017 年 8 月，《水利部人事司关于综合事业局监察处加挂纪委办公室牌子的批复》（人事机〔2017〕6 号）同意监察处加挂纪委办公室牌子，核增 1 名副处级领导职数。

2017 年 8 月，《中央编办关于设立水利部水资源管理中心等机构编制调整的批复》（中央编办复字〔2017〕237 号）明确设立水利部水资源管理中心，事业编制 24 名，从水利部综合事业局划转；综合事业局机关事业编制由 80 名减少到 56 名。

2017 年 9 月，《水利部办公厅关于拟取消与中国水利企业协会主管关系的通知》（办人事函〔2017〕1156 号）明确待中国水利企业协会脱钩试点实施方案经行业协会商会与行政机关脱钩联合工作组批复并实施后，取消综合事业局与中国水利企业协会的挂靠关系。

2018 年 3 月，《水利部人事司关于调整中国水利教育协会挂靠单位的通知》（人事机〔2018〕1 号）明确将中国水利教育协会挂靠单位调整为综合事业局，会长和秘书长的编制从综合开发管理中心单列的专用于社团工作人员的人员编制中调剂解决。

2018 年 12 月，水利部印发《水利部关于调整建设与质量安全中心等 3 个单位管理关系的通知》（水人事〔2018〕331 号），将水利部建设管理与质量安全中心、南水北调工程政策及技术研究中心和南水北调工程建设监管中心 3 个单位调整为由水利部综合事业局管理。

2020 年 2 月，《水利部办公厅关于调整综合事业局与科技推广中心等 5 个中心代管方式的通知》（办人事〔2020〕21 号），明确科技推广中心、人才资源开发中心、国际经济技术合作交流中心、水土保持监测中心、沙棘开发管理中心（水土保持植物开发管理中心）在业务方面按照部直属单位模式独立开展工作，综合政务、党建纪检、干部人事、财务审计等综合性工作仍由综合事业局集中统一管理。

2020 年 8 月，《水利部办公厅关于印发水利工程启闭机事中事后监管工作实施方案的通知》（办建设函〔2020〕648 号），明确水利部综合事业局承担水利工程启闭机事中事后监管监督检查等具体工作，负责建立水利工程启闭机生产企业及启闭机产品名录库，实行动态管理；负责制定事中事后监督检查事项清单，明确检查主体、内容和方式等；负责每年年初制定年度监督检查计划；负责随机抽取名录库中的启闭机生产企业及相关产品。

2021年7月，根据《水利部关于印发水利部综合事业局主要职责、机构设置和人员编制规定的通知》（水人事〔2021〕209号），综合事业局内设办公室（外事处）、党委办公室、纪委办公室、人事处（离退休干部处）、规划计划处、财务资产处（审计处）、技术与安全监督处、水利机械处、景区规划建设处、景区监督事务处10个处室。

水利部综合事业局领导任免表（2000年7月—2021年12月）见表1，机构图（2021年）如图1所示。

表1　　　　　　　　　水利部综合事业局领导任免表（2000年7月—2021年12月）

机构名称	姓　名	职　务	任　免　时　间
水利部综合事业局	郑　贤	局　长	2000年7月—2001年11月
		临时党委书记	2000年7月—2002年2月
	王文珂	局　长	2001年11月—2014年2月
		临时党委副书记	2001年11月—2002年5月
		党委书记	2002年5月—2014年2月
	郑通汉	副局长	2009年6月—2014年4月
		局长、党委书记	2014年4月—2016年4月
	刘云杰	副局长	2015年4月—2016年6月
		局　长	2016年6月—
		党委书记	2016年6月—2020年12月
	刘祥峰	党委书记	2020年12月—
	高　波	副局长	2000年7月—2003年7月
	孟志敏	副局长	2000年7月—2001年11月
	田中兴	副局长	2000年7月—2001年3月
	乔世珊	副局长	2000年7月—2009年5月
	滕玉军	副局长	2001年8月—2004年8月
			2016年5月—2020年10月
	王杨群	副局长	2002年5月—2015年7月
		工会主席	2017年10月—2020年10月
	李兰奇	副局长	2005年6月—2016年5月
	顾洪波	副局长	2009年7月—
	陈先月	副局长	2016年11月—
	雷　晶	副局长	2021年8月—
	成京生	党委副书记	2002年9月—2016年4月
		纪委书记	2003年4月—2015年7月
	吴　琪	党委副书记	2019年4月—
	张明俊	纪委书记	2015年7月—2021年11月
	王乃岳	纪委书记	2021年12月—
	郭　潇	总工程师	2005年6月—2015年2月

续表

机构名称	姓　名	职　务	任　免　时　间
水利部综合事业局	曹淑敏	总工程师	2015 年 4 月—
	穆范楠	总经济师	2011 年 6 月—2016 年 5 月
	裴宏志	总会计师	2004 年 4 月—2010 年 12 月
	陈智刚	总会计师	2016 年 5 月—2019 年 8 月
	张　彬	总会计师	2019 年 12 月—
	火来胜	工会主席	2011 年 9 月—2017 年 3 月
	刘振生	工会主席	2020 年 12 月—

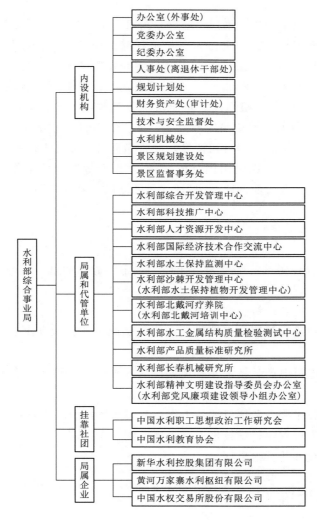

图 1　水利部综合事业局机构图（2021 年）

执笔人：王　薇
审核人：顾洪波

水利部科技推广中心

水利部科技推广中心（以下简称"推广中心"）为水利部部属公益一类事业单位，受水利部委托，主要承担水利科技推广管理工作。1991 年 6 月，经水利部批准成立，当时为水利部直属副局级科研事业单位，其前身为水利部科教司科技条件处、水利科技开发服务中心。1994 年 10 月，经中央编办正式批准，确定为差额拨款事业单位。2000 年，水利部成立综合事业局，推广中心划归其管理，业务受水利部国科司指导。2001 年 10 月，根据国家科研机构分类改革方案，推广中心由水利科研事业单位转为水利事业单位。2017 年 4 月，经中央编办批准，推广中心明确为公益一类事业单位。2018 年，推广中心升格为正局级，业务受水利部国科司指导，按照部直属单位模式开展工作，党建组织综合政务、党建纪检、干部人事、财务审计、因公出国（境）、安全生产等综合性工作由综合事业局代管。2004 年，办公地点自北京市海淀区车公庄西路 20 号迁移至海淀区玉渊潭南路 3 号 C 座。

一、主要职责

根据水利部人事劳动教育司《关于综合事业局"三定"方案的批复》（人教劳〔2000〕39 号），推广中心的主要职责如下：

（1）负责水利科技推广有关政策、规划的编制工作。

（2）负责水利重大科技成果管理；组织科技推广与奖励工作；承办水利知识产权、科技保密、技术市场等管理工作。

（3）负责拟定水利水电机电产品技术发展规划；承办水利水电重大装备和技术的研制开发和引进工作。

（4）承办科技咨询、技术服务和项目评估工作；开展与科技推广业务有关的有偿服务及经营活动。

（5）负责水利部引进先进农业科学技术项目管理工作。

（6）承办综合事业局交办的其他事项。

二、编制与机构设置

1994 年 5 月，中央机构编制委员会办公室印发的《关于水利部部分所属事业单位机构编制的批复》（中编办〔1994〕69 号）明确了推广中心事业编制为 25 名。

1994 年 10 月，根据水利部人事劳动教育司《关于核定水利部科技推广中心内设机构和人员编制的通知》（人劳组〔1994〕72 号），核定推广中心事业编制为 20 名，经费实行差额补贴，内设综合处、科技成果推广处、科技条件处、科技咨询部。

1996 年 12 月，根据水利部人事劳动教育司《关于调整内设机构的批复》（人组〔1996〕103 号），推广中心内设机构调整为综合处、科技条件处、科技成果管理处、科技成果推广处4个处室。

1999年1月，根据水利部人事劳动教育司《关于科技推广中心职能配置、机构设置和人员编制方案的批复》（人教劳〔1999〕5号），推广中心内设综合处、科技成果管理处、科技成果推广处、农业开发技术处、灌排技术处和农建技术处6个处室，核定事业编制为30名。

2000年7月，根据水利部人事劳动教育司《关于综合事业局"三定"方案的批复》（人教劳〔2000〕39号），推广中心内设综合处、科技成果管理处、科技成果推广处、重大技术装备处4个处室。

2002年10月，根据中央编办《关于水利部所属事业单位机构编制调整的批复》（中央编办复字〔2002〕157号），核定推广中心财政补助事业编制为25名。

2003年8月，根据综合事业局《关于对科技推广中心改革工作的批复》（综人〔2003〕177号），内设综合处、科研与成果管理处、引进与推广处、重大技术装备处4个处室，领导职数为3名，其中副局级1名，正处级2名；内设机构处级领导职数8名。

2007年1月，根据水利部人事劳动教育司《关于科技推广中心部分内设处室更名的批复》（人教劳〔2007〕1号），推广中心内设的科研与成果管理处、引进与推广处、重大技术装备处分别更名为项目一处、项目二处、推广与产业处。

2017年4月，根据《中央编办关于水利部所属事业单位分类意见的复函》（中央编办函〔2017〕49号），推广中心调整为公益一类事业单位，同时核减财政补助事业编制1名。

2018年，升格为正局级事业单位后，推广中心领导级别相应进行调整，为正局级1名、副局级2名。

2020年2月，《水利部办公厅关于调整综合事业局与科技推广中心等5个中心代管方式的通知》（办人事〔2020〕21号），明确科技推广中心在业务方面按照直属单位模式独立开展工作，综合政务、党建纪检、干部人事、财务审计等综合性工作仍由综合事业局集中统一管理。

2021年9月，经水利部人事司批准，将内设的项目一处、项目二处、推广与产业处分别更名为成果管理处、项目管理处、推广管理处。

水利部科技推广中心领导任免表（2001年1月—2021年12月）见表1，机构图如图1所示。

表1　　　　　　　　水利部科技推广中心领导任免表（2001年1月—2021年12月）

机构名称	姓　名	职　务	任　免　时　间
水利部科技推广中心	高　波	主　任	1998年10月—2003年9月
	张金宏	副主任	2000年7月—2016年11月
	费骥鸣	副主任	2000年10月—2002年5月
	武文相	副主任	2000年10月—2003年9月
		主　任	2003年9月—2020年11月
	鞠茂森	副主任	2002年5月—2005年7月
	曹景华	副主任	2004年6月—2020年11月
	许　平	副主任	2006年9月—2020年11月
	吴宏伟	主　任	2020年11月—
	曾向辉	副主任	2020年11月—
	张　雷	副主任	2021年5月—

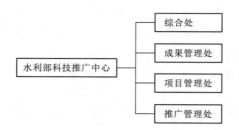

图1　水利部科技推广中心机构图

执笔人：施　昭
审核人：吴宏伟

水利部人才资源开发中心

1996 年 11 月，水利部决定成立水利部人才资源开发中心（以下简称"人才中心"），为水利部直属事业单位（局级）。1997 年 5 月，中央机构编制委员会办公室批准成立人才中心。2000 年 7 月，人才中心调整为水利部综合事业局直属单位。2005 年 7 月，水利部成立水利部党校办公室，设在人才中心，负责党校日常工作。2018 年，水利部党组明确人才中心级别为正局级。2020 年 3 月，水利部党组会议研究决定，调整综合事业局对人才中心的代管方式，人才中心在业务方面按照部直属单位模式独立开展工作，综合政务、党建纪检、干部人事、财务审计等综合性工作仍由综合事业局集中统一管理。人才中心办公地点设在北京市海淀区复兴路甲 1 号院。

一、主要职责

根据《关于综合事业局"三定"方案的批复》（人教劳〔2000〕39 号）规定，人才中心主要职责如下：

（1）承担水利人才资源开发工作规划、培训计划及有关政策、办法的调研及拟定工作。

（2）承担水利人事劳动工资统计工作。

（3）承担水利专业技术人员职称、执业资格等考试及有关资格证书核发工作；承担水利技术工人执业资格证书的核发工作。

（4）承担水利部职业技能鉴定指导中心的工作；承担水利行业技师和高级技师评审、技能人才评选工作。

（5）组织人才培训计划、水利人才国际合作培训项目的实施；承担水利人才培训机构资质审查、人才培训证书核发工作。

（6）承担水利人才开发服务体系建设；负责收集、整理并发布水利系统人才供求信息，提供人才需求咨询服务。

（7）承担水利人才信息系统和人才数据库建设与管理工作。

（8）承担人事代理、人才测评、职业介绍、流动人员档案管理等服务；开展与人才资源开发业务有关的有偿服务及经营活动。

（9）承办综合事业局交办的其他事项。

二、编制与机构设置

1997 年 5 月，根据《关于水利部部分所属事业单位机构编制的批复》（中编办字〔1997〕73 号）规定，人才中心事业编制为 20 名。

2003 年 8 月，根据《关于对人才资源开发中心改革工作的批复》（综人〔2003〕171 号）规定，人才中心设置 4 个处，分别为综合处、培训处、信息处、评鉴处；编制为 24 名，中心领导控制数为 3 名，其中副局级主任 1 名，正处级副主任 2 名；内设机构处级领导控制数为 8 名。

2013 年 4 月，根据《关于人才资源开发中心编制调整的通知》（综人〔2013〕49 号）规定，人才中心事业编制由 24 名增加到 25 名。

2017 年 7 月，根据《水利部综合事业局关于核增人才资源开发中心领导职数的批复》（综人〔2017〕134 号）规定，人才中心核增中心领导职数 1 名。调整后，中心领导职数为 4 名。

水利部人才资源开发中心领导任免表（1997 年 8 月—2021 年 12 月）见表 1，机构图如图 1 所示。

表 1　　　　　　　　水利部人才资源开发中心领导任免表（1997 年 8 月—2021 年 12 月）

机构名称	姓名	职务	任免时间
水利部人才资源开发中心	周保志	主任	1997 年 8 月—1998 年 7 月
	高而坤	主任	1998 年 7 月—2000 年 6 月
	张渝生	主任	2000 年 6 月—2004 年 6 月
		副主任	1997 年 8 月—2000 年 6 月
	陈楚	主任	2004 年 6 月—2020 年 12 月
	王新跃	主任	2020 年 12 月—
	章凌	副主任	2000 年 6 月—2007 年 3 月
	承涛	副主任	2004 年 11 月—2012 年 4 月
	史明瑾	副主任	2004 年 11 月—2016 年 8 月
	孙学勇	副主任	2012 年 4 月—
	丁纪闽	副主任	2012 年 4 月—2021 年 11 月
	段敬玉	副主任	2021 年 11 月—
		党校办公室主任	2018 年 12 月—2021 年 11 月
		副主任	2017 年 11 月—2018 年 12 月
	孙斐	副主任	2018 年 12 月—
	骆莉	副主任	2020 年 11 月—
	黄金华	党校办公室主任	2021 年 11 月—

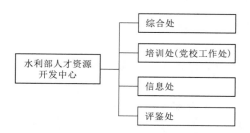

图 1　水利部人才资源开发中心机构图

执笔人：甘丽斌
审核人：王新跃

水利部国际经济技术合作交流中心

水利部国际经济技术合作交流中心（以下简称"中心"）（正局级）是水利部所属独立法人事业单位。1993 年，水利部机关机构改革，成立水利部外资办公室，1995 年 2 月，根据中编办〔1994〕69 号文和水人劳〔1995〕36 号文批复，正式成立水利部国际经济技术合作交流中心，为部直属正局级事业单位，同时使用"水利部外资办公室"的印章，实行一套班子、两块牌子。2000 年 8 月，水利部综合事业局成立后，中心成为综合事业局直属单位，机构规格由正局级降为副局级；2017 年，经中央机构编制委员会办公室批复为公益一类事业单位；2018 年 10 月，在新一轮的机构改革中升格为正局级。中心办公地点设在北京市海淀区玉渊潭南路 1 号水科院大厦 A 座。

一、主要职责

自中心成立以来，水利部先后三次发文对中心工作职责进行批复，分别是 1995 年水利部《关于成立水利部国际经济技术合作交流中心的通知》（水人劳〔1995〕36 号）、2000 年水利部人事劳动教育司《关于综合事业局"三定"方案的批复》（人劳教〔2000〕39 号）、2004 年水利部人事劳动教育司《关于同意在国际经济技术合作交流中心设立国际河流处的批复》（人劳教〔2004〕54 号）。具体职责分别如下。

（一）第一次批复

1995 年，水利部《关于成立水利部国际经济技术合作交流中心的通知》（水人劳〔1995〕36 号）赋予中心的主要职责如下：

（1）协助规划计划司、国际合作司、财务司、建设司等有关司局进行外资项目的前期准备工作和外资项目的管理工作。

（2）积极开拓非政府间利用外资的渠道，为发展水利事业服务。

（3）协助建设司进行利用外资项目的后评价工作。

（4）承办民间团体、外事旅游活动和国际会议的接待工作。

（5）协助规划计划司、国际合作司开展利用外资的政策研究工作。

（6）承担水利部交办的其他事宜。

（二）第二次批复

1998 年，根据水利部机关机构改革要求和新增加的业务工作，中心主要职责调整如下：

（1）在国际合作与科技司及规划计划司、建设与管理司、经济调节司的指导下，负责承办利用国际金融组织等贷款工作。

（2）负责水利行业外商直接投资的开拓及有关项目管理工作。

（3）承办国际合作与科技司委托的国外赠款项目有关工作。

（4）受国际合作与科技司的委托，负责水利系统出国人员护照、签证的办理及管理工作；负责出国外事教育、出国成果管理以及出国团组的服务工作。

（5）承办国外来华考察、培训及国际会议的有关工作。

（6）承担有关外事翻译及咨询服务工作。

（7）组织民间团体进行涉外交流活动。

（三）第三次批复

2000 年，水利部《关于综合事业局"三定"方案的批复》（人劳教〔2000〕39 号）赋予中心的主要职责如下：

（1）承担水利行业国际经济和技术交流合作工作。

（2）承担水利系统利用国际金融组织及外国政府贷款项目的执行管理工作，参与利用外资项目立项审查和前期准备工作；承担利用外资项目管理、咨询和后评估工作；承担水利部利用外资项目还款管理工作。

（3）负责水利行业利用外商直接投资项目的开拓和管理工作。

（4）承担水利部因公出国人员护照和签证办理、外事教育、成果管理等工作。

（5）负责水利部机电产品进出口管理工作。

（6）承担水利部进口机械设备的政府采购工作。

（7）负责国外智力引进和有关人员交流和培训工作。

（8）承担出国团组服务与咨询工作；开展与国际经济技术交流与合作业务有关的有偿服务及经营活动。

（9）承办综合事业局交办的其他事项。

2004 年，水利部人事劳动教育司《关于同意在国际经济技术合作交流中心设立国际河流处的批复》（人劳教〔2004〕54 号）增加的主要职责为承担国际河流相关研究工作。

二、编制与机构设置

1995 年，水利部《关于成立水利部国际经济技术合作交流中心的通知》（水人劳〔1995〕36 号）批复设置 3 个处室：综合处、项目一处、项目二处〔见图 1（a）〕，核定事业编制 30 人。

1998 年，根据水利部机关机构改革要求和新增加的业务工作，增设了两个临时处室：国际交流处、出国人员服务处。

2000 年，水利部《关于综合事业局"三定"方案的批复》（人劳教〔2000〕39 号）批复设置 5 个处室：综合处、项目一处、项目二处、国际交流处、出国人员服务处〔见图 1（b）〕，核定事业编制 30 人。

2004 年，水利部人事劳动教育司《关于同意在国际经济技术合作交流中心设立国际河流处的批复》（人劳教〔2004〕54 号）批复增加国际河流职责。设置 5 个处室：综合处、项目处、国际河流处、国际交流处、翻译处〔见图 1（c）〕。

2017 年，《中央编办关于水利部所属事业单位分类意见的复函》（中央编办函〔2017〕49 号）批复中心为公益一类事业单位，核定事业编制 29 人。

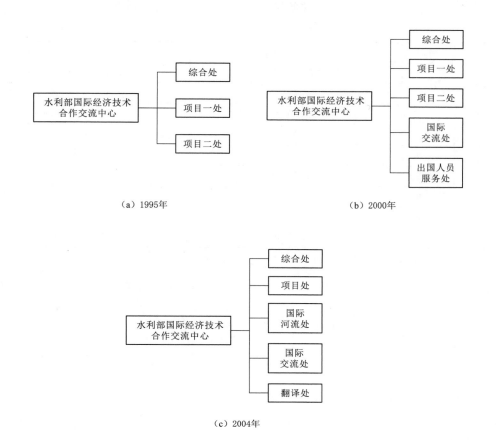

（a）1995年　　　　　　　　　　（b）2000年

（c）2004年

图1　水利部国际经济技术合作交流中心机构图

水利部国际经济技术合作交流中心领导任免表（1993年12月—2021年12月）见表1。

表1　　　　水利部国际经济技术合作交流中心领导任免表（1993年12月—2021年12月）

机构名称	姓　名	职　务	任　免　时　间
水利部国际经济技术合作交流中心	金　海	主任（副司局级）	2016年9月—2018年9月
		副主任	2018年10月—2020年9月
		主　任	2020年9月—
	石秋池	主　任	2018年10月—2020年9月
	于兴军	主任（副司局级）	2003年9月—2016年9月
	郑如刚	副主任	1998年10月—2000年6月
		主　任	2000年6月—2003年9月
	沈国衣	主　任	1998年10月—2000年6月
	杨定原	主　任	1993年12月—1996年12月
	朱　绛	副主任（正处级）	2003年7月—2018年11月
		副主任	2018年12月—
	陈霁巍	副主任（正处级）	2005年8月—2018年11月
		总工程师	2018年12月—
	徐　静	副主任	2021年4月—

机构名称	姓　名	职　务	任　免　时　间
水利部国际经济技术合作交流中心	范锐平	主任助理（副司局级）	1998 年 10 月—2000 年 6 月
		副主任	2000 年 6 月—2016 年 8 月
	祁建华	总工程师	1998 年 10 月—2000 年 6 月
		副主任	2000 年 6 月—2002 年 12 月
	矫　勇	副主任	1997 年 7 月—1998 年 10 月
	刘建明	副主任	1996 年 12 月—1998 年 10 月
	刘福鉴	副主任	1993 年 12 月—1996 年 12 月
	袁檀林	副主任	1993 年 12 月—1998 年 10 月
	张国良	兼副主任	1993 年 12 月—1998 年 10 月

执笔人：鞠志杰　张瑞金　胡文俊　武哲如　郑晓刚

审核人：金　海　朱　绛

水利部水土保持监测中心

根据《关于水利部部分所属事业单位机构编制的批复》（中编办字〔1997〕73号）、《关于成立水利部水土保持监测中心的通知》（水人教〔1998〕2号），水利部水土保持监测中心于1998年成立，为水利部直属自收自支事业单位。根据《水利部关于水利部水土保持监测中心主要职责机构设置和人员编制方案的批复》（水人事〔2019〕197号）、《水利部综合事业局关于水土保持监测中心主要职责机构设置和人员编制方案的批复》（综人〔2019〕91号），2019年7月明确水利部水土保持监测中心为公益二类事业单位（正局级），1998年1月—2019年6月为副局级事业单位，2018年10月中心主任明确为正局级领导干部。办公地点，1998年1月—2000年7月在水利部机关主楼三层，2000年7月—2005年8月在白广路北口水利综合楼，2005年8月—2008年3月在北京市门头沟双峪路39-2号水保大厦，2008年3月至今在北京市宣武（现西城区）区南滨河路27号南滨河路住宅小区7号楼A座10层。

2001年4月，水利部水土保持监测中心独立出资1000万元作为注册资本，兴办北京水保生态工程咨询有限公司，主营业务包括生产建设项目水土保持技术评估、方案编制、水土保持监理、监测、水土保持科研与规划、生产建设项目国家水土保持生态文明工程申报、水土流失动态监测遥感解译和专题信息提取、生产建设项目水土保持方案第三方技术评审及相关水土保持技术服务，业务范围涉及水利、电力、公路、铁路、采矿、石油和天然气等多个领域。

一、主要职责

根据《关于综合事业局"三定"方案的批复》（人教劳〔2000〕39号），水土保持监测中心主要职责是：负责全国水土保持生态环境监测网络建设与管理工作，负责水土流失生态环境状况普查和动态监测工作，承办综合防治情况及效益调查分析工作；承办水土保持生态环境建设政策、法规的调研和拟定工作，承办有关的水土保持规划和建设的咨询与管理工作；承担非水利行业大中型开发建设项目水土保持方案大纲的技术评估和方案审查，并监督实施；承担水土保持方案编制资质、监测资质的审查及管理工作；开展与水土保持生态环境建设业务有关的有偿服务及经营活动；承办综合事业局交办的其他事项。

2012年8月，水利部《关于印发〈国家农业综合开发水土保持项目管理实施细则〉的通知》（水保〔2012〕358号）明确水利部水土保持监测中心受水利部委托具体负责农发水保项目技术支撑和日常管理工作。

根据《水利部综合事业局关于水土保持监测中心增设信息化处的批复》（综人〔2017〕38号），水土保持监测中心增设信息化处，主要职责是承担水土保持信息化建设的技术支撑等相关工作。

根据《水利部关于水利部水土保持监测中心主要职责机构设置和人员编制方案的批复》（水人事

〔2019〕197号）、《水利部综合事业局关于水土保持监测中心主要职责机构设置和人员编制方案的批复》（综人〔2019〕91号），水利部水土保持监测中心主要职责是：指导水土保持监测技术工作；承担编制全国水土保持监测规划、全国水土保持信息化发展规划、全国水土保持监测站点规划的有关技术支撑工作；承担全国水土保持监测网络建设与管理、全国水土流失调查和监测以及重大水土流失事件的应急监测和调查工作；负责全国水土流失监测成果汇总、分析和评价；承担省级水土流失调查成果备案技术审核工作；承担中国水土保持公报编制工作；承担水土保持监管的技术支撑工作；承担全国大中型生产建设活动人为水土流失情况的监督性监测、重大水土流失违法行为的调查和分析评估工作；承担全国水土流失综合防治情况及效益调查分析、重大生产建设项目水土保持方案实施效果评估工作；负责全国水土保持数据的收集、整理、汇交、共享、管理和技术服务工作；负责全国水土保持信息系统的运行管理工作；承担全国水土保持信息化工程建设和应用的技术支撑工作；承担或参与有关重点区域水土保持规划编制的具体工作；承担国家水土保持重点工程规划编制、咨询、实施的有关技术支撑工作；按程序承担生产建设项目水土保持方案的技术评审、实施情况核查和实施效果评估有关工作；承担非水利行业重大生产建设项目水土保持设施验收成果审核工作；承担水土保持有关政策法规、技术标准的研究、起草和评估工作；承担水土保持统计工作；承担水土保持有关技术研究和技术成果推广工作；承办上级单位交办的其他工作。

2008年8月以前，水利部负责生产建设项目水保方案甲级单位资质管理，水利部水土保持监测中心受水利部委托，承担具体的考核组织工作。2008年8月，水利部发文《关于将水土保持方案编制资质移交中国水土保持学会管理的通知》（水保〔2008〕329号），正式将水土保持方案编制资质移交到中国水土保持学会管理，水利部水土保持监测中心作为水保学会成员单位参与有关工作。

二、编制与机构设置

1997年5月，中央机构编制委员会办公室发文《关于水利部部分所属事业单位机构编制的批复》（中编办字〔1997〕73号），核定水利部水土保持监测中心事业编制30名，经费自理。

1998年1月，水利部发文《关于成立水利部水土保持监测中心的通知》（水人教〔1998〕2号），明确水利部水土保持监测中心为水利部直属自收自支事业单位，核定事业编制10名。

2000年7月，水利部发文《关于综合事业局"三定"方案的批复》（人教劳〔2000〕39号），水利部水土保持监测中心为综合事业局直属副局级事业单位，副局级及处级班子领导职数3名（一正二副配备），内设综合处、监测处、技术处和咨询评估处4个部门。

2003年8月，水利部综合事业局发文《关于对水土保持监测中心改革工作的批复》（综人〔2003〕178号），水利部水土保持监测中心内设综合处、监测处、技术处和咨询评估处4个部门；核定水土保持监测中心人员控制数25个，中心领导控制数3个，其中副局级1个、正处级2个，内设机构处级领导控制数为8个。

2015年12月，水利部综合事业局发文《水利部综合事业局关于明确水土保持监测中心和沙棘开发管理中心（水土保持植物开发管理中心）事业编制的通知》（综人〔2015〕242号），明确水土保持监测中心事业编制数与中央机构编制委员会办公室批复数一致，即事业编制数为30名。

2017年2月，水利部综合事业局发文《水利部综合事业局关于水土保持监测中心增设信息化处的批复》（综人〔2017〕38号），明确水土保持监测中心增设信息化处，核定信息化处人员编制5名（水土保持监测中心内部调剂），核增1正1副2名处级领导职数。

2017年4月，中央机构编制委员会办公室发文《中编办关于水利部所属事业单位分类意见的复函》（中央编办函〔2017〕49号），水利部人事司发函《关于明确部属事业单位分类意见的通知（人事机函〔2017〕6号）》，明确水利部水土保持监测中心为公益二类事业单位，经费自理，事业编制为

30 名。

2019 年 6 月，水利部发文《水利部关于水利部水土保持监测中心主要职责机构设置和人员编制方案的批复》（水人事〔2019〕197 号），2019 年 7 月，水利部综合事业局发文《水利部综合事业局关于水土保持监测中心主要职责机构设置和人员编制方案的批复》（综人〔2019〕91 号），水利部水土保持监测中心为公益二类事业单位（正局级），核定水土保持监测中心经费自理事业编制 30 名，局级领导职数 3 名，处级领导职数 11 名，另设总工程师 1 名；水土保持监测中心设 6 个处：综合处（财务处）、监测处、监管事务处、信息处、技术处、评审处。

2020 年 2 月，水利部办公厅发文《水利部办公厅关于调整综合局与科技推广中心等 5 个中心代管方式的通知》（办人事〔2020〕21 号），水利部水土保持监测中心在业务方面按照水利部直属单位模式独立开展工作，综合政务、党建纪检、干部人事、财务审计等综合性工作仍由综合事业局集中统一管理。

2020 年 3 月，水利部人事司在《水利部办公厅关于调整综合局与科技推广中心等 5 个中心代管方式的通知》（办人事〔2020〕21 号）的基础上，对包括水利部水土保持监测中心在内的 5 个中心的定位、业务工作、综合性工作做了具体调整。

水利部水土保持监测中心领导任免表（1998 年 1 月—2021 年 12 月）见表 1，机构图如图 1 所示。

表 1 **水利部水土保持监测中心领导任免表（1998 年 1 月—2021 年 12 月）**

机构名称	姓 名	职 务	任 免 时 间
水利部水土保持监测中心	刘润堂	主 任	1998 年 12 月—2000 年 2 月
	郭索彦	副主任	2000 年 6 月—2001 年 5 月
		主 任	2001 年 6 月—2016 年 9 月
	沈雪建	副主任	2018 年 11 月—
		主 任	2016 年 9 月—2018 年 10 月
	林祚顶	主 任	2018 年 10 月—2020 年 7 月
	莫 沫	主 任	2020 年 7 月—
	曾大林	副主任	1998 年 11 月—2001 年 5 月
	巫明强	副主任	1998 年 11 月—2000 年 10 月
	李京生	副主任	1999 年 1 月—2003 年 8 月
	蔡建勤	副主任	2001 年 5 月—2005 年 12 月
	李光辉	副主任	2003 年 8 月—2005 年 8 月
	卢顺光	副主任	2005 年 12 月—2009 年 4 月
	姜德文	副主任	2005 年 12 月—2016 年 12 月
	张长印	副主任	2010 年 9 月—2017 年 6 月
	赵永军	副主任	2017 年 4 月—2018 年 11 月
		总工程师	2018 年 12 月—
	乔殿新	副主任	2018 年 12 月—

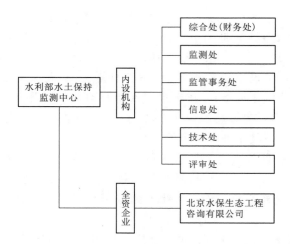

图 1　水利部水土保持监测中心机构图

执笔人：王念忠
审核人：莫　沫　乔殿新

水利部沙棘开发管理中心
（水利部水土保持植物开发管理中心）

水利部沙棘开发管理中心（水利部水土保持植物开发管理中心）（以下简称"沙棘中心"）是水利部公益二类事业单位。自成立以来，沙棘中心名称、隶属关系和管理体制历经多次调整。沙棘中心的前身是全国水资源与水土保持工作领导小组沙棘协调办公室，1994年2月，水利部批复更名为水利部沙棘协调办公室（人劳组〔1994〕9号）；1995年3月，水利部批复成立水利部沙棘科研培训中心（人劳组〔1995〕21号）；1996年3月，水利部批复分别在水利部沙棘协调办公室的基础上成立水利部沙棘开发管理中心，在水利部沙棘科研培训中心的基础上成立国际沙棘研究培训中心，两个"中心"属一套班子、两块牌子，为水利部直属事业单位，由中国江河水利水电开发公司（1997年12月更名为中国水利投资公司）管理（水人教〔1996〕95号）；1997年5月，中央机构编制委员会办公室批复成立水利部沙棘开发管理中心（中编办字〔1997〕73号）；1999年1月，水利部明确水利部沙棘开发管理中心不再由中国水利投资公司管理，改由水利部直接管理（水人教〔1999〕5号）；2000年7月，水利部明确水利部沙棘开发管理中心为水利部综合事业局副局级直属单位（水人教〔2000〕309号）；2005年3月，经中央机构编制委员会办公室批复加挂水利部水土保持植物开发管理中心牌子（中央编办复字〔2005〕32号）；2018年调整为正局级单位；2020年2月，水利部对水利部沙棘开发管理中心（水利部水土保持植物开发管理中心）的代管方式进行适当调整，在业务方面按照水利部直属单位模式独立开展工作，综合政务、党建纪检、干部人事、财务审计等综合性工作仍由综合事业局集中统一管理（办人事〔2020〕21号），办公地点设在北京市海淀区复兴路甲1号。

一、主要职责

2000年7月28日，根据水利部人事劳动教育司《关于综合事业局"三定"方案的批复》（人教劳〔2000〕39号），沙棘中心主要职责是：负责沙棘种植示范基地建设，承担沙棘资源普查及有关管理工作；承办沙棘科研、技术推广、咨询管理工作；负责组织、协调沙棘产品开发、生产销售等管理工作；负责国际沙棘协调委员会秘书处和国际沙棘研究培训中心的日常工作，负责中国水土保持学会沙棘专业委员会及全国沙棘企业联谊会的日常工作；承办综合事业局交办的其他事项。

二、编制与机构设置

（一）编制

1995年3月，根据水利部《关于成立水利部沙棘科研培训中心的批复》（人劳组〔1995〕21号），水利部沙棘科研培训中心编制为15名。

1997年5月，根据中央机构编制委员会办公室《关于水利部部分所属事业单位机构编制的批复》（中编办字〔1997〕73号），水利部沙棘开发管理中心事业编制为20名。

2003年8月，水利部综合事业局《关于对沙棘开发管理中心改革工作的批复》（综人〔2003〕179号），沙棘中心核定人员控制数为25名，其中领导控制数3名（副局级1名，正处级2名）；内设机构处级领导控制数为8名。

2015年12月，《水利部综合事业局关于明确水土保持监测中心和沙棘开发管理中心（水土保持植物开发管理中心）事业编制的通知》（综人〔2015〕242号）明确沙棘中心事业编制数为20名。

（二）机构设置

2003年8月，水利部综合事业局《关于对沙棘开发管理中心改革工作的批复》（综人〔2003〕179号）明确沙棘开发管理中心设置4个处，分别为综合处、生态建设处、科技合作处、经营管理处。

2006年4月，水利部综合事业局印发《关于同意沙棘开发管理中心经营管理处更名的批复》（综人〔2006〕69号），沙棘中心原经营管理处更名为咨询设计处。

水利部沙棘开发管理中心（水利部水土保持植物开发管理中心）领导任免表见表1，机构图如图1所示。

表1　　　　　水利部沙棘开发管理中心（水利部水土保持植物开发管理中心）领导任免表
（2001年1月—2021年12月）

机 构 名 称	姓名	职务	任免时间	备注
水利部沙棘开发管理中心（水利部水土保持植物开发管理中心）	邰源临	主任（副局级）	2000年1月—2017年5月	
	赵东晓	主任（正局级）	2018年12月—2021年8月	
	张文聪	主任（正局级）	2021年11月—	
	卢顺光	副主任（正处级）	2000年12月—2005年12月	
		主任（副局级）	2017年5月—2018年12月	
		副主任（副局级）	2018年12月—	
	李永海	副主任（正处级）	2000年12月—2015年8月	
	王愿昌	副主任（正处级）	2016年11月—2018年12月	
		副主任（副局级）	2018年12月—	
	蔡建勤	副主任（正处级）	2005年12月—2018年12月	
		总工程师（按四级职员管理）	2018年12月—	

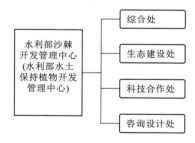

图1　水利部沙棘开发管理中心机构图

执笔人：夏静芳
审核人：蔡建勤

水利部信息中心
（水利部水文水资源监测预报中心）

水利部信息中心（水利部水文水资源监测预报中心）是水利部直属公益一类事业单位（正局级），主要承担全国水利网络安全和信息化行业指导职能，以及数字孪生水利建设、水文情报预报、水文水资源监测评价、水利信息基础设施建设和运维管理、水利数据资源管理与开发利用、水利业务应用技术管理与开发、政务服务等职能。水利部网络安全和信息化领导小组办公室设在水利部信息中心。

水利部信息中心从 2001 年 1 月至今，组织沿革大体可分为两个阶段：一是水利部水文局（水利信息中心）时期（2001 年 1 月—2017 年 9 月）；二是水利部信息中心（水利部水文水资源监测预报中心）时期（2017 年 9 月—2021 年 12 月）。

一、水利部水文局（水利信息中心）时期（2001 年 1 月—2017 年 9 月）

（一）主要职责

（1）负责全国水文行业管理。组织拟定水文行业管理的政策、法规，组织编制全国水文事业发展规划并监督实施。

（2）指导水利信息化、水利通信业务建设，组织编制全国水利信息化、水利通信发展规划，组织部直属单位信息化及通信建设项目审查，组织实施全局性信息化及通信项目；承担水利部信息化领导小组办公室的日常工作。

（3）组织编制国家水文站网规划并监督实施，负责国家基本水文站网的建设与管理；负责国家水文大中型建设项目的立项审核。

（4）指导、组织实施水文水资源监测工作。组织实施全国地表水、地下水的水量、水质监测；协调国家重大突发水污染、水生态事件水文应急监测工作；组织实施水文监测计量器具检定工作。

（5）组织指导全国水文水资源的情报预报、监测数据整编和资料管理工作；组织实施水文调查评价、水文监测数据统一汇交、水文数据使用审定等制度。

（6）承担水文水资源信息发布有关工作，参与组织水资源调查评价；参与组织编制国家水资源公报，承担中国河流泥沙公报、水质和地下水月报等编制工作。

（7）负责国家防汛抗旱的水文及相关信息收集、处理、监视、预警以及全国重点防洪地区江河、湖泊和重要水库的暴雨、洪水分析预报。

（8）负责水利信息网络、通信网络、数据中心和水利部信息系统的建设和运行管理工作。

（9）拟定水文及水利信息化、水利通信的技术标准并监督实施。负责对外提供水文资料和外国组织、个人来华从事水文业务等事项的审查，参与国际水文业务的合作与交流。

（10）承办水利部交办的其他事项。

（二）编制与机构设置及主要职能

根据《关于水利部水文局（水利信息中心）主要职责、内设机构和人员编制方案的批复》（人事机〔2008〕21号），核定水文局（水利信息中心）内设12个处室和4个所属事业单位：综合处（人事处、党委办公室、离退休办公室、监察室）、计划处、财务处（审计室）、水文站网处（水文水资源调查评价资质管理办公室）、水文监测处、水情处、水资源监测与评价处、水质监测与评价处、气象处、通信管理处、信息化处、科技教育处（《水文》杂志编辑部）以及水利部地下水监测中心、网络中心（水利部网站）、通信运行维护中心、水利数据中心，核定事业编制160人，其中局级领导职数6名，处级领导职数51名。

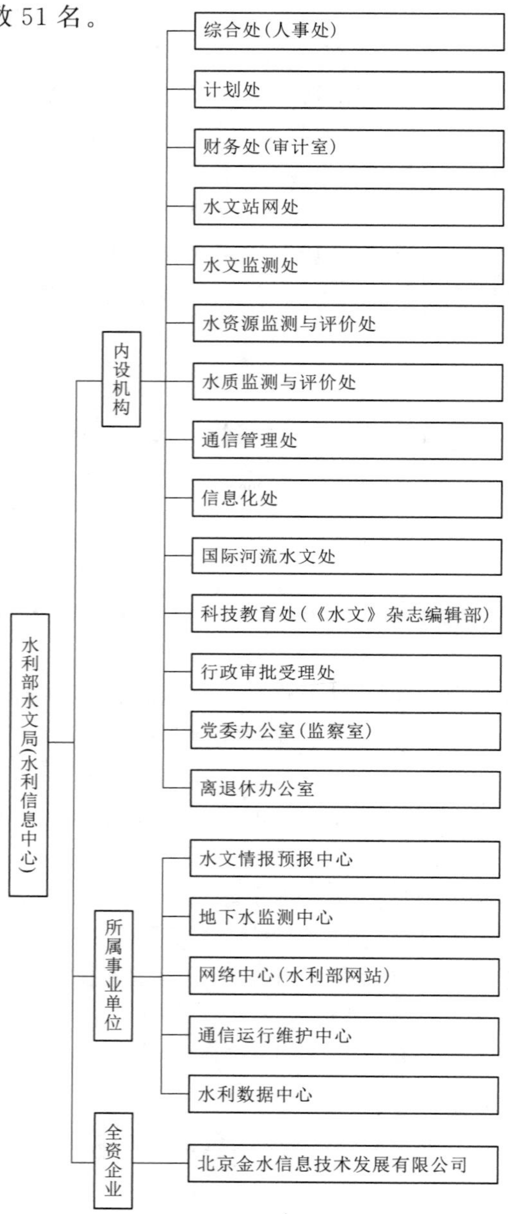

2009年9月，根据水利部人事司《关于将水利部南京水利水文自动化研究所划转南京水利科学研究院管理的通知》（水人事〔2009〕458号），为进一步深化水利科研机构管理体制改革，决定将水利部南京水利水文自动化研究所由水利部水文局管理划转为由南京水利科学研究院管理。

2010年7月，根据水利部人事司《关于水利部水文局设立国际河流水文处的批复》（水人事〔2010〕9号），同意设立国际河流水文处，核增处级领导职数1名，所需编制内部调剂。

2010年12月，根据水利部人事司《关于成立水利部水文情报预报中心的批复》（水人事〔2010〕585号），同意组建水利部水文情报预报中心（副局级），下设水情一处、水情二处和气象处，核定事业编制180名，其中局级职数7名（含水文情报预报中心主任1名），处级领导职数56名（含水文情报预报中心副主任职数及中心内设处级领导职数）。原水情处和气象处相应撤销。

2015年5月，根据水利部人事司《关于设立水利部行政审批受理中心的批复》（人事机〔2015〕6号），同意在水利部水文局内设行政审批受理处（对外称水利部行政审批受理中心），核定人员编制4名，所需编制内部调剂，核增处级领导职数2名，总数58名。

水利部水文局（水利信息中心）机构图如图1所示。

图1　水利部水文局（水利信息中心）机构图

（三）水利部水文局主要领导任免

2000年11月，刘雅鸣任局长（主任）、党委书记（部任〔2000〕44号）。

2005 年 6 月，刘雅鸣离任，邓坚任局长（主任）、党委书记（部任〔2005〕34 号、部党任〔2005〕14 号）。

2011 年 5 月，蔡阳任党委书记（部党任〔2011〕13 号）。

2016 年 9 月，邓坚离任，蔡建元任局长（主任）（部任〔2016〕100 号）。

水利部水文局（水利信息中心）领导任免表（2001 年 1 月—2017 年 9 月）见表 1。

表 1　　　　水利部水文局（水利信息中心）领导任免表（2001 年 1 月—2017 年 9 月）

机构名称	姓　名	职　务	任　免　时　间
水利部水文局 （水利信息中心）	刘雅鸣	局长（主任）、党委书记	2000 年 11 月—2005 年 6 月
	邓　坚	局　长	2005 年 6 月—2016 年 9 月
		党委书记	2005 年 6 月—2011 年 5 月
		党委副书记	2011 年 5 月—2016 年 9 月
	蔡　阳	党委书记	2011 年 5 月—2017 年 9 月
		副局长	2001 年 12 月—2017 年 9 月
	蔡建元	副局长	2005 年 5 月—2016 年 9 月
		局长、党委副书记	2016 年 9 月—2017 年 9 月
	宋建勋	副局长	1999 年 8 月—2001 年 12 月
	孙继昌	副局长	1999 年 8 月—2000 年 4 月
		副局长、纪委书记	2000 年 4 月—2003 年 3 月
	张建云	副局长	2001 年 12 月—2006 年 3 月
		总工程师	1999 年 12 月—2006 年 3 月
	卢良梅	党委副书记、纪委书记	2003 年 3 月—2009 年 11 月
	林祚顶	副局长	2003 年 10 月—2017 年 9 月
	梁家志	副局长	2006 年 4 月—2012 年 8 月
	杨燕山	党委副书记	2009 年 11 月—2017 年 9 月
		纪委书记	2009 年 11 月—2016 年 9 月
	倪伟新	副局长	2011 年 9 月—2017 年 9 月
	刘学峰	副局长	2012 年 8 月—2014 年 10 月
	章四龙	副局长	2014 年 10 月—2017 年 5 月
	英爱文	总工程师	2011 年 9 月—2016 年 9 月
		副局长	2016 年 9 月—2017 年 9 月
	王乃岳	纪委书记	2016 年 9 月—2017 年 9 月
	刘志雨	副局长	2017 年 5 月—2017 年 9 月
	张文胜	总工程师	2016 年 9 月—2017 年 9 月

二、水利部信息中心（水利部水文水资源监测预报中心）时期（2017 年 9 月—2021 年 12 月）

（一）主要职责

（1）指导水利信息化、水利网络安全、水利通信业务建设，组织编制全国水利信息化发展规划，拟定水利信息化技术标准并监督实施，组织水利部直属单位信息化及网络安全建设项目审查，组织实施全局性水利信息化项目。

（2）协调水利网络安全工作，负责水利网络信息安全体系建设和运行管理，拟定水利网络安全事件应急预案并组织实施，承担水利部网络安全和信息化领导小组办公室日常工作。

（3）组织实施水文情报预报工作。承担国家防汛抗旱防台风的水文及相关信息收集、处理、监测、预警和全国江河湖泊、重要水库的雨情、水情、汛情及重点区域的旱情分析预报，承担国家防汛抗旱防台风会商的相关技术支撑工作，按规定发布全国江河实时水情信息和预报信息。

（4）承担全国水文水资源监测预报以及信息发布有关工作，承担水资源调查评价相关技术支撑工作，承担中国河流泥沙公报、水质和地下水月报等编制工作。

（5）承担全国地下水的监测、分析和预测预报工作，负责国家地下水监测工程（水利部分）的建设与运行管理工作，承担与地下水相关的技术工作。

（6）承担水利部网站、水利政务内外网的建设和运行管理工作，承担重大水利信息化工程的建设与运行管理工作，承担水利部机关信息网络系统和计算机终端的日常维护和技术服务工作。

（7）负责水利应急通信工作，承担水利通信系统建设和运行管理工作，承担水利部机关通信系统和终端的日常维护和技术服务工作。

（8）负责国家水利数据中心、国家自然资源与地理空间基础信息库水利分中心和水信息基础平台的建设和运行管理，承担水利数据分析处理和技术服务工作。

（9）承担国际河流涉外报汛及水文资料交换工作，承担国际河流涉外谈判水文技术协调与方案制定工作。

（10）承担部机关行政审批事项的受理、审批进程的监控和督导、审批结果的送达等工作，承担水利部电子政务行政审批系统建设、管理和运行维护工作。

（11）承办水利部交办的其他事项。

（二）编制与机构设置及主要职能

根据《水利部关于印发水利部信息中心（水利部水文水资源监测预报中心）主要职责、机构设置和人员编制方案的通知》（水人事〔2017〕289号），核定水利部信息中心为水利部直属公益一类事业单位（正局级），内设11个处室和5个所属事业单位：综合处、人事处（离退休干部办公室）、党委办公室（纪委办公室）、计划与项目管理处、财务处（审计室）、信息化处、网络安全处、通信管理处、科技处（《水文》杂志编辑部）、国际河流水文处、行政审批受理处（水利部行政审批受理中心）以及水利部水文情报预报中心（副局级）、水利部水文水资源监测评价中心（水利部国家地下水监测中心）（副局级）、网络中心（水利部网站）（正处级）、通信运行维护中心（正处级）、水利数据中心（正处级），核定事业编制143人，其中局级领导职数10名（含水利部水文情报预报中心、水利部水文水资源监测评价中心主任各1名），处级领导职数49名（含水利部水文情报预报中心、水利部水文水资源监测评价中心副主任职数及其内设处级领导职数）。

2021年11月，《水利部人事司关于调整水利部信息中心（水利部水文水资源监测预报中心）机构编制事项的通知》（人事机〔2021〕13号）同意通信管理处更名为水利工程信息应用处，通信运行维护中心更名为卫星遥感应用中心，行政审批受理处（水利部行政审批受理中心）加挂水利部12314监督举报服务中心的牌子，在水利部水文情报预报中心设立水情三处，核增2名处级领导职数，调整后处级领导职数51名。

水利部信息中心（水利部水文水资源监测预报中心）机构图如图2所示。

（三）水利部信息中心主要领导任免

2017年9月，蔡阳任党委书记、主任（部党任〔2017〕98号）。

2019年6月，束庆鹏任党委书记（部党任〔2019〕36号）。

2020年7月，束庆鹏离任，蔡阳任党委书记、主任（部党任〔2020〕42号）。

水利部信息中心（水利部水文水资源监测预报中心）领导任免表见表2。

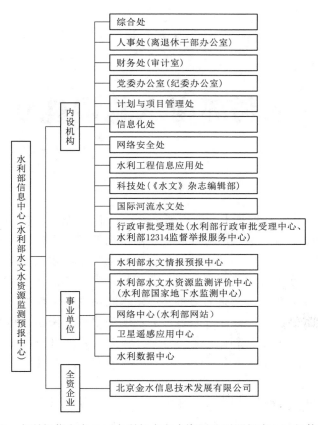

图2　水利部信息中心（水利部水文水资源监测预报中心）机构图

表2　水利部信息中心（水利部水文水资源监测预报中心）领导任免表（2017年9月—2021年12月）

机构名称	姓　名	职　务	任　免　时　间
水利部信息中心（水利部水文水资源监测预报中心）	蔡　阳	主　任	2017年9月—
		党委书记	2017年9月—2019年6月，2020年7月—
	束庆鹏	党委书记	2019年6月—2020年7月
	倪伟新	副主任	2017年9月—2021年1月
	英爱文	副主任	2017年9月—2021年1月
	刘志雨	副主任	2017年9月—
	王乃岳	纪委书记	2017年9月—2018年1月
	钱　峰	副主任	2017年11月—
	郭红云	纪委书记	2018年1月—2021年12月
	周国良	总工程师	2017年12月—
	付　静	副主任	2021年1月—
	刘　江	纪委书记	2021年12月—

执笔人：陈雨潇　王鸿赫

审核人：钱　峰　张阿哲　耿丁蕤

水利部南水北调规划设计管理局

水利部南水北调规划设计管理局是水利部直属公益一类事业单位（正局级），由水利电力部南水北调规划办公室沿革而来。1978年，水利电力部决定在南水北调规划小组的基础上成立水利电力部南水北调规划办公室。1992年1月，水利部明确南水北调规划办公室由水利水电规划设计总院代管改为由部直接管理。1995年5月，水利部明确水利部南水北调规划办公室由水利部直接管理改为与水利水电规划设计总院合署办公；1997年5月，更名为水利部南水北调规划设计管理局；1999年5月，由水利水电规划设计总院代水利部管理。2003年2月，水利部明确水利部南水北调规划设计管理局为部直属事业单位，不再由水利水电规划设计总院代管。2019年4月，南水北调工程设计管理中心（原国务院南水北调工程建设委员会办公室直属事业单位）并入水利部南水北调规划设计管理局。办公地点设在北京市海淀区玉渊潭南路3号。

2001年以来，水利部南水北调规划设计管理局组织沿革划分为以下3个阶段：2001年1月—2003年2月，2003年2月—2019年6月，2019年6月—2021年12月。

一、第一阶段（2001年1月—2003年2月）

2000年9月，水利部人事劳动教育司《关于南水北调规划设计管理局"三定"方案的批复》（人教劳〔2000〕45号）明确南水北调规划设计管理局的主要职责、机构设置和人员编制。

（一）主要职责

（1）组织编制南水北调工程规划，组织超前期研究；受水利部委托，对规划或研究成果进行预审或审查。

（2）组织有关流域机构和设计单位编制南水北调工程建设项目建议书、可行性研究报告、初步设计报告。

（3）组织研究南水北调工程的投融资政策、水价政策和水管理体制与运行机制。

（4）组织研究南水北调工程环境问题，组织编制、预审环境影响评价报告书。

（5）编制南水北调规划设计中的重大科研计划和国际合作交流计划，并组织实施。

（6）承办水利部交办的其他任务。

（二）编制与机构设置

根据《关于南水北调规划设计管理局"三定"方案的批复》（人教劳〔2000〕45号），核定南水北调规划设计管理局事业编制40人，其中局领导职数3名；内设处室处级领导职数10名，内设资源配置处、项目设计处、经济处、综合处4个处。

水利部南水北调规划设计管理局机构图（2000年）如图1所示。

（三）领导任免

2001年10月，水利部任命朱卫东为南水北调规划设计管理局副局长（兼）（部任〔2001〕46号）。

2001年12月，水利部任命刘宁为南水北调规划设计管理局总工程师，尹宏伟为南水北调规划设计管理局副局级调研员，免去曾肇京的南水北调规划设计管理局副局长职务（部任〔2001〕64号）。

水利部南水北调规划设计管理局领导任免表（2001年1月—2003年2月）见表1。

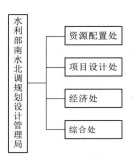

图1　水利部南水北调规划设计管理局机构图（2000年）

表1　　　　　水利部南水北调规划设计管理局领导任免表（2001年1月—2003年2月）

机构名称	姓　名	职　务	任　免　时　间
水利部南水北调规划设计管理局	张国良	局长（兼）	1999年5月—2003年3月
	曾肇京	副局长（兼）	1999年5月—2001年12月
	许新宜	副局长	1999年5月—2003年3月
	朱卫东	副局长（兼）	2001年10月—2003年3月
	刘　宁	总工程师	2001年12月—2003年3月
	尹宏伟	副局级调研员	2001年12月—2003年3月

二、第二阶段（2003年2月—2019年6月）

2003年2月，水利部印发《关于明确南水北调规划设计管理局管理体制及"三定"方案的通知》（水人教〔2003〕71号），确定南水北调规划设计管理局为水利部直属事业单位，不再由水利水电规划设计总院代管，明确其主要职责、内设机构和人员编制。2011年3月，水利部印发《关于水利部南水北调规划设计管理局主要职责内设机构和人员编制的批复》（水人事〔2011〕94号），批复南水北调规划设计管理局的主要职责、内设机构和人员编制。

（一）主要职责

（1）水利部水人教〔2003〕71号文件明确的主要职责如下：

1）组织编制和修订南水北调工程总体规划和东、中、西线工程规划，组织超前期研究；参与对规划或专题研究成果进行预审或审查。

2）研究提出南水北调工程的前期工作计划；组织有关流域机构和设计单位编制工程建设的项目建议书、可行性研究报告、初步设计报告并参与预审或审查；参与建设过程中重大设计变更问题的研究。

3）参与组织研究南水北调工程的投融资政策、水价政策和水管理体制与运行机制。

4）组织研究前期工作中涉及的南水北调工程环境问题；组织编制建设项目环境影响评价报告书和水土保持方案等涉及南水北调工程的专项报告，并参与预审或审查。

5）组织开展南水北调工程前期工作中的重大技术问题的研究和前期工作中涉及的国际合作交流。

6）参与对各勘测设计科研单位的南水北调工程前期工作任务书进行预审或审查。

7）承办水利部交办的任务和国务院南水北调工程领导小组办公室委托的工作。

（2）水利部水人事〔2011〕94 号文件明确的主要职责如下：

1）承担南水北调前期工作的组织、协调和管理工作。研究提出南水北调工程前期工作计划；组织编制南水北调工程前期工作任务书以及项目建议书、可行性研究报告，参与项目成果的审查；组织开展南水北调前期工作中重大问题的专题研究工作；协助组织对南水北调相关规划和专题研究成果进行审查；指导南水北调配套工程有关前期工作；参与南水北调工程建设过程中重大设计变更问题的研究或审查。

2）承担全国跨流域调水工程相关政策法规的研究起草工作；参与相关技术标准与规范的制定与修订工作；参与指导区域大型跨流域调水工程的前期工作，指导跨流域和重要区域重大调水工程运行的有关工作。

3）承担南水北调工程运行的具体管理工作。组织拟定南水北调运行管理有关政策和法规草案；组织开展南水北调运行管理相关重大专题的研究工作；承担组织拟定并实施南水北调年度水量分配、调度计划及应急水量调度预案的具体工作；参与南水北调水源区及工程沿线水污染防治和突发性水污染事故的处理工作；协助指导南水北调水源区及工程沿线水量、水质保障工作。

4）承担南水北调工程的阶段性评价和运行安全管理工作；参与南水北调工程管理和保护范围内以及其他与南水北调工程规划目标相关的防洪及工程建设方案审查工作。

5）承办水利部交办的其他事项。

（二）编制与机构设置

根据《关于明确南水北调规划设计管理局管理体制及"三定"方案的通知》（水人教〔2003〕71号），核定水利部南水北调规划设计管理局事业编制 40 名，其中局领导职数 3～4 名（含总工程师 1名）；内设处级领导职数 11 名，内设办公室、规划计划处、项目设计处、经济财务处、环境移民处 5个处（见图 2）。

根据《关于水利部南水北调规划设计管理局主要职责内设机构和人员编制的批复》（水人事〔2011〕94 号），核定水利部南水北调规划设计管理局事业编制 40 名，其中局级领导职数 4 名；处级领导职数 12 名，内设综合处、规划计划处、政策法规处、调度管理处和财务处 5 个处（见图 3）。

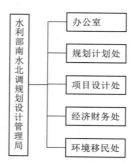

图 2　水利部南水北调规划设计
管理局机构图（2003 年）

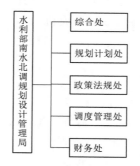

图 3　水利部南水北调规划设计
管理局机构图（2011 年）

（三）领导任免

2003 年 3 月，水利部任命许新宜为水利部南水北调规划设计管理局局长，任命祝瑞祥、尹宏伟为水利部南水北调规划设计管理局副局长，免去尹宏伟的副局级调研员职务，任命高安泽为水利部南水北调规划设计管理局总工程师（正局级不变），免去张国良的水利部南水北调规划设计管理局局长职务，免去朱卫东的水利部南水北调规划设计管理局副局长职务，免去刘宁的水利部南水北调规划设计管理局总工程师职务（部任〔2003〕16号）。

2004年6月，水利部任命矫勇为水利部南水北调规划设计管理局局长（兼），免去许新宜的水利部南水北调规划设计管理局局长职务（部任〔2004〕20号）。

2005年6月，水利部任命周学文为水利部南水北调规划设计管理局局长（兼），任命梅锦山为水利部南水北调规划设计管理局总工程师，免去矫勇兼任的水利部南水北调规划设计管理局局长职务，免去高安泽的水利部南水北调规划设计管理局总工程师职务（部任〔2005〕26号）。

2006年4月，水利部免去梅锦山的水利部南水北调规划设计管理局总工程师职务（部任〔2006〕16号）。

2006年11月，水利部任命关业祥为水利部南水北调规划设计管理局副局长（部任〔2006〕47号）。

2007年7月，水利部任命唐传利为水利部南水北调规划设计管理局局长，免去周学文兼任的水利部南水北调规划设计管理局局长职务（部任〔2007〕16号）。

2011年1月，水利部免去关业祥的水利部南水北调规划设计管理局副局长职务（部任〔2011〕16号）。

2011年5月，水利部免去唐传利的水利部南水北调规划设计管理局局长职务（部任〔2011〕22号）。

2011年6月，水利部任命祝瑞祥为水利部南水北调规划设计管理局局长，金旸为水利部南水北调规划设计管理局副局长（部任〔2011〕37号）。

2013年6月，水利部任命赵东晓为水利部南水北调规划设计管理局副局长（部任〔2013〕26号）。

2015年7月，水利部任命陆桂华为水利部南水北调规划设计管理局局长，免去祝瑞祥的水利部南水北调规划设计管理局局长职务（部任〔2015〕66号）。

2016年8月，水利部任命朱程清为水利部南水北调规划设计管理局局长，免去陆桂华的水利部南水北调规划设计管理局局长职务（部任〔2016〕72号）。

2016年8月，水利部免去赵东晓的水利部南水北调规划设计管理局副局长职务（部任〔2016〕79号）。

2017年12月，水利部免去金旸的水利部南水北调规划设计管理局副局长职务（部任〔2017〕144号）。

2019年4月，水利部任命匡少涛为水利部南水北调规划设计管理局副局长（部任〔2019〕36号）。

水利部南水北调规划设计管理局领导任免表（2003年2月—2019年6月）见表2。

表2　　　　水利部南水北调规划设计管理局领导任免表（2003年2月—2019年6月）

机 构 名 称	姓 名	职 务	任 免 时 间
水利部南水北调规划设计管理局	许新宜	局 长	2003年3月—2004年6月
	矫 勇	局长（兼）	2004年6月—2005年6月
	周学文	局长（兼）	2005年6月—2007年7月
	唐传利	局 长	2007年7月—2011年5月
	祝瑞祥	副局长	2003年3月—2011年5月
	祝瑞祥	局 长	2011年6月—2015年7月
	陆桂华	局 长	2015年7月—2016年8月
	朱程清	局 长	2016年8月—2019年6月

续表

机 构 名 称	姓 名	职 务	任 免 时 间
水利部南水北调规划设计管理局	尹宏伟	副局长	2003 年 3 月—
	高安泽	总工程师（正局级）	2003 年 3 月—2005 年 6 月
	梅锦山	总工程师	2005 年 6 月—2006 年 4 月
	关业祥	副局长	2006 年 11 月—2011 年 1 月
	金旸	副局长	2011 年 6 月—2017 年 12 月
	赵东晓	副局长	2013 年 6 月—2016 年 8 月
	匡少涛	副局长	2019 年 4 月—

三、第三阶段（2019 年 6 月—2021 年 12 月）

2019 年 4 月，根据中央机构编制委员会办公室中央编办复字〔2019〕29 号文件，撤销南水北调工程设计管理中心（南水北调工程设计管理中心为原国务院南水北调工程建设委员会办公室直属正局级事业单位，成立于 2005 年 12 月，事业编制 19 名，其中局级领导职数 3 名，处级领导职数 8 名，办公地点设在北京市海淀区玉渊潭南路 3 号），有关职责和编制并入水利部南水北调规划设计管理局。

2019 年 9 月，水利部印发《关于印发水利部南水北调规划设计管理局主要职责、机构设置和人员编制方案的通知》（水人事〔2019〕265 号），将南水北调工程设计管理中心有关职责和编制并入南水北调规划设计管理局，明确南水北调规划设计管理局为水利部直属公益一类事业单位（正局级），并明确主要职责、机构设置和人员编制。

2020 年 1 月，中共水利部直属机关委员会印发《关于同意成立中共水利部南水北调规划设计管理局委员会和纪律检查委员会的通知》（机党〔2020〕3 号），批准成立中共水利部南水北调规划设计管理局委员会和纪律检查委员会。

（一）主要职责

（1）承担南水北调东中线后续工程和西线工程前期工作的组织、协调和有关管理工作；协助指导大型跨流域调水工程和地方调水工程前期工作；承担南水北调工程重大设计变更有关工作。

（2）承担南水北调工程建设资金筹措、征地移民、建设及运行管理、供水价格、经济社会影响和后续工程筹划、中长期发展、体制机制等重大问题的专题研究工作。

（3）承担南水北调工程投资静态控制和动态管理相关工作；承担或参与南水北调工程完工竣工财务决算、财务经济后评价有关工作。

（4）承担南水北调工程质量检测、质量评价工作，以及建设稽查和运行监管的事务性工作。

（5）承担南水北调年度水量分配、调度计划及应急水量调度预案拟定和实施的具体工作。

（6）承担南水北调工程建设及运行管理和全国跨流域调水工程相关政策法规、技术标准的研究、起草、评估等有关工作；参与南水北调水源区和受水区水资源评估、节约用水、水质保护、地下水压采和水生态修复等有关工作。

（7）承担南水北调工程阶段验收、完工验收、竣工验收、档案专项验收及管理等有关工作；承担南水北调工程建设评价、科技管理和信息化管理相关工作；承担南水北调工程专家委员会的日常管理工作；组织编纂《中国南水北调工程建设年鉴》。

（8）承担全国调水工程和水量调度等基本信息统计、数据整编工作，以及调水管理信息发布的相关技术工作；协助组织指导跨省重要江河及重大调水工程的水资源调度工作，承担实施情况监督检查的事务性工作；参与大型调水工程的后评估工作。

（9）承办水利部交办的其他事项。

（二）编制与机构设置

根据《关于印发水利部南水北调规划设计管理局主要职责、机构设置和人员编制方案的通知》（水人事〔2019〕265号），核定水利部南水北调规划设计管理局财政补助事业编制69名，局级领导职数4名（党组织领导职数另行核定），另设总工程师1名，处级领导职数26名（含副总工程师1名），内设综合处（党群工作处）、规划计划处、财务处、技术经济处、生态环境保护处（政策法规处）、工程建设处、调度管理处、监管事务处、工程档案处9个处。

根据水利部人事司《关于南水北调规划设计管理局机构编制调整的通知》（人事机〔2020〕5号），核定水利部南水北调规划设计管理局领导职数1正3副（含党组织领导职数1名），处级领导职数21名（含副总工程师1名），局财政补助事业编制由69名调整为52名；综合处（党群工作处）更名为综合处（党委办公室）。

水利部南水北调规划设计管理局机构图（2021年）如图4所示。

（三）领导任免

2019年6月，水利部任命赵存厚为南水北调规划设计管理局局长，尹宏伟、匡少涛、蔡建平为南水北调规划设计管理局副局长，孙庆国为南水北调规划设计管理局总工程师，免去朱程清的南水北调规划设计管理局局长职务（部任〔2019〕60号）。

2020年4月，水利部党组任命赵存厚为中共水利部南水北调规划设计管理局委员会书记（部党任〔2020〕12号）。

2020年4月，水利部党组任命万育生为中共水利部南水北调规划设计管理局纪律检查委员会书记（部党任〔2020〕21号）。

2020年10月，水利部党组任命鞠连义为中共水利部南水北调规划设计管理局委员会书记，免去赵存厚的中共水利部南水北调规划设计管理局委员会书记职务（部党任〔2020〕72号）。

2020年10月，水利部任命鞠连义为水利部南水北调规划设计管理局局长，免去赵存厚的南水北调规划设计管理局局长职务（部任〔2020〕93号）。

2021年7月，水利部党组免去万育生的中共水利部南水北调规划设计管理局纪律检查委员会书记职务（部党任〔2021〕42号）。

2021年7月，水利部免去匡少涛的南水北调规划设计管理局副局长职务（部任〔2021〕46号）。

2021年8月，水利部党组任命付自龙为中共水利部南水北调规划设计管理局纪律检查委员会书记（部党任〔2021〕65号）。

2021年8月，水利部任命姚建文为水利部南水北调规划设计管理局副局长（部任〔2021〕72号）。

水利部南水北调规划设计管理局领导任免表（2019年6月—2021年12月）见表3。

图4　水利部南水北调规划设计管理局机构图（2021年）

表 3　　　　　　水利部南水北调规划设计管理局领导任免表（2019 年 6 月—2021 年 12 月）

机 构 名 称	姓 名	职 务	任 免 时 间
水利部南水北调规划设计管理局	鞠连义	局长、党委书记	2020 年 10 月—
	赵存厚	局 长	2019 年 6 月—2020 年 10 月
		党委书记	2020 年 4 月—2020 年 10 月
	尹宏伟	副局长	继任—
		党委委员	2020 年 8 月—
	匡少涛	副局长	继任—2021 年 7 月
		党委委员	2020 年 8 月—2021 年 7 月
	万育生	纪委书记	2020 年 4 月—2021 年 7 月
		党委委员	2020 年 8 月—2021 年 7 月
	蔡建平	副局长	2019 年 6 月—
		党委委员	2020 年 8 月—
	付自龙	纪委书记	2021 年 8 月—
		党委委员	2021 年 11 月—
	孙庆国	总工程师	2019 年 6 月—
		党委委员	2020 年 8 月—
	姚建文	副局长	2021 年 8 月—
		党委委员	2021 年 9 月—

执笔人：陈文艳　陈桂芳　关　炜
审核人：尹宏伟

水利部机关服务中心（局）

水利部机关服务中心（局）成立于1994年，是水利部直属（正局级）事业单位，主要负责水利部机关委托管理的后勤行政性工作，承担水利部机关后勤服务保障等任务。

一、主要职责

（1）承担水利部机关委托管理的后勤行政事务性工作。

（2）承担水利部机关后勤保障工作，与水利部机关签订并履行服务合同。

（3）承担水利部机关交由其占有、使用的固定资产管理工作，使经营性资产保值增值。

（4）负责所属服务实体与事业单位的管理，积极推进后勤运行机制的转换，逐步实现自收自支。

（5）负责机关财务、档案、信访业务工作中有关司（局）管理的工作。

（6）承办水利部交办的其他任务。

二、机构设置和人员编制

2000年12月，根据《国务院办公厅转发国务院机关事务管理局中央机构编制委员会办公室〈关于深化国务院各部门机关后勤体制改革意见〉的通知》（国办发〔1998〕147号）精神，水利部人教司印发《关于机关服务中心（局）"三定"方案的批复》（人教劳〔2000〕60号），明确机关服务中心（局）内设11个职能处（室）、3个服务实体、3个直属事业单位。职能处座分别是办公室（党委办公室）、人事劳资处、财务处、经营管理处、房产管理处、保卫处、行政处、基建处、机关财务资产处、信访处、档案处；服务实体分别是印刷交换中心、接待服务中心、交通服务中心；直属事业单位分别是密云绿化基地、招待所、幼儿园。核定机关服务中心（局）事业编制255名，其中（局）机关75名，服务实体及直属事业单位180名。

2002年，因入托儿童数量过少，幼儿园经营出现困难，难以维持，经水利部批准，幼儿园停办。

2004年，整合局属企业尚杰公司、江都公司、利海公司、中水服科贸有限责任公司，组建北京新水投资管理有限公司和物业分公司。同年，经水利部批准，原国家防办所属的北京华夏物资公司划归机关服务中心（局）。

2004年6月，水利部预算执行中心成立后，水利部人教司印发了《关于调整机关服务中心（局）机构和编制的通知》（人教劳〔2004〕38号），明确机关服务中心（局）机关财务资产处划入预算执行中心，核减机关服务中心（局）事业编制10名，机关服务中心（局）事业编制从255名减至245名。

2005年6月，经国家事业单位登记管理局批准，根据水利部人教司《关于同意成立接待服务中心和交通服务中心的批复》（人教劳〔2005〕30 号），机关服务中心（局）接待服务中心、交通服务中心成为独立事业法人单位，人员编制由机关服务中心（局）内部调剂。2017 年 7 月，根据《水利部人事司关于核定接待服务中心和交通服务中心人员编制的批复》（人事机〔2017〕5 号），分别核定接待服务中心事业编制 20 名、交通服务中心事业编制 30 名。

2007 年 3 月，根据水利部人教司《关于调整信访处管理体制有关事项的通知》（人教劳〔2007〕8 号），信访处由机关服务中心（局）划转到水利部办公厅。

2010 年 2 月，根据水利部人事司《关于机关服务局机构编制调整有关事项的批复》（人事机〔2010〕2 号），人事劳资处更名为人事处（离退休职工处），经营管理处更名为经营处，房产管理处更名为房产处，财务处加挂审计处牌子。

2011 年 11 月，根据水利部人事司《关于机关服务局增设节能处的批复》（人事机〔2011〕11 号），机关服务中心（局）增设节能处。

2013 年 3 月，水利部人事司根据《中央编办关于水利部所属事业单位清理规范意见的函》（中央编办函〔2012〕245 号），印发了《水利部人事司关于机关服务局所属事业单位机构编制调整的通知》（人事机〔2013〕2 号），将月坛招待所并入社会路招待所，社会路招待所事业编制由 50 名增加到 80 名（含调剂至接待服务中心和交通服务中心编制 50 名）。机关服务中心（局）服务实体及直属单位编制由 180 名减至 170 名。机关服务中心（局）编制总数从 245 名减至 235 名。

2018 年，鉴于密云绿化基地位于密云水库一级水源保护区范围内，为认真贯彻习近平总书记在全国生态环境保护大会上的重要讲话精神，带头担负起生态文明建设整治责任，经水利部研究决定，关停密云绿化基地，拆除现有建筑物。2018 年 12 月 26 日，机关服务中心（局）、北京市水务局联合进行了验收，完成了拆建还绿任务。

2018 年 11 月，根据《中央编办关于水利部所属事业单位机构编制调整的批复》（中央编办复字〔2018〕125 号），将国务院三峡办机关服务中心和水利部机关服务中心整合为水利部机关服务中心（局），编制由 65 名调整为 93 名（其中财政补助 70 名，经费自理 23 名），机关服务中心（局）编制总数从 235 名增至 263 名。

2021 年 7 月，根据《中央编办关于撤销水利部社会路招待所的批复》（中编办复字〔2021〕139 号），撤销水利部社会路招待所，核销 80 名经费自理事业编制，机关服务中心（局）编制总数从 263 名减至 183 名。

三、领导任免

2001 年以来，水利部机关服务中心（局）领导任免表见表 1。

表 1　　　　　　　　　　　　水利部机关服务中心（局）领导任免表

机构名称	姓　名	职务（级别）	任免时间	备　注
水利部机关服务中心（局）	杨嘉隆	主任（正局级）、党委书记	1995 年 6 月—2001 年 4 月	
	田中兴	主任（正局级）、党委书记	2001 年 4 月—2006 年 12 月	
	刘建明	主任（正局级）、党委书记	2006 年 12 月—2011 年 5 月	
	杨昕宇	副主任（副局级）	2002 年 9 月—2011 年 5 月	
		主任（正局级）、党委书记	2011 年 5 月—2017 年 9 月	
	刘　斌	副主任（副局级）	2012 年 7 月—2017 年 9 月	
		主任（正局级）	2017 年 9 月—2021 年 3 月	

续表

机构名称	姓　名	职务（级别）	任　免　时　间	备　　注
水利部机关服务中心（局）	杨振存	党委副书记	2005 年 6 月—2017 年 9 月	
		纪委书记	2005 年 6 月—2017 年 6 月	
		党委书记	2017 年 9 月—	
	白岩红	主任（正局级）	2021 年 6 月—	
	邹佩华	副主任（副局级）	1995 年 6 月—2001 年 7 月	
	徐佩忠	副主任（副局级）	1995 年 6 月—2012 年 7 月	
	刘秀华	副主任（副局级）	1996 年 6 月—2015 年 7 月	
	李宝达	党委副书记、纪委书记	2002 年 9 月—2005 年 6 月	
	陆光杰	总会计师	2011 年 6 月—	
	赵　胜	副主任（副局级）	2011 年 9 月—2017 年 12 月	
	刘胜全	总工程师	2012 年 7 月—2017 年 11 月	
		副主任（副局级）	2017 年 11 月—2020 年 12 月	
	姜辅腊	副主任（副局级）	2015 年 11 月—2020 年 12 月	
	张玉欣	纪委书记	2017 年 6 月—2021 年 7 月	
	张志鹏	副主任（副局级）	2017 年 12 月—	
	李志忠	总工程师	2017 年 12 月—2020 年 12 月	
	王新亮	副主任（副局级）	2019 年 4 月—	
	李咏楠	副主任（副局级）	2019 年 4 月—2020 年 12 月	
	种青芳	副主任（副局级）	2021 年 5 月—	
	赵凯靖	副主任（副局级）	2021 年 5 月—	
	王　娟	纪委书记	2021 年 12 月—	

水利部机关服务中心（局）机构图如图 1 所示。

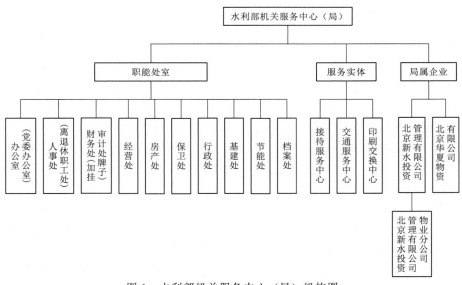

图 1　水利部机关服务中心（局）机构图

执笔人：王文文

审核人：张秋芳　杜　钧　肖　佳

水利部水利水电规划设计总院
（水利部水利规划与战略研究中心）

水利部水利水电规划设计总院（以下简称"水规总院"）是负责全国性综合及专业规划编制、规划设计审查和水利勘测设计咨询行业管理工作的部直属正局级事业单位，办公地点位于北京市西城区六铺炕北小街 2-1 号。

水规总院前身是 1951 年 11 月成立的中央人民政府水利部工程总局（水利部〔51〕秘文字 3922 号）。自成立以来，水规总院发展过程可分为三个阶段：第一阶段水利部工程总局前期（1951 年 11 月—1969 年 6 月）、第二阶段水利部工程总局后期（1975 年 9 月—1994 年 11 月）、第三阶段水规总院时期（1994 年 12 月至今）。

2000 年 5 月 22 日，水利部批复水规总院成立水利规划与战略研究中心（人教劳〔2000〕32 号），为议事协调机构；2003 年 11 月 26 日，全国勘察设计注册工程师管理委员会批准水规总院牵头成立全国勘察设计注册工程师水利水电工程专业管理委员会及全国勘察设计注册土木工程师（水利水电工程）执业资格考试专家组；2006 年 3 月 14 日，水利部批复水规总院设立水利部水利工程建设质量与安全监督总站设计质量监督分站（人教劳〔2006〕7 号）；2013 年 3 月 4 日，水利部批复水规总院加挂水利部水利规划与战略研究中心牌子（人事机〔2013〕3 号），撤销水利规划与战略研究中心；2018 年 6 月 25 日，根据《关于中水移民开发中心划转有关工作的请示》（人事机签〔2018〕第 5 号）的批示，中水移民开发中心划转水规总院。

一、主要职责

根据水利部《关于水利部水利水电规划设计总院职能配置、机构设置和人员编制方案的批复》（人教劳〔2005〕39 号），水利部水利水电规划设计总院是受水利部委托，负责全国性综合及专业规划编制、规划设计审查和水利勘测设计咨询行业管理工作的部直属事业单位，主要职责如下：

（1）参与组织编制大江大河及重点河流、重要湖泊、国际河流规划及全国水利中长期规划；承担水资源规划、水资源保护规划、水土保持规划、防洪规划等全国性规划的编制；按规定权限，承担规划成果及规划环境影响评价报告书（表）的预审、审查或批复工作。

（2）负责组织工程规划和大、中型水利水电建设项目各阶段（项目建议书、可行性研究、初步设计等）报告的审查工作，承办初步设计报告批复工作；承担水利水电建设项目水土保持方案、环境影响评价、水资源论证及相关规划环境影响评价报告书（表）等专题、专项报告的审查工作，负责部直属单位基础设施建设项目项目建议书、可行性研究、初步设计报告审查工作；组织重大设计变更、工程概算调整审查，承办重大设计变更批复工作。

（3）参与研究提出中长期和年度前期工作计划及资金安排意见；承担年度前期工作计划执行情况检查、督促、统计等具体工作；负责有关规划计划项目任务书审查工作。

（4）组织编制水利水电（含水土保持）勘测设计技术标准，并组织实施和监督管理。

（5）负责水利勘测设计咨询资质及从业人员执业资格管理工作，参与勘测设计招投标等市场监督管理、建设项目水资源论证资质管理工作。

（6）负责水利勘测设计咨询质量管理与监督工作；负责水利勘测设计咨询行业的优秀成果评审工作；组织水利勘测设计咨询行业重大科技攻关和技术推广工作。

（7）负责全国水利勘测设计咨询单位业务工作的行业管理。

（8）承办水利部交办的其他事项。

二、编制与机构设置

2013年3月4日，水利部批复水规总院事业编制由190名增加到200名（人事机〔2013〕3号）。〔注：1995年1月28日，根据水利部通知（办部〔1995〕6号）水规总院的人员编制是190人，机构设置12个处（室）：办公室、人事处、计划处、财务处、科技处、行政处、勘测处、规划处、设计处、水库环评处、机电处、施工处，监察、审计、党群机构按有关规定设置。〕

2002年8月12日，水利部批复水规总院成立董事长办公室（人教劳〔2002〕45号）；2013年3月4日，水利部批复水规总院撤销水战略研究部（人事机〔2013〕3号），成立水战略研究一处、水战略研究二处；2014年12月4日，水利部同意水规总院董事长办公室更名为控股参股企业监管办公室（人事机〔2014〕15号）；2017年10月13日，水利部批复水规总院设立机电与信息化处（人事机〔2017〕13号）；2019年2月12日，水利部同意水规总院环境与移民处更名为生态环境处（人事机〔2019〕2号）；2020年4月26日，水利部同意水规总院咨询部更名为总师办公室（人事机〔2020〕4号）。

水规总院现有18个内设机构，分别为：办公室、党委办公室（监察处）、总师办公室、人事处、计划处、财务处（审计处）、科技外事处、离退休职工管理处、控股参股企业监管办公室、规划处、勘测处、设计处、造价处、生态环境处、水战略研究一处、水战略研究二处、机电与信息化处、服务中心。

三、领导任免

水利部水利水电规划设计总院领导任免表（2001年1月—2021年12月）见表1。

表1　　　　水利部水利水电规划设计总院领导任免表（2001年1月—2021年12月）

机构名称	姓名	职务	任免时间	备注
水利部水利水电规划设计总院	张国良	院长 党委书记	1998年7月—2001年12月	部任〔1998〕18号
	李丰	副院长	1997年4月—2003年4月	部任〔1997〕15号
	汪洪	副院长	1999年2月—2003年9月	部任〔1999〕6号
		院长 党委书记	2003年9月—2009年6月	部任〔2003〕49号
	汪易森	总工程师	2000年8月—2003年2月	部任〔2000〕34号
	王治明	副院长	2001年1月—2006年3月	部任〔2001〕5号
		党委副书记 纪委书记	2006年3月—2015年3月	部党任〔2006〕4号

机构名称	姓 名	职 务	任 免 时 间	备 注
水利部水利水电规划设计总院	朱卫东	副院长	2001 年 10 月—2003 年 9 月	部任〔2001〕45 号
	宁 远	院长、党委书记	2001 年 12 月—2003 年 9 月	部任〔2001〕63 号
	沈凤生	副院长（正局级）	2002 年 12 月—2005 年 12 月	部任〔2002〕51 号
		总工程师	2003 年 2 月—2005 年 12 月	部任〔2003〕13 号
		副院长（正局级）	2015 年 3 月—2016 年 8 月	部任〔2015〕18 号
		副书记	2015 年 3 月—2016 年 8 月	部党任〔2015〕16 号
		院长、党委副书记	2016 年 8 月—	部任〔2016〕88 号
	陈 伟	副院长	2003 年 9 月—	部任〔2003〕49 号
		党委书记	2016 年 9 月—	部党任〔2016〕80 号
	段红东	副院长	2003 年 12 月—2006 年 3 月	部任〔2003〕66 号
	董安建	副院长	2005 年 12 月—2013 年 12 月	部任〔2005〕51 号
	梅锦山	副院长	2006 年 4 月—2015 年 12 月	部任〔2006〕15 号
	刘志明	副院长	2006 年 4 月—2021 年 11 月	部任〔2006〕15 号
		总工程师	2006 年 4 月—2012 年 7 月	
	李原园	副院长	2006 年 7 月—	部任〔2006〕24 号
	刘伟平	院 长	2009 年 6 月—2016 年 8 月	部任〔2009〕23 号
		党委书记	2009 年 6 月—2016 年 8 月	部党任〔2009〕11 号
	李孝振	副局级	2011 年 9 月—2015 年 8 月	部任〔2011〕63 号
	朱党生	总工程师	2012 年 7 月—2016 年 3 月	部任〔2012〕26 号
		副院长	2016 年 3 月—	部任〔2016〕18 号
	王志强	副院长	2014 年 4 月—	部任〔2014〕39 号
	胡玉强	纪委书记	2015 年 7 月—2021 年 11 月	部党任〔2015〕39 号
		副院长	2021 年 11 月—	部任〔2021〕113 号
	尹迅飞	副局级	2015 年 7 月—	部任〔2015〕60 号
	温续余	总工程师	2016 年 3 月—	部任〔2016〕18 号
	郦建强	总经济师	2019 年 4 月—	部任〔2019〕49 号
	朱东恺	纪委书记	2021 年 12 月—	部党任〔2021〕101 号

四、代部管理单位和直属企事业单位

（1）代部管理单位：水利部水利建设经济定额站、全国勘察设计注册工程师水利水电工程专业管理委员会、水利部水利工程建设质量与安全监督总站设计质量监督分站。

（2）直属事业单位：中水移民开发中心。

（3）直属企业单位：江河水利水电咨询中心有限公司、北京中水源禹认证有限公司、北京川流科技开发有限公司。

五、机构设置图

水利部水利水电规划设计总院机构图见图1。

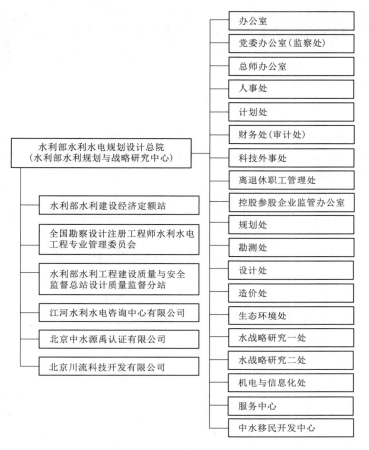

图1 水利部水利水电规划设计总院机构图

执笔人：杨晓芳 毕保力
审核人：郦建强 陈 雷

中水北方勘测设计研究有限责任公司

中水北方勘测设计研究有限责任公司是水利部直属综合性科技型企业，前身是水利部天津水利水电勘测设计研究院，1954 年成立。为尽早实现南水北调和进一步开发利用华北地区水资源，1979 年落户天津，院址设在河西区洞庭路 60 号。

2001—2021 年，其组织沿革可分为两个阶段，即水利部天津水利水电勘测设计研究院时期（1996 年 10 月—2002 年 12 月）和改企转制更名为中水北方勘测设计研究有限责任公司时期（2003 年 1 月至今）。

一、水利部天津水利水电勘测设计研究院时期(1996 年 10 月—2002 年 12 月)

根据水人教〔1996〕426 号、海人字〔1996〕第 90 号、水津办〔1996〕16 号三个文件，正式更名为水利部天津水利水电勘测设计研究院（以下简称"天津院"）。

（一）机构设置

2000 年院内部机构设置为：办公室、政工处、工会、计划经营处、劳动人事处、财务处、审计处、技术质量处、行政处、离退休管理处、信息档案处、水工处、建筑处、规划处、机电处、施工处、引黄入晋处、工程监理处、设代处、电算处、勘察院、航测遥感院、科研所、实业开发处、渤海咨询公司、威海分院、中孚公司、出版科，共 28 个内设机构（见图 1）。全院职工 1227 人。

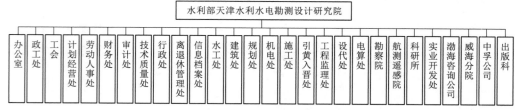

图 1　水利部天津水利水电勘测设计研究院机构图（2000 年）

（二）领导任免

2000 年 3 月任命李志英为天津院党委书记；任命刘德堂为天津院党委副书记，主持天津院行政工作；免去王宏斌党委书记、院长职务（海水党〔2000〕2 号）。

2002 年 2 月，聘曹楚生为院专家委员会主任，林昭为院专家委员会副主任、院副总工程师。9 月，海委党组同意刘德堂为天津院院长（试用期一年）。10 月，经水利部同意，由水利部水电规划总院副院长汪洪兼任天津院副院长，主持行政工作。

水利部天津水利水电勘测设计研究院领导任免表（1996 年 10 月—2002 年 12 月）见表 1。

表1　　　　水利部天津水利水电勘测设计研究院领导任免表（1996年10月—2002年12月）

机构名称	姓名	职务	任免时间	备注
天津水利水电勘测设计研究院	李志英	党委书记	2000年3月—2003年6月	海水党〔2000〕2号
		工会主席	2001年6月—2004年9月	院党〔2001〕13号
	刘德堂	党委副书记	2000年3月—2003年6月	海水党〔2000〕2号
		院长	2002年9月—2003年6月	海水党〔2002〕41号
	郭潇	副局级	2001年7月—2005年9月	海水党〔2001〕28号
	汪洪	副院长，主持行政工作	2002年10月—2003年6月	海水党〔2002〕48号

二、中水北方勘测设计研究有限责任公司时期（2003年1月—2021年12月）

2002年，水利部批复了《关于天津水利水电勘测设计研究院体制改革实施方案的批复》（水人教〔2002〕291号），天津院整体转制成立有限责任公司，由水利部水利水电勘测设计总院、水利部海河水利委员会和新华水利水电投资公司作为投资主体，分别持有天津院国有净资产的51%、40%和9%股权。公司组织机构设置按照《中华人民共和国公司法》规定，设立股东会、董事会、监事会和经理层组成规范的法人治理机构。

2002年11月8日，国家工商行政管理总局核准天津院改企后名称为"中水北方勘测设计研究有限责任公司"。2003年1月7日，经国家工商行政管理总局核准、天津市工商行政管理局注册，天津院整体改企转制，正式成立中水北方勘测设计研究有限责任公司。

2019年1月，根据公司战略发展需要，为适应市场环境、优化组织结构、提升资源整合能力，对公司组织机构进行设置调整。

2020年7月，中水北方勘测设计研究有限责任公司股东新华水利控股集团有限公司将占公司9%的股份转让给水利部机关服务局。

（一）机构设置

2003年院内部机构设置为：办公室、党务工作处、工会、经营与项目管理处、企业策划处、劳动人事处、财务资产处、技术质量处、离退休职工管理处、信息档案中心、水工设计处、建筑设计处、规划设计处、机电设计处、施工设计处、调水工程设计处、国际工程处、勘察院、航测遥感院、工程技术研究院、实业总公司、工程咨询总公司、威海分公司、银利公司、中孚公司，共25个内设机构（见图2）。全院职工1135人。

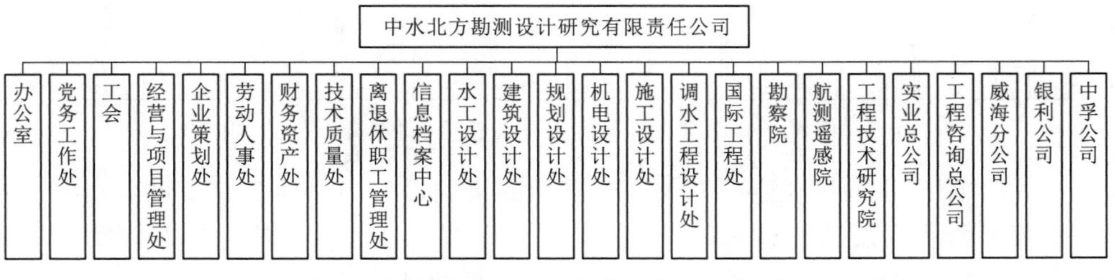

图2　中水北方勘测设计研究有限责任公司机构图（2003年）

2006年成立工程监理公司、信息工程公司、渤海咨询公司，撤销企业策划处、工程咨询总公司、威海分公司，建筑设计处更名为建筑设计院，共25个内设机构（见图3）。全院职工1109人。

2009年撤销信息档案中心、调水工程设计处、信息工程公司、中孚公司，技术质量处更名为技术质量信息管理处，共21个内设机构。全院职工1039人。

2011年成立数字化标准化办公室、新疆公司，共23个内设机构。全院职工1043人。

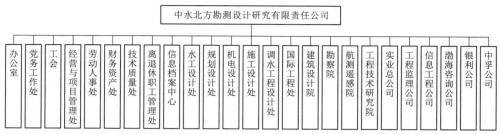

图 3　中水北方勘测设计研究有限责任公司机构图（2006 年）

2012 年成立环境移民处，共 24 个内设机构。全院职工 1052 人。

2013 年成立国际工程管理处，共 25 个内设机构。全院职工 1047 人。

2015 年成立北京公司、西藏公司，共 28 个内设机构（见图 4）。全院职工 1046 人。

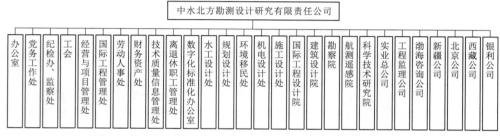

图 4　中水北方勘测设计研究有限责任公司机构图（2015 年）

2016 年成立工程总承包与项目管理公司、贵州分公司、甘肃分公司，共 30 个内设机构。全院职工 1094 人。

2017 年成立水生态规划设计研究院，原党务工作处、数字化标准化办公室、渤海咨询公司分别更名为党群工作处、数字工程中心、中国水利水电建设工程咨询渤海有限公司，共 33 个内设机构（见图5）。全院职工 1098 人。

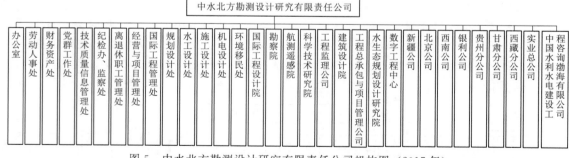

图 5　中水北方勘测设计研究有限责任公司机构图（2017 年）

2019 年，公司对组织机构设置进行调整。调整后的机构设置为：办公室、董事会办公室、人力资源部、经营发展部、投资发展部、财务资产部、党群工作部、技术质量信息部、监察审计部（纪委办公室）、离退休工作部、水利水电及新能源事业部、海外事业部、智慧水利事业部、水道及隧洞所、坝工所、厂房结构（新能源）所、机械所、电气所、施工所、造价中心、海外工程坝工所、海外工程厂房所、规划发展研究院、城乡发展与环境工程院、工程建设管理公司、水生态工程设计院、后勤服务中心。

2020 年将监理公司并入工程建设管理公司（见图 6）。

2021 年，监察审计部（纪委办公室）加挂督导部牌子；撤销离退休工作部，离退休工作部现有职能及人员整体划转至后勤服务中心，后勤服务中心加挂离退休工作部牌子；将经营发展部的项目管理职能、技术质量信息部的三体系建设以及质量管理职能，办公室的安全生产管理职能、环境和职业健

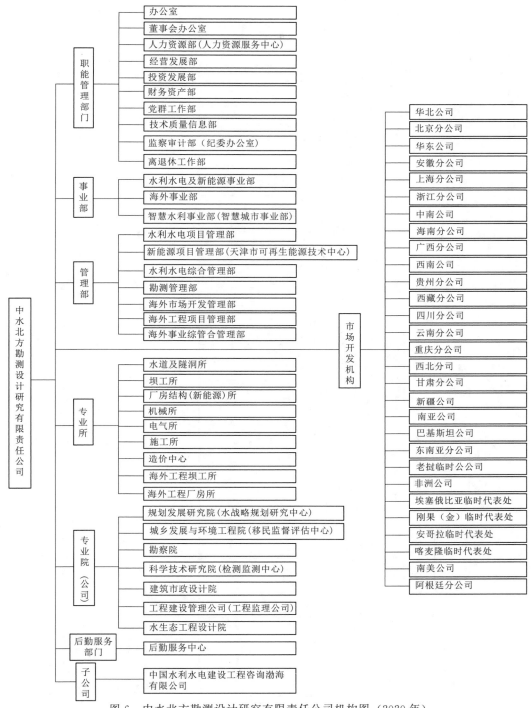

图 6　中水北方勘测设计研究有限责任公司机构图（2020 年）

康管理和智慧事业部 BIM 仿真中心的三维协同设计推进职能从原部门剥离，组建成立生产管理部；技术质量信息部更名为科技与数字化部；撤销建筑院园林所，整合水生态院、建筑院等单位的风景园林专业职能和人员，成立风景园林所；成立工程总承包事业部、机电设备成套公司、江西分公司、宁夏分公司；勘察院加挂岩土工程公司牌子；科学技术研究院更名为工程科技公司；撤销水利水电项目管理部，成立枢纽项目管理部、引调水项目管理部和抽蓄项目管理部；厂房结构（新能源）所更名为抽蓄（新能源结构）所（见图 7）。公司员工 1500 人。

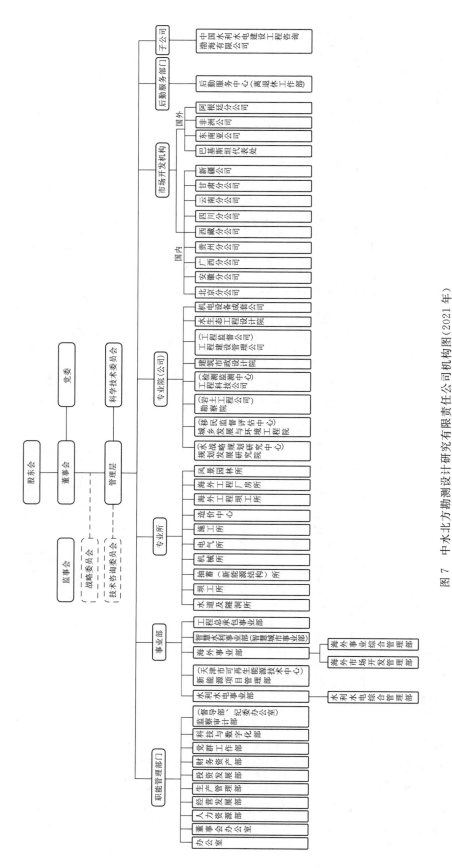

图 7 中水北方勘测设计研究有限责任公司机构图（2021 年）

（二）领导任免

2003 年 11 月，汪洪任公司董事长、法定代表人。

2004 年 2 月，经水利部党组批准，任命何志华为公司党委书记。7 月，经水利部党组批准，任命段文生为公司党委副书记、纪委书记。10 月，经天津市总工会同意，段文生担任公司第一届工会委员会委员、常委、主席。

2007 年 4 月，任命张和平为公司总经理（水总董办〔2007〕180 号）。2009 年 7 月，何志华任副总经理，免去谢熙曦副总经理职务。2011 年 3 月，宋长申、朱党生任副总经理（试用期一年）。

2015 年 7 月，任命李孝振为公司总经理、党委委员，同时免去张和平总经理职务（部党任〔2015〕45 号）。

2016 年 7 月，任命李孝振为公司董事长，同时免去其总经理职务。任命杨启祥为公司总经理（部任〔2016〕75 号）。

2017 年 1 月，免去杨启祥公司总经理职务（部任〔2017〕15 号）。同年 7 月，任命何志华为公司总经理（部任〔2017〕74 号）。任命张仁杰为公司党委书记，免去何志华公司党委书记职务（部党任〔2017〕52 号）。

2019 年 10 月，免去何志华总经理职务（部任〔2019〕96 号）。同年 12 月，任命于玉森为公司总经理（部任〔2019〕110 号）。

2020 年 2 月，任命杨启祥为公司副董事长（正局级）、党委委员（部任〔2020〕7 号）。

2021 年 7 月，免去张仁杰公司党委书记职务（部党任〔2021〕66 号）。同年 10 月，免去杨启祥公司副董事长职务、退休（部任〔2021〕94 号）。同年 11 月，任命李孝振为公司党委书记（部党任〔2021〕93 号）。

中水北方勘测设计研究有限责任公司领导任免表见表 2。

表 2　　　　　　　　　　　　中水北方勘测设计研究有限责任公司领导任免表

机构名称	姓　名	职　务	任免时间	备　注
中水北方勘测设计研究有限责任公司	何志华	总经理	2003 年 6 月—2007 年 3 月	水总董办〔2003〕8 号
		党委书记	2004 年 2 月—2017 年 7 月	水规党字〔2004〕02 号
		副总经理	2009 年 5 月—2017 年 7 月	水总董办〔2009〕609 号
		总经理	2017 年 7 月—2019 年 10 月	部任〔2017〕74 号
	杜雷功	副总经理、总工程师	2003 年 6 月—2020 年 9 月	水总董办〔2003〕7 号
		党委委员	2003 年 6 月—2020 年 9 月	水规党字〔2003〕16 号
	张有发	总会计师	2003 年 6 月—2014 年 12 月	水总董办〔2003〕7 号
		工会主席	2014 年 12 月—2021 年 1 月	津工复〔2014〕162 号
	谢熙曦	副总经理	2003 年 6 月—2009 年 7 月	水总董办〔2003〕7 号
	丁建敏	副总经理	2003 年 6 月—2016 年 11 月	水总董办〔2003〕7 号
		党委委员	2003 年 6 月—2016 年 11 月	水规党字〔2003〕16 号
	李志英	党委书记	2003 年 6 月—2004 年 2 月	水规党字〔2003〕16 号
		纪委书记	2003 年 6 月—2004 年 7 月	水规党字〔2003〕16 号

机构名称	姓名	职务	任免时间	备注
中水北方勘测设计研究有限责任公司	段文生	党委副书记	2004年7月—2020年12月	水规党字〔2004〕11号
		纪委书记	2004年7月—2015年12月	水规党字〔2004〕11号
		工会主席	2004年9月—2014年12月	津工复〔2004〕55号
	张和平	总经理	2007年3月—2015年7月	水总董办〔2007〕180号
		党委委员	2009年9月—2016年4月	津党农干〔2009〕17号
		董事长	2014年6月—2016年4月	部党任〔2014〕18号
	宋长申	副总经理、党委委员	2011年1月—2021年7月	部党任〔2011〕7号
	朱党生	副总经理、党委委员	2011年1月—2012年7月	部党任〔2011〕7号
	常继成	副总经理、党委委员	2014年5月—2020年12月	部党任〔2014〕20号
	李孝振	总经理	2015年7月—2016年7月	部党任〔2015〕45号
		党委委员	2015年7月—2021年11月	部党任〔2015〕45号
		董事长	2016年7月—	部任〔2016〕75号
		党委书记	2021年11月—	部党任〔2021〕93号
	房德山	纪委书记、党委委员	2015年12月—2020年2月	部党任〔2016〕1号
	杨启祥	总经理	2016年7月—2017年1月	部任〔2016〕75号
		党委委员	2016年7月—2017年1月	部党任〔2016〕58号
		副董事长	2020年2月—2021年10月	部任〔2020〕7号
		党委委员	2020年2月—2021年10月	部党任〔2020〕5号
	于玉森	副总经理	2016年11月—2019年12月	部任〔2016〕141号
		党委委员	2016年11月—	部党任〔2016〕96号
		总经理	2019年12月—	部任〔2019〕110号
	张仁杰	党委书记	2017年7月—2021年7月	部党任〔2018〕30号
	吴正桥	副总经理	2017年7月—	部任〔2017〕74号
		党委委员	2017年7月—	部党任〔2017〕52号
		总工程师	2020年12月—	部任〔2021〕4号
	金泰植	副总经理	2018年11月—	部任〔2018〕105号
	刘海瑞	副总经理	2020年4月—	部任〔2020〕24号
		党委委员	2020年4月—	部党任〔2020〕16号
	刘正军	副总经理	2020年12月—	部任〔2021〕4号
		党委委员	2020年12月—	部党任〔2021〕3号
	余伦创	副总经理	2020年12月—	部任〔2021〕4号
		党委委员	2020年12月—	部党任〔2021〕3号
	贾建明	纪委书记、党委委员	2021年5月—	部党任〔2021〕28号
	高一	总会计师	2021年9月—	部任〔2021〕90号
		党委委员	2021年9月—	部党任〔2021〕71号

（三）主要内设机构职能

中水北方勘测设计研究有限责任公司主要内设机构职能见表3。

表3　　　　　　　　　中水北方勘测设计研究有限责任公司主要内设机构职能

部门名称	性　质	简　要　职　责
办公室	内设机构	协助公司领导对行政综合管理等工作进行综合协调。负责公文处理、安全生产、保密、信访、督办等工作，负责公司领导办公会、党委会、综合性会议、重要公务接待等的组织与服务工作，负责公司印章保管与使用，负责部门绩效考核及制度管理
董事会办公室	内设机构	负责董事会日常事务管理
人力资源部	内设机构	人力资源部负责公司组织结构与分支机构管理、岗位设置管理、人力资源规划、干部管理、招聘管理、培训管理、薪酬福利管理、绩效考核管理、职业发展管理、员工职称与执业资格管理、劳动关系管理、人事档案管理等工作
经营发展部	内设机构	归口管理经营和项目管理工作；负责组织国内市场经营、项目管理及相关工作；负责公司资质管理与维护
生产管理部	内设机构	公司生产工作的归口管理和监管部门，负责生产项目进度、质量、安全生产、内部合同、生产采购等的监督管理及公司管理体系运行维护，统筹推进三维协同设计工作
投资发展部	内设机构	投资发展部负责公司投资管理工作
财务资产部	内设机构	财务资产部负责公司预决算管理、成本管理、会计核算、资产管理、资金管理、税务管理等工作
党群工作部	内设机构	党群工作部负责公司党建管理、党务管理、宣传管理、企业文化建设、精神文明建设、思想政治与普法工作管理、统战管理、工会管理、妇联、共青团等工作
科技与数字化部	内设机构	负责公司科技管理、标准化归口管理、图档管理、知识管理、社团管理、期刊的编辑出版和发行、数字化建设和网络设施维护、软件正版化等信息化工作
监察审计部 （督导部、纪委办公室）	内设机构	协助公司党委推进全面从严治党、加强党风廉政建设和反腐败工作，履行监督执纪问责职责，负责廉政教育、廉政制度制定、违纪案件查处、效能监察、审计管理、内部控制等工作，受理举报、投诉，监督推动组织闭合管理
水利水电事业部	内设机构	是项目管理的责任主体，负责项目的总体策划、重大变更管控、过程监督、成果把关、项目管理标准化建设，指导相关项目团队进行项目管理。监管所属项目总体进度，为项目运作提供管理支撑，确保项目正确履行合同要求，推进项目品牌战略。负责组织国内水利水电项目公司级评审
新能源项目管理部（天津市可再生能源技术中心）	内设机构	为板块业务发展的责任主体，承担抽水蓄能、新能源、电力业务等多专业、多产品统筹发展的责任
海外事业部	内设机构	负责海外市场的经营管理以及海外水利水电项目的项目管理，是海外业务发展的责任主体。归口管理海外非水利水电项目，监督管理其他单位经营的海外项目。负责海外业务战略规划的制定和组织推进，落实本单位经营、生产、科技、人才四位一体的管理责任。指导相关专业做好资源调配，建立和理顺内部生产、技术管理体系，协调市场开发、项目管理、专业生产过程中重要问题
智慧水利事业部 （智慧城市事业部）	内设机构	负责统筹推进公司数字化转型，推进智慧水利、智慧城市等相关业务的发展；牵头组织智慧水利相关业务的经营，具体承担综合类项目的市场开发；牵头综合类智慧水利相关项目的生产组织；牵头组织智慧水利产品和技术研发，制定智慧水利相关产品和技术发展及研发计划，具体承担综合类的产品和技术研发
工程总承包事业部	内设机构	归口管理公司工程总承包业务，推动、指导、监管、规范、服务和考核公司工程总承包业务发展

部门名称	性 质	简 要 职 责
海外市场开发管理部	内设机构	负责公司海外市场开发和海外项目运行归口管理，具体负责海外市场开发与招投标管理、合同法务管理、项目组织生产管理及相关工作，负责外事管理和因公出国（境）手续及护照管理，负责对海外区域公司业务的归口管理等工作
规划发展研究院（水战略规划研究中心）	内设机构	承担各类工程项目的水文水资源，工程规划，灌溉及调水工程规划设计，流域（区域）综合规划及防洪、水资源、河口规划等专项规划，河道整治工程等设计工作
城乡发展与环境工程院（移民监督评估中心）	内设机构	承担征地移民、城乡发展、社会稳定风险分析与评估、环境影响评价、环境工程、水土保持等项目的规划、咨询、设计工作
勘察院（岩土工程公司）	内设机构	承担各类工程项目的岩土工程勘察、水文地质勘察工作
工程科技公司（检测监测中心）	内设机构	承担各类工程项目的科研试验、工程检测、安全监测设计与施工以及安全评价等工作
建筑市政设计院	内设机构	承担工业与民用建筑（含乡村振兴、特色小镇、养老养生产业等）、风景园林、市政给排水、地下综合管廊、配水管网等相关项目的设计及水利水电工程项目的厂房、泵站、水闸、河道治理等相关项目的设计工作
工程建设管理公司（工程监理公司）	内设机构	归口管理公司总承包业务。承担各类工程项目的工程总承包、项目管理承包、投融资项目、工程管理咨询服务及公司委托授权的其他工程建设相关业务
水生态工程设计院	内设机构	承担各类工程项目的编制水生态、水环境规划，开展水生态、水环境综合治理及相关项目的规划设计研究工作
机电设备成套公司	内设机构	是机电设备成套管理的责任主体。落实部门"经营、生产、技术、人才"四位一体的管理责任，推进"自主经营、自负盈亏、自我约束、自我发展"。归口管理机电设备成套业务，服务公司总承包项目机电专业采购工作，指导同类二三级业务发展
北京分公司	内设机构	负责本区域市场开发，协助项目生产组织协调，在授权业务范围内独立开展经营、生产活动
安徽分公司	内设机构	负责本区域市场开发，协助项目生产组织协调，在授权业务范围内独立开展经营、生产活动
广西分公司	内设机构	负责本区域市场开发，协助项目生产组织协调，在授权业务范围内独立开展经营、生产活动
贵州分公司	内设机构	负责本区域市场开发，协助项目生产组织协调，在授权业务范围内独立开展经营、生产活动
西藏分公司	内设机构	负责本区域市场开发，协助项目生产组织协调，在授权业务范围内独立开展经营、生产活动
四川分公司	内设机构	负责本区域市场开发，协助项目生产组织协调，在授权业务范围内独立开展经营、生产活动
云南分公司	内设机构	负责本区域市场开发，协助项目生产组织协调，在授权业务范围内独立开展经营、生产活动
甘肃分公司	内设机构	负责本区域市场开发，协助项目生产组织协调，在授权业务范围内独立开展经营、生产活动
新疆公司	内设机构	负责本区域市场开发，协助项目生产组织协调，在授权业务范围内独立开展经营、生产活动
巴基斯坦代表处	内设机构	负责本区域市场开发，协助项目生产组织协调，在授权业务范围内独立开展经营、生产活动
东南亚公司	内设机构	负责本区域市场开发，协助项目生产组织协调，在授权业务范围内独立开展经营、生产活动

续表

部门名称	性 质	简 要 职 责
非洲公司	内设机构	负责本区域市场开发，协助项目生产组织协调，在授权业务范围内独立开展经营、生产活动
阿根廷分公司	内设机构	负责本区域市场开发，协助项目生产组织协调，在授权业务范围内独立开展经营、生产活动
后勤服务中心（离退休工作部）	内设机构	公司的后勤服务和辅助生产部门，负责公司后勤综合性事务管理；负责院区建设、物业管理等工作；承担出版、车辆使用管理等生产服务工作；组织实施公司行政托管的职能管理工作；按规定做好离退休人员的服务工作
水利水电综合管理部	内设机构	负责水电事业部的综合服务工作。负责公文处理、合同管理、统计、安全、保密、督办、党工团等具体事务性工作
海外事业综合管理部	内设机构	负责海外事业部的文书、安全生产、保密、会议服务、成果归档等服务工作
水道及隧洞所	内设机构	是专业生产、经营、发展的责任单位。负责制定实施专业发展规划，创建专业品牌。负责专业资源配置、生产组织以及所级经营工作。研究解决专业技术问题，开展专业产品内部评审，为实现项目整体目标做好技术支撑和质量保证
坝工所	内设机构	是专业生产、经营、发展的责任单位。负责制定实施专业发展规划，创建专业品牌。负责专业资源配置、生产组织以及所级经营工作。研究解决专业技术问题，开展专业产品内部评审，为实现项目整体目标做好技术支撑和质量保证
抽蓄（新能源结构）所	内设机构	是专业生产、经营、发展的责任单位。负责制定实施专业发展规划，创建专业品牌。负责专业资源配置、生产组织以及所级经营工作。研究解决专业技术问题，开展专业产品内部评审，为实现项目整体目标做好技术支撑和质量保证
机械所	内设机构	是专业生产、经营、发展的责任单位。负责制定实施专业发展规划，创建专业品牌。负责专业资源配置、生产组织以及所级经营工作。研究解决专业技术问题，开展专业产品内部评审，为实现项目整体目标做好技术支撑和质量保证
电气所	内设机构	是专业生产、经营、发展的责任单位。负责制定实施专业发展规划，创建专业品牌。负责专业资源配置、生产组织以及所级经营工作。研究解决专业技术问题，开展专业产品内部评审，为实现项目整体目标做好技术支撑和质量保证
施工所	内设机构	是专业生产、经营、发展的责任单位。负责制定实施专业发展规划，创建专业品牌。负责专业资源配置、生产组织以及所级经营工作。研究解决专业技术问题，开展专业产品内部评审，为实现项目整体目标做好技术支撑和质量保证
造价中心	内设机构	是专业生产、经营、发展的责任单位。负责制定实施专业发展规划，创建专业品牌。负责专业资源配置、生产组织以及所级经营工作。研究解决专业技术问题，开展专业产品内部评审，为实现项目整体目标做好技术支撑和质量保证
海外工程坝工所	内设机构	是专业生产、经营、发展的责任单位。负责制定实施专业发展规划，创建专业品牌。负责专业资源配置、生产组织以及所级经营工作。研究解决专业技术问题，开展专业产品内部评审，为实现项目整体目标做好技术支撑和质量保证
海外工程厂房所	内设机构	是专业生产、经营、发展的责任单位。负责制定实施专业发展规划，创建专业品牌。负责专业资源配置、生产组织以及所级经营工作。研究解决专业技术问题，开展专业产品内部评审，为实现项目整体目标做好技术支撑和质量保证
风景园林所	内设机构	是风景园林业务发展的责任单位，落实部门"经营、生产、技术、人才"四位一体的管理责任，推进"自主经营、自负盈亏、自我约束、自我发展"
中国水利水电建设工程咨询渤海有限公司	全资子公司	主要从事国内外水利水电工程建设咨询，中小型水利水电工程设计，水利工程建设前期工程项目管理策划，以及工程验收、蓄水安全鉴定、专题研究等技术服务类工作

执笔人：张海勇

审核人：高 一

中水东北勘测设计研究有限责任公司

中水东北勘测设计研究有限责任公司（以下简称"中水东北公司"）前身为水利部东北勘测设计研究院（以下简称"东北院"）。

2001—2021年，中水东北公司组织沿革分为两个阶段，即水利部东北勘测设计研究院阶段（2001年1月—2002年12月）和中水东北勘测设计研究有限责任公司阶段（2002年12月—2021年12月）。

一、水利部东北勘测设计研究院阶段（2001年1月—2002年12月）

水利部东北勘测设计研究院最初由1948年5月成立的丰满水电站筹委会逐步转变而发展起来的，先后经历了丰满水电站筹委会、丰满水电局、丰满工程处、水电工程公司、东北水电工程公司、东北水力发电工程局、长春水力发电工程局、长春水力发电设计院8个阶段，1958年10月，正式定名为东北勘测设计院。1982年10月，松辽水利委员会成立，东北院与松辽委合署办公，单位名称为水利电力部东北勘测设计院；1990年7月，东北勘测设计院由水利部、能源部两部共管，单位名称为水利部东北勘测设计院，松辽水利委员会受水利部委托，代部管理东北勘测设计院；1993年1月，东北勘测设计院更名为东北勘测设计研究院。

1995年，东北勘测设计研究院被建设部确定为"建立现代企业制度试点单位"。为适应体制改革试点需要，水人教〔1995〕223号文件决定，松辽水利委员会与东北勘测设计研究院分设，东北勘测设计研究院为部直属事业单位，由松辽水利委员会管理，业务工作由水利部水利水电规划设计总院按职责归口管理，单位名称为水利部、能源部东北勘测设计研究院；1998年10月水利部、能源部东北勘测设计研究院更名为水利部东北勘测设计研究院，名称沿用至2002年12月。办公地点位于吉林省长春市工农大路800号。

（一）主要职责

东北院主要负责东北地区国际河流和跨省河流的流域规划、区域规划和承揽全国大中型水利水电工程的勘测、设计、科研和监理工作。

（二）领导任免

2001年—2002年12月，东北院由金正浩任院长兼党委书记；孟秀玲任党委副书记兼纪委书记；胡国生、张和平任副院长；孙荣博任副院长兼总工程师。

水利部东北勘测设计研究院领导任免表（2001年1月—2002年12月）见表1，机构图（2002年）见图1。

表 1　　　　　　　　水利部东北勘测设计研究院领导任免表（2001 年 1 月—2002 年 12 月）

机构名称	姓　名	职　务	任免时间	备　注
东北勘测设计研究院	金正浩	院　长	2000 年 10 月—2002 年 12 月	人教干〔2000〕120 号
		党委书记	2000 年 10 月—2002 年 12 月	人教干〔2000〕120 号
	孟秀玲	党委副书记、纪委书记	1995 年 12 月—2002 年 12 月	部党任〔1995〕18 号
	胡国生	副院长	1995 年 6 月—2002 年 12 月	部任〔1995〕44 号
	张和平	副院长	1997 年 1 月—2002 年 12 月	松辽人教〔1997〕11 号
	孙荣博	副院长	1998 年 3 月—2002 年 12 月	松辽人教〔1998〕59 号
		总工程师	1998 年 3 月—2002 年 12 月	松辽人教〔1998〕59 号

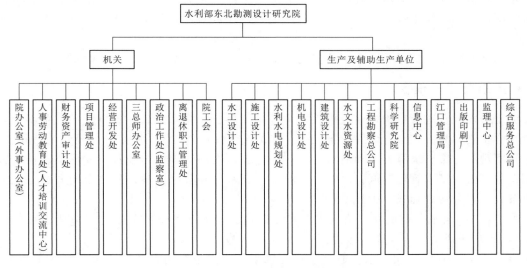

图 1　水利部东北勘测设计研究院机构图（2002 年）

二、中水东北勘测设计研究有限责任公司阶段(2002 年 12 月—2021 年 12 月)

2000 年 10 月，根据《国务院办公厅转发建设部等部门关于中央所属工程勘察设计单位体制改革实施方案的通知》（国办发〔2000〕71 号）文件，水利部东北勘测设计研究院列入由事业单位改制为科技型企业之列。2002 年 7 月，水人教〔2002〕290 号文件批准，东北勘测设计研究院整体转制成立中水东北勘测设计研究有限责任公司，由水利部水利水电规划设计总院、水利部松辽水利委员会和新华水利水电投资公司三方作为投资主体，分别持有现东北院国有净资产的 51%、40% 和 9% 的股权，对公司的管理由行政管理转变为资产管理。2002 年 12 月完成工商注册，更名为中水东北勘测设计研究有限责任公司（以下简称"中水东北公司"）。办公地点位于吉林省长春市工农大路 888 号。

2003 年 1 月，东北院由事业单位变为企业。中水东北公司党政领导班子人事任免由水利部党组决定，党的组织关系由中共吉林省国有资产管理会党委管理。

中水东北公司遵照《中华人民共和国公司法》和国家有关法规政策设立，具有独立的法人地位，公司以其全部财产对公司的债务承担有限责任，公司股东以其认缴的出资额为限对公司承担责任。设立股东会、董事会、监事会以及经理层。股东会负责企业重大战略事项决策机构，是董事会和监事会的委托机构，接受董事会和监事会的汇报；董事会是企业重大事项的决策机构；监事会受股东会委托，监督公司董事会和管理层的工作；经理层在董事会领导下具体负责经营管理事务，同时接受监事会的监督。

2020 年 4 月，根据《水利部关于同意将新华水利控股集团有限公司所持有的 5 家设计单位股权无偿划转的批复》（水财务函〔2020〕35 号），将其新华水利控股集团有限公司持有的中水东北勘测设计研究有限责任公司 9% 股权，无偿划转至水利部机关服务局。

（一）主要职责

根据中水东北公司具备的资质等级和业务范围，以市场竞争方式承揽大江大河及国际界河的流域规划区域规划和水利水电工程项目的勘察、设计、科研和监理任务。生产经营管理活动以完成并满足合同约定条款为标的，并承担相应法律责任。

中水东北公司拥有水利、电力、建筑、环境工程设计及工程勘察、监理、咨询甲级资质，测绘、地质灾害防治勘查、建设项目水资源论证、水文水资源调查评价、水土保持方案编制甲级资格，以及地质灾害危险性评估、城市规划编制、市政公用工程设计资质，具有工程项目对外承包经营权、工程总承包资格。

作为水利部寒区工程技术研究中心的依托单位，组织开展寒区水利工程重大课题的研究。

（二）董事会成员任免

董事会是公司经营决策机构，由董事长、常务副董事长、副董事长、董事组成。董事会对股东会负责。董事会负责召集股东会，向股东会汇报工作；执行股东会决议；决定公司经营计划和投资方案；制订公司年度预算方案、决算方案和清盘方案；决定公司内部管理机构设置、经理层聘任或解聘及经理层报酬；制订公司基本管理制度；决定公司职工工资水平和分配方案；制订公司利润分配方案和弥补亏损方案；制订公司增加或减少注册资本方案等。

2002 年 12 月，公司登记成立，法定代表人为宁远。宁远任公司董事长（兼），朱卫东任常务副董事长（兼），谢东任副董事长（兼）（人教干〔2002〕88 号）。

2003 年 1 月，公司第二次股东会通过宁远为董事长，朱卫东为常务副董事长，谢东为副董事长，安郁群、于春河、李建一、腾玉军、金正浩、胡国生为董事。

2003 年 11 月，公司董事会同意宁远辞去公司董事长职务、朱卫东辞去常务副董事长职务，选举汪洪为公司董事长。

2004 年 4 月，公司法定代表人变更为汪洪。

2004 年 5 月，公司第一届董事会三次会议选举水利部水利水电规划设计总院段红东出任公司常务副董事长。

2006 年 3 月，公司第一届董事会五次会议选举松辽水利委员会刘昕建为公司副董事长，免去谢东副董事长职务。

2007 年 11 月，公司第二届董事会一次会议选举汪洪为公司第二届董事会董事长，董安建为常务副董事长，松辽委于春河为副董事长。

2007 年 11 月，公司第七次股东会同意汪洪、董安建、安郁群、于春河、刘昕建、李建一、田志勇、金正浩、孙荣博为公司第二届董事会董事；会议通过汪洪为公司第二届董事会董事长，董安建为常务副董事长，于春河为副董事长。

2008 年 3 月，公司法定代表人变更为金正浩。

2009 年 6 月，水利部党组决定刘伟平任公司董事长，汪洪不再担任公司董事长职务。

2010 年 11 月，郭岩为公司董事会副董事长，姜殿英、吕海有为董事（松辽人事〔2010〕318 号）。

2011 年 3 月，公司第二届董事会四次会议选举松辽委郭岩为公司第二届董事会副董事长。

2012 年 2 月，公司第十一次股东会同意吴允平出任公司董事，安郁群不再担任董事。

2012 年 10 月，公司股东会同意丁双跃出任公司董事，田志勇不再担任董事。

2014 年 6 月，水利部党组决定金正浩任公司董事长；刘伟平、董安建不再担任公司董事长、常务副董事长职务（部党任〔2014〕17 号）。

2014 年 11 月，公司职代组长会议选举金正浩、孙荣博为第三届董事会职工董事（中水东北公司办〔2014〕90 号）。

2014 年股东单位推荐韩宁、刘澍、阮晓出任公司第三届董事会董事。

2015 年 5 月，公司职代会选举马军为公司职工董事；孙荣博不再担任职工董事（中水东北公司办〔2015〕41 号）。

2017 年 9 月，公司职代会选举（按姓氏笔画排序）王槟、苏加林、李长奎、苑润保、栾宇东、崔忠慧为公司职工董事（中水东北公司工〔2017〕12 号）。

2018 年 11 月，公司第十七次股东会通过金正浩继续担任公司第四届董事会董事长；马军、王槟、苏加林、李长奎、苑润保、栾宇东、崔忠慧为公司第四届董事会董事（按姓氏笔画排序）。

中水东北勘测设计研究有限责任公司董事会成员任免表（2002 年 12 月—2021 年 12 月）见表 2。

表 2　　中水东北勘测设计研究有限责任公司董事会成员任免表（2002 年 12 月—2021 年 12 月）

机 构 名 称	姓 名	职 务	任 免 时 间	备 注
中水东北勘测设计研究有限责任公司第一届董事会（2002 年 12 月—2007 年 11 月）	宁 远	董事长（兼）	2002 年 12 月—2003 年 11 月	
	汪 洪	董事长	2003 年 11 月—2007 年 11 月	
	朱卫东	常务副董事长（兼）	2002 年 12 月—2003 年 11 月	
	段红东	常务副董事长	2004 年 5 月—2007 年 11 月	
	谢 东	副董事长（兼）	2002 年 12 月—2006 年 3 月	
	刘昕建	副董事长	2006 年 3 月—2007 年 11 月	
	安郁群	董 事	2003 年 1 月—2007 年 11 月	
	于春河	董 事	2003 年 1 月—2007 年 11 月	
	李建一	董 事	2003 年 1 月—2007 年 11 月	
	滕玉军	董 事	2003 年 1 月—2007 年 11 月	
	金正浩	董 事	2003 年 1 月—2007 年 11 月	
	胡国生	董 事	2003 年 1 月—2007 年 11 月	
中水东北勘测设计研究有限责任公司第二届董事会（2007 年 11 月—2014 年 11 月）	汪 洪	董事长	2007 年 11 月—2009 年 6 月	
	刘伟平	董事长	2009 年 6 月—2014 年 6 月	
	金正浩	董事长	2014 年 6 月—2014 年 11 月	
	董安建	常务副董事长	2007 年 11 月—2014 年 6 月	
	于春河	副董事长	2007 年 11 月—2010 年 11 月	
	郭 岩	副董事长	2010 年 11 月—2014 年 6 月	
	安郁群	董 事	2007 年 11 月—2012 年 2 月	
	刘昕建	董 事	2007 年 11 月—2010 年 11 月	
	李建一	董 事	2007 年 11 月—2014 年 11 月	
	田志勇	董 事	2007 年 11 月—2012 年 10 月	
	金正浩	董 事	2007 年 11 月—2014 年 11 月	
	孙荣博	董 事	2007 年 11 月—2014 年 11 月	
	姜殿英	董 事	2010 年 11 月—2014 年 11 月	

机 构 名 称	姓 名	职 务	任 免 时 间	备 注
中水东北勘测设计研究有限责任公司 第二届董事会 （2007年11月—2014年11月）	吕海有	董 事	2010年11月—2014年11月	
	吴允平	董 事	2012年2月—2014年11月	
	丁双跃	董 事	2012年10月—2014年11月	
中水东北勘测设计研究有限责任公司 第三届董事会 （2014年11月—2018年11月）	金正浩	董事长	2014年11月—2018年11月	
	韩 宁	董 事	2014年11月—2018年11月	
	刘 澍	董 事	2014年11月—2018年11月	
	阮 晓	董 事	2014年11月—2018年11月	
	孙荣博	董 事	2014年11月—2015年5月	
	马 军	董 事	2015年5月—2018年11月	
	王 槟	董 事	2017年9月—2018年11月	
	苏加林	董 事	2017年9月—2018年11月	
	李长奎	董 事	2017年9月—2018年11月	
	苑润保	董 事	2017年9月—2018年11月	
	栾宇东	董 事	2017年9月—2018年11月	
	崔忠慧	董 事	2017年9月—2018年11月	
中水东北勘测设计研究有限责任公司 第四届董事会 （2018年11月—2021年12月）	金正浩	董事长	2018年11月—2020年9月	
	韩 宁	董 事	2018年11月—	
	吕海有	董 事	2018年11月—	
	赵海深	董 事	2018年11月—2020年4月	
	马 军	董 事	2018年11月—2020年9月	
		董事长	2020年9月—	
	王 槟	董 事	2018年11月—	
	苏加林	董 事	2018年11月—	
	李长奎	董 事	2018年11月—2020年12月	
	苑润保	董 事	2018年11月—	
	栾宇东	董 事	2018年11月—	
	崔忠慧	董 事	2018年11月—2020年12月	
	周树宇	董 事	2020年12月—	
	任铁军	董 事	2020年12月—	
	王剑英	董 事	2020年12月—	
	王 谊	董 事	2020年12月—	

（三）监事会成员任免

监事会是公司监督机构，由监事会召集人或监事会主席、监事组成。监事会对董事会及成员和总经理等公司高层管理人员行使监督职能；检查公司生产经营、财务状况。

2002 年 12 月，吴允平为公司监事会召集人（人教干〔2002〕88 号）。

2003 年 1 月，公司第二次股东会通过吴允平为监事会召集人，黄丽娜、张聪菊、孟秀玲、阎秀峰为监事。

2007 年 11 月，公司第七次股东会同意吴允平、黄丽娜、卢争跃、孟秀玲、臧学忠为公司第二届监事会监事，通过吴允平为公司第二届监事会主席。

2010 年 11 月，刘昕建为公司监事（松辽人事〔2010〕318 号文）。

2011 年 3 月，公司第二届监事会四次会议选举王治明为公司第二届监事会主席。

2012 年 2 月，公司第二届监事会五次会议同意尹立杰出任公司监事；臧学忠不再担任监事。

2012 年 10 月，公司股东会同意赵海深出任公司监事，卢争跃不再担任监事。

2014 年 6 月，王治明不再担任公司监事会主席职务（部党任〔2014〕17 号文）。

2014 年 7 月，公司第十三次股东会同意张钰出任公司监事，王治明不再担任监事。

2014 年 7 月，公司第二届监事会七次会议选举孟秀玲为监事会主席。

2016 年 7 月，公司职代会选举何猛、郑茂盛出任公司职工监事。孟秀玲、尹立杰不再担任职工监事（中水东北公司办〔2016〕80 号）。

2016 年 7 月，公司第三届监事会二次会议选举何猛为监事会主席。

2017 年 9 月，公司职代会选举周树宇为职工监事（中水东北公司工〔2017〕12 号）。

2018 年 11 月，公司第十七次股东会同意何猛为监事会主席，张钰、阮晓、黄任飞、周树宇、郑茂盛为监事

中水东北勘测设计研究有限责任公司监事会成员任免表（2002 年 12 月—2021 年 12 月）见表 3。

表 3　　　　中水东北勘测设计研究有限责任公司监事会成员任免表（2002 年 12 月—2021 年 12 月）

机 构 名 称	姓 名	职 务	任 免 时 间	备 注
中水东北勘测设计研究有限责任公司 第一届监事会 （2002 年 12 月—2007 年 11 月）	吴允平	监事会召集人	2002 年 12 月—2007 年 11 月	
	黄丽娜	监 事	2003 年 1 月—2007 年 11 月	
	张聪菊	监 事	2003 年 1 月—2007 年 11 月	
	孟秀玲	监 事	2003 年 1 月—2007 年 11 月	
	阎秀峰	监 事	2003 年 1 月—2007 年 11 月	
中水东北勘测设计研究有限责任公司 第二届监事会 （2007 年 11 月—2016 年 7 月）	吴允平	监事会主席	2007 年 11 月—2011 年 3 月	
	王治明	监事会主席	2011 年 3 月—2014 年 7 月	
	孟秀玲	监事会主席	2014 年 7 月—2016 年 7 月	
	黄丽娜	监 事	2007 年 11 月—2010 年 11 月	
	刘昕建	监 事	2010 年 11 月—2016 年 7 月	
	卢争跃	监 事	2007 年 11 月—2012 年 10 月	
	赵海深	监 事	2012 年 10 月—2016 年 7 月	
	孟秀玲	监 事	2007 年 11 月—2014 年 7 月	
	臧学忠	监 事	2007 年 11 月—2012 年 2 月	
	尹立杰	监 事	2012 年 2 月—2016 年 7 月	
	张 钰	监 事	2014 年 7 月—2016 年 7 月	

机 构 名 称	姓 名	职 务	任 免 时 间	备 注
中水东北勘测设计研究有限责任公司 第三届监事会 （2016年7月—2018年11月）	何 猛	监事会主席	2016年7月—2018年11月	
	张 钰	监 事	2016年7月—2018年11月	
	刘昕建	监 事	2016年7月—2018年11月	
	赵海深	监 事	2016年7月—2018年11月	
	郑茂盛	监 事	2016年7月—2018年11月	
	周树宇	监 事	2017年9月—2018年11月	
中水东北勘测设计研究有限责任公司 第四届监事会成员 （2018年11月—2021年12月）	何 猛	监事会主席	2018年11月—2020年12月	
	张 钰	监 事	2018年11月—	
	阮 晓	监 事	2018年11月—2020年4月	
	黄任飞	监 事	2018年11月—2020年12月	
	周树宇	监 事	2018年11月—2020年12月	
	郑茂盛	监 事	2018年11月—	
	曲大鹏	监事会主席	2020年12月—	
	张 凌	监 事	2020年12月—	
	雷秀玲	监 事	2020年12月—	

（四）公司领导任免

2002年12月，水利部党组任命金正浩任中水东北勘测设计研究有限责任公司总经理、党委书记，孟秀玲为中水东北勘测设计研究有限责任公司党委副书记、纪委书记，张和平、孙荣博、崔忠慧任中水东北勘测设计研究有限责任公司副总经理，苏加林任中水东北勘测设计研究有限责任公司总工程师，李长奎任中水东北勘测设计研究有限责任公司总会计师（人教干〔2002〕88号）。

2007年4月，水利部水利水电规划设计总院同意公司副总经理张和平调出（水总董办〔2007〕180号）。

2011年1月，水利部党组任命马军、王槟为中水东北勘测设计研究有限责任公司副总经理，党委委员（试用期一年）（部党任〔2011〕5号）。2012年5月，水利部批准，任命马军、王槟为中水东北勘测设计研究有限责任公司副总经理（部任〔2012〕15号）。

2014年6月，水利部党组任命金正浩为中水东北勘测设计研究有限责任公司董事长（部党任〔2014〕17号）

2015年2月，水利部党组免去孙荣博中水东北勘测设计研究有限责任公司副总经理职务（部党任〔2015〕5号）。

2015年3月，水利部党组任命苑润保为中水东北勘测设计研究有限责任公司副总经理，党委委员（试用期一年）（部党任〔2015〕17号）。2016年4月19日，水利部党组任命苑润保为中水东北勘测设计研究有限责任公司副总经理（部任〔2016〕32号）。

2015年8月，水利部党组免去孟秀玲中水东北勘测设计研究有限责任公司党委副书记、纪委书记、党委委员职务（部党任〔2015〕36号）。

2015年12月，中共水利部党组任命崔忠慧为中水东北勘测设计研究有限责任公司党委副书记，栾宇东为中水东北勘测设计研究有限责任公司党委委员（部党任〔2016〕2 号）。

2015 年 12 月，水利部任命栾宇东为中水东北勘测设计研究有限责任公司副总经理（试用期一年）（部任〔2016〕6 号）。2017 年 2 月 15 日，水利部任命栾宇东为中水东北勘测设计研究有限责任公司副总经理（部任〔2017〕16 号）。

2016 年 3 月，水利部任命马军为中水东北勘测设计研究有限责任公司总经理（试用期一年），免去金正浩中水东北勘测设计研究有限责任公司总经理职务（部任〔2016〕31 号）。2017 年 5 月，水利部任命马军为中水东北勘测设计研究有限责任公司总经理（部任〔2017〕40 号）。

2016 年 3 月，水利部党组任命何猛为中水东北勘测设计研究有限责任公司党委委员、纪委书记（试用期一年）（部党任〔2016〕24 号）。2017 年 5 月，水利部党组任命何猛为中水东北勘测设计研究有限责任公司纪委书记（部党任〔2017〕27 号）。

2016 年 11 月，水利部明确周树宇职级为副局级（部任〔2016〕135 号）。

2016 年 12 月，水利部提名周树宇为中水东北勘测设计研究有限责任公司工会主席人选（人事干〔2016〕113 号）。

2020 年 4 月，水利部党组免去何猛中水东北勘测设计研究有限责任公司党委委员、纪委书记职务（部党任〔2020〕20 号）。

2020 年 4 月，水利部党组决定，任命曲大鹏为中水东北勘测设计研究有限责任公司党委委员、纪委书记（部党任〔2020〕22 号）。

2020 年 5 月，水利部党组决定，免去崔忠慧中水东北勘测设计研究有限责任公司副总经理职务（部任〔2020〕34 号）。

2020 年 7 月，水利部党组决定，免去李长奎中水东北勘测设计研究有限责任公司总会计师职务（部任〔2020〕62 号）。

2020 年 9 月，水利部党组任命马军为中水东北勘测设计研究有限责任公司党委书记，免去金正浩中水东北勘测设计研究有限责任公司党委书记职务（部党任〔2020〕53 号）。

2020 年 9 月，水利部党组任命马军为中水东北勘测设计研究有限责任公司董事长，不再担任中水东北勘测设计研究有限责任公司总经理职务，金正浩不再担任中水东北勘测设计研究有限责任公司董事长职务（部任〔2020〕77 号）。

2020 年 11 月，水利部党组任命周树宇为中水东北勘测设计研究有限责任公司党委副书记，王剑英、王谊为中水东北勘测设计研究有限责任公司党委委员（部党任〔2020〕86 号）。

2020 年 11 月，水利部党组任命栾宇东为中水东北勘测设计研究有限责任公司总经理，任铁军、王剑英、王谊为中水东北勘测设计研究有限责任公司副总经理（试用期一年）（部任〔2020〕128 号）。

2021 年 6 月，水利部党组免去苏加林中水东北勘测设计研究有限责任公司总工程师职务（部任〔2021〕36 号）。

2021 年 8 月，水利部党组提名郑茂盛为中水东北勘测设计研究有限责任公司工会主席人选（人事干〔2021〕28 号）。

2021 年 8 月，水利部党组明确郑茂盛职务级别为副局级（部任〔2021〕73 号）。

2021 年 9 月，水利部党组免去苑润保中水东北勘测设计研究有限责任公司党委委员职务（部党任〔2021〕68 号）。水利部党组免去苑润保中水东北勘测设计研究有限责任公司副总经理职务（部任〔2021〕86 号）。

2021 年 12 月，水利部党组任命李润伟为中水东北勘测设计研究有限责任公司总工程师（部任〔2021〕142 号）。

中水东北公司领导任免表（2002 年 12 月—2021 年 12 月）见表 4，机构图（2021 年）见图 2。

表 4　　　中水东北勘测设计研究有限责任公司领导任免表（2002 年 12 月—2021 年 12 月）

机构名称	姓　名	职　务	任　免　时　间	备　注
中水东北勘测设计研究有限责任公司	金正浩	总经理	2002 年 12 月—2014 年 6 月	人教干〔2002〕88 号
		董事长、总经理	2014 年 6 月—2016 年 3 月	部党任〔2014〕17 号
		董事长	2016 年 3 月—2020 年 9 月	
		党委书记	继任—2020 年 9 月	
	孟秀玲	党委副书记	继任—2015 年 8 月	
		纪委书记	2002 年 12 月—2015 年 8 月	人教干〔2002〕88 号
	张和平	副总经理	2002 年 12 月—2007 年 4 月	人教干〔2002〕88 号
		党委委员	2002 年 12 月—2007 年 4 月	
	孙荣博	副总经理	2002 年 12 月—2015 年 2 月	人教干〔2002〕88 号
	崔忠慧	副总经理	2002 年 12 月—2020 年 6 月	人教干〔2002〕88 号
		党委委员	2002 年 12 月—2020 年 6 月	
		党委副书记	2015 年 12 月—2020 年 6 月	部党任〔2016〕2 号
	苏加林	总工程师	2002 年 12 月—2021 年 6 月	人教干〔2002〕88 号
		党委委员	2002 年 12 月—2021 年 6 月	
	李长奎	总会计师	2002 年 12 月—2020 年 8 月	人教干〔2002〕88 号
		党委委员	2002 年 12 月—2020 年 8 月	
	马军	副总经理	2011 年 1 月—2016 年 3 月	部党任〔2011〕5 号
		党委委员	2011 年 1 月—	部党任〔2011〕5 号
		总经理	2016 年 3 月—2020 年 9 月	部任〔2016〕31 号
		董事长	2020 年 9 月—	部任〔2020〕77 号
		党委书记	2020 年 9 月—	部党任〔2020〕53 号
	王槟	副总经理	2011 年 1 月—2021 年 10 月	部党任〔2011〕5 号
		党委委员	2011 年 1 月—2021 年 10 月	部党任〔2011〕5 号
	苑润保	副总经理	2015 年 3 月—2021 年 9 月	部任〔2015〕17 号
		党委委员	2015 年 3 月—2021 年 9 月	部任〔2015〕17 号
	栾宇东	副总经理	2015 年 12 月—2020 年 11 月	部任〔2016〕6 号
		党委委员	2015 年 12 月—	部党任〔2016〕2 号
		总经理	2020 年 11 月—	部任〔2020〕128 号
	何猛	纪委书记	2016 年 3 月—2020 年 5 月	部党任〔2016〕24 号
		党委委员	2016 年 3 月—2020 年 5 月	部党任〔2016〕24 号
	曲大鹏	纪委书记	2020 年 5 月—	部党任〔2020〕22 号
		党委委员	2020 年 5 月—	部党任〔2020〕22 号
	周树宇	工会主席	2016 年 12 月—2021 年 9 月	人事干〔2016〕113 号
		党委副书记	2020 年 11 月—	部党任〔2020〕86 号
	任铁军	副总经理	2020 年 11 月—	部任〔2020〕128 号
	王剑英	副总经理	2020 年 11 月—	部任〔2020〕128 号
		党委委员	2020 年 11 月—	部党任〔2020〕86 号
	王谊	副总经理	2020 年 11 月—	部任〔2020〕128 号
		党委委员	2020 年 11 月—	部党任〔2020〕86 号
	郑茂盛	工会主席	2021 年 9 月—	人事干〔2021〕28 号
	李润伟	总工程师	2021 年 12 月—	部任〔2021〕142 号

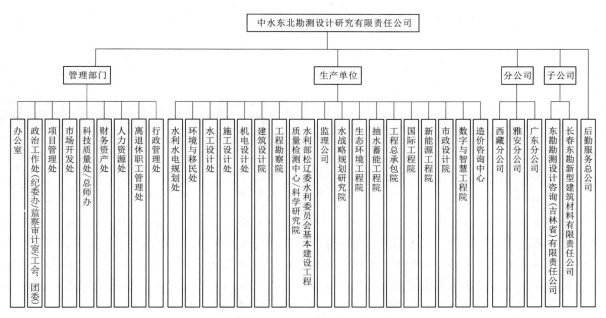

图 2　中水东北勘测设计研究有限责任公司机构图（2021 年）

执笔人：张殿双
审核人：周树宇

中国水利水电科学研究院

中国水利水电科学研究院（以下简称"中国水科院"）隶属水利部，是从事水利水电科学研究的国家级社会公益性科研机构。院本部由位于北京市海淀区复兴路甲 1 号的南院和车公庄西路 20 号的北院，以及大兴试验基地和延庆试验基地组成。京外有位于内蒙古自治区呼和浩特市的牧区水利科学研究所和位于天津市蓟州区的天津水利电力机电研究所。历经 60 余年的发展，中国水科院已建设成为人才优势明显、学科门类齐全的国家级综合性水利水电科学研究和技术开发中心。

中国水科院先后拥有中国科学院和中国工程院院士 15 人，包括 1 位中国科学院和中国工程院两院院士、5 位中国科学院院士、9 位中国工程院院士。培养了大批学科带头人、工程技术专家和国际复合型人才。截至 2021 年年底，全院事业在职职工 1327 人，科技企业员工 356 人，支撑人员 778 人，人才总量 2461 人。专业技术人员 1249 人，其中中国科学院院士 1 人、中国工程院院士 4 人，具有正高级专业技术职称人员 486 人、副高级专业技术职称人员 439 人；研究生学历 974 人，其中博士 597 人。

多年来，中国水科院主持完成了一大批国家级重大科研项目，解决了一系列重大科技问题；承担了国内几乎所有重大水利水电工程关键技术难题的研究与咨询。截至 2021 年年底，全院共获得省部级以上科技进步奖励 884 项，其中国家级奖励 106 项；主编或参编国家和行业标准 666 项。

中国水科院在国际水利水电舞台占有十分重要的地位，是联合国教科文组织和中国政府合属的国际泥沙研究培训中心的挂靠单位，也是 9 个大型国际学术组织或会议机制总部及中国委员会秘书处的挂靠单位，先后有 10 余位专家在国际组织内担任荣誉主席、副主席、秘书长等重要职务。

从 20 世纪 50 年代起，中国水科院就开始研究生的培养，是国务院学位委员会办公室首批授予的"水利工程"一级学科培养单位，中共中央组织部指定的水利系统唯一承担"西部之光"访问学者的培养单位，设有 2 个一级学科博士后流动站和 8 个博士和硕士学位授予专业。2018 年获得国际学生招收资质。截至 2021 年年底，本院共有在学人员 494 人，其中，在读国内研究生 421 人，在站博士后 63 人，在读国际学生 7 人，新疆少数民族特培学员 1 人，"西部之光"访问学者 2 人。

一、第一阶段（2001 年 1 月—2004 年 12 月）

2001 年，按照科技部、财政部、中央机构编制委员会办公室关于社会公益类科研机构改革的总体思路和水利部批复的改革方案，中国水科院全面推进以机构调整、人才分流、机制创新为重点的科技管理体制改革工作。历时 4 年，对全院组织架构进行了重大改革和重组，于 2004 年通过科技部组织的验收。

截至 2004 年年底，全院内设 6 个职能部门、11 个科研所（中心）、1 个综合事业部，4 个科技企业和 1 个后勤企业，是国际泥沙研究培训中心和 5 个国内国际学术组织秘书处或联络组的挂靠单位。

（一）主要职责

中国水科院是以水利水电公益性研究和应用技术科学研究为主，面向全国的专业齐全的综合性科研机构，是全国水利水电科学技术研究的中心。全院着重解决水利、水电建设中的重大关键技术问题，承担行业基础和应用基础研究及新技术研究、新成果推广。

主要研究领域包括水资源、水环境、防洪减灾、高效节水灌溉、牧区水利、河流水库泥沙、高坝水力学、高坝结构、新型建筑材料、岩土工程及地基加固、工程抗震遥感、高效水轮机及水泵、电站计算机监控和水情测报自动化系统、电站通信及自动化设备、火电核电站冷却水及环境、试验仪器及水利史研究等方面。

（二）领导任免

2001 年 10 月 16 日，水利部任命杨晓东为机电研究所所长；免去黄景湖的机电研究所所长职务（副局级不变）（部任〔2001〕40 号）。

2001 年 10 月 16 日，水利部党组任命杨晓东为机电研究所党委书记；免去岳志钧的机电研究所党委书记职务（副局级不变）（部党任〔2001〕23 号）。

2001 年 10 月 27 日，水利部任命刘之平为中国水利水电科学研究院副院长（部任〔2001〕43 号）。

2001 年 10 月 27 日，水利部党组任命刘之平为中国水利水电科学研究院党委常委（部党任〔2001〕26 号）。

2001 年 12 月 27 日，水利部免去孔昭年的中国水利水电科学研究院副院长职务（部任〔2001〕65 号）。

2002 年 1 月 8 日，水利部任命胡春宏为国际泥沙研究培训中心副主任、秘书长；免去谭颖的国际泥沙研究培训中心副主任、秘书长职务（部任〔2002〕1 号）。

2004 年 6 月 11 日，水利部任命胡春宏、汪小刚为中国水利水电科学研究院副院长（部任〔2004〕25 号）。

2004 年 6 月 11 日，水利部党组任命胡春宏、汪小刚为中国水利水电科学研究院党委常委（部党任〔2004〕15 号）。

中国水利水电科学研究院院领导任免表（2001 年 1 月—2004 年 12 月）见表 1。

表 1 　　　　中国水利水电科学研究院院领导任免表（2001 年 1 月—2004 年 12 月）

机构名称	姓名	职务	任免时间	备注
中国水利水电科学研究院	高季章	院长、党委书记	1999 年 3 月—2004 年 12 月	
	孔昭年	副院长、党委常委	1997 年 11 月—2001 年 12 月	
	匡尚富	副院长、党委常委	1997 年 11 月—2004 年 12 月	
	陈祥建	党委副书记、纪委书记	1997 年 11 月—	1999 年 3 兼任纪委书记
	贾金生	副院长、党委常委	1999 年 3 月—	
	杨晓东	副院长、党委常委	2000 年 12 月—	
	刘之平	副院长、党委常委	2001 年 10 月—	
	胡春宏	副院长、党委常委	2004 年 6 月—	
	汪小刚	副院长、党委常委	2004 年 6 月—	

注　领导按任职时间排序。

（三）组织机构

1. 职能部门和综合事业部

根据水利部批复的中国水科院体制改革实施方案，职能部门定为 6 个，分别为院长办公室、党委办公室、人事劳动教育处、国际合作与科研计划处、财务与资产管理处、监察与审计处。组建综合事业部，包括离退休职工处、信息网络中心、标准化研究中心和研究生部。

2003 年 4 月 29 日，根据中国水科院组建综合事业部实施方案，离退休职工处和信息网络中心整建制划入综合事业部（水科人〔2003〕31 号）。

2003 年 6 月 9 日，成立综合事业部（水科人〔2003〕43 号）。

2004 年 9 月 21 日，成立标准化研究中心，与综合事业部工程质量检测中心实验室合署办公；成立研究生部，挂靠综合事业部管理（水科人〔2004〕51 号）。

2. 研究所（中心）

根据水利部批复的中国水科院体制改革实施方案，共设 11 个院属研究部门，分别为水资源研究所、防洪减灾研究所、水环境研究所、水利研究所、工程抗震研究中心、岩土工程研究所、结构材料研究所、泥沙研究所、水力学研究所、遥感技术应用研究中心、牧区水利科学研究所。

2001 年 2 月 5 日，原灾害和环境研究中心更名为防洪减灾研究所，以原灾害和环境研究中心的灾害部分及水利史研究室为主体，与原岩土工程研究所的堤防研究部分重组；以原水质中心、环境中心为主体，将灾害和环境研究中心及冷却水研究所的环境部分并入重组，成立水环境研究所；原水力学研究所的水工部分和原冷却水研究所的水工、冷却水冷却塔部分合并重组，撤销冷却水研究所，成立水力学与冷却水研究所；原遥感技术应用中心更名为遥感技术应用研究中心，对外保留水利部遥感技术应用中心（水科人〔2001〕11 号）。

2002 年 2 月 27 日，岩土与结构材料研究所按岩土工程专业和结构材料专业划分，重新组成岩土工程研究所、结构材料研究所（新组建的非营利科研部分）；水力学与冷却水研究所更名为水力学研究所（水科人〔2002〕17 号）。

3. 院属企业

2002 年 5 月 30 日，按照科技部、财政部、中央编办关于社会公益类科研机构改革的总体方案，将院所下属各公司整合到北京中水科工程总公司（水科办〔2002〕18 号）。

2002 年 7 月，按国家有关规定对原"水利部电力工业部机电研究所工厂"的国有资产产权办理注销登记，对新注册的"天津水利电力机电研究所"的国有资产办理产权登记手续。

2002 年 2 月，结构材料研究所按专业重新划分，材料部分为材料研究所。2002 年 10 月，结构材料研究所整体实行企业化改制，成立北京中水科海利工程技术有限公司，主要从事水工材料研究、水工材料（止水材料与混凝土外加剂）研发生产以及水工混凝土建筑物修补工程施工等。

2004 年 6 月 9 日，水利部电力工业部机电研究所更名为天津水利电力机电研究所（注：企业法人）（水科人〔2004〕26 号）。

2004 年 12 月，中国水科院与中国长江三峡集团有限公司共同出资，成立北京中水科水电科技开发有限公司。该公司以中国水科院自动化研究所、水力机电研究所为基础转制组建。

中国水利水电科学研究院机构图（2004 年）见图 1。

二、第二阶段（2004 年 12 月—2021 年 12 月）

2005 年，中国水科院顺应国家发展战略需求，提出了"瞄准一个目标、抓住两个重点、提高三种能力、建成四大基地、搞好五个建设、达到六个一流"的总体发展思路，开启建设世界一流科研院的

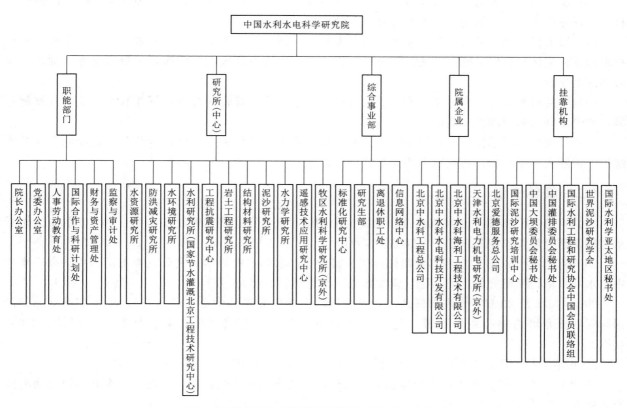

图1　中国水利水电科学研究院机构图（2004年）

新征程。

　　全院共有8个职能部门、4个综合事业部门、13个非营利研究所（中心）、4个科技企业和1个后勤企业；拥有1个国家重点实验室、2个部级重点实验室、36个院级专业实验室，4个国家级研究中心、9个部级研究中心；是国际泥沙研究培训中心和9个大型国际学术组织或会议机制总部及中国委员会秘书处的挂靠单位。

　　进入新时代，中国水科院深入贯彻落实习近平新时代中国特色社会主义思想和党的十九大精神，积极践行建设科技强国的"三步走"战略，提出"到2020年进入世界一流科研院行列，到2035年进入世界一流科研院前列，到2050年成为引领世界水利水电科技的排头兵"的总体发展目标。

　　中国水科院将深入贯彻习近平总书记"节水优先、空间均衡、系统治理、两手发力"治水思路，坚持"123456"总体发展思路，锐意进取、攻坚克难、勇攀高峰，奋力加快水利水电科技创新，切实加强科技支撑与服务，为建设世界水利水电科技强国贡献力量。

（一）主要职责

　　中国水科院是从事水利水电科学研究的国家级社会公益性科研机构。业务范围包括水利水电及相关领域的科学研究、技术开发、技术咨询、技术服务、技术转让、产品开发、成果推广、规划编制、标准编制；研究生教育与博士后管理，人才培养及培训；国内外合作交流等。

　　（1）坚持以国家战略需求为导向，发挥公益性科研机构作用，履行水利水电领域科技创新职责，提供公共科技供给和应急科技支撑。

　　（2）瞄准世界科技前沿，注重原始创新，开展水利水电领域基础性、前沿性、公益性研究，推动水科学发展。

（3）围绕国家重大需求，服务治水实践，承担战略研究和咨询评估任务，为国家和行业决策提供科学建议和解决方案，推动水利水电行业高质量发展。

（4）服务经济社会发展，研究涉水领域重大科技问题，研发关键核心技术和产品，制定涉水领域技术标准，实施科技成果推广转化，普及科学技术知识，建设开放共享的高水平科研基地，促进产学研用深度融合。

（5）坚持科教融合，全方位培养、引进、用好人才，营造符合科技创新规律和人才成长规律的环境，建设水利水电创新人才高地。

（6）开展涉水科学技术合作与交流，打造全球水利水电伙伴关系网络，参与和发起国际科学技术组织、国际大科学计划，为全球水治理贡献中国智慧。

（二）领导任免

2004年12月20日，水利部任命匡尚富为中国水利水电科学研究院院长；免去高季章的中国水利水电科学研究院院长职务（部任〔2005〕3号）。

2004年12月20日，水利部党组任命匡尚富为中国水利水电科学研究院党委书记；免去高季章的中国水利水电科学研究院党委书记、常委职务（部党任〔2005〕3号）。

2004年12月20日，水利部任命匡尚富为国际泥沙研究培训中心主任（兼），免去高季章兼任的国际泥沙研究培训中心主任职务、免去蒋超的国际泥沙研究培训中心副主任职务（部任〔2005〕4号）。

2006年7月5日，水利部任命于琪洋为国际泥沙研究培训中心副主任（部任〔2006〕26号）。

2008年9月6日，水利部任命陈服军为水利部机电研究所所长；免去杨晓东的水利部机电研究所所长职务（部任〔2008〕30号）。

2008年9月6日，水利部党组任命陈服军为水利部机电研究所党委书记；免去杨晓东的水利部机电研究所党委书记职务（部党任〔2008〕16号）。

2009年7月28日，水利部任命高占义、宁堆虎为国际泥沙研究培训中心副主任（部任〔2009〕51号）。

2009年6月6日，水利部免去于琪洋的国际泥沙研究培训中心副主任职务（部任〔2009〕62号）。

2012年1月17日，水利部任命高占义为中国水利水电科学研究院总工程师，免去其国际泥沙研究培训中心副主任职务；任命窦玉林为中国水利水电科学研究院总会计师；明确陈道文的职级为副局级（部任〔2012〕2号）。

2012年3月5日，陈道文当选中国水利水电科学研究院工会主席；陈祥建不再担任中国水利水电科学研究院工会主席（水科党〔2012〕8号）。

2012年3月27日，水利部直属机关工会委员会同意陈道文当选中国水利水电科学研究院工会主席（机工〔2012〕7号）。

2012年7月25日，水利部任命刘广全为国际泥沙研究培训中心副主任（部任〔2012〕27号）。

2013年5月2日，水利部免去窦玉林的中国水利水电科学研究院总会计师职务（部任〔2013〕12号）。

2014年4月2日，水利部任命黄秋洪为中国水利水电科学研究院总会计师（部任〔2014〕15号）。

2014年11月23日，水利部党组任命曾大林为中共中国水利水电科学研究院委员会书记，免去匡尚富的中国水利水电科学研究院党委书记职务（部党任〔2014〕34号）。

2015年2月11日，水利部党组免去陈祥建的中国水利水电科学研究院党委副书记、纪委书记、常委、委员职务（部党任〔2015〕6号）。

2015年7月30日，水利部党组任命夏连强为中国水利水电科学研究院党委委员、常委、纪委书记（部党任〔2015〕40号）。

2016年9月12日，水利部明确贾金生的职级为正局级（部任〔2016〕101号）。

2016年9月12日，水利部任命彭静为中国水利水电科学研究院副院长，免去贾金生的中国水利水电科学研究院副院长职务（部任〔2016〕102号）。

2016年9月12日，水利部党组任命彭静为中国水利水电科学研究院党委常委，免去贾金生的中国水利水电科学研究院党委常委职务（部党任〔2016〕72号）。

2017年7月20日，水利部明确李锦秀的职级为副局级（部任〔2017〕65号）。

2017年9月11日，水利部直属机关工会委员会同意李锦秀为中国水利水电科学研究院工会第四届委员会主席（机工〔2017〕20号）。

2017年12月4日，水利部免去高占义的中国水利水电科学研究院总工程师职务（部任〔2017〕122号）。

2018年5月25日，水利部免去刘之平的中国水利水电科学研究院副院长职务（部任〔2018〕41号）。

2018年12月18日，水利部任命王建华为中国水利水电科学研究院副院长，曹文洪为中国水利水电科学研究院总工程师（部任〔2018〕124号）。

2018年12月18日，水利部党组任命王建华为中国水利水电科学研究院党委常委（部党任〔2018〕60号）。

2019年6月1日，水利部免去杨晓东的中国水利水电科学研究院副院长职务（部任〔2019〕62号）。

2019年6月1日，水利部党组免去杨晓东的中国水利水电科学研究院党委常委职务（部党任〔2019〕33号）。

2019年6月26日，水利部任命李锦秀、丁留谦为中国水利水电科学研究院副院长（部任〔2019〕73号）。

2019年6月26日，水利部党组任命李锦秀、丁留谦为中国水利水电科学研究院党委常委（部党任〔2019〕39号）。

2019年7月4日，水利部党组提名免去李锦秀的中国水利水电科学研究院工会主席职务（人事干〔2019〕49号）。

2019年8月12日，水利部免去黄秋洪的中国水利水电科学研究院总会计师职务（部任〔2019〕82号）。

2019年8月12日，水利部任命尹瑞平为水利部牧区水利科学研究所所长；免去包小庆的水利部牧区水利科学研究所所长职务（部任〔2019〕83号）。

2019年8月12日，水利部党组任命魏永富为水利部牧区水利科学研究所党委书记；免去包小庆的水利部牧区水利科学研究所党委书记职务（部党任〔2019〕45号）。

2019年9月19日，水利部明确尤建青的职级为副局级（部任〔2019〕90号）。

2019年10月22日，水利部直属机关工会委员会同意尤建青任中国水利水电科学研究院工会主席（机工〔2019〕25号）。

2020年7月29日，水利部任命张金接为水利部机电研究所所长；免去陈服军的水利部机电研究所所长职务（部任〔2020〕66号）。

2020年7月29日，水利部党组任命张金接为水利部机电研究所党委书记；免去陈服军的水利部机电研究所党委书记职务（部党任〔2020〕49号）。

2020年12月30日，水利部任命潘庆宾为国际泥沙研究培训中心副主任；免去宁堆虎的国际泥沙研究培训中心副主任职务（部任〔2021〕3号）。

2021年3月25日，水利部任命张向东为中国水利水电科学研究院总会计师（部任〔2021〕16号）。

2021年12月14日，水利部党组任命宋树芳为中国水利水电科学研究院党委常委、纪委书记（部党任〔2021〕102号）。

中国水利水电科学研究院院领导任免表（2004年12月—2021年12月）见表2。

表 2　　　　　　中国水利水电科学研究院院领导任免表（2004 年 12 月—2021 年 12 月）

机构名称	姓名	职务	任免时间	备注
中国水利水电科学研究院	匡尚富	院长、党委书记	2004 年 12 月—	2014 年 11 月不再担任党委书记
	陈祥建	党委副书记、纪委书记	继任—2015 年 2 月	
	贾金生	副院长、党委常委	继任—2016 年 9 月	
	杨晓东	副院长、党委常委	继任—2019 年 6 月	
	刘之平	副院长、党委常委	继任—2018 年 5 月	
	胡春宏	副院长、党委常委	继任—	
	汪小刚	副院长、党委常委	继任—	
	曾大林	党委书记	2014 年 11 月—	
	夏连强	纪委书记、党委常委	2015 年 7 月—2021 年 12 月	
	彭　静	副院长、党委常委	2016 年 9 月—	
	王建华	副院长、党委常委	2018 年 12 月—	
	李锦秀	副院长、党委常委	2017 年 7 月—	2017 年 7 月—2019 年 6 月任院工会主席；2019 年 6 月任副院长、党委常委
	丁留谦	副院长、党委常委	2019 年 6 月—	
	宋树芳	纪委书记、党委常委	2021 年 12 月—	
	高占义	总工程师	2012 年 1 月—2017 年 12 月	
	窦玉林	总会计师	2012 年 1 月—2013 年 5 月	
	陈道文	工会主席	2012 年 3 月—2017 年 7 月	
	黄秋洪	总会计师	2014 年 4 月—2019 年 8 月	
	曹文洪	总工程师	2018 年 12 月—	
	尤建青	工会主席	2019 年 10 月—	
	张向东	总会计师	2021 年 3 月—	

注　院领导按照任职的类别、任职时间排序。

（三）组织机构

根据水利部批复的《中国水利水电科学研究院章程》，中国水科院由职能部门、研究所（中心）、综合事业部门、院属企业等组成，并设立科学技术、职称评定、学位评定等专项工作委员会。根据国家战略需求、行业发展需要和科技发展趋势，按照精简、效能的原则，可自主设置、变更和取消内设机构，并报上级人事部门备案。

1. 职能部门和综合事业部门

保障院管理工作高效运行，为全院改革发展提供支撑与服务。职能部门包括办公室、党委办公室、人事劳动教育处、科研管理与规划计划处、条件平台处、国际合作处、财务资产管理处、监察与审计处等，综合事业部门包括研究生院、标准化研究中心、信息中心、离退休职工处等。

2006 年 8 月 9 日，对职能部门和综合事业部门部分职能进行整合和调整。原房改办公室职能及人员编制整体划入财务资产管理处；原国际合作与科研计划处更名为科研管理与规划计划处，原外事管理科职能划入院长办公室，原基建办公室职能及人员编制整体划入科研管理与规划计划处。原信息网络中心的信息网络部改制为企业；原信息网络中心的图书馆、资料室、水利学报编辑部予以保留，更名为图书学报部（水科人〔2006〕54 号）。

2007 年 10 月 11 日，成立北京中水科信息技术有限公司（水科人〔2007〕66 号）。

2008 年 4 月 23 日，成立国际合作处（水科人〔2008〕19 号）。

2011 年 7 月 7 日，成立流域水循环模拟与调控国家重点实验室筹建办公室（水科人〔2011〕22 号）。

2013 年 5 月 27 日，院长办公室更名为办公室（水科人〔2013〕28 号）。

2015 年 5 月，撤销综合事业部（办公室），综合事业部原各部门作为院直属二级机构，统一称为"综合事业部门"。

2015 年 6 月 3 日，图书学报部更名为信息中心，调整后的信息中心由原北京中水科信息技术有限公司和原图书学报部两部分组成（水科人〔2015〕22 号）。

2017 年 9 月 21 日，研究生部更名为研究生院（水科人〔2017〕44 号）。

2020 年 10 月 16 日，整合原科研管理与规划计划处的科技创新基地、仪器设备、基建、科研安全生产等归口职能与国家重点实验室筹建办公室职能，成立条件平台处，与流域水循环模拟与调控国家重点实验室办公室合署办公（水科人〔2020〕49 号）。

2. 研究所（中心）

根据国家战略需求、行业发展需要和科技发展趋势设置和调整。实行研究所所长（中心主任）负责制，所长（主任）对院长负责，主持领导本单位工作，按照院发展战略、总体部署和本单位发展定位，推动所在领域的科技创新发展。

2007 年 9 月 4 日，恢复原水利史研究室机构名称，从防洪减灾研究所分离作为院内二级机构（水科人〔2007〕61 号）。

2008 年 7 月 10 日，防洪减灾研究所更名为防洪抗旱减灾研究所（水科人〔2008〕41 号）。

2009 年 6 月 18 日，成立水利史研究所。原水利史研究室各项职能及人员编制整体划入水利史研究所（水科人〔2009〕31 号）。

2009 年 10 月 10 日，成立水电可持续发展研究中心（水科人〔2009〕56 号）。

2013 年 11 月 13 日，整合防洪抗旱减灾研究所、遥感技术应用研究中心和水利史研究所，对内统称为"防洪抗旱减灾工程技术研究中心"，对外仍然保留三个单位名称（水科人〔2013〕62 号）。

2017 年 4 月 17 日，整合结构材料研究所和水电可持续发展研究中心，对内统称为"水电可持续发展研究中心"，对外保留"结构材料研究所"（水科人〔2017〕19 号）。

2020 年 1 月 1 日，水环境研究所更名为水生态环境研究所（水科人〔2020〕1 号）。

3. 院属企业

依照相关法律法规及政策规定设立和管理。院属科技企业主要从事水利水电领域新技术、新产品的研究、开发、生产和经营，打造科技成果转化高效平台；院属后勤企业为全院科研生产生活提供后勤保障服务。

2006 年 5 月 17 日，根据工作需要，将自动化研究所、水力机电研究所、工程安全监测中心整建制划转到北京中水科水电科技开发有限公司（水科人〔2006〕33 号）。

2006 年 12 月 13 日，原结构材料研究所（企）人员及工资关系，全部转入北京中水科海利工程技术有限公司（水科人〔2006〕82 号）。

2007 年 4 月 6 日，原水利部电力工业部机电研究所更名为水利部机电研究所（水科人〔2007〕27 号）。

2020 年 12 月 25 日，北京中水科工程总公司更名为北京中水科工程集团有限公司，变更时间为 2020 年 11 月 23 日；天津水利电力机电研究所更名为天津水科机电有限公司，变更时间为 2020 年 11 月 30 日；北京爱德服务总公司更名为北京爱德商务服务有限公司，变更时间为 2020 年 11 月 30 日（水科人〔2020〕62 号）。

中国水利水电科学研究院（2021 年）机构图见图 2。

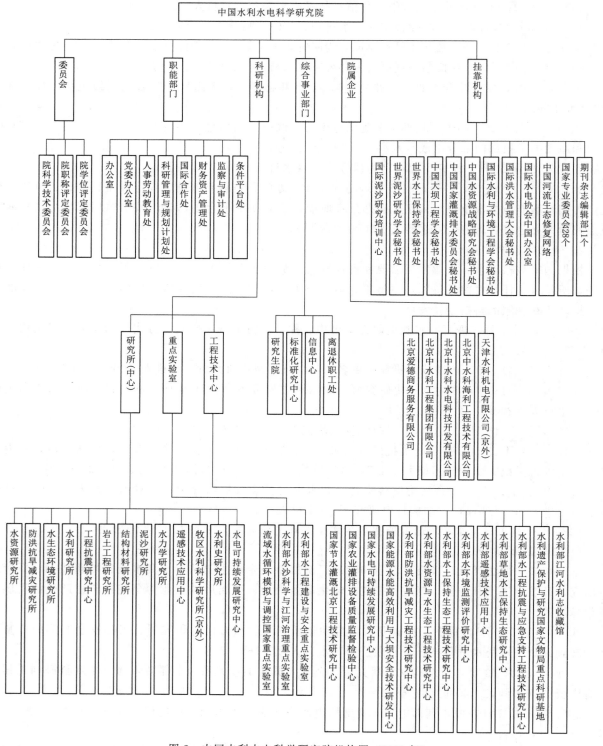

图 2 中国水利水电科学研究院机构图（2021 年）

执笔人： 李璐潞　尚静石　吴佳鹏　吴生志　何晶晶

审核人： 李锦秀

水利部宣传教育中心

水利部宣传教育中心（以下简称"宣教中心"）是水利部直属公益一类事业单位（正局级），其前身是 2011 年 3 月成立的水利部新闻宣传中心和 2012 年 8 月成立的水利部水情教育中心，2017 年 10 月两个单位合并成立水利部宣传教育中心。办公地点设在北京市海淀区玉渊潭南路 3 号 C 座。

一、水利部新闻宣传中心（2011 年 3 月—2017 年 10 月）

2011 年 3 月 31 日，水利部印发《关于成立水利部新闻宣传中心的通知》（水人事〔2011〕145 号），明确了新闻宣传中心为部直属财政补助事业单位（正局级）。

（一）主要职责

承办水利部交办的重大宣传活动；组织实施全国水利宣传工作计划；承办水利部新闻发布的筹备与协调实施工作；承办新闻媒体和记者对水利部采访事宜的协调安排工作；指导、协调水利系统报刊、网站等媒体及图书、音像出版等业务工作；承担水利舆情监测与报告工作；承担水利信息搜集、整理、分析研究及信息服务等工作；协调组织水文化建设与管理工作；承办江河水利志修编组织工作；承办水利部交办的其他事项。

（二）编制与机构设置及领导职数

中心事业编制 15 名，局级领导职数 3 名，处级领导职数 8 名。中心内设 4 个处，分别为综合处、新闻处、宣传处、舆情信息处。

二、水利部水情教育中心（2012 年 8 月—2017 年 10 月）

2012 年 8 月 3 日，水利部印发《关于成立水利部水情教育中心的通知》（水人事〔2012〕351 号），明确了水情教育中心为部直属财政补助事业单位（正局级）。

（一）主要职责

水利部水情教育中心受水利部委托，主要承担水情教育规划、理论研究，重大水事活动信息采编、整理及相关交流、培训等工作，具体如下：承担水情教育规划编制和实施工作；组织开展水情教育方面的理论研究、交流培训工作；承担重大水事活动信息采编、整理工作；组织开展有关水情教育活动，承担重大水利公益性展览活动；承担公益性水情教育产品的制作和推广工作；负责中国水利报、中国水利杂志、中国水利网的内容审读和质量监督等工作；负责对中国水利报社实施管理；承办水利部交办的其他事项。

（二）编制与机构设置及领导职数

中心事业编制 50 名，局级领导职数 5 名，处级领导职数 18 名。中心内设 6 个处，分别为综合处（人事处）、财务处、规划处、信息采编处、研究教育处、交流培训处。

三、水利部宣传教育中心（2017 年 10 月—2021 年 12 月）

（一）第一阶段（2017 年 10 月—2020 年 5 月）

2017 年 8 月 30 日，中央编办印发《关于设立水利部水资源管理中心等机构编制调整的批复》（中央编办复字〔2017〕237 号），同意将水利部新闻宣传中心、水利部水情教育中心合并，组建水利部宣传教育中心，为公益一类事业单位，核定财政补助事业编制 65 名，领导职数 1 正 3 副，编制分别从水利部新闻宣传中心、水利部水情教育中心划转 15 名、50 名。

2017 年 10 月 31 日，《水利部关于印发水利部宣传教育中心主要职责机构设置和人员编制方案的通知》（水人事〔2017〕349 号）明确水利部宣传教育中心为部直属公益一类事业单位（正局级）。

1. 主要职责

组织实施全国水利宣传工作计划，承担水情教育规划编制和实施工作。承办水利部交办的重大宣传活动，参与水利部新闻发布会的筹备与组织实施工作。承办新闻媒体和记者对水利部采访事宜的协调安排工作。承担水利部网站专题制作及内容更新工作，承担中国水利报、中国水利杂志、中国水利网的重要内容把关和质量监管等工作。受水利部委托，承担水利部微信公众号、政务微博、官方 App 等新媒体平台的运行管理及维护相关工作。组织开展水情教育活动，承担水利公益性展览、音像及水情教育产品的制作与推广工作。承担水利舆情监测、收集、分析、报告等工作。承担重大水事活动信息采集、整理编辑、应用管理等工作。组织开展水利新闻宣传、水情教育理论研究及交流培训等工作。受部委托，承担水文化传播有关具体工作。承办水利部交办的其他工作。

宣传教育中心在业务上接受水利部办公厅指导，对外协助水利部办公厅组织开展水利系统新闻宣传和水情教育工作，同时负责对中国水利报社实施管理。

2. 编制与机构设置及领导职数

事业编制 65 名，其中局级领导职数 4 名（党的领导职务按有关规定设置），处级领导职数 24 名。中心内设 11 个处，分别为综合处（人事处）、党委办公室（纪委办公室）、计划财务处、宣传处、新闻处、水情教育处、舆情监测处、信息采编处、新媒体处、展览音像处、交流培训处。

（二）第二阶段（2020 年 5 月—2021 年 12 月）

2020 年 3 月 27 日，《关于水利部水资源管理中心等事业单位编制调整的批复》（中编办复字〔2020〕56 号）明确水利部宣传教育中心为正局级事业单位，财政补助事业编制由 65 名减少到 52 名，领导职数 1 正 3 副（含党组织领导职数 1 名）。

2020 年 5 月 22 日，《水利部关于印发水利部宣传教育中心主要职责机构设置和人员编制方案的通知》（水人事〔2020〕87 号）明确水利部宣传教育中心为部直属公益一类事业单位（正局级）。

1. 主要职责

组织实施全国水利宣传工作计划，承担水情教育规划编制和实施工作。承办水利部交办的重大宣传活动，参与水利部新闻发布会的筹备与组织实施工作。承办新闻媒体和记者对水利部采访事宜的协调安排工作。承担水利部网站专题策划组织及相关栏目内容更新工作。受水利部委托，承担水利部微信公众号、政务微博、官方 App 等新媒体平台的运行管理及维护相关工作。组织开展水情教育活动，承担水利公益性展览、音像及水情教育产品的制作与推广工作。受部委托开展水利科普宣传相关活动。承担水利舆情监测、收集、分析、报告等工作。承担重大水事活动信息采集、整理编辑、应用管理等工作。承担水文化建设与管理协调组织的具体工作，受部委托统筹管理水文化建设项目申报工作，对有关委托项目实施情况进行监督检查。配合组织协调开展水文化规划编制、政策制度制定等相关工作。组织开展水利新闻宣传、水情教育理论研究及交流培训等工作。承办水利部交办的其他工作。

在业务上接受水利部办公厅指导，对外协助办公厅组织开展水利系统新闻宣传和水情教育工作。

2. 编制与机构设置及领导职数

事业编制 52 名，其中中心领导职数 1 正 3 副（含党组织领导职数 1 名），处级领导职数 21 名（含总编辑 1 名）。中心内设 9 个处室，分别为综合处（人事处）、党委办公室（纪委办公室）、计划财务处、新闻处、水情教育处、舆情监测处、新媒体处、展览音像处、水文化处。

水利部宣传教育中心各时期领导任免表见表 1，机构图见图 1。

表 1　　　　　　　　水利部宣传教育中心各时期领导任免表（2011 年 3 月—2021 年 12 月）

机构名称	姓名	职务	任免时间	备注
水利部新闻宣传中心	郭孟卓	主任	2011 年 5 月—2016 年 9 月	
	陈梦晖	副主任（正局级）	2011 年 10 月—2017 年 12 月	
	周文凤	副主任	2011 年 5 月—2017 年 1 月	
		主任	2017 年 1—11 月	
	孙平国	副主任	2017 年 1—11 月	
水利部水情教育中心	董自刚	主任	2017 年 3—11 月	
	邓淑珍	副主任	2017 年 3—11 月	
水利部宣传教育中心	董自刚	主任	2017 年 11 月—2018 年 10 月	
	李国隆	主任	2018 年 10 月—	
	周文凤	副主任（正局级）	2017 年 11 月—2018 年 10 月	
		党委书记	2018 年 10 月—	
	邓淑珍	副主任	2017 年 11—12 月	
	王乃岳	纪委书记	2018 年 1 月—	
	孙平国	副主任	2017 年 11 月—	
	李名生	副主任	2019 年 12 月—2020 年 9 月	
	刘耀祥	副主任	2019 年 12 月—	

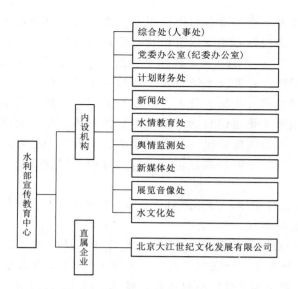

图 1　水利部宣传教育中心机构图（2021 年）

执笔人：陈必勇　刘小东
审核人：王厚军

中国水利报社

中国水利报社隶属于中华人民共和国水利部，是水利部直属新闻宣传单位。中国水利报社有12个内设机构和3家下属公司，核定事业编制110名。截至2021年12月，在职职工（含在编、劳务派遣、借调等人员）共计135人，其中正式在编职工91人。注册记者站22个。办公地点设在北京市海淀区玉渊潭南路3号。

多年来，中国水利报社紧紧围绕水利部党组中心工作，服务水利改革发展大局，加快自身能力建设。目前，已经建立起以"中国水利"和"中国水事"为品牌标识的，由《中国水利报》、《中国水利》杂志、中国水利网站、节水中国网站、水利新媒体、视频制作演播基地、入驻社会新媒体（人民号、新华社视频直播、头条号、抖音号、快手号、强国号等）组成的，集报、刊、网、微、屏为一体的行业主流融媒集群，为全行业和社会公众传递党中央、水利部党组声音，提供准确、及时、有效的水利新闻信息和水科学文化知识。

一、编制与机构设置及主要职责

2001年7月19日，人教司批复同意中国水利报社网络中心独立运行（人教劳〔2001〕40号）。

2003年1月7日，人教司批复同意中国水利报社调整内设机构，调整后内设机构为：办公室（党委办公室、人事劳动处）、财务处、总编室、《中国水利》杂志编辑部、要闻部、专题新闻部、工程建设与水务专刊部、科教文化专刊部、摄影美术部、网络中心、记者读者部、广告部（人教劳〔2003〕3号）。

2006年8月7日，人教司批复同意网络中心更名为网络新闻中心（人教劳〔2006〕41号）。

2012年2月，中央编办批复同意水利部展览音像制作中心更名为水利部水情教育中心，50名财政补助事业编制不变（中央编办复字〔2012〕32号）。

2012年8月，水利部发文成立水利部水情教育中心，定编50人，内设综合处（人事处）、财务处、规划处、信息采编处、研究教育处、交流培训处6个处室，与中国水利报社合署办公（水人事〔2012〕351号）。

2014年5月9日，人事司批复同意广告部更名为策划部（人事机〔2014〕7号）。

2017年11月，中央编办批复中国水利报社为公益二类事业单位，事业编制120名（中央编办复字〔2017〕336号）。

2019年4月，中央编办调整中国水利报社编制，由120名减少至110名（中央编办复字〔2019〕36号）。

2019年10月24日，人事司批复同意专题新闻部更名为项目管理处，摄影美术部更名为党委办公室（纪委办公室），办公室（党委办公室、人事劳动处）更名为办公室（人事劳动处）（人事机〔2019〕25号）。

2019年12月9日，人事司批复同意要闻部、科教文化专刊部、工程建设与水务专刊部、网络新闻中心更名为新闻中心、综合专题部、采访评论部、新媒体中心（人事机〔2019〕26号）。

2020年9月27日，人事司批复中国水利报社设副总编辑（正处级）1名（人事机〔2020〕9号）。

2021 年 7 月 13 日，水利部印发《水利部关于印发中国水利报社主要职责、机构设置和人员编制规定的通知》（水人事〔2021〕210 号），设置中国水利报社为部直属公益二类事业单位（正局级），中国水利报社主要职责、内设机构和人员编制如下。

（一）主要职责

中国水利报社贯彻落实党中央关于新闻舆论工作的方针政策和决策部署，加强党对新闻舆论工作的集中统一领导，坚持正确舆论导向。负责《中国水利报》《中国水利》杂志等刊物的编辑出版和发行，负责中国水利网、中国水事等新媒体编辑发布和运维推广。具体职责如下：

（1）落实党中央关于意识形态、新闻舆论、思想文化和媒体融合发展等重要部署，承担中央大政方针和水利重大决策部署的有关宣传工作。

（2）落实水利部关于水利宣传工作的部署要求，承担水利部治水重大决策、水利改革发展、水利政策法规等的有关宣传工作。

（3）承担水利部交办的重大宣传事项和重大水事活动采访任务，开展新闻报道和文化传播活动。

（4）采访报道水利改革发展动态、经验和成效，加强正面宣传，做好舆论引导，开展舆论监督，回应社会关切。

（5）受权发布水利行业相关权威信息，宣传国情水情，普及水科学、水文化知识。

（6）按照职责分工承担水利媒体融合发展有关规划编制和实施，推进媒体深度融合发展，加快全媒体建设。

（7）研究水利新闻宣传传播规律，推动媒体经验交流，提升传播效能，推进媒体传播手段和形式创新，发展动漫、音视频等业务，开展水文化研究传播推广。

（8）负责中国水利报社记者站建设管理，组织开展业务培训和对外交流。

（9）承办水利部交办的其他任务。

（二）机构设置

根据上述职责，中国水利报社内设办公室（人事处）、党委办公室（纪委办公室）、财务处、总编室、项目管理处（节水传播处）、《中国水利》编辑部、新闻中心、综合专题部、采访评论部、新媒体中心（影视制播中心）、记者读者部、策划部等 12 个处室。

（三）人员编制

核定中国水利报社经费自理事业编制 110 名，行政领导职数 1 正 4 副（含总编辑 1 名），党组织领导按有关规定配备，处级领导职数 37 名（含副总编辑 2 名）。

二、领导任免

2002 年 1 月，水利部免去李鹰的中国水利报社副社长职务（部任〔2002〕6 号）。

2002 年 6 月，水利部任命张仁杰为中国水利报社副社长（部任〔2002〕26 号）。8 月，水利部直属机关党委批复同意增补张仁杰为中国水利报社党委委员（机党〔2002〕23 号）。

2004 年 6 月，水利部党组任命李鹰为中国水利报社社长、党委书记，免去蒋旭光的中国水利报社社长、党委书记职务（部任〔2004〕21 号、部党任〔2004〕13 号）。

2007 年 4 月，水利部决定，水利部展览音像制作中心整建制划归中国水利报社管理（水人教〔2007〕115 号）。

2007 年 12 月，水利部党组任命周文风为中国水利报社副社长，免去王经国的中国水利报社副社长职务（部任〔2007〕36 号）。

2008 年 9 月，水利部直属机关党委批复同意补选周文凤、营幼峰为中国水利报社党委委员（机党〔2008〕40 号）。

2009 年 7 月，水利部党组任命董自刚为中国水利报社社长（部任〔2009〕52 号），涂曙明为党委书记（部党任〔2009〕19 号）。免去李鹰的中国水利报社社长、党委书记职务。

2010 年 2 月，水利部党组任命周文凤为中国水利报社总编辑，免去其中国水利报社副社长职务，任命李先明为中国水利报社副社长（部任〔2010〕11 号）。

2011 年 5 月，水利部党组免去周文凤的中国水利报社总编辑职务（部任〔2011〕20 号）。

2011 年 6 月，水利部党组任命李先明为中国水利报社总编辑，免去其中国水利报社副社长职务；任命邓淑珍、张焱为中国水利报社副社长（部任〔2011〕39 号）。

2015 年 12 月，选举董自刚、涂曙明、张仁杰、营幼峰、李先明、邓淑珍、张焱为中国水利报社党委委员，选举涂曙明、张卫东、马加、吕娜、高玉屏为中国水利报社纪委委员。

2017 年 3 月，水利部党组任命张范为中国水利报社纪委书记，免去涂曙明的中国水利报社纪委书记职务（部党任〔2017〕16 号）。

2017 年 3 月，水利部党组任命董自刚为水情教育中心主任；任命邓淑珍为水情教育中心副主任，免去其中国水利报社副社长职务；任命营幼峰为中国水利报社副社长（部任〔2017〕23 号）。

2017 年 5 月，水利部直属机关党委批复同意增补张范为中国水利报社党委委员（机党〔2017〕36 号）。

2017 年 7 月，水利部免去张仁杰的中国水利报社副社长职务（部任〔2017〕75 号），免去其中国水利报社党委委员职务（机党〔2017〕49 号）。

2017 年 9 月，水利部党组任命唐瑾为中国水利报社副社长（部任〔2017〕100 号）。

2017 年 11 月，水利部水情教育中心与水利部新闻宣传中心合并，成立水利部宣传教育中心。水利部党组任命董自刚为宣传教育中心主任，周文凤为宣传教育中心副主任（正局级），邓淑珍、孙平国为宣传教育中心副主任（部任〔2017〕110 号）。2018 年 5 月，不再与中国水利报社合署办公。

2017 年 12 月，水利部党组免去涂曙明的中国水利报社党委书记职务（部党任〔2017〕83 号），免去营幼峰的中国水利报社副社长（部任〔2017〕133 号）职务，免去涂曙明、营幼峰的中国水利报社党委委员职务（机党〔2017〕91 号）。

2017 年 12 月，水利部直属机关党委批复同意增补唐瑾为中国水利报社党委委员（机党〔2017〕87 号）。

2017 年 12 月，水利部党组任命邓淑珍为中国水利报社党委书记（部党任〔2018〕1 号），免去其宣传教育中心副主任职务（部任〔2018〕1 号）。

2020 年 10 月，水利部党组任命马加为中国水利报社副社长（部任〔2020〕101 号）。

2001—2021 年中国水利报社领导任免表见表 1，机构图（2021 年）见图 1。

表 1　　　　　2001—2021 年中国水利报社领导任免表

机构名称	姓名	职务	任免时间	备注
中国水利报社	蒋旭光	社长、党委书记	2000 年 3 月—2004 年 6 月	
	李鹰	副社长	1996 年 4 月—2002 年 1 月	
		社长	2004 年 6 月—2009 年 8 月	
		党委书记	2004 年 6 月—2009 年 8 月	
	王经国	副社长	1993 年 8 月—2008 年 2 月	
	董自刚	总编辑	1997 年 11 月—2009 年 7 月	
		社长	2009 年 7 月—	
		水情教育中心、宣传教育中心主任（兼）	2017 年 3 月—2018 年 11 月	

续表

机构名称	姓　名	职　务	任　免　时　间	备　注
中国水利报社	涂曙明	党委副书记	1997 年 4 月—2009 年 8 月	
		党委书记	2009 年 8 月—2017 年 12 月	
	张仁杰	副社长	2002 年 6 月—2017 年 7 月	
	营幼峰	展览音像制作中心主任，党委委员	2006 年 11 月—2017 年 3 月	
		副社长	2017 年 3 月—2017 年 12 月	
	周文凤	副社长	2007 年 12 月—2010 年 2 月	
		总编辑	2010 年 2 月—2011 年 5 月	
	李先明	副社长	2010 年 3 月—2011 年 6 月	
		总编辑	2011 年 6 月—	
	邓淑珍	副社长	2011 年 6 月—2017 年 3 月	
		水情教育中心、宣传教育中心副主任	2017 年 3—12 月	
		党委书记	2017 年 12 月—	
	张　焱	副社长	2011 年 6 月—	
	张　范	纪委书记	2017 年 3 月—	
	唐　瑾	副社长	2017 年 9 月—	
	马　加	副社长	2020 年 10 月—	

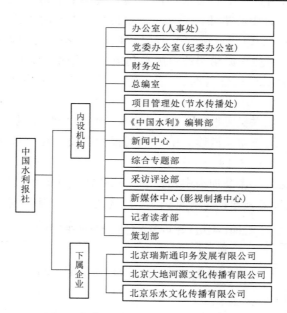

图 1　中国水利报社机构图（2021 年）

执笔人：吴　戈　安天杭　张　凯
审核人：李国隆　邓淑珍

水利部发展研究中心

水利部发展研究中心成立于 2000 年 8 月 1 日，由水利部原政策研究中心、信息研究所和综合开发管理中心的经济研究部分合并组成，是水利部直属正厅（局）级事业单位。主要负责水利改革发展有关全局性、综合性、前瞻性重大问题以及热点难点问题研究，为水利改革发展提供对策建议和决策支持；组织或承担水利与国民经济和社会发展的关系、水利发展战略等重大课题研究，开展水权、水价、水利投融资、水利工程产权等重大改革问题研究；承担水利政策研究、解读、咨询和评估，参与拟定重大水利法规、政策文件和起草重要文稿工作；承担全国水利统计和中央水利建设投资计划管理的技术支撑工作；面向社会和水利行业开展水利软科学及工程建设等相关技术服务。

2004 年 9 月 28 日，水利部发展研究中心办公地址从北京市西城区六铺炕街 5 号迁至北京市海淀区玉渊潭南路 3 号。

2021 年 7 月，根据《水利部关于印发水利部发展研究中心主要职责、机构设置和人员编制规定的通知》（水人事〔2021〕208 号），明确根据《中央编办关于水利部所属事业单位分类意见的复函》（中央编办函〔2017〕49 号）、《中央编办关于水利部所属事业单位机构编制调整的批复》（中央编办复字〔2018〕125 号），设置水利部发展研究中心，为部直属公益一类事业单位（正局级）。

一、人员编制

2000 年 7 月，根据水利部人教劳〔2000〕38 号《关于发展研究中心"三定方案"的批复》，明确编制为 160 名。

2017 年 2 月，根据中央编办复字〔2017〕38 号文《中央编办关于水利部预算执行中心等事业单位编制调整的批复》，明确编制由 160 名减少到 149 名。

2017 年 4 月，根据中央编办函〔2017〕49 号文《中央编办关于水利部所属事业单位分类意见的复函》，编制调整为 147 名。

2021 年 7 月，根据水利部人教劳〔2000〕38 号《关于发展研究中心"三定"方案的批复》有关文件，明确编制为 147 名。

二、内设机构及职能

2000 年 7 月，根据水利部人教劳〔2000〕38 号文《关于发展研究中心"三定方案"的批复》，内设机构包括职能部门 4 个处（室）：办公室（党委办公室）、人事劳动教育处、计划发展处、财务处；业务部门 6 个处（所、部）：发展战略研究处、政策研究处、法制研究处、经济研究处、信息研究所、编辑部。

（1）办公室（党委办公室）。主要负责行政、文秘、保密、党务、纪检、监察、工会和精神文明建设等。

（2）人事劳动教育处。主要负责人事、劳资、职工教育和离退休干部管理等。

（3）计划发展处。主要负责计划与项目的组织、管理、协调和外事管理等。

（4）财务处。主要负责财务管理和国有资产管理。

（5）发展战略研究处。主要负责承担和组织开展水利与国民经济和社会发展关系的研究，水利中长期发展战略研究，流域和区域水利发展研究，水利可持续发展研究等。

（6）政策研究处。主要负责承担和组织开展水利改革发展中的综合性政策研究，参与制订水利政策规划和实施计划，收集汇编水利政策文件，对水利系统政策研究工作进行业务指导和咨询等。

（7）法制研究处。主要负责承担和组织开展水利法规研究并参与起草等工作，参与制订水利法规规划和实施计划，收集汇编水利法律法规文件，对水利系统法规研究工作进行业务指导和咨询等。

（8）经济研究处。主要负责开展对水资源开发利用、治理、配置、节约和保护的重大经济问题与经济关系问题的研究，对水利系统的经济研究工作进行业务指导和咨询。

（9）信息研究所。主要负责开展水利政策、经济的信息研究，国际水利发展比较研究；水利文献检索、查新、信息资源的开发和咨询服务；承办水利科技期刊管理工作等。

（10）编辑部。主要负责承担水利部交办的和中心主办的刊物组稿、编辑及发行工作。

2000年12月，根据水利部人教劳〔2000〕65号文《关于发展研究中心成立监察审计室的批复》，办公室加挂监察审计室牌子。

2004年4月，根据水利部人教劳〔2004〕23号文《关于发展研究中心部分机构调整的批复》，办公室（党委办公室）更名为办公室，人事劳动教育处更名为人事劳动教育处（党委办公室）。调整后办公室的主要职责是：负责公文及档案管理、保密、宣传、安全保卫、审计、外事以及房产、计划生育、公费医疗、车辆和交通安全管理等。调整后的人事劳动教育处（党委办公室）的主要职责是：负责人事、劳动工资、社会保险、职工教育、离退休职工管理、党群工作、纪检、监察、信访等。在原编辑部的基础上组建杂志社，作为发展研究中心的二级事业单位，原编辑部撤销。杂志社主要负责《水利水电技术》《水利发展研究》杂志的编辑、出版、发行，负责《中国水利网》的运行维护及信息发布等工作。

2004年9月，根据水利部人教劳〔2004〕70号文《关于明确发展研究中心杂志社名称的复函》，明确杂志社名称为"水利发展杂志社"。

2007年2月，根据水利部人教劳〔2007〕4号文《关于发展研究中心内设机构调整的批复》，中心增设水利文献信息室、综合研究室，信息研究所更名为国际水利研究处。

2009年6月，根据水利部人事机〔2009〕3号文《关于发展研究中心部分内设机构更名的批复》，综合研究室更名为投资与统计研究处，国际水利研究处更名为综合研究处（国际水利研究处）。

2010年3月，根据水利部人事机〔2010〕4号文《关于明确中国水利经济研究会人员机构管理有关事项的通知》，中国水利经济研究会挂靠单位由综合事业局调整为发展研究中心。中国水利经济研究会专职工作人员使用发展研究中心的事业编制（仍按4名控制）。

2016年4月，根据水利部人事机〔2016〕8号文《关于发展研究中心机构编制调整的通知》，在人事劳动教育处（党办）加挂纪委办公室牌子。

2017年2月，根据水利部人事机〔2017〕2号文《水利部人事司关于在发展研究中心增设河长制工作处的批复》，中心增设河长制工作处，主要职责为承担或组织开展河长制及河湖管理保护理论、政策以及相关制度建设研究，配合水利部推进河长制工作领导小组办公室开展全面推进河长制相关工作等。

2018年，根据工作需要，审计职能由办公室调整到财务处。

2019年9月，根据水利部人事机〔2019〕23号文《水利部人事司关于发展研究中心设立党委办公室（纪委办公室）的通知》，中心设立党委办公室（纪委办公室）。根据水利部发展研究中心发研人〔2019〕33号文《关于单独设立党委办公室（纪委办公室）的通知》，党委办公室（纪委办公室）的主要职责是负责中心党群工作，承担中心党委履行主体责任和纪委履行监督责任的日常工作，组织协调中心党建、纪检各项工作；承担中心精神文明建设领导小组办公室工作；协助党委领导工会、共青团、妇工委等群团组织，负责统战等工作；承办中心交办的其他事项。

2021年7月，根据水人事〔2021〕208号文《水利部关于印发水利部发展研究中心主要职责、机构设置和人员编制规定的通知》，水利部发展研究中心内设5个职能部门：办公室、党委办公室（纪委办公室）、人事处、计划发展处、财务处；8个研究部门：发展战略研究处、政策研究处、法制研究处、经济研究处、综合研究处（国际水利研究处）、投资与统计研究处、河湖长制研究处、水利文献信息室；1个二级事业单位：水利发展杂志社。

（1）办公室。协助中心领导对中心政务、业务等工作进行组织和综合协调。负责中心公文、督办、会议、保密、外事、机要、信访、档案、安全保卫、房产、公费医疗、公车管理等工作；负责中心宣传工作，组织开展中心网站、内网、微信公众号的建设、运行管理和内容保障工作；负责组织草拟综合性重要政务文稿和政务信息化工作；承办中心交办的其他工作。

（2）党委办公室（纪委办公室）。负责中心党群工作，承担中心党委履行主体责任和纪委履行监督责任的日常工作，组织协调中心党建、纪检各项工作；承担中心精神文明建设领导小组办公室工作；协助党委领导工会、共青团、妇工委等群团组织，负责统战等工作；承办中心交办的其他事项。

（3）人事处。负责人事、劳动工资和社会保险管理工作；负责干部选拔、任用、日常管理和监督工作；负责人才培养、选拔、使用和表彰奖励管理工作；组织开展职工招录、职称评聘、年度考核等工作；负责离退休干部管理工作；承担人事档案管理工作；承办中心交办的其他工作。

（4）计划发展处。负责项目计划编制的组织协调、进度和质量管理、成果转化应用；组织编制中心中长期发展规划；负责学术委员会办公室工作，组织学术交流、成果评奖和报奖，承担特约研究员和中国水利学会水利政策研究专业委员会工作；负责通用办公设备实物管理和软件正版化工作；承办中心交办的其他工作。

（5）财务处。负责部门预算编制、分解、执行和部门决算编制工作；负责中心国有资产综合管理工作；承担会计核算、资金支付、纳税申报等工作；承担中心内部审计工作；承担财政项目申报组织、绩效评价和总结验收工作；承办中心交办的其他工作。

（6）发展战略研究处。组织开展水利与国民经济和社会发展的重大关系、重大问题研究；组织开展水利中长期发展战略研究，流域和区域水利发展研究；参与水利规划编制与政策评估；组织开展水利投融资机制、节水型社会建设、水资源管理制度、水利管理的体制和机制研究；承办中心交办的其他工作。

（7）政策研究处。组织开展或承担水利改革发展中的重大综合性政策研究和跟踪评估，参与制定水利政策规划和实施计划；组织开展水利工程建设和运行管理政策、水资源管理政策、节约用水政策、农村水利政策研究；组织开展取水许可与水资源税改革、水利价格税费管理与改革、水利工程管护机制改革创新研究；承办中心交办的其他工作。

（8）法制研究处。组织开展水利重大法规政策研究和决策咨询；组织开展重点水法律法规立法前期、国家水权水市场建设研究；参与水资源管理、水量调度管理立法研究；支撑重点领域水利改革、农村饮水安全保障、WTO政府采购协议（GPA）出价；承办中心交办的其他工作。

（9）经济研究处。组织开展水治理中的重大经济问题和政府与市场两手发力问题研究；组织开展水利资源配置基础性改革问题研究；组织开展支持水利经济宏观决策的新方法、新工具和新模型研究；组织开展水价水权水市场、节水产业、移民稳定与发展、流域与区域管理、城市水务、基层水利研究；承办中心交办的其他工作。

（10）综合研究处（国际水利研究处）。组织开展水利综合性重大问题的政策研究和决策咨询工作；组织开展水利国际合作对策及国内外水利发展比较与跟踪研究；参与水利综合性文件、报告起草和水利发展形势分析；组织开展习近平总书记治水重要论述、治水思路和方略、流域综合管理、地下水管理与保护、水土保持、调水工程运行管理、量水而行和水资源保护、水旱灾害防御、绿色小水电、"一带一路"水利合作研究；承办中心交办的其他工作。

（11）投资与统计研究处。组织开展水利建设投资、水利综合等具体统计业务工作；支撑中央水利建设投资计划管理，编辑出版水利统计年鉴、公报等；负责建设并维护水利统计管理系统，实施水利统计监测分析及协助发布有关信息，组织统计培训和专题研究；组织开展水利投融资、水利发展市场化改革、水利建设管理体制机制研究；组织开展流域治理能力和治理体系现代化研究；组织开展最严格水资源管理考核评估、水利工程监管政策跟踪评估研究；承办中心交办的其他工作。

（12）河湖长制研究处。承担或组织开展全面推行河长制湖长制相关政策和制度，以及河湖管理保护理论、技术与政策研究；配合水利部河长办开展全面推行河长制湖长制相关工作；开展全面推行河长制湖长制技术服务与咨询；组织开展河湖健康评价、示范河湖建设方案、一河（湖）一策、一河（湖）一档编制等研究；承办中心交办的其他工作。

（13）水利文献信息室。承担水利文献信息系统项目的建设管理工作；开展水利文献信息的采集、筛选、整理和分析，以及水利文献检索、查新、信息资源的开发和咨询服务；开展中心信息化规划与建设等有关具体工作；承担"中国水势网"和中心微信公众号的信息发布；承办中心交办的其他工作。

（14）水利发展杂志社。负责《水利水电技术》《水利发展研究》杂志以及《中国水利发展报告》（中、英文版）的发展建设、编辑出版、宣传发行等工作；配合水利部各司局开展工作宣传与业务支撑，为水利行业发展与技术革新提供宣传服务；参与行业管理和监管的体制、机制、制度研究，组织开展水利工程和涉水项目运行管理、安全风险防控、行业监管考核评价技术服务、综合效益分析等专业咨询；承办中心交办的其他事项。

三、领导任免

水利部发展研究中心领导任免表（2000年7月—2021年12月）见表1，机构图见图1～图9。

表1 水利部发展研究中心领导任免表（2000年7月—2021年12月）

机构名称	姓名	职务	任免时间
水利部发展研究中心	刘松深	主任	2000年7月—2003年1月
		临时党委书记	2001年3月—2002年6月
	王晓东	主任	2003年1月—2008年3月
		党委书记	2002年6月—2008年3月
	杨得瑞	主任、党委书记	2008年3月—2017年12月
	陈茂山	主任	2017年12月—
	端润生	临时党委书记、副主任	2000年7月—2001年3月
	段红东	党委书记	2017年12月—2019年2月
	杨燕山	党委书记	2019年4月—

机构名称	姓　名	职　务	任　免　时　间
水利部发展研究中心	谈国良	总工程师	2000 年 7 月—2001 年 10 月
	李焕雅（女）	副主任	2000 年 7 月—2002 年 9 月
	刘玉华（女）	临时党委副书记兼临时纪委书记	2000 年 7 月—2003 年 1 月
	刘　文	副主任	2000 年 7 月—2004 年 7 月
	王　海	副主任	2000 年 7 月—2015 年 2 月
		党委副书记、纪委书记	2007 年 12 月—2015 年 2 月
	李晶（女）	副主任	2000 年 11 月—2015 年 3 月
	王冠军	副主任	2002 年 5 月—
	祖雷鸣	副主任	2003 年 1 月—2003 年 5 月
	黄　河	副主任	2004 年 6 月—2017 年 7 月
	王一文	副主任	2011 年 6 月—2018 年 2 月
	金　海	副主任	2011 年 7 月—2016 年 9 月
		纪委记记	2015 年 12 月—2016 年 9 月
	段红东	副主任（正局级）	2015 年 2 月—2017 年 12 月
	吴浓娣	副主任	2016 年 8 月—
	吴　强	副主任（正局级）	2016 年 9 月—
	陆建华	纪委书记	2016 年 9 月—2021 年 7 月
	李肇桀	副主任（正局级）	2017 年 12 月—
	王建平	总经济师	2021 年 3 月—
	陶清波	纪委书记	2021 年 8 月—

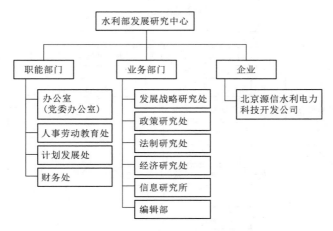

图 1　水利部发展研究中心机构图（2000 年）

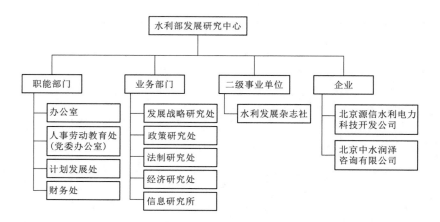

图 2　水利部发展研究中心机构图（2004 年）

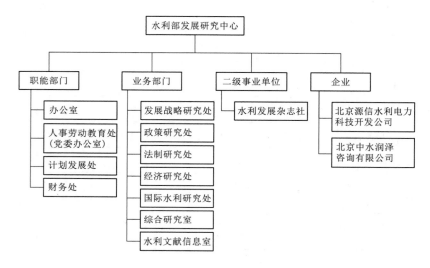

图 3　水利部发展研究中心机构图（2007 年）

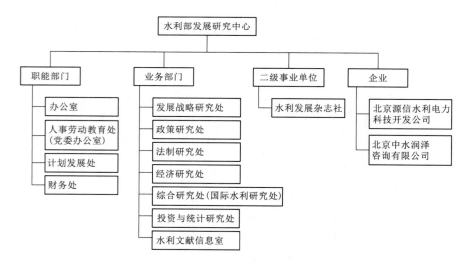

图 4　水利部发展研究中心机构图（2009 年）

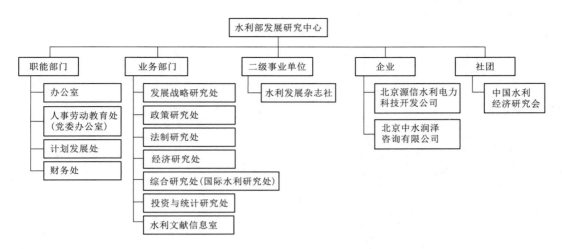

图 5　水利部发展研究中心机构图（2010 年）

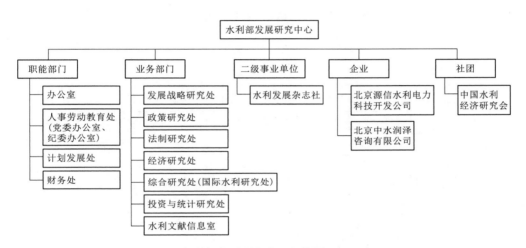

图 6　水利部发展研究中心机构图（2016 年）

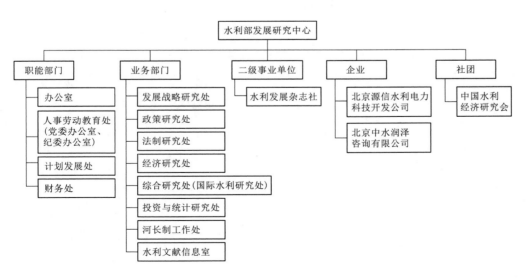

图 7　水利部发展研究中心机构图（2017 年）

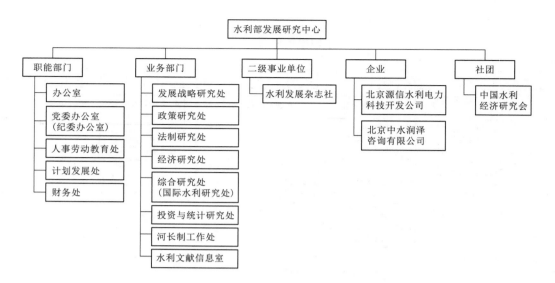

图 8　水利部发展研究中心机构图（2019 年）

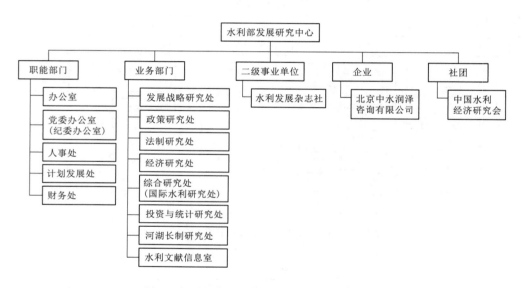

图 9　水利部发展研究中心机构图（2021 年）

执笔人： 王子坤　王　晶　苏　梦　陈　博
审核人： 刘小勇

中国灌溉排水发展中心
（水利部农村饮水安全中心）

中国灌溉排水发展中心（水利部农村饮水安全中心）是水利部直属公益一类事业单位（正局级），主要承担了农村水利重大课题研究、规划编制、技术咨询、项目管理等任务。中国灌溉排水发展中心（水利部农村饮水安全中心）在2000年2月由中国灌溉排水技术开发培训中心更名而来，并在2006年11月增挂水利部农村饮水安全中心牌子。办公地点设在北京市西城区广安门南街60号。

2001—2021年，中国灌溉排水发展中心（水利部农村饮水安全中心）组织沿革演变过程共分两个阶段。

一、第一阶段（2001年1月—2020年5月）

（一）主要职责

受水利部委托，承担农村水利有关规划、技术规范编制以及重点项目的具体管理工作，负责灌溉排水技术开发、推广、培训、工程项目咨询评估，为全国灌溉排水、乡镇供水、农业综合开发水利建设提供技术支撑和服务。

（1）承担农村水利有关规划、发展战略、对策研究等具体工作。

（2）承担农村水利重点建设项目的前期工作、实施中的检查、验收等工作。承担灌溉排水、节水灌溉、乡镇供水、人畜饮水等农村水利有关规程规范、建设标准的组织编写工作。

（3）承担灌溉排水、节水灌溉、乡镇供水、人畜饮水课题研究、技术研究开发、试验示范和推广培训等工作，负责节水灌溉示范基地建设和管理。

（4）承担农村水利对外技术交流与合作的具体工作，开展与国外同行业的联系和交流。

（5）承担水利部农业综合开发办公室委托的日常工作。

（6）负责组织农村水利技术培训，承担农村水利方面的宣传、农村水利基础资料收集、技术信息网络和数据库建设、提供信息服务等工作。

（7）承担灌溉排水和乡镇供水设备质量检测等工作。

（8）贯彻国家产业政策，负责组建节水先进设备和产品开发基地，引导和带动国内灌排设备的技术进步。

（9）承办水利部交办的其他工作。

（二）编制与机构设置

2001年2月，水利部人事劳动教育司批复，同意中心财务处更名为计划财务处。

根据《关于调整中国灌溉排水发展中心经费形式的通知》（人教劳〔2005〕47号），中心明确为财政补助事业单位，40名经费自理事业编制调整为财政补助事业编制。

2006年11月，根据《关于中国灌溉排水发展中心加挂水利部农村饮水安全中心牌子的批复》（水人教〔2006〕540号），同意中心加挂水利部农村饮水安全中心牌子。

2011年4月，核定中心事业编制59名（其中水利部节水灌溉示范基地3名），局级领导职数5名，内设处室处级领导职数18名。

根据《水利部人事司关于在中国灌溉排水发展中心成立农业水价综合改革工作处的批复》（人事机〔2017〕3号），决定在中心增设农业水价综合改革工作处。核定人员编制3名，由中心内部调剂，相应核增处级领导职数1名。

根据《关于明确部属事业单位分类意见的通知》（人事机函〔2017〕6号），中心明确为公益一类，核减编制2名，事业编制调整为57名。

根据《水利部人事司关于明确部分部属事业单位机构编制事项的通知》（人事机函〔2018〕9号），中心编制调整为47名。

中国灌溉排水发展中心（水利部农村饮水安全中心）机构图（2001年1月—2020年5月）见图1。

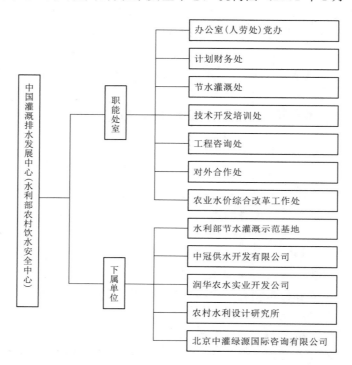

图1　中国灌溉排水发展中心（水利部农村饮水安全中心）机构图
（2001年1月—2020年5月）

（三）领导任免

2002年5月，水利部党组任命李琪为中国灌溉排水发展中心副主任（部任〔2002〕21号）。

2005年6月，水利部党组任命韩振中为中国灌溉排水发展中心总工程师，免去赵竞成的中国灌溉排水发展中心总工程师职务（部任〔2005〕19号）。

2005年8月，水利部直属机关委员会同意增补韩振中、邓少波为中国灌溉排水发展中心党委委员（机党〔2005〕17号）。

2006年3月，水利部党组任命李仰斌为中国灌溉排水发展中心党委书记，免去刘润堂的中国灌溉排水发展中心党委书记职务（部党任〔2006〕3号）。水利部党组任命李仰斌为中国灌溉排水发展中心主任，免去刘润堂的中国灌溉排水发展中心主任职务，免去李远华的中国灌溉排水发展中心副主任职务（部任〔2006〕9号）。

2006年7月，水利部党组任命倪文进为中国灌溉排水发展中心副主任（部任〔2006〕25号）。

2010年2月，水利部党组任命闫冠宇为中国灌溉排水发展中心副主任，免去倪文进的中国灌溉排水发展中心副主任职务（部任〔2010〕10号）。

2011年2月，水利部直属机关委员会同意增补闫冠宇为中国灌溉排水发展中心党委委员（机党〔2011〕3号）。

2011年6月，水利部党组任命邓少波为中国灌溉排水发展中心副主任，曹云虎为中国灌溉排水发展中心总会计师（部任〔2011〕41号）。

2011年8月，水利部直属机关委员会同意增补许建中为中国灌溉排水发展中心党委委员（机党〔2011〕30号）。

2013年2月，水利部直属机关委员会同意曹云虎为中国灌溉排水发展中心党委委员（机党〔2013〕3号）。

2017年1月，水利部党组免去李琪的中国灌溉排水发展中心副主任职务（部任〔2017〕5号）。水利部党组免去李琪的中国灌溉排水发展中心党委副书记、纪委书记职务（部党任〔2017〕2号）。水利部直属机关委员会免去李琪的中国灌溉排水发展中心党委委员，纪委委员职务（机党〔2017〕8号）。

2017年3月，水利部党组任命闫冠宇为中国灌溉排水发展中心党委书记，免去李仰斌的中国灌溉排水发展中心党委书记（部党任〔2017〕15号）。水利部党组任命许建中为中国灌溉排水发展中心副主任（部任〔2017〕27号）。

2017年6月，水利部党组任命刘云波为中国灌溉排水发展中心纪委书记（部党任〔2017〕38号）。

2017年8月，水利部直属机关委员会同意增补刘云波为中国灌溉排水发展中心党委委员（机党〔2017〕50号）。

2017年9月，水利部党组免去闫冠宇的中国灌溉排水发展中心副主任职务（部任〔2017〕101号）。

2017年9月，水利部党组任命刘仲民为中国灌溉排水发展中心党委书记，免去闫冠宇的中国灌溉排水发展中心党委书记职务（部党任〔2017〕65号）。

2018年1月，水利部党组任命赵乐诗为中国灌溉排水发展中心主任，免去李仰斌的中国灌溉排水发展中心主任职务（部任〔2018〕7号）。

2019年12月，水利部党组免去邓少波的中国灌溉排水发展中心副主任职务（部任〔2019〕103号）。水利部直属机关委员会免去邓少波的中国灌溉排水发展中心党委委员职务（机党〔2019〕50号）。

中国灌溉排水发展中心（水利部农村饮水安全中心）领导任免表（2001年1月—2020年5月）见表1。

表1　　　　　　　中国灌溉排水发展中心（水利部农村饮水安全中心）领导任免表
（2001年1月—2020年5月）

机构名称	姓　名	职　务	任免时间	备　注
中国灌溉排水发展中心（水利部农村饮水安全中心）	赵乐诗	主　任	2018年1月—	
		党委委员	2018年1月—	
	刘仲民	党委书记	2017年9月—	
	李仰斌	主　任	2006年3月—2018年1月	
		党委书记	2006年3月—2017年3月	

机构名称	姓 名	职 务	任 免 时 间	备 注
中国灌溉排水发展中心（水利部农村饮水安全中心）	刘润堂	主 任	2000 年 2 月—2006 年 3 月	
		党总支书记	2000 年 4 月—2005 年 1 月	
		党委书记	2005 年 1 月—2006 年 3 月	
	周瑞光	副主任 党总支委员	2000 年 2 月—2001 年 2 月	
	顾宇平	副主任	2000 年 2 月—2011 年 3 月	
		临时党总支副书记	2001 年 7 月—2005 年 1 月	
		党委委员	2005 年 1 月—2011 年 3 月	
	李远华	副主任	2000 年 4 月—2006 年 3 月	
		临时党总支委员	2001 年 7 月—2005 年 1 月	
		党委委员	2005 年 1 月—2006 年 3 月	
	李 琪	副主任	2002 年 5 月—2017 年 1 月	
		临时党总支委员	2002 年 9 月—2005 年 1 月	
		党委副书记 纪委书记	2005 年 1 月—2017 年 1 月	
	赵竞成	总工程师	2000 年 2 月—2005 年 6 月	
	韩振中	总工程师	2005 年 6 月—	
		党委委员	2005 年 8 月—	
	倪文进	副主任 党委委员	2006 年 7 月—2010 年 2 月	
	闫冠宇	党委书记	2017 年 3—9 月	
		副主任	2010 年 2 月—2017 年 9 月	
		党委委员	2011 年 2 月—2017 年 3 月	
	邓少波	副主任	2011 年 6 月—2019 年 12 月	
		党委委员	2005 年 8 月—2019 年 12 月	
	曹云虎	总会计师	2011 年 6 月—	
		党委委员	2013 年 2 月—	
	许建中	副主任	2017 年 3 月—	
		党委委员	2011 年 8 月—	
	刘云波	纪委书记	2017 年 6 月—	
		党委委员	2017 年 8 月—	

（四）直属企事业单位

1. 事业单位

中国灌溉排水发展中心（水利部农村饮水安全中心）共有一家直属事业单位，即水利部节水灌溉示范基地。

2. 企业单位

中国灌溉排水发展中心（水利部农村饮水安全中心）直属企业单位有乡镇供水部（中冠供水开发有限公司）、中国灌排技术开发公司、农村水利设计研究所。

2000年10月，成立北京中灌绿源灌溉排水工程咨询有限公司。

2004年3月，根据《关于划转中国灌排技术开发公司隶属关系的通知》（水人教〔2004〕50号），中国灌排技术开发公司除所属润华农水实业开发公司外，其余成建制划转水利部综合事业局。

2007年7月，北京中灌绿源灌溉排水工程咨询有限公司更名为北京中灌绿源国际咨询有限公司。

二、第二阶段（2020年5月—2021年12月）

根据《水利部关于印发中国灌溉排水发展中心（水利部农村饮水安全中心）主要职责机构设置和人员编制方案的通知》（水人事〔2020〕97号），设置中国灌溉排水发展中心（水利部农村饮水安全中心），为水利部直属公益一类事业单位（正局级）。

（一）主要职责

（1）承担农村水利水电有关政策、法规、制度、标准的研究、起草、评估等工作，以及有关发展战略研究、规划编制的技术支撑工作。

（2）承担大中型灌区、大中型灌排泵站、农村供水、农村水电、牧区水利等重点建设项目的有关前期工作和评估评价等。

（3）承担大中型灌区、大中型灌排泵站、农村供水、农村水电、牧区水利等行业监管的有关事务性工作。

（4）开展大中型灌区、大中型灌排泵站、农村供水、牧区水利、农业节水等领域先进技术和设备的引进创新、研究开发、试验示范和推广培训等工作。

（5）承担农村水利改革创新和社会化服务体系建设、农业水价综合改革的技术服务支撑工作。

（6）承担全国灌溉试验、农村供水水质检测等领域的相关技术工作。

（7）承担农村水利技术信息网络和数据库建设等工作。参与开展农村水能资源调查工作。

（8）承担农村水利对外技术交流与合作的具体工作，开展与国外同行业的联系与交流。

（9）承办水利部交办的其他工作。

（二）编制与机构设置

根据《水利部关于印发中国灌溉排水发展中心（水利部农村饮水安全中心）主要职责机构设置和人员编制方案的通知》（水人事〔2020〕97号），中心财政补助事业编制52名，中心领导职数1正3副（含党组织领导职数1名），专业技术性领导按有关规定配备，处级领导职数18名。中心内设8个处室，分别是办公室（人事处）、党委办公室（纪委办公室）、计划财务处、农业节水与监管事务处、灌溉排水处、饮水安全处、农村水电处、科技与对外合作处。负责水利部节水灌溉示范基地建设与管理工作。

中国灌溉排水发展中心（水利部农村饮水安全中心）机构图（2020年5月—2021年12月）见图2。

（三）领导任免

2021年9月，水利部党组免去赵乐诗的中国灌溉排水发展中心主任职务（部任〔2021〕87号）。

2021年11月，水利部直属机关委员会免去赵乐诗的中国灌溉排水发展中心党委委员职务（机党〔2021〕70号）。水利部党组任命刘仲民为中国灌溉排水发展中心主任（部任〔2021〕106号）。

2021年12月，水利部党组免去刘云波的中国灌溉排水发展中心纪委书记职务（部党任〔2021〕

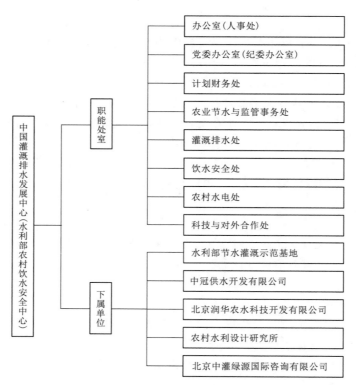

办公室（人事处）

党委办公室（纪委办公室）

计划财务处

农业节水与监管事务处

灌溉排水处

饮水安全处

农村水电处

科技与对外合作处

水利部节水灌溉示范基地

中冠供水开发有限公司

北京润华农水科技开发有限公司

农村水利设计研究所

北京中灌绿源国际咨询有限公司

图 2　中国灌溉排水发展中心（水利部农村饮水安全中心）机构图

（2020 年 5 月—2021 年 12 月）

108 号）。水利部党组任命刘云波为中国灌溉排水发展中心副主任（部任〔2021〕141 号）。

中国灌溉排水发展中心（水利部农村饮水安全中心）领导任免表（2020 年 5 月—2021 年 12 月）见表 2。

表 2　　　　中国灌溉排水发展中心（水利部农村饮水安全中心）领导任免表

（2020 年 5 月—2021 年 12 月）

机构名称	姓　名	职　务	任　免　时　间	备　注
中国灌溉排水发展中心（水利部农村饮水安全中心）	刘仲民	主　任	2021 年 11 月—	
		党委书记	继任—	
	赵乐诗	主　任	继任—2021 年 9 月	
		党委委员	继任—2021 年 11 月	
	韩振中	总工程师	继任—	
		党委委员	继任—	
	曹云虎	总会计师	继任—	
		党委委员	继任—	
	许建中	副主任	继任—	
		党委委员	继任—	
	刘云波	副主任	2021 年 12 月—	
		纪委书记	继任—2021 年 12 月	
		党委委员	继任—	

（四）直属企事业单位

1. 事业单位

中国灌溉排水发展中心（水利部农村饮水安全中心）共有一家直属事业单位，即水利部节水灌溉示范基地。

2. 企业单位

中国灌溉排水发展中心（水利部农村饮水安全中心）直属企业单位有中冠供水开发有限公司、北京润华农水科技开发有限公司、北京中灌绿源国际咨询有限公司、农村水利设计研究所。

执笔人：孙东轩
审核人：曹云虎

水利部建设管理与质量安全中心

水利部建设管理与质量安全中心（以下简称"建安中心"）是公益一类事业单位（正局级），前身为水利部水利建设管理总站（以下简称"总站"），成立以来，建安中心机构和职能经历了多次调整：1994年11月—1998年9月为水利部水利建设管理总站；1998年9月—2000年7月更名为水利部水利建设与管理总站；2000年7月—2012年8月为水利部水利建设与管理总站（并入水利部综合事业局）；2012年8月至今为水利部建设管理与质量安全中心。办公地点设在北京市海淀区复兴路甲1号院。

2001年以来，因职能和机构隶属关系的变化，建安中心的发展历程可划分为三个阶段，即2001年1月—2012年8月、2012年8月—2019年12月、2019年12月—2021年12月。

一、第一阶段（2001年1月—2012年8月）

2000年7月，水利部水利建设与管理总站与其他8个事业单位并入综合事业局，成为综合事业局副局级直属单位，并保留原有的独立法人地位。根据水利部《关于综合事业局"三定"方案的批复》（人教劳〔2000〕39号），对总站的职能配置、内设机构和人员编制进行了重新核定。

（一）主要职责

受水利部委托，承担水利水电建设与管理等方面的综合管理和服务工作，总站的职责如下：

（1）承办水利水电建设与管理专项规划编制和有关政策的调研工作；承办水利水电工程建设与管理的技术标准编制工作；承办水利水电工程建设项目招投标、合同签约、工程建设、竣工投用、运行、建设后评价等管理的业务工作。

（2）承担部管水利水电工程质量监督项目站的管理工作；承担水利水电工程质量监督机构和质量监督人员考核的业务工作；负责水利部水利工程建设稽察办公室日常工作。

（3）承担防洪工程安全管理，水闸的注册登记、安全鉴定等业务工作。

（4）承担河道、水库、湖泊等水域及岸线管理和保护，以及河道占用审批管理和采砂许可证管理的业务工作。

（5）承办水利水电工程建设、管理、监理、施工、造价等单位资质及从业人员执业资格评审的业务工作。

（6）负责水利建设与管理信息系统的建立与管理工作；负责有关信息统计工作。

（7）开展建设项目的建设管理、咨询、监理、施工、招投标代理和合同争议调解等有偿服务业务。

（8）承办综合事业局交办的其他事项。

（二）编制与机构设置

根据《关于印发〈水利建设与管理总站组织机构和各处职责〉等文件的通知》（建管总站〔2000

57 号），总站对内部机构进行了再次调整，将五个部改设为五个处，分别为：综合处（稽察办秘书处）、质量管理处、建设管理及经营发展处、水利工程管理处、稽察办稽察处。人员编制仍为 30 人。

水利部水利建设与管理总站机构图（2001 年）见图 1。

（三）领导任免

2003 年 11 月，水利部综合事业局免去刘岩水利建设与管理总站副主任职务（综任〔2003〕23 号）。

2006 年 8 月，水利部综合事业局任命杨诗鸿为水利建设与管理总站副主任（综任〔2006〕28 号）。

2007 年 2 月，水利部综合事业局任命吴春良为水利建设与管理总站副主任（综任〔2007〕4 号）。

2009 年 1 月，水利部综合事业局续聘杨诗鸿为水利建设与管理总站副主任（综任〔2009〕1 号）。

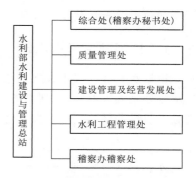

图 1　水利部水利建设与管理
总站机构图（2001 年）

水利部水利建设与管理总站领导任免表（2001 年 1 月—2012 年 8 月）见表 1。

表 1　　　　　　　水利部水利建设与管理总站领导任免表（2001 年 1 月—2012 年 8 月）

机构名称	姓　名	职　务	任　免时间	备　注
水利部水利建设与管理总站	张严明	主　任	2000 年 6 月—	
	安中仁	副主任	1999 年 11 月—	
	刘　岩	副主任	2000 年 1 月—2003 年 11 月	
	杨诗鸿	副主任	2006 年 8 月—2011 年 12 月	
	吴春良	副主任	2007 年 2 月—	

二、第二阶段（2012 年 8 月—2019 年 12 月）

根据水利部《关于成立水利部建设管理与质量安全中心的通知》（水人事〔2012〕349 号），成立水利部建设管理与质量安全中心（正局级），为水利部直属财政补助事业单位。

（一）主要职责

受水利部委托，主要承担与水利工程稽查、质量与安全监督等有关的专家组织、现场调查、技术支持以及培训统计等工作，主要职责如下：

（1）承担中央投资水利工程建设项目稽查的具体工作。按部年度稽查工作计划和批次工作方案，实施水利建设项目稽查，参与对整改落实情况进行跟踪、检查、评估；参与水利建设项目重大违规违纪事件的调查处理。

（2）承担水利工程建设质量监督业务工作。开展水利工作质量监督的巡视检查，实施由水利部负责竣工验收项目等重点水利工程的质量监督；承担水利工程建设质量监督机构考核的具体工作；参与水利工程质量事故的调查处理。

（3）承担水利工程安全生产监督管理有关工作。实施有关水利工程建设项目的安全生产监督，参与水利工程建设安全生产和水库、水电站大坝等水工程安全的监督检查；承担水利水电施工企业主要负责人、项目负责人和专职安全生产管理人员考核的具体工作；参与水利生产安全事故的调查处理。

（4）按规定承担水库、水闸、堤防等水利工程运行管理督查工作。

（5）承担水利建设与管理和安全监督有关专项规划、技术标准的编制和有关政策的研究，水利建设项目后评价业务管理有关工作。

（6）开展水利建设与管理和安全监督相关培训和交流工作。

（7）承办水利部交办的其他事项。

（二）编制与机构设置

根据水利部《关于成立水利部建设管理与质量安全中心的通知》（水人事〔2012〕349号），中心设综合处（人事处）、计划财务处、长江流域稽察处、黄淮海流域稽察处、珠松太流域稽察处、建设管理处、质量监督处、安全生产管理处、水利工程管理处等9个处。核定编制100名，其中局级领导职

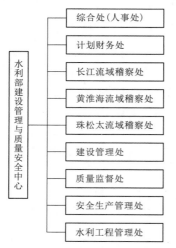

图2 水利部建设管理与质量安全中心机构图（2012年）

数8名，总工程师、总经济师各1名（副局级），处级领导职数26名。

2016年2月，根据水利部人事司《关于增设巡视工作处的通知》（人事机〔2016〕2号），增设巡视工作处，核定编制7名，处级领导职数3名，由中心内部调剂。

2017年3月，根据水利部人事司《关于调整建安中心内设机构的批复》（人事机〔2016〕22号），分设综合处和人事处（党委办公室），人员编制和处级领导职数内部调剂。

2017年11月，根据水利部人事司《关于调整设立水利部巡视工作办公室的通知》（人事机〔2017〕15号），成立水利部巡视工作办公室，巡视工作处撤销。巡视办内设综合协调处、巡视工作处2个处，核定编制10名，其中专职副主任1人（副局级），综合协调处4人（含处长、副处长各1人），巡视工作处5人（含处长、副处长各1人）。

水利部建设管理与质量安全中心机构图（2012年）见图2。

（三）领导任免

2012年8月，水利部任命段红东为水利部建设管理与质量安全中心主任（部任〔2012〕46号）。

2012年10月，水利部任命张严明、吴春良、安中仁、匡少涛、杨诗鸿、齐献忠为水利部建设管理与质量安全中心副主任（部任〔2012〕65号）。

2012年12月，水利部党组任命张严明为水利部建设管理与质量安全中心临时党委书记，任命安中仁为水利部建设管理与质量安全中心临时纪委书记（机党〔2012〕48号）。

2013年5月，水利部任命陈智刚为水利部建设管理与质量安全中心副主任，任命滕玉军为水利部建设管理与质量安全中心专职稽察特派员（部任〔2013〕16号）。

2015年2月，水利部免去段红东水利部建设管理与质量安全中心主任职务（部任〔2015〕9号）；水利部免去齐献忠水利部建设管理与质量安全中心副主任职务（部任〔2015〕5号）。

2015年3月，水利部任命杨国华为水利部建设管理与质量安全中心副主任（部任〔2015〕20号）。

2015年7月，水利部任命王鹏为水利部建设管理与质量安全中心专职稽察特派员（部任〔2015〕46号）。

2015年11月，水利部任命刘湘宁为水利部建设管理与质量安全中心副主任，任命张文洁为水利部建设管理与质量安全中心总工程师（部任〔2015〕71号）。

2016年4月，水利部任命赵卫为水利部建设管理与质量安全中心主任，免去张严明水利部建设管理与质量安全中心副主任职务（部任〔2016〕27号）；水利部党组任命赵卫为水利部建设管理与质量安全中心临时党委书记，免去张严明水利部建设管理与质量安全中心临时党委书记职务（部党任

〔2016〕25 号）。

2016 年 5 月，水利部任命李兰奇为水利部建设管理与质量安全中心副主任，任命穆范楣为水利部建设管理与质量安全中心总经济师，免去滕玉军水利部建设管理与质量安全中心专职稽察特派员职务，免去陈智刚水利部建设管理与质量安全中心副主任职务（部任〔2016〕39 号）；水利部党组任命李兰奇、穆范楣为水利部建设管理与质量安全中心临时党委委员，免去陈智刚水利部建设管理与质量安全中心临时党委委员职务（部党任〔2016〕31 号）。

2016 年 6 月，水利部任命骆涛为水利部建设管理与质量安全中心副主任（部任〔2016〕59 号）；水利部党组任命骆涛为水利部建设管理与质量安全中心临时党委委员（部党任〔2016〕43 号）。

2016 年 11 月，水利部党组任命吴春良为水利部建设管理与质量安全中心党委副书记、纪委书记，免去安中仁水利部建设管理与质量安全中心纪委书记职务（部党任〔2016〕84 号）。

2017 年 8 月，水利部任命穆范楣为水利部建设管理与质量安全中心副主任，免去穆范楣水利部建设管理与质量安全中心总经济师职务（部任〔2017〕80 号）。

2017 年 12 月，水利部免去吴春良水利部建设管理与质量安全中心副主任职务，免去张文洁水利部建设管理与质量安全中心总工程师职务（部任〔2017〕126 号）；水利部任命张忠生为水利部建设管理与质量安全中心总经济师（部任〔2018〕4 号）；水利部党组免去吴春良水利部建设管理与质量安全中心党委副书记、纪委书记职务（部党任〔2017〕85 号）。

2018 年 5 月，水利部免去李兰奇水利部建设管理与质量安全中心副主任职务（部任〔2018〕42 号）。

2019 年 2 月，水利部免去骆涛水利部建设管理与质量安全中心副主任职务（部任〔2019〕22 号）；水利部任命熊平为水利部建设管理与质量安全中心总工程师（部任〔2019〕28 号）；水利部党组免去骆涛水利部建设管理与质量安全中心党委委员职务（机党〔2019〕10 号）。

2019 年 4 月，水利部免去匡少涛水利部建设管理与质量安全中心副主任职务（部任〔2019〕37 号）；水利部任命储建军、雷俊荣为水利部建设管理与质量安全中心副主任（部任〔2019〕50 号）；水利部党组任命束方坤为水利部建设管理与质量安全中心纪委书记（部党任〔2019〕15 号）。

2019 年 6 月，水利部党组撤销安中仁水利部建设管理与质量安全中心党委委员职务（水党〔2019〕59 号）。

水利部建设管理与质量安全中心领导任免表（2012 年 8 月—2019 年 12 月）见表 2。

表 2　　　　水利部建设管理与质量安全中心领导任免表（2012 年 8 月—2019 年 12 月）

机构名称	姓 名	职 务	任免时间	备 注
水利部建设管理与质量安全中心	段红东	主 任	2012 年 8 月—2015 年 2 月	
		临时委员会委员	2012 年 12 月—2015 年 2 月	
	赵 卫	主 任	2016 年 4 月—	
		党委书记	2016 年 11 月—	
		临时党委书记	2016 年 4 月—2016 年 11 月	
	张严明	副主任	2012 年 10 月—2016 年 4 月	
		临时党委书记	2012 年 12 月—2016 年 4 月	
	吴春良	副主任	2012 年 10 月—2017 年 12 月	2017 年 12 月 28 日退休
		党委副书记	2016 年 11 月—2017 年 12 月	
		纪委书记	2016 年 11 月—2017 年 12 月	
		临时委员会委员	2012 年 12 月—2016 年 11 月	

机构名称	姓　名	职　务	任　免　时　间	备　注
水利部建设管理与质量安全中心	安中仁	副主任	2012 年 10 月—2019 年 6 月	
		党委委员	2016 年 11 月—2019 年 6 月	
		临时纪委书记	2012 年 12 月—2016 年 11 月	
	匡少涛	副主任	2012 年 10 月—2019 年 4 月	
		党委委员	2016 年 11 月—2019 年 4 月	
		临时委员会委员	2012 年 12 月—2016 年 11 月	
	杨诗鸿	副主任	2012 年 10 月—	
		党委委员	2016 年 11 月—	
		临时委员会委员	2012 年 12 月—2016 年 11 月	
	齐献忠	副主任	2012 年 10 月—2015 年 2 月	
		临时委员会委员	2012 年 12 月—2015 年 2 月	
	陈智刚	副主任	2013 年 5 月—2016 年 5 月	
		临时委员会委员	2013 年 5 月—2016 年 5 月	
	杨国华	副主任	2015 年 3 月—	
		党委委员	2016 年 11 月—	
		临时委员会委员	2015 年 3 月—2016 年 11 月	
	刘湘宁	副主任	2015 年 11 月—	
		党委委员	2016 年 11 月—	
		临时委员会委员	2015 年 11 月—2016 年 11 月	
	李兰奇	副主任（正局级）	2016 年 5 月—2018 年 5 月	2018 年 6 月 13 日退休
		党委委员	2016 年 11 月—2018 年 5 月	
		临时委员会委员	2016 年 5 月—2016 年 11 月	
	骆　涛	副主任（正局级）	2016 年 6 月—2019 年 2 月	
		党委委员	2016 年 11 月—2019 年 2 月	
		临时委员会委员	2016 年 6 月—2016 年 11 月	
	穆范桷	副主任	2017 年 8 月—	
		总经济师	2016 年 5 月—2017 年 8 月	
		党委委员	2016 年 11 月—	
		临时委员会委员	2016 年 5 月—2016 年 11 月	
	储建军	副主任	2019 年 4 月—	
		党委委员	2019 年 4 月—	
	雷俊荣	副主任	2019 年 4 月—	
		党委委员	2019 年 4 月—	
	束方坤	纪委书记	2019 年 4 月—	
		党委委员	2019 年 4 月—	
	张文洁（女）	总工程师	2015 年 11 月—2017 年 12 月	
		党委委员	2016 年 11 月—2017 年 12 月	
	熊　平	总工程师	2019 年 2 月—	
	张忠生	总经济师	2017 年 12 月—	
	滕玉军	专职稽察特派员（正局级）	2013 年 5 月—2016 年 5 月	
	王　鹏	专职稽察特派员	2015 年 7 月—	

三、第三阶段（2019年12月—2021年12月）

根据《水利部关于印发水利部建设管理与质量安全中心主要职责机构设置和人员编制方案的通知》（水人事〔2019〕398号），对中心主要职责、机构设置和人员编制进行了调整。

（一）主要职责

受水利部委托，主要承担与水利工程稽查、质量与安全监督等有关的专家组织、现场调查、技术支持以及培训统计等工作。主要职责具体如下：

（1）承担水利重大政策、决策部署和重点工作贯彻落实情况督查检查等水利督查有关事务性工作。

（2）承担中央投资水利工程建设项目稽查的具体工作。按水利部年度稽查工作计划和批次工作方案，实施水利建设项目稽查。参与稽查整改落实情况的跟踪、检查、评估。

（3）承担水利建设质量工作考核、"双随机、一公开"抽查、质量与安全监督、水利工程质量与安全巡查、安全生产和运行管理督查等监督检查的有关事务性工作。

（4）承担水利系统水利工程建设质量与安全监督机构的业务指导工作。承担由水利部直接组织建设的水利工程质量监督具体工作。

（5）承担水利工程建设管理、运行管理和质量安全监督领域有关专项规划编制和相关政策、法规、制度、标准的研究、起草、评估等有关工作。

（6）承担水利水电施工企业主要负责人、项目负责人和专职安全生产管理人员考核管理具体工作。

（7）协助开展水利工程建设和水利建设市场监管有关工作。参与水利工程维修养护和确权划界、水利工程标准化管理等水利工程运行管理有关工作。

（8）参与水利工程质量和安全事故、水利生产安全事故以及水利建设项目重大违规违纪事件的调查处理工作。

（9）承担水利工程稽查监督检查各类专家的选聘、使用与管理工作。开展水利工程建设管理、运行管理和质量安全监督领域相关培训、交流和人才培养工作。

（10）承办水利部交办的其他事项。

（二）编制与机构设置

根据《水利部关于印发水利部建设管理与质量安全中心主要职责机构设置和人员编制方案的通知》（水人事〔2019〕398号），中心设综合处、人事处、财务处、建设管理处、质量安全监督处、水利工程管理处、稽察办公室、督查事务办公室共8个机构。为进一步精简机构、提高效能，另设党委办公室、纪委办公室，与人事处合署办公。核定编制仍为100名，其中领导职数5名（含党组织领导职数1名），另设总工程师、总经济师各1名。水利部水利工程建设质量与安全监督总站设在水利部建设管理与质量安全中心，中心主任兼任总站站长。

水利部建设管理与质量安全中心机构图（2019年）见图3。

（三）领导任免

2020年6月，水利部任命张严明为水利部建设管理与质量安全中心主任，免去赵卫水利部建设管理与质量安全中心主任职务（部任〔2020〕56号）；水利部党组任命张严明为水利部建设管理与质量安全中心党委书记，免去赵卫水利部建设管理与质量安全中心党委书记职务（部党任〔2020〕36号）。

2020 年 10 月，水利部免去刘湘宁水利部建设管理与质量安全中心副主任职务（部任〔2020〕95 号）；水利部党组免去刘湘宁水利部建设管理与质量安全中心党委委员职务（机党〔2020〕44 号）。

2021 年 1 月，水利部任命黄玮为水利部建设管理与质量安全中心总经济师，免去张忠生水利部建设管理与质量安全中心总经济师职务（部任〔2021〕10 号）。

2021 年 3 月，水利部党组免去束方坤水利部建设管理与质量安全中心纪委书记职务（部党任〔2021〕14 号）；水利部党组免去束方坤水利部建设管理与质量安全中心党委委员职务（机党〔2021〕27 号）。

2021 年 5 月，水利部党组任命刘宝勤为水利部建设管理与质量安全中心纪委书记（部党任〔2021〕27 号）。

2021 年 12 月，水利部免去杨诗鸿水利部建设管理与质量安全中心副主任职务（部任〔2021〕143 号）；水利部党组免去杨诗鸿水利部建设管理与质量安全中心党委委员职务（机党〔2022〕3 号）。

水利部建设管理与质量安全中心领导任免表（2019 年 12 月—2021 年 12 月）见表 3。

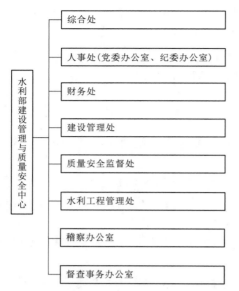

图 3　水利部建设管理与质量安全
中心机构图（2019 年）

综合处

人事处（党委办公室、纪委办公室）

财务处

建设管理处

质量安全监督处

水利工程管理处

稽察办公室

督查事务办公室

水利部建设管理与质量安全中心

表 3　　　　　水利部建设管理与质量安全中心领导任免表（2019 年 12 月—2021 年 12 月）

机构名称	姓　名	职　务	任免时间	备　注
水利部建设管理与质量安全中心	赵　卫	主　任	继任—2020 年 6 月	
		党委书记	继任—2020 年 6 月	
	张严明	主　任	2020 年 6 月—	
		党委书记	2020 年 6 月—	
	杨诗鸿	副主任	继任—	
		党委委员	继任—	
	杨国华	副主任	继任—	
		党委委员	继任—	
	刘湘宁	副主任	继任—2020 年 10 月	
		党委委员	继任—2020 年 10 月	
	穆范椭	副主任	继任—	
		党委委员	继任—	
	储建军	副主任	继任—	
		党委委员	继任—	
	雷俊荣	副主任	继任—	
		党委委员	继任—	
	束方坤	纪委书记	继任—2021 年 3 月	
		党委委员	继任—2021 年 3 月	

续表

机构名称	姓 名	职 务	任 免 时 间	备 注
水利部建设管理与质量安全中心	刘宝勤	纪委书记	2021年5月—	
		党委委员	2021年5月—	
	熊 平	总工程师	继任—	
	张忠生	总经济师	继任—2021年1月	
	黄 玮	总经济师	2021年1月—	
	王 鹏	专职稽察特派员	继任—	

执笔人：杨廷伟 张 璇 贺 超 赵思暄
审核人：储建军 刘宝勤

水利部预算执行中心

水利部预算执行中心是水利部直属事业单位（正局级），受水利部委托，承担水利部预算执行、政府采购、预算项目管理和机关财务资产管理等有关具体工作，对水利部审计室进行管理。自成立以来，水利部预算执行中心历经两个阶段：2004 年 3 月—2014 年 10 月，为部直属副局级事业单位。2014 年 10 月至今，为部直属正局级事业单位；2004 年 3 月—2018 年 7 月，办公地点为北京市西城区白广路二条 2 号。2018 年 8 月至今，除部机关财务资产处继续留在北京市西城区白广路二条 2 号办公外，其他部门办公地点为北京市海淀区玉渊潭南路 1 号。

一、第一阶段（2004 年 3 月—2014 年 10 月）

2003 年 11 月，为适应财政体制改革需要，中央机构编制委员会办公室印发《关于水利部预算执行中心机构编制的批复》（中央编办复字〔2003〕162 号），批复成立水利部预算执行中心。2004 年 3 月，水利部人事劳动教育司印发《关于成立水利部预算执行中心的通知》（水人教〔2004〕70 号），明确中心为部直属事业单位，受部委托，主要承担水利部预算执行、政府采购等工作。2004 年 4 月，水利部人事劳动教育司以《关于印发〈水利部预算执行中心主要职责、机构设置和人员编制方案〉的通知》（人教劳〔2004〕21 号），批复水利部预算执行中心"三定方案"，规格为副局级。

（一）主要职责

受水利部委托，承担水利部预算执行、政府采购和机关财务资产管理等工作。
（1）承担预算单位用款计划、直接支付申请、信息管理等具体业务工作。
（2）承担部门集中采购工作及水利部直属预算单位政府采购实施计划、统计报表等具体业务工作。
（3）承担部机关的财务管理、会计核算及国有资产监督管理工作。
（4）承担水利财政资金国库集中支付和政府采购的规定、办法和实施方案的研究拟定工作。
（5）参与对水利部直属预算单位政府采购和预算执行情况的监督、检查和绩效考评工作。
（6）承办水利部交办的其他工作。

（二）编制与机构设置

根据《关于印发〈水利部预算执行中心主要职责、机构设置和人员编制方案〉的通知》（人教劳〔2004〕21 号），水利部预算执行中心事业编制共 20 名。其中，中心主任 1 名（副局级），副主任 2 名（正处级），内设机构处级干部职数 6 名。内设国库支付处、政府采购处和机关财务资产处 3 个处，均为正处级。

2008 年 3 月，根据《关于预算执行中心成立项目管理处的批复》（人教机〔2008〕11 号），增设项目管理处，主要负责水利部预算项目立项审查、评审验收和绩效评价等工作。调整后，中心事业编制共 24 名，其中主任 1 名（副局级）、副主任 2 名（正处级），内设机构处级干部职数 8 名。

2008 年 12 月，根据《关于预算执行中心成立综合处的批复》（人教机〔2008〕24 号），增设综合处，主要负责中心的综合业务及人事、财务、文秘等工作。核定中心内设机构处级领导职数 8 名。

（三）领导任免

2004 年 5 月，水利部人事劳动教育司任命牛志奇为水利部预算执行中心副主任（正处级，主持工作）、刘鹏鸿为预算执行中心副主任（正处级）（人教任〔2004〕21 号）。

2004 年 6 月，水利部党组任命牛志奇为水利部预算执行中心主任（副局级）（部任〔2004〕22 号）。

2004 年 9 月，水利部直属机关委员会同意水利部预算执行中心成立党支部，并任命牛志奇担任支部书记（机党〔2004〕19 号）。

水利部预算执行中心领导任免表（2004 年 5 月—2014 年 10 月）见表 1，机构图（2004 年 3 月—2014 年 10 月）见图 1。

表 1　　　　　　水利部预算执行中心领导任免表（2004 年 5 月—2014 年 10 月）

机构名称	姓 名	职 务	任 免 时 间	备 注
水利部预算执行中心	牛志奇	副主任（正处级）	2004 年 5 月—2004 年 6 月	
		主任（副局级）	2004 年 6 月—2014 年 10 月	
		党支部书记	2004 年 9 月—2014 年 10 月	
	刘鹏鸿	副主任（正处级）	2004 年 5 月—2014 年 10 月	

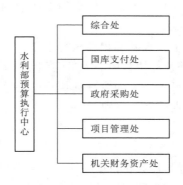

图 1　水利部预算执行中心机构图
（2004 年 3 月—2014 年 10 月）

二、第二阶段（2014 年 11 月—2021 年 12 月）

2014 年 11 月，根据《水利部关于印发水利部预算执行中心主要职责机构设置和人员编制方案的通知》（水人事〔2014〕357 号），调整水利部预算执行中心主要职责、机构设置和人员编制，明确为部直属正局级事业单位。

（一）主要职责

受水利部委托，承担水利部预算执行、政府采购、预算项目管理和机关财务资产管理等有关具体工作，对部审计室进行管理。

（1）承担水利财政资金国库支付和政府采购等规定、办法和实施方案的研究拟订工作。

（2）承担预算单位用款计划、直接支付申请、信息管理以及预算执行进度考核、水利资金使用监督检查等具体业务工作。

（3）承担部门集中采购工作及部直属预算单位政府采购实施计划、统计报表等具体业务工作。

（4）承担部预算项目的立项审查、评审验收、绩效评价等工作。

（5）承担部机关财务管理、会计核算及国有资产监督管理工作。

（6）参与对部属单位政府采购和预算执行情况的监督、检查和绩效考评工作。

（7）负责管理水利部审计室的党务、行政、人事、财务等工作。

（8）承办水利部交办的其他工作。

水利部审计室主要职责是：指导监督部直属单位的内部审计工作；组织对部属单位财务收支进行审计监督；组织对部直属单位法人代表的经济责任和离任审计；负责对水利专项资金使用中存在的带倾向性问题，组织在全行业进行审计调查；承担水利审计免疫系统建设和动态监控；完成领导交办的其他事项。

（二）编制与机构设置

根据《水利部关于印发水利部预算执行中心主要职责机构设置和人员编制方案的通知》（水人事〔2014〕357号），核定水利部预算执行中心事业编制35名（含水利部审计室10名），其中，局级领导职数5名（含水利部审计室主任1名，副局级），处级领导职数13名（含水利部审计室副主任2名，审计一处、审计二处处级领导职数3名）。内设综合处、国库支付处、政府采购处、项目管理处和机关财务资产处。单列机构水利部审计室，工作人员列入水利部预算执行中心，机构独立运行，业务上接受财务司指导。

2016年12月，根据《关于核增预算执行中心处级领导职数的批复》（人事机〔2016〕20号），核增机关财务资产处副处级领导职数1名。

2017年11月，根据《关于成立中共水利部预算执行中心委员会和纪律检查委员会的通知》（机党〔2017〕70号），批准成立中共水利部预算执行中心委员会和纪律检查委员会。

2018年12月，根据《水利部人事司关于同意预算执行中心综合处加挂党委办公室牌子的函》（人事机函〔2018〕11号），综合处加挂党委办公室牌子。

（三）领导任免

2015年3月，水利部任命牛志奇为预算执行中心主任、刘鹏鸿为副主任（部任〔2015〕21号）。

2015年2月，水利部任命齐献忠为水利部审计室主任（部任〔2015〕4号）。

2015年7月，水利部任命钱水祥为预算执行中心副主任（部任〔2015〕64号）。

2017年3月，水利部任命赫崇成为预算执行中心主任（部任〔2017〕32号）。

2017年4月，中共水利部直属机关委员会同意赫崇成为预算执行中心党支部书记（机党〔2017〕21号）。

2017年12月，水利部党组任命赫崇成为预算执行中心党委书记（部党任〔2017〕90号）。

2018年1月，水利部党组任命钱水祥为预算执行中心党委副书记（部党任〔2018〕7号）。

2018年1月，水利部任命唐世青为预算执行中心副主任（部任〔2018〕18号）。

2018年4月，中共水利部直属机关委员会同意增补刘鹏鸿、齐献忠、唐世青为预算执行中心党委委员（机党〔2018〕24号）。

2019年4月，水利部党组任命钱水祥为预算执行中心纪委书记（部党任〔2019〕18号）。

2019年12月，水利部党组任命孟祥岩为预算执行中心委员会副书记、纪委书记，免去钱水祥的预算执行中心委员会副书记、纪委书记职务（部党任〔2020〕2号）。

水利部预算执行中心领导任免表（2014 年 11 月—2021 年 12 月）见表 2，机构图（2014 年 11 月—2021 年 12 月）见图 2。

表 2　　　　　　　　水利部预算执行中心领导任免表（2014 年 11 月—2021 年 12 月）

机构名称	姓　名	职　务	任免时间	备　注
水利部预算执行中心	牛志奇	主任（副局级）	2014 年 11 月—2015 年 2 月	
		主任（正局级）	2015 年 3 月—2017 年 3 月	
		党支部书记	2014 年 11 月—2017 年 4 月	
	赫崇成	主　任	2017 年 3 月—	
		党支部书记	2017 年 4 月—2017 年 12 月	
		党委书记	2017 年 12 月—	
	钱水祥	副主任	2015 年 7 月—	
		党委副书记	2018 年 1 月—2019 年 12 月	
		纪委书记	2019 年 4 月—2019 年 12 月	
	刘鹏鸿	副主任	2015 年 3 月—	
	齐献忠	审计室主任	2015 年 2 月—	
	孟祥岩	党委副书记、纪委书记	2019 年 12 月—	
	唐世青	副主任	2018 年 1 月—	

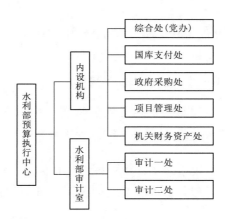

图 2　水利部预算执行中心机构图（2014 年 11 月—2021 年 12 月）

执笔人：裴红萍　倪城玲　郭　巍　田桂兰　张光芳
审核人：张　程　唐世青

水利部水资源管理中心

为适应水资源管理、节约与保护事业发展需要，2003 年 10 月水利部人事劳动教育司以人教劳〔2003〕39 号文，批复成立水利部水资源管理中心，为水利部综合事业局所属非独立核算事业单位。

2017 年 8 月，中央机构编制委员会办公室以中央编办复字〔2017〕237 号文件，批准成立水利部水资源管理中心，为独立核算的公益一类正局级事业单位。2017 年 10 月，水利部以水人事〔2017〕348 号文件，批复水利部水资源管理中心"三定方案"。

根据单位的隶属关系、主要职责和领导干部任免变化等情况，可将水利部水资源管理中心的发展历程大体划分为两个主要阶段：水利部综合事业局管理阶段（2003 年 10 月—2017 年 10 月）和水利部直属单位阶段（2017 年 11 月—2021 年 12 月）。

一、水利部综合事业局管理阶段（2003 年 10 月—2017 年 10 月）

（一）第一时段（2003 年 10 月—2008 年 9 月）

为适应新形势下水资源管理、节约与保护业务发展需要，2003 年 10 月，水利部人事劳动教育司以人教劳〔2003〕39 号文件，批准成立水利部水资源管理中心。

1. 主要职责

（1）受水利部委托承担建设项目水资源论证资质管理的具体工作。

（2）受水利部委托承办水资源管理、保护和节约的政策及计划用水、节约用水规范和标准的调研起草工作。

（3）承办水资源开发、利用、配置、管理、保护和节约等技术咨询工作。

（4）协助做好水资源信息发布的相关技术工作。

（5）开展与水资源管理、保护和节约有关的社会化服务。

2. 机构设置

水利部水资源管理中心下设 3 个处：资质管理处、技术管理处和项目咨询处。

3. 人员编制

水利部批复的水利部水资源管理中心人员编制为 18 人，主任由综合事业局副局长兼任。

（二）第二时段（2008 年 10 月—2015 年 11 月）

为进一步强化水资源保护业务支撑工作，2008 年 10 月，水利部人事劳动教育司以人教机〔2008〕20 号文件，批准在水利部水资源管理中心增设水生态评价处。

1. 主要职责

水生态评价处成立后，除上述已批复主要职责外，水利部水资源管理中心增加以下职责：承担受水利部委托的开展水生态评价、取水工程管理制度执行情况等评估及地下水保护和管理有关工作，开展有关技术标准、规范或法规的前期研究及后评估有关工作，协助开展有关水资源保护的统计、培训和资料整编等工作。

2. 机构设置

水生态评价处成立后，水利部水资源管理中心下设处增加至 4 个：资质管理处、技术管理处、项目咨询处、水生态评价处。

3. 人员编制

水生态评价处成立后，水利部水资源管理中心人员编制数量由 18 人增加至 22 人，人员编制和干部职数从综合事业局内部调剂解决。

（三）第三时段（2015 年 12 月—2017 年 10 月）

为大力加强地下水保护和非常规水源利用等业务支撑工作，2015 年 12 月，水利部人事司以人事机〔2015〕12 号文件，批准在水利部水资源管理中心增设地下水保护处（非常规水源处）。

1. 主要职责

地下水保护处（非常规水源处）成立后，除水利部水资源管理中心原有上述主要职责外，增加以下职责：承担地下水管理与保护、非常规水源利用等方面的有关工作。

2. 机构设置

地下水保护处（非常规水源处）成立后，水利部水资源管理中心下设处增加至 5 个：资质管理处、技术管理处、项目咨询处、水生态评价处、地下水保护处（非常规水源处）。

3. 人员编制

地下水保护处（非常规水源处）成立后，水利部水资源管理中心人员编制数量由 22 人增加至 24 人。

二、水利部直属事业单位阶段（2017 年 11 月—2021 年 12 月）

（一）第一时段（2017 年 11 月—2020 年 4 月）

2017 年 8 月，中央机构编制委员会办公室以中央编办复字〔2017〕237 号文件，批准成立水利部水资源管理中心。2017 年 10 月，水利部以水人事〔2017〕348 号文件印发水利部水资源管理中心"三定方案"。

1. 主要职责

（1）承担水资源管理、节约和保护相关政策法规、技术标准的研究、起草、评估等相关工作。

（2）承担最严格水资源管理制度考核、节水型社会建设、水量分配与水资源调度以及取水许可、水功能区、节约用水的监督管理等相关技术支撑工作。

（3）承担重要规划和重大建设项目的水资源论证技术评估工作。

（4）承担地下水管理和保护、水生态评价以及再生水、海水淡化等非传统水资源利用方面的具体业务工作。

（5）承担水资源管理年报等信息统计、数据整编工作，承担水资源信息发布的相关技术工作。

（6）承担国家水资源管理系统中央平台业务运行管理的技术工作。承担全国节约用水办公室、水利部实行最严格水资源管理制度考核工作领导小组办公室的有关具体工作。

（7）承办水利部交办的其他工作。

2. 机构设置

水利部水资源管理中心下设 5 个处：综合与信息处、水资源考核技术处、水资源管理评估处、水资源保护评价处、节约用水促进处。

3. 人员编制

核定水利部水资源管理中心事业编制 24 名。

（二）第二时段（2020 年 5 月—2021 年 12 月）

为更好地适应水资源管理、节约与保护业务发展需要，根据《中央编办关于水利部水资源管理中心等事业单位编制调整的批复》（中编办复字〔2020〕56 号）和实际工作需要，2020 年 5 月，水利部以水人事〔2020〕98 号文对水利部水资源管理中心"三定方案"进行了修订印发。

1. 主要职责

（1）承担水资源管理和保护有关政策法规、技术标准的研究、起草、评估等相关工作。

（2）承担重要规划和重大建设项目的水资源论证技术评估工作。

（3）承担实行最严格水资源管理制度考核、取水许可及监管、水资源有偿使用、水资源调度、水量分配方案实施、水资源承载能力预警、取用水计量与统计、重点用水单位监控、水资源监控能力建设以及非常规水源利用等方面的技术支撑工作。

（4）承担地下水开发利用和地下水资源管理保护、地下水超采区综合治理、重要江河湖泊生态流量水量保障、饮用水水源保护、河湖水生态保护与修复等方面的技术支撑工作。

（5）承担水利部实行最严格水资源管理制度考核工作领导小组办公室的有关具体工作，参与重大水资源管理监督检查问题调查处置，参与节水型社会建设有关工作。

（6）承担国家水资源管理系统中央平台业务运行管理的技术工作。承担水资源管理年报等信息统计、数据整编工作，承担水资源信息发布的相关技术工作。

（7）承办水利部交办的其他工作。

2. 机构设置

水利部水资源管理中心下设 6 个处：综合与信息处、考核与监管技术处、管理评估处、保护评价处、配置与利用评价处、地下水评估处。

3. 人员编制

核定水利部水资源管理中心事业编制 29 名。

水利部水资源管理中心各时期领导任免表见表 1，机构图（2021 年）见图 1。

表 1　　　　　　　　　　　　**水利部水资源管理中心各时期领导任免表**

机构名称	姓　名	职　务	任　免　时　间	备　注
水利部水资源管理中心	综合事业局管理阶段（2003 年 10 月—2017 年 10 月）			
	乔世珊	主任（兼）	2003 年 10 月—2009 年 5 月	
	郑通汉	主任（兼）	2009 年 9 月—2011 年 9 月	
	王杨群	主任（兼）	2011 年 9 月—2014 年 4 月	
	顾洪波	主任（兼）	2014 年 4 月—2017 年 10 月	
	万育生	副主任	2004 年 1 月—2016 年 9 月	正处级
	田玉龙	副主任/总工程师	2005 年 7 月—2014 年 7 月	正处级
	陈敏建	总工程师	2006 年 9 月—2007 年 9 月	正处级

续表

机构名称	姓　名	职　务	任 免 时 间	备　注
水利部水资源 管理中心	曹淑敏	副主任	2011 年 10 月—2015 年 5 月	正处级
	张淑玲	总工程师/副主任	2014 年 7 月—2017 年 10 月	正处级
	许　峰	总工程师/副主任	2015 年 8 月—2017 年 10 月	正处级
	张继群	总工程师	2017 年 5 月—2017 年 10 月	正处级
	部直属单位阶段（2017 年 11 月—2021 年 12 月）			
	于琪洋	主任/书记	2017 年 11 月—	
	张淑玲	副主任	2017 年 11 月—2020 年 11 月	
	管恩宏	副主任	2017 年 11 月—	
	张鸿星	副主任	2020 年 11 月—	
	许　峰	总工程师	2017 年 11 月—	四级职员

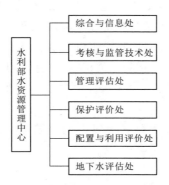

图 1　水利部水资源管理中心机构图（2021 年）

执笔人：张国玉　张远东　耿　华　罗　静
审核人：魏新平　于义彬

水利部节约用水促进中心

水利部节约用水促进中心是水利部直属公益一类事业单位（正局级），受水利部委托，主要承担节约用水相关研究、国家节水行动实施和节水型社会建设、节水科技创新和成果转化、节水信息统计等技术性工作。2004 年 4 月，成立国务院南水北调工程建设委员会办公室政策及技术研究中心，隶属于国务院南水北调工程建设委员会办公室（以下简称"南水北调办"）。2018 年 11 月，因中央国家机关机构改革后隶属机构变化，国务院南水北调工程建设委员会办公室政策及技术研究中心更名为南水北调工程政策及技术研究中心，隶属于水利部；2018 年 12 月起以水利部节约用水中心（筹）名义对外开展工作；2019 年 5 月，更名为水利部节约用水促进中心，隶属于水利部。办公地点设在北京市海淀区玉渊潭南路 3 号。

水利部节约用水促进中心组织沿革划分为以下两个阶段：2004 年 4 月—2019 年 5 月，2019 年 5 月—2021 年 12 月。

一、第一阶段（2004 年 4 月—2019 年 5 月）

2004 年 4 月 7 日，根据《中央机构编制委员会办公室关于国务院南水北调工程建设委员会办公室政策及技术研究中心等两个单位机构编制的批复》（中央编办复字〔2004〕49 号），成立国务院南水北调工程建设委员会办公室政策及技术研究中心。

2018 年 11 月 15 日，根据《中央编办关于水利部所属事业单位机构编制调整的批复》（中央编办复字〔2018〕125 号），国务院南水北调工程建设委员会办公室政策及技术研究中心更名为南水北调工程政策及技术研究中心。

（一）主要职责

（1）负责南水北调工程关键技术、投融资计划、移民安置、生态环境、建设资金等重大课题的研究。

（2）负责有关政策和技术信息的收集及国外长距离调水工程信息的收集。

（3）负责南水北调工程建设的国际交流与合作，参与办公室外事工作。

（4）参与组织南水北调工程建设政策和技术的研究。

（5）参与研究南水北调工程建设法规和管理办法。

（6）参与南水北调办重大专题和特性项目任务书的组织编制及评审。

（7）协助南水北调办开展有关管理工作。

（8）提供调水工程的政策和技术咨询服务。

（9）承担南水北调办交办的其他工作。

2015年3月18日，根据南水北调办《关于调整国务院南水北调工程建设委员会办公室所属事业单位主要职责内设机构和人员编制的通知》（国调办综〔2015〕29号），结合工作需要，主要职责调整如下：

（1）组织开展南水北调工程"三先三后"有关工作的研究。

（2）负责组织开展有关南水北调后续工程筹划、中长期发展、经济社会影响等宏观问题专题研究。

（3）负责南水北调工程运行管理、生态环保、征地移民等重大课题的研究。

（4）负责组织开展国外有关调水工程综合信息的收集、整理与分析研究，承担南水北调办外事服务工作。

（5）负责组织编纂《中国南水北调工程建设年鉴》。

（6）参与研究南水北调工程建设和运行管理的制度办法。

（7）提供调水工程的政策和技术咨询服务。

（8）承担南水北调办交办的其他工作。

（二）编制与机构设置及主要职能

根据国务院南水北调工程建设委员会《关于印发〈国务院南水北调工程建设委员会办公室政策及技术研究中心和南水北调工程建设监管中心主要职责、内设机构和人员编制规定〉的通知》（国调办综〔2004〕28号），核定国务院南水北调工程建设委员会办公室政策及技术研究中心事业编制18名，内设机构有4个，分别为行政秘书处、研究一处、研究二处以及国际合作处。

2006年3月29日，根据国务院南水北调工程建设委员会《关于调整政策及技术研究中心内设机构和人员编制的通知》（国调办综〔2006〕23号），结合南水北调工程建设委员会办公室工作需要，内设机构研究一处、研究二处合并为研究处，增设移民规划处，此时内设机构有4个，分别为行政秘书处、研究处、移民规划处以及国际合作处。

2015年3月18日，根据南水北调办《关于调整国务院南水北调工程建设委员会办公室所属事业单位主要职责内设机构和人员编制的通知》（国调办综〔2015〕29号），结合工作需要，内设机构调整为3个，分别为综合处、研究一处以及研究二处。

（三）领导任免

2004年6月，南水北调办任命王志民任国务院南水北调工程建设委员会办公室政策及技术研究中心主任（办任〔2004〕5号）。

2004年7月，南水北调办任命徐子恺任国务院南水北调工程建设委员会办公室政策及技术研究中心副主任（办任〔2004〕8号）。

2005年3月，南水北调办任命欧阳琪任国务院南水北调工程建设委员会办公室政策及技术研究中心副主任（办任〔2005〕3号）。

2006年12月，南水北调办任命赵月园任国务院南水北调工程建设委员会办公室政策及技术研究中心副主任，免去欧阳琪国务院南水北调工程建设委员会办公室政策及技术研究中心副主任职务（办任〔2006〕9号）。

2010年3月，南水北调办免去徐子恺国务院南水北调工程建设委员会办公室政策及技术研究中心副主任职务（办任〔2010〕1号）。

2010年5月，南水北调办任命刘远书任国务院南水北调工程建设委员会办公室政策及技术研究中心副主任（办任〔2010〕2号）。

2014年9月，南水北调办免去赵月园国务院南水北调工程建设委员会办公室政策及技术研究中心副主任职务（办任〔2014〕7号）。

2014年11月，南水北调办免去王志民国务院南水北调工程建设委员会办公室政策及技术研究中心主任职务，批准退休（办任〔2014〕9 号）。

2015 年 4 月，南水北调办任命苏克敬任国务院南水北调工程建设委员会办公室政策及技术研究中心主任（办任〔2015〕3 号）。

2015 年 9 月，南水北调办任命刘国华任国务院南水北调工程建设委员会办公室政策及技术研究中心副主任（办任〔2015〕7 号）。

2016 年 6 月，南水北调办任命曹为民任国务院南水北调工程建设委员会办公室政策及技术研究中心副主任（办任〔2016〕6 号）。

2017 年 6 月，南水北调办任命曹为民任国务院南水北调工程建设委员会办公室政策及技术研究中心主任（办任〔2017〕9 号）。

2017 年 8 月，南水北调办任命张玉山任国务院南水北调工程建设委员会办公室政策及技术研究中心副主任（办任〔2017〕14 号）。

2018 年 11 月，水利部任命井书光任南水北调工程政策及技术研究中心主任（部任〔2018〕83 号）。

国务院南水北调工程建设委员会办公室政策及技术研究中心、南水北调工程政策及技术研究中心领导任免表（2004 年 4 月—2019 年 5 月）见表 1，机构图见图 1～图 4。

表 1　　　国务院南水北调工程建设委员会办公室政策及技术研究中心、南水北调工程政策及
技术研究中心领导任免表（2004 年 4 月—2019 年 5 月）

机构名称	姓　名	职　务	任 免 时 间	备　注
国务院南水北调工程建设委员会办公室政策及技术研究中心	王志民	主　任	2004 年 6 月—2014 年 11 月	
	苏克敬	主　任	2015 年 4 月—2017 年 5 月	
	曹为民	主　任	2017 年 6 月—2018 年 6 月	
		副主任	2016 年 6 月—2017 年 6 月	
	徐子恺	副主任	2004 年 7 月—2010 年 3 月	
	欧阳琪	副主任	2005 年 3 月—2006 年 12 月	
	赵月园	副主任	2006 年 12 月—2014 年 9 月	
	刘远书	副主任	2010 年 5 月—2016 年 7 月	
	刘国华	副主任	2015 年 9 月—2018 年 11 月	
	张玉山	副主任	2017 年 8 月—2018 年 11 月	
南水北调工程政策及技术研究中心	井书光	主　任	2018 年 11 月—2019 年 5 月	
	刘国华	副主任	2018 年 11 月—2019 年 5 月	
	张玉山	副主任	2018 年 11 月—2019 年 5 月	

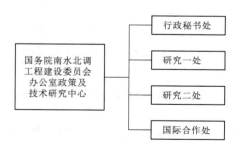

图 1　国务院南水北调工程建设委员会
办公室政策及技术研究中心机构图
（2004—2006 年）

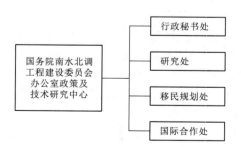

图 2　国务院南水北调工程建设委员
会办公室政策及技术研究中心机构图
（2006—2015 年）

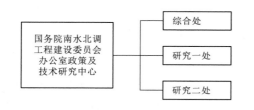

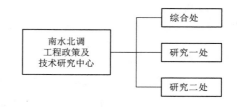

图3　国务院南水北调工程建设委员会办公室
政策及技术研究中心机构图
（2015—2018年）

图4　南水北调工程政策及技术研究
中心机构图（2018—2019年）

二、第二阶段（2019年5月—2021年12月）

2019年5月5日，根据《中央编办关于南水北调工程政策及技术研究中心更名等事业单位机构编制调整有关事宜的批复》（中央编办复字〔2019〕36号），将南水北调工程政策及技术研究中心更名为水利部节约用水促进中心。

（一）主要职责

水利部节约用水促进中心主要承担节约用水相关研究、国家节水行动实施和节水型社会建设、节水科技创新和成果转化、节水信息统计等技术性工作。具体职责如下：

（1）协助推进节约用水重大政策、决策部署及其他重点工作落实。承担节约用水管理、监督、指导、考核等有关事务性工作。承担节约用水监管体系建设、重点用水单位监控、用水报告制度推行等有关工作。

（2）承担节约用水政策、法规、制度、标准和取用水定额的研究、起草、评估等有关工作。承担节水评价有关工作。

（3）承担国家节水行动实施有关具体工作。参与全国节约用水规划、区域与行业节约用水规划编制和组织实施的具体工作。

（4）协助开展用水总量控制、用水效率控制、计划用水等方面有关工作。协助组织开展农业、工业、城镇生活、服务业等领域和重点区域节约用水工作以及节水型社会建设工作。

（5）承担节约用水信息化建设管理有关工作。协助开展水效标识建设、合同节水管理、水效领跑、节水认证、节水科技创新和成果转化等工作，开展节约用水相关咨询服务。

（6）承担再生水、海水淡化等非常规水源利用方面的具体工作。

（7）承担全国节约用水报告、节水统计和节水公报等具体工作，承担节水信息发布的相关工作。

（8）承办水利部及全国节约用水办公室交办的其他工作。

（二）编制与机构设置及主要职能

2019年5月5日，根据《中央编办关于南水北调工程政策及技术研究中心更名等事业单位机构编制调整有关事宜的批复》（中央编办复字〔2019〕36号），核定水利部节约用水促进中心财政补助事业编制18名。

2019年5月31日，根据《水利部关于印发水利部节约用水促进中心主要职责机构设置和人员编制方案的通知》（水人事〔2019〕158号），内设机构为3个，分别为综合处、政策技术处和监管事务处。

2020年5月22日，根据《水利部关于印发水利部节约用水促进中心主要职责机构设置和人员编制方案的通知》（水人事〔2020〕85号），结合实际工作需要，核定水利部节约用水促进中心财政补助事业编制 28 名，结合实际工作需要，内设机构调整为 5 个，分别为综合处、政策研究处、监管事务处、技术管理处和标准定额处。

（三）领导任免

2019 年 5 月，水利部任命井书光任水利部节约用水促进中心主任，刘国华任水利部节约用水促进中心副主任，张玉山任水利部节约用水促进中心副主任（部任〔2019〕76 号）。

2020 年 5 月，水利部任命刘金梅任水利部节约用水促进中心副主任，免去张玉山的水利部节约用水促进中心副主任职务（部任〔2020〕37 号）。

2020 年 11 月，水利部任命张程任水利部节约用水促进中心主任；免去井书光水利部节约用水促进中心主任职务（部任〔2020〕129 号）。

2021 年 1 月，水利部免去刘国华水利部节约用水促进中心副主任职务（部任〔2021〕143 号）。

2021 年 5 月，水利部任命张继群任水利部节约用水促进中心副主任（部任〔2021〕35 号）。

水利部节约用水促进中心领导任免表（2019 年 5 月—2021 年 12 月）见表 2，机构图见图 5 和图 6。

表 2　　　　　　　水利部节约用水促进中心领导任免表（2019 年 5 月—2021 年 12 月）

机构名称	姓　名	职　务	任　免　时　间	备　注
水利部节约用水促进中心	井书光	主　任	2019 年 5 月—2020 年 11 月	
	张　程	主　任	2020 年 11 月—	
	刘国华	副主任	2019 年 5 月—2021 年 6 月	
	张玉山	副主任	2019 年 5 月—2020 年 5 月	
	刘金梅	副主任	2020 年 5 月—	
	张继群	副主任	2021 年 5 月—	

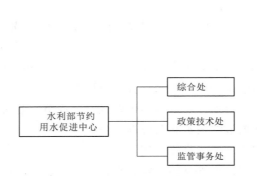

图 5　水利部节约用水促进中心机构图
（2019—2020 年）

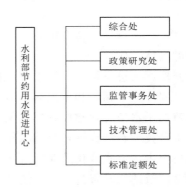

图 6　水利部节约用水促进中心机构图
（2020—2021 年）

执笔人：董四方　吴　静　吴习锦
审核人：张清勇　张继群

水利部河湖保护中心

水利部河湖保护中心（以下简称"河湖中心"）是水利部直属公益一类事业单位（正局级），主要职能是为全面推行河湖长制提供技术支撑，承担河湖水域及其岸线和河口保护、河湖管理保护基础信息收集与分析、相关规划计划编制等技术性工作。工作宗旨是以习近平新时代中国特色社会主义思想为指引，深入贯彻落实习近平总书记"节水优先、空间均衡、系统治理、两手发力"治水思路和关于治水重要讲话指示批示精神，围绕强化河湖长制工作，推进新阶段水利高质量发展。

2004 年 6 月成立以来，河湖中心历经一次党和国家机构改革：第一阶段 2004 年 6 月—2018 年 12 月为南水北调工程建设监管中心，是原国务院南水北调工程建设委员会办公室（以下简称"南水北调办"）直属公益一类事业单位；第二阶段 2018 年 12 月—2019 年 5 月为机构改革过渡阶段，由南水北调工程建设监管中心更名为水利部河湖管理保护中心（筹），2019 年 5 月正式更名为水利部河湖保护中心。

一、第一阶段（2004 年 6 月—2018 年 12 月）

为满足南水北调工程建设需要，南水北调办于 2004 年 6 月印发《国务院南水北调工程建设委员会办公室政策及技术研究中心和南水北调工程建设监管中心主要职责、内设机构和人员编制规定》（国调办〔2004〕28 号），成立南水北调工程建设监管中心（以下简称"监管中心"）。成立后，监管中心办公地点在北京市西城区南线阁街 58 号，2010 年 10 月搬迁至海淀区玉渊潭南路 3 号。

（一）主要职责

（1）为南水北调工程（包括治污及移民工程）的投资计划管理、建设管理、监督检查和经常性稽查提供技术支持和服务，承办有关工作。

（2）承担南水北调工程项目技术经济、建设资金、造价的评估工作。

（3）承担南水北调工程（包括治污工程及移民工程）建设质量检测和质量评价工作。

（4）收集、汇总南水北调工程（包括治污工程及移民工程）建设监管方面的信息。

（5）承担南水北调工程（包括治污工程及移民工程）建设质量监督的具体实施。

（6）承担南水北调工程建设技术咨询服务。

（7）承担南水北调办有关基础设施和能力建设项目的建议书组织编制及评审。

（8）承担南水北调办交办的其他任务。

2015 年 3 月，结合工作需要，南水北调办印发《关于调整国务院南水北调工程建设委员会办公室所属事业单位主要职责内设机构和人员编制的通知》（国调办综〔2015〕29 号），对监管中心职责进行了调整，增加了"南水北调水质保护、工程运行监管具体工作"的职能。

（二）机构设置及编制

2004 年 6 月—2015 年 3 月，监管中心内设综合管理处、建设监管处、稽察一处和稽察二处。人员编制 22 人。

2015 年 3 月，南水北调办对监管中心进行调整后，监管中心机构设置为综合处、监管处、稽察处和技术处。人员编制仍为 22 人。

（三）领导任免

2004 年 4 月，南水北调办任命张忠义为监管中心副主任，主持工作（办任〔2004〕6 号）。

2004 年 9 月，南水北调办任命赵月园为监管中心副主任（办任〔2004〕11 号）。

2004 年 12 月，南水北调办任命张忠义为监管中心主任（办任〔2005〕1 号）。

2006 年 12 月，南水北调办免去赵月园监管中心副主任，任命欧阳琪为监管中心副主任（办任〔2006〕9 号）。

2008 年 1 月，南水北调办任命吴健为监管中心副主任（办任〔2008〕6 号）。

2010 年 3 月，南水北调办免去欧阳琪监管中心副主任（办任〔2010〕1 号）。

2010 年 5 月，南水北调办任命由国文为监管中心副主任（办任〔2010〕2 号）。

2011 年 7 月，南水北调办免去张忠义监管中心主任，任命于合群为监管中心副主任（挂职），主持工作（办任〔2011〕7 号）。

2012 年 4 月，南水北调办任命于合群为监管中心主任（办任〔2012〕4 号）。

2015 年 3 月，南水北调办免去于合群监管中心主任，任命王松春为监管中心主任（办任〔2015〕3 号）。

2016 年 6 月，南水北调办免去由国文监管中心副主任，任命刘远书为监管中心副主任（办任〔2016〕6 号）。

2017 年 3 月，南水北调办免去王松春监管中心主任，任命由国文为监管中心主任（办任〔2017〕6 号）。

南水北调工程建设监管中心领导任免表（2004 年 12 月—2018 年 12 月）见表 1，机构图见图 1 和图 2。

表 1　　　　南水北调工程建设监管中心领导任免表（2004 年 12 月—2018 年 12 月）

机构名称	姓　名	职　务	任免时间	备　注
南水北调工程建设监管中心	张忠义	主　任	2004 年 12 月—2011 年 7 月	
	于合群		2012 年 4 月—2015 年 3 月	
	王松春		2015 年 3 月—2017 年 3 月	
	由国文		2017 年 3 月—2019 年 7 月	
	张忠义	副主任	2004 年 4 月—2004 年 12 月	副主任主持工作
	赵月园		2004 年 9 月—2006 年 12 月	
	欧阳琪		2006 年 12 月—2010 年 3 月	
	吴　健		2008 年 1 月—2019 年 7 月	
	由国文		2010 年 5 月—2016 年 6 月	
	于合群		2011 年 7 月—2012 年 4 月	副主任（挂职）主持工作
	刘远书		2016 年 6 月—2019 年 7 月	

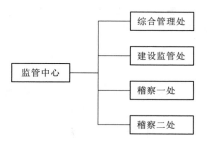

图 1　南水北调工程建设监管中心机构图
（2004 年 6 月—2015 年 3 月）

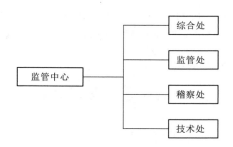

图 2　南水北调工程建设监管中心机构图
（2015 年 3 月—2019 年 5 月）

二、第二阶段（2018 年 12 月—2021 年 12 月）

机构改革后，为满足工作需要，2018 年 12 月水利部印发《水利部人事司关于更名组建水利部河湖管理保护中心（筹）的通知》（水人事〔2018〕6 号），南水北调工程建设监管中心更名为水利部河湖管理保护中心（筹）；2019 年 5 月水利部印发《水利部关于印发水利部河湖保护中心主要职责机构设置和人员编制方案的通知》（水人事〔2019〕159 号），水利部河湖管理保护中心（筹）正式更名成立水利部河湖保护中心。2020 年 5 月水利部印发《水利部关于印发水利部河湖保护中心主要职责机构设置和人员编制方案的通知》（水人事〔2020〕86 号），对河湖中心机构设置和人员编制等进行了调整。河湖中心办公地点在北京市海淀区玉渊潭南路 3 号。

（一）主要职责

受水利部委托，主要承担河湖水域及其岸线、河口保护，相关规划计划编制，以及河湖管理保护基础信息收集分析等技术性工作。主要职责具体如下：

（1）为全面推行河长制湖长制提供技术支撑，承担河长制湖长制实施情况督察、评估评价、考核问责等有关事务性工作。

（2）承担河湖管理保护有关政策法规、技术标准的研究、起草、评估，以及河湖管理保护的培训、宣传和信息等相关工作。

（3）承担河道湖泊水域及其岸线、河口的管理保护，河道湖泊管理范围划定有关事务性工作。

（4）承担河道采砂监管、河道管理范围内建设项目和活动监管有关事务性工作，承担河道采砂规划计划编制、河道管理范围内工程建设方案审查制度实施的相关技术支撑工作。

（5）组织实施河湖监管的暗访（飞检）、巡查、专项整治、调查认证以及河湖问题举报受理和调查等具体工作。

（6）参与建立健全水利系统河湖监管体系，并承担督导等有关事务性工作。

（7）负责收集、汇总、统计、分析河长制湖长制以及河湖管理保护基础信息。

（8）承办水利部交办的其他工作。

（9）其他事项：南水北调东中线一期工程竣工验收完成前，其工程质量监督工作由水利部河湖保护中心（原南水北调工程建设监管中心）继续按照有关规定承担。

（二）机构设置及编制

2018 年 12 月—2020 年 5 月，河湖中心内设综合处、技术处、监管事务一处、监管事务二处 4 个处室。人员编制 22 人。

2020 年 5 月机构调整后，河湖中心内设综合处、监管事务一处、监管事务二处、监管事务三处、政策技术处、南水北调工程质量监督处 6 个处室。人员编制 32 人。

（三）领导任免

2019 年 7 月,水利部任命由国文为河湖中心主任,吴健、刘远书为河湖中心副主任(部任〔2019〕77 号)。

2020 年 10 月，水利部免去由国文的河湖中心主任职务，任命蒋牧宸为河湖中心主任（部任〔2020〕84 号）。

2020 年 11 月，水利部免去刘远书的河湖中心副主任职务（部任〔2020〕126 号）。

2020 年 11 月，水利部任命李春明为河湖中心副主任（部任〔2020〕131 号）。

水利部河湖保护中心领导任免表（2018 年 12 月—2021 年 12 月）见表 2，机构图见图 3 和图 4。

表 2　　　　　　　水利部河湖保护中心领导任免表（2018 年 12 月—2021 年 12 月）

机构名称	姓 名	职 务	任 免 时 间
水利部河湖保护中心	由国文	主 任	2019 年 7 月—2020 年 10 月
	蒋牧宸		2020 年 10 月—
	吴 健	副主任	2019 年 7 月—
	刘远书		2019 年 7 月—2020 年 11 月
	李春明		2020 年 11 月—

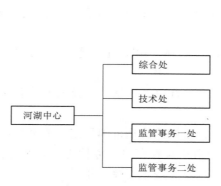

图 3　水利部河湖保护中心机构图
（2019 年 5 月—2020 年 5 月）

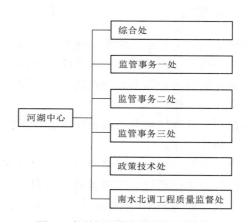

图 4　水利部河湖保护中心机构图
（2020 年 5 月—2021 年 12 月）

执笔人：胡　玮　马兆龙　张　攀　冯晓波
　　　　谢智龙　岳松涛　宋海波　常　跃
　　　　朱　锐　姚　迟　李晓璐
审核人：杨国华　杨元月　叶炜民　吴　健

中国水利水电出版传媒集团有限公司

中国水利水电出版传媒集团有限公司（以下简称"集团公司"）是由国务院出资，财政部代表国务院履行出资人职责，水利部主管的中央文化企业。

集团公司目前内设党委办公室、纪委办公室、综合管理部等 7 个职能部门，下辖中国水利水电出版社有限公司、北京金五环出版服务有限公司、北京科水图书销售有限公司等 6 家二级全资子公司，以及北京万水电子信息有限公司、北京水精灵教育科技有限公司、中水文化科技（郑州）有限公司等 7 家三级子公司。

一、组织沿革

集团公司前身是中国水利水电出版社（简称"出版社"），其由成立于 1956 年 1 月的水利出版社逐步发展而来。2001 年以来，集团公司主要历经 3 次变革：一是由事业单位转制为全民所有制企业阶段；二是由全民所有制企业改制为公司制企业阶段；三是以中国水利水电出版社有限公司为核心企业组建集团公司阶段。

1. 由事业单位转制为全民所有制企业

2010 年 3 月 9 日，中央各部门各单位出版社体制改革工作领导小组办公室印发《关于同意中国水利水电出版社体制改革工作实施方案的批复》（中出改办〔2010〕43 号），同意中国水利水电出版社转制为企业。

2010 年 5 月 19 日，中央机构编制委员会办公室批复《关于核销中国水利水电出版社事业编制的批复》（中央编办复字〔2010〕144 号），同意中国水利水电出版社不再列入事业单位序列，核销财政补助事业编制 150 名。

2010 年 12 月 24 日，经国家工商行政管理总局核准，中国水利水电出版社变更为全民所有制企业。

2. 由全民所有制企业改制为公司制企业

2018 年 9 月 30 日，财政部印发《财政部关于批复中国水利水电出版社公司制改制有关事项的函》（财文函〔2018〕64 号），原则同意中国水利水电出版社公司制改制方案，将中国水利水电出版社由全民所有制企业改制为国有独资公司，改制后名称为中国水利水电出版社有限公司，由财政部代表国务院履行出资人职责。

2018 年 12 月 11 日，经北京市工商行政管理局核准，中国水利水电出版社名称变更为中国水利水电出版社有限公司。

3. 以中国水利水电出版社有限公司为核心企业组建集团公司

出版社转制为企业后，为进一步扩大经营规模，提升文化影响力，经水利部党组批准同意，启动集团（公司）的组建工作。经上级有关部门批复，于 2018 年 10 月完成工商注册，2019 年 5 月正式挂牌。组建批复过程如下。

2014 年 9 月 2 日，国家新闻出版广电总局印发《关于同意组建中国水利水电出版传媒集团的复函》（新广出函〔2014〕273 号），原则同意组建中国水利水电出版传媒集团的方案。

2014 年 10 月 10 日，水利部印发《水利部关于同意组建中国水利水电出版传媒集团的批复》（水人事〔2014〕324 号），同意组建中国水利水电出版传媒集团。

2015 年 12 月 7 日，财政部印发《财政部关于同意组建中国水利水电出版传媒集团的复函》（财文资〔2015〕26 号），原则同意组建中国水利水电出版传媒集团的方案。

2018 年 10 月 31 日，经北京市工商行政管理局核准，中国水利水电出版传媒有限公司（集团公司母公司）完成设立登记工作。公司类型为有限责任公司（国有独资），办公地点为北京市海淀区玉渊潭南路 1 号 D 座，法定代表人涂曙明，注册资本 10000 万元。经营范围为企业管理服务；产品设计；设计、制作、代理、发布广告；会议服务；承办展览展示活动；翻译服务；技术进出口、货物进出口、代理进出口；工艺美术设计；计算机系统服务；物业管理；出租商业用房；项目投资、资产管理；经济信息咨询。（依法须经批准的项目，经相关部门批准后依批准的内容开展经营活动。）

2019 年 3 月 26 日，水利部人事司印发了《水利部人事司关于中国水利水电出版传媒有限公司组建有关事项的通知》（人事机〔2019〕12 号），原则同意中国水利水电出版传媒有限公司（待完成变更登记后，改为中国水利水电出版传媒集团有限公司）的组织机构设置方案。中国水利水电出版传媒有限公司作为中国水利水电出版传媒集团母公司，内设党委办公室、纪委办公室、综合管理部、人力资源管理部、规划发展与资产运营部、出版管理与国际合作部、财务审计部等 7 个职能部门，下辖中国水利水电出版社有限公司、北京金五环出版服务有限公司、北京科水图书销售有限公司、北京瑞兴文化艺术有限公司、北京中水润科技发展有限公司等 5 家全资子公司，其中中国水利水电出版社有限公司参股北京万水电子信息有限公司、北京金海浪文化传媒有限公司、北京亿卷征图文化传媒有限公司、北京智博尚书文化传媒有限公司等 4 家子公司。集团公司按正局级管理，领导班子由 9 人组成。中国水利水电出版社有限公司领导班子由 5 人组成（均由集团公司领导班子有关成员兼任）。其他 4 家全资子公司按正处级管理。核定集团公司处级领导职数 44 名，可根据工作实际统筹使用。

2019 年 4 月 11 日，经北京市工商行政管理局核准，中国水利水电出版传媒有限公司名称变更为中国水利水电出版传媒集团有限公司。

2019 年 5 月 10 日，在全国水利宣传工作会议上举行了中国水利水电出版传媒集团有限公司揭牌仪式。

二、主要职责

2021 年，集团公司各职能部门主要职责如下。

1. 党委办公室

承担集团公司党委的日常工作，组织落实党委决议和工作部署，并就落实情况进行督促检查。归口负责集团公司党的建设和精神文明建设相关工作，协调工青妇等群团及统战工作。承担集团公司董事会办公室职能。承办集团公司领导交办的其他事项。

2. 纪委办公室

承担集团公司纪委、监事会的日常工作，承担监督执纪问责具体工作，协调监事会与各有关单位的相关事宜。协助抓好党风廉政建设工作。承办集团公司领导交办的其他事项。

3. 综合管理部

负责集团公司行政事务管理、公共关系、法律事务、宣传和日常综合事务，协助集团公司领导对各部门进行综合协调，加强对各项工作的督促和检查，建立并完善集团公司各项规章制度。负责集团公司网络及信息化建设与日常管理维护。负责集团公司基本建设、物业后勤、安全生产、社会治安和保密、档案、信访等方面的工作。承办集团公司领导交办的其他事项。

4. 人力资源部

负责集团公司人力资源管理体系和制度体系的建立和完善。负责集团公司机构编制与人事日常管理工作，负责集团公司干部队伍建设和干部监督与日常管理工作，负责绩效与薪酬日常管理工作，负责人力资源信息化建设工作，负责离退休人员管理。承办集团公司领导交办的其他事项。

5. 规划发展与资本运营部

组织研究和起草集团公司发展战略、中长期发展规划和年度经营计划；跟踪监督和评价集团公司战略规划的实施，提出改进及完善建议；统筹集团及各子公司的投资、资本运作、并购重组、产业整合等项目的研究并提出决策建议；指导、监督和评估集团各子公司的生产经营工作。承办集团公司领导交办的其他事项。

6. 出版管理与国际合作部

负责集团公司出版传媒资源监管、业务规划、制度建设、质量管控、流程协调、国际合作交流等工作。归口管理集团公司的国际合作业务。承办集团领导交办的其他事项。

7. 财务审计部

围绕集团公司财务管控目标，构建财务共享中心；负责集团公司财务制度体系、内控体系建设及绩效评价工作；负责集团公司预算管理、资产管理、现金管理、日常会计核算、纳税申报、预算监督执行、成本费用控制和年度财务决算工作；负责国有资产产权登记、变更的备案工作；依照国家法律法规及行业要求，规范财政资金的使用；承担集团公司的日常内审工作。

中国水利水电出版传媒集团有限公司机构图（2021年）如图1所示。

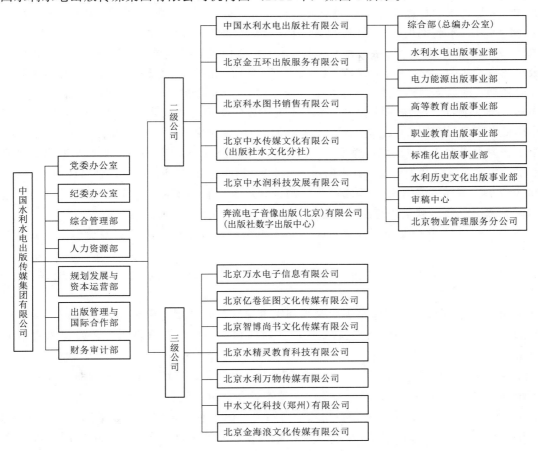

图1　中国水利水电出版传媒集团有限公司机构图（2021年）

三、领导任免

2001年10月，水利部任命谢良华为中国水利水电出版社副社长，胡昌支为中国水利水电出版社副社长（部任〔2001〕42号）。

2003年4月，水利部免去谢良华中国水利水电出版社副社长职务（部任〔2003〕27号）。

2003年9月，水利部任命陈东明为中国水利水电出版社副社长（部任〔2003〕51号）。

2006年11月，水利部任命周金辉为中国水利水电出版社副社长（部任〔2006〕50号）。

2010年2月，水利部免去王国仪中国水利水电出版社总编辑职务（部任〔2010〕12号）。

2011年7月，水利部任命李中锋为中国水利水电出版社副社长（部任〔2011〕54号）。

2014年10月，水利部党组任命王厚军为中国水利水电出版社纪委书记，免去陈东明中国水利水电出版社纪委书记职务（部党任〔2014〕26号）。

2016年9月，水利部党组任命李肇桀为中国水利水电出版社党委书记，免去汤鑫华中国水利水电出版社党委书记职务（部党任〔2016〕73号）。

2017年12月，水利部免去汤鑫华中国水利水电出版社社长职务（部任〔2017〕127号）。

2017年12月，水利部党组免去李肇桀中国水利水电出版社党委书记职务（部党任〔2017〕79号）。

2017年12月，水利部党组任命涂曙明为中国水利水电出版社党委书记（部党任〔2017〕84号）。

2017年12月，水利部任命营幼峰为中国水利水电出版社社长（部任〔2017〕134号）。

2017年12月，水利部任命陈玉秋为中国水利水电出版社总会计师（部任〔2018〕2号）。

2018年11月，水利部提拔陈东明的职级为正局级（部任〔2018〕112号）。

2019年7月，水利部任命涂曙明为中国水利水电出版传媒集团有限公司董事长，中国水利水电出版社有限公司董事长；营幼峰为中国水利水电出版传媒集团有限公司总经理，中国水利水电出版社有限公司社长、总经理；胡昌支为中国水利水电出版传媒集团有限公司总编辑（副局级），中国水利水电出版社有限公司总编辑（副局级）；陈东明为中国水利水电出版传媒集团有限公司副总经理（正局级），中国水利水电出版社有限公司副社长、副总经理（正局级）；周金辉为中国水利水电出版传媒集团有限公司副总经理；李中锋为中国水利水电出版传媒集团有限公司副总经理；王厚军为中国水利水电出版传媒集团有限公司监事会主席；陈玉秋为中国水利水电出版传媒集团有限公司总会计师（部任〔2019〕78号）。

2019年7月，水利部党组任命涂曙明为中国水利水电出版传媒集团有限公司临时党委书记；王厚军为中国水利水电出版传媒集团有限公司临时纪委书记（部党任〔2019〕42号）。

2020年3月，水利部任命胡昌支为中国水利水电出版传媒集团有限公司总编辑（正局级）（部任〔2020〕17号）。

2020年4月，水利部任命王丽为中国水利水电出版传媒集团有限公司副总经理（部任〔2020〕26号）。

2020年4月，水利部任命王厚军为中国水利水电出版传媒集团有限公司副总经理，免去其中国水利水电出版传媒集团有限公司监事会主席职务；任命何猛为中国水利水电出版传媒集团有限公司监事会主席（部任〔2020〕31号）。

2020年4月，水利部党组任命何猛为中国水利水电出版传媒集团有限公司临时纪委书记；免去王厚军中国水利水电出版传媒集团有限公司临时纪委书记职务（部党任〔2020〕19号）。

2020年10月，水利部直属机关党委同意涂曙明为中国水利水电出版传媒集团有限公司党委书记；营幼峰为中国水利水电出版传媒集团有限公司党委副书记；何猛为中国水利水电出版传媒集团有限公司纪委书记（机党〔2020〕42号）。

2020年11月，水利部任命李丹颖为中国水利水电出版传媒集团有限公司副总经理；免去陈东明中国水利水电出版传媒集团有限公司副总经理（正局级），中国水利水电出版社有限公司副社长、副总经理（正局级）职务（部任〔2020〕106 号）。

2020 年 12 月，集团公司党委同意涂曙明任中国水利水电出版社有限公司党总支书记，营幼峰任中国水利水电出版社有限公司党总支副书记（集党〔2020〕57 号）。

中国水利水电出版传媒集团有限公司领导任免表（2001 年 1 月—2021 年 12 月）见表 1。

表 1　　　　中国水利水电出版传媒集团有限公司领导任免表（2001 年 1 月—2021 年 12 月）

机构名称	姓　名	职　务	任 免 时 间	备　注
中国水利水电出版社		中国水利水电出版社（企业化管理的事业单位 2001 年 1 月—2010 年 12 月）		
	汤鑫华	社长、党委书记	1998 年 10 月—2001 年 10 月	
		社　长	2001 年 10 月—2004 年 12 月	
		社长、党委书记	2004 年 12 月—	
	王炳生	党委书记	2001 年 10 月—2002 年 1 月	
		党委书记兼纪委书记	2002 年 1 月—2004 年 12 月	
	谢良华	党委副书记	1997 年 7 月—2001 年 10 月	
		副社长	2001 年 10 月—2003 年 4 月	
	王国仪	总编辑	1998 年 10 月—2010 年 2 月	
	胡昌支	副社长	2001 年 10 月—	
	陈东明	副社长	2003 年 9 月—2004 年 12 月	
		副社长、纪委书记	2004 年 12 月—	
	周金辉	副社长	2006 年 11 月—	
		中国水利水电出版社（全民所有制企业 2010 年 12 月—2018 年 12 月）		
	汤鑫华	社长、党委书记	继任—2016 年 9 月	
		社　长	2016 年 9 月—2017 年 12 月	
	胡昌支	副社长	继任—	
	陈东明	副社长、纪委书记	继任—2014 年 10 月	
		副社长	2014 年 10 月—2018 年 11 月	
		副社长	2018 年 11 月—	
	周金辉	副社长	继任—	
	李中锋	副社长	2011 年 7 月—	
	王厚军	纪委书记	2014 年 10 月—2018 年 6 月	
		专职监事	2018 年 6 月—	
	李肇桀	党委书记	2016 年 9 月—2017 年 12 月	
	涂曙明	党委书记	2017 年 12 月—	
	营幼峰	社　长	2017 年 12 月—	
	陈玉秋	总会计师	2017 年 12 月—	

机构名称	姓　名	职　务	任　免　时　间	备　注
中国水利水电出版社有限公司		中国水利水电出版社有限公司（公司制企业 2018 年 12 月—2021 年 12 月）		
	涂曙明	党委书记	继任—2019 年 7 月	
		董事长、党委书记	2019 年 7 月—2020 年 12 月	
		董事长、党总支书记	2020 年 12 月—	
	营幼峰	社　长	继任—2019 年 7 月	
		社长、总经理（董事）	2019 年 7 月—2020 年 12 月	
		社长、总经理（董事）、党总支副书记	2020 年 12 月—	
	胡昌支	副社长	继任—2019 年 7 月	
		总编辑	2019 年 7 月—2020 年 3 月	
		总编辑	2020 年 3 月—	
	陈东明	副社长	继任—2019 年 7 月	
		副社长、副总经理	2019 年 7 月—2020 年 11 月	
	周金辉	副社长	继任—2019 年 7 月	
	李中锋	副社长	继任—2019 年 7 月	
	王厚军	专职监事	继任—2020 年 11 月	
	陈玉秋	总会计师	继任—2019 年 7 月	
	何　猛	监　事	2020 年 11 月—	
	王　丽	董　事	2020 年 11 月—	
中国水利水电出版传媒集团有限公司		中国水利水电出版传媒集团有限公司（集团公司 2018 年 10 月—2021 年 12 月）		
	涂曙明	董事长、临时党委书记	2019 年 7 月—2020 年 10 月	
		董事长、党委书记	2020 年 10 月—	
	营幼峰	总经理（董事）	2019 年 7 月—2020 年 10 月	
		总经理、党委副书记（董事）	2020 年 10 月—	
	胡昌支	总编辑（董事）	2019 年 7 月—2020 年 3 月	
		总编辑（董事）	2020 年 3 月—	
	陈东明	副总经理（董事）	2019 年 7 月—2020 年 11 月	
	周金辉	副总经理	2019 年 7 月—2019 年 9 月	
	李中锋	副总经理	2019 年 7 月—	
	王厚军	临时纪委书记、监事会主席	2019 年 7 月—2020 年 4 月	
		副总经理	2020 年 4 月—	
	陈玉秋	总会计师	2019 年 7 月—	

机构名称	姓 名	职 务	任 免 时 间	备 注
中国水利水电出版传媒集团有限公司	何 猛	临时纪委书记、监事会主席	2020 年 4 月—2020 年 10 月	
		纪委书记、监事会主席	2020 年 10 月—	
	王 丽	副总经理	2020 年 4 月—	
	李丹颖	副总经理	2020 年 11 月—	

执笔人：周宏涛 张 璇
审核人：营幼峰

水利部 交通运输部 国家能源局 南京水利科学研究院

水利部 交通运输部 国家能源局南京水利科学研究院（以下简称"南京水利科学研究院"）始建于1935年，原名"中央水工试验所"，是我国最早成立的水利科学研究机构。1942年更名为"中央水利实验处"，1950年更名为"南京水利实验处"，1956年更名为"南京水利科学研究所"，1984年更名为"水利电力部交通部南京水利科学研究院"。1994年更名为"水利部 交通部 电力工业部南京水利科学研究院"，2009年更名为"水利部 交通运输部 国家能源局南京水利科学研究院"。院本部办公地点设在南京市广州路223号。

2001年以来南京水利科学研究院组织沿革划分为3个阶段：2001年1月—2003年4月，2003年5月—2009年9月，2009年10月—2021年12月。

一、第一阶段（2001年1月—2003年4月）

2001年，科学技术部、财政部、中央编办对水利部、国土资源部、国家林业局、中国气象局印发了《关于水利部等四部门所属98个科研机构分类改革总体方案的批复》（国科政发字〔2001〕428号），南京水利科学研究院被确定为社会公益类科研机构管理体制改革的试点部门。

（一）主要职责

南京水利科学研究院是面向国内外的综合性水利科学研究机构，兼有应用、基础和开发研究，承担水利、水电水运工程和其他有关工程中方向性、关键性和综合性的科学试验研究任务，以及理论和管理方面的研究，并兼作水利部水利大坝安全管理中心、基本建设工程质量检测中心和水利部南京计量检定中心。承担全国水利大坝安全监测和各类工程质检、监理工作。

（二）编制与机构设置及主要职能

2001年，南京水利科学研究院科研部门有水工研究所、河港研究所、土工研究所、材料结构研究所，科技信息研究中心；管理部门有院长办公室、科研管理处、人事处、财务处、监察处、审计处、科研条件处、基建处、行政处、铁心桥试验基地办公室、科技产业中心。当年有职工795人。

南京水利科学研究院定位为社会公益类科研机构后，为适应科研和管理的需要，南京水利科学研究院的机构做了一系列调整。

2001年2月，成立南京水利科学研究院综合服务中心（人〔2001〕9号）。综合服务中心是以物业管理（含房屋维修）、物资供应为主营，并为南京水利科学研究院提供后勤保障和社会服务的综合服务部门，实行院内经济承包责任制。对外经营时称综合服务公司，依法照章纳税。

2001年6月，水利部印发《关于水利部南京水文水资源研究所并入南京水利科学研究院的通知》

（水人教〔2001〕253 号），水利部南京水文水资源研究所成建制并入南京水利科学研究院，为其下属科研机构，对外可继续使用水利部南京水文水资源研究所名称。

2001 年 7 月，南京水利科学研究院决定撤销科研条件处、行政处两个部门，两个部门人员编制归综合服务中心（人〔2001〕88 号）。

2002 年 1 月，根据水利部批复的并入方案，成立南京水利科学研究院水文水资源研究所；撤销原水利部南京水文水资源研究所管理部门，免去管理部门干部原职务，原级别待遇保持不变；管理部门人员对口对岗进入南京水利科学研究院的有关部门（人〔2002〕3 号）。

2002 年 8 月，南京运达科工贸公司并入综合服务中心，原南京运达科工贸公司业务、资产及人员与综合服务中心合并。经过业务调整后，对内服务为综合服务中心，对外经营为南京运达科工贸公司（人〔2002〕126 号）。

（三）领导任免

2000 年 11 月，水利部任命张瑞凯为南京水利科学研究院院长（部任〔2000〕43 号）。

2001 年 11 月，水利部任命刘恒、胡四一为南京水利科学研究院副院长，免去刘恒的原南京水文水资源研究所所长职务，免去胡四一的原南京水文水资源研究所副所长、总工程师职务（部任〔2001〕52 号）。任命蔡跃波为南京水利科学研究院副院长（部任〔2001〕53 号）。

2002 年 1 月，水利部任命陈生水为南京水利科学研究院副院长、农村电气化研究所所长、亚太地区小水电研究培训中心主任；免去刘勇的农村电气化研究所所长、亚太地区小水电研究培训中心主任职务（部任〔2002〕10 号）。水利部党组任命陈生水为南京水利科学研究院党委常委、农村电气化研究所党委书记，免去于兴观的农村电气化研究所党委书记职务（部党任〔2002〕5 号）。

2002 年 2 月，水利部任命刘勇为南京水利科学研究院副局级调研员（部任〔2002〕11 号）。

2003 年 2 月，水利部党组任命张瑞凯为南京水利科学研究院党委书记（部党任〔2003〕11 号）。

（四）直属企业和代管及依托、挂靠机构

2001 年，接中国水力发电工程学会通知，原挂靠在南京水利科学研究院的中国水力发电工程学会通航专业委员会，更名为中国水力发电工程学会高坝通航专业委员会；中国海洋工程学会、中国水利学会岩土工程专业委员会继续挂靠在南京水利科学研究院。

2002 年 1 月，水利部印发《关于调整水利部农村电气化研究所水利部长江勘测技术研究所管理体制的通知》（水人教〔2002〕12 号），决定将农村电气化研究所划归南京水利科学研究院管理，转为科技企业。

二、第二阶段（2003 年 5 月—2009 年 9 月）

按照科学技术部和水利部总体部署和南京水利科学研究院改革方案，调整结构、转变运行机制，促进南京水利科学研究院机制创新和非营利性科研机构建设。

（一）主要职责

南京水利科学研究院是面向国内外的综合性水利科学研究机构，兼有应用、基础和开发研究，承担水利、水电水运工程和其他有关工程中方向性、关键性和综合性的科学试验研究任务，以及理论和管理方面的研究，并兼作水利部水利大坝安全管理中心、基本建设工程质量检测中心和水利部南京计

量检定中心。承担全国水利大坝安全监测和各类工程质检、监理工作。

（二）编制与机构设置及主要职能

2003 年，南京水利科学研究院科研部门有水文水资源研究所、水工研究所、河港研究所、土工研究所、材料结构研究所，科技信息研究中心；管理部门有院长办公室、科研管理处、人事处、财务处、监察处、审计处、基建处、综合服务中心、铁心桥试验基地办公室、科技产业中心。当年有职工798 人。

2003 年 5 月，根据水利部《关于南京水利科学研究院体制改革实施方案的批复》（水人教〔2002〕437 号），对科学研究所（中心）机构名称和主要研究方向进行了调整，调整后的名称为水文水资源研究所、水工水力学研究所、河流海岸研究所、岩土工程研究所、材料结构研究所、大坝安全与管理研究所、水利信息技术研究中心（人〔2003〕60 号）。职能部门设院长办公室、党委办公室、科研管理处、人事劳动教育处、财务与资产处、监察与审计处等 6 个处（室）（人〔2003〕64 号）。

2003 年 8 月，经南京水利科学研究院研究决定，对院内部门机构做调整：改革中尚留在基建处的人员并入综合服务中心，成立综合服务中心基建工程部，基建工程部暂由院长办公室代管。院长办公室所属档案室并入科技信息研究中心，成立南京水利科学研究院科技信息研究中心档案室，归并后暂由院长办公室代管。网络中心并入水利信息技术研究中心，网络中心的名称不变，一年左右时间，以网络中心为基础，逐步健全和完善水利信息技术研究中心的机构和职能，归并后的网络中心暂由院长办公室代管（人〔2003〕118 号）。

2006 年 2 月，水利部基本建设质量检测中心办公室挂靠南京水利科学研究院科研管理处，职能、编制不变，业务管理由科研管理处负责。南京水利科学研究院质量管理办公室（正科级）设置调整到科研管理处（人〔2006〕21 号）。

2007 年 4 月，根据水利部人事劳动教育司《关于南京水利科学研究院成立离退休人员管理处的批复》（人教劳〔2006〕45 号），成立离退休人员管理处（人〔2007〕63 号）。

2008 年 3 月，南京水利科学研究院实验基地管理机构调整。在铁心桥试验基地办公室的基础上组建院实验基地管理办公室，负责铁心桥试验基地和滁州试验基地的日常管理和安全保卫、对外联系和接待等工作，不再保留铁心桥试验基地办公室。新组建的实验基地管理办公室为副处级建制，划归综合服务中心管理。实验基地管理办公室主任由综合服务中心一名副主任兼任（人〔2008〕65 号）。

2008 年 4 月，南京水利科学研究院研究生部为正科级建制，划归人事劳动教育处管理，与人事劳动教育处教育科合署办公，共同负责职工的教育培训管理和研究生的招生、教学管理、生活服务、毕业分配等工作。各自名称均维持不变，对外可使用"南京水利科学研究院研究生部"名称（人〔2008〕77 号）。

2008 年 5 月，在院长办公室内设基础设施建设与管理办公室（正科级建制），负责承办南京水利科学研究院固定资产投资项目的规划、计划、建设与管理等工作（人〔2008〕90 号）。

2009 年 8 月，水利信息技术研究中心所属的网络中心划归院长办公室管理。调整后的网络中心为院长办公室内设正科级机构，在院长办公室领导下开展工作（南科人〔2009〕135 号）。成立房地产管理科（正科级）。房地产管理科为院长办公室内设机构，在院长办公室领导下开展工作，工作人员内部调剂解决（南科人〔2009〕136 号）。

（三）领导任免

2003 年 12 月，水利部免去刘勇的南京水利科学研究院副局级调研员职务（部任〔2003〕65 号）。

2006 年 3 月，水利部党组任命张建云为南京水利科学研究院党委书记，免去张瑞凯的南京水利科学研究院党委书记职务（部党任〔2006〕5 号）。水利部任命张建云为南京水利科学研究院副院长，免去胡四一的南京水利科学研究院副院长职务（部任〔2006〕14 号）。

2006 年 7 月，水利部任命张建云为南京水利科学研究院院长，免去张瑞凯的南京水利科学研究院院长职务（部任〔2006〕30 号）。

2006 年 11 月，水利部任命李云为南京水利科学研究院副院长（部任〔2006〕49 号）。

2007 年 12 月，水利部任命刘恒为国际小水电中心主任，免去童建栋的国际小水电中心主任职务（部任〔2007〕37 号）。

2008 年 9 月，水利部党组任命林晓斌为南京水利科学研究院党委副书记、纪委书记，免去柏文正的南京水利科学研究院党委副书记、常委、委员、纪委书记职务（部党任〔2008〕22 号）。

2009 年 6 月，水利部任命程夏蕾为农村电气化研究所所长，免去陈生水的农村电气化研究所所长职务（部任〔2009〕32 号）。水利部党组任命程夏蕾为农村电气化研究所党委书记，免去陈生水的农村电气化研究所党委书记职务（部党任〔2009〕15 号）。

（四）直属企业，代管及依托、挂靠机构

2004 年 3 月，水利部印发《关于发布水利部重点实验室评审认定结果的通知》（水国科〔2004〕196 号），批准依托南京水利科学研究院组建"水利部水科学与水工程重点实验室"。

2004 年 10 月，科学技术部印发《关于组织制定国家重点实验室建设计划的通知》（国科基函〔2004〕34 号），批准依托南京水利科学研究院和河海大学组建"水文水资源与水工程科学实验室"。

2005 年 12 月，交通部印发《关于公布交通部重点实验室评估结果的通知》（厅科教字〔2005〕453 号），对依托南京水利科学研究院建设的交通运输部重点实验室"港口航道泥沙工程重点实验室"进行了重新认定，认定后改名为"港口航道泥沙工程交通行业重点实验室"。

2006 年 4 月，水利部印发《关于组建水利部水文水资源工程技术研究中心的批复》（水人教〔2006〕118 号），批准依托南京水利科学研究院成立"水利部水文水资源工程技术研究中心"。水利部印发《关于组建水利部水工新材料工程技术研究中心的批复》（水人教〔2006〕122 号），批准依托南京水利科学研究院成立"水利部水工新材料工程技术研究中心"。水利部印发《关于组建水利部水文水资源监控工程技术研究中心的批复》（水人教〔2006〕119 号），批准依托南京水利水文自动化研究所组建"水利部水文水资源监控工程技术研究中心"。

2007 年 4 月，成立南京水利科学研究院科学技术委员会。院长张建云任主任，左其华、张瑞凯任副主任，戴济群任秘书长（人〔2007〕59 号）。

2007 年 12 月，水利部印发《关于同意设立水利部应对气候变化研究中心的批复》（水人教〔2007〕514 号），同意以南京水利科学研究院为依托单位组建水利部应对气候变化研究中心。其基本定位和职责：受水利部委托承担水利部和国家其他部门交办的有关应对气候变化对水资源所产生的影响等方面的科学研究、有关重大问题论证，组织开展应对气候变化对水科学和水工程影响等方面的技术咨询和服务；其机构和编制：依托南京水利科学研究院现有的水文、水工、河流海岸及材料结构等研究机构和工作平台组织开展研究工作，不配备专门事业编制，工作人员从南京水利科学研究院相关研究和工作机构抽调组成。

2009 年 9 月，水利部印发《关于将水利部南京水利水文自动化研究所划转南京水利科学研究院管理的通知》（水人事〔2009〕458 号），明确将水利部南京水利水文自动化研究所由水利部水文局管理划转南京水利科学研究院管理。

三、第三阶段（2009 年 10 月—2021 年 12 月）

2009 年 10 月，南京水利科学研究院名称变更为"水利部 交通运输部 国家能源局南京水利科学研究院"，对外简称"南京水利科学研究院"。

（一）主要职责

南京水利科学研究院主要从事基础理论、应用基础研究和高新技术开发，承担水利、交通、能源等领域中具有前瞻性、基础性和关键性的科学研究任务，与水利部大坝安全管理中心（水利部水闸安全管理中心）一体化管理，兼作水利部应对气候变化研究中心、水利部基本建设工程质量检测中心、水利部水文仪器及岩土工程仪器质量监督检验测试中心、水利部大坝安全监测中心。

（二）编制与机构设置及主要职能

2009 年，南京水利科学研究院科研部门有水文水资源研究所、水工水力学研究所、河流海岸研究所、岩土工程研究所、材料结构研究所、大坝安全与管理研究所。管理部门设院长办公室、党委办公室、科研管理处、人事劳动教育处、财务与资产处、监察与审计处、综合服务中心、离退休人员管理处、水利信息技术研究中心。当年有职工 1056 人。

2009 年 10 月，水利部印发《关于南京水利科学研究院名称问题的批复》（水人事〔2009〕506 号），南京水利科学研究院名称变更为"水利部 交通运输部 国家能源局南京水利科学研究院"，对外简称"南京水利科学研究院"。

2010 年 11 月，国家防汛抗旱总指挥部办公室印发《关于建立国家防总抗洪抢险实验（滁州）基地的批复》（办减〔2010〕26 号），同意在南京水利科学研究院滁州实验基地建立国家防汛抗旱总指挥部抗洪抢险实验（滁州）基地。

2010 年 12 月，南京水利科学研究院调整职能部门内设机构设置：院长办公室设秘书科、外事科、网络中心、基建与房地产科（对外称"基建管理办公室"）和档案室 5 个内设机构；党委办公室设组宣科 1 个内设机构，团委、工会办公室挂靠在党委办公室；科研管理处设计划管理科、合同与成果管理科、实验室（中心）管理科和质量管理办公室 4 个内设机构，水利部基本建设工程质量检测中心办公室、水利部南京计量检定中心办公室挂靠科研管理处，与质量管理办公室合署办公；人事劳动教育处（研究生部）设人事科、教育与培训科和劳动保障与安全保卫科 3 个内设机构，保卫科对外保留保卫科名称；财务与资产处设预算科、财务科、资产科 3 个内设机构；监察与审计处不设置内设机构；离退休人员管理处设综合科 1 个内设机构（南科人〔2010〕202 号）。

2013 年 2 月，成立南京水利科学研究院实验中心生态环境研究分中心和南京水利科学研究院实验中心农村水利科学研究推广分中心，分别从事生态环境保护研究与示范和农村水利科学研究与推广工作，人员由院内事业编制调剂（南科人〔2013〕35 号）。

2013 年 12 月，依托河流海岸研究所组建海洋资源利用研究中心，对外简称"南京水利科学研究院海洋资源利用研究中心"（南科人〔2013〕238 号）。

2014 年 7 月，南京水利科学研究院实验中心生态环境研究分中心和南京水利科学研究院实验中心农村水利科学研究推广分中心分别对外简称"南京水利科学研究院生态环境研究中心"和"南京水利科学研究院农村水利科学研究推广中心"（南科人〔2014〕105 号）。

2015 年 5 月，成立南京水利科学研究院河湖治理研究基地建设指挥部和建设管理办公室。基地建设指挥部作为项目法人全面负责基地建设的领导和决策，下设基地建设管理办公室（以下简称"建管办"），建管办在指挥部领导下，负责基地的日常建设管理工作（南科人〔2015〕76号）。

2015年5月，南京水利科学研究院联合英国华灵富水力研究公司、荷兰三角洲研究院、联合国教科文组织国际水教育学院、保加利亚黑海—多瑙河沿海研究与发展协会、美国乔治·梅森大学等5家国外合作伙伴，通过水利部推荐和科学技术部认定于2014年11月成立"水科学与水工程国际联合研究中心"（简称"中心"）。中心成立的有关组织机构有：联合指导委员会，负责审议中心发展规划与目标，进行重大事项决策和监督；技术委员会，负责审议年度工作计划，确定重点研究方向，进行专业技术工作的咨询。中心实施中心主任负责制，在联合指导委员会领导下开展中心工作。中心设秘书处，挂靠南京水利科学研究院，以南京水利科学研究院人员为主，负责联络、协调、组织中心的日常事务，定期根据上级管理部门要求，编报中心工作总结等汇报材料（南科人〔2015〕91号）。

2015年10月，成立水利部农村水电工程技术研究中心（简称"工程中心"）技术委员会，作为工程中心的技术咨询机构，主要负责对工程中心发展规划进行审查，对工程中心的研究领域和发展方向进行指导和咨询（南科业〔2015〕183号）。

2015年11月，组建地下水研究中心、湖泊治理研究中心、河湖库底泥处理与资源化利用研究中心、工程防腐与防护研究中心、水工与港工结构抗震研究中心（南科人〔2015〕202号）。

2018年9月，同意实验基地管理办公室增设综合部，主要承担实验基地物业管理、接待服务、对外宣传等工作（南科人〔2018〕155号）。

2018年10月，依托河流海岸研究所成立航道安全技术研究中心。中心机构及人员不涉及行政级别（南科人〔2018〕179号）。

2019年4月，依托河流海岸研究所，成立海堤安全与风暴潮防灾减灾研究中心，对外称"南京水利科学研究院海堤安全与风暴潮防灾减灾研究中心"（南科人〔2019〕87号）。依托水文水资源研究所成立节水研究中心，对外称"南京水利科学研究院节水研究中心"（南科人〔2019〕88号）。依托水工水力学研究所，成立通航建筑物（枢纽）安全监测与评估中心，对外称"南京水利科学研究院通航建筑物（枢纽）安全监测与评估中心"（南科人〔2019〕90号）。依托河流海岸研究所成立河口海岸保护与修复研究中心（南科人〔2019〕92号）。以上四个中心不单设机构，不涉及行政级别。

2019年7月，经南京水利科学研究院党委常委会研究，报水利部人事司备案，在生态环境研究中心、农村水利研究中心的基础上，成立生态环境研究所、农村水利研究所，正处级建制（南科人〔2019〕167号）。

2019年9月，经南京水利科学研究院党委常委会研究，报经水利部批准，成立南京水利科学研究院研究生院（南科人〔2019〕220号）。

2020年2月，经南京水利科学研究院党委常委会研究，报经水利部人事司备案同意，成立国际合作处，正处级建制。撤销院长办公室外事科，相关外事职责和人员划入国际合作处（南科人〔2020〕42号）。

2020年3月，经南京水利科学研究院党委常委会研究，将《水科学进展》《海洋工程》《中国海洋工程（英文版）》《岩土工程学报》四个科技期刊编辑部成建制划归科技信息研究中心，由科技信息研究中心负责统一管理（南科人〔2020〕56号）。

2020年8月，经南京水利科学研究院党委常委会研究，报经水利部人事司同意，在监察与审计处加挂纪律检查委员会办公室（简称"纪委办公室"）牌子，承担南京水利科学研究院纪委日常事务工作（南科党〔2020〕65号）。

2021年7月，人事劳动教育处更名为人事处。主要职责为：负责干部管理、干部监督、人才队伍建设规划编制与组织实施，以及机构编制、岗位设置、干部档案、表彰奖励、考勤管理、专业技术评聘、人员招聘与引进、人才与专家管理、博士后管理、教育培训、收入分配、社会保险、安全生产与内部保卫监督管理等工作。科技信息研究中心更名为科技期刊与信息中心。主要职责为：负责科技文献资源建设与管理、期刊的编辑与出版、图书资料借阅与流动管理、科技信息研究等工作。部门名称变更不增加内设机构数量，编制由内部调剂解决（南科人〔2021〕168号）。

（三）领导任免

2010年4月，水利部任命蒋兆宏为南京水利水文自动化研究所所长（部任〔2010〕16号）。

2011年9月，水利部任命戴济群为南京水利科学研究院副院长，任命窦希萍为南京水利科学研究院总工程师，任命薛亚云为南京水利科学研究院总会计师（部任〔2011〕67号）。

2014年11月，水利部免去左其华的南京水利科学研究院副院长职务（部任〔2014〕53号）。

2015年11月，水利部任命徐锦才为水利部农村电气化研究所所长，免去程夏蕾的水利部农村电气化研究所所长职务（部任〔2015〕77号）。水利部党组免去程夏蕾的水利部农村电气化研究所党委书记职务（部党任〔2015〕58号）。

2016年11月，水利部党组任命徐锦才为水利部农村电气化研究所党委书记（部党任〔2016〕98号）。

2017年6月，水利部党组任命朱寿峰为南京水利科学研究院党委常委委员、纪委书记，免去林晓斌的南京水利科学研究院纪委书记职务（部党任〔2017〕42号）。

2017年7月，水利部党组明确刘兆衡的职级为副局级（部任〔2017〕58号）。江苏省教育科技工会同意刘兆衡提名为南京水利科学研究院工会主席（苏教科工函〔2017〕1号）。

2018年5月，水利部免去蔡跃波的南京水利科学研究院副院长、大坝安全管理中心副主任职务（部任〔2018〕46号）。

2018年12月，水利部任命陈生水为南京水利科学研究院院长，免去张建云的南京水利科学研究院院长职务（部任〔2019〕11号）。水利部党组任命段虹为南京水利科学研究院党委书记，免去张建云的南京水利科学研究院党委书记职务（部党任〔2019〕4号）。

2019年9月，水利部任命吴时强为南京水利科学研究院副院长（部任〔2019〕88号）。

2020年6月，水利部任命刘九夫为南京水利水文自动化研究所所长，免去蒋兆宏的南京水利水文自动化研究所所长职务（关系转入南京水利科学研究院，按四级职员管理）（部任〔2020〕52号）。水利部党组免去林晓斌的南京水利科学研究院党委副书记职务（部党任〔2020〕39号）。水利部党组任命林灿尧为南京水利水文自动化研究所党委书记（试用期一年），免去蒋兆宏的南京水利水文自动化研究所党委书记职务（部党任〔2020〕33号）。

2021年7月，水利部任命唐云清为南京水利科学研究院副院长（部任〔2021〕60号）。

2021年9月，水利部提名免去刘兆衡的南京水利科学研究院工会主席（按四级职员管理）职务（人事干〔2021〕32号）。

2021年11月，水利部免去窦希萍的南京水利科学研究院总工程师职务（部任〔2021〕114号）。

南京水利科学研究院领导任免表（2001年1月—2021年12月）见表1，水利部农村电气化研究所领导任免表（2002年1月—2021年12月）见表2，水利部南京水利水文自动化研究所领导任免表（2009年9月—2021年12月）见表3。

表1　　　　　南京水利科学研究院领导任免表（2001年1月—2021年12月）

机构名称	姓　名	职　务	任　免　时　间	备　注
南京水利 科学研究院	张瑞凯	院　长	2000年11月—2006年7月	
		党委书记	2003年2月—2006年3月	
	柏文正	党委副书记、兼纪委书记	1997年10月—2008年9月	
	左其华	副院长	1997年10月—2014年11月	

机构名称	姓　名	职　务	任　免　时　间	备　注
南京水利科学研究院	孙金华	副院长	1997 年 10 月—	
	刘　恒	副院长	2001 年 11 月—	
	胡四一	副院长	2001 年 11 月— 2006 年 3 月	
	蔡跃波	副院长	2001 年 11 月— 2018 年 5 月	
	刘　勇	副局级调研员	2002 年 2 月— 2003 年 12 月	
	陈生水	副院长	2002 年 1 月— 2018 年 12 月	
		院　长	2018 年 12 月—	
	张建云	副院长	2006 年 3 月— 2006 年 7 月	
		院　长	2006 年 7 月— 2018 年 12 月	
		党委书记	2006 年 3 月— 2018 年 12 月	
	李　云	副院长	2006 年 11 月—	
	林晓斌	党委副书记	2008 年 9 月— 2020 年 6 月	
		纪委书记	2008 年 9 月— 2017 年 6 月	
	戴济群	副院长	2011 年 9 月—	
	窦希萍	总工程师	2011 年 9 月— 2021 年 11 月	
	薛亚云	总会计师	2011 年 9 月—	
	朱寿峰	纪委书记	2017 年 6 月—	
	刘兆衡	工会主席	2017 年 7 月— 2021 年 9 月	
	段　虹	党委书记	2018 年 12 月—	
	吴时强	副院长	2019 年 9 月—	
	蒋兆宏	院四级职员	2020 年 6 月—	
	唐云清	副院长	2021 年 7 月—	

表 2　　　　　水利部农村电气化研究所领导任免表（2002 年 1 月—2021 年 12 月）

（2002 年 1 月划归南京水利科学研究院管理）

机构名称	姓　名	职　务	任　免　时　间	备　注
水利部农村电气化研究所	陈生水	所长、党委书记	2002 年 1 月— 2009 年 6 月	
	程夏蕾	所长、党委书记	2009 年 6 月— 2015 年 11 月	
	徐锦才	所　长	2015 年 11 月—	
		党委书记	2016 年 11 月—	

表 3　　　　水利部南京水利水文自动化研究所领导任免表（2009 年 9 月—2021 年 12 月）

（2009 年 9 月划归南京水利科学研究院管理）

机构名称	姓　名	职　务	任　免　时　间	备　注
水利部南京水利水文自动化研究所	蒋兆宏	所长、党委书记	2008 年 9 月— 2020 年 6 月	
	刘九夫	所　长	2020 年 6 月—	
	林灿尧	党委书记	2020 年 6 月—	

（四）直属企业和代管及依托、挂靠机构

2009 年 11 月，交通运输部印发《关于公布十一五第三批交通行业重点实验室认定结果的通知》（厅科技字〔2009〕227 号），认定了南京水利科学研究院"通航建筑物建设技术交通行业重点实验室"。

2010 年 4 月，水利部人事司印发《关于南京水利科学研究院所属机构调整的批复》（人事机函〔2010〕5 号），同意农村电气化研究所加挂水利部 交通运输部 国家能源局南京水利科学研究院农村电气化研究所牌子，南京水利水文自动化研究所加挂"水利部 交通运输部 国家能源局南京水利科学研究院水利信息化研究所"牌子。

2010 年 5 月，成立南京瑞迪建设科技有限公司（南科人〔2010〕74 号）。

2010 年 8 月，水利部人事司印发《关于调整水利部水文仪器及岩土工程仪器质量监督检验测试中心管理体制的通知》（人事机〔2010〕11 号），水利部水文仪器及岩土工程仪器质量监督检验测试中心由水利部水文局划归南京水利科学研究院管理，为南京水利科学研究院所属独立法人二级事业单位。

2011 年 6 月，水利部印发《关于南京水利科学研究院科技企业改革实施方案的批复》（水人事〔2011〕307 号），同意南京水利科学研究院科技企业改革实施方案。

2011 年 12 月，水利部印发《关于发布水利部重点实验室评审认定结果的通知》（水国科〔2011〕677 号），认定"水利部土石坝破坏机理与防控技术重点实验室"依托南京水利科学研究院建设。

2012 年 4 月，江苏南水土建工程有限公司整体并入南京瑞迪建设科技有限公司，作为分公司管理，并注册成立南京瑞迪建设科技有限公司南水工程建设分公司。（瑞科函〔2012〕011 号）

2013 年 2 月，国家能源局印发《国家能源局关于设立第四批国家能源研发中心（重点实验室）的通知》（国能科技〔2013〕60 号），依托南京水利科学研究院设立"国家能源水电工程安全与环境技术研发中心"。

2013 年 9 月，同意南京瑞迪建设科技有限公司成立南京瑞迪水利信息科技有限公司（南科人〔2013〕166 号）。

2013 年 12 月，经南京水利科学研究院研究并商有关单位同意，成立国家能源水电工程安全与环境技术研发中心管理委员会、专家委员会和研发中心（南科人函〔2013〕3795 号）。

2014 年 1 月，水利部印发《水利部关于组建水利部农村水电工程技术中心的批复》（水人事〔2014〕53 号），同意以南京水利科学研究院为依托单位，组建水利部农村水电工程技术研究中心，不单设机构，不增加编制，不增加经费。

2014 年 2 月，水利部农村电气研究所组建水利部农村水电工程技术研究中心（南科人〔2014〕40 号）。南京水利科学研究院注销南京瑞迪建设科技有限公司南水工程建设分公司（南科人〔2014〕37 号）。

2014 年 4 月，成立当涂南京水利科学研究院试验基地（公司）（南科人〔2014〕74 号）。

2015 年 1 月，江苏科兴工程建设监理有限公司更名为江苏科兴项目管理有限公司（南科人〔2015〕7 号）。

2015 年 6 月，南京瑞迪建设科技有限公司与澳门中诚工程贸易有限公司共同出资组建南京水利科学研究院澳门有限公司（南科人〔2015〕95 号）。

2021 年 5 月，南京瑞迪大酒店有限公司划归综合服务中心管理，资产关系保持不变（南科人〔2021〕108 号）。

2021 年南京水利科学研究院机构图见图 1。

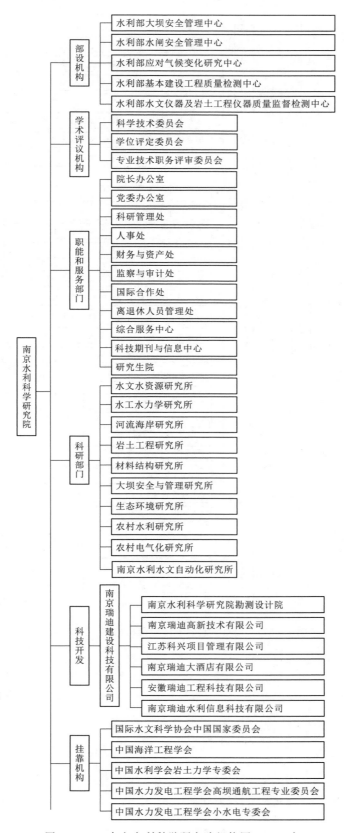

图 1（一） 南京水利科学研究院机构图（2021 年）

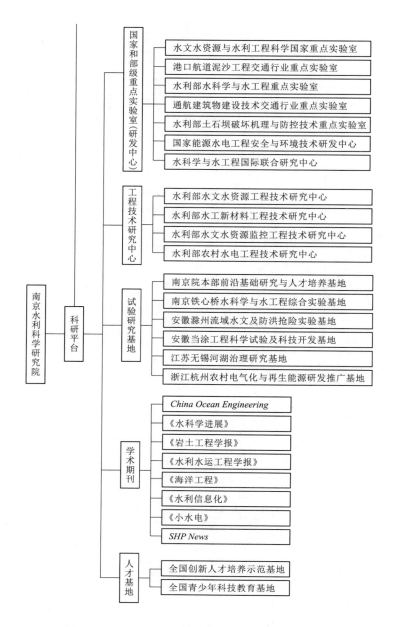

图 1（二） 南京水利科学研究院机构图（2021 年）

执笔人：刘静楠
审核人：戴济群 李 震

水利部大坝安全管理中心

原水利电力部于1988年批准建立水利电力部大坝安全监测中心。1994年更名为水利部大坝安全管理中心，正局级事业单位，中央编办批复编制80人，为水利部二级预算单位。2011年2月，水利部《关于水利部大坝安全管理中心机构编制有关事项的批复》（水人事〔2011〕43号）核定，水利部大坝安全管理中心局级领导职数4名，处级领导职数11名。同年，水利部大坝安全管理中心加挂水利部水闸安全管理中心牌子。2017年，水利部人事司《关于明确部属事业单位分类意见的通知》（人事机函〔2017〕6号）明确水利部大坝安全管理中心为公益一类事业单位。

一、主要职责

2016年2月3日，水利部印发《关于水利部大坝安全管理中心主要职责的批复》（人事机〔2016〕3号），明确水利部大坝安全管理中心主要职责为：受水利部委托，主要承担与水库大坝安全运行管理有关的政策研究、专题调查、监测鉴定以及培训统计等工作。具体职责如下：

（1）参与水库大坝安全有关专项规划、技术标准的编制以及有关政策的研究等工作，参与相关法规规章拟订。

（2）参与全国水库大坝安全检查有关工作，具体承担全国水库大坝安全技术监督。

（3）承担全国水库大坝注册登记工作和水库大坝信息管理技术指导，开发建设和管理全国水库大坝安全信息管理系统。

（4）承担全国水库大坝运行和安全鉴定技术指导、大中型病险水库安全鉴定成果核查工作，参与水库蓄水安全鉴定和竣工验收技术鉴定工作。

（5）承担全国水库大坝安全监测资料整编分析、大坝安全年度报告编制的技术指导工作。

（6）承担全国水库大坝降等、报废等相关技术指导工作，参与具体认证工作。

（7）参与水库大坝安全突发事件应急排查处置、事故调查以及相关重大专题调研工作。

（8）开展水库大坝安全管理有关科学研究、人员培训以及技术交流与推广。

（9）承办水利部交办的其他事项。

二、编制与机构设置及主要职能

2011年2月，水利部印发《关于水利部大坝安全管理中心机构编制有关事项的批复》（水人事〔2011〕43号），明确水利部大坝安全管理中心内设安全管理处、法规与监督处和监测技术处。

2011年8月，水利部印发《关于水利部大坝安全管理中心加挂水利部水闸安全管理中心牌子的批复》（水人事〔2011〕431号），同意水利部大坝安全管理中心加挂水利部水闸安全管理中心牌子，并确定了水

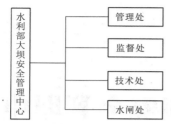

图 1　水利部大坝安全管理中心机构图

利部水闸安全管理中心的职责；2011 年 11 月，水利部人事司印发《关于进一步明确水闸安全管理有关职责任务分工的通知》（人事机函〔2011〕18 号），对水闸安全管理有关职责任务进行了分工。

2019 年 5 月，经研究并报水利部人事司批准，水利部大坝安全管理中心内设的安全管理处、法规与监督处、监测技术处分别更名为管理处、监督处、技术处。

2020 年 1 月，经研究，并报水利部人事司批准，在水利部大坝安全管理中心设立水闸处。人员编制由水利部大坝安全管理中心内部调剂解决（南科党〔2020〕4 号）。

水利部大坝安全管理中心机构图如图 1 所示。

三、领导任免

2004 年 8 月，水利部任命蔡跃波为水利部大坝安全管理中心副主任（兼），免去陆云秋的水利部大坝安全管理中心副主任职务（部任〔2004〕40 号）。

2006 年 7 月，水利部任命张建云为水利部大坝安全管理中心主任，免去张瑞凯的水利部大坝安全管理中心主任职务（部任〔2006〕31 号）。

2011 年 9 月，水利部任命刘六宴为水利部大坝安全管理中心副主任（部任〔2011〕67 号）。

2014 年 4 月，水利部任命孙金华为水利部大坝安全管理中心主任，免去张建云的水利部大坝安全管理中心主任职务（部任〔2014〕16 号）。

2016 年 8 月，水利部任命荆茂涛为水利部大坝安全管理中心副主任，免去刘六宴的水利部大坝安全管理中心副主任职务（部任〔2016〕117 号）。

2018 年 5 月，水利部免去蔡跃波的南京水利科学研究院副院长、大坝安全管理中心副主任职务（部任〔2018〕46 号）。

2021 年 6 月，水利部免去荆茂涛的水利部大坝安全管理中心副主任职务（部任〔2021〕52 号）。

2021 年 7 月，水利部任命高长胜为水利部大坝安全管理中心副主任（部任〔2021〕61 号）。

水利部大坝安全管理中心领导任免表（2001 年 1 月—2021 年 12 月）见表 1。

表 1　　　　　水利部大坝安全管理中心领导任免表（2001 年 1 月—2021 年 12 月）

机构名称	姓　名	职　务	任 免 时 间	备　注
水利部大坝安全管理中心	张瑞凯	主　任	2000 年 11 月—2006 年 7 月	
	陆云秋	副主任	1997 年 5 月—2004 年 8 月	
	蔡跃波	副主任	2004 年 8 月—2018 年 5 月	
	张建云	主　任	2006 年 7 月—2014 年 4 月	
	孙金华	主　任	2014 年 4 月—	
	刘六宴	副主任	2011 年 9 月—2016 年 8 月	
	荆茂涛	副主任	2016 年 8 月—2021 年 6 月	
	高长胜	副主任	2021 年 7 月—	

执笔人：吴素华

审核人：孙金华

国际小水电中心

国际小水电中心是水利部直属事业单位，同时也是国际小水电联合会的总部机构。1994年，联合国工业发展组织、联合国开发计划署等国际组织和中国政府共同倡议，成立国际小水电组织（2007年以"国际小水电联合会"的名称在民政部注册），其总部机构为国际小水电中心。2000年，经水利部党组研究并报中央编办批准，国际小水电中心成为水利部直属事业单位，办公地点设在浙江省杭州市南山路136号。

一、主要职责

（1）受水利部和国家有关部门委托，承担国际小水电的对外合作和援助任务。

（2）受水利部委托，承担中央投资的送电到乡、农村电气化县建设以及小水电代燃料等小水电项目审查，国际小水电示范基地的建设工作。

（3）从事小水电技术咨询和新技术应用与推广工作。

（4）从事小水电人员培训、项目示范、技术转让工作。

（5）承办水利部和国家有关部门交办的其他事项。

二、编制与机构设置

2000年3月，中央机构编制委员会办公室《关于国际小水电中心机构编制的批复》（中编办字〔2000〕33号），同意国际小水电中心为独立的事业单位，具有法人资格。事业编制30名，经费自理。

2000年6月，水利部根据《关于国际小水电中心机构编制的批复》（中编办字〔2000〕33号），印发《关于国际小水电中心机构编制有关问题的通知》（水人教〔2000〕212号），决定国际小水电中心为独立的事业单位，具有法人资格，不再与水利部农村电气化研究所合署办公。核定事业编制30人，经费自理。国际小水电中心对国外是国际小水电网的办事机构（总部），对国内是独立的事业单位（副局级），实行由水利部和对外贸易经济合作部共管，以水利部为主的管理体制。

2005年3月，水利部人事劳动教育司《关于国际小水电中心职能配置、内设机构和人员编制方案的批复》（人教劳〔2005〕12号），批复了国际小水电中心主要职责、内设机构、机构规格和人员编制等。机构规格为正局级。核定事业编制30名，经费自理。其中局级领导职数3名，处级领导职数10名。

2017年6月，根据《中央编办关于水利部所属事业单位分类意见的复函》（中央编办函〔2017〕49号），水利部人事司发文明确国际小水电中心为公益二类事业单位。经费维持原有渠道不变。

三、领导任免

2005 年 6 月，任命童建栋为国际小水电中心主任（正局级）；任命曾月华为国际小水电中心副主任（副局级）。

2006 年 3 月，任命刘德有为国际小水电中心副主任，免去曾月华的国际小水电中心副主任职务。

2007 年 12 月，任命刘恒为国际小水电中心主任，免去童建栋的国际小水电中心主任职务。

2013 年 5 月，任命樊新中为国际小水电中心副主任。

2015 年 11 月，任命程夏蕾为国际小水电中心主任；免去刘恒的国际小水电中心主任职务。

2017 年 8 月，任命黄燕为国际小水电中心副主任，免去刘德有的国际小水电中心副主任职务，免去樊新中的国际小水电中心副主任职务。

2017 年 9 月，任命付自龙为国际小水电中心副主任。

2018 年 7 月，免去程夏蕾的国际小水电中心主任职务。

2018 年 11 月，任命刘德有为国际小水电中心主任。

2021 年 8 月，免去付自龙的国际小水电中心副主任职务。

2021 年 9 月，任命岳梦华为国际小水电中心副主任。

国际小水电中心领导任免表见表 1。

表 1 国际小水电中心领导任免表

机构名称	姓 名	职 务	任 免 时 间	备 注
国际小水电中心	童建栋	主 任	2005 年 6 月—2007 年 12 月	
		党总支书记	2000 年 10 月—2008 年 10 月	
	刘 恒	主 任	2007 年 12 月—2015 年 11 月	
		党总支书记	2008 年 10 月—2015 年 11 月	
	程夏蕾	主 任	2015 年 11 月—2018 年 7 月	
		党总支书记	2015 年 11 月—2016 年 3 月	
		党委书记	2016 年 3 月—2018 年 7 月	
	刘德有	副主任	2006 年 3 月—2017 年 8 月	
		党总支副书记	2008 年 10 月—2016 年 3 月	
		党委委员	2016 年 3 月—2017 年 8 月	
		主 任	2018 年 11 月—	
		党委书记	2018 年 11 月—	
	曾月华	副主任	2005 年 6 月—2006 年 3 月	
		党总支副书记	2000 年 10 月—2008 年 10 月	
	樊新中	副主任	2013 年 5 月—2017 年 8 月	
		党总支副书记	2014 年 7 月—2016 年 3 月	
		党委委员	2016 年 3 月—2017 年 8 月	
	黄 燕	副主任	2017 年 8 月—	
		党委委员	2017 年 8 月—	
	付自龙	副主任	2017 年 9 月—2021 年 8 月	
		党委委员	2017 年 9 月—2021 年 8 月	
	岳梦华	副主任	2021 年 9 月—	
		党委委员	2021 年 9 月—	

四、内设机构及其变化情况

2005 年 3 月，根据水利部人事劳动教育司批复的"三定"方案，中心设置 5 个处：国际联络处、多边发展处、南南合作处、国内事务处、行政后勤处。

2017 年 9 月，根据《水利部人事司关于国际小水电中心行政后勤处更名的批复》（人事机〔2017〕11 号），将行政后勤处更名为综合处（党委办公室）。至此，中心设置 5 个处：综合处（党办）、国际联络处、多边发展处、南南合作处、国内事务处。

国际小水电中心机构图（2017 年 9 月—2021 年 12 月）如图 1 所示。

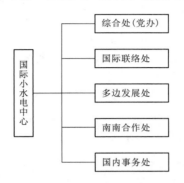

图 1　国际小水电中心机构图（2017 年 9 月—2021 年 12 月）

执笔人：褚　瑾
审核人：黄　燕

水利部小浪底水利枢纽管理中心

水利部小浪底水利枢纽管理中心（以下简称"小浪底管理中心"）成立于 2011 年 9 月，为水利部直属事业单位（正局级），主要负责小浪底水利枢纽和西霞院水利枢纽的运行管理工作。其前身为1991 年 10 月成立的水利部小浪底水利枢纽建设管理局（以下简称"小浪底建管局"）。办公地点设在河南省郑州市紫荆山路 68 号。

2001 年以来，根据水利部统一部署以及小浪底水利枢纽建设管理、运行管理等不同阶段工作需要，小浪底管理中心（小浪底建管局）组织沿革划分为以下 3 个阶段：尾工建设及运行初期阶段（2001 年 1 月—2004 年 1 月），小浪底建管局运行管理阶段（2004 年 1 月—2011 年 9 月），"一中心两企业"运行管理阶段（2011 年 9 月—2021 年 12 月）。

一、尾工建设及运行初期阶段（2001 年 1 月—2004 年 1 月）

2001 年 1 月，小浪底国际标Ⅰ标承包商完成合同规定的工作内容，小浪底工程咨询有限公司向Ⅰ标承包商颁发竣工移交证书。至此，小浪底水利枢纽Ⅰ标大坝工程、Ⅱ标泄洪排沙系统工程、Ⅲ标引水发电系统工程全部完工，小浪底水利枢纽尾工项目逐步实施，西霞院水利枢纽准备开工建设。

（一）主要职责

在水利部直接领导下，全面负责小浪底水利枢纽的尾工建设和运行初期管理工作。

（二）编制与机构设置

根据 1992 年 6 月小浪底建管局《关于内部机构设置的通知》，小浪底建管局成立时共设置 20 个处室，人员编制 400 人左右。后经多次机构调整，至 2001 年，小浪底建管局共有内设机构 22 个，分别为办公室、计划合同处、财务处、人事劳动处、监察审计处、行政处、水电管理处、物资处、机电处、资源环境处、外事处、党委办公室、党委宣传处、工会、洛阳办事处、郑州总部管理处、郑州生产调度中心项目部、水力发电厂、小浪底工程移民局（以下简称"移民局"）、小浪底工程咨询有限公司（以下简称"小浪底咨询公司"）、小浪底水利水电工程有限公司（以下简称"小浪底工程公司"）、小浪底建管局实业公司（以下简称"小浪底实业公司"）。

2001—2004 年，水浪底建管局多次对内设机构进行调整，先后撤销计划合同处，成立经营管理处；技术处和机电处合并为生产技术处；监察审计处分设为审计处、监察处，党委办公室和党委宣传处合并为党委工作处；行政处和水电管理处合并成立综合服务中心；组建西霞院水利枢纽建设项目部；撤销物资处、设备处、外事处。

水利部小浪底水利枢纽建设管理局机构图（2001 年）如图 1 所示。

（三）领导任免

2001年2月，水利部任命殷保合为小浪底建管局副局长，任命朱卫东为小浪底建管局总经济师，任命庄安尘为小浪底建管局总会计师，免去王咸儒的小浪底建管局副局长职务，免去朱卫东的小浪底建管局总会计师职务，免去席梅华的小浪底建管局副局级调研员职务（部任〔2001〕13号）；水利部党组增补殷保合、朱卫东、庄安尘、袁松龄为小浪底建管局党委委员，免去王咸儒的小浪底建管局党委常委、党委委员，免去席梅华的小浪底建管局党委委员职务（部党任〔2001〕4号）。

2001年11月，水利部任命陆承吉为小浪底建管局局长，免去张基尧兼任的小浪底建管局局长职务，免去朱卫东的小浪底建管局总经济师职务（部任〔2001〕51号）；水利部党组任命陆承吉为小浪底建管局党委书记，免去张基尧兼任的小浪底建管局党委书记、党委常委、党委委员职务，免去朱卫东的小浪底建管局党委委员职务（部党任〔2001〕32号）。

2002年7月，水利部任命袁松龄为小浪底建管局副局长，任命曹应超为小浪底建管局总经济师（部任〔2002〕32号）；水利部党组增补曹应超为小浪底建管局党委委员（部党任〔2002〕13号）。

2003年5月，水利部免去张光钧的小浪底建管局副局长职务（部任〔2003〕30号）；水利部党组免去张光钧的小浪底建管局党委委员职务（部党任〔2003〕17号）。

2003年9月，水利部免去袁松龄的小浪底建管局副局长、移民局局长职务（部任〔2003〕60号）；水利部党组免去袁松龄的小浪底建管局党委委员职务（部党任〔2003〕25号）。

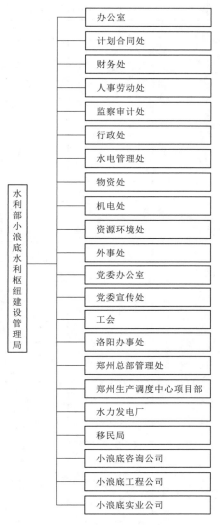

图1 水利部小浪底水利枢纽
建设管理局机构图
（2001年）

2003年12月，水利部任命殷保合为小浪底建管局局长，任命庄安尘兼任移民局局长，免去陆承吉的小浪底建管局局长职务，免去孙景林的小浪底建管局副局长（正局级）职务，免去李其友的小浪底建管局副局长职务，免去曹征齐的小浪底建管局总工程师职务（部任〔2004〕2号）；水利部党组任命殷保合为小浪底建管局党委书记，免去陆承吉的小浪底建管局党委书记、党委委员职务，免去孙景林、李其友的小浪底建管局党委委员职务（部党任〔2004〕2号）。

水利部小浪底水利枢纽建设管理局领导任免表（2001年1月—2004年1月）见表1。

二、小浪底建管局运行管理阶段（2004年1月—2011年9月）

2004年1月，小浪底建管局郑州生产调度中心正式投入使用，局机关搬迁到郑州市办公。

（一）主要职责

在水利部直接领导下，全面负责小浪底水利枢纽运行管理和西霞院水利枢纽的建设管理工作。

表1　　　　　水利部小浪底水利枢纽建设管理局领导任免表（2001年1月—2004年1月）

机构名称	姓　名	职　务	任　免　时　间	备　注
水利部小浪底水利枢纽建设管理局	张基尧	局　长	1996年5月—2001年11月	
		党委书记	1996年5月—2001年11月	
		党委常委	1996年10月—2001年11月	
	陆承吉	局　长	2001年11月—2003年12月	
		党委书记	2001年11月—2003年12月	
		常务副局长	1997年6月—2001年11月	
		党委副书记	1997年6月—2001年11月	
	殷保合	局　长	2003年12月—	
		党委书记	2003年12月—	
		副局长	2001年2月—2003年12月	
		党委委员	2001年2月—	
	孙景林	副局长（正局级）	1997年6月—2003年12月	
		常务副局长	1994年10月—1997年6月	
		副局长	1993年6月—1994年10月	
		党委委员	1997年6月—2003年12月	
		党委副书记	1995年6月—1997年6月	
	李其友	副局长	1996年1月—2003年12月	
		党委委员	1996年10月—2003年12月	
	王咸儒	副局长	1991年12月—2001年2月	
		党委常委	1996年10月—2001年2月	
	席梅华	副局级调研员	1998年10月—2001年2月	
		党委委员	1991年12月—2001年2月	
	张善臣	党委副书记	1997年6月—	
		纪委书记	1997年8月—	
	张光钧	副局长	1996年1月—2003年5月	
		党委委员	1996年10月—2003年5月	
	袁松龄	副局长	2002年7月—2003年9月	
		党委委员	2001年2月—2003年9月	
		移民局局长	1998年10月—2003年9月	
	曹征齐	总工程师	1996年5月—2003年12月	
		党委委员	1996年10月—2003年12月	
	朱卫东	总会计师	1996年12月—2001年2月	
		总经济师	2001年2—11月	
		党委委员	2001年2—11月	
	庄安尘	总会计师	2001年2月—	
		党委委员	2001年2月—	
		兼任移民局局长	2003年12月—	
	曹应超	总经济师	2002年7月—	
		党委委员	2002年7月—	

（二）编制与机构设置

2004年，小浪底建管局人员编制400人左右，共有内设机构20个，分别为办公室、经营管理处、财务处、人事劳动处、监察处、审计处、综合服务中心、生产技术处、资源环境处、党委工作处、工会、洛阳办事处、郑州总部管理处、郑州生产调度中心项目部、水力发电厂、移民局、小浪底咨询公司、小浪底工程公司、小浪底实业公司、西霞院水利枢纽项目部。

2004年1月，西霞院水利枢纽主体工程开工；2004年5月，小浪底建管局成立枢纽调度中心、退休职工管理处、工区管理办公室（2007年9月更名为枢纽管理区办公室，对外以小浪底移民局的名义协调处理移民有关事务）；2006年3月，成立政策研究和法律事务处（2008年4月更名为公司管理和政策研究处）；2008年1月，经营管理处更名为计划处；2010年4月，计划处更名为规划计划处；先后成立保卫处和移民工作处（2010年4月撤销）；陆续撤销洛阳办事处、郑州总部管理处、郑州生产调度中心项目部、资源环境处。

2009年5月，随着小浪底和西霞院水利枢纽竣工验收，为保障枢纽安全稳定运行、适应多元化发展要求，小浪底建管局成立安全监督处、项目建设管理办公室、河南小浪底水资源投资有限公司，小浪底实业公司更名为黄河小浪底旅游开发有限公司，成立小浪底置业有限公司；2010年4月，撤销生产技术处和项目建设管理办公室，成立建设与管理处；2011年4月，撤销西霞院水利枢纽项目部。

水利部小浪底水利枢纽建设管理局机构图（2004年）如图2所示。

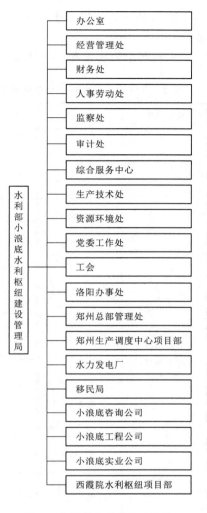

图2　水利部小浪底水利枢纽建设管理局机构图（2004年）

（三）领导任免

2004年4月，水利部任命张善臣为小浪底建管局副局长，任命庄安尘为小浪底建管局副局长（部任〔2004〕17号）。

2004年6月，水利部任命董德中为小浪底建管局副局长（部任〔2004〕26号）；水利部党组任命董德中为小浪底建管局党委委员（部党任〔2004〕17号）。

2004年8月，水利部任命陈怡勇为小浪底建管局副局长（部任〔2004〕51号）；水利部党组任命陈怡勇为小浪底建管局党委委员（部党任〔2004〕25号）。

2005年6月，水利部任命张利新为小浪底建管局总工程师（部任〔2005〕27号）；水利部党组任命张利新为小浪底建管局党委委员（部党任〔2005〕12号）。

2007年12月，水利部确定工会主席崔学文职级为副局级（部任〔2008〕1号）。

2008年9月，水利部任命刘云杰为小浪底建管局总会计师，免去庄安尘的小浪底建管局副局长、总会计师职务（部任〔2008〕36号）；水利部党组任命刘云杰为小浪底建管局党委委员，免去庄安尘的小浪底建管局党委委员职务（部党任〔2008〕21号）。

2009年11月，水利部党组任命张善臣为小浪底建管局党委书记，任命殷保合为小浪底建管局党委副书记，免去殷保合的小浪底建管局党委书记职务（部党任〔2009〕35号）。

2010 年 7 月，根据小浪底建管局第三届党员代表大会选举结果，增补崔学文为小浪底建管局党委委员。

水利部小浪底水利枢纽建设管理局领导任免表（2004 年 1 月—2011 年 9 月）见表 2。

表 2　　　　水利部小浪底水利枢纽建设管理局领导任免表（2004 年 1 月—2011 年 9 月）

机构名称	姓名	职务	任免时间	备注
水利部小浪底水利枢纽建设管理局	殷保合	局长	继任—	
		党委书记	继任—2009 年 11 月	
		党委副书记	2009 年 11 月—	
	张善臣	党委书记	2009 年 11 月—	
		副局长	2004 年 4 月—	
		党委副书记	继任—2009 年 11 月	
		纪委书记	继任—	
	庄安尘	副局长	2004 年 4 月—2008 年 9 月	
		党委委员	继任—2008 年 9 月	
		总会计师	继任—2008 年 9 月	
		兼任移民局局长	继任—2008 年 9 月	
	董德中	副局长	2004 年 6 月—	
		党委委员	2004 年 6 月—	
	陈怡勇	副局长	2004 年 8 月—	
		党委委员	2004 年 8 月—	
	曹应超	总经济师	继任—	
		党委委员	继任—	
	张利新	总工程师	2005 年 6 月—	
		党委委员	2005 年 6 月—	
	崔学文	工会主席（副局级）	2007 年 12 月—	
		党委委员	2010 年 7 月—	
	刘云杰	总会计师	2008 年 9 月—	
		党委委员	2008 年 9 月—	

三、"一中心两企业"运行管理阶段（2011 年 9 月—2021 年 12 月）

为确保小浪底水利枢纽、西霞院水利枢纽安全稳定运行，充分发挥工程效益，2011 年 9 月，水利部印发《关于成立水利部小浪底水利枢纽管理中心的通知》（水人事〔2011〕480 号），成立小浪底管理中心，为水利部直属事业单位（正局级）。

（一）主要职责

（1）负责小浪底水利枢纽和西霞院水利枢纽的运行管理、维修养护和安全保卫。

（2）负责执行黄河防汛抗旱总指挥部和黄河水利委员会对小浪底和西霞院水利枢纽下达的防洪防凌、调水调沙、供水、灌溉、应急调度等指令，并接受其对调度指令执行情况的监督。

（3）负责小浪底和西霞院水利枢纽管理区及其库区管理，按规定开展水政监察。

（4）负责小浪底和西霞院水利枢纽的资产管理。

（5）承办水利部交办的其他事项。

（二）编制与机构设置

根据《关于成立水利部小浪底水利枢纽管理中心的通知》（水人事〔2011〕480号），小浪底管理中心经费自理事业编制60名。其中，局级领导职数6名（含库区管理中心领导1名），处级领导职数20名。

根据《关于成立水利部小浪底水利枢纽管理中心的通知》（水人事〔2011〕480号），小浪底管理中心内设8个机关部门，分别为办公室、党群工作处（监察审计处）、规划计划处、资产财务处、人事处、水量调度处（防汛办）、安全监督处、建设与管理处，直属1个副局级事业单位库区管理中心（水政监察支队）。

（三）领导任免

2011年9月—2012年7月，水利部暂未任命小浪底管理中心领导班子成员，单位党政领导班子成员仍维持不变。

2012年7月，水利部任命殷保合为小浪底管理中心主任，任命张善臣、董德中、陈怡勇为小浪底管理中心副主任，任命董德中兼任库区管理中心主任（部任〔2012〕32号）；水利部党组任命张善臣为小浪底管理中心党委书记、纪委书记，任命殷保合为小浪底管理中心党委副书记，任命董德中、陈怡勇、张利新、曹应超、崔学文、刘云杰为小浪底管理中心党委委员（部党任〔2012〕13号）。

2013年5月，水利部任命张汉青为小浪底管理中心副主任（部任〔2013〕23号）；水利部党组任命张汉青为小浪底管理中心党委委员（部党任〔2013〕4号）。

2014年10月，水利部免去张善臣的小浪底管理中心副主任职务（部任〔2014〕51号）；水利部党组任命殷保合为小浪底管理中心党委书记，任命孙晶辉为小浪底管理中心党委副书记、纪委书记，免去张善臣的小浪底管理中心党委书记、党委委员、纪委书记职务，免去崔学文的小浪底管理中心党委委员职务（部党任〔2014〕31号）。

2015年4月，水利部免去董德中的小浪底管理中心副主任职务（部任〔2015〕37号）；水利部党组免去董德中的小浪底管理中心党委委员职务（部党任〔2015〕26号）。

2016年3月，水利部任命张利新为小浪底管理中心主任，免去殷保合的小浪底管理中心主任职务（部任〔2016〕26号）；水利部党组任命张利新为小浪底管理中心党委书记，免去殷保合的小浪底管理中心党委书记、党委委员职务（部党任〔2016〕22号）。

2016年6月，水利部免去陈怡勇的小浪底管理中心副主任职务（部任〔2016〕56号）。

2016年11月，水利部任命李松慈为小浪底管理中心副主任（部任〔2016〕31号）；水利部党组任命李松慈为小浪底管理中心党委委员（部党任〔2016〕90号）。

2018年5月，水利部党组免去陈怡勇的小浪底管理中心党委委员职务（部党任〔2018〕17号）。

2019年4月，水利部任命董德中为小浪底管理中心副主任（正局级，部任〔2019〕44号）；水利部党组任命董德中为小浪底管理中心党委委员（部党任〔2019〕20号）。

2019年6月，水利部党组任命孙晶辉为小浪底管理中心党委书记，免去张利新的小浪底管理中心党委书记职务（部党任〔2019〕40号）。

2021年1月，水利部党组任命夏明勇为小浪底管理中心党委委员、纪委书记，免去孙晶辉的小浪底管理中心纪委书记职务（部党任〔2021〕11号）。

2021年8月，水利部任命孙长安为小浪底管理中心主任，免去张利新的小浪底管理中心主任职务，免去董德中的小浪底管理中心副主任（正局级）职务（部任〔2021〕75号）；水利部党组任命孙长安、赵东晓为小浪底管理中心党委委员，免去张利新、曹应超、董德中的小浪底管理中心党委委员职务（部党任〔2021〕60号）。2021年11月，水利部明确张利新为小浪底管理中心三级职员（人事干〔2021〕38号），提名董德中为小浪底管理中心工会主席人选（人事干〔2021〕34号）。

水利部小浪底水利枢纽管理中心领导任免表（2011年9月—2021年12月）见表3。

表3　　　　　　水利部小浪底水利枢纽管理中心领导任免表（2011年9月—2021年12月）

机构名称	姓名	职务	任免时间	备注
水利部小浪底水利枢纽管理中心	孙长安	主任	2021年8月—	
		党委委员	2021年8月—	
	孙晶辉	党委书记	2019年6月—	
		党委副书记	2014年10月—2019年6月	
		纪委书记	2014年10月—2021年1月	
	殷保合	主任	2012年7月—2016年3月	
		党委书记	2014年10月—2016年3月	
		党委副书记	2012年7月—2014年10月	
	张善臣	党委书记	2012年7月—2014年10月	
		副主任	2012年7月—2014年10月	
		纪委书记	2012年7月—2014年10月	
	张利新	主任	2016年3月—2021年8月	
		党委书记	2016年3月—2019年6月	
		党委委员	2012年7月—2021年8月	
		三级职员	2021年11月—	
	董德中	副主任	2012年7月—2015年4月	
			2019年4月—2021年8月	
		党委委员	2012年7月—2015年4月	
			2019年4月—2021年8月	
		工会主席	2021年11月—	
	陈怡勇	副主任	2012年7月—2016年6月	
		党委委员	2012年7月—2018年5月	
	曹应超	党委委员	2012年7月—2021年8月	
	崔学文	党委委员	2012年7月—2014年10月	
	刘云杰	党委委员	2012年7月—2015年4月	
	赵东晓	党委委员	2021年8月—	
	张汉青	副主任	2013年5月—	
		党委委员	2013年5月—	
	李松慈	副主任	2016年11月—	
		党委委员	2016年11月—	
	刘定友	党委委员	2017年6月—2020年2月	
	夏明勇	纪委书记	2021年1月—	
		党委委员	2021年1月—	

续表

机构名称	姓名	职务	任免时间	备注
库区管理中心 （水政监察支队）	杨涛	主任	2014年10月—	
	董德中	主任（兼）	2012年7月—2014年10月	
黄河水利水电开发 总公司	赵东晓	总经理	2021年8月—	
		党委书记	2021年8月—	
	张利新	总经理	2013年5月—2016年3月	
		副总经理（主持工作）	2012年7月—2013年5月	
	陈怡勇	总经理	2016年6月—2018年5月	
	曹应超	总经理	2018年10月—2021年8月	
		党委书记	2020年1月—2021年8月	
		副总经理	2012年7月—2018年7月	
	崔学文	副总经理	2012年7月—2014年10月	
	祁志峰	副总经理	2014年4月—2020年5月	
		党委委员	2020年1—5月	
	张建生	副总经理	2014年4月—2021年8月	
		党委委员	2020年1月—2021年8月	
	提文献	副总经理	2016年11月—	
		党委副书记	2020年1月—	
		纪委书记	2020年1—12月	
	肖明	副总经理	2018年11月—2021年9月	
		党委委员	2020年1月—2021年9月	
	薛喜文	副总经理	2020年5月—	
		党委委员	2020年5月—	
	李杰	纪委书记	2020年12月—	
		党委委员	2020年12月—	
	王振凡	副总经理	2021年11月—	
		党委委员	2021年11月—	
	石月春	副总经理	2021年11月—	
		党委委员	2021年11月—	
黄河小浪底水资源 投资有限公司	祁志峰	总经理	2020年5月—	
		党委书记	2020年5月—	
	刘云杰	总经理	2012年7月—2015年4月	
	刘定友	总经理	2015年12月—2020年2月	
		党委书记	2020年1—2月	
三门峡温泉疗养院	李松慈	院长、党委书记（兼）	2015年8月—2017年6月	
			2020年10月—	
	童志明	院长、党委书记	2017年6月—2020年10月	

（四）所属（代管）单位

1. 所属企业

根据《关于成立水利部小浪底水利枢纽管理中心的通知》（水人事〔2011〕480号），小浪底管理中心对所属黄河水利水电开发总公司（以下简称"开发公司"）、黄河小浪底水资源投资有限公司（以下简称"投资公司"）依法履行出资人职责。其中，开发公司主要负责人按正局级配备，投资公司主要负责人按副局级配备。

2. 代管单位

水利部三门峡温泉疗养院（以下简称"三门峡疗养院"）原为水利部直属事业单位，2019 年 12 月，水利部人事司印发《关于明确三门峡疗养院由小浪底管理中心代管的通知》（人事机〔2019〕30 号），明确三门峡疗养院由小浪底管理中心代管除资产、机构编制之外的其他事项。

水利部小浪底水利枢纽管理中心机构图（2021 年）如图 3 所示。

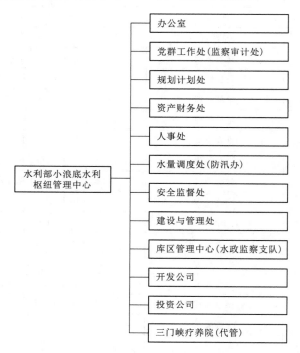

图 3　水利部小浪底水利枢纽管理中心机构图（2021 年）

执笔人：刘红宝　高凯阳　王鹏程　梁梦洋
　　　　任晓博　邹　聪　陶　健
审核人：孙长安　孙晶辉　李松慈

中国水利博物馆

中国水利博物馆成立于 2004 年 7 月，是水利部直属的国家级行业博物馆，属于公益一类事业单位。2010 年 3 月建成开馆以来，面向社会公众，展示宣传人民群众治水的历史功绩和伟大成就，弘扬水利精神，传承水利文化，普及水利知识，促进水利可持续发展。至 2021 年 12 月，中国水利博物馆有事业编制 33 名，设馆长 1 名、副馆长 3 名；内设机构处级领导职数 8 名，其中正处级 5 名、副处级 3 名，在编人员 28 名（含 1 名离岗创业创新人员），合同制人员 23 名。内设办公室、财务处、展览陈列处、研究处、宣传教育处 5 个处（室）。2011 年，经水利部批准，增挂水利部水文化遗产研究中心的牌子。自开馆以来，中国水利博物馆组织相对稳定，未经历较大变化，因此未采取阶段划分，特此说明。

一、基本概况

2004 年 7 月，中央编办正式印发《关于设立中国水利博物馆的批复》（中央编办复字〔2004〕109号），经国务院批准，同意设立中国水利博物馆，确定水利部和浙江省人民政府双重领导、以水利部为主的管理体制，事业编制由浙江省人民政府解决。2007 年 1 月，水利部印发《关于中国水利博物馆机构职责有关事项的批复》（水人教〔2007〕22 号），确定博物馆为公益性事业单位，机构列在水利部，实行水利部和浙江省双重领导、以水利部为主的管理体制，机构规格为副司（局）级。日常管理由水利部、浙江省委托浙江省水利厅承担。2017 年 6 月，水利部人事司印发《关于明确部属事业单位分类意见的通知》（人事机函〔2017〕6 号），根据《中央编办关于水利部所属事业单位分类意见的复函》（中央编办函〔2017〕49 号），明确中国水利博物馆为公益一类事业单位。

二、主要职责及变化情况

2007 年 1 月，水利部印发《关于中国水利博物馆机构职责有关事项的批复》（水人教〔2007〕22号），规定中国水利博物馆主要职责：①贯彻执行国家文物事业、博物馆事业的方针、政策和法规，制定并实施中国水利博物馆管理制度和办法；②负责中国水利博物馆展示策划设计，编制《陈列大纲》，承担文物征集、制作、保管及各类藏品的管理工作；③承担各类水利及博物馆专业的科研项目，开展水利史、水文化的学术研究和国际、国内交流，参与水利文物标本的鉴定与研究；④负责收集相关的国内外信息，在国际互联网上创建中国水利博物馆网页，构建博物馆内部信息网络，负责网络系统日常维护管理工作；⑤负责观众的组织和接待工作，开展对外宣传、对外交流工作，组织对外展览的洽谈、设计和布展工作；⑥承担中国水利博物馆工程及配套设施建设工作；⑦承办水利部、浙江省人民政府和浙江省水利厅交办的其他事项。

2011 年 4 月，水利部印发《关于中国水利博物馆机构编制调整有关事项的批复》（水人事〔2011〕181 号），中国水利博物馆主要职责调整为：①贯彻执行国家水利、文物和博物馆事业的方针、政策和法规，制定并实施中国水利博物馆管理制度和办法；②负责中国水利博物馆文物征集、修复及各类藏品的保护和管理，负责展示策划、设计、布展和日常管理工作；③负责观众的组织接待工作，开展科普宣传教育、对外交流合作，做好博物馆信息化建设；④承担水文化遗产普查的有关具体工作，开展水文化遗产发掘、研究、鉴定和保护工作，建立名录体系和数据库，承担水文化遗产标准制定和分级评价有关具体工作；⑤开展水利文物、水文化遗产和水利文献等相关咨询服务，承担相关科研项目，开展国内外学术活动；⑥组织实施中国水利博物馆工程及配套设施建设工作；⑦承办水利部、浙江省人民政府和浙江省水利厅交办的其他事项。

三、机构设置及变化情况

2007 年 1 月，水利部印发《关于中国水利博物馆机构职责有关事项的批复》（水人教〔2007〕22 号），规定中国水利博物馆内设办公室、财务部、陈列（工程）部、研究部和社教部 5 个部门。

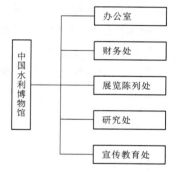

2011 年 4 月，水利部印发《关于中国水利博物馆机构编制调整有关事项的批复》（水人事〔2011〕181 号）中国水利博物馆内设机构调整为办公室、财务处、展览陈列处、研究处、宣传教育处。

2011 年 5 月，水利部印发《关于中国水利博物馆增挂水利部水文化遗产研究中心的批复》（水人事〔2011〕222 号），同意在中国水利博物馆增挂水利部水文化遗产研究中心的牌子，主要受水利部委托承担水文化遗产的普查、研究、鉴定、保护和宣传等有关工作。

中国水利博物馆 2021 年机构图如图 1 所示。

图 1　中国水利博物馆 2021 年机构图

四、人员编制及变化情况

2009 年 9 月，中共浙江省委机构编制委员会办公室（简称"浙江省编委办"）印发《关于核定中国水利博物馆事业编制等问题的批复》（浙编〔2009〕45 号），同意核定中国水利博物馆事业编制 26 名，其中馆领导职数 4 名，内设机构领导职数 8 名。所需人员经费由浙江省财政补助。2015 年 1 月，浙江省编委办印发《关于省水利厅机关及所属单位编制精简的函》（浙编办函〔2015〕84 号），精简后中国水利博物馆事业编制数减到 24 名。2020 年 2 月，浙江省编委办印发《关于中国水利博物馆编制事项的函》（浙编办函〔2020〕90 号），明确中国水利博物馆为公益一类事业单位，机构规格为副厅级，事业编制 33 名，设馆长 1 名、副馆长 3 名；内设机构处级领导职数 8 名，其中正处级 5 名、副处级 3 名。所需经费由浙江省财政全额补助。

五、领导任免

2010 年 11 月，中共水利部党组研究决定，任命张志荣为中国水利博物馆馆长。

2011 年 1 月，中共浙江省水利厅党组研究决定，任命张志荣为中共中国水利博物馆总支部委员会委员、书记。

2017 年 3 月，中共水利部党组研究决定，任命张志荣为中共中国水利博物馆委员会书记。

2020 年 6 月，中共水利部党组研究决定，任命陈永明为中共中国水利博物馆委员会书记、中国水利博物馆馆长；免去张志荣的中共中国水利博物馆委员会书记职务、中国水利博物馆馆长职务。

开馆以来中国水利博物馆领导任免表见表 1。

表 1　　　　　　　　　　　　　　开馆以来中国水利博物馆领导任免表

机构名称	姓 名	职 务	任 免 时 间	备 注
中国水利博物馆	陈永明	党委书记、馆长	2020 年 6 月	副厅级
	张志荣	党委书记	2017 年 3 月—2020 年 6 月	副厅级
		馆 长	2010 年 11 月—2020 年 6 月	
	唐燕飚	党委委员、纪委书记、副馆长	2021 年 12 月—	正处级
	任根泉	党委委员	2017 年 8 月—2021 年 12 月	正处级
		副馆长	2011 年 8 月—2021 年 12 月	
	俞建军	党委委员、副馆长	2020 年 4 月—2021 年 12 月	正处级
	陈丽雅	党委委员	2017 年 8 月—2018 年 7 月	正处级（离岗创业创新）
		副馆长	2017 年 3 月—2018 年 7 月	
	金 晖	副馆长	2019 年 2 月—	正处级
	林少青	副馆长	2011 年 8 月—2014 年 10 月	正处级
	叶红蕾	党委委员	2017 年 8 月—	正处级
	俞勇强	党委委员	2021 年 12 月—	正处级
	赵 平	副馆级	2011 年 8 月—2019 年 10 月	正处级

执笔人：王玲玲
审核人：俞勇强

水利部移民管理咨询中心

水利部移民管理咨询中心前身源于 1985 年组建的三峡省筹备组移民厅（移民办公室），1986 年 5 月三峡省筹备组撤销改建为国务院三峡地区经济开发办公室（以下简称"三经办"），在湖北省宜昌市设立驻宜昌办事处和移民组。1993 年国务院三峡工程建设委员会（以下简称"三建委"）成立后，三经办并入三建委移民开发局并在湖北省宜昌市设驻宜昌办事处，1994 年三建委移民开发局在湖北省宜昌市设立三峡移民工程咨询中心，在北京市设立三峡移民工程监理中心（1997 年迁至湖北省宜昌市），2000 年三个单位合并成立三建委移民开发局三峡移民工程监理咨询中心。2002 年新的国务院三峡工程建设委员会办公室（以下简称"国务院三峡办"）组建后，更名为国务院三峡办移民管理咨询中心。2018 年国务院三峡办并入水利部后，更名为水利部移民管理咨询中心，为水利部直属公益二类正局级事业单位。

2001 年以来，水利部移民管理咨询中心组织沿革分为 3 个时期：一是三峡移民工程监理咨询中心时期（1999 年 12 月—2002 年 5 月）；二是国务院三峡办移民管理咨询中心时期（2002 年 5 月—2018 年 11 月）；三是水利部移民管理咨询中心时期（2018 年 11 月—2021 年 12 月）。

一、三峡移民工程监理咨询中心时期（1999 年 12 月—2002 年 5 月）

1999 年 12 月 30 日，中央编办印发《关于国务院三峡工程建设委员会移民开发局部分事业单位机构调整的批复》（中编办字〔1999〕134 号），同意三峡移民工程咨询中心、三峡移民工程监理中心合并为三峡移民工程监理咨询中心，办公地点在湖北省宜昌市伍家岗区东山大道 357 号。

（一）主要职责

2000 年 3 月 9 日，中共三建委移民开发局党组《关于组建三峡移民工程监理咨询中心的决定》（国峡移组发〔2000〕12 号），明确三峡移民工程监理咨询中心的主要职能为：贯彻执行三峡库区移民工程监理、咨询有关规定和办法，提出有关建章立制的建议，并报三建委移民开发局审批；具体负责移民综合监理工作的组织实施，综合分析三峡库区综合监理报告，并向三建委移民开发局提交综合分析报告；组织或承担三峡库区有关移民安置规划、设计成果，跨行政区域移民工程及重要单项工程（一千万元以上）的评估或评审，并接受有关单位委托的评估、评审和单项工程的规划、设计的技术咨询服务工作；负责对三峡库区移民监理单位资质和移民监理工程师资格认证管理；对移民系统的监理单位乙级资质审查验证、登记颁证，推荐甲级移民监理单位；组织对三峡移民监理工程师进行考试、验发证及注册申报工作；承担库区移民监理、咨询业务培训工作；承担三峡移民工程重大项目的评估工作，并开展移民工程实施中的重大技术、经济问题调研及技术咨询活动；参与对三峡库区移民工程项目的招、投标工作的监督；参与移民迁建安置重大项目的竣工验收；考察库区移民监理有关单位的工作情况以及经费使用情况，提出表彰与处罚意见；完成三建委移民开发局交办的其他工作与事项。

（二）编制与机构设置

2000 年 4 月，三建委移民开发局印发《关于三峡移民工程监理咨询中心成立的通知》（国峡移发办字〔2000〕45 号），核定三峡移民工程监理咨询中心人员编制 40 人，经费自理；主任 1 名、副主任 2 名；内设办公室、监理处、咨询处、财务处、服务处。

（三）领导任免

1996 年 10 月，三建委移民开发局党组任命王克福为驻宜昌办事处主任（国峡移组发〔1996〕25 号）。

1999 年 3 月，三建委移民开发局党组任命王克福兼任三峡移民工程监理中心、三峡移民工程咨询中心主任，黄喜洋、岳世勇兼任办事处副主任（国峡移组发〔1999〕06 号）。

2000 年 3 月，三建委移民开发局党组免去王克福驻宜昌办事处、三峡移民工程监理中心、三峡移民工程咨询中心主任职务（国峡移组发〔2000〕11 号）。

2000 年 3 月，三建委移民开发局任命黄喜洋、岳世勇为三峡移民工程监理咨询中心副主任，黄喜洋主持工作（国峡移人字〔2000〕10 号）。

2000 年 7 月，三建委移民开发局任命钱先文为三峡移民工程监理咨询中心副主任（国峡移人字〔2000〕23 号）。

2000 年 12 月，三建委移民开发局免去钱先文三峡移民工程监理咨询中心副主任职务（国峡移人字〔2001〕12 号）。

二、国务院三峡办移民管理咨询中心时期（2002 年 5 月—2018 年 11 月）

（一）主要职责

2002 年 10 月 10 日，中共国务院三峡办党组印发《国务院三峡办关于印发国务院三峡办移民管理咨询中心职能配置内设机构和人员编制规定的通知》（国三峡办党组发〔2002〕36 号），明确其主要职能为：承担水利水电工程移民、三峡水库管理以及库岸治理、生态环境保护、水土资源管理等方面的调研，参与研究提出有关政策规章的建议；参与三峡库区移民后期扶持政策、标准、办法和库区资源可持续性开发等研究，提出有关咨询意见；参与或承担三峡移民安置规划及移民工程项目的咨询、评审和核查工作，参与或承担移民工作重大技术、经济问题及突发事件的调研、调查及技术服务活动，开展有关科研工作；参与三峡工程移民稽查、清库、验收等工作；受国务院三峡办委托，配合移民安置规划司承担移民监理和移民综合监理的有关工作；完成国务院三峡办交办的其他工作事项。

2013 年 5 月 3 日，为进一步做好三峡水库管理和三峡后续工作，中共国务院三峡办党组印发《关于调整移民管理咨询中心工作职责的通知》（国三峡办党组发〔2013〕16 号），其调整后的主要职责为：承担水利水电工程移民、移民后期扶持以及三峡后续工作等咨询评估工作，并就有关问题进行调研，提出相关政策与管理工作的建议意见，为领导决策提供支持；承担国务院三峡办委托的三峡水库管理工作。即根据委托，组织开展三峡水库管理专项检查和水库安全情况跟踪监督检查；水库消落区、库容及岸线管理和综合开发利用、水库生态建设与环境保护等相关服务工作；收集、整理三峡水库地质安全、长江干流及重要支流水质、居民饮用水及临水房屋安全、漂浮物清理、消落区保护与利用、库容及岸线保护、库区污染源治理等信息，为水库安全运行提供服务；承担三峡后续工作有关监测信息收集汇总、档案备份管理、综合管理能力建设等相关工作任务；参与三峡后续工作专题实施规划编制、实施规划及实施项目咨询、评审和核查工作；参与三峡后续工作实施项目绩效评价和规划任务完成情况中、后期评价；参与三峡后续工作综合监理、专项检查、稽查、验收等相关工作；承担国务院三峡办委托的其他工作任务。

（二）编制与机构设置

2002 年 5 月 4 日，中央编办印发三峡办所属事业单位机构调整批复，同意三峡移民工程监理咨询中心更名为国务院三峡工程建设委员会办公室移民管理咨询中心（简称"移民管理咨询中心"），核定移民管理咨询中心经费自理事业编制 40 人，设主任 1 名、副主任 2 名、总工程（经济）师 1 名；内设办公室、水库处、监理处、咨询处、计财处。

2005 年 7 月 25 日，中共国务院三峡办党组印发《关于移民管理咨询中心设立人事处的批复》（国三峡办党组发〔2005〕25 号），同意移民管理咨询中心设立人事处，与办公室"一个机构、两块牌子"（对外可使用人事处印章）。

2011 年 9 月 19 日，中共国务院三峡办党组印发《关于对移民管理咨询中心内设机构和人员调配的批复》（国三峡办党组发〔2011〕37 号），同意移民管理咨询中心内设机构在办公室、水库处、监理处、咨询处、计财处 5 部门基础上，增设总工程师办公室；同意移民管理咨询中心办公室增加工作职责，承担行政办公室、党委办公室和人事处职责（对外可使用中心党委办公室和人事处印章）。

2016 年 3 月 29 日，中共国务院三峡办党组印发《关于移民管理咨询中心设立三峡水库综合管理监测重点站的批复》（国三峡办党组发〔2016〕12 号），同意在移民管理咨询中心设立三峡水库综合管理监测重点站，与移民管理咨询中心水库处合署办公。

（三）领导任免

2002 年 7 月，中共国务院三峡办党组任命李德刚为移民管理咨询中心筹备组组长，黄喜洋、岳世勇为筹备组成员（国三峡办党组发〔2002〕28 号）。

2003 年 5 月，中共国务院三峡办党组任命李德刚为移民管理咨询中心主任，余孝敬、周建国为副主任（国三峡办党组发〔2004〕17 号）。

2007 年 1 月，国务院三峡办印发通知，调李德刚到国务院三峡办机关工作，明确移民管理咨询中心新领导未到任前，李德刚负责中心全面工作（人事〔2007〕2 号）。

2007 年 2 月，中共国务院三峡办党组任命余孝敬为移民管理咨询中心主任（国三峡办党组发〔2007〕10 号）。

2007 年 2 月，中共国务院三峡办党组发文明确周建国职级为副司级（国三峡办党组发〔2007〕11号）。

2007 年 10 月，中共国务院三峡办党组任命林学军为移民管理咨询中心副主任（正处级），姚启东为移民管理咨询中心总工程师（正处级）（国三峡办党组发〔2007〕25 号）。

2009 年 11 月，中共国务院三峡办党组发文明确移民管理咨询中心副主任林学军、总工程师姚启东的职级为副司级（国三峡办党组发〔2009〕37 号）。

2011 年 3 月，中共国务院三峡办党组任命杭世勇为移民管理咨询中心主任（正司级），免去其副巡视员职务（国三峡办党组发〔2011〕18 号）。

2013 年 11 月，周建国因病去世。

2015 年 3 月，中共国务院三峡办党组任命刘真为移民管理咨询中心主任，免去其移民安置规划司副司长职务（国三峡办党组发〔2015〕10 号）。

2016 年 1 月，中共国务院三峡办党组免去林学军移民管理咨询中心副主任职务，办理退休手续

（国三峡办党组发〔2016〕2号）。

2016年12月，中共国务院三峡办党组任命陈华为移民管理咨询中心副主任（国三峡办党组发〔2017〕1号）。

2018年6月，水利部批准姚启东退休（水人事〔2018〕123号）。

三、水利部移民管理咨询中心时期（2018年11月—2021年12月）

2018年11月15日，中央编办印发水利部所属事业单位机构调整批复，同意将原国务院三峡办所属移民管理咨询中心及40名事业编制划归为水利部直属事业单位；将国务院三峡办移民管理咨询中心更名为水利部移民管理咨询中心，办公地点在湖北省宜昌市伍家岗区东山大道357号。

2019年4月1日，水利部印发《关于水利部移民管理咨询中心主要职责机构设置和人员编制方案的通知》（水人事〔2019〕108号），设置水利部移民管理咨询中心，并印发水利部移民管理咨询中心主要职责、机构设置和人员编制方案。

（一）主要职责

水利部移民管理咨询中心的主要职责为：承担水利工程移民安置和水库移民后期扶持的法规、政策、技术标准和重大问题研究工作。承担三峡对口支援、南水北调对口协作等重大问题研究工作；承担水库移民后期扶持资金稽查和内部审计工作，以及后期扶持政策实施情况监测评估和阶段性评估。承担中央水库移民扶持基金绩效管理；承担对口支援三峡库区规划、南水北调工程丹江口库区及上游地区对口协作方案的编制组织工作，承担规划（方案）执行情况年度监测评估和阶段性评估；承担三峡水库管理有关工作。参与三峡水库蓄水安全监测等相关工作，协助开展三峡水库消落区、库容及岸线环境保护管理的现场调查、动态监测、分析评价等工作；承担三峡后续工作规划实施管理相关工作。参与三峡后续工作项目实施动态监测、中期评估、后评价及绩效管理等工作；承担三峡库区基金绩效管理相关工作。承担由地方负责管理的三峡库区基金绩效申报审核、监督实施、考核评价等相关工作；参与三峡移民稳定的相关理论和政策法规制度建设研究，承担三峡水库移民管理政策研究，社会稳定风险评估等工作；承担水库移民安置规划和建设项目、三峡后续工作规划和建设项目的有关咨询服务工作；承担水利部交办的其他事项；水利部移民管理咨询中心业务上接受水库移民司和三峡工程管理司的指导。

（二）编制与机构设置

核定水利部移民管理咨询中心经费自理事业编制40人，局级领导职数4人，处级领导职数14人；内设综合与政策研究处、人事处（党群工作处）、计划财务处、三峡工作处（另设三峡水库综合管理监测重点站，与三峡工作处合署办公）、水库移民处、工程咨询处6个处。

水利部移民管理咨询中心机构图如图1所示。

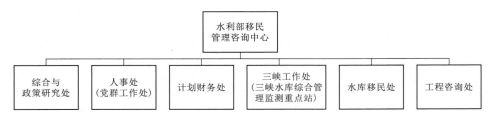

图1　水利部移民管理咨询中心机构图

（三）领导任免

2019年7月，水利部党组任命魏军为水利部移民管理咨询中心主任；王俊海为水利部移民管理咨询中心副主任；免去刘真的水利部移民管理咨询中心主任职务（部任〔2019〕74号）。

2019年9月，水利部党组任命赖红兵为水利部移民管理咨询中心总工程师（部任〔2019〕89号）。

水利部移民管理咨询中心各时期领导任免表见表1。

表1　　　　　　　　　　　　　水利部移民管理咨询中心各时期领导任免表

机构名称	姓　名	职　务	任　免　时　间	备　注
三峡移民工程监理咨询中心（1999年12月—2002年5月）	王克福	主　任	1999年3月—2000年3月	副司级
	黄喜洋	副主任	1999年3月—2000年3月	正处级
		副主任	2000年3月—2002年7月	正处级，主持工作
	岳世勇	副主任	1999年3月—2002年7月	正处级
	钱先文	副主任	2000年7月—2000年12月	正处级
国务院三峡办移民管理咨询中心（2002年5月—2018年11月）	李德刚	主　任	2003年5月—2007年1月	副司级
	余孝敬	副主任	2003年5月—2007年2月	正处级
		主　任	2007年2月—2011年2月	副司级
	周建国	副主任	2003年5月—2007年2月	正处级
			2007年2月—2013年11月	副司级
	林学军	副主任	2007年10月—2009年11月	正处级
			2009年11月—2016年1月	副司级
	姚启东	总工程师	2007年10月—2009年11月	正处级
			2009年11月—2018年6月	副司级
	杭世勇	主　任	2011年3月—2015年3月	正司级
	刘　真	主　任	2015年3月—	正司级
	陈　华	副主任	2016年12月—	副司级
水利部移民管理咨询中心（2018年11月—2021年12月）	刘　真	主　任	继任—2019年7月	正司级
	魏　军	主　任	2019年7月—	正司级
	陈　华	副主任	继任—	副司级
	王俊海	副主任	2019年7月—	副司级
	赖红兵	总工程师	2019年9月—	副司级

执笔人：喻远良　韩裕林　彭建文　胡婷婷
审核人：陈　华　王俊海　赖红兵

中国南水北调集团有限公司

中国南水北调集团有限公司（以下简称"中国南水北调集团"）于 2020 年 10 月 23 日在北京正式成立，是经国务院批准，根据《中华人民共和国公司法》设立，由中央直接管理的国有独资公司。中国南水北调集团注册资本暂定为 1500 亿元人民币，列入国务院国有资产监督管理委员会（以下简称"国资委"）监管的中央企业序列。在 2022 年前的过渡期内，暂由水利部代表国务院履行出资人职责，过渡期满后改由国资委代表国务院履行出资人职责，接受水利部的业务指导和行业管理。

一、主要职责

中国南水北调集团主要负责南水北调工程的前期工作、资金筹集、开发建设和运营管理。负责研究提出南水北调发展战略、规划、政策等建议，拟定南水北调后续工程投资建议计划。负责南水北调工程安全、运行安全、供水安全，履行企业社会责任。负责南水北调资产经营，享有公司法人财产权，依法开展各类投资、经营业务，行使对所属企业和控（参）股公司出资人权利，承担南水北调资产保值增值责任。中国南水北调集团按照精简、统一、效能和权责一致的原则，有效发挥工程在保障国家水安全、改善生态环境等方面的战略性基础性功能作用，全面实现工程的社会效益、生态效益和经济效益，树立"中国南水北调"品牌，致力于打造中国特色、国际一流跨流域供水工程开发运营集团化企业。

二、编制与机构设置及主要职能

（一）编制情况

中国南水北调集团总部人员编制 266 名，其中领导班子 9 名，总师总助级人员 3 名，副总师 2 名，部门正职 12 名，部门副职 24 名，处室正职 46 名，处室副职 38 名，其他人员 132 名。

（二）机构设置及主要职能

中国南水北调集团总部设立 11 个内设机构和纪检监察组。

（1）办公室。办公室是协助中国南水北调集团党组、董事会和经理层工作的协调办事部门，是中国南水北调集团（含中国南水北调集团总部及所属单位，下同）综合事务和后勤保障工作的归口管理部门。主要职责包括：承担中国南水北调集团党组、董事会和经理层的日常服务工作，协调中国南水北调集团总部各部门、各单位之间的工作；负责组织安排中国南水北调集团总部重要会议和重大活动。统筹中国南水北调集团公共关系管理；负责组织起草或审核中国南水北调集团总部重要文件和重要文稿。组织开展调查研究，服务中国南水北调集团决策；负责中国南水北调集团总部新闻宣传和信息工作，对各部门、各单位相关工作进行指导；组织向中央、国务院及有关主管部门报送政务信息。负责中国南水北调集团总部公文、机要、印章、证照、档案、保密、密码管理工作，对各部门、各单位相关工作进行指导；负责中国南水北调集团总部国家安全人民防线、值班管理、督查督办、信访维稳、安全保卫管理工作，对各部门、各单位相关工作进行指导；统筹中国南水北调集团行政后勤保障工作，承担中国南水北调集团总部的行政后勤服务工作。统筹管理中国南水北调集团履职待遇、业务支出、公务用车和办公住宿用房；统筹中国南水北调集团外事管理工作，承担中国南水北调集团总部的外事工作；牵头组织协调重要外事活动，为对外经济、技术合作交流提供服务，负责因公出国（境）团组审批和管理工作；负责中国南水北调集团领导秘书和工作联系人管理，协调相关部门、单位落实总师总助级、副总师级领导的服务保障工作。

（2）财务资产部。财务资产部是中国南水北调集团预算、资金、资产、收入、成本、税务、会计核算、国有资本监管、财务监督等财务工作的归口管理部门。主要职责包括：负责中国南水北调集团财务管理体制建设，建立财务决策规则、程序，组织制定、实施中国南水北调集团财务战略、规划，建立和实施中国南水北调集团财务共享管理体系，组织开展财务管理绩效评价；负责中国南水北调集团资金运营管理，拟定中国南水北调集团融资规划、年度资金计划，拟定并组织实施融资方案，负责中国南水北调集团资金集中管理和统一调度，负责资金风险、融资担保管理；归口管理中国南水北调集团金融业务；负责中国南水北调集团预算工作，组织实施全面预算管理，下达中国南水北调集团批准的预算方案和目标，组织对预算执行情况进行跟踪分析和预测，并对中国南水北调集团年度预算进行滚动调整；制定中国南水北调集团会计政策，负责中国南水北调集团总部会计核算、中国南水北调集团合并财务报告编报和披露工作；负责中国南水北调集团资产价值管理和产权管理，归口管理参股股权和保险业务。负责组织中国南水北调集团资本收益收取及上缴；负责中国南水北调集团财税管理，组织中国南水北调集团整体税务规划及税务风险管理，指导中国南水北调集团重大税务优惠政策争取，承担中国南水北调集团总部税费核算、申报、缴纳和清算工作；负责中国南水北调集团成本和价格管理，负责制定成本控制目标，开展成本分析、监控、评价，组织制定并落实降本增效措施。负责协调政府批复水价相关政策制定和调整；负责财务监督工作，负责配合有关机构依法进行监督，组织所属单位开展财务监督检查、评价。负责各类内外部审计、财政税务等检查发现的财务相关问题的整改落实；负责中国南水北调集团财务信息系统和财会人员信息登记管理工作，负责中国南水北调集团向全资或控股企业委派或推荐的财务负责人的业务考核和任职资格的审查、认定等专业管理。

（3）战略投资部。战略投资部是中国南水北调集团战略规划、综合计划、项目前期、投资管理、资本运作、统计分析、企业信息公示等工作的归口管理部门。主要职责包括：组织拟定、修编中国南水北调集团发展战略和总体发展规划，指导二级单位制定战略、规划并负责审批，指导协调中国南水北调集团专项规划编制，组织开展中国南水北调集团战略发展重大专题研究；负责中国南水北调集团综合计划管理，编制、审核、下达中国南水北调集团年度综合计划，并组织对计划执行情况进行监控评价；归口管理中国南水北调集团建设项目前期工作，负责中国南水北调集团直管建设项目的前期和政府核准工作，组织或参与中国南水北调集团重大建设项目预可行性研究、可行性研究以及重大技术方案的审查评估；归口管理中国南水北调集团投资工作，牵头制定中国南水北调集团投资管理制度，负责组织中国南水北调集团集中决策投资项目的评审和报批，以及授权投资项目的备案，组织中国南水北调集团投资项目后评价；制定资本运作规划和年度计划。负责组织中国南水北调集团投资并购项目的可行性研究及实施，牵头研究拟定子企业间资产重组方案并组织实施，组织审核子企业内部资产重组、改制上市方案；负责推动中国南水北调集团与政府、企业等的战略和项目发展合作，归口管理中国南水北调集团对外战略合作协议，负责审查战略合作协议文本，跟踪监督及评价协议执行情况；负责土地资产经营管理。负责中国南水北调集团总部及所属各级单位土地资产登记，研究、审查土地资产开发、处置、盘活等经营事项；负责中国南水北调集团综合统计和分析工作，统筹中国南水北调集团对外统计报送，组织统计信息共享、分析和应用，负责中国南水北调集团企业信息公示管理；归口管理中国南水北调集团定点扶贫、援青、援疆、援藏等工作。负责中国南水北调集团对外捐赠管理工作。

（4）企业管理部。企业管理部是中国南水北调集团体制改革、业绩考核、经营管理、风险管理、内部控制、制度建设、流程建设、物资采购等工作的归口管理部门。主要职责包括：负责贯彻落实国家关于国资国企改革、行业体制改革部署要求，提出意见建议和实施方案并组织推动落实。组织起草并落实中国南水北调集团综合性改革方案，协调推进中国南水北调集团专项改革；负责中国南水北调集团经营业绩考核工作。负责确定经营业绩考核体系及指标、目标，承担出资人机构对中国南水北调集团经营业绩考核相关工作，对二级单位的经营状况进行经营业绩评价；负责中国南水北调集团商事管理工作。负责企业工商登记注册、企业名称以及资质、公证、鉴证等归口管理；归口中国南水北调集团风险和内控管理。完善风险和内控管理体系，组织开展风险和内控管理执行情况审查和评价工作并督促改进，组织年度风险评估，编制年度内控评价报告；负责中国南水北调集团对标管理和流程管理工作。负责管理标准的制定、修订和评估工作。组织开展管理创新和流程梳理、优化及执行情况评价工作，指导二级单位流程优化；负责中国南水北调集团总部规章制度管理。组织开展规章制度建立完善及执行情况评价工作，指导二级单位规章制度建设及备案管理工作；负责中国南水北调集团物资与采购管理体系建设，物资与采购工作规范化管理及综合评价；负责企业信用管理，组织诚信企业建设。

（5）科技发展部。科技发展部是中国南水北调集团科技、信息化和军民融合工作的归口管理部门。主要职责包括：负责拟定、编制中国南水北调集团科技发展、技术创新、知识产权及信息化战略、规划、计划并监督实施。组织建立健全中国南水北调集团科技和信息化管理体系；负责中国南水北调集团科技创新投入管理，组织制定中国南水北调集团科技投入计划、预算，负责编制中国南水北调集团总部的科技专项预算并组织实施；归口管理中国南水北调集团科研项目，统筹组织和管理由中国南水北调集团总部立项的科研项目和由中国南水北调集团总部承担的国家科技项目；归口管理中国南水北调集团技术标准，负责组织中国南水北调集团技术标准体系建设，组织或指导中国南水北调集团技术标准的编制、审查、发布和宣贯，以及与国内外技术标准化机构的联络与合作；归口管理中国南水北调集团知识产权（专利）。统筹组织中国南水北调集团科技成果管理和科技奖励工作，组织申报国家、行业科技奖励；负责中国南水北调集团信息化数字化管理体系建设、网络安全管控体系建设以及信息化建设管理、运维管理、软件正版化监督检查；负责中国南水北调集团军民融合工作，建立军民融合创新体系，提出促进军民融合发展的重大政策措施，组织实施重点任务，组织开展军民融合项目申报；负责中国南水北调集团总部科技合作与交流管理。负责中国南水北调集团科技创新协作体系建设和技术专家库建设。归口管理以中国南水北调集团名义加入的学会、协会工作；负责中国南水北调集团技术研究中心、实验室建设和运行管理，组织国家级科研机构申报、高新技术企业认定等工作。

（6）质量安全部。质量安全部是中国南水北调集团工程建设、质量和安全生产监督管理工作的归口管理部门。主要职责包括：负责贯彻落实国家质量管理和安全生产相关法律法规政策，组织制定中国南水北调集团安全生产和质量管理监督管理的综合性规章、标准、规程并组织实施；协调、指导和监督、检查中国南水北调集团的工程建设工作。负责中国南水北调集团招投标管理工作。指导、监督中国南水北调集团各单位依法合规实施招投标；负责建立健全中国南水北调集团安全生产和质量管理体系，监督、指导中国南水北调集团安全生产、质量管理工作，协调解决安全生产、质量管理重大问题；配合国家有关部门组织的安全生产、质量管理监督检查，负责组织中国南水北调集团安全生产、质量管理检查和专项督查，并督促落实整改措施；负责组织开展中国南水北调集团业务范围内自然灾害、事故灾难和突发事件的应急管理工作，组织制定应急管理制度和预案并监督实施；负责监督、指导中国南水北调集团安全生产事故、质量管理事故的内部调查、原因分析，提出中国南水北调集团党组管理干部的事故责任追究建议，监督事故查处、责任追究和整改措施落实情况；统筹中国南水北调集团工程安全、供水安全的监督管理工作；归口管理中国南水北调集团员工职业健康和劳动保护工作；负责统计分析中国南水北调集团安全生产、质量管理工作情况，上报、发布相关信息。

（7）审计部（法律事务部）。审计部（法律事务部）是中国南水北调集团审计和法律事务管理工作的归口管理部门。主要职责包括：负责建立健全中国南水北调集团审计管理和法律工作制度体系。推进中国南水北调集团法治建设工作，组织开展法治宣传教育工作；制定并组织实施中国南水北调集团年度审计计划，协调配合国家有关部门组织的审计工作；组织开展中国南水北调集团贯彻落实国家重大政策措施情况以及中国南水北调集团战略规划、年度计划预算、重大决策及执行情况的审计；按规定和程序组织开展经济责任（任中、离任）审计；组织开展中国南水北调集团财务收支、资产质量、业务运营、经营绩效以及其他有关的经济活动情况的审计；组织开展中国南水北调集团重大投资项目审计，并组织开展投资项目后评价工作；组织开展违规经营投资责任追究工作；负责统筹中国南水北调集团法律纠纷案件管理和重大事项的法律服务工作，指导、协调、督办重大法律纠纷案件；负责中国南水北调集团合规管理工作，建立健全合规管理体系，组织开展合规审查和评价工作；负责对中国南水北调集团合同、决策进行合法性审查，组织合同执行履约情况监督检查。负责对中国南水北调集团规章制度进行合法性审查和程序性合规审核，提出合规审核意见；负责中国南水北调集团法律、合规中介机构管理和外部专家、律师的选聘管理和评价。

（8）环保移民部。环保移民部是中国南水北调集团环境保护和移民工作的归口管理部门。主要职责包括：负责组织编制中国南水北调集团业务范围内生态环境保护、移民安置相关规划；建立健全中国南水北调集团环境保护、移民工作管理体系，拟定中国南水北调集团环境保护、移民工作的管理制度及相关标准、规范；指导中国南水北调集团建设项目全生命周期环境保护技术文件的编制和报审，参与重大项目投资决策；统筹中国南水北调集团工程项目区内水质保护、生态环境保护和水土保持的管理、研究和监测工作；负责中国南水北调集团生态环境保护监督检查和风险管理，协调、指导中国南水北调集团突发环境事件应急处理；负责中国南水北调集团工程建设征地移民安置补偿投资的管理与控制，配合工程建设征地移民安置实施阶段的管理与协调工作；配合有关部门实施工程影响区的文物保护工作；负责中国南水北调集团环境保护、移民工作信息统计和综合分析，指导开展环境保护宣传、交流和国际合作。

（9）组织人事部。组织人事部是中国南水北调集团领导班子和干部队伍建设、人才队伍建设、组织机构建设、人力资源规划、人事管理政策制定、考核薪酬分配等工作的归口管理部门。主要职责包括：贯彻落实新时代党的组织路线和中央选人用人政策法规，统筹规划中国南水北调集团组织体系建设，制定中国南水北调集团选人用人制度，编制中国南水北调集团人力资源发展规划、专项计划并组织实施；负责中国南水北调集团党组管理领导班子和领导人员管理工作，推动干部队伍建设和结构优化。负责中国南水北调集团干部监督工作；负责中国南水北调集团组织机构、职能配置和人员编制管理，管控中国南水北调集团用工总量。归口管理中国南水北调集团议事协调机构和临时机构；负责中国南水北调集团员工职业发展通道建设，优化职级体系，拓宽员工职业发展空间；统筹中国南水北调集团人才引进工作。建立健全中国南水北调集团内部人才流动机制，优化配置人才。承担中国南水北调集团干部人才挂职、交流等工作；统筹中国南水北调集团人才开发工作，牵头开展专业人才队伍建设，组织开展各类人才选拔、培养和评审评价工作；研究制定中国南水北调集团考核、分配等相关制度、方案。承担中国南水北调集团总部及二级单位的工资总额管理及企业负责人薪酬管理，负责中国南水北调集团员工绩效考核、薪酬分配工作；组织指导中国南水北调集团教育培训工作，制定中国南水北调集团年度培训计划并组织实施。负责中国南水北调集团荣誉体系建设；负责中国南水北调集团总部组织人事管理相关工作和离退休人员管理工作，对各部门、各单位相关工作进行指导；承担中国南水北调集团党组管理干部及集团总部人员的人事档案管理工作，对各单位人事档案管理工作进行指导。

（10）党群工作部。党群工作部是中国南水北调集团党的政治建设、思想理论建设、组织建设、精神文明、意识形态、宣传、统战、企业文化、社会责任、工会和共青团工作的归口管理部门。主要职责包括：负责贯彻执行党中央路线方针政策和党内法规，制定中国南水北调集团党群工作的相关规章制度、工作规划和年度计划并监督实施；负责指导中国南水北调集团基层党组织建设，组织落实"三会一课"、民主生活会等政治生活和发展党员、组织换届等工作要求，指导开展党员教育管理工作和党建规范化信息化工作；负责中国南水北调集团思想政治和意识形态工作，承担中国南水北调集团党的思想建设和党的理论学习宣传工作，组织实施党内重大教育活动；负责中国南水北调集团精神文明创建和企业文化建设工作。统筹管理中国南水北调集团履行社会责任工作；负责中国南水北调集团统战工作，联系服务党外代表人士和党外知识分子，管理中国南水北调集团侨联、民族宗教事务，开展职工思想动态调查工作；承担中国南水北调集团党建党务工作，具体承担中国南水北调集团直属机关党委日常工作；承担中国南水北调集团党组落实全面从严治党要求和党风廉政建设责任制的具体工作，具体承担中国南水北调集团直属机关纪委的日常工作；承担中国南水北调集团工会、共青团和妇女工作，具体承担中国南水北调集团直属机关工会、团委的日常工作；承担中国南水北调集团党建创新工作，总结推广"支部工作法"，督导推进基层党建与业务融合工作；组织开展中国南水北调集团创先争优活动，实施技能比赛、劳动竞赛以及群众性文化体育等工作。

（11）党组巡视办。党组巡视办是中国南水北调集团党组的巡视工作机构，是中国南水北调集团巡视巡察工作的归口管理部门。主要职责包括：负责贯彻落实党中央巡视工作的部署和要求，按照中国南水北调集团党组的安排，制定巡视工作制度和措施并组织实施；负责统筹安排中国南水北调集团巡视任务，制定巡视工作规划、年度计划和具体工作方案；负责根据巡视任务统一调配巡视人员，统筹、协调、指导党组巡视组开展工作，做好巡视准备、了解、报告、反馈、移交各环节工作；负责督导二级单位配合内部巡视并落实整改，组织对被巡视单位开展整改督查，跟踪推进整改落实；负责指导二级单位党组织开展巡察工作，统筹推进巡视巡察一体化；履行党中央和出资人机构党组织巡视工作的协调联络职能，按规定报送中国南水北调集团巡视巡察工作有关情况；负责巡视巡察干部队伍建设，建立调整巡视人员库，对巡视人员进行培训、考核和监督；办理中国南水北调集团党组交办的其他事项。

三、领导任免

2020 年 9 月，中共中央任命蒋旭光为中国南水北调集团党组书记。

2020 年 9 月，中共中央批准蒋旭光任中国南水北调集团董事长，张宗言任中国南水北调集团总经理。

2020 年 9 月，中共中央免去蒋旭光水利部副部长职务。

2020 年 9 月，中央组织部免去蒋旭光水利部党组成员职务（组任字〔2020〕448 号）。

2020 年 9 月，中央组织部任张宗言为中国南水北调集团董事，于合群为中国南水北调集团董事、副总经理，孙志禹为中国南水北调集团副总经理，余邦利为中国南水北调集团总会计师，赵登峰、耿六成为中国南水北调集团副总经理（组任字〔2020〕449 号）。

2020 年 9 月，中央组织部任命张宗言、于合群为中国南水北调集团党组副书记，孙志禹、余邦利、赵登峰、耿六成为中国南水北调集团党组成员，张凯为中国南水北调集团纪检监察组组长、党组成员（组任字〔2020〕450号）。

2020年9月，中央组织部免去孙志禹的中国长江三峡集团有限公司副总经理职务（组任字〔2020〕451号）。

2020年9月，中央组织部免去孙志禹的中国长江三峡集团有限公司党组成员职务（组任字〔2020〕452号）。

2020年10月，国务院任命蒋旭光为中国南水北调集团董事长，张宗言为中国南水北调集团董事、总经理，于合群为中国南水北调集团董事、副总经理，孙志禹为中国南水北调集团副总经理，余邦利为中国南水北调集团总会计师，赵登峰、耿六成为中国南水北调集团副总经理（国人字〔2020〕253号）。

2020年10月，国务院免去蒋旭光的水利部副部长职务（国人字〔2020〕254号）。

2020年10月，国务院批准孙志禹不再担任中国长江三峡集团有限公司副总经理职务（国人字〔2020〕255号）。

中国南水北调集团有限公司总部司局级（及）以上领导任免表见表1。

表1　　　　　　　　中国南水北调集团有限公司总部司局级（及）以上领导任免表

机构名称	姓　名	职　务	任　免　时　间
中国南水北调集团有限公司	蒋旭光	党组书记	2020年9月—
	张宗言	党组副书记、总经理	2020年9月—
	于合群	党组副书记	2020年9月—
	孙志禹	党组成员	2020年9月—
	余邦利	党组成员	2020年9月—
	赵登峰	党组成员	2020年9月—
	耿六成	党组成员	2020年9月—
	张　凯	纪检监察组组长、党组成员	2020年9月—
	蒋旭光	董事长	2020年10月—
	张宗言	董事、副总经理	2020年10月—
	于合群	董事、副总经理	2020年10月—
	孙志禹	副总经理	2020年10月—
	余邦利	总会计师	2020年10月—
	赵登峰	副总经理	2020年10月—
	耿六成	副总经理	2020年10月—
	齐　伟	副总经济师	2021年4月—
办公室	井书光	主　任	2021年4月—
	董向阳	副主任	2021年5月—
	宿耕源	副主任	2021年5月—
	杨　益	副主任	2021年5月—
财务资产部	周明勤	主　任	2021年4月—
	曾庆忠	副主任	2021年5月—
	石义霞	副主任	2021年5月—

续表

机构名称	姓 名	职 务	任 免 时 间
战略投资部	刘远书	主 任	2021 年 4 月—
	石海峰	副主任	2021 年 5 月—
	杜孝忠	副主任	2021 年 5 月—
企业管理部	侯社中	主 任	2021 年 4 月—
	李晓明	副主任	2021 年 5 月—
	苗发华	副主任	2021 年 5 月—
科技发展部	孙永平	副主任	2021 年 5 月—
质量安全部（建设与运行管理部）	杜国志	副主任	2021 年 5 月—
	陈维江	副主任	2021 年 12 月—
	王兆刚	副主任	2021 年 12 月—
审计部（法律事务部）	吴旭东	副主任	2021 年 12 月—
	李 波	副主任	2021 年 5 月—
	刘鲜明	协助负责人	2021 年 12 月—
环保移民部	吴险峰	主 任	2021 年 12 月—
	王瑞增	副主任	2021 年 5 月—
组织人事部	由国文	主 任	2021 年 5 月—
	彭 彬	副主任	2021 年 5 月—
	陈 东	副主任	2021 年 5 月—
党群工作部	刘 斌	主 任	2021 年 7 月—
	刘 琴	协助负责人	2021 年 9 月—
	谷燕莉	副主任	2021 年 5 月—
党组巡视办	周鹏飞	副主任	2021 年 5 月—
纪检监察组	周晓永	副组长（部门副职级）	2021 年 12 月—

四、二级子公司

（一）南水北调中线干线工程建设管理局

南水北调中线干线工程建设管理局（以下简称"中线建管局"）是由原国务院南水北调工程建设委员会办公室于 2004 年 8 月 12 日出资设立的全民所有制企业，注册资本 10410389 万元（2021 年 11 月 15 日注册资本由 30000 万元增至 10410389 万元）。2020 年 1 月 25 日，国务院批复同意组建中国南水北调集团。2 月 19 日，水利部、国资委联合印发中国南水北调集团组建方案和章程，明确中线建管局由中国南水北调集团行使出资人权利进行管理。2021 年 8 月 25 日，水利部印发《水利部关于明确过渡期内水利部对中国南水北调集团有限公司管理职责的通知》（水人事〔2021〕258 号），明确将中线建管局移交中国南水北调集团管理。中线建管局主要负责南水北调中线干线工程建设和运行管理，经营范围包括：南水北调中线干线工程的建设、供水及经营管理，相关的技术咨询、设备采购，进出口业务，水力发电，电力供应，水资源管理，技术服务，工程管理服务，规划设计管理；以下项目仅限外埠经营（依批准文件开展经营活动）：采选非金属矿，开采土砂石，开采石灰石、石膏，开采建筑装饰用石，开采耐火土石，开采黏土、土砂石，工程勘察、工程设计。市场主体依法自主选择经营项目，开展经营活动；电力供应、工程勘察、工程设计以及依法须经批准的项目，经相关部门批准后的内容开展经营活动；不得从事本市产业政策禁止和限制类项目的经营活动。

（二）南水北调东线总公司

南水北调东线总公司（以下简称"东线总公司"）是由原国务院南水北调工程建设委员会办公室出资设立的全民所有制企业，于2014年10月11日注册成立，注册资本2276704万元（2021年11月12日注册资本由1000000万元增至2276704万元）。2020年1月25日，国务院批复同意组建中国南水北调集团。2月19日，水利部、国资委联合印发中国南水北调集团组建方案和章程，明确东线总公司由中国南水北调集团行使出资人权利进行管理。2021年8月25日，水利部印发《水利部关于明确过渡期内水利部对中国南水北调集团有限公司管理职责的通知》（水人事〔2021〕258号），明确将东线总公司移交中国南水北调集团管理。东线总公司主要负责南水北调东线主体工程运行管理，包含执行供水计划、合同、调度、运行等主要任务，承担工程新增国有资产的综合经营，保值增值责任。东线总公司经营范围包括：水利工程建设、供水，水力发电，旅游开发，项目投资，资产管理。

（三）中国南水北调集团综合服务有限公司

中国南水北调集团综合服务有限公司于2021年7月26日注册成立，由中国南水北调集团独立出资，注册资本5000万元人民币。经营范围包括：物业服务，会议服务，经济信息咨询，企业管理咨询，企业管理，打字、复印服务，招标代理，城市园林绿化规划服务，绿化管理，汽车租赁（不含九座以上乘用车），机动车公共停车场服务，出租商业用房，出租办公用房，销售办公用品，其他商务服务业，展览展示承办，劳务分包，专业承包，设计、制作、代理、发布广告，人力资源服务，餐饮服务，保险代理业务。

（四）中国南水北调集团水务投资有限公司

中国南水北调集团水务投资有限公司于2021年7月26日成立，由中国南水北调集团独立出资，注册资本250000万元人民币。经营范围包括：工程勘察，工程设计，自来水生产与供应，饮用水供水服务，投资管理，资产管理，水污染治理，调水工程开发建设与运营，水的生产和供应，污水处理及再生利用，生态保护，水源及供水设施工程建筑，环境保护监测，水污染监测服务，内陆水系污染监测服务，海水污染监测服务，地下水污染治理服务，环境与生态监测检测服务，水资源保护服务，自然生态系统保护管理，海洋环境保护服务，生态资源监测，土壤质量监测服务，土壤环境污染防治服务，土壤污染治理与修复服务，工程和技术研究和试验发展，工程管理服务，技术开发，技术转让，技术咨询，技术服务，技术推广服务，工程总承包，专业承包，检测服务，测试评估服务，城市排水设施管理服务，城市排水设施管理服务，土壤污染治理与修复服务，再生资源回收，土地监测活动，水资源管理，水资源保护服务，海水淡化处理，固体废物治理，固体污染物监测服务，河湖治理及防洪设施工程建设，环保工程施工，生态保护工程施工，沿线土地综合开发。

（五）中国南水北调集团新能源投资有限公司

中国南水北调集团新能源投资有限公司于2021年7月26日成立，由中国南水北调集团独立出资，注册资本50000万元人民币。经营范围包括：投资管理，资产管理，太阳能发电，风力发电，抽水蓄能电站发电，水力发电，地热能热利用服务，氢能新兴能源运维服务，风光互补供电系统服务，电力供应（大规模储能系统、可再生能源规模接入消纳、分布式电源并网及控制系统），技术开发，工程管理，工程设计，技术开发，技术推广，销售机械设备，租赁机械设备，地热能发电及热利用，潮汐发电，波浪发电，海流发电，温差发电，电力行业高效节能技术研发，新兴能源技术研发，风力发电技术服务，太阳能发电技术服务，储能装置及其管理系统研发，互联网信息服务，基础软件开发，操作系统软件开发，生物智能发电，水资源管理，新材料技术推广服务，节能技术推广服务，生物技术推广服务，新能源技术推广服务，环保技术推广服务，电能的输送和分配活动。

五、组织机构图

中国南水北调集团有限公司机构图见图1。

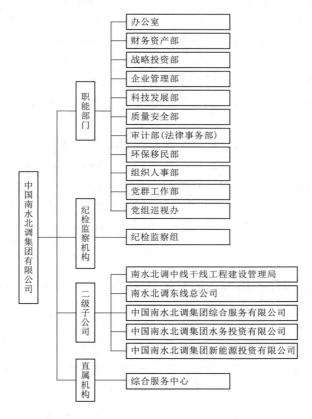

图1　中国南水北调集团有限公司机构图

执笔人：周毅群　闫　蓉　王惠民　李　季
审核人：井书光　侯社中　彭　斌　陈　东

南水北调中线干线工程建设管理局

南水北调中线干线工程作为南水北调工程的重要组成部分，是解决我国北方地区水资源紧缺问题的重要战略举措。中线一期工程从丹江口水库调水北上，经河南省、河北省到达北京市、天津市，全长 1432km，多年平均年调水量 95 亿 m³。南水北调中线干线工程建设管理局（以下简称"中线建管局"）作为中线干线工程的建设和运营管理单位，是经原国务院南水北调工程建设委员会办公室（以下简称"国务院南水北调办"）批准，在国家工商行政管理总局登记注册，于 2004 年 7 月正式成立，负责南水北调中线干线工程建设和管理，履行工程项目法人职责的国有大型企业，2018 年国务院机构改革后，成为水利部直属单位，2021 年 8 月正式划归中国南水北调集团有限公司（以下简称"中国南水北调集团"）管理。

中线建管局主要职责为：负责贯彻落实党中央和国务院关于南水北调中线工程的方针政策和重大决策；负责中线干线工程建设管理、资金筹措、合同验收、移民征地和环境保护等工作；负责中线工程运行管理、还贷、资产保值增值；负责雄安调蓄库、河南观音寺调蓄库等后续工程建设。

中线建管局从 2003 年筹备组建至今，组织沿革大致包括 3 个阶段：工程筹备工作组时期（2003 年 10 月—2004 年 7 月），主体工程建设时期（2004 年 8 月—2014 年 12 月），工程运行管理时期（2014 年 12 月—2021 年 8 月）。

一、工程筹备工作组时期（2003 年 10 月—2004 年 7 月）

2003 年 10 月，国务院南水北调工程建设委员会印发《南水北调工程项目法人组建方案》（国调委发〔2003〕2 号），规定中线干线工程先期组建中线建管局，作为中线干线工程的项目法人，工程进入运营阶段组建南水北调中线工程有限责任公司，负责中线干线工程建设及运营管理。

2003 年 12 月，国务院南水北调工程建设委员会印发《南水北调中线干线工程建设管理局组建意见》（国调委发〔2003〕3 号），规定中线建管局是南水北调中线干线有限责任公司组建前负责中线干线工程建设的管理机构，行使项目法人职责。

2004 年 3 月，国务院南水北调办印发《关于成立南水北调中线干线工程建设管理局筹备组的通知》（国调办建管〔2004〕13 号），宣布组建中线建管局筹备组。筹备组内设综合组、工程组、计划合同组、技术组、财务组和人力资源组 6 个工作组，总人数控制在 35 人以内。

2004 年 7 月，国务院南水北调办印发《关于成立南水北调中线干线工程建设管理局的通知》（国调办综〔2004〕36 号）、《南水北调中线干线工程建设管理局章程》（国调办建管〔2004〕41 号），中线建管局正式成立，作为南水北调中线干线工程的项目法人，依法经营，照章纳税，维护国家利益，自主进行南水北调中线干线工程建设、运行管理以及各项经营活动，承担南水北调中线干线工程的筹资、设计、建设、运营、还贷、资产保值增值责任。

二、主体工程建设时期（2004年8月—2014年12月）

中线建管局于2004年8月12日在北京市西城区正式注册成立，开始履行项目法人职责。

（一）机构设置

（1）2004年10月，经国务院南水北调办批准（综人外〔2004〕53号），中线建管局印发组织机构和人员编制方案（中线局编〔2004〕3号），局机关内设综合管理部、计划合同部、工程建设部、人力资源部、财务与资产管理部、工程技术部、机电物资部、移民环保局、审计部、党群工作部、信息中心等11个部门，编制139人。

（2）为推动先期开工的关键节点工程建设进度，先后成立了4个现场派出机构，具体负责关键节点工程的建设管理：2004年11月成立漕河项目建设管理部（2006年11月更名为河北直管项目建设管理部）；2005年2月成立惠南庄泵站项目建设管理部（2015年更名为南水北调中线干线工程建设管理局北京分局）；2005年4月成立穿黄工程建设管理部（2007年12月更名为河南直管项目建设管理部）；2008年3月成立天津直管项目建设管理部。

（3）为确保京石段临时通水运行管理工作顺利开展，2008年7月，经国务院南水北调办批准（国调办综〔2008〕117号），成立了局工程运行管理部，主要负责先期完工项目的维护和京石段临时通水运行管理工作。2009年6月，根据京石段临时通水工作需要，河北直管项目建设管理部成立了工程运行管理处和石家庄、新乐、定州、唐县、顺平、保定、易县、涞涿等8个管理处，惠南庄泵站项目建设管理部成立了工程运行管理处，具体负责河北京石段已完工项目的维护和京石段临时通水运行管理工作。

（4）2009年，南水北调中线干线工程全线开工，投资及建设管理任务骤增。2009年6月，经国务院南水北调办批准（国调办综〔2009〕104号），按照扁平化、分段管理的原则，统一调整了河北、河南、天津3个直管项目建设管理部的处室设置，均内设综合处、合同管理处、技术管理处以及工程管理一处、二处、三处、四处（天津设置3个工程管理处）等，相应增加了人员编制。惠南庄泵站项目直管建设管理部建设任务基本完成，暂不调整。

（5）2011年2月，经国务院南水北调办批准（国调办综〔2011〕66号），成立南水北调宣传中心，人员编制12名，撤销综合管理部新闻中心，其主要职责及人员编制并入南水北调宣传中心。同年5月，为进一步加强建设高峰期的质量安全管理工作，河北、河南、天津3个直管项目建设管理部设立质量安全处。

（6）为全面推进建设高峰期、关键期河南段工程建设进度，2011年9月，经国务院南水北调办批准（国调办综〔2011〕247号），河南直管项目建设管理部更名为河南直管项目建设管理局（以下简称河南直管建管局），内设综合处、合同财务处、工程管理处、技术管理处、机电与信息管理处、南阳项目部、平顶山项目部、郑州项目部和安鹤项目部，项目部设工程管理处、合同管理处、质量安全处3个处室，人员编制178名。

（7）为进一步加强工程建设及运行管理，优化组织结构，2012年5月，经国务院南水北调办批准（国调办综〔2012〕72号），适当开展机构调整：撤销工程建设部，成立工程管理部和质量安全部；撤销信息中心，成立信息工程建设管理部，调整为直管建管单位；成立惠南庄泵站项目部、天津直管建管部三级运行管理机构。调整后，全局人员总编制1203人，局机关人员编制157人；现场设河北、惠南庄、河南、天津和信息工程等5个直管建管单位。

（8）2012年10月，经国务院南水北调办批准（国调办综〔2012〕208号），成立南水北调中线水质保护中心。

（9）随着主体工程建设任务的全面推进和京石段临时通水运行的持续开展，中线建管局逐步开始由建设管理向运行管理过渡。2012 年 12 月，经国务院南水北调办批准（国调办综〔2012〕251 号），中线建管局印发《南水北调中线干线待运行期运行管理机构设置方案》（中线局编〔2012〕9 号），进一步明确了局工程运行管理部职责和处室设置，成立石家庄以南及天津干线段 34 个现地运行管理处，由建设管理向运行管理平稳过渡。调整后，全局人员总编制 1355 名，其中局机关 179 名、直管建管单位 1176 名。

（二）领导任免

2004 年 7 月，国务院南水北调办以办任〔2004〕9 号文任命张野为中线建管局局长（正司级）。同年 8 月，以办任〔2004〕10 号文任命王春林、石春先、郑征宇为中线建管局副局长（正司级）；以办党任〔2004〕6 号文任命王春林为中线建管局党组书记，张野为中线建管局党组副书记，石春先、郑征宇为中线建管局党组成员。同年 11 月，以办任〔2004〕13 号、办党任〔2004〕7 号文任命曹为民为中线建管局总工程师、党组成员。

2006 年 6 月，国务院南水北调办以办任〔2006〕1 号文任命韩连峰为党组成员、纪检组长。

2008 年 1 月，国务院南水北调办以办任〔2008〕2 号文任命石春先为中线建管局局长；李长春、曹为民为中线建管局副局长；以办党任〔2008〕2 号文任命石春先为中线建管局党组书记、韩连峰为中线建管局党组副书记、李长春为党组成员。

2010 年 10 月，国务院南水北调办以办任〔2010〕4 号、办党任〔2010〕2 号文任命于合群为中线建管局副局长、党组成员（挂职一年）。

2011 年 6 月，国务院南水北调办以办任〔2011〕3 号、办党任〔2011〕2 号文任命张忠义为中线建管局局长、党组书记。同年 10 月，以办任〔2011〕10 号、办党任〔2011〕7 号文任命耿六成为中线建管局副局长、党组成员。

2012 年 2 月，国务院南水北调办以办任〔2012〕2 号、办党任〔2012〕2 号文任命刘宪亮为中线建管局副局长、党组成员（挂职一年）。同年 5 月，以办任〔2012〕7 号、办党任〔2012〕5 号文任命鞠连义为中线建管局副局长、党组成员，刘杰为中线建管局党组成员。

2013 年 4 月，国务院南水北调办以办党任〔2013〕2 号文任命刘杰为中线建管局党组副书记。同年 5 月，以办任〔2013〕3 号、办党任〔2013〕4 号文任命刘宪亮为中线建管局副局长、党组成员。

2014 年 2 月，国务院南水北调办以办党任〔2014〕1 号文任命刘杰为中线建管局纪检组长。同年 5 月，以办任〔2014〕2 号、办党任〔2014〕2 号文任命戴占强为中线建管局总经济师、党组成员。

南水北调中线干线工程建设管理局领导任免表（2004 年 8 月—2014 年 12 月）见表 1。

表 1　　　　南水北调中线干线工程建设管理局领导任免表（2004 年 8 月—2014 年 12 月）

机构名称	时间段	姓　名	职　务	任免时间	备　注
南水北调中线干线工程建设管理局	主体工程建设时期（2004 年 8 月—2014 年 12 月）	张　野	局　长	2004 年 7 月—2008 年 1 月	
			党组副书记	2004 年 8 月—2008 年 1 月	
		王春林	党组书记、副局长	2004 年 8 月—2008 年 1 月	
		石春先	副局长、党组成员	2004 年 8 月—2008 年 1 月	
			党组书记、局长	2008 年 1 月—2011 年 6 月	
		张忠义	党组书记、局长	2011 年 6 月—	

续表

机构名称	时间段	姓名	职务	任免时间	备注
南水北调中线干线工程建设管理局	主体工程建设时期（2004年8月—2014年12月）	郑征宇	副局长、党组成员	2004年8月—	
		曹为民	总工程师	2004年11月—2008年1月	
			党组成员	2004年11月—	
			副局长	2008年1月—	
		韩连峰	党组成员、纪检组长	2006年6月—2013年9月	
			党组副书记	2008年1月—2013年9月	
		李长春	副局长、党组成员	2008年1月—	
		于合群	副局长、党组成员	2010年10月—2011年7月	挂职一年
		耿六成	副局长、党组成员	2011年10月—	
		刘宪亮	副局长、党组成员	2012年2月—2013年5月	挂职一年
			副局长、党组成员	2013年5月—	
		鞠连义	副局长、党组成员	2012年5月—	
		刘杰	党组成员	2012年5月—2013年4月	
			党组副书记	2013年4月—	
			纪检组长	2014年2月—	
		戴占强	总经济师、党组成员	2014年5月—	

三、工程运行管理时期（2014年12月—2021年8月）

2014年12月，南水北调中线一期工程正式通水，中线工程全面进入运行管理时期。

（一）机构设置

（1）2015年5月，经国务院南水北调办批准（国调办综〔2015〕54号），中线建管局按三级设置运行管理机构，全局编制1819名：一级管理机构局机关内设综合管理部、计划发展部、人力资源部、财务资产部、科技管理部、审计稽察部、党群工作部（监察部）、工会工作部、宣传中心、档案馆、总调中心、工程维护中心、信息机电中心、水质保护中心、质量安全监督中心15个部门（中心），人员编制197名；二级管理机构设渠首、河南、河北、天津和北京5个分局，人员编制320名；三级管理机构设陶岔等45个现地运行管理处，人员编制1302名。

（2）2016年5月，在河南省郑州市注册成立南水北调中线工程保安服务有限公司，为中线建管局全资子公司。

（3）2017年8月，为加强分局党组织建设，经国务院南水北调办机关党委同意，增设渠首分局党建工作处（纪检监察处）、河南分局党建工作处（纪检监察处）、河北分局党建工作处（纪检监察处）、天津分局党建工作处（纪检监察处）、北京分局党建工作处（纪检监察处）。

（4）2018年9月，在北京市注册成立南水北调中线实业发展有限公司、南水北调中线信息科技有限公司，均为中线建管局全资子公司。

（5）2019年5月，为进一步理顺机构职能，满足当前及今后一段时期的运行管理工作需要，经水利部人事司批复（人事机〔2019〕3号），中线建管局进行了机构编制调整：三级运行管理机构保持不变，局机关内设综合部、计划发展部、财务资产部、人力资源部、党群工作部、纪检监察部、审计部、宣传中心、档案馆、总工办（科技管理部）、总调度中心、工程维护中心、信息机电中心、水质与环境保护中心（移民环保局）、安全生产部、稽察大队 16 个部门（中心）；局属二级机构维持渠首、河南、河北、天津和北京 5 个分局不变，另设南水北调中线工程保安服务有限公司、南水北调中线信息科技有限公司、南水北调中线实业发展有限公司、南水北调中线工程建设有限公司（尚未成立）、南水北调中线工程技术有限公司（尚未成立）、南水北调中线工程水质监测有限公司（尚未成立）等 6 个直属企业。全局编制 2460 名，其中局机关编制 261 名；渠首分局编制 299 名，河南分局编制 841 名，河北分局编制 605 名，天津分局编制 215 名，北京分局编制 197 名；6 个直属公司高管编制 42 名。

（6）2021 年 8 月，根据深入推进国有企业纪检体制改革工作需要，对 8 家直属单位的纪检机构设置及编制进行了调整，南水北调中线信息科技公司增设了纪检部，其他单位通过内部调剂的方式增设了专职纪检干部编制数。

（7）2021 年 8 月，根据《水利部关于明确过渡期内水利部对中国南水北调集团有限公司管理职责的通知》（水人事〔2021〕258 号），南水北调中线干线工程建设管理局正式移交中国南水北调集团有限公司管理。

（二）领导任免

2016 年 6 月，国务院南水北调办以办任〔2016〕7 号、办党任〔2016〕5 号文任命李开杰为中线建管局副局长、党组成员。同年 10 月，以办任〔2016〕14 号、办党任〔2016〕11 号文任命于合群为中线建管局局长、党组书记。

2017 年 3 月，国务院南水北调办以办党任〔2017〕5 号文任命刘春生为中线建管局党组书记、于合群为中线建管局党组成员。同年 6 月，以办任〔2017〕11 号文任命戴占强为中线建管局副局长；以办任〔2017〕12 号、办党任〔2017〕8 号文任命曹洪波为中线建管局副局长、党组成员。同年 11 月，以办任〔2017〕17 号、办党任〔2017〕11 号文任命程德虎为中线建管局总工程师、党组成员，陈新忠为中线建管局总会计师、党组成员。

2019 年 5 月，水利部以部任〔2019〕59 号文任命陈伟畅为中线建管局总审计师；同年 8 月，以部党任〔2019〕44 号文任命陈伟畅为中线建管局党组成员。

2020 年 3 月，水利部以部党任〔2020〕11 号文任命李开杰为中线建管局党组书记。

2020 年 10 月，水利部以部任〔2020〕94 号文任命孙卫军、田勇为中线建管局副局长，以部党任〔2020〕71 号任命孙卫军、田勇为中线建管局党组成员。

2021 年 3 月，水利部以部党任〔2021〕13 号文任命束方坤为中线建管局纪检组组长、党组成员。

南水北调中线干线工程建设管理局领导任免表（2014 年 12 月—2021 年 8 月）见表 2。

表 2　　　　南水北调中线干线工程建设管理局领导任免表（2014 年 12 月—2021 年 8 月）

机构名称	时间段	姓 名	职 务	任免时间	备 注
南水北调中线干线工程建设管理局	工程运行管理时期（2014 年 12 月—2021 年 8 月）	张忠义	局长、党组书记	继任—2016 年 10 月	
		于合群	局 长	2016 年 10 月—	
			党组书记	2016 年 10 月—2017 年 3 月	
			党组成员	2017 年 3 月—	
		刘春生	党组书记	2017 年 3 月—2020 年 3 月	
		李开杰	党组书记	2020 年 3 月—	
			副局长、党组成员	2016 年 6 月—2020 年 3 月	

续表

机构名称	时间段	姓　名	职　务	任 免 时 间	备　注
南水北调中线干线工程建设管理局	工程运行管理时期（2014年12月—2021年8月）	郑征宇	副局长、党组成员	继任—2016年11月	
		曹为民	副局长、党组成员	继任—2016年6月	
		李长春	副局长、党组成员	继任—2017年3月	
		耿六成	副局长、党组成员	继任—2015年3月	
		刘宪亮	副局长、党组成员	继任—2020年6月	
		鞠连义	副局长、党组成员	继任—2020年10月	
		刘　杰	党组副书记、纪检组长	继任—2021年3月	
		戴占强	总经济师、党组成员	继任—	
			副局长	2017年6月—	
		曹洪波	副局长、党组成员	2017年6月—	
		程德虎	总工程师、党组成员	2017年11月—	
		陈新忠	总会计师、党组成员	2017年11月—	
		陈伟畅	总审计师	2019年5月—	
			党组成员	2019年8月—	
		孙卫军	副局长、党组成员	2020年10月—	
		田　勇	副局长、党组成员	2020年10月—	
		束方坤	纪检组组长、党组成员	2021年3月—	

四、组织机构图

（一）工程筹备工作组时期（2003年10月—2004年7月）

南水北调中线干线工程建设管理局工程筹备工作组时期机构图见图1。

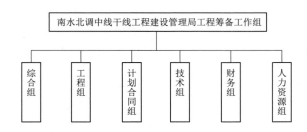

图1　南水北调中线干线工程建设管理局工程筹备工作组时期机构图

（二）主体工程建设时期（2004年8月—2014年12月）

南水北调中线干线工程建设管理局主体工程建设时期机构图见图2。

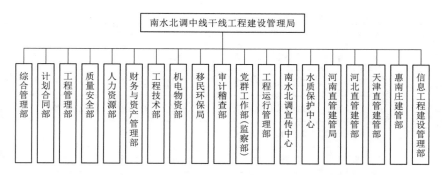

图 2   南水北调中线干线工程建设管理局主体工程建设时期机构图

（三）工程运行管理时期（2014 年 12 月—2021 年 8 月）

南水北调中线干线工程建设管理局工程运行管理时期机构图见图 3。

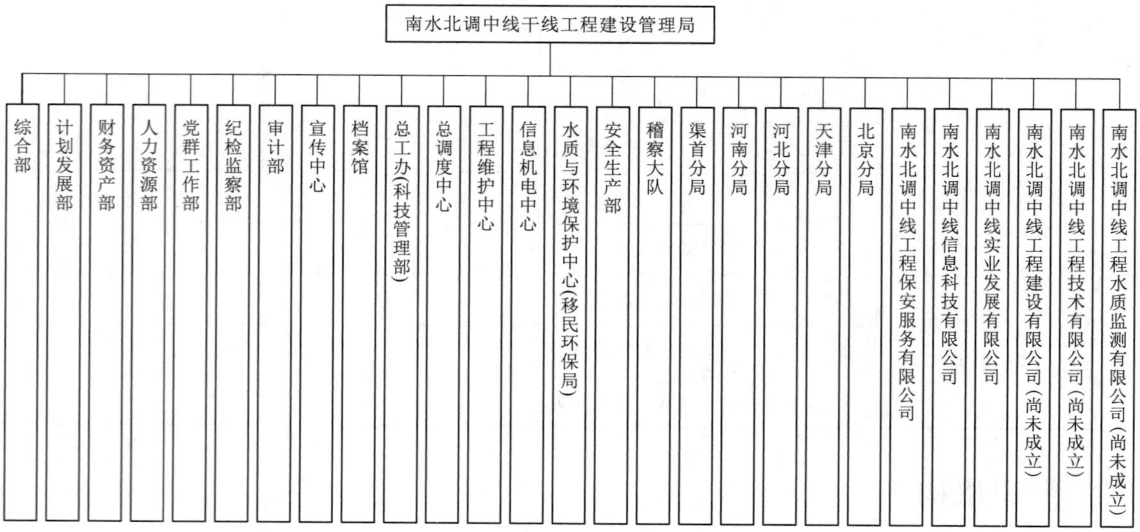

图 3   南水北调中线干线工程建设管理局工程运行管理时期机构图

执笔人：刘世一   杨晓丹   闫   海

审核人：田   勇

南水北调东线总公司

南水北调东线总公司（以下简称"东线总公司"）组织沿革分两个阶段：一是隶属国务院南水北调工程建设委员会办公室阶段；二是隶属水利部阶段。

一、隶属国务院南水北调工程建设委员会办公室阶段

本阶段时间为：2012年3月—2018年3月（包括公司筹备阶段）。

（一）机构情况

2012年3月，国务院南水北调工程建设委员会办公室（以下简称"国务院南水北调办"）根据国务院南水北调工程建设委员会第六次全体会议纪要（国阅〔2012〕27号）"请南水北调办会同有关部门及地方政府在今年年底前组建运行管理机构，制定运行管理办法"和国务院领导同志有关批示精神，经国务院南水北调办主任办公会议批准，成立了东线工程运行管理机构筹备组，赵登峰为筹备组组长，并向国务院呈报了《关于南水北调东线一期工程运行管理机构组建方案的请示》（国调办建管〔2012〕272号）。

2014年2月，国务院南水北调办以《关于成立中国南水北调东线总公司筹备组的通知》（国调办综〔2014〕36号），成立中国南水北调东线总公司筹备组，组长赵登峰，副组长赵存厚、胡周汉。筹备组借用国务院南水北调办和南水北调中线干线工程建设管理局的部分房间办公。

2014年9月，国务院南水北调办印发《关于成立南水北调东线总公司的通知》（国调办综〔2014〕263号），按照国务院南水北调工程建设委员会第七次会议精神，经国务院南水北调办党组研究，决定成立南水北调东线总公司。东线总公司2014年10月取得营业执照，2015年5月起租用北京市西城区北三环中路29号院3号楼茅台大厦13层、15层、16层3层楼办公，2019年5月起租用北京市丰台区育仁南路4号院1号楼诺德中心19号楼办公。

2014年11月，国务院南水北调办印发《关于南水北调东线总公司主要职责、内设机构和人员编制规定的批复》（国调办综〔2014〕300号），批复东线总公司设7个职能部门，分别为综合管理部、计划资产部、财务部、人力资源部、工程运行部、监察审计部、党委办公室；批复东线总公司人员编制80名，其中总经理1名，副总经理4名，总工程师、总经济师和总会计师各1名。

2015年5月，东线总公司总经理办公会研究，决定成立南水北调东线总公司直属分公司（运行调度中心），负责南水北调东线一期苏鲁省际未完工工程建设、工程运行管理等有关工作，办公地点设在江苏省徐州市，印发《关于成立南水北调东线总公司直属分公司（运行调度中心）的通知》（东线人发〔2015〕38号）。

2017年8月，国务院南水北调办印发《关于南水北调东线总公司内设机构和人员编制调整的通

知》（国调办综〔2017〕123 号），调整东线总公司内设职能部门为 10 个，分别为综合管理部、人力资源部、计划合同部、资产经营部、财务审计部、工程管理部、总调度中心、水质管理中心、党委办公室、纪检监察部；人员编制调整为 104 名，其中总经理 1 名，党委书记 1 名，副总经理 4 名，总工程师、总经济师和总会计师各 1 名。

（二）领导任免

2012 年 5 月，国务院南水北调办以《关于赵登峰任职的通知》（办任〔2012〕6 号），任命赵登峰为建设管理司巡视员兼东线运行管理机构筹备组组长。

2014 年 2 月，国务院南水北调办印发《关于成立中国南水北调东线总公司筹备组的通知》（国调办综〔2014〕36 号），批复成立中国南水北调东线总公司筹备组，组长为赵登峰，副组长为赵存厚、胡周汉。

2014 年 9 月，国务院南水北调办印发《关于赵登峰等三人职务任免的通知》（办任〔2014〕7 号），任命赵登峰为东线总公司总经理，免去其建设管理司巡视员职务；任命赵存厚为东线总公司副总经理；任命赵月园为东线总公司副总经理，免去其国务院南水北调工程建设委员会办公室政策及技术研究中心副主任职务。

2014 年 10 月，国务院南水北调办印发《关于高必华、胡周汉任职的通知》（办任〔2014〕8 号），任命高必华、胡周汉为东线总公司副总经理（试用期一年）。

2015 年 12 月，国务院南水北调办印发《关于高必华、胡周汉任职的通知》（办任〔2015〕9 号），经任职试用期满考核合格，任命高必华、胡周汉为东线总公司副总经理。

2016 年 6 月，国务院南水北调办印发《关于曹为民等 4 人职务任免的通知》（办任〔2016〕6 号），任命赵存厚为南水北调工程设计管理中心副主任，免去其东线总公司副总经理职务；任命由国文为东线总公司副总经理（列赵登峰之后），免去其南水北调工程建设监管中心副主任职务。

2017 年 3 月，国务院南水北调办印发《关于张忠义等 6 人职务任免的通知》（办任〔2017〕6 号），任命由国文为南水北调工程建设监管中心主任（试用期一年），免去其南水北调东线总公司副总经理职务。

（三）党组织机构设置及领导任免

2015 年 11 月，国务院南水北调办以《关于成立南水北调东线总公司临时党支部的批复》（机党〔2015〕25 号），同意成立东线总公司临时党支部，赵登峰任临时党支部书记，赵存厚任组织委员，赵月园任宣传委员，高必华任青年委员，胡周汉任纪检委员。

2016 年 4 月，国务院南水北调办以《关于召开中共南水北调东线总公司党员大会的批复》（机党〔2016〕14 号），同意召开中共南水北调东线总公司党员大会，选举成立中共南水北调东线总公司委员会和中共南水北调东线总公司纪律检查委员会；中共南水北调东线总公司委员会由 5 名委员组成，设书记 1 名，副书记 1 名；中共南水北调东线总公司纪律检查委员会由 5 名委员组成，设书记 1 名，由党委副书记或党委委员中的公司班子成员兼任，可设副书记 1 名。

2016 年 5 月，国务院南水北调办印发《关于赵登峰等同志任职的通知》（机党〔2016〕23 号），任命赵登峰为东线总公司党委书记，胡周汉为党委副书记，赵存厚、赵月园、高必华为党委委员。

2016 年 8 月，国务院南水北调办以《关于东线公司党委增补委员的批复》（机党〔2016〕37 号），同意增补由国文为东线总公司党委委员。

2017 年 3 月，国务院南水北调办印发《关于刘春生等四名同志职务任免的通知》（办党任〔2017〕5 号），国务院南水北调办党组 2017 年 3 月 13 日决定：李长春任东线总公司党委书记，免去其南水北调中线干线工程建设管理局党组成员职务，免去赵登峰的东线总公司党委书记职务。

二、隶属水利部阶段

本阶段时间为：2018年3月—2021年8月。

根据《关于国务院机构改革方案的决定》（2018年3月17日，十三届全国人大一次会议表决通过），国务院南水北调工程建设委员会及其办公室并入水利部，东线总公司自2018年3月17日相应转隶水利部管理。

（一）机构情况

2018年9月，水利部印发《水利部人事司关于南水北调东线总公司内设机构和人员编制调整的通知》（人事机〔2018〕3号），调整东线总公司内设职能部门，新设档案中心，编制6名。调整后的东线总公司内设机构为11个，人员编制调整为160名，公司领导编制未调整。

2019年12月，水利部印发《水利部人事司关于南水北调东线总公司成立东线一期北延应急供水工程建设管理部的通知》（人事机〔2019〕28号），批准东线总公司增设东线一期北延应急供水工程建设管理部，作为工程建设期临时性工作机构，人员编制、领导职数由公司内部调剂使用。

2020年1月，水利部印发《水利部人事司关于调整南水北调东线总公司内部审计职能和人员编制的通知》（人事机〔2020〕1号），将东线总公司内部审计职能由财务审计部调整至纪检监察部，财务审计部更名为财务部，编制10名；纪检监察部更名为纪检审计部，编制8名。公司总编制未调整。

2021年3月，根据《南水北调东线总公司关于设立南水北调东线智能水务（北京）有限公司的通知》（东线资发〔2021〕40号），成立南水北调东线智能水务（北京）有限公司。

（二）领导任免

2019年2月，水利部印发《关于曹雪玲任职的通知》（部任〔2019〕29号），任命曹雪玲为东线总公司总工程师（试用期一年）。

2021年8月，根据《关于赵月园免职的通知》（部任〔2021〕70号），赵月园不再担任东线总公司副总经理职务。

（三）党组织机构及领导任免

2020年8月，根据《中共南水北调东线总公司委员会关于调整部分党支部名称的通知》（东线党发〔2020〕37号），财务审计党支部更名为财务党支部，纪检监察党支部更名为纪检审计党支部。

2021年1月，根据《关于倪鹏、胡周汉同志职务任免的通知》（部党任〔2021〕7号），任命倪鹏为东线总公司纪委书记（试用期一年），免去胡周汉的东线总公司纪委书记职务。

2021年3月，根据《中共南水北调东线总公司委员会关于成立二期工程筹备组党支部和智能水务公司党支部的通知》（东线党发〔2021〕19号），决定成立二期工程筹备组党支部和智能水务公司党支部。

2021年4月，根据《关于倪鹏同志任职的通知》（部党任〔2021〕30号），增补倪鹏为东线总公司党委委员。

2021年7月，根据《关于中共南水北调东线总公司委员会和纪律检查委员会选举结果的批复》（机党〔2021〕46号），同意中共南水北调东线总公司委员会由李长春、赵月园、赵登峰、胡周汉、倪鹏、高必华（按姓氏笔画排序）等6名同志组成。同意李长春为党委书记，胡周汉为党委副书记，倪鹏为纪委书记。

2021年8月，根据《关于赵月园同志免职的通知》（机党〔2021〕52号），部党组2021年8月决定，免去赵月园的东线总公司党委委员职务。

南水北调东线总公司领导任免表见表1。

表1　　　　　　　　南水北调东线总公司领导任免表（2012年5月—2021年8月）

机构名称	隶属机构	姓名	职务	任免时间	备注
南水北调东线总公司	国务院南水北调建设委员会办公室	赵登峰	组长	2012年5月—2014年2月	东线运行管理机构筹备组
			组长	2014年2—9月	南水北调东线总公司筹备组
			总经理	2014年9月—2020年6月	
			党委书记	2015年11月—2017年3月	
			党委委员	2017年3月—2020年6月	
		赵存厚	副组长	2014年2—9月	工作调动免职
			副总经理	2014年9月—2016年6月	
			党委委员	2015年11月—2016年6月	
		李长春	党委书记	2017年3月—2020年6月	
		赵月园	副总经理	2014年9月—2020年6月	
			党委委员	2015年11月—2020年6月	
		高必华	副总经理	2014年9月—2020年6月	
			党委委员	2015年11月—2020年6月	
		胡周汉	副组长	2014年2—9月	南水北调东线总公司筹备组
			副总经理	2014年9月—2020年6月	
			党委副书记、纪委书记	2015年11月—2020年6月	
		由国文	副总经理	2016年6月—2017年3月	工作调动免职
			党委委员	2016年8月—2017年3月	
		曹雪玲	总工程师	2019年2月—2020年6月	
	水利部	赵登峰	总经理	2020年7月—2021年8月	
			党委委员	2020年7月—2021年8月	
		李长春	党委书记	2020年7月—2021年8月	
		赵月园	副总经理	2020年7月—2021年8月	
			党委委员	2020年7月—2021年8月	
		高必华	副总经理	2020年7月—2021年8月	
			党委委员	2020年7月—2021年8月	
		胡周汉	副总经理	2020年7月—2021年8月	
			党委副书记	2020年7月—2021年8月	
			纪委书记	2020年7月—2021年1月	
		曹雪玲	总工程师	2020年7月—2021年8月	
		倪鹏	纪委书记	2021年1月—2021年8月	
			党委委员	2021年4月—2021年8月	

执笔人：李庆中　杨　阳　靳　军
审核人：胡周汉　张元教

地方水行政主管
部门组织沿革

北京市水务局

北京市水务局是负责北京市水资源节约、保护、合理配置和可持续利用，城乡供水、污水处理、防汛抗旱、水资源循环利用和水环境保护治理等水行政管理职能的市政府组成部门。2004 年，北京市政府决定撤销北京市水利局，组建北京市水务局。北京市水务局现有 34 个直属单位。

2001 年以来，北京市水务局组织沿革划分为 4 个阶段：2001 年 1 月—2004 年 4 月，2004 年 5 月—2009 年 7 月，2009 年 8 月—2018 年 9 月，2018 年 10 月—2021 年 12 月。

一、第一阶段（2001 年 1 月—2004 年 4 月）

2000 年 6 月，根据《北京市人民政府办公厅关于〈印发北京市水利局职能配置、内设机构和人员编制规定〉的通知》（京政办发〔2000〕54 号），明确北京市水利局为主管北京市水行政管理工作的市政府直属机构。

（一）主要职责

北京市水利局的主要职责为：组织制定北京市水利发展战略、中长期和年度计划并组织实施。贯彻国家有关水利的法律、法规和政策，研究起草水利方面的地方性法规、规章草案和有关制度并组织实施。负责北京市水资源的统一管理工作；负责组织编制北京市水资源开发利用和保护的综合规划以及水的中长期和年度供求计划并监督实施；发布水资源公报。主管北京市节约用水工作；组织拟定节约用水的政策；组织编制节约用水规划、计划，制定有关标准并监督实施；负责规划北京市区以外地区节约用水的具体工作。负责实施取水许可制度；负责地下水取水核准；负责北京市水文工作；负责北京市的雨洪、再生水的利用及地下水人工排水和回灌的管理工作。负责北京市水功能区的划分；承担河道、水库、湖泊的保护管理工作；监测河流、湖泊、水库及饮水区等水域的水量、水质，研究水域的纳污能力，提出限制排污总量的意见和办法并监督实施。组织、指导水政监察和水行政执法；协调部门和区县间的水事纠纷。负责北京市水利工程和设施的管理；组织编制重点水利基建项目的建议书、可行性报告；监督实施水利行业技术质量标准和水利工程的规程、规范；负责水利工程的竣工验收和交付使用工作。组织、协调、监督、指导北京市防汛抗旱工作。拟定有关水利的经济调节措施；配合有关部门提出有关水利的价格、信贷等经济调节意见。指导郊区水利工作；组织协调农田水利基本建设和管理。组织北京市水土保持生态环境工作；研究拟定水土保持生态环境的规划；负责水土流失的监测和综合防治工作。主管北京市水利科技、教育和对外经济、技术合作与交流工作；组织重大水利项目的科学研究和技术推广工作。承办北京市政府交办的其他事项。

（二）人员编制和内设机构

根据 2000 年 6 月《北京市人民政府办公厅关于印发〈北京市水利局职能配置、内设机构和人员编制规定〉的通知》（京政办发〔2000〕54 号），北京市水利局内设办公室、政策法规处、研究室、综合计划处、水资源管理处、北京市节约用水办公室、水利工程建设与管理处、郊区水利处、科技教育处、宣传处、财务处、审计处、人事处、工会团委等 14 个职能处室和机关党委、老干部处等，纪检监察机构按有关规定派驻。

北京市水利局机关行政编制 66 名（含纪检监察编制），另核定老干部工作机构行政编制 1 名。其中：局长 1 名，副局长 3 名，处级领导职数 28 名；总工程师 1 名，副总工程师 2 名。

（三）局属单位

2001 年 8 月，北京市节约用水事务管理中心成立，为全额拨款事业单位（京编办事〔2001〕73 号）。

2002 年 8 月，按照政企分开原则，北京市水利局所属企业与北京市水利局脱钩，2919 人随企业脱钩，12 家企业移交北京市城乡建设集团有限责任公司，北京燕波水利建设监理有限责任公司脱钩后成为无主管的社会单位。

2002 年 12 月，北京市水利工程供水经营核算中心成立，为自收自支事业单位（京编办事〔2002〕194 号）。

2003 年 3 月，北京市水利建设管理中心成立，为差额拨款事业单位（京编办事〔2003〕29 号）。

2003 年 3 月，永定河滞洪水库管理处成立，为全额拨款事业单位（京编办事〔2003〕34 号）。

北京市水利局机构图（2001 年）见图 1。

二、第二阶段（2004 年 5 月—2009 年 7 月）

2004 年 5 月，北京市水务局正式挂牌成立。2004 年 7 月，《北京市人民政府办公厅关于印发〈北京市水务局主要职责、内设机构和人员编制规定〉的通知》（京政办发〔2004〕44 号）明确北京市水务局为负责北京市水行政管理工作的市政府组成部门。

（一）主要职责

（1）研究北京市水务发展战略，起草有关水行政管理方面的地方性法规、规章草案，提出水务中长期发展规划及年度计划，并组织实施；组织国民经济和社会发展规划、城市总体规划及重大建设项目中有关水务方面的论证工作；参与制定有关流域水资源规划。

（2）统一管理北京市水资源（含地表水、地下水、空中水）；制定水资源中长期供求计划、水量分配调度方案，并监督实施；组织实施取水许可制度和水资源费征收制度；发布水资源公报；负责管理水文工作。

（3）负责北京市供水行业管理工作；组织制定供水行业的技术、运营、服务、供应等管理规范和技术标准，并监督实施；负责供水行业特许经营的具体实施工作；负责北京市自备井的管理；监督检查公共供水和自建设施供水单位的供水水质。

（4）负责北京市计划用水、节约用水的管理；组织拟定计划用水、节约用水的有关政策和标准，并监督实施。

（5）负责北京市排水、污水处理、再生水利用的行业管理工作；负责排水、污水处理、再生水利用行业特许经营的具体实施工作；负责排水设施、污水处理设施、再生水利用设施维修养护的管理以及污水处理费征收、使用的管理工作；负责排水许可管理和排水水质监测的管理工作。

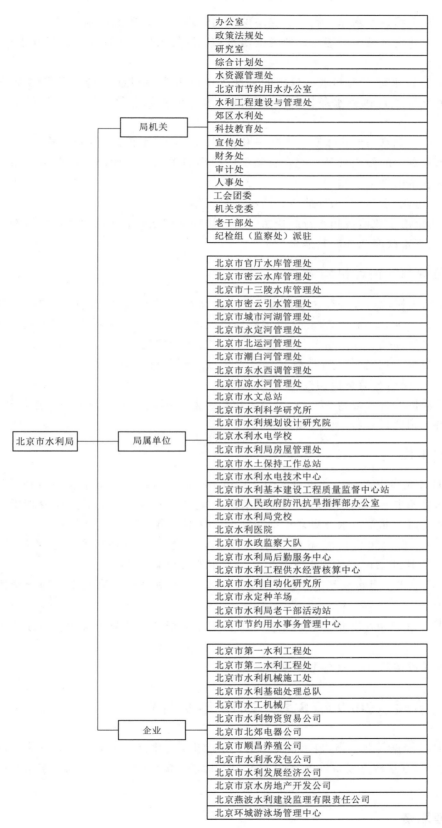

		办公室
		政策法规处
		研究室
		综合计划处
		水资源管理处
		北京市节约用水办公室
		水利工程建设与管理处
		郊区水利处
	局机关	科技教育处
		宣传处
		财务处
		审计处
		人事处
		工会团委
		机关党委
		老干部处
		纪检组（监察处）派驻

		北京市官厅水库管理处
		北京市密云水库管理处
		北京市十三陵水库管理处
		北京市密云引水管理处
		北京市城市河湖管理处
		北京市永定河管理处
		北京市北运河管理处
		北京市潮白河管理处
		北京市东水西调管理处
		北京市凉水河管理处
		北京市水文总站
		北京市水利科学研究所
北京市水利局	局属单位	北京市水利规划设计研究院
		北京水利水电学校
		北京市水利局房屋管理处
		北京市水土保持工作总站
		北京市水利水电技术中心
		北京市水利基本建设工程质量监督中心站
		北京市人民政府防汛抗旱指挥部办公室
		北京市水利局党校
		北京水利医院
		北京市水政监察大队
		北京市水利局后勤服务中心
		北京市水利工程供水经营核算中心
		北京市水利自动化研究所
		北京市永定种羊场
		北京市水利局老干部活动站
		北京市节约用水事务管理中心

		北京市第一水利工程处
		北京市第二水利工程处
		北京市水利机械施工处
		北京市水利基础处理总队
		北京市水工机械厂
	企业	北京市水利物资贸易公司
		北京市北郊电器公司
		北京市顺昌养殖公司
		北京市水利承发包公司
		北京市水利发展经济公司
		北京市京水房地产开发公司
		北京燕波水利建设监理有限责任公司
		北京环城游泳场管理中心

图 1 北京市水利局机构图（2001 年）

（6）负责北京市河道、水库、湖泊、堤防保护的管理工作；监测河流、湖泊、水库及饮水区等水域的水量、水质；核定水域纳污能力，研究提出水功能区的划分、限制排污总量和水环境治理的意见，并监督实施。

（7）负责北京市水务工程和水务设施的管理工作；组织编制重点水务工程建设项目建议书和可行性研究报告；组织实施国家水务技术质量标准和水务工程的规程、规范；组织水务工程的竣工验收工作。

（8）组织、协调北京市农田水利基本建设和管理；负责北京市水土保持工作。

（9）参与水务资金的使用管理；配合有关部门提出有关水务方面的经济调节政策、措施；参与北京市水价管理和改革的有关工作。

（10）组织、协调、监督、指导北京市防汛抗旱工作。

（11）负责北京市水政监察和水行政执法工作；协调部门之间和区县之间的水事纠纷。

（12）承办北京市政府交办的其他事项。

（二）人员编制和内设机构

根据《北京市人民政府办公厅关于印发〈北京市水务局主要职责、内设机构和人员编制规定〉的通知》（京政办发〔2004〕44号），北京市水务局机关内设办公室、法制处、研究室、综合计划处、水资源管理处、供水管理处、北京市节约用水办公室、排水管理处（再生水利用管理处）、工程建设与管理处、农田水利与水土保持处、科技教育处、宣传处、财务处、审计处、人事处、机关党委（工会、团委）、老干部处。纪检、监察机构按有关规定派驻。

北京市水务局机关行政编制77名，另核定纪检、监察编制3名，老干部工作机构行政编制1名。其中：局长1名，副局长4名；处级领导职数34名。

（三）局属单位

2004年9月，北京市水利局党校更名为北京市水务局党校；北京市水利局后勤服务中心更名为北京市水务局后勤服务中心；北京市水利局房屋管理处更名为北京市水务局房屋管理中心；北京市水利局老干部活动站更名为北京市水务局老干部活动站（京编办事〔2004〕89号）。

2004年10月，撤销北京市城市节约用水办公室、北京市节约用水事务管理中心（京编办事〔2004〕93号），组建北京市节约用水管理中心，为正处级全额拨款事业单位。

2004年10月，北京市水利基本建设工程质量监督中心站由差额拨款变更为全额拨款（京编办事〔2004〕112号）。

2005年6月，北京市水务信息管理中心成立，为正处级全额拨款事业单位（京编办事〔2005〕61号）。

北京市水务局机构图（2004年）见图2。

三、第三阶段（2009年8月—2018年9月）

2009年8月，根据《北京市人民政府办公厅关于印发〈北京市水务局主要职责、内设机构和人员编制规定〉的通知》（京政办发〔2009〕59号），明确北京市水务局为负责北京市水行政管理工作的市政府组成部门。

（一）主要职责

（1）贯彻落实国家关于水务工作方面的法律、法规、规章和政策，起草北京市相关地方性法规草

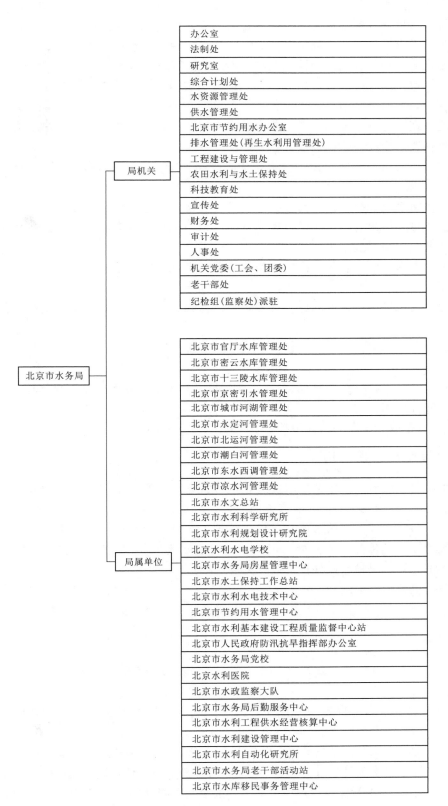

办公室

法制处

研究室

综合计划处

水资源管理处

供水管理处

北京市节约用水办公室

排水管理处(再生水利用管理处)

工程建设与管理处

农田水利与水土保持处

科技教育处

宣传处

财务处

审计处

人事处

机关党委(工会、团委)

老干部处

纪检组(监察处)派驻

北京市官厅水库管理处

北京市密云水库管理处

北京市十三陵水库管理处

北京市京密引水管理处

北京市城市河湖管理处

北京市永定河管理处

北京市北运河管理处

北京市潮白河管理处

北京市东水西调管理处

北京市凉水河管理处

北京市水文总站

北京市水利科学研究所

北京市水利规划设计研究院

北京水利水电学校

北京市水务局房屋管理中心

北京市水土保持工作总站

北京市水利水电技术中心

北京市节约用水管理中心

北京市水利基本建设工程质量监督中心站

北京市人民政府防汛抗旱指挥部办公室

北京市水务局党校

北京水利医院

北京市水政监察大队

北京市水务局后勤服务中心

北京市水利工程供水经营核算中心

北京市水利建设管理中心

北京市水利自动化研究所

北京市水务局老干部活动站

北京市水库移民事务管理中心

图2 北京市水务局机构图 (2004 年)

案、政府规章草案，并组织实施；拟定水务中长期发展规划和年度计划，并组织实施。

（2）负责统一管理北京市水资源（包括地表水、地下水、再生水、外调水）；会同有关部门拟定水资源中长期和年度供求计划，并监督实施；组织实施水资源论证制度和取水许可制度，发布水资源公报；指导饮用水水源保护和农民安全饮水工作；负责水文管理工作。

（3）负责北京市供水、排水行业的监督管理；组织实施排水许可制度；拟定供水、排水行业的技术标准、管理规范，并监督实施。

（4）负责北京市节约用水工作；拟定节约用水政策，编制节约用水规划，制定有关标准，并监督实施；指导和推动节水型社会建设工作。

（5）负责北京市河道、水库、湖泊、堤防的管理与保护工作；组织水务工程的建设与运行管理；负责应急水源地管理。

（6）负责北京市水土保持工作；指导、协调农村水务基本建设和管理。

（7）承担北京市人民政府防汛抗旱指挥部（北京市防汛抗旱应急指挥部）的具体工作，组织、监督、协调、指导北京市防汛抗旱工作。

（8）负责北京市水政监察和行政执法工作；依法负责水务方面的行政许可工作；协调部门、区县之间的水事纠纷。

（9）承担北京市水务突发事件的应急管理工作；监督、指导水务行业安全生产工作，并承担相应的责任。

（10）负责北京市水务科技、信息化工作；组织重大水务科技项目的研发，指导科技成果的推广应用。

（11）参与水务资金的使用管理；配合有关部门提出有关水务方面的经济调节政策、措施；参与水价管理和改革的有关工作。

（12）承办北京市政府交办的其他事项。

（二）人员编制和内设机构

根据《北京市人民政府办公厅关于印发〈北京市水务局主要职责内设机构和人员编制规定〉的通知》（京政办发〔2009〕59号），北京市水务局内设办公室、法制处（研究室）、规划计划处、水资源管理处、工程建设与管理处、郊区水务处、供水管理处、排水管理处、北京市节约用水办公室、安全监督处、科技教育处、宣传处、财务处、审计处、人事处等15个职能处（室）和机关党委（团委）、工会、离退休干部处等。纪检、监察机构按有关规定派驻。

北京市水务局机关行政编制90名。其中：局长1名，副局长4名；处级领导职数正职18名（含机关党委专职副书记1名、工会专职副主席1名、离退休干部处处长1名）副职16名。

（三）局属单位

2010年10月，北京市水库移民事务中心成立，为正处级全额拨款事业单位（京编办事〔2010〕111号）。

2011年8月，北京市水务宣传中心成立，为正处级全额拨款事业单位，撤销北京市永定种羊场（京编办事〔2011〕79号）。

2012年3月，北京市水利水电技术中心更名为北京市郊区水务事务中心（京编办事〔2012〕25号）。

2012年7月，北京市水利科学研究所更名为北京市水科学技术研究院（京编办事〔2012〕235号）。

2013年3月，北京市水利建设管理中心更名为北京市水务工程建设与管理事务中心，经费形式由差额拨款变更为全额拨款（京编办事〔2013〕19号）。

2013年3月，北京市排水管理事务中心成立，为正处级全额拨款事业单位（京编办事〔2013〕22号）。

2014 年 8 月，北京市水资源调度中心成立，为公益一类正处级事业单位（京编办事〔2014〕76 号）。

2014 年 10 月，北京市水文总站加挂北京市水务局水质监测中心的牌子（京编办事〔2014〕101 号）。

2014 年 12 月，北京市机构编制委员会办公室《关于明确第一批市属事业单位类别的通知》（京编办发〔2014〕31 号）明确北京市人民政府防汛抗旱指挥部办公室为行政类事业单位；明确北京市水务局所属 21 家事业单位：北京市水资源调度中心、北京市水库移民事务中心、北京市水务工程建设与管理事务中心、北京市水务局党校、北京市水务宣传中心、北京市水务局老干部活动站、北京市城市河湖管理处、北京市永定河管理处、北京市永定河滞洪水库管理处、北京市水务信息管理中心、北京市水利工程供水经营核算中心、北京市东水西调管理处、北京市排水管理事务中心、北京市官厅水库管理处、北京市密云水库管理处、北京市十三陵水库管理处、北京市京密引水管理处、北京市潮白河管理处、北京市北运河管理处、北京市凉水河管理处、北京水利水电学校（北京市水利职工中专学校）为公益一类事业单位；明确北京市水务局所属 3 家事业单位：北京市水务局房屋管理中心、北京市水利自动化研究所、北京水利医院为公益二类事业单位。

2015 年 6 月，北京市水影响评价中心成立，为正处级公益一类事业单位（京编办事〔2015〕65 号）。

2015 年 8 月，北京市水利基本建设工程质量监督中心站更名为北京市水利工程质量与安全监督中心站（京编办事〔2015〕81 号）。

2015 年 10 月，北京市水利工程供水经营核算中心更名为北京市水务局资产管理事务中心（京编办事〔2015〕111 号）。

北京市水务局机构图（2018 年）见图 3。

四、第四阶段（2018 年 10 月—2021 年 12 月）

2018 年 10 月，北京市南水北调工程建设委员会及其办公室并入北京市水务局。

《中共北京市委办公厅 北京市人民政府办公厅关于印发〈北京市水务局职能配置、内设机构和人员编制规定〉的通知》（京办字〔2019〕27 号）明确北京市水务局是主管水行政的市政府组成部门。

（一）主要职责

（1）负责保障北京市水资源的合理开发利用。贯彻落实国家关于水务工作的法律法规、规章、政策和战略规划。起草北京市相关地方性法规草案、政府规章草案，拟定相关政策并组织实施。组织编制水务发展规划和水资源规划、河湖流域规划、南水北调规划、防洪规划，参与编制供水规划、排水规划并组织实施。

（2）组织开展北京市水资源保护工作。组织编制并实施水资源保护规划。指导饮用水水源保护有关工作，组织开展地下水开发利用和地下水资源管理保护以及地下水超采区综合治理。

（3）负责北京市水文工作。负责水文水资源监测、水文站网建设和管理。对地表水和地下水实施监测，发布水文水资源信息、情报预报和水资源公报。按规定组织开展水资源调查评价和水资源承载能力监测预警工作。

（4）负责北京市生活、生产经营和生态环境用水的统筹和保障。负责水资源的统一配置调度和监督管理。组织实施最严格水资源管理制度，会同有关部门拟定水资源中长期规划和年度供求计划、水量分配方案并监督实施。负责重要流域、区域以及重大调水工程的水资源调度。组织实施取水许可（含矿泉水和地热水）和水影响评价（含水资源论证和防洪论证、水土保持方案审查等），指导开展水资源有偿使用工作，参与水价管理、改革和水生态环境补偿的有关工作。

（5）按规定制定北京市水务工程建设有关制度并组织实施。负责提出水务领域固定资产投资规模、方向、项目安排建议，承担水务领域固定资产投资项目的组织实施和监督管理工作。参与水务资金的

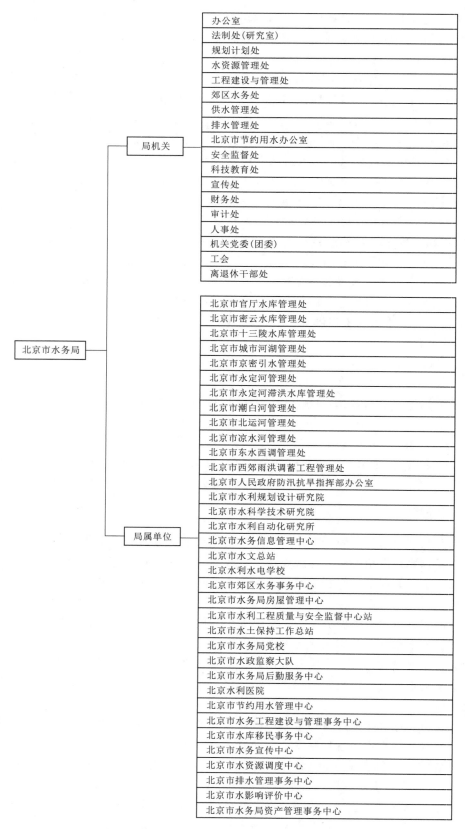

图 3　北京市水务局机构图（2018 年）

使用管理。配合有关部门提出有关水务方面的经济调节政策、措施。

(6) 负责北京市供水、排水行业的监督管理。组织实施排水许可制度。拟定供水、排水行业的技术标准、管理规范并监督实施。组织实施供水、排水行业特许经营。指导农民安全饮水工作。

(7) 负责北京市节约用水工作。拟定节约用水政策，组织编制节约用水规划，组织制定有关定额、标准并监督实施。组织实施用水总量控制、计划用水等管理制度，指导和推动节水型社会建设工作。

(8) 组织开展北京市海绵城市建设工作。组织编制并实施推进海绵城市建设工作的规划、计划、政策，组织制定完善海绵城市建设相关技术标准、规程规范，会同有关部门统筹推进海绵城市建设工作。

(9) 指导监督北京市水务工程建设与运行管理。组织实施南水北调北京段干线及北京市内配套工程运行和后续工程建设与运行管理。组织协调水利工程征地拆迁工作。负责水利建设市场的监督管理，组织实施水利工程建设的监督。组织开展水利工程建设安全、质量监督工作。

(10) 指导北京市水利设施、水域及其岸线的管理、保护与综合利用。组织指导水利基础设施网络建设。指导河湖治理和保护。指导河湖水生态保护与修复、河湖生态流量水量管理以及河湖水系连通工作。

(11) 负责北京市水土保持和水生态保护修复工作。拟定水土保持和水生态保护修复规划并监督实施，组织实施水土流失的综合防治、监测预报并定期公告。负责建设项目水土保持监督管理工作，组织重点水土保持建设和水生态保护修复项目的实施。依法承担水库、湖泊、河流等管理范围内湿地保护管理工作。

(12) 负责北京市河长制工作。拟定推进河长制工作的政策建议和工作任务，组织开展督查、考核。

(13) 指导监督本市水库移民后期扶持政策的实施。拟定水利工程移民有关政策并监督实施，组织实施水利工程移民安置规划、验收、监督评估等制度。协调推进水务区域合作、对口支援与协作工作。

(14) 负责北京市重大涉水违法事件的查处，协调和仲裁跨区水事纠纷，指导水政监察和水行政执法。

(15) 依法依规负责北京市水务行业安全生产和水务工程的安全监管工作。

(16) 负责开展北京市水务科技和信息化工作。拟定水务行业的技术标准、规程规范并监督实施。组织重大水务科技项目的研发和水务信息化项目的建设，指导科技成果的推广应用。组织开展水务国际合作与交流。

(17) 负责落实北京市综合防灾减灾规划相关要求，组织编制洪水干旱灾害防治规划和防护标准并指导实施。承担水情旱情监测预警工作。组织编制防御洪涝抗御旱灾调度及应急水量调度方案，按程序报批并组织实施。承担防御洪水和城市内涝应急抢险的技术支撑工作。

(18) 完成北京市委、市政府交办的其他任务。

(19) 职能转变。北京市水务局应切实加强水资源合理利用、优化配置和节约保护。坚持节水优先，按照以水定城、以水定地、以水定人、以水定产的原则，从增加供给转向更加重视需求管理，严格控制用水总量，提高用水效率。坚持保护优先，加强水资源、水域和水务工程的管理保护，加强地下水开发利用、管理保护，维护河湖健康美丽。坚持系统治理，加强北京市河湖水系水环境治理和水生态修复，落实城市修补和生态修复要求，完善城乡供排水服务保障体系，加强海绵城市建设。坚持统筹兼顾，保障合理用水需求和水资源的可持续利用，为经济社会发展提供水安全保障。

(二) 人员编制和内设机构

根据《中共北京市委办公厅 北京市人民政府办公厅关于印发〈北京市水务局职能配置、内设机构和人员编制规定〉的通知》（京办字〔2019〕27号），北京市水务局内设办公室、研究室、法制处、行政审批处、规划与科技处、投资计划处、水资源管理处（水文处）、北京市节约用水办公室、地下水管理处、水利工程建设处、南水北调工程建设处、水利工程运行管理处、供水管理处、污水处理与再生水管理处、海绵城市工作处（雨水管理处）、水土保持与水生态处、应急与安全管理处、水旱灾害防御处、河长制工作处、财务处、审计处、人事教育处、宣传处等23个职能处（室）和机关党委（党建工作处、团委）、机关纪委、工会和离退休干部处等。

北京市水务局机关行政编制159名。设局长1名，副局长5名，处级领导职数正职31名（含总工程师1名、总规划师1名、督察专员2名、机关党委专职副书记兼党建工作处处长1名、机关纪委书记1名、工会专职副主席1名、离退休干部处处长1名）副职31名。

（三）局属单位

2019年4月，北京市人民政府防汛抗旱指挥部办公室更名为北京市水务应急中心，为正处级公益一类事业单位（京编办事〔2019〕14号）。

2020年11月，整合北京市水政监察大队和北京市南水北调工程执法大队，组建北京市水务综合执法总队，为正处级行政执法机构（京编办行〔2020〕173号）。

2021年5月，整合北京市水资源调度中心、北京市南水北调调水运行管理中心（北京市南水北调水费收缴事务中心）、北京市南水北调信息中心，组建北京市水资源调度管理事务中心，为正处级公益一类事业单位；整合北京市水土保持工作总站、北京市水库移民事务中心，组建北京市水生态保护与水土保持中心，加挂北京市水库移民事务中心的牌子，为正处级公益一类事业单位；整合北京市水务工程建设与管理事务中心、北京市南水北调工程建设管理中心（北京市南水北调宣传教育中心）、北京市南水北调工程拆迁办公室，组建北京市水务建设管理事务中心，为正处级公益一类事业单位；整合北京市水利工程质量与安全监督中心站、北京市南水北调工程质量监督站，重新组建北京市水利工程质量与安全监督中心站，为正处级公益一类事业单位；整合北京市水务局党校、北京市水务宣传中心，重新组建北京市水务局党校，加挂北京市水务宣传教育中心牌子，为正处级公益一类事业单位；整合北京市水务局后勤服务中心、北京市水务局房屋管理中心、北京市水务局老干部活动站，组建北京市水务局综合事务中心，为正处级公益一类事业单位；整合北京市城市河湖管理处、北京市西郊雨洪调蓄工程管理处，重新组建北京市城市河湖管理处，为正处级公益一类事业单位；整合北京市永定河管理处、北京市永定河滞洪水库管理处，重新组建北京市永定河管理处，为正处级公益一类事业单位；整合北京市南水北调东干渠管理处、北京市南水北调南干渠管理处，组建北京市南水北调环线管理处，为正处级公益一类事业单位；整合北京市水利自动化研究所、北京市水务信息管理中心，组建北京市智慧水务发展研究院，为正处级公益一类事业单位；整合北京市水文总站（北京市水务局水质监测中心）、北京市南水北调水质监测中心，重新组建北京市水文总站，加挂北京市水务局水质水生态监测中心牌子，为正处级公益一类事业单位；设立北京市河湖流域管理事务中心，为正处级公益一类事业单位；北京市水影响评价中心更名为北京市水务局政务服务中心，为正处级公益一类事业单位；北京市节约用水管理中心更名为北京市节水用水管理事务中心，为正处级公益一类事业单位；北京市郊区水务事务中心更名为北京市供水管理事务中心，为正处级公益一类事业单位；北京市水务局资产管理事务中心更名为北京市水务资产管理事务中心，为正处级公益一类事业单位；北京市东水西调管理处更名为北京市清河管理处，为正处级公益一类事业单位；北京市水利规划设计研究院更名为北京市水务规划研究院，为正处级公益一类事业单位（京编委〔2021〕130号）。

2021年5月，保留北京市排水管理事务中心、北京市水务应急中心、北京市官厅水库管理处、北京市密云水库管理处、北京市十三陵水库管理处、北京市京密引水管理处、北京市潮白河管理处、北京市北运河管理处、北京市凉水河管理处、北京市南水北调团城湖管理处、北京市南水北调大宁管理处、北京市南水北调干线管理处、北京水利水电学校，以上单位为正处级公益一类事业单位；保留北京市水科学技术研究院、北京水利医院，以上单位为正处级公益二类事业单位（京编委〔2021〕130号）。

北京市水务局机构图（2021年）见图4，北京市水务局领导任免表（2001—2021年）见表1。

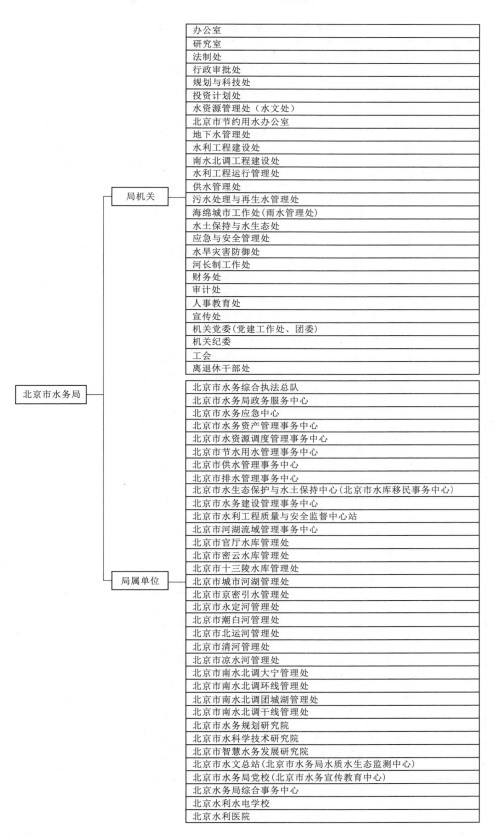

办公室
研究室
法制处
行政审批处
规划与科技处
投资计划处
水资源管理处（水文处）
北京市节约用水办公室
地下水管理处
水利工程建设处
南水北调工程建设处
水利工程运行管理处
供水管理处
污水处理与再生水管理处
海绵城市工作处(雨水管理处)
水土保持与水生态处
应急与安全管理处
水旱灾害防御处
河长制工作处
财务处
审计处
人事教育处
宣传处
机关党委(党建工作处、团委)
机关纪委
工会
离退休干部处

北京市水务综合执法总队
北京市水务局政务服务中心
北京市水务应急中心
北京市水务资产管理事务中心
北京市水资源调度管理事务中心
北京市节水用水管理事务中心
北京市供水管理事务中心
北京市排水管理事务中心
北京市水生态保护与水土保持中心(北京市水库移民事务中心)
北京市水务建设管理事务中心
北京市水利工程质量与安全监督中心站
北京市河湖流域管理事务中心
北京市官厅水库管理处
北京市密云水库管理处
北京市十三陵水库管理处
北京市城市河湖管理处
北京市京密引水管理处
北京市永定河管理处
北京市潮白河管理处
北京市北运河管理处
北京市清河管理处
北京市凉水河管理处
北京市南水北调大宁管理处
北京市南水北调环线管理处
北京市南水北调团城湖管理处
北京市南水北调干线管理处
北京市水务规划研究院
北京市水科学技术研究院
北京市智慧水务发展研究院
北京市水文总站(北京市水务局水质水生态监测中心)
北京市水务局党校(北京市水务宣传教育中心)
北京水务局综合事务中心
北京水利水电学校
北京水利医院

北京市水务局

局机关

局属单位

图 4　北京市水务局机构图（2021 年）

表 1 北京市水务局领导任免表（2001—2021 年）

机构名称	职务	姓名	任 免 时 间	备 注
北京市水务局	局长	刘汉桂	2000 年 1 月—2001 年 12 月	
		焦志忠	2001 年 12 月—2008 年 6 月	
		程 静	2008 年 2 月—2013 年 3 月	
		金树东	2013 年 3 月—2018 年 2 月	
		潘安君	2018 年 3 月—	
	副局长	徐维浩	1996 年 11 月—2002 年 7 月	
		张 宁	1997 年 7 月—2002 年 7 月	
		孙国升	1994 年 7 月—2010 年 12 月	
		毕小刚	2002 年 9 月—2004 年 4 月	
		程 静	2004 年 4 月—2008 年 1 月	
		张寿全	2004 年 4 月—2009 年 3 月	
		张 萍	2004 年 4 月—2016 年 4 月	
		朱建民	2006 年 10 月—2013 年 9 月	
		潘安君	2009 年 1 月—2018 年 2 月	
		刘 斌	2010 年 7 月—2018 年 11 月	
		刘 轩	2014 年 1 月—2017 年 12 月	
		张世清	2016 年 8 月—2020 年 11 月	
		杨进怀	2016 年 8 月—	
		何凤慈	2018 年 11 月—2020 年 4 月	
		刘光明	2018 年 11 月—	
		蒋春芹	2018 年 11 月—	
	总工程师	吴文桂	2000 年 10 月—2003 年 3 月	
		陈 铁	2004 年 4 月—2015 年 12 月	
		段 伟	2016 年 8 月—2020 年 1 月	
	党组书记	刘汉桂	2001 年 1 月—2001 年 8 月	
		刘宝善	2001 年 9 月—2003 年 1 月	
		焦志忠	2004 年 4 月—2008 年 11 月	
		聂玉藻	2008 年 11 月—2016 年 3 月	
		金树东	2016 年 4 月—2018 年 2 月	
		潘安君	2018 年 3 月—	
	党组副书记	王孝东	2003 年 9 月—2004 年 3 月	
		程 静	2004 年 4 月—2013 年 3 月	
		朱建民	2006 年 10 月—2013 年 9 月	
		张 萍	2014 年 1 月—2016 年 2 月	
		潘安君	2017 年 7 月—2018 年 3 月	

执笔人：孙志伟

审核人：王 宇

天津市水务局

天津市水务局是天津市政府组成部门（正局级），主要负责天津市城市供水、防汛抗旱、农村水利、水利工程建设与管理、节水用水、城市排水和有关河道堤岸管理等水行政工作。办公地点设在天津市河西区围堤道 210 号。

2001 年以来，按照天津市委、市政府在不同历史时期的中心任务和改革要求，坚持优化机构设置和职能配置，科学合理确定人员编制。该时期天津市水务局机构组织沿革大体分 3 个阶段：2001 年 1月—2009 年 5 月，2009 年 5 月—2018 年 11 月，2018 年 11 月—2021 年 12 月。

一、第一阶段（2001 年 1 月—2009 年 5 月）

2001 年，根据天津市委办公厅、天津市人民政府办公厅有关文件要求，设置天津市水利局（天津市引滦工程管理局）。天津市水利局（天津市引滦工程管理局）是主管天津市水行政的市政府组成部门，统一负责天津市节约用水、地下水资源、控制沉降和海河干流堤防的管理工作，天津市城市节约用水办公室划归市水利局；划入天津市防汛抗旱指挥部防潮分部的工作；负责对开采已探明的矿泉水、地热水办理取水许可证的工作。根据上述职能调整，天津市水利局（天津市引滦工程管理局）加挂天津市节约用水办公室的牌子。至此，天津市水利局一套班子，挂 4 块牌子，即天津市水利局、天津市引滦工程管理局、天津市防汛抗旱指挥部、天津市节约用水办公室。办公地址为天津市河西区围堤道 210 号。

（一）主要职责

天津市水利局（天津市引滦工程管理局）主要职责如下：

（1）拟定天津市水利工作的方针政策、发展战略；组织起草地方性水行政管理法规和规章，并监督实施。

（2）拟定天津市水利发展规划及年度计划，并监督实施；组织有关国民经济总体规划、城市规划及重大建设项目的水资源和防洪除涝的论证工作。

（3）组织、指导、协调、监督全市防汛、防潮、除涝、抗旱工作；对河湖、水库、蓄滞洪区和重要水利工程实施防汛抗旱调度；承担天津市防汛抗旱指挥部的日常工作。

（4）统一管理水资源，组织拟定天津市水长期供求计划、水量分配方案，并监督实施；组织实施取水许可制度和水资源费征收制度，对取水许可证实施统一管理；组织指导雨、洪水、再生水的开发利用；负责对开采已探明的矿泉水、地热水办理取水许可证的工作；负责发布市水资源公报；负责天津市水文工作。

（5）按照国家资源与环境保护的有关法律法规和标准，拟定水资源保护规划；组织水功能区的划分和向饮水区等水域排污的控制；监测河湖、水库的水量、水质，审定水域纳污能力；提出限制排污总量的意见。

（6）统一负责天津市节约用水工作，拟定节约用水政策，编制节约用水规划、用水计划，制定有关标准，并进行组织、指导和监督。

（7）负责天津市控制地面沉降管理工作。

（8）组织、指导水政监察和水政执法，查处违法行政案件；协调部门间和天津市区域间的水事纠纷；负责水行政复议及应诉等工作；负责水政监察队伍的业务培训和指导。

（9）拟定水利行业的经济调节措施；负责水利资金的安排使用和监督管理；指导水利行业的供水及多种经营工作；管理天津市水利系统国有资产。

（10）负责天津市河道、水库、湖泊管理工作；组织指导水利设施、水域及其岸线的管理和保护；组织指导河湖及河口、海岸滩涂的治理和开发；受天津市林业行政主管部门委托，负责河道、水库、护堤护岸林木砍伐的审核、发证工作。

（11）负责天津市水利工程建设的行业管理和质量监督；编制、审查水利基建项目建议书和可行性报告；负责水利基建和技措项目立项审批的有关工作；负责水利建设工程初步设计和造价管理；审查水利水电勘察设计和施工单位资质。

（12）组织编制水利科学技术发展规划、行业技术质量标准和水利工程的规范、规程，并监督实施；组织水利科学研究和技术推广；负责天津市水利行业对外技术合作与交流工作；指导天津市水利职工队伍建设。

（13）负责引滦输水、引滦工程管理及其他外调水源的输水和管理工作；办理跨界河流的对外协调工作。

（14）指导农村水利工作，拟定农村水利的方针政策、发展规划，组织指导农田水利基本建设和乡镇供水工作；归口管理水库渔业。

（15）指导天津市水土保持工作，研究拟定水土保持的工程措施规划，组织水土流失的监测和综合防治。

（16）承办天津市委、市政府交办的其他事项。

（二）人员编制与机构设置

根据《中共天津市委办公厅、天津市人民政府办公厅关于印发〈天津市水利局（天津市引滦工程管理局）职能配置、内设机构和人员编制规定〉的通知》（津党办发〔2001〕44号），天津市水利局（天津市引滦工程管理局）机关定编122人，比原编制219人减少44.3％。实际上岗92人，其中局领导11人，处长17人、副处长16人、调研员2人、助理调研员6人、科级干部19人、副科级干部14人、科办员6人，另有1名引进的博士后。

根据上述职责，天津市水利局（天津市引滦工程管理局）内设职能处（室）为：办公室、政策研究室、水政处（法制室）、规划设计管理处、计划处、水资源管理处（节约用水管理处）、工程管理处、科技管理处、财务处、人事劳动处、审计处、保卫处（引滦工程公安处）、党委办公室、组织处。另外，根据工作需要，按照有关规定，还设置了监察室、机关党委、老干部处、工会和团委。

2001年8月，原党委宣传部不再保留，其对外业务宣传职能划入办公室，其余职能划入党委办公室。原综合经营处不再保留，其职能划入财务处。原行政处转为局属事业单位，更名为机关服务中心。精简了总工程师室。

天津市水利局机关机构图（2009年）如图1所示。

（三）领导任免

2001年6月，免去张新景天津市水利局副局长职务。12月，天津市水利局党委书记王耀宗退休，刘振邦任天津市水利局党委书记。

2002年12月，李锦绣任天津市水利局党委副书记、纪委书记，免去天津市水利局副局长职务。朱芳清任天津市水利局副局长。免去刘同章天津市水利局纪委书记职务，退休。

2003年4月，天津市水利局副局长赵连铭退休。8月，王宏江任天津市水利局党委副书记。9月，免去刘振邦天津市水利局局长职务，王宏江任天津市水利局局长。12月，天津市水利局助理巡视员刘洪武退休。

2004年7月，景悦、张志颇、陈振飞任天津市水利局副局长。12月31日，天津市水利局副局长戴峙东退休。

2005年12月，天津市水利局党委副书记陆铁宝退休。

2006年4月，天津市水利局副局长单学仪退休。9月，王志合任天津市水利局党委副书记、纪委书记，免去李锦绣天津市水利局纪委书记职务。10月，张文波任天津市水利局副巡视员。

2008年3月，免去王宏江天津市水利局局长、党委副书记职务，朱芳清任天津市水利局局长、党委副书记。8月，李文运任天津市水利局副局长，刘长平任天津市水利局副巡视员。

2009年5月，免去刘振邦天津市水利局党委书记职务。免去李锦绣天津市水利局党委副书记职务。免去王志合天津市水利局纪委书记职务。免去景悦天津市水利局副局长职务。

天津市水利局领导任免表（2001年1月—2009年5月）见表1。

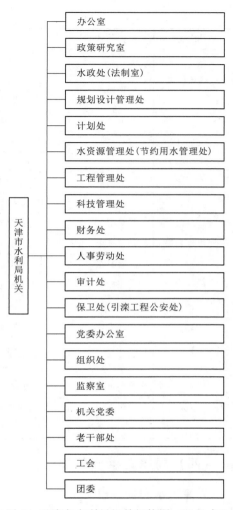

图1 天津市水利局机关机构图（2009年）

表1　　　　天津市水利局领导任免表（2001年1月—2009年5月）

机构名称	姓　名	职　务	任　免　时　间	备　注
天津市水利局	王耀宗	党委书记	1995年3月—2001年12月	
	刘振邦	局　长	1995年5月—2003年9月	
		党委书记	2001年12月—2009年5月	
		党委副书记	1995年5月—2001年12月	
	王宏江	局　长	2003年9月—2008年3月	
		副局长	1997年6月—2003年9月	
		党委副书记	2003年8月—2008年3月	
	朱芳清	局　长	2008年3月—	
		副局长	2002年12月—2008年3月	
		党委副书记	2008年3月—	
	陆铁宝	副局长	1992年6月—2002年12月	
		党委副书记	1996年8月—2005年12月	

续表

机构名称	姓　名	职　务	任　免　时　间	备　注
天津市水利局	李锦绣	副局长	1999 年 4 月—2002 年 12 月	
		纪委书记	2002 年 12 月—2006 年 9 月	
		党委副书记	2002 年 12 月—2009 年 5 月	
		巡视员	2009 年 5 月—	
	王志合	纪委书记	2006 年 9 月—2009 年 5 月	
		党委副书记	2006 年 9 月—	
	刘同章	纪委书记	1998 年 12 月—2002 年 12 月	
	赵连铭	副局长	1985 年 6 月—2003 年 4 月	
	单学仪	副局长	1990 年 9 月—2006 年 4 月	
	王天生	副局长	1995 年 4 月—	
	戴峥东	副局长	1996 年 9 月—2004 年 12 月	
	张新景	副局长	1997 年 12 月—2001 年 6 月	
	景　悦	副局长	2004 年 7 月—2009 年 5 月	
	张志颇	副局长	2004 年 7 月—	
	陈振飞	副局长	2004 年 7 月—	
	李文运	副局长	2008 年 8 月—	
	刘洪武	助理巡视员	1996 年 1 月—2003 年 12 月	
	张文波	副巡视员	2006 年 10 月—	
	刘长平	副巡视员	2008 年 8 月—	

（四）局属企事业单位

天津市水利局直属企事业单位有：天津市水利基建管理处、天津市水利科学研究院、天津市水文水资源勘测管理中心、天津市水利局农田水利处、天津市水利局物资处、天津市控制地面沉降工作办公室、天津市海河管理处、天津市永定河管理处、天津市北三河管理处、天津市大清河管理处、天津市海堤管理处、天津市水利工程建设质量安全监督站、天津市水利局引滦工程管理处、天津市引滦工程隧洞管理处、天津市引滦工程黎河管理处、天津市引滦工程于桥水库管理处、天津市引滦工程潮白河管理处、天津市引滦工程尔王庄管理处、天津市引滦工程宜兴埠管理处、天津市引滦入港工程管理处、天津市水利局水源调度处、天津市北大港水库管理处、天津市水利勘测设计院、天津市水利局（天津市引滦工程管理局）机关服务中心、天津市节约用水事务管理中心、天津市水利局通信管理中心、天津市水利工程建设交易管理中心、天津市水利工程建设管理中心、水利部天津职工培训中心、天津市水政监察总队、中共天津市水利局委员会党校和天津市于桥水力发电有限责任公司。

二、第二阶段（2009 年 5 月—2018 年 11 月）

2009 年 5 月，根据天津市委、天津市人民政府有关文件要求，决定"组建水务局，为市政府组成部门，加挂引滦工程管理局牌子。将水利局职责，建设管理委员会城市供水、城市排水、有关河道堤岸管理的职责，整合划入水务局。不再保留水利局"。天津市水务局为负责天津市水行政工作的市政府组成部门。2009 年 5 月 7 日，天津市水务局正式挂牌。

（一）主要职责

天津市水务局主要职责如下：

（1）贯彻执行水务工作的法律、法规和方针政策；拟定地方性水行政管理法规和规章草案，并监督实施；拟定天津市水务工作的方针政策和发展战略。

（2）组织编制城市总体规划中有关水务方面的专业规划；拟定水务发展规划及年度计划，并监督实施；提出水务建设投资安排建议并组织实施；会同有关部门组织有关国民经济发展规划、城市规划及重大建设项目的水资源和防洪除涝的论证工作。

（3）组织、指导、协调、监督天津市防汛、防潮、排水、除涝、抗旱工作；负责蓄滞洪区的安全建设和管理工作；对河湖、水库、蓄滞洪区和重要水务工程实施防汛抗旱调度。

（4）统一管理水资源，拟定水资源综合规划和年度用水计划，并监督实施；组织实施水资源有偿使用制度；组织指导雨水、洪水、再生水的开发利用，负责海水淡化工作；负责对开采已探明的矿泉水、地热水办理取水许可证工作；负责发布水资源公报；负责天津市水文工作。

（5）负责水资源保护工作，组织编制水资源保护规划；组织拟定重要水功能区划并监督实施；核定水域纳污能力，提出限制排污总量建议；负责饮用水水源保护工作。

（6）负责天津市水务工程建设和管理；组织、指导和监督水务工程设施的建设和运行管理；负责水务建设工程质量和安全监督管理；负责实施具有控制性或跨区域的重要水务工程的建设和运行管理。

（7）负责城市供水、排水管理工作，并承担相应的监管责任；负责自来水和污水处理的行业管理工作；指导协调区县供水、排水管理工作。

（8）统一负责全市节约用水工作，拟定节约用水政策，编制节约用水规划，制定有关标准，并组织实施；指导和推动节水型社会建设工作。

（9）负责天津市控制地面沉降管理工作。

（10）组织指导农村水利建设；管理水库渔业。

（11）指导天津市水土保持工作，研究拟定水土保持的工程措施规划，组织水土流失的监测和综合防治。

（12）主管天津市河道、水库、湖泊、海堤；负责水务设施、水域及其岸线的管理和保护；组织指导河湖及河口、海岸滩涂的治理和开发；受林业行政主管部门委托，负责河道、水库、护堤护岸林木砍伐的管理工作；负责水库移民管理工作。

（13）负责引滦、南水北调及其他外调水源的输水和管理工作；负责引滦工程和天津市南水北调工程管理工作；负责跨界河流的对外协调工作。

（14）组织编制水务科学技术发展规划、行业技术质量标准和水务工程的规范、规程，并监督实施；组织水务科学研究和技术推广；负责天津市水务行业对外技术合作与交流工作。

（15）拟定水利、供水、排水行业的经济调节措施；负责水务资金的安排使用和监督管理；承担水务系统相关国有资产的监管责任。

（16）负责水务方面的行政审批、行政复议和行政诉讼工作；组织指导水政监察和水政执法，负责水行政执法队伍建设，依法查处涉水违法行政案件；协调部门间和天津市区域间的水事纠纷。

（17）承办天津市委、市政府交办的其他事项。

（二）人员编制和机构设置

2010年3月，根据天津市委办公厅、天津市人民政府办公厅有关文件要求，天津市水务局机关行政编制为117名（含老干部工作人员编制4名）。其中：书记1名，局长1名，专职副书记1名，副局长4

名，总工程师 1 名；处级领导职数 17 正 26 副（含机关党委专职副书记 1 名）。机关工勤事业编制另行核定。纪检、监察机构按规定派驻，人员编制另行核定。

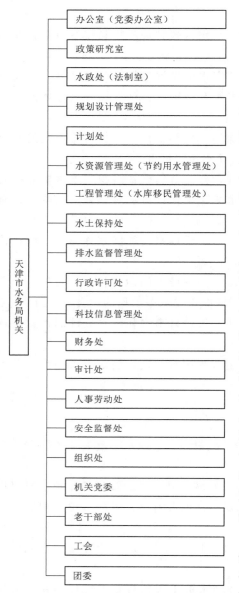

图 2　天津市水务局机关机构图（2018 年）

根据天津市委、市政府有关文件中对天津市水务局确定的职责，天津市水务局内设职能处（室）17 个，群众机构 2 个。即办公室（党委办公室）、政策研究室、水政处（法制室）、规划设计管理处、计划处、水资源管理处（节约用水管理处）、工程管理处（水库移民管理处）、水土保持处、行政许可处、科技信息管理处、财务处、审计处、人事劳动处、安全监督处、组织处、机关党委、老干部处、工会、团委。

按照新的内设机构职责分工，对 2001 年以来天津市水利局成立的议事协调机构进行全面清理，大幅精简议事协调机构并严格设立议事协调机构的程序，撤销议事协调机构 48 个，保留 28 个（其中调整的 22 个），临时保留 17 个（其中调整的 6 个）。

其他事项：①天津市水务局加挂天津市节约用水办公室的牌子；②天津市南水北调工程建设委员会办公室为天津市南水北调工程建设委员会的办事机构，设在天津市水务局；③天津市防汛抗旱指挥部办公室设在天津市水务局，承担天津市防汛抗旱指挥部的日常工作；④将原天津市供水管理处、天津市排水管理处整建制划归天津市水务局管理；⑤关于矿泉水和地热水管理的职责分工：开采已探明的矿泉水、地热水由天津市水务局在统一考虑地表水与地下水的资源状况和生活用水、农业用水、工业用水的实际需要的基础上，先办理取水许可证，确定开采限量；开采矿泉水、地热水，用于商业经营的企事业单位（如矿泉水厂、温泉宾馆、地热电厂等），凭取水许可证向地质矿产行政主管部门登记，办理相应的采矿许可证，并按照天津市水务局确定的开采限量开采。天津市水务局负责开采地热水回灌的监督管理工作。

2013 年 9 月 22 日，天津市机构编制委员会批复天津市水务局增设排水监督管理处，为内设机构，主要职责是：负责指导天津市城镇排水管理工作，组织制定行业政策、制度、技术标准和规程规范文件，组织编制城市排水规划和再生水设施建设发展规划并组织实施和监督管理；负责对城市排水设施养护和市属公共排水设施运行管理和运行调度进行监督检查；负责天津市区防汛的组织协调工作。所有人员编制在现有行政编制内调剂解决。

天津市水务局机关机构图（2018 年）如图 2 所示。

（三）领导任免

2009 年 5 月，慈树成任天津市水务局党委书记。陈玉恒、李树根任天津市水务局副局长。李锦绣任天津市水务局巡视员。7 月，丛建华任天津市纪委驻天津市水务局纪检组组长。

2010 年 8 月，天津市水务局副局长王天生退休。

2011 年 7 月，刘广洲任天津市水务局副巡视员。8 月，杨玉刚任天津市水务局总工程师。12 月，免去陈玉恒天津市水务局副局长职务。

2012 年 2 月，免去慈树成天津市水务局党委书记职务，马明基任天津市水务局党委书记。8 月，王志合任天津市水务局巡视员。9 月，张文波任天津市南水北调工程建设委员会办公室专职副主任，免去其天津市水务局副巡视员职务。

2013 年 7 月，天津市水务局党委副书记、巡视员王志合退休。11 月，马白玉任天津市水务局副局长（正局级）。12 月，唐先奇任天津市水务局副巡视员。

2014 年 9 月，天津市纪委驻天津市水务局纪检组组长丛建华退休。11 月，免去马白玉天津市水务局副局长（正局级）职务。

2015 年 10 月，赵红任天津市纪委驻天津市水务局纪检组组长。11 月，免去陈振飞天津市水务局副局长职务。12 月，天津市水务局副巡视员刘广洲退休。

2016 年 2 月，免去朱芳清天津市水务局党委副书记职务，景悦任天津市水务局党委副书记。3 月，免去朱芳清天津市水务局局长职务，景悦任天津市水务局局长。4 月，马明基不再担任天津市水务局党委书记职务。6 月，梁宝双、杨建图任天津市水务局副巡视员。7 月，闫学军任天津市水务局副局长。

2017 年 2 月，天津市水务局副局长李树根退休。4 月，孙宝华任天津市水务局党委书记。6 月，免去景悦天津市水务局党委副书记职务。7 月，免去景悦天津市水务局局长职务。9 月，刘长平、唐先奇、梁宝双、杨建图套改为二级巡视员。

2018 年 1 月，杨玉刚任天津市水务局副局长。8 月，李文运任天津市水务局一级巡视员。9 月，免去孙宝华天津市水务局党委书记职务，张志颇任天津市水务局党委书记。11 月，张志颇任天津市水务局局长，张文波任天津市水务局副局长，免去张文波天津市南水北调工程建设委员会办公室专职副主任职务。

天津市水务局领导任免表（2009 年 5 月—2018 年 11 月）见表 2。

表 2　　　　　　　　　　天津市水务局领导任免表（2009 年 5 月—2018 年 11 月）

机构名称	姓名	职务	任免时间	备注
天津市水务局	朱芳清	局长	继任—2016 年 3 月	
		党委副书记	继任—2016 年 2 月	
	景悦	局长	2016 年 3 月—2017 年 7 月	
		党委副书记	2016 年 2 月—2017 年 6 月	
	张志颇	局长	2018 年 11 月—	
		党委书记	2018 年 9 月—	
		副局长	继任—2018 年 11 月	
	慈树成	党委书记	2009 年 5 月—2012 年 2 月	
	马明基	党委书记	2012 年 2 月—2016 年 4 月	
	孙宝华	党委书记	2017 年 4 月—2018 年 9 月	
	王志合	党委副书记	继任—2013 年 7 月	
		巡视员	2012 年 8 月—2013 年 7 月	
	丛建华	驻局纪检组组长	2009 年 7 月—2014 年 9 月	
	赵红	驻局纪检组组长	2015 年 10 月—	
	王天生	副局长	继任—2010 年 8 月	
	陈振飞	副局长	继任—2015 年 11 月	
	李文运	副局长	继任—	
		一级巡视员	2018 年 8 月—	

机构名称	姓　名	职　务	任　免　时　间	备　注
天津市水务局	陈玉恒	副局长	2009 年 5 月—2011 年 12 月	
	李树根	副局长	2009 年 5 月—2017 年 2 月	
	马白玉	副局长	2013 年 11 月（正局级）—2014 年 11 月	
	闫学军	副局长	2016 年 7 月—	
	杨玉刚	副局长	2018 年 1 月—	
		总工程师	2011 年 8 月—	
	张文波	副局长	2018 年 11 月—	
		副巡视员	继任—2012 年 9 月	
		南水北调办专职副主任	2012 年 9 月—2018 年 11 月	
	李锦绣	巡视员	2009 年 5 月—2010 年 4 月	
	刘长平	副巡视员	继任—2017 年 9 月	
		二级巡视员	2017 年 9 月—	
	刘广洲	副巡视员	2011 年 7 月—2015 年 12 月	
	唐先奇	副巡视员	2013 年 12 月	
		二级巡视员	2017 年 9 月—	
	梁宝双	副巡视员	2016 年 6 月	
		二级巡视员	2017 年 9 月—	
	杨建图	副巡视员	2016 年 6 月	
		二级巡视员	2017 年 9 月—	

（四）局属企事业单位

天津市水务局直属企事业单位有：天津市水务基建管理处、天津市水利科学研究院、天津市水文水资源勘测管理中心（天津市地下水资源管理办公室）、天津市水务局农田水利处（天津市水土保持生态环境监测总站）、天津市水务局物资处、天津市海河管理处、天津市水政监察总队、天津市永定河管理处、天津市海堤管理处、天津市北三河管理处、天津市大清河管理处、天津市水务工程建设质量与安全监督中心站（天津市南水北调工程质量与安全监督站）、天津市引滦工程黎河管理处、天津市引滦工程隧洞管理处、天津市防汛抗旱管理处、天津市引滦工程管理处、天津市引滦工程于桥水库管理处、天津市北大港水库管理处、天津市引滦入港工程管理处、天津市水利勘测设计院、天津市水务局（天津市引滦工程管理局）机关服务中心、天津市节约用水事务管理中心、天津市水务局信息管理中心、天津市水务工程建设交易管理中心、天津市水务工程建设管理中心（天津市水务职工培训中心）、天津市水务局宣传中心、南水北调工程征地拆迁管理中心、中共天津市水务局委员会党校、天津市供水管理处、天津市排水管理处、天津市河长制事务中心、天津市控制地面沉降工作办公室和天津市于桥水力发电有限责任公司。

三、第三阶段（2018 年 11 月—2021 年 12 月）

2018 年 11 月 7 日，天津市委、天津市人民政府印发《天津市机构改革实施方案》，对天津市水务局职责和机构设置进行调整：①将水资源调查和确权登记管理有关职责整合进入天津市规划和自然资源局；②将编制水功能区划、排污口设置管理、流域水环境保护职责整合进入天津市生态环境局；③将农田水利建设项目管理职责整合进入天津市农业农村委员会；④将水旱灾害防治等相关职责整合进入天津市应急管理局；⑤不再保留天津市南水北调工程建设委员会办公室；⑥天津市水务局不再保留天津市引滦工程管理局牌子。

按照要求，天津市水务局相应完成了职责调整以及人员转隶，具体为：将水资源调查和确权登记管理有关职责和负责控制地面沉降管理工作职责划转给天津市规划和自然资源局，同时划转职责对应的《权责清单》职权事项共12项。将编制并监督实施水功能区划、核定水域纳污能力、提出限制排污总量意见、入河排污口设置管理、协调流域水环境保护职责划转给天津市生态环境局，同时划转职责对应的《权责清单》职权事项共4项。将农田水利建设项目管理职责划转至天津市农业农村委员会。将指导协调水旱灾害防治职责和天津市防汛抗旱指挥部的职责划转至天津市应急管理局，同时划转职责对应的《权责清单》职权事项共4项。自2018年11月30日起，天津市南水北调工程建设委员会办公室印章收回，不再对外行使职责。收回天津市引滦工程管理局印章，2018年12月7日举行天津市水务局揭牌仪式，同时摘掉天津市引滦工程管理局牌子。2019年12月19日，天津市水务局党委改设为天津市水务局党组。

2018年12月30日，《中共天津市委办公厅、天津市人民政府办公厅关于印发〈天津市水务局职能配置、内设机构和人员编制规定〉的通知》（津党厅〔2018〕156号）重新核定天津市水务局主要职责、内设机构和人员编制。文件明确天津市水务局是天津市政府组成部门。

（一）主要职责

天津市水务局主要职责如下：

（1）贯彻执行国家有关水务工作的法律、法规、规章，研究起草地方性水行政管理法规和政府规章草案，拟定水务发展战略和政策措施，并组织实施。

（2）组织编制水务发展规划及有关水务方面的专业规划，拟订水务发展年度计划，并监督实施。参与有关国民经济发展规划、城市规划及重大建设项目的论证工作。

（3）负责保障水资源的合理开发利用。负责生活、生产经营和生态环境用水的统筹和保障。组织实施最严格水资源管理制度，实施水资源的统一监督管理，拟定天津市水中长期供求规划、水量分配方案并监督实施。负责本市的水资源调度。组织实施取水许可、水资源论证制度，开展水资源有偿使用工作。负责淡化海水的资源配置工作。

（4）按规定制定水利工程建设有关制度并组织实施。负责提出水务固定资产投资规模、方向、具体安排建议并组织指导实施，按规定权限审批、核准规划内和年度计划规模内固定资产投资项目，提出水务资金安排建议并负责项目实施的监督管理。

（5）负责水资源保护工作。组织编制并实施水资源保护规划。负责饮用水水源保护有关工作，负责地下水开发利用和地下水资源管理保护。组织指导地下水超采区综合治理。

（6）负责节约用水工作。拟定节约用水政策，组织编制节约用水规划并监督实施，组织制定有关标准。组织实施用水总量控制等管理制度，指导和推动节水型社会建设工作。

（7）负责水文工作。负责水文水资源监测、市级水文站网建设和管理。对河湖库和地下水实施监测，发布水文水资源信息、情报预报和水资源公报。按规定组织开展水能资源调查评价和水资源承载能力监测预警工作。

（8）负责水利设施、水域及其岸线的管理、保护与综合利用。组织水利基础设施网络建设。组织重要河湖及河口的治理、开发和保护。负责河湖水生态保护与修复、河湖生态流量水量管理以及河湖水系连通工作。负责水库移民管理工作。

（9）负责水利工程建设和管理，组织、指导和监督水利工程设施的建设和运行管理。负责水利专业建设工程质量和安全监督管理。指导监督水利及城市供排水设施运行管理。组织实施具有控制性的和跨区域的重要水利工程的建设与运行管理。负责南水北调工程初步设计的审批和建设管理工作。

（10）负责水土保持工作。拟定水土保持规划并监督实施，组织实施水土流失的综合防治、监测预报并定期公告。负责建设项目水土保持监督管理工作，指导重点水土保持建设项目的实施。

（11）指导农村水利工作。组织开展大中型灌排工程建设与改造。指导农村饮水安全工程建设与运行管理工作，指导节水灌溉有关工作。指导农村水利改革创新和社会化服务体系建设。指导农村水能资源开发、小水电改造和水电农村电气化工作。

（12）组织指导水政监察和水行政执法，负责水行政执法队伍建设，依法查处涉水违法行政案件。协调部门间和天津市区域间的水事纠纷。依法负责水利及城市供排水行业安全生产监督管理工作，组织指导水库、大坝、农村水电站的安全监管。指导水利建设市场的监督管理，组织实施水利工程建设的监督。

（13）开展水务科技和对外技术合作交流工作。组织开展水利行业质量监督工作，拟定水利行业的技术标准、规程规范并监督实施。组织水务科学研究和技术推广。

（14）负责落实综合防灾减灾规划相关要求，组织编制洪水干旱灾害防治规划和防护标准并组织实施。组织实施防洪论证制度。承担水情旱情监测预警工作。组织编制重要河湖和重要水工程的防御洪水抗御旱灾调度及应急水量调度方案，按程序报批并组织实施。承担防御洪水应急抢险的技术支撑工作。承担台风防御期间重要水工程调度工作。

（15）负责城市供水、排水相关管理工作，并承担相应的监管责任。负责城市供水、排水、再生水和污水处理的行业管理工作。指导协调各区供水、排水管理工作。

（16）拟定水利、供水、排水行业的经济调节措施。负责供水、排水、污水处理的特许经营管理（不含中心城区新建），负责再生水处理与利用的特许经营管理。

（17）负责引滦、南水北调及其他外调水源相关管理工作，负责引滦工程和南水北调工程相关管理工作。负责跨界河流的对外协调工作。

（18）负责水务领域人才队伍建设。

（19）组织推动水务领域招商引资工作。

（20）完成天津市委、市政府交办的其他事项。

（二）人员编制与机构设置

根据2018年12月30日天津市委办公厅、天津市人民政府办公厅印发的《天津市水务局职能配置、内设机构和人员编制规定》，重新核定天津市水务局主要职责、内设机构和人员编制。随着职能划转，天津市水务局将3名行政编制划给天津市生态环境局，3名行政编制划给天津市规划和自然资源局，天津市机构编制委员会办公室另外核增5个行政编制，天津市水务局机关行政编制由117名变为116名。领导职数为：局长1名，副局长3名，处级领导职数23正25副（含总工程师1名，总规划师1名，总经济师1名，督察专员2名，机关党委专职副书记、机关党委办公室主任1名，机关纪委书记1名，工会主席1名）。

在编制减少的情况下，为满足大处室设置和事业单位行政职能上的需要，对现有处室进行了整合，天津市水务局机关设置内设机构16个，分别是：办公室、规计处、政策法规处、财审处、干部人事处、政务服务处、水资源管理处（市节约用水办公室）、建设与管理处（南水北调建设管理处）、河湖保护处、水旱灾害防御处（农村水利处）、排水监督处、安全监督处、机关党委办公室、巡察工作办公室、巡察组、离退休干部处。2020年5月，按照《关于天津市水务局设置网络安全和信息化办公室的批复》（津党编办发〔2020〕124号），天津市水务局办公室加挂网络安全和信息化办公室牌子，相应增加有关职责。

天津市水务局机关机构图（2021年）如图3所示。

（三）领导任免

2019年1月，免去赵红天津市纪委监委驻天津市水务局纪检监察组组长职务，刘海芙任天津市纪委监委驻天津市水务局纪检监察组组长。2月，天津市水务局二级巡视员刘长平退休。5月，免去杨玉刚天津市水务局总工程师职务。

2020年1月，免去李文运天津市水务局副局长职务、一级巡视员职级。2月，天津市纪委监委驻天津市水务局纪检监察组组长刘海芙退休。7月，苏海鹏任天津市纪委监委驻天津市水务局纪检监察组组长。12月，免去张文波天津市水务局副局长职务。

2021年11月，王峰任天津市水务局一级巡视员。

天津市水务局领导任免表（2018年11月—2021年12月）见表3。

（四）局属事业单位

天津市水务局直属事业单位有：天津市水务局综合服务中心、天津市灌溉排水中心（天津市水土保持工作站）、天津市于桥水库管理中心、天津市水务工程建设事务中心、天津市水务工程运行调度中心（天津市防汛物资管理中心）、

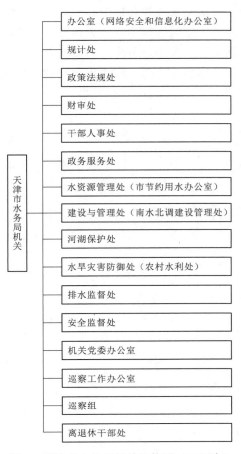

图3　天津市水务局机关机构图（2021年）

表3　　　　　　　　　天津市水务局领导任免表（2018年11月—2021年12月）

机构名称	姓名	职务	任免时间	备注
天津市水务局	张志颀	局长	继任—	
		党委书记	继任—	
	赵红	驻局纪检监察组组长	继任—2019年1月	
	刘海芙	驻局纪检监察组组长	2019年1月—2020年2月	
	苏海鹏	驻局纪检监察组组长	2020年7月—	
	闫学军	副局长	继任—	
	杨玉刚	副局长	继任—	
		总工程师	继任—2019年5月	
	张文波	副局长	继任—2020年12月	
	李文运	一级巡视员	继任—2020年1月	
		副局长	继任—2020年1月	
	王峰	一级巡视员	2021年11月—	
	刘长平	二级巡视员	继任—2019年2月	
	唐先奇	二级巡视员	继任—	
	梁宝双	二级巡视员	继任—	
	杨建图	二级巡视员	继任—	

天津市水文水资源管理中心、天津市永定河管理中心（天津市海堤管理中心）、天津市海河管理中心、天津市大清河管理中心（天津市北大港水库管理中心）、天津市北三河管理中心、天津市引滦工程隧洞管理中心、天津市引滦工程黎河管理中心、天津市排水管理事务中心、天津市水利科学研究院、天津市河长制事务中心、天津市水利经济管理办公室、天津市水务综合行政执法总队。

执笔人：丛　英

审核人：孙志东

河北省水利厅

河北省水利厅是河北省人民政府水行政主管部门，隶属河北省人民政府，为正厅级机构。2001年以来先后开展了3次机构改革，对河北省水利厅职责、内设机构和人员编制进行了调整。

2001—2021年，河北省水利厅组织沿革演变过程大体分4个阶段：2001年1月—2009年9月，2009年9月—2016年8月，2016年8月—2018年12月，2018年12月—2021年12月。

一、第一阶段（2001年1月—2009年9月）

根据《河北省人民政府关于省政府机构设置的通知》（冀政〔2000〕13号），设置河北省水利厅，是主管全省水行政的省政府组成部门。

（一）主要职责

（1）拟定全省水利工作的方针政策、发展战略、中长期规划和年度计划，组织起草有关法规、规章并监督实施。

（2）统一管理全省水资源（含空中水、地表水、地下水）。组织拟定全省和跨市（指设区市，下同）水长期供求计划、水量分配方案并监督实施；组织有关国民经济总体规划、城市规划及重大建设项目的水资源和防洪论证工作；组织实施取水许可制度和水资源费征收制度；发布全省水资源公报；指导全省水文工作。

（3）拟定全省节约用水政策，编制节约用水规划，制定有关标准，组织、指导和监督全省节约用水工作。

（4）按照国家资源与环境保护有关法律法规和标准，拟定水资源保护规划；组织水功能区划分和不同功能区水域排污的控制；监测江河湖库水量、水质，审定水域纳污能力，提出限制排污总量的意见。

（5）组织、指导水政监察和水行政执法；协调并仲裁部门间和市际间水事纠纷。

（6）拟定全省水利行业经济调节措施；对水利资金的使用进行宏观调节；指导水利行业供水、水电及多种经营工作；贯彻执行国家有关水利的资产、价费、税收、信贷、财务等政策，配合有关部门制定本省政策措施并组织实施；按照国家有关规定监督管理水利系统国有资产。

（7）负责全省大中型水利基建项目建议书、可行性报告和初步设计的编制、审查、申报、审批；组织重点水利科学研究和技术推广；主管水利行业技术质量标准和水利工程规程、规范并监督实施。

（8）组织、指导全省水利设施、水域及其岸线的管理与保护；组织指导主要河道、海岸滩涂的治理和开发；负责全省水利工程建设的行业管理；组织建设和管理具有控制性的或跨市的重要水利工程；组织、指导水库、水电站大坝的安全监管。

（9）指导全省农村水利工作；组织协调农田水利基本建设、城乡供水和农村水利社会化服务体系建设。

（10）组织全省水土保持工作；研究制定水土保持规划，组织水土流失的监测和综合防治。

（11）负责全省水利系统水电站、农村水电电气化、小电网的建设、生产和行业管理。

（12）负责水利方面科技、外事工作；指导全省水利队伍建设。

（13）承担河北省防汛抗旱指挥部的日常工作，组织、协调、监督、指导全省防汛抗旱工作，对主要河道和重要水利工程实施防汛抗旱调度。

（14）指导全省水库移民工作。

（15）承办河北省人民政府交办的其他事项。

（二）内设机构和人员编制

2000 年 6 月 27 日，根据《河北省水利厅职能配置、内设机构和人员编制》（冀政办〔2000〕27 号），批准设置办公室、规划计划处、政策法规处、水资源处（河北省节约用水办公室）、财务与价费处、人事劳动处、科技教育处、建设与管理处、水土保持处、农村水利处，另设机关党委、老干部处。

2000 年 4 月 17 日，河北省机构编制委员会、河北省纪律检查委员会、河北省监察厅冀机编〔2000〕4 号、冀纪字〔2000〕13 号文件明确派驻河北省水利厅的纪律检查组（监察专员办公室）编制 4 名，在所在部门核定的编制外单列。纪律检查组（监察专员办公室）的正副组长（监察专员、监察专员办公室主任）在"三定"规定的部门厅、处级领导职数外单列，核定组长（监察专员）1 名（副厅级）、副组长（监察专员办公室主任）1 名（正处级）。

河北省水利厅机关行政编制 74 名，其中：厅长 1 名，副厅长 3 名，处级领导职数 26 名（含总工程师 1 名和机关党委专职副书记），黄壁庄水库除险加固工程建设期间增加厅级职数 1 名，处级职数 3 名；不驻会的河北省政协常委编制 1 名，待离退休后编制自行撤销；厅机关老干部服务工作人员编制 8 名，设置老干部处，处级领导职数 3 名；厅机关工勤人员编制 6 名，进入机关后勤服务中心。

2004 年 9 月 9 日，河北省委组织部复函，河北省水利厅和河北省南水北调工程建设委员会办公室再增加 1 名厅级非领导职数。

2000 年 12 月 25 日—2008 年 11 月 17 日，因接收安置军队转业干部河北省水利厅机关先后增加行政编制 12 名。

2005 年 3 月 21 日，河北省机构编制委员会办公室冀机编办〔2005〕33 号文件通知，根据河北省编委会议确定的原则和河北省水利厅取消行政审批事项情况，核减河北省水利厅机关行政编制 1 名。

2005 年 7 月 17 日，河北省委办公厅印发文件，河北省纪委监察厅将对派驻机构的业务工作和干部工作实行统一管理，后勤保障仍由驻在部门负责。2005 年完成对双派驻纪检监察机构的统一管理工作。

2007 年 4 月 18 日，河北省机构编制委员会办公室冀机编办〔2007〕52 号文件通知，根据中央编办有关要求，经河北省编委办研究并报河北省委批准，为河北省水利厅下达行政编制 8 名，用于置换现使用的老干部服务人员编制，纳入河北省水利厅机关行政编制总额。

到 2009 年 9 月 3 日，河北省水利厅机关行政编制共 93 名。

（三）厅属单位

2001 年 1 月 1 日，河北省水利厅共有下属单位 38 个。之后，根据上级部署，先后开展了科研院所改革和事业单位清理规范工作，新成立下属单位 3 个〔河北省滦河河务管理局、河北省秦皇岛水文水资源勘测局（河北省秦皇岛水平衡测试中心）、河北省水政监察总队〕，下放管理 1 个（河北省引滦工程管理局），撤销下属单位 3 个〔河北省水文仪器检修站、河北省水利渔业技术开发中心、黄河文化经济发展研究会办公室（河北省水利厅对外经济联络处）〕，有 8 个下属单位更名或加挂牌子。到 2009 年 9 月 3 日，共有下属单位 37 个。

河北省水利厅机构图（2009 年）见图 1。

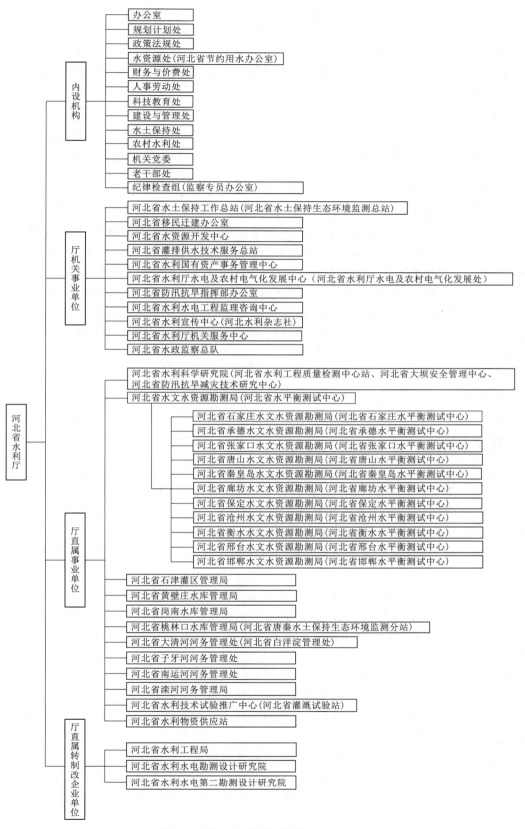

图1 河北省水利厅机构图（2009年）

（1）厅机关事业单位（11个）：河北省水土保持工作总站（河北省水土保持生态环境监测总站）、河北省移民迁建办公室、河北省水资源开发中心、河北省灌排供水技术服务总站、河北省水利国有资产事务管理中心、河北省水利厅水电及农村电气化发展中心（河北省水利厅水电及农村电气化发展处）、河北省防汛抗旱指挥部办公室、河北省水利水电工程监理咨询中心、河北省水利宣传中心（河北水利杂志社）、河北省水利厅机关服务中心、河北省水政监察总队。

（2）厅直属事业单位（23个）：河北省水利科学研究院（河北省水利工程质量检测中心站、河北省大坝安全管理中心、河北省防汛抗旱减灾技术研究中心）、河北省水文水资源勘测局（河北省水平衡测试中心）、河北省石家庄水文水资源勘测局（河北省石家庄水平衡测试中心）、河北省承德水文水资源勘测局（河北省承德水平衡测试中心）、河北省张家口水文水资源勘测局（河北省张家口水平衡测试中心）、河北省唐山水文水资源勘测局（河北省唐山水平衡测试中心）、河北省秦皇岛水文水资源勘测局（河北省秦皇岛水平衡测试中心）、河北省廊坊水文水资源勘测局（河北省廊坊水平衡测试中心）、河北省保定水文水资源勘测局（河北省保定水平衡测试中心）、河北省沧州水文水资源勘测局（河北省沧州水平衡测试中心）、河北省衡水水文水资源勘测局（河北省衡水水平衡测试中心）、河北省邢台水文水资源勘测局（河北省邢台水平衡测试中心）、河北省邯郸水文水资源勘测局（河北省邯郸水平衡测试中心）、河北省石津灌区管理局、河北省黄壁庄水库管理局、河北省岗南水库管理局、河北省桃林口水库管理局（河北省唐秦水土保持生态环境监测分站）、河北省大清河河务管理处（河北省白洋淀管理处）、河北省子牙河河务管理处、河北省南运河河务管理处、河北省滦河河务管理局（副厅级）、河北省水利技术试验推广中心（河北省灌溉试验站）、河北省水利物资供应站。

（3）厅直属转制改企业单位（3个）：河北省水利工程局、河北省水利水电勘测设计研究院、河北省水利水电第二勘测设计研究院（2007年10月11日，冀机编办控字〔2007〕326号、324号、325号文件明确，3个单位转制改为企业）。

（四）厅领导任免

2002年8月，河北省委批准位铁强为河北省水利厅党组成员。

2002年9月，河北省人民政府任命位铁强为河北省水利厅副厅长（冀人任〔2002〕128号）。

2002年12月，河北省委决定免去张凤林的河北省水利厅党组书记职务。

2003年1月，河北省委决定韩乃义任河北省水利厅党组书记。

2003年1月，河北省人民代表大会常务委员会任命韩乃义为河北省水利厅厅长（冀人常〔2003〕4号）。

2003年2月，河北省人民政府任命李春宁为河北省水利厅巡视员（冀人任〔2003〕25号）。

2003年4月，河北省委批准免去张锦正的河北省水利厅党组成员职务。

2003年6月，河北省人民政府免去张锦正的河北省水利厅副厅长职务，退休（冀人任〔2003〕128号）。

2003年6月，河北省委批准李清林任河北省水利厅党组副书记。

2003年6月，河北省委批准刘凯军任河北省水利厅党组成员。

2003年8月，河北省人民政府任命刘凯军为河北省水利厅副厅长；免去李春宁的河北省水利厅巡视员职务（冀人任〔2003〕150号）。

2004年2月，河北省委批准许光峰、耿六成任河北省水利厅党组成员。

2004年4月，河北省人民政府任命韩乃义为河北省南水北调工程建设委员会办公室主任；任命许光峰为河北省南水北调工程建设委员会办公室副主任；任命耿六成为河北省南水北调工程建设委员会办公室副主任（冀人任〔2004〕68号）。

2004年6月，河北省委决定张铁龙任河北省水利厅党组成员。

2004 年 6 月，河北省人民政府任命张铁龙为河北省南水北调工程建设委员会办公室副主任（冀人任〔2004〕124 号）。

2005 年 1 月，河北省人民政府任命马林为河北省水利厅助理巡视员（冀人任〔2005〕10 号）。

2006 年 8 月，河北省委决定袁福任河北省水利厅党组副书记。

2006 年 8 月，河北省委批准罗少军任河北省水利厅党组成员。

2006 年 9 月，河北省人民政府任命袁福为河北省水利厅副厅长、河北省南水北调工程建设委员会办公室副主任（冀人任〔2006〕202 号）。

2008 年 3 月，河北省委决定李清林任河北省水利厅党组书记；免去韩乃义的河北省水利厅党组书记职务。

2008 年 3 月，河北省人民代表大会常务委员会任命李清林为河北省水利厅厅长（冀人常〔2008〕10 号）。

2008 年 4 月，河北省人民政府任命袁福为河北省南水北调工程建设委员会办公室主任（兼）（正厅级）；免去韩乃义的河北省南水北调工程建设委员会办公室主任职务（冀人任〔2008〕78 号）。

2008 年 5 月，河北省人民政府免去马林的河北省水利厅副巡视员职务，退休（冀人任〔2008〕98 号）。

2009 年 4 月，河北省委批准免去许光峰的河北省水利厅党组成员职务。

2009 年 5 月，河北省人民政府免去许光峰的河北省南水北调工程建设委员会办公室副主任职务，退休（冀人社任〔2009〕29 号）。

二、第二阶段（2009 年 9 月—2016 年 8 月）

根据《河北省人民政府关于省政府机构设置的通知》（冀政〔2009〕46 号），设立河北省水利厅，为河北省人民政府组成部门。

（一）主要职责

（1）负责保障水资源的合理开发利用，拟定水利战略规划和政策，起草有关地方性法规、政府规章草案，组织编制综合规划、防洪规划等重大水利规划。按规定制定水利工程建设有关制度并组织实施，负责提出水利固定资产投资规模和方向、省级财政性资金安排的意见，按规定权限审批、核准省规划内和年度计划规模内固定资产投资项目；提出省级水利建设投资安排建议并组织实施。

（2）负责生活、生产经营和生态环境用水的统筹兼顾和保障。实施水资源的统一监督管理，拟定全省和跨市（指设区市，下同）水中长期供求规划、水量分配方案并监督实施，组织开展水资源调查评价工作，按规定开展水能资源调查工作，负责重要流域、区域以及跨市调水工程的水资源调度，组织实施取水许可、水资源有偿使用制度和水资源论证、防洪论证制度。指导水利行业供水和乡镇供水工作。

（3）负责水资源保护工作。组织编制水资源保护规划，组织拟定水功能区划并监督实施，核定水域纳污能力，提出限制排污总量建议，指导饮用水水源保护工作，指导地下水开发利用和城市规划区地下水资源管理保护工作。

（4）负责防治水旱灾害，承担河北省防汛抗旱指挥部的具体工作。组织、协调、监督、指挥全省防汛抗旱工作，对主要河道和重要水工程实施防汛抗旱调度和应急水量调度，编制全省防汛抗旱应急预案并组织实施。指导水利突发公共事件的应急管理工作。

（5）负责节约用水工作。拟定节约用水政策，编制节约用水规划，制定有关标准，指导和推动节水型社会建设工作。

（6）指导水文工作。负责水文水资源监测、水文站网建设和管理，对全省江河湖库和地下水的水量、水质实施监测，发布水文水资源信息、情报预报和全省水资源公报。

（7）指导水利设施、水域及其岸线的管理与保护，指导主要河道、海岸滩涂的治理和开发，指导水利工程建设与运行管理，组织实施具有控制性的或跨市、跨流域的重要水利工程建设与运行管理，承担水库移民管理工作。

（8）负责防治水土流失。拟定水土保持规划并监督实施，组织实施水土流失的综合治理、监测预报并定期公告，负责有关重大建设项目水土保持方案的审批、监督实施及水土保持设施的验收工作，指导省级重点水土保持建设项目的实施。

（9）指导农村水利工作。组织协调农田水利基本建设，指导农村饮水安全、节水灌溉等工程建设与管理工作，协调牧区水利工作，指导农村水利社会化服务体系建设。按规定指导农村水能资源开发工作，指导水电农村电气化和小水电代燃料工作。

（10）负责重大涉水违法事件的查处，协调、仲裁跨市水事纠纷，指导水政监察和水行政执法。依法负责水利行业安全生产工作，组织、指导水库、水电站大坝的安全监管，指导水利建设市场的监督管理，组织实施水利工程建设的监督。

（11）开展水利科技和外事工作。组织开展水利行业质量监督工作，拟定水利行业的技术标准、规程规范监督实施，承担水利统计工作，办理有关水利涉外事务。

（12）承办河北省人民政府交办的其他事项。

（二）内设机构和人员编制

2009 年 9 月 4 日，根据《河北省水利厅主要职责内设机构和人员编制规定》（冀政办〔2009〕54号），河北省水利厅设办公室、人事处、规划计划处、水政处、水资源处（河北省节约用水办公室）、财务处、科技外事处、建设与管理处、水土保持处、农村水利处 10 个内设机构和机关党委、离退休干部处。

河北省水利厅机关行政编制 93 名（含离退休干部工作人员编制 8 名）。领导职数：厅长 1 名、副厅长 4 名（其中 1 名副厅长兼河北省南水北调工程建设委员会办公室主任），处级领导职数 33 名（含总工程师、总规划师各 1 名，机关党委专职副书记 1 名，离退休干部处领导职数 3 名）。

2009 年 9 月 23 日—2015 年 7 月 6 日，因接收安置军队转业干部厅机关增加行政编制 10 名。

2014 年 11 月 3 日，河北省机构编制委员会办公室冀机编办〔2014〕138 号文件批复，同意厅水资源处处级领导职数 1 正 2 副（新增副处级领导职数 1 名）；建设与管理处加挂安全监督处牌子，将人事处承担水利行业安全生产指导工作的职责调整到建设与管理处。

2016 年 4 月 25 日，河北省机构编制委员会《关于省纪委派驻纪检组机构编制事项的通知》（冀机编〔2016〕11 号）批复，从河北省水利厅行政编制调剂 1 名到省纪委派驻纪检组。

截至 2016 年 8 月 23 日，河北省水利厅行政编制 102 名。

（三）厅属单位

截至 2016 年 8 月 23 日，河北省水利厅共有下属单位 36 个（见图 2）。

（1）厅机关事业单位（9 个）：河北省防汛抗旱指挥部办公室（河北省水利信息中心）、河北省移民迁建办公室、河北省水利厅水电及农村电气化发展中心（处）、河北省水利厅水政监察局、河北省水土保持工作总站（河北省水土保持生态环境监测总站）、河北省灌排供水技术服务总站、河北省水利宣传中心、河北省水利厅机关服务中心、河北省水利水电工程监理咨询中心。

（2）厅直属事业单位（24 个）：河北省滦河河务管理局、河北水务集团（副厅级）、河北省水利科学研究院（河北省水利工程质量检测中心站、河北省大坝安全管理中心、河北省防汛抗旱减灾技术研

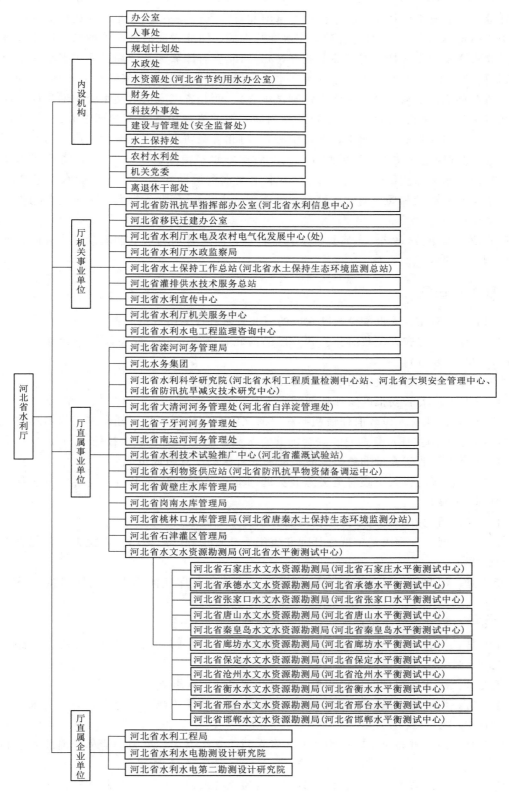

图 2　河北省水利厅机构图（2016 年）

究中心）、河北省大清河河务管理处（河北省白洋淀管理处）、河北省子牙河河务管理处、河北省南运河河务管理处、河北省水利技术试验推广中心（河北省灌溉试验站）、河北省水利物资供应站（河北省防汛抗旱物资储备调运中心）、河北省黄壁庄水库管理局、河北省岗南水库管理局、河北省桃林口水库管理局（河北省唐秦水土保持生态环境监测分站）、河北省石津灌区管理局、河北省水文水资源勘测局（河北省水平衡测试中心）、河北省石家庄水文水资源勘测局（河北省石家庄水平衡测试中心）、河北省承德水文水资源勘测局（河北省承德水平衡测试中心）、河北省张家口水文水资源勘测局（河北省张家口水平衡测试中心）、河北省唐山水文水资源勘测局（河北省唐山水平衡测试中心）、河北省秦皇岛水文水资源勘测局（河北省秦皇岛水平衡测试中心）、河北省廊坊水文水资源勘测局（河北省廊坊水平衡测试中心）、河北省保定水文水资源勘测局（河北省保定水平衡测试中心）、河北省沧州水文水资源勘测局（河北省沧州水平衡测试中心）、河北省衡水水文水资源勘测局（河北省衡水水平衡测试中心）、河北省邢台水文水资源勘测局（河北省邢台水平衡测试中心）、河北省邯郸水文水资源勘测局（河北省邯郸水平衡测试中心）。

（3）厅直属企业单位（3个）：河北省水利工程局、河北省水利水电勘测设计研究院、河北省水利水电第二勘测设计研究院。

（四）厅领导任免

2009年11月，河北省委批准免去耿六成的河北省水利厅党组成员职务。

2009年12月，河北省人民政府免去耿六成的河北省南水北调工程建设委员会办公室副主任职务（冀人社任〔2009〕48号）。

2009年12月，河北省委决定白顺江任河北省水利厅党组副书记。

2009年12月，河北省委批准宋伟任河北省水利厅党组成员。

2010年2月，河北省人民政府任命白顺江为河北省水利厅副厅长；任命宋伟为河北省南水北调工程建设委员会办公室副主任；任命吕长安为河北省水利厅副巡视员（冀人社任〔2010〕11号）。

2010年11月，河北省委批准免去陈胜英的河北省水利厅党组成员职务。

2010年12月，河北省人民政府免去陈胜英的河北省监察厅驻省水利厅监察专员职务，退休（冀人社任〔2010〕53号）。

2011年4月，河北省委决定宋群生任河北省水利厅党组成员。

2011年4月，河北省委决定宋群生任河北省纪委驻省水利厅纪检组长，免去其河北省委巡视组副厅级巡视专员职务。

2011年5月，河北省人民政府任命宋群生为河北省监察厅驻河北省水利厅监察专员（冀人社任〔2011〕13号）。

2011年8月，河北省委决定徐国勇任河北省水利厅党组成员。

2011年9月，河北省人民政府任命徐国勇为河北省南水北调工程建设委员会办公室副主任（冀人社任〔2011〕69号）。

2012年4月，河北省委批准免去梁建义的河北省水利厅党组成员职务。

2012年5月，河北省人民政府任命梁建义为河北省水利厅巡视员，免去其河北省水利厅副厅长职务（冀人社任〔2012〕124号）。

2013年3月，河北省委决定苏银增任河北省水利厅党组书记，免去李清林的河北省水利厅党组书记职务。

2013年3月，河北省人大常委会任命苏银增为河北省水利厅厅长（冀人常〔2013〕12号）。

2013年3月，河北省委决定，李洪卫任河北省水利厅党组成员。

2013年4月，河北省人民政府任命李洪卫为河北省南水北调工程建设委员会办公室副主任（冀人社任〔2013〕16 号）。

2013 年 12 月，河北省人民政府免去吕长安的河北省水利厅副巡视员职务，退休（冀人社任〔2013〕103 号）。

2013 年 12 月，河北省委批准崔志清任河北省水利厅党组成员。

2014 年 1 月，河北省委决定高润清任河北省水利厅党组成员。

2014 年 1 月，河北省委批准位铁强任河北省水利厅党组副书记；免去白顺江的河北省水利厅党组副书记职务。

2014 年 1 月，河北省人民政府任命张铁龙为河北省水利厅副厅长，免去其河北省南水北调工程建设委员会办公室副主任职务；任命高润清为河北省水利厅副厅长；任命白顺江为河北省水利厅巡视员，免去其河北省水利厅副厅长职务；任命张宝全为河北省水利厅副巡视员（冀人社任〔2014〕9 号）。

2014 年 6 月，河北省人民政府免去梁建义的河北省水利厅巡视员职务，退休（冀人社任〔2014〕37 号）。

2014 年 11 月，河北省委批准免去刘凯军的河北省水利厅党组成员职务。

2014 年 11 月，河北省人民政府任命罗少军为河北省水利厅副厅长，免去其河北省防汛抗旱指挥部办公室副主任职务；任命刘凯军为河北省水利厅巡视员，免去其河北省水利厅副厅长职务（冀人社任〔2014〕72 号）。

2015 年 1 月，河北省委批准张铁龙任河北省水利厅党组副书记；免去袁福的河北省水利厅党组副书记职务。

2015 年 2 月，河北省人民政府任命张铁龙为河北省南水北调工程建设委员会办公室主任；免去袁福的河北省水利厅副厅长、河北省南水北调工程建设委员会办公室主任职务（冀人社任〔2015〕13 号）。

2015 年 4 月，河北省委批准张海山任河北省水利厅党组成员。

2015 年 5 月，河北省人民政府任命崔志清为河北省水利厅副厅长，免去其河北省滦河河务管理局局长职务（冀人社任〔2015〕57 号）。

2015 年 11 月，河北省委批准免去宋群生的河北省纪委驻河北省水利厅纪检组组长职务。

2015 年 11 月，河北省委决定免去宋群生的河北省水利厅党组成员职务（冀组干字〔2015〕472 号）。

2015 年 12 月，河北省人民政府任命宋群生为河北省水利厅巡视员，免去其河北省监察厅驻河北省水利厅监察专员职务（冀政人字〔2015〕9 号）。

2016 年 4 月，河北省人民政府免去宋群生的河北省水利厅巡视员职务，退休（冀政人字〔2016〕52 号）。

2016 年 6 月，河北省委批准刘媛任河北省水利厅党组成员。

2016 年 6 月，河北省委决定刘媛任河北省纪委驻河北省水利厅纪检组组长。

三、第三阶段（2016 年 8 月—2018 年 12 月）

2016 年河北省政府关于省级机关内设机构改革和精简人员编制工作有关要求，对河北省水利厅职责、内设机构和人员编制进行了调整。

（一）主要职责

贯彻落实党中央和河北省委关于水利工作的方针政策和河北省委的决策部署，坚持和加强党对水利工作的集中统一领导。主要职责如下：

（1）负责保障水资源的合理开发利用。拟定水利战略规划和政策，起草有关地方性法规、政府规章草案，组织编制全省水资源战略规划、重要江河湖泊流域综合规划、防洪规划等重大水利规划。

（2）负责生活、生产经营和生态环境用水的统筹和保障。组织实施最严格水资源管理制度，实施水资源的统一监督管理，拟定全省和跨市（指设区市，下同）水中长期供求规划、水量分配方案并监督实施。负责重要流域、区域以及重大调水工程的水资源调度。组织实施取水许可、水资源论证和防洪论证制度，指导开展水资源有偿使用工作。指导水利行业供水和乡镇供水工作。

（3）按规定制定水利工程建设有关制度并组织实施，负责提出省级水利固定资产投资规模、方向、具体安排建议并组织指导实施，按权限审批、核准省规划内和年度计划规模内固定资产投资项目，提出省级水利资金安排建议并负责项目实施的监督管理。

（4）指导水资源保护工作。组织编制并实施水资源保护规划。指导饮用水水源保护有关工作，指导地下水开发利用和地下水资源管理保护。组织指导地下水超采区综合治理。

（5）负责节约用水工作。拟定节约用水政策，组织编制节约用水规划并监督实施，组织制定有关标准。组织实施用水总量控制等管理制度，指导和推动节水型社会建设工作。

（6）指导水文工作。负责水文水资源监测、水文站网建设和管理。对江河湖库和地下水实施监测，发布水文水资源信息、情报预报和水资源公报。按规定组织开展水资源、水能资源调查评价和水资源承载能力监测预警工作。

（7）指导水利设施、水域及其岸线的管理、保护与综合利用。组织指导水利基础设施网络建设。指导重要江河湖泊及河口的治理、开发和保护。指导河湖水生态保护与修复、河湖生态流量水量管理以及河湖水系连通工作。

（8）指导监督水利工程建设与运行管理。组织实施具有控制性的和跨区域跨流域的重要水利工程建设与运行管理。组织提出并协调落实南水北调配套工程运行和后续工程建设的有关政策措施，指导监督工程安全运行，组织工程验收有关工作，督促指导地方配套工程建设。

（9）负责水土保持工作。拟定水土保持规划并监督实施，组织实施水土流失的综合防治、监测预报并定期公告。负责建设项目水土保持监督管理工作，指导重点水土保持建设项目的实施。

（10）指导农村水利工作。组织开展大中型灌排工程建设与改造。指导农村饮水安全工程建设管理工作，指导节水灌溉有关工作。协调牧区水利工作。指导农村水利改革创新和社会化服务体系建设。指导农村水能资源开发、小水电改造和水电农村电气化工作。

（11）指导水库、水电工程移民管理工作。拟订水库、水电工程移民有关政策并监督实施，组织实施移民安置验收、监督评估等制度。指导监督水库移民后期扶持政策的实施。

（12）负责重大涉水违法事件的查处，协调和仲裁跨市水事纠纷，指导水政监察和水行政执法。依法负责水利行业安全生产工作，组织指导水库、水电站大坝、农村水电站的安全监管。指导水利建设市场的监督管理，组织实施水利工程建设的监督。

（13）组织开展水利行业质量监督工作，拟定水利行业的地方技术标准、规程规范并监督实施。组织重大水利科学研究、技术引进和科技推广，开展国际交流与合作。

（14）负责落实综合防灾减灾规划相关要求，组织编制洪水干旱灾害防治规划和防护标准并指导实施。承担水情旱情监测预警工作。组织编制重要江河湖泊和重要水工程的防御洪水抗御旱灾调度及应急水量调度方案，按程序报批并组织实施。承担防御洪水应急抢险的技术支撑工作。承担台风防御期间重要水工程调度工作。

（15）完成河北省委、河北省人民政府交办的其他任务。

（二）内设机构和人员编制

2016 年 8 月 24 日，河北省机构编制委员会办公室《关于调整河北省水利厅内设机构人员编制和处级领导职数的通知》（冀机编办〔2016〕144 号）明确，改革后，河北省水利厅内设处级机构 10 个，办公室、人事与科技外事处（离退休干部处）、规划计划处、政策法规处、水资源处（河北省节约用水办公室）、财务处、建设管理与安全监督处、水土保持处、农村水利处、机关党委；行政编制92名；处级领导职数共33名。

2016年8月29日—2017年6月30日，河北省机构编制委员会办公室冀机编办〔2016〕189号、〔2017〕7号、〔2017〕76号，为河北省水利厅机关增加4名接收安置军队转业干部行政编制。

2018年5月7日，河北省机构编制委员会《关于设立河北省河湖长制办公室的通知》（冀机编〔2018〕10号）：同意设立河北省河湖长制办公室，设在河北省水利厅，办公室主任由河北省水利厅厅长兼任；副主任2名，1名由河北省水利厅或河北省南水北调工程建设委员会办公室副厅级干部兼任，1名由河北省环境保护厅副厅级干部兼任。增设综合考核处、督察处，核定行政编制12名，处级领导职数2正2副。

调整后，河北省水利厅行政编制108名，内设机构12个，处级领导职数37名（含总工程师、总规划师各1名，机关党委专职副书记1名）。

（三）厅属单位

截至2018年12月4日，厅机关及直属事业单位33个和企业单位3个（见图3）。

（1）厅机关事业单位（9个）：河北省防汛抗旱指挥部办公室、河北省移民迁建办公室、河北省水利厅水政执法监察局、河北省水利厅水电及农村电气化发展中心（河北省水利厅水电及农村电气发展处）、河北省水土保持工作总站（河北省水土保持生态环境监测总站）、河北省灌排供水技术服务总站、河北省水利信息中心、河北省水利工程质量安全技术中心、河北省水利厅机关服务中心（河北省水利水电工程监理咨询中心）。

（2）厅直属事业单位（24个）：河北省滦河河务管理局、河北水务集团、河北省水利科学研究院（河北省大坝安全管理中心）、河北省大清河河务管理处（河北省白洋淀管理处）、河北省子牙河河务管理处、河北省南运河河务管理处、河北省水资源研究与水利技术试验推广中心（河北省灌溉中心试验站）、河北省黄壁庄水库管理局、河北省岗南水库管理局、河北省桃林口水库管理局（河北省唐秦水土保持生态环境监测分站）、河北省石津灌区管理局、河北省水利物资供应站（河北省防汛抗旱物资储备调运中心）、河北省水文水资源勘测局（河北省水平衡测试中心）、河北省石家庄水文水资源勘测局（河北省石家庄水平衡测试中心）、河北省承德水文水资源勘测局（河北省承德水平衡测试中心）、河北省张家口水文水资源勘测局（河北省张家口水平衡测试中心）、河北省唐山水文水资源勘测局（河北省唐山水平衡测试中心）、河北省秦皇岛水文水资源勘测局（河北省秦皇岛水平衡测试中心）、河北省廊坊水文水资源勘测局（河北省廊坊水平衡测试中心）、河北省保定水文水资源勘测局（河北省保定水平衡测试中心）、河北省沧州水文水资源勘测局（河北省沧州水平衡测试中心）、河北省衡水水文水资源勘测局（河北省衡水水平衡测试中心）、河北省邢台水文水资源勘测局（河北省邢台水平衡测试中心）、河北省邯郸水文水资源勘测局（河北省邯郸水平衡测试中心）。

（3）厅直属企业单位（3个）：河北省水利工程局、河北省水利水电勘测设计研究院、河北省水利水电第二勘测设计研究院。

（四）厅领导任免

2016年12月，河北省委决定免去位铁强的河北省水利厅党组副书记职务。

2017年1月，河北省人民政府免去位铁强的河北省水利厅副厅长职务（冀政人字〔2017〕13号）。

2017年2月，河北省人民政府任命丁辛戈为河北省水利厅副巡视员（冀政人字〔2017〕29号）。

2017年3月，河北省委批准罗少军任河北省水利厅党组副书记。

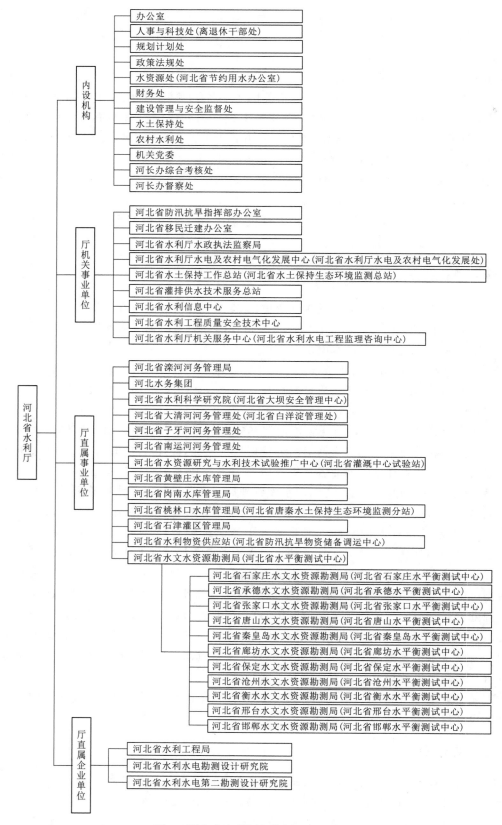

图 3　河北省水利厅机构图（2018 年）

2017年3月，河北省委批准张宝全任河北省水利厅党组成员。

2017年4月，河北省人民政府任命张宝全为河北省水利厅副厅长，免去其河北省水利厅副巡视员职务（冀政人字〔2017〕50号）。

2017年6月，河北省委决定免去张铁龙的河北省水利厅党组副书记职务。

2017年7月，河北省人民政府免去张铁龙的河北省水利厅副厅长、河北省南水北调工程建设委员会办公室主任职务；免去白顺江的河北省水利厅巡视员职务，退休（冀政人字〔2017〕108号）。

2018年1月，河北省人民政府免去刘凯军的河北省水利厅巡视员职务，退休（冀政人字〔2018〕8号）。

2018年1月，河北省委决定位铁强任河北省水利厅党组书记；免去苏银增的河北省水利厅党组书记职务。

2018年2月，河北省第十三届人民代表大会常务委员会第一次会议表决通过，决定任命位铁强为河北省水利厅厅长（冀人常〔2018〕5号）。

2018年2月，河北省委批准免去徐国勇的河北省水利厅党组成员职务。

2018年3月，河北省人民政府免去徐国勇的河北省南水北调工程建设委员会办公室副主任职务（冀政人字〔2018〕29号）。

2018年4月，河北省委批准刘媛任河北省纪委监委驻河北省水利厅纪检监察组组长；因机构更名，其原河北省纪委派驻纪检组组长职务自然免除。

2018年11月，河北省人民政府决定：因机构改革，李洪卫的原河北省南水北调工程建设委员会办公室副主任职务自然免除（冀政人字〔2018〕110号）。

四、第四阶段（2018年12月—2021年12月）

2018年12月5日，河北省委办公厅、河北省人民政府办公厅印发《河北省水利厅职能配置、内设机构和人员编制规定》明确，河北省水利厅（简称省水利厅）为省政府组成部门，机构规格正厅级。

（一）主要职责

贯彻落实党中央和省委关于水利工作的方针政策和省委的决策部署，坚持和加强党对水利工作的集中统一领导。主要职责如下：

（1）负责保障水资源的合理开发利用。拟定水利战略规划和政策，起草有关地方性法规、政府规章草案，组织编制全省水资源战略规划、重要江河湖泊流域综合规划、防洪规划等重大水利规划。

（2）负责生活、生产经营和生态环境用水的统筹和保障。组织实施最严格水资源管理制度，实施水资源的统一监督管理，拟定全省和跨市（指设区市，下同）水中长期供求规划、水量分配方案并监督实施。负责重要流域、区域以及重大调水工程的水资源调度。组织实施取水许可、水资源论证和防洪论证制度，指导开展水资源有偿使用工作。指导水利行业供水和乡镇供水工作。

（3）按规定制定水利工程建设有关制度并组织实施，负责提出省级水利固定资产投资规模、方向、具体安排建议并组织指导实施，按权限审批、核准省规划内和年度计划规模内固定资产投资项目，提出省级水利资金安排建议并负责项目实施的监督管理。

（4）指导水资源保护工作。组织编制并实施水资源保护规划。指导饮用水水源保护有关工作，指导地下水开发利用和地下水资源管理保护。组织指导地下水超采区综合治理。

（5）负责节约用水工作。拟定节约用水政策，组织编制节约用水规划并监督实施，组织制定有关标准。组织实施用水总量控制等管理制度，指导和推动节水型社会建设工作。

（6）指导水文工作。负责水文水资源监测、水文站网建设和管理。对江河湖库和地下水实施监测，发布水文水资源信息、情报预报和水资源公报。按规定组织开展水资源、水能资源调查评价和水资源承载能力监测预警工作。

（7）指导水利设施、水域及其岸线的管理、保护与综合利用。组织指导水利基础设施网络建设。指导重要江河湖泊及河口的治理、开发和保护。指导河湖水生态保护与修复、河湖生态流量水量管理以及河湖水系连通工作。

（8）指导监督水利工程建设与运行管理。组织实施具有控制性的和跨区域跨流域的重要水利工程建设与运行管理。组织提出并协调落实南水北调配套工程运行和后续工程建设的有关政策措施，指导监督工程安全运行，组织工程验收有关工作，督促指导地方配套工程建设。

（9）负责水土保持工作。拟定水土保持规划并监督实施，组织实施水土流失的综合防治、监测预报并定期公告。负责建设项目水土保持监督管理工作，指导重点水土保持建设项目的实施。

（10）指导农村水利工作。组织开展大中型灌排工程建设与改造。指导农村饮水安全工程建设管理工作，指导节水灌溉有关工作。协调牧区水利工作。指导农村水利改革创新和社会化服务体系建设。指导农村水能资源开发、小水电改造和水电农村电气化工作。

（11）指导水库、水电工程移民管理工作。拟定水库、水电工程移民有关政策并监督实施，组织实施移民安置验收、监督评估等制度。指导监督水库移民后期扶持政策的实施。

（12）负责重大涉水违法事件的查处，协调和仲裁跨市水事纠纷，指导水政监察和水行政执法。依法负责水利行业安全生产工作，组织指导水库、水电站大坝、农村水电站的安全监管。指导水利建设市场的监督管理，组织实施水利工程建设的监督。

（13）组织开展水利行业质量监督工作，拟定水利行业的地方技术标准、规程规范并监督实施。组织重大水利科学研究、技术引进和科技推广，开展国际交流与合作。

（14）负责落实综合防灾减灾规划相关要求，组织编制洪水干旱灾害防治规划和防护标准并指导实施。承担水情旱情监测预警工作。组织编制重要江河湖泊和重要水工程的防御洪水抗御旱灾调度及应急水量调度方案，按程序报批并组织实施。承担防御洪水应急抢险的技术支撑工作。承担台风防御期间重要水工程调度工作。

（15）完成河北省委、河北省人民政府交办的其他任务。

（二）内设机构和人员编制

2018年12月5日，河北省委办公厅、河北省人民政府办公厅印发《河北省水利厅职能配置、内设机构和人员编制规定》（冀办字〔2018〕92号），河北省水利厅内设机构包括办公室、规划计划处、政策法规处、财务处、人事与科技处、水资源管理处、节约用水处（河北省节约用水办公室）、水利工程建设处、运行管理处、河湖管理处、水土保持处、农村水利水电处、水库移民处、监督处、水旱灾害防御处、南水北调配套工程管理处、调水管理处、机关党委、离退休干部处19个处室（见图4）。河北省河湖长制办公室综合考核处和督察处继续保留，行政编制12名，处级领导职数2正2副。

2019年1月31日，河北省委机构编制委员会办公室（2018年10月，河北省机构编制委员会改为河北省委机构编制委员会，其办事机构河北省委机构编制委员会办公室简称"河北省委编办"）印发《关于河北省水利厅所属事业单位机构编制调整事宜的通知》（冀机编办〔2019〕25号）：①将河北省南水北调工程建设委员会办公室的行政职能划入河北省水利厅机关，相应划转25名财政性资金基本保证事业编制，收回财政性资金基本保证事业编制11名，不再保留河北省南水北调工程建设委员会办公室。②将河北省水利物资供应站（河北省防汛抗旱物资储备调运中心）整建制划入河北省应急管理厅。③不再保留河北省防汛抗旱指挥部办公室。将其防汛抗旱职责划入省水利厅机关，相应划转23名财政性资金基本保证事业编制；将其应急救援职责划转至省应急管理厅机关，相应划转8名财政性资金基本保证事业编制。④不再保留河北省水利厅水政执法监察局。将其行政职能划入河北省水利厅机关，相应划转 22 名财政性资金基本保证事业编制，收回财政性资金基本保证事业编制 4 名。⑤不再保留河北省移民迁建办公室。将其行政职能划入河北省水利厅机关，相应划转 16 名财政性资金基本保证事业编制。

撤销河北省水利厅水电及农村电气化发展中心（河北省水利厅水电及农村电气化发展处）加挂的河北省水利厅水电及农村电气化发展处牌子。将其行政职能划入省水利厅机关，保留其公益服务职能。

2020 年 3 月，河北省委机构编制委员会印发《关于省水利厅机关党委加挂内部审计处牌子的通知》（冀编办字〔2020〕26 号），将河北省水利厅财务处负责的内部审计工作职责调整到机关党委，机关党委加挂内部审计处牌子，增加负责厅机关及所属单位的内部审计和对厅管领导干部履行经济责任审计等工作。

2020 年 7 月，河北省委机构编制委员会印发《关于省水利厅机关党委加挂党组巡察工作领导小组办公室牌子的通知》（冀编办字〔2020〕91 号），机关党委加挂党组巡察工作领导小组办公室牌子，机关党委编制由 10 名调整为 13 名，增加巡察办专职副主任 1 名（正处级），所需 3 名编制（行政编制）内部调剂解决。

2019 年 5 月 20 日，河北省委机构编制委员会办公室冀机编办〔2019〕71 号为河北省水利厅机关接收安置 2017 年度军队转业干部增加 1 名行政编制、1 名锁定事业编制；2019 年 7 月 5 日，冀机编办〔2019〕101 号为河北省水利厅机关接收安置 2018 年度军队转业干部增加 1 名行政编制；2020 年 3 月 12 日，冀编办发〔2020〕9 号为河北省水利厅机关接收安置 2019 年度军队转业干部增加 2 名行政编制；2021 年 8 月 30 日，冀编办发〔2021〕21 号为河北省水利厅机关接收安置 2020 年度军队转业干部增加 2 名行政编制。

截至 2021 年 12 月 31 日，河北省水利厅机关编制 201 名（行政编制 114 名、锁定事业编制 87 名）。正处级领导职数 29 名，副处级领导职数 43 名。

（三）厅属单位

截至 2021 年 12 月 31 日，河北省水利厅所属事业单位 26 个和企业单位 3 个（见图 4）。

（1）厅机关事业单位（6 个）：河北省水利厅水电及农村电气化发展中心、河北省农村供水总站、河北省水土保持工作总站（河北省水土保持生态环境监测总站）、河北省水利厅机关服务中心（河北省水利水电工程监理咨询中心）、河北省水利信息中心、河北省水利工程质量安全技术中心。

（2）厅直属事业单位（20 个）：河北省滦河河务事务中心、河北省水务中心、河北省水利科学研究院（河北省大坝安全管理中心）、河北省大清河河务中心（河北省白洋淀事务中心）、河北省子牙河河务中心、河北省南运河河务中心、河北省水资源研究与水利技术试验推广中心（河北省灌溉中心试验站）、河北省桃林口水库事务中心（河北省唐秦水土保持生态环境监测分站）、河北省水文勘测研究中心（河北省水平衡测试中心）、河北省石家庄水文勘测研究中心（河北省石家庄水平衡测试中心）、河北省承德水文勘测研究中心（河北省承德水平衡测试中心）、河北省张家口水文勘测研究中心（河北省张家口水平衡测试中心）、河北省唐山水文勘测研究中心（河北省唐山水平衡测试中心）、河北省秦皇岛水文勘测研究中心（河北省秦皇岛水平衡测试中心）、河北省廊坊水文勘测研究中心（河北省廊坊水平衡测试中心）、河北省保定水文勘测研究中心（河北省保定水平衡测试中心）、河北省沧州水文勘测研究中心（河北省沧州水平衡测试中心）、河北省衡水水文勘测研究中心（河北省衡水水平衡测试中心）、河北省邢台水文勘测研究中心（河北省邢台水平衡测试中心）、河北省邯郸水文勘测研究中心（河北省邯郸水平衡测试中心）。

（3）厅直属企业单位（3 个）：河北省水利水电勘测设计研究院集团有限公司、河北省水利规划设计研究院有限公司、河北省水利工程局集团有限公司。

（4）撤销划转单位情况：

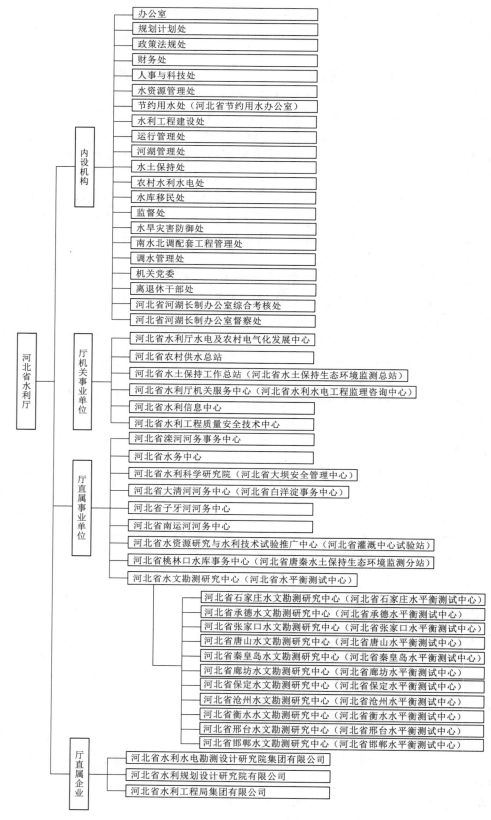

图4 河北省水利厅机构图（2021年）

1) 2019 年 1 月 31 日，河北省委编办印发《关于河北省水利厅所属事业单位机构编制调整事宜的通知》（冀机编办〔2019〕25 号）：河北省南水北调工程建设委员会办公室、河北省防汛抗旱指挥部办公室、河北省水利厅水政执法监察局、河北省移民迁建办公室撤销并入河北省水利厅机关。河北省水利物资供应站（河北省防汛抗旱物资储备调运中心）划转至河北省应急厅。

2) 2021 年 6 月 18 日，河北省委编委印发《关于印发〈河北省水务中心机构职能编制规定〉的通知》（冀编委发〔2021〕27 号），整合河北省水利厅所属河北水务集团、河北省岗南水库事务中心、河北省黄壁庄水库事务中心、河北省石津灌区事务中心，组建河北省水务中心。

a. 河北省黄壁庄水库事务中心。2020 年 5 月 15 日，河北省委编办《关于调整河北省水利厅事业单位机构编制事宜的通知》（冀编办字〔2020〕63 号）：将河北省黄壁庄水库管理局更名为河北省黄壁庄水库事务中心，为相当处级事业单位，主要职责调整为：负责黄壁庄水库枢纽工程运行管护和安全监测等工作；落实水库防洪工作措施；执行省水利厅下达的防洪、供水、灌溉、应急水量调度指令，做好水库调度工作；承担为下游城镇居民生活、工农业生产及生态用水等供水工作；承担管理范围内水土保持工作；协助有关部门做好水库水质保护工作；承担河北省水利厅交办的其他工作。事业编制 166 名，领导职数 1 正 5 副，经费形式为财政性资金定项或定额补助，分类类别为公益二类。

b. 河北省岗南水库事务中心。2020 年 5 月 15 日，省委编办《关于调整河北省水利厅事业单位机构编制事宜的通知》（冀编办字〔2020〕63 号）：将河北省岗南水库管理局更名为河北省岗南水库事务中心，为相当处级事业单位，主要职责调整为：负责岗南水库枢纽工程运行管护和安全监测等工作；落实水库防洪工作措施；执行省水利厅下达的防洪、供水、灌溉、应急水量调度指令，做好水库调度工作；承担为下游城镇居民生活、工农业生产及生态用水等供水工作；承担管理范围内水土保持和水土流失监测点运行管护工作；协助有关部门做好水库水质保护工作；承担河北省水利厅交办的其他工作。事业编制 244 名，领导职数由 1 正 5 副调整为 1 正 6 副，经费形式为财政性资金定项或定额补助，分类类别为公益二类。

c. 河北省石津灌区事务中心。2020 年 5 月 15 日，河北省委编办《关于调整河北省水利厅事业单位机构编制事宜的通知》（冀编办字〔2020〕63 号）：将河北省石津灌区管理局更名为河北省石津灌区事务中心，为相当处级事业单位，主要职责调整为：负责石津灌区水利工程设施的运行管护和安全监测等工作；执行省水利厅下达的防洪、供水、灌溉、应急水量调度指令；负责向石家庄、衡水、邢台、辛集四个市的相关受益县（市）提供农业灌溉水源；适时进行水力发电；受委托负责南水北调石津干渠工程输水运行管护等工作；承担河北省水利厅交办的其他工作。事业编制 340 名，领导职数由 1 正 5 副调整为 1 正 6 副，经费形式为财政性资金定项或定额补助，分类类别为公益二类。

（四）厅领导任免

2018 年 12 月，河北省委决定许晓娟任河北省水利厅党组成员；免去刘媛的河北省水利厅党组成员职务。

2018 年 12 月，河北省委决定许晓娟任河北省纪委监委驻河北省水利厅纪检监察组组长；免去刘媛的河北省纪委监委驻河北省水利厅纪检监察组组长职务。

2019 年 4 月，河北省人民政府任命冯谦诚为河北省水利厅副巡视员。

2019 年 7 月，河北省委免去冯谦诚的河北省水利厅二级巡视员职级，退休。

2019 年 8 月，河北省委批准免去张海山的河北省水利厅党组成员职务。

2019 年 12 月，河北省委批准罗少军任河北省水利厅一级巡视员，免去其河北省水利厅党组副书记职务。

2019 年 12 月，河北省人民政府免去罗少军的河北省水利厅副厅长职务。

2020 年 3 月，河北省委批准李国强任河北省水利厅党组成员。

2020 年 8 月，河北省委批准李龙任河北省水利厅党组副书记。

2020 年 8 月，河北省人民政府任命李龙为河北省水利厅副厅长（冀政人字〔2020〕121 号）。

2020 年 11 月，河北省委决定免去许晓娟的河北省水利厅党组成员职务。

2020 年 11 月，河北省委批准许晓娟任河北省纪委委员、常委，免去其河北省纪委监委驻河北省水利厅纪检监察组组长职务。

2021 年 1 月，河北省委决定高玉任河北省水利厅党组成员职务。

2021 年 1 月，河北省委决定高玉任河北省纪委监委驻河北省水利厅纪检监察组组长。

2021 年 9 月，河北省委批准免去李龙的河北省水利厅党组副书记职务。

2021 年 9 月，河北省人民政府免去李龙的河北省水利厅副厅长职务（冀政人字〔2021〕110 号）。

五、挂靠省水利厅的厅级机构：河北省南水北调工程建设委员会办公室（正厅级）

2003 年 11 月 23 日，河北省人民政府办公厅冀政办〔2003〕36 号文件明确设立河北省南水北调工程建设委员会办公室（正厅级），为河北省南水北调工程建设委员会的办事机构，挂靠河北省水利厅（与省水利厅一个党组），承担南水北调工程前期和建设期的工程建设行政管理职能。2018 年 12 月 5 日，河北省委办公厅、河北省人民政府办公厅通知，不再保留河北省南水北调工程建设委员会办公室。

（一）主要职能

贯彻、执行国家南水北调工程建设的有关政策和管理办法；负责河北省南水北调工程建设委员会全体会议及办公会议的准备工作，监督、检查会议决定事项的落实；就河北省南水北调工程建设中的重大问题与有关设区市人民政府和省直有关部门进行协调；协调落实国家、河北省南水北调工程建设的有关重大措施。配合国家项目法人组织南水北调河北段主体工程建设管理；负责河北省南水北调配套工程建设管理。负责监督控制河北省南水北调配套工程投资总量，监督工程建设项目投资执行情况；负责组织河北省南水北调主体工程、配套工程规划、项目建议书、可行性研究以及初步设计等前期工作；汇总年度开工项目及投资规模并提出建议；组织、指导工程项目建设年度投资计划的实施和监督管理；负责计划、资金和工程建设的相互协调、综合平衡；审查并提出工程预备费项和投资结余使用计划的建议；审查年度投资价格指数和价差。负责协调、落实和监督河北省南水北调工程建设资金的筹措、管理和使用；参与研究并参与协调国家有关部门提出的南水北调工程河北省基金方案和实施细则；参与研究并参与协调河北省配套工程筹资方案；参与研究南水北调工程河北省用户供水水价方案。负责河北省南水北调工程建设质量监督管理；组织协调河北省南水北调工程建设中的重大技术问题。参与协调河北省南水北调工程项目区环境保护和生态建设工作；组织拟定河北省南水北调主体和配套工程占地、拆迁、安置移民实施细则并监督实施；参与指导、监督工程影响区文物保护工作。协调国家有关部门对河北段南水北调主体工程的监督检查和经常性稽查工作；负责河北省南水北调配套工程的监督检查和经常性稽查工作；具体承办河北省配套工程阶段性验收工作。负责河北省南水北调工程建设信息收集、整理、发布及宣传、信访工作；负责河北省南水北调工程建设中与外省及国际组织间的合作与交流。承办河北省人民政府和河北省南水北调工程建设委员会交办的其他事项。

（二）内设机构和人员编制情况

2003 年 11 月 23 日，河北省政府办公厅冀政办〔2003〕36 号文件明确设立河北省南水北调工程建设委员会办公室，内设综合处、投资计划处、经济与财务处、建设管理处、设计与环境处 5 个内设处室和机关党委（人事处）。

核定事业编制 35 名，依照国家公务员制度管理，其中主任 1 名（省水利厅厅长兼）、副主任 3 名（副厅级），总工程师 1 名（正处级），处级领导职数 14 名；办公室机关工勤人员编制 5 名。

2007 年 10 月 13 日，河北省机构编制委员会办公室冀机编办〔2007〕150 号文件通知，因接收安置军队转业干部增加事业编制 1 名。

2010 年 4 月 12 日，河北省机构编制委员会办公室冀机编办〔2010〕50 号批复：同意河北省南水北调工程建设委员会办公室机关党委挂人事处牌子。2014 年 10 月 28 日，河北省机构编制委员会办公室冀机编办〔2014〕134 号批复：同意河北省南水北调工程建设委员会办公室建设管理处加挂监督处牌子，事业编制由 8 名增至 12 名，所需编制内部调剂解决，处级领导职数由 1 正 2 副增至 1 正 3 副。

截至 2018 年 12 月 4 日，事业编制 36 名，工勤编制 5 名。其中主任 1 名（正厅级）、副主任 3 名（副厅级），总工程师 1 名（正处级），处级领导职数 15 名。

2018 年 12 月 5 日，河北省委办公厅、河北省人民政府办公厅通知，不再保留河北省南水北调工程建设委员会办公室。2019 年 1 月 31 日，河北省委编办冀机编办〔2019〕25 号通知，将河北省南水北调工程建设委员会办公室的行政职能划入河北省水利厅，相应划转 25 名财政性资金基本保证事业编制，收回财政性资金基本保证事业编制 11 名。

河北省水利厅领导任免表（2001 年 1 月—2021 年 12 月）见表 1，河北省水利厅党组成员任免表（2001 年 1 月—2021 年 12 月）见表 2。

表 1　　　　　　　　　　　河北省水利厅领导任免表（2001 年 1 月—2021 年 12 月）

机构名称	职务	姓名	任免时间	备注
河北省水利厅	厅长	张凤林	2000 年 1 月—2003 年 1 月	
		韩乃义	2003 年 1 月—2008 年 3 月	
		李清林	2008 年 3 月—2013 年 3 月	
		苏银增	2013 年 3 月—2018 年 2 月	
		位铁强	2018 年 2 月—	
	副厅长	韩乃义	1994 年 6 月—2003 年 1 月	
		李清林	1995 年 8 月—2008 年 3 月	
		张锦正	1995 年 8 月—2003 年 6 月	
		梁建义	1996 年 9 月—2012 年 5 月	
		位铁强	2002 年 9 月—2017 年 1 月	
		刘凯军	2003 年 8 月—2014 年 11 月	
		袁福	2006 年 9 月—2015 年 2 月	
		白顺江	2010 年 2 月—2014 年 1 月	
		张铁龙	2014 年 1 月—2017 年 7 月	
		高润清	2014 年 1 月—	
		罗少军	2014 年 11 月—2019 年 12 月	
		崔志清	2015 年 5 月—	
		张宝全	2017 年 4 月—	
		李龙	2020 年 8 月—2021 年 9 月	

机构名称	职务	姓名	任免时间	备注
河北省水利厅	巡视员	李春宁	2003 年 2 月—2003 年 8 月	
		梁建义	2012 年 5 月—2014 年 6 月	
		白顺江	2014 年 1 月—2017 年 7 月	
		刘凯军	2014 年 11 月—2018 年 1 月	
		宋群生	2015 年 12 月—2016 年 4 月	
	一级巡视员	罗少军	2019 年 12 月—	
	副巡视员	马林	2005 年 1 月—2008 年 5 月	
		吕长安	2010 年 2 月—2013 年 12 月	
		张宝全	2014 年 1 月—2017 年 4 月	
		丁辛戈	2017 年 2 月—2019 年 6 月	
		冯谦诚	2019 年 4 月—2019 年 6 月	
	二级巡视员	丁辛戈	2019 年 6 月—	
		冯谦诚	2019 年 6 月—2019 年 7 月	
河北省南水北调工程建设委员会办公室	主任	韩乃义	2004 年 4 月—2008 年 4 月	
		袁福	2008 年 4 月—2015 年 2 月	
		张铁龙	2015 年 2 月—2017 年 7 月	
	副主任	许光峰	2004 年 4 月—2009 年 5 月	
		耿六成	2004 年 4 月—2009 年 12 月	
		袁福	2006 年 9 月—2008 年 4 月	
		张铁龙	2004 年 6 月—2014 年 1 月	
		宋伟	2010 年 2 月—2017 年 12 月	
		徐国勇	2011 年 9 月—2018 年 3 月	
		李洪卫	2013 年 4 月—2018 年 11 月	

表 2   **河北省水利厅党组成员任免表（2001 年 1 月—2021 年 12 月）**

机构名称	职务	姓名	任免时间	备注
河北省水利厅	党组书记	张凤林	1999 年 12 月—2002 年 12 月	
		韩乃义	2003 年 1 月—2008 年 3 月	
		李清林	2008 年 3 月—2013 年 3 月	
		苏银增	2013 年 3 月—2018 年 1 月	
		位铁强	2018 年 1 月—	
	党组副书记	韩乃义	2000 年 3 月—2003 年 1 月	
		李清林	2003 年 6 月—2008 年 3 月	
		袁福	2006 年 8 月—2015 年 1 月	
		白顺江	2009 年 12 月—2014 年 1 月	

续表

机构名称	职 务	姓 名	任 免 时 间	备 注
河北省水利厅	党组副书记	张铁龙	2015 年 1 月—2017 年 6 月	
		位铁强	2014 年 1 月—2016 年 12 月	
		罗少军	2017 年 3 月—2019 年 12 月	
		李 龙	2020 年 8 月—2021 年 9 月	
	党组成员	李清林	1995 年 7 月—2003 年 6 月	
		张锦正	1995 年 7 月—2003 年 4 月	
		梁建义	1996 年 9 月—2012 年 4 月	
		陈胜英	1999 年 5 月—2010 年 11 月	
		位铁强	2002 年 8 月—2014 年 1 月	
		刘凯军	2003 年 6 月—2014 年 11 月	
		许光峰	2004 年 2 月—2009 年 4 月	
		耿六成	2004 年 2 月—2009 年 11 月	
		张铁龙	2004 年 6 月—2015 年 1 月	
		罗少军	2006 年 8 月—2017 年 3 月	
		宋 伟	2009 年 12 月—2017 年 2 月	
		宋群生	2011 年 4 月—2015 年 11 月	
		徐国勇	2011 年 8 月—2018 年 2 月	
		李洪卫	2013 年 3 月—	
		崔志清	2013 年 12 月—	
		高润清	2014 年 1 月—	
		张海山	2015 年 4 月—2019 年 8 月	
		刘 媛	2016 年 6 月—2018 年 12 月	
		张宝全	2017 年 3 月—	
		许晓娟	2018 年 12 月—2020 年 11 月	
		李国强	2020 年 3 月—	
		高 玉	2021 年 1 月—	

执笔人：张子敏　薛瑞阳

审核人：刘静雷

山西省水利厅

山西省水利厅是山西省人民政府组成部门，为正厅级，负责贯彻落实党中央、山西省委关于水利工作的方针政策和决策部署，主管全省水行政管理工作。办公地点设在太原市迎泽区新建路 45 号。

2001 年以来，党和国家开展了多次机构改革，山西省水利厅均予保留设置。2001 年 1 月—2021 年 12 月山西省水利厅组织沿革划分为以下 3 个阶段：2001 年 1 月—2009 年 9 月，2009 年 9 月—2018 年 12 月，2018 年 12 月—2021 年 12 月。

一、第一阶段（2001 年 1 月—2009 年 9 月）

（一）职能调整

2000 年机构改革，根据山西省委、山西省人民政府《关于印发山西省人民政府机构改革方案的通知》（晋发〔2000〕22 号），对山西省水利厅职能进行了部分调整，主要体现在以下三个方面：

（1）划出的职能有两项，一是水电建设方面的政府职能，交给山西省经贸委承担。二是在宜林地区以植树、种草等生物措施防治水土流失的政府职能，交给山西省林业厅承担。

（2）增加和划入的职能为：一是原由山西省建设厅承担的城市防洪职能，城市规划区地下水管理职能划入山西省水利厅承担。二是原由山西省地质矿产厅承担的地下水资源行政管理职能，交给山西省水利厅承担。对开采已探明的矿泉水、地热水由山西省水利厅办理取水许可证，确定开采量。

（3）转变的职能有：一是按照国家资源与环境保护的有关法律法规和标准，拟定全省水资源保护规划，组织水功能区划分，监测河湖库的水质，审定水域纳污能力，提出限制排污总量的意见，有关数据和情况应通报环境保护部门。排污口的设置和改建，排污单位向环境保护部门申报前，必须征得山西省水利厅的同意。二是组织、指导全省节约用水工作。拟定节约用水政策，编制节约用水规划，制定有关标准。建设部门负责指导城市采水和管网输水，用户用水中的节约用水工作应接受山西省水利厅的监督。三是取水许可证由山西省水利厅实施统一管理，不再授权其他部门。

（二）调整后的主要职责

职能调整后，山西省水利厅的主要职责如下：

（1）拟定全省水利工作的政策、发展战略和中长期规划，组织起草有关法规并监督实施。

（2）统一管理全省水资源（含空中水、地表水、地下水）。组织拟定全省和跨地区水长期供求计划、水量分配方案并监督实施；组织全省有关国民经济总体规划、城市规划及重大建设项目的水资源和防洪的论证工作；组织实施取水许可制度和水资源费征收制度；发布全省水资源公报；负责全省水文工作。

（3）组织、指导和监督全省节约用水工作。拟定全省节约用水政策，编制节约用水规划，制定有关标准。

（4）按照国家资源与环境保护的有关法律法规和标准，拟定全省水资源保护规划；组织水功能区的划分和向饮水区等水域排污的控制；监测河、湖、水库的水量、水质；审定水域纳污能力和排污口的设置；提出限制排污总量的意见。

（5）组织、指导全省水政监察和水行政执法；协调并仲裁地区间的水事纠纷。

（6）对水利资金的使用进行宏观调节；指导水利行业供水及多种经营工作；研究提出有关供水、水电价格、财务等调节意见。

（7）组织编制审查全省大中型水利基建项目建议书和可行性报告；组织重大水利科学研究和技术推广；组织拟定水利行业技术质量标准和水利工程的规程、规范并监督实施；负责水利行业招投标活动的监督执法。

（8）组织、指导全省水利设施、水域及其岸线的管理与保护；组织指导境内重点流域、河道、湖泊、泉域、河岸滩涂和盐碱地的治理开发；办理省际河流的有关事务；组织建设和管理具有控制性或跨地（市）的重要水利工程；组织、指导水库、水电站大坝的安全监管。

（9）负责并指导全省农村水利工作；组织协调农田水利基本建设和乡镇供水工作。

（10）负责并指导全省水土保持工作。研究制定水土保持的工程措施规划，组织水土流失的监测和综合防治。对有关水土保持法律法规的执行实施监督。

（11）负责全省水利方面的科技、外事、教育工作；指导全省水利队伍建设。

（12）承担山西省防汛抗旱指挥部的日常工作，组织、协调、监督、指导全省防洪工作，对主要河道和主要水利工程实施防汛抗旱调度。

（13）负责全省水产渔业和渔政执法监督管理工作。

（14）指导全省水利行业的水电管理工作，组织协调全省农村水电电气化工作。

（15）负责全省大型水利枢纽、防洪险段的治安保卫工作。

（16）承担山西省人民政府交办的其他事项。

（三）编制与机构设置

根据山西省委、山西省人民政府《关于印发山西省人民政府机构改革方案的通知》（晋发〔2000〕22号）及《山西省水利厅职能配置、内设机构和人员编制方案》，山西省水利厅机关行政编制57名，其中厅长1名，副厅长3名，总工程师1名，正副处长职数26名（含机关党委专职副书记）。离退休人员管理处编制11名，处级领导职数3名。

1. 编制变化情况

2000年11月，为山西省水利厅机关接收安置1999年度军转干部增加1名机关行政编制。

2001年6月，山西省编委核定山西省水利厅司机、打字员编制共7名。

2002年8月，为山西省水利厅机关接收安置2001年度军转干部增加1名机关行政编制。

2004年12月，为山西省水利厅机关接收安置2003年度军转干部增加2名机关行政编制。

2005年11月，山西省纪委、山西省编办、山西省监委印发文件，划转至山西省纪委监委派驻机构行政编制5名。

2006年2月，为山西省水利厅机关接收安置2004年度军转干部增加4名机关行政编制。

2006年10月，为山西省水利厅机关接收安置2005年度军转干部增加4名机关行政编制。

2006年12月，山西省编委对山西省直部门离退休人员管理处重新核定编制。核定山西省水利厅离退处行政编制 11 名计入机关行政编制总额，实际单列；核定 3 名司机编制，列入机关工勤人员编制总额，实行单列。

2008 年 11 月，为山西省水利厅机关接收安置 2007 年度军转干部增加 4 名机关行政编制。

2000 年 11 月至 2009 年 9 月，山西省编办共分配至山西省水利厅军转干部编制 16 名，2005 年划转至山西省纪委监委派驻机构行政编制 5 名，2006 年离退处行政编制 11 名、工勤编制 3 名计入机关编制总额，截至 2009 年 9 月，山西省水利厅机关行政编制 79 名，工勤编制 10 名。

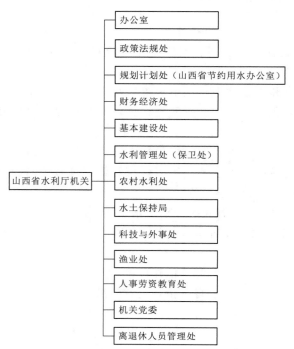

图 1　山西省水利厅机关机构图（2001 年 1 月）

2. 内设机构变化情况

根据山西省委、山西省人民政府《关于印发山西省人民政府机构改革方案的通知》（晋发〔2000〕22 号）及《山西省水利厅职能配置、内设机构和人员编制方案》，山西省水利厅内设办公室、政策法规处、规划计划处（山西省节约用水办公室）、财务经济处、基本建设处、水利管理处（保卫处）、农村水利处、水土保持局、科技与外事处、渔业处、人事劳资教育处 11 个职能处（室）和机关党委、离退休人员管理处（见图 1）。

2001 年 3 月，山西省编办同意将山西省水利厅渔业处更名为山西省水利厅渔业局。7 月，同意山西省水利厅"渔业局"挂"省渔政监督管理局"的牌子。12 月，山西省编办同意山西省水利厅设立公安处（挂省公安厅水利公安处牌子），水利管理处不再挂保卫处牌子。

2006 年 4 月，山西省编办同意山西省水利厅渔业局挂山西省渔船渔港监督检验局牌子。7 月，山西省编办同意山西省水利厅设立供水排水处。

2007 年 8 月，山西省编办同意山西省水利厅机关增设水利工程项目稽察处。

2008 年 5 月，山西省编办印发《关于理顺全省水利公安机构的通知》，撤销山西省水利厅公安处（挂省公安厅水利公安处牌子），核销原核定的 1 名正处级职数；重新组建山西省公安厅水利公安处，为山西省公安厅直属机构，正处级建制，核定公安专项编制 10 名。水利公安处干部由山西省公安厅管理，任免前征求山西省水利厅意见。职责是组织、指导、协调、监督全省水利安全保卫工作。山西省汾河水利管理局等 27 个大型水利工程设立的公安科改制为水利公安派出所，共核定公安专项编制 226 名。水利公安派出所由属地公安机关管理，为当地县（市）公安机关的派出机构。职责是负责维护管理大型水库、灌区、机电灌站等水利工程、防洪险段的水利治安秩序和安全保卫，侦破查处水事刑事和治安案件（不含户籍管理）。

截至 2009 年 9 月机构改革前，山西省水利厅内设 13 个职能处（室）和机关党委、离退休人员管理处（见图 2）。

3. 领导职数变化情况

2001 年 11 月，增加副厅长职数 1 名。

2001 年 12 月，山西省水利厅公安处单设，核定处级职数 1 名。

2004 年 7 月，山西省编委同意山西省水利厅水土保持局局长为副厅级。

2005 年 2 月，山西省水利厅机关党委增加副处级领导职数 1 名。

2006 年 4 月，山西省水利厅渔业局挂"山西省渔船渔港监督检验局"牌子，增加副处级领导职数 1 名。

图 2　山西省水利厅机关机构图（2009 年 9 月改革前）

2006 年 7 月，增设供水排水处，核定正副处长职数各 1 名。

2007 年 8 月，增设水利工程项目稽察处，核定正副处长职数各 1 名。

2008 年 5 月，撤销山西省水利厅公安处，核销 1 名正处级职数。

截至 2009 年 9 月，水利厅领导职数：厅长 1 名，副厅长 4 名，总工程师 1 名，水土保持局局长 1 名（副厅级配置）；正副处级领导职数 35 名（含机关党委专职副书记 1 名，离退休处 3 名）。

（四）厅领导任免

2002 年 2 月，山西省委组织部批准裴群任山西省水利厅党组成员（晋组干字〔2002〕48 号）；3 月，山西省人民政府批准裴群任山西省水利厅副厅长（晋政任〔2002〕10 号）。

2002 年 3 月，山西省人民政府批准范晓兵任山西省水利厅助理巡视员（晋政任〔2002〕6 号）。

2003 年 1 月，山西省人民政府免去姚高宽的山西省水利厅副厅长职务（晋政任〔2003〕2 号），山西省委组织部免去其山西省水利厅党组副书记职务（晋组干字〔2003〕27 号）。

2003 年 6 月，山西省人民政府批准袁浩基任山西省水利厅巡视员，免去其山西省水利厅副厅长职务（晋政任〔2003〕51 号）。12 月，山西省人民政府免去袁浩基省水利厅巡视员职务（晋政任〔2003〕79 号），山西省委组织部免去袁浩基山西省水利厅党组成员职务（晋组干字〔2003〕362 号）。

2003 年 6 月，山西省委组织部批准郭正义任山西省纪委驻水利厅纪检组组长、山西省水利厅党组成员，免去刘二仁的山西省纪委驻水利厅纪检组组长、山西省水利厅党组成员职务（晋组干字〔2003〕283 号）。

2004 年 6 月，山西省人民政府批准孙廷容任山西省水利厅副厅长（晋政任〔2004〕20 号），潘军峰任山西省水利厅副厅长、张健任山西省水利厅副厅长（晋政任〔2004〕26 号）；山西省委组织部批准张健、孙廷容任山西省水利厅党组成员（晋组干字〔2004〕132 号）。

2004 年 12 月，山西省委组织部批准菅二拴任山西省水利厅党组副书记（晋组干字〔2005〕45号）。

2005 年 1 月，山西省人民政府批准李文银任山西省水利厅水土保持局局长（副厅级）（晋政任〔2005〕5 号）。

2005 年 3 月，山西省人民政府批准解放庆、贾竑骥任山西省水利厅助理巡视员（晋政任〔2005〕25 号）。

2006 年 2 月，山西省委组织部免去李英明的山西省水利厅党组书记职务，免去菅二拴的山西省水利厅党组副书记职务（晋组干字〔2006〕74 号）；3 月，山西省人民政府免去菅二拴山西省水利厅副厅长职务、免去潘军峰的山西省水利厅总工程师、副厅长职务（晋政任〔2006〕9 号）。

2006 年 2 月，山西省委组织部任命潘军峰为山西省水利厅党组书记（晋组干字〔2006〕74号），3 月，山西省人民政府任潘军峰为山西省水利厅厅长，免去李英明的山西省水利厅厅长职务（晋政任〔2006〕15 号），李英明任山西省人大常委会农村工作委员会副主任（晋人任字〔2006〕1 号）。

2008 年 8 月，山西省人民政府批准郭正义任山西省水利厅副厅长，李力任山西省水利厅总工程师（晋政任〔2008〕44 号），山西省委组织部批准奥雨迎任山西省纪委驻水利厅纪检组组长，免去郭正义的山西省纪委驻水利厅纪检组组长职务，奥雨迎、李力任山西省水利厅党组成员（晋组干字〔2008〕318 号）。

2009 年 7 月，山西省委组织部部务会议研究李英明退休。

山西省水利厅领导任免表（2001 年 1 月—2009 年 9 月）见表 1。

表 1　　　　　　　山西省水利厅领导任免表（2001 年 1 月—2009 年 9 月）

机构名称	姓　名	职　务	任　免　时　间	备　注
山西省水利厅（2001 年 1 月—2006 年 3 月）	李英明	厅　长	2000 年 5 月—2006 年 3 月	
		党组书记	2000 年 5 月—2006 年 2 月	
	姚高宽	副厅长	1997 年 5 月—2003 年 1 月	
		党组副书记	1997 年 4 月—2003 年 1 月	
	袁浩基	副厅长	2000 年 2 月—2003 年 6 月	
		党组成员	2000 年 1 月—2003 年 12 月	
		巡视员	2003 年 6—12 月	
	菅二拴	副厅长	2000 年 2 月—2006 年 3 月	
		党组成员	2000 年 1 月—2004 年 12 月	
		党组副书记	2004 年 12 月—2006 年 2 月	
	裴　群	副厅长	2002 年 3 月—	
		党组成员	2002 年 2 月—	
	潘军峰	副厅长	2004 年 6 月—2006 年 3 月	
		总工程师	2000 年 10 月—2006 年 3 月	
		党组成员	2000 年 9 月—2006 年 2 月	

机构名称	姓名	职务	任免时间	备注
山西省水利厅（2001年1月—2006年3月）	孙廷容	副厅长	2004年6月—	
		党组成员	2004年6月—	
	张健	副厅长	2004年6月—	
		党组成员	2004年6月—	
	刘二仁	纪检组组长	2000年5月—2003年6月	
		党组成员	2000年5月—2003年6月	
	郭正义	纪检组组长	2003年6月—	
		党组成员	2003年6月—	
	范晓兵	助理巡视员	2002年3月—	
	解放庆	助理巡视员	2005年3月—	
	贾竑骥	助理巡视员	2005年3月—	
	李文银	水土保持局局长	2005年1月—	副厅级
山西省水利厅（2006年3月—2009年9月）	潘军峰	厅长	2006年3月—	
		党组书记	2006年2月—	
	裴群	副厅长	继任—	
		党组成员	继任—	
	张健	副厅长	继任—	
		党组成员	继任—	
	孙廷容	副厅长	继任—2009年5月	
		党组成员	继任—2009年5月	
	李力	总工程师	2008年8月—	
		党组成员	2008年8月—	
	郭正义	纪检组组长	继任—2008年8月	
		党组成员	继任—	
		副厅长	2008年8月—	
	奥雨迎	纪检组组长	2008年8月—	
		党组成员	2008年8月—	
	范晓兵	助理巡视员	继任—	
	解放庆	助理巡视员	继任—	
	贾竑骥	助理巡视员	继任—	
	李文银	水土保持局局长	继任—	副厅级

（五）厅属事业单位

2000年年底，山西省水利厅直属事业单位40个，其中全额拨款（简称"全额"）事业单位15个，差额补助（简称"差额"）事业单位3个，自收自支事业单位22个。事业编制7335名，其中全额编制1440名，差额编制134名，自收自支编制5761名。

山西省水利厅直属事业单位编制表（2000年）见表2。

表 2 山西省水利厅直属事业单位编制表（2000年）

经费来源	序号	单 位 名 称	级 别	编制（共7335名）	备 注
全额拨款（15个）	1	山西省人民政府防汛抗旱指挥部办公室	正处级	50	
	2	山西省水资源管理委员会办公室	正处级	16	
	3	山西省水利科学研究所	正处级	165	
	4	山西省水文水资源勘测局	正处级	600	
	5	山西省水利学校	正处级	232	
	6	山西省水土保持科学研究所	正处级	90	
	7	山西省三门峡水库管理局	正处级	30	
	8	山西省水利物资供应站	正处级	52	
	9	山西省水利干部学校	正处级	92	含自收自支编制40个
	10	山西省水土保持规划队	正处级	45	
	11	山西省水产科学研究所	正处级	32	
	12	山西省水产技术推广站	副处级	10	含自收自支编制2个
	13	山西省水利厅综合经营管理站	正处级	32	
	14	山西省水利技工学校	正处级	40	含自收自支编制11个
	15	山西省水土保持项目管理办公室	正处级	7	
差额补助（3个）	16	山西省朔县虹鳟鱼实验场	正科级	15	
	17	山西省水产科学试验场	正科级	45	
	18	山西省水利厅机关幼儿园	正科级	74	
自收自支（22个）	19	山西省水利建筑工程局	正处级	3760	
	20	山西省移民办公室	正处级	10	
	21	山西省水利水电勘测设计研究院	正处级	715	
	22	山西省汾河水利管理局	正处级	395	
	23	山西省汾河水库管理局	正处级	147	
	24	山西省漳泽水库管理局	正处级	170	
	25	山西省潇河水利管理局	正处级	100	
	26	《山西水利》编辑部	不定级	7	
	27	山西省水利大厦	正处级	69	
	28	山西省汾河二库管理局（山西省汾河二库建设指挥部）	正处级	101	
	29	山西省滹沱河南庄引水工程建设指挥部	正处级	12	
	30	山西省农田节水技术开发服务推广站	正处级	10	
	31	山西省水利建设开发中心	正处级	25	
	32	山西省河渠建设开发中心	正处级	15	
	33	山西省水资源研究所	正处级	50	
	34	山西省水土保持监测中心	正处级	15	
	35	山西省水利职工培训中心	正处级	35	
	36	山西省河道管护服务总站	正处级	15	
	37	山西省水利工程质量监督站	正处级	12	
	38	山西省水利厅机关后勤服务中心	正处级	25	

续表

经费来源	序号	单 位 名 称	级 别	编制（共7335名）	备 注
自收自支 （22个）	39	山西省三门峡库区建设工程局	正科级	15	隶属于山西省三门峡 库区建设局
	40	山西省移民培训中心	正科级	5	由山西省移民办公室管理

2001年，山西省编办同意新成立3个全额事业单位，3个直属事业单位更名，4个地区水文分局更名，1个单位升格。一是新成立山西省水利厅农村水电及电气化发展中心、山西省引黄入晋工程领导组办公室、山西省沁河流域开发建设管理中心3个正处级建制的全额事业单位，编制内部调整。二是山西省水土保持勘测规划设计队更名为山西省水土保持生态环境建设中心；山西省水利厅综合经营管理站更名为山西省水利经济事业管理中心；山西省水土保持外资项目办公室更名为山西省水土保持项目管理办公室。三是忻州等四地区水文分局分别更名为忻州市水文水资源勘测分局、晋中市水文水资源勘测分局、临汾市水文水资源勘测分局、运城市水文水资源勘测分局。四是山西省三门峡库区建设工程局由科级升格为副处级，增加自收自支事业编制15名，从山西省水利建筑工程局编制内划拨。

2002年，山西省编办明确1个单位机构规格，新成立1个事业单位，合并2所学校，撤销2个单位，重新成立2个单位。新成立单位编制均为内部调整。一是将山西省河渠建设开发中心明确为县处级建制的事业单位；二是成立山西省鱼病防治中心；三是山西省水利职工大学和山西省水利学校合并，组建山西水利职业技术学院，山西水利职业技术学院成立后，原两校建制同时撤销；四是撤销山西省水利物资供应站，成立山西省水利信息中心；撤销《山西水利》编辑部，成立山西水利发展研究中心（全额）。

2003年，山西省编办批复成立2个自收自支事业单位，1个二级单位升格，1个单位加挂牌子。一是同意成立山西省汾河上游水务管理站、山西省张峰水库建设管理局；二是同意将山西省汾河水利管理局一坝分局升格为副处级规格。三是山西省鱼病防治中心增挂山西省渔业环境监测中心和山西省水产品质量安全监测中心牌子。

经山西省人民政府批准，2003年8月1日起，山西省水利建筑工程局由自收自支事业单位转为全民所有制企业。

2004年，山西省编办批复1个单位加挂牌子，1个单位升格。同意山西省水土保持项目管理办公室挂山西省沙棘办公室牌子，同意山西省水产技术推广站升格为正处建制。

2005年，山西省编办批复1个单位更名，新成立1个单位。同意山西省水利科学研究所更名为山西省水利水电科学研究院，同意成立山西省水利厅驻北京联络处。

2006年，山西省编办批复同意1个单位更名，1个单位性质变更。将滹沱河南庄引水工程建设总指挥部更名为滹沱河坪上水利工程管理局；山西省移民办公室由自收自支事业单位变更为全额拨款事业单位。

2007年，山西省编办批复同意新成立4个单位（3个自收自支单位，1个全额单位），同意为山西水利职业技术学院增加全额事业编制100名，核销自收自支事业编制40名，核销后全额事业编制384名。新成立的自收自支单位分别为山西省吴家庄水库建设管理局、山西省引沁入汾和川引水枢纽工程建设管理局、山西省汾河中下游河道管理站，全额单位为山西省水资源征费稽查队。全额事业编制在厅直属单位内部调整。

2008年，山西省编办批复1个单位加挂牌子，3个单位更名，新成立1个单位，调整1个单位主要职责。一是同意山西省水产技术推广站挂山西省渔政执法总队的牌子；二是同意山西省水利工程质量监督站更名为山西省水利工程质量与安全监督站，山西省汾河中下游河道管理站更名为山西省汾河中下游水务管理局，山西省汾河水利管理局更名为山西省汾河灌溉管理局，并同时调整了编制；三是同意成立山西省数字水利中心，正处级建制全额预算事业单位，编制内部调整；四是将山西省水利厅农村水电及电气化发展中心（局）有关职能进行了调整。

2009年，省编办批复2个单位合并组建1个单位，新成立1个单位，撤销1个单位，移交晋中市管理1个单位，升格1个单位，更名1个单位。一是同意山西省水产科学试验场和山西省虹鳟鱼实验场合并组建山西省水产育种养殖科学实验中心；二是同意成立山西省柏叶口水库建设管理局；三是山西省潇河水利管理局整体移交晋中市人民政府管理；四是同意撤销山西省水利职工培训中心，人员编制成建制划入山西省水利厅机关后勤服务中心；五是同意山西省水利厅机关幼儿园升格为副处级建制；六是将山西省水资源管理委员会办公室更名为山西省水资源管理中心。

截至2009年9月，山西省水利厅直属事业单位48个（见表3），其中：全额事业单位21个，差额事业单位2个，自收自支事业单位25个；事业编制4037名，其中全额编制1602名，差额补助编制129名，自收自支编制2306名。

表3　　　　　　　　　　　　山西省水利厅直属事业单位编制表（2009年9月）

经费来源	序号	单 位 名 称	级别	编制（共4037名）	备 注
全额拨款（21个）	1	山西省人民政府防汛抗旱指挥部办公室	正处级	51	
	2	山西省引黄入晋工程领导组办公室	正处级	6	
	3	山西省移民办公室	正处级	17	
	4	山西省水利厅农村水电及电气化发展中心	正处级	12	
	5	山西省水利水电科学研究院	正处级	134	
	6	山西省水文水资源勘测局	正处级	599	
	7	山西水利职业技术学院	副厅级	410	
	8	山西省水土保持科学研究所	正处级	86	
	9	山西省三门峡库区管理局	正处级	33	
	10	山西省水土保持生态环境建设中心	正处级	47	
	11	山西省水产科学研究所	正处级	31	
	12	山西省水产技术推广站（山西省渔政执法总队）	正处级	9＋2	含自收自支编制2名
	13	山西省水利经济事业管理中心	正处级	32	
	14	山西省水利技工学校	正处级	29＋11	含自收自支编制11名
	15	山西省水土保持项目管理办公室（山西省沙棘办公室）	正处级	8	
	16	山西省沁河流域开发建设管理中心	正处级	6	
	17	山西省水利信息中心	正处级	23	
	18	山西水利发展研究中心	正处级	10	
	19	山西省水资源征费稽查队	正处级	9＋11	含自收自支编制11名
	20	山西省数字水利中心	正处级	16	
	21	山西省水资源管理中心	正处级	19	
差额补助（2个）	22	山西省水产育种养殖科学实验中心	正处级	55	
	23	山西省水利厅机关幼儿园	副处级	74	

经费来源	序号	单 位 名 称	级 别	编制（共 4037 名）	备 注
自收自支 （25 个）	24	山西省水利水电勘测设计研究院（水利部山西水利水电勘测设计研究院）	正处级	716	
	25	山西省汾河灌溉管理局	正处级	460	下设机构 11 个
	26	山西省汾河水库管理局	正处级	147	
	27	山西省漳泽水库管理局	正处级	205	
	28	山西省水利大厦	正处级	100（自定）	企业化管理
	29	山西省汾河二库管理局（山西省汾河二库建设总指挥部）	正处级	101	
	30	山西省滹沱河坪上水利工程管理局	正处级	40	
	31	山西省农田节水技术开发服务推广站	正处级	10	
	32	山西省水利建设开发中心	正处级	50（自定）	企业化管理
	33	山西省河渠建设开发中心	正处级	28	
	34	山西省水资源研究所	正处级	50	
	35	山西省水土保持监测中心	正处级	15	
	36	山西省河道管护服务总站	正处级	15	
	37	山西省水利工程质量与安全监督站	正处级	15＋18	含全额事业编制 15 名
	38	山西省水利厅机关后勤服务中心	正处级	45	
	39	山西省鱼病防治中心（山西省渔业环境监测中心、山西省水产品质量安全监测中心）	正处级	16	
	40	山西省张峰水库建设管理局	正处级	80	
	41	山西省引沁入汾和川引水枢纽工程建设管理局	正处级	12	
	42	山西省柏叶口水库建设管理局	正处级	30	
	43	山西省汾河上游水务管理站	正处级	11	
	44	山西省汾河中下游水务管理局	正处级	60	
	45	山西省三门峡库区建设工程局	副处级	30	
	46	山西省吴家庄水库建设管理局	正处级	30	
	47	山西省移民培训中心	正科级	5	
	48	山西省水利厅驻北京联络处	正处级	8	

（六）厅属企业

2000 年年底，山西省水利厅所属全民所有制企业 6 个，分别为山西省水利机械厂、山西省水利工程机械厂、山西省水产开发服务公司、山西省水力发电技术开发公司、山西省供水总公司、山西省水利水电建设监理公司。

2001 年，山西省水力发电技术开发公司更名为山西省水电公司。

2003年，成立1个企业，1个事业单位转企。6月，由山西省水利厅和晋城市人民政府联合成立山西张峰水利工程有限公司。8月，山西省人民政府批准山西省水利建筑工程局从2003年8月1日起由自收自支的事业单位改制为全民所有制企业。

2007年8月，山西省人民政府批复同意组建山西水务投资有限公司，隶属于山西省水利厅，并逐步按企业集团模式进行经营管理，以全资、控股、参股的形式从事资产经营和重大生产经营活动，依法管理授权范围内的水利国有资产，负责山西省人民政府授权的水源工程、供排水工程、水利水电工程项目及其他相关项目的开发建设和经营管理。11月，山西省人民政府批复，同意由山西省水利厅履行出资人职责，注册成立山西水务投资有限公司，公司于2009年8月正式运行，2010年4月山西省人民政府同意公司变更名称组建集团，为山西水务投资集团有限公司。

2009年，经批复组建企业5个：经山西省水利厅批复，同意山西省滹沱河坪上水利工程管理局组建山西坪上水利开发有限公司，公司为独资有限责任公司；同意由山西省柏叶口水库建设管理局和山西水务投资有限公司共同出资成立山西省柏叶口水利工程有限公司；同意由山西省引沁入汾和川引水枢纽工程建设管理局和临汾市引沁入汾工程建设管理局共同出资成立山西引沁入汾供水有限公司。同年8月，经山西水务投资有限公司董事会研究，决定与山西国际电力集团有限公司和左权县小水电管理所共同投资建设左权县泽城西安二期水电站工程，并组建山西泽城西安水电有限公司，由山西水务投资有限公司注资41%；8月，经山西省水利厅批复同意由山西水务投资有限公司出资组建山西禹门口引黄工程有限公司。

截至2009年9月，山西省水利厅所属企业14个（见表4），其中全民所有制企业7个，有限公司7个。

表4　　　　　　　　　　山西省水利厅所属企业情况表（2009年9月）

序号	单 位 名 称	备 注	序号	单 位 名 称	备 注
1	山西省水利机械厂		8	山西张峰水利工程有限公司	
2	山西省水利工程机械厂		9	山西水务投资有限公司	
3	山西省水产开发服务公司		10	山西坪上水利开发有限公司	
4	山西省水电公司		11	山西柏叶口水利工程有限公司	
5	山西省供水总公司		12	山西引沁入汾供水有限公司	
6	山西省水利水电建设监理公司		13	山西泽城西安水电有限公司	
7	山西省水利建筑工程局		14	山西禹门口引黄工程有限公司	

二、第二阶段（2009年9月—2018年12月）

（一）职责调整

2009年9月，山西省委、山西省人民政府《关于印发〈省人民政府机构改革方案〉的通知》中，设立山西省水利厅，正厅级建制，为山西省人民政府组成部门。山西省人民政府办公厅《关于印发省水利厅主要职责内设机构和人员编制规定的通知》中，对山西省水利厅部分职责进行了调整。

职责调整：①取消国务院及山西省人民政府已公布取消的行政审批事项。②取消拟定全省水利行业经济调节措施、指导全省水利行业多种经营工作的职责。③将城市涉水事务的具体管理职责交给设区的市人民政府，并由其确定供水、节水、排水、污水处理等方面的管理体制，山西省人民政府各相关部门根据所承担职责负责业务上的指导。④加强全省水资源的节约、保护和合理配置，保障全省城乡供水安全，促进全省水资源的可持续利用。加强全省防汛抗旱工作，减轻水旱灾害损失。

（二）调整后的主要职责

（1）负责保障全省水资源的合理开发利用，拟定全省水利战略规划和政策，起草有关地方性法规、规章草案，组织编制山西省确定的重要河、湖的流域综合规划、防洪规划等重大水利规划。按规定制定全省水利工程建设有关制度并组织实施，提出全省水利固定资产投资规模和方向、山西省财政性资金安排的意见，按山西省人民政府规定权限，审批、核准山西省规划内和年度计划规模内固定资金投资项目；提出全省水利建设投资安排意见并组织实施。

（2）负责全省生活、生产经营和生态环境用水的统筹兼顾和保障。实施全省水资源的统一监督管理，拟定全省和跨市中长期供水规划、水量分配方案并监督实施，组织开展全省水资源调查评价工作，按规定开展全省水资源调查工作，负责全省重要流域、区域以及重大调水工程的水资源调度，组织实施取水许可、水资源有偿使用制度和水资源论证、防洪论证制度。指导全省水利行业供水和乡（镇）供水工作。

（3）负责全省水资源保护工作。组织编制全省水资源保护规划，组织拟定河、湖的水功能区划并监督实施，审定水域纳污能力和排污口的设置，提出限制排污总量意见；指导全省饮用水水源保护工作，指导全省地下水开发利用和城市规划区地下水资源管理保护工作。

（4）负责防治水旱灾害。组织、协调、监督、指挥全省防汛抗旱工作，对重要河湖和重要水工程实施防汛抗旱调度和应急水量调度，编制全省防汛抗旱应急预案并组织实施。指导全省水利突发公共事件的应急管理工作。

（5）负责全省节约用水工作。拟定节约用水政策，编制节约用水规划，制定有关标准，指导和推动节水型社会建设工作。

（6）负责全省水文工作。负责全省水文水资源监测、水文站网建设和管理，对全省河、湖、库和地下水的水量、水质实施监测，发布全省水文水资源信息、情报预测和全省水资源公报。

（7）指导全省水利设施、水域及其岸线的管理和保护，指导全省河湖及河口、河岸滩涂的治理和开发。指导全省水利工程建设与运行管理，组织实施具有控制性的或跨市及跨流域的重要水利工程建设与运行管理，承担全省水利工程移民管理工作。

（8）负责防治水土流失。拟定水土保持规划并监督实施，负责全省水土流失的综合防治、监测预报并定期公告，组织实施重点水土保持建设项目，负责有关开发建设项目水土保持方案的审批、监督实施及水土保持设施的验收工作。

（9）指导农村水利工作。组织协调全省农田水利基本建设，指导全省农村水利饮水安全、节水灌溉等工程建设与管理工作，指导全省农村水利社会化服务体系建设。指导全省农村水能资源开发工作，指导全省水电农村电气化和小水电代燃料工作。

（10）负责全省重大涉水违法事件的查处，协调、仲裁跨市水事纠纷，指导全省水政监察和水行政执法。依法负责全省水利行业安全生产工作，组织、指导全省水库、水电站大坝的安全监管，指导全省水利建设市场的监督管理，组织实施全省水利工程建设的监督。

（11）开展水利科技和外事工作。组织开展全省水利行业质量监督工作，拟定全省水利行业的技术标准、规程规范并监督实施，承担水利统计工作，办理有关水利涉外事务。

（12）负责全省渔业、渔政、渔船检验工作。指导全省渔业资源、渔业水域生态环境的保护和管理，组织、指导水生生物病害防控工作。

（13）配合山西省公安厅，参与全省大型水利枢纽、重点水利设施、防洪险段的治安保卫工作。

（14）承办山西省人民政府交办的其他事项。

（三）编制与机构设置

根据山西省人民政府办公厅《关于印发山西省水利厅主要职责内设机构和人员编制规定的通知》（晋政办发〔2009〕162号），山西省水利厅行政编制79名（含离退休人员工作处编制11名），其中：厅长1名、副厅长4名，总工程师1名，水土保持局局长1名（按副厅级配置）；处级领导职数37名（含机关党委专职副书记1名、副书记1名，离退休人员工作处领导职数3名）。

随后又进行了调整。

1. 编制变化情况

2009年12月，为山西省水利厅机关接收安置2008年度军转干部增加2名机关行政编制。

2011年4月，为山西省水利厅机关接收安置2009年度军转干部增加3名机关行政编制。

2012年3月，为山西省水利厅机关接收安置2010年度军转干部增加4名机关行政编制。

2013年7月，为山西省水利厅机关接收安置2011年度军转干部增加7名机关行政编制。

2014年4月，为山西省水利厅机关接收安置2012年度军转干部增加4名机关行政编制。

2015年7月，山西省编委同意省水利厅设置汾河流域生态修复工作处，正处级建制，核定行政编制4名。

2015年7月，山西省编委实施省纪委派驻机构全覆盖抽编，从山西省水利厅抽编1名。

2015年10月，为山西省水利厅机关接收安置2013年度军转干部增加4名机关行政编制。

2015年11月，为山西省水利厅机关接收安置2014年度军转干部增加3名机关行政编制。

2018年2月，为山西省水利厅机关接收安置2016年度军转干部增加2名机关行政编制。

综上，2018年12月机构改革前较2009年"三定"时增加了行政编制32名，为111名。

2. 内设机构及领导职数变化情况

根据山西省人民政府办公厅《关于印发山西省水利厅主要职责内设机构和人员编制规定的通知》（晋政办发〔2009〕162号），山西省水利厅"三定"规定内设办公室、人事处、政策法规处、规划计划处、水资源处（山西省节约用水办公室）、财务处、基本建设处（安全生产办公室）、水利管理处、农村水利处、供水排水处、水土保持局、科技与外事处、渔业局（山西省渔政监督管理局、山西省渔船渔港监督检验局）、稽察处14个机构和机关党委、离退休人员工作处。内设机构较改革前的变化为：更名4个，新增1个，加挂牌子2个。其中，人事劳资教育处更名为人事处；财务经济处更名为财务处；水利工程项目稽察处更名为稽察处；离退休人员管理处更名为离退休人员工作处；将事业单位山西省水资源管理委员会办公室更名为山西省水资源管理中心，将其承担的水资源保护节约等行政管理职责划归山西省水利厅，设立水资源处加挂山西省节约用水办公室牌子，规划计划处不再挂山西省节约用水办公室牌子；基本建设处加挂安全生产办公室牌子。

2013年1月，山西省编办同意将山西省水利厅在水资源处挂牌设置的山西省节约用水办公室单独设置，为正处级建制，增加处级领导职数1正1副。

2015年7月，山西省编委同意山西省水利厅设置汾河流域生态修复工作处，正处级建制，核定行政编制4名，增加处级领导职数1正1副；11月，山西省编办同意山西省水利厅在政策法规处加挂行政审批管理处牌子，增加副处领导职数1名。

至2018年12月机构改革前内设16个机构和机关党委、离退休人员工作处。领导职数：厅长1名、副厅长4名，总工程师1名，水土保持局局长1名（按副厅级配置）。处级领导职数42名（17正25副）。

山西省水利厅机关机构图（2009年9月改革时）见图3。

山西省水利厅机关机构图（2018年12月改革前）见图4。

图 3　山西省水利厅机关机构图
（2009 年 9 月改革时）

图 4　山西省水利厅机关机构图
（2018 年 12 月改革前）

（四）厅领导任免

2010 年 11 月，山西省委组织部批准张江汀任山西省水利厅党组成员（晋组干字〔2010〕239 号）；2010 年 12 月，山西省人民政府批准张江汀任山西省水利厅水土保持局局长（副厅级）（晋政任〔2010〕55 号）。

2010 年 12 月，山西省人民政府批准李文银任山西省水利厅副巡视员，免去其山西省水利厅水土保持局局长（副厅级）职务（晋政任〔2010〕55 号）。

2011 年 3 月，山西省委组织部任命常书铭为山西省水利厅党组成员（晋组干字〔2011〕131 号），2011 年 4 月，山西省人民政府批准常书铭任山西省水利厅副厅长（晋政任〔2011〕15 号）。

2011 年 4 月，山西省委组织部免去裴群的山西省水利厅党组成员职务（晋组干字〔2011〕166 号）；2011 年 5 月，山西省人民政府批准裴群任山西省水利厅巡视员，免去其山西省水利厅副厅长职务（晋政任〔2011〕19 号）。

2011 年 5 月，山西省人民政府批准解放庆任山西省水利厅副厅长，免去其助理巡视员职务；陈志平任山西省水利厅副巡视员（晋政任〔2011〕25 号）。

2011 年 7 月，山西省人民政府批准武双海任山西省水利厅副巡视员职务（晋政任〔2011〕39 号），2012 年 6 月，免去其山西省水利厅副巡视员职务（晋政任〔2012〕24 号），山西省委常委会研究批准退休

（晋干字〔2012〕199 号）。

2012 年 7 月，山西省委组织部研究免去郭正义的山西省水利厅党组成员职务（晋组干字〔2012〕137 号）。2012 年 8 月，山西省人民政府批准李力任山西省水利厅副厅长，免去其山西省水利厅总工程师职务；批准郭正义任山西省水利厅巡视员，免去其山西省水利厅副厅长职务；免去范晓兵的山西省水利厅助理巡视员职务（晋政任〔2012〕34 号），山西省委常委会研究批准退休（晋干字〔2012〕297 号）。2012 年 9 月，山西省人民政府免去裴群的山西省水利厅巡视员职务（晋政任〔2012〕39 号），山西省委常委会研究批准退休（晋干字〔2012〕315 号）。

2012 年 9 月，山西省委组织部研究张建中任山西省水利厅党组成员（晋组干字〔2012〕160 号），山西省人民政府批准张建中任山西省水利厅总工程师，李润山任山西省水利厅副巡视员（晋政任〔2012〕40 号）。

2013 年 8 月，山西省委组织部研究免去奥雨迎的山西省水利厅党组成员职务（晋组干字〔2013〕185 号），山西省委研究免去其山西省纪委驻水利厅纪检组组长职务（晋干字〔2013〕335 号）。2013 年 9 月，山西省人民政府批准奥雨迎任山西省水利厅巡视员职务（晋政任〔2013〕54 号）。

2013 年 12 月，山西省委研究孟希雄任山西省纪委驻水利厅纪检组组长（晋干字〔2014〕15 号），山西省委组织部研究孟希雄任山西省水利厅党组成员（晋组干字〔2014〕6 号）。

2014 年 3 月，山西省政府免去郭正义的山西省水利厅巡视员职务（晋政任〔2014〕9 号），山西省委常委会研究批准退休（晋干字〔2014〕83 号）。

2014 年 8 月，山西省人民政府免去张健的山西省水利厅副厅长职务（晋政任〔2014〕36 号），山西省委常委会研究批准退休（晋干字〔2014〕286 号）。

2015 年 3 月，山西省人民政府免去奥雨迎的山西省水利厅巡视员职务（晋政任〔2015〕3 号），山西省委常委会研究批准退休（晋干字〔2015〕29 号）。

2015 年 3 月，山西省人民政府免去常书铭的山西省水利厅副厅长职务（晋政任〔2015〕6 号），山西省委组织部研究免去常书铭的山西省水利厅党组成员职务（晋组干字〔2015〕19 号）。

2015 年 4 月，山西省人民政府免去李润山的山西省水利厅副巡视员职务（晋政任〔2015〕11 号），山西省委常委会研究批准退休（晋干字〔2015〕101 号）。

2015 年 7 月，山西省人民政府批准姚海平任山西省水利厅副巡视员（晋政任〔2015〕37 号）。

2015 年 6 月，山西省人民政府决定免去张江汀的山西省水利厅水土保持局局长（副厅级）职务（晋政任〔2015〕30 号），山西省委组织部研究免去其山西省水利厅党组成员职务（晋组干字〔2015〕85 号），山西省委常委会研究批准退休（晋干字〔2015〕190 号）。

2015 年 8 月，山西省委组织部研究白小丹任山西省水利厅党组成员职务（晋组干字〔2015〕122 号），2015 年 9 月，山西省人民政府批准白小丹任山西省水利厅副厅长，免去李文银的山西省水利厅副巡视员职务（晋政任〔2015〕52 号）。

2016 年 1 月，山西省委研究王玉明任山西省纪委驻山西省水利厅纪检组组长，免去孟希雄的山西省纪委驻山西省水利厅纪检组组长职务（晋干字〔2016〕26 号），山西省委常委会研究王玉明任山西省水利厅党组成员，免去孟希雄的山西省水利厅党组成员职务（晋干字〔2016〕55 号）。

2016 年 3 月，山西省人民政府批准孟希雄任山西省水利厅副巡视员职务（晋政任〔2016〕7 号）。

2016 年 5 月，山西省人民政府决定免去姚海平的山西省水利厅副巡视员职务（晋政任〔2016〕15 号），山西省委研究批准姚海平退休（晋干字〔2016〕137 号）。

2016 年 8 月，山西省人民政府批准王贵平任山西省水利厅副厅长，免去贾竑骧的山西省水利厅助理巡视员职务（晋政任〔2016〕27 号），山西省委研究批准退休（晋干字〔2016〕273 号）。

2016 年 11 月，山西省委免去解放庆的山西省水利厅党组成员职务，批准退休（晋干字〔2016〕595 号）。2016 年 12 月，山西省人民政府免去解放庆的山西省水利厅副厅长职务（晋政任〔2016〕58号）。

2017年6月，山西省人民政府批准侯建国任山西省水利厅副巡视员（晋政任〔2017〕33号），2017年9月因公殉职。

2017年6月，山西省人民政府批准武福玉任山西省人民政府防汛抗旱指挥部办公室主任（副厅级）（晋政任〔2017〕32号），山西省委批准武福玉任山西省水利厅党组成员。

2017年12月，山西省委决定常书铭任山西省水利厅党组书记，免去潘军峰的山西省水利厅党组书记职务（晋干字〔2018〕27号）。

2018年1月，山西省委决定韩向宇任山西省纪委驻山西省水利厅纪检监察组组长，免去王玉明的山西省纪委驻山西省水利厅纪检组组长职务（晋干字〔2018〕61号）；山西省委决定韩向宇任山西省水利厅党组成员，免去王玉明的山西省水利厅党组成员职务（晋干字〔2018〕64号）。

2018年2月，山西省人大常委会通过常书铭任山西省水利厅厅长，免去潘军峰的山西省水利厅厅长职务（晋人任字〔2018〕6号）。

2018年7月，山西省人民政府决定免去陈志平的山西省水利厅副巡视员职务（晋政任〔2018〕16号），山西省委研究批准陈志平退休（晋干字〔2018〕201号）。

2018年8月，山西省委免去李力的山西省水利厅党组成员职务（晋干字〔2018〕326号）。

2018年9月，山西省人民政府批准李力、王贵平任山西省水利厅巡视员（晋政任〔2018〕27号），免去李力、王贵平的山西省水利厅副厅长职务。

2018年10月，山西省委免去武福玉的山西省水利厅党组成员职务（晋干字〔2018〕414号）。

2018年12月，山西省人民政府批准张建中、王兵任山西省水利厅副厅长（晋政任〔2018〕46号），免去张建中的山西省水利厅总工程师职务。2018年11月，山西省委研究王兵任山西省水利厅党组成员（晋干字〔2018〕527号）。

山西省水利厅领导任免表（2009年9月—2018年12月）见表5。

表5 　　　　　　　山西省水利厅领导任免表（2009年9月—2018年12月）

机构名称	姓名	职务	任免时间	备注
山西省水利厅（2009年9月—2017年12月）	潘军峰	厅长	继任—2018年2月	
		党组书记	继任—2017年12月	
	裴群	副厅长	继任—2011年5月	
		党组成员	继任—2011年4月	
		巡视员	2011年5月—2012年9月	
	郭正义	副厅长	继任—2012年8月	
		党组成员	继任—2012年7月	
		巡视员	2012年8月—2014年3月	
	张健	副厅长	继任—2014年8月	
		党组成员	继任—2014年8月	
	解放庆	助理巡视员	继任—2011年5月	
		副厅长	2011年5月—2016年12月	
		党组成员	2011年5月—2016年11月	
	李力	总工程师	继任—2012年8月	
		党组成员	继任—	
		副厅长	2012年8月—	

机构名称	姓　名	职　务	任　免　时　间	备　注
山西省水利厅 （2009年9月— 2017年12月）	张江汀	水保局局长（副厅级）	2010年12月—2015年6月	
		党组成员	2010年11月—2015年6月	
	常书铭	副厅长	2011年4月—2015年3月	
		党组成员	2011年3月—2015年3月	
	白小丹	副厅长	2015年9月—	
		党组成员	2015年8月—	
	王贵平	副厅长	2016年8月—	
	张建中	总工程师	2012年9月—	
		党组成员	2012年9月—	
	孟希雄	纪检组组长	2013年12月—2016年1月	
		党组成员	2013年12月—2016年1月	
		副巡视员	2016年3月—	
	王玉明	纪检组组长	2016年1月—	
		党组成员	2016年1月—	
	奥雨迎	纪检组组长	继任—2013年8月	
		党组成员	继任—2013年8月	
		巡视员	2013年9月—2015年3月	
	武福玉	省防办主任（副厅级）	2017年6月—	
		党组成员	2017年6月—	
	范晓兵	助理巡视员	继任—2012年8月	
	贾竑骥	助理巡视员	继任—2016年8月	
	李文银	水土保持局局长（副厅级）	继任—2010年12月	
		副巡视员	2010年12月—2015年9月	
	陈志平	副巡视员	2011年5月—	
	武双海	副巡视员	2011年7月—2012年6月	
	李润山	副巡视员	2012年9月—2015年4月	
	姚海平	副巡视员	2015年7月—2016年5月	
	侯建国	副巡视员	2017年6—9月	因公殉职
山西省水利厅 （2017年12月— 2018年12月）	常书铭	厅　长	2018年2月—	
		党组书记	2017年12月—	
	李　力	党组成员	继任—2018年8月	
		副厅长	继任—2018年9月	
		巡视员	2018年9月—	
	白小丹	副厅长	继任—	
		党组成员	继任—	
	王贵平	副厅长	继任—2018年9月	
		巡视员	2018年9月—	
	王　兵	副厅长	2018年12月—	
		党组成员	2018年11月—	

续表

机构名称	姓　名	职　务	任　免　时　间	备　注
山西省水利厅 （2017 年 12 月— 2018 年 12 月）	张建中	总工程师	继任—2018 年 12 月	
		党组成员	继任—	
		副厅长	2018 年 12 月—	
	武福玉	省防办主任（副厅级）	继任—2018 年 10 月	
		党组成员	继任—2018 年 10 月	
	王玉明	纪检组组长	继任—2018 年 1 月	
		党组成员	继任—2018 年 1 月	
	韩向宇	纪检监察组组长	2018 年 1 月—	
		党组成员	2018 年 1 月—	
	孟希雄	副巡视员	继任—	
	陈志平	副巡视员	继任—2018 年 7 月	

（五）厅直属事业单位

2009 年 12 月，山西省编办批复同意成立 2 个单位，分别为：黄河古贤水利枢纽山西建设管理局，正处级建制全额拨款事业单位，编制内部调整；山西省禹门口引黄工程建设管理局，正处级建制自收自支事业单位。

2010 年，山西省编办同意更名并升格 1 个单位，撤销 1 个单位。7 月，山西省编委同意山西省禹门口引黄工程建设管理局更名为山西省禹门口水利工程管理局，由正处级建制调整为副厅级建制，核定自收自支事业编制 30 名，并调整了主要职责；7 月，山西省编办同意撤销山西省水利厅驻北京联络处，连人带编划入山西省水利工程质量与安全监督站和山西省水利技工学校各 4 名。

2011 年，山西省编办同意 1 个单位主要负责人高配副厅，新成立 5 个单位，11 月事业单位清理规范文件印发。4 月，山西省编委同意省人民政府防汛抗旱指挥部办公室主任高配为副厅级。10 月，山西省编办同意组建 5 个大水网建设管理机构：山西省东山供水工程建设管理局、山西省西山提黄灌溉工程建设管理中心、山西省中部引黄工程建设管理局、山西省小浪底引黄工程建设管理局，将山西省吴家庄水库建设管理局更名为山西省漳河水利工程建设管理局，加挂山西省漳河流域管理中心牌子。11 月，山西省编办印发《关于省水利厅所属事业单位清理规范意见的通知》，山西省水土保持项目管理办公室（挂山西省沙棘办公室牌子）更名为山西省水土保持项目管理中心（挂山西省沙棘开发中心牌子），山西省水利信息中心更名为山西省防汛应急抢险总队，山西省引沁入汾和川引水枢纽工程建设管理局更名为山西省和川引水枢纽工程建设管理局，山西省水利厅机关后勤服务中心更名为山西省水利厅后勤服务中心。事业单位清理规范后，山西省水利厅共保留事业单位 53 个（见表 6），全额事业单位 22 个，差额事业单位 2 个，自收自支事业单位 29 个。副厅级单位 2 个，正处级建制事业单位 48 个，副处级建制事业单位 2 个，科级建制事业单位 1 个。事业编制 4284 名，其中全额编制 1614 名，差额编制 129 名，自收自支编制 2541 名。

2012 年 5 月，山西省编办同意成立山西省汾河水库风景名胜区管理局，与山西省汾河水库管理局合署办公，并新增名胜区的保护、建设、开发和管理职能。增加自收自支事业编制 10 名。

2013 年，山西省编办批复 1 个单位升格，同意禹门口水利工程管理局整合有关市县水管单位。一是同意山西省三门峡库区建设工程局为正处级建制；二是同意临汾市浍河水库管理局、翼城县西梁水库管理站、运城市禹门口黄河提水工程管理局、运城市汾南扬水工程管理局、运城市西范扬水工程管理局、新绛县鼓水水利管理站、河津市三峪灌溉管理局等 7 个单位成建制划转至山西省水利厅所属山西省禹门口水利工程管理局管理，核定自收自支事编制 532 名。

表 6　　　　　　　　　　　山西省水利厅直属事业单位编制表（2011 年）

经费来源	序号	单位名称	级别	编制（共 4284 名）	备注
全额预算（22 个）	1	山西省人民政府防汛抗旱指挥部办公室	正处级	35	
	2	山西省引黄入晋工程领导组办公室	正处级	6	
	3	山西省移民办公室	正处级	17	
	4	山西省水利厅农村水电及电气化发展中心（局）	正处级	16	
	5	山西省水利水电科学研究院	正处级	134	
	6	山西省水文水资源勘测局	正处级	600	各市设立水文水资源勘测分局，均为副处级建制
	7	山西水利职业技术学院	副厅级	410	
	8	山西省水土保持科学研究所	正处级	86	
	9	山西省三门峡库区管理局	正处级	33	
	10	山西省水土保持生态环境建设中心	正处级	44	
	11	山西省水产科学研究所	正处级	26	
	12	山西省水产技术推广站（山西省渔政执法总队）	正处级	14＋2	含自收自支编制 2 名
	13	山西省水利经济事业管理中心	正处级	32	
	14	山西省水利技工学校	正处级	29＋15	含自收自支编制 15 名
	15	山西省水土保持项目管理中心（山西省沙棘开发中心）	正处级	8	
	16	山西省水资源管理中心	正处级	19	
	17	山西省防汛应急抢险总队	正处级	39	
	18	山西省沁河流域开发建设管理中心	正处级	6	
	19	山西水利发展研究中心	正处级	10	
	20	山西省水资源征费稽查队	正处级	9＋11	含自收自支编制 11 名
	21	黄河古贤水利枢纽山西建设管理局	正处级	10	
	22	山西省数字水利中心	正处级	16	
差额补助（2 个）	23	山西省水产育种养殖科学实验中心	正处级	55	
	24	山西省水利厅机关幼儿园	副处级	74	
自收自支（29 个）	25	山西省水利水电勘测设计研究院（水利部山西水利水电勘测设计研究院）	正处级	706	
	26	山西省汾河灌溉管理局	正处级	460	下设机构 11 个
	27	山西省汾河水库管理局	正处级	147	
	28	山西省漳泽水库管理局	正处级	201	
	29	山西省水利大厦	正处级	105	企业化管理
	30	山西省汾河二库管理局（山西省汾河二库建设总指挥部）	正处级	101	

续表

经费来源	序号	单 位 名 称	级 别	编制（共4284名）	备 注
自收自支 （29个）	31	山西省滹沱河坪上水利工程管理局	正处级	40	
	32	山西省农田节水技术开发服务推广站	正处级	10	
	33	山西省水利建设开发中心	正处级	55	企业化管理
	34	山西省河渠建设开发中心	正处级	28	
	35	山西省水资源研究所	正处级	55	
	36	山西省水土保持监测中心	正处级	15	
	37	山西省河道管护服务总站	正处级	20	
	38	山西省水利工程质量与安全监督站	正处级	22＋15	自收自支编制22名， 全额15名
	39	山西省水利厅后勤服务中心	正处级	45	
	40	山西省鱼病防治中心（山西省渔业环境监测中心、山西省水产品质量安全监测中心）	正处级	16	
	41	山西省禹门口水利工程管理局	副厅级	30	
	42	山西省张峰水库管理局	正处级	80	
	43	山西省漳河水利工程建设管理局（山西省漳河流域管理中心）	正处级	50	
	44	山西省和川引水枢纽工程建设管理局	正处级	16	
	45	山西省柏叶口水库管理局	正处级	30	
	46	山西省汾河上游水务管理站	正处级	11	
	47	山西省汾河中下游水务管理局	正处级	60	
	48	山西省东山供水工程建设管理局	正处级	50	
	49	山西省西山提黄灌溉工程建设管理中心	正处级	25	
	50	山西省中部引黄工程建设管理局	正处级	50	
	51	山西省小浪底引黄工程建设管理局	正处级	50	
	52	山西省三门峡库区建设工程局	副处级	30	
	53	山西省移民培训中心	正科级	5	

2015年4月，山西省事业单位分类定性（见表7），53个厅直属事业单位，其中承担行政职能的事业单位1个，公益一类事业单位24个，公益二类事业单位23个，从事生产经营活动的事业单位2个，待分类单位3个。

表7　　　　　　　　山西省水利厅所属事业单位分类定性表（2015年）

分类情况	单 位 名 称	经费形式
承担行政职能事业单位（1个）	山西省移民办公室	财政拨款
公益一类事业单位（24个）	山西省水资源征费稽查队	财政拨款
	山西省引黄入晋工程领导组办公室	财政拨款
	山西省水利经济事业管理中心	财政拨款
	山西省河道管护服务总站	自收自支
	山西省水土保持生态环境建设中心	财政拨款

分 类 情 况	单 位 名 称	经费形式
公益一类事业单位（24个）	山西省鱼病防治中心（山西省渔业环境监测中心、山西省水产品质量安全监测中心）	自收自支
	山西省水利厅农村水电及电气化发展中心（局）	财政拨款
	山西省水土保持项目中心（山西省沙棘开发中心）	财政拨款
	山西省三门峡库区管理局	财政拨款
	黄河古贤水利枢纽山西建设管理局	财政拨款
	山西省西山提黄灌溉工程建设管理中心	自收自支
	山西省人民政府防汛抗旱指挥部办公室	财政拨款
	山西省防汛应急抢险总队	财政拨款
	山西省水利水电科学研究院	财政拨款
	山西省水土保持科学研究所	财政拨款
	山西省水产科学研究所	财政拨款
	山西省水资源管理中心	财政拨款
	山西省水利工程质量与安全监督站	财政拨款/自收自支
	山西省水产技术推广站（山西省渔政执法总队）	财政拨款
	山西省水土保持监测中心	自收自支
	山西省数字水利中心	财政拨款
	山西水利发展研究中心	财政拨款
	山西省沁河流域开发建设管理中心	财政拨款
公益二类事业单位（23个）	山西省农田节水技术开发服务推广站	自收自支
	山西省汾河灌溉管理局	自收自支
	山西省河渠建设开发中心	自收自支
	山西水利职业技术学院	财政拨款
	山西省水利技工学校	财政拨款
	山西省水利厅机关幼儿园	差额补助
	山西省水资源研究所	自收自支
	山西省水产育种养殖科学实验中心	差额补助
	山西省水利建设开发中心	自收自支
	山西省禹门口水利工程管理局	自收自支
	山西省漳河水利工程建设管理局（山西省漳河流域管理中心）	自收自支
	山西省滹沱河坪上水利工程管理局	自收自支
	山西省和川引水枢纽工程建设管理局	自收自支
	山西省东山供水工程建设管理局	自收自支
	山西省中部引黄工程建设管理局	自收自支
	山西省小浪底引黄工程建设管理局	自收自支
	山西省汾河上游水务管理站	自收自支
	山西省汾河中下游水务管理局	自收自支
	山西省汾河水库管理局（山西省汾河水库风景名胜区管理局）	自收自支

续表

分类情况	单位名称	经费形式
公益二类事业单位（23个）	山西省汾河二库管理局（山西省汾河二库建设总指挥部）	自收自支
	山西省漳泽水库管理局	自收自支
	山西省张峰水库建设管理局	自收自支
	山西省柏叶口水库管理局	自收自支
生产经营活动事业单位（2个）	山西省三门峡库区建设工程局	自收自支
	山西省水利水电勘测设计研究院（水利部山西水利水电勘测设计研究院）	自收自支
待分类事业单位（3个）	山西省移民培训中心	自收自支
	山西省水利厅后勤服务中心	自收自支
	山西省水利大厦	自收自支

2016年，山西省编办批复4个单位更名，山西省汾河灌溉管理局所属一坝分局与另1个单位合并组建新的单位。一是山西省汾河中下游水务管理局更名为山西省汾河流域管理局；山西省汾河上游水务管理站更名为山西省汾河上游水生态环境管理站；山西省水资源征费稽查队更名为山西省水利规费稽查管理中心；山西省河道管护服务总站更名为山西省河道与水库技术中心。二是山西省汾河灌溉管理局一坝分局和山西省河渠建设开发中心合并组建山西省汾河一坝管理局，核定自收自支事业编制193名。山西省汾河灌溉管理局编制调整为295名。

2017年，山西省编办同意将山西省引黄入晋领导组办公室更名为山西省河长制办公室工作处，为公益一类事业单位，主要职责调整为承担山西省河长制办公室的日常工作。同意为山西省汾河流域管理局增加自收自支事业编制46名，所增编制从山西省水利厅所属事业单位水建中心、张峰水库、禹门口管理局调整解决。

2018年机构改革前，山西省水利厅所属事业单位53个（见表8），其中全额事业单位22个，差额事业单位2个，自收自支事业单位29个；承担行政职能的事业单位1个，公益一类事业单位24个，公益二类事业单位23个，从事生产经营活动的事业单位2个，待分类单位3个；副厅级单位2个，正处级建制事业单位48个，副处级建制事业单位2个，科级建制事业单位1个。事业编制4787名，其中全额事业编制1615名，差额事业编制129名，自收自支事业编制3043名。

表8　　　　　　　　　山西省水利厅直属事业单位编制表（2018年12月）

经费来源	序号	单位名称	级别	编制（共4787名）	备注
全额预算（22个）	1	山西省人民政府防汛抗旱指挥部办公室	正处级	35	
	2	山西省河长制办公室工作处	正处级	16	
	3	山西省移民办公室	正处级	17	
	4	山西省水利厅农村水电及电气化发展中心（局）	正处级	16	
	5	山西省水利水电科学研究院	正处级	134	
	6	山西省水文水资源勘测局	正处级	591	各市设立水文水资源勘测分局，均为副处级建制。2014年下达军转编制1名
	7	山西水利职业技术学院	副厅级	410	
	8	山西省水土保持科学研究所	正处级	86	

经费来源	序号	单 位 名 称	级 别	编制（共 4787 名）	备 注
全额预算（22 个）	9	山西省三门峡库区管理局	正处级	33	
	10	山西省水土保持生态环境建设中心	正处级	44	
	11	山西省水产科学研究所	正处级	26	
	12	山西省水产技术推广站（山西省渔政执法总队）	正处级	14＋2	含自收自支编制 2 名
	13	山西省水利经济事业管理中心	正处级	32	
	14	山西省水利技工学校	正处级	29＋15	含自收自支编制 15 名
	15	山西省水土保持项目管理中心（山西省沙棘开发中心）	正处级	8	
	16	山西省水资源管理中心	正处级	19	
	17	山西省防汛应急抢险总队	正处级	39	
	18	山西省沁河流域开发建设管理中心	正处级	6	
	19	山西水利发展研究中心	正处级	10	
	20	山西省水利规费稽查管理中心	正处级	9＋11	含自收自支编制 11 名
	21	黄河古贤水利枢纽山西建设管理局	正处级	10	
	22	山西省数字水利中心	正处级	16	
差额补助（2 个）	23	山西省水产育种养殖科学实验中心	正处级	55	
	24	山西省水利厅机关幼儿园	副处级	74	
自收自支（29 个）	25	山西省水利水电勘测设计研究院（水利部山西水利水电勘测设计研究院）	正处级	706	
	26	山西省汾河灌溉管理局	正处级	295	下设机构 10 个
	27	山西省汾河一坝管理局	正处级	193	
	28	山西省汾河水库管理局（山西省汾河水库风景名胜区管理局）	正处级	157	
	29	山西省漳泽水库管理局	正处级	201	
	30	山西省水利大厦	正处级	105	企业化管理
	31	山西省汾河二库管理局（山西省汾河二库建设总指挥部）	正处级	101	
	32	山西省滹沱河坪上水利工程管理局	正处级	40	
	33	山西省农田节水技术开发服务推广站	正处级	10	
	34	山西省水利建设开发中心	正处级	51	企业化管理
	35	山西省水资源研究所	正处级	55	
	36	山西省水土保持监测中心	正处级	15	
	37	山西省河道与水库技术中心	正处级	20	
	38	山西省水利工程质量与安全监督站	正处级	22＋15	自收自支编制 22 名，全额 15 名
	39	山西省水利厅后勤服务中心	正处级	45	
	40	山西省鱼病防治中心（山西省渔业环境监测中心、山西省水产品质量安全监测中心）	正处级	16	
	41	山西省禹门口水利工程管理局	副厅级	502	
	42	山西省张峰水库管理局	正处级	58	

经费来源	序号	单位名称	级别	编制 （共4787名）	备注
自收自支 （29个）	43	山西省漳河水利工程建设管理局（山西省漳河流域管理中心）	正处级	50	
	44	山西省和川引水枢纽工程建设管理局	正处级	16	
	45	山西省柏叶口水库管理局	正处级	30	
	46	山西省汾河上游水生态环境管理站	正处级	11	
	47	山西省汾河流域管理局	正处级	106	
	48	山西省东山供水工程建设管理局	正处级	50	
	49	山西省西山提黄灌溉工程建设管理中心	正处级	25	
	50	山西省中部引黄工程建设管理局	正处级	50	
	51	山西省小浪底引黄工程建设管理局	正处级	50	
	52	山西省三门峡库区建设工程局	副处级	30	
	53	山西省移民培训中心	正科级	5	

（六）厅所属企业

2011年，山西省水利厅同意山西省水务投资集团有限公司投资组建五家有限公司，分别为：山西水务溯头水电有限公司、山西水务河道开发建设管理有限公司、山西水务坪底水库开发建设管理有限公司、山西水务口上水库开发建设管理有限公司、山西东山供水工程有限公司。

2012年，经山西省水利厅批复，成立5个企业，分别为：由山西省漳河水利工程建设管理局和山西水务投资集团有限公司共同出资成立山西辛安泉供水工程有限公司；由山西省中部引黄工程建设管理局和山西水务投资集团有限公司共同出资组建山西中部引黄水务开发有限公司；由山西省小浪底引黄工程建设管理局和山西水务投资集团有限公司共同出资组建山西小浪底引黄工程有限公司；由山西省三门峡库区建设工程局出资组建山西三门峡库区建设工程有限公司；同意整合《山西水利》《山西水土保持科技》《山西水利科技》的出版资源，成立山西水利出版传媒中心，为全民所有制企业。

2012年6月，山西省国资委履行出资人职责，同时委托山西省水利厅在2012—2014年对山西水务投资集团有限公司实施管理。2015年，根据晋国资函〔2015〕346号文件精神，自2015年1月起山西水务投资集团有限公司由山西省国资委直接管理。脱钩划转时，接收了山西省水利机械厂、山西省水利工程机械厂、山西省水产开发公司、山西省兴源供水开发公司、山西省水利水电监理公司5家山西省水利厅直属企业，并受托对山西省水利厅直属企业山西省水电公司进行管理。

2015年8月，山西省水利建筑工程局更名为山西省水利建筑工程局有限公司。

截至2018年12月，山西省水利厅所属企业12个（见表9）。

表9　　　　　　　　　　山西省水利厅所属企业情况表（2018年12月）

序号	单位名称	序号	单位名称
1	山西省水利建筑工程局有限公司	7	山西辛安泉供水工程有限公司
2	山西张峰水利工程有限公司	8	山西中部引黄水务开发有限公司
3	山西坪上水利开发有限公司	9	山西小浪底引黄工程有限公司
4	山西柏叶口水利工程有限公司	10	山西东山供水工程有限公司
5	山西引沁入汾供水有限公司	11	山西三门峡库区建设工程有限公司
6	山西水务溯头水电有限公司	12	山西水利出版传媒中心

三、第三阶段（2018 年 12 月—2021 年 12 月）

（一）机构改革

根据《山西省机构改革实施方案》《水利部职能配置、内设机构和人员编制规定》，结合山西水利实际，山西省水利厅机构改革的主要内容如下：

（1）山西省水利厅职责划出。

1）将水资源调查和确权登记管理职责划入山西省自然资源厅。

2）将编制水功能区划、排污口设置管理、流域水环境保护职责划入山西省生态环境厅。

3）将农田水利建设项目管理和渔业渔政管理职责划入山西省农业农村厅。

4）将渔船检验和监督管理职责划入山西省交通运输厅。

5）将水旱灾害防治职责及山西省防汛抗旱指挥部划入山西省应急管理厅。

（2）山西省水利厅所属事业单位承担的行政职能划转。

1）由山西省移民办公室（承担行政职能的事业单位）承担的全省水利工程移民管理工作职责划归山西省水利厅，由水库移民处具体负责。

2）由山西省防汛抗旱指挥部办公室（公益一类）承担的水旱灾害防御职责划归山西省水利厅，由运行管理处具体负责。

3）由山西省水文水资源勘测局（公益一类）承担的水文站网的规划、建设、管理行政职能划归山西省水利厅，由水文水资源管理处具体负责。

4）由山西省河长制办公室工作处（公益一类）承担的山西省河长制办公室日常工作职责划归山西省水利厅，由河湖长制工作处具体负责。

5）由山西省水利厅农村水电及电气化发展局（中心）（公益一类）承担的农村水电的行政管理职责划归山西省水利厅，由农村水利水电处具体负责。

（3）内设机构。山西省水利厅内设机构由 18 个增加为 20 个。增加 1 个综合处室（党组办公室）；增加 3 个业务处室（行政审批管理处、河湖长制工作处、水库移民处）；撤销 1 个处室（供水排水处），职责并入农村水利水电处；随职能划转至山西省农业农村厅的 1 个处室（渔业局）；调整职责并更名 7 个处室。

1）新增内设机构情况。

增设党组办公室，主要职责：加强党的领导，落实党组的主体责任；拟定机关和直属单位加强党的领导的有关制度并组织落实；负责党组与省委的党务联系；承办党组会议和党组理论学习中心组学习，落实会议议定事项；承办"三重一大"决策事项相关工作；承办党组的其他日常工作。

增设行政审批管理处，主要职责：拟定全省水利行政审批相关规章制度并组织实施，负责行政审批事项的受理和审批工作，组织协调行政审批事项的现场勘查、专家论证和技术审查等工作，负责提出行政许可决定和行政许可证照发放，组织协调办理与省直部门联合审批事项，承担水利行政审批制度改革、网上审批监管平台建设工作。

增设河湖长制工作处，主要职责：承担省河长制办公室的日常工作。协助省级河长开展督导、检查。协调解决省级河长交办的工作。督促省级责任单位履行河长制部门工作职责，调度检查各地河长制工作开展情况。督导各省级相关责任单位、各地开展流域突出问题整治。组织省级、指导下级河长制考核工作。

增设水库移民处，主要职责：研究制定水利水电工程移民政策。承担全省水利水电工程移民管理和后期扶持工作，组织实施水利水电工程移民安置验收、监督评估等工作，审核大中型水利水电工程移民安置规划，组织开展新增水库移民后期扶持人口核定，对全省水利水电工程移民培训工作进行业务指导。

2）调整职责并更名的内设机构情况。将7个内设机构调整其职责并进行了更名：

水资源处更名为水文水资源管理处。

基本建设处更名为水利工程建设处。水旱灾害防御职责并入原水利管理处，并更名为运行管理处，同时加挂水旱灾害防御处牌子。水土保持局作为山西省水利厅内设机构，局长由副厅级调整为正处级，水土保持局更名为水土保持处。稽察处更名为监督处。全省河道管理职能划入汾河流域生态修复工作处，并更名为河湖管理处。由山西省水利厅农村水电及电气化发展局（中心）承担的行政职能、原供水排水处承担的职能并入原农村水利处，并更名为农村水利水电处。

3）撤销内设机构情况：撤销原供水排水处，将相应职责划入农村水利水电处。撤销渔业局，山西省水利厅承担的渔业渔政管理职责划入山西省农业农村厅，将渔船检验和监督管理职责划入山西省交通运输厅，山西省水利厅不再设置渔业局。调整后，内设机构20个，其中业务处室12个，占60％，综合处室8个，占40％。

（4）编制情况。按山西省水利厅行政编制111名的5％精简6名，随职责划转划出编制11名，随事业单位承担的行政职能划回厅机关，增加行政编制6名，核定行政编制100名。

（二）内设机构及职责

根据《山西省机构改革实施方案》和《山西省水利厅职能配置、内设机构和人员编制规定》，山西省水利厅是山西省人民政府组成部门。

1. 主要职责

（1）负责保障全省水资源的合理开发利用。拟定全省水利战略规划和政策，起草有关地方性法规、规章草案，组织编制全省水资源战略规划、山西省确定的重要河湖流域综合规划、防洪规划等重大水利规划。

（2）负责生活、生产经营和生态环境用水的统筹和保障。组织实施最严格水资源管理制度，实施全省水资源的统一监督管理，拟定全省和跨市水中长期供求规划、水量分配方案并监督实施。负责全省重要流域、区域以及重大调水工程的水资源调度。组织实施取水许可、水资源论证和防洪论证制度，指导开展水资源有偿使用工作。指导全省水利行业供水和乡镇供水工作。

（3）按规定制定全省水利工程建设有关制度并组织实施，负责提出全省水利固定资产投资规模、方向，安排意见，并组织指导实施。按山西省人民政府规定权限审核、审批规划内和年度计划规模内固定资产投资项目。提出全省水利资金安排建议并负责项目实施的监督管理。

（4）指导全省水资源保护工作。组织编制并实施全省水资源保护规划。指导全省饮用水水源保护有关工作，指导全省地下水开发利用、地下水资源管理保护。组织指导全省地下水超采区综合治理。

（5）负责全省节约用水工作。拟定节约用水政策，组织编制全省节约用水规划并监督实施，组织制定节约用水相关标准。组织实施用水总量控制等管理制度，指导和推动节水型社会建设工作。

（6）负责全省水文工作。负责全省水文水资源监测、水文站网规划、建设和管理。对山西省内河湖库和地下水实施监测，发布全省水文水资源信息、情报预报和全省水资源公报。按规定组织开展水能资源调查评价和水资源承载能力监测预警工作。

（7）指导水利设施、水域及其岸线的管理、保护与综合利用。负责组织指导河湖长制工作。组织指导水利基础设施网络建设。指导全省重要河湖及河口、河岸滩涂的治理、开发和保护。指导全省河湖水生态保护与修复、河湖生态流量水量管理以及河湖水系连通工作。

（8）指导监督全省水利工程建设与运行管理。组织实施具有控制性的或跨市及跨流域的重要水利工程建设与运行管理。组织实施大水网骨干工程建设及运行管理，指导县域小水网建设及运行管理。组织指导水利工程验收有关工作。指导水利建设市场的监督管理和水利建设市场信用体系建设。

（9）负责水土保持工作。拟定全省水土保持规划及监督实施，组织实施全省水土流失的综合防治、监测预报并定期公告。负责建设项目水土保持监督管理工作，指导全省重点水土保持建设项目的实施。

（10）指导农村水利水电工作。组织开展全省大中型灌排工程建设与改造。指导全省农村饮水安全工程建设管理及节水灌溉工作。协调牧区水利工作。指导全省农村水利改革创新和社会化服务体系建设。指导全省农村水能资源开发、小水电改造和水电农村电气化工作。

（11）指导全省水利工程移民管理工作。拟定全省水利水电工程移民有关政策并监督实施，组织实施水利水电工程移民安置验收、监督评估等制度。指导监督水库移民后期扶持政策的实施工作。

（12）负责全省重大涉水违法事件的查处，协调跨市水事纠纷，指导全省水政监察和水行政执法。监督水利重大政策、决策部署和重点工作的贯彻落实。组织实施全省水利工程质量和安全监督。依法负责全省水利行业安全生产工作，组织指导全省水库、水电站大坝、农村水电站的安全监管。

（13）开展水利科技和外事工作。组织开展全省水利行业质量技术监督工作。拟定全省水利行业的技术标准、规程规范并监督实施。指导水利信息化建设管理，组织水利信息化建设项目的审查并监督实施，办理有关水利涉外事务。

（14）负责落实综合防灾减灾规划相关要求，组织编制全省洪水干旱灾害防治规划和防护标准并指导实施。承担水情旱情监测预警工作。组织编制全省重要河湖和重要水工程的防御洪水抗御旱灾调度及应急水量调度方案，按程序报批并组织实施。承担防御洪水应急抢险的技术支撑工作。

（15）完成山西省委、山西省人民政府交办的其他任务。

2. 内设机构设置及编制

根据山西省委办公厅《山西省水利厅职能配置、内设机构和人员编制规定》（厅字〔2018〕110）号），水利厅机关内设党组办公室、办公室、人事处、政策法规处、行政审批管理处、规划计划处、水文水资源管理处、节约用水办公室（山西省节约用水办公室）、财务处（内审处）、水利工程建设处、运行管理处（水旱灾害防御处）、河湖长制工作处、河湖管理处、农村水利水电处、水土保持处、水库移民处、科技与外事处、监督处18个职能处（室）和机关党委、离退休人员工作处。

核定行政编制100名。设厅长1名，副厅长4名，处级领导职数23正（含总工程师1名，总规划师1名，总经济师1名，机关党委专职副书记1名，离退休人员工作处处长1名）23副。

2019年5月，为水利厅机关接收安置2017年度军转干部增加1名机关行政编制。

2020年3月，为水利厅机关接收安置2018年度军转干部增加3名机关行政编制。

2021年4月，为水利厅机关接收安置2019年度军转干部增加1名机关行政编制。

截至2021年12月机关行政编制105名。

根据2019年4月修订的《中国共产党党组工作条例》规定，2020年7月27日省委编办室务会会议研究同意山西省水利厅不再设置党组办公室，设立综合改革处（晋编办字〔2020〕76号）。

2021年12月，山西省委编办批复同意山西省水利厅政策法规处加挂水政监察处牌子。

山西省水利厅机关机构图（2018年12月改革时）见图5。

山西省水利厅机关机构图（2021年12月）见图6。

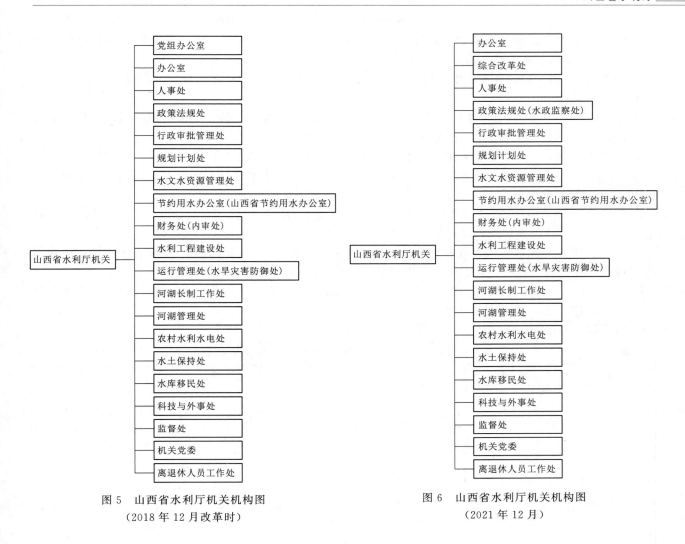

图 5　山西省水利厅机关机构图
（2018 年 12 月改革时）

图 6　山西省水利厅机关机构图
（2021 年 12 月）

（三）厅领导任免

2019 年 2 月，山西省人民政府批准免去孟希雄山西省水利厅副巡视员，山西省委研究批准其退休（晋干字〔2019〕117 号）。

2019 年 3 月，山西省人大常委会通过陈耳东任山西省水利厅厅长，免去常书铭的山西省水利厅厅长职务；4 月，山西省委决定陈耳东任山西省水利厅党组书记（晋干字〔2019〕168 号），免去常书铭的山西省水利厅党组书记职务。

2019 年 5 月，山西省人民政府批准李乾太任山西省水利厅副巡视员（晋政任〔2019〕27 号）。

2019 年 6 月，山西省委组织部研究决定王贵平、李力套转为一级巡视员，李乾太套转为二级巡视员（晋组职级字〔2019〕53 号）。

2019 年 8 月，山西省人民政府批准免去张建中的山西省水利厅副厅长职务。2019 年 9 月，山西省委决定免去张建中的山西省水利厅党组成员职务（晋干字〔2019〕339 号），山西省委组织部研究决定张建中任山西省水利厅一级巡视员（晋组职级字〔2019〕125 号）。

2019 年 10 月，山西省人民政府批准陈博任山西省水利厅副厅长（晋政任〔2019〕46 号）。

2020 年 3 月，山西省委决定常建忠任山西省水利厅党组书记（晋干字〔2020〕124 号）；2020 年 2 月，免去陈耳东的山西省水利厅党组书记职务（晋干字〔2020〕112 号）；2020 年 3 月，山西省人大常委会通过常建忠任山西省水利厅厅长，免去陈耳东的山西省水利厅厅长职务（晋人任字〔2020〕7 号）。

2020 年 9 月，山西省委组织部研究决定免去李力的山西省水利厅一级巡视员职级（晋组职级字〔2020〕100 号），批准退休（晋组干字〔2020〕220 号）。

2020 年 10 月，山西省委组织部研究决定白小丹任山西省水利厅一级巡视员（晋组职级字〔2020〕131 号）。

2020 年 11 月，山西省委组织部研究决定免去王贵平的山西省水利厅一级巡视员职级（晋组职级字〔2020〕142 号），批准退休（晋组干字〔2020〕275 号）。

2021 年 3 月，山西省人民政府决定免去陈博的山西省水利厅副厅长职务（晋政任〔2021〕15 号）。

2021 年 6 月，山西省委组织部研究决定免去李乾太的山西省水利厅二级巡视员职级（晋组职级字〔2021〕77 号），批准退休（晋组干字〔2021〕100 号）。

2021 年 8 月，山西省人民政府批准杜咏梅任山西省水利厅副厅长（晋政任〔2021〕32 号）；山西省委批准杜咏梅任山西省水利厅党组成员（晋干字〔2021〕421 号）。

2021 年 9 月，山西省人民政府批准裴峰任山西省水利厅副厅长（晋政任〔2021〕34 号）；山西省委批准裴峰任山西省水利厅党组成员（晋干字〔2021〕559 号）。

2021 年 11 月，山西省委组织部研究决定免去张建中的山西省水利厅一级巡视员职级（晋组职级字〔2021〕137 号），批准退休（晋组干字〔2021〕257 号）。

山西省水利厅领导任免表（2018 年 12 月—2021 年 12 月）见表 10。

表 10　　　　　　　　　山西省水利厅领导任免表（2018 年 12 月—2021 年 12 月）

机构名称	姓　名	职　务	任　免　时　间	备　注
山西省水利厅（2018 年 12 月—2019 年 3 月）	常书铭	厅　长	继任—2019 年 3 月	
		党组书记	继任—2019 年 4 月	
	白小丹	副厅长	继任—	
		党组成员	继任—	
	王　兵	副厅长	继任—	
		党组成员	继任—	
	张建中	副厅长	继任—	
		党组成员	继任—	
	韩向宇	纪检监察组组长	继任—	
		党组成员	继任—	
	王贵平	巡视员	继任—	
	李　力	巡视员	继任—	
	孟希雄	副巡视员	继任—2019 年 2 月	
山西省水利厅（2019 年 3 月—2020 年 3 月）	陈耳东	厅　长	2019 年 3 月—2020 年 3 月	
		党组书记	2019 年 4 月—2020 年 2 月	
	张建中	副厅长	继任—2019 年 8 月	
		党组成员	继任—2019 年 9 月	
		一级巡视员	2019 年 9 月—	
	白小丹	副厅长	继任—	
		党组成员	继任—	
	王　兵	副厅长	继任—	
		党组成员	继任—	
	韩向宇	纪检监察组组长	继任—	
		党组成员	继任—	

续表

机构名称	姓名	职务	任免时间	备注
山西省水利厅 （2019年3月— 2020年3月）	陈博	副厅长	2019年10月—	
	王贵平	巡视员	继任—2019年6月	
		一级巡视员	2019年6月—	
	李力	巡视员	继任—2019年6月	
		一级巡视员	2019年6月—	
	李乾太	副巡视员	2019年5—6月	
		二级巡视员	2019年6月—	
山西省水利厅 （2020年3月— 2021年12月）	常建忠	厅长	2020年3月—	
		党组书记	2020年3月—	
	白小丹	副厅长	继任—	
		党组成员	继任—	
		一级巡视员	2020年10月—	
	王兵	副厅长	继任—	
		党组成员	继任—	
	韩向宇	纪检监察组组长	继任—	
		党组成员	继任—	
	陈博	副厅长	继任—2021年3月	
	杜咏梅	副厅长	2021年8月—	
		党组成员	2021年8月—	
	裴峰	副厅长	2021年9月—	
		党组成员	2021年9月—	
	王贵平	一级巡视员	继任—2020年11月	
	李力	一级巡视员	继任—2020年9月	
	张建中	一级巡视员	继任—2021年11月	
	李乾太	二级巡视员	继任—2021年6月	

（四）直属事业单位改革

2019年开始，山西省水利厅所属事业单位改革包括四大部分：一是承担行政职能事业单位改革；二是生产经营性事业单位改革；三是山西省水利厅作为全省事业单位改革试点单位之一开展的重塑性改革；四是省直机关后勤中心和幼儿园的改革。

1. 承担行政职能事业单位改革（划出5个单位）

根据山西省委改革办的有关要求，2018年机构改革涉及的事业单位改革与机关改革同步进行，根据山西省委编办2019年4月《关于山西省水利厅所属事业单位机构编制调整的通知》，水利厅渔业相关4个事业单位（水产科学研究所、水产技术推广站、水产育种养殖科学实验中心、鱼病防治中心）113名事业编制86名干部职工整体划转至山西省农业农村厅。承担行政职能的山西省移民办公室更名为山西省水库移民管理中心、山西省水利厅农村水电及电气化发展中心（局）更名为山西省农村水利水电管理中心、山西省河长制办公室工作处更名为山西省河湖长制管理中心，同时将3个单位职能进行调整；山西省人民政府防汛抗旱指挥部办公室划转山西省应急管理厅管理，20名全额事业编制14名工作人员划转至应急管理厅，12名编制11名人员划至山西省防汛应急抢险总队，抢险总队调整职能并更名为山西省水旱灾害防御中心，编制由 39 名增加为 51 名；3 名编制划至新更名的山西省河湖长制管理中心，编制由 16 名增加为 19 名；山西省水文局调整了部分职能。

2. 生产经营活动事业单位改革（涉及 2 个事业单位）

根据山西省委办公厅、山西省人民政府办公厅《关于从事生产经营活动事业单位改革的实施意见》，山西省水利厅从 2017 年年底启动生产经营事业单位改革工作，2018 年 12 月山西省水利水电勘测设计研究院、山西省三门峡库区建设工程局转企改制方案经山西省人民政府办公厅批复。2019 年 4 月底完成工商注册并挂牌，转制基准为 2019 年 6 月 30 日。

3. 山西省水利厅所属事业单位重塑性改革

2019 年，山西省水利厅作为全省事业单位改革先行试点单位，经广泛调研，充分征求意见，制定了《山西省水利厅深化直属单位改革实施方案》。山西省人民政府常务会 9 月 12 日会议研究通过《省水利厅所属事业单位改革框架意见》，10 月 25 日山西省委编委会议研究同意，12 月 5 日山西省委编委印发了《关于印发省水利厅所属事业单位改革的实施意见的通知》，改革的主要任务如下：

（1）新组建和保留事业单位的改革，涉及 18 个单位。一是整合山西省水利工程质量与安全监督站、山西省水旱灾害防御中心、山西省水库移民管理中心、山西省农村水利水电管理中心、山西省河湖长制管理中心、山西省水土保持生态环境建设中心、山西省沁河流域开发建设管理中心、山西省河道与水库技术中心、山西省水资源管理中心、黄河古贤水利枢纽建设管理局、山西省水土保持项目管理中心（山西省沙棘开发中心）、山西省水土保持监测中心、山西省水利经济事业管理中心、山西水利发展研究中心、山西省水利规费稽查管理中心、山西省数字水利中心等 16 个公益一类事业单位，组建副厅级建制的山西省水利发展中心。二是对保留的山西省水文水资源勘测局、山西省三门峡库区管理局分别更名为山西省水文水资源勘测总站（下设市水文水资源勘测站）和山西省三门峡库区管理中心，按照政事分开的原则调整职能和机构编制。

（2）事业单位转企改制，涉及 21 个事业单位。其中山西省禹门口水利工程管理局（含 6 个分局）、山西省汾河水库管理局（山西省汾河水库风景名胜区管理局）、山西省汾河二库管理局（山西省汾河二库建设总指挥部）、山西省汾河灌溉管理局、山西省汾河一坝管理局、山西省汾河上游水生态环境管理站、山西省汾河流域管理局、山西省西山提黄灌溉工程建设管理中心、山西省农田节水技术开发服务推广站、山西省漳泽水库管理局、山西省张峰水库建设管理局、山西省柏叶口水库建设管理局、山西省滹沱河坪上水利工程管理局、山西省和川引水枢纽工程建设管理局、山西省漳河水利工程建设管理局（山西省漳河流域管理中心）、山西省东山供水工程建设管理局、山西省中部引黄工程建设管理局、山西省小浪底引黄工程建设管理局、山西省水资源研究所、山西省水利建设开发中心等 20 个自收自支事业单位 2020 年 4 月转企改制后划入万家寨水务控股集团有限公司；转制基准日为 2020 年 4 月 30 日。山西省水利大厦划山西省文旅集团后转企改制。

（3）跨部门整体划转单位的改革，涉及 4 个事业单位。一是山西省水利技工学校并入山西水利职业技术学院。二是山西水利职业技术学院划转山西省教育厅管理。三是山西省水利水电科学研究院并入太原理工大学。四是山西省水土保持科学研究所并入山西农业大学。

（4）省直机关后勤服务中心和幼儿园的改革，涉及 3 个事业单位。山西省移民培训中心并入山西省水利厅后勤服务中心，根据山西省委综改委 2020 年 8 月 28 日会议精神，山西省水利厅后勤服务中心和山西省水利厅机关幼儿园划转山西省直机关事务管理局管理。山西省水利厅后勤服务中心与其他山西省直部门的后勤单位转企改制组建晋勤集团。

（五）改革后的事业单位

改革后，山西省水利厅所属 53 个事业单位（不含二级法人单位）减少为 3 个（不含水文总站二级法人单位），单位数量精简 94%；事业编制由 4787 名减少为 885 名（含临时编制 28 名），精简 81.5%。

截至 2021 年 12 月,山西省水利厅所属事业单位 3 个(见表 11),均为公益一类财政拨款事业单位,总编制 885 名(含山西省水利发展中心临时编制 28 名)。

表 11 　　　　　　　　　　　**山西省水利厅所属事业单位情况表(2021 年 12 月)**

序号	单 位 名 称	机构规格	编制	经费形式
1	山西省水利发展中心	副　厅	254,临时编制 28	财政拨款
2	山西省水文水资源勘测总站	正　处	150	财政拨款
(1)	太原市水文水资源勘测站	副　处	55	财政拨款
(2)	大同市水文水资源勘测站(朔州市水文水资源勘测站)	副　处	56	财政拨款
(3)	忻州市水文水资源勘测站	副　处	62	财政拨款
(4)	吕梁市水文水资源勘测站	副　处	35	财政拨款
(5)	晋中市水文水资源勘测站	副　处	49	财政拨款
(6)	阳泉市水文水资源勘测站	副　处	27	财政拨款
(7)	长治市水文水资源勘测站(晋城市水文水资源勘测站)	副　处	48	财政拨款
(8)	临汾市水文水资源勘测站	副　处	51	财政拨款
(9)	运城市水文水资源勘测站	副　处	40	财政拨款
3	山西省三门峡库区管理中心	正　处	30	财政拨款

注　所属事业单位 3 个,全额公益一类编制 885 名(含 28 个临时编制)。

(1)山西省水利发展中心。单位为副厅级建制,是承担全省水利行业管理改革发展技术支撑和决策支持的公共服务机构,是水利厅管理的事业单位。主要职责:负责贯彻执行新时期管水治水、黄河流域生态保护与高质量发展、节水优先、民生水利方针政策、法律法规和山西省委、山西省人民政府决策部署,为全省水利事业高质量发展提供技术支持、决策支持、服务支持;组织开展水利改革发展政策、规划和全局性、战略性、前瞻性、长期性问题研究,提出改革和政策的建议。协助编制全省水利发展规划、水利综合规划和专项规划;开展水利大数据研究应用,分析国内外水利改革发展相关信息和数据,为经济社会发展提供决策依据;开展水资源水环境水生态技术研究,参与水利行业相关规范、规程、标准的研究拟定工作,为水利行业管理提供技术支撑和服务保障;开展国际国内交流合作,吸收借鉴和推广应用国内外管水治水经验和先进技术;开展水利政策法规宣传和公共咨询服务,引导社会增强节水惜水意识;指导基层水利技术工作;承担山西省委、山西省人民政府及山西省水利厅交办的其他任务。

根据山西省委办公厅、省政府办公厅印发的《山西省水利发展中心职能配置、内设机构和人员编制规定》(厅字〔2020〕28 号),核定财政拨款编制 254 名,临时编制 28 名(28 名临时编制为财政拨款事业编制,实行"退 3 收 2 进 1"的办法逐年收回,即退 3 人、收回 2 个临时编制、招聘补充 1 人)。设主任(党委书记)1 名(副厅级),党委副书记 1 名(正处级),副主任 3 名(正处级),内设机构处级领导职数 12 正(正处级)24 副(副处级)。2020 年 9 月山西省委编办调整山西省水利发展中心领导职数,增加 1 名副主任(正处级)职数(晋编办字〔2020〕96 号)。

(2)山西省水文水资源勘测总站。单位为正处级建制,公益一类事业单位,核定财政拨款事业编制 150 名,其中管理人员编制 45 名,专业技术人员编制 105 名;处级领导职数 1 正 4 副;内设 18 个科,科级领导职数 18 正 22 副。主要职责:协助拟定全省水文水资源专业规划;为水文站网规划、建设和管理提供技术支撑;承担全省水文水资源、水环境监测及水源勘测工作;协助厅机关开展全省水文水资源调查、分析、评价工作;协助编制、发布水文信息、情报预报、水资源公报、水质年报、地下水年报、水文情报及洪水预报;承担水文、水资源均衡要素关系的实验研究,地下热水监测和分析工作。

所属 9 个水文水资源勘测站,主要职责:协助拟定本区域水文水资源专业规划;为本区域站网规划、建设、管理提供技术支撑；承担水文水资源、水环境监测工作；协助开展水文水资源调查、分析、评价；协助编制发布水文信息、情报预报、水资源公报、水质年报、地下水年报等；组织开展水文分析计算和水文实验研究。

1）太原市水文水资源勘测站。单位为副处级建制，编制 55 名；领导职数 1 正（副处级）3 副（正科级）；内设 12 个科（站），科级领导职数 12 正 12 副。

2）大同市水文水资源勘测站（朔州市水文水资源勘测站）。单位为副处级建制，编制 56 名；领导职数 1 正（副处级）3 副（正科级）；内设 13 个科（站），科级领导职数 13 正 13 副。

3）忻州市水文水资源勘测站。单位为副处级建制，编制 62 名；领导职数 1 正（副处级）3 副（正科级）；内设 14 个科（站），科级领导职数 14 正 14 副。

4）吕梁市水文水资源勘测站。单位为副处级建制，编制 35 名；领导职数 1 正（副处级）2 副（正科级）；内设 8 个科（站），科级领导职数 8 正 8 副。

5）晋中市水文水资源勘测站。单位为副处级建制，编制 49 名；领导职数 1 正（副处级）2 副（正科级）；内设 11 个科（站），科级领导职数 11 正 11 副。

6）阳泉市水文水资源勘测站。单位为副处级建制，编制 27 名；领导职数 1 正（副处级）2 副（正科级）；内设 6 个科（站），科级领导职数 6 正 6 副。

7）长治市水文水资源勘测站（晋城市水文水资源勘测站）。单位为副处级建制，编制 48 名；领导职数 1 正（副处级）2 副（正科级）；内设 11 个科（站），科级领导职数 11 正 11 副。

8）临汾市水文水资源勘测站。单位为副处级建制，编制 51 名；领导职数 1 正（副处级）3 副（正科级）；内设 11 个科（站），科级领导职数 11 正 11 副。

9）运城市水文水资源勘测站。单位为副处级建制，编制 40 名；领导职数 1 正（副处级）2 副（正科级）；内设 9 个科（站），科级领导职数 9 正 9 副。

（3）山西省三门峡库区管理中心。单位为正处级建制，编制 30 名。处级领导职数 1 正 2 副；内设 5 个科，科级领导职数 5 正 5 副。

主要职责：承担三门峡库区黄河左岸（山西侧）潼关至三门峡大坝 113.5km 河段工程日常事务工作，三门峡库区河道治理和水旱灾害防御工作，三门峡库区河湖长制办公室具体工作。

（六）厅属企业

山西省水利水电勘测设计研究院、山西省三门峡库区建设工程局于 2019 年 6 月转企改制。山西省水利水电勘测设计研究院于 2020 年 5 月划转至万家寨水务控股集团有限公司；山西省水利建筑工程局有限公司于 2020 年 5 月划转至万家寨水务控股集团有限公司；山西张峰水利工程有限公司、山西坪上水利开发有限公司、山西柏叶口水利工程有限公司、山西引沁入汾供水有限公司、山西水务溯头水电有限公司、山西辛安泉供水工程有限公司、山西中部引黄水务开发有限公司、山西小浪底引黄工程有限公司和山西东山供水工程有限公司随着举办的事业单位转企改制整合后，2020 年一并划转至万家寨水务控股集团有限公司。山西省三门峡库区建设工程局转企改制后，与其所办企业山西三门峡库区建设工程有限公司合并，2021 年 12 月划转至万家寨水务控股集团有限公司。万家寨水务控股集团有限公司由山西省国资委直接监管。

新闻宣传、文化等特殊领域的企业维持现行管理体制，山西水利出版传媒中心于 2021 年 4 月改制为国有独资公司，更名为山西水利出版传媒有限责任公司。

截至 2021 年 12 月，山西省水利厅所属企业只有山西水利出版传媒有限责任公司一家。

执笔人：李晓红　吴　建
审核人：裴　峰　杜咏梅

内蒙古自治区水利厅

内蒙古自治区水利厅是内蒙古自治区人民政府组成部门，为正厅级单位。2001 年 1 月—2021 年 12 月内蒙古自治区水利厅组织沿革划分为以下 4 个阶段：2001 年 1 月—2009 年 12 月，2009 年 12 月—2019 年 1 月，2019 年 1 月—2020 年 12 月，2020 年 12 月—2021 年 12 月。

一、第一阶段（2001 年 1 月—2009 年 12 月）

（一）主要职责

根据内蒙古自治区人民政府机构改革方案，设置内蒙古自治区水利厅。内蒙古自治区水利厅是主管水行政的内蒙古自治区人民政府组成部门。

（1）贯彻执行国家有关水利工作的方针政策和法律法规，研究拟定内蒙古自治区关于水利工作的政策法规、发展战略和中长期规划，并监督实施。

（2）统一管理全区水资源（含空中水、地表水、地下水）。组织拟定全区和跨盟市水长期供求计划、水量分配方案并监督实施；组织有关内蒙古自治区国民经济总体规划、城市规划及重大建设项目的水资源和防洪的论证工作；组织实施取水许可制度和水资源费征收制度；发布内蒙古自治区水资源公报；指导全区水文工作。

（3）贯彻执行国家的节约用水政策，拟定内蒙古自治区有关节约用水的政策、标准，编制节约用水规划，组织、指导和监督全区节约用水工作。

（4）按照国家和内蒙古自治区资源与环境保护的有关法律法规和标准，拟定内蒙古自治区水资源保护规划；组织水功能区的划分和向饮水区等水域排污的控制；监测江河湖库的水量、水质，审定水域纳污能力；提出限制排污总量的意见。

（5）组织、指导全区水政监察和水行政执法；协调并仲裁盟市间和部门间的水事纠纷。

（6）拟定内蒙古自治区水利行业的经济调节措施；对全区水利资金提出安排使用意见并进行宏观调节；指导水利行业的供水、水电及多种经营工作；研究提出有关水利的价格、税收、信贷、财务等经济调节意见。

（7）编制、审查内蒙古自治区大中型水利基建项目建议书和可行性报告；组织重大水利科学研究和技术推广；监督实施国家水利行业技术质量标准和水利工程的规程、规范。

（8）组织、指导内蒙古自治区水利设施、水域及其岸线的管理与保护；组织指导大江、大河、大湖及河口的治理和开发；组织建设和管理具有控制性的或跨盟市的重要水利工程；组织、指导水库、江河、湖泊、水电站大坝水利工程的安全监管。

（9）指导全区农村牧区水利工作；组织协调全区农田、草牧场水利基本建设、农村牧区水电电气化、苏木乡镇供水和人畜饮水工作。

（10）组织全区水土保持工作。研究制定水土保持的工程措施规划，组织水土流失的监测和综合防治。

（11）负责内蒙古自治区水利方面的科技工作；指导全区水利队伍建设。

（12）承担内蒙古自治区防汛抗旱指挥部的日常工作，组织、协调、监督、指导全区防洪抗旱工作，对大江大河和重要水利工程实施防汛抗旱调度。

（13）承办内蒙古自治区人民政府和水利部及流域机构交办的其他事项。

取水许可证由内蒙古自治区水利厅实施统一管理，不再授权其他部门颁发。

（二）人员编制和内设机构

按照《内蒙古自治区人民政府办公厅关于印发自治区水利厅职能配置内设机构的人员编制规定的通知》（内政办发〔2000〕16号），内蒙古自治区水利厅内设8个职能处（室），分别为办公室、人事处、科技教育处、计划财务处、水政水资源处（全区节约用水办公室）、建设与管理处、水土保持处、农牧水利处。另设机关党委，负责厅机关及驻呼直属单位的党群工作。

2007年，水政水资源处分设，设置政策法规处和水资源处。

内蒙古自治区水利厅机关行政编制为51名，其中厅长1名，副厅长3名，处级领导职数17名［9正（含机关党委专职副书记1名）、8副］。

核定内蒙古自治区政协委员云峰单列编制1名，此编制随人员变化进行调整。内蒙古自治区防汛抗旱指挥部办公室设在水利厅，单列编制5名，其中处级领导职数2名（1正、1副）。离退休人员工作机构及编制，按有关规定另行确定。

内蒙古自治区水利厅机构图（2009年）见图1。

（三）厅领导任免

2000年1月，内蒙古自治区第九届人大常委会第十三次会议通过，任命赵文元为内蒙古自治区水利厅厅长。

2000年4月，内蒙古自治区人民政府任命徐荣为内蒙古水利厅副厅长（正厅级）。同年6月27日，内蒙古自治区政府任命冯国华为内蒙古自治区水利厅副厅长。

2000年9月，内蒙古自治区党委任命戈锋为内蒙古自治区水利厅党组成员、副厅长，王东江为内蒙古自治区水利厅党组成员，驻厅纪检组组长（副厅级）。

2001年10月，内蒙古自治区人民政府任命柴建华、云文秀为内蒙古自治区水利厅副巡视员。

2001年10月，内蒙古自治区人民政府任命于长剑为内蒙古自治区水利厅副厅长兼总工程师。

2003年11月，内蒙古自治区人民政府任命陈欣为内蒙古自治区水利厅副厅长。

2005年3月，内蒙古自治区人大常委会表决通过，任命戈锋为内蒙古自治区水利厅厅长。

二、第二阶段（2009年12月—2019年1月）

（一）主要职责

根据内蒙古自治区人民政府机构改革方案，设立内蒙古自治区水利厅，为内蒙古自治区人民政府组成部门。主要职责如下：

（1）负责保障水资源的合理开发利用，拟定全区水利规划和政策，起草有关地方性法规规章草案，组织编制全区重要江河湖泊的流域综合规划、防洪规划等重大水利规划；按规定制定全区性水利工程建设有关制度并组织实施，负责提出全区水利固定资产投资的规模和方向、国家级和自治区级财政性资金安排的意见，按规定权限审批、核准规划内和年度计划规模内固定资产投资项目；提出内蒙古自治区水利建设投资安排建议并组织实施。

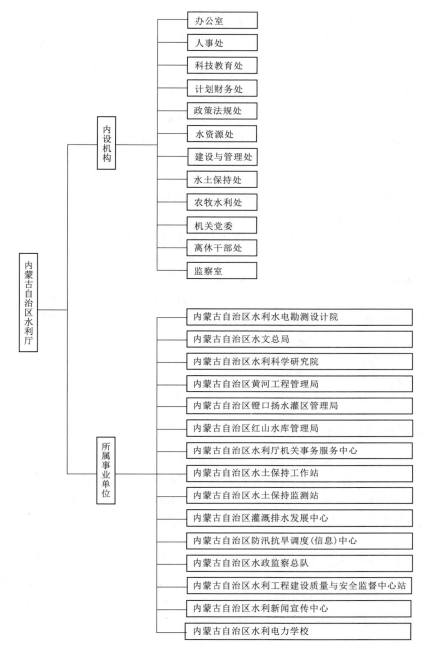

图1　内蒙古自治区水利厅机构图（2009年）

（2）负责生活、生产经营和生态环境用水的统筹兼顾和保障，实施水资源的统一监督管理，拟定全区水中长期供求规划、水量分配方案并监督实施；组织开展水资源调查评价工作，按规定开展水能资源调查工作；负责全区重要流域、区域以及重大调水工程的水资源调度，组织实施取水许可、水资源有偿使用制度和水资源论证、防洪论证制度；指导水利行业供水和乡镇供水工作。

（3）负责水资源保护工作，组织编制水资源保护规划，组织拟定重要江河湖泊的水功能区划并监督实施；核定水域纳污能力，提出限制排污总量建议；指导饮用水水源保护工作，指导地下水开发利用和城市规划区地下水资源管理保护工作。

（4）负责防治水旱灾害，承担内蒙古自治区防汛抗旱指挥部的具体工作；组织、协调、监督、指挥全区防汛抗旱工作，对重要江河湖泊和重要水利工程实施防汛抗旱调度和应急水量调度，编制全区防汛抗旱应急预案并组织实施；指导水利突发公共事件的应急管理工作。

（5）负责节约用水工作，拟定节约用水政策，编制节约用水规划，制定有关标准，指导和推动节约型社会建设工作。

（6）指导水文工作，负责水文水资源监测、全区水文站网建设和管理；对江河湖库和地下水的水量、水质实施监测，发布水文水资源信息、情报预报和水资源公报。

（7）指导水利设施、水域及其岸线的管理与保护，指导全区重要江河、湖泊、水库及河口的治理和开发；指导水利工程建设与运行管理，组织实施具有控制性的和跨盟市的重要水利工程建设与运行管理。

（8）负责防治水土流失，拟定水土保持规划并监督实施，组织实施水土流失的综合防治、监测预报并定期公告；负责内蒙古自治区立项的建设项目水土保持方案的审批、监督实施及水土保持设施的验收工作；指导重点水土保持建设项目的实施。

（9）指导农村牧区水利工作，组织协调全区农田草牧场水利基本建设，指导农村牧区饮水安全、节水灌溉等工程建设与管理工作；指导牧区水利工作，指导农村牧区水利社会化服务体系建设；按规定指导农村牧区水能资源开发工作，指导水电农村电气化和小水电代燃料工作。

（10）负责全区重大涉水违法事件的查处，协调、仲裁跨盟市水事纠纷，指导水政监察和水行政执法工作；依法负责水利行业安全生产工作，组织、指导水库、水电站大坝的安全监管，指导水利建设市场的监督管理，组织实施水利工程建设的监督。

（11）开展水利科技和外事工作，组织开展水利行业质量监督工作，拟定水利行业的技术标准、规程规范并监督实施；承担水利统计工作，办理国际河流有关涉外事务。

（12）承办内蒙古自治区人民政府交办的其他事项。

（二）人员编制和内设机构

根据《内蒙古自治区人民政府办公厅关于印发自治区水利厅主要职责内设机构和人员编制的规定的通知》（内政办发〔2009〕111号），明确内蒙古自治区水利厅机关内设办公室、人事处、计划财务处、科技处、建设与管理处、水土保持处、农牧水利处、水资源处（全区节约用水办公室）、水政与安全监督处、内蒙古自治区防汛抗旱指挥部办公室10个处室，另设机关党委、离退休人员工作处（见图2）。

自治区水利厅机关行政编制63人，其中：厅长1名、副厅长3名、总工程师1名（副厅级）；处级领导职数24名，正处12名（含机关党委专职副书记、离退休人员工作处处长各1名），副处12名。

2016年，根据《关于自治区水利厅增设水利重点项目处理的批复》（内机编发〔2016〕6号），明确内蒙古自治区水利厅增设水利重点项目处。核定处级领导职数2名（1正、1副），所需编制由厅内部调剂解决。

2017年，根据《关于自治区水利厅机构编制事项的批复》（内机编发〔2017〕55号），同意为内蒙古自治区水利厅核增1名副厅级领导职数；增设河湖处，核定处级领导职数2名（1正、1副）。

2018年，根据《关于自治区水利厅调整内设机构设置的批复》（内机编办发〔2018〕19号），撤销计划财务处、水利重点项目处，设立规划计划处、财务处，人员编制和领导职数不变。

截至2018年年底，内蒙古自治区水利厅内设机构12个，另设机关党委、离退休人员工作处，行政编制65名，厅长1名，副厅长5名，处级领导职数29名。

（三）厅领导任免

2010年7月，内蒙古自治区党委任命周秀峰为驻厅纪检组组长（副厅级），党组成员。

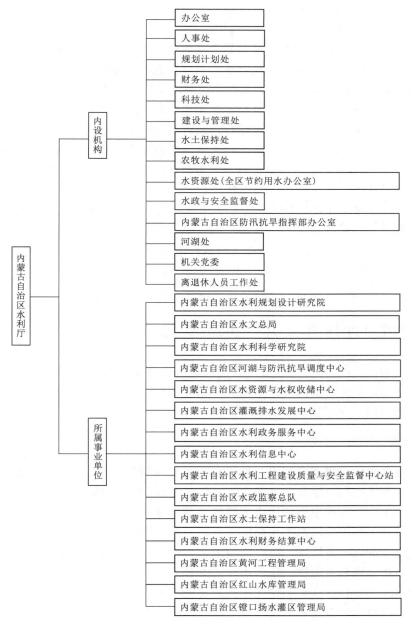

图 2　内蒙古自治区水利厅机构图（2018 年）

2010 年 8 月，内蒙古自治区人民政府任命牛明为内蒙古自治区水利厅副厅长，任命康跃为内蒙古自治区水利厅副厅长。同年 12 月，内蒙古自治区人民政府任命李旭为内蒙古自治区水利厅副巡视员；免去云文秀内蒙古自治区水利厅副巡视员职务，退休。

2010 年 10 月，内蒙古自治区人民政府任命路二文为内蒙古自治区水利厅总工程师（副厅级），党组成员。

2011 年 11 月，内蒙古自治区人民政府任命吴黎明为内蒙古自治区水利厅副巡视员。

2014 年 1 月，内蒙古自治区人民政府任命云雪峰为内蒙古自治区水利厅副巡视员。

2015 年 10 月，内蒙古自治区人民政府任命苏锁龙为内蒙古自治区水利厅副巡视员。

2015 年 12 月，内蒙古自治区党委组织部研究决定赵忠武任内蒙古自治区水利厅党组成员。

2016年1月，内蒙古自治区人民政府任命赵忠武为内蒙古自治区水利厅副厅长，免去内蒙古自治区黄河海勃湾水利枢纽局长职务。

2017年1月，内蒙古自治区人民政府任命周秀峰为内蒙古自治区水利厅巡视员。

2017年7月，内蒙古自治区党委决定付万惠任内蒙古自治区水利厅党组书记，同月，内蒙古自治区第十二届人民代表大会常务委员会第三十四次会议决定任命付万惠为内蒙古自治区水利厅厅长。

2017年8月，内蒙古自治区人民政府任命王亚东为内蒙古自治区水利厅副巡视员。

2017年9月，内蒙古自治区党委决定范忠任内蒙古自治区水利厅党组成员。

2018年4月，内蒙古自治区人民政府决定免去周秀峰内蒙古自治区水利厅巡视员职务，退休。

2018年5月，内蒙古自治区党委决定付万惠不再担任内蒙古自治区水利厅党组书记职务，免去内蒙古自治区水利厅厅长职务。

2018年10月，内蒙古自治区党委任命刘万华任内蒙古自治区水利厅党组书记；康跃不再担任内蒙古自治区水利厅党组成员职务。

2018年11月，内蒙古自治区人民政府免去康跃内蒙古自治区水利厅副厅长职务，退休。

2018年11月，内蒙古自治区第十三届人民代表大会常务委员会第九次会议任命刘万华为内蒙古自治区水利厅厅长。

三、第三阶段（2019年1月—2020年12月）

根据《内蒙古自治区党委办公厅 自治区人民政府办公厅关于印发〈内蒙古自治区水利厅职能配置、内设机构和人员编制规定〉的通知》（厅发〔2018〕41号），设立内蒙古自治区水利厅，为内蒙古自治区人民政府组成部门，为正厅级。

（一）主要职责

（1）负责保障水资源的合理开发利用。拟定全区水利规划和政策，起草有关地方性法规、规章草案，组织编制全区水资源规划、重要江河湖泊流域综合规划、防洪规划等重大水利规划。

（2）负责生活、生产经营和生态环境用水的统筹和保障。组织实施最严格水资源管理制度，实施水资源的统一监督管理，拟定全区水中长期供求规划、水量分配方案并监督实施。负责全区重要流域、区域以及重大调水工程的水资源调度。组织实施取水许可、水资源论证和防洪论证制度，指导开展水资源有偿使用工作。指导水利行业供水和苏木乡镇供水工作。

（3）按规定制定水利工程建设有关制度并组织实施，负责提出水利基本建设投资安排建议，提出国家和内蒙古自治区财政性资金安排意见，负责项目实施的监督管理。按规定权限审批、核准规划内和年度计划规模内项目。

（4）指导水资源保护工作。组织编制并指导实施水资源保护规划。指导地下水开发利用和地下水资源管理保护。组织指导地下水超采区综合治理。

（5）负责节约用水工作。拟定节约用水政策，组织编制节约用水规划并监督实施，组织制定有关标准。组织实施用水总量控制等管理制度，指导和推动节水型社会建设工作。

（6）指导水文工作。负责水文水资源监测、内蒙古自治区水文站网建设和管理，审批其他一般水文测站的设立和调整、专用水文测站的设立和撤销。对江河湖库和地下水实施监测，发布水文水资源信息、情报预报和内蒙古自治区水资源公报。按规定组织开展水资源、水能资源调查评价和水资源承载能力监测预警工作。

（7）指导水利设施、水域及其岸线的管理、保护与综合利用。组织指导全区水利基础设施网络建设。指导全区重要江河、湖泊的治理、开发和保护。指导全区河湖水生态保护与修复、河湖生态流量水量管理以及河湖水系连通工作。

（8）指导监督水利工程建设与运行管理。组织实施全区具有控制性的和跨区域跨流域的重要水利工程建设与运行管理。指导水利建设市场的监督管理，指导监督水利工程建设，按规定权限组织有关工程的验收，协调指导水旱灾害防御工作。

（9）负责水土保持工作。拟定水土保持规划并监督实施，组织实施水土流失的综合防治、监测预报并定期公告。负责内蒙古自治区立项的生产建设项目水土保持监督管理工作。组织实施重点水土保持建设项目。

（10）指导农村牧区水利工作。组织开展大中型灌排工程建设与改造。组织指导农村牧区饮水安全工程建设管理工作，指导节水灌溉有关工作。组织指导农村牧区水能资源开发、小水电改造和水电农村电气化工作。

（11）负责重大涉水违法事件的查处，协调、仲裁跨盟市水事纠纷，组织指导水政监察和水行政执法。依法负责水利行业安全生产工作，组织指导水库、水电站大坝、农村水电站的安全监管。

（12）开展水利科技和外事工作。组织开展全区水利行业质量监督工作，拟定全区水利行业的规程规范并监督实施。承担水利科技相关工作。承担水利统计工作。办理国际河流有关涉外事务。

（13）完成内蒙古自治区党委、内蒙古自治区人民政府交办的其他任务。

（14）职能转变。内蒙古自治区水利厅应切实加强水资源合理利用、优化配置和节约保护。坚持节水优先，从增加供给转向更加重视需求管理，严格控制用水总量和提高用水效率。坚持保护优先，加强水资源、水域和水利工程的管理保护，维护河湖健康美丽。坚持统筹兼顾，保障合理用水需求和水资源的可持续利用为经济社会发展提供水安全保障。

（二）人员编制和内设机构

根据《内蒙古自治区党委办公厅 自治区人民政府办公厅关于印发〈内蒙古自治区水利厅职能配置、内设机构和人员编制规定〉的通知》（厅发〔2018〕41 号），明确内蒙古自治区水利厅机关内设办公室、人事处、计划财务处、水利工程建设处、水土保持处、农牧水利处、水资源管理处、运行管理监督处、水政处、河湖管理处。另设机关党委、离退休人员工作处。

内蒙古自治区水利厅机关行政编制 56 名。设厅长 1 名，副厅长 3 名；处级领导职数 27 名，14 正（含总工程师、总经济师、机关党委专职副书记、离退休人员工作处处长各 1 名）13 副（含机关纪委书记、离退休人员工作处副处长各 1 名）。

2019 年 6 月，按《关于下达 2017 年度军队转业干部编制的通知》（内机编发〔2019〕4 号）增加行政编制 1 名。

2019 年 7 月，按《关于增核副厅级领导职数的通知》（内机编发〔2019〕5 号）增加副厅长职数 1 名。

2019 年 9 月，按《关于自治区水利厅调整机构编制事宜的批复》（内机编发〔2019〕14 号）增设内蒙古自治区水利厅水旱灾害防御处（见图 3），增核行政编制 4 名，增核处级领导职数 2 名（1 正 1 副）。

调整后，内蒙古自治区水利厅内设机构 11 个（见图 3），另设机关党委、离退休人员工作处，行政编制 61 名，处级领导职数 29 名（15 正 14 副）。

（三）厅领导任免

2019 年 9 月，内蒙古自治区人民政府任命赵长青为内蒙古自治区水利厅副厅长。

2019 年 9 月，内蒙古自治区党委任命赵长青为内蒙古自治区水利厅党组成员。

2020 年 5 月，内蒙古自治区人民政府免去于长剑内蒙古自治区水利厅副厅长职务，退休。

2020 年 6 月，内蒙古自治区党委决定戈锋退休。

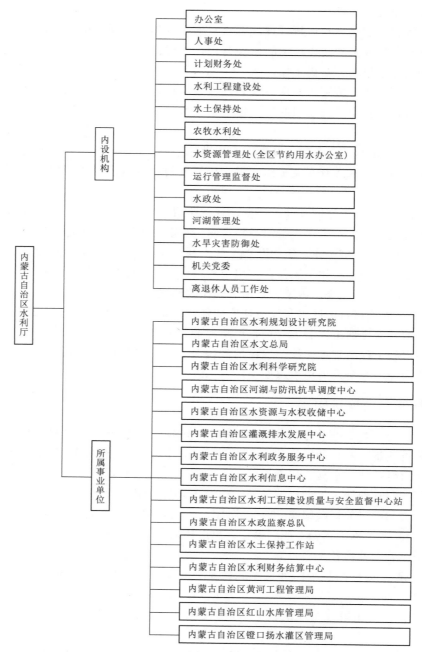

图3　内蒙古自治区水利厅机构图（2020年）

2020年6月，内蒙古自治区人民政府任命李彬为内蒙古自治区水利厅副厅长（试用期一年）。

2020年10月，内蒙古自治区党委决定于铁柱转为内蒙古自治区水利厅二级巡视员。

四、第四阶段（2020年12月—2021年12月）

内蒙古自治区水利厅的主要职责及人员编制和内设机构（见图4）情况与第三阶段相同。厅领导任免情况（见表1）如下。

2021年1月，内蒙古自治区党委决定张炜任内蒙古自治区水利厅党组成员（内党干字〔2021〕24

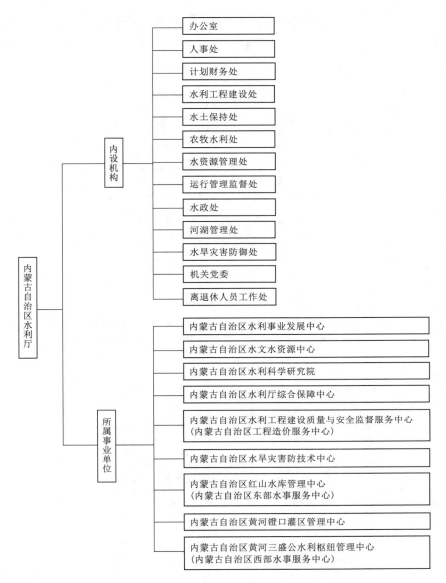

图 4 内蒙古自治区水利厅机构图（2021 年）

号）。内蒙古自治区人民政府决定任命张炜为内蒙古自治区水利厅副厅长（试用期一年）（内政任字〔2021〕14 号）。

2021 年 2 月，内蒙古自治区党委决定斯琴毕力格任内蒙古自治区水利厅党组书记；刘万华不再担任内蒙古自治区水利厅党组书记职务（内党干字〔2021〕72 号）。

2021 年 3 月，内蒙古自治区第十三届人民代表大会常务委员会第二十五次会议决定：斯琴毕力格为内蒙古自治区水利厅厅长（内人常发〔2021〕13 号）。

2021 年 6 月，内蒙古自治区党委组织部决定李希敏晋升为内蒙古自治区水利厅二级巡视员（内组干字〔2021〕221 号）。

2021 年 6 月，内蒙古自治区党委决定张炜不再担任内蒙古自治区水利厅党组成员职务（内党干字〔2021〕443 号）。

2021 年 7 月，内蒙古自治区党委决定童慧泉转任内蒙古自治区水利厅二级巡视员（内党干字〔2021〕464 号）。

表1   内蒙古自治区水利厅领导任免表（2001—2021年）

机构名称	姓名	职务	任免时间	备注
内蒙古自治区水利厅	赵文元	党组书记、厅长	2000年1月—2005年2月	
	徐荣	党组成员、副厅长（正厅级）	2000年4月—2005年1月	
	戈锋	党组成员、副厅长	2000年9月—2005年3月	
		党组书记、厅长	2005年3月—2017年3月	
		党组书记	2017年3月—2017年7月	
	冯国华	副厅长	2000年6月—2013年12月	
	于长剑	党组成员、副厅长兼总工程师（正厅级）	2001年10月—2020年5月	
	王东江	党组成员、驻厅纪检组组长	2000年9月—2009年8月	
	柴建华	副巡视员	2001年10月—2011年11月	
	云文秀	副巡视员	2001年10月—2010年12月	
	陈欣	党组成员、副厅长	2003年11月—2009年5月	
		巡视员	2009年5月—2009年12月	
	牛明	党组成员、副厅长	2010年8月—2014年7月	
	康跃	党组副书记、副厅长	2010年8月—2018年11月	
	路二文	党组成员、总工程师（副厅级）	2010年10月—2015年9月	
		巡视员	2015年9月—2016年5月	
	李旭	副巡视员	2010年12月—2018年4月	
	吴黎明	副巡视员	2011年11月—2017年10月	
	云雪峰	副巡视员	2014年1月—2020年2月	
	苏锁龙	副巡视员	2015年10月—	
	赵忠武	党组成员、副厅长、一级巡视员	2016年1月—	
	王亚东	党组成员、总工	2015年11月—2017年8月	
		副巡视员	2017年8月—2019年9月	
	周秀峰	党组成员、驻厅纪检组组长	2010年7月—2016年12月	
		巡视员	2016年12月—2018年4月	
	付万惠	党组书记、厅长	2017年7月—2018年5月	
	刘万华	党组书记、厅长	2018年10月—2021年2月	
	范忠	党组成员、驻厅纪检监察组组长	2017年9月—	
	赵长青	党组成员、副厅长	2019年9月—	
	李彬	副厅长	2020年6月—	
	于铁柱	二级巡视员	2020年10月—	

续表

机构名称	姓　名	职　务	任免时间	备　注
内蒙古自治区水利厅	张　炜	党组成员、副厅长	2021 年 1—6 月	
	斯琴毕力格	党组书记、厅长	2021 年 3 月—	
	李希敏	二级巡视员	2021 年 6 月—	
	童慧泉	二级巡视员	2021 年 7 月—	

执笔人：郭宝丽

审核人：杨　麟

辽宁省水利厅

辽宁省水利厅是辽宁省人民政府组成部门，为正厅级。2001年1月—2021年12月，辽宁省水利厅的组织沿革演变过程大体可分为4个阶段：2001年1月—2005年12月，辽宁省水利厅第一次核定机关、事业单位行政编制阶段；2006年1月—2012年12月，辽宁省水利厅第二次核定机关、事业单位行政编制阶段；2013年1月—2017年12月，辽宁省水利厅第三次核定机关、事业单位机构编制阶段；2018年1月—2021年12月，辽宁省水利厅机关、事业单位机构改革阶段。

一、第一阶段（2001年1月—2005年12月）

（一）编制与机构设置

2001年，根据辽宁省人民政府《关于印发辽宁省水利厅职能配置、内设机构和人员编制规定的通知》（辽政办发〔2001〕32号），确定辽宁省水利厅内设办公室、计划财务处、水政处、水资源处（辽宁省节约用水办公室）、科教外事处、建设与管理处、农村水利处、人事劳资处8个职能处（室）和机关党委、监察处（见图1），人员编制68人。

（二）机构主要职责

（1）贯彻落实国家各项水管理行政法律、法规及有关方针政策；拟定省地方水利法规、规章和政策并监督实施。

（2）组织拟定全省水利工作的中长期规划和年度计划；组织编制全省主要江河的流域规划和有关专业规划并监督实施。

（3）统一管理全省水资源（含空中水、地表水、地下水）；组织拟定全省水中长期供求计划、水量分配方案并监督实施；组织有关国民经济总体规划、城市规划及重大建设项目的水资源和防洪的论证工作；组织实施取水许可制度和水资源费征收制度；发布全省水资源公报；负责全省水文工作。

（4）拟定全省计划用水、节约用水政策，编制节约用水规划，制定行业用水定额，组织、指导和监督节约用水工作。

（5）按照国家资源和环境保护的有关法律法规和标准，拟定全省水资源保护规划；组织水功能区的划分和向饮水区等水域排污的控制；监测地表水和地下水的水量、水质，审定水域纳污能力；提出限制排污总量的意见。

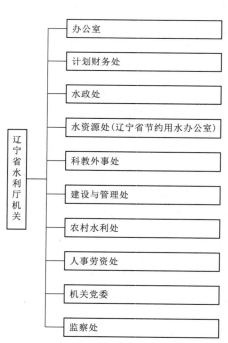

图1　辽宁省水利厅机关机构图（2001年）

（6）组织、指导全省水政监察和水行政执法；协调并仲裁部门间和省辖市间的水事纠纷。

（7）拟定全省水利行业的经济调节措施；对水利资金的使用和管理进行监督检查；提出有关水利的价格、税收、财务等经济调节意见。

（8）组织编制、审查全省大中型和跨省辖市的水利基建项目建议书和可行性报告，监督国家和省有关水利行业技术质量标准和水利工程规程、规范的实施。

（9）组织、指导全省水利设施、水域及其岸线的管理与保护；组织指导省内大江、大河及河口、海岸滩涂的治理和开发；办理省际河流的有关事务；组织建设和管理具有控制性的或跨省辖市的重要水利工程；组织、指导全省水库、水电站大坝的安全监管。

（10）指导全省农村水利、乡镇供水、人畜饮水工作；组织指导全省农田水利基本建设工作；指导全省农村水利社会化服务体系建设。

（11）组织全省水土保持工作；研究制定水土保持规划，组织水土流失的监测和综合防治。

（12）承担辽宁省防汛抗旱指挥部的日常工作，组织、协调、监督、指导全省防洪和抗旱工作，对大江、大河及重要水利工程实施防汛抗旱调度。

（13）负责全省性的水利科技、教育及对外经济技术合作与交流；指导全省水利队伍建设。

（14）组织建设和管理水利系统的水电站；组织协调农村水电电气化工作；指导全省水利行业的供水、水电及多种经营工作。

（15）承办辽宁省政府交办的其他事项。

（三）厅领导任免

2001年，仲刚任辽宁省水利厅厅长、党组书记，李福绵、王凤奎、王永鹏、侯喜丰、史会云任副厅长。

2002年5月，杨日桂任辽宁省水利厅纪检组组长。

2004年3月，姜长全任辽宁省水利厅党组成员。

2005年3月，韩树君任辽宁省水利厅副厅长，白英贵任副厅长、党组成员（挂职锻炼，时间两年）。5月，赵福祥任副厅长，同时，免去侯喜丰副厅长职务，任辽宁省林业厅副厅长。8月，副厅长王凤奎退休。9月，陈利世任辽宁省水利厅厅长助理（挂职一年）。

辽宁省水利厅领导任免表（2001—2005年）见表1。

表1　　　　　　　　　　　辽宁省水利厅领导任免表（2001—2005年）

机构名称	姓　名	职　务	任免时间	备　注
辽宁省水利厅	仲　刚	党组书记、厅长	1997年3月—	
	李福绵	党组成员、副厅长	1994年3月—	
	王凤奎	党组成员、副厅长/巡视员	1994年10月—2005年8月	
	王永鹏	党组成员、副厅长	1995年12月—	
	侯喜丰	党组成员、副厅长	1997年3月—2005年5月	
	史会云	党组成员、副厅长	2000年6月—	
	杨日桂	党组成员、纪检组长	2002年7月—	
	姜长全	党组成员	2004年3月—	
	韩树君	党组成员、副厅长	2004年9月—	
	于本洋	党组成员、副厅长	2004年10月—	
	白英贵	党组成员、副厅长	2005年3月—	
	赵福祥	党组成员、副厅长	2005年5月—	

（四）厅属企事业单位

2001 年，辽宁省水利厅直属单位下设辽宁省抗旱防汛指挥部办公室、辽宁省水利水电勘测设计研究院、辽宁省水文水资源勘测局、辽宁省水利水电科学研究所、辽宁省农田基本建设办公室、辽宁省河务局、辽宁省辽河河务局、辽宁省供水局（辽宁供水集团公司）、辽宁省水土保持站、辽宁省沙棘开发利用中心、辽宁省水利厅物资供应站、辽宁省水资源开发总公司、辽宁省水库移民安置经济开发中心、辽宁省水利工程质量监督中心站、辽宁省水利厅机关服务中心、辽宁省地方水电总站、辽宁省水利综合开发管理总站、辽宁省水利干部培训中心。根据辽编办发〔2001〕46 号文件，设立辽宁省水利厅信息中心（正处级），人员编制 20 人。根据辽编办发〔2001〕113 号文件，将辽宁省水利厅干部培训中心更名为辽宁省农田基本建设技术中心，原机构规格、人员编制不变。

2002 年，根据辽国资函〔2002〕3 号文件，白石水库国有资产划转辽宁大伙房供水有限责任公司管理。根据辽水劳〔2002〕89 号文件，成立辽宁润中供水有限责任公司，公司经营范围包括水资源开发利用、供水、水力发电。根据辽编办发〔2002〕79 号文件，将辽宁省水库移民安置经济开发中心更名为辽宁省水库移民安置中心，收回自收自支事业编制 10 名，从辽宁省水文水资源勘测局划转 10 名财政全额拨款编制。根据辽编办发〔2002〕95 号文件，将辽宁省辽河防洪建设管理局更名为辽宁省石佛寺水库工程建设管理局。根据辽编办发〔2002〕111 号文件，将辽宁省白石水库建设管理局更名为辽宁省白石水库管理局。

2003 年，根据辽编办发〔2003〕25 号文件，将辽宁省水利厅物资供应站更名为辽宁省防汛物资储备中心，仍为厅领导的事业单位，县处级，领导职数为 1 正 2 副；人员编制 15 名，经费由财政全额拨款，所需人员编制从辽宁省水文水资源勘测局划拨。根据辽编发〔2003〕17 号文件，设立辽宁省大伙房水库输水工程建设局，为厅领导的事业单位，机构规格相当于县处级，领导职数为 2 正 3 副，另设总工程师、总会计师、总经济师各 1 名（副处级），人员编制 150 人，经费自理，主要职责：负责大伙房水库输水工程项目的建设管理工作。根据编办发〔2003〕21 号文件，省防汛机动抢险队与省防汛抗旱指挥部办公室分开，独立设置，为厅领导的事业单位，机构规格相当于县处级，领导职数为 1 正，人员编制 8 名，主要负责省内汛期急、难、险、重的防汛抢险工作。根据辽编委〔2003〕5 号文件批复，将辽宁省水利厅水政处更名为辽宁省水利厅水政监察局。同时，根据《辽宁省编委关于调整省水利厅所属部分事业单位机构编制事项的批复》（辽编办〔2003〕187 号），撤销辽宁省乡镇水利干部培训中心，辽宁省水资源开发总公司更名为辽宁省水利经济定额站。

2004 年，辽宁省水利厅根据辽水人劳〔2004〕12 号文件，成立辽宁省防汛抗旱指挥系统工程项目建设办公室。根据辽编办〔2003〕187 号文件，组建辽宁省水利经济定额站。根据辽编办发〔2004〕69 号文件，辽宁省水利厅科技推广中心更名为辽宁省节约用水发展中心。根据辽编办发〔2004〕102 号文件，辽宁省地方水电总站更名为辽宁省农村水电及电气化发展中心，人员编制 10 名，经费来源改为财政全额拨款，人员编制由辽宁省水文水资源勘测局划拨。

二、第二阶段（2006 年 1 月—2012 年 12 月）

（一）编制与机构设置

2006 年 11 月，根据辽宁省机构编制委员会办公室（以下简称"辽宁省编委办"）印发的《关于重新核定省水利厅机关人员编制的通知》（辽编办发〔2006〕214 号），重新核定省直党政部门机关编制，水利厅机关原使用的 52 名行政编制予以保留；原使用的 7 名老干部服务人员编制转换为行政编制。重新核定后，厅机关行政编制 59 名。新核定的机关行政编制中，含辽宁省纪委（省监察厅）派驻的纪检监察机构编制。厅机关原使用的 6 名工勤人员编制予以保留；原使用的 3 名老干部服务工勤人员编制转为机关工勤人员编制。重新核定后，厅机关工勤人员编制 9 名。

2006 年 11 月 28 日，根据辽宁省编委办印发的《关于重新确认省水利厅机关内设机构及领导职数的通知》（辽编办发〔2006〕255 号），水利厅机关内设职能处（室）分别为办公室、计划财务处、水政监察局、水资源处（节约用水办公室）、科教外事处、建设与管理处、农村水利处、人事劳资处、老干部处（见图 2）。纪检组与监察处合署办公。厅机关配厅长职数 1 名，副厅长职数 4 名；纪检组长职数 1 名，总工程师职数 1 名（正处级）；职能处（室）处长（主任）职数 9 名，副处长（副主任）职数 10 名；监察处处长职数 1 名；机关党委专职副书记职数 1 名（正处级）。辽宁省防汛抗旱指挥部办公室副主任职数 1 名（正处级）。2009 年 6 月 17 日，根据辽政办发〔2009〕67 号文件，省水利厅增加总规划师职数 1 名，增加 1 个内设机构（安全监督处）和 5 名行政编制。调整后，省水利厅的内设机构为 11 个，行政人员编制 65 名。2010 年 4 月，根据辽政办发〔2009〕67 号文件，辽宁省水利厅正式增设安全监督处，同时成立辽宁省水利厅水利工程稽查办公室，办公室设在安监处。2011 年 3 月 23 日，根据辽编发〔2011〕5 号文件，水政监察局更名为政策法规处；增设河务处，设行政编制 2 名，增加处长职数 1 名，并明确河务处职责。

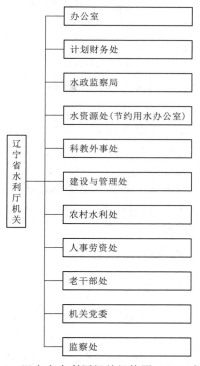

图 2　辽宁省水利厅机关机构图（2006 年）

（二）机构主要职责

（1）贯彻执行国家各项水管理行政法律、法规及有关方针政策；拟定省水利方面的政策，起草地方性法规、省政府规章草案并监督实施。

（2）组织拟订全省水利工作的中长期规划和年度计划；组织编制全省主要江河流域规划和有关专业规划并监督实施。

（3）负责生活、生产经营和生态环境用水的科学配置和保障，实施水资源的统一监督管理；拟定全省和跨市水资源中长期供求规划、水量分配方案并监督实施；组织开展水资源调查评价工作，负责重要流域、区域的水资源调度；组织实施取水许可制度，实施水资源有偿使用制度及水资源论证、防洪论证制度；负责水文水资源监测、水文站网建设和管理，对江河水库和地下水的水量、水质实施监测，发布水文水资源信息、水情预报和全省水资源公报。

（4）拟定全省计划用水、节约用水政策，编制节约用水规划，制定行业用水标准，组织、指导和监督节约用水工作；指导和推动节水型社会建设工作。

（5）组织编制水资源保护规划；组织拟定重要江河湖泊和地下水的水功能区划并监督实施；核定水域纳污能力，提出限制排污总量意见；组织实施饮用水水源保护工作，指导地下水开发利用和城市规划区地下水资源管理保护工作。

（6）组织、指导全省水政监察和水行政执法；协调并仲裁省辖市间的水事纠纷。

（7）承担水利资金和水利国有资产的监督管理工作；提出有关水利价格和收费的建议；负责提出水利固定资产投资规模、方向和财政性资金安排意见并组织实施。

（8）组织编制、审查全省大中型和跨省辖市的水利基建项目建议书和可行性报告，监督实施国家和省有关水利行业技术质量标准和水利工程规程、规范。

（9）组织、指导全省水利设施、水域及其岸线的管理与保护；组织指导省内大江、大河及河口、海岸滩涂的治理和开发；办理省际河流的有关事务；组织建设和管理具有控制性或跨地区、流域的重要水利工程。

（10）负责水利行业安全生产工作，组织、指导全省水库、水电站大坝的安全监管。

（11）组织指导全省农村水利、饮水安全及村镇供排水工作；组织指导全省农田水利基本建设工作；指导全省农村水利社会化服务体系建设。

（12）组织全省水土保持工作；研究制定水土保持规划，组织水土流失的监测和综合防治。

（13）组织、协调、监督、指导全省防洪和抗旱工作，对大江、大河及重要水利工程实施防汛抗旱调度；编制防汛抗旱应急预案并组织实施。

（14）负责全省性的水利科技、教育及对外经济技术合作与交流；指导全省水利职工队伍建设。

（15）组织建设和管理水利系统的水电站；组织协调农村水电电气化工作；指导全省水利行业的供水、水电工作。

（16）承办辽宁省政府交办的其他事项。

（三）厅领导任免

2008年1月7日，根据中辽组干字〔2008〕18号文件，李福绵任辽宁省人大常委会副秘书长（正厅级）。3月21日，根据辽组干字〔2008〕99号文件，史会云任辽宁省水利厅党组书记，免去仲刚辽宁省水利厅党组书记职务。4月1日，根据辽人发〔2008〕4号文件，史会云任辽宁省水利厅厅长。7月11日，根据辽组干字〔2008〕252号文件，王永鹏任辽宁省水利厅党组副书记。

2010年2月，根据辽组干字〔2010〕31号文件，王福林任辽宁省水利厅副厅长、党组成员，兼任辽宁省东调局局长，免去其辽宁省水利设计院党委书记职务。10月29日，根据辽组干字〔2010〕389号文件，邹广岐任辽宁省水利厅副厅长。

2012年6月，根据辽委干发〔2012〕243号文件，张宝东任辽宁省水利厅副厅长、党组成员。8月，根据辽委干发〔2012〕311号、317号文件，孙占和任辽宁省水利厅副厅长、党组成员，孟宪胜任省水利厅纪检组组长、党组成员。9月，根据辽委干发〔2012〕364号文件，刘明柱任辽宁省水利厅副厅长、党组成员。10月，根据辽委干发〔2012〕438号文件，于本洋任辽宁省水利厅党组副书记，李晓明任辽宁省水利厅副厅长、党组成员。

辽宁省水利厅领导任免表（2006—2012年）见表2。

（四）厅直属企事业单位

2006年3月15日，根据辽编办发〔2006〕29号文件，撤销辽宁省水土保持监测站，其职能和人员编制调整给辽宁省水保局，辽宁省水保局人员编制由20名增加到28名，领导职数明确为1正3副，该局其他机构编制事项不变。

2006年4月16日，根据辽编办发〔2006〕49号文件，将水库移民安置中心更名为辽宁省水利水电工程移民局，人员编制由10名增加到25名，经费由财政全额拨款。领导职数由1正1副调整为1正2副，设总会计师1名（相当于副县处级），内设机构5个。主要职责为负责全省水利水电工程移民行业管理，参与水利水电工程各设计阶段移民规划设计报告审查，配合有关部门对水利水电工程移民工作进行监督检查，并组织移民工程的竣工验收，对在建水利水电工程移民资金使用进行监督检查；组织实施水利水电工程移民后期扶持工作；组织编制或审查全省大中型水利水电工程移民遗留问题处理规划。

表2   辽宁省水利厅领导任免表（2006—2012年）

机构名称	姓 名	职 务	任免时间	备 注
辽宁省水利厅	仲 刚	党组书记、厅长	继任—2008年3月	
	史会云	党组书记、厅长	2008年3月—	
		党组成员、副厅长	继任—2008年3月	
	李福绵	党组成员、副厅长	继任—2008年1月	
	韩树君	党组成员、副厅长	继任—	
	杨日桂	党组成员、纪检组长	继任—	
	姜长全	党组成员	继任—2012年8月	
	王永鹏	党组副书记/党组成员、副厅长	继任—2012年6月	
	赵福祥	党组成员、副厅长/巡视员	继任—	
	白英贵	党组成员、副厅长	继任—2007年3月	
	王福林	党组成员、副厅长	2010年2月—	
	邹广岐	党组成员、副厅长	2010年10月—	
	张宝东	党组成员、副厅长	2012年6—8月	
	孙占和	党组成员、副厅长	2012年8月—	
	孟宪胜	党组成员、纪检组长	2012年8月—	
	刘明柱	党组成员、副厅长	2012年9月—	
	于本洋	党组副书记/党组成员、副厅长	继任—	
	李晓明	党组成员、副厅长	2012年10月—	

2006年5月25日，根据辽编办发〔2006〕64号文件，设立辽宁省水文水资源勘测局盘锦分局和葫芦岛分局。两个分局为辽宁省水文水资源勘测局领导的事业单位，为副县处级单位。

2006年7月4日，根据辽编办发〔2006〕91号文件，将辽宁省质监站更名为辽宁省质安站，机构规格仍相当于县处级。

2006年8月21日，根据辽编办发〔2006〕118号、136号文件，将辽宁省水利经济定额站更名为辽宁省水利工程造价管理中心，管理预算、标底价、合同价，负责工程竣工决算等工程造价文件的编制和执行的规范指导与监督管理。

2006年12月11日，辽宁省水利厅印发《关于委托辽宁省水利工程协会承担有关日常管理工作的通知》（辽水建管〔2006〕251号），辽宁省水利工程协会已得到省民政厅批准。为进一步深化水利行政体制改革，转变政府职能，加强监督管理，充分发挥行业组织（或中介机构）的作用，经研究决定，将省水利厅负责的省水利优质工程评审、中国水利工程优质奖审核、水利工程管理考核、水利建筑市场主体信用档案管理等4项事项的日常管理工作委托辽宁省水利工程协会承担，上述事项的组织与核定工作仍由厅建设与管理处具体负责。

2007年，根据辽编办发〔2007〕25号文件，辽宁省水利综合开发管理总站更名为辽宁省农村饮水工程技术中心，机构规格相当于县处级，领导职数由1正2副调整为1正1副，主要职责为负责全省农村饮水工程规划设计的调研、论证和相关技术指导。

2008年，辽宁省编委办批准辽宁省输水局升格为副厅级单位，领导职数为2正3副3总师，内设机构10个，人员编制130名；完成辽宁省移民局机构编制调整工作。经辽宁省机构编制委员会批复，辽宁省移民局领导职数由1正2副增加为1正3副，人员编制由25名增加为35名。

2009年5月，根据辽编办发〔2009〕43号文件，成立辽宁省防汛抗旱指挥部办公室，机构规格相当于县处级，人员编制25名，经费渠道为财政全额拨款，所需编制分别从辽宁省河务局划拨10

名、辽宁省水利设计院划拨 15 名。单位领导职数 3 名，其中正职 1 名（县处级）、副职 2 名（副县处级），另设总工程师 1 名。主要职责：组织、指导、监督、指挥全省防汛抗旱工作，对重要河流和重要水利工程实施防汛抗旱调度和应急水量调度；编制省防汛抗旱应急预案并组织实施；负责全省水旱灾情发布，指导、监督重要河流防汛演练和抗洪抢险工作；负责全省防汛、抗旱信息的综合、反映及灾情的调查、统计、评估和上报工作。7 月 30 日，根据辽编发〔2009〕15 号文件，辽宁省防汛物资储备中心、辽宁省防汛机动抢险队并入辽宁省防汛抗旱指挥部办公室，单位名称仍为辽宁省防汛抗旱指挥部办公室，机构规格相当于副厅级，人员编制 48 名。主要职责：组织、指导、监督，指挥全省防汛救灾工作，对重要河流和重要水利工程实施防汛抗旱调度和应急水量调度；编制省防汛抗旱应急预案并组织实施。负责全省水旱灾情发布，指导、监督重要河流防汛演练和抗洪救灾工作；负责全省防汛、抗旱信息的综合、反映及灾情的调查、统计、评估和上报工作；负责防汛物资的储备；承担省内汛期急、难、险、重的防汛抢险工作。

2010 年 5 月，根据辽政〔2010〕124 号文件，辽宁省政府授权辽宁省水利厅作为辽宁省水利国有资产监督管理人，由辽宁供水集团有限责任公司代表国家对省重点给供水工程项目进行投资和经营，其项目法人为辽宁供水集团有限责任公司组建的省重点输供水有限责任公司。辽宁省重点输供水有限责任公司为国有独资公司，具有独立的企业法人资格，承担辽宁省重点输供水工程项目的策划、筹资、建设和运营管理等职责，确保国有资产保值增值。6 月，根据辽编发〔2010〕36 号文件，批复辽宁省东调局人员编制 197 人，下设集安隧道建设局、桓仁工程建设局、清河工程建设局、阜新工程建设局。

2011 年 3 月，根据辽编发〔2011〕6 号文件，成立辽宁省江河局，加挂辽宁省水利厅水政监察局牌子，为辽宁省水利厅所属事业单位，机构规格相当于副厅级；人员编制 60 人，经费渠道为财政全部补助，内设机构 7 个，单位领导职数 5 名，内设机构领导职数 14 名，调整后，撤销辽宁省河务局。成立辽宁省公安厅江河流域公安局，为正处级建制，为辽宁省公安厅直属机构，实行辽宁省公安厅和辽宁省水利厅双重领导、以辽宁省公安厅领导为主的体制。2011 年 9 月，根据辽编发〔2011〕29 号文件，将移民局机构规格由县处级调整为副厅级，单位领导职数为 1 正（副厅级）2 副（县处级），另设总工程师、总会计师职数各 1 名（县处级）；内设机构 6 个，具体为办公室、计划财务处、稽察处、移民安置处、后期扶持一处、后期扶持二处；内设机构领导职数 6 名（副县处级），其他机构编制事项不变。11 月，根据辽编发〔2011〕229 号文件，将辽宁省水利厅所属 28 个事业单位的机构编制、机构职能和领导职数重新进行调整和规范。辽宁省水利设计院、辽宁省防汛抗旱指挥部办公室、辽宁省大伙房水库给水工程建设局（以下简称"辽宁省输水局"）、辽宁省东调局、辽宁省江河局（辽宁省水利厅水政监察局）、辽宁省移民局机构规格相当于副厅级。辽宁省水文局、辽宁省供水局、辽宁省质安站、辽宁省农村基本建设技术中心、辽宁省农村饮水中心、辽宁省水保局、辽宁省农村水电及电气化发展中心、辽宁省水利技术审核中心、辽宁省水利工程造价管理中心、辽宁省节约用水发展中心、辽宁省水利厅信息中心、辽宁省水利厅机关服务中心、辽宁省水利厅结算中心、辽宁省大伙房水库管理局、辽宁省蒐窝水库管理局、辽宁省汤河水库管理局、辽宁省清河水库管理局、辽宁省柴河水库管理局、辽宁省闹德海水库管理局、辽宁省观音阁水库管理局、辽宁省白石水库管理局，机构规格相当于县处级。辽宁省石佛寺水库工程建设管理局（辽宁省辽河防洪工程建设管理局）更名为辽宁省石佛寺水库管理局，机构规格相当于县处级。

2012 年 10 月，根据辽编办发〔2012〕221 号文件，将辽宁省农村基本建设技术中心与辽宁省农村饮水工程技术中心合并，组建辽宁省农村水利建设管理局，机构规格相当于县处级，人员编制 50 名，经费渠道为财政全部补助，领导职数 5 名，其中正职 2 名（县处级，含党委书记 1 名），副职 3 名，另设总工程师 1 名（副县处级）。

三、第三阶段（2013 年 1 月—2017 年 12 月）

（一）编制与机构设置

2013 年 12 月，辽宁省编委办印发《关于省水利厅内设机构领导职数和人员编制配备意见的函》（辽编办发〔2013〕25 号）。按照辽宁省政府"两转变一整治"等要求，修订完善省水利厅职责调整、主要职责、内设机构等机构编制事项，按照精简人员编制 2% 的要求，核减人员编制 1 名；按照内设机构和人员编制向业务处室和一线力量倾斜的要求，在保持内设机构数量和干部职数不变的情况下，增设总工程师办公室，将离退休干部处并入人事处。确定辽宁省水利厅内设机构为办公室、总工程师办公室、规划计划财务处、政策法规处、水资源处（辽宁省节约用水办公室）、科技外事处、建设与管理处、农村水利处、安全监督处、河务处、人事处（离退休干部处）（见图 3）；领导职数为厅长 1 名、副厅长 6 名（1 名兼总工程师）、纪检组长 1 名，正处级领导职数 14 名（含总规划师、机关党委专职副书记、监察室主任各 1 名），副处级领导职数 12 名；人员编制为行政编制 68 名（不含两委人员编制）、工勤人员编制 9 名。

2014 年 12 月，根据辽政办发〔2014〕71 号文件，对辽宁省水利厅职能转变、主要职责和内设机构、人员编制作出规定，厅机关行政编制 69 名，机关工勤人员编制 9 名。其中，厅规划计划财务处分设为厅规划计划处和厅财务审计处，增核正、副处级领导职数各 1 名。

2016 年 3 月，根据辽编办发〔2016〕30 号文件，将河务处更名为河库处，增加指导全省水库工程管理职责。

2016 年 5 月，根据辽编办发〔2016〕98 号文件，水利厅政策法规处加挂行政审批处牌子。

2017 年 5 月，根据辽宁省委第 27 次常务会议要求，成立四级总河长、副总河长及河长和三级河长制办公室，在省、市、县本级水行政主管部门设置河长制办公室，负责河长制组织实施具体工作，主任由本级水行政主管部门主要负责人担任。辽宁省河长制办公室从辽宁省水利厅所属相关事业单位抽调部分人员承担辽宁省河长制日常工作。9 月 28 日，辽宁省编委办批准辽宁省河长制办公室设在辽宁省水利厅，在厅河库处加挂河长制工作处牌子，承担辽宁省河长制办公室日常工作。

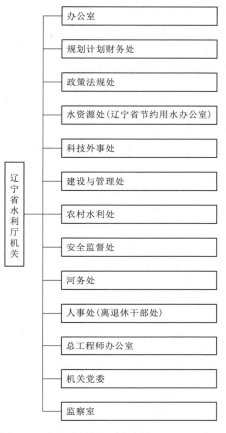

图 3　辽宁省水利厅机关机构图（2013 年）

（二）机构主要职责

（1）贯彻执行国家水管理行政法律、法规及有关方针政策；拟定辽宁省水利方面的政策，起草地方性法规、省政府规章草案并监督实施，组织拟订全省水利工作的中长期规划和年度计划，组织编制全省主要江河流域规划和有关专业规划并组织实施。

（2）负责生活、生产经营和生态环境用水的科学配置和保障，实施水资源的统一监督管理，拟定全省和跨市水资源中长期供求规划、水量分配方案并监督实施，组织开展水资源调查评价工作，负责重要流域、区域的水资源调度，组织实施取水许可制度，实施水资源有偿使用制度及水资源论证、防洪论证制度，负责水文水资源监测、水文站网建设和管理，对江河水库和地下水的水量、水质实施监测，发布水文水资源信息、水情预报和全省水资源公报。

（3）负责全省节约用水工作，拟定全省计划用水、节约用水政策，编制节约用水规划，拟定相关标准，指导和推动节水型社会建设工作。

（4）组织编制水资源保护规划，组织拟定重要江河湖泊和地下水的水功能区划并监督实施，核定水域纳污能力，提出限制排污总量意见，组织实施饮用水水源保护工作，指导地下水开发利用和城市规划区地下水资源管理保护工作。

（5）组织、指导全省水政监察和水行政执法；协调并仲裁省辖市间的水事纠纷。负责水利行业安全生产工作，组织、指导全省水库、水电站大坝等水利工程的安全监管，组织指导全省水利工程建设项目稽查工作。

（6）承担全省水利资金和水利国有资产的监督管理工作，提出有关水利价格和收费的建议，负责提出水利固定资产投资规模、方向和财政性资金安排意见并组织实施。

（7）负责提出全省水利基本建设中央和省投资计划建议，组织编制、审查全省大中型和跨省辖市的水利基建项目建议书和可行性报告，监督实施国家和省有关水利行业技术质量标准和水利工程规程、规范。

（8）组织、指导全省水利设施、水域及其岸线的管理与保护，组织指导省内大江、大河及河口、海岸滩涂的治理和开发，办理省际河流的有关事务，指导建设和管理具有控制性或跨地区、流域的重要水利工程，负责全省河道采砂管理工作，指导全省水库工程管理工作，组织指导全省河道生态安全监督管理工作，负责辽河保护区、凌河保护区管理保护工作。

（9）组织指导全省农村水利、饮水安全及村镇供排水工作，组织指导全省农田水利基本建设工作，指导全省农村水利社会化服务体系建设。组织建设和管理水利系统的水电站，组织协调农村水电电气化工作，指导全省水利行业的供水和水电工作。

（10）组织全省水土保持工作，研究制定水土保持规划，组织水土流失的监测和综合防治。

（11）组织、协调、监督、指导全省防洪和抗旱工作，对大江、大河及重要水利工程实施防汛抗旱调度，编制防汛抗旱应急预案并组织实施，指导全省水利突发公共事件的应急管理工作。

（12）负责全省性的水利科技、教育及对外经济技术合作与交流，指导全省水利队伍建设。

（13）负责全省水利水电工程移民管理和监督工作，组织指导全省水利水电工程移民后期扶持工作。

（14）承办辽宁省政府交办的其他事项。

（三）厅领导任免

2013年5月，根据辽委干发〔2013〕297号文件，王殿武任辽宁省水利厅副厅长、党组成员（正厅级）。12月，根据辽委干发〔2013〕587号文件，陈景才任辽宁省水利厅副厅长、党组成员。

2014年8月，根据辽直工组发〔2014〕26号文件，辽宁省直属机关工作委员会组织部决定陈景才任中共辽宁省水利厅直属机关委员会副书记，黄福军任中共辽宁省水利厅直属机关纪律检查委员会书记。

2015年12月，根据辽委干〔2015〕557号文件，于本洋任辽宁省水利厅党组书记，并提名为辽宁省水利厅厅长人选。

2017年12月，根据辽委干发〔2017〕589号文件，王殿武任辽宁省水利厅党组副书记。

辽宁省水利厅领导任免表（2013—2017年）见表3。

（四）厅直属企事业单位

2013年11月，根据辽编办发〔2013〕273号文件，辽宁省水文水资源勘测局更名为辽宁省水文局，14个分局也进行相应更名。

表 3　　　　　　　　　　　辽宁省水利厅领导任免表（2013—2017 年）

机构名称	姓　名	职　务	任 免 时 间	备　注
辽宁省水利厅	史会云	党组书记、厅长	继任—2015 年 12 月	
	于本洋	党组副书记、副厅长	继任—2015 年 12 月	
		党组书记、厅长	2015 年 12 月—	
	王殿武	党组成员、副厅长	2013 年 5 月—	
	陈景才	党组成员、副厅长	2013 年 12 月—	
	邹广岐	党组成员、副厅长	继任—	
	孙占和	党组成员、副厅长	继任—	
	孟宪胜	党组成员、纪检组长、巡视员	继任—2017 年 2 月	
	刘明柱	党组成员、副厅长	继任—2017 年 2 月	
	李晓明	党组成员、副厅长	继任—2016 年 9 月	
	王福林	党组成员、副厅长	继任—2016 年 2 月	
	杨日桂	党组成员、纪检组长	继任—2013 年 4 月	
	韩树君	党组成员、副厅长	继任—2013 年 7 月	
	赵福祥	党组成员、巡视员	继任—2013 年 2 月	

2014 年，根据辽宁省编委办批准，独立设置辽宁省水利厅水政监察局，核定人员编制 25 名，领导职数为 1 正 2 副，辽宁省江河局不再挂厅水政监察局牌子；水利工程造价管理中心与辽宁省水利工程技术审核中心合并，组建辽宁省水利工程技术审核与造价管理中心。

2015 年 12 月，根据辽编办发〔2015〕252 号文件，设立辽宁省水环境监测中心，为辽宁省水文局所属事业单位，机构规格相当于副县处级，主要职责为负责水环境和水质监测的相关工作。

2016 年 2 月 18 日，根据《辽宁省人民政府关于组建辽宁省水资源管理集团有限责任公司的批复》（辽政〔2016〕45 号）组建辽宁省水资源管理集团有限责任公司，将原水利厅所属辽宁省设计院、辽宁省东调局、辽宁省输水局、辽宁省水科院、辽宁省供水局及 9 大省直属水库管理局共 15 个事业单位、在职 2099 人划入辽宁省水资源管理集团有限责任公司。

2017 年 12 月 2 日，按照辽宁省委、省政府组建省水资源管理集团的决定，辽宁省编委办印发了《关于撤销省水利厅所属相关事业单位的通知》（辽编发〔2017〕49 号），撤销了辽宁省水利厅所属相关事业单位，并将事业单位人员编制收回。

四、第四阶段（2018 年 1 月—2021 年 12 月）

（一）编制与机构设置

根据厅秘发〔2019〕44 号等文件，辽宁省水利厅为辽宁省人民政府组成部门，机构规格相当于正厅级，内设 11 个处（室）：办公室、规划财务处、行政审批处、水资源管理处、建设与运行管理处、河库管理处、水库移民处（水土保持处）、农村水利水电处、监督处、水旱灾害防御处（水文处）、机关党委办公室（人事处）（见图 4）。行政编制 64 名，设厅长 1 名（兼任省河长制办公室分管日常工作的副主任）、副厅长 5 名（其中 1 名兼任省河长制办公室副主任）、二级巡视员 3 名，正处级领导职数 16 名（含机关党委专职副书记 1 名、总规划师 1 名、总工程师 1 名、督察专员 2 名），副处级领导职数 10 名。2021 年 6 月，根据《关于调整省水利厅部分机构编制事项的批复》，增设副处级领导职数 1 名。

（二）机构主要职责

辽宁省水利厅负责保障水资源的合理开发利用，以及生活、生产经营和生态环境用水的统筹和保障；组织实施国家和辽宁省水利工程建设有关制度，指导水资源保护工作、节约用水工作、水文工作和水利设施、水域及其岸线的管理、保护与综合利用，以及监督水利工程建设与运行管理、水土保持工作、农村水利工作和水利工程移民管理工作；开展水利科技和外事工作；负责重大涉水违法事件的查处、落实综合防灾减灾规划相关要求，承担全省河长制的组织实施工作，完成辽宁省委、省政府交办的其他任务。

辽宁省水利厅主要职能如下：

（1）负责保障水资源的合理开发利用。拟定全省水利发展规划和政策，贯彻执行国家法律法规，起草有关地方性法规和省政府规章草案，组织编制全省水资源综合规划、重要江河湖泊流域综合规划、防洪规划等重大水利规划。

（2）负责生活、生产经营和生态环境用水的统筹和保障。组织实施最严格水资源管理制度，实施水资源的统一监督管理，拟定全省和跨市水中长期供求规划、水量分配方案并监督实施。负责重要流域、区域以及重大调水工程的水资源调度。组织实施取水许可、水资源论证和防洪论证制度，指导开展水资源有偿使用工作。指导水利行业供水和乡镇供水工作。

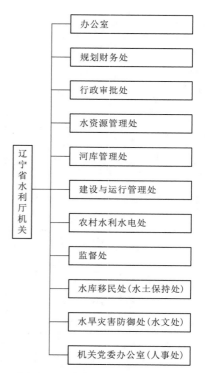

图 4　辽宁省水利厅机关机构图
（2018 年）

（3）组织实施国家和辽宁省水利工程建设有关制度，负责提出中央和辽宁省水利固定资产投资规模、方向、具体安排建议并组织指导实施，按辽宁省政府规定权限审批、核准国家和辽宁省规划内和年度计划规模内固定资产投资项目，提出中央和辽宁省水利资金安排建议并负责项目实施的监督管理。

（4）指导水资源保护工作。组织编制并实施全省水资源保护规划。指导饮用水水源保护有关工作，指导地下水开发利用和地下水资源管理保护。组织指导地下水超采区综合治理。

（5）负责节约用水工作。拟定全省节约用水政策，组织编制全省节约用水规划并监督实施，组织拟定有关标准。组织实施用水总量控制等管理制度，指导和推动节水型社会建设工作。

（6）指导水文工作。负责全省水文水资源监测、水文站网建设和管理。对江河湖库和地下水实施监测，发布水文水资源信息、情报预报和全省水资源公报。按规定组织开展水资源、水能资源调查评价和水资源承载能力监测预警工作。

（7）指导水利设施、水域及其岸线的管理、保护与综合利用。组织指导全省水利基础设施网络建设。指导辽宁省内重要江河湖泊、河口的治理、开发和保护。指导河湖水生态保护与修复、河湖生态流量水量管理以及河湖水系连通工作。负责全省河道采砂管理工作。指导全省水库工程管理工作。

（8）指导监督水利工程建设与运行管理。指导具有控制性的和跨区域跨流域的重要水利工程建设与运行管理，并组织提出、协调落实有关政策措施，指导监督工程安全运行，参与组织工程验收有关工作。

（9）负责水土保持工作。拟定全省水土保持规划并监督实施，组织实施水土流失的综合防治、监测预报并定期公告。负责建设项目水土保持监督管理工作，指导国家和辽宁省重点水土保持建设项目的实施。

（10）指导农村水利工作。组织开展大中型灌排工程建设与改造。指导农村饮水安全工程建设管理工作，指导节水灌溉有关工作。协调牧区水利工作。指导农村水利改革创新和社会化服务体系建设。指导农村水能资源开发、小水电改造和水电农村电气化工作。

（11）承担指导水利工程移民管理工作。拟定全省水利工程移民有关政策并监督实施，组织实施水利工程移民安置验收、监督评估等制度。指导监督水库移民后期扶持政策的实施，协调推动对口支援等工作。

（12）负责重大涉水违法事件的查处，协调和仲裁跨市水事纠纷，指导水政监察和水行政执法。依法负责水利行业安全生产工作，组织指导水库、水电站大坝、农村水电站等水利工程的安全监管。指导全省水利建设市场的监督管理，组织实施水利工程建设的监督。

（13）开展水利科技和外事工作。组织开展水利行业质量监督工作，拟定辽宁省水利行业的技术标准、规程规范并监督实施。办理国际河流有关涉外事务。

（14）负责落实综合防灾减灾规划相关要求，组织编制全省洪水干旱灾害防治规划和防护标准并指导实施。承担水情旱情监测预警工作。组织编制全省重要江河湖泊和重要水工程的防御洪水抗御旱灾调度及应急水量调度方案，按程序报批并组织实施。承担防御洪水应急抢险的技术支撑工作。承担台风防御期间重要水工程调度工作。

（15）辽宁省河长制办公室设在辽宁省水利厅，承担全省河长制的组织实施工作。负责全面推行河长制工作的组织协调、调度督导、检查考核，落实辽宁省总河长、副总河长及河长确定的事项，协调省直有关部门开展河长制相关工作。

（16）完成辽宁省委、省政府交办的其他任务。

（三）厅领导任免

2018年，根据辽委干发〔2018〕80号文件，王殿武任辽宁省水利厅厅长；根据〔2018〕470号文件，冯东昕任辽宁省水利厅副厅长；根据〔2018〕470号文件，范骁锋任辽宁省水利厅副厅长；根据辽宁省委通知，梁海任辽宁省水利厅纪检组组长。

2020年8月，根据〔2020〕146号文件，闫功双任辽宁省水利厅副厅长。

2021年6月，根据辽政人字〔2021〕35号文件，于翔任辽宁省水利厅副厅长；11月，根据辽人发〔2021〕73号文件，冯东昕任辽宁省水利厅厅长。

辽宁省水利厅领导任免表（2018—2021年）见表4。

（四）厅直属事业单位

根据《中共辽宁省委办公厅关于印发〈辽宁省河库管理服务中心（辽宁省水文局）主要职责、内设机构和人员编制规定〉的通知》（厅秘发〔2018〕98号）、《中共辽宁省委办公厅关于印发〈辽宁省水利事务服务中心主要职责、内设机构和人员编制规定〉的通知》（厅秘发〔2019〕56号）、《中共辽宁省委机构编制委员会办公室关于调整省水利厅所属部分事业单位有关机构编制事项的批复》（辽编办发〔2021〕101号）和《关于辽宁省防汛抗旱指挥部办公室更名的通知》（辽编发〔2021〕106号）文件，辽宁省水利厅下属三个公益性事业单位：

（1）辽宁省河库管理服务中心（辽宁省水文局）。机构规格相当于正厅级，为辽宁省水利厅所属事业单位。辽宁省河库管理服务中心（辽宁省水文局）由辽宁省水利厅所属辽宁省辽河凌河保护区管理局、辽宁省水利水电工程移民局、辽宁省水文局及其所属14个市水文局和辽宁省水环境监测中心、辽宁省农村水电及电气化发展中心、辽宁省水利工程建设技术审核与造价管理中心、辽宁省节约用水发展中心、辽宁省水利厅财务结算中心整合组建。主要职责：一是为全省河长制湖长制、江河湖泊、水库、水文、水资源、水利信息等有关政策法规、规划计划、实施方案、技术标准研究起草评估提供技术支持和服务保障。二是为全省河长制湖长制相关工作提供技术支持和服务保障。三是为指导全省大

表4   辽宁省水利厅领导任免表（2018—2021年）

机构名称	姓　名	职　务	任　免　时　间	备　注
辽宁省水利厅	于本洋	党组书记、厅长	继任—2018年1月	
	王殿武	党组书记、厅长	2018年1月—2021年11月	
		党组副书记、副厅长	继任—2018年1月	
	冯东昕	党组书记、厅长	2021年11月—	
		党组成员、副厅长	2018年8月—2021年11月	
	陈景才	党组成员、副厅长	继任—2019年10月	
	邹广岐	党组成员、副厅长	继任—2020年4月	
	孙占和	党组成员、副厅长	继任—2019年10月	
	范骁锋	党组成员、副厅长	2018年12月—	
	梁　海	党组成员、纪检组长	2018年12月—	
	闫功双	党组成员、副厅长	2020年8月—	
	王福东	党组成员、副厅长	2021年6月—	
	于　翔	党组成员、副厅长	2021年6月—	

江大河及河口、海岸滩涂治理开发、水域及其岸线、河道砂石资源保护监管，防洪工程、海堤工程、河道生态景观工程建设与管理，水库工程建设、除险加固、运行管理，全省节约用水提供技术支持和服务保障。四是为水资源开发利用、配置调度、管理保护和水生态保护提供相关技术服务。五是为全省水文站网、地下水监测站网、自动遥测站网建设管理提供技术支持和服务保障。六是开展全省水情实时信息收集处理、查询报送、分析预报、涉外水文情报信息管理等工作。七是开展全省水资源调查评价、分析预测及水文分析与计算工作；承担全省地表水和地下水水质、水生态及用水体系监测、分析、评价和预测的具体技术性、事务性工作。八是承担辽宁省水利厅交办的其他工作。设7个内设机构（相当于县处级）：党政群工作部、河湖长制综合部、辽河水系部、浑太河水系部、辽西沿海水系部、辽东沿海水系部、财务审计部。

辽宁省河库管理服务中心（辽宁省水文局）设21个分支机构（相当于县处级）：

1）辽宁省江河流域工程建设中心。为指导全省河道防洪工程、城市防洪工程、山洪灾害防治工程、海堤工程、河道生态景观工程的建设、维修养护、运行管理、应急度汛、水毁修复和全省大江大河及河口、海岸滩涂治理开发、水域及其岸线监管、河湖垃圾清理、退耕封育、生态修复提供技术支持和服务保障；为河道工程修建维护费、河道采砂管理费、河道采砂权出让价款征收提供服务。人员编制33名，主任职数1名，副主任职数3名。

2）辽宁省水库建设管理服务中心。为指导全省水库工程建设、除险加固、维修养护、运行管理提供技术支持和服务保障。人员编制21名，主任职数1名，副主任职数2名。

3）辽宁省水文站网建设运行维护中心。为全省水文站网、自动遥测站网的建设、更新改造、维修养护、运行管理、水文监测计量器具检定提供技术支持和服务保障；开展全省水文资料编撰等工作。人员编制21名，主任职数1名，副主任职数2名。

4）辽宁省水文情报预报中心。开展全省水情实时信息收集处理、查询报送、分析预报、涉外水文情报信息管理和中长期水情预报及短期洪水预警预报等工作；承担水利、水文信息的采集、分析、发布和相关档案、资料管理工作以及厅机关电子政务信息系统建设、运行维护等工作。人员编制21名，主任职数1名，副主任职数2名。

5）辽宁省节约用水发展中心。为指导全省水资源开发利用、配置调度和水资源费征收提供技术支持和服务保障。人员编制21名，主任职数1名，副主任职数2名。

6）辽宁省水文水资源监测评价中心。开展全省水文水资源调查评价、分析预测等工作；为全省地下水监测站网建设、管理提供技术支持和服务保障。人员编制 21 名，主任职数 1 名，副主任职数 2 名。

7）辽宁省水环境监测中心。承担全省地表水和地下水水质、水生态及用水体系监测、分析、评价和预测的具体技术性、事务性工作。人员编制 21 名，主任职数 1 名，副主任职数 2 名。

8）辽宁省沈阳水文局。人员编制 72 名，书记、局长职数各 1 名，副局长职数 2 名。

9）辽宁省大连水文局。人员编制 57 名，书记、局长职数各 1 名，副局长职数 2 名。

10）辽宁省鞍山水文局。人员编制 53 名，书记、局长职数各 1 名，副局长职数 1 名。

11）辽宁省抚顺水文局。人员编制 33 名，书记、局长职数各 1 名，副局长职数 1 名。

12）辽宁省本溪水文局。人员编制 52 名，书记、局长职数各 1 名，副局长职数 1 名。

13）辽宁省丹东水文局。人员编制 57 名，书记、局长职数各 1 名，副局长职数 1 名。

14）辽宁省锦州水文局。人员编制 63 名，书记、局长职数各 1 名，副局长职数 1 名。

15）辽宁省营口水文局。人员编制 39 名，书记、局长职数各 1 名，副局长职数 1 名。

16）辽宁省阜新水文局。人员编制 51 名，书记、局长职数各 1 名，副局长职数 1 名。

17）辽宁省辽阳水文局。人员编制 55 名，书记、局长职数各 1 名，副局长职数 1 名。

18）辽宁省铁岭水文局。人员编制 66 名，书记、局长职数各 1 名，副局长职数 1 名。

19）辽宁省朝阳水文局。人员编制 65 名，书记、局长职数各 1 名，副局长职数 1 名。

20）辽宁省盘锦水文局。人员编制 22 名，局长职数 1 名，副局长职数 2 名。

21）辽宁省葫芦岛水文局。人员编制 25 名，局长职数 1 名，副局长职数 2 名。

辽宁省沈阳水文局等 14 个水文局主要职责为：水文站网、地下水监测站网、自动遥测站网建设管理提供技术支持和服务保障；开展水情实时信息收集处理、查询报送、分析预报等工作；开展水资源调查评价、分析预测及水文分析与计算和地表水、地下水水质、水生态及用水体系的监测、分析、评价和预测工作；为水资源开发利用、配置调度、管理保护和水生态保护提供相关技术服务等。2021 年 8 月，根据辽宁省编委办《关于调整省水利厅所属部分事业单位有关机构编制事项的批复》（辽编办发〔2021〕01 号），辽宁省河库管理服务中心（辽宁省水文局）分支机构鞍山、本溪、丹东、锦州、阜新、辽阳、铁岭、朝阳等水文局各增加副职职数 1 名（副县处级）。盘锦水文局人员编制由 22 名调整为 30 名，葫芦岛水文局人员编制由 25 名调整为 30 名，锦州水文局人员编制由 63 名调整为 60 名，辽阳水文局人员编制由 55 名调整为 53 名，铁岭水文局人员编制由 66 名调整为 62 名，朝阳水文局人员编制由 65 名调整为 61 名，其他机构编制事项不变。

（2）辽宁省水利事务服务中心。机构规格相当于副厅级，为辽宁省水利厅所属事业单位。主要职责：一是为全省水利水电工程移民、水土保持和水土流失综合防治、农村饮水、农村水电、水利工程建设质量与安全监督等相关政策法规、规划计划、实施方案、技术标准研究起草评估提供技术支持和服务保障。二是为全省大中型水利水电工程征地、移民安置提供相关服务。三是为指导全省水土流失综合防治提供技术支持和服务保障。四是为指导全省农村饮水工程、农田灌排骨干工程设施建设、维修养护和运行管理提供技术支持和服务保障；开展农村水电及电气化发展的相关技术指导工作；承担全省"大禹杯"竞赛活动组织实施的具体事务性工作。五是开展省级水利工程规划建设项目相关技术审核工作；开展水利工程造价相关文件编制与修订工作。六是为全省水利工程建设质量与安全监督提供技术支持和服务保障。七是为实施全省水政监察提供技术支持和服务保障。八是为基层水利服务体系建设提供服务保障，开展水利技术人员教育培训等工作。

2021 年 8 月，根据辽宁省编委办《关于调整省水利厅所属部分事业单位有关机构编制事项的批复》（辽编办发〔2021〕101 号），辽宁省水利事务服务中心分支机构辽宁省水利工程建设技术审核中心更名为辽宁省水利规划和技术审核中心，其主要职责调整为：为水利相关规划编制、流域水利政策和科学技术研究、水资源论证、技术咨询、重点水利建设项目技术审核、水利工程设计概算编制规定和水利工程系列定额标准及基本建设各阶段工程造价文件编制与修订等工作提供技术支持和服务保障。

辽宁省水利事务服务中心共设 4 个内设机构（相当于县处级），即党政群工作部、工程征地安置部、移民后期扶持部、财务审计部；设 6 个分支机构（相当于县处级），即辽宁省水土保持中心、辽宁省农村水利水电发展中心、辽宁省水利规划和技术审核中心、辽宁省水利工程建设质量与安全监督中心站、辽宁省水利厅水政监察服务中心、辽宁省农村饮水安全与水利社会化服务中心。

（3）辽宁省防汛抗旱保障中心。2021 年 7 月，根据《关于辽宁省防汛抗旱指挥部办公室更名的通知》（辽编发〔2021〕106 号），原辽宁省防汛抗旱指挥部办公室更名为辽宁省防汛抗旱保障中心，其他机构编制事项不变，机构规格相当于副厅级，为辽宁省水利厅所属事业单位。主要职责：一是为全省防汛抗旱和水旱灾害防御有关政策、规划计划、实施方案、技术标准研究起草评估提供技术支持和服务保障。二是为编制全省洪水干旱防治规划和防护标准、重要江河湖泊和重要水工程的防御洪水抗御旱灾调度以及应急水量调度方案提供技术支持和服务保障。三是承担全省防汛抗旱信息的综合、反映及水旱灾害的调查、统计、评估、发布的具体事务性工作。四是承担全省重要河流和重要水利工程防水抗旱调度和应急水量调度的具体事务性工作。五是承担全省防汛物资储备管理、防御洪水应急抢险技术支撑的具体事务性工作。内设 5 个内设机构（相当于县处级）：党政群工作部、防汛工作部、抗旱工作部、调度工作部、财务审计部。

3 个直属事业单位共核定人员总编制数 1223 名，实有人员 1102 人。核定编制结构为：管理人员编制 266 名，专业技术人员编制 842 名，另有辽干特设专技岗位 20 名，工勤人员编制 121 名（其中辽宁省河库管理服务中心 120 名，辽宁省水利事务服务中心 1 名）；实有人员结构为：管理人员 234 人，专业技术人员 791 人，工勤人员 108 人，其中"双肩挑"人员 40 人。

执笔人：赵学东　崔大羽　常永江　邵　兵　阎诗佳　李　非
审核人：杨庆国　杨　冬　孙树成　刘卓也

吉林省水利厅

吉林省水利厅是吉林省人民政府组成部门（正厅级）。2001 年以来，根据机构改革，吉林省水利厅组织沿革划分为以下 3 个阶段：2001 年 1 月—2009 年 3 月，2009 年 3 月—2018 年 12 月，2018 年 12 月—2021 年 12 月。

一、第一阶段（2001 年 1 月—2009 年 3 月）

根据吉林省人民政府机构改革方案，2000 年 7 月，吉林省人民政府办公厅印发了《关于吉林省水利厅职能配置、内设机构和人员编制规定的通知》（吉政办发〔2000〕39 号），以加强宏观管理、转变政府职能为重点，对吉林省水利厅的职能和内设机构做了进一步调整。

（一）主要职责

（1）贯彻实施国家有关水利、水产工作的方针、政策和法律、法规；拟定全省水利、水产工作的发展战略和中长期规划，组织起草有关法规、规章并监督实施。

（2）统一管理全省水资源（含空中水、地表水、地下水）。组织拟定全省和跨市州水长期供求计划、水量分配方案并监督实施；组织有关国民经济总体规划、城市规划及重大建设项目的水资源和防洪的论证工作；组织实施取水许可制度和水资源费征收制度；发布全省水资源公报；负责全省水文工作。

（3）拟定全省节约用水政策、编制全省节约用水规划，制定有关标准，组织、指导和监督节约用水工作。

（4）按照国家和省资源与环境保护的有关法律、法规和标准，拟定全省水资源保护规划；组织水功能区的划分和向饮水区等水域排污的控制；监测江河湖库的水量、水质，审定水域纳污能力；提出限制排污总量的意见。

（5）组织、指导全省水政监察和水行政执法；协调并仲裁部门间和市州间的水事纠纷。

（6）拟定全省水利行业的经济调节措施，会同有关部门对水利资金的使用进行宏观调节；指导全省水利行业的供水、水电及多种经营工作；研究提出有关水利的价格、税收、信贷、财务等经济调节意见。

（7）编制、审查全省大中型水利基建项目建议书和可行性研究报告；组织全省水利、水产、水土保持科学研究和技术推广工作；贯彻执行国家颁布的水利行业的技术质量标准和水利工程的规程、规范，结合本省实际拟定相关规定和细则，并监督实施。

（8）组织、指导全省水利设施、水域及其岸线的管理与保护，组织指导主要江河湖库的治理与开发；会同有关部门办理国际河流的涉外事务；组织建设和管理具有控制性的或跨市州的重要水利工程；组织指导水库、水电站大坝的安全监督。

（9）指导全省农村水利工作；组织协调全省农田水利基本建设、农村水电电气化和乡镇供水工作。

（10）组织、协调全省水土保持工作，研究制定水土保持的工程措施规划；组织水土流失的监测和综合防治。

（11）负责全省水利方面的科技和外事工作；指导全省水利队伍建设。

（12）承担吉林省防汛抗旱指挥部的日常工作，组织、协调、监督、指导全省防洪工作，对主要江河和重要水利工程实施防汛抗旱调度。

（13）组织、指导全省水产工作；组织、指导全省渔业基础设施建设与管理；负责保护渔业水域生态环境和水生野生动植物工作；代表国家行使渔船检验和渔政、渔港监督管理权；代表国家处理渔业涉外事务，维护国家渔业权益；协调处理重大渔事纠纷。

（14）承办吉林省政府交办的其他事项。

（二）编制与机构设置及主要职能

根据《吉林省人民政府办公厅关于印发吉林省水利厅职能配置、内设机构和人员编制规定的通知》（吉政办发〔2000〕39号）安排，吉林省水利厅机关行政编制59名，机关老干部工作人员行政编制4名，机关工勤人员事业编制7名。领导职数：厅长1名，副厅长3名；正、副处长（主任）23名（含总工程师和机关党委专职副书记各1名）。

2004年11月，为接收安置2004年度军队转业干部，增加行政编制3名。

2005年10月，为接收安置2005年度军队转业干部，增加行政编制2名。

2006年12月，为接收安置2006年度军队转业干部，增加行政编制2名。

2007年12月，为接收安置2007年度军队转业干部，增加行政编制1名。

2008年12月，为接收安置2008年度军队转业干部，增加行政编制3名。

根据《吉林省人民政府办公厅关于吉林省水利厅职能配置、内设机构和人员编制规定的通知》（吉政办发〔2000〕39号），水利厅机关设9个职能处（室）（见图1）。

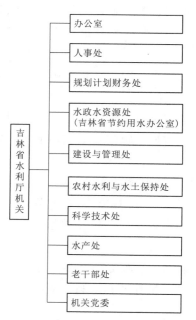

图1　吉林省水利厅机关机构图（2008年）

1. 办公室

协助厅领导对各处工作进行综合协调、组织机关日常工作；负责督促检查各处和厅直属单位对重要工作的执行落实情况；承办文秘档案、政策调研、政务信息、保密保卫、重大会议的组织和信访工作；负责机关内部规章制度的建设。

2. 人事处

负责厅机关和直属单位的干部人事、劳动工资、机构编制等工作；指导全省水利系统安全生产、劳动保护等工作；指导全省水利、水产系统职工队伍建设。

3. 规划计划财务处

拟定全省水利发展战略、中长期规划和年度计划；组织拟定水长期供求计划；组织编制大中型水利基本建设项目建议书和可行性报告并承办审查工作；组织编制全省流域综合规划和专项规划，协调流域开发工作；按照流域规划的要求，对大中型水电站建设的选址、库容规划提出意见；组织水利工程初步设计的审批工作；承办水利综合统计。拟定全省水利行业的经济调节措施，对水利资金的使用进行宏观调节；研究提出有关水利的价格、税收、信贷、财务等经济调节意见，监督各项水利规费收缴和使用管理；指导直属单位的财务工作；负责厅机关的财务管理。

4. 水政水资源处（吉林省节约用水办公室）

拟定全省水利法制建设规划；实施指导水政、渔政监察和水行政执法工作；协调处理和依法仲裁市州和部门间的水事、渔业纠纷工作；承办行政复议和普法教育工作。承办全省水资源的统一规划、管理和保护工作；组织实施取水许可制度和水资源费征收制度；拟定跨地区的水量分配方案并组织实施；组织水功能区的划分和向饮水区等水域排污的控制；指导监测江河湖库的水量、水质；组织审核江河湖库纳污能力，提出限制排污总量的意见；指导全省计划用水、节约用水和城市供水的水源规划；指导全省供水水源地保护工作，组织水利建设项目环境影响评价工作；指导全省水文工作。

5. 建设与管理处

拟定全省管理和保护河道、水库、湖泊等水域、岸线、河堤、水闸的规章制度、技术标准并监督实施；负责水利工程建设的招投标管理工作；负责大中型水利工程的开工审批和竣工后评价；负责水利工程建设的质量监督；组织对江河湖泊和水利工程的防洪安全管理；组织指导水库、水电站大坝的安全监管；组织指导主要江河的综合治理与开发；组织具有控制性或跨市州的重点水利工程的建设和验收并对其运行进行监管；指导水利行业的供水、水电管理工作。

6. 农村水利与水土保持处

研究提出全省农村水利的方针政策、发展规划，拟定有关的规范和标准；指导全省农田水利基本建设和农村水利社会化服务体系建设；组织拟定大中型灌、涝区规划；指导乡镇供水和农村节约用水工作；指导农田水利工程管理制度的改革。承办全省水土保持工作，协调水土流失综合治理；拟定水土保持工程措施、规划并组织实施；组织全省水土保持重点治理区的工作；组织水土流失的监测并定期公告；对有关法律、法规的执行情况实施监督。

7. 科学技术处

拟定全省水利、水产、水土保持科学技术发展规划；承办水利、水产、水土保持科研新成果、新技术的开发、应用和推广工作；组织拟定全省水利行业技术质量标准和水利工程规程、规范并监督实施；承办水利行业对外经济、技术合作与交流；会同办理国际河流的涉外事务。

8. 水产处

拟定全省水产业发展战略、中长期规划和年度计划，制定开发保护渔业资源和发展水产业的政策措施；组织、指导全省水产工作；指导全省水产新技术、新品种的引进、推广、应用；组织、指导全省渔业基础设施建设与管理；承办全省水产综合统计；发布水产信息。

9. 老干部处

负责厅机关离退休干部管理服务工作；指导直属单位的老干部工作。

机关党委。负责机关和在长直属单位的党群工作。

根据《关于设立吉林省水利厅审计处的批复》（吉编办〔2003〕112号），设立吉林省水利厅审计处。主要职责为：负责对厅机关及所属单位（含占控股地位或者主导地位的单位，下同）的财务收支及其有关的经济活动进行审计；负责对厅机关所属单位预算内、预算外资金的管理和使用情况进行审计；负责对厅机关内设机构及所属单位领导人员的任期经济责任进行审计；负责对厅机关及所属单位固定资产投资项目进行审计；负责对厅机关及所属单位内部控制制度的健全性和有效性以及风险管理进行评审；负责对厅机关及所属单位经济管理和效益情况的审计；负责对全省水利资金和水利重点建设项目的内部审计、监督和指导工作。

2005 年 12 月，根据《关于设立省水利厅水利工程建设稽察办公室的批复》（吉编办〔2005〕327号），设立吉林省水利厅水利工程建设稽察办公室。主要职责是：对国家和省投资为主及参与投资的全省水利建设项目进行全过程稽查；对水利建设违规违纪事件进行调查处理；配合省重大项目稽察特派员办公室对全省水利建设项目进行稽查。

2006 年 4 月，根据《关于省政府部门设置行政审批办公室的通知》（吉编办〔2006〕80 号），设置吉林省水厅行政审批办公室（设在吉林省水利厅办公室）。

（三）厅领导任免

2001 年，吉林省水利厅领导为：厅党组书记、厅长汪洋湖；厅党组成员、副厅长张德新、宿政、车黎明；纪律检查委员会驻水利厅纪检组组长、吉林省监察厅驻水利厅监察专员李春凤。

2001 年 12 月，吉林省委决定包秦任吉林省水利厅党组书记，免去汪洋湖的吉林省水利厅党组书记职务（干任字〔2001〕259 号）。

2002 年 4 月，吉林省政府决定任命谢万库为吉林省水利厅助理巡视员（吉政干任〔2002〕41 号）。

2002 年 11 月，吉林省委决定免去包秦的吉林省水利厅党组书记职务（干任字〔2002〕302 号）。

2002 年 12 月，吉林省委决定张德新任吉林省水利厅党组书记（干任字〔2002〕303 号）。

2002 年 12 月，吉林省政府决定任命杨树生为吉林省水利厅助理巡视员（吉政干任〔2002〕116 号）。

2003 年 5 月，吉林省委决定隋忠诚任吉林省水利厅党组成员（干任字〔2003〕106 号）。

2003 年 6 月，吉林省政府决定任命隋忠诚为吉林省水利厅副厅长（吉政干任〔2003〕63 号）。

2004 年 4 月，吉林省委决定免去隋忠诚的吉林省水利厅党组成员职务（干任字〔2004〕99 号）。

2004 年 6 月，吉林省政府决定免去隋忠诚的吉林省水利厅副厅长职务（吉政干任〔2004〕76 号）。

2004 年 7 月，吉林省委决定杨树生任吉林省水利厅党组成员（干任字〔2004〕142 号）。

2004 年 7 月，吉林省委决定谢万库任吉林省水利厅党组成员（干任字〔2004〕173 号）。

2004 年 8 月，吉林省政府决定任命杨树生为吉林省水利厅副厅长（吉政干任〔2004〕86 号）。

2004 年 9 月，吉林省政府决定免去谢万库的吉林省水利厅助理巡视员职务（吉政干任〔2004〕122 号）。

2004 年 9 月，吉林省政府决定任命谢万库为吉林省防汛抗旱指挥部副总指挥（吉政干任〔2004〕123 号）。

2005 年 1 月，吉林省委决定王敦春任吉林省水利厅党组成员（干任字〔2005〕37 号）。

2005 年 2 月，吉林省政府决定任命王敦春为吉林省水利厅副厅长（下派挂职）（吉政干任〔2005〕29 号）。

2005 年 8 月，吉林省委决定李春凤任吉林省信访督察专员（正厅级）（干任字〔2005〕240 号）。

2005 年 9 月，吉林省政府决定免去李春凤的吉林省监察厅驻省水利厅监察专员职务（吉政干任〔2005〕122 号）。

2005 年 12 月，吉林省政府决定任命张和、孟庆民为吉林省水利厅助理巡视员（吉政干任〔2005〕142 号）。

2005 年 12 月，吉林省政府决定任命杨兴全为吉林省监察厅驻省水利厅监察专员（吉政干任〔2005〕146 号）。

2006 年 1 月，吉林省委决定免去杨树生的吉林省水利厅党组成员职务（吉干任字〔2006〕8 号）。

2006 年 1 月，吉林省政府决定免去杨树生的吉林省水利厅副厅长职务（吉政干任〔2006〕31 号）。

2006 年 5 月，吉林省委决定孙冀任吉林省水利厅党组成员（吉干任字〔2006〕111 号）。

2006 年 6 月，吉林省政府决定任命孙冀为吉林省水利厅副厅长职务。

2007 年 2 月，吉林省政府决定免去王敦春的吉林省水利厅副厅长职务（吉政干任〔2007〕24 号）。

2007 年 7 月，吉林省委决定李春凤退休（吉政干任〔2007〕176 号）。

2007 年 11 月，吉林省政府决定任命王曜午为吉林省水利厅副厅长（吉政干任〔2007〕108 号）。

2008 年 7 月，吉林省委决定免去孙冀的吉林省水利厅党组成员职务（吉干任字〔2008〕356 号）。

2008 年 8 月，吉林省政府决定任命孙冀为吉林省水利厅巡视员，免去其吉林省水利厅副厅长职务（吉政干任〔2008〕148 号）。

吉林省水利厅领导任免表（2001 年 1 月—2009 年 3 月）见表 1。

表 1　　　　　　　　　　吉林省水利厅领导任免表（2001 年 1 月—2009 年 3 月）

机构名称	姓　名	职　务	任　免　时　间	备　注
吉林省 水利厅	汪洋湖	党组书记、厅长	1997 年 8 月—2001 年 12 月	
	张德新	党组书记、副厅长	1994 年 3 月—2002 年 12 月	
		党组成员、厅长	2002 年 12 月—	
	宿　政	党组成员、副厅长	1999 年 8 月—	
	车黎明	副厅长	2000 年 5 月—	
	李春凤	吉林省纪律检查委员会驻水利厅纪检组组长	1999 年 8 月—2007 年 7 月	
		吉林省监察厅驻水利厅监查专员	1999 年 8 月—2005 年 9 月	
		吉林省信访督查专员（正厅级）	2005 年 8 月—2007 年 9 月	
	包　秦	党组书记、厅长	2001 年 12 月—2002 年 11 月	
	谢万库	助理巡视员	2002 年 4 月—2004 年 9 月	
		党组成员	2004 年 7 月—	
		吉林省防汛抗旱指挥部副总指挥	2004 年 9 月—	
	隋忠诚	副厅长	2003 年 6 月—2006 年 6 月	
		党组成员	2003 年 5 月—2004 年 4 月	
	杨树生	助理巡视员	2002 年 12 月—2004 年 8 月	
		党组成员	2004 年 7 月—2006 年 1 月	
		副厅长	2004 年 8 月—2006 年 1 月	
	王敦春	副厅长（下派挂职）	2005 年 2 月—2007 年 2 月	
		党组成员	2005 年 1 月—2007 年 2 月	
	张　和	助理巡视员（副巡视员）	2005 年 12 月—	
	孟庆民	助理巡视员	2005 年 12 月—	
	杨兴全	吉林省监察厅驻省水利厅监查专员	2005 年 12 月—	
	孙　冀	副厅长	2006 年 6 月—2008 年 8 月	
		巡视员	2008 年 8 月—	
		党组成员	2006 年 5 月—2008 年 7 月	
	王曜午	副厅长、党组成员	2007 年 11 月—	

（四）厅直属单位及直管（挂靠）社团

1. 直属单位

直属单位包括吉林省防汛抗旱指挥部办公室、吉林省渔政渔港监督管理站、吉林省云峰水库边境渔政管理站、吉林省图们江边境渔政管理站、吉林省水产科学研究所、吉林省水产技术推广总站、吉林省防汛机动抢险队、吉林省第二松花江防汛机动抢险队、吉林省防汛储运机动抢险队、吉林省水利水电综合经营管理总站、长白山农村水电培训基地、吉林省水利厅招待所、吉林省水利水电工程局、吉林省新立城水库管理局、吉林省水利学会、吉林省水产协会、吉林省农村水利管理总站、吉林省水土保持工作总站、吉林省水利水电基本建设工程质量监督中心站、吉林省地方水电局、吉林省水文水资源局、吉林省水利水电勘测设计审查总站、吉林省水利宣传中心、吉林省水利厅机关服务中心、吉林省水利水电勘测设计研究院、吉林省水利科学研究所、吉林省水土保持科学研究所、吉林省沙河水库管理局、吉林省老龙口水库建设管理局（吉林省珲春老龙口供水有限责任公司）。

2001年1月，根据吉林省机构编制委员会办公室（以下简称"吉林省编办"）《关于吉林省水利水电基本建设工程质量监督中心站加挂吉林省水利建设与管理站牌子的批复》（吉编办〔2001〕2号），设置吉林省水利建设与管理站。

2001年4月，根据吉林省编办《关于吉林省水利科学研究所加挂吉林省水利水电工程质量检测中心牌子的批复》（吉编办〔2001〕45号），设置吉林省水利水电工程质量检测中心。

2001年4月，根据吉林省编办《关于吉林省渔船检验处更名的批复》（吉编办〔2001〕46号），将吉林省渔船检验处更名为中华人民共和国吉林渔业船舶检验局。

2001年8月，根据吉林省编办《关于吉林省水产科学研究所加挂吉林省渔业质量检测中心牌子的批复》（吉编办〔2001〕137号），设置吉林省渔业质量检测中心，相应增加渔业水域环境监测及事故调查鉴定、水产品及渔需物资的质量监测及检测、绿色水产品的检测及质量认证等职能。

2001年11月，根据吉林省编办《关于设立吉林省防汛储运机动抢险队的批复》（吉编办〔2001〕163号），设置吉林省防汛储运机动抢险队。主要职责是负责全省防汛抢险物资储存、运输及后勤保障等工作。

2002年8月，根据吉林省机构编制委员会《关于省水利厅加挂中华人民共和国吉林省渔政渔港监督管理局牌子及水产处更名为吉林省渔业局的批复》（吉编〔2002〕29号），设置中华人民共和国吉林省渔政渔港监督管理局；将省水利厅水产处更名为吉林省渔业局，相应增加渔船检验和渔政、渔港监督管理以及代表国家处理渔业涉外事务等职能。

2002年5月，根据吉林省编办《关于长白山农村水电培训基地更名的批复》（吉编办〔2002〕77号），将长白山农村水电培训基地更名为吉林省农村水电及电气化培训中心。

2002年8月，根据吉林省编办《关于吉林省水产技术推广总站加挂吉林省水产引种育种中心牌子的批复》（吉编办〔2002〕131号），设置吉林省水产引种育种中心，相应增加承担水产品优良品种的引进、保种、选育、驯化、繁育、推广和交流，建立水产品优良品种繁育基地等职能。

2002年8月，根据吉林省编办《关于吉林省农村水利管理总站加挂吉林省水利规费管理中心牌子的批复》（吉编办〔2002〕132号），设置吉林省水利规费管理中心，相应增加负责省级水利规费的征收和管理，检查、指导全省各地水价执行和水利规费的征收和管理情况等职能。

2002年9月，根据吉林省编办《关于吉林省水利科学研究所更名的批复》（吉编办〔2002〕147号），将吉林省水利科学研究所更名为吉林省水利科学研究院。

2002年9月，根据吉林省编办《关于吉林省水产科学研究所更名的批复》（吉编办〔2002〕148号），将吉林省水产科学研究所更名为吉林省水产科学研究院。

2002年12月，根据吉林省编办《关于吉林省水利水电综合经营管理总站更名的批复》（吉编办〔2002〕191号），将吉林省水利水电综合经营管理总站更名为吉林省水利综合事业管理总站。主要职责相应调整为：受吉林省水利厅委托研究拟定全省水利经济产业的发展规划，研究起草有关水利产业经济的法规、规章并组织实施；承担对全省水利经济产业建设项目、技改项目贷款贴息的立项、论证、审查和咨询；负责指导全省水利国有资产的运行和政策研究工作；负责全省水利经济基础设施建设、水利投资方向及政策导向调整等信息的收集、整理和发布，并建立水利经济数据库；负责开展水利经济技术咨询和对外经济技术协作；负责水利综合经营行业管理工作；负责全省水利经济统计年报工作等。

2003 年 4 月，根据吉林省编办《关于吉林省水土保持科学研究所更名的批复》（吉编办〔2003〕30 号），将吉林省水土保持科学研究所更名为吉林省水土保持科学研究院。

2003 年 4 月，根据吉林省编办《关于吉林省水产技术推广总站加挂吉林省水生动物防疫检疫与病害防治中心牌子的批复》（吉编办〔2003〕47 号），设置吉林省水生动物防疫检疫与病害防治中心，相应增加水生动物防疫、检疫与病害防治等职能。

2003 年 4 月，根据吉林省编办《关于吉林省水文水资源局加挂吉林省水环境监测中心牌子的批复》（吉编办〔2003〕52 号），设置吉林省水环境监测中心，相应增加编制水资源保护规划和水质公报、入河排污口监测、水环境质量监测评价、参与重大水污染事故调查与仲裁等职能。

2003 年 9 月，根据吉林省编办《关于设立吉林省水利水电规划院的批复》（吉编办〔2003〕121号），设立吉林省水利水电规划院，与吉林省水利水电勘测设计院合署办公。主要职责是：受委托组织编制全省水资源规划、水利水电发展规划及大江、大河和重点河流规划，并按规定权限对规划成果进行预审或审查；依据规划要求，负责提出全省重点水利建设项目可行性研究报告、初步设计方案及计划调整建议；负责组织编制大中型水利水电工程规划、设计方案及对建设项目评估、咨询等职能。

2003 年 11 月，根据吉林省编办《关于设立吉林省水利厅重点项目建设管理办公室的批复》（吉编办〔2003〕148 号），设立吉林省水利厅重点项目建设管理办公室。主要职责是：授权编制重点水利工程项目规划；负责重点水利工程项目的设计委托、经费拨付及协调国家有关部委对重点水利工程项目的咨询、审查；负责与国家、吉林省等有关部门协调专项前期工作经费；负责协调涉及重点项目的其他事项等。

2004 年 1 月，根据《关于吉林省云峰水库边境渔政管理站、图们江边境渔政管理站更名的批复》（吉编办〔2004〕12 号），吉林省云峰水库边境渔政管理站更名为中华人民共和国吉林省云峰水库边境渔政管理站，吉林省图们江边境渔政管理站更名为中华人民共和国吉林省图们江边境渔政管理站。

2004 年 6 月，根据《关于吉林省水土保持工作总站更名为吉林省水土保持局的批复》（吉编办〔2004〕80 号），吉林省水土保持工作总站更名为吉林省水土保持局。

2004 年 8 月，根据《关于吉林省水利水电规划院独立设置的批复》（吉编办〔2004〕133 号），吉林省水利水电规划院由与吉林省水利水电勘测设计研究院合署办公调整为独立设置。

2004 年 9 月，根据《关于设立吉林鸭绿江上游国家级自然保护区管理局的批复》（吉编办〔2004〕165 号），设立吉林鸭绿江上游国家级自然保护区管理局。主要职责是：贯彻执行国家有关自然保护的法律、法规和方针、政策；制定自然资源并建立档案，组织水环境监测，保护自然保护区自然环境和自然资源；组织、协助有关部门开展相关科学研究工作；负责水生野生动物救护工作；维护自然保护区内治安秩序等。

2005 年 1 月，根据《关于吉林省水利水电工程局退出事业单位序列的批复》（吉编办〔2005〕11号），吉林省水利水电工程局退出事业单位序列。

2005 年 4 月，根据《吉林省人民政府关于将吉林省水利水电学校改为吉林省水利水电干部培训中心的批复》（吉政函〔2005〕36 号），将吉林省水利水电学校改为吉林省水利水电干部培训中心，撤销吉林省水利水电学校建制。

2005 年 5 月，根据《关于吉林省水产科学研究所实验站更名为吉林省水产科学研究院实验站的批复》（吉编办〔2005〕60 号），吉林省水产科学研究院实验站更名为吉林省水产科学研究院实验站。

2005 年 6 月，根据《关于设立吉林省老龙口水库建设管理局的批复》（吉编办〔2005〕92 号），设立吉林省老龙口水库建设管理局。主要职责是负责老龙口水库建设与管理工作。

2005 年 6 月，根据《关于同意成立吉林省水利水电工程技术学校的批复》（吉劳社复字〔2005〕9号），吉林省水利水电干部培训中心加挂吉林省水利水电工程技术学校牌子。

2005 年 7 月，根据《关于吉林省水利水电基本建设工程质量监督中心站更名为吉林省水利工程质量监督中心站的批复》（吉编办〔2005〕101 号），吉林省水利水电基本建设工程质量监督中心站更名为吉林省水利工程质量监督中心站。

2005 年 9 月，根据《关于设立吉林省第二松花江堤防建设管理局的批复》（吉编办〔2005〕270号），设立吉林省第二松花江堤防建设管理局。主要职责是：负责对工程计划、项目、资金等进行清理核查，对工程建设中出现的问题进行全面整改；制定建设规划，对项目计划、建设资金及工程质量进行管理；负责对沿江参建单位和管理单位进行统一协调，规范沿江工程建设。

2005 年 10 月，根据《关于吉林省防汛抗旱指挥部更名为吉林省人民政府防汛抗旱指挥部的通知》（吉编〔2005〕28 号），吉林省防汛抗旱指挥部更名为吉林省人民政府防汛抗旱指挥部，其办公室更名为吉林省人民政府防汛抗旱指挥部办公室。

2005 年 11 月，根据《关于吉林省水利水电干部培训中心加挂牌子的批复》（吉编办〔2005〕289号），吉林省水利水电干部培训中心加挂长春水利电力学校和吉林省水利水电工程技术学校牌子。相应增加相关普通中等专业教育和职业教育等职能。

2006 年 2 月，根据《关于吉林省农村水利管理总站更名为吉林省农村水利建设管理局的批复》（吉编办〔2006〕20 号），吉林省农村水利管理总站更名为吉林省农村水利建设管理局。

2006 年 12 月，根据《关于吉林省水土保持科学研究院加挂吉林省水土保持技术推广站牌子的批复》（吉编办〔2006〕303 号），吉林省水土保持科学研究院加挂吉林省水土保持技术推广站牌子，相应增加全省水土保持工程措施、生物措施和小流域综合治理工程措施的技术推广工作等职能。

2007 年 5 月，根据《关于吉林省第二松花江堤防建设管理局更名的批复》（吉编办〔2007〕160号），吉林省第二松花江堤防建设管理局更名为吉林省河务局。主要职责是：负责省内河道堤防及治河工程的整治和管理；负责江河工程建设计划制定资金管理；组织省管河道工程规划的编制、审核及申报工作等。

2007 年 6 月，根据《关于吉林省渔业质量检测中心更名的批复》（吉编办〔2007〕169 号），吉林省水产科学研究院加挂的吉林省渔业质量检测中心牌子更名为吉林省渔业生态环境及水产品质量监督检测中心。

2007 年 8 月，根据《关于调整吉林省水库移民管理局职责的批复》（吉编办〔2007〕215 号），吉林省水库移民管理局职责调整为：贯彻落实国家、吉林省关于水库移民工作的政策、法规，并负责制定具体管理办法；负责监督、检查和指导全省各类水库移民资金（含基金）的使用管理；审核全省各类水库移民后期扶持规划、计划及地方政府上报的新建水库移民搬迁安置规划等。

2008 年 5 月，根据《吉林省人民政府关于省政府发展研究中心等省直系统事业单位参照公务员法管理的通知》（吉政发〔2008〕14 号），吉林省政府防汛抗旱指挥部办公室、吉林省渔政渔港监督管理站、吉林省云峰水库边境渔政渔港监督管理站、吉林省图们江水库边境水域渔政渔港监督管理站、吉林省农村水利建设管理局、吉林省水利工程质量监督中心站、吉林省水土保持局参照公务员法管理。

2008 年 6 月，根据《关于调整吉林省水利水电干部培训中心主体名称的批复》（吉编办〔2008〕80 号），撤销吉林省水利水电干部培训中心名称，对外使用长春水利电力学校名称，继续加挂吉林省水利水电工程技术学校牌子。

2008 年 7 月，根据《关于明确吉林省水文水资源局规格待遇等事宜的批复》（吉编办〔2008〕116号），明确吉林省水文水资源局副厅级规格待遇。

2. 直管（挂靠）社团

直管（挂靠）社团包括吉林省地下水协会、吉林省水利工程协会。

二、第二阶段（2009 年 3 月—2018 年 12 月）

根据吉林省人民政府机构改革方案，2009 年 3 月，吉林省人民政府办公厅印发了《关于吉林省水利厅主要职责内设机构和人员编制规定的通知》（吉政办发〔2009〕24 号），全面梳理政府部门行政职能，充分发挥市场配置资源的基础性作用，对吉林省水利厅的职能和内设机构做了进一步调整。

（一）主要职责

（1）负责保障水资源的合理开发利用。拟定全省水利战略规划，起草水利工作地方性法规和省政府规章草案，拟定水利工作相关政策；组织编制全省江河湖库的流域综合规划和区域综合规划、防洪规划；按规定拟定水利工程建设有关制度并组织实施；负责提出水利固定资产投资规模和方向、国家和省级财政性水利资金安排的建议和意见；按规定权限，审批、核准规划内和年度计划规模内固定资产投资项目；负责国家和省水利资金、省级国有资产的监督管理工作。

（2）负责生活、生产经营和生态环境用水的统筹兼顾和保障。实施水资源的统一监督管理；拟定全省水中长期供求规划、水量分配方案并监督实施；组织开展水资源调查评价工作；按规定开展水能资源调查工作；负责省管江河、区域及重大调水工程的水资源调度；组织实施取水许可、水资源有偿使用制度和水资源论证、防洪论证制度；指导水利行业供水和乡镇供水工作。

（3）负责水资源保护工作。组织编制水资源保护规划；组织拟定重要江河湖库的水功能区划并监督实施；核定水域纳污能力；提出限制排污总量建议；指导饮用水水源保护工作；指导地下水开发利用和城市规划区地下水资源管理保护工作。

（4）负责防治水旱灾害，承担吉林省人民政府防汛抗旱指挥部的具体工作。组织、协调、监督、指挥全省防汛抗旱工作；对省管江河湖库和水工程实施防汛抗旱调度和应急水量调度；编制全省防汛抗旱应急预案并组织实施；指导水利突发公共事件的应急管理工作。

（5）负责全省节约用水、计划用水工作。拟定节约用水政策；编制节约用水规划，制定有关标准；指导和推动节水型社会建设工作。

（6）指导全省水文工作，负责水文水资源监测、水文站网建设和管理；对江河湖库和地下水的水量、水质实施监测；发布全省水文水资源信息、情报预报和全省水资源公报。

（7）指导全省水利设施、水域及其岸线的管理与保护；指导全省江河湖库及滩涂的治理和开发；指导全省水利工程建设与运行管理；组织实施具有控制性的或省内跨市（州）的水利工程建设与运行管理。

（8）指导监督水利内部审计工作；负责全省水利投资使用和管理情况的审计和审计调查；负责对国家和省投资及参与投资的全省水利工程建设项目进行全过程稽查；对水利建设违规违纪事件进行调查处理。

（9）负责防治水土流失。拟定全省水土保持规划并监督实施；组织实施水土流失的综合防治、监测预报并定期公告；负责有关重大建设项目水土保持方案的审批、监督实施及水土保持设施的验收工作；指导全省重点水土保持建设项目的实施。

（10）指导全省农村水利工作。组织协调全省农田水利基本建设；指导农村饮水安全、节水灌溉等工程建设与管理工作；指导牧区水利规划；指导农村水利社会化服务体系建设；按规定指导水能资源开发工作；指导水电农村电气化和小水电代燃料工作。

（11）负责全省重大涉水违法事件的查处。协调、仲裁省内跨市（州）水事纠纷；指导水政监察和水行政执法；依法负责全省水利行业、渔业安全生产工作；组织、指导水库、水电站大坝的安全监管；指导水利建设市场的监督管理；组织实施全省水利工程建设的监督。

（12）负责全省水利方面的科技和外事工作。组织开展全省水利行业质量监督；拟定水利行业的技术标准、规程规范并监督实施；承担水利统计工作；办理国际河流有关涉外事务。

（13）指导全省渔业工作；组织、指导全省渔业基础设施建设与管理；负责保护渔业水域生态环境和水生野生动植物工作；负责水产品的认证和监督管理；指导水产品加工流通；指导渔业执法、监察和渔政队伍建设工作；代表国家行使渔船检验和渔政、渔港监督管理权；代表国家处理渔业涉外事务，维护国家渔业权益；协调重大渔事纠纷。

（14）承办吉林省政府交办的其他事项。

（二）编制与机构设置及主要职能

根据 2009 年 3 月 1 日发布的《吉林省人民政府办公厅关于印发吉林省水利厅主要职责内设机构和人员编制规定的通知》（吉政办发〔2009〕24 号），吉林省水利厅机关行政编制 76 名。其中，厅长 1 名、副厅长 3 名，吉林省政府防汛抗旱指挥部副总指挥 1 名（副厅级）；处级领导职数 29 名（含总工程师、机关党委专职副书记各 1 名）；机关工勤人员事业编制 7 名。

2009 年 12 月，为接收安置 2009 年度军队转业干部，增加行政编制 2 名。

2012 年 1 月，为接收安置 2010 年度军队转业干部，增加行政编制 1 名。

2015 年 3 月，为接收安置 2015 年度军队转业干部，增加行政编制 1 名。

根据《吉林省人民政府办公厅关于印发吉林省水利厅主要职责内设机构和人员编制规定的通知》（吉政办发〔2009〕24 号），吉林省水利厅内设机构调整为 12 个职能处（室）（见图 2）。

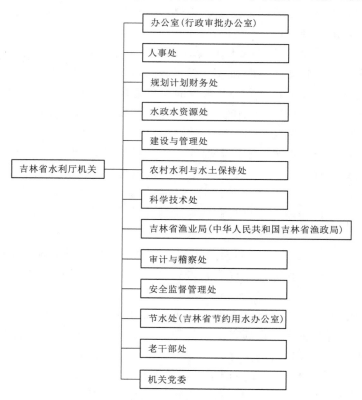

图 2　吉林省水利厅机关机构图（2018 年）

1. 办公室（行政审批办公室）

负责文电、会务、机要、档案等机关日常运转工作；承担政策调研、信息、保密、信访、政务公开、新闻发布工作。根据国家有关水行政和渔业管理工作的方针、政策和法律、法规，负责水行政和渔业管理方面有关行政审批事项的受理和审批工作；负责组织协调行政审批事项的勘查、论证、审核等相关工作；负责有关行政许可证的发放工作；负责行政审批专用章的使用管理；负责行政审批事项的行政复议和行政应诉；负责法律、法规、规章规定应由水行政和渔业部门承担的其他行政审批事项。

2. 人事处

负责机关和直属单位的人事、劳动工资和机构编制管理工作；负责教育培训和人才队伍建设。

3. 规划计划财务处

拟定全省水利战略规划，组织编制重大水利综合规划、专业规划和专项规划；负责水工程建设规划同意书制度的组织实施；审核全省水利项目建议书、可行性研究报告和初步设计；负责提出年度投资计划建议，负责水利投资计划下达和管理；负责国际河流防护工程项目管理；承担水利资金、省级国有资产的监督管理；组织协调省级水利部门预算和财务管理；承担协调水利价格工作；监督水利规费收缴并负责使用管理；负责厅机关财务工作；承担水利统计工作。

4. 水政水资源处

拟定全省水利法制建设规划；组织起草水利（渔业）地方性法规和省政府规章草案，拟定相关政策；负责指导水政、渔政、水行政执法工作；指导全省水利行政许可工作并监督检查；协调处理和依法仲裁市（州）和部门间的水事纠纷；承办相关行政复议、行政应诉和普法教育；负责水资源管理、配置和保护；组织指导水资源调查、评价和监测；组织实施水资源取水许可、水资源有偿使用和水资源论证制度；组织指导跨地区的水量分配、水功能区划和水资源调度工作并监督实施；组织指导计划取水工作；组织编制水资源保护、饮用水水源保护、城市供水水源规划；组织审定江河湖库纳污能力，提出限制排污总量意见；指导入河排污口设置与管理；指导城市防洪、城市污水处理回用等非传统水资源开发；组织指导地下水资源开发利用和城市规划区地下水资源管理保护；指导全省水文工作。

5. 建设与管理处

指导全省水利（渔业）工程建设管理工作；监督省级重点工程及江河堤防、城市防洪、水库、水力发电工程等防洪工程（不含应急度汛、地方水电项目）的建设管理；负责水库日常运行的监督管理；拟定全省水库、湖库有关建设与管理相关制度和技术标准并监督实施；负责全省水利工程建设招标投标管理；指导全省水利工程建设的质量监督；监督管理全省水利建设市场；负责水利工程勘察设计、施工、监理、工程质量检测单位和招标代理机构的行业监督管理；指导水利工程建设项目及运行管理的执法监督。

6. 农村水利与水土保持处

组织协调全省农田水利基本建设；指导农村饮水安全、节水灌溉、排水及雨洪资源利用等工程建设与管理；指导农村水利社会化服务体系建设；承担全省水土流失综合防治工作；组织编制水土保持规划并监督实施；组织水土流失监测、预报并公告；审核有关建设项目水土保持方案并监督实施。

7. 科学技术处

拟定全省水利水产科学技术发展规划；组织重大水利、水产科研和推广工作；组织拟定全省水利行业技术质量标准和水利工程规程、规范并监督实施；承办水利行业对外经济、技术合作与交流，会同有关部门办理国际河流的涉外事务；组织指导全省水利信息化工作。

8. 吉林省渔业局（中华人民共和国吉林省渔政局）

拟定全省渔业发展的政策、规划、计划并组织实施；指导渔业标准化生产和健康养殖；负责渔业水域生态环境和水生野生动植物保护，组织水产品质量安全的监督管理；指导水生动植物的防疫检疫和病害防控工作；负责渔业执法、监察和渔政队伍建设工作，组织、指导渔业基础设施建设与管理；指导水产技术推广和水产品加工流通；承办重大涉外渔事纠纷处理工作，协调处理重大渔事纠纷；承担水产综合统计，发布水产信息。承担渔船检验和渔政、渔港监督管理以及代表国家处理渔业涉外事务的职能。

9. 审计与稽察处

组织实施水利内部审计监督制度；负责厅机关及直属单位的审计工作；负责全省水利投资使用和管理情况的审计和审计调查；负责监督水利建设和经济活动违纪违规问题的整改；组织实施全省水利工程建设项目稽查制度；负责对国家和省投资及参与投资的全省水利建设项目进行全过程稽查；对水利工程建设过程中违规、违纪事件进行调查、处理、处罚。

10. 安全监督管理处

指导全省水利（渔业）行业安全生产工作；组织开展水利工程建设和水库、水电站等水利工程安全监督检查；负责调查处理并协调解决重大水利安全事故；履行法规规定的行政许可职责中涉及安全的有关事项。

11. 节水处（吉林省节约用水办公室）

负责全省节约用水工作；拟定节约用水政策，编制节约用水规划，制定有关标准；组织指导用水定额的编制和管理工作；组织拟订年度用水计划并监督实施；组织实施建设项目节水设施"三同时"管理制度；指导节水器具的推广，监督节水设施的安装和使用；指导和推动节水型社会建设；承担吉林省节约用水办公室的具体工作。

12. 老干部处

负责机关离退休干部管理服务工作；指导直属单位的离退休干部工作。

机关党委。负责机关和在长直属单位的党群工作。

2015年5月，根据《关于调整省水利厅内设机构的批复》（吉编行字〔2015〕154号），吉林省水利厅吉林省渔业局（中华人民共和国吉林省渔政局），加挂水产品质量安全监督管理处牌子。

2017年6月，根据《关于省水利厅增设河长制工作处的批复》（吉编行字〔2017〕139号），吉林省水利厅增设河长制工作处，具体承担吉林省河长制委员会办公室的日常工作。

（三）厅领导任免

2009年4月，吉林省委决定宿政任吉林省水利厅党组书记；免去张德新的吉林省水利厅党组书记职务（吉干任字〔2009〕154号）。

2009年5月，吉林省人大常委会决定免去张德新的吉林省水利厅厅长职务，任命宿政为吉林省水利厅厅长（吉人常发〔2009〕6号）。

2010年5月，吉林省委决定孙冀退休（吉干任字〔2010〕88号）。

2010年5月，吉林省委决定张和任吉林省水利厅党组成员（吉干任字〔2010〕121号）。

2010年6月，吉林省政府决定任命张和为吉林省水利厅副厅长，免去其吉林省水利厅副巡视员职务（吉政干任〔2010〕46号）。

2011年6月，吉林省委决定杨树生退休（吉干任字〔2011〕203号）。

2011年6月，吉林省委决定免去谢万库的吉林省水利厅党组成员职务（吉干任字〔2011〕250号）。

2011年7月，吉林省政府决定任命谢万库为吉林省水利厅巡视员，免去其吉林省人民政府防汛抗旱指挥部副总指挥职务（吉政干任〔2011〕100号）。

2011年8月，吉林省委决定杨兴全退休（吉干任字〔2011〕281号）。

2012年2月，吉林省委决定孙廷东任吉林省水利厅党组成员（吉干任字〔2012〕30号）。

2012年3月，吉林省政府决定任命孙廷东为吉林省人民政府防汛抗旱指挥部副总指挥（吉政干任〔2012〕20号）。

2012年3月，吉林省政府决定任命丛娟为吉林省水利厅副巡视员（吉政干任〔2012〕23号）。

2012年12月，吉林省委决定孟庆民退休（吉干任字〔2012〕360号）。

2013年2月，吉林省委决定谢万库退休（吉干任字〔2013〕21号）。

2013 年 4 月，吉林省委决定耿星河任吉林省纪律检查委员会驻吉林省水利厅纪检组组长（吉干任字〔2013〕167 号）。

2013 年 4 月，吉林省委决定耿星河任吉林省水利厅党组成员（吉干任字〔2013〕171 号）。

2013 年 5 月，吉林省政府决定任命耿星河为吉林省监察厅驻吉林省水利厅监察专员（吉政干任〔2013〕9 号）。

2014 年 7 月，吉林省委决定孙永堂任吉林省水利厅党组成员（吉干任字〔2014〕246 号）。

2014 年 9 月，吉林省委决定翟强退休（吉组干字〔2014〕209 号）。

2014 年 9 月，吉林省委决定免去王曜午的吉林省水利厅党组成员职务（吉干任字〔2014〕302 号）。

2014 年 10 月，吉林省政府决定任命孙永堂为吉林省水利厅副厅长；免去车黎明的吉林省水利厅副厅长职务（吉政干任〔2014〕32 号）。

2014 年 10 月，吉林省委决定任命王曜午为吉林省水利厅巡视员，免去其吉林省水利厅副厅长职务（吉政干任〔2014〕36 号）。

2014 年 10 月，吉林省政府决定任命王兆军为吉林省水利厅副巡视员（吉政干任〔2014〕35 号）。

2014 年 11 月，吉林省委决定宫成全任吉林省水利厅党组成员（吉干任字〔2014〕353 号）。

2014 年 12 月，吉林省政府决定任命宫成全为吉林省水利厅副厅长（吉政干任〔2014〕39 号）。

2015 年 2 月，吉林省委决定张凤春任吉林省水利厅党组书记；徐海涛任吉林省水利厅党组成员；免去宿政的吉林省水利厅党组书记职务（吉干任字〔2015〕30 号）。

2015 年 3 月，吉林省人大常委会决定免去宿政的吉林省水利厅厅长职务；任命张凤春为吉林省水利厅厅长（吉人常发〔2015〕4 号）。

2015 年 7 月，吉林省委决定免去徐海涛的吉林省水利厅党组成员职务（吉干任字〔2015〕168 号）。

2015 年 9 月，吉林省委决定刘志新任吉林省水利厅党组成员（吉干任字〔2015〕284 号）。

2015 年 10 月，吉林省政府决定任命刘志新为吉林省水文水资源局局长（吉政干任〔2015〕44 号）。

2016 年 3 月，吉林省委决定王曜午退休（吉干任字〔2016〕89 号）。

2016 年 11 月，吉林省委决定免去耿星河的吉林省水利厅党组成员职务（吉干任字〔2016〕493 号）。

2016 年 11 月，吉林省委决定任命尹中白为吉林省水利厅党组成员（吉干任字〔2016〕533 号）。

2018 年 1 月，吉林省政府决定任命曹永斌为吉林省水利厅副巡视员（吉政干任〔2018〕4 号）。

2018 年 2 月，吉林省委决定宿政退休（吉组干字〔2018〕77 号）。

2018 年 9 月，吉林省委决定丛娟退休（吉组干字〔2018〕217 号）。

2018 年 10 月，吉林省委决定免去孙廷东的吉林省水利厅党组成员职务（吉干任字〔2018〕344 号）。

2018 年 11 月，吉林省委决定宋海燕任吉林省水利厅党组成员（吉干任字〔2018〕399 号）。

吉林省水利厅领导任免表（2009 年 3 月—2018 年 12 月）见表 2。

（四）厅直属单位及直管（挂靠）社团

1. 直属单位

直属单位包括：吉林省人民政府防汛抗旱指挥部办公室、吉林省渔政渔港监督管理站、中华人民共和国吉林省云峰水库边境渔政管理站、中华人民共和国吉林省图们江边境渔政管理站、吉林省水产科学研究院、吉林省水产技术推广总站、吉林查干湖国家级自然保护区管理局、吉林鸭绿江上游国家级自然保护区管理局、吉林省防汛机动抢险队、吉林省第二松花江防汛机动抢险队、吉林省防汛储运机动抢险队、吉林省水利综合事业管理总站、吉林省农村水电及电气化培训中心、吉林省水利厅招待所、吉林省水利水电工程局、吉林省农村水利建设管理局、吉林省水土保持局、吉林省水利工程质量监督中心站、吉林省地方水电局、吉林省河务局、吉林省水文水资源局（吉林省水环境监测中心）、吉林省水利水电勘测设计审查总站、吉林省水利厅重点项目建设管理办公室、吉林省水

表2 吉林省水利厅领导任免表（2009年3月—2018年12月）

机构名称	姓 名	职 务	任 免 时 间	备 注
吉林省水利厅	张德新	党组书记	继任—2009年4月	
		厅 长	继任—2009年5月	
	宿 政	党组成员	继任—2009年4月	
		副厅长	继任—2009年5月	
		党组书记	2009年4月—2015年2月	
		厅 长	2009年5月—2015年3月	
	车黎明	党组成员	继任—2014年10月	
		副厅长		
	谢万库	党组成员	继任—2011年6月	
		吉林省人民政府防汛抗旱指挥部副总指挥	继任—2011年7月	
		巡视员	2011年7月—2013年2月	
	张 和	助理巡视员（副巡视员）	继任—2010年6月	
		副厅长	2010年6月—	
		党组成员	2010年5月—	
	孟庆民	助理巡视员	继任—2012年12月	
	杨兴全	吉林省监察厅驻吉林省水利厅监察专员	继任—2011年8月	
	王曜午	副厅长	继任—2014年10月	
		党组成员	继任—2014年9月	
		巡视员	2014年10月—2016年3月	
	孙廷东	吉林省人民政府防汛抗旱指挥部副总指挥	2012年3月—2018年10月	
		党组成员	2012年2月—2018年10月	
	丛 娟	副巡视员	2012年3月—2018年9月	
	耿星河	吉林省监察厅驻吉林省水利厅监察专员	2013年5月—2016年11月	
		吉林省纪律检查委员会驻吉林省水利厅纪检组组长	2013年4月—2016年11月	
		党组成员	2013年4月—2016年11月	
	孙永堂	副厅长	2014年10月—	
		党组成员	2014年7月—	
	宫成全	党组成员	2014年11月—	
		副厅长	2014年12月—	
	刘志新	党组成员	2015年9月—	
	张凤春	厅 长	2015年3月—	
		党组书记	2015年2月—	
	徐海涛	党组成员	2015年2—7月	
	尹中白	党组成员	2016年11月—	
		吉林省纪律检查委员会吉林省监察委员会驻吉林省水利厅纪检监察组组长		
	曹永斌	副巡视员	2018年1月—	
	宋海燕	党组成员	2018年11月—	

利宣传中心（吉林省水利信息中心）、吉林省水利厅机关服务中心、吉林省水利水电勘测设计研究院（吉林省水利水电规划院）、吉林省水利科学研究院、吉林省水土保持科学研究院、吉林省沙河水库管理局、吉林省老龙口水库管理局（省珲春老龙口供水有限责任公司）、吉林水利电力职业学院（吉林河湖长学院）。

2009年3月，根据《关于设立吉林查干湖国家级自然保护区管理局的批复》，设立吉林查干湖国家级自然保护区管理局。主要职责是：贯彻执行国家和省有关自然保护区的法律法规和方针政策；制定自然保护区的各项管理制度，管理保护区内的自然资源和自然环境；负责自然保护区的科学研究及水域环境监测工作；负责自然保护区的宣传工作等。

2010年10月，根据《关于吉林省水利学会等事业单位退出事业单位管理序列的批复》（吉编办发〔2010〕232号），吉林省水利学会、吉林省水产学会退出事业单位管理序列。

2011年4月，根据《关于吉林省老龙口水库建设管理局更名为吉林省老龙口水库管理局的批复》（吉编办发〔2011〕90号），吉林省老龙口水库建设管理局更名为吉林省老龙口水库管理局。职能调整为：制定水库发展中长期规划和年度计划并组织实施；负责水库防洪调度，水库工程设施的维修、养护、管理及大坝安全监测；负责水库安全运行和库区防汛抢险工作；负责库区水土保持、水资源保护、生态环境保护工作等。

2012年5月，根据《关于调整吉林省水利厅所属事业单位机构编制等事宜的批复》（吉编事字〔2012〕95号），撤销吉林省农村水电及电气化培训中心，撤销省水利厅招待所。

2012年5月，根据《关于吉林省农村水利建设管理局加挂吉林省大安灌区管理局牌子的批复》（吉编事字〔2012〕104号），吉林省农村水利建设管理局加挂吉林省大安灌区管理局牌子，相应增加负责大安灌区工程维修、养护管理和安全监测等职责。

2012年5月，根据《关于吉林省水利厅重点项目建设管理办公室加挂吉林省中部城市引松供水工程建设管理局牌子的批复》（吉编事字〔2012〕105号），吉林省水利厅重点项目建设管理办公室加挂吉林省中部城市引松供水工程建设管理局牌子，相应增加中部城市引松供水工程建设规划和资金的落实与管理，工程建设的组织实施和验收等职责。

2012年11月，根据《关于吉林省水文水资源局加挂吉林省中小河流水文监测系统建设管理中心牌子的批复》（吉编事字〔2012〕300号），吉林省水文水资源局加挂吉林省中小河流水文监测系统建设管理中心牌子，增加吉林省中小河流水文监测系统项目建设与管理职责。

2012年11月，根据《关于吉林省水利水电勘测设计审查总站加挂吉林省水资源监控能力建设管理中心牌子的批复》（吉编事字〔2012〕301号），吉林省水利水电勘测设计审查总站加挂吉林省水资源监控能力建设管理中心牌子，增加全省水资源监控能力建设项目建设与管理职责。

2014年1月，根据《关于吉林省农村水利建设管理局加挂吉林省节水灌溉工程项目信息系统建设管理中心牌子的批复》（吉编事字〔2014〕7号），吉林省农村水利建设管理局加挂吉林省节水灌溉工程项目信息系统建设管理中心牌子，相应增加负责全省节水灌溉工程项目管理信息系统的建设与运行管理工作职责。

2014年11月，根据《关于吉林省河务局加挂吉林省松花江干流治理工程建设管理局牌子的批复》（吉编事字〔2014〕95号），吉林省河务局加挂吉林省松花江干流治理工程建设管理局牌子，相应增加履行吉林省松花江干流治理工程项目法人职责。在工程项目结束后，取消加挂的吉林省松花江干流治理工程建设管理局牌子。

2015年8月，根据《关于吉林省水利宣传中心加挂吉林省水利信息中心牌子的批复》（吉编事字〔2015〕23号），吉林省水利宣传中心加挂吉林省水利信息中心牌子．增加负责全省水利信息的收集、整理、分析；负责全省水利工程、水资源数据库的建设、管理和维护；负责全省水利工程、水资源数据库的建设、管理和维护；负责吉林省水利厅办公自动化系统建设、管理和维护职责。

2015 年 9 月，根据《关于吉林省水利厅重点项目建设管理办公室加挂吉林省西部地区河湖连通供水工程建设局牌子等事宜的批复》（吉编事字〔2015〕26 号），吉林省水利厅重点项目建设管理办公室加挂吉林省西部地区河湖连通供水工程建设局牌子，承担西部河湖连通工程省级项目法人职责。

2015 年 11 月，根据《关于吉林省水利科学研究院加挂吉林省灌溉试验中心站牌子的批复》（吉编事字〔2015〕38 号），吉林省水利科学研究院加挂吉林省灌溉试验中心站牌子，增加指导全省灌溉试验重点站开展试验工作，汇总全省试验站及基础数据采集点上报的基础数据，开展代表区域作物灌溉制度和需水量研究，从事区域内土壤墒情监测与典型作物灌溉水量预测职责。

2016 年 9 月，根据《吉林省人民政府办公厅关于省政府授权国资委对吉林省创新企业投资有限公司等 188 户企业履行出资人职责的通知》（吉政办函〔2016〕193 号），吉林省水利厅所属吉林省水利水电工程局、吉林省土著鱼类良种场的国有股（产）权划入吉林省国资委，由吉林省国资委履行出资人职责。吉林省江河工程咨询有限公司、吉林省瑞洋水利水电工程有限公司、吉林省摄维测绘有限公司、吉林省瑞海水利水电工程有限公司、吉林省珲春老龙口供水有限责任公司的国有股（产）权划转至吉林省国资委，由吉林省国资委委托吉林省水利厅履行监管职责。

2016 年 12 月，根据《吉林省人民政府关于同意设立吉林水利电力职业学院的批复》（吉政函〔2016〕117 号），设立吉林水利电力职业学院，为公办全日制普通高等职业学校，主管部门为吉林省水利厅。

2017 年 2 月，根据《吉林省人民政府关于省预算编审中心等省直事业单位参照公务员法管理的通知》（吉政函〔2017〕18 号），吉林省河务局（吉林省松花江干流治理工程建设管理局）、吉林省地方水电局参照公务员法管理。

2017 年 5 月，根据《关于调整省河务局（吉林省松花江干流治理工程建设管理局）职责和编制等事宜的批复》（吉编事字〔2017〕14 号），吉林省河务局增加承担省河长制办公室具体服务性工作的职责。

2017 年 5 月，根据《教育部办公厅关于公布实施专科教育高等学校备案名单的函》（教发厅函〔2017〕53 号），学院正式取得学校识别码，开始全国招生。根据吉林省机构编制委员会《关于设立吉林水利电力职业学院的批复》（吉编发〔2017〕27 号），同意设立吉林水利电力职业学院，将长春水利电力学校（吉林省水利水电工程技术学校）整建制划入吉林水利电力职业学院。

2017 年 8 月，根据《关于设立吉林省水资源服务中心等事宜的批复》（吉编事字〔2017〕35 号），撤销吉林省水利综合事业管理总站，设立吉林省水资源服务中心。主要职责是：为全省水资源利用、节约、保护、城乡供水等有关专业规划及水中长期供求计划的编制工作提供技术支持；承担水资源相关数据资料的收集整理、统计分析和信息系统的运行维护等服务保障工作；开展水资源节约和保护有关服务工作。

2017 年 11 月，根据吉林省机构编制委员会办公室《关于核定吉林水利电力职业学院机构编制有关事宜的批复》（吉编发〔2017〕78 号），明确学院主要职责为：培养以水利电力类为主的技术技能人才，按照省政府和教育行业主管部门批准的高等职业教育专业开展相关教育教学活动；开展继续教育、专业技术人才进修培训、职业资格培训、学术交流活动；开展相关专业科学研究、社会服务等职责，不再保留长春水利电力学校牌子。

2018 年 8 月，根据《关于吉林水利电力职业学院加挂吉林河湖长学院牌子的批复》（吉编发〔2018〕5 号），吉林水利电力职业学院加挂吉林河湖长学院牌子，相应增加负责河湖长培训、河湖长制相关政策理论研究及学术交流职责。

2. 直管（挂靠）社团

直管（挂靠）社团包括吉林省地下水协会、吉林省水利工程协会、吉林省农业节水和农业供水协会。

2018年，根据吉林省行业商会协会与行政机关脱钩联合工作组《关于吉林省行业协会商会与行政机关脱钩第一批试点方案的批复》（联组〔2016〕27号）和吉林省水利厅《关于拟取消与吉林省水利工程协会主管关系的通知》，吉林省水利工程协会与吉林省水利厅脱钩。

2018年，根据《吉林省行业商会协会与行政机关脱钩联合工作组办公室关于印发吉林省行业协会商会与行政机关脱钩第三批试点方案的通知》（吉联组办〔2018〕2号），吉林省农业节水和农业供水协会与吉林省水利厅脱钩。

2018年11月，根据《吉林省行业商会协会与行政机关脱钩联合工作组办公室关于印发吉林省行业协会商会与行政机关脱钩第三批试点方案的通知》（吉联组办〔2018〕2号），吉林省地下水协会与吉林省水利厅脱钩。

三、第三阶段（2018年12月—2021年12月）

根据吉林省人民政府机构改革方案，2018年12月，中共吉林省委办公厅、吉林省人民政府办公厅印发了《关于吉林省水利厅职能配置、内设机构和人员编制规定的通知》（吉厅字〔2018〕78号），改革机构设置，优化职能配置，深化转职能、转方式、转作风，提高效率效能，对吉林省水利厅的职能和内设机构做了进一步调整。

（一）主要职责

（1）负责保障水资源的合理开发利用。拟定全省水利战略规划和政策，起草有关地方性法规规章草案，组织编制全省水资源战略规划、江河湖泊流域综合规划、防洪规划等重大水利规划。

（2）负责生活、生产经营和生态环境用水的统筹和保障。组织实施最严格水资源管理制度，实施水资源的统一监督管理，拟定全省水中长期供求规划、水量分配方案并监督实施。负责重要江河、区域以及重大调水工程的水资源调度。组织实施取水许可、水资源论证和防洪论证制度，指导开展水资源有偿使用工作。指导水利行业供水和乡镇供水工作。

（3）按规定制定水利工程建设有关制度并组织实施，负责提出水利固定资产投资规模、方向、具体安排建议并组织指导实施，按规定权限审批、核准规划内和年度计划规模内固定资产投资项目，提出水利资金安排建议并负责项目实施的监督管理。

（4）指导水资源保护工作。组织编制并实施水资源保护规划。指导饮用水水源保护有关工作，指导地下水开发利用和地下水资源管理保护。组织指导地下水超采区综合治理。

（5）负责节约用水工作。组织节约用水政策的贯彻落实，组织编制节约用水规划并监督实施，组织制定有关标准。组织实施用水总量控制等管理制度，指导和推动节水型社会建设工作。

（6）指导水文工作。组织实施水文水资源监测，负责水文站网建设和管理。组织实施江河湖库和地下水监测。发布水文水资源信息、情报预报和水资源公报。按规定组织开展水资源、水能资源调查评价和水资源承载能力监测预警工作。

（7）指导水利设施、水域及其岸线的管理、保护与综合利用。组织指导水利基础设施网络建设。指导重要江河湖泊及河口的治理、开发和保护。指导河湖水生态保护与修复、河湖生态流量水量管理以及河湖水系连通工作。

（8）指导监督水利工程建设与运行管理。组织实施具有控制性的和跨市（州）的水利工程建设与运行管理。指导水利工程建设与运行管理，指导监督工程安全运行，组织工程验收有关工作，督促指导地方配套工程建设。

（9）负责水土保持工作。拟定水土保持规划并监督实施，组织实施水土流失的综合防治、监测预报并定期公告。负责建设项目水土保持监督管理工作，指导全省重点水土保持建设项目实施。

（10）指导农村水利工作。组织开展大中型灌排工程建设与改造。指导农村饮水安全工程建设管理工作，指导节水灌溉有关工作。协调牧区水利工作。指导农村水利改革创新和社会化服务体系建设。指导农村水能资源开发、小水电改造和水电农村电气化工作。

（11）指导水利工程移民管理工作。拟定水利工程移民有关政策并监督实施，组织实施水利工程移民安置验收、监督评估等制度。指导监督水库移民后期扶持政策的实施。

（12）负责重大涉水违法事件的查处，协调跨市（州）水事纠纷，经省政府授权仲裁跨市（州）水事纠纷，指导水政监察和水行政执法。指导水利建设市场的监督管理，组织实施水利工程建设的监督。

（13）开展水利科技和外事工作。组织开展水利行业质量监督工作，拟定水利行业的技术标准、规程规范并监督实施。办理国际河流有关涉外事务。

（14）负责落实综合防灾减灾规划相关要求，组织编制洪水干旱灾害防治规划和防护标准并指导实施。承担水情旱情监测预警工作。组织编制重要江河湖泊和重要水工程的防御洪水抗御旱灾调度及应急水量调度方案，按程序报批并组织实施。承担防御洪水应急抢险的技术支撑工作。承担台风防御期间重要水工程调度工作。

（15）承担水利行业领域的安全生产管理职责，指导督促企事业单位加强安全管理，依照有关法律、法规的规定履行安全生产监督管理职责，开展监管执法工作。

（16）完成吉林省委、省政府交办的其他任务。

（17）职能转变。省水利厅应切实加强水资源合理利用、优化配置和节约保护。坚持节水优先，从增加供给转向更加重视需求管理，严格控制用水总量和提高用水效率。坚持保护优先，加强水资源、水域和水利工程的管理保护，维护河湖健康美丽。坚持统筹兼顾，保障合理用水需求和水资源的可持续利用，为经济社会发展提供水安全保障。

（二）编制与机构设置及主要职能

2018 年 12 月，《中共吉林省委办公厅 吉林省人民政府办公厅关于印发〈吉林省水利厅职能配置、内设机构和人员编制规定〉的通知》（吉厅字〔2018〕78 号），吉林省水利厅机关行政编制 82 名。设厅长 1 名、副厅长 4 名，处级领导职数 35 名，其中正职 19 名（含总工程师 1 名、总规划师 1 名、督察专员 3 名，机关党委专职副书记 1 名），副职 16 名（含机关纪委书记 1 名）。机关工勤事业编制按实有人数暂时保留 6 名，退一收一，逐步消化。

根据《中共吉林省委办公厅 吉林省人民政府办公厅关于印发〈吉林省水利厅职能配置、内设机构和人员编制规定〉的通知》（吉厅字〔2018〕78 号），吉林省水利厅内设机构调整为 13 个职能处（室）（见图 3）。

1. 办公室

负责机关日常运转工作，承担信息、安全、保密、信访、后勤、政务公开、信息化、新闻宣传等工作。

2. 人事处（老干部处）

承担机关和直属单位的干部人事、机构编制、劳动工资工作。负责教育培训和人才队伍建设。负责离退休干部工作。

3. 财务审计处

编制省级部门预算并组织实施，承担财务管理和资产管理工作，承担厅机关财务工作。提出有关水利价格、税费的建议。组织实施水利内部审计监督制度，指导监督水利内部审计工作。

4. 政策法规处（行政审批办公室）

组织起草水利地方性法规和省政府规章，指导拟定水利工作政策。组织指导水利行政许可工作并监督检查。承办厅行政应诉、行政复议和行政赔偿工作。指导水政监察和水行政执法，协调跨市（州）水事纠纷，经省政府授权仲裁跨市（州）水事纠纷，组织查处重大涉水违法事件。

5. 规划计划处

组织编制全省水利发展战略规划，组织编制重大水利综合规划、专业规划和专项规划。审核水利项目建议书、可行性研究报告和初步设计。组织指导有关防洪论证工作。指导水工程建设项目合规性审查工作。提出年度投资计划建议，组织实施省水利建设投资计划，承担水利统计工作。

6. 监督处

督促检查水利重大政策、决策部署和重点工作的贯彻落实。组织实施水利工程质量和安全监督，依法负责水利行业安全生产工作，组织指导水库、水电站大坝、农村水电站的安全监督。

7. 水资源处（吉林省节约用水办公室）

承担跨市（州）、跨流域水资源供需形势分析，实施最严格水资源管理制度相关工作，组织实施水资源取水许可、水资源论证等制度，指导开展水资源有偿使用工作。指导水量分配工作并监督实施，指导河湖生态流量水量管理。组织编制水资源保护规划，指导饮用水水源保护有关工作。组织开展水资源调查评价有关工作，组织编制并发布水资源公报。参与编制水功能区划和指导入河排污口设置管理工作。贯彻落实节约用水政策、法规、制度，组织编制并协调实施节约用水规划，组织指导计划用水、节约用水工作。组织实施用水总量控制、用水效率控制、计划用水和定额管理制度。指导和推动节水型社会建设工作。指导城市污水处理回用等非常规水源开发利用工作。

8. 水利工程建设处

指导水利工程建设管理，制定有关制度并组织实施。组织指导水利工程蓄水安全鉴定和验收，指导江河堤防、水库、水闸等除险加固。指导水利建设市场的监督管理和水利建设市场信用体系建设。

9. 运行管理与水库移民处

指导水利设施的管理、保护和综合利用，组织编制水库运行调度规程，指导水库、水电站大坝、堤防、水闸、引（调）水等水利工程的运行管理与划界。承担水利水电工程移民管理和后期扶持工作，组织实施水利水电工程移民安置验收、监督评估等制度，审核大中型水利水电工程移民安置规划，组织开展新增水库移民后期扶持人口核定，协调推动对口支援工作。

10. 河湖管理处

组织、指导河湖水域及其岸线的管理、保护。指导重要江河湖泊的开发、治理和保护，指导河湖水生态保护与修复以及河湖水系连通工作。指导、监督河道采砂管理工作。组织实施河道管理范围内工作建设方案审查制度。贯彻落实省委、省政府关于全面推行河长制湖长制的方针政策和决策部署，负责调度和督导全省推行河长制湖长制工作情况。

11. 农村水利水电处

组织开展大中型灌排工程建设与改造。指导农村饮水安全工程建设管理工作，指导节水灌溉有关工作。组织拟定农村水能资源开发规划，指导水电农村电气化、农村水电增效扩容改造以及小水电代燃料等农村水能资源开发工作。指导农村水利社会化服务体系建设。承担协调牧区水利工作。

12. 水土保持与科技处

组织编制全省水土保持规划并监督实施，组织实施水土流失的综合防治、监测、预报并公告，审

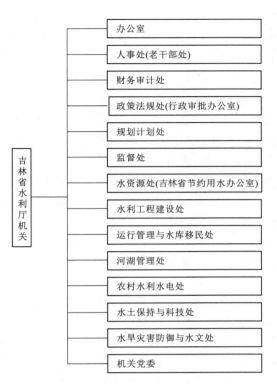

吉林省水利厅机关	办公室
	人事处(老干部处)
	财务审计处
	政策法规处(行政审批办公室)
	规划计划处
	监督处
	水资源处(吉林省节约用水办公室)
	水利工程建设处
	运行管理与水库移民处
	河湖管理处
	农村水利水电处
	水土保持与科技处
	水旱灾害防御与水文处
	机关党委

图 3　吉林省水利厅机关机构图（2021年）

核大中型开发建设项目水土保持方案并监督实施。承办国际河流有关涉外事务，承办水利国际合作和外事工作，拟定全省水利行业技术标准、规程规范并监督实施，组织重大水利科学研究、技术引进和科技推广工作。

13. 水旱灾害防御与水文处

指导编制洪水干旱防治规划和防护标准，组织实施重要江河湖泊和重要水工程的防御洪水抗御旱灾调度以及应急水量调度方案。组织协调指导水情旱情预警工作。组织协调指导蓄滞洪区安全建设、管理和运用补偿工作，承担洪泛区、蓄滞洪区和防洪保护区的洪水影响评价工作。组织指导全省水文工作，负责水文水资源（含水位、流量、水质等要素）监测工作，负责水文站网建设和管理。组织实施江河湖库和地下水监测。发布水文水资源信息、情报预报。

机关党委。负责机关和直属单位的党群工作。

（三）厅领导任免

2019 年 4 月，吉林省委决定韩沐恩任吉林省水利厅党组书记；免去张凤春的省水利厅党组书记职务（吉委〔2019〕143 号）。

2019 年 5 月，吉林省人大常委会决定免去张凤春的吉林省水利厅厅长职务；任命韩沐恩为吉林省水利厅厅长（吉人常发〔2019〕16 号）。

2019 年 3 月，吉林省委决定孙富岭任吉林省水利厅党组成员（吉委〔2019〕171 号）。

2019 年 5 月，吉林省政府决定任命孙富岭为吉林省水利厅副厅长（吉政干任〔2019〕25 号）。

2019 年 5 月，吉林省委决定免去宫成全的吉林省水利厅党组成员职务（吉委〔2019〕186 号）。

2019 年 5 月，吉林省政府决定任命宫成全为吉林省水利厅巡视员，免去宫成全的吉林省水利厅副厅长职务（吉政干任〔2019〕30 号）。

2019 年 7 月，吉林省委决定吕玖昌任吉林省水利厅党组成员；免去尹中白的吉林省水利厅党组成员职务（吉委〔2019〕283 号）。

2019 年 7 月，吉林省委决定免去尹中白的吉林省纪律检查委员会吉林省监察委员会驻吉林省水利厅纪检监察组组长职务，吕玖昌任吉林省纪律检查委员会吉林省监察委员会驻吉林省水利厅纪检监察组组长（吉委〔2019〕280 号）。

2019 年 11 月，吉林省政府决定宫成全套转为省水利厅一级巡视员；曹永斌套转为吉林省水利厅二级巡视员（吉政干任〔2019〕51 号）。

2020 年 6 月，吉林省政府决定任命刘志新为吉林省水利厅副厅长（吉政干任〔2020〕34 号）。

2020 年 8 月，吉林省委决定宫成全退休（吉组干字〔2020〕219 号）。

2020 年 8 月，吉林省政府决定孙永堂晋升为吉林省水利厅一级巡视员（吉政干任〔2020〕64 号）。

2020 年 9 月，吉林省委决定王胜孝任吉林省水利厅党组成员（吉委〔2020〕388 号）。

2020 年 10 月，吉林省政府决定任命王胜孝为吉林省水文水资源局局长（吉政干任〔2020〕77 号）。

2021 年 4 月，吉林省委决定免去张和的吉林省水利厅党组成员职务（吉委〔2021〕152 号）。

2021 年 4 月，吉林省政府决定免去张和的吉林省水利厅副厅长职务（吉政干任〔2021〕30 号）。

2021 年 6 月，吉林省委决定免去孙永堂的吉林省水利厅党组成员职务（吉委〔2021〕371 号）。

2021 年 7 月，吉林省政府决定免去孙永堂的吉林省水利厅副厅长职务（吉政干任〔2021〕56 号）。

2021 年 7 月，吉林省委决定贺立成任吉林省水利厅党组成员（吉委〔2021〕421 号）。

2021 年 8 月，吉林省委决定许斌任吉林省水利厅党组成员（吉委〔2021〕483 号）。

2021 年 9 月，吉林省政府决定任命许斌为吉林省水利厅副厅长（吉政干任〔2021〕70 号）。

2021 年 10 月，吉林省委决定免去孙富岭的吉林省水利厅党组成员职务（吉委〔2021〕741 号）。

2021 年 11 月，吉林省政府决定免去孙富岭的吉林省水利厅副厅长职务（吉政干任〔2021〕82 号）。

2021年12月，吉林省委决定高月任吉林省水利厅党组成员；免去吕玖昌的吉林省水利厅党组成员职务（吉委〔2021〕853号）。

2021年12月，吉林省委决定张伟平任吉林省水利厅党组成员（吉委〔2021〕942号）。

吉林省水利厅领导任免表（2019年1月—2021年12月）见表3。

表3　　　　　　　　　吉林省水利厅领导任免表（2019年1月—2021年12月）

机构名称	姓 名	职 务	任 免 时 间	备 注
吉林省水利厅	韩沐恩	党组书记	2019年4月—	
		厅 长	2019年5月—	
	张 和	副厅长	继任—2021年4月	
		党组成员		
	孙永堂	副厅长	继任—2021年7月	
		党组成员	继任—2021年6月	
		一级巡视员	2020年8月—	
	宫成全	党组成员	继任—2019年5月	
		副厅长	继任—2019年5月	
		巡视员	2019年5—11月	
		一级巡视员	2019年11月—2020年8月	
	刘志新	党组成员	继任—	
		副厅长	2020年6月—	
	张凤春	厅 长	继任—2019年5月	
		党组书记	继任—2019年4月	
	尹中白	党组成员	继任—2019年7月	
		吉林省纪律检查委员会吉林省监察委员会驻吉林省水利厅纪检监察组组长		
	曹永斌	副巡视员	继任—2019年11月	
		二级巡视员	2019年11月—	
	宋海燕	党组成员	继任—2019年4月	
	孙富岭	党组成员	2019年3月—2021年10月	
		副厅长	2019年5月—2021年11月	
	吕玖昌	党组成员	2019年7月—2021年12月	
		吉林省纪律检查委员会吉林省监察委员会驻吉林省水利厅纪检监察组组长		
	王胜孝	党组成员	2020年9月—	
	贺立成	党组成员	2021年7月—	
	许 斌	党组成员	2021年8月—	
		副厅长	2021年9月—	
	高 月	党组成员	2021年12月—	
		吉林省纪律检查委员会吉林省监察委员会驻吉林省水利厅纪检监察组组长		
	张伟平	党组成员	2021年12月—	

（四）厅直属单位及直管（挂靠）社团

1. 直属单位

直属单位包括吉林省水库移民管理局、吉林省水文水资源局（吉林省水环境监测中心、吉林省中小河流水文监测系统建设管理中心）、吉林省农村水利建设管理局（吉林省水利规费中心、吉林省大安灌区管理局、吉林省节水灌溉工程项目信息系统建设管理中心）、吉林省水土保持局（吉林省水土保持监测总站）、吉林省水利工程质量监督中心站（吉林省水利建设与管理站）、吉林省地方水电局（吉林省地方水电培训中心）、吉林省水利水电勘测设计研究院（吉林省水利水电规划院）、吉林省水利科学研究院（吉林省水利水电工程质量检测中心、吉林省灌溉试验中心站）、吉林省水土保持科学研究院（吉林省水土保持技术推广站）、吉林省沙河水库管理局、吉林省水利水电勘测设计审查总站（吉林省水资源监控能力建设管理中心）、吉林省水资源服务中心、吉林省水利厅重点项目建设管理办公室（吉林省中部城市引松供水工程建设管理局、吉林省西部地区河湖连通供水工程建设局）、吉林省水利宣传中心（吉林省水利信息中心）、吉林省河务局（吉林省松花江干流治理工程建设管理局）、吉林省水利厅机关服务中心、吉林省老龙口水库管理局（吉林省珲春老龙口供水有限责任公司）、吉林水利电力职业学院（吉林河湖长学院）。

2019年6月，根据《关于吉林省水利厅所属事业单位机构编制的批复》（吉委编事字〔2019〕111号），划入吉林省住房和城乡建设厅所属吉林省水库移民管理局。将吉林省防汛机动抢险队、吉林省第二松花江防汛机动抢险队、吉林省人民政府防汛抗旱指挥部办公室划给吉林省应急管理厅。吉林省人民政府防汛抗旱指挥部办公室承担的水旱灾害防御职能回归吉林省水利厅。将吉林省防汛储运机动抢险队划给吉林省粮食和物资储备局所属吉林省物资储备管理中心。将吉林省鸭绿江上游国家级自然保护区管理局、吉林省查干湖国家级自然保护区管理局划给吉林省林业和草原局。吉林省鸭绿江上游国家级自然保护区管理局加挂的吉林省水生野生动物救护中心牌子及承担的水生野生动物救助相关职能划给吉林省农业农村厅所属吉林省渔政渔港监督管理站（中华人民共和国吉林渔港监督局）。将吉林省水产技术推广总站（吉林省水产引种育种中心、吉林省水生动物防疫检疫与病害防治中心）、吉林省水产科学研究院（吉林省渔业生态环境及水产品质量监督检测中心）、吉林省渔政渔港监督管理站（中华人民共和国吉林渔港监督局）及部分职能（不含渔船检验和监督管理职能）、中华人民共和国吉林省图们江边境渔政渔港监督管理站及部分职能（不含渔船检验和监督管理职能）、中华人民共和国吉林省云峰水库边境渔政渔港监督管理站及部分职能（不含渔船检验和监督管理职能）划给吉林省农业农村厅。将吉林省农村水利建设管理局（吉林省水利规费管理中心、吉林省大安灌区管理局、吉林省节水灌溉工程项目信息系统建设管理中心）承担的为农田水利建设项目管理提供服务保障等职能划给吉林省农业农村厅所属吉林省新农村建设工作办公室。将吉林省水文水资源局（吉林省水环境监测中心、吉林省中小河流水文监测系统建设管理中心）和吉林省水文水资源局长春分局等9个市（州）分局承担的为水资源调查提供服务等职能划给吉林省自然资源厅所属吉林省国土资源调查规划研究院。将吉林省水文水资源局（吉林省水环境监测中心、吉林省中小河流水文监测系统建设管理中心）及吉林省水文水资源局长春分局等9个市（州）分局承担的为排污口监测提供服务保障等职能划给吉林省生态环境厅所属吉林省环境监测中心站。将吉林省渔政渔港监督管理站加挂的中华人民共和国吉林渔业船舶检验局牌子及承担的渔船检验职责、中华人民共和国吉林省图们江边境渔政渔港监督管理站、中华人民共和国吉林省云峰水库边境渔政渔港监督管理站承担的渔船检验职责划给吉林省交通运输厅所属吉林省地方海事局。吉林省沙河水库管理局不再承担行政许可和行政裁决等行政管理职能，吉林省水库移民管理局不再承担水库移民管理等行政职能，吉林省农村水利建设管理局不再承担农村水利建设管理等行政职能，吉林省水土保持局（吉林省水土保持监测总站）不再承担水土保持监督管理等行政职能，吉林省水利工程质量监督中心站（吉林省水利建设与管理站）不再承担水利工程质量监督管理等行政职能，吉林省河务局（吉林省松花江干流治理工程建设管理局）不再承担河务管理等行政职能，吉林省地方水电局（吉林省地方水电培训中心）不再承担地方水电管理等行政职能，吉林省水文水资源局（吉林省水环境监测中心、吉林省中小河流水文监测系统建设管理中心）、吉林省水文水资源局长春分局等9个市（州）分局不再承担水文管理等行政职能。

2019年7月，根据《关于设立吉林省水旱灾害防御中心的批复》（吉委编事字〔2019〕136号），设立吉林省水旱灾害防御中心。主要职责是：承担水旱灾害防御相关技术支撑工作；负责山洪灾害等技术监测和预警，提供实时雨情、水情、工情等信息；承担全省水旱灾害防御通信系统的运行和维护。

2020年11月，根据《关于撤销吉林省中部城市引松供水工程建设管理局牌子的批复》（吉委编字〔2020〕41号），撤销吉林省水利厅重点项目建设管理办公室加挂的吉林省中部城市引松供水工程建设管理局牌子，不再承担中部城市引松供水工程建设计划和资金落实与管理、工程建设的组织实施和验收等职责。

2021年11月，根据《关于撤销吉林省水利工程质量监督中心站（吉林省水利建设与管理站）等事宜的批复》（吉委编事字〔2021〕242号），撤销吉林省水利工程质量监督中心站，吉林省水库移民管理局增加为水利工程质量监督提供技术支撑和服务保障职能。

2021年6月，根据《关于明确吉林水利电力职业学院（吉林河湖长学院）按副厅级管理的通知》（吉委编发〔2021〕93号），明确吉林水利电力职业学院（吉林河湖长学院）按副厅级高校管理。

2. 直管（挂靠）社团

直管（挂靠）社团为吉林省水利职工教育协会。

执笔人：宋艳华
审核人：刘　坤

黑龙江省水利厅

黑龙江省水利厅是黑龙江省人民政府组成部门，为正厅级。2000—2021 年的历次机构改革，黑龙江省水利厅均予保留设置。该时期黑龙江省水利厅组织沿革划分为以下 3 个阶段：2000 年 5 月—2009 年 8 月，2009 年 8 月—2018 年 12 月，2018 年 12 月—2021 年 12 月。

一、第一阶段（2000 年 5 月—2009 年 8 月）

2000 年 5 月，根据《黑龙江省机构编制委员会〈关于印发黑龙江省水利厅职能配置、内设机构和人员编制规定〉的通知》（黑编〔2000〕63 号）批准设置黑龙江省水利厅，为主管水行政的省政府组成部门。

（一）主要职责

（1）负责贯彻执行国家水利工作方针政策和法律法规，草拟水利法规规章并监督实施。

（2）负责制定全省水利发展战略规划、中长期规划和年度计划并监督实施。

（3）负责统一管理全省水资源（包括空中水、地表水、地下水）；组织拟定全省和跨行政区划的水长期供求计划、水量分配方案并监督实施；组织有关国民经济总体规划、城市规划及重大建设项目的水资源和防洪论证工作；组织实施取水许可制度和水资源费征收制度，发布全省水资源公报；指导全省水文工作。

（4）负责拟定节约用水政策、编制节约用水规划，制定有关标准，组织、指导和监督节约用水工作。

（5）负责按照国家和黑龙江省资源与环境保护的有关法律、法规、规章和标准，拟定水资源保护规划；组织水功能区的划分和向饮水区等水域排污的控制；负责组织全省水资源的监测和调查评价，审定水域纳污能力；提出限制排污总量的意见。

（6）负责组织指导水政监察和水行政执法；协调仲裁部门和不同行政区划间的水事纠纷。

（7）负责拟定水行业的经济调节措施；对水利资金的使用进行宏观调节；研究提出有关水利的价格、税收、信贷、财务等经济调节意见；指导水利行业的供水、水电及多种经营工作。

（8）负责编制、审查大中型水利基建项目建议书和可行性研究报告；组织水利、水保科学研究和技术推广；组织拟定水利行业技术质量标准和水利工程的规程规范并监督实施。

（9）负责组织指导全省水利设施、水域及其岸线的管理和保护；组织指导主要江河、湖泊及河口滩涂的治理和开发；组织建设和管理具有控制性的或跨行政区划的重要水利工程；组织指导水库、水电站大坝的安全监管。

（10）负责指导农村水利工作；组织协调农田水利基本建设、水源性地方病的防治、人畜饮水工程建设、农村水电电气化建设和乡镇供水工作。

（11）负责组织全省水土保持工作；研究制定水土保持的工程措施规划，组织水土流失的监测和综合防治。

（12）负责指导全省水利行业对外经济技术交流和科技交流工作；指导全省水利队伍建设。

（13）负责承办黑龙江省人民政府防汛抗旱指挥部的日常工作，组织协调、监督指导全省防洪工作，对重要江河、湖泊和重要水利水电工程实施防汛抗旱调度。

（14）承办黑龙江省政府交办的其他事项。

（二）编制与机构设置

根据《黑龙江省机构编制委员会〈关于印发黑龙江省水利厅职能配置、内设机构和人员编制规定〉的通知》（黑编〔2000〕63号），黑龙江省水利厅机关行政编制55名，工勤人员编制9名，离退休干部工作人员编制6名。领导职数：厅长1名，副厅长3名，助理巡视员1名，纪检组长1名，黑龙江省人民政府防汛抗旱指挥部专职副指挥1名（副厅级）；正副处长24名，其中，处长13名（含机关党委专职副书记1名），副处长11名。

根据《黑龙江省机构编制委员会〈关于印发黑龙江省水利厅职能配置、内设机构和人员编制规定〉的通知》（黑编〔2000〕63号），黑龙江省水利厅机关设13个内设机构：办公室、规划计划处、水政水资源处（黑龙江省节约用水办公室）、财务审计处、科技外事处、建设处、水利管理处、农村水利处、水土保持处、人事劳资教育处、黑龙江省人民政府防汛抗旱指挥部办公室、离退休干部工作处、机关党委（见图1）。

（三）厅领导任免

2000年6月，黑龙江省委决定胥信平任黑龙江省水利厅副厅长、党组成员（黑组任字〔2000〕264号）。

2000年8月，黑龙江省委决定王铁任黑龙江省水利厅副厅长、党组成员（黑组任字〔2000〕378号）。

2001年5月，黑龙江省人大常委会决定李国英不再担任黑龙江省水利厅厅长职务（黑人大任免〔2001〕10号）。

2002年10月，黑龙江省委决定肖友任黑龙江省水利厅党组书记，免去其黑龙江省人民政府防汛抗旱指挥部专职副总指挥职务；马庆国任黑龙江省水利厅副厅长、党组成员；免去李永山黑龙江省水利厅副厅长职务，保留副厅级待遇（黑组任字〔2002〕249号）。

2002年12月，黑龙江省人大常务委员会决定肖友任黑龙江省水利厅厅长（黑人大任免〔2002〕18号）。

2004年5月，黑龙江省委决定徐春太任黑龙江省纪检委派驻黑龙江省水利厅纪检组长、党组成员（黑发干字〔2004〕159号、黑组任字〔2004〕93号）。

2005年6月，黑龙江省委决定侯百君任黑龙江省水利厅党组成员，兼任黑龙江省人民政府防汛抗旱指挥部专职副总指挥（副厅级）（黑组任字〔2005〕89号、黑发干字〔2005〕116号）。

2006年2月，黑龙江省委决定王滨起任黑龙江省水利厅助理巡视员（黑发干字〔2006〕15号）。

2006年11月，黑龙江省委决定高敏任黑龙江省水利厅党组成员、副厅长（列王铁后）（黑组任字〔2006〕121号、黑组任字〔2006〕138号）。

2007年2月，黑龙江省委决定肖友不再担任黑龙江省水利厅厅长职务（黑发干字〔2007〕12号、黑发干字〔2007〕13号）。

2007年9月，黑龙江省委决定王滨起任黑龙江省水利厅副厅长、党组成员（黑组任字〔2007〕114号、黑发干字〔2007〕207号）。

2008年4月，黑龙江省人大常委会决定任命陆兵为黑龙江省水利厅厅长（黑人大任免〔2008〕8

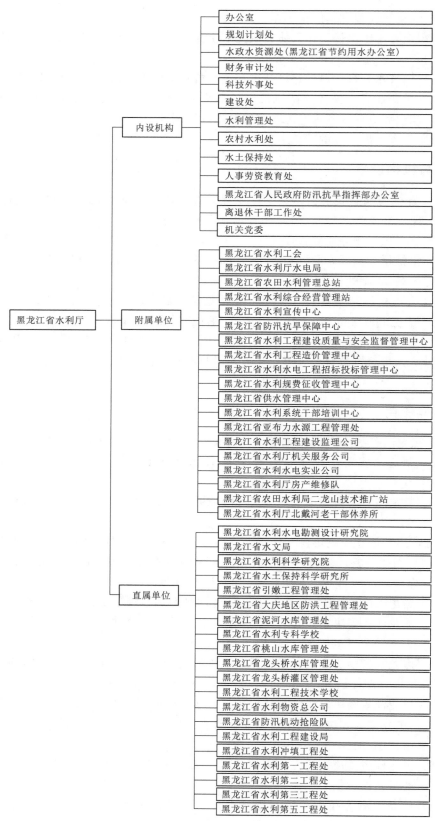

图 1　黑龙江省水利厅机构图（2009 年）

号）。黑龙江省委决定陆兵为黑龙江省水利厅党组书记（黑发干字〔2008〕74号）。

黑龙江省水利厅领导任免表（2000年5月—2009年8月）见表1。

表1　　　　　　　　　　黑龙江省水利厅领导任免表（2000年5月—2009年8月）

机构名称	姓　名	职　务	任免时间	备　注
黑龙江省水利厅	李国英	厅　长	1999年8月—2001年5月	
		党组书记	1999年5月—2001年6月	
	肖　友	厅　长	2002年12月—2007年2月	
		党组书记	2002年10月—2007年2月	
		黑龙江省人民政府防汛抗旱指挥部专职副总指挥	1996年11月—2002年10月	
	陆　兵	厅　长	2008年4月—	
		党组书记		
	李永山	副厅长	1993年1月—2002年10月	
		党组成员		
	胥信平	副厅长	2000年6月—	
		党组成员		
	王　铁	副厅长	2000年8月—	
		党组成员		
	马庆国	副厅长	2002年10月—	
		党组成员		
	侯百君	黑龙江省政府防汛抗旱指挥部专职副总指挥（副厅级）	2005年6月—	
		党组成员		
	高　敏	副厅长	2006年11月—	
		党组成员		
	王滨起	副厅长	2007年9月—	
		党组成员		
	徐春太	黑龙江省纪检委派驻黑龙江省水利厅纪检组长	2004年5月—	
		党组成员		

（四）厅直属企事业单位

1. 直属事业单位

直属事业单位包括黑龙江省水利水电勘测设计研究院、黑龙江省水文局、黑龙江省水利科学研究院、黑龙江省水土保持科学研究所、黑龙江省引嫩工程管理处、黑龙江省大庆地区防洪工程管理处、黑龙江省泥河水库管理处、黑龙江省水利专科学校、黑龙江省桃山水库管理处、黑龙江省龙头桥水库管理处、黑龙江省龙头桥灌区管理处、黑龙江省水利工程技术学校、黑龙江省防汛机动抢险队、黑龙江省水利工程建设局。

2000年6月，根据黑龙江省机构编制委员会印发的《关于成立黑龙江省龙头桥水库管理处的通知》（黑编〔2000〕71号），同意成立黑龙江省龙头桥水库管理处，隶属黑龙江省水利厅，按处级事业单位管理，核定事业编制55名。

2001年1月，根据黑龙江省机构编制委员会印发的《关于黑龙江省水利科学研究所更名为黑龙江省水利科学研究院的通知》（黑编〔2001〕20号），黑龙江省水利科学研究所更名为黑龙江省水利科学研究院。

2001年5月，根据黑龙江省机构编制委员会印发的《关于黑龙江省水利工程局更名为黑龙江省水利工程建设局的通知》（黑编〔2001〕67号），黑龙江省水利工程局更名为黑龙江省水利工程建设局。

2001年11月，根据黑龙江省机构编制委员会印发的《关于成立黑龙江省龙头桥灌区建设办公室的通知》（黑编〔2001〕222号），同意成立黑龙江省龙头桥灌区建设办公室（为临时机构，工程竣工后撤销）。

2002年12月，根据黑龙江省机构编制委员会印发的《关于黑龙江省水文水资源勘测局等单位更名的通知》（黑编〔2002〕97号），黑龙江省水文水资源勘测局更名为黑龙江省水文局。

2005年2月，根据黑龙江省教育厅《关于同意将黑龙江省水利工程学校更名为黑龙江省水利水电学校的函》（黑教发函〔2005〕26号），黑龙江省水利专科学校并入黑龙江大学，将黑龙江省水利工程学校的牌子和功能保留到黑龙江省水利工程技术学校，并更名为黑龙江省水利水电学校，与黑龙江省水利工程技术学校一个机构、两块牌子。

2007年11月，根据黑龙江省机构编制委员会印发的《关于成立黑龙江省龙头桥灌区管理处撤销黑龙江省龙头桥灌区建设办公室的通知》（黑编〔2007〕144号），同意成立黑龙江省龙头桥灌区管理处，隶属黑龙江省水利厅，按正处级事业单位管理，核定事业编制30名，其中管理人员7名，专业技术人员19名，工勤人员4名。经费自收自支，从收取的水费中解决。核定领导职数正处级1职、副处级2职。职责任务是：承担龙头桥灌区建设工作；承担龙头桥灌区渠首枢纽工程、万北总干渠、青山总干渠等骨干工程管理工作；组织实施龙头桥灌区供水工作。撤销黑龙江省龙头桥灌区建设办公室机构建制。

2. 直属企业单位

直属企业单位包括：黑龙江省水利物资总公司、黑龙江省水利冲填工程处、黑龙江省水利第一工程处、黑龙江省水利第二工程处、黑龙江省水利第三工程处、黑龙江省水利第五工程处。

二、第二阶段（2009年8月—2018年12月）

2009年开展了新一轮省政府机构改革，《黑龙江省水利厅主要职责内设机构和人员编制规定》（黑编〔2009〕126号）批准设置黑龙江省水利厅，为省政府组成部门。

（一）主要职责

（1）负责保障水资源的合理开发利用，拟定全省水利战略和政策，起草有关法规规章草案，组织编制流域和区域水利综合规划、专业规划和专项规划；按规定制定水利工程建设有关制度并组织实施，负责提出水利固定资产投资规模和方向、中央和省级财政性水利资金安排的建议意见；按规定权限，审查省政府规划内和年度计划规模内固定资产投资项目；承担中央和省级水利资金以及省级水利国有资产的监督管理工作；编制省级水利部门预算；提出有关水利价格、收费、信贷建议；负责水资源费、防洪保安费、水土流失防治费等各项省级水利规费征收及使用和监管。

（2）负责实施水资源的统一监督管理（含垦区、林区）。负责生活、生产经营和生态环境用水的统筹兼顾和保障；拟定全省和跨市（地）水中长期供求规划、水量分配方案并监督实施；组织开展水资源调查评价工作；按规定开展水能资源调查工作；负责省管江河、水资源有偿使用制度和水资源论证、防洪论证制度；指导水利行业供水工作。

（3）负责水资源保护工作。组织编制水资源保护规划；组织拟定江河湖泊的水功能区划并监督实施；负责江河湖泊新建、改建和扩大排污口的审批；核定水域纳污能力；提出限制排污总量的建议；指导饮水水源保护工作；指导地下水开发利用和城市规划区地下水资源管理保护工作。

（4）负责防治水旱灾害，承担黑龙江省人民政府防汛抗旱指挥部的具体工作。组织、协调、监督、指挥和保障全省防汛抗旱工作；对江河湖泊、重要水工程实施防汛抗旱调度和应急水量调度；编制全省防汛抗旱应急预案并组织实施；指导水利突发公共事件的应急管理工作。

（5）负责节约用水、计划用水工作。拟定节约用水政策；编制节约用水规划，制定有关标准；指导和推动节水型社会建设工作。审批省管取水项目的年度用水计划；制定省管河流水量分配方案以及地市级行政区域和不同行业的用水总量控制指标并监督实施。

（6）指导水文工作。负责水文水资源监测、水文站网建设和管理；对江河湖库和地下水的水量、水质实施监测；发布全省水文水资源信息、情报预报和全省水资源公报。

（7）指导水利设施、水域及其岸线的管理与保护；指导全省江河湖泊及滩涂的治理和开发；指导全省水利工程建设与运行管理；组织实施具有控制性的或跨市（地）的水利工程建设与运行管理；指导水库养鱼经营管理和水利风景区建设管理。

（8）负责防止水土流失。拟定全省水土保持规划并监督实施；组织实施水土流失的综合防治、监测预报并定期公告；负责有关建设项目水土保持方案的审批、监督实施及水土保持设施的验收工作；指导国家和省重点水土保持建设项目的实施。

（9）指导农村水利工作。制定全省农村水利建设发展规划并组织实施；组织协调全省农田水利基本建设；指导农村饮水安全、乡镇供水、灌区、涝区和节水灌溉等工程建设与管理工作；协调牧区水利工作，指导乡镇水利站、灌区和涝区管理单位工作；指导全省农村水利社会化服务体系建设；指导全省农村水电监督管理、农村水能资源开发、水电农村电气化和小水电代燃料工作。

（10）负责重大涉水违法事件的查处，协调、仲裁跨市（地）水事纠纷，组织实施水政监察和水行政执法；依法负责全省水利行业安全生产工作，组织指导水库、水电站大坝的安全监管；指导水利建设市场的监督管理，组织实施全省水利工程建设涉及的工程造价、招标投标、质量与安全、建设监理等方面工作的监管。

（11）负责水利投资使用和管理的监督检查。负责对中央和省级投资及参与投资全省水利工程建设项目的稽查；对水利建设违规违纪事件进行调查处理。

（12）开展水利科技和外事工作。组织开展水利行业质量监督工作，拟定全省水利行业的技术标准、规程规范并监督实施；指导全省水利行业国际合作工作；承担水利统计工作；办理国际河流有关涉外事务。

（13）承办黑龙江省政府交办的其他事项。

（二）编制与机构设置

根据《黑龙江省水利厅主要职责内设机构和人员编制规定》（黑编〔2009〕126号），黑龙江省水利厅机关行政编制为81名（含军转干部编制11名），工勤人员编制为7名。厅级领导职数：厅长1职、副厅长4职（1名副厅长兼黑龙江省政府防汛抗旱指挥部专职副总指挥）、纪检组长1职、副巡视员1职；处级领导职数：处长16职（含总工程师、总规划师、机关党委专职副书记、离退休干部工作处处长各1职），副处长15职。

根据《黑龙江省水利厅主要职责内设机构和人员编制规定》（黑编〔2009〕126号），黑龙江省水利厅设15个内设机构：办公室、规划计划处、水政水资源处（黑龙江省节约用水办公室）、财务审计处、科技外事处、建设处、水利管理处、水土保持处、农村水利处、安全监督处、黑龙江省人民政府防汛抗旱指挥部办公室、人事处、机关党委、离退休干部工作处、纪检组监察机构（见图2）。

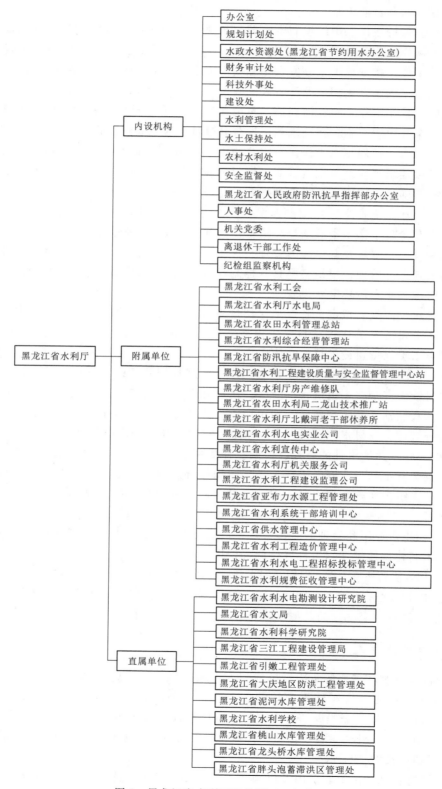

图 2　黑龙江省水利厅机构图（2018 年）

根据《关于加强河长制工作调整省水利厅职责和机构编制有关事项的通知》（黑编〔2017〕32 号），按照黑龙江省委第十一届第 147 次常委会议和《中共黑龙江省委黑龙江省人民政府关于设立黑龙江省总河长、省级河长和市级河长的通知》（黑委〔2017〕12 号）要求，黑龙江省河长制办公室设在黑龙江省水利厅，承担全省河长制组织实施具体工作，承担黑龙江省推行河长制工作领导小组办公室工作职能；增设河长制工作处，核增副处级领导职数 1 名；按照"撤一建一"原则，将建设处与水利管理处合并为建设与管理处。调整后，黑龙江省水利厅副处级领导职数 16 名，其他机构编制事项不变。

（三）厅领导任免

2010 年 4 月，黑龙江省委组织部同意黑龙江省水利厅副厅长王滨起退休（黑组通字〔2010〕39 号）。

2010 年 4 月，黑龙江省委决定侯百君任黑龙江省水利厅副厅长、党组成员，兼任黑龙江省政府防汛抗旱指挥部专职副总指挥（黑发干字〔2010〕84 号）。

2014 年 1 月，黑龙江省委决定刘加海任黑龙江省水利厅党组成员、总工程师（副厅级）（黑组任字〔2014〕52 号）。

2014 年 12 月，黑龙江省委组织部同意黑龙江省纪委监委驻黑龙江省水利厅纪检监察组组长徐春太退休（黑组干字〔2014〕151 号）。

2015 年 5 月，黑龙江省委组织部同意黑龙江省水利厅副厅长高敏退休（黑组干字〔2015〕51 号）。

2015 年 7 月，黑龙江省人民政府决定马庆国任黑龙江省水利厅巡视员，免去其黑龙江省水利厅副厅长职务（黑人社任〔2015〕87 号）。

2016 年 6 月，黑龙江省人民政府决定韩福君任黑龙江省水利厅副巡视员（黑人社任〔2016〕83 号）。

2016 年 6 月，黑龙江省人民政府决定刘加海任黑龙江省水利厅副厅长（黑人社任〔2016〕100 号）。

2016 年 11 月，黑龙江省委决定免去侯百君黑龙江省水利厅副厅长、黑龙江省政府防汛抗旱指挥部专职副总指挥、黑龙江省水利厅党组成员职务（黑发干字〔2016〕508 号、黑发干字〔2016〕509 号）。

2016 年 12 月，黑龙江省委决定孙飚任黑龙江省水利厅副厅长、党组成员，兼黑龙江省政府防汛抗旱指挥部专职副总指挥（黑发干字〔2017〕25 号、黑发干字〔2017〕26 号）。

2017 年 2 月，黑龙江省委决定免去马庆国黑龙江省水利厅巡视员职务，退休（黑发干字〔2017〕51 号）。

2017 年 6 月，黑龙江省委决定宣然任黑龙江省纪委监委驻黑龙江省水利厅纪检监察组组长，黑龙江省水利厅党组成员（黑发干字〔2017〕263 号、黑发干字〔2017〕264 号）。

2017 年 7 月，黑龙江省委决定胥信平任黑龙江省水利厅巡视员，免去其黑龙江省水利厅副厅长职务（黑发干字〔2017〕383 号）。

2017 年 7 月，黑龙江省委决定侯百君任黑龙江省水利厅党组书记，免去陆兵黑龙江省水利厅党组书记职务，免去胥信平黑龙江省水利厅党组副书记职务（黑发干字〔2017〕384 号）。

2017 年 8 月，黑龙江省人大常委会决定任命侯百君为黑龙江省水利厅厅长，免去陆兵黑龙江省水利厅厅长职务（黑人大任免〔2017〕21 号）。

2017 年 11 月，黑龙江省委决定韩福君任黑龙江省水利厅党组成员、副厅长，兼任黑龙江省河长制办公室副主任（黑发干字〔2017〕606 号、黑发干字〔2017〕607 号）。

2018 年 10 月，黑龙江省委决定免去刘加海黑龙江省水利厅总工程师职务（黑发干字〔2018〕415 号）。

2018 年 12 月，黑龙江省委决定免去孙飚黑龙江省水利厅党组成员职务（黑发干字〔2018〕657 号）。

2018 年 12 月，黑龙江省委决定王铁任黑龙江省水利厅巡视员，免去其黑龙江省水利厅副厅长、党组成员职务（黑发干字〔2019〕31 号、黑发干字〔2019〕32 号）。

黑龙江省水利厅领导任免表（2009 年 8 月—2018 年 12 月）见表 2。

表 2 　　　　　　　　　　　黑龙江省水利厅领导任免表（2009 年 8 月—2018 年 12 月）

机构名称	姓　名	职　务	任 免 时 间	备　注
黑龙江省 水利厅	陆　兵	厅　长	继任—2017 年 8 月	
		党组书记	继任—2017 年 7 月	
	侯百君	厅　长	2017 年 8 月—	
		党组书记	2017 年 7 月—	
		副厅长	2010 年 4 月—2016 年 11 月	
		党组成员		
		黑龙江省政府防汛抗旱指挥部专职副总指挥		
		黑龙江省政府防汛抗旱指挥部 专职副总指挥（副厅级）	继任—2010 年 4 月	
		党组成员		
	王滨起	副厅长	继任—2010 年 4 月	
		党组成员		
	高　敏	副厅长	继任—2015 年 5 月	
		党组成员		
	马庆国	副厅长	继任—2015 年 7 月	
		党组成员		
		巡视员	2015 年 7 月—2017 年 2 月	
	胥信平	副厅长	继任—2017 年 7 月	
		党组成员		
		巡视员	2017 年 7 月—	
	王　铁	副厅长	继任—2018 年 12 月	
		党组成员		
		巡视员	2018 年 12 月—	
	刘加海	总工程师（副厅级）	2014 年 1 月—2018 年 10 月	
		副厅长	2016 年 6 月—	
		党组成员		
	韩福君	副厅长	2017 年 11 月—	
		党组成员		
		黑龙江省河长制办公室副主任副巡视员		
		副巡视员	2016 年 6 月—2017 年 11 月	
	孙　飚	副厅长	2016 年 12 月—	
		党组成员		
		黑龙江省政府防汛抗旱指挥部 专职副总指挥		
	徐春太	黑龙江省纪检委派驻黑龙江省水利厅 纪检组组长	继任—2014 年 12 月	
		党组成员		
	宣　然	黑龙江省纪委监委驻黑龙江省水利厅 纪检监察组组长	2017 年 6 月—	
		党组成员		

（四）厅直属企事业单位

1. 直属事业单位

直属事业单位包括黑龙江省水利水电勘测设计研究院、黑龙江省水文局、黑龙江省水利科学研究院、黑龙江省三江工程建设管理局、黑龙江省引嫩工程管理处、黑龙江省大庆地区防洪工程管理处、黑龙江省泥河水库管理处、黑龙江省水利学校、黑龙江省桃山水库管理处、黑龙江省龙头桥水库管理处、黑龙江省胖头泡蓄滞洪区管理处。

2014 年 5 月，根据黑龙江省机构编制委员会印发的《关于调整黑龙江省水利厅所属部分事业单位机构编制事项的通知》（黑编〔2014〕43 号），黑龙江省水利工程建设局更名为黑龙江省三江工程建设管理局，隶属黑龙江省水利厅，机构规格仍为副厅级。主要职责任务：作为黑龙江省辖区内松花江、嫩江以及黑龙江、乌苏里江等界江治理工程的项目法人，承担三江治理工程项目的工程建设质量管理、项目资金管理、生产安全管理等建设管理工作。内部机构由原 9 个调整为 8 个（均为副处级）：办公室、工程技术处、计划合同处、财务审计处、建设管理处、质量安全处、人事处、纪检监察室。事业编制由原 101 名调整为 80 名，其中管理人员 18 名、专业技术人员 56 名、工勤人员 6 名。局领导班子职数另行核定，内部机构领导职数副处级 8 职、正科级 9 职。经费形式仍为财政全额预算拨款。同时成立黑龙江省松花江工程建设处，隶属黑龙江省三江工程建设管理局，按正处级事业单位管理，主要职责任务：在黑龙江省三江工程建设管理局的统一组织领导下，具体承担黑龙江省辖区内松花江治理工程的建设管理工作。成立黑龙江省嫩江工程建设处，隶属黑龙江省三江工程建设管理局，按正处级事业单位管理，主要职责任务：在黑龙江省三江工程建设管理局的统一组织领导下具体承担黑龙江省辖区内嫩江治理工程的建设管理工作。成立黑龙江省界江工程建设管理处，隶属黑龙江省三江工程建设管理局，按正处级事业单位管理，主要职责任务：在黑龙江省三江工程建设管理局的统一组织领导下，具体承担黑龙江省辖区内黑龙江、乌苏里江等界江治理工程的建设管理工作。

2014 年 8 月，根据黑龙江省机构编制委员会印发的《关于印发黑龙江省水利厅所属事业单位分类方案的通知》（黑编〔2014〕101 号），黑龙江省水土保持科学研究所更名为黑龙江省水土保持科学研究院，隶属黑龙江省水利厅，公益一类，按正处级事业单位管理。

2018 年 2 月，根据黑龙江省机构编制委员会印发的《关于调整黑龙江省龙头桥灌区管理处机构编制事项的通知》（黑编〔2018〕18 号），调整黑龙江省龙头桥灌区管理处机构编制如下：收回黑龙江省龙头桥灌区管理处事业编制 20 名，按现有在编人数保留其事业编制 6 名（管理人员 2 名、专业技术人员 4 名），由原隶属黑龙江省水利厅，改为隶属双鸭山市人民政府，并更名为双鸭山市龙头桥灌区管理处，机构头数和事业编制一并划入双鸭山市事业单位机构编制总量。

2018 年 10 月，根据黑龙江省机构编制委员会印发的《关于印发黑龙江省水利厅所属事业单位机构改革方案的通知》（黑编〔2018〕70 号），撤销的单位有：撤销黑龙江省防汛抗旱机动抢险队，56 名自收自支事业编制收回。整合的单位有：黑龙江省水利科技试验研究中心、黑龙江省水土保持科学研究院并入黑龙江省水利科学研究院，挂黑龙江省水土保持监测站牌子，隶属黑龙江省水利厅，公益一类，按正处级事业单位管理；黑龙江省松花江工程建设管理处、黑龙江省嫩江工程建设管理处、黑龙江省界江工程建设管理处并入黑龙江省三江工程建设管理局，隶属黑龙江省水利厅，公益一类，按副厅级事业单位管理。保留的单位有：黑龙江省胖头泡蓄滞洪区管理处，由原隶属黑龙江省三江工程建设管理局，改为隶属黑龙江省水利厅，公益一类，按正处级事业单位管理；黑龙江省水文局隶属黑龙江省水利厅，公益一类，按副厅级事业单位管理；黑龙江省水利水电勘测设计研究院挂水利部黑龙江水利水电勘测设计研究院、黑龙江省水利水电规划院牌子，隶属黑龙江省水利厅，公益二类，按副厅级事业单位管理；黑龙江省水利学校不再加挂黑龙江省水利工程技术学校牌子，加挂黑龙江水利高级技工学校牌子，隶属黑龙江省水利厅，公益二类，按正处级事业单位管理；黑龙江省泥河水库管理处隶属黑龙江省水利厅，公益二类，按正处级事业单位管理；黑龙江省大庆地区防洪工程管理处隶属黑龙江省水利厅，公益二类，按正处级事业单位管理；黑龙江省引嫩工程管理处隶属黑龙江省水利厅，公益二类，按正处级事业单位管理；黑龙江省龙头桥水库管理处隶属黑龙江省水利厅，公益二类，按正处级事业单位管理；黑龙江省桃山水库管理处隶属黑龙江省水利厅，公益二类，按正处级事业单位管理。

2. 直属企业单位

直属企业单位包括黑龙江省水利物资总公司、黑龙江省水利冲填工程处、黑龙江省水利第一工程处、黑龙江省水利第二工程处、黑龙江省水利第三工程处、黑龙江省水利第五工程处。

2015年1月，根据黑龙江省人民政府第39次常务会议和第八次协调会议要求，黑龙江省水利厅决定将黑龙江省水利物资总公司、黑龙江省水利冲填工程处、黑龙江省水利第一工程处、黑龙江省水利第二工程处、黑龙江省水利第三工程处、黑龙江省水利第五工程处6户企业无偿划转到国资委所属的黑龙江省建设集团有限公司，划转基准日为2014年12月31日。

2015年8月，黑龙江省建设集团有限公司与黑龙江省水利厅签署《省水利厅所属国有企业划转协议》，黑龙江省水利厅所属黑龙江省水利物资总公司、黑龙江省水利冲填工程处、黑龙江省水利第一工程处、黑龙江省水利第二工程处、黑龙江省水利第三工程处、黑龙江省水利第五工程处6户企业正式划归黑龙江省建设集团有限公司领导。（2015年12月，6个企业完成公司制改革，不再隶属黑龙江省水利厅。）

三、第三阶段（2018年12月—2021年12月）

2018年12月，按照黑龙江省委办公厅、黑龙江省人民政府办公厅印发的《黑龙江省水利厅职能配置、内设机构和人员编制规定》（厅字〔2018〕83号），黑龙江省水利厅为黑龙江省政府组成部门，为正厅级。

（一）主要职责

（1）负责保障水资源的合理开发利用。拟定全省水利战略规划和政策，起草有关法规规章草案，组织编制全省水资源战略规划、省级重要江河湖泊流域综合规划、防洪规划等重大水利规划。

（2）负责生活、生产经营和生态环境用水的统筹和保障；组织实施最严格水资源管理制度，实施全省水资源的统一监督管理，拟定全省和跨市（地）水中长期供求规划、水量分配方案并监督实施。

（3）负责重要流域、跨市（地）以及重大调水工程的水资源调度；组织实施取水许可、水资源论证和防洪论证制度，指导开展水资源有偿使用工作，指导水利行业供水和乡镇供水工作。

（4）按规定制定水利工程建设有关制度并组织实施，负责提出中央和省级水利固定资产投资规模、方向、具体安排建议并组织指导实施，按黑龙江省政府规定权限审查省级规划内和年度计划规模内固定资产投资项目，提出中央和省级水利资金安排建议并负责项目实施的监督管理。

（5）指导水资源保护工作。组织编制并实施水资源保护规划；指导饮用水水源保护有关工作，指导地下水开发利用和地下水资源管理保护；组织指导地下水超采综合治理。

（6）负责节约用水工作。拟定节约用水政策，组织编制节约用水规划并监督实施，组织拟定有关标准。组织实施用水总量控制等管理制度，指导和推动节水型社会建设工作。

（7）指导水文工作。负责水文水资源监测、水文站网建设和管理；对江河湖库和地下水实施监测，发布水文水资源信息、情报预报和全省水资源公报；按规定组织开展水资源、水能资源调查评价和水资源承载能力监测预警工作。

（8）指导水利设施、水域及其岸线的管理、保护与综合利用。组织指导水利基础设施网络建设；指导全省重要江河湖泊及河口的治理、开发和保护；指导河湖水生态保护与修复、河湖生态流量水量管理以及河湖水系连通工作。

（9）指导监督水利工程建设与运行管理。组织实施具有控制性的和跨市（地）跨流域的重要水利工程建设与运行管理；指导监督水利工程安全运行，组织重大水利工程验收有关工作，指导地方中小型水利工程验收工作。

（10）负责水土保持工作。拟定水土保持规划并监督实施，组织实施水土流失的综合防治、监测预报并定期公告；负责建设项目水土保持监督管理工作，指导国家和黑龙江省重点水土保持建设项目的实施。

（11）指导农村水利工作。组织开展大中型灌排工程建设与改造；指导农村饮水安全工程建设管理工作，指导节水灌溉有关工作；协调牧区水利工作；指导农村水利改革创新和社会化服务体系建设；指导农村水能资源开发、小水电改造和水电农村电气化工作。

（12）负责重大涉水违法事件的查处，协调和仲裁跨市（地）水事纠纷，指导水政监察和水行政执法；负责全省水利行业安全生产工作，组织指导水库、水电站大坝、农村水电站的安全监管；指导水利建设市场的监督管理，组织实施水利工程建设的监督。

（13）开展水利科技和外事工作。组织开展水利行业质量监督工作，拟定水利行业的技术标准、规程规范并监督实施。办理国际河流（湖泊）有关涉外事务。

（14）负责落实综合防灾减灾规划相关要求，组织编制洪水干旱灾害防治规划和防护标准并指导实施；承担水情旱情监测预警工作；组织编制重要江河湖泊和重要水工程的防御洪水抗御旱灾调度及应急水量调度方案，按程序报批并组织实施；承担防御洪水应急抢险的技术支撑工作；承担台风防御期间重要水工程调度工作。

（15）承担河湖长制组织实施具体工作，负责组织协调、调度督导、检查考核，落实河湖长确定的事项。承担黑龙江省河长制办公室日常工作。

（16）完成黑龙江省委、黑龙江省政府交办的其他任务。

（二）编制与机构设置

根据黑龙江省委办公厅、黑龙江省人民政府办公厅印发的《黑龙江省水利厅职能配置、内设机构和人员编制规定》（厅字〔2018〕83号），黑龙江省水利厅机关行政编制92名（不含两委人员编制）；设厅长1名，副厅长5名（其中副厅长、省河长制办公室副主任1名）；处长15名（含机关党委专职副书记1名），副处长15名。

根据黑龙江省委办公厅、黑龙江省人民政府办公厅印发的《黑龙江省水利厅职能配置、内设机构和人员编制规定》（厅字〔2018〕83号），黑龙江省水利厅设15个内设机构：办公室、规划计划处、政策法规处、财务审计处、人事处（离退休干部工作处）、水资源管理处、黑龙江省节约用水办公室（科技外事处）、水利工程建设处、河湖及运行管理处、水土保持处、农村水利水电处、水旱灾害防御处、监督处、河湖长制工作处、机关党委（见图3）。

根据黑龙江省委机构编制委员会印发的《关于省水利厅设立巡察工作领导小组办公室有关事宜的通知》（黑编〔2020〕74号），同意黑龙江省水利厅设立巡察工作领导小组办公室，与机关党委合署办公，核增副处级领导职数1名，用于开展巡视巡察工作。调整后，黑龙江省水利厅副处级领导职数16名，其他机构编制事项不变。

（三）厅领导任免

2018年12月，黑龙江省委决定王铁任黑龙江省水利厅巡视员，免去其黑龙江省水利厅副厅长、

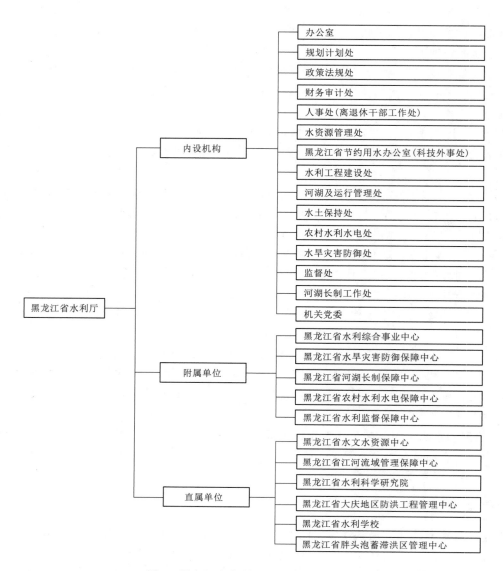

图 3　黑龙江省水利厅机构图（2021 年）

党组成员职务（黑发干字〔2019〕31 号、黑发干字〔2019〕32 号）。

2019 年 4 月，黑龙江省委决定焦唤学任黑龙江省水利厅副厅长、党组成员，兼任黑龙江省应急管理厅副厅长（黑发干字〔2019〕222 号、黑发干字〔2019〕223 号）。

2019 年 4 月，黑龙江省委决定王乃巨任黑龙江省水利厅副厅长、党组成员（黑发干字〔2019〕222 号、黑发干字〔2019〕223 号）。

2019 年 5 月，黑龙江省委决定王利仁任黑龙江省水利厅副巡视员（黑发干字〔2019〕262 号）。

2019 年 7 月，黑龙江省委决定免去胥信平黑龙江省水利厅巡视员职务，退休（黑发干字〔2019〕372 号）。

2019 年 9 月，黑龙江省委决定王铁任黑龙江省水利厅一级巡视员（黑发干字〔2019〕466 号）。

2019 年 9 月，中共黑龙江省委决定王利仁任黑龙江省水利厅二级巡视员（黑发干字〔2019〕466 号）。

2019 年 9 月，黑龙江省委决定王恒达任黑龙江省水利厅二级巡视员（黑组任字〔2019〕218 号）。

2020 年 6 月，黑龙江省委决定吴志宏任黑龙江省水利厅副厅长、党组成员（黑发干字〔2020〕

223 号、黑发干字〔2020〕224 号）。

2020 年 6 月，黑龙江省委决定免去王乃巨黑龙江省水利厅副厅长、党组成员职务（黑发干字〔2020〕225 号、黑发干字〔2020〕226 号）。

2020 年 9 月，黑龙江省委决定魏邦记任黑龙江省水利厅副厅长、党组成员（黑发干字〔2020〕501 号、黑发干字〔2020〕502 号）。

2021 年 9 月，黑龙江省委决定免去宣然黑龙江省纪委监委驻黑龙江省水利厅纪检监察组组长、黑龙江省水利厅党组成员职务（黑发干字〔2021〕561 号、黑发干字〔2021〕563 号）。

2021 年 9 月，黑龙江省纪委监委决定韩启彬任黑龙江省纪委监委驻黑龙江省水利厅纪检监察组组长、黑龙江省水利厅党组成员职务（黑发干字〔2021〕604 号、黑发干字〔2021〕605 号）。

黑龙江省水利厅领导任免表（2018 年 12 月—2021 年 12 月）见表 3。

表 3　　　　　　　　　黑龙江省水利厅领导任免表（2018 年 12 月—2021 年 12 月）

机构名称	姓 名	职 务	任 免 时 间	备 注
黑龙江省水利厅	侯百君	厅 长	继任—	
		党组书记		
	刘加海	副厅长	继任—	
		党组成员		
	韩福君	副厅长	继任—	
		党组成员		
		黑龙江省河长制办公室副主任		
	王乃巨	副厅长	2019 年 4 月—2020 年 6 月	
		党组成员		
	焦喂学	副厅长	2019 年 4 月—	
		党组成员		
		兼任黑龙江省应急管理厅副厅长		
	吴志宏	副厅长	2020 年 6 月—	
		党组成员		
	魏邦记	副厅长	2020 年 9 月—	
		党组成员		
	胥信平	巡视员	继任—2019 年 7 月	
	王 铁	巡视员	继任—2019 年 9 月	
		一级巡视员	2019 年 9 月—	
	王利仁	副巡视员	2019 年 5—9 月	
		二级巡视员	2019 年 9 月—	
	王恒达	二级巡视员	2019 年 9 月—	
	宣 然	黑龙江省纪委监委驻黑龙江省水利厅纪检监察组组长	继任—2021 年 9 月	
		党组成员		
	韩启彬	黑龙江省纪委监委驻黑龙江省水利厅纪检监察组组长	2021 年 9 月—	
		党组成员		

（四）厅直属事业单位

直属事业单位包括黑龙江省水文水资源中心、黑龙江省江河流域管理保障中心、黑龙江省水利科学研究院、黑龙江省大庆地区防洪工程管理中心、黑龙江省水利学校、黑龙江省胖头泡蓄滞洪区管理中心。

2019年9月，根据黑龙江省机构编制委员会印发的《关于调整部分副厅级以上事业单位机构编制事项的通知》（黑编〔2019〕130号），黑龙江省三江工程建设管理局更名为黑龙江省三江工程建设项目服务中心、黑龙江省水文局更名为黑龙江省水文水资源中心。

2019年12月，根据黑龙江省机构编制委员会印发的《关于调整黑龙江省水利水电勘测设计研究院隶属关系等事宜的通知》（黑编〔2019〕171号），黑龙江省水利水电勘测设计研究院（水利部黑龙江水利水电勘测设计研究院、黑龙江省水利水电规划院）由原隶属黑龙江省水利厅，转为隶属黑龙江省国资委，其他机构编制事宜不变。

2020年12月，根据黑龙江省机构编制委员会印发的《关于调整省水利厅所属部分事业单位隶属关系的通知》（黑编〔2020〕161号），黑龙江省引嫩工程管理处、黑龙江省泥河水库管理处、黑龙江省桃山水库管理处及黑龙江省龙头桥水库管理处等4家事业单位由原隶属黑龙江省水利厅，调整为隶属黑龙江省国资委，由黑龙江省国资委继续推进4家单位改革事宜。

2021年4月，根据黑龙江省机构编制委员会印发的《关于印发〈深化黑龙江省水利厅所属事业单位改革方案〉的通知》（黑编〔2021〕66号），黑龙江省三江工程建设项目服务中心更名为黑龙江省江河流域管理保障中心，主要职责任务调整为：承担全省江河流域规划和江河湖泊管理的服务保障工作；承担水利政策法规服务保障工作；承担水利工程建设与运行管理服务保障工作；开展省级水利行政许可项目相关技术审核工作、绩效评估考核工作；承担水利"放管服"改革和水行政监察执法服务保障工作；承担黑龙江省水利厅水利工程建设项目法人常设机构职责；继续履行三江治理工程项目建设管理工作职责（工程竣工验收移交地方管理后，此项职能自然取消）；承担黑龙江省水利厅交办的其他支撑性、服务性工作。黑龙江省水文水资源中心主要职责任务调整为：拟定全省水文行业技术规范和标准并监督实施；承担全省水文水资源监测站网规划、建设和管理工作；承担全省水资源管理服务保障工作；承担全省江河湖库水情监测分析预警预报工作；承担全省水文水资源、水环境、水生态监测分析工作；承担水文分析与计算、水文水资源调查评价、水文测量、水文调查、水平衡测试、水资源论证、水能勘测工作；承担防洪影响评价技术支撑工作；承担水文水资源科学技术研究和水文测报新技术装备推广工作；承担水文水资源测报系统规划、设计、实施和运行管理工作，设分支机构10个，均为副处级：黑龙江省水文水资源中心哈尔滨分中心、黑龙江省水文水资源中心齐齐哈尔分中心、黑龙江省水文水资源中心牡丹江分中心、黑龙江省水文水资源中心佳木斯分中心、黑龙江省水文水资源中心大庆分中心、黑龙江省水文水资源中心鸡西分中心、黑龙江省水文水资源中心伊春分中心、黑龙江省水文水资源中心黑河分中心、黑龙江省水文水资源中心绥化分中心、黑龙江省水文水资源中心大兴安岭分中心。黑龙江省水利科学研究院（黑龙江省水土保持监测站）主要职责任务调整为：承担寒区水利基础理论及应用技术研究、高新技术开发、科技成果转化与孵化；承担水利行业基础性和关键性科学研究任务；承担水土保持监测与分析工作；承担全省水土保持、节约用水管理服务保障工作；承担编制行业有关条例、标准、规程等服务保障工作；承担水利工程造价相关文件编制与修订工作；承担黑龙江省水利厅交办的其他技术性、服务性工作。黑龙江省大庆地区防洪工程管理处更名为黑龙江省大庆地区防洪工程管理中心。黑龙江省胖头泡蓄滞洪区管理处更名为黑龙江省胖头泡蓄滞洪区管理中心。

执笔人：金倚天

审核人：张洪斌

上海市水务局

上海市水务局是主管上海市水务和海洋工作的市政府组成部门（正局级），加挂上海市海洋局牌子。上海市水务局组织沿革大致可划分为以下3个阶段：上海市水务局时期（2001年1月—2009年2月），上海市水务局、上海市海洋局合署办公时期（2009年2月—2019年2月），上海市水务局加挂上海市海洋局牌子时期（2019年2月—2021年12月）。

一、上海市水务局时期（2001年1月—2009年2月）

2000年，在政府机构改革实施过程中，按照中共中央、国务院批准的上海市人民政府机构改革方案规定，设置上海市水务局。2000年5月13日，上海市水务局正式挂牌成立。根据市政府办公厅《关于印发上海市水务局职能配置、内设机构和人员编制规定的通知》（沪府办发〔2000〕52号），上海市水务局机关行政编制100名，其中正副处级领导职数29名。2004年，上海市水务局办公地点由原来的铜仁路257号搬迁至大沽路100号。2005年3月，按照上海市委、上海市政府的决策和部署，进一步以政府职能转变为核心，实施政企、政事、管办分离改革，上海市水务局与上海市城投总公司举行市属供排水企业划转交接仪式，签署备忘录，原上海市水务局所属的18家供排水企业划归上海市城投总公司。上海铸管厂、上海市水利工程公司、上海海波房地产综合开发公司等一批企业通过产权转让、关闭、歇业等形式与上海市水务局脱钩，其余4家水利中小企业也通过国资关系划转或产权转让方式实现与政府部门的脱钩。

（一）主要职责

根据上海市政府办公厅《关于印发上海市水务局职能配置、内设机构和人员编制规定的通知》（沪府办发〔2000〕52号），上海市水务局划入职能：原上海市水利局承担的行政管理职能；原上海市公用事业管理局承担的供水及城市规划区地下水开发和利用管理职能；原上海市地质矿产局承担的地下水行政管理职能；上海市市政工程管理局原承担的市政排水与污水处理设施以及市政公用防汛墙与驳岸等的建设和管理职能；建设部下放的城市计划用水、节约用水的具体管理工作。转变职能：将教育、培训的具体业务工作、机关后勤服务工作及其他专业性、技术性、辅助性工作交给有关事业单位。

主要职责如下：

（1）贯彻执行有关水行政工作的方针、政策和法律、法规、规章；结合本市实际，研究起草水行政工作的地方性法规、规章草案和政策，并组织实施有关法规、规章和政策。

（2）根据本市国民经济和社会发展总体规划，组织编制本市水利工作发展规划、中长期计划和年度计划，并组织实施；参与制定流域水资源规划，组织有关国民经济总体规划、城市规划及重大建设项目中有关水行政业务的论证工作。

（3）统一管理本市水资源（含空中水、地表水、地下水）；制定水资源中长期供求计划、水量分配调度方案并监督实施；组织实施取水许可制度和水资源费征收工作；发布水资源公报；负责计划用水工作，组织、指导和监督节约用水工作；负责给水行业的管理；负责水文工作。

（4）会同有关部门管理滩涂资源，组织编制、制定滩涂开发利用和保护的规划、计划并组织实施。

（5）主管防汛抗旱工作，承担上海市防汛指挥部的日常工作。

（6）负责排水与污水处理设施的建设、管理和排水费征收工作，组织实施排水许可制度，负责排水行业的管理。

（7）主管本市河道、湖泊、江海堤防（包括人工水道、水库、行洪区、蓄洪区、滞洪区），并组织整治；负责长江口和太湖流域上海部分的开发整治。

（8）按照国家资源与环境保护的有关法律、法规和标准，拟定水资源开发利用保护规划；监测江河湖库及向其他水体、排水管网排污的水量、水质，审定水域和排水管网的纳污能力，提出水功能区的划分和水环境治理的意见并组织实施。

（9）组织、实施水行政监察工作及水行政执法；协调部门间和区县间的水事纠纷。

（10）组织编制水利工程建设项目建议书和可行性报告；组织实施国家水利技术质量标准和水利工程的规程、规范，承担起草地方标准；负责组织和协调城市建设中涉及水利设施的配套工作。

（11）主管各类水利工程；依照有关法规、规章，组织、指导水利工程设施、水域及其岸线的管理和保护；组织建设和管理具有控制性的或跨市界的重要水利工程；协同负责本市重要水利工程的安全监管工作。

（12）指导农村水利工作，组织、协调农田水利基本建设；会同有关部门组织实施水土保持工作。

（13）参与对水务资金使用的管理；指导水务行业的多种经营工作，研究提出有关水务的价格、税收、信贷、财务等经济调节意见。

（14）负责有关行政复议受理和行政诉讼应诉工作。

（15）承办上海市政府交办的其他事项。

（二）内设机构

2000年，上海市水务局设有12个职能处（室），分别为：办公室（党委办公室）、政策法规处、综合规划处、防汛处、设施管理处（安全服务处）、建设管理处（市长江口开发整治局办公室）、水资源处（上海市节约用水办公室）、农村水利处（水土保持处）、计划财务处、科学技术处（国际合作处）、组织人事处、宣传处。按规定设置纪检监察机构和机关党委。

2001年，根据《关于同意调整上海市水务局内设机构和人员编制的通知》（沪编〔2001〕135号），上海市水务局设施管理处和建管处合并组建建设和管理处，增设经济督导处，内设机构数仍为12个，行政编制由原定100名调整为110名。

2006年，根据《关于同意调整上海市水务局内设机构的批复》（沪编〔2006〕40号），上海市水务局设立滩涂海塘处；撤销农村水利处（水土保持处）、经济督导处；防汛处更名为防汛和安全监督处；建设和管理处（市长江口开发整治局办公室）增挂农村水利处、水土保持处牌子（见图1）。

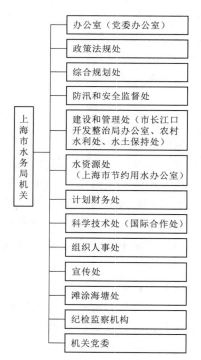

图1　上海市水务局机关机构图（2006年）

（三）局属单位

2001 年，根据《关于同意上海市水利局规划室更名为上海市水务规划研究院的通知》（沪编〔2001〕136 号），上海市水利局规划室更名为上海市水务规划研究院。原与上海市水利局规划室实行一个机构、两块牌子的"上海市水资源办公室"不再保留。根据《关于同意建立上海市水务局机关服务中心的通知》（沪编〔2001〕37 号），撤销上海水都服务中心，成立上海市水务局机关服务中心。根据《关于同意建立上海市水利教育培训中心的通知》（沪编〔2001〕137 号），上海市水利教育培训中心更名为上海市水务宣传教育培训中心。

2002 年，根据《关于同意上海市水务规划研究院更名为上海市水务规划设计研究院的通知》（沪编〔2002〕28 号），上海市水务规划研究院更名为上海市水务规划设计研究院。根据《上海市水务局关于市水利工程定额管理站与市水利建设工程质量监督中心站归并的通知》（沪水务〔2002〕302 号），为了适应"水务一体化"管理体制的新要求，经研究决定，将上海市水利工程定额管理站与上海市水利建设质量监督中心站归并，并按照上海市机构编制委员会沪编〔1997〕384 号文件要求，市水利工程定额管理站与市水利建设工程质量监督中心站实行两块牌子、一套机构。

2003 年，根据《关于同意上海市防汛信息中心增挂牌子及增加人员编制的通知》（沪编〔2003〕33 号），上海市防汛信息中心增挂上海市水务信息中心牌子。

2004 年，根据《关于同意上海市水利建设工程质量监督中心站增挂上海市水务建设工程安全监督中心站牌子并调整人员编制的通知》（沪编〔2004〕9 号），上海市水利建设工程质量监督中心站增挂上海市水务建设工程安全监督中心站牌子。

2005 年，上海市水务局进行以政企、政事和管办"三分开"为主要内容的水务管理体制改革。根据《关于同意组建上海市水务行政执法总队等单位的通知》（沪编〔2005〕173 号），局属事业单位由原来的 21 个减少为 11 个，组建上海市水务行政执法总队、上海市水务业务受理中心、上海市水利管理处、上海市堤防（泵闸）设施管理处；上海市给水管理处（上海市计划用水办公室）更名为上海市供水管理处（上海市计划用水办公室）；撤销上海市水利排灌管理处、上海市河道（水闸）管理处、上海市滩涂管理处、上海市太湖流域工程管理处、上海市防汛墙建设管理处、上海市浦东新区水利工程建设管理处、上海市水务局机关服务中心等事业单位建制；撤销上海市苏州河水闸管理所、上海市淀浦河东闸管理所、上海市龙华港水闸管理所、上海市大治河西闸管理所、上海市蕴藻浜东闸管理所等事业单位建制，上述单位转制改企；上海市合流污水治理工程建设处、上海市水务宣传教育培训中心划转上海市城市建设开发投资总公司管理。

2006 年，根据《关于同意上海市苏州河环境综合整治领导小组办公室整建制划转上海市水务局管理的批复》（沪编〔2006〕53 号），上海市苏州河环境综合整治领导小组办公室整建制划转上海市水务局管理。

2008 年，根据《上海市机构编制委员会关于调整上海市苏州河环境综合整治领导小组办公室机构编制的批复》（沪编〔2008〕4 号），撤销上海市苏州河环境综合整治领导小组办公室事业单位建制，在上海市水利管理处增挂上海市苏州河环境综合整治领导小组办公室牌子，实行"两块牌子，一个机构"。

（四）上海市水务局领导任免

上海市水务局领导任免表（2001 年 1 月—2009 年 2 月）见表 1。

二、上海市水务局、上海市海洋局合署办公时期（2009 年 2 月—2019 年 2 月）

2009 年，根据上海市政府办公厅《关于印发上海市水务局主要职责内设机构和人员编制规定的通

表1 上海市水务局领导任免表（2001年—2009年2月）

机构名称	姓 名	职 务	任免时间	备注
上海市水务局	徐其华	党委书记	2000年4月—2001年9月	
	高 亢	党委书记	2001年9月—2005年9月	
	张嘉毅	局 长	2000年4月—	
		党委书记	2005年9月—	
		党委副书记	2000年4月—2005年9月	
	杨召之	纪委书记	2000年4月—2004年2月	
	周传文	党委副书记	2000年12月—2005年4月	
		巡视员	2007年9月—	
	陈伯深	党委副书记、纪委书记	2005年4月—	
	汪松年	副局长	2000年4月—2003年8月	
		巡视员	2003年8月—2005年2月	
	曹龙金	副局长	2000年4月—2001年4月	
	陈 寅	副局长	2000年4月—2003年8月	
	顾金山	副局长	2001年9月—2006年12月	
	沈依云	副局长	2003年8月—	
	朱石清	副局长	2003年8月—	
	王为人	副局长	2005年3月—2007年10月	
	朱铁民	副局长	2006年12月—	
	陈美发	总工程师	2000年4月—2007年9月	
	陈庆江	总工程师	2007年9月—	

知》（沪府办〔2009〕10号）规定，设立上海市水务局，为上海市政府组成部门。上海市海洋局与上海市水务局合署办公。将原上海市海洋局职责划入上海市水务局，全面履行上海市水务局、上海市海洋局的职责，行政编制120名，其中局长1名、副局长5名、总工程师1名，正副处级领导职数35名。保留上海市长江口开发整治局牌子，上海市防汛指挥部办公室设在上海市水务局。中共上海市委决定建立中共上海市水务局（上海市海洋局）党组，撤销中共上海市水务局委员会。办公地址在长宁区江苏路389号。

2013年，根据《关于精简市级机关行政编制优化人员队伍结构的通知》（沪编〔2013〕382号），机关行政编制调整为115名。

2015年，根据《关于调整部分市级机关纪检监察机构设置、人员编制和领导职数的通知》（沪编〔2015〕448号），机关行政编制调整为110名，正副处级领导职数调整为33名。

2016年，根据《关于同意调整上海市水务局（上海市海洋局）内设机构、人员编制和领导职数的批复》（沪编〔2016〕134号），机关行政编制调整为116名，正副处级领导职数由33名调整为36名。

2017年，根据《关于同意调整上海市水务局（上海市海洋局）内设机构的批复》（沪编〔2017〕76号），机关内设机构由13个调整为14个，正副处级领导职数由36名调整为37名。2017年7月，根据《关于同意调整上海市水务局（上海市海洋局）领导职数的批复》（沪编〔2017〕356号），机关正副处级领导职数由37名调整为39名（含防汛督察专员）。

2018年，根据《关于同意调整上海市水务局（上海市海洋局）内设机构和领导职数的批复》（沪编〔2018〕88号），机关正副处级领导职数由39名调整为40名（含5名防汛督察专员）。

（一）主要职责

2009年2月，根据上海市政府办公厅《关于印发上海市水务局主要职责内设机构和人员编制规定的通知》（沪府办〔2009〕10号）规定，上海市海洋局与上海市水务局合署办公。将原上海市海洋局职责划入上海市水务局,全面履行上海市水务局、上海市海洋局的职责;取消已由上海市政府公布取消的行政审批事项;取消或停止已由上海市政府公布取消或停止的行政事业性收费项目;加强水资源和海洋资源管理,促进水资源和海洋资源可持续利用,加强海洋战略研究和对海洋事务的综合协调。主要职责如下:

(1)贯彻执行有关水务、海洋管理的法律、法规、规章和方针、政策;研究起草有关水务、海洋管理的地方性法规、规章草案和政策,并组织实施。

(2)根据本市国民经济和社会发展总体规划,负责编制本市水务、海洋专业规划、中长期发展规划和年度计划,并组织实施;会同有关部门,制定本市水功能区划、海洋功能区划;参与制定流域防洪、水资源和海区海洋经济、资源、环境等规划。

(3)负责本市水资源(地表水、地下水)的统一管理和保护;负责制定水资源中长期供求计划、水量分配和调度方案并监督实施;组织实施取水许可制度、排水许可制度和水资源费征收工作;核定水域纳污能力,提出限制排污总量建议;负责计划用水工作、节约用水工作。

(4)会同市有关部门,管理滩涂资源,组织编制滩涂开发利用和保护的规划、年度计划并监督实施;负责本市长江河道的采砂管理。

(5)主管防汛抗旱工作,承担上海市防汛指挥部的日常工作。

(6)主管本市水文工作,组织实施水文水资源监测、水文站网建设和管理,发布水文水资源信息、水文情报预报和水资源公报。

(7)负责水利、供水、排水行业的管理,并承担相应的监管责任;研究提出有关水务的价格、财务等经济调节意见,参与对水务、海洋管理资金使用的管理。

(8)主管本市河道、湖泊、江海堤防,负责本市水务工程建设和管理;组织、指导和监督水务工程设施的建设和运行管理;负责本市水务建设工程质量和安全监督管理;负责实施具有控制性的或跨区域的重要水利工程的建设和运行管理。

(9)负责农村水利工作,组织、指导农田水利基本建设;会同市有关部门,组织实施水土保持工作。

(10)负责本市海域海岛的监督管理;审核海域使用申请,实施海域权属管理和海域有偿使用制度;负责海底电缆、管道审批和监督管理;负责本市海域勘界、海洋基础数据管理;负责综合协调海洋事务。

(11)承担保护海洋环境的责任,组织海洋环境调查、监测、监视和评价;会同有关部门,制定地方海洋环境保护与整治规划、标准、规范,执行国家确定的污染物排海标准和总量控制制度;负责防治海洋工程项目和海洋倾废对海洋污染损害的环境保护工作;核准海洋工程环境影响报告书,提出海岸工程环境影响报告书的审核意见;监督管理海洋自然保护区,负责海洋生态环境保护;负责海洋环境观测预报和海洋灾害预报警报。

(12)依法实施水行政执法和海洋行政执法,查处违法行为;协调部门间和区县间的水事纠纷,负责协调水务、海洋突发事件的应急处理;监督管理涉外海洋科学调查研究、海洋设施建造、海底工程和其他海洋开发活动。

(13)研究制定水务和海洋发展的重大技术进步措施,组织海洋基础与综合调查和水务、海洋重大技术攻关;组织实施国家有关水务、海洋技术质量标准和规程、规范,承担地方标准的起草。

(14)承担有关行政复议受理和行政诉讼应诉工作。

(15)承办上海市政府交办的其他事项。

2014年,根据《上海市人民政府办公厅关于印发上海市水务局主要职责内设机构和人员编制规定的通知》(沪府办发〔2014〕50号),上海市水务局取消的职责有:取消水利工程开工审批;取消水文监测资料使用的审批;取消海岸工程建设项目环境影响报告书审核。加强的职责有:加强海洋综合管理、生态环境保护和科技创新制度机制建设，推动完善海洋事务统筹规划和综合协调机制，研究拟定本市海洋发展战略，促进海洋经济和海洋事业发展；规范海洋执法行为，提高海洋执法能力，维护海洋管理秩序。加强水资源统一规划、统一管理、统一调度，实行最严格水资源管理制度。明确了与上海市环境保护局有关职责的分工。主要职责如下：

（1）贯彻执行有关水务、海洋管理的法律、法规、规章和方针、政策；研究起草有关水务、海洋管理的地方性法规、规章草案和政策，并组织实施有关地方性法规、规章和政策。

（2）根据本市国民经济和社会发展的总体规划，负责编制本市水务、海洋专业规划、中长期发展规划和年度计划，并组织实施；会同有关部门制定本市水功能区划、海洋功能区划；参与制定流域防洪、水资源和海区海洋经济、资源、环境等规划。

（3）负责本市水资源（地表水、地下水）的统一管理和保护；负责制定水资源中长期供求计划、水量分配和调度方案并监督实施；组织实施取水许可制度、排水许可制度和水资源费征收工作；核定水域纳污能力，提出限制排污总量建议；负责计划用水、节约用水工作。

（4）会同市有关部门管理滩涂资源，组织编制滩涂开发利用和保护规划、年度计划并监督实施；负责本市长江河道的采砂管理。

（5）主管防汛抗旱工作，承担上海市防汛指挥部日常工作。

（6）主管本市水文工作，组织实施水文水资源监测、水文站网建设和管理，发布水文水资源信息、水文情报预报和水资源公报。

（7）负责水利、供水、排水行业的管理，并承担相应的监管责任；研究提出有关水务的价格、财务等经济调节意见，参与对水务、海洋管理资金使用的管理。

（8）主管本市河道、湖泊、江海堤防，负责本市水务工程建设和管理；组织、指导和监督水务工程设施的建设和运行管理；负责本市水务建设工程质量和安全监督管理；负责实施具有控制性或跨区域的重要水利工程的建设和运行管理。

（9）负责农村水利工程，组织、指导农田水利基本建设，会同上海市有关部门组织实施水土保持工作。

（10）负责本市海域海岛的监督管理；审核海域使用申请，实施海域权属管理和海域有偿使用制度；负责海底电缆、管道审批和监督管理；负责本市海域勘界、海洋基础数据管理；负责综合协调海洋事务。

（11）承担保护海洋环境的责任，组织海洋环境调查、监测、监视和评价；会同有关部门制定地方海洋环境保护与整治规划、标准、规范，执行国家确定的污染物排海标准和总量控制制度；负责防治海洋工程项目和海洋倾废对海洋污染损害的环境保护工作；核准海洋工程环境影响报告书；监督管理海洋自然保护区，负责海洋生态环境保护；负责海洋环境观测预报和海洋灾害预报警报。

（12）依法实施水行政执法和海洋行政执法，查处违法行为；协调部门间和区县间的水事纠纷，负责协调水务、海洋突发事件的应急处理；监督管理涉外海洋科学调查研究、海洋设施建造、海底工程和其他海洋开发活动。

（13）研究制定水务和海洋发展的重大技术进步措施，组织海洋基础与综合调查和水务、海洋重大技术攻关；组织实施国家有关水务、海洋技术质量标准和规程、规范，承担地方标准的起草。

（14）承担有关行政复议受理和行政诉讼应诉工作。

（15）承办上海市政府交办的其他事项。

（二）内设机构

2009年，根据《关于印发上海市水务局主要职责内设机构和人员编制规定的通知》（沪府办〔2009〕10号），上海市水务局、上海市海洋局设有13个内设机构：办公室、政策法规处、综合规划处、计划财务处、建设管理处（农村水利处）、水资源处（上海市节约用水办公室）、滩涂海塘处、海

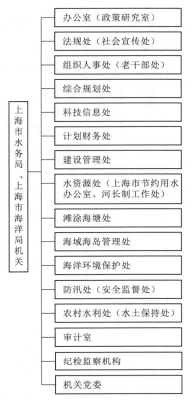

域海岛管理处、海洋环境保护处、防汛和安全监督处、科技信息处、水土保持处、组织人事处。按有关规定设置纪检监察机构和机关党委。

2014年，根据《上海市人民政府办公厅关于印发上海市水务局主要职责内设机构和人员编制规定的通知》（沪府办发〔2014〕50号），机关内设机构调整为：办公室、政策法规处（社会宣传处）、组织人事处、综合规划处、科技信息处、计划财务处、建设管理处、水资源处（上海市节约用水办公室）、滩涂海塘处、海域海岛管理处、海洋环境保护处、防汛和安全监督处、农村水利处（水土保持处）。

2016年，根据《关于同意调整上海市水务局（上海市海洋局）内设机构、人员编制和领导职数的批复》（沪编〔2016〕134号），办公室增挂审计室牌子。

2017年，根据《关于同意调整上海市水务局（上海市海洋局）内设机构的批复》（沪编〔2017〕76号），单独设置审计室；办公室增挂政策研究室牌子；防汛和安全监督处更名为防汛处，挂安全监督处牌子；政策法规处更名为法规处，挂社会宣传处牌子。调整后，内设机构由13个变为14个。

2018年，根据《关于同意调整上海市水务局（上海市海洋局）内设机构和领导职数的批复》（沪编〔2018〕88号），水资源处增挂河长制工作处牌子；组织人事处增挂老干部处牌子（见图2）。

上海市水务局、上海市海洋局机关机构图（2018年）见图2。

图 2　上海市水务局、上海市海洋局机关机构图（2018年）

（三）局属单位

2009年，根据《上海市机构编制委员会关于市水务局机构改革后所属事业单位相应调整的批复》（沪编〔2009〕228号），局属事业单位由11个调整为12个，即上海市水利管理处（上海市苏州河环境综合整治领导小组办公室）、上海市供水管理处（上海市计划用水办公室）、上海市排水管理处、上海市堤防（泵闸）设施管理处、上海市供水调度监测中心、上海市水利建设工程质量监督中心站（上海市水利工程定额管理站、上海市水务建设工程安全监督中心站）、上海市水务行政执法总队（中国海监上海市总队）、上海市水文总站（上海市水环境监测中心、上海市海洋环境监测预报中心）、上海市水务规划设计研究院（上海市海洋规划设计研究院）、上海市水务业务受理中心（上海市海洋业务受理中心）、上海市防汛信息中心（上海市水务信息中心、上海市海洋信息中心）、上海市海洋管理事务中心。

2011年，根据《关于同意调整上海市水利建设工程质量监督中心站机构编制的批复》（沪编〔2011〕271号），上海市水利建设工程质量监督中心站（上海市水利工程定额管理站、上海市水务建设工程安全监督中心站）更名为上海市水务建设工程安全质量监督中心站（上海市水务工程定额管理站）。

2012年，《关于同意上海市水务行政执法总队（中国海监上海市总队）更名的批复》（沪编〔2012〕170号），上海市水务行政执法总队（中国海监上海市总队）更名为上海市水务局执法总队（中国海监上海市总队）。

2013年，根据《关于同意上海市水务宣传教育培训中心隶属关系的批复》（沪编〔2013〕147号），上海市水务宣传教育培训中心划归上海市水务局、上海市海洋局管理。

2016年，根据《关于同意调整上海市水务局、上海市海洋局所属部分事业单位机构编制的批复》

（沪编〔2016〕527号），上海市水文总站不再挂上海市水环境监测中心、上海市海洋环境监测预报中心牌子。上海市水务宣传教育培训中心更名为上海市海洋环境监测预报中心。上海市水文总站承担的海洋环境监测预报等职责划入上海市海洋环境监测预报中心。

2017年，根据《关于同意调整上海市水务局、上海市海洋局所属部分事业单位机构编制的批复》（沪编〔2017〕342号），上海市水利管理处增挂上海市河湖管理事务中心牌子，不再挂上海市苏州河环境综合整治领导小组办公室牌子。

（四）上海市水务局、上海市海洋局领导任免

上海市水务局、上海市海洋局领导任免表（2009年2月—2019年2月）见表2。

表2　　　　　　　上海市水务局、上海市海洋局领导任免表（2009年2月—2019年2月）

机构名称	姓　名	职　务	任　免　时　间	备　注
上海市水务局、上海市海洋局	张嘉毅	局　长	继任—2013年4月	
		党组书记	继任—2013年2月	
	顾金山	局　长	2013年4月—2015年9月	
		党组书记	2013年2月—2015年9月	
	白廷辉	局　长	2015年11月—	
		党组书记		
	陈伯深	党组副书记	继任—2011年4月	
		纪检组组长		
		巡视员	2011年4月—2012年10月	
	杨　健	副局长（正局级）	2010年10月—2016年4月	
	朱铁民	副局长	继任—2012年8月	
	沈依云	副局长	继任—2014年5月	
		巡视员	2014年5月—2017年4月	
	朱石清	副局长	继任—2018年11月	
	刘晓涛	副局长	2009年3月—	
	陈远鸣	副局长	2010年5月—	
	陈庆江	副局长	2012年12月—2016年9月	
		总工程师	继任—2012年12月	
	周建国	总工程师	2012年12月—2017年3月	
		副局长	2017年3月—	
	王华杰	副局长	2014年7月—	
	范利民	纪检组组长	2013年3月—2016年4月	
	邓帅萍	纪检组组长	2016年5—12月	
	胡　欣	总工程师	2017年5月—2019年1月	
	周传文	巡视员	继任—2010年2月	
	王洪全	巡视员	2013年3月—2014年2月	
	卫洪达	副巡视员	2009年10月—2014年8月	
	王梦江	副巡视员	2017年9月—	

三、上海市水务局加挂上海市海洋局牌子时期（2019 年 2 月—2021 年 12 月）

2019 年，根据上海市委办公厅、上海市政府办公厅《上海市水务局职能配置、内设机构和人员编制规定》（沪委办发〔2019〕36 号），上海市水务局是主管全市水务和海洋工作的市政府组成部门，为正局级，加挂上海市海洋局牌子。行政编制 125 名，设局长 1 名，副局长 5 名，总工程师 1 名，正副处级领导职数 40 名（含督察专员 5 名）。办公地址在上海市长宁区江苏路 389 号。

（一）主要职责

根据上海市委办公厅、上海市政府办公厅印发的《上海市水务局职能配置、内设机构和人员编制规定》（沪委办发〔2019〕36 号），上海市水务局（上海市海洋局）主要职责如下：

（1）负责保障水资源的合理开发利用。贯彻执行有关水务、海洋管理的法律、法规、规章和方针、政策。研究起草有关水务、海洋管理的地方性法规、规章草案，拟定水务、海洋相关战略规划和政策，组织编制水资源综合规划、江河湖泊综合规划、防洪除涝规划、污水污泥处理规划、雨水排水规划等水务规划。

（2）负责生活、生产经营和生态环境用水的统筹和保障。组织实施最严格水资源管理制度，实施水资源的统一监督管理。拟定全市和跨区域水中长期供求计划、水量分配方案并监督实施。负责重要区域、重大调水工程的水资源调度。组织实施取水许可、水资源论证和防洪论证制度。组织开展水资源有偿使用工作。

（3）按照规定制定水务工程建设有关制度，组织编制市属水务、海洋建设规划、计划，提出水务、海洋固定资产投资规模、方向、具体安排建议，并组织实施。研究提出有关水务、海洋的价格、财务等建议，参与对水务、海洋管理资金使用的管理。

（4）负责水资源保护工作。组织编制并实施水资源保护规划。指导饮用水水源保护有关工作，负责地下水开发利用和地下水资源管理保护。组织开展地下水超采区综合治理。负责排水许可制度的实施和监督管理。

（5）负责节约用水工作。拟定节约用水政策，组织编制节约用水规划并监督实施，组织制定有关标准。组织实施用水总量控制等管理制度，指导和推动节水型社会建设工作。

（6）会同有关部门管理滩涂资源，组织编制滩涂保护和利用规划、年度计划并监督实施。负责长江河道上海段采砂管理工作。

（7）负责供水行业的管理。组织编制供水专业规划并监督实施。负责供水水压、水量、水质的监控和自来水供应应急调度工作。负责供水设施建设、运行、维护的监督管理。

（8）负责排水行业的管理。负责城镇排水设施与污水、污泥处理设施建设、运行、维护和调度的监管。负责组织市属污水处理设施规划服务范围内污水处理费的征收。会同有关部门监督管理纳入城镇排水设施的污水排放单位。

（9）负责水文工作。负责水文水资源监测、水文站网建设和管理。负责江河湖库和地下水监测工作，发布水文水资源信息、情报预报和水资源公报。按照规定组织开展水资源调查评价和水资源承载能力监测预警工作。

（10）负责水利行业的管理。负责水利设施、水域及其岸线的管理、保护与综合利用。组织实施重要江河湖泊及河口的治理、开发和保护。负责河湖水生态保护与修复、河湖生态流量水量管理以及河湖水系连通工作。负责推行河长制、湖长制工作。

（11）指导监督水务工程建设与运行管理。负责河道、湖泊、江海堤防管理，参与水务建设市场管理，组织指导水务基础设施网络建设。指导监督水务建设工程质量和安全管理。组织实施具有控制性的和跨区域的重要水利工程的建设和运行管理。

（12）负责水土保持工作。拟定水土保持规划并监督实施，组织实施水土流失的综合防治、监测预报并定期公告。负责建设项目水土保持监督管理工作，负责重点水土保持建设项目的实施。

（13）负责农村水利工作。负责农村饮用水安全工程建设管理工作，指导节水灌溉有关工作。负责农村生活污水处理设施建设、运行、维护的监管。指导农村水利改革创新和社会化服务体系建设。

（14）负责海洋开发利用和保护的监督管理工作。负责海域使用、海岛、海岸线和领海基点保护利用管理。制定海域海岛保护利用规划并监督实施。负责海洋生态、海域海岸线和海岛修复等工作。负责海洋观测预报、预警监测和减灾工作。组织开展海洋科学调查与勘测。参与重大海洋灾害的应急处理。

（15）指导实施海洋战略规划和发展海洋经济。会同有关部门拟定海洋经济发展、海岸带综合保护利用等规划和政策并监督实施。负责海洋经济运行监测评估工作。

（16）负责组织指导水行政执法和海洋行政执法工作，查处违法行为，协调和仲裁跨区水事纠纷。依法负责水务行业安全生产工作，落实水务行业安全生产责任，组织指导重要水务工程设施的安全监管。

（17）开展水务、海洋科技和外事工作。组织开展水务行业质量监督工作。拟定水务行业的技术标准、规程规范并监督实施。组织推进水务、海洋相关信息化建设。

（18）负责落实综合防灾减灾规划相关要求，组织编制洪水干旱灾害防治规划和防护标准并指导实施。承担水情旱情监测预警工作。组织编制重要江河湖泊和重要水工程的防御台风、暴雨、高潮位、洪水和抗御旱灾调度及应急水量调度方案，按照程序报批并组织实施。承担防御台风、暴雨、高潮位、洪水应急抢险的技术支撑工作和重要水工程调度工作。

（19）完成上海市委、上海市政府交办的其他任务。

（20）职能转变。上海市水务局要推进落实河长制、湖长制，切实加强水资源合理利用、优化配置和节约保护。坚持节水优先，从增加供给转向更加重视需求管理，严格控制用水总量和提高用水效率。坚持保护优先，加强水资源、水域和水利工程的管理保护，维护河湖健康美丽。坚持统筹兼顾，保障合理用水需求和水资源的可持续利用，为经济社会发展提供水安全保障。坚持陆海统筹、江海联动，更好服务海洋强国建设。

（21）有关职责分工。

1）与上海市应急管理局有关职责分工。上海市应急管理局负责编制综合防灾减灾规划，指导协调水旱灾害防治工作；会同上海市水务局等有关部门建立统一的应急管理信息平台，建立监测预警和灾情报告制度，健全自然灾害信息资源获取和共享机制，依法统一发布灾情。上海市水务局负责落实综合防灾减灾规划相关要求，组织编制洪水干旱灾害防治规划和防护标准并指导实施；承担水情旱情监测预警工作；组织编制重要江河湖泊和重要水工程的防御台风、暴雨、高潮位、洪水和抗御旱灾调度及应急水量调度方案，按照程序报批并组织实施；承担防御台风、暴雨、高潮位、洪水应急抢险的技术支撑工作和重要水工程调度工作。必要时，上海市水务局可以提请上海市应急管理局，以上海市防汛指挥机构的名义部署相关防治工作。

2）与上海市农业农村委员会有关职责分工。上海市农业农村委员会主要负责农田水利基础设施及配套建设和管理养护工作；根据农业生产需求，配套建设和管理养护灌溉泵站、灌溉渠道、渠系建筑物、道路等基础设施，保障农业生产能力；在满足农田基础设施配套的基础上，开展高效节水、农田水利信息化、智能化技术应用推广。上海市水务局主要负责农村河道和圩区排涝设施的建设和管理养护；指导农业节水灌溉和农村水利改革创新、社会化服务体系建设。

（二）内设机构

2019年，根据上海市委办公厅、上海市政府办公厅《上海市水务局职能配置、内设机构和人员编制规定》（沪委办发〔2019〕36号），局机关设有14个内设机构：办公室（政策研究室）、法规处（社会宣传处）、组织人事处（老干部处）、综合规划处、计划财务处、科技发展处、河长制工作处（河湖管理处）、水资源管理处（上海市节约用水办公室）、建设管理处、农村水利处（水土保持处）、海域海岛管理处（海洋经济协调处）、水旱和海洋灾害防御处（安全监督处）、设施运行管理处（滩涂海塘处）、审计室。按照有关规定设置机关党委。

2021年，《关于同意调整上海市水务局内设机构的批复》（沪委编委〔2021〕108号），上海市水务局内设机构调整为：办公室（政策研究室）、法规处（社会宣传处）、组织人事处（老干部处）、综合规划处、计划财务处、科技发展处、河长制工作处（综合督导处）、水资源管理处（上海市节约用水办公室）、建设管理处、农村水利处（水土保持处）、海域海岛管理处（海洋经济协调处）、水旱和海洋灾害防御处、设施运行管理处（安全监督处）、审计室，按照有关规定设置机关党委（见图3）。

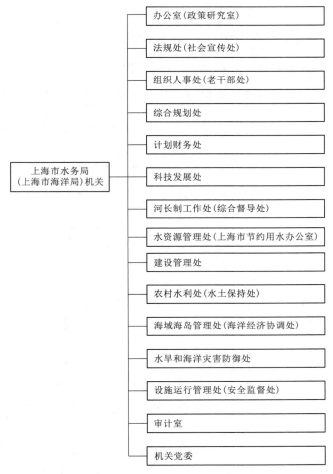

图3　上海市水务局（上海市海洋局）机关机构图（2021年）

（三）局属单位

2019年，局属事业单位共有13家：上海市水务局执法总队（中国海监上海市总队）、上海市水务局行政服务中心（上海市海洋局行政服务中心）、上海市水利管理处（上海市河湖管理事务中心）、上海市供水管理处（上海市计划用水办公室）、上海市排水管理处、上海市堤防（泵闸）设施管理处、上海市水文总站、上海市水务规划设计研究院（上海市海洋规划设计研究院）、上海市供水调度监测中心、上海市水务建设工程安全质量监督中心站（上海市水务工程定额管理站）、上海市防汛信息中心（上海市水务信息中心、上海市海洋信息中心）、上海市海洋管理事务中心、上海市海洋环境监测预报中心。7月，根据《关于同意调整上海市海洋环境监测预报中心、上海市水文总站等单位机构编制的批复》（沪委编委〔2019〕157号），上海市海洋环境监测预报中心更名为上海市海洋监测预报中心。

2020年，根据《关于同意上海市水务局所属事业单位机构编制资源统筹方案的批复》（沪委编委〔2020〕275号），上海市水利管理处（上海市河湖管理事务中心）更名为上海市水利管理事务中心（上海市河湖管理事务中心），上海市堤防（泵闸）设施管理处更名为上海市堤防泵闸建设运行中心，上海市供水管理处（上海市计划用水办公室）更名为上海市供水管理事务中心（上海市节约用水促进中心），上海市排水管理处更名为上海市排水管理事务中心。

2021年，根据《关于同意调整上海市防汛信息中心（上海市水务信息中心、上海市海洋信息中心）机构编制的批复》（沪委编委〔2021〕241号），上海市防汛信息中心（上海市水务信息中心、上海市海洋信息中心）更名为上海市水旱灾害防御技术中心。

（四）上海市水务局（上海市海洋局）领导任免

上海市水务局（上海市海洋局）领导任免表（2019年2月—2021年12月）见表3。

表3　　　　上海市水务局（上海市海洋局）领导任免表（2019年2月—2021年12月）

机构名称	姓名	职务	任免时间	备注
上海市水务局（上海市海洋局）	徐建	局长	2019年4月—2021年5月	
		党组书记		
	史家明	局长	2021年5月—	
		党组书记		
	刘晓涛	副局长	继任—	
	陈远鸣	副局长	继任—2021年8月	
		一级巡视员	2019年10月—2021年8月	
	赵明	副局长	2021年10月—	
		一级巡视员	2021年9月—	
	王华杰	副局长	继任—2019年12月	
	周建国	副局长	继任—	
	阮仁良	副局长	2019年10月—	
	金宏松	副局长	2021年3月—	
	高昊旻	总工程师	2019年12月—	
	王梦江	副巡视员	继任—2019年6月	
		二级巡视员	2019年6月—2021年2月	
	徐永康	二级巡视员	2019年11月—2020年2月	
	马维忠	二级巡视员	2019年11月—	
	胡传廉	二级巡视员	2020年10月—2021年10月	
	张林辉	二级巡视员	2021年7月—	
	管永华	二级巡视员	2021年11月—	

执笔人：潘瑶仪　朱丁恺　刘默尧

审核人：张林辉　魏梓兴

江苏省水利厅

江苏省水利厅是江苏省政府组成部门（正厅级），负责贯彻落实中央关于水利工作的方针政策和江苏省委的决策部署，在履行职责过程中坚持和加强党对水利工作的集中统一领导。

2001年以来，多次机构改革中，江苏省水利厅均予保留设置。该时期江苏省水利厅组织沿革划分为以下3个阶段：2001年1月—2009年12月，2009年12月—2019年1月，2019年1月—2021年12月。

一、第一阶段（2001年1月—2009年12月）

根据《省政府办公厅关于印发江苏省水利厅职能配置内设机构和人员编制规定的通知》（苏政办发〔2000〕136号），保留江苏省水利厅，是主管水行政的省政府组成部门。

（一）主要职责

（1）负责贯彻实施国家和江苏省有关水利方面的法律、法规和方针政策；组织草拟全省水利法规及水利政策并监督实施，实行依法治水、依法管水。

（2）组织制定全省水利发展战略、中长期规划和年度计划，主要江河、湖泊和流域（区域）综合规划，水资源保护、防洪、供水、节水、水土保持等专业规划，并监督实施；组织有关国民经济总体规划、城市规划及重大建设项目的水资源和防洪的论证工作。

（3）统一管理全省水资源（含空中水、地表水、地下水）；组织拟定全省和跨省辖市水中长期供求计划、水量分配方案并监督实施；归口管理全省计划用水、节约用水工作，拟定节约用水政策，编制节约用水规划，制定有关标准，并监督实施；组织实施取水许可制度和水资源费征收制度；组织发布全省水资源公报。

（4）拟定水资源保护规划；组织水功能区的划分和向饮水区等水域排污的控制；监测江河湖库的水量、水质，审定水域纳污能力，提出限制排污总量的意见；组织发布全省水质监测简报。

（5）组织、指导水政监察和水行政执法工作；协调并仲裁部门间和省辖市间的水事纠纷。

（6）指导全省水利系统财务会计工作；负责有关水利资金的计划、使用、管理及内部审计监督；研究提出有关水利的价格、收费、税收、信贷、财务等方面的意见；研究水利投入机制和筹资政策；指导全省水利行业国有资产的监督管理工作；指导全省水利多种经营工作。

（7）指导全省水利基本建设工作；编制、审查江苏省大中型水利建设项目建议书、可行性研究报告；负责组织重点水利建设项目的实施。

（8）组织、指导全省各类水利设施、水域及其岸线的管理与保护；负责管理流域性的或跨省辖市的重要水利工程；指导长江等流域性河道、湖泊及河口、海岸滩涂的治理和开发。

（9）指导全省农村水利工作；协调农田水利基本建设，指导节水灌溉和乡镇供水工作；指导全省中低产田改造中水利方面的工作以及丘陵山区小流域治理工作；指导全省农村水利服务体系建设。

（10）组织、指导全省水土保持工作，研究制定水土保持规划；组织水土流失的监测和综合防治。

（11）组织指导水利科技和外事工作；组织重大水利科学技术的研究和推广；拟定江苏省水利行业技术质量标准和水利工程规程、规范并监督实施；指导水利信息化工作；指导全省水利队伍建设。

（12）组织、指导全省水文工作。

（13）承担省防汛防旱指挥部的日常工作。组织、协调、监督、指导全省防汛防旱工作，对流域性河道和重要水利工程实施防汛抗旱调度。

（14）承办江苏省政府交办的其他事项。

（二）编制与机构设置

根据《省政府办公厅关于印发江苏省水利厅职能配置内设机构和人员编制规定的通知》（苏政办发〔2000〕136号），核定行政编制93名，行政附属编制8名。其中厅长1名，副厅长4名；正副处长（主任）29名，正处长（主任）13名（含机关党委专职副书记1名、专职工会主席1名、老干部处处长1名），副处长（副主任）16名（含老干部处副处长1名）。设办公室、规划计划处、政策法规处、水资源处（江苏省节约用水办公室）、工程管理处、人事处、财务审计处、科技与对外合作处、基本建设处、农村水利处（江苏省水土保持办公室）、机关党委、纪检组（监察室）、老干部处。

2001年3月，核增行政编1名。

2004年4月，核增行政编1名。

2005年5月，核增行政编1名。

2006年8月，核增行政编2名。

2007年7月，核增行政编3名。

2007年11月，基本建设处增挂水利工程建设项目稽察办公室牌子，核增副处长职数1名。

2008年1月，核增副处长职数1名。

2008年8月，核增行政编2名。

2008年9月，核销8名行政附属编，核增8名行政编。

江苏省水利厅机关机构图（2001年）见图1。

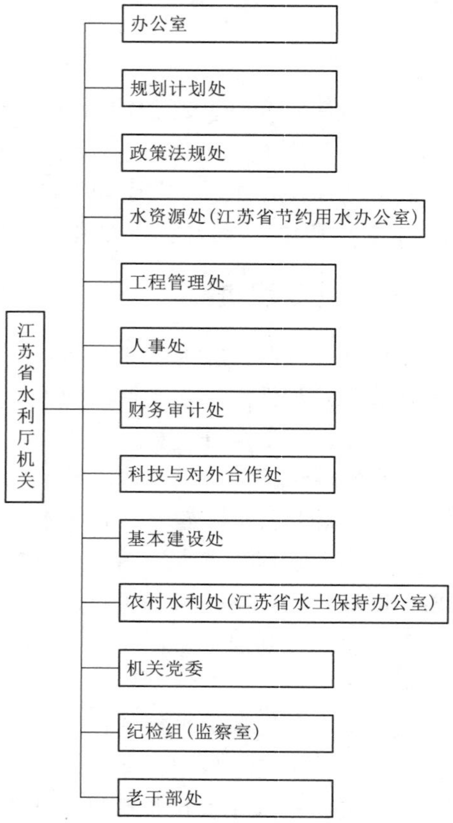

（三）厅领导任免

2003年4月，江苏省委提名吕振霖为江苏省水利厅厅长人选（苏委〔2003〕233号）；江苏省委批准吕振霖任江苏省水利厅党组书记，黄莉新不再兼任江苏省水利厅党组书记职务（苏委〔2003〕234号）。

2003年6月，江苏省委批准免去徐俊仁的江苏省水利厅副厅长职务（苏委〔2003〕447号）；江苏省委批准免去徐俊仁的江苏省水利厅党组副书记职务（苏委〔2003〕448号）。

2003年12月，江苏省委批准陆桂华任江苏省水利厅副厅长（苏委〔2003〕738号）；江苏省委批准免去蒋传丰的江苏省水利厅副厅长职务（苏委〔2003〕764号）。

图1　江苏省水利厅机关机构图（2001年）

2006年4月，江苏省委批准李陆玖任江苏省纪委派驻江苏省水利厅纪检组组长，免去朱泳富的江苏省纪委驻江苏省水利厅纪检组组长职务（苏委〔2006〕164号）。

2006年6月，江苏省委批准陆永泉任江苏省水利厅副厅长（苏委〔2006〕200号）。

2007年12月，江苏省委批准李亚平任江苏省水利厅副厅长（苏委〔2007〕439号）。

江苏省水利厅领导任免表（2001年1月—2009年12月）见表1。

表1 江苏省水利厅领导任免表（2001年1月—2009年12月）

机构名称	姓 名	职 务	任 免 时 间	备 注
江苏省水利厅	黄莉新	厅 长	2000年5月—2003年4月	
		党组书记	2000年5月—2003年4月	
	吕振霖	厅 长	2003年4月—	
		党组书记	2003年4月—	
	徐俊仁	副厅长	1995年6月—2003年6月	
		党组副书记	2000年5月—2003年6月	
	蒋传丰	副厅长	1993年12月—2003年12月	
	张小马	副厅长	2000年5月—	
	陶长生	副厅长	2000年10月—	
	朱泳富	纪检组长	1997年6月—2006年4月	
	陆桂华	副厅长	2003年12月—	
	陆永泉	副厅长	2006年6月—	
	李陆玖	纪检组长	2006年4月—	
	李亚平	副厅长	2007年12月—	

（四）厅直属单位

厅直属单位包括江苏省水利工程建设局、江苏省防汛防旱指挥部办公室、江苏省水政监察总队、江苏省水利厅外经外事办公室、江苏省苏北供水局、江苏省水文水资源勘测局、江苏省水利工程规划办公室、江苏省水利厅机关后勤服务中心、江苏省水利工程科技咨询中心、江苏省农村水利科技发展中心、江苏省水资源服务中心、江苏省水利信息中心、江苏省水利产业经济管理中心、江苏省水利工程质量监督中心站、江苏省水利物资总站、江苏省水利科学研究所、江苏省水利学校、江苏省水利学会、江苏省人民政府驻上海办事处水利处、江苏省水利勘测设计研究院、江苏省太湖水利规划处（江苏省太湖水利设计研究院）、江苏省秦淮河水利工程管理处、江苏省灌溉动力管理一处、江苏省泰州引江河管理处、江苏省灌溉动力管理二处、江苏省江都水利工程管理处、江苏省骆运水利工程管理处、江苏省灌溉总渠管理处、江苏省淮沭新河管理处、江苏省蔷薇河送清水工程管理处、江苏省三河闸管理处、江苏省太湖地区水利工程管理处、江苏省工程勘测研究院、江苏省水利建设工程总公司。

2001年3月，江苏省水利厅外经外事办公室更名为江苏省河道管理局。

2001年11月，成立江苏省淮河入海水道工程管理处。

2002年5月，江苏省水利学校更名为江苏省水利科教中心。

2003年8月，江苏省太湖水利规划处（江苏省太湖水利设计研究院）改制，次年11月撤销。

2003年10月，江苏省水政监察总队增挂江苏省长江河道采砂管理局牌子。

2004年4月，江苏省水利勘测设计研究院、江苏省工程勘测研究院改制，同年9月撤销。

2004年5月，江苏省水利建设工程总公司改制脱钩。

2004 年 6 月，江苏省水文水资源勘测局徐州（淮阴、盐城、连云港、扬州、南通、镇江、苏州、无锡、常州、南京）水文水资源勘测处更名为江苏省水文水资源勘测局徐州（淮安、盐城、连云港、扬州、南通、镇江、苏州、无锡、常州、南京）分局。

2005 年 2 月，江苏省水利工程科技咨询中心改制，同年 9 月撤销。

2005 年 12 月，江苏省水文水资源勘测局增挂江苏省水利网络数据中心牌子。

2008 年 3 月，江苏省三河闸管理处更名为江苏省洪泽湖水利工程管理处。

2008 年 8 月，江苏省水利科学研究所更名为江苏省水利科学研究院。

2009 年 1 月，成立江苏省水文水资源勘测局泰州分局、江苏省水文水资源勘测局宿迁分局，江苏省水文水资源勘测局（江苏省水利网络数据中心）变更为江苏省水文水资源勘测局（江苏省水利网络数据中心，含江苏省水文水资源巡测站、江苏省武定门水文实验站、江苏省水文职工培训中心）。

二、第二阶段（2009 年 12 月—2019 年 1 月）

根据《省政府办公厅关于印发江苏省水利厅主要职责内设机构和人员编制规定的通知》（苏政办发〔2009〕143 号文），设立江苏省水利厅，为江苏省政府组成部门。

（一）主要职责

（1）贯彻执行国家和江苏省有关水利方面的方针政策、法律法规，拟定全省水利工作的发展战略和政策，组织起草地方性水法规和规章草案，并监督实施。

（2）组织编制流域（区域）水利综合规划和水资源中长期供求规划，编制全省防洪、水域岸线利用、河口控制、海岸滩涂的治理和开发专业（项）规划。组织对有关国民经济和社会发展规划、城市总体规划及重大建设项目的水资源、防洪论证评价工作。

（3）负责防治水旱灾害，组织、协调、监督、指挥全省防汛防旱工作，对重要江河湖泊和重要水利工程实施防汛防旱调度和应急水量调度，编制江苏省防汛防旱应急预案并组织实施。指导雨洪资源利用的工程建设与管理。指导水利突发事件的应急管理工作。

（4）统一管理和保护全省水资源。指导水利行业供水、排水、污水处理工作，组织拟定全省水量分配和调度方案并监督实施。组织实施取水（含矿泉水、地热水）许可制度和水资源有偿使用制度，指导再生水等非传统水资源开发利用工作。

（5）编制水资源保护规划。组织水功能区的划分和监督实施，监测江河湖库和地下水水量、水质，审定水域纳污能力，提出限制排污总量意见。指导饮用水水源保护工作，按规定核准饮用水水源地设置，指导地下水开发利用和城市规划区地下水资源管理保护工作。指导入河排污口设置并参与水环境保护工作。负责水文工作，发布水资源公报和水文情报预报。

（6）负责生活、生产经营和生态环境用水的统筹兼顾和保障。负责全省节约用水工作，拟定节约用水政策，编制节约用水规划，拟定行业用水标准并监督实施。指导和推动全省节水型社会建设工作。

（7）组织、指导水政监察和水行政执法工作，查处重大涉水违法事件，协调、仲裁水事纠纷。负责长江河道采砂管理和监督检查工作，牵头负责其他河道采砂监督管理工作。

（8）拟订省水利固定资产投资计划。负责省以上财政性水利资金的计划、使用、管理及内部审计监督。研究提出有关水利的价格、收费、税收、信贷、财务等方面的意见。指导水利国有资产监督和管理工作。

（9）组织实施重要水利工程建设和质量监督。负责南水北调工程建设及运行管理工作。指导水利建设市场的监督管理，编制、审查重点水利基本建设项目建议书和可行性报告。负责重点水利工程建设的项目稽查工作。依法负责水利行业安全生产工作。

（10）指导全省各类水利设施、水域及其岸线的管理与保护，指导流域和区域骨干河道、湖泊、水库及河口、海岸滩涂的治理开发，负责江苏省属水利工程的运行管理。按规定指导水能资源开发工作。承担水利工程移民管理工作。

（11）指导农村水利工作。组织协调农田水利基本建设，指导节水灌溉、乡镇供排水、河道疏浚整治、农村饮水安全等工程建设与管理工作。指导农村水利社会化服务体系建设。拟定水土保持规划并监督实施，指导全省水土保持和水土流失综合防治工作。

（12）负责水利科技和外事工作。组织重大水利科学技术研究和推广，拟定江苏省水利行业技术标准、规程规范并监督实施。指导水利信息化和全省水利行业对外技术合作与交流工作。

（13）承办江苏省政府交办的其他事项。

（二）编制与机构设置

根据《省政府办公厅关于印发江苏省水利厅主要职责内设机构和人员编制规定的通知》（苏政办〔2009〕143 号），核定行政编制 111 名。其中厅长 1 名，副厅长 5 名；总工程师 1 名；正处长（主任）14 名（含机关党委专职副书记 1 名、专职工会主席 1 名、离退休干部处处长 1 名），副处长（副主任）23 名（含老干部处副处长 1 名）。设办公室、政策法规处、规划计划处、水资源处（江苏省节约用水办公室）、工程管理处、基本建设处（水利工程建设项目稽察办公室）、农村水利处（江苏省水土保持办公室）、科技与对外合作处、财务审计处、人事处、机关党委、离退休干部处和江苏省水利工程移民办公室（见图 2）。

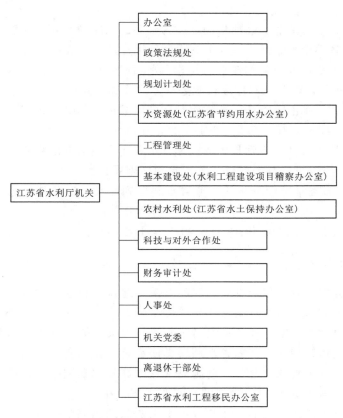

办公室

政策法规处

规划计划处

水资源处(江苏省节约用水办公室)

工程管理处

基本建设处(水利工程建设项目稽察办公室)

江苏省水利厅机关

农村水利处(江苏省水土保持办公室)

科技与对外合作处

财务审计处

人事处

机关党委

离退休干部处

江苏省水利工程移民办公室

图 2 江苏省水利厅机关机构图（2009 年）

2010 年 1 月，核增行政编制 3 名。

2010 年 11 月，核增行政编制 4 名。

2011 年 12 月，核增行政编制 2 名。

2013 年 11 月，核增行政编制 2 名。

2014 年 9 月，基本建设处增挂安全监督处牌子，核增副处长职数 1 名。

2014 年 12 月，厅办公室加挂行政审批服务处牌子，核增副处长职数 1 名。

2015 年 10 月，核增行政编制 1 名。

2017 年 7 月，核增厅机关纪委专职副书记（副处长）职数 1 名。

2018 年 1 月，增设厅河湖长制工作处，核增正、副处长各 1 名。

2018 年 4 月，核增行政编制 1 名。

2018 年 10 月，机构改革划转行政编制 4 名。核定行政编制 120 名；厅长 1 名，副厅长 5 名；总工程师 1 名。

（三）厅领导任免

2012 年 9 月，江苏省委批准叶健任江苏省水利厅总工程师（苏委〔2012〕520 号）。

2013 年 3 月，江苏省委批准李亚平任江苏省水利厅党组书记，免去吕振霖的省水利厅党组书记职务（苏委〔2013〕100 号）。

2013 年 11 月，江苏省委批准陶长生任江苏省水利厅党组副书记（苏委〔2013〕592 号）；江苏省委批准免去张小马的江苏省水利厅副厅长职务，免去陆永泉的江苏省水利厅副厅长职务（苏委〔2013〕593 号）。

2014 年 5 月，江苏省委批准张劲松任江苏省水利厅副厅长，叶健任江苏省水利厅副厅长、免去江苏省水利厅总工程师职务（苏委〔2014〕277 号）。

2015 年 3 月，江苏省委批准免去陆桂华的江苏省水利厅副厅长职务（苏委〔2015〕69 号）。

2016 年 1 月，江苏省委批准朱海生任江苏省水利厅副厅长（苏委〔2016〕101 号）。

2017 年 3 月，江苏省委批准免去李亚平的江苏省水利厅党组书记职务（苏委〔2017〕135 号）；江苏省委批准李亚平不再担任江苏省水利厅厅长职务（苏委〔2017〕136 号）。

2017 年 4 月，江苏省委批准陈杰任江苏省水利厅党组书记（苏委〔2017〕221 号）；江苏省委批准提名陈杰为江苏省水利厅厅长人选（苏委〔2017〕222 号）。

2018 年 2 月，江苏省委批准免去陶长生的江苏省水利厅党组副书记职务（苏委〔2018〕68 号）。

2018 年 10 月，江苏省委批准高圣明任江苏省水利厅副厅长（苏委〔2018〕751 号）。

2018 年 12 月，江苏省委批准韩全林任江苏省水利厅副厅长，周萍任江苏省水利厅总工程师（苏委〔2018〕868 号）。

江苏省水利厅领导任免表（2009 年 12 月—2019 年 1 月）见表 2。

（四）厅直属单位

厅直属单位包括江苏省水利工程建设局、江苏省南水北调工程建设领导小组办公室、江苏省防汛防旱指挥部办公室、江苏省水政监察总队（江苏省长江河道采砂管理局）、江苏省水利厅机关后勤服务中心、江苏省水利工程规划办公室、江苏省农村水利科技发展中心、江苏省水资源服务中心、江苏省水利信息中心、江苏省河道管理局、江苏省水利科学研究院、江苏省蔷薇河送清水管理处、江苏省淮河入海水道工程管理处、江苏省水文水资源勘测局（挂江苏省水利网络数据中心，含江苏省水文水资源巡测站、江苏省武定门水文实验站、江苏省水文职工培训中心）、江苏省水文水资源勘测局南京分局、江苏省水文水资源勘测局镇江分局、江苏省水文水资源勘测局常州分局、江苏省水文水资源勘测局无锡分局、江苏省水文水资源勘测局苏州分局、江苏省水文水资源勘测局南通分局、江苏省水文水资源勘测局扬州分局、江苏省水文水资源勘测局盐城分局、江苏省水文水资源勘测局淮安分局、江苏省水文水资源勘测局徐州分局、江苏省水文水资源勘测局连云港分局、江苏省水文水资源勘测局泰州

表 2　　　　　　　　　　　　江苏省水利厅领导任免表（2009 年 12 月—2019 年 1 月）

机构名称	姓　名	职　务	任　免　时　间	备　注
江苏省水利厅	吕振霖	厅　长	继任—2013 年 3 月	
		党组书记	继任—2013 年 3 月	
	李亚平	副厅长	继任—2013 年 3 月	
		厅　长	2013 年 3 月—2017 年 3 月	
		党组书记	2013 年 3 月—2017 年 3 月	
	陈　杰	厅　长	2017 年 4 月—	
		党组书记	2017 年 4 月—	
	张小马	副厅长	继任—2013 年 11 月	
	陶长生	副厅长	继任—2018 年 2 月	
		党组副书记	2013 年 11 月—2018 年 2 月	
	陆桂华	副厅长	继任—2015 年 3 月	
	陆永泉	副厅长	继任—2013 年 11 月	
	李陆玖	纪检组长	继任—2018 年 10 月	
	张劲松	副厅长	2014 年 5 月—	
	朱海生	副厅长	2016 年 1 月—	
	叶　健	总工程师	2012 年 9 月—2014 年 5 月	
		副厅长	2014 年 5 月—	
	徐　杰	纪检组长	2018 年 10 月—	
	高圣明	副厅长	2018 年 10 月—	
	韩全林	副厅长	2018 年 12 月—	
	周　萍	总工程师	2018 年 12 月—	

分局、江苏省水文水资源勘测局宿迁分局、江苏省水利工程质量监督中心站、江苏省秦淮河水利工程管理处、江苏省太湖地区水利工程管理处、江苏省灌溉动力管理一处、江苏省江都水利工程管理处、江苏省淮沭新河管理处、江苏省灌溉动力管理二处、江苏省灌溉总渠管理处、江苏省洪泽湖水利工程管理处、江苏省骆运水利工程管理处、江苏省水利科教中心、江苏省水利物资总站、江苏省苏北供水局、江苏省水利产业经济管理中心、江苏省泰州引江河管理处、江苏省人民政府驻上海办事处水利处。

2012 年 7 月，撤销江苏省水文水资源巡测站，江苏省蔷薇河送清水管理处更名为江苏省通榆河蔷薇河送清水工程管理处，江苏省水利物资总站更名为江苏省水利防汛物资储备中心。

2012 年 9 月，江苏省武定门水文实验站更名为江苏省水土保持生态环境监测总站。

2013 年 5 月，撤销江苏省苏北供水局。

2014 年 11 月，江苏省南水北调工程建设领导小组办公室增挂江苏省南水北调工程管理局牌子。

2014 年 11 月，江苏省灌溉动力管理二处更名为江苏省防汛防旱抢险中心。

2014 年 12 月，江苏省水文职工培训中心成建制并入江苏省水文水资源勘测局无锡分局。

2015 年 10 月，江苏省洪泽湖水利工程管理处增挂江苏省洪泽湖管理委员会办公室牌子。

2016 年 12 月，江苏省水政监察总队（江苏省长江河道采砂管理局）更名为江苏省水政监察总队（江苏省河湖采砂管理局）。

2017 年 1 月，江苏省防汛防旱抢险中心增挂江苏省防汛抢险训练中心牌子。

2018 年 12 月，撤销江苏省水利产业经济管理中心、江苏省人民政府驻上海办事处水利处。

三、第三阶段（2019 年 1 月—2021 年 12 月）

根据《省委办公厅、省政府办公厅关于印发〈江苏省水利厅职能配置、内设机构和人员编制规定〉的通知》（苏办〔2019〕30 号文），江苏省水利厅是江苏省政府组成部门，为正厅级。

（一）主要职责

（1）贯彻执行党和国家有关水利方面的方针政策、法律法规以及江苏省委、江苏省政府决策部署并监督实施。拟定水利发展重大政策。组织起草全省有关地方性法规和规章草案。

（2）编制全省水资源规划和江苏省确定的重要江河湖泊流域（区域）综合规划、防洪规划等重大水利规划。编制全省水域及其岸线利用、江河湖库治理和河口控制等专业（项）规划。对有关国民经济和社会发展规划、城乡总体规划、国土空间规划中的涉水内容提出意见建议，组织开展重大建设项目的水资源、防洪、水土保持论证评价工作。

（3）负责保障水资源的合理开发利用。负责生活、生产经营和生态环境用水的统筹和保障。组织实施最严格水资源管理制度，实施水资源的统一监督管理，拟定全省和跨区域水中长期供求规划、水量分配方案并监督实施。负责重要流域、区域以及重大调水工程的水资源调度。组织实施取水（含矿泉水、地热水）许可、水资源论证制度，指导开展水资源有偿使用工作。指导水利行业供水、排水、污水处理和再生水利用工作。

（4）负责水资源保护和水文工作，组织编制并实施水资源保护规划。指导饮用水水源保护有关工作，按规定核准饮用水水源地设置。指导地下水开发利用和地下水资源管理保护。组织指导地下水超采区综合治理。负责水文水资源监测、国家和省级水文站网建设和管理。对江河湖库和地下水实施监测，发布水文水资源信息、情报预报和水资源公报。按规定组织开展水资源、水能资源调查评价和水资源承载能力监测预警工作。

（5）负责节约用水工作，拟定节约用水政策，组织编制节约用水规划、拟定行业用水标准并监督实施。组织实施用水总量控制等管理制度，指导和推动全省节水型社会建设工作。

（6）负责拟订水利固定资产投资计划和资金监督管理，负责提出省级水利固定资产投资规模、方向、具体安排建议并组织指导实施。按江苏省政府规定权限审批、核准规划内和年度计划规模内固定资产投资项目。提出省级水利资金安排建议并负责项目实施的监督管理。研究提出有关水利的价格、收费、信贷、财务等方面的意见。

（7）组织实施重点水利工程建设和质量监督，组织指导水利基础设施网络建设，组织实施具有控制性的和跨区域跨流域的重要水利工程建设。负责南水北调工程运行管理并协调落实南水北调后续工程建设的有关政策措施，督促指导地方配套工程建设。指导水利建设市场的监督管理。编制、审查重点水利基本建设项目建议书和可行性报告。指导全省水利工程建设质量监督工作。依法负责水利行业安全生产工作。

（8）指导河湖水域及其岸线的管理、保护与综合利用，指导流域和区域骨干河道、湖泊、水库及河口的治理、开发和保护。指导河湖水生态保护与修复、河湖生态流量水量管理以及河湖水系连通工作。

（9）指导水利设施的管理与保护，组织编制水利工程运行调度规程，指导水库、泵站、堤防、水闸、水电站等水利工程的运行管理与确权划界。按规定指导水能资源开发工作。负责省属水利工程的运行管理。

（10）组织开展大中型灌排工程建设与改造。指导农村饮水安全、乡镇供排水、农村河道疏浚整治等工程建设与管理工作，指导节水灌溉有关工作。指导农村水利改革创新和社会化服务体系建设。指导水土保持工作。组织编制水土保持规划并监督实施，指导水土流失综合防治、监测预报并定期公告。

指导生产建设项目水土保持监督管理工作。指导江苏省重点水土保持建设项目的实施。

（11）负责水旱灾害防御及水量调度工作，组织编制洪水干旱灾害防治规划和防护标准并指导实施。承担水情旱情监测预警工作。组织编制重要江河湖泊和重要水工程的防御洪水抗御旱灾调度及应急水量调度方案，按程序报批并组织实施。承担防御洪水应急抢险的技术支撑工作。承担台风防御期间重要水工程调度工作。

（12）拟定水利工程移民有关政策并监督实施，组织实施水利工程移民安置验收、监督评估等制度。指导监督水库移民后期扶持政策的实施，协调监督南水北调工程移民后期扶持工作。

（13）组织重大水利科学技术研究和推广。拟定全省水利行业技术标准、规程规范并监督实施。指导水利信息化和水利行业对外技术合作与交流工作。

（14）负责重大涉水违法事件的查处，协调和仲裁跨设区市的水事矛盾纠纷。指导水利行政许可、水政监察、水行政执法和普法宣传工作。负责全省河湖采砂的统一管理和监督检查。

（15）承担江苏省河长制工作领导小组日常工作。

（16）承办江苏省委、江苏省政府交办的其他任务。

（17）职能转变。加强水资源的合理利用、优化配置和节约保护。坚持节水优先，从增加供给转向更加重视需求管理，严格控制用水总量和提高用水效率。坚持统筹兼顾，保障合理用水需求和水资源的可持续利用。加强水域和水利工程的管理保护，加强长江治理与保护工作。

（二）编制与机构设置

根据《省委办公厅、省政府办公厅关于印发〈江苏省水利厅职能配置、内设机构和人员编制规定〉的通知》（苏办〔2019〕30号文），核定行政编制120名。其中厅长1名，副厅长5名；总工程师1名；处级领导职数41名，其中正处长（主任）18名（含机关党委专职副书记1名、专职工会主席1名、离退休干部处处长1名），副处长（副主任）23名（含机关纪委专职副书记1名，督察专员2名）。设办公室、规划计划处、政策法规处（行政审批处）、财务审计处、水资源管理处、省节约用水办公室、基本建设处、工程运行管理处、生态河湖处、农村水利与水土保持处、工程移民处、监督处、科技与对外合作处、河湖长制工作处、人事处、设机关党委、离退休干部处（见图3）。

2019年9月，核增行政编制1名。

2020年3月，核增行政编制1名。

（三）厅领导任免

2020年6月，中共江苏省委批准免去叶健的江苏省水利厅副厅长职务（苏委〔2020〕231号）。

2021年5月，中共江苏省委批准方桂林任江苏省水利厅副厅长，王冬生任江苏省水利厅副厅长（苏委〔2021〕101号）。

2021年7月，中共江苏省委批准免去朱海生的江苏省水利厅副厅长职务（苏委〔2021〕466号）。

江苏省水利厅领导任免表（2019年1月—2021年12月）

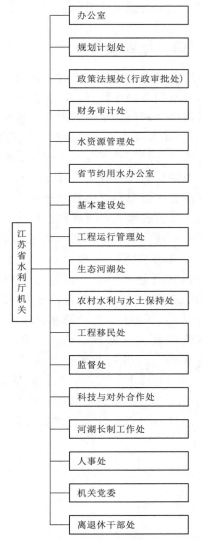

图3　江苏省水利厅机关机构图（2019年）

见表3。

表3 江苏省水利厅领导任免表（2019年1月—2021年12月）

机构名称	姓 名	职 务	任 免 时 间	备 注
江苏省水利厅	陈 杰	厅 长	继任—	
		党组书记	继任—	
	张劲松	副厅长	继任—	
	朱海生	副厅长	继任—2021年7月	
	叶 健	副厅长	继任—2020年6月	
	徐 杰	纪检组长	继任—	
	高圣明	副厅长	继任—	
	方桂林	副厅长	2021年5月—	
	韩全林	副厅长	继任—	
	王冬生	副厅长	2021年5月—	
	周 萍	总工程师	继任—	

（四）厅直属单位

厅直属单位包括江苏省防汛防旱指挥部办公室、江苏省水政监察总队（江苏省河湖采砂管理局）、江苏省水利工程建设局、江苏省南水北调工程建设领导小组办公室（江苏省南水北调工程管理局）、江苏省河道管理局、江苏省水利工程质量监督中心站、江苏省水文水资源勘测局（江苏省水利网络数据中心）、江苏省水土保持生态环境监测总站、江苏省水文水资源勘测局南京分局、江苏省水文水资源勘测局镇江分局、江苏省水文水资源勘测局常州分局、江苏省水文水资源勘测局无锡分局、江苏省水文水资源勘测局苏州分局、江苏省水文水资源勘测局南通分局、江苏省水文水资源勘测局扬州分局、江苏省水文水资源勘测局盐城分局、江苏省水文水资源勘测局淮安分局、江苏省水文水资源勘测局徐州分局、江苏省水文水资源勘测局连云港分局、江苏省水文水资源勘测局泰州分局、江苏省水文水资源勘测局宿迁分局、江苏省水利工程规划办公室、江苏省水利厅机关后勤服务中心、江苏省水利信息中心、江苏省水利科教中心、江苏省农村水利科技发展中心、江苏省水资源服务中心、江苏省水利防汛物资储备中心、江苏省水利科学研究院、江苏省骆运水利工程管理处、江苏省淮沭新河管理处、江苏省通榆河蔷薇河送清水工程管理处、江苏省灌溉总渠管理处、江苏省淮河入海水道工程管理处、江苏省洪泽湖水利工程管理处（江苏省洪泽湖管理委员会办公室）、江苏省江都水利工程管理处、江苏省秦淮河水利工程管理处、江苏省太湖地区水利工程管理处、江苏省泰州引江河管理处、江苏省灌溉动力管理一处、江苏省防汛防旱抢险中心（江苏省防汛抢险训练中心）。

2019年4月，江苏省防汛防旱指挥部办公室更名为江苏省水旱灾害防御调度指挥中心。

2020年6月，江苏省水利科教中心增挂江苏省水利安全管理服务中心牌子。

2021年6月，江苏省江都水利工程管理处增挂江苏省南水北调水情教育中心牌子。

执笔人：陈 飞 张孟申
审核人：李 慧

浙江省水利厅

浙江省水利厅是浙江省人民政府组成部门（正厅级），贯彻落实党中央关于水利工作方针政策和决策部署，主管全省水行政管理工作。办公地点设在浙江省杭州市上城区梅花碑7号。

2001年以来，浙江省水利厅单位名称、办公地点没有变化，机构职能在省政府2009年、2018年机构改革中略有调整，其内设机构和厅属单位根据改革发展要求也作相应调整。该时期浙江省水利厅组织沿革划分为3个阶段：2001年1月—2009年10月，2009年10月—2018年10月，2018年10月—2021年12月。

一、第一阶段（2001年1月—2009年10月）

根据浙江省人民政府机构改革方案，设置浙江省水利厅。原浙江省围垦局并入浙江省水利厅。浙江省水利厅是主管水行政的省政府组成部门。

根据《关于印发浙江省水利厅职能配置、内设机构和人员编制规定的通知》（浙政办发〔2000〕93号），浙江省水利厅职能进行了部分调整。

电力工业（水电）行政职能交给省经济贸易委员会承担。在宜林地区以植树、种草等生物措施防治水土流失的政府职能，交给省林业局承担。

原省地质矿产厅承担的地下水行政管理职能，交给省水利厅承担。开采矿泉水、地热水，只办理取水许可证，不再办理采矿许可证。省建设厅承担的指导城市防洪职能、城市规划区地下水资源的管理保护职能，交给省水利厅承担。

按照国家资源与环境保护的有关法律法规和标准，制订水资源保护规划，组织水功能区划分，监测江河湖库的水质，审定水域纳污能力，提出限制排污总量的意见。有关数据和情况应通报省环境保护局。

水利部门制订节约用水政策，编制节约用水规划，制定有关标准，指导全省节约用水工作。建设部门负责指导城市采水和管网输水、用户用水中的节约用水工作并接受水利部门的监督。

河道采砂的管理职能，归浙江省水利厅承担，采砂许可证由国土资源管理部门委托河道管理部门核发。

（一）主要职责

（1）贯彻执行《中华人民共和国水法》《中华人民共和国水土保持法》《中华人民共和国防洪法》等法律、法规，研究制订水利发展、滩涂围垦规划和有关政策；组织制订全省主要江河的流域（区域）综合规划和有关专业规划，并监督实施；受委托研究起草有关水行政管理的地方性法规、规章草案，经审议通过后组织实施。

（2）统一管理水资源（含空中水、地表水、地下水）；管理、保护滩涂资源，管理、指导滩涂围垦工作和低丘、红壤土的治理；制订全省水资源开发、利用规划和全省、跨地区水长期供求计划、水量分配方案并监督实施；组织有关国民经济总体规划、城市规划及重大建设项目的水资源和防洪的论证工作；实施取水许可制度和水资源费征收制度；发布全省水资源公报；指导全省水文工作。

（3）组织、指导和监督全省节约用水工作；组织水功能区的划分和向饮水区等水域排污的控制；监测江河湖库的水量、水质，核定水域纳污能力；提出限制排污总量的意见。将有关数据和情况通报省环境保护局。

（4）编制、审查大中型水利基建项目建议书和可行性报告；组织重大水利科学研究和技术推广；制订水利行业技术质量标准和水利工程的规程、规范、定额并监督实施；组织指导水利设施、水域及其岸线的管理与保护；组织指导主要江河、水库、湖泊及河口海岸滩涂的综合治理和开发；管理河道采砂；组织建设和管理具有控制性的或跨地区的重要水工程；组织指导水库、水电站大坝的安全监管。

（5）组织、指导水政监察和水行政执法；协调并仲裁部门和地区间的水事纠纷。

（6）组织、协调、监督、指导全省防汛防旱工作和水土保持工作，负责省政府防汛防旱指挥部和省水土保持委员会的日常工作；指导全省城市防洪工作。

（7）指导农村水利工作；组织协调农田水利基本建设、农村水电电气化和乡镇供水工作。

（8）负责水利科技、教育、国际合作工作；指导全省水利队伍建设。

（9）制订水利行业的经济调节措施；对水利、围垦资金的使用进行宏观调节；指导水利行业的供水、水电及多种经营工作；研究提出有关水利的价格、税收、信贷、财务等经济调节意见；监管厅直属单位的水利国有资产。

（10）承办浙江省政府交办的其他事项。

（二）编制与机构设置

根据《浙江省水利厅职能配置、内设机构和人员编制规定的通知》（浙政办发〔2000〕93号），浙江省水利厅机关编制为89名（含后勤服务人员编制12名）。其中：厅长1名，副厅长4名，总工程师1名；处级领导职数28名（含直属机关党委专职副书记1名）。设8个职能处室：办公室、人事教育处、政策法规处、规划计划处、水政水资源处（省节约用水办公室）、财务审计处、建设处、科技处。另设直属机关党委。保留浙江省水土保持委员会办公室、浙江省人民政府防汛防旱指挥部办公室和浙江省围垦局（处级）。

2006年7月，为2004—2006年在省直属单位接收安置军队转业干部增加1名机关行政编制。

2006年12月，根据《关于调整省防汛抗旱指挥部办公室机构编制性质的通知》（浙编〔2006〕83号），浙江省防汛抗旱指挥部办公室调整为浙江省水利厅管理的县处级行政机构，核定行政编制13名，办公室主任可高配副厅级，如仍由副厅长兼任办公室主任的，可增配一名副厅级常务副主任。原核定的13名事业编制予以核销。

2007年3月，根据《关于核定省防汛抗旱指挥部办公室领导职数的批复》（浙编〔2007〕34号），浙江省防汛抗旱指挥部办公室副主任领导职数3名（不含副厅级常务副主任），计入厅机关处级领导总数。调整后，浙江省水利厅机关处级领导职数为31名。

2007年5月，根据《关于省水利厅人事教育处增挂老干部工作处牌子的批复》（浙编〔2007〕49号），浙江省水利厅人事教育处增挂老干部工作处牌子，并核增处级领导职数1名。调整后，浙江省水利厅机关处级领导职数为32名。

（三）厅领导任免

2002年3月，浙江省委组织部免去言隽达的浙江省水利厅党组成员职务（浙组干任〔2002〕4号）；浙江省人民政府免去张刚的浙江省水利厅助理巡视员职务，免去言隽达的浙江省水利厅总工程师职务（浙政干〔2002〕4 号）。

2002 年 4 月，浙江省委组织部批准许文斌任浙江省水利厅党组成员（浙组干任〔2002〕19 号）；浙江省人民政府任命许文斌为浙江省水利厅总工程师（浙政干〔2002〕10 号）。

2003 年 2 月，浙江省第十届人民代表大会常务委员会第二次会议任命张金如为浙江省水利厅厅长。

2003 年 2 月，浙江省人民政府任命章国方为浙江省水利厅副厅长（浙政干〔2003〕12 号）；浙江省委组织部批准章国方任浙江省水利厅党组成员（浙组干任〔2003〕7 号）。

2003 年 6 月，浙江省委组织部免去李治华的浙江省水利厅党组成员职务（浙组干任〔2003〕28 号）；浙江省人民政府免去李治华的浙江省水利厅副厅长职务（浙政干〔2003〕30 号）。

2003 年 7 月，浙江省委组织部批准彭佳学任浙江省水利厅党组成员（浙组干任〔2003〕35 号）。

2003 年 8 月，浙江省人民政府任命彭佳学为浙江省水利厅副厅长（浙政干〔2003〕47 号）。

2004 年 7 月，浙江省人民政府任命杨乐康为浙江省水利厅助理巡视员（浙政干〔2004〕38 号）。

2005 年 5 月，浙江省委免去张金如的浙江省水利厅党组书记职务（浙干任〔2005〕21 号）；浙江省第十届人民代表大会常务委员会第十八次会议免去张金如的浙江省水利厅厅长职务。

2005 年 9 月，浙江省委批准陈川任浙江省水利厅党组书记（浙干任〔2005〕52 号）；浙江省第十届人民代表大会常务委员会第二十次会议任命陈川为浙江省水利厅厅长。

2005 年 9 月，浙江省人民政府免去杨乐康的浙江省水利厅助理巡视员职务（浙政干〔2005〕34 号）。

2006 年 5 月，浙江省人民政府任命杨月美为浙江省监察厅驻浙江省水利厅监察专员（浙政干〔2006〕20 号）。

2006 年 7 月，浙江省人民政府任命徐成章为浙江省水利厅副巡视员（浙政干〔2006〕37 号）。

2007 年 12 月，浙江省人民政府任命祝永华为浙江省水利厅副巡视员（浙政干〔2007〕50 号）。

2008 年 2 月，浙江省第十一届人民代表大会常务委员会第二次会议任命陈川为浙江省水利厅厅长。

2008 年 2 月，浙江省委免去陈岳军的浙江省水利厅党组副书记职务（浙干任〔2008〕11 号）；浙江省人民政府免去陈岳军的浙江省水利厅副厅长职务（浙政干〔2008〕5 号）。

2008 年 7 月，浙江省人民政府任命褚加福为浙江省水利厅巡视员（浙政干〔2008〕40 号）。

2008 年 10 月，浙江省委组织部批准连小敏任浙江省水利厅党组成员（浙组干任〔2008〕34 号）。

2008 年 11 月，浙江省人民政府任命连小敏为浙江省水利厅副厅长（浙政干〔2008〕53 号）。

2009 年 3 月，浙江省委免去杨月美的中共浙江省纪律检查委员会派驻浙江省水利厅纪律检查组组长职务（浙干任〔2009〕13 号）；浙江省委组织部批准虞洁夫任浙江省水利厅党组成员，免去彭佳学、杨月美的浙江省水利厅党组成员职务（浙组干任〔2009〕7 号）。

2009 年 4 月，浙江省人民政府任命虞洁夫为浙江省水利厅副厅长，免去彭佳学的浙江省水利厅副厅长职务，免去杨月美的浙江省监察厅驻浙江省水利厅监察专员职务（浙政干〔2009〕10 号）。

2009 年 9 月，浙江省委批准劳功权任中共浙江省纪律检查委员会派驻浙江省水利厅纪律检查组组长（浙干任〔2009〕57 号）；浙江省委组织部批准劳功权任浙江省水利厅党组成员（浙组干任〔2009〕26 号）。

（四）厅直属企事业单位

1. 直属事业单位

2001 年 1 月，厅直属事业单位有浙江省水利管理总站、浙江省农田水利总站、浙江省机电排灌总站、浙江省水电开发管理中心、浙江省水土保持委员会办公室、浙江省水资源管理委员会办公室、浙江省水利水电勘测设计院、浙江省钱塘江管理局、浙江省水利水电河口海岸研究设计院、浙江省水文勘测局、浙江水利水电专科学校、浙江水利水电学校、浙江水电技工学校、浙江省水利水电干部学校、浙江水利职工中等专业学校、浙江省水利水电工程局、浙江省围垦技术开发中心、浙江省水利水电工程监督管理中心、浙江省水利水电建设投资公司、浙江省水利经济管理中心、浙江省水利水电技术咨询中心、浙江省水利信息管理中心、浙江省用水管理所、浙江水电职业病医院筹建处。

2001年3月，根据《关于同意将浙江水利职工中等专业学校更名为浙江水利水电学校的函》（浙教职成〔2001〕66号），浙江水利职工中等专业学校更名为浙江水利水电学校。

2002年12月，根据《关于省水利河口研究院机构编制问题的批复》（浙编〔2002〕109号），浙江省水利水电科学研究院和浙江省河口海岸研究所合并组建浙江省水利河口研究院。

2003年4月，根据《关于省机电排灌总站更名为省河道管理总站的批复》（浙编办〔2003〕16号），浙江省机电排灌总站更名为浙江省河道管理总站。

2003年11月，根据《关于省水文勘测局机构规格的批复》（浙编〔2003〕114号），浙江省水文勘测局的机构规格由县处级调整为副厅级。

2003年12月，根据《关于省水利厅所属事业单位分类的批复》（浙编〔2003〕162号），同意浙江省政府防汛防旱指挥部办公室、浙江省钱塘江管理局、浙江省水利管理总站、浙江省农田水利总站、浙江省河道管理总站定为监督管理类事业单位；同意浙江省水文勘测局，浙江省钱塘江管理局杭州管理处、海宁管理处、盐平管理处、萧绍虞管理处，浙江省水电开发管理中心，浙江省用水管理所，浙江省水利水电工程质量监督管理中心，浙江省水利信息管理中心，浙江省水利厅物资设备仓库，浙江省水利河口研究院，浙江省河口海岸研究所测验队，浙江省围垦技术开发中心定为社会公益类纯公益性事业单位；同意浙江省水利水电工程局、浙江省水利水电技术咨询中心、浙江水利水电专科学校、浙江水电技工学校、浙江省水利厅幼儿园、浙江省水利水电干部学校（浙江水利水电学校）定为社会公益类准公益性事业单位；同意浙江省水利水电勘测设计院定为中介服务类单位；同意水利厅招待所、浙江省围垦技术培训中心定为生产经营类单位。

2003年，浙江水利水电专科学校整体迁入下沙高教园区（杭州市下沙学林街583号）。

2004年4月，根据《关于印发〈浙江省水文局机构编制方案〉的通知》（浙编办〔2004〕13号），同意浙江省水文勘测局的机构规格调整为浙江省水利厅管理的副厅级事业单位，并同意更名为浙江省水文局。内设办公室、水情预报处、站网处、信息处和水质处（挂浙江省水资源监测中心牌子）5个处（室）。

2004年7月，根据《关于设立中国水利博物馆的批复》（中央编办复字〔2004〕109号），同意设立中国水利博物馆。该博物馆实行水利部与浙江省人民政府双重领导、以水利部为主的管理体制。

2006年4月，根据《浙江省人民政府办公厅关于变更浙江同济科技职业学院举办主体的复函》（浙政办函〔2006〕26号），浙江同济科技职业学院（筹）转由浙江省水利厅举办，校名仍为浙江同济科技职业学院（筹）。学院在浙江水利水电学校新址（杭州市萧山区高教园区耕文路418号）建设。

2006年7月，根据《关于省水利水电工程局与省水利水电技术咨询中心合并有关问题的函》（浙编办〔2006〕68号），浙江省水利水电技术咨询中心并入省水利水电工程局，保留浙江省水利水电技术咨询中心牌子。

2006年8月，根据《关于省水利科技推广与发展中心机构编制问题的批复》（浙编〔2006〕54号），同意撤销浙江水电职业病医院筹建处，建立浙江省水利科技推广与发展中心。性质为社会公益类准公益性事业单位，机构规格相当于县处级。核定事业编制35名。

2007年1月，根据《关于设立省水土保持监测中心的批复》（浙编〔2007〕2号），同意设立浙江省水土保持监测中心，性质为社会公益类纯公益性事业单位，核定事业编制6名。机构规格相当于县处级。

2007年1月，根据《关于中国水利博物馆机构职责有关事项的批复》（水人教〔2007〕22号），中国水利博物馆为公益性事业单位，机构列在水利部，实行水利部与浙江省人民政府双重领导，以水利部为主的管理体制。机构规格为副司（局）级。主要职责是：贯彻执行国家水利、文物和博物馆事业的方针、政策和法规，制定并实施中国水利博物馆管理制度和办法；负责中国水利博物馆展示策划设计，编制《陈列大纲》，承担文物征集、制作、保管及各类藏品的管理工作；承担各类水利及博物馆专业的科研项目，开展水利史、水文化的学术研究和国际、国内交流，参与水利文物标本的鉴定与研究；负责收集相关的国内外信息，在国际互联网上创建中国水利博物馆网页，构建博物馆内部信息网络，负责网络系统日常维护管理工作；负责观众的组织和接待工作，开展对外宣传、对外交流工作，组织对外展览的洽谈、设计和布展工作；承担中国水利博物馆工程及配套设施建设工作；承办水利部、浙江省人民政府和浙江省水利厅交办的其他事项。内设办公室、财务部、陈列（工程）部、研究部和社教部5个部门。中国水利博物馆日常管理由水利部、浙江省委托浙江省水利厅承担。

2007年2月，根据《浙江省人民政府关于建立浙江同济科技职业学院的批复》（浙政函〔2007〕23号），浙江同济科技职业学院正式建立，系专科层次的公办普通高等职业院校，由浙江省水利厅举办。

2007年3月，根据《关于印发〈浙江省水利厅下属事业单位机构编制方案〉的通知》（浙编〔2007〕39号）。浙江省水利管理总站更名为浙江省水库管理总站，为浙江省水利厅所属监督管理类事业单位，机构规格相当于县处级；浙江省河道管理总站为浙江省水利厅所属监督管理类事业单位，机构规格相当于县处级；浙江省农田水利总站更名为浙江省农村水利总站，为浙江省水利厅所属监督管理类事业单位，机构规格相当于县处级；浙江省钱塘江管理局为浙江省水利厅所属监督管理类事业单位，机构规格相当于县处级；浙江省水电开发管理中心更名为浙江省水电管理中心，为浙江省水利厅所属社会公益类纯公益性事业单位，机构规格相当于县处级；浙江省水利厅物资设备仓库更名为浙江省防汛物资管理中心，挂浙江省防汛机动抢险总队牌子，为浙江省水利厅所属社会公益类纯公益性事业单位，机构规格相当于县处级。浙江省围垦技术开发中心更名为浙江省围垦技术中心，为浙江省水利厅所属社会公益类纯公益性事业单位，机构规格相当于县处级；浙江省水利河口研究院为浙江省水利厅所属社会公益类纯公益性事业单位，机构规格相当于县处级；浙江省河口海岸研究所测验队更名为浙江省河海测绘院，为浙江省水利河口研究院所属社会公益类纯公益性事业单位，机构规格相当于副县处级；浙江省用水管理所为浙江省水利厅所属社会公益类纯公益性事业单位，机构规格相当于县处级；浙江省水利水电工程质量监督管理中心更名为省水利水电工程质量与安全监督管理中心，为浙江省水利厅所属社会公益类纯公益性事业单位，机构规格相当于县处级；浙江省水利信息管理中心为浙江省水利厅所属社会公益类纯公益性事业单位，机构规格相当于县处级；浙江省水利厅幼儿园并入浙江省钱塘江管理局杭州管理处，浙江省钱塘江管理局杭州管理处为浙江省钱塘江管理局所属社会公益类纯公益性事业单位；浙江省钱塘江管理局海宁管理处为浙江省钱塘江管理局所属社会公益类纯公益性事业单位；浙江省钱塘江管理局盐平管理处为浙江省钱塘江管理局所属社会公益类纯公益性事业单位；浙江省钱塘江管理局萧绍虞管理处更名为浙江省钱塘江管理局宁绍管理处，为浙江省钱塘江管理局所属社会公益类纯公益性事业单位；浙江省水土保持监测中心为浙江省水利厅所属社会公益类纯公益性事业单位，机构规格相当于县处级；浙江省水利水电干部学校（浙江水利水电学校）更名为浙江省水利水电干部学校，为浙江省水利厅所属社会公益类准公益性事业单位，机构规格相当于县处级；浙江水利水电专科学校为浙江省水利厅所属社会公益类准公益性事业单位；浙江省水利水电工程局，挂浙江省水利水电技术咨询中心牌子，为浙江省水利厅所属社会公益类准公益性事业单位，机构规格相当于县处级；浙江省水利科技推广与发展中心为浙江省水利厅所属社会公益类准公益性事业单位，机构规格相当于县处级。

2007年11月，根据《浙江省人事厅关于同意省钱塘江管理局参照公务员法管理的函》（浙人函〔2007〕224号），同意浙江省钱塘江管理局参照公务员法管理。

2008年1月，根据《关于浙江同济科技职业学院机构编制问题的批复》（浙编〔2008〕18号），浙江同济科技职业学院设置20个内设机构，撤销浙江水电技工学校和浙江水利水电学校。

2008 年 1 月，根据《关于确定浙江同济科技职业学院内设机构规格的通知》（浙水人〔2008〕19号），确定浙江同济科技职业学院内设机构规格相当于县处级。

2008 年 4 月，根据《关于确定浙江水利水电专科学校内设机构规格的通知》（浙水人〔2008〕20号），确定浙江水利水电专科学校内设机构规格相当于县处级。

2009 年 2 月，根据《浙江省人事厅关于同意省水库管理总站等 3 家单位参照公务员法管理的函》（浙人函〔2009〕13 号），浙江省水库管理总站、浙江省河道管理总站和浙江省农村水利总站 3 家单位参照公务员法管理。

2009 年 4 月，根据《关于省用水管理所更名的函》（浙编办〔2009〕28 号），浙江省用水管理所更名为浙江省水资源管理中心。

2009 年 9 月，根据《关于调整省钱塘江管理局下属事业单位机构编制的函》（浙编办函〔2009〕155 号），海宁管理处与盐平管理处合并，组建嘉兴管理处，为社会公益类纯公益性事业单位；建立钱塘江安全应急中心，挂浙江省防汛机动抢险总队钱塘江支队牌子，为社会公益类纯公益性事业单位。

2009 年 9 月，根据《关于核定中国水利博物馆事业编制等问题的批复》（浙编〔2009〕45 号），中国水利博物馆事业编制 26 名，馆领导职数 4 名。

2. 直属企业单位

2001 年 1 月，厅直属企业单位有浙江省疏浚工程有限公司、浙江省围垦工程公司、浙江省第一水电建设有限公司、浙江省水电建筑安装有限公司、浙江省正邦水电建设有限公司、浙江省水电建筑机械有限公司、浙江省水利电力物资总公司、钱江水利开发股份有限公司。

2001 年 6 月，根据《浙江省人民政府关于组建浙江省水利水电投资集团有限公司的通知》（浙政发〔2001〕37 号），浙江省政府决定，以浙江省水利水电建设投资总公司为主体，纳入原浙江省水利厅直属企业的国有资产组建浙江省水利水电投资集团有限公司，设 9 家子公司：浙江省水电物资总公司、浙江省第一水电建设有限公司、浙江省水电建筑安装有限公司、浙江省正邦水电建设有限公司、浙江省水电建筑机械有限公司、浙江省疏浚工程有限公司、浙江江能建设有限公司、浙江省水电建筑基础工程公司、浙江省围海工程公司。

二、第二阶段（2009 年 10 月—2018 年 10 月）

根据浙江省人民政府机构改革方案，设立浙江省水利厅，为浙江省政府组成部门。

2009 年 10 月，根据《浙江省人民政府办公厅关于印发浙江省水利厅主要职责内设机构和人员编制规定的通知》（浙政办发〔2009〕170 号），对浙江省水利厅职责进行调整：取消已由国务院、浙江省政府公布取消的行政审批事项和扩权强县改革中省政府规定应当交由县（市）政府主管部门具体实施的事项；取消制订水利行业经济调节措施、指导水利行业多种经营工作的职责。加强水资源的节约、保护和合理配置，保障城乡供水安全，促进水资源的可持续利用；加强水政监察和水行政执法工作；加强防汛防台抗旱和水利突发公共事件应急管理，减轻水旱灾害损失。

（一）主要职责

（1）负责保障水资源的合理开发利用。拟定水利发展规划、水资源开发利用规划和有关政策，组织编制并监督实施全省重要江河湖泊的流域（区域）综合规划、防洪规划和有关专业规划。起草有关水行政管理的地方性法规、政府规章草案。按规定制定水利工程建设与管理的有关制度并组织实施。负责提出水利固定资产投资规模和方向、浙江省级财政性资金安排的初步意见；提出浙江省级水利建设投资安排建议并组织实施。

（2）统一管理水资源（含空中水、地表水、地下水）。组织开展水资源调查评价工作，拟定全省和跨地区水中长期供求规划、水量分配方案并监督实施，负责重要流域、区域以及重大调水工程的水资源调度，组织实施取水许可、水资源有偿使用制度，组织有关国民经济总体规划和有关专项规划及重大建设项目的水资源论证和防洪论证工作。指导水利行业供水和乡镇供水工作。

（3）负责水资源保护工作。组织编制水资源保护规划，拟定水功能区划并监督实施，指导饮用水水源保护工作，指导地下水开发利用和城市规划区地下水资源管理保护工作。核定水域纳污能力，提出限制排污总量意见，指导入河排污口设置工作。

（4）负责水旱灾害防治工作。组织、协调、监督、指导全省防汛防台抗旱工作，组织编制省防汛防台抗旱应急预案并组织实施，对重要江河湖泊和重要水工程实施防汛防台抗旱调度和应急水量调度。指导水利突发公共事件的应急管理工作。承担浙江省政府防汛防台抗旱指挥部的日常工作。

（5）指导水利设施、水域及其岸线的管理与保护。指导重要江河、水库、湖泊及河口的治理和开发，指导水利工程建设与运行管理，组织实施具有控制性或跨地区的重要水利工程的建设与运行管理，组织实施有关涉河涉堤建设项目审批（含占用水域审批）并监督实施。依法负责水利行业安全生产，组织、指导水库、水电站大坝和江堤、海塘的安全监管，组织实施水利工程建设的监督，指导水利建设市场的监督管理。负责滩涂资源的管理和保护，指导滩涂围垦、低丘红壤的治理和开发。

（6）组织、指导水政监察和水行政执法，负责重大涉水违法事件的查处，协调、指导水事纠纷的处理。

（7）指导农村水利工作。组织协调农田水利基本建设，指导农村饮水安全、节水灌溉等工程建设和管理工作，指导农村水利社会化服务体系建设。在职责范围内负责水能资源开发利用管理、组织开展水能资源调查评价工作，协同拟定水能资源开发利用规划、政策并组织实施，指导水电农村电气化和小水电代燃料工作。

（8）负责水土保持工作。拟定水土保持规划并监督实施，组织实施水土流失的综合防治、监测预报并定期公告，负责有关建设项目水土保持方案的审批、监督实施及水土保持设施的验收工作，指导浙江省重点水土保持建设项目的实施。

（9）负责节约用水工作。拟定节约用水政策，拟定有关标准，组织编制节约用水规划，发布节约用水情况通报，组织、监督全省节约用水工作，指导和推动节水型社会建设工作。

（10）指导水文工作。负责水文水资源监测、水文站网建设和管理，对江河湖库和地下水的水量、水质实施监测，发布水文水资源信息、情报预报和全省水资源公报。指导水利信息化工作。

（11）开展水利科技、教育和外事工作。组织水利科学研究、技术推广及国际合作交流，拟定水利行业的技术标准、规程规范、定额并监督实施，组织开展水利行业质量监督工作。

（12）指导、监督省级水利资金的管理。提出有关水利价格、收费、信贷的建议。

（13）承办浙江省政府交办的其他事项。

（二）编制与机构设置

根据《浙江省人民政府办公厅关于印发浙江省水利厅主要职责内设机构和人员编制规定的通知》（浙政办发〔2009〕170号），浙江省水利厅行政编制96名（含省人民政府防汛防台抗旱指挥部办公室编制13名），其中：厅长1名，副厅长4名，总工程师1名；处级领导职数34名（含直属机关党委专职副书记1名）；后勤服务人员编制12名。

2010年11月，为2009年度在省直属单位接收安置军队转业干部增加1名机关行政编制。

2014年1月，根据《关于设立省防汛防台抗旱督察专员的批复》（浙编〔2014〕11号），在浙江省防汛防台抗旱指挥部办公室设立浙江省防汛防台抗旱督察专员2名（正处级）。调整后，浙江省水利厅处级领导职数36名。

2014年4月，为2012年度在省直属单位接收安置军队转业干部增加1名机关行政编制。

2015年1月，根据《关于省水利厅机关及所属单位编制精简的函》（浙编办函〔2015〕84号），原有行政编制数98名，精简后行政编制数94名；原有后勤服务人员编制12名，精简后后勤服务人员编制9名；处级领导职数36名，其中正处级14名，副处级22名。

2015年10月，为2013—2014年在省直属单位接收安置军队转业干部增加1名机关行政编制。

2018年2月，为2016年度在省直属单位接收安置军队转业干部增加1名机关行政编制。

根据《浙江省人民政府办公厅关于印发浙江省水利厅主要职责内设机构和人员编制规定的通知》（浙政办发〔2009〕170号），浙江省水利厅设9个职能处（室）：办公室、政策法规处、规划计划处、建设处（安全监督处）、水资源与水土保持处（省节约用水办公室）、财务审计处、科技外事处、水政处（浙江省水政监察总队）、人事教育处（离退休干部处）。另设直属机关党委。保留浙江省人民政府防汛防台抗旱指挥部办公室（正处级）和浙江省围垦局（正处级）。

2015年12月，根据《关于省水利厅内设机构更名等事宜的函》（浙编办函〔2015〕274号），科技外事处更名为科技与标准化管理处，并将外事管理职责调整到人事教育处，核增副处级领导职数1名。调整后，浙江省水利厅处级领导职数37名，其中正处级领导职数14名，副处级领导职数23名。

（三）厅领导任免

2009年10月，浙江省人民政府任命劳功权为浙江省监察厅驻浙江省水利厅监察专员（浙政干〔2009〕41号）。

2010年3月，浙江省人民政府免去祝永华的浙江省水利厅副巡视员职务（浙政干〔2010〕6号）。

2010年6月，浙江省人民政府免去黄建中的浙江省水利厅副厅长职务（浙政干〔2010〕21号）。

2010年7月，浙江省委组织部批准俞锡根任浙江省水利厅党组成员（浙组干任〔2010〕16号）；浙江省人民政府任命许文斌为浙江省水利厅副厅长，免去其浙江省水利厅总工程师职务（浙政干〔2010〕29号）。

2010年11月，浙江省委组织部批准李锐任浙江省水利厅党组成员（浙组干任〔2010〕26号）；浙江省人民政府任命李锐为浙江省水利厅总工程师（浙政干〔2010〕63号）。

2010年12月，浙江省委组织部批准徐国平任浙江省水利厅党组成员（浙组干任〔2010〕30号）；浙江省人民政府任命徐国平为浙江省水利厅副厅长（浙政干〔2010〕66号）。

2011年2月，浙江省人民政府任命朱志豪为浙江省水利厅副巡视员（浙政干〔2011〕6号）。

2012年2月，浙江省委组织部免去褚加福的浙江省水利厅党组成员职务（浙组干任〔2012〕2号）；浙江省人民政府免去褚加福的浙江省水利厅副厅长、巡视员职务，免去徐成章的浙江省水利厅副巡视员职务（浙政干〔2012〕18号）。

2012年3月，浙江省人民政府免去朱志豪的浙江省水利厅副巡视员职务（浙政干〔2012〕31号）。

2012年5月，浙江省委批准彭佳学任浙江省水利厅党组副书记（浙干任〔2012〕17号）；浙江省人民政府任命彭佳学为浙江省水利厅副厅长（浙政干〔2012〕42号）。

2012年8月，浙江省委组织部批准冯强任浙江省水利厅党组成员（浙组干任〔2012〕15号），浙江省委组织部免去连小敏的浙江省水利厅党组成员职务（浙组干任〔2012〕16号）；浙江省人民政府任命冯强为浙江省水利厅副厅长（浙政干〔2012〕47号）。浙江省人民政府免去连小敏的浙江省水利厅副厅长职务（浙政干〔2012〕51号）。

2013年1月，浙江省委组织部批准蒋如华任浙江省水利厅党组成员，免去章国方的浙江省水利厅党组成员职务（浙组干任〔2013〕1号）；浙江省人民政府任命蒋如华为浙江省水利厅副厅长，免去章国方的浙江省水利厅副厅长职务（浙政干〔2013〕1号）。

2013年3月，浙江省第十二届人民代表大会常务委员会第二次会议任命陈川为浙江省水利厅厅长。

2013年3月，浙江省委免去彭佳学的浙江省水利厅党组副书记职务（浙委干〔2013〕37号）；浙江省人民政府免去彭佳学的浙江省水利厅副厅长职务（浙政干〔2013〕11号）。

2013年5月，浙江省委组织部批准杨炯任浙江省水利厅党组成员（浙组干任〔2013〕13号）；浙江省人民政府任命杨炯为浙江省水利厅副厅长（浙政干〔2013〕34号）。

2013年11月，浙江省委组织部批准葛平安任浙江省水利厅党组成员（浙组干任〔2013〕28号）；浙江省人民政府任命王晓阳为浙江省水利厅副巡视员（浙政干〔2013〕81号）。

2014年1月，浙江省委批准虞洁夫任浙江省水利厅党组副书记（浙委干〔2014〕11号）。

2014年8月，浙江省委批准赵向前任浙江省纪律检查委员会派驻浙江省水利厅纪律检查组组长，免去劳功权的浙江省纪律检查委员会派驻浙江省水利厅纪律检查组组长（浙委干〔2014〕126号）；浙江省委组织部批准赵向前任浙江省水利厅党组成员，免去劳功权的浙江省水利厅党组成员职务（浙组干任〔2014〕14号）；浙江省人民政府任命赵向前为浙江省监察厅驻浙江省水利厅监察专员，免去劳功权的浙江省监察厅驻浙江省水利厅监察专员职务（浙政干〔2014〕39号）。

2014年11月，浙江省人民政府任命蒋屏为浙江省水利厅副巡视员（浙政干〔2014〕48号）。

2015年4月，浙江省人民政府任命虞洁夫为浙江省水利厅巡视员（浙政干〔2015〕13号）。

2015年4月，浙江省委批准陈龙任浙江省水利厅党组书记，免去陈川的浙江省水利厅党组书记职务（浙委干〔2015〕55号）。

2015年4月，浙江省第十二届人民代表大会常务委员会第十九次会议决定任命陈龙为浙江省水利厅厅长，免去陈川的浙江省水利厅厅长职务。

2015年11月，浙江省委免去虞洁夫的浙江省水利厅党组副书记职务（浙委干〔2015〕230号）；浙江省人民政府免去虞洁夫的浙江省水利厅副厅长、巡视员职务，免去蒋屏的浙江省水利厅副巡视员职务（浙政干〔2015〕49号）。

2015年12月，浙江省委批准徐国平任浙江省水利厅党组副书记（浙委干〔2015〕252号）。

2015年12月，浙江省人民政府任命潘田明、吕峰为浙江省水利厅副巡视员（浙政干〔2015〕55号）。

2016年2月，浙江省人民政府任命李锐为浙江省水利厅副厅长（浙政干〔2016〕7号）；浙江省人民政府免去赵向前的浙江省监察厅驻浙江省水利厅监察专员职务（浙政干〔2016〕9号）。

2016年6月，浙江省人民政府免去潘田明的浙江省水利厅副巡视员职务（浙政干〔2016〕28号）。

2016年9月，浙江省委组织部批准施俊跃任浙江省水利厅党组成员（浙组干任〔2016〕26号）。

2016年10月，浙江省人民政府任命施俊跃为浙江省水利厅总工程师，任命徐有成为浙江省水利厅副巡视员，免去李锐的浙江省水利厅总工程师职务（浙政干〔2016〕45号）。

2016年11月，浙江省人民政府免去吕峰的浙江省水利厅副巡视员职务（浙政干〔2016〕51号）。

2017年10月，浙江省人民政府免去徐有成的浙江省水利厅副巡视员职务（浙政干〔2017〕31号）。

2018年2月，浙江省委免去陈龙的浙江省水利厅党组书记职务（浙委干〔2018〕45号）。

2018年3月，浙江省委批准马林云任浙江省水利厅党组书记（浙委干〔2018〕63号）；浙江省第十三届人民代表大会常务委员会第二次会议决定任命马林云为浙江省水利厅厅长，免去陈龙的浙江省水利厅厅长职务。

2018年3月，浙江省委组织部免去俞锡根的浙江省水利厅党组成员职务。

2018年9月，浙江省委组织部免去葛平安的浙江省水利厅党组成员职务，批准江海洋任浙江省水利厅党组成员（浙组干任〔2018〕21号）；浙江省人民政府任命裘江海为浙江省水利厅副巡视员（浙政干〔2018〕23号）。

2018年10月，浙江省委免去赵向前的中共浙江省纪律检查委员会、浙江省监察委员会派驻浙江省水利厅纪检监察组组长职务（浙委干〔2018〕221号）；浙江省委组织部免去赵向前的浙江省水利厅党组成员职务（浙组干任〔2018〕32号）。

（四）厅直属企事业单位

2009年10月，厅直属企事业单位有浙江省水库管理总站、浙江省河道管理总站、浙江省农村水利总站、浙江省水电管理中心、浙江省水利信息管理中心、浙江省水文局、浙江水利水电专科学校、浙江同济科技职业学院、浙江省水利水电干部学校、中国水利博物馆、浙江省钱塘江管理局、浙江省水利水电勘测设计院、浙江省水利河口研究院、浙江省水利水电工程局（浙江省水利水电技术咨询中心）、浙江省水利科技推广与发展中心、浙江省围垦技术中心、浙江省水利水电工程质量与安全监督管理中心、浙江省水资源管理中心、浙江省水土保持监测中心、浙江省防汛物资管理中心（浙江省防汛机动抢险总队）、浙江省水利厅招待所。

2010年2月，根据《关于变更水利水电建设投资公司和省水利厅物资服务站主管部门等问题的函》（浙编办函〔2010〕6号），浙江省水利厅物资服务站更名为省水利物资服务站；浙江省水利物资服务站和浙江省水利水电建设投资公司的主管部门由浙江省水利厅变更为浙江省能源集团。

2010年2月，根据《关于省钱塘江管理局正职领导高配的批复》（浙编〔2010〕11号），浙江省钱塘江管理局正职领导高配为副厅级。

2010年6月，根据《关于省围垦技术培训中心与省水利经济管理中心机构编制问题的函》（浙编办函〔2010〕104号），浙江省围垦技术培训中心更名为省水利发展中心，仍为从事生产经营活动的事业单位；原在浙江省水利水电建设投资公司挂牌的浙江省水利经济管理中心，改为在浙江省水利发展中心挂牌。

2010年7月，根据《关于省水利厅所属事业单位类别对应衔接的函》（浙编办函〔2010〕128号），浙江省水利厅所属事业单位类别对应衔接分类为：浙江省水库管理总站、浙江省河道管理总站、浙江省农村水利总站、浙江省钱塘江管理局由监督管理类事业单位对应为承担行政职能的事业单位；浙江省水电管理中心、浙江省水利信息管理中心、浙江省水文局、浙江省水利河口研究院、浙江省围垦技术中心、浙江省水利水电工程质量与安全监督管理中心、浙江省水资源管理中心、浙江省水土保持监测中心、浙江省防汛物资管理中心（浙江省防汛机动抢险总队）、浙江省钱塘江管理局杭州管理处、浙江省钱塘江管理局嘉兴管理处、浙江省钱塘江管理局宁绍管理处、浙江省钱塘江安全应急中心（浙江省防汛机动抢险总队钱塘江支队）、浙江省河海测绘院由社会公益类事业单位对应为从事公益服务的事业单位，并定为公益一类；浙江水利水电专科学校、浙江同济科技职业学院、浙江省水利水电工程局（浙江省水利水电技术咨询中心）、浙江省水利科技推广与发展中心、浙江省水利水电干部学校由社会公益类事业单位对应为从事公益服务的事业单位，并定为公益二类；浙江省水利水电勘测设计院由中介服务类事业单位对应为从事生产经营活动的事业单位；浙江省水利发展中心（浙江省水利经济管理中心）、浙江省水利厅招待所由生产经营类事业单位对应为从事生产经营活动的事业单位。

2010年9月，根据《关于确定省钱塘江管理局杭州管理处、省钱塘江安全应急中心机构规格的函》（浙编办函〔2010〕159号），浙江省钱塘江管理局杭州管理处、浙江省钱塘江安全应急中心（浙江省防汛机动抢险总队钱塘江支队）的机构规格相当于副县处级。

2011年4月，根据《关于中国水利博物馆机构编制调整有关事项的批复》（水人事〔2011〕181号），中国水利博物馆的主要职责调整为：贯彻执行国家水利、文物和博物馆事业的方针、政策和法规，制定并实施中国水利博物馆管理制度和办法；负责中国水利博物馆文物征集、修复及各类藏品的保护和管理，负责展示策划、设计、布展和日常管理工作；负责观众的组织接待工作，开展科普宣传教育、对外交流合作，做好博物馆信息化建设；承担水文化遗产普查的有关具体工作，开展水文化遗产发掘、研究、鉴定和保护工作，建立名录体系和数据库；承担水文化遗产标准制定和分级评价有关具体工作；组织实施中国水利博物馆工程及配套设施建设工作；承办水利部、浙江省人民政府和浙江省水利厅交办的其他事项。内设机构调整为：办公室、财务处、展览陈列处、研究处和宣传教育处。

2011年5月，根据《关于中国水利博物馆增挂水利部水文化遗产研究中心的批复》（水人事〔2011〕222号），在中国水利博物馆增挂水利部水文化遗产研究中心的牌子，主要受水利部委托承担水文化遗产的普查、研究、鉴定、保护和宣传等有关工作。

2011年7月，根据《关于省水利河口研究院增挂省海洋规划设计研究院牌子的函》（浙编办函〔2011〕46号），浙江省水利河口研究院增挂浙江省海洋规划设计研究院牌子。

2011年11月，根据《关于省围垦技术中心更名的函》（浙编办函〔2011〕98号），浙江省围垦技术中心更名为浙江省水利发展规划研究中心，主要承担全省水利战略发展研究、规划编制等工作。

2012年6月，根据《关于省水利厅所属事业单位清理规范的函》（浙编办函〔2012〕89号），浙江省钱塘江管理局宁绍管理处、嘉兴管理处机构规格调整为副处级；浙江省农村水利总站更名为省农村水利局；浙江省水利发展中心（浙江省水利经济管理中心）更名为浙江省水利厅机关服务中心，为公益二类事业单位。

2012年6月，根据《关于设立省浙东引水管理局的批复》（浙编〔2012〕43号），设立浙江省浙东引水管理局，主要承担浙东引水工程的管理、调度、协调等相关工作，为公益一类事业单位，机构规格相当于县处级。浙江省浙东引水管理局与省水利水电工程局（浙江省水利水电技术咨询中心）合署办公。

2013年6月，根据《浙江省人民政府关于在浙江水利水电专科学校基础上建立浙江水利水电学院的通知》（浙政发函〔2013〕5号），在浙江水利水电专科学校的基础上建立浙江水利水电学院，同时撤销浙江水利水电专科学校的建制。浙江水利水电学院系本科层次的普通高校，根据需求调整结构，逐步过渡到以实施本科教育为主。学校升格后管理体制不变。首批设置水利水电工程、农业水利工程、电气工程及其自动化、测绘工程、机械设计制造及其自动化、人力资源管理等6个本科专业。

2013年6月，根据《关于调整省水库管理总站处级领导职数的函》（浙编办函〔2013〕49号），增加浙江省水库管理总站处级领导职数1名。

2015年1月，根据《关于调整省水文局内设机构设置等事宜的函》（浙编办函〔2015〕1号），浙江省水文局增设通信管理处，增加处级领导职数2名；同意浙江省水文局信息处更名为资料应用处。

2015年1月，根据《关于省水利厅机关及所属单位编制精简的函》（浙编办函〔2015〕84号），厅属单位事业编制精简后调整为：浙江省农村水利局27名，浙江省河道管理总站18名，浙江省水库管理总站23名，浙江省钱塘江管理局51名，浙江省水文局95名，中国水利博物馆24名，浙江省水利水电干部学校67名，浙江省水利水电勘测设计院371名，浙江省水利河口研究院（浙江省海洋规划设计研究院）201名，浙江省浙东引水管理局54名，浙江省水利水电工程局（浙江省水利水电技术咨询中心）50名，浙江省水利科技推广与发展中心30名，浙江省水利厅机关服务中心12名，浙江省水电管理中心18名，浙江省水利信息管理中心11名，浙江省水利发展规划研究中心18名，浙江省水利水电工程质量安全监督管理中心18名，浙江省水资源管理中心14名，浙江省防汛物资管理中心（浙江省防汛机动抢险总队）14名，浙江省钱塘江安全应急中心（浙江省防汛机动抢险总队钱塘江支队）54名，浙江省钱管局杭州管理处72名，浙江省钱管局宁绍管理处35名，浙江省钱管局嘉兴管理处54名，浙江省河海测绘院64名，浙江省水利厅招待所9名。

2015年2月，根据《关于明确浙江水利水电学院机构编制事项的函》（浙编办函〔2015〕131号），明确浙江水利水电学院为浙江省水利厅所属从事公益服务的公益二类事业单位。内设党政机构16个，教学机构13个、教辅机构4个、科研机构2个。

2015年11月，根据《关于印发浙江同济科技职业学院机构编制方案的函》（浙编办函〔2015〕254号），浙江同济科技职业学院为省水利厅所属从事公益服务的公益二类事业单位。内设党政管理机构14个、教学机构9个、教辅机构5个。

2016年2月，根据《关于调整省水利厅所属部分事业单位机构编制的函》（浙编办函〔2016〕20

号），浙江省水利厅所属部分事业单位机构进行调整。设立浙江省水情宣传中心，承担全省水利宣传工作和水情教育等公益性职能，为浙江省水利厅所属公益一类事业单位，机构规格相当于正处级，核定事业编制 19 名、领导职数 1 正 2 副；浙江省水利水电工程局（浙江省水利水电技术咨询中心）、浙江省浙东引水管理局由合署分设为浙江省水利水电技术咨询中心、浙江省浙东引水管理局，不再保留浙江省水利水电工程局牌子。其中，浙江省水利水电技术咨询中心为浙江省水利厅所属公益二类事业单位，机构规格相当于正处级，事业编制 50 名，领导职数 1 正 2 副；浙江省浙东引水管理局为省水利厅所属公益一类事业单位，机构规格相当于正处级，事业编制 41 名，领导职数 1 正 2 副。浙江省水资源管理中心、浙江省水土保持监测中心整合为浙江省水资源管理中心，挂浙江省水土保持监测中心牌子，为浙江省水利厅所属公益一类事业单位，机构规格相当于正处级，事业编制 20 名，领导职数 1 正 2 副。浙江省水利科技推广与发展中心、浙江省水利厅机关服务中心整合为浙江省水利科技推广与发展中心，挂浙江省水利厅机关服务中心牌子，为浙江省水利厅所属公益二类事业单位，机构规格相当于正处级，事业编制 42 名，领导职数 1 正 3 副。

2016 年 5 月，根据《关于同意省水利厅招待所划转移交浙勤集团管理的函》（浙编办函〔2016〕124 号），浙江省水利厅所属的浙江省水利厅招待所成建制划转移交浙勤集团管理。

2016 年 12 月，根据《关于省钱塘江安全应急中心更名等事宜的函》（浙编办函〔2016〕239 号），撤销在浙江省钱塘江安全应急中心加挂的浙江省防汛机动抢险总队钱塘江支队牌子，相应的防汛机动抢险的职责移交给浙江省防汛物资管理中心（浙江省防汛机动抢险总队）承担。浙江省钱塘江安全应急中心更名为浙江省钱塘江河务技术中心，主要职责调整为：承担钱塘江水生态环境安全管理的具体工作，协调开展流域水面保洁和重大江面漂浮物应急处置；承担流域防洪调度研究，指导流域调水工作；开展钱塘江生态河道治理保护和河道管理信息化工作的技术指导；承担钱塘江涌潮观测站的建设与运行管理，开展涌潮相关水文资料的分析研究工作。

2017 年 8 月，根据《关于省防汛物资管理中心更名的函》（浙编办函〔2017〕107 号），浙江省防汛物资管理中心（浙江省防汛机动抢险总队）更名为浙江省防汛技术中心（浙江省防汛机动抢险总队）。职责为：开展防汛抢险应急处置技术研究，开展防汛抢险和抗旱新技术、新工艺、新产品的推广应用；在浙江省防指办的指导下，组织开展预案方案编制、洪水风险评估、灾害评价等防汛防台抗旱基础性技术工作；组织省级防汛机动抢险队伍参加重大水利工程险情应急抢险；协助做好全省防汛机动抢险队伍和抗旱服务队伍建设；做好全省防汛防台抗旱物资储备、调运有关具体性工作。

三、第三阶段（2018 年 10 月—2021 年 12 月）

根据浙江省改革办印发的《省水利厅机构编制框架的函》（浙机改字〔2018〕16 号），浙江省水利厅划出四项职责：水资源调查和确权登记管理职责划转至省自然资源厅；编制水功能区划、排污口设置管理和流域水环境保护职责划转至省生态环境厅；农田水利建设项目管理职责划转至省农业农村厅；浙江省政府防汛防台抗旱指挥部和浙江省水利厅水旱灾害防治相关职责划转至浙江省应急管理厅。

根据《中共浙江省委办公厅 浙江省人民政府办公厅印发〈浙江省水利厅职能配置、内设机构和人员编制规定〉的通知》（厅字〔2018〕78 号），浙江省水利厅是浙江省政府组成部门，为正厅级。

（一）主要职责

（1）负责保障水资源的合理开发利用。拟定水利战略规划和政策，起草有关地方性法规、规章草案。组织编制全省水资源战略规划、全省重要江河湖泊的流域（区域）综合规划、防洪规划等重大水利规划。

（2）负责生活、生产经营和生态环境用水的统筹和保障。组织实施最严格水资源管理制度，实施水资源的统一监督管理。拟定全省和跨区域水中长期供求规划、水量分配方案并监督实施。负责重要流域、区域和重大调水工程的水资源调度，组织实施取水许可、水资源论证和防洪论证制度，指导开展水资源有偿使用工作。指导水利行业供水、农村供水工作。

（3）按规定制定水利工程建设与管理的有关制度并组织实施。负责提出水利固定资产投资规模、方向、具体安排建议并组织指导实施；按规定权限审核规划内和年度计划规模内固定资产投资项目，提出中央水利资金和省级财政性水利资金安排建议并负责项目实施的监督管理。

（4）指导水资源保护工作。组织编制并实施水资源保护规划。指导饮用水水源保护有关工作，指导地下水开发利用和地下水资源管理保护。组织指导地下水超采区综合治理。

（5）负责节约用水工作。拟定节约用水政策，组织编制节约用水规划并监督实施，组织制定有关标准。组织实施用水总量控制等管理制度，组织、监督全省节约用水工作，指导和推动节水型社会建设工作。

（6）指导水文工作。负责水文水资源监测、水文站网建设和管理，对江河湖库和地下水实施监测，发布水文水资源信息、情报预报和全省水资源公报。按规定组织开展水资源调查评价和水资源承载能力监测预警工作。指导水利信息化工作。

（7）指导水利设施、水域及其岸线的管理、保护与综合利用。组织指导水利基础设施网络建设。指导重要江河、水库、湖泊及河口的治理、开发和保护。指导河湖水生态保护与修复、河湖生态流量水量管理以及河湖水系连通工作。负责滩涂围垦工作。指导低丘红壤治理开发。

（8）指导监督水利工程建设与运行管理。组织实施具有控制性的和跨区域跨流域的重要水利工程建设与运行管理。组织提出并协调落实省直管工程运行和后续工程建设的有关政策措施，指导监督工程安全运行，组织工程验收有关工作，督促指导市县配套工程建设。按分工负责水利行业生态环境保护工作。组织开展水利建设与运行管理市场的监督管理。

（9）负责水土保持工作。拟定水土保持规划并监督实施，组织实施水土流失的综合防治、监测预报并定期公告。负责建设项目水土保持监督管理工作，指导省重点水土保持建设项目的实施。

（10）指导农村水利工作。组织开展大中型灌排工程建设与改造。指导圩区防洪排涝工程和农村饮水安全工程建设与管理。指导节水灌溉有关工作。指导农村水利改革创新和社会化服务体系建设。按规定组织开展水能资源调查评价，指导农村水能资源开发、小水电改造和水电农村电气化工作。

（11）指导水政监察和水行政执法，负责重大涉水违法事件的查处，指导协调水事纠纷的处理。负责水利行业安全生产监督管理，指导水库、水电站大坝、农村水电站、江堤海塘等水利工程的安全生产管理工作。组织实施水利工程建设的监督。

（12）开展水利科技、教育和对外交流工作。组织水利科学研究、科技推广及对外交流。组织开展水利行业质量监督工作。拟定水利行业的技术标准、规程规范、定额并监督实施。

（13）负责落实综合防灾减灾规划相关要求，组织编制洪水干旱灾害防治规划和防护标准并指导实施。承担水情旱情监测预警工作。组织编制重要江河湖泊和重要水工程的防御洪水抗御旱灾调度及应急水量调度方案，按程序报批并组织实施。组织提出太湖流域洪水调度建议方案。承担防御洪水、台风暴潮应急抢险的技术支撑工作。承担重要水工程调度工作。承担洪泛区、蓄滞洪区和防洪保护区的洪水影响评价工作。组织制定水旱灾害防御水利相关滞洪区和防洪保护区的洪水影响评价工作。组织制定水旱灾害防御水利相关政策并监督实施。

（14）完成浙江省委、省政府交办的其他任务。

（15）职能转变。切实加强水资源合理利用、优化配置和节约保护。坚持节水优先，从增加供给转向更加重视需求管理，严格控制用水总量和提高用水效率。坚持保护优先，加强水资源、水域和水利工程的管理保护，维护河湖健康美丽。坚持统筹兼顾，保障合理用水需求和水资源的可持续利用，为经济社会发展提供水安全保障。坚持建管并重，加强水利工程管理工作。坚持深入推进简政放权、放管结合、优化服务改革，推动水利领域"最多跑一次"改革向纵深发展。推动水利数字化转型，加快推进水利现代化。

（二）编制与机构设置

根据《中共浙江省委办公厅 浙江省人民政府办公厅关于印发〈浙江省水利厅职能配置、内设机构和人员编制规定〉的通知》（厅字〔2018〕78号），浙江省水利厅行政编制105名（含事业单位行政职能回归的统筹编制19名）。其中：厅长1名，副厅长4名；总工程师1名；处级领导职数36名，其中正处级14名（含直属机关党委专职副书记1名）、副处级22名。

根据《中共浙江省委办公厅 浙江省人民政府办公厅关于印发〈浙江省水利厅职能配置、内设机构和人员编制规定〉的通知》（厅字〔2018〕78号），浙江省水利厅机关设13个内设机构：办公室、政策法规处（执法指导处）、规划计划处、水资源管理处（省节约用水办公室）、建设处、运行管理处、河湖管理处、农村水利水电与水土保持处、监督处、科技处、水旱灾害防御处、财务审计处、人事教育处。另设直属机关党委。

（三）厅领导任免

2019年5月，浙江省人民政府任命徐国平为浙江省水利厅巡视员（浙政干〔2019〕31号）。

2019年12月，浙江省委组织部免去江海洋的浙江省水利厅党组成员职务（浙组干任〔2019〕30号）。

2020年4月，浙江省委组织部批准范波芹、张日向任浙江省水利厅党组成员（浙组干任〔2020〕7号）。

2020年12月，浙江省委组织部免去裘江海的浙江省水利厅副巡视员职务（浙组干通〔2020〕498号）。

2021年2月，浙江省委免去徐国平的浙江省水利厅党组副书记职务（浙委干〔2021〕44号）。

2021年3月，浙江省委批准李锐任浙江省水利厅党组副书记（浙委干〔2021〕82号）。

2021年3月，浙江省人民政府免去徐国平的浙江省水利厅副厅长职务（浙政干〔2021〕33号）；中共浙江省委组织部免去徐国平的浙江省水利厅巡视员职务（浙组干通〔2021〕94号）。

2021年6月，中共浙江省委组织部批准黄黎明任浙江省水利厅党组成员（浙组干任〔2021〕16号）。

2021年7月，浙江省人民政府任命黄黎明为浙江省水利厅副厅长（浙政干〔2021〕43号）。

2021年11月，浙江省委组织部免去冯强的党组成员职务（浙组干任〔2021〕33号）；浙江省人民政府免去冯强的浙江省水利厅副厅长职务（浙政干〔2021〕60号）。

（四）厅直属企事业单位

2018年10月，厅直属企事业单位有浙江省水库管理总站、浙江省农村水利局、浙江省河道管理总站、浙江省水电管理中心、浙江省水文局、浙江水利水电学院、浙江同济科技职业技术学院、浙江省水利水电干部学校、中国水利博物馆、浙江省钱塘江管理局、浙江省水利水电勘测设计院、浙江省水利河口研究院（浙江省海洋规划设计研究院）、浙江省浙东引水管理局、浙江省水利水电技术咨询中心、浙江省水利科技推广发展中心（浙江省水利厅机关服务中心）、浙江省水利信息管理中心、浙江省水情宣传中心、浙江省水利发展规划研究中心、浙江省水利水电工程质量与安全监督管理中心、浙江省水资源管理中心（浙江省水土保持监测中心）、浙江省防汛技术中心（浙江省防汛机动抢险总队）。

2019年1月，根据《关于省水利厅所属事业单位调整和人员转隶审核意见的复函》（浙事改字〔2019〕10号），浙江省农村水利局与浙江省河道管理总站整合设置为浙江省河湖与农村水利管理中心，撤销浙江省农村水利局和省河道管理总站；浙江省水库管理总站更名为浙江省水库管理中心；浙江省钱塘江管理局更名为浙江省钱塘江管理中心；浙江省水文局更名为浙江省水文管理中心；浙江省浙东引水管理局更名为浙江省浙东引水管理中心。

2019 年 6 月，根据《省委编办关于收回事业空编的通知》（浙编办字〔2019〕474 号），收回浙江省水利厅所属事业单位空编 199 名。

2019 年 11 月，根据《关于省水利厅下属事业单位机构编制框架的函》（浙事改办〔2019〕120 号），改革后浙江省水利厅下属事业单位共 13 家（不含学校），核定事业编制 830 名，浙江省水利水电干部学校并入浙江同济科技职业学院。

2019 年 12 月，根据《中央编办关于浙江省部分厅局级事业单位调整的批复》（中央编办复字〔2019〕182 号），设立浙江省钱塘江流域中心（对外可使用浙江省钱塘江管理局牌子），作为浙江省水利厅管理的副厅级事业单位。

2019 年 12 月，根据《关于同意省水利水电勘测设计院转企改制方案的批复》（浙事改办〔2019〕21 号），同意浙江省水利水电勘测设计院转企改制为浙江省水利水电勘测设计院有限责任公司，暂由浙江省水利厅所属事业单位浙江省水利科技推广服务中心履行国有出资人职责。

2020 年 1 月，根据《中共浙江省委机构编制委员会办公室关于印发浙江省水利厅所属浙江省水库管理中心等 10 家单位机构编制规定的通知》（浙编办函〔2020〕57 号），浙江省水库管理中心为浙江省水利厅所属公益一类事业单位，机构规格为正处级，事业编制 17 名，设主任 1 名，副主任 2 名；浙江河湖与农村水利管理中心更名为浙江省农村水利管理中心，为浙江省水利厅所属公益一类事业单位，机构规格为正处级，事业编制 28 名，设主任 1 名，副主任 2 名；浙江省水利河口研究院（浙江省海洋规划设计研究院）、浙江省河海测绘院整合组建浙江省水利河口研究院，为浙江省水利厅所属公益二类事业单位，机构规格为正处级，挂浙江省海洋规划设计研究院牌子，事业编制 221 名，设院长 1 名，专职副书记 1 名，副院长 5 名；浙江省水利水电技术咨询中心为浙江省水利厅所属公益二类事业单位，机构规格为正处级，事业编制 44 名，设主任 1 名，副主任 3 名；浙江省水利科技推广与发展中心（浙江省水利厅机关服务中心）更名为浙江省水利科技推广服务中心，为浙江省水利厅所属公益二类事业单位，机构规格为正处级，事业编制 36 名，设主任 1 名，副主任 2 名；浙江省水利信息管理中心、浙江省水情宣传中心整合组建浙江省水利信息宣传中心，为浙江省水利厅所属公益一类事业单位，机构规格为正处级，事业编制 24 名，设主任 1 名，副主任 2 名；浙江省水利发展规划研究中心为浙江省水利厅所属公益二类事业单位，机构规格为正处级，事业编制 22 名，设主任 1 名，副主任 2 名；浙江省水资源管理中心（浙江省水土保持监测中心）、浙江省水电管理中心整合组建浙江省水资源水电管理中心，为浙江省水利厅所属公益一类事业单位，机构规格为正处级，挂浙江省水土保持监测中心牌子，事业编制 36 名，设主任 1 名，副主任 3 名；浙江省水利水电工程质量与安全监督管理中心更名为浙江省水利水电工程质量与安全管理中心，为浙江省水利厅所属公益一类事业单位，机构规格为正处级，事业编制 27 名，设主任 1 名，副主任 2 名；浙江省水利防汛技术中心为浙江省水利厅所属公益一类事业单位，机构规格为正处级，挂浙江省水利防汛机动抢险总队牌子，事业编制 23 名，设主任 1 名，副主任 2 名。

2020 年 2 月，根据《中共浙江省委机构编制委员会办公室关于中国水利博物馆机构编制事项的函》（浙编办函〔2020〕90 号），明确中国水利博物馆为公益一类事业单位，机构列在水利部，实行水利部与浙江省人民政府双重领导、以水利部为主的管理体制。机构规格为副厅级。日常管理由水利部、浙江省委托浙江省水利厅承担。

2020 年 4 月，根据《中共浙江省委机构编制委员会关于印发〈浙江省水文管理中心主要职责、内设机构和人员编制〉的通知》（浙编〔2020〕22 号），浙江省水文管理中心内设办公室、水情预报部、站网部、通信管理部、资料应用部、水质部（省水资源监测中心）等 6 个机构，设之江水文站（浙江省水文机动测验队）、兰溪水文站、分水江水文站 3 个分支机构。浙江省水文管理中心事业编制 90 名，设主任 1 名，专职副书记 1 名，副主任 3 名，中心领导班子副职、中层干部由浙江省水利厅党组统一管理。

2020年4月，根据《中共浙江省委机构编制委员会关于印发〈浙江省钱塘江流域中心主要职责、内设机构和人员编制规定〉的通知》（浙编〔2020〕16号），浙江省钱塘江管理中心、浙江省浙东引水管理中心、浙江省钱塘江河务技术中心以及浙江省钱塘江管理局杭州管理处、嘉兴管理处、宁绍管理处整合组建浙江省钱塘江流域中心，为浙江省水利厅所属公益一类事业单位，机构规格为副厅级，对外可使用浙江省钱塘江管理局牌子。中心设综合部、规划发展部、水域保护部、河湖工程与治理部、海塘工程部、防灾减灾部、河口治理部、浙东引水部、人事部等9个内设机构。浙江省钱塘江流域中心事业编制235名，设主任1名，专职副书记1名，副主任4名，中心领导班子副职、中层干部由浙江省水利厅党组统一管理。

2020年4月，根据《中共浙江省委机构编制委员会办公室关于撤销省基础教育课程教材开发研究中心等36家经营类事业单位的函》（浙编办函〔2020〕109号），撤销浙江省水利水电勘测设计院，收回事业编制285名。

2021年2月，根据《中共浙江省委机构编制委员会关于印发〈浙江水利水电学院机构编制规定〉的通知》（浙编〔2021〕25号），浙江水利水电学院为浙江省人民政府直属从事公益服务的公益二类事业单位，由浙江省水利厅管理，主要承担人才培养、科学研究、社会服务、文化传承创新、国际交流合作等职责，实施高等专科和本科学历教育以及非学历教育；设16个党政管理机构、13个教学机构、6个科研机构与5个教辅机构。根据《中共浙江省委机构编制委员会关于印发〈浙江同济科技职业学院机构编制规定〉的通知》（浙编〔2021〕42号），浙江同济科技职业学院为浙江省水利厅所属从事公益服务的公益二类事业单位，主要承担人才培养、科学研究、社会服务、文化传承创新、国际交流合作等职责，实施高等专科学历教育以及非学历教育；设14个党政管理机构、8个教学机构、2个科研机构和4个教辅机构。

浙江省水利厅领导任免表（2001年1月—2021年12月）见表1，浙江省水利厅机构图（2021年）见图1。

表1　　　　　　　　　　浙江省水利厅领导任免表（2001年1月—2021年12月）

机构名称	姓名	职务	任免时间	备注
浙江省水利厅 （2001年1月— 2003年2月）	张金如	党组书记	1998年2月—	
		厅长	1998年2月—	
	陈岳军	党组成员	1992年1月—2000年5月	2000年4月免去省围垦局党组书记、局长职务，2000年12月为正厅级
		副厅长 （兼省围垦局党组书记、局长）	1992年1月—	
		党组副书记	2000年5月—	
	李治华	党组成员	1993年4月—	2001年4月为正厅级
		副厅长	1993年4月—	
	褚加福	党组成员	1993年4月—	
		副厅长	1993年4月—	
	黄建中	副厅长	2000年7月—	2001年11月加入中国农工民主党
	言隽达	党组成员	1995年11月—2002年3月	
		总工程师	1995年11月—2002年3月	
	许文斌	党组成员	2002年4月—	
		总工程师	2002年4月—	
	徐治时	顾问	1983年1月—2003年2月	

续表

机构名称	姓 名	职 务	任免时间	备 注
浙江省水利厅 （2001年1月— 2003年2月）	杨月美	党组成员	1998年6月—	
		纪检组组长	1998年6月—	
	徐雄军	党组成员	1998年6月—2001年9月	
		厅长助理	1998年6月—2001年9月	
	张 刚	厅助理巡视员	1997年4月—2002年3月	
浙江省水利厅 （2003年2月— 2008年2月）	张金如	党组书记	继任—2005年5月	
		厅 长	继任—2005年5月	
	陈 川	党组书记	2005年9月—	
		厅 长	2005年9月—	
	陈岳军	党组副书记	继任—2008年2月	
		副厅长	继任—2008年2月	
	李治华	党组成员	继任—2003年6月	
		副厅长	继任—2003年6月	
	褚加福	党组成员	继任—	
		副厅长	继任—	
	黄建中	副厅长	继任—	
	章国方	党组成员	2003年2月—	
		副厅长	2003年2月—	2003年9月25日享受正厅级 待遇
	彭佳学	党组成员	2003年7月—	
		副厅长	2003年8月—	
	杨月美	党组成员	继任—	
		纪检组组长	继任—	
		监察专员	2006年5月—	
	许文斌	党组成员	继任—	
		总工程师	继任—	
	杨乐康	厅助理巡视员	2004年7月—2005年9月	
	徐成章	副巡视员	2006年7月—	
	祝永华	副巡视员	2007年12月—	
浙江省水利厅 （2008年2月— 2013年3月）	陈 川	党组书记	继任—	
		厅 长	继任—	
	褚加福	党组成员	继任—2012年2月	
		副厅长	继任—2012年2月	
		巡视员	2008年7月—2012年2月	
	黄建中	副厅长	继任—2010年6月	2008年3月任第十一届全国 政协委员
	章国方	党组成员	继任—2013年1月	
		副厅长	继任—2013年1月	
	彭佳学	党组成员	继任—2009年4月	
		副厅长	继任—2009年4月	
		党组副书记	2012年5月—2013年3月	
		副厅长	2012年5月—2013年3月	

机构名称	姓 名	职 务	任 免 时 间	备 注
浙江省水利厅 （2008年2月— 2013年3月）	虞洁夫	党组成员	2009年3月—	
		副厅长	2009年4月—	
	杨月美	党组成员	继任—2009年3月	
		纪检组组长	继任—2009年3月	
		监察专员	继任—2009年4月	
	劳功权	党组成员	2009年9月—	
		纪检组组长	2009年9月—	
		监察专员	2009年10月—	
	连小敏	党组成员	2008年10月—2012年8月	
		副厅长	2008年11月—2012年8月	
	许文斌	党组成员	继任—	
		总工程师	继任—2010年7月	
		副厅长	2010年7月—	
	李 锐	党组成员	2010年11月—	
		总工程师	2010年11月—	
	徐国平	党组成员	2010年12月—	
		副厅长	2010年12月—	
	冯 强	党组成员	2012年8月—	
		副厅长	2012年8月—	
	蒋如华	党组成员	2013年1月—	
		副厅长	2013年1月—	
	俞锡根	党组成员 （厅办公室主任）	2010年7月—2011年9月	
		党组成员 （省水文局党委书记、 局长）	2011年9月—	
	祝永华	副巡视员	继任—2010年3月	
	徐成章	副巡视员	继任—2012年2月	
	朱志豪	副巡视员	2011年2月—2012年3月	
浙江省水利厅 （2013年3月— 2018年3月）	陈 川	党组书记	继任—2015年4月	
		厅 长		
	陈 龙	党组书记	2015年4月—2018年2月	
		厅 长		
	虞洁夫	党组成员	继任—2014年1月	
		副厅长	继任—2015年11月	
		党组副书记	2014年1月—2015年11月	
		巡视员	2015年4月—2015年11月	

续表

机构名称	姓 名	职 务	任 免 时 间	备 注
浙江省水利厅 （2013年3月— 2018年3月）	劳功权	党组成员	继任—2014年8月	
		纪检组组长		
		监察专员		
	许文斌	党组成员	继任—2013年4月	
		副厅长		
	徐国平	党组成员	继任—	
		副厅长		
		党组副书记	2015年12月—	
	冯 强	党组成员	继任—	
		副厅长		
	赵向前	党组成员	2014年8月—	
		纪检监察组组长		
		监察专员	2014年8月—2016年2月	
	蒋如华	党组成员	继任—	
		副厅长		
	李 锐	党组成员	继任—	
		总工程师	继任—2016年10月	
		副厅长	2016年2月—	
	杨 炯	党组成员	2013年5月—	
		副厅长		
	施俊跃	党组成员	2016年9月—	
		总工程师	2016年10月—	
	俞锡根	党组成员 （省水文局党委书记、 局长）	继任—2018年3月	
	葛平安	党组成员 （厅人事教育处处长）	2013年11月—2016年9月	
		党组成员 （省钱塘江管理局局长）	2016年9月—	2016年9月为副厅级
	王晓阳	副巡视员	2013年11月—2015年4月	
	蒋 屏	副巡视员	2014年11月—2015年11月	
	潘田明	副巡视员	2015年12月—2016年6月	
	吕 峰	副巡视员	2015年12月—2016年11月	
	徐有成	副巡视员	2016年10月—2017年10月	

机构名称	姓 名	职 务	任 免 时 间	备 注
浙江省水利厅 （2018年3月— 2021年12月）	马林云	党组书记	2018年3月—	
		厅 长		
	徐国平	党组副书记	继任—2021年2月	
		副厅长	继任—2021年3月	
		巡视员	2019年5月—2021年3月	2019年6月套转为一级巡视员
	李 锐	党组成员	继任—2021年3月	
		副厅长	继任—	
		党组副书记	2021年3月—	
	冯 强	党组成员	继任—2021年11月	
		副厅长	继任—2021年11月	正厅级
	赵向前	党组成员	继任—2018年10月	
		纪检组组长	继任—2018年10月	2018年10月为正厅级
	蒋如华	党组成员	继任—	
		副厅长		
	杨 炯	党组成员	继任—	
		副厅长		
	施俊跃	党组成员	继任—	
		总工程师		
	葛平安	党组成员 （省钱塘江管理局局长）	继任—2018年9月	
	江海洋	党组成员 （省水文管理中心 党委书记、主任）	2018年9月—2019年12月	2019年1月省水文局 改名为省水文管理中心
	范波芹	党组成员 （省水文管理中心 党委书记、主任）	2020年4月—	
	黄黎明	党组成员	2021年6月—	
		副厅长	2021年7月—	
	张日向	党组成员 （人事教育处处长）	2020年4月—	
	裘江海	副巡视员	2018年9月—2020年12月	2019年6月套转为二级巡视员

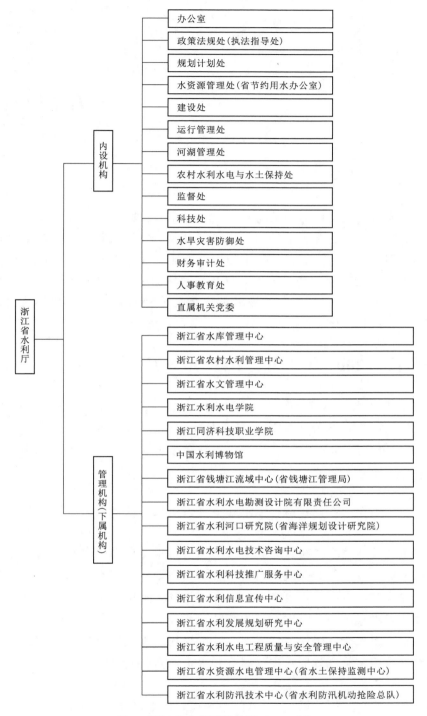

图 1   浙江省水利厅机构图（2021 年）

执笔人：张真伟   马   玉
审核人：谢根能   汪晓娟

安徽省水利厅

安徽省水利厅是安徽省人民政府组成部门（正厅级），主要负责保障全省水资源的合理开发利用、水利工程建设管理与运行管理、节约用水、河湖管理、农村水利水电、水土保持、水利政策法规、水旱灾害防御、河湖长制、水利科技等工作。办公地点设在合肥市九华山路48号。

2001年以来，按照安徽省委、省政府在不同历史时期的中心任务和改革要求，坚持优化机构设置和职能配置，科学合理确定人员编制。该时期安徽省水利厅机构组织沿革大体分为3个阶段：2001年1月—2009年8月，2009年8月—2018年12月，2018年12月—2021年12月。

一、第一阶段（2001年1月—2009年8月）

2000年8月，安徽省人民政府办公厅印发《关于印发安徽省水利厅职能配置、内设机构和人员编制规定的通知》（皖政办〔2000〕60号），根据安徽省人民政府机构改革方案，设置安徽省水利厅（同时保留"安徽省治淮指挥部"牌子）。安徽省水利厅是主管水行政的省政府组成部门。

（一）主要职责

（1）拟定全省水利工作的方针政策，组织起草有关法规、规章草案，组织水法律、法规的实施并监督检查。

（2）拟定全省水利发展战略，组织编制中长期规划和年度计划；和有关部门配合研究拟订全省水利投资计划；根据职能分工的有关规定负责全省水利规划、水利水电基建项目建议书和可行性研究报告以及初步设计文件的审查、审批和申报工作，并组织实施。

（3）统一管理全省水资源（含空中水、地表水、地下水）。制订全省水中长期供求计划、水量分配方案并监督实施；组织全省国民经济规划、城市规划及重大建设项目中有关水资源、水土保持和防洪的论证工作；组织实施全省取水许可制度和水资源费征收制度；发布全省水资源公报；指导全省水文工作。

（4）拟定全省节约用水政策，编制全省节约用水规划，制定有关标准，组织、指导和监督全省节约用水工作。

（5）按照国家和省资源与环境保护的有关法律法规和标准，拟定水资源保护规划；组织水功能区的划分；监测江河湖库的水量、水质，审定水域纳污能力；提出限制排污总量的意见。

（6）组织、指导水政监察和水行政执法；协调并仲裁部门间及地区间水事纠纷。

（7）负责全省水利的行业管理；拟定全省水利行业有关标准、定额、规程、规范；按照国家和省有关法律法规，对水利工程建设招标投标活动实施行政监督，推行水利建设的项目法人责任制、招标投标制、建设监理制、合同管理制；负责对水工程质量的监督管理工作。

（8）指导全省水利系统贯彻有关水利的价格、税收、信贷、财务政策以及各项水规费的收缴、使用、监管；指导全省水利系统国有资产的保值增值，对厅属单位国有资产管理和保值增值实施监管；指导全省水利行业的供水、水电等经营工作。

（9）组织指导全省水利设施、水域及其岸线的管理与保护；组织指导重要河流、湖泊、跨市和省界河流的综合治理和开发；组织管理省属重点及跨市的重要水利工程；组织、指导水库、水电站大坝的安全监督；对全省江河采砂实施监管。

（10）组织协调全省农田水利基本建设、农村水电电气化工作；指导全省农田排灌、节水灌溉和缺水地区人畜饮水工作；指导全省农村水利社会化服务体系建设。

（11）主管全省水土保持工作；研究拟定水土保持规划、措施并组织实施；组织全省水土流失的监测和综合防治，组织、指导全省水土保持重点治理区的工作。

（12）负责全省水利科技和教育工作；组织指导水利科学研究、科技成果推广及对外交流；指导全省水利职工队伍建设。

（13）承担安徽省治淮指挥部日常工作。

（14）承担全省防汛抗旱日常工作；组织、协调、监督、指导全省防洪工作，对大江大河和重要水利工程实施防汛抗旱调度。

（16）承办安徽省政府交办的其他事项。

（二）编制与机构设置

安徽省水利厅机关核定人员编制100名，其中行政编制81名，离退休工作处编制单列7名，机关后勤行政管理服务人员编制单列12名。

安徽省水利厅机关内设机构有：办公室、水政水资源处（全省节约用水办公室）、规划计划处、基本建设处、水利管理处、农村水利处（水土保持处）、财务处、科技处、人事处、离退休工作处、机关党委、安徽省监察厅派驻省水利厅监察室（安徽省纪检委派驻省水利厅纪检组）。

（三）厅领导任免

2000年安徽省水利厅机构改革时，厅领导未做变动。具体是：蔡其华任厅党组书记、厅长，章贻义任厅党组副书记、副厅长，江兆航任厅党组成员、副厅长，赵献贵任厅党组成员、副厅长，吴存荣任厅党组成员、副厅长，蔡建平任副厅长，朱正普任厅党组成员、总工程师，阎兴久任厅党组成员、纪检组组长。

2001年4月，安徽省政府皖政人〔2001〕22号文任命蔡建平为安徽省水利厅总工程师。

2001年7月，安徽省委组织部干任〔2001〕189号文任命吴存荣为安徽省水利厅党组书记，同时免去蔡其华的安徽省水利厅党组书记职务。

2001年7月，安徽省九届人大常委会第二十四次全体会议任命吴存荣为安徽省水利厅厅长，同时免去蔡其华的安徽省水利厅厅长职务。

2002年4月，安徽省政府皖政人字〔2002〕24号文任命赵献贵为安徽省水利厅巡视员，同时免去其副厅长职务。

2002年8月，安徽省委组织部干任字〔2002〕272号文任命纪冰为安徽省水利厅党组成员。

2002年9月，安徽省政府皖政人字〔2002〕48号文任命纪冰为安徽省水利厅副厅长。

2003年9月，安徽省委组织部干任字〔2003〕181号文任命程中才为安徽省水利厅党组成员。

2003年9月，安徽省政府皖政人字〔2003〕46号文任命程中才为安徽省水利厅副厅长。

2004年2月，安徽省政府皖政人字〔2004〕6号文任命陈道敏为安徽省水利厅助理巡视员。

2004年3月，安徽省委皖〔2004〕77号文任命高玉宝为安徽省纪律检查委员会派驻省水利厅纪律检查组组长。

2004年3月，安徽省委组织部干任字〔2004〕78号文任命高玉宝为安徽省水利厅党组成员。

2004年9月，安徽省委皖〔2004〕191号文任命方志宏为安徽省水利厅党组成员。

2004年9月，安徽省政府皖政人字〔2004〕44号文任命方志宏为安徽省水利厅副厅长。

2005年10月，安徽省政府皖政人字〔2005〕34号文任命董光琳为安徽省水利厅副巡视员。

2005年12月，安徽省委皖〔2005〕249号文任命纪冰为安徽省水利厅党组书记，同时免去吴存荣的安徽省水利厅党组书记职务。

2006年1月，安徽省第十届人大常委会第十一次会议任命纪冰为安徽省水利厅厅长，同时免去吴存荣的安徽省水利厅厅长职务。

2006年6月，安徽省委皖〔2006〕132号文任命张效武、金问荣为安徽省水利厅党组成员。

2006年6月，安徽省政府皖政人字〔2006〕28号文任命张效武为安徽省水利厅副厅长，任命金问荣为安徽省水利厅总工程师，同时免去蔡建平的安徽省水利厅总工程师职务。

2008年6月，安徽省政府皖政人字〔2008〕18号文免去程中才的安徽省水利厅副厅长职务。

2008年11月，安徽省委皖〔2008〕219号文任命张肖为安徽省水利厅党组成员。

2008年11月，安徽省政府皖政人字〔2008〕48号文任命张肖为安徽省水利厅副厅长。

截至2009年8月，厅领导班子成员分别是：纪冰任厅党组书记、厅长，蔡建平任副厅长，方志宏任厅党组成员、副厅长，高玉宝任厅党组成员、纪检组组长，张效武任厅党组成员、副厅长，张肖任厅党组成员、副厅长，金问荣任厅党组成员、总工程师。

（四）厅直属企事业单位

2000年12月，安徽省编办皖编办〔2000〕150号文批准同意将安徽省水利厅机关生活服务站更名为安徽省水利厅机关服务中心。

2001年12月，安徽省编办皖编办〔2001〕129号文批准安徽省水利水电勘测设计院由事业单位改为企业，原有720名事业编制收回。

2002年12月，安徽省编办皖编办〔2002〕184号文批准成立安徽省水利规划办公室，为安徽省水利厅直属正处级差额预算事业单位，核定人员编制10名。

2003年5月，安徽省编办皖编办〔2003〕55号文批准安徽省长江河道管理局加挂安徽省长江河道采砂管理局牌子。

2003年9月，安徽省编办皖编办〔2003〕122号文批准成立安徽省治淮重点工程建设管理局，该局不定机构级别，不配编制。

2004年8月，安徽省编办皖编办〔2004〕143号文批准安徽省防汛抗旱指挥部办公室增挂安徽省水利信息中心牌子。

2005年2月，安徽省编办皖编办〔2005〕20号文批准成立安徽省临淮岗洪水控制工程管理局，为安徽省水利厅直属的正处级建制全额预算事业单位，核定人员编制 180 名。

2005 年 7 月，安徽省编办皖编办〔2005〕126 号文批准安徽省水文局增挂安徽省水土保持监测总站牌子，不另增编。

2005 年 12 月，安徽省编办皖编办〔2005〕191 号文批准将新竣工的安徽省荆山湖进退洪闸交由安徽省茨淮新河工程管理处管理，调整后核定安徽省茨淮新河工程管理处人员编制 154 名。

2006 年 6 月，安徽省编办皖编办〔2006〕125 号文批准成立安徽省佛子岭（磨子潭）水库管理处、安徽省梅山水库管理处、安徽省响洪甸水库管理处，均为安徽省水利厅直属正处级差额预算事业单位，核定安徽省佛子岭（磨子潭）水库管理处人员编制 50 名，安徽省梅山水库管理处、安徽省响洪甸水库管理处人员编制各 40 名。

2006 年 12 月，安徽省编办皖编办〔2006〕257 号文批准安徽省水文局由处级升格为副厅级建制，为安徽省水利厅直属事业单位，保留原核定的全额预算事业编制 890 名，将安徽省水文局直属机构进行调整，设立 10 个副处级市级水文水资源局。

2007 年 11 月，安徽省编办皖编办〔2007〕214 号文批准安徽省茨淮新河工程管理处更名为安徽省茨淮新河工程管理局。

2008 年 5 月，安徽省编办皖编办〔2008〕115 号文批准安徽省水利厅物资供应总站由事业单位转企改制，原有 116 名差额预算事业编制收回。

2008 年 8 月，安徽省编办皖编办〔2008〕214 号文批准成立安徽省白莲崖水库管理处，与安徽省佛子岭（磨子潭）水库管理处一个机构两块牌子，核增全额拨款事业人员编制 20 名。

2008 年 9 月，安徽省编办皖编办〔2008〕233 号文批准无为、宿松、望江、皖河、怀宁、枞阳、普济圩等 7 个长江河道管理局和杨湾、华阳、皖河等 3 个闸管理处上划由安徽省长江河道管理局管理，核定上划事业单位人员编制 711 名。

2008 年 12 月，安徽省编办皖编办〔2008〕265 号文批准颍东、颍上、凤台、潘集、蒙城、怀远、五河、明光等 8 个淮河河道管理局和王家坝、曹台、阜阳、颍上、蒙城、东湖、东淝、城西湖等 8 个闸管理处上划由安徽省淮河河道管理局管理，核定上划事业单位人员编制 811 名。

截至 2009 年 8 月，安徽省水利厅直属单位有安徽省水利志编辑室、安徽省水利工程质量监督中心站、安徽省水利引用外资办公室、安徽省水利规划办公室、安徽省水利厅机关服务中心、安徽省水利综合经营总站、安徽省水利水电基本建设管理局、安徽省水文局（安徽省水土保持监测总站）、安徽省机电排灌总站、安徽水利水电职业技术学院、安徽省水利职工中专学校（安徽省水利干部学校）、安徽省（水利部淮河水利委员会）水利科学研究院（安徽省水利工程质量检测中心站）、安徽省淠史杭灌区管理总局、安徽省龙河口水库管理处、安徽省茨淮新河工程管理局、安徽省淮河河道管理局、安徽省怀洪新河河道管理局、安徽省临淮岗洪水控制工程管理局、安徽省驷马山引江工程管理处、安徽省长江河道管理局（安徽省长江河道采砂管理局）、安徽省佛子岭（磨子潭）水库管理处（安徽省白莲崖水库管理处）、安徽省梅山水库管理处、安徽省响洪甸水库管理处、安徽省水利水电勘测设计院。

安徽省水利厅领导任免表（2001 年 1 月—2009 年 8 月）见表 1，安徽省水利厅机关机构图（2008 年）见图 1。

表1 安徽省水利厅领导任免表（2001年1月—2009年8月）

机构名称	姓 名	职 务	任 免 时 间	备 注
安徽省水利厅	蔡其华（女）	厅党组书记	1998年2月—2001年7月	
		厅 长	1998年2月—2001年7月	
	吴存荣	厅党组书记	2001年7月—2005年12月	
		厅 长	2001年7月—2005年12月	
		厅党组成员	1999年2月—2001年7月	
		副厅长	1999年2月—2001年7月	
	纪 冰	厅党组书记	2005年12月—	
		厅 长	2006年1月—	
		厅党组成员	2002年8月—2005年12月	
		副厅长	2002年9月—2006年1月	
	章贻义	厅党组副书记	2000年4月—2006年2月	
		副厅长	2000年4月—2006年2月	
	江兆航	厅党组成员	1989年2月—2005年4月	
		副厅长	1989年2月—2005年4月	
		纪检组组长	1991年10月—1994年12月	
	赵献贵	厅党组成员	1991年10月—2004年11月	
		副厅长	1991年10月—2002年4月	
		巡视员	2002年4月—2004年11月	
	蔡建平	总工程师	2001年4月—2006年6月	
		副厅长	2000年8月—	
	朱正普	厅党组成员	1993年4月—2001年2月	
		总工程师	1993年4月—2001年2月	
	阎兴久	厅党组成员	1994年12月—2003年4月	
		纪检组组长	1994年12月—2003年4月	
	程中才	厅党组成员	2003年9月—2008年6月	
		副厅长	2003年9月—2008年6月	
	方志宏	厅党组成员	2004年9月—	
		副厅长	2004年9月—	
	高玉宝	厅党组成员	2004年3月—	
		纪检组组长	2004年3月—	
	张效武	厅党组成员	2006年6月—	
		副厅长	2006年6月—	
	张 肖	厅党组成员	2008年11月—	
		副厅长	2008年11月—	
	金问荣	厅党组成员	2006年6月—	
		总工程师	2006年6月—	

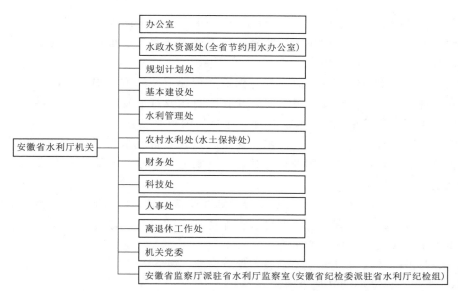

图 1 安徽省水利厅机关机构图（2008 年）

二、第二阶段（2009 年 8 月—2018 年 12 月）

2009 年 8 月，安徽省人民政府办公厅印发《关于印发省水利厅主要职责内设机构和人员编制规定的通知》（皖政办〔2009〕98 号），根据安徽省人民政府机构改革方案，设立安徽省水利厅，为安徽省政府组成部门。

（一）主要职责

（1）负责保障全省水资源的合理开发利用。贯彻执行国家水利工作方针政策和法律法规，起草有关地方性法规规章草案；编制重要河流湖泊的流域综合规划、防洪规划等重大水利规划；制定水利工程建设有关制度和办法并监督实施；负责提出水利固定资产投资规模和方向、省级水利财政性资金安排的意见；按规定权限，审批、核准省规划内和年度计划规模内固定资产投资项目；提出全省水利建设投资安排建议计划并组织实施。

（2）负责全省生活、生产经营和生态环境用水的统筹兼顾和保障。实施水资源的统一管理与监督；拟定全省和跨市水中长期供求规划、水量分配方案并监督实施；组织开展水资源调查评价工作，按规定开展水能资源调查工作；负责重要流域、区域以及重大调水工程的水资源调度，组织实施取水许可、水资源有偿使用制度和水资源论证、防洪论证制度；指导水利行业供水和乡镇供水工作。

（3）负责水资源保护工作。组织编制水资源保护规划，组织拟定重要河流湖泊的水功能区划并监督实施，核定水域纳污能力，提出限制排污总量意见，指导饮用水水源保护工作，指导地下水开发利用和城市规划区地下水资源管理保护工作。

（4）负责节约用水工作。拟定节约用水政策，编制节约用水规划，拟定有关标准，指导和推动节水型社会建设工作。

（5）负责防治水旱灾害，承担省防汛抗旱指挥部的具体工作。协调、指导全省防汛抗旱工作，对重要河流湖泊、重要水工程实施防汛抗旱调度和应急水量调度，编制省级防汛抗旱应急预案并组织实施；指导水利突发公共事件的应急管理工作。

（6）指导水文工作。负责水文水资源监测、水文站网建设和管理，对江河湖库和地下水的水量、水质实施监测，发布全省水文水资源信息、情报预报和水资源公报。

（7）依法负责水利行业安全生产工作。组织、指导水库、水电站大坝的安全监管；负责水利建设市场的监督管理，组织实施水利工程建设的监督；负责重大涉水违法事件的查处，协调、仲裁跨市水事纠纷；指导水政监察和水行政执法。

（8）指导水利设施、水域及其岸线的管理与保护。指导重要河流湖泊、河口、岸线滩涂的治理和开发，指导水利工程建设与运行管理；组织实施具有控制性或跨市及跨流域的重要水利工程建设与运行管理；承担水利工程移民管理有关工作；按照规定负责河道采砂管理工作。

（9）指导农村水利工作。组织指导农田水利建设，指导农村饮水安全、节水灌溉、排水等工程建设与管理工作；指导农村水利社会化服务体系建设；按规定指导农村水能资源开发工作，指导农村水电电气化和小水电代燃料工作。

（10）负责防治水土流失。拟定全省水土保持规划并监督实施；组织实施水土流失的综合防治、监测预报并定期公告；按规定负责有关建设项目水土保持方案的审批、监督实施及水土保持设施的验收工作；指导省重点水土保持建设项目的实施。

（11）开展水利科技工作。拟定水利行业技术地方标准、规范规程并监督实施；承担水利统计工作。

（12）承办安徽省政府交办的其他事项。

（二）编制与机构设置

安徽省水利厅机关行政编制 133 名（含纪检监察人员编制 3 名；机关工勤人员使用的行政编制，控制在行政编制总数 10％以内）。其中：厅长 1 名，副厅长 4 名，纪检组组长 1 名，总工程师 1 名，处级领导职数 36 名（含机关党委专职副书记 1 名、纪检组副组长兼监察室主任 1 名）。

安徽省水利厅机关内设机构有办公室、政策法规处、规划计划处、水资源处（全省节约用水办公室）、基本建设处、水利管理处、农村水利处、水土保持处、财务处、科技处、人事处、安徽省防汛抗旱指挥部办公室、离退休工作处、机关党委、安徽省纪委（监察厅）派驻省水利厅纪检组（监察室）。

安徽省防汛抗旱指挥部办公室由参公管理的事业单位成建制转为安徽省水利厅机关内设机构，核定行政编制 28 名（纳入机关行政编制总数）。

2011 年 2 月，安徽省编办印发《关于省防汛抗旱指挥部办公室机构编制问题的批复》（皖编办〔2011〕63 号），确定安徽省防汛抗旱指挥部办公室主任由安徽省水利厅主要领导兼任，另配备 1 名专职副主任（副厅级）。在安徽省防汛抗旱指挥部办公室的基础上组建综合减灾处、防汛调度处、抗旱调度处，列入厅机关处室序列（安徽省防汛抗旱指挥部办公室不再是实体），核定处级领导职数 6 名（3 正 3 副），所需编制在已核定的 28 名行政编制内解决。同时，安徽省防汛抗旱指挥部办公室原核定的 4 名处级领导职数不再保留。

2013 年 2 月，安徽省编办《关于省水利厅行政审批权相对集中改革方案的批复》（皖编办〔2013〕33 号）文批复成立"安徽省水利厅行政审批办公室"，挂靠在安徽省水利厅办公室。其主要职责是：负责受理、承办安徽省水利厅行政许可项目；负责受理、转办安徽省水利厅非行政许可项目；承办安徽省水利厅和安徽省政务中心交办的其他工作。

2013 年 3 月，安徽省编办以《关于设立省防汛抗旱督察专员的批复》（皖编办〔2013〕41 号），同意在安徽省水利厅设立 2 名防汛抗旱督察专员（正处级）。

2014 年 11 月，安徽省编办以《关于成立省水利工程招标监督管理办公室的通知》（皖编办〔2014〕144 号），批准设立安徽省水利工程招标监督管理办公室，为全额拨款事业单位，正处级建制，核定 5 名事业编制，其中领导职数 2 名（1 正 1 副），编制和人员从省机械设备成套局（省招标局）划入，其编制性质和人员身份不变。

2016 年 6 月，安徽省编办以《关于省纪委驻省水利厅纪检组机构编制事项的通知》（皖编办〔2016〕60 号），核定安徽省纪委驻省水利厅纪检组行政编制 6 名，其中：组长 1 名（副厅级），副组长 1 名（正处级）。

2017 年 8 月，安徽省编办以《关于省水利厅机构编制调整问题的批复》（皖编办〔2017〕261 号），同意安徽省水利厅机关设河长制工作处，核定行政编制 9 名，处级领导职数 3 名（1 正 2 副）。

2017 年 11 月，安徽省编办以《关于省水利厅承担行政职能事业单位改革方案的批复》（皖编办〔2017〕417 号），决定撤销安徽省水利工程招标监督管理办公室，设立招标监督管理处，核定该处人员编制 5 名。

截至 2018 年，安徽省水利厅内设机构有办公室（行政审批办公室）、政策法规处、规划计划处、水资源处、基本建设处、水利管理处、农村水利处、水土保持处、财务处、科技处、人事处、综合减灾处、防汛调度处、抗旱调度处、离退休工作处、机关党委、河长制工作处、招标监督管理处。

（三）厅领导任免

2009 年机构改革时，安徽省水利厅领导班子成员没有变动，分别是：纪冰任厅党组书记、厅长，蔡建平任副厅长，方志宏任厅党组成员、副厅长，高玉宝任厅党组成员、纪检组长，张效武任厅党组成员、副厅长，张肖任厅党组成员、副厅长，金问荣任厅党组成员、总工程师。

2010 年 9 月，安徽省委皖〔2010〕129 号文任命黄发友为安徽省纪律检查委员会派驻省水利厅纪律检查组组长、安徽省水利厅党组成员。

2011 年 4 月，安徽省委皖〔2011〕51 号文免去方志宏的安徽省水利厅党组成员职务。

2011 年 4 月，安徽省政府皖政人字〔2011〕11 号文免去方志宏的安徽省水利厅副厅长职务。

2011 年 6 月，安徽省委皖〔2011〕108 号文任命王广满为安徽省水利厅党组成员。

2011 年 6 月，安徽省政府皖政人字〔2011〕16 号文任命王广满为安徽省水利厅副厅长。

2011 年 11 月，安徽省委皖〔2011〕259 号文任命徐业平为安徽省水利厅党组成员。

2011 年 12 月，安徽省政府皖政人字〔2011〕36 号文任命彭蓬为安徽省水利厅副巡视员，任命徐业平为安徽省防汛抗旱指挥部办公室专职副主任（副厅级）。

2016 年 3 月，安徽省委皖〔2016〕50 号文任命方志宏任安徽省水利厅党组书记，免去纪冰的安徽省水利厅党组书记职务。

2016 年 3 月，安徽省十二届人大常委会第二十八次会议通过人事任免，决定任命方志宏为安徽省水利厅厅长，决定免去纪冰的安徽省水利厅厅长职务。

2017 年 2 月，安徽省委皖〔2017〕46 号文任命王军为安徽省水利厅党组成员。

2017 年 3 月，安徽省政府皖政人字〔2017〕2 号文任命王军为安徽省水利厅总工程师，任命葛贻华为安徽省水利厅副巡视员。

2017 年 3 月，安徽省委皖〔2017〕97 号文免去张效武的安徽省水利厅党组成员职务。

2017 年 4 月，安徽省政府皖政人字〔2017〕10 号文免去张效武的安徽省水利厅副厅长职务。

2017 年 5 月，安徽省委皖〔2017〕136 号文任命王荣喜为安徽省水利厅党组成员。

2017 年 6 月，安徽省政府皖政人字〔2017〕17 号文任命徐业平为安徽省水利厅副厅长，免去其安徽省防汛抗旱指挥部办公室专职副主任职务，任命王荣喜为安徽省防汛抗旱指挥部办公室专职副主任（副厅级）。

2017 年 12 月，安徽省政府皖政人字〔2017〕58 号文任命蔡建平为安徽省水利厅巡视员，免去其安徽省水利厅副厅长职务。

2018 年 3 月，安徽省政府皖政人字〔2018〕11 号文任命朱雪冰为安徽省水利厅副巡视员，免去蔡建平的安徽省水利厅巡视员职务。

2018 年 12 月，安徽省政府皖政人字〔2018〕52 号文任命王荣喜为安徽省水利厅副厅长、安徽省应急管理厅副厅长（兼）。

截至 2018 年 12 月，厅领导共 6 位，具体是：方志宏任厅党组书记、厅长、省防办主任，王广满任厅党组成员、副厅长，张肖任厅党组成员、副厅长，徐业平任厅党组成员、副厅长，王军任厅党组成员、总工程师，王荣喜任厅党组成员、副厅长。

（四）厅直属单位

2010 年 3 月，安徽省编办皖编办〔2010〕20 号文批准安徽省水利综合经营总站更名为农村饮水管理总站。

2017 年 4 月，安徽省编办皖编办〔2017〕81 号文批准安徽省怀洪新河河道管理局加挂安徽省淮水北调工程管理中心牌子，增加编制 20 名，增加副处级领导职数 2 名。

截至 2018 年 12 月，安徽省水利厅直属单位有安徽省水利志编辑室、安徽省水利工程质量监督中心站、安徽省水利引用外资办公室、安徽省水利规划办公室、安徽省水利厅机关服务中心、安徽省农村饮水管理总站、安徽省水利水电基本建设管理局、安徽省水文局（安徽省水土保持监测总站）、安徽省水利水电勘测设计院、安徽省机电排灌总站、安徽水利水电职业技术学院、安徽省水利职工中专学校（安徽省水利干部学校）、安徽省淠史杭灌区管理总局、安徽省龙河口水库管理处、安徽省驷马山引江工程管理处、安徽省长江河道管理局（安徽省长江河道采砂管理局）、安徽省淮河河道管理局、安徽省（水利部淮河水利委员会）水利科学研究院（安徽省水利工程质量检测中心站）、安徽省怀洪新河河道管理局（安徽省淮水北调工程管理中心）、安徽省茨淮新河工程管理局、安徽省临淮岗洪水控制工程管理局、安徽省佛子岭（磨子潭）水库管理处（安徽省白莲崖水库管理处）、安徽省梅山水库管理处、安徽省响洪甸水库管理处。

安徽省水利厅领导任免表（2009 年 8 月—2018 年 12 月）见表 2，安徽省水利厅机关机构图（2018年）见图 2。

表 2　　　　　　　　安徽省水利厅领导任免表（2009 年 8 月—2018 年 12 月）

机构名称	姓名	职务	任免时间	备注
安徽省水利厅	纪冰	厅党组书记	继任—2016 年 3 月	
		厅长	继任—2016 年 3 月	
	方志宏	厅党组书记	2016 年 3 月—	
		厅长	2016 年 3 月—	
		厅党组成员	继任—2011 年 4 月	
		副厅长	继任—2011 年 4 月	
	蔡建平	副厅长	继任—2017 年 12 月	
		巡视员	2017 年 12 月—2018 年 3 月	
	高玉宝	厅党组成员	继任—2010 年 9 月	
		纪检组组长	继任—2010 年 9 月	
	王广满	厅党组成员	2011 年 6 月—	
		副厅长	2011 年 6 月—	
	金问荣	厅党组成员	继任—2014 年 11 月	
		总工程师	继任—2014 年 11 月	
	黄发友	厅党组成员	2010 年 9 月—2014 年 10 月	
		纪检组组长	2010 年 9 月—2014 年 10 月	
		巡视员	2014 年 10 月—2015 年 3 月	
	张效武	厅党组成员	继任—2017 年 3 月	
		副厅长	继任—2017 年 4 月	
	张肖	厅党组成员	继任—	
		副厅长	继任—	

续表

机构名称	姓 名	职 务	任 免 时 间	备 注
安徽省水利厅	徐业平	厅党组成员	2011 年 11 月—	
		安徽省防办专职副主任	2011 年 12 月—2017 年 6 月	
		副厅长	2017 年 6 月—	
	王 军	厅党组成员	2017 年 2 月—	
		总工程师	2017 年 2 月—	
	王荣喜	厅党组成员	2017 年 5 月—	
		安徽省防办专职副主任	2017 年 6 月—2018 年 12 月	
		副厅长	2018 年 12 月—	

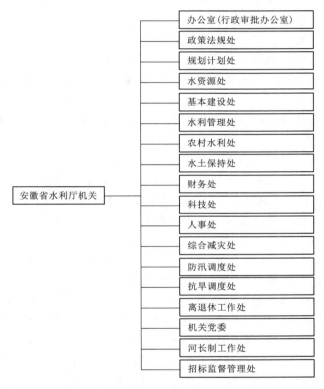

安徽省水利厅机关

- 办公室（行政审批办公室）
- 政策法规处
- 规划计划处
- 水资源处
- 基本建设处
- 水利管理处
- 农村水利处
- 水土保持处
- 财务处
- 科技处
- 人事处
- 综合减灾处
- 防汛调度处
- 抗旱调度处
- 离退休工作处
- 机关党委
- 河长制工作处
- 招标监督管理处

图 2 安徽省水利厅机关机构图（2018 年）

三、第三阶段（2018 年 12 月—2021 年 12 月）

2018 年 12 月，中共安徽省委办公厅、安徽省人民政府办公厅印发《关于印发安徽省水利厅职能配置、内设机构和人员编制规定的通知》，根据安徽省人民政府机构改革方案和《中共安徽省委、安徽省人民政府关于省级机构改革的实施意见》，安徽省水利厅是省政府组成部门，为正厅级。

（一）主要职责

（1）负责保障全省水资源的合理开发利用。贯彻执行国家水利方针政策和法律法规，拟定全省水利战略规划和政策，起草有关地方性法规规章草案，组织编制全省水资源战略规划、重要河流湖泊流域综合规划、防洪规划等重大水利规划。

（2）负责全省生活、生产经营和生态环境用水的统筹和保障。组织实施最严格水资源管理制度，实施水资源的统一监督管理，拟定全省和跨区域水中长期供求规划、水量分配方案并监督实施。负责重要流域、区域以及重大调水工程的水资源调度。组织实施取水许可、水资源论证和防洪论证制度，指导开展水资源有偿使用工作。指导水利行业供水和乡镇供水工作。

（3）按规定制定水利工程建设有关制度并组织实施，负责提出省级水利固定资产投资规模、方向、具体安排建议并组织指导实施。按规定权限审批、核准省规划内和年度计划规模内固定资产投资项目，提出省级水利资金安排建议并负责项目实施的监督管理。

（4）指导水资源管理保护工作。组织编制并实施水资源管理保护规划。指导饮用水水源保护相关工作，指导地下水开发利用和地下水资源管理保护工作。组织指导地下水超采区综合治理。

（5）负责节约用水工作。拟定节约用水政策，组织编制节约用水规划并监督实施，组织制定有关标准。组织实施用水总量控制等管理制度，指导和推动节水型社会建设工作。

（6）指导水文工作。负责水文水资源监测、全省水文站网建设和管理，对江河湖库和地下水实施监测，发布全省水文水资源信息、情报预报和水资源公报。按规定组织开展水资源、水能资源调查评价和水资源承载能力监测预警工作。

（7）指导水利设施、水域及其岸线的管理、保护与综合利用。组织指导水利基础设施网络建设。指导重要江河湖泊及河口的治理、开发和保护。指导河湖水生态保护与修复、河湖生态流量水量管理以及河湖水系连通工作。

（8）指导监督水利工程建设与运行管理。组织实施具有控制性的和跨区域跨流域的重要水利工程建设与运行管理。

（9）负责水土保持工作。拟定全省水土保持规划并监督实施，组织实施水土流失的综合防治、监测预报并定期公告。负责建设项目水土保持监督管理工作，指导省重点水土保持建设项目的实施。

（10）指导农村水利工作。组织开展大中型灌排工程建设与改造。指导农村饮水安全工程建设管理工作，指导节水灌溉有关工作。指导农村水利改革创新和社会化服务体系建设。指导农村水能资源开发、小水电改造和水电农村电气化工作。

（11）负责重大涉水违法事件的查处，协调和仲裁跨市水事纠纷，指导水政监察和水行政执法。依法负责水利行业安全生产工作，组织指导水库、水电站大坝、农村水电站的安全监督管理。指导水利建设市场的监督管理，组织实施水利工程建设的监督管理。组织开展水利行业质量监督工作。

（12）负责水利科技、外事工作。拟定水利行业技术地方标准、规范规程并监督实施。

（13）负责落实综合防灾减灾规划相关要求，组织编制洪水干旱灾害防治规划和防护标准并指导实施。承担水情旱情监测预警工作。组织编制重要江河湖泊和重要水工程的防御洪水抗御旱灾调度及应急水量调度方案，按程序报批并组织实施。承担防御洪水应急抢险的技术支撑工作。承担台风防御期间重要水工程调度工作。

（14）指导全面推行河湖长制工作。

（15）完成安徽省委、省政府交办的其他任务。

（16）职能转变。切实加强水资源合理利用、优化配置和节约保护，加强跨流域跨地区水资源调配。坚持节水优先，从增加供给转向更加重视需求管理，严格控制用水总量和提高用水效率。坚持保护优先，加强水资源、水域和水利工程的管理保护，加强河湖管理，全面推进河湖长制，维护河湖健康美丽。坚持统筹兼顾，保障合理用水需求和水资源的可持续利用，为全省经济社会发展提供水安全保障。加强水利政策研究，加强水利重大政策、决策部署和重点工作贯彻落实情况的监督检查，强化水利信息化工作。

（二）编制与机构设置

安徽省水利厅机关行政编制142名（含巢湖区划调整人员编制5名）。设厅长1名，副厅长4名，总工程师1名，处级领导职数45名（含机关党委专职副书记1名、督察专员1名）。

2019 年 11 月，安徽省委编办《关于下达 2017 年度军队转业干部行政编制的通知》（皖编办〔2019〕241 号）文下达安徽省水利厅 2017 年度军队转业干部行政编制 2 名。

2020 年 11 月，安徽省委编办《关于下达 2018 年度军队转业干部行政编制的通知》（皖编办〔2020〕224 号）文下达安徽省水利厅 2018 年度军队转业干部行政编制 3 名。

2021 年 8 月，安徽省委编办《关于下达 2019 年度军队转业干部行政编制的通知》（皖编办〔2021〕171 号）文下达安徽省水利厅 2019 年度军队转业干部行政编制 1 名。

安徽省水利厅机关内设机构有：办公室（行政审批办公室）、规划计划处、政策法规处、财务审计处、人事处、水资源管理处、节水调水处（全省节约用水办公室）、水利工程建设处、运行管理处、河湖管理处、水土保持处、农村水利水电处、监督处、水旱灾害防御处、河长制工作处、科技与信息化处、机关党委、离退休工作处。

（三）厅领导任免

2018 年机构改革时，厅领导没有变动，具体是：方志宏任厅党组书记、厅长，王广满任厅党组成员、副厅长，张肖任厅党组成员、副厅长，徐业平任厅党组成员、副厅长，王军任厅党组成员、总工程师，王荣喜任厅党组成员、副厅长。

2019 年 2 月，安徽省委皖〔2019〕54 号文任命谢为群为安徽省纪律检查委员会驻省水利厅纪检监察组组长、安徽省水利厅党组成员。

2019 年 12 月，安徽省委皖〔2019〕309 号文免去徐业平的安徽省水利厅党组成员职务。

2019 年 12 月，安徽省委皖〔2019〕323 号文任命徐业平为安徽省水利厅一级巡视员。

2020 年 1 月，安徽省政府皖政人字〔2020〕1 号文免去徐业平的安徽省水利厅副厅长职务。

2020 年 5 月，安徽省委皖〔2020〕131 号文免去徐业平的安徽省水利厅一级巡视员职级。

2020 年 11 月，安徽省委皖〔2020〕261 号文任命张肖为安徽省水利厅党组书记。

2020 年 11 月，安徽省委皖〔2020〕284 号文任命徐维国为安徽省水利厅党组成员。

2020 年 11 月，安徽省第十三届人民代表大会常务委员会第二十二次会议决定任命张肖为安徽省水利厅厅长，决定免去方志宏的安徽省水利厅厅长职务。

2020 年 11 月，安徽省政府皖政人字〔2020〕72 号文任命徐维国为安徽省水利厅副厅长。

2020 年 12 月，安徽省委皖〔2020〕357 号文任命王广满为安徽省水利厅一级巡视员。

2021 年 1 月，安徽省政府皖政人字〔2021〕9 号文免去王广满的安徽省水利厅副厅长职务。

2021 年 3 月，安徽省委皖〔2021〕136 号文任命周建春为安徽省水利厅党组成员。

2021 年 4 月，安徽省政府皖政人字〔2021〕30 号文任命周建春为安徽省水利厅副厅长。

2021 年 7 月，安徽省委皖〔2021〕303 号文免去王军的安徽省水利厅党组成员职务。

2021 年 7 月，安徽省委皖〔2021〕315 号文任命王军为安徽省水利厅一级巡视员。

2021 年 8 月，安徽省政府皖政人字〔2021〕63 号文免去王军的安徽省水利厅总工程师职务。

2021 年 12 月，安徽省委〔2021〕442 号文免去王军的安徽省水利厅一级巡视员职级。

截至 2021 年 12 月，厅领导具体是：张肖任厅党组书记、厅长，王广满任厅一级巡视员，谢为群任厅党组成员、驻厅纪检监察组组长，王荣喜任厅党组成员、副厅长，徐维国任厅党组成员、副厅长，周建春任厅党组成员、副厅长。

（四）厅直属单位

根据安徽省政府 2019 年第 46 次常务会议精神，安徽省水利水电勘测设计院整体划转安徽省引江济淮集团有限公司。

2021年12月，安徽省委编办《关于调整省水利厅部分所属事业单位机构编制事项的批复》（皖编办〔2021〕380号）批准，安徽省农村饮水管理总站更名为安徽省农村饮水安全技术中心，安徽省水利规划办公室更名为安徽省水利发展规划研究中心。

截至2021年12月，安徽省水利厅直属单位有：安徽省水利水电基本建设管理局（副厅级）、安徽省水文局（安徽省水土保持监测总站）（副厅级）、安徽水利水电职业技术学院、安徽省水利职工中专学校（安徽省水利干部学校）、安徽省水利志编辑室、安徽省水利工程质量监督中心站、安徽省水利引用外资办公室、安徽省水利发展规划研究中心、安徽省水利厅机关服务中心、安徽省农村饮水安全技术中心、安徽省机电排灌总站、安徽省淠史杭灌区管理总局、安徽省龙河口水库管理处、安徽省驷马山引江工程管理处、安徽省长江河道管理局（安徽省长江河道采砂管理局）、安徽省淮河河道管理局、安徽省（水利部淮河水利委员会）水利科学研究院（安徽省水利工程质量检测中心站）、安徽省怀洪新河河道管理局（安徽省淮水北调工程管理中心）、安徽省茨淮新河工程管理局、安徽省临淮岗洪水控制工程管理局、安徽省佛子岭（磨子潭）水库管理处（安徽省白莲崖水库管理处）、安徽省梅山水库管理处、安徽省响洪甸水库管理处。

安徽省水利厅领导任免表（2018年12月—2021年12月）见表3，安徽省水利厅机关机构图（2021年）见图3。

表3　　　　　　　　　　安徽省水利厅领导任免表（2018年12月—2021年12月）

机构名称	姓　名	职　务	任免时间	备　注
安徽省水利厅	方志宏	厅党组书记	继任—2020年11月	
		厅　长	继任—2020年11月	
	张肖	厅党组书记	2020年11月—	
		厅　长	2020年11月—	
		厅党组成员	继任—2020年11月	
		副厅长	继任—2020年11月	
	王广满	厅党组成员	继任—2021年1月	
		副厅长	继任—2021年1月	
		厅一级巡视员	2020年12月—	
	谢为群	厅党组成员	2019年2月—	
		驻厅纪检监察组组长	2019年2月—	
	徐业平	厅党组成员	继任—2019年12月	
		副厅长	继任—2020年1月	
		厅一级巡视员	2019年12月—2020年5月	
	王军	厅党组成员	继任—2021年7月	
		总工程师	继任—2021年8月	
		厅一级巡视员	2021年7月—2021年12月	
	王荣喜	厅党组成员	继任—	
		副厅长	继任—	
	徐维国	厅党组成员	2020年11月—	
		副厅长	2020年11月—	
	周建春	厅党组成员	2021年3月—	
		副厅长	2021年4月—	

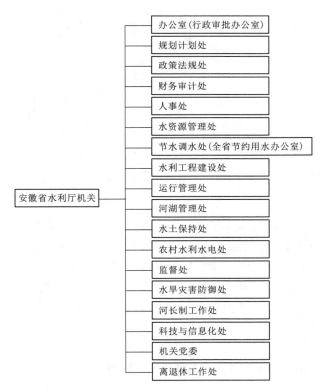

图 3　安徽省水利厅机关机构图（2021 年）

执笔人：徐小杰

审核人：查道满

福建省水利厅

福建省水利厅是福建省人民政府组成部门（正厅级），负责贯彻落实党中央和福建省委、省政府关于水利工作的方针政策和决策部署，承担全省水资源管理、水利工程建设及运行管理、河湖管理、水土保持、水旱灾害防御等水利行政工作。现办公地点设在福州市东大路229号。

2001年以来，福建省开展了多次机构改革，省级水利部门均予保留设置。该时期福建省水利厅组织沿革划分为以下3个阶段：2001年1月—2010年3月，2010年3月—2019年2月，2019年2月—2021年12月。

一、第一阶段（2001年1月—2010年3月）

根据《中共福建省委办公厅福建省人民政府办公厅关于印发〈福建省水利厅职能配置、内设机构和人员编制规定〉的通知》（闽委〔2000〕150号），福建省水利厅是主管水行政工作的省政府组成部门，为正厅级。

（一）主要职责

（1）贯彻执行国家有关水利工作的法律法规和方针政策，结合省实际，拟定全省水利工作的方针政策、发展战略和中长期规划，组织起草有关法规，经批准后监督实施。

（2）统一管理全省水资源（含空中水、地表水、地下水）。组织拟定全省和跨市（地）水中长期供求计划、水量分配方案并监督实施；组织有关国民经济总体规划、城市规划及重大建设项目的水资源和防洪的论证工作；组织实施取水许可制度和水资源费征收制度；发布全省水资源公报；负责管理全省水文工作。

（3）拟定节约用水政策，编制节约用水规划，制定有关标准，组织、指导和监督全省节约用水工作。

（4）按照国家和省有关资源与环境保护的法律、法规和标准，拟定水资源保护规划；组织水功能区的划分和向饮水区等水域排污的控制；监测江河湖库的水量、水质，审定水域纳污能力；提出限制排污总量的意见。

（5）组织、指导水政监察和水行政执法；协调并仲裁部门间和市（地）间的水事纠纷。

（6）拟定水利行业的经济调节措施；对水利资金的使用进行宏观调节；指导水利行业的供水、水电及多种经营工作；研究提出有关水利的价格、税收、信贷、财务等经济调节意见。

（7）编制、审查综合利用的大中型水利工程的项目建议书、可行性研究报告和初步设计文件，并按国家规定的基本建设程序办理审批手续；组织重大水利科学研究和技术推广；组织实施水利行业技术质量标准和水利工程的规程、规范并监督实施。

（8）组织、指导全省水利设施、水域及其岸线的管理与保护；组织指导主要江河、河口的治理和开发，负责海岸滩涂的围垦工作和海堤建设与管理工作；办理跨省河流协调事务；在职责范围内对全省水利建设工程进行管理。组织建设、指导和管理具有控制性的或跨市（地）的重要水利工程；组织、指导水库、电站大坝的安全监管。

（9）指导农村水利工作；组织协调农田水利基本建设，指导乡镇供水和农村节水工作。

（10）组织全省水土保持工作；研究制定水土保持的工程措施规划，组织水土流失的监测和综合防治。

（11）指导全省水利队伍的建设；负责全省水利方面的科技和外经、外事工作。

（12）指导全省水利行业的水电工作，组织协调农村水电电气化工作。

（13）承担福建省人民政府防汛抗旱指挥部的日常工作，组织、协调、监督、指导全省防洪工作，对主要江河和重要水利水电工程实施防汛抗旱调度。

（14）承办福建省政府交办的其他事项。

（二）内设机构和人员编制

福建省水利厅机关内设办公室（政策研究室）、计划财务处、水政水资源处（省节约用水办公室）、水利建设处、水利管理处、农村水利处、农村电气化处、科技与外经处、人事教育处等9个职能处（室），另设机关党委、离退休干部工作处，纪检组（监察室）为福建省纪委（监察厅）的派驻机构。福建省人民政府防汛抗旱指挥部办公室、福建省水土保持委员会办公室为挂靠机构。

福建省水利厅机关行政编制为66名。其中：厅长1名，副厅长4名，纪检组组长（副厅级）1名，总工程师（副厅级）1名；处级领导职数20名（含机关党委专职副书记1名），其中正处级10名，副处级10名。机关工勤人员事业编制9名。核定省人民政府防汛抗旱指挥部办公室机关事业编制14名，其中处级领导职数3名（正处级1名，副处级2名），工勤服务人员事业编制5名。核定省水土保持委员会办公室机关事业编制6名，其中处级领导职数2名（正处级1名，副处级1名）。

2009年5月，增加行政编制1名，用于接收安置军转干部。

（三）厅领导任免

2001年3月，吴章云任福建省水利厅党组成员（闽委干〔2001〕108号）。

2001年4月，吴章云任福建省水利厅副厅长（闽政文〔2001〕85号）。

2001年9月，林邦树任福建省水利厅党组成员（闽委干〔2001〕252号）、副厅长，免去其助理巡视员职务（闽政文〔2001〕241号）。

2003年1月，免去黄心炎的福建省水利厅党组书记（闽委干〔2003〕16号）、厅长职务。

2003年8月，庄先任福建省水利厅厅长（闽常任〔2003〕12号）；杨志英任福建省水利厅党组书记（闽委干〔2003〕167号）、副厅长（闽政文〔2003〕24号），蔡健民任福建省水利厅巡视员（闽政文〔2003〕241号）。

2003年12月，免去蔡健民的福建省水利厅副厅长、巡视员职务（闽政文〔2003〕364号）。

2004年4月，曾金宇任福建省水利厅党组成员、驻厅纪检组组长（闽委干〔2004〕165号）。

2005年3月，免去吴瑞岚的福建省水利厅党组成员（闽委干〔2005〕76号）、副厅长职务（闽政文〔2005〕88号）。

2005年8月，张天明任福建省水利厅党组成员，丘汀萌确定为副厅级（闽委干〔2005〕403号），张天明任福建省水利厅副厅长（闽政文〔2005〕425号）。

2006年6月，杨学震任福建省水利厅副巡视员（闽政文〔2006〕316号）。

2008年5月，杨志英任福建省水利厅厅长（闽常任〔2008〕9号）。

2008年6月，免去杨学震的福建省水利厅副巡视员职务（闽政文〔2008〕219号）。

2008 年 11 月，免去陈以确的福建省水利厅总工程师职务（闽政文〔2008〕355 号）。

（四）厅直属企事业单位

福建省水利厅直属企事业单位包括福建省水利水电勘测设计院（福建省水利水电勘测设计研究院）、福建省水文水资源勘测局、福建省福州水文水资源勘测分局、福建省厦门水文水资源勘测分局、福建省漳州水文水资源勘测分局、福建省泉州水文水资源勘测分局、福建省莆田水文水资源勘测分局、福建省南平水文水资源勘测分局、福建省三明水文水资源勘测分局、福建省龙岩水文水资源勘测分局、福建省宁德水文水资源勘测分局、福建省水文水资源勘测局闽江河口水文实验站、福建省水利水电科学研究所、福建省水利规划院、福建水利电力职业技术学院、福建省水利水电干部学校、福建省九龙江北溪供水局、福建省水资源管理中心、福建省闽江洪水预警报中心、福建省水利建设技术服务中心、福建省水利管理技术服务中心、福建省水利水电建设工程交易中心、福建省水政监察总队、福建省水利工程综合经营管理站、福建省水利综合开发管理中心、福建省围垦工程处、福建省水利水电工程建设公司、福建省水利水电工程局、福建省水利投资公司、福建省水利水电物资供应公司、福建中水电发展有限公司、福建省江河农村电气化发展有限公司、福建省供水公司、福建省水利经济技术开发公司、福建省水电机械修造厂、福建银水经济发展有限公司。

2001 年 1 月，根据福建省委编办《关于部分省直机关所属事业单位调整隶属关系的通知》（闽编办〔2001〕41 号），原福建省委农村工作领导小组办公室所属的福建省水土保持监督站、福建省水土保持试验站改由福建省水利厅管理。

2001 年 10 月，根据福建省水利厅《关于同意设立"福建省水利水电工程有限公司"的批复》（闽水〔2001〕26 号），福建省水利投资公司与福建省水利水电工程局工会委员会共同设立福建省水利水电工程有限公司。

2001 年 11 月，根据《福建省人民政府办公厅转发省建设厅等部门关于勘察设计单位体制改革实施意见的通知》（闽政办〔2001〕210 号），福建省水利水电勘测设计院进行转企体制改革。

2002 年 12 月，根据福建省水利厅《关于同意成立福建省闽源水电发展有限公司的批复》（闽水人教〔2002〕110 号），由福建省水利投资公司、安徽省江河农村电气化有限公司联合组建福建省闽源水电发展有限公司。

2003 年 2 月，根据福建省人民政府《关于同意设立福建省水利电力职业技术学院的批复》（闽政文〔2003〕25 号），同意在福建省水利电力学校办学基础上设立福建省水利电力职业技术学院。

2004 年 4 月，根据福建省委编办《关于福建省水利建设技术服务中心增挂牌子的批复》（闽委编办〔2004〕96 号），同意福建省水利建设技术服务中心增挂福建省灌溉试验中心站牌子。2006 年 2 月，根据福建省委编办《关于省水利厅所属事业单位清理整顿方案的批复》（闽委编办〔2006〕48 号），保留福建省水利厅所属事业单位 25 个（不含福建水利电力职业技术学院，福建省水利水电勘测设计院转制工作按闽政办〔2001〕210 号文件的规定执行），转企 1 个，具体包括福建省水利规划院、福建省水文水资源勘测局、福建省福州水文水资源勘测分局、福建省厦门水文水资源勘测分局、福建省漳州水文水资源勘测分局、福建省泉州水文水资源勘测分局、福建省莆田水文水资源勘测分局、福建省南平水文水资源勘测分局、福建省三明水文水资源勘测分局、福建省龙岩水文水资源勘测分局、福建省宁德水文水资源勘测分局、福建省九龙江北溪管理局、福建省水资源管理中心、福建省洪水预警报中心（福建省水利信息中心）、福建省水利建设中心（福建省灌溉中心试验站）、福建省水利管理中心、福建省水利水电建设管理总站（福建省水利水电建设工程交易中心）、福建省水政监察总队、福建省水土保持试验站（福建省水土保持监测站）、福建省水土保持监督站、福建省水利水电干部学校、福建省水利水电科学研究院、福建省水利经济管理中心、福建省水利综合开发管理中心、福建省水文水资源勘测局闽江河口水文实验站、福建省围垦工程处（转企）。其中，福建省九龙江北溪供水局更名为福建省九龙江北溪管理局；福建省闽江洪水预警报中心更名为福建省洪水预警报中心，加挂福建省水利信息中心牌子；福建省水利建设技术服务中心更名为福建省水利建设中心，加挂福建省灌溉中心试验站牌子；福建省水利管理技术服务中心更名为福建省水利管理中心；福建省水利水电建设工程交易中心更名为福建省水利水电建设管理总站，加挂福建省水利水电建设工程交易中心牌子；福建省水土保持试验站加挂福建省水土保持监测站牌子；福建省水利水电科学研究所更名为福建省水利水电科学研究院；福建省水利工程综合经营管理站更名为福建省水利经济管理中心。

2007年5月，根据福建省委编办《关于福建省溪源水库管理处机构编制的批复》（闽委编办〔2007〕116号），设立福建省溪源水库管理处。

2007年6月，根据福建省水利厅《关于同意"福建省水利水电工程有限公司"更名为"福建省水利水电工程局有限公司"的批复》（闽水人教〔2007〕32号），福建省水利水电工程有限公司更名为福建省水利水电工程局有限公司。

2007年12月，根据福建省人事厅《关于印发福建省地方志编纂委员会等参照公务员法管理省直事业单位名单的通知》（闽人发〔2007〕226号），福建省水政监察总队、福建省水土保持监督站为福建省水利厅参照公务员法管理的直属处级事业单位。

2009年1月，根据福建省人事厅《关于印发福建省机械设备成套局等参照公务员法管理省直事业单位名单的通知》（闽人发〔2009〕11号），福建省水资源管理中心、福建省水文水资源勘测局和福建省福州、厦门、漳州、泉州、莆田、南平、三明、龙岩、宁德各水文水资源勘测分局，以及福建省洪水预警报中心为福建省水利厅参照公务员法管理的直属事业单位。

2009年6月，根据福建省委编办《关于福建省溪源水库管理处机构编制的批复》（闽委编办〔2009〕122号），福建省溪源水库管理处为福建省水利厅直属正处级事业单位。

福建省水利厅领导任免表（2001年1月—2010年3月）见表1，福建省水利厅机构图（2009年）见图1。

二、第二阶段（2010年3月—2019年2月）

根据《福建省人民政府办公厅关于印发福建省水利厅主要职责内设机构和人员编制规定的通知》（闽政办〔2010〕65号），福建省水利厅为省人民政府组成部门，正厅级。

（一）主要职责

（1）贯彻执行国家有关水利工作的法律法规和政策，起草并组织实施水利工作的地方性法规、政府规章和政策；组织编制国家、省政府确定的重要江河流域综合规划、防洪规划等重大水利规划；按规定制定水利工程建设相关制度并组织实施，负责提出水利固定资产投资规模和方向、省政府财政性资金安排的意见；提出福建省水利建设投资安排建议并组织实施。

（2）负责保障水资源的合理开发利用。负责生活、生产经营和生态环境用水的统筹兼顾和保障；实施水资源的统一监督管理，会同有关部门拟定全省和跨设区市水的中长期供求规划、水量分配方案并监督实施；组织开展水资源调查评价工作，按规定开展水能资源调查工作，负责重要流域、区域以及重大调水工程的水资源调度；组织实施取水许可、水资源有偿使用制度和水资源论证、防洪论证制度；指导水利行业供水和乡镇供水工作。

表1 福建省水利厅领导任免表（2001年1月—2010年3月）

机构名称	姓 名	职 务	任 免 时 间	备 注
福建省水利厅	黄心炎	厅 长	2000年4月—2003年1月	
		党组书记	2000年3月—2003年1月	
	蔡健民	巡视员	2003年8月—2003年12月	
		副厅长	2000年4月—2003年12月	
		党组成员	2000年3月—2003年12月	
	吴瑞岚	副厅长	2000年4月—2005年3月	
		党组成员	2000年3月—2005年3月	
	杨志英	厅 长	2008年5月—	
		纪检组组长	2000年3月—2003年8月	
		党组成员		
		副厅长	2003年8月—2008年5月	
		党组书记	2003年8月—	
	刘子维	副厅长	2000年4月—	
		党组成员	2000年3月—	
	庄 先	厅 长	2003年8月—2008年4月	
		副厅长	2000年4月—2003年8月	
	吴章云	副厅长	2001年4月—	
		党组成员	2001年3月—	
	林邦树	副厅长	2001年9月—	
		党组成员		
		助理巡视员	1997年6月—2001年9月	
	陈以确	总工程师	2000年4月—2008年11月	
	曾金宇	纪检组组长	2004年4月—	
		党组成员		
	张天明	副厅长	2005年8月—	
		党组成员		
	丘汀萌	副厅级	2005年8月—	
	杨学震	副巡视员	2006年6月—2008年6月	

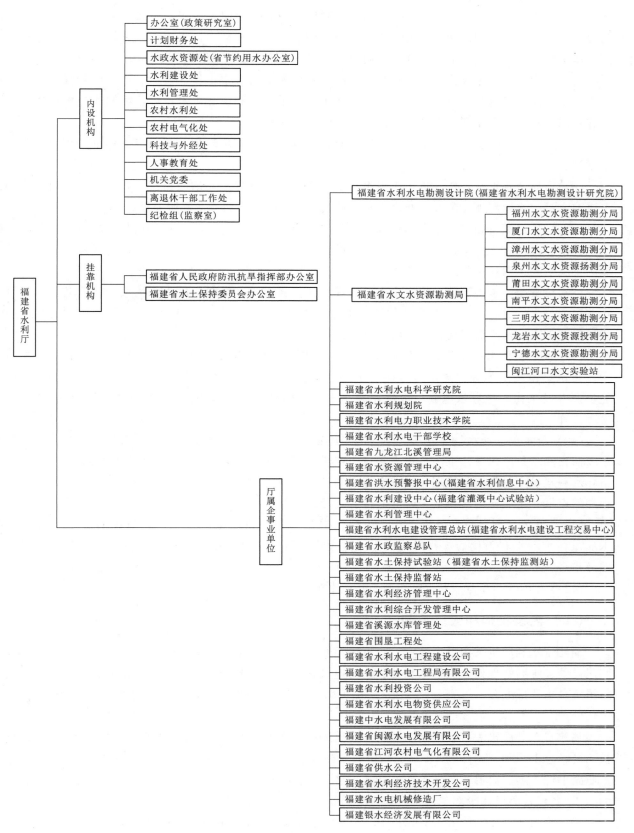

图 1　福建省水利厅机构图（2009 年）

（3）负责水资源保护工作。组织编制水资源保护规划，会同环境保护行政主管部门和其他有关部门组织拟定重要江河的水功能区划并监督实施；核定水域纳污能力，提出限制排污总量建议，指导饮用水水源保护工作，指导地下水开发利用和城市规划区地下水资源管理保护工作。

（4）负责防治水旱灾害，承担省政府防汛抗旱指挥部的日常工作。组织、协调、监督、指挥全省防汛抗旱工作，对重要江河和重要水工程实施防汛抗旱调度和应急水量调度，编制省防汛抗旱应急预案并组织实施。指导水利突发公共事件的应急管理工作。

（5）负责节约用水工作。拟定节约用水政策，编制节约用水规划，制定有关标准，指导和推动节水型社会建设工作。

（6）指导全省水文工作。负责组织水文水资源监测、全省水文站网建设和管理，对江河湖库和地下水的水量、水质实施监测，发布水文水资源信息、情况预报和省水资源公报。

（7）指导水利设施、水域及其岸线的管理和保护，指导主要江河、河口和沿海滩涂的治理和开发，组织、指导江堤海堤建设，指导水利工程建设与运行管理，组织实施具有控制性的或跨设区市及跨流域的重要水利工程建设与运行管理。

（8）负责防治水土流失。拟定水土保持规划并监督实施，组织实施水土流失的综合防治、监测预报并定期公告，负责有关重大建设项目水土保持方案的审批、监督实施及水土保持设施的验收工作，指导福建省重点水土保持建设项目的实施。

（9）指导农村水利工作。组织协调农田水利基本建设，指导农村饮水安全、节水灌溉、泵站改造、雨水集蓄利用等工程建设与管理工作，指导农村水利社会化服务体系建设；按规定指导农村水能资源开发工作，指导水电农村电气化和小水电代燃料工作；承担 5 万 kW 及以下小水电建设行政管理工作。

（10）负责重大涉水行政违法（不含治安违法）案件的查处，协调、仲裁跨设区市水事纠纷，指导水政监察和水行政执法。依法负责水利行业安全生产工作，组织、指导水库、水电站大坝的安全监管；指导水利建设市场的监督管理，组织实施水利工程建设的监督；负责全省一级、二级、三级河道采砂规划的审批，组织实施对河道采砂的监督、管理。

（11）负责水利科技和外事工作。组织、指导水利行业质量监督工作，组织实施水利行业的技术质量标准和水利工程的规程规范；组织重大水利科学研究、技术引进和科技推广；办理水利有关涉外事务。

（12）承办福建省委、省政府交办的其他事项。

（二）内设机构和人员编制

福建省水利厅机关内设办公室、政策法规处、计划财务处、水政水资源处（节约用水办公室）、水利建设处、水利管理处、农村水利处、农村电气化处、科技与外经处、水土保持处、福建省人民政府防汛抗旱指挥部办公室（安全监督处）、人事教育处等 12 个职能处（室），另设机关党委、离退休干部工作处。

福建省水利厅机关行政编制 101 名（含离退休干部工作人员行政编制 5 名），其中厅长 1 名、副厅长 4 名、总工程师（副厅级）1 名、防汛办主任（副厅级）1 名、正处级领导职数 13 名（含机关党委专职副书记 1 名、离退休干部工作处处长 1 名）、副处级领导职数 17 名（含防汛办副主任 3 名）。工勤编制 19 名（含离退休干部工作人员司机编制 5 名）。

2011 年 4 月、11 月，2013 年 1 月，各增加行政编制 1 名，用于接收安置军转干部。

2012 年 6 月，设立 3 名省防汛抗旱督察专员（正处级）。8 月，水利建设处、水利管理处合并为建设与管理处；计划财务处分设为规划计划处和财务审计处。

2017年6月，厅农村电气化处加挂河务处牌子，增加负责福建省河长制办公室的日常工作，核增副处级领导职数1名；核增水利厅副厅级领导职数1名，用于担任福建省河长制办公室专职副主任。12月，设立福建省国有自然资源资产管理局，福建省水利厅承担的组织实施水资源有偿使用相关制度的职责划入福建省国有自然资源资产管理局。

2018年2月，福建省水利厅划转2名行政编制到福建省国有自然资源资产管理局。

（三）厅领导任免

2011年7月，刘道崎任福建省水利厅党组书记（闽委干〔2011〕236号）、厅长（闽常任〔2011〕14号），免去杨志英的福建省水利厅党组书记（闽委干〔2011〕236号）、厅长职务（闽常任〔2011〕14号），游祖勇任福建省水利厅副巡视员（闽政文〔2011〕249号）。

2011年11月，吴章云任福建省水利厅巡视员，免去其福建省水利党组成员（闽委干〔2011〕499号）、副厅长职务（闽政文〔2011〕393号）。

2011年12月，免去吴章云的福建省水利厅巡视员职务（闽政文〔2011〕456号）。

2012年1月，免去林邦树的福建省水利厅党组成员职务（闽委干〔2012〕17号）。

2012年2月，李谋祥任福建省水利厅副巡视员（闽政文〔2012〕43号），丘汀萌任福建省水利厅党组成员（闽委干〔2012〕58号）、副厅长（闽政文〔2012〕64号），曾金宇任福建省水利厅正厅级纪检监察专员，免去其福建省水利厅党组成员、驻厅纪检组组长职务（闽委干〔2012〕73号），免去林邦树的福建省水利厅副厅长职务（退休）（闽政文〔2012〕26号），张宝华任福建省水利厅党组成员、驻厅纪检组组长（闽委干〔2012〕126号）。

2012年3月，董国华任福建省防汛抗旱指挥部办公室主任（闽政文〔2012〕84号）。

2012年5月，免去曾金宇的福建省水利厅正厅级纪检监察专员职务（退休），刘琳任福建省水利厅党组成员（闽委干〔2012〕229号）。

2012年7月，刘琳任福建省水利厅总工程师（闽政文〔2012〕249号），免去李谋祥的福建省水利厅副巡视员职务（退休）（闽政文〔2012〕266号）。

2012年9月，黄建波任福建省水利厅党组成员（闽委干〔2012〕407号）、副厅长（闽政文〔2012〕365号）。

2013年3月，魏克良任福建省水利厅党组书记，免去刘道崎的福建省水利厅党组书记职务（闽委干〔2013〕95号）。

2013年4月，魏克良任福建省水利厅厅长，免去刘道崎的福建省水利厅厅长职务（闽常任〔2013〕11号）。

2013年9月，免去张天明的福建省水利厅党组成员（闽委干〔2013〕465号）、副厅长职务（闽委干〔2013〕464号），赖继秋任福建省水利厅党组成员（闽委干〔2013〕465号）、副厅长（闽政文〔2013〕342号），刘按梨任福建省水利厅副巡视员（闽政文〔2013〕380号）。

2014年4月，免去刘按梨的福建省水利厅副巡视员职务（闽政文〔2014〕123号）。

2014年5月，免去刘琳的福建省水利厅党组成员职务（闽委干〔2014〕181号）。

2014年6月，免去刘琳的福建省水利厅总工程师职务（闽政文〔2014〕178号）。

2014年10月，连伟良、徐延任福建省水利厅副巡视员（闽政文〔2014〕343号）。

2015年3月，尤猛军任福建省水利厅党组书记（闽委干〔2015〕72号）、厅长（闽常任〔2015〕4号），免去魏克良的福建省水利厅党组书记（闽委干〔2015〕72号）、厅长职务（闽常任〔2015〕4

号），董国华任福建省水利厅党组成员（闽委干〔2015〕134号）。

2015年7月，免去连伟良的福建省水利厅副巡视员职务（退休）（闽委干〔2015〕345号）。

2015年9月，刘子维任福建省水利厅巡视员（闽政文〔2015〕573号），免去其福建省水利厅党组成员（闽委干〔2015〕446号）、副厅长职务（闽政文〔2015〕373号）。

2015年11月，陈振华任驻厅副厅级纪检监察专员（闽委干〔2015〕582号）。

2016年3月，免去徐延的福建省水利厅副巡视员职务（退休）（闽委干〔2016〕81号）。

2016年4月，林捷任福建省水利厅党组成员（闽委干〔2016〕218号）。

2016年5月，林捷任福建省水利厅总工程师（闽政文〔2016〕170号）。

2016年7月，赖军任福建省水利厅党组书记，陈宜国任福建省水利厅党组成员，免去尤猛军的福建省水利厅党组书记职务，免去黄建波的福建省水利厅党组成员职务（闽委干〔2016〕345号）。

2016年8月，陈宜国任福建省水利厅副厅长，免去黄建波的福建省水利厅副厅长职务（闽政文〔2016〕241号）。

2016年9月，免去赖继秋的福建省水利厅党组成员（闽委干〔2016〕502号），赖军任福建省水利厅厅长，免去尤猛军的福建省水利厅厅长职务（闽常任〔2016〕16号）。

2016年10月，免去赖继秋的福建省水利厅副厅长职务（闽政文〔2016〕330号）。

2016年12月，免去陈振华的驻厅副厅级纪检监察专员职务（退休）（闽委干〔2016〕765号）。

2017年1月，厉云任福建省水利厅党组成员（闽委干〔2017〕27号）。

2017年2月，厉云任福建省水利厅副厅长，黄明聪任福建省水利厅副巡视员（闽政文〔2017〕85号）。

2017年5月，游祖勇任福建省水利厅党组成员（闽委干〔2017〕286号）。

2017年6月，游祖勇任福建省水利厅副厅长，免去其福建省水利厅副巡视员职务（闽政文〔2017〕221号）。

2017年8月，免去刘子维的福建省水利厅巡视员职务（退休）（闽政文〔2017〕285号）。

2017年9月，梅长河任福建省水利厅党组成员（闽委干〔2017〕545号）。

2017年10月，梅长河任福建省水利厅副厅长，陈国忠任福建省水利厅副巡视员（闽政文〔2017〕362号）。

2017年11月，免去董国华的福建省水利厅党组成员职务（闽委干〔2017〕598号）。

2017年12月，免去董国华的福建省防汛办主任职务（退休）（闽政文〔2017〕424号）。

2018年1月，邓冈任福建省防汛办主任（副厅级）（闽政文〔2018〕23号）。

2018年9月，免去张宝华的福建省水利厅党组成员、驻厅纪检组组长职务（闽委干〔2018〕343号）。

2018年12月，免去厉云的福建省水利厅党组成员（闽委干〔2018〕663号）。

2019年1月，免去厉云的福建省水利厅副厅长职务（闽政文〔2019〕13号）。

（四）厅直属企事业单位

福建省水利厅直属企事业单位包括福建省水利水电勘测设计院（福建省水利水电勘测设计研究院）、福建省水文水资源勘测局、福建省福州水文水资源勘测分局、福建省厦门水文水资源勘测分局、福建省漳州水文水资源勘测分局、福建省泉州水文水资源勘测分局、福建省莆田水文水资源勘测分局、福建省南平水文水资源勘测分局、福建省三明水文水资源勘测分局、福建省龙岩水文水资源勘测分局、福建省宁德水文水资源勘测分局、福建省水文水资源勘测局闽江河口水文实验站、福建省水利水电科学研究院、福建省水利规划院、福建省水利电力职业技术学院、福建省水利水电干部学校、福建省九龙江北溪管理局、福建省水资源管理中心、福建省洪水预警报中心（福建省水利信息中心）、福建省水利建设中心（福建省灌溉中心试验站）、福建省水利管理中心、福建省水利水电建设管理总站（福建省水利水电建设工程交易中心）、福建省水政监察总队、福建省水土保持试验站（福建省水土保持监测站）、福建省水土保持监督站、福建省水利经济管理中心、福建省水利综合开发管理中心、福建省溪源水库管理处、福建省围垦工程处、福建省水利水电工程建设公司、福建省水利水电工程局有限公司、福建省水利投资公司、福建省水利水电物资供应公司、福建中水电发展有限公司、福建省闽源水电发展有限公司、福建省江河农村电气化发展有限公司、福建省供水公司、福建省水利经济技术开发公司、福建省水电机械修造厂、福建银水经济发展有限公司。

2011 年 10 月，根据福建省委编办《关于同意省水利水电建设管理总站更名问题的批复》（闽委编办〔2011〕219 号），同意将福建省水利水电建设管理总站更名为福建省水利水电工程质量监督站，不再加挂福建省水利水电建设工程交易中心牌子。

2011 年 10 月，根据福建省人民政府办公厅《关于组建福建省水利投资（集团）有限公司的复函》（闽政办函〔2011〕125 号），同意组建福建省水利投资（集团）有限公司，公司类型为国有独资企业，将现有福建省水利投资公司和省水利厅工会投资的福建省闽源水电发展有限公司、福建省江河农村电气化发展有限公司、福建银水经济发展有限公司等三家公司的股权转让变更为福建省水利投资有限公司，组建企业集团。

2013 年 5 月，根据福建省委编办《关于省水利厅所属事业单位清理规范方案的批复》（闽委编办〔2013〕137 号），将福建省水利综合开发管理中心更名为福建省农村饮水安全中心。

2014 年 9 月，根据福建省人民政府国有资产监督管理委员会《关于组建福建省水利投资开发集团有限公司有关事项的通知》（闽国资函企改〔2014〕315 号），以福建省水利投资集团有限公司为主体，组建福建省水利投资开发集团有限公司，将福建省水利水电物资供应公司、福建省水利水电工程建设公司、福建省围垦工程处、福建省宏禹水利水电咨询设计院、福建省水利水工程管理咨询中心、龙海市北溪供水开发有限责任公司、龙海角美开发区供水水厂 7 家企业划入水利投资开发集团，作为全资子公司。

2014 年 12 月，根据福建省委编办《关于调整福建水利电力职业技术学院主管部门的批复》，福建水利电力职业技术学院的主管部门由福建省水利厅调整为福建省教育厅。

2015 年 9 月，根据福建省委编办《关于撤销省水利水电干部学校等事项的通知》（闽委编办〔2015〕102 号），撤销福建省水利水电干部学校。

2017 年 6 月，根据福建省委编办《关于调整省水利厅机构编制的批复》（闽委编〔2017〕7 号），将福建省水资源管理中心更名为福建省水资源与河务管理中心。

2017 年 9 月，根据福建省委编办《关于调整省水利厅部分事业单位机构编制事项的通知》（闽委编办〔2017〕241 号），撤销福建省水利经济管理中心；并设立福建省水利厅预算执行中心，为福建省水利厅所属公益一类的副处级事业单位。

福建省水利厅领导任免表（2010 年 3 月—2019 年 2 月）见表 2，福建省水利厅机构图（2018 年）见图 2。

三、第三阶段（2019 年 2 月—2021 年 12 月）

根据《中共福建省委办公厅 福建省人民政府办公厅关于印发〈福建省水利厅职能配置、内设机构和人员编制规定〉的通知》（闽委办发〔2019〕23 号），福建省水利厅是省政府组成部门，为正厅级。

表 2 　　　　　福建省水利厅领导任免表（2010 年 3 月—2019 年 2 月）

机构名称	姓　名	职　务	任 免 时 间	备　注
福建省水利厅	杨志英	厅　长	继任—2011 年 7 月	
		党组书记		
	刘道崎	厅　长	2011 年 7 月—2013 年 4 月	
		党组书记	2011 年 7 月—2013 年 3 月	
	魏克良	厅　长	2013 年 4 月—2015 年 3 月	
		党组书记	2013 年 3 月—2015 年 3 月	
	尤猛军	厅　长	2015 年 3 月—2016 年 9 月	
		党组书记	2015 年 3 月—2016 年 7 月	
	赖　军	厅　长	2016 年 9 月—	
		党组书记	2016 年 7 月—	
	吴章云	副厅长	继任—2011 年 11 月	
		党组成员		
		巡视员	2011 年 11 月—2011 年 12 月	
	曾金宇	纪检组组长	继任—2012 年 2 月	
		党组成员		
		正厅级纪检监察专员	2012 年 2 月—2012 年 5 月	
	刘子维	副厅长	继任—2015 年 9 月	
		党组成员		
	林邦树	副厅长	继任—2012 年 1 月	
		党组成员		
	张天明	副厅长	继任—2013 年 9 月	
		党组成员		
	游祖勇	副巡视员	2011 年 7 月—2017 年 5 月	
	丘汀萌	副厅长	2012 年 2 月—	
		党组成员		
	张宝华	纪检组组长	2012 年 2 月—2018 年 9 月	
		党组成员		
	董国华	党组成员	2015 年 3 月—2017 年 11 月	
		省防汛办主任	2012 年 3 月—2017 年 12 月	

续表

机构名称	姓　名	职　务	任 免 时 间	备　注
福建省水利厅	刘　琳	总工程师	2012 年 7 月—2014 年 6 月	
		党组成员	2012 年 5 月—2014 年 5 月	
	黄建波	副厅长	2012 年 9 月—2016 年 8 月	
		党组成员	2012 年 9 月—2016 年 7 月	
	李谋祥	副巡视员	2012 年 2 月—2012 年 7 月	
	赖继秋	副厅长	2013 年 9 月—2016 年 10 月	
		党组成员	2013 年 9 月—2016 年 9 月	
	刘按梨	副巡视员	2013 年 9 月—2014 年 4 月	
	连伟良	副巡视员	2014 年 10 月—2015 年 7 月	
	徐　延	副巡视员	2014 年 10 月—2016 年 3 月	
	刘子维	巡视员	2015 年 9 月—2017 年 8 月	
		党组成员	继任—2015 年 9 月	
		副厅长		
	陈振华	副厅级纪检监察专员	2015 年 11 月—2016 年 12 月	
	林　捷	总工程师	2016 年 5 月—	
		党组成员	2016 年 4 月—	
	陈宜国	副厅长	2016 年 8 月—	
		党组成员	2016 年 7 月—	
	厉　云	副厅长	2017 年 2 月—2019 年 1 月	
		党组成员	2017 年 1 月—2018 年 12 月	
	黄明聪	副巡视员	2017 年 2 月—	
	游祖勇	副厅长	2017 年 6 月—	
		党组成员	2017 年 5 月—	
		副巡视员	2011 年 7 月—2017 年 6 月	
	梅长河	副厅长	2017 年 10 月—	
		党组成员	2017 年 9 月—	
	陈国忠	副巡视员	2017 年 10 月—	
	邓　冈	省防汛办主任	2018 年 1—10 月	

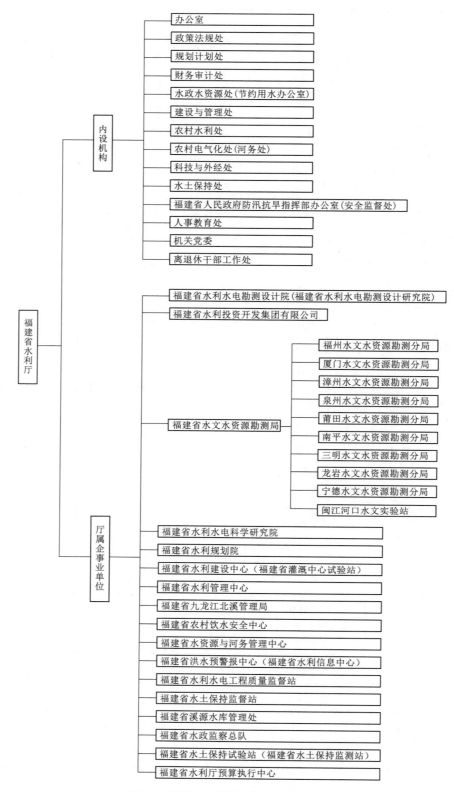

图 2 福建省水利厅机构图 (2018 年)

（一）主要职责

（1）负责保障水资源的合理开发利用；贯彻执行国家有关水利工作的法律法规和政策，起草并组织实施有关水利工作的地方性法规、政府规章，拟定全省水利规划和政策，组织编制全省水资源规划和国家及福建省确定的重要江河湖泊流域综合规划、防洪规划等。

（2）负责生活、生产经营和生态环境用水的统筹和保障；组织实施最严格水资源管理制度，实施水资源的统一监督管理，拟定全省和跨设区市（含平潭综合实验区，下同）水的中长期供求规划、水量分配方案并监督实施；负责重要流域、区域以及重大调水工程的水资源调度；组织实施取水许可、水资源论证和洪水影响评价制度；指导水利行业供水和乡镇供水工作。

（3）按规定制定水利工程建设相关制度并组织实施；负责提出水利固定资产投资规模和方向、具体安排建议并组织指导实施，按权限审批省规划内和年度计划规模内固定资产投资项目，提出省水利资金安排建议并负责项目实施的监督管理。

（4）指导水资源保护工作；组织编制并实施水资源保护规划；指导饮用水水源保护有关工作，参与水功能区划编制；指导地下水开发利用和地下水资源管理保护；组织指导地下水超采区综合治理。

（5）负责节约用水工作；拟定节约用水政策，组织编制节约用水规划并监督实施，组织拟定有关标准；组织实施用水总量控制等管理制度，指导和推动节水型社会建设工作。

（6）指导水文工作；负责水文水资源监测、全省水文站网建设和管理；对江河湖库和地下水实施监测，发布水文水资源信息、情报预报和省水资源公报；按规定组织开展水资源调查评价有关工作及水能资源调查评价、水资源承载能力监测预警工作。

（7）指导水利设施、水域及其岸线的管理、保护与综合利用；组织指导水利基础设施网络建设；指导重要江河湖泊、河口的治理、开发和保护；指导沿海滩涂围垦的建设与管理；指导河湖水生态保护与修复、河湖生态流量水量管理以及河湖水系连通工作。

（8）指导监督水利工程建设与运行管理；组织实施具有控制性的和跨区域跨流域的重要水利工程建设与运行管理。

（9）负责河长制、湖长制组织实施的具体工作，开展综合协调、政策研究、督导考核等日常工作，协调组织执法检查、监测发布和相关突出问题的清理整治等工作。

（10）负责水土保持工作；拟定水土保持规划并监督实施，组织实施水土流失的综合防治、监测预报并定期公告；负责建设项目水土保持监督管理工作，指导省重点水土保持建设项目的实施。

（11）指导农村水利工作；组织开展大中型灌排工程建设与改造；指导农村饮水安全、节水灌溉、灌区及泵站改造、雨水集蓄利用等工程建设与管理工作；指导农村水利改革创新和社会化服务体系建设；指导农村水能资源开发、小水电改造和水电农村电气化工作；承担 5 万 kW 及以下水电站建设行政管理职责。

（12）指导水利水电工程移民管理工作；拟定水利水电工程移民有关政策并监督实施；按权限审核或审批水利水电工程移民安置规划，监督管理移民安置工作；负责水库移民后期扶持扶助政策的实施和监督，负责中央及省级水库移民扶持基金使用管理。

（13）负责有关涉水违法事件的查处，协调、仲裁跨设区市水事纠纷，指导水政监察和水行政执法；依法负责水利行业安全生产工作，组织指导水库、水电站大坝、农村水电站、江海堤防、水闸等水利工程、水利设施的安全监管；承担水利建设市场的监督管理相关工作；负责河道采砂统一管理。

（14）开展水利科技和外事工作；组织开展水利行业质量监督工作，拟定水利行业的地方技术标准、规程规范并监督实施；组织有关水利科学研究、技术引进和科技推广；会同有关部门办理水利有关涉外事务。

（15）负责落实综合防灾减灾规划相关要求，组织编制洪水干旱灾害防治规划和防护标准并指导实施；承担水情、旱情监测预警工作；组织编制重要江河湖泊和重要水工程的防御洪水抗御旱灾调度及应急水量调度方案，按程序报批并组织实施；承担防御洪水应急抢险的技术支撑工作；承担台风防御期间重要水工程调度工作。

（16）负责本系统、本领域人才队伍建设。

（17）完成福建省委和省政府交办的其他任务。

（二）内设机构和人员编制

厅机关内设处室有办公室、政策法规与行政审批处、计划财务处、水资源管理处（省节约用水办公室）、水利工程建设处、运行管理处、河湖管理处、水土保持与科技处、农村水利水电处、水库移民处、监督处、水旱灾害防御与水文处、人事处。另设机关党委、离退休干部工作处。

机关行政编制92名（含离退休干部工作人员行政编制）。设厅长1名，副厅长5名（其中1名兼任省河长制办公室副主任），总工程师（副厅级）1名；处级领导职数32名，其中：正处级17名（含督察专员2名、机关党委专职副书记1名、离退休干部工作处1名），副处级15名。工勤人员事业编制12名。

2021年4月，增加行政编制2名，用于接收安置军转干部。

（三）厅领导任免

2019年10月，游祖勇晋升福建省水利厅一级巡视员（闽委组干〔2019〕446号）。

2019年11月，林国闪任福建省水利厅党组成员、驻厅纪检监察组组长（闽委干〔2019〕403号）。

2019年12月，免去游祖勇的福建省水利厅党组成员职务（闽委干〔2019〕516号）。

2020年1月，免去游祖勇的福建省水利厅副厅长职务（退休）（闽政文〔2020〕4号）。

2020年3月，陈水树任福建省水利厅党组成员（闽委干〔2020〕84号），陈宜国晋升福建省水利厅一级巡视员（闽委组干〔2020〕121号），郭武任福建省水利厅二级巡视员（闽委组干〔2020〕102号），黄明聪任福建省水利厅党组成员（闽委干〔2020〕110号）。

2020年4月，陈水树任福建省水利厅副厅长（闽政文〔2020〕53号），黄明聪任福建省水利厅副厅长（闽政文〔2020〕59号）。

2020年10月，丘汀萌晋升福建省水利厅一级巡视员（闽委组干〔2020〕426号）。

2020年11月，免去陈宜国的福建省水利厅党组成员职务（闽委干〔2020〕504号）。

2020年12月，免去陈宜国的福建省水利厅副厅长职务（退休）（闽政文〔2020〕211号）。

2021年4月，吴深生任福建省水利厅党组成员（闽委干〔2021〕208号）、副厅长（闽政文〔2021〕144号）。

2021年7月，免去赖军的福建省水利厅党组书记职务（闽委干〔2021〕422号），免去梅长河的福建省水利厅党组成员（闽委干〔2021〕395号）、副厅长职务（闽政文〔2021〕283号）。

2021年8月，刘琳任福建省水利厅党组书记（闽委干〔2021〕434号）。

2021年10月，刘琳任福建省水利厅厅长，免去赖军的福建省水利厅厅长职务（闽常任〔2021〕21号）。

（四）厅直属企事业单位

福建省水利厅直属企事业单位包括福建省水利水电勘测设计院（福建省水利水电勘测设计研究院）、福建省水利投资开发集团有限公司、福建省水文水资源勘测局、福建省福州水文水资源勘测分局、福建省厦门水文水资源勘测分局、福建省漳州水文水资源勘测分局、福建省泉州水文水资源勘测分局、福建省莆田水文水资源勘测分局、福建省南平水文水资源勘测分局、福建省三明水文水资源勘测分局、福建省龙岩水文水资源勘测分局、福建省宁德水文水资源勘测分局、福建省水文水资源勘测局闽江河口水文实验站、福建省水利水电科学研究院、福建省水利规划院、福建省水利建设中心（福建省灌溉中心试验站）、福建省水利管理中心、福建省九龙江北溪管理局、福建省农村饮水安全中心、福建省水土保持监督站、福建省水资源与河务管理中心、福建省洪水预警报中心（福建省水利信息中心）、福建省水利水电工程质量监督站、福建省水土保持试验站（福建省水土保持监测站）、福建省溪源水库管理处、福建省水政监察总队、福建省水利厅预算执行中心。

2019年3月，根据福建省委编办《关于调整省水利厅所属承担行政职能事业单位机构编制事项的通知》（闽委编办〔2019〕123号），将福建省人民政府水电站库区移民开发局更名为福建省水利水电工程移民发展中心、福建省水文水资源勘测局更名为福建省水文水资源勘测中心（各设区市分局相应更名为各设区市分中心）、福建省九龙江北溪管理局更名为福建省九龙江北溪水资源调配中心、福建省水土保持监督站更名为福建省水土保持工作站、福建省水利水电工程质量监督站更名为福建省水利水电工程质量技术站。

2020年1月，根据福建省委编办《关于调整省水利厅所属行政执法事业单位机构编制事项的批复》（闽委编办〔2020〕34号），撤销福建省水政监察总队，原承担的相关行政执法职责由福建省水利厅监督处承担。

2021年4月，根据福建省委组织部《关于福建省总工会等142个单位继续列入参照公务员法管理的通知》（闽委组通〔2021〕20号），福建省水利水电工程移民发展中心、福建省洪水预警报中心、福建省水资源与河务管理中心、福建省水土保持工作站、福建省水文水资源勘测中心、福建省福州水文水资源勘测分中心、福建省厦门水文水资源勘测分中心、福建省漳州水文水资源勘测分中心、福建省泉州水文水资源勘测分中心、福建省三明水文水资源勘测分中心、福建省莆田水文水资源勘测分中心、福建省南平水文水资源勘测分中心、福建省龙岩水文水资源勘测分中心、福建省宁德水文水资源勘测分中心继续参照公务员法管理。

2021年7月，根据福建省人民政府《关于部分省属企业整合重组方案的批复》（闽政文〔2021〕305号），同意将福建省水利投资开发集团有限公司升格为省管企业，同步开展水务板块整合重组。福建省水投集团重组升格后，由福建省国资委履行出资人职责实施全面监管。

2021年8月，根据福建省委编办《关于福建工程移民职业技术学校整体划转至福建水利电力职业技术学院有关机构编制事项的批复》（闽委编办〔2021〕151号），同意将福建工程移民职业技术学校划入福建水利电力职业技术学院，同意设置过渡期至2024年12月。

福建省水利厅领导任免表（2019年2月—2021年12月）见表3，福建省水利厅机构图（2021年）见图3。

表3 福建省水利厅领导任免表（2019年2月—2021年12月）

机构名称	姓 名	职 务	任免时间	备 注
福建省水利厅	赖 军	厅 长	继任—2021年10月	
		党组书记	继任—2021年7月	
	刘 琳	厅 长	2021年10月—	
		党组书记	2021年8月—	
	游祖勇	一级巡视员	2019年10月—2020年1月	
		副厅长	继任—2020年1月	
		党组成员	继任—2019年12月	
	丘汀萌	副厅长	继任—	
		党组成员	继任—	
		一级巡视员	2020年10月—	
	林国闪	纪检组组长	2019年11月—	
		党组成员		
	陈宜国	一级巡视员	2020年3月—2020年12月	
		副厅长	继任—2020年12月	
		党组成员	继任—2020年11月	
	林 捷	党组成员	继任—	
		总工程师		
	梅长河	副厅长	继任—2021年7月	
		党组成员		
	吴深生	副厅长	2021年4月—	
		党组成员		
	陈水树	副厅长	2020年4月—	
		党组成员	2020年3月—	
	黄明聪	副厅长	2020年4月—	
		党组成员	2020年3月—	
		二级巡视员	2019年6月—2020年3月	
		副巡视员	继任—2019年6月	
	郭 武	二级巡视员	2020年3月—	
	陈国忠	二级巡视员	2019年6月—	
		副巡视员	继任—2019年6月	

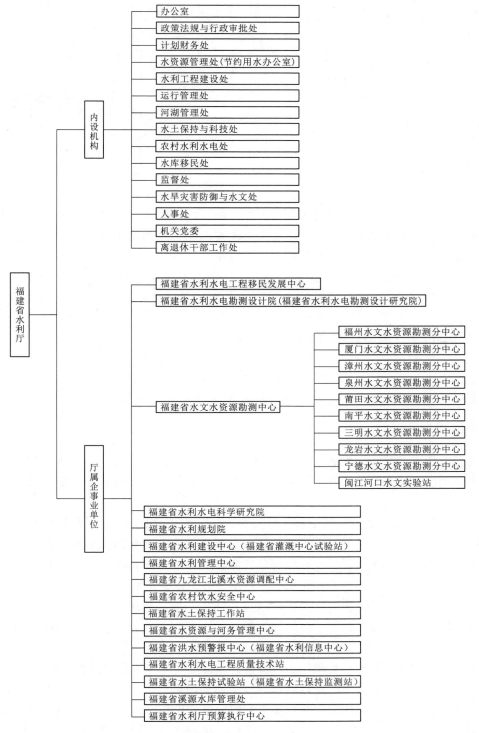

图 3 福建省水利厅机构图（2021 年）

执笔人：姚　稀　黄　泽
审核人：丘汀萌　许瑞鹏

江西省水利厅

江西省水利厅是江西省人民政府组成部门（正厅级），贯彻落实党中央、国务院和省委、省政府关于水利工作的方针政策和决策部署，主管全省水旱灾害防御、水利工程建设管理、河道湖泊管理等工作。现有 9 个直属单位，归口管理省鄱阳湖水利枢纽建设办公室。

2001 年以来的历次机构改革，江西省水利厅均予保留设置。该时期江西省水利厅组织沿革划分为以下 3 个阶段：2001 年 1 月—2009 年 8 月，2009 年 8 月—2018 年 12 月，2018 年 12 月—2021 年 12 月。

一、第一阶段（2001 年 1 月—2009 年 8 月）

根据《中共江西省委、江西省人民政府关于印发〈省人民政府机构改革实施方案〉的通知》（赣发〔2000〕15 号），设置江西省水利厅，为主管水行政的省人民政府组成部门。

（一）主要职责

（1）负责《中华人民共和国水法》《中华人民共和国水土保持法》和《中华人民共和国防洪法》等法律的组织实施和监督检查；拟定全省水利工作的方针政策、发展战略和中长期规划，组织起草有关地方性法规、规章并监督实施。

（2）统一管理全省水资源（含空中水、地表水、地下水）。组织拟定全省和跨地市水长期供求计划、水量分配方案并监督实施；组织有关国民经济总体规划、城市规划及重大建设项目的水资源和防洪的论证工作；组织实施取水许可制度和水资源费征收制度；发布水资源公报；指导全省水文工作。

（3）拟定节约用水政策、编制节约用水规划，制定有关标准，组织、指导和监督节约用水工作。

（4）按照国家资源与环境保护的有关法律法规和标准，拟定全省水资源保护规划；组织水功能区的划分和向饮水区等水域排污的控制；监测江河湖库的水量、水质，审定水域纳污能力，提出限制排污总量的意见。

（5）组织、指导水政监察和水行政执法；协调并仲裁部门间和地市间的水事纠纷。

（6）拟定水利行业的经济调节措施；对水利资金的使用进行宏观调节和监督管理；指导水利行业的供水、水电及多种经营工作；研究提出有关水利的价格、税收、信贷、财务等经济调节意见。

（7）编制、审查大中型水利基建项目建议书和可行性报告；组织重要水利科学研究和技术推广；组织拟定全省水利行业技术质量标准和水利工程的规程、规范，监督国家和部省颁发的水利行业技术标准和水利工程规程、规范的实施。

（8）组织、指导全省水利设施、水域及其岸线的管理和保护；负责省管涉河建设项目审查和河道采砂管理；组织、指导江河湖泊、河口滩涂的治理和开发；组织建设和管理具有控制性的或跨地市的重要水利工程；组织、指导水利工程的安全监管。

（9）指导农村水利工作；组织协调农田水利基本建设、农村水电电气化和多镇供水以及农村饮水工作。

（10）指导水利行业的水电管理；组织协调农村水电电气化工作。

（11）组织全省水土保持工作；研究制定水土保持的工程措施防治规划，组织水土流失的监测和综合防治。归口管理农村"四荒"资源的开发治理。

（12）负责水利方面的科技和涉外工作；指导全省水利队伍建设。

（13）承担江西省防汛抗旱总指挥部的日常工作，组织、协调、监督、指导全省防洪抗旱工作；组织制订省内主要江河湖泊防御洪水预案；组织制定全省重要水工程度汛方案；对江河湖泊、分蓄洪区和重要水工程实施防汛抗旱调度；负责全省防汛信息工作。

（14）承办江西省政府交办的其他事项。

（二）人员编制和内设机构

根据《江西省人民政府办公厅〈关于印发省水利厅职能配置内设机构和人员编制规定〉的通知》（赣发〔2000〕5号），明确江西省水利厅机关内设办公室、人事教育处、政策法规处、水资源处（江西省节约用水办公室）、计划财务处、水利建设处、水利管理处、对外合作与科技处、水土保持处（江西省水土保持委员会办公室）等9个职能处（室），另设江西省防汛抗旱总指挥部办公室、直属机关党委、老干部处，纪检组（监察室）为江西省纪委（省监察厅）的派驻机构。

江西省水利厅机关行政编制52名，纪检监察编制3名，专项编制1名，为老干部服务单列编制5名。核定江西省防汛抗旱总指挥部办公室事业编制28名。领导职数：厅长1名，副厅长4名，纪检组组长1名；正处职数13名，副处职数13名。

（三）厅领导任免

2003年2月，江西省人大常委会任命孙晓山为水利厅厅长（赣常发〔2003〕4号）。

2005年1月，江西省委组织部免去朱发恒的水利厅纪委书记、党委委员职务，退休（赣组干字〔2005〕4号）。

2006年2月，江西省委任命李东江为水利厅党委委员、纪委书记（赣委〔2006〕6号）。

2006年8月，江西省人民政府任命管日顺为水利厅巡视员（赣府发〔2006〕65号）。

2007年2月，江西省委任命孙晓山为水利厅党委书记，免去汪普生的水利厅党委书记职务（赣委〔2007〕16号）。

2007年7月，江西省人民政府任命罗小云、文林为水利厅副厅长（赣府字〔2007〕37号）。

2008年5月，江西省委组织部免去张杰的水利厅党委委员职务，退休（赣组干字〔2008〕24号）。

2008年12月，江西省人民政府任命张文捷为水利厅总工程师（赣府字〔2008〕86号）。

（四）厅直属企事业单位

江西省水利厅直属单位16个：后勤服务中心、江西省防汛信息中心（2001年4月江西省防汛抢险无线电台更名为江西省防汛信息中心）、江西省水政监察总队、厅水利工程质量监督管理中心站（2002年3月成立）、江西省地方电力建设管理局（2004年12月更名为江西省农村水电电气化发展局）、江西省水土保持监督监测站、江西省河道湖泊管理局、江西省水土保持监督监测站、江西省水利厅工程建设稽察事务中心（2011年8月成立）、江西省峡江水利枢纽工程管理局（2009年2月成立）、江西省水利规划设计研究院、江西省水利科学研究院（2004年9月江西省水利科学研究所更名为江西省水利科学研究院）、江西水利职业学院、江西省赣抚平原水利工程管理局、江西省水土保持科学研究所、江西省水文局（正处级）。

江西省水利厅厅属国有企业1个：江西省水利投资集团有限公司（2008年3月挂牌成立）。

二、第二阶段（2009 年 8 月—2018 年 12 月）

根据《中共江西省委、江西省人民政府关于印发〈江西省人民政府机构改革实施方案〉的通知》（赣府厅发〔2009〕71 号），设置江西省水利厅，为省人民政府组成部门。

（一）主要职责

（1）负责保障水资源的合理开发利用。在全省经济社会发展总体规划的框架内，拟定水利战略规划，组织编制主要江河湖泊的流域综合规划、防洪规划以及省重点水利规划。组织起草地方性水利法规、规章和政策。按规定制定水利工程建设有关制度并组织实施，负责提出水利固定资产投资规模、方向和国家、省级财政性资金安排的意见。按省人民政府规定权限，审批、核准国家和省规划内和年度计划规模内固定资产投资项目。提出中央和省级水利建设投资安排的建议并组织实施。

（2）负责生活、生产经营、生态环境用水的统筹兼顾和保障。实施水资源的统一监督管理，拟定全省水中长期供求规划、水量分配方案和调度计划并监督实施。组织开展水资源调查评价工作，按规定开展水能资源调查工作。负责主要河流、区域以及重点调水工程的水资源调度。组织实施取水许可、水资源有偿使用、水资源论证和防洪论证制度。指导全省水利行业供水和乡镇供水工作。

（3）负责水资源保护工作。组织编制水资源保护规划。组织拟定江河、湖泊等水域的水功能区划并监督实施。核定水域纳污能力，提出限制排污总量意见，指导饮用水水源保护工作，指导地下水开发利用和城市规划区地下水资源管理保护工作。

（4）组织、协调、监督、指导全省防汛抗旱工作。负责防治水旱灾害，承担省防汛抗旱总指挥部的具体工作。负责实施防汛抗旱调度和应急水量调度，拟订全省防汛抗旱应急预案并组织实施。指导水利突发公共事件的应急管理工作。

（5）负责节约用水工作。拟定节约用水政策，编制节约用水规划，制定地方性标准，指导和推动节水型社会建设工作。

（6）负责水文工作。编制全省水文事业发展规划，承担水文水资源监测、水文站网的建设和管理工作。组织对江河湖库和地下水的水量、水质实施监测。发布水文水资源信息、情报预报和省水资源公报。

（7）指导水利工程建设与管理。指导全省水利设施、水域及其岸线的管理与保护，指导江河湖泊及滩涂的治理和开发。组织实施具有控制性的或跨设区市区域及跨流域的重要水利工程建设与运行管理。负责省属水利设施、省管河道湖泊的水域及其岸线的管理与保护。负责全省河道采砂的管理和监督检查工作。

（8）负责防治水土流失。拟定水土保持规划并监督实施，组织实施水土流失的综合防治、监测预报并定期公告。负责省重要建设项目水土保持方案的审批，监督实施及水土保持设施的验收工作。指导省重点水土保持建设项目的实施。

（9）指导农村水利工作。组织协调农田水利基本建设，负责农村饮水安全、节水灌溉等工程建设与管理工作，指导农村水利社会化服务体系建设。按规定指导农村水能资源开发工作，组织实施水电农村电气化和小水电代燃料工作。负责农村小水电的管理和监督。

（10）负责重大涉水违法事件的查处。协调、仲裁跨设区市水事纠纷，指导水政监察和水行政执法。依法负责水利行业安全生产工作，组织、指导水库、水电站大坝的安全监督管理，指导水利建设市场的监督管理。组织实施水利工程建设的监督。

（11）开展水利科技和外事工作。组织开展水利行业质量监督工作。组织重要水利科学研究和技术推广。组织拟定全省水利行业技术标准、规程规范，监督行业标准和规程规范的实施，负责水利行业对外经济、技术合作与交流。承担水利统计工作。

（12）承办江西省人民政府交办的其他事项。

（二）人员编制和内设机构

根据《江西省人民政府办公厅〈关于印发江西省水利厅主要职责内设机构和人员编制规定〉的通知》（赣府厅发〔2009〕71号），江西省水利厅内设办公室（党委办公室）、计划财务处、政策法规处、水资源处（江西省节约用水办公室）、对外合作与科技处、建设与管理处、水土保持处（江西省水土保持委员会办公室）、农村水利处（江西省农村饮水工作领导小组办公室）、安全监督处、人事处等10个职能处室，另设江西省防汛抗旱总指挥部办公室、离退休干部处、直属机关党委（宣传处），纪委（监察室），监察室为江西省监察厅的派驻机构。

江西省水利厅机关行政编制89名（含监察编制3名、专项编制1名）。其中，领导职数：厅长1名，副厅长4名，纪委书记1名，总工程师1名；正处级14名，副处级18名。

2010年6月，收回江西省水利厅机关专项行政编制1名。调整后，江西省水利厅机关行政编制88名（含监察编制3名）。

2016年5月，将计划财务处拆分为规划计划和财务审计处，同时将安全监督处并入建设与管理处，保留安全监督处牌子。

2016年5月，增加专项行政编制1名。调整后，江西省水利厅共有行政编制89名（含专项编制1名）。

2016年6月，撤销江西省水利厅纪委、江西省监察厅驻厅监察室，核减厅行政编制5名，核销厅纪委书记领导职数1名、正处级1名。调整后，江西省水利厅共有行政编制84名（含专项编制1名）。

2017年7月，经江西省编办批复，成立江西省河长制工作处。

（三）厅领导任免

2011年2月，江西省人民政府任命曾晓旦为水利厅副厅长（赣府字〔2011〕21号）。

2011年12月，江西省人民政府任命廖瑞钊为水利厅副厅长（赣府字〔2011〕100号）。

2012年7月，江西省委任命吴义泉为江西省峡江水利枢纽工程管理局党委书记（副厅级）。

2013年12月，江西省委任命吴信根为水利厅党委委员、纪委书记（赣委〔2013〕361号）。

2014年5月，江西省人民政府免去文林的水利厅副厅长职务（赣府字〔2014〕32号）。

2014年12月，江西省人民政府任命吴义泉为水利厅副厅长（赣府字〔2014〕95号），江西省委任命吴义泉为水利厅党委委员，免去其峡江水利枢纽工程管理局党委书记职务（赣委〔2014〕297号）。

2015年3月，江西省人大常委会任命罗小云为水利厅厅长，免去孙晓山的水利厅厅长职务（赣常发〔2015〕6号）。

2015年11月，江西省人民政府免去曾晓旦的水利厅副厅长职务（赣府字〔2015〕94号）。

2016年2月，江西省委任命吴信根为江西省纪律检查委员会省监察委员会驻省水利厅纪检监察组组长，免去其水利厅纪委书记职务（赣委〔2016〕80号）。

2016年5月，江西省人民政府任命王纯为水利厅副厅长（赣府字〔2016〕44号）。

2017年2月，江西省人民政府免去朱来友的水利厅副厅长职务（赣府字〔2017〕10号）。

2017年4月，江西省人民政府任命姚毅臣为江西省河长制办公室专职副主任（赣府字〔2017〕14号）。

2017年5月，江西省人民政府任命蔡勇为水利厅副厅长（赣府字〔2017〕30号）。

2017年11月，江西省人民政府任命徐卫明为水利厅副厅长（赣府字〔2017〕92号）。

2018年11月，江西省人民政府任命徐卫明兼任应急管理厅副厅长（赣府字〔2018〕71号）。

（四）厅直属企事业单位

江西省水利厅直属事业单位 16 个：后勤服务中心、江西省防汛信息中心、江西省水政监察总队（江西省水土保持监督监测站）（2011 年 8 月合并）、江西省水利厅水利工程质量监督管理站、江西省农村水利水电局、江西省河道湖泊管理局、江西省水利厅工程建设稽察事务中心、江西省峡江水利枢纽工程管理局、江西省水利规划设计研究院、江西省水利科学研究院、江西水利职业学院、江西省赣抚平原水利工程管理局、江西省水土保持科学研究院（2012 年江西省水土保持科学研究所更名为江西省水土保持科学研究院）、江西省袁惠渠工程管理局（2013 年 1 月划归江西省水利厅管理）、江西省潦河工程管理局（2013 年 1 月划归江西省水利厅管理）、江西省水文局（2011 年江西省政府明确为副厅级事业单位）。

归口管理单位 1 家：江西省鄱阳湖水利枢纽工程建设办公室（2010 年 2 月成立，正厅级事业单位）。

厅属国有企业 1 个：江西省水利投资集团有限公司。

三、第三阶段（2018 年 12 月—2021 年 12 月）

2018 年 12 月，根据《省委办公厅、省政府办公厅〈关于调整省水利厅职责机构编制事项〉的通知》（赣厅字〔2018〕107 号）要求，对江西省水利厅职能、机构、编制等事项进行调整。

2021 年 1 月，根据《中共江西省机构编制委员会关于省水利厅深化事业单位改革有关事项的批复》（赣编文〔2021〕10 号），江西省水利厅直属事业单位中 15 家精简为 9 家。

2021 年 5 月，根据《省委办公厅、省政府办公厅关于调整扶贫工作机构设置的通知》（赣办字〔2021〕10 号）要求，水库移民、三峡移民管理职责划至江西省水利厅。

（一）主要职责

（1）根据江西省政府 2009 年批复的"三定"规定，江西省水利厅是省政府主管水行政事务的组成部门，主要职责是负责保障水资源的合理开发利用，负责生活、生产经营、生态环境用水的统筹兼顾和保障，负责水资源保护、节约用水、水文、防治水土流失工作，组织、协调、监督、指导防汛抗旱工作，指导水利工程建设与管理、农村水利工作，负责河道采砂的管理和监督检查工作，按规定指导农村水能资源开发工作，组织实施水电农村电气化和小水电代燃料工作，负责农村小水电的管理和监督，负责重大涉水违法事件的查处、水利行业安全生产工作，开展水利科技、外事和水利行业质量监督等工作。承担省河长制办公室日常工作。承办江西省人民政府交办的其他事项。

（2）根据《省委办公厅、省政府办公厅〈关于调整省水利厅职责机构编制事项〉的通知》（赣厅字〔2018〕107 号），将江西省水利厅水资源调查和确权登记管理职责划至江西省自然资源厅；将编制水功能区划、排污口设置管理和流域水环境保护职责划至江西省生态环境厅；将农田水利建设项目管理职责划至江西省农业农村厅；将水旱灾害防治相关职责、江西省防汛抗旱总指挥部的职责，整合至江西省应急管理厅；将自然保护区有关管理职责划至江西省林业局；增加落实安全生产和生态环境保护方面职责；增加落实生态环境保护职责；切实加强水资源合理利用、优化配置和节约保护。

（3）根据《省委办公厅、省政府办公厅关于调整扶贫工作机构设置的通知》（赣办字〔2021〕10 号），水库移民、三峡移民管理职责划至江西省水利厅。组织拟定全省水利水电工程移民安置和水库移民后期扶持法规、政策、技术标准并监督实施；负责大中型水利水电工程移民安置工作的管理和监督；按权限审核新建大中型水利水电工程移民安置规划大纲；组织开展新增大中型水库移民后期扶持人口核定，以及后期扶持政策实施的督导检查、检查评估等工作；负责江西省三峡工程运行影响区域后续工作的计划编制、实施和监督管理等工作；负责全省小型水库移民解困工作。

（二）人员编制和内设机构

根据《省委办公厅、省政府办公厅〈关于调整省水利厅职责机构编制事项〉的通知》（赣厅字〔2018〕107号），撤销了原对外合作与科技处，新设立监督处。江西省防汛抗旱总指挥部办公室更名为水旱灾害防御处，江西省河长制工作处更名为江西省河湖长制工作处，建设与管理处不再加挂安全监督处牌子。调整后，厅内设机构数量不变，内设办公室（党委办公室）、人事处、规划计划处、政策法规处、财务审计处、水资源处（江西省节约用水办公室）、建设与管理处、江西省河湖长制工作处、水土保持处（江西省水土保持委员会办公室）、农村水利处（江西省农村饮水工作领导小组办公室）、监督处、水旱灾害防御处等12个职能处（室）及直属机关党委、离退休干部处。行政编制76名。

根据《中共江西省委机构编制委员会办公室关于省水利厅专项行政编制调整的通知》（赣编办文〔2021〕26号），收回专项行政编制1名，调整后江西省水利厅行政编制75名。

根据《中共江西省委机构编制委员会办公室关于调整省水利厅有关机构编制事项的批复》（赣编办文〔2021〕93号），江西省水利厅设立水库移民处。调整后，江西省水利厅行政编制83名，其他机构编制事项不变。

（三）厅领导任免

2019年2月，江西省委任命胡文南为水利厅党委委员、省纪律检查委员会省监察委员会驻省水利厅纪检监察组组长，免去吴信根的水利厅党委委员、省纪律检查委员会省监察委员会驻省水利厅纪检监察组组长职务（赣委〔2019〕29号）。

2019年11月，江西省人民政府免去杨丕龙的水利厅副厅长职务（赣府字〔2019〕58号）。

2020年1月，江西省人民政府任命罗传彬为水利厅副厅长（赣府字〔2019〕6号）。

2020年5月，江西省人民政府免去王纯的水利厅副厅长职务，提名其为省水利投资集团有限公司总经理人选（赣府字〔2020〕36号）。

2020年8月，江西省第十三届人民代表大会常务委员会第二十二次会议决定任命罗小云为江西省人民政府副省长。

2020年11月，江西省委组织部批准朱来友、张文捷、钟应林退休（赣组干字〔2020〕409号）。

2020年12月，江西省委组织部任命姚毅臣为江西省水利厅党委委员（赣组干字〔2020〕455号）。

2021年8月，江西省委组织部批准张伯义退休（赣组干字〔2021〕302号）。

2021年9月，江西省委免去罗小云的水利厅党委书记职务（赣委〔2021〕445号）。

2021年11月，江西省第十三届人民代表大会常务委员会第三十四次会议决定免去罗小云的江西省水利厅厅长职务。

（四）厅直属企事业单位

江西省水利厅直属事业单位9个：江西省防汛信息中心、江西省水利技术中心、江西省水利科学院、江西水利职业学院、江西省赣抚平原水利工程管理局、江西省袁惠渠工程管理局、江西省潦河工程管理局、江西省峡江水利枢纽工程管理局、江西省水文监测中心。

（1）保留江西省防汛信息中心，撤并江西省水利厅机关后勤服务中心。

（2）江西省农村水利水电局更名为江西省水利技术中心，撤并原江西省水政监察总队（江西省水土保持监督监测站）、江西省水利工程质量安全监督局。

（3）江西省水利科学院（江西省大坝安全管理中心、江西省水资源管理中心）和江西省水土保持科学研究院合并，设立江西省水利科学院（江西省大坝安全管理中心、江西省水资源管理中心）。

（4）江西省水文局更名为江西省水文监测中心，保留江西省水资源监测中心牌子，设立7个水文水资源监测中心，为江西省水文监测中心正厅处级分支机构。

（5）江西省水利规划设计研究院2020年转企改制为中铁水利水电规划设计集团有限公司。

（6）江西省水利投资集团有限公司2021年移交江西省国资委管理，为江西省政府直属正厅级事业单位。

保留江西省鄱阳湖水利枢纽建设办公室，撤并江西省河道湖泊管理局（江西省河道采砂管理局、赣抚大堤管理局）、江西省水利厅工程建设稽察事务中心。

江西省水利厅领导任免表见表1，江西省水利厅机构图（2009年）见图1，江西省水利厅机构图（2018年）见图2，江西省水利厅机构图（2021年）见图3。

表1   **江西省水利厅领导任免表**

机构名称	姓　名	职　务	任免时间	备　注
江西省水利厅	刘政民	党组书记、厅长	1996年3月—2002年12月	
	朱来友	党委委员（党组成员）、副厅长	1996年9月—2017年1月	2010年4月起兼任省鄱阳湖水利枢纽建设办公室主任（正厅级）
	朱发恒	党委委员（党组成员）、纪委书记（纪检组组长）	1996年9月—2005年1月	
	管日顺	党委委员（党组成员）、副厅长	1997年1月—2006年8月	
	张　杰	党委委员（党组成员）、副厅长	1999年7月—2008年5月	
	杨丕龙	党委委员（党组成员）、副厅长	2000年12月—2019年10月	2017年6月起兼任省鄱阳湖水利枢纽建设办公室主任（正厅级）
	汪普生	党委书记	2002年12月—2007年2月	
	孙晓山	党委书记、厅长	2007年2月—2015年2月	
		党委副书记、厅长	2003年2月—2007年2月	
		党组成员、副厅长	2002年6月—2003年2月	
	李东江	党委委员、纪委书记	2006年2月—2013年6月	
	文　林	党委委员、副厅长	2008年7月—2014年5月	
	张文捷	党委委员、总工程师	2008年12月—2020年11月	2008年12月任总工程师，2013年6月任党委委员、总工程师
	曾晓旦	党委委员、副厅长	2011年2月—2015年11月	
	廖瑞钊	党委委员、副厅长	2011年12月—	
	吴信根	党委委员、省纪委省监委驻省水利厅纪检监察组组长	2013年12月—2019年2月	
	吴义泉	党委委员、副厅长	2014年12月—	2012年7月任省峡江水利枢纽工程管理局党委书记（副厅级）
	罗小云	党委书记、厅长	2015年2月—2021年11月	2020年8月起任江西省人民政府副省长兼省水利厅党委书记、厅长
		党委委员、副厅长	2007年7月—2015年4月	
	王　纯	党委委员、副厅长	2016年4月—2020年5月	
	蔡　勇	党委委员、副厅长	2017年5月—	
	姚毅臣	党委委员、省河长办专职副主任	2017年2月—	2020年12月任党委委员
	徐卫明	党委委员、副厅长	2017年11月—	2018年11月起兼任省应急管理厅党组成员、副厅长
	胡文南	党委委员、省纪委省监委驻省水利厅纪检监察组组长	2019年2月—	
	罗传彬	党委委员、副厅长	2020年1月—	2015年12月任省鄱阳湖水利枢纽建设办公室党委委员、副主任；2020年1月兼任省鄱阳湖水利枢纽建设办公室主任（正厅级）

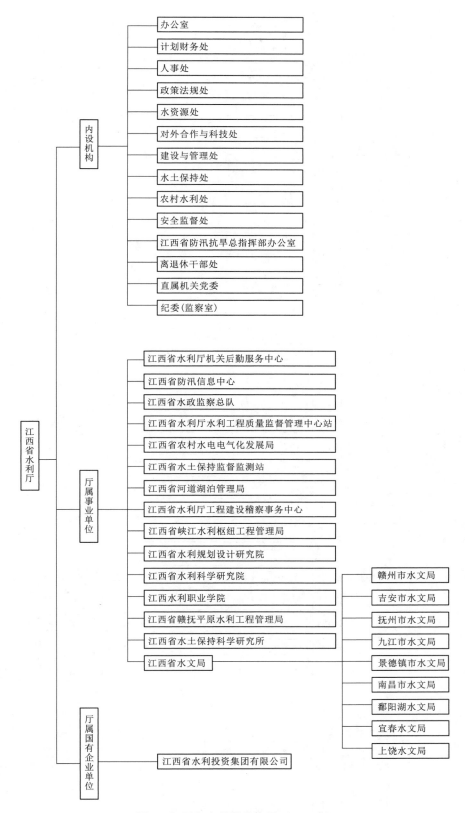

图 1　江西省水利厅机构图（2009 年）

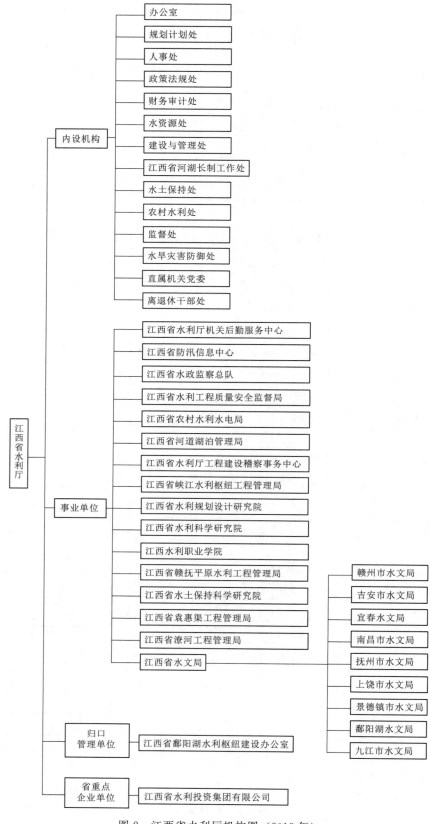

图 2　江西省水利厅机构图（2018 年）

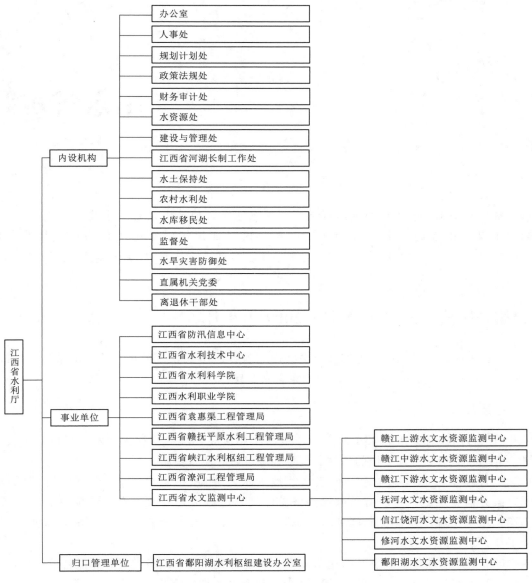

图 3　江西省水利厅机构图（2021 年）

执笔人：胡莎莉　张金辉
审核人：戴金华

山东省水利厅

山东省水利厅是山东省人民政府组成部门，为正厅级，加挂山东省南水北调工程建设管理局牌子。2001年以来，山东省水利厅经历多轮改革。该时期组织沿革分为以下4个阶段：2001年1月—2009年9月，2009年10月—2016年11月，2016年12月—2019年1月，2019年2月—2021年12月。

一、第一阶段（2001年1月—2009年9月）

根据山东省人民政府机构改革方案和《中共山东省委、山东省人民政府关于山东省人民政府机构改革实施意见》（鲁发〔2000〕9号），设置山东省水利厅。

（一）主要职责

（1）贯彻执行国家有关水利工作的方针政策和法律法规，拟定全省水利发展战略和中长期规划、年度计划，组织起草全省水利工作的法规、规章和政策，并监督实施。

（2）统一管理水资源（空中水、地表水、地下水）。组织拟定全省和跨市地水长期供求计划、水量分配方案并监督实施；组织有关国民经济总体规划、城市规划及重点建设项目的水资源和防洪的论证工作；组织实施取水许可制度和水资源费征收制度；发布全省水资源、水质监测公报；管理全省水文工作。

（3）拟定节约用水政策，编制节约用水规划，制定有关标准，组织、指导和监督节约用水工作。

（4）按照国家资源与环境保护的有关法律法规和标准，拟定全省水资源保护规划；组织水功能区的划分和向饮水区等水域排污的控制；监测地表水和地下水的水量、水质，核定水域纳污能力；提出限制排污总量的意见；新建和扩建水域排污口应事先征得水行政主管部门的同意。

（5）组织指导水政监察和水行政执法；协调并仲裁部门间和各市地间的水事纠纷；受省政府委托协调处理省际水事纠纷。

（6）拟订水利行业的经济调节措施；对水利资金的使用进行宏观调节；指导水利行业的供水、水电及多种经营工作；指导水库库区移民扶贫工作；研究提出有关水利的价格、税收、信贷、财务等经济调节意见。

（7）编制、审查省内大中型水利基建项目建议书和可行性报告；组织水利科学研究和技术推广；组织拟定水利行业技术质量标准，监督实施水利工程的规程、规范；负责水利工程招标投标活动的行政监督。

（8）组织指导水利设施、水域、河道及其岸线的管理与保护；组织指导较大河、湖、库及河口滩涂、海堤的治理和开发；组织建设和管理具有控制性或跨市地的重要水利工程；组织指导水库大坝的安全监管。

（9）指导农村水利工作；组织协调农田水利基本建设、人畜饮水、节水灌溉和乡镇供水工作。

（10）负责水利方面的科技和外事工作；指导全省水利队伍建设。

（11）组织指导全省水土保持工作；研究制定水土保持区划、规划并监督实施，组织水土流失的监测和综合防治；承担省水资源与水土保持工作领导小组的日常工作。

（12）承担省防汛抗旱指挥部的日常工作，组织、协调、监督、指导全省防汛抗旱工作，对较大河、湖、库和重要水利工程实施防汛抗旱调度。

（13）承办山东省委、省政府交办的其他事项。

（二）编制与机构设置

根据《山东省人民政府办公厅关于印发山东省水利厅职能配置内设机构和人员编制规定的通知》（鲁政办发〔2000〕81号），山东省水利厅机关行政编制82名，离退休干部工作人员编制21名。可配备厅长1名，副厅长4名，处级领导职数30名（含机关党委专职副书记1名），总工程师1名。

2006年11月，山东省编办以鲁编办〔2006〕50号文，批复山东省水利厅21名离退休干部工作人员编制改为行政编制。山东省水利厅机关行政编制调整为106名。

2008年5月，山东省编办以鲁编办〔2008〕43号文，核增2007年度接收安置军转干部行政编制1名。

根据《山东省人民政府办公厅关于印发山东省水利厅职能配置内设机构和人员编制规定的通知》（鲁政办发〔2000〕81号），山东省水利厅设12个内设机构：办公室、人事劳动处、规划计划处、财务处、农村水利处（挂山东省引黄办公室牌子）、水政法规处（挂山东省水政监察总队牌子）、建设处（挂移民办公室牌子）、科技与对外合作处、水资源处（挂山东省节约用水办公室牌子）、水土保持处、离退休干部处、机关党委。

山东省水利厅机关机构图（2008年）见图1。

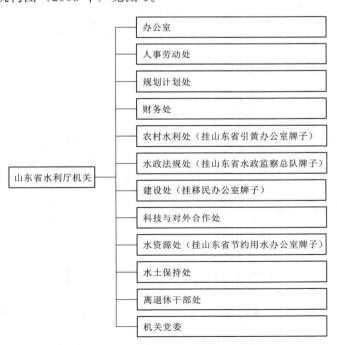

图1　山东省水利厅机关机构图（2008年）

（三）厅领导任免

2002 年 1 月，李新华任副厅长、党组副书记，韩修民任巡视员。

2002 年 10 月，助理巡视员田焕美免职退休。

2003 年 1 月，孙义福任副厅长、党组成员。

2003 年 10 月，副厅长、党组成员耿福明任山东省南水北调工程建设管理局局长、党委书记；尚梦平任助理巡视员。

2004 年 6 月，武轶群、马承新任副厅长、党组成员，李新华任巡视员，巡视员韩修民免职退休。

2005 年 12 月，曹金萍任副厅长。

2006 年 7 月，巡视员李新华免职。

2006 年 9 月，孙义福任副厅长、党组副书记，武轶群任巡视员，尚梦平任副厅长、党组成员，赵青任副巡视员。

2006 年 12 月，党组成员、总工程师王立民免职退休。

2008 年 2 月，厅长、党组书记宋继峰任第十一届山东省人大常委、农业与农村委员会副主任委员；耿福明任厅长、党组书记，免去山东省南水北调工程建设管理局局长、党委书记（2008 年 7 月因公牺牲）；副厅长、党组副书记孙义福任山东省南水北调工程建设管理局局长、党委书记；巡视员武轶群免职退休。

2009 年 2 月，杜昌文任厅长、党组书记。

山东省水利厅领导任免表（2001 年 1 月—2009 年 6 月）见表 1。

表 1 山东省水利厅领导任免表（2001 年 1 月—2009 年 6 月）

机构名称	姓 名	职 务	任免时间	备 注
山东省水利厅	宋继峰	厅长、党组书记	2000 年 4 月—2008 年 2 月	
	韩修民	巡视员	2002 年 1 月—2004 年 6 月	
		副厅长、党组副书记	2000 年 6 月—2002 年 1 月	
	李新华	巡视员	2004 年 6 月—2006 年 7 月	
		副厅长、党组副书记	2002 年 1 月—2004 年 6 月	
		副厅长、党组成员	1997 年 12 月—2002 年 1 月	
	耿福明	厅长、党组书记	2008 年 2 月—2008 年 7 月	
		党组成员、省南水北调工程建设管理局党委书记、局长（正厅级）	2003 年 10 月—2008 年 2 月	
		副厅长、党组成员	2000 年 7 月—2003 年 10 月	
	刘勇毅	副厅长、党组成员	2000 年 6 月—	
	梁振洋	纪检组组长（副厅级）、党组成员、监察专员	2000 年 10 月—	
	王立民	党组成员、总工程师	2000 年 10 月—2006 年 12 月	
	田焕美	助理巡视员	1998 年 6 月—2002 年 10 月	
	孙义福	副厅长、党组副书记，省南水北调工程建设管理局党委书记、局长	2008 年 2 月—	
		副厅长、党组副书记	2006 年 9 月—2008 年 2 月	
		副厅长、党组成员	2003 年 1 月—2006 年 9 月	
	尚梦平	副厅长、党组成员	2006 年 9 月—	
		助理巡视员	2003 年 10 月—2006 年 9 月	

续表

机构名称	姓　名	职　务	任　免　时　间	备　注
山东省水利厅	武轶群	巡视员	2006 年 9 月—2008 年 2 月	
		副厅长、党组成员	2004 年 6 月—2006 年 9 月	
	马承新	副厅长、党组成员	2004 年 6 月—	
	曹金萍	副厅长	2005 年 12 月—	
	赵　青	副巡视员	2006 年 9 月—	
	杜昌文	厅长、党组书记	2009 年 2 月—	

（四）厅直属事业单位

山东省水利厅直属事业单位包括山东省南水北调工程建设管理局、山东省政府防汛抗旱指挥部办公室、山东省淮河流域水利管理局、山东省海河流域水利管理局、山东水利职业学院、山东省水文水资源勘测局、山东省水利移民管理局、山东省水利技术学院、山东省水利工程管理局、山东省水利厅外经项目办公室、山东省小清河管理局、山东省水利史志编辑室、山东省水利信息中心、山东省胶东调水局、山东省水利勘测设计院、山东省水利科学研究院、山东省水利职工大学、山东省水利物资管理站（山东省水利综合经营办公室）、山东省水利厅机关服务中心、山东省水利厅幼儿园、山东省水利厅招待所、山东省水利职工疗养中心。

2002 年 4 月，山东省政府以鲁政字〔2002〕137 号文，批复同意山东省水利学校改建为山东水利职业学院，为专科层次的全日制普通高等学校，副厅级事业单位，实行山东省教育厅与山东省水利厅双重领导、以山东省水利厅为主的管理体制。

2002 年 12 月，山东省政府以鲁政字〔2002〕524 号文，批复同意山东省水利高级技工学校更名为山东省水利技术学院。

2003 年 8 月，山东省编委以鲁编〔2003〕8 号文，批复同意设立山东省南水北调工程建设管理局，统一负责山东省境内南水北调工程建设的管理、协调和工程建成后的运行管理工作。该局为山东省水利厅管理的厅级财政拨款事业单位。

2006 年 3 月，山东省编委以鲁编〔2006〕4 号文，批复同意山东省引黄济青工程管理局更名为山东省胶东调水局。

2007 年 6 月，山东省编委以鲁编〔2007〕13 号文，批复同意山东省政府防汛抗旱指挥部办公室机构规格由处级调整为副厅级，为山东省水利厅所属行政支持类事业单位。

2007 年 7 月，山东省委组织部、山东省人事厅以鲁人发〔2007〕43 号文，将山东省南水北调工程建设管理局机关列入参照公务员法管理范围。

2007 年 12 月，山东省委组织部、山东省人事厅以鲁人发〔2007〕114 号文，将山东省政府防汛抗旱指挥部办公室列入参照公务员法管理范围。

2008 年 1 月，山东省编办以鲁编办〔2008〕2 号文，批复同意山东省水文水资源勘测局加挂山东省水土保持监测站牌子，具体承担全省水土保持监测的技术性、服务性工作。

2008 年 12 月，山东省编办以鲁编办〔2008〕103 号文，批复设立山东省水利信息中心，为山东省水利厅所属公益一类正处级事业单位。主要职责是承担山东省水利信息系统（金水工程）的建设、维护、运行等工作。山东省政府防汛抗旱指挥部办公室不再承担山东省水利厅机关信息化建设工作。

2009 年 1 月，山东省编委以鲁编〔2009〕1 号文，批复设立山东省水利移民管理局，为山东省水利厅所属行政支持类副厅级事业单位。

二、第二阶段（2009 年 10 月—2016 年 11 月）

根据山东省人民政府机构改革方案和《中共山东省委山东省人民政府关于山东省人民政府机构改

革的实施意见》（鲁发〔2009〕14号），设立山东省水利厅，为山东省政府组成部门。

（一）主要职责

（1）负责保障水资源的合理开发利用。起草有关地方性法规、规章草案，拟定全省水利发展中长期规划和政策，组织编制水利综合规划和专业规划；负责提出水利固定资产投资规模和方向、财政性资金安排建议，提出水利建设投资安排建议；负责省级水利资金和水利国有资产监督管理工作；提出有关水利价格、收费、信贷、税收的政策建议。

（2）负责生活、生产经营和生态环境用水的统筹兼顾和保障。实施水资源的统一监督管理；拟定全省水中长期供求规划、水量分配方案并监督实施；负责重要流域、区域以及重点调水工程的水资源调度；组织实施取水许可、水资源有偿使用、水资源论证等制度；指导城市污水处理回用、雨洪资源开发利用等工作；指导水利行业供水和农村水能资源开发、小水电等工作。

（3）承担水资源保护和节约用水的责任。组织编制全省水资源保护规划；组织拟定重要河流、湖泊、水库的水功能区划并监督实施；核定水域纳污能力，提出限制排污总量意见，指导入河排污口设置工作；指导饮用水水源保护、地下水开发利用和保护工作；拟定节约用水政策，指导和推动节水型社会建设。

（4）组织、协调、监督、指挥全省防汛抗旱工作，承担省政府防汛抗旱指挥部的日常工作。负责对土地利用总体规划、城市规划和其他涉及防洪的规划、重大建设项目布局的防洪论证提出意见；负责重要洪泛区、蓄滞洪区和防洪保护区的洪水影响评价工作；指导水利突发公共事件的应急管理工作。

（5）指导水利工程建设与管理工作。指导水利设施、水域及其岸线的管理与保护；指导河流、湖泊及河口、海岸滩涂的治理和开发；组织实施具有控制性的或跨设区市、跨流域的重要水利工程建设与运行管理；组织实施水利工程建设有关制度；指导水利建设市场的监督管理；按规定权限审查河道管理范围内建设项目、工程建设方案；指导防潮堤建设与管理；负责水利水电移民工作的监督管理工作。

（6）指导农村水利工作。组织协调农田水利基本建设；指导农田灌溉排水、村镇供水工作；组织实施农村饮水安全、节水灌溉等工程的建设与管理；负责引黄灌溉工作；指导农村水利社会化服务体系建设。

（7）负责水土保持工作。组织编制水土保持和水生态建设规划并监督实施；组织实施水土流失的综合防治、监测预报并定期公告；负责重点开发建设项目水土保持方案的审批、监督实施和水土保持设施的验收工作；归口管理"四荒"（荒山、荒丘、荒滩、荒沟）的治理开发工作。

（8）指导水政监察和水行政执法工作。负责重大涉水违法事件的查处；协调处理设区市间的水事纠纷，受山东省政府委托协调处理省际水事纠纷；指导水利行政事业性收费征收管理工作。

（9）负责重点水利工程安全生产监督管理工作；指导水利行业安全生产工作；组织实施水利工程质量和安全监督。

（10）负责组织重大水利科学研究、技术推广工作；负责行业技术标准和规程规范的监督实施；指导水利系统对外交流、利用外资、引进国（境）外智力等工作；指导水利宣传、信息化、人才队伍建设等工作。

（11）负责水文工作。负责水文水资源监测、水文站网建设和管理；对地表水和地下水水量、水质实施监测；发布雨情、水情等水文水资源信息、情报预报和水资源公报。

（12）负责协调省内涉及黄河的有关事务。

（13）承办山东省委、省政府交办的其他事项。

（二）编制与机构设置

根据《山东省人民政府办公厅关于印发山东省水利厅主要职责内设机构和人员编制规定的通知》（鲁政办发〔2009〕105号），山东省水利厅机关行政编制107名，配备厅长1名，副厅长4名，总工程师1名，总规划师1名（正处级），处级领导职数32名（含机关党委专职副书记1名）。

2009年11月，山东省编办以鲁编办〔2009〕71号文，核增山东省水利厅接收安置军转干部行政编制1名。

2010年5月，山东省人力资源社会保障厅以鲁人字〔2010〕246号文，批复山东省水利厅设置处级非领导职位17个，其中调研员职位9个，副调研员职位8个。

2010年9月，山东省编办以鲁编办〔2010〕107号文，核增山东省水利厅接收安置军转干部行政编制1名。

2011年1月，山东省编委以鲁编〔2011〕2号文，批复同意山东省水利厅增加副厅长职数1名，山东省水利厅副厅长职数由4名增至5名。

2011年12月，山东省编办以鲁编办〔2011〕106号文，核增山东省水利厅接收安置军转干部行政编制1名。

2012年10月，山东省编办以鲁编办〔2012〕137号文，核增山东省水利厅接收安置军转干部行政编制1名。

2013年8月，山东省编办以鲁编办〔2013〕148号文，批复单独设立山东省水利厅安全监督处，所需人员由山东省水利厅机关调剂解决，增加处长职数1名、副处长职数1名。调整后，山东省水利厅机关处级领导职数由32名增至34名；建设处不再加挂山东省水利安全监督办公室牌子，不再承担相关工作职责，核增副调研员职数1名。

2013年10月，山东省编办以鲁编办〔2013〕176号文，核增山东省水利厅接收安置军转干部行政编制3名。

2014年4月，按照山东省委办公厅、山东省政府办公厅严格控制机构编制确保财政供养人员只减不增的要求，山东省编办以鲁编办〔2014〕92号文，精简压缩山东省水利厅行政编制及所属事业单位的编制，山东省水利厅机关行政编制由114名精简压缩为106名。

2014年6月，山东省编办以鲁编办〔2014〕125号文，核增行政编制5名，用于加强水利安全监督工作。

2014年8月，山东省编办以鲁编办〔2014〕152号文，核增山东省水利厅接收安置军转干部行政编制1名。

2015年9月，山东省编办以鲁编办〔2015〕153号文，核增山东省水利厅接收安置军转干部行政编制1名。

2016年9月，山东省编办以鲁编办〔2016〕215号文，明确山东省纪委驻省水利厅纪检组有关事项：山东省纪委驻山东省水利厅纪检组，负责监督山东省水利厅机关及所属事业单位。核定行政编制7名，组长1名（副厅级）、副组长2名（正处级）。原山东省纪委（山东省监察厅）驻山东省水利厅纪检组（监察专员办公室）不再保留，其行政编制和人员统筹用于山东省纪委派驻机构。从山东省水利厅机关划转行政编制6名，统筹用于山东省纪委派驻机构。调整后，山东省水利厅机关行政编制由113名减至107名。

2016年11月，山东省编办以鲁编办〔2016〕292号文，核增山东省水利厅接收安置军转干部行政编制1名。

根据《山东省人民政府办公厅关于印发山东省水利厅主要职责内设机构和人员编制规定的通知》（鲁政办发〔2009〕105号），山东省水利厅设12个内设机构：办公室、人事处（原人事劳动处）、发展规划处（原规划计划处）、财务处、农村水利处（挂山东省引黄办公室牌子）、水政法规处（挂山东省水政监察总队牌子）、建设处（挂山东省水利安全监督办公室牌子）、科技与对外合作处、水资源处（挂山东省节约用水办公室牌子）、水土保持处、离退休干部处、机关党委。2013年8月，山东省编办以鲁编办〔2013〕148号文，批复单独设立山东省水利厅安全监督处，建设处不再加挂山东省水利安全监督办公室牌子。

山东省水利厅机关机构图（2013年）见图2。

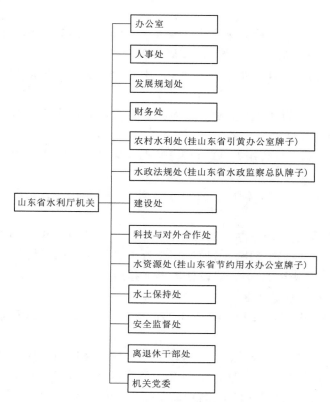

图2　山东省水利厅机关机构图（2013年）

（三）厅领导任免

2010年5月，梁振洋任巡视员，张建德任党组成员、纪检组组长、监察专员。

2012年4月，徐章文任副厅长、党组成员。

2013年3月，王艺华任厅长、党组书记；杜昌文任潍坊市委书记；副厅长、党组副书记孙义福免职，任山东省政协人口资源环境委员会副主任；刘建良任副厅长、党组副书记；刘勇毅任巡视员；王安德任党组成员，山东省南水北调局党委书记、局长。

2015年6月，副厅长、党组成员尚梦平免职退休。

2015年12月，巡视员梁振洋免职退休。

2016年4月，巡视员刘勇毅免职，2月已任山东省政府参事。

2016年10月，副厅长、党组副书记刘建良任党组成员、山东省南水北调局党委书记，11月任山东省南水北调局局长；8月，党组成员，山东省南水北调局党委书记、局长王安德任山东省环境保护厅厅长、党组书记；10月，王祖利任党组成员，11月任副厅长。

2016年10月，党组成员、纪检组组长、监察专员张建德任副厅长，副巡视员赵青任副厅长、党组成员。

山东省水利厅领导任免表（2009 年 7 月—2016 年 11 月）见表 2。

表 2   山东省水利厅领导任免表（2009 年 7 月—2016 年 11 月）

机构名称	姓　名	职　务	任　免　时　间	备　注
山东省水利厅	杜昌文	厅长、党组书记	继任—2013 年 3 月	
	刘勇毅	巡视员	2013 年 3 月—2016 年 4 月	
		副厅长、党组成员	继任—2013 年 3 月	
	梁振洋	巡视员	2010 年 5 月—2015 年 12 月	
		纪检组组长（副厅级）、党组成员、监察专员	继任—2010 年 5 月	
	孙义福	副厅长、党组副书记，省南水北调工程建设管理局党委书记、局长	继任—2013 年 3 月	
	尚梦平	副厅长、党组成员	继任—2015 年 6 月	
	马承新	副厅长、党组成员	继任—	
	曹金萍	副厅长	继任—	
	赵　青	党组成员	2016 年 11 月—	
		副巡视员	继任—2016 年 11 月	
	张建德	副厅长、党组成员	2016 年 10 月	
		党组成员、纪检组组长、监察专员	2010 年 5 月—2016 年 10 月	
	徐章文	副厅长、党组成员	2012 年 4 月—2016 年 8 月	
	王艺华	厅长、党组书记	2013 年 3 月—	
	刘建良	党组成员，省南水北调局党委书记、局长	2016 年 10 月	
		副厅长、党组副书记	2013 年 3 月—2016 年 10 月	
	王安德	党组成员，省南水北调局党委书记、局长	2013 年 3 月—2016 年 8 月	
	王祖利	副厅长、党组成员	2016 年 10 月	

（四）厅直属事业单位

山东省水利移民管理局为承担行政职能事业单位，山东省人民政府防汛抗旱总指挥部办公室（山东省防汛机动抢险队）、山东省南水北调工程建设管理局、山东省小清河管理局、山东省水利信息中心、山东省水利外资项目服务中心、山东省水利工程管理局、山东省海河流域水利管理局、山东省淮河流域水利管理局（山东省南四湖水利管理局）、山东省水文局、山东省防汛抗旱物资储备中心为公益一类事业单位，山东水利职业学院、山东水利技师学院（山东省水利职工大学）、山东省水利科学研究院、山东省胶东调水局为公益二类事业单位，山东省水利勘测设计院为公益三类事业单位，山东省水利厅招待所为从事生产经营活动事业单位，山东省水利厅机关服务中心为暂缓分类事业单位。

2010 年 1 月 30 日，山东省编委以鲁编〔2010〕3 号文，批复济南、青岛、淄博、枣庄、烟台、潍坊、济宁、泰安、临沂、德州、滨州、聊城、菏泽水文水资源勘测局（水土保持监测站）分别加挂各市水文局的牌子，原管理体制和机构编制事项不变。

2010 年 7 月，山东省编办以鲁编办〔2010〕62 号文，批复山东省淮河流域水利管理局加挂山东省南四湖水利管理局牌子，负责南四湖水利协调管理工作。

2010 年 11 月，山东省政府以鲁政字〔2010〕270 号文，批复山东省水利技术学院改建为山东水利技师学院，学院建制级别、领导职数等机构编制事项不变。

2011 年 5 月，山东省编办以鲁编办〔2011〕39 号文，批复山东省政府防汛抗旱指挥部办公室更名为山东省人民政府防汛抗旱总指挥部办公室。主要职责是：组织全省防汛抗旱工作；按照国家防汛抗旱总指挥部和山东省政府防汛抗旱总指挥部的指示，统一调控和调度全省水利设施的水量；承担山东省政府防汛抗旱总指挥部的日常工作。其他机构编制事项不变。

2011 年 8 月，山东省公务员局以鲁公局发〔2011〕4 号文，批复山东省水利移民管理局、山东省小清河管理局列入参照公务员法管理范围。

2011 年 12 月，山东省编委以鲁编〔2011〕40 号文，批复山东省水文水资源勘测局更名为山东省水文局，为山东省水利厅直属副厅级公益一类事业单位。主要负责全省水文站网建设与管理；水文水资源监测、调查评价和水土保持的监测工作，按照规定权限发布雨情、水情信息，以及情报预报和监测公报；水文水资源的资料汇交、保管和审核工作；全省地表水、地下水和区域外调入水开发利用以及水功能区水质检测工作。

2013 年 6 月，山东省编办以鲁编办〔2013〕86 号文，明确山东省水利厅所属部分事业单位机构编制事项：

（1）山东省胶东调水局为副厅级事业单位。主要职责：承担胶东调水工程的建设、运行、维护工作。

（2）山东省水利厅外经项目办公室更名为山东省水利外资项目服务中心，处级事业单位。主要职责：承担全省水利外资项目规划申报、项目可行性研究与设计、项目实施与管理、项目资金管理与还贷等工作。

（3）山东省水利科学研究院为处级事业单位。主要职责：承担水利发展相关理论研究及应用研究工作，承担水利行业相关科技推广和技术咨询、评估工作，承担水利科技信息搜集、整理与开发利用工作。

（4）撤销山东省水利史志编辑室建制，相关工作交由山东省水利信息中心承担。调整后，山东省水利信息中心为处级事业单位。主要职责：承担山东省水利厅信息化建设的具体工作，承担山东省水利系统电子政务网络平台和网站的运行、维护工作，承担水利史志的编辑工作。

（5）将山东省水利职工大学并入山东水利技师学院，保留山东省水利职工大学牌子。调整后，山东水利技师学院（山东省水利职工大学）为处级事业单位。主要职责：承担技师、高级技工等技能型人才的培养工作，承担全省水利行业相关职业技能鉴定工作，承担全省水利系统干部职工继续教育工作。撤销山东省水利职工大学事业单位建制。

（6）将山东省水利厅幼儿园并入山东省水利厅机关服务中心。

（7）撤销山东省水利职工疗养中心事业单位建制。

2013 年 11 月，山东省编办以鲁编办〔2013〕227 号文，批复山东省水利物资管理站（山东省水利综合经营办公室）更名为山东省防汛抗旱物资储备中心，为山东省水利厅所属正处级财政拨款事业单位，业务上受山东省防汛抗旱总指挥部办公室指导。主要职责：承担山东省级防汛抗旱物资的采购、储备、管理、维护工作；根据防汛抗旱需要调拨物资，并根据使用情况进行回收、登记、归库。

2014 年 12 月，山东省编委以鲁编〔2014〕55 号文，明确山东省水利厅所属事业单位类型，具体如下：

（1）山东省水利移民管理局为承担行政职能事业单位。

（2）山东省人民政府防汛抗旱总指挥部办公室（山东省防汛机动抢险队）、山东省南水北调工程建设管理局、山东省小清河管理局、山东省水利信息中心、山东省水利外资项目服务中心、山东省水利工程管理局、山东省海河流域水利管理局、山东省淮河流域水利管理局（山东省南四湖水利管理局）、山东省水文局为公益一类事业单位。

（3）山东水利职业学院、山东水利技师学院（山东省水利职工大学）、山东省水利科学研究院、山东省胶东调水局为公益二类事业单位。

（4）山东省水利勘测设计院为公益三类事业单位。

（5）山东省水利厅招待所为从事生产经营活动事业单位。

三、第三阶段（2016年12月—2019年1月）

根据山东省人民政府职能转变和机构改革方案，设立山东省水利厅，为山东省政府组成部门。

（一）主要职责

（1）贯彻执行水利工作法律、法规和方针、政策，负责水法治建设工作；起草有关地方性法规、规章草案，拟定全省水利政策；负责提出有关水利价格、收费、信贷、税收的政策建议；负责水行政执法监督工作；指导水政监察和水行政执法工作；组织查处重大涉水违法事件；负责协调处理设区市间的水事纠纷，受山东省政府委托协调处理省际水事纠纷；指导水利行业行政事业性收费征收管理工作。

（2）负责保障水资源的合理开发利用；负责组织实施水利改革发展相关工作，参与对水利改革发展成效考核；拟定全省水利发展中长期规划，组织编制水利综合规划和专业规划；负责提出水利固定资产投资规模和方向、财政性资金安排建议；负责省级水利资金和水利国有资产监督管理工作。

（3）负责实施水资源的统一管理和监督；负责生活、生产经营和生态环境用水的统筹兼顾和保障；拟定全省水中长期供求规划、水量分配方案并监督实施；负责水资源的统一规划和配置，以及重要流域、区域和重点调水工程的水资源调度；负责用水总量控制的监督和管理工作；组织实施水资源论证、取水许可、水资源有偿使用等制度；指导中水等非常规水资源和雨洪资源开发利用等工作；指导水利行业供水和农村水能资源开发、小水电等工作。

（4）承担水资源保护和节约用水的责任；负责组织编制全省水资源保护规划；组织拟定重要河流、湖泊、水库的水功能区划并监督实施，负责核定水域纳污能力，提出限制排污总量意见，指导入河、湖泊排污口设置工作；指导饮用水水源保护、地下水开发利用和管理保护工作；负责节约用水的统一管理和监督工作，拟定节约用水政策，指导和推动节水型社会建设。

（5）负责对土地利用总体规划、城市规划和其他涉及防洪的规划、重大建设项目布局的防洪论证提出意见；组织、协调、监督、指挥全省防汛抗旱工作，指导重要洪泛区、蓄滞洪区和防洪保护区的洪水影响评价工作，承担山东省政府防汛抗旱总指挥部的日常工作；指导水利突发公共事件的应急管理工作。

（6）负责指导水利工程建设与管理工作；负责组织实施水利工程建设与管理有关制度；指导水利建设市场的监督管理；指导水利设施、水域及其岸线的管理与保护；负责组织实施具有控制性的或跨设区市、跨流域的重要水利工程建设与运行管理；指导河流、湖泊及河口、海岸滩涂的治理和开发；指导防潮堤建设与管理；承担山东省重点水利工程建设领导小组的日常工作。

（7）负责指导农村水利工作；负责农田水利的管理和监督工作，编制农田水利规划，组织协调农田水利基本建设；指导农田灌溉排水、村镇供水工作；组织实施农村饮水安全、节水灌溉等工程建设与管理；负责引黄灌溉工作；指导基层水利服务体系建设。

（8）负责水土保持和水生态建设工作；组织编制水土保持和水生态建设规划并监督实施；负责组织实施水土流失的综合防治、监测预报并定期公告；负责重点开发建设项目水土保持方案的审批、监督实施和水土保持设施的验收工作；负责归口管理荒山、荒丘、荒滩、荒沟的治理开发工作。

（9）负责指导水利行业安全生产工作；负责重点水利工程安全生产监督管理工作；组织实施水利工程质量和安全监督。

（10）负责水利科技创新工作；负责组织重大水利科学研究、技术推广和创新服务工作；负责组织拟定水利行业地方技术标准和规程规范；负责行业技术标准和规程规范的监督实施；指导水利系统对外交流合作、利用外资、引进国（境）外智力等工作；指导水利宣传、信息化、人才队伍建设等工作。

（11）负责全省水文工作；负责编制水文事业发展规划；负责水文水资源监测、水文站网建设和管理，对地表水和地下水水量、水质实施监测；负责发布雨情、水情等水文水资源信息，以及情报预报和水资源公报。

（12）负责全省水利水电工程移民工作；承担山东省水利水电工程移民工作领导小组的日常工作。

（13）负责协调山东省内涉及黄河的有关事务。

（14）承办山东省委、省政府交办的其他事项。

（二）编制与机构设置

根据《山东省人民政府办公厅关于印发山东省水利厅主要职责内设机构和人员编制规定的通知》（鲁政办发〔2016〕67号），山东省水利厅机关行政编制108名（含专职党务工作人员），配备厅长1名，副厅长5名，总规划师1名，总工程师1名（正处级），正处级领导职数13名（含机关党委专职副书记1名），副处级领导职数21名。

2018年3月，山东省委编办以鲁编办〔2018〕52号文，核增2016年度山东省水利厅接收安置军转干部行政编制1名。

根据《山东省人民政府办公厅关于印发山东省水利厅主要职责内设机构和人员编制规定的通知》（鲁政办发〔2016〕67号），山东省水利厅设13个内设机构：办公室、人事处、发展规划处、财务审计处（原财务处）、农村水利处（挂山东省引黄办公室牌子）、政策法规处（原水政法规处，挂行政许可处牌子）、建设处、科技与对外合作处、水资源处（挂山东省节约用水办公室牌子）、水土保持处、水政与安全监督处（挂山东省水政监察总队牌子）、离退休干部处、机关党委。2017年11月，山东省编委以鲁编〔2017〕37号文，明确山东省水利厅1名副厅长兼任山东省河长制办公室专职副主任；设立河长制工作处，加挂河湖管理保护处牌子；山东省水利厅机关增加行政编制3名、正处级领导职数1名、副处级领导职数1名；山东省水利工程管理局承担山东省河长制办公室的技术支撑工作。

（三）厅领导任免

2016年12月，党组成员赵青任副厅长。

2017年1月，刘中会任厅长、党组书记，王艺华交流担任济宁市委书记，崔秀顺交流担任党组成员、纪检组组长（同年11月免职退休）。

2017年5月，高希星、宋书强任副巡视员，同年6月套改为二级巡视员。

2018年2月，党组成员刘建良免职，担任山东省政协常委、人口资源环境委员会主任；副厅长、党组成员马承新任党组成员，山东省南水北调局局长、党委书记。

2018年5月，副厅长、党组成员赵青任一级巡视员（同年11月免职退休）；徐希进任二级巡视员。

2018年10月，厅长、党组书记刘中会兼任山东省南水北调局局长，马承新改任副厅长（山东省南水北调局副局长，正厅级）、党组成员，刘鲁生任副厅长、党组成员，惠金常任党组成员、纪检监察组组长，赵振林、王金建任副厅级干部，岳富常任二级巡视员。

（四）厅直属事业单位

山东省海河淮河小清河流域水利管理服务中心、山东省水利信息中心、山东省水利外资项目服务中心、山东省水文局、山东省防汛抗旱物资储备中心、山东省水利工程建设质量与安全中心为公益一类事业单位，山东水利职业学院、山东水利技师学院（山东省水利职工大学）、山东省水利科学研究院、山东省调水工程运行维护中心为公益二类事业单位，山东省水利勘测设计院为公益三类事业单位，山东省水利厅招待所为从事生产经营活动事业单位，山东省水利厅机关服务中心为暂缓分类事业单位。

2017 年 5 月，山东省编办以鲁编办〔2017〕128 号文，设立山东省水利工程建设质量与安全中心，为山东省水利厅所属正处级公益一类事业单位。

2018 年 10 月，山东省委、省政府《关于山东省省级机构改革的实施意见》明确：将山东省南水北调工程建设管理局、山东省水利移民管理局、山东省胶东调水局、山东省海河流域水利管理局、山东省淮河流域水利管理局（山东省南四湖水利管理局）承担的行政职能，以及山东省防汛抗旱总指挥部办公室（山东省防汛机动抢险队）承担的水旱灾害防御职责划入山东省水利厅。山东省水利厅加挂山东省南水北调工程建设管理局的牌子。剥离行政职能后，撤销山东省政府防汛抗旱总指挥部办公室（山东省防汛机动抢险队）、山东省南水北调工程建设管理局、山东省水利移民管理局 3 个厅级事业单位建制。山东省胶东调水局更名为山东省调水工程运行维护中心，为山东省水利厅所属副厅级事业单位。整合山东省海河流域水利管理局、山东省淮河流域水利管理局（山东省南四湖水利管理局），组建山东省海河淮河小清河流域水利管理服务中心，为山东省水利厅所属副厅级事业单位。

山东省水利厅领导任免表（2016 年 12 月—2019 年 1 月）见表3，山东省水利厅机关机构图（2019年）见图3。

表3　　　　　　　　　　山东省水利厅领导任免表（2016 年 12 月—2019 年 1 月）

机构名称	姓名	职务	任免时间	备注
山东省水利厅	王艺华	厅长、党组书记	继任—2017 年 1 月	
	刘建良	党组成员，省南水北调局党委书记、局长	继任—2018 年 2 月	
	马承新	副厅长、党组成员，省南水北调局副局长（正厅级）	2018 年 10 月—	
		党组成员，省南水北调局局长、党委书记	2018 年 2—10 月	
		副厅长、党组成员	继任—2018 年 2 月	
	曹金萍	副厅长	继任—	
	张建德	副厅长、党组成员	继任—	
	王祖利	副厅长、党组成员	继任—	
	赵青	一级巡视员	2018 年 5—11 月	
		副厅长、党组成员	2016 年 12 月—2018 年 5 月	
	刘中会	厅长、党组书记，省南水北调局局长	2018 年 10 月—	
		厅长、党组书记	2017 年 1 月—2018 年 10 月	
	崔秀顺	党组成员、纪检组组长	2017 年 1—11 月	
	高希星	二级巡视员	2017 年 5 月—	
	宋书强	二级巡视员	2017 年 5 月—	
	徐希进	二级巡视员	2018 年 5 月—	
	刘鲁生	副厅长、党组成员	2018 年 10 月—	
	惠金常	党组成员、纪检组组长	2018 年 10 月—	
	赵振林	副厅级干部	2018 年 10 月—	
	王金建	副厅级干部	2018 年 10 月—	
	岳富常	二级巡视员	2018 年 10 月—	

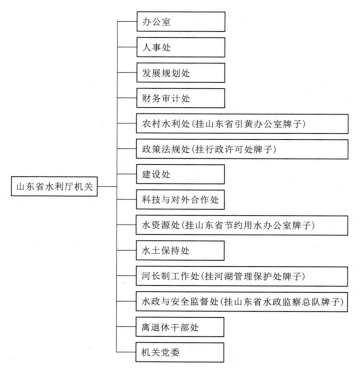

图 3　山东省水利厅机关机构图（2019 年）

四、第四阶段（2019 年 2 月—2021 年 12 月）

根据山东省机构改革方案和《中共山东省委、山东省人民政府关于山东省省级机构改革的实施意见》，山东省水利厅是山东省政府组成部门，为正厅级，加挂山东省南水北调工程建设管理局牌子。

（一）主要职责

（1）贯彻执行水利工作法律法规，保障水资源的合理开发利用；负责全省水法治建设工作，起草有关地方性法规、政府规章草案，拟定全省水利政策，提出有关水利价格、税费、基金、信贷的政策建议；拟定全省水利发展中长期规划，组织编制水资源综合规划、跨设区的市流域综合规划和防洪规划等重大水利规划。

（2）负责实施全省水资源的统一监督管理，负责生活、生产经营、生态环境用水的统筹和保障；组织实施最严格水资源管理制度，拟定全省水中长期供求规划、水量分配方案并监督实施；负责全省水资源的统一规划和配置，负责重要流域、区域以及重点调水工程的水资源调度；组织实施水资源论证、取水许可等制度，指导开展全省水资源有偿使用工作；指导全省水利行业供水和村镇供水工作。

（3）负责组织实施全省水利改革发展相关工作，参与对水利改革发展成效考核；负责提出水利固定资产投资规模和方向、财政性资金安排建议，提出水利建设投资安排建议，按照规定权限审批、核准水利固定资产投资项目；负责省级水利资金和水利国有资产监督管理工作；指导全省水利行业行政事业性收费征收管理工作。

（4）指导全省水资源保护工作。会同有关部门组织编制水资源保护规划；指导饮用水水源保护、地下水开发利用和管理保护工作；组织指导地下水超采区综合治理。

（5）负责全省节约用水工作。负责节约用水的统一管理和监督工作，拟定节约用水政策，组织编制节约用水规划并监督实施，组织制定有关标准；负责用水总量控制的监督和管理工作，指导和推动

572

节水型社会建设工作；指导中水等非常规水资源和雨洪资源开发利用工作。

（6）负责全省水文工作。负责编制水文事业发展规划；负责水文水资源监测、水文站网建设和管理，对地表水和地下水水量、水质实施监测。负责发布雨情、水情等水文水资源信息，以及情报预报和水资源公报；按照规定组织开展水资源、水能资源调查评价工作，组织开展水资源承载能力相关工作。

（7）指导全省水利设施、水域及其岸线的管理、保护与综合利用。组织指导水利基础设施网络建设；指导河道、湖泊以及河口、海岸滩涂的治理、开发和保护；指导河湖水生态保护与修复、河湖生态流量水量管理以及河湖水系连通工作；负责推进河长制湖长制工作的组织协调、调度督导和检查考核等工作；承担山东省河长制办公室的日常工作。

（8）负责指导全省水利工程建设与管理工作。负责组织实施水利工程建设与管理有关制度，负责组织实施具有控制性的或者跨设区市、跨流域的重要水利工程建设与运行管理；组织提出并协调落实南水北调工程、胶东调水工程等骨干调水工程运行和后续工程建设的有关政策措施，监督工程安全运行，组织工程验收有关工作，督促指导地方配套工程建设；指导防潮堤建设与管理；承担省重点水利工程建设领导小组的日常工作。

（9）负责全省水土保持和水生态建设工作。拟订水土保持和水生态建设规划并监督实施，组织实施水土流失的综合防治、监测预报并定期公告；负责重点开发建设项目水土保持方案的审批、监督实施工作；牵头做好荒山、荒丘、荒滩、荒沟治理开发的管理工作。

（10）负责指导全省农村水利工作。组织编制农村水利发展规划和地方行业技术标准并监督实施；组织开展大中型灌排工程建设与改造；组织实施农村饮水安全工程建设管理工作，指导节水灌溉有关工作；指导农村水利改革创新和基层水利服务体系建设；指导农村水能资源开发、小水电工作。

（11）负责全省水利水电工程移民工作。拟定水利水电工程移民有关政策、规划并组织实施；负责大中型水利水电工程移民安置工作的管理和监督，组织实施水利水电工程移民安置验收、监督评估等制度；组织开展水库移民后期扶持工作并监督实施，协调监督三峡工程库区移民后期扶持工作；承担山东省水利水电工程移民工作领导小组的日常工作。

（12）负责组织查处全省重大涉水违法事件，协调处理跨设区市的水事纠纷，受山东省政府委托协调处理省际水事纠纷，负责水行政执法监督工作，指导水政监察和水行政执法工作；负责指导水利行业安全生产工作，负责重点水利工程安全生产监督管理工作；指导水利建设市场的监督管理，组织实施水利工程质量和安全监督。

（13）负责全省水利科技和外事工作。组织开展水利行业质量监督工作，负责组织拟定水利行业地方技术标准和规程规范，负责行业技术标准和规程规范的监督实施；负责组织重大水利科学研究、技术推广和创新服务工作；指导全省水利系统对外交流合作、利用外资、引进国（境）外智力等工作；指导水利宣传、信息化、人才队伍建设等工作。

（14）负责落实全省综合防灾减灾规划相关要求，组织编制洪水干旱灾害防治规划和防护标准并指导实施；负责对土地利用总体规划、城市规划和其他涉及防洪的规划、重大建设项目布局的防洪论证提出意见，指导重要洪泛区、蓄滞洪区和防洪保护区的洪水影响评价工作；承担水情旱情监测预警工作；组织编制重要河道、湖泊和重要水工程的防御洪水抗御旱灾调度以及应急水量调度方案，按照程序报批并组织实施；承担防御洪水应急抢险的技术支撑工作；承担台风防御期间重要水工程调度工作。

（15）负责协调省内涉及黄河的有关事务。

（16）完成山东省委、省政府交办的其他任务。

（二）编制与机构设置

根据《中共山东省委办公厅山东省人民政府办公厅关于印发〈山东省水利厅职能配置、内设机构和人员编制规定〉的通知》（鲁厅字〔2019〕41号），山东省水利厅机关行政编制180名，设厅长（山东省南水北调局局长）1名，副厅长5名（其中副厅长、山东省南水北调局副局长1名）；正处级领导职数25名（含总规划师1名、总工程师1名、总经济师1名、督察专员1名、机关党委专职副书记1名），副处级领导职数38名（含机关纪委书记1名）。

2020年2月，山东省委编委以鲁编〔2020〕7号文，核增山东省水利厅2017年度接收安置军转干部行政编制1名。

2020年9月，山东省委编委以鲁编〔2020〕34号文，核增山东省水利厅2018年度接收安置军转干部行政编制4名。

根据《中共山东省委办公厅山东省人民政府办公厅关于印发〈山东省水利厅职能配置、内设机构和人员编制规定〉的通知》（鲁厅字〔2019〕41号），山东省水利厅设21个内设机构：办公室、人事处、发展规划处、财务审计处、农村水利处、政策法规处（挂水政执法监察局牌子）、行政许可处、水利工程建设处、科技与对外合作处、水资源管理处（挂水文处牌子）、山东省节约用水办公室、水土保持处、监督处、河湖管理处（挂河长制工作处牌子）、运行管理处、水库移民处、水旱灾害防御处、南水北调工程管理处、调水管理处（挂山东省引黄办公室牌子）、机关党委、离退休干部处。2019年12月，山东省委编办以鲁编办〔2019〕209号文，批复山东省水利厅财务审计处更名为财务管理处。

山东省水利厅机关机构图（2020年）见图4。

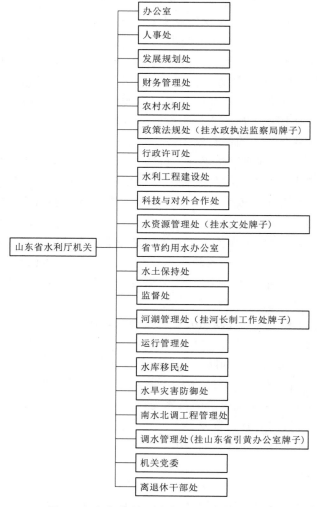

图4　山东省水利厅机关机构图（2020年）

（三）厅领导任免

2019 年 5 月，副厅长、党组成员（山东省南水北调局副局长，正厅级）马承新任党组副书记、副厅长（山东省南水北调局副局长，正厅级）。

2019 年 12 月，二级巡视员岳富常免职退休。

2020 年 11 月，副厅长曹金萍任山东省民族宗教事务委员会主任；12 月，党组成员、纪检组组长惠金常免职退休。

2021 年 1 月，李至安任党组成员、纪检组组长，崔培学、郭艳任副厅长、党组成员。

2021 年 2 月，副厅长、党组成员张建德、王祖利任一级巡视员。

2021 年 6 月，贾乃波、隋家明任二级巡视员。

山东省水利厅领导任免表（2019 年 2 月—2021 年 12 月）见表 4。

表 4　　　　　　　　　　山东省水利厅领导任免表（2019 年 2 月—2021 年 12 月）

机构名称	姓　名	职　　务	任免时间	备　注
山东省水利厅	刘中会	厅长、党组书记	继任—	
	马承新	副厅长、党组副书记，山东省南水北调局副局长（正厅级）	2019 年 5 月—	
		副厅长、党组成员，山东省南水北调局副局长（正厅级）	继任—2019 年 5 月	
	曹金萍	副厅长	继任—2020 年 11 月	
	张建德	一级巡视员	2021 年 2 月—	
		副厅长、党组成员	继任—2021 年 2 月	
	王祖利	一级巡视员	2021 年 2 月—	
		副厅长、党组成员	继任—2021 年 2 月	
	刘鲁生	副厅长、党组成员	继任—	
	惠金常	党组成员、纪检组组长	继任—2020 年 12 月	
	李至安	党组成员、纪检组组长	2021 年 1 月—	
	崔培学	副厅长、党组成员	2021 年 1 月—	
	郭　艳	副厅长、党组成员	2021 年 1 月—	
	赵振林	副厅级干部	继任—	
	王金建	副厅级干部	继任—	
	高希星	二级巡视员	继任—	
	宋书强	二级巡视员	继任—	
	徐希进	二级巡视员	继任—	
	岳富常	二级巡视员	继任—2019 年 12 月	
	贾乃波	二级巡视员	2021 年 6 月—	
	隋家明	二级巡视员	2021 年 6 月—	

（四）厅直属事业单位

山东省水旱灾害防御中心为参照公务员法管理单位，山东省海河淮河小清河流域水利管理服务中心、山东省水文中心、山东省水利综合事业服务中心、山东省防汛抗旱物资储备中心、山东省水利工程建设质量与安全中心为公益一类事业单位，山东省调水工程运行维护中心、山东水利职业学院、山东水利技师学院、山东省水利科学研究院为公益二类事业单位。

2019 年 2 月，山东省委编办以鲁编办〔2019〕35 号文，批复山东省水利厅所属部分事业单位调整如下：撤销山东省水利信息中心事业单位建制，划入山东省水利外资项目服务中心。山东省水利外资项目服务中心更名为山东省水利综合事业服务中心，为正处级公益一类事业单位；主要职责是承担厅机关电子政务内外网及业务应用系统建设与管理、水利史志与年鉴编纂、水利宣传与水情教育等工作，承担全省水利外资项目申报、项目实施与管理等方面的事务性工作，承担水利预算绩效管理、财务审计、机关会计核算等方面的技术性工作。撤销山东省水利厅招待所事业单位建制，相关资产、在职人员划入山东省水利厅机关服务中心。

2019 年 2 月，山东省委编委以鲁编〔2019〕12 号文，批复山东省水利厅所属部分事业单位调整如下：山东省胶东调水局更名为山东省调水工程运行维护中心，主要职责是承担全省重大调水工程、骨干水网、重大水利工程的建设、运行和维护工作，为全省调水工作提供技术支撑，为副厅级公益二类事业单位。整合山东省海河流域水利管理局、山东省淮河流域水利管理局、山东省小清河管理局、山东省水利工程管理局 4 个事业单位，组建山东省海河淮河小清河流域水利管理服务中心，主要职责是承担海河、淮河、小清河等重点流域水利发展规划、水利工程建设、管理和运行的技术服务工作，为全面推进河长制湖长制和流域水旱灾害防御工作提供技术支撑，为副厅级公益一类事业单位。山东省南水北调工程建设管理局、山东省政府防汛抗旱总指挥部办公室（挂山东省防汛机动抢险队牌子）、山东省水利移民管理局 3 个事业单位建制撤销后，原事业编制收回。

2020 年 1 月，山东省政府以鲁政字〔2020〕7 号文，批复山东省水利勘测设计院转企改制方案，山东省水利勘测设计院注销事业单位法人，保留企业法人直接转制为国有企业。由山东省国资委直接监管，山东省政府授权山东省国资委对其履行出资人职责，山东省水利厅承担业务指导工作并参与考核。

2021 年 3 月，山东省委编委以鲁编〔2021〕17 号文，批复山东省水文局更名为山东省水文中心，为副厅级公益一类事业单位。

2021 年 3 月，山东省委编办以鲁编办〔2021〕27 号文，明确山东省水旱灾害防御中心为山东省水利厅所属正处级公益一类事业单位。

2021 年 3 月，山东省委编办以鲁编办〔2021〕26 号文，明确厅机关服务中心划入山东省水利综合事业服务中心。

2021 年 12 月，山东省委组织部以鲁组干字〔2021〕254 号文，明确山东省水旱灾害防御中心实行参照公务员法管理。

执笔人：王卫涛　李　伟
审核人：马玉扩　刘　洁

河南省水利厅

河南省水利厅为主管全省水资源开发利用保护、水旱灾害防御、水利工程建设运行管理、农村水利水电、水土保持、河道湖泊管理等水利行政工作的河南省人民政府组成部门，挂河南省移民办公室牌子。

2001—2021年的历次机构改革，河南省水利厅均予保留设置。该时期河南省水利厅组织沿革划分为4个阶段：2001年1月—2009年6月，2009年6月—2014年6月，2014年6月—2019年2月，2019年2月—2021年12月。在此期间，河南省水利厅新增归口管理两个机构。

一、第一阶段（2001年1月—2009年6月）

2000年4月，根据《中共河南省委河南省人民政府关于印发河南省人民政府机构改革实施意见的通知》（豫文〔2000〕40号），河南省人民政府开始机构改革。同年7月，根据《河南省人民政府办公厅关于印发河南省水利厅职能配置内设机构和人员编制规定的通知》（豫政办〔2000〕76号），设置河南省水利厅（挂河南省人民政府移民工作领导小组办公室牌子），河南省水利厅是主管全省水行政的河南省政府组成部门。

（一）主要职责

根据职能调整，河南省水利厅的主要职责如下：

（1）拟定全省水利工作的有关政策、发展战略和中长期规划；负责《中华人民共和国水法》《中华人民共和国水土保持法》《中华人民共和国防洪法》等法律法规的实施和水行政复议，组织起草有关法规和规章并监督实施。

（2）统一管理全省水资源（含空中水、地表水、地下水）。组织制订全省及跨市地水中长期供求计划、水量分配方案并监督实施；组织有关全省国民经济总体规划、城市规划及重大建设项目的水资源和防洪的论证工作；组织实施取水许可制度和水资源费征收制度；发布全省水资源公报；负责全省水文工作。

（3）拟定全省节约用水政策、编制节约用水规划，制定有关标准，组织、管理和监督节约用水工作。

（4）按照国家和省资源环境与保护的有关法律、法规和标准，拟定全省水资源保护规划；组织水功能区的划分和向饮水区等水域排污的控制；监测江河湖库的水量、水质，审定水域纳污能力；提出限制排污总量的意见。

（5）组织、指导全省水政监察和水行政执法；协调并处理部门间和市地间的水事纠纷。

（6）拟定全省水利行业的经济调节措施；对水利资金的使用进行宏观调节；指导水利行业的供水、

水电、水域开发利用及多种经营工作；研究提出有关全省水利的价格、税收、信贷、财务等经济调节意见。

（7）编制、审查全省大中型水利基本建设项目建议书、可行性研究报告和初步设计；组织重大水利科学研究和技术推广；组织拟定水利行业技术质量标准和水利工程的规程、规范并监督实施。

（8）组织、指导全省水利设施、水域及其岸线的管理和保护；组织指导江河湖库及滩地的治理和开发；组织建设和管理具有控制性的或跨市地的重要水利工程；组织、指导水库、水电站大坝的安全监管。

（9）指导农村水利工作；组织协调农田水利基本建设和乡镇供水、人畜饮水工作；参与指导农村水电电气化建设。

（10）组织全省水土保持工作。研究制订水土保持规划，组织水土流失的监测和综合防治。

（11）组织指导全省水利科技、教育工作；组织对外水利经济技术合作与交流；指导全省水利队伍建设。

（12）承担河南省防汛抗旱指挥部的日常工作，组织、协调、监督、指导全省防洪抗旱工作，对主要河流及重要水利工程实施防汛抗旱调度。

（13）拟定全省水利水电移民政策法规；编制移民规划、计划；组织指导移民搬迁、安置和后期生产扶持工作；管理和监督移民资金的使用。

（14）承办河南省政府交办的其他事项。

（二）内设机构和人员编制

根据上述职责，河南省水利厅机关内设办公室、规划计划处、水政水资源处（河南省节水用水办公室）、财务处、人事劳动处、科技教育处、建设与管理处、农村水利处、水土保持处、移民综合资金管理处、移民规划计划处、移民安置处等12个职能处（室），以及机关党委（见图1）。行政编制为119名，其中厅长1名，副厅长4名（其中1名兼任省移民工作领导小组办公室主任），处级领导职数39名（含总工程师、总经济师各1名）。设置离退休干部工作处，负责厅机关离退休人员的管理和服务工作，编制12名。河南省防汛抗旱指挥部办公室设在省水利厅。设立河南省水政监察总队，主要职责是宣传贯彻《中华人民共和国水法》《中华人民共和国水土保持法》《中华人民共和国防洪法》等法律法规并监督实施，机构规格相当于处级，事业编制20名，其中领导职数3名，经费实行全额预算管理。河南省纪委驻省水利厅纪检监察室编制4名，其中纪检组长1名。

（三）厅领导任免

2000年7月，河南省人民政府任命王铁牛、王建武为河南省水利厅副厅长。

2001年3月，河南省人民政府任命李连栋为河南省水利厅副厅长。6月，任命薛显林为河南省水利厅副厅长。12月，河南省委任命王伟为河南省水利厅党组成员、驻厅纪检组长。

2002年7月，河南省委任郭永平为河南省水利厅党组成员、驻厅纪检组长，免去王伟河南省水利厅党组成员、驻厅纪检组长职务。

2003年2月，河南省人大常务委员会任命张海钦为河南省水利厅厅长。8月，河南省人民政府任命庞汉英、薛显林为河南省南水北调中线工程建设协调领导小组办公室副主任。10月，河南省人民政府任命刘正才为河南省南水北调中线工程建设领导小组办公室副主任。

2004年8月，河南省人民政府任命于合群为河南省水利厅副厅长。

2006年2月，河南省人民政府任命张同立为河南省南水北调中线工程建设领导小组办公室主任

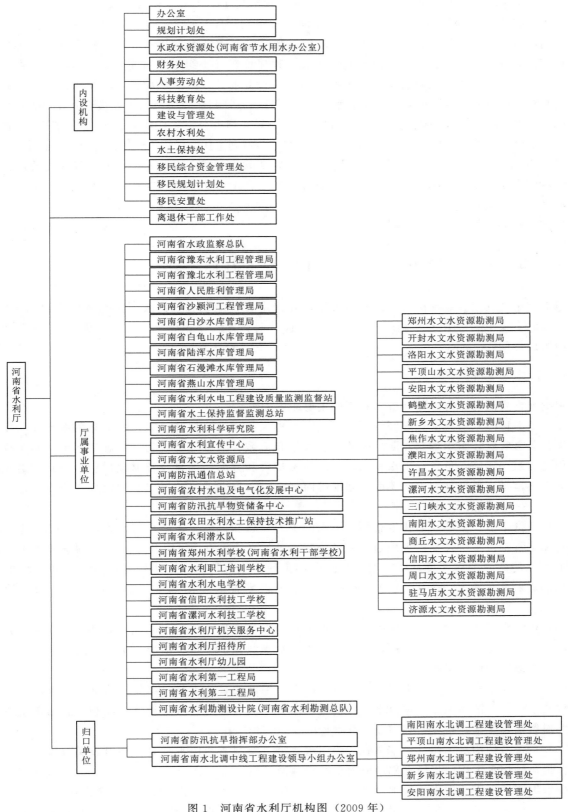

图 1 河南省水利厅机构图 (2009 年)

（正厅级）。5月，河南省人民政府任命谷来勋为河南省水利厅副厅长。

2008年2月，河南省人民政府免去张海钦河南省水利厅厅长职务。3月，河南省人大常委会任命王仕尧为河南省水利厅厅长；河南省人民政府免去张同立河南省南水北调中线工程建设领导小组办公室主任职务，任命王树山为河南省南水北调中线工程建设领导小组办公室主任。9月，河南省人民政府任命王树山为河南省人民政府移民工作领导小组办公室主任、河南省水利厅副厅长；任命李孟顺为河南省水利厅副厅长；免去王铁牛河南省水利厅副厅长职务，调任政协河南省委员会副秘书长；免去李连栋河南省水利厅副厅长、河南省人民政府移民工作领导小组办公室主任职务。10月，河南省人民政府任命王小平为河南省南水北调中线工程建设领导小组办公室副主任，任命王新伟为河南省水利厅副厅长。

2009年2月，河南省人民政府任命程志明为河南省水利厅副厅长。6月，河南省人民政府任命王国栋为河南省防汛抗旱指挥部办公室主任（副厅级）。11月，任命蒋立为河南省人民政府移民工作领导小组办公室常务副主任。

河南省水利厅领导任免表见表1。

二、第二阶段（2009年6月—2014年6月）

根据《中共河南省委河南省人民政府关于印发河南省人民政府机构改革实施意见的通知》（豫文〔2009〕18号），设立河南省水利厅（挂河南省人民政府移民工作领导小组办公室牌子），为河南省人民政府组成部门。

（一）主要职责

根据河南省政府批准，河南省水利厅的主要职责如下：

（1）负责保障水资源的合理开发利用，拟定全省水利战略规划和政策，起草有关地方性法规和规章草案并监督实施，组织编制江河湖库的防洪规划和流域、区域综合规划。按规定制定水利工程建设有关制度并组织实施，负责提出水利固定资产投资规模和方向、国家及省财政性资金安排的意见，按规定的权限审批、核准规划内和年度计划规模内固定资产投资项目。提出水利建设投资安排建议并组织实施。

（2）负责生活、生产经营和生态环境用水的统筹兼顾和保障。实施全省水资源统一监督管理，拟定全省和跨省辖市水中长期供求规划、水量分配方案并监督实施，组织开展水资源调查评价工作，承担水能资源的调查工作，负责江河湖库和重要水工程的水资源调度，组织实施取水许可、水资源有偿使用制度和水资源论证、防洪论证制度以及水资源费征收使用制度。指导水利行业和乡镇供水工作。

（3）负责水资源保护工作。组织编制全省水资源保护规划，拟定水功能区划并监督实施，核定水域纳污能力，提出限制排污总量的建议，指导饮用水水源保护工作，指导地下水开发利用和城市规划区地下水资源管理保护工作。

（4）负责防治水旱灾害，承担河南省防汛抗旱指挥部的具体工作。组织、协调、监督、指挥全省防汛抗旱工作，对江河湖库和重要水工程实施防汛抗旱调度和应急水量调度，编制全省防汛抗旱应急预案并组织指挥实施。指导水利突发公共事件的应急管理工作。

（5）负责节约用水工作。拟定全省节约用水政策，编制节约用水规划，制定有关标准，组织、管理、监督节约用水工作，指导和推动节水型社会建设工作。

（6）编制、审查全省大中型水利基本建设项目建议书、可行性研究报告和初步设计。

（7）指导水文工作。负责全省水文水资源监测、水文站网建设和管理，对江河湖库和地下水的水量、水质实施监测，发布水文水资源信息、情报预报和全省水资源公报。

（8）负责全省水利设施、水域及其岸线的管理和保护，指导江河湖库及滩地的治理和开发。指导水利工程建设与运行管理，组织实施具有控制性的或跨地区的重要水利工程建设与运行管理。

（9）负责防治水土流失。拟定全省水土保持规划并监督实施，组织实施水土流失的综合防治、监测预报并定期公告，负责有关重大建设项目水土保持方案的审批、监督实施及水土保持设施的验收工作，指导省重点水土保持建设项目的实施。

（10）指导农村水利工作。组织协调农田水利基本建设，指导农村饮水安全、节水灌溉等工程建设与管理工作，指导农村水利社会化服务体系建设。负责农村水能资源开发工作，指导水电农村电气化和小水电代燃料工作。

（11）负责重大涉水违法事件的查处，指导全省水政监察和水行政执法，协调、仲裁并处理跨省辖市水事纠纷。依法负责水利行业安全生产工作，组织、指导水库、水电站大坝的安全监管，指导全省水利公安工作，指导水利建设市场的监督管理，组织实施水利工程建设的监督。

（12）开展全省水利科技和外事工作。指导全省水利队伍建设。组织实施水利行业质量监督工作，拟定全省水利行业的技术标准、规程规范并监督实施，承担水利统计工作。组织开展对外水利经济技术合作与交流。

（13）负责移民工作。拟定全省水利水电移民地方性法规、规章草案和政策，编制移民规划、计划；组织指导移民搬迁、安置和后期生产扶持工作；管理和监督移民资金的使用。

（14）承办省政府交办的其他事项。

另：河南省南水北调中线工程建设期的工程建设管理职责由河南省南水北调中线工程建设领导小组办公室（河南省南水北调中线工程建设管理局）承担，工程建成后运行的管理职责由省水利厅承担。

（二）内设机构及人员编制

根据上述职责，河南省水利厅设14个内设机构：办公室、规划计划处、水政水资源处（河南省节约用水办公室）、财务处、人事劳动处、建设与管理处（安全监督处）、水土保持处、农村水利处、移民综合处、移民规划计划处、移民资金管理处、移民安置处、机关党委、离退休干部工作处，河南省防汛抗旱指挥部办公室设在省水利厅，河南省南水北调中线工程建设领导小组办公室（河南省南水北调中线工程建设管理局）与河南省水利厅为一个党组，纪检组（监察室）为河南省纪委（省监察厅）的派驻机构（见图2）。河南省水利厅机关行政编制为155名（含单列编制1名）。其中：厅长1名、副厅长5名（其中1名任河南省人民政府移民工作领导小组办公室主任）；正处级领导职数20名（含总工程师、总经济师各1名，河南省人民政府移民工作领导小组办公室副主任2名），副处级领导职数34名。核定河南省防汛抗旱指挥部办公室事业编制28名。纪检监察编制5名（纪检组长1名）。

（三）厅领导任免

2010年7月，河南省人民政府免去李孟顺河南省水利厅副厅长职务，任河南省畜牧局局长。8月，河南省人民政府任命王新伟为河南省援疆工作前方指挥部副总指挥、农十三师副师长。10月，河南省人民政府任命李恩东为河南省水利厅副厅长（正厅级）。

2011年4月，河南省人民政府任命王国栋为河南省水利厅副厅长，免去王国栋河南省防汛抗旱指挥部办公室主任职务。5月，河南省人大常务委员会任命王树山为河南省水利厅厅长，免去王仕尧河南省水利厅厅长职务，王仕尧担任河南省人大常务委员会农村工作委员会副主任（正厅级）。9月，河南省人民政府免去李恩东、程志明河南省水利厅副厅长职务，程志明任河南省人民政府副秘书长。11月，河南省人民政府免去于合群河南省水利厅副厅长职务，任水利部南水北调工程建设监管中心副主任。12月，河南省人民政府任命崔军为河南省水利厅副厅长、河南省人民政府移民工作领导小组办公

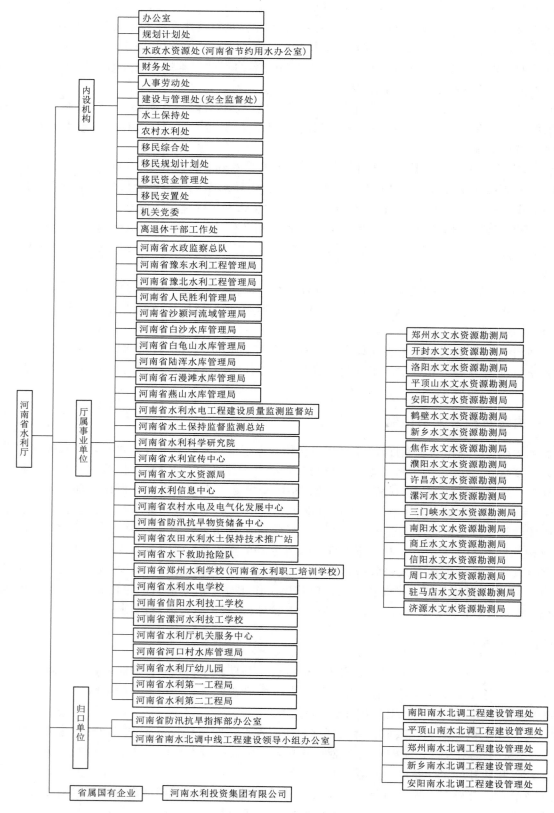

图 2 河南省水利厅机构图 (2014 年)

室主任，免去王树山河南省人民政府移民工作领导小组办公室主任职务。

2012年4月，河南省人民政府免去王树山河南省南水北调中线工程建设领导小组办公室主任职务；免去庞汉英河南省南水北调中线工程建设领导小组办公室副主任职务，任命为河南省水利厅巡视员。5月，河南省人民政府任命王小平为河南省南水北调中线工程建设领导小组办公室主任。6月，河南省人民政府免去薛显林河南省南水北调中线工程建设领导小组办公室副主任职务，任河南省人大常务委员会副秘书长。8月，河南省人民政府任命王继元为河南省水利厅副厅长，任命李颖、杨继成为河南省南水北调中线工程建设领导小组办公室副主任。

2013年4月，河南省人民政府免去王树山河南省水利厅厅长职务，任许昌市委书记；免去王建武河南省水利厅副厅长职务。8月，河南省人大常务委员会任命王小平为河南省水利厅厅长。

2014年2月，河南省人民政府任命武建新为河南省水利厅副厅长；免去王新伟河南省水利厅副厅长职务，任安阳市副市长。6月，河南省人民政府任命谷来勋为河南省水利厅巡视员，免去副厅长职务。9月，河南省人民政府任命刘正才为河南省南水北调中线工程建设领导小组办公室常务副主任（见表1）。

三、第三阶段（2014年6月—2019年2月）

根据《中共河南省委河南省人民政府关于省政府职能转变和机构改革的实施意见》（豫发〔2014〕7号），2014年6月，河南省人民政府办公厅印发《关于印发河南省水利厅主要职责内设机构和人员编制规定的通知》（豫政办〔2014〕41号），设立河南省水利厅（挂河南省人民政府移民工作领导小组办公室牌子），为河南省政府组成部门。

（一）主要职责

根据河南省政府批准，河南省水利厅的主要职责如下：

（1）负责保障水资源合理开发利用，拟定全省水利战略规划、水生态文明建设规划和政策，起草有关地方性法规和规章草案并监督实施，组织编制水利综合规划、专业规划和专项规划。按规定制定水利工程建设有关制度并组织实施，负责提出全省水利投资方向和项目安排意见，拟定全省水利投资规模及项目投资计划并监督实施。

（2）负责生活、生产经营和生态环境用水的统筹兼顾和保障。实行全省水资源统一管理和监督，拟定全省和跨省辖市、省直管县（市）水中长期供求规划、水量分配方案并监督实施，组织开展水资源调查评价工作，承担水能资源调查工作，负责江河湖库和重要水工程的水资源调度，组织实施用水总量控制、取水许可、水资源有偿使用制度和水资源论证、防洪论证制度以及水资源费征收使用制度。指导水利行业和乡镇供水工作。

（3）负责水资源保护工作。组织编制全省水资源保护规划，拟定水功能区划并监督实施，核定水域纳污能力，提出限制排污总量的建议，指导饮用水水源保护工作，指导地下水开发利用和城市规划区地下水资源管理保护工作。负责最严格水资源管理制度贯彻落实工作，开展水生态系统保护与修复，指导和推进水生态文明建设，组织开展重要江河湖泊健康评估。

（4）负责防治水旱灾害，承担河南省防汛抗旱指挥部的具体工作。组织、协调、监督、指挥全省防汛抗旱工作，负责对江河湖库和重要水工程实施防汛抗旱调度和应急水量调度，编制全省防汛抗旱应急预案、抗旱规划并组织实施。指导水利突发公共事件应急管理工作。

（5）负责节约用水工作。拟定全省节约用水政策，编制节约用水规划，制定有关用水、节水标准，指导全省计划用水工作，组织、管理、监督节约用水工作，指导和推动节水型社会建设工作。

（6）编制、审查申报全省大中型水利基本建设项目建议书、可行性研究报告和初步设计。负责水利基建项目初步设计文件审批工作。

（7）指导水文工作。负责全省水文行业监督管理和水文水资源监测。负责水文站网建设和管理，对江河湖库和地下水的水量、水质实施监测，对抗旱墒情进行监测，发布水文水资源信息、防汛抗旱情报预报和全省水资源公报。

（8）负责全省水利设施、水域及其岸线的管理和保护，指导江河湖库及滩地的治理和开发。指导水利工程建设与运行管理，负责水利工程质量监督检查工作，承担水利工程造价管理工作，组织具有控制性的或跨地区的重要水利工程建设、验收与运行管理工作，承担相应责任。

（9）负责防治水土流失。拟定全省水土保持规划并监督实施，组织实施水土流失综合防治、监测预报并定期公告，负责有关重大建设项目水土保持方案的审批、监督实施及水土保持设施的验收工作并承担相应责任，负责水土保持补偿费征收管理工作。指导省重点水土保持建设项目实施。

（10）指导农村水利工作。组织协调农田水利基本建设，指导农村饮水安全、大中型灌区、农田水利、节水灌溉等工程建设与管理工作，指导农村水利社会化服务体系建设。负责农村水能资源开发工作，指导水电农村电气化和小水电代燃料工作。

（11）负责重大涉水违法事件查处工作，指导全省水政监察和水行政执法，协调、仲裁并处理跨省辖市和省直管县（市）水事纠纷。依法负责水利行业安全生产工作，组织、指导水库、水电站大坝的安全监管工作，指导全省水利公安工作，指导水利建设市场的监督管理工作，组织开展水利工程建设监督和稽查工作。

（12）开展全省水利科技和外事工作。指导全省水利队伍建设。组织开展水利行业质量监督工作，拟定全省水利行业技术标准、规程规范并监督实施，承担水利统计工作。组织开展对外水利经济技术合作与交流。

（13）负责移民工作。拟定全省水利水电工程征地移民地方性法规、规章草案和政策，编制移民规划、计划；组织、指导移民搬迁、安置和后期扶持工作；管理和监督移民资金的使用；负责监督全省水利水电工程征地移民工作。

（14）承办省政府交办的其他事项。

另：河南省南水北调中线工程建设期的工程建设管理职责由河南省南水北调中线工程建设领导小组办公室（河南省南水北调中线工程建设管理局）承担，工程建成后运行的管理职责由河南省水利厅承担。

（二）内设机构和人员编制

根据上述职责，河南省水利厅内设办公室、规划计划处、水政水资源处（河南省节约用水办公室）、财务处、人事劳动处、科技教育处、建设与管理处（安全监督处）、水土保持处、农村水利处、河南省防汛抗旱指挥部办公室、移民综合处、移民监督处、移民后期扶持处、移民资金管理处、移民安置处等15个内设机构，另设机关党委、离退休干部工作处（见图3）。机关行政编制为192名，其中：厅长1名、副厅长5名（其中1名兼任河南省人民政府移民工作领导小组办公室主任）；河南省防汛抗旱指挥部办公室主任、河南省人民政府移民工作领导小组办公室常务副主任各1名（副厅级）；正处级领导职数29名（含总工程师、总规划师、机关党委专职副书记、离退休干部工作处处长各1名，河南省人民政府移民工作领导小组办公室副主任3名，防汛抗旱督察专员6名），副处级领导职数37名。纪检监察编制5名（纪检组长1名）。

（三）厅领导任免

2015年2月，河南省人大常委会免去王小平河南省水利厅厅长职务，任新乡市市长候选人。3月，河南省人大常委会任命李柳身为河南省水利厅厅长。7月，河南省人民政府任命杨大勇为河南省水利

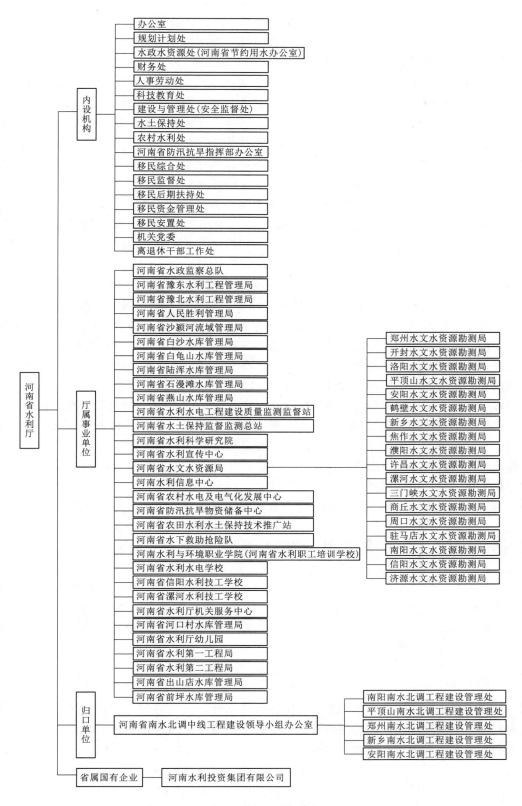

图 3　河南省水利厅机构图（2018 年）

厅副厅长，任命申季维为河南省防汛抗旱指挥部办公室主任（副厅级）。11月，河南省人民政府任命刘正才为河南省南水北调中线工程建设领导小组办公室主任，任命贺国营为河南省南水北调中线工程建设领导小组办公室副主任。12月，河南省人民政府免去蒋立河南省人民政府移民工作领导小组办公室常务副主任职务，办理退休。

2016年1月，河南省人民政府任命王继元为河南省水利厅巡视员，免去其副厅长职务。2月，河南省人民政府任命戴艳萍为河南省水利厅副厅长。3月，河南省人民政府任命李定斌为河南省人民政府移民工作领导小组办公室常务副主任（副厅级）。11月，河南省人民政府任命刘玉柏为河南省水利厅副厅长。

2017年1月，河南省人民政府任命吕国范为河南省水利厅副厅长、河南省人民政府移民工作领导小组办公室主任，免去其河南省扶贫开发办公室副主任职务；免去崔军河南省水利厅副厅长、河南省人民政府移民工作领导小组办公室主任职务，任命为河南省扶贫开发办公室副主任。5月，河南省委组织部免去郭永平驻厅纪检组长职务，办理退休。7月，河南省委任命刘东霞为河南省纪委驻河南省水利厅纪检监察组组长。9月，河南省人民政府任命任强为河南省水利厅副厅长。11月，河南省委任命刘正才为河南省水利厅党组书记，免去李柳身河南省水利厅党组书记职务。

2018年1月，河南省人民政府任命孙运锋为河南省水利厅副厅长（正厅级）；任命王国栋为河南省南水北调中线工程建设领导小组办公室主任（正厅级），免去其水利厅副厅长职务；免去刘正才河南省南水北调中线工程建设领导小组办公室主任职务。3月，河南省委员会任命孙运锋为河南省水利厅厅长，免去李柳身河南省水利厅厅长职务，李柳身担任政协河南省委员会农业委员会主任。11月，河南省人民政府任命李斌成为河南省水利厅总工程师（参照部门副职管理使用），免去其河南省水文水资源局副局长职务；河南省委组织部任命申季维、李定斌为河南省水利厅党组成员（副厅级）。12月，河南省人民政府任命王国栋为河南省水利厅副厅长（正厅级）、贺国营为河南省水利厅副厅长，免去王国栋河南省南水北调中线工程建设领导小组办公室主任（正厅级）职务，免去杨继成、李颖河南省南水北调中线工程建设领导小组办公室副主任职务，任命杨继成为河南省生态环境厅副厅长。免去申季维河南省防汛抗旱指挥部办公室主任（副厅级）职务，免去李定斌河南省人民政府移民工作领导小组办公室常务副主任（副厅级）职务。

2019年2月，河南省人民政府免去杨大勇河南省水利厅副厅长职务，办理退休（见表1）。

四、第四阶段（2019年2月—2021年12月）

根据河南省机构改革方案和河南省机构改革实施方案，2019年2月，河南省委、省政府以厅文〔2019〕19号批准《河南省水利厅职能配置、内设机构和人员编制规定》，设立河南省水利厅为省政府组成部门，将河南省南水北调中线工程建设领导小组办公室整体划转河南省水利厅，河南省水利厅规格为正厅级，加挂河南省移民办公室牌子。

（一）职能整合

根据《河南省机构改革实施方案》要求，河南省人民政府对原有职能进行整合，优化省水利厅职责，将省水利厅的编制水功能区划、排污口设置管理、流域水环境保护职责划转新组建的省生态环境厅；将省水利厅的水资源调查和确权登记管理职责划转给新组建的省自然资源厅，将省水利风景名胜区划转新组建的省林业局，将省水利厅的水旱灾害防治、省防汛抗旱指挥部划转新组建的省应急管理厅，将水利厅的农田水利建设项目管理职责划转新组建的省农业农村厅。

该次机构改革对河南省水利厅的职能进行了转变，着力改革创新水利发展体制机制，切实加强水资源合理利用、优化配置和节约保护；坚持节水优先，从增加供给转向更加重视需求管理，严格控制用水总量和提高用水效率；坚持保护优先，加强水资源、水域和水利工程的管理保护，维护河湖健康美丽；坚持统筹兼顾，保障合理用水需求和水资源的可持续利用，为经济社会发展提供水安全保障。

（二）主要职责

根据职能整合和转变职能，河南省水利厅主要职责如下：

（1）贯彻执行国家和省有关水利工作方针政策，负责全省水资源的统一管理和监督工作。

（2）负责保障水资源的合理开发利用。起草有关地方性法规和规章草案并监督实施，指导和组织编制、审查、申报水利综合规划、专业规划、专项规划。

（3）负责生活、生产经营和生态环境用水的统筹兼顾和保障。组织实施最严格水资源管理制度，拟订全省和跨省辖市、省直管县（市）水中长期供求规划、水量分配方案并监督实施。负责江河湖库和重要水工程的水资源调度。组织实施取水许可、水资源有偿使用制度和水资源论证、防洪论证制度。指导水利行业供水和乡镇供水工作。

（4）按规定制定水利工程建设有关制度并组织实施，负责提出中央下达的和省级水利固定资产投资规模、方向、具体安排建议并组织实施，按省政府规定权限审批、核准规划内和年度计划规模内固定资产投资项目，提出中央下达的和省级水利资金安排建议并负责项目实施的监督管理。按省政府规定权限，指导和组织编制、审查、申报水利基本建设项目建议书、可行性研究报告和初步设计，负责审批水利基本建设项目初步设计文件工作。

（5）负责水资源保护工作。组织编制并实施水资源保护规划，组织开展河湖水生态保护与修复，指导河湖生态流量水量管理以及河湖水系连通工作，指导饮用水水源保护工作，开展重要江河湖泊健康评估，指导地下水开发利用和地下水资源管理保护。组织指导地下水超采区综合治理。

（6）负责节约用水工作。拟订全省节约用水政策，组织编制节约用水规划并监督实施，制定有关用水、节水标准。组织实施用水总量控制、用水效率控制，计划用水和定额管理等制度，组织、管理、监督节约用水工作，指导和推动节水型社会建设工作。

（7）指导水文工作。负责全省水文行业监督管理和水文水资源监测。负责水文站网建设和管理，对江河湖库和地下水的水量、水质实施监测，发布水文水资源信息、情报预报和全省水资源公报。按规定组织开展水资源、水能资源调查评价和水资源承载能力监测预警工作。

（8）负责全省水利设施、水域及其岸线的管理、保护与综合利用。组织指导水利基础设施网络建设，指导江河湖库及滩地的治理、开发和保护。指导水利工程建设与运行管理，负责水利工程质量监督检查工作，承担水利工程造价管理工作，组织实施具有控制性的或跨地区的重要水利工程建设、验收与运行管理工作，负责重要河流和重要水工程的调度工作，负责全省河道采砂的行业管理和监督检查工作。组织指导并监督检查全面推行河长制湖长制工作。

（9）负责河南省南水北调工程建设与运行管理工作。贯彻落实国家和河南省南水北调工程运行管理和后续工程建设的法律、法规和政策，参与制定河南省南水北调工程供用水政策及法规；负责河南省南水北调工程运行管理与后续工程建设的行政监督；拟定南水北调受水区年度水量调度计划并组织实施；负责南水北调配套工程运行管理、水量调度计划；负责南水北调配套工程水费收缴、管理和使用。

（10）负责水土保持工作。拟订全省水土保持规划并监督实施，组织实施水土流失综合防治和全省水土流失监测、预报并公告。负责建设项目水土保持监督管理工作，指导水土保持重点建设项目的实施。

（11）负责农村水利工作。组织开展大中型灌排工程建设与改造。指导农村饮水安全工程建设与管理工作，指导节水灌溉有关工作。指导农村水利改革创新和社会化服务体系建设。负责农村水能资源开发，指导小水电改造和水电农村电气化工作。

（12）负责水利工程移民管理工作。拟定全省水利水电工程征地移民地方性法规、规章草案和政策，编制移民规划、计划；组织指导移民搬迁、安置验收、监督评估和后期扶持工作；管理和监督移民资金的使用；负责监督全省水利水电工程征地移民工作。

（13）负责重大涉水违法事件查处工作。指导全省水政监察和水行政执法，协调、仲裁并处理跨省辖市和省直管县（市）水事纠纷。负责水利行业安全生产工作，组织指导水库、水电站大坝、农村水电站的安全监督管理，指导水利建设市场的监督管理工作，组织开展水利工程建设监督和稽查工作。

（14）开展全省水利科技和对外合作工作。组织开展水利行业质量监督工作，拟定全省水利行业地方技术标准、规程规范并监督实施，承担水利统计工作。指导水利系统对外合作交流。

（15）负责落实全省综合防灾减灾规划相关要求，组织编制洪水干旱灾害防治规划和防护标准并指导实施。承担水情旱情监测预报预警工作。组织编制重要河流和重要水工程的防御洪水、抗御旱灾调度和应急水量调度方案，按程序报批并组织实施。承担防御洪水应急抢险的技术支撑工作。

（16）完成省委、省政府交办的其他事项。

（17）有关交叉职责分工：

1）自然灾害防救职责分工。省水利厅负责落实综合防灾减灾规划相关要求，组织编制洪水干旱灾害防治规划和防护标准并指导实施；承担水情旱情监测预警工作；组织编制重要江河湖泊和重要水工程的防御洪水抗御旱灾调度和应急水量调度方案，按程序报批并组织实施；承担防御洪水应急抢险的技术支撑工作；承担台风防御期间重要水工程调度工作。省应急管理厅负责统一组织、统一指挥、统一协调自然灾害类突发事件应急救援，统筹综合防灾减灾救灾工作。

2）水资源保护与水污染防治的职责分工。省水利厅对水资源保护负责，省生态环境厅对水环境质量和水污染防治负责。两部门要进一步加强协调与配合，建立厅际协商机制，定期通报水资源保护与水污染防治有关情况，协商解决有关重大问题。省生态环境厅发布水环境信息，对信息的准确性、及时性负责。省水利厅发布水文水资源信息中涉及水环境质量的内容，要与省生态环境厅协商一致。

3）河道采砂管理的职责分工。省水利厅负责全省河道采砂的行业管理和监督检查工作。省公安厅负责河道采砂治安管理工作，依法打击河道采砂活动中的违法犯罪行为。交通运输、自然资源、农业农村、应急管理等部门按照各自职责，协助做好河道采砂监督管理工作。

（三）人员编制和内设机构

根据《河南省机构改革方案的通知》和职责规定，河南省南水北调中线工程建设领导小组办公室撤销综合处（审计监察室）、投资计划处、经济与财务处、环境与移民处、建设管理处、监督处、机关党委等7个内设机构，直属的郑州南水北调工程建设管理处、安阳南水北调工程建设管理处、新乡南水北调工程建设管理处、平顶山南水北调工程建设管理处、南阳南水北调工程建设管理处5个全供事业单位并入河南省水利厅，性质为厅直属事业单位，办公地址为郑东新区万通街72号。撤销河南省人民政府移民工作领导小组办公室移民综合处、移民监督处、移民资金管理处3个处室。

改革后，河南省水利厅机构设置19个处室：办公室（审计处）、政策法规处、人事处、财务处、规划计划处、水文水资源管理处（河南省节约用水办公室）、水利工程建设处、运行管理处、水土保持处、农村水利水电处、监督处、水旱灾害防御处、南水北调工程管理处、科技与对外合作处、移民安置处、移民后期扶持处、河长制工作处、机关党委、离退休干部工作处（见图4）。行政编制为204名，暂核定厅长1名，副厅长5名（其中副厅长、河南省人民政府移民工作领导小组主任1名），总工程师1名；正处级领导职数26名（含防汛抗旱督察专员4名，总经济师、总规划师、总会计师、机关党委专职副书记、离退休干部工作处处长各 1 名），副处级领导职数 37 名。2019 年 3 月，根据《中共河南省委组织部关于河南省水利厅非领导职位设置的批复》（豫组干函〔2019〕31 号），核定河南省水利厅设置调研员 15 名、副调研员职数 16 名，主任科员职数 52 名、副主任科员职数 31 名、科员职数 21 名。同月，河南省南水北调中线工程建设领导小组办公室和河南省人民政府移民工作领导小组办公室同时整体搬入水利厅办公大楼办公，此次机构改革任务完成。

2019 年，按照 6 月《中共河南省委组织部关于印发〈河南省公务员职务与职级并行制度实施方案〉的通知》，河南省水利厅于 12 月完成了职级设置与职数核定。2020 年 8 月，根据《中共河南省委组织部关于河南省水利厅职级职数设置的批复》（豫组函〔2020〕89 号），河南省水利厅重新核定职级职数（一级巡视员 3 名，二级巡视员 7 名，一级、二级调研员 47 名，三级、四级调研员 47 名），按照设置的职级职数进行配备干部。

（四）厅领导任免

2020 年 6 月，河南省人民政府免去贺国营河南省水利厅副厅长职务，任河南城建学院副院长。

2021 年 6 月，河南省人民政府免去吕国范河南省水利厅副厅长职务，任河南省科学技术协会主席。9 月，河南省人民政府免去戴艳萍河南省水利厅副厅长职务，办理退休（见表 1）。

表 1　　　　　　　　　　河南省水利厅领导任免表（2001—2021 年）

机构名称	姓　名	职　　务	任　免　时　间	备　　注
河南省水利厅	韩天经	厅长、党组书记	1998 年 2 月—2003 年 2 月	
	张海钦	厅长、党组书记	2003 年 2 月—2008 年 2 月	
	王仕尧	厅长、党组书记	2008 年 3 月—2011 年 5 月	
	王树山	厅长、党组书记	2011 年 5 月—2013 年 4 月	2008 年 9 月兼任河南省人民政府移民工作领导小组办公室主任
		副厅长	2008 年 9 月—2011 年 5 月	
	王小平	厅长、党组书记	2013 年 8 月—2015 年 2 月	2012 年 5 月任河南省水利厅党组副书记、河南省南水北调中线工程建设领导小组办公室主任
	李柳身	厅　长	2015 年 3 月—2018 年 3 月	
		党组书记	2015 年 3 月—2017 年 11 月	
	刘正才	党组书记	2017 年 11 月—	2015 年 11 月任河南省南水北调中线工程建设领导小组办公室主任
		党组副书记	2015 年 3 月—2017 年 11 月	
	孙运锋	厅　长	2018 年 3 月—	
		副厅长	2018 年 1—3 月	正厅级
	李连栋	副厅长	2001 年 3 月—2008 年 9 月	1999 年 10 月任河南省人民政府移民工作领导小组办公室主任
		党组成员	1999 年 10 月—2008 年 9 月	
	王铁牛	副厅长、党组成员	2000 年 7 月—2008 年 9 月	
	王建武	副厅长	2000 年 7 月—2013 年 4 月	
		党组副书记	2012 年 4 月—2013 年 4 月	
		党组成员	2000 年 7 月—2013 年 4 月	
	薛显林	副厅长、党组成员	2001 年 6 月—2012 年 6 月	2003 年 8 月为河南省南水北调中线工程建设协调领导小组办公室副主任

机构名称	姓 名	职 务	任 免 时 间	备 注
河南省水利厅	王 伟	驻厅纪检组长、党组成员	2001 年 12 月—2002 年 7 月	
	郭永平	驻厅纪检组长、党组成员	2002 年 7 月—2017 年 5 月	2017 年 1 月任巡视员
	于合群	副厅长、党组成员	2004 年 8 月—2011 年 11 月	
	张同立	党组副书记	2006 年 2 月—2008 年 3 月	兼任河南省南水北调中线工程建设领导小组办公室主任
	谷来勋	副厅长、党组成员	2006 年 5 月—2014 年 6 月	2014 年 6 月任巡视员
	李孟顺	副厅长	2008 年 11 月—2010 年 7 月	
		党组副书记	2008 年 9 月—2010 年 7 月	
	李恩东	副厅长、党组副书记	2010 年 10 月—2011 年 9 月	正厅级
	王新伟	副厅长、党组成员	2008 年 10 月—2014 年 2 月	
	程志明	副厅长、党组成员	2009 年 2 月—2011 年 9 月	
	刘汉东	副厅长、党组成员	2009 年 1 月—2010 年 12 月	挂职
	崔 军	副厅长、党组成员	2011 年 12 月—2017 年 1 月	兼任河南省人民政府移民工作领导小组办公室主任
	王继元	副厅长、党组成员	2012 年 8 月—2016 年 1 月	
		巡视员	2016 年 1 月—2018 年 10 月	
	杨大勇	副厅长、党组成员	2015 年 7 月—2019 年 2 月	
	贺国营	副厅长	2018 年 12 月—2020 年 6 月	
		党组成员	2015 年 11 月—2020 年 6 月	2015 年 11 月任河南省南水北调中线工程建设领导小组办公室副主任
	王国栋	党组副书记	2018 年 1 月—	2018 年 1 月任河南省南水北调中线工程建设领导小组办公室主任（正厅级）
		副厅长	2011 年 4 月—2018 年 1 月	
			2018 年 12 月—	正厅级
		党组成员	2009 年 6 月—2018 年 1 月	2009 年 6 月任河南省防汛抗旱指挥部办公室主任（副厅级）
	武建新	副厅长、党组成员	2014 年 2 月—	2020 年 1 月任一级巡视员
	刘东霞	河南省纪委驻河南省水利厅纪检监察组组长	2017 年 4 月—	
		党组成员	2017 年 4 月—	
	戴艳萍	副厅长	2016 年 2 月—2021 年 9 月	2021 年 7 月任一级巡视员
	刘玉柏	副厅长、党组成员	2016 年 11 月—	
	吕国范	副厅长	2017 年 1 月—2021 年 6 月	兼任河南省人民政府移民工作领导小组办公室主任
	任 强	副厅长、党组成员	2017 年 9 月—	
	申季维	河南省防汛抗旱指挥部办公室主任	2015 年 7 月—2018 年 11 月	副厅级
		党组成员	2018 年 11 月—	

续表

机构名称	姓　名	职　务	任免时间	备　注
河南省水利厅	李定斌	河南省政府移民工作领导小组办公室常务副主任	2016 年 3 月—2018 年 11 月	副厅级 2021 年 12 月任一级巡视员
		党组成员	2018 年 11 月—	
	李斌成	总工程师	2018 年 11 月—	2021 年 12 月任一级巡视员
	庞汉英	巡视员	2012 年 4 月—2014 年 10 月	
		党组成员	2003 年 8 月—2014 年 10 月	2003 年 8 月任河南省南水北调中线工程建设协调领导小组办公室副主任（2006 年 2 月为正厅级）
	李　颖	党组成员	2012 年 8 月—2018 年 12 月	任河南省南水北调中线工程建设领导小组办公室副主任（副厅级）
	杨继成	党组成员	2012 年 7 月—2018 年 12 月	任河南省南水北调中线工程建设领导小组办公室副主任（副厅级）
	蒋　立	河南省政府移民工作领导小组办公室常务副主任	2009 年 11 月—2015 年 12 月	副厅级

五、归口管理两个办公室

2001—2021 年期间，河南省水利厅新增归口管理两个办公室如下：

（1）河南省南水北调中线工程建设领导小组办公室。2000 年机构改革结束后，河南省水利厅机构进行了调整，2000 年 11 月，为协调开展南水北调前期工作，根据河南省政府通知，河南省水利厅成立河南省南水北调中线工程建设协调领导小组办公室。2003 年 9 月，河南省人民政府决定成立河南省南水北调中线工程建设领导小组，作为河南省南水北调中线工程建设的领导机构，领导小组下设办公室。2003 年 11 月，河南省机构编制委员会办公室（以下简称河南省编办）明确河南省南水北调中线工程建设领导小组办公室，作为河南省南水北调中线工程建设领导小组的办事机构，正厅级规格，与河南省水利厅一个党组。2004 年 10 月，河南省编办明确设立河南省南水北调中线工程建设管理局，与河南省南水北调中线工程建设领导小组办公室为"一个机构，两块牌子"。南水北调工程有关市县政府相继成立了相应的南水北调工程办事机构和建设管理机构。

河南省南水北调中线工程建设领导小组主要职责为贯彻执行国务院南水北调工程建设委员会和省委、省政府的重大决策，研究部署河南省南水北调工程建设的重大方针、政策、措施和其他重大问题。

河南省南水北调中线工程建设领导小组办公室（河南省南水北调中线工程建设管理局）的主要职责是贯彻执行国家南水北调工程建设管理的法律、法规和政策；参与河南省境内南水北调干线及配套工程前期工作；依法负责省内南水北调配套工程的质量管理、资金管理、工期管理、招投标管理等建设管理工作；受国家有关部门和单位委托承担河南省境内部分南水北调干线工程的建设管理工作；负责河南省管理或委托管理的南水北调工程项目部的组建与管理工作；执行和实施有关部门下达的南水北调工程建设投资计划；配合有关方面做好有关南水北调工程的征地、拆迁安置、环境保护和文物保护工作；协调配合有关方面保障河南省境内南水北调工程建设环境；组织协调河南省境内南水北调工程的有关重大技术问题；根据有关规定组织或参与河南省境内南水北调工程验收；参与研究制定河南省南水北调工程供用水政策及法规；负责配套工程运行管理、水量调度计划；负责配套工程水费收缴、

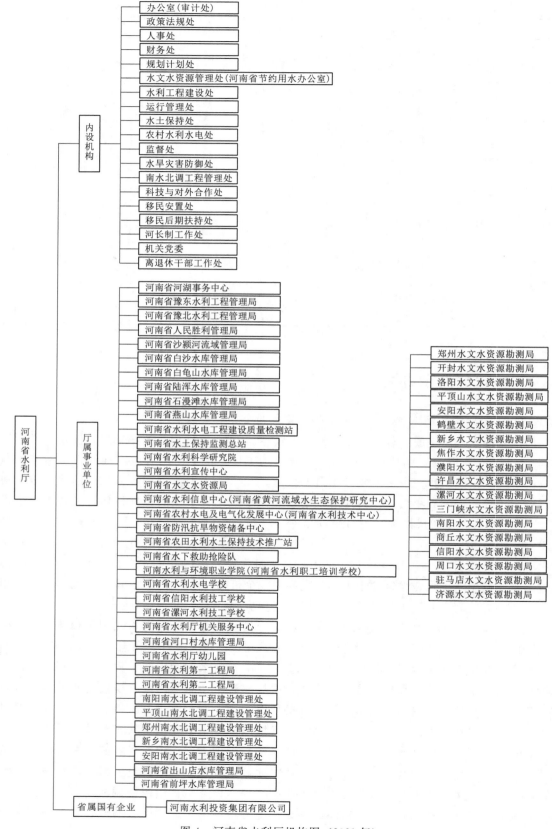

图 4　河南省水利厅机构图（2021 年）

管理和使用；负责河南省南水北调工程建设与运行管理的行政监督；负责领导小组的日常工作；负责领导小组交办的其他事项。

2000年11月，河南省南水北调中线工程建设协调领导小组办公室设在河南省水利厅，时任厅长韩天经兼任办公室主任，内设综合业务组、工程技术组、移民工作组。2003年11月，河南省编办批准设立河南省南水北调中线工程建设领导小组办公室，正厅级规格，与河南省水利厅为一个党组，作为河南省南水北调中线工程建设领导小组的日常办事机构。机构内设综合处、投资计划处、经济与财务处、环境与移民处等4个处，核定行政编制25名，设主任1名（省水利厅厅长张海钦兼任主任）、副主任3名（含常务副主任1名），处级领导职数9名（含总工程师、总经济师、总会计师各1名），核定工勤编制6名，所需工作人员从河南省行业管理办公室抽调9名，从河南省水利厅系统（省直）抽调13名。2004年10月，河南省编办批准设立河南省南水北调中线工程建设管理局（以下简称建管局），与河南省南水北调办公室为"一个机构，两块牌子"，作为河南省南水北调配套工程的项目法人，负责河南省管理或委托管理的南水北调工程项目部的组建与管理工作，执行和实施有关部门下达的南水北调工程建设投资计划，组织协调解决河南省境内南水北调工程的重大技术问题等工作。同月，增设建设管理处。2006年7月，增设项目部。同月增设监督处。2007年10月，河南省编办批复增加省建管局总工程师1名（正处级）。2008年12月，河南省编办核定省南水北调办公室（建管局）编制140名，其中行政编制40名，事业编制100名，行政机关处级领导职数10名，副处级领导职数10名。2009年10月，中共河南省委省直机关工作委员会批复同意设立中共河南省南水北调中线工程建设领导小组办公室机关委员会，隶属中共河南省水利厅直属机关委员会。2012年6月，《河南省机构编制委员会办公室关于河南省水利厅所属事业单位清理规范意见的通知》明确：河南省南水北调中线工程建设领导小组办公室（管理局）设南阳、平顶山、郑州、新乡、安阳5个南水北调工程建设管理处，机构规格均相当于正处级，处级领导职数5名，副处级领导职数10名，驾驶员编制16名，财政全供事业编制100名，经费实行财政全额拨款。南阳等5个南水北调建设管理处设立后，原设置的项目部安阳段、项目部新乡段予以撤销。2013年5月，河南省编办批复同意省南水北调办公室综合处加挂审计监察室牌子。截至2018年年底，河南省南水北调办公室（建管局）共有职工139人，退休6人。其中，在职行政人员34人，事业编制78人，工勤技能11人。2019年机构改革，河南省南水北调中线工程建设领导小组办公室整体划转省水利厅，2019年3月，办公地移交南阳、平顶山、郑州、新乡、安阳5个南水北调工程建设管理处和部分厅属事业单位。

（2）河南省人民政府移民工作领导小组办公室。1994年10月，在国家进行政府机构改革的形势下，为了理顺关系、精简人员，河南省政府决定成立河南省人民政府移民工作领导小组，下设办公室，办公室由原河南省小浪底水库工程协调领导小组办公室（移民安置局）和河南省水利厅移民办公室合并组成，设在水利厅，挂小浪底水库工程协调领导小组办公室的牌子，主要负责全省的水利移民工作，并承担小浪底水库工程协调领导小组日常工作。1995年1月，新组建的河南省人民政府移民工作领导小组办公室正式合署办公。1995年4月，河南省政府办公厅通知，河南省人民政府移民工作领导小组办公室为副厅级机构，行政编制45名，内设综合处、规划计划处、移民安置一处（负责小浪底移民安置）、移民安置二处（负责已建库区移民安置）和财务审计处。

2000年，国家进行机构改革，精简机构和人员；4月，河南省委下达河南省人民政府机构改革实施意见，明确"省移民办公室并入水利厅"，河南省水利厅挂"河南省人民政府移民工作领导小组办公室"牌子；7月，根据《河南省人民政府办公厅关于印发河南省水利厅职能配置内设机构和人员编制规定的通知》，河南省水利厅机关设12个职能处，其中负责移民的有3个处：移民综合资金管理处、移民规划计划处、移民安置处。2006年3月，由于水利移民任务的日益繁重，为适应南水北调中线工程征地移民和河南省水库移民后期扶持工作需要，河南省编委印发《关于调整河南省水利厅内设机构和人员编制的通知》，决定撤销移民综合资金管理处，设置移民综合处、移民资金管理处。2014年6

月，为了强化河南省人民政府移民工作领导小组办公室的职能，河南省人民政府办公厅印发《关于印发河南省水利厅主要职责和人员编制的通知》，其中明确河南省人民政府移民工作领导小组办公室增设移民监督处、移民后期扶持处，保留移民综合处、移民资金管理处、移民安置处，撤销移民规划计划处，为水利厅机关内设处室。至2019年机构改革，河南省移民工作领导小组办公室整体划转省水利厅。2019年3月，河南省人民政府移民工作领导小组办公地移交河南省水利厅直属事业单位河南省防汛物资储备中心、河南省水下救助抢险队。

执笔人：夏鸿帷
审核人：石海波

湖北省水利厅

湖北省水利厅为主管全省水行政的湖北省人民政府组成部门，办公地点设在湖北省武汉市武昌区中南路 17 号，现有直属单位 29 个。

2001—2021 年的历次机构改革，湖北省水利厅均予保留设置。该时期湖北省水利厅组织沿革划分为 3 个阶段：2001 年 1 月—2009 年 12 月，2009 年 12 月—2019 年 1 月，2019 年 1 月—2021 年12 月。

一、第一阶段（2001 年 1 月—2009 年 12 月）

根据《湖北省政府办公厅关于印发〈湖北省水利厅职能配置内设机构和人员编制规定〉的通知》（鄂政办发〔2000〕68 号），设立湖北省水利厅，为湖北省政府组成部门。

（一）主要职责

（1）负责《中华人民共和国水法》《中华人民共和国水土保持法》《中华人民共和国防洪法》等法律的组织实施和监督检查；拟定全省水利工作的方针政策、发展战略和中长期规划，组织起草有关地方性法规并监督实施。

（2）统一管理全省城乡水资源（含空中水、地表水、地下水）；组织拟定全省和跨市、州水长期供求计划、水量分配方案并监督实施；组织有关国民经济总体规划、城市规划及重大建设项目的水资源和防洪论证工作；组织实施取水许可制度和水资源费征收制度；发布全省水资源公报；组织指导全省水文工作。

（3）拟定全省节约用水政策，编制节约用水规划，制定有关标准，组织、指导和监督全省节约用水工作。

（4）按照国家和省资源与环境保护的有关法律法规和标准，拟定全省水资源保护规划和水能资源发展规划；组织水功能区的划分和向饮水区等水域排污的控制；监测江河湖库的水量、水质，审定水域纳污能力；提出限制排污总量的意见。

（5）组织、指导全省水政监察和水行政执法；协调并仲裁部门间和市、州间的水事纠纷。

（6）拟定全省水利行业的经济调节措施；对水利资金的使用进行宏观调节和监督管理；指导水利行业的供水、水电及多种经营工作；研究提出有关水利的价格、税收、规费、信贷、财务等经济调节意见。

（7）组织编制全省水利建设规划、水利中长期发展计划、水利建设年度计划；组织编制、审查全省大中型水利建设项目建议书、可行性报告和初步设计；组织重大水利科学研究和技术推广；组织拟定全省水利行业技术标准和水利工程的规程、规范并监督实施。

（8）主管全省河道、水库、湖泊、分洪区、蓄洪区、滞洪区；组织、指导全省水利设施、水域及其岸线的管理与保护；组织指导江、河、湖、库的治理和开发；按分级负责的原则，组织建设和管理具有控制性的或跨市、州的重要水利工程；负责全省水利行业的质量管理工作；组织、指导水库、水电站大坝的安全监管；履行全省一、二级堤防和重点堤防建设的项目法人单位的职责。

（9）主管全省农村水利工作；组织协调全省农田水利基本建设、农村水电电气化和乡镇供水工作。

（10）组织全省水土保持工作。研究制定水土保持的工程措施规划，组织水土流失的监测和综合防治。

（11）负责水利方面的科技教育和对外合作工作；指导全省水利队伍建设。

（12）承担省防汛抗旱指挥部的日常工作，组织、协调、监督、指导全省防洪排涝抗旱工作，对大江大河大湖大库和重要水利工程实施防汛排涝抗旱调度。

（13）承办上级交办的其他事项。

（二）人员编制和内设机构

根据《湖北省政府办公厅关于印发〈湖北省水利厅职能配置内设机构和人员编制规定〉的通知》（鄂政办发〔2000〕68号），明确湖北省水利厅机关内设办公室、水政处、水资源处、计划财务处、对外合作与科技教育处、建设处、水库堤防处、水土保持处、农村水利处、人事劳动处等10个处室，另设湖北省防汛抗旱指挥部办公室、直属机关党委、监察室、离退休干部处、湖北省水利工会。

湖北省水利厅机关行政编制73人，其中：厅长1名、副厅长4名（1名兼任湖北省河道堤防建设管理局局长）、纪检组长1名、总工程师1名；处级领导职数29名，正处13名（含机关党委专职副书记、监察室主任、副总工程师各1名），副处16名。核定湖北省水利工会事业编制1名、离退休干部处编制12名。

2007年10月，湖北省机构编制委员会以鄂编发〔2007〕158号文批准湖北省防汛抗旱指挥部办公室内设3个处：综合处（挂信息化处牌子）、防洪调度处、抗旱处（减灾处）。

湖北省水利厅机构图（2009年）见图1。

（三）厅领导任免

1998年3月，段安华任湖北省水利厅党组书记、厅长（鄂发干〔1998〕31号）。

2001年7月，李红云任湖北省水利厅党组成员、副厅长（鄂组干〔2001〕277号）。

2003年6月，郭志高任湖北省水利厅党组成员、副厅长（鄂组干〔2003〕302号）；7月，汤和明任党组成员、纪检组长（鄂组干〔2003〕354号）。

2005年7月，刘烈玉任湖北省水利厅党组成员、副厅长（鄂组干〔2005〕404号）；12月，张依涛任湖北省水利厅党组成员、副厅长（鄂组干〔2005〕558号）。

2006年1月，湖北省水利厅厅长段安华离任到湖北省人大工作、王忠法任湖北省水利厅厅长（鄂发干〔2006〕3号）；3月，李红云离任调出（鄂组干〔2006〕95号）。

2007年3月，周汉奎（鄂组干〔2007〕137号）、金正鉴（鄂组干〔2007〕124号）任湖北省水利厅党组成员、副厅长。

2009年10月，史芳斌任湖北省水利厅党组成员、副厅长（鄂组干〔2009〕594号）。

湖北省水利厅领导任免表（2001年1月—2009年12月）见表1。

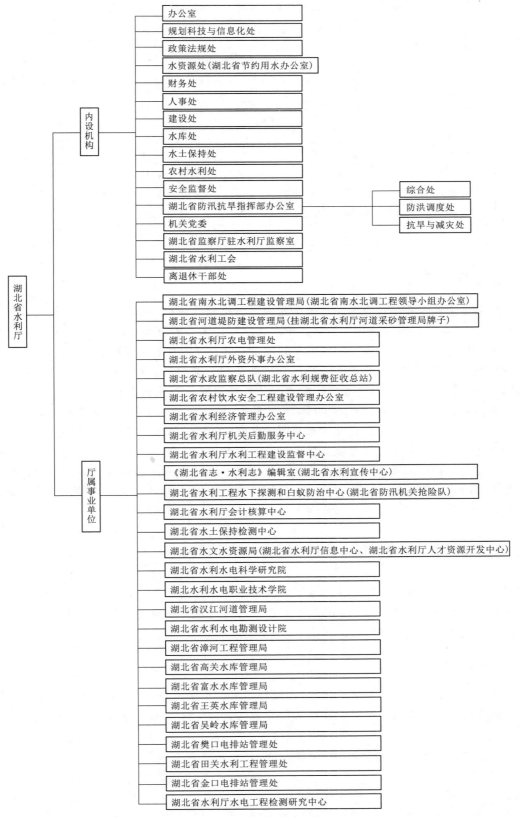

图 1　湖北省水利厅机构图（2009 年）

表1   湖北省水利厅领导任免表（2001年1月—2009年12月）

机构名称	姓　名	职　务	任　免　时　间	备　注
湖北省水利厅	段安华	党组书记、厅长	1998年3月—2006年1月	
	李红云	党组成员、副厅长	2001年7月—2006年3月	
	郭志高	党组成员、副厅长	2003年6月—2009年3月	
	汤和明	党组成员、纪检组长	2003年7月—	
	刘烈玉	党组成员、副厅长	2005年7月—	
	张依涛	党组成员、副厅长	2005年12月—2006年12月	
	王忠法	党组书记、厅长	2006年1月—	
	周汉奎	党组成员、副厅长	2007年3月—	
	金正鉴	党组成员、副厅长	2007年3月—	
	史芳斌	党组成员、副厅长	2009年10月—	

（四）所属事业单位

湖北省水利厅所属事业单位有湖北省南水北调工程建设管理局（湖北省南水北调工程领导小组办公室）、湖北省河道堤防建设管理局（挂湖北省水利厅河道采砂管理局牌子）、湖北省水利厅农电管理处、湖北省水利厅外资外事办公室、湖北省水政监察总队（湖北省水利规费征收总站）、湖北省农村饮水安全工程建设管理办公室、湖北省水利经济管理办公室、湖北省水利厅机关后勤服务中心、湖北省水利厅水利工程建设监督中心、《湖北省志·水利志》编辑室（湖北省水利宣传中心）、湖北省水利工程水下探测和白蚁防治中心（湖北省防汛机关抢险队）、湖北省水利厅会计核算中心、湖北省水土保持检测中心、湖北省水文水资源局（湖北省水利厅信息中心、湖北省水利厅人才资源开发中心）、湖北省水利水电科学研究院、湖北水利水电职业技术学院、湖北省汉江河道管理局、湖北省水利水电勘测设计院、湖北省漳河工程管理局、湖北省高关水库管理局、湖北省富水水库管理局、湖北省王英水库管理局、湖北省吴岭水库管理局、湖北省樊口电排站管理处、湖北省田关水利工程管理处、湖北省金口电排站管理处、湖北省水利厅水电工程检测研究中心。

二、第二阶段（2009年12月—2019年1月）

根据《湖北省人民政府办公厅关于印发〈湖北省水利厅主要职责内设机构和人员编制规定〉的通知》（鄂政办发〔2009〕121号），设立湖北省水利厅，为湖北省政府组成部门，挂湖北省防汛抗旱指挥部办公室、湖北省湖泊局牌子。

（一）主要职责

（1）负责《中华人民共和国水法》《中华人民共和国水土保持法》《中华人民共和国防洪法》等法律法规的贯彻实施和监督检查，推进全省水利行业依法行政工作，拟定有关地方性法规、省政府规章草案。

（2）负责保障全省水资源的合理开发利用，拟定全省水利发展及战略规划和政策，组织编制省确定的重要江河湖泊的流域综合规划、专业规划等重大水利规划，指导市、县区域和流域水利规划工作。

（3）负责提出全省水利固定资产投资规模和方向，按照规定权限，审批、核准全省水利规划内和年度计划规模内固定资产投资项目，负责提出国家下达湖北省和省级财政性资金的水利投资安排意见并组织实施。

（4）负责全省生活、生产经营和生态环境用水的统筹兼顾和保障。实施水资源的统一监督管理，拟定全省和跨市（州）水中长期供求规划、水量分配方案并监督实施。组织开展水资源和水能资源调查评价工作，负责全省重要流域、区域以及重大调水工程的水资源调度。组织实施取水许可、水资源有偿使用制度和水资源论证、防洪论证制度。指导水利行业供水和乡镇供水工作。指导、组织、协调全省农村饮水安全工程建设与管理工作。

（5）负责全省水资源保护工作，组织编制水资源保护规划，组织拟定重要江河湖泊的水功能区划并监督实施，核定水域纳污能力，提出限制排污总量建议，指导饮用水水源保护工作，指导地下水开发利用和城市规划区地下水资源管理保护工作。

（6）负责防治水旱灾害，承担省防汛抗旱指挥部的具体工作。组织、协调、监督、指挥全省防汛抗旱工作，对重要江河湖泊和跨市（州）水工程实施防汛抗旱调度和应急水量调度，编制湖北省防汛抗旱应急预案并组织实施。指导水利突发公共事件的应急管理工作。

（7）负责全省节约用水工作。拟定节约用水政策，编制节约用水规划，制定有关标准，指导和推动节水型社会建设工作。

（8）指导、组织全省水文工作，负责全省水文水资源监测、水文站网建设和管理，对江河湖库和地下水的水量、水质实施监测，发布水文水资源信息、情报预报和全省水资源公报。

（9）指导、组织全省水利设施、水域及其岸线的管理与保护，主管全省河道、水库、湖泊、分洪区、蓄洪区、滞洪区水利工作，指导省内江河湖库的治理和开发，指导、组织水利工程建设与运行管理，组织实施具有控制性的或跨市（州）及跨流域的重要水利工程建设与运行管理，负责全省河道采砂的统一管理和监督检查工作。

（10）负责全省水土保持工作，拟定水土保持规划并组织实施，组织实施水土流失的综合防治、监测预报并定期公告，负责有关重大开发建设项目水土保持方案的审批、监督实施及水土保持设施的验收工作，组织、指导有关重点水土保持建设项目的实施。

（11）指导全省农村水利工作，组织协调农田水利基本建设，指导、协调节水灌溉等工程建设与管理、农村水利社会化服务体系建设工作。

（12）负责全省水能资源开发利用管理工作，指导、组织和实施水能资源规划编制、设计审查、建设监管、水库防汛调度等方面的工作。指导、组织水电农村电气化和小水电代燃料工作。

（13）负责省内重大涉水违法事件的查处，协调跨市（州）水事纠纷，指导、组织全省水政监察、水行政执法和水利规费征收工作。依法负责水利行业安全生产工作，组织、指导水库、水电站大坝的安全监管，组织、指导水利建设市场的监督管理，组织实施水利工程建设的监督。

（14）开展全省水利科技、教育和对外合作工作。组织开展全省水利行业质量监督工作，组织拟定全省水利行业的有关技术标准、规程规范并监督实施。承担全省水利统计工作。组织开展全省水利行业对外交流工作。

（15）承办上级交办的其他事项。

（二）人员编制和内设机构

根据《湖北省人民政府办公厅关于印发〈湖北省水利厅主要职责内设机构和人员编制规定〉的通知》（鄂政办发〔2009〕121号），明确湖北省水利厅机关内设办公室、规划科技与信息化处、政策法规处、水资源处（对外使用"湖北省节约用水办公室"名称）、财务处、人事处、建设处、水库处、水土保持处、农村水利处、安全监督处等11个处室；另设湖北省防汛抗旱指挥部办公室、直属机关党委、监察室、水利工会、离退休干部处（见图2）。

2010年，增加副厅长职数1名、处长职数3名、副处长职数4名、非领导职数1名。

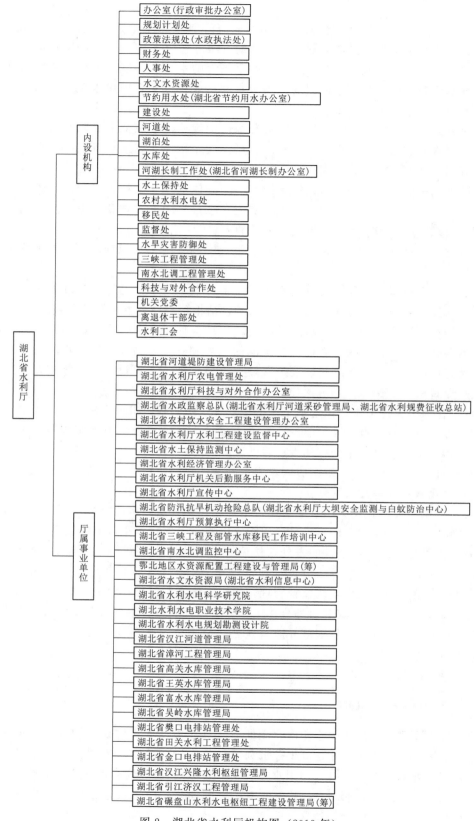

办公室(行政审批办公室)
规划计划处
政策法规处(水政执法处)
财务处
人事处
水文水资源处
节约用水处(湖北省节约用水办公室)
建设处
河道处
湖泊处
水库处
河湖长制工作处(湖北省河湖长制办公室)
水土保持处
农村水利水电处
移民处
监督处
水旱灾害防御处
三峡工程管理处
南水北调工程管理处
科技与对外合作处
机关党委
离退休干部处
水利工会

内设机构

湖北省水利厅

湖北省河道堤防建设管理局
湖北省水利厅农电管理处
湖北省水利厅科技与对外合作办公室
湖北省水政监察总队(湖北省水利厅河道采砂管理局、湖北省水利规费征收总站)
湖北省农村饮水安全工程建设管理办公室
湖北省水利厅水利工程建设监督中心
湖北省水土保持监测中心
湖北省水利经济管理办公室
湖北省水利厅机关后勤服务中心
湖北省水利厅宣传中心
湖北省防汛抗旱机动抢险总队(湖北省水利厅大坝安全监测与白蚁防治中心)
湖北省水利厅预算执行中心
湖北省三峡工程及部管水库移民工作培训中心
湖北省南水北调监控中心
鄂北地区水资源配置工程建设与管理局(筹)
湖北省水文水资源局(湖北省水利信息中心)
湖北省水利水电科学研究院
湖北水利水电职业技术学院
湖北省水利水电规划勘测设计院
湖北省汉江河道管理局
湖北省漳河工程管理局
湖北省高关水库管理局
湖北省王英水库管理局
湖北省富水水库管理局
湖北省吴岭水库管理局
湖北省樊口电排站管理处
湖北省田关水利工程管理处
湖北省金口电排站管理处
湖北省汉江兴隆水利枢纽管理局
湖北省引江济汉工程管理局
湖北省碾盘山水利水电枢纽工程建设管理局(筹)

厅属事业单位

图 2　湖北省水利厅机构图（2019 年）

2011年，厅水库处更名为湖泊水库处；厅机关增加军转专用副巡视员职数1名，增加军转编制8名。

2012年，批准省湖泊局内设2个处室，核增副厅级领导职数1名、处级领导职数1正1副，增加行政编制2名；厅政策法规处挂厅行政审批处的牌子，厅11项行政许可审批事项和2项非许可审批事项统一归口到厅行政审批处办理，归口管理厅行政服务中心。

2013年，增加2012年军转行政编制2名、厅机关正处级非领导职数2名；将厅规科处有关水利科技管理职能划转到厅外资外事办公室。

2014年，增加军转调研员职数1名、军转编制4名。

2015年，增加正厅非领导职数1名、2014年度军转调研员职数1名和2013年度军转行政编制2名。2015年11月，湖北省机构编制委员会办公室（以下简称湖北省编办）以鄂编办文〔2015〕163号文，撤销中共湖北省水利厅纪检组、监察室，原核定的1名纪检组组长领导职数（副厅级）、1名监察室主任领导职数（正处级）、1名监察室副主任领导职数（副处级）收回注销；从湖北省水利厅连人带编划转7名行政编制到中共湖北省纪律检查委员会派驻纪检机构，调整后，湖北省水利厅行政编制从138名减少到131名。

2016年3月，湖北省公务员局以鄂公局任〔2016〕29号文，批复军转干部处级非领导职数，下达厅机关调研员职数1名，用于安置邓新宽。2016年3月，湖北省编办以鄂编办文〔2016〕17号文，连人带编划转1名行政编制至省委巡视机构。2016年5月，湖北省编办以鄂编办文〔2016〕45号文，下达2014年军转干部行政编制1名。

2017年3月，湖北省公务员局以鄂公局任〔2017〕32号文，下达厅机关调研员职数1名，用于安置李向阳。2017年5月，湖北省编办以鄂编办文〔2017〕50号文，下达2015年军转干部行政编制1名。2017年6月，湖北省编办以鄂编办文〔2017〕60号文，批复同意在厅机关设立河湖长制工作处，核定行政编制5名（机关内部调剂），核定处级领导职数1正1副。2017年10月，湖北省公务员局以鄂公局任〔2017〕105号文，核定了湖北省水利厅职务与职级并行的职级职数（处级）。2017年10月，省委组织部以鄂组干〔2017〕396号文，核定了湖北省水利厅职务与职级并行的职级职数（厅级）。

2018年2月，湖北省编委以鄂编文〔2018〕2号文，核定湖北省河湖长制办公室专职副主任领导职数1名（副厅级）。2018年2月，湖北省公务员局以鄂公局任〔2018〕41号文，核定厅机关二级调研员1名，用于安置刘良彦。2018年2月，湖北省委组织部以鄂组干〔2018〕96号文，核定1名二级巡视员专用职级职数。2018年10月，湖北省委实施省级机构改革，原湖北省三峡办、湖北省移民局、湖北省南水北调管理局并入湖北省水利厅，优化调整组建新的湖北省水利厅加挂湖北省湖泊局牌子。

（三）厅领导任免

2011年8月，冯仲凯任湖北省水利厅党组副书记、副厅长（正厅级）。

2013年12月，汤和明任巡视员，免去其湖北省纪律检查委员会派驻湖北省水利厅纪检组组长、湖北省水利厅党组成员职务（鄂发干〔2013〕629号）。

2014年1月，刘烈玉任巡视员，免去其湖北省水利厅副厅长、党组成员职务（鄂发干〔2014〕21号）。

2014年3月，湖北省水利厅党组成员、副厅长，湖北省河道堤防建设管理局局长史芳斌免职（鄂发干〔2014〕71号、鄂政任〔2014〕34号）。

2014年6月，湖北省水利厅党组成员、副厅长金正鉴免职（鄂组干〔2014〕249号、鄂政任〔2014〕85号）。

2014年10月，赵金河任湖北省水利厅党组成员、副厅长，湖北省河道堤防建设管理局局长（鄂发干〔2014〕336号、鄂政任〔2014〕125号、鄂组干〔2014〕450号）；唐俊任湖北省水利厅党组成员、副厅长（鄂发干〔2014〕336 号、鄂政任〔2014〕125 号、鄂组干〔2014〕450 号）。

2015 年 12 月，刘元成任湖北省水利厅党组成员、副厅长（鄂发干〔2016〕13 号、鄂政任〔2016〕2 号）；徐长水任湖北省水利厅党组成员、湖北省纪委监委派驻湖北省水利厅纪检监察组组长。

2017 年 4 月，周汉奎任湖北省水利厅党组书记、湖北省湖泊局局长，王忠法同时免去以上职务（鄂发干〔2017〕253 号、鄂政任〔2017〕101 号）；焦泰文任湖北省水利厅党组成员、副厅长（鄂发干〔2017〕264 号、鄂政任〔2017〕88 号）。

2017 年 5 月，周汉奎任湖北省水利厅厅长，王忠法免湖北省水利厅厅长（鄂常任〔2017〕4 号）；湖北省水利厅党组副书记、副厅长冯仲凯免职（鄂发干〔2017〕261 号、鄂政任〔2017〕105 号）。

2017 年 11 月，徐少军任湖北省水利厅副厅长（鄂水利干〔2017〕77 号、鄂政任〔2017〕253 号）。

2018 年 11 月，陈树林任湖北省水利厅党组副书记、副厅长（正厅级）；丁凡璋任湖北省水利厅党组成员、副厅长；郑应发任湖北省水利厅党组成员、副厅长；钱银芝任湖北省水利厅党组成员、副厅长；荣以红任湖北省水利厅党组成员、副厅长；李静任湖北省水利厅党组成员、副厅长；刘文平任湖北省水利厅党组成员（副厅级）、万德学任湖北省水利厅党组成员（副厅级）（鄂发干〔2018〕320 号、鄂发干〔2018〕366 号、鄂政任〔2018〕123 号、鄂政任〔2018〕147 号）。

湖北省水利厅领导任免表（2009 年 12 月—2019 年 1 月）见表 2。

表 2 　　　　　　　　　　湖北省水利厅领导任免表（2009 年 12 月—2019 年 1 月）

机构名称	姓 名	职 务	任 免 时 间	备 注
湖北省水利厅	王忠法	党组书记、厅长	继任—2016 年 12 月	
	冯仲凯	党组副书记、副厅长	2011 年 8 月—2017 年 5 月	正厅级
	汤和明	党组成员、纪检组组长	继任—2013 年 12 月	2013 年 12 月任巡视员
	刘烈玉	党组成员、副厅长	继任—2014 年 1 月	2014 年 1 月任巡视员
	史芳斌	党组成员、副厅长	继任—2014 年 3 月	
	金正鉴	党组成员、副厅长	2007 年 3 月—2014 年 6 月	
	赵金河	党组成员、副厅长	2014 年 10 月—	
	唐 俊	党组成员、副厅长	2014 年 10 月—	
	刘元成	党组成员、副厅长	2015 年 12 月—	
	徐长水	党组成员、纪检组组长	2015 年 12 月—	
	周汉奎	党组成员、副厅长	继任—2017 年 4 月	
		党组书记、湖北省湖泊局局长	2017 年 4 月—	
		厅 长	2017 年 5 月—	
	焦泰文	党组成员、副厅长	2017 年 4 月—	
	徐少军	党组成员、副厅长	2017 年 11 月—	
	陈树林	党组副书记、副厅长	2018 年 11 月—	正厅级
	丁凡璋	党组成员、副厅长	2018 年 11 月—	
	郑应发	党组成员、副厅长	2018 年 11 月—	
	钱银芝	党组成员、副厅长	2018 年 11 月—	
	荣以红	党组成员、副厅长	2018 年 11 月—	
	李 静	党组成员、副厅长	2018 年 11 月—	
	刘文平	党组成员	2018 年 11 月—	副厅级
	万德学	党组成员	2018 年 11 月—	副厅级

（四）所属事业单位

湖北省水利厅所属事业单位有湖北省河道堤防建设管理局、湖北省水利厅农电管理处、湖北省水利厅科技与对外合作办公室、湖北省水政监察总队（湖北省水利厅河道采砂管理局、湖北省水利规费征收总站）、湖北省农村饮水安全工程建设管理办公室、湖北省水利厅水利工程建设监督中心、湖北省水土保持监测中心、湖北省水利经济管理办公室、湖北省水利厅机关后勤服务中心、湖北省水利厅宣传中心、湖北省防汛抗旱机动抢险总队（湖北省水利厅大坝安全监测与白蚁防治中心）、湖北省水利厅预算执行中心、湖北省三峡工程及部管水库移民工作培训中心、湖北省南水北调监控中心、鄂北地区水资源配置工程建设与管理局（筹）、湖北省水文水资源局（湖北省水利信息中心）、湖北省水利水电科学研究院、湖北水利水电职业技术学院、湖北省水利水电规划勘测设计院、湖北省汉江河道管理局、湖北省漳河工程管理局、湖北省高关水库管理局、湖北省王英水库管理局、湖北省富水水库管理局、湖北省吴岭水库管理局、湖北省樊口电排站管理处、湖北省田关水利工程管理处、湖北省金口电排站管理处、湖北省汉江兴隆水利枢纽管理局、湖北省引江济汉工程管理局、湖北省碾盘山水利水电枢纽工程建设管理局（筹）。

三、第三阶段（2019 年 1 月—2021 年 12 月）

根据湖北省委办公厅、省政府办公厅《关于印发〈湖北省水利厅职能配置、内设机构和人员编制规定〉的通知》（鄂办文〔2019〕33 号），湖北省水利厅是湖北省政府组成部门，为正厅级，对外加挂湖北省湖泊局牌子。

（一）主要职责

（1）负责保障水资源的合理开发利用。起草有关地方性法规、省政府规章草案，组织编制全省水资源战略规划、重要江河湖泊流域综合规划、防洪规划等重大水利规划。

（2）负责生活、生产经营和生态环境用水的统筹和保障。组织实施最严格水资源管理制度，实施水资源的统一监督管理。拟定全省和跨区域水中长期供求规划、水量分配方案并监督实施。负责重要流域、区域以及重大调水工程的水资源调度。组织实施取水许可、水资源论证和防洪论证制度，指导开展水资源有偿使用工作。指导水利行业供水和乡镇供水工作。

（3）按规定制定水利工程建设有关制度并组织实施。负责提出全省水利固定资产投资规模、方向、具体安排建议并组织指导实施。按照省政府规定权限，审批、核准规划内和年度计划规模内固定资产投资项目，提出水利资金安排建议并负责项目实施的监督管理。

（4）指导水资源保护工作。组织编制并实施水资源保护规划。指导饮用水水源保护有关工作，指导地下水开发利用和地下水资源管理保护。组织指导地下水超采区综合治理。

（5）负责节约用水工作。拟定节约用水政策措施，组织编制节约用水规划并监督实施，组织制定有关标准。组织实施用水总量控制等管理制度，指导和推动节水型社会建设工作。

（6）指导水文工作。负责水文水资源监测、水文站网建设和管理。对江河湖库和地下水实施监测，发布水文水资源信息、情报预报和全省水资源公报。按规定组织开展水资源、水能资源调查评价和水资源承载能力监测预警工作。

（7）指导水利设施、水域及其岸线的管理、保护与综合利用。组织指导水利基础设施网络建设。指导江河湖泊及河口的治理、开发和保护。指导河湖水生态保护与修复、河湖生态流量水量管理以及河湖水系连通工作。指导全面推行河湖长制工作。

（8）指导监督水利工程建设与运行管理。组织实施具有控制性的和跨区域跨流域的重要水利工程建设与运行管理。组织提出并协调落实三峡工程运行、南水北调工程运行和后续工程建设的有关政策措施。指导实施地方配套工程建设。指导监督南水北调有关工程安全运行，组织有关工程验收工作。

（9）负责水土保持工作。拟定水土保持规划并监督实施，组织实施水土流失的综合防治、监测预报并定期公告。负责建设项目水土保持监督管理工作。指导国家和省重点水土保持建设项目的实施。

（10）指导农村水利工作。组织开展大中型灌排工程建设与改造。指导农村饮水安全工程建设与管理工作，指导节水灌溉有关工作。指导农村水利改革创新和社会化服务体系建设。指导农村水能资源开发、小水电改造和水电农村电气化工作。

（11）指导水利工程移民管理工作。拟定水利工程移民有关政策措施并监督实施，组织实施水利工程移民安置验收、监督评估等制度。指导监督水库移民后期扶持政策的实施，指导三峡工程、南水北调工程移民后期扶持工作，协调推动对口支援等工作。

（12）负责重大涉水违法事件的查处，协调和仲裁跨市（州）水事纠纷，指导水政监察和水行政执法。依法负责水利行业安全生产工作，组织指导水库、水电站大坝、农村水电站的安全监管。指导水利建设市场的监督管理，组织实施水利工程建设的监督。

（13）开展水利科技、信息化和对外交流合作工作。组织开展水利行业质量监督工作，拟定水利行业的技术标准、规程规范并监督实施。组织编制水利信息化发展规划并组织实施。组织开展水利行业对外交流合作工作。

（14）负责落实综合防灾减灾规划相关要求，组织编制洪水干旱灾害防治规划和防护标准并指导实施。承担水情旱情监测预警工作。组织编制重要江河湖泊和重要水工程的防御洪水抗御旱灾调度及应急水量调度方案，按程序报批并组织实施。承担防御洪水应急抢险的技术支撑工作。承担台风防御等极端天气期间重要水工程调度工作。

（15）完成上级交办的其他任务。

（16）职能转变。省水利厅要切实加强水资源合理利用、优化配置和节约保护。坚持节水优先，从增加供给转向更加重视需求管理，严格控制用水总量和提高用水效率。坚持保护优先，加强水资源、水域和水利工程的管理保护，维护河湖健康美丽。坚持统筹兼顾，保障合理用水需求和水资源的可持续利用，为经济社会发展提供水安全保障。

（二）人员编制和内设机构

根据湖北省委办公厅、湖北省政府办公厅《关于印发〈湖北省水利厅职能配置、内设机构和人员编制规定〉的通知》（鄂办文〔2019〕33号），湖北省水利厅内设办公室（行政审批办公室）、规划计划处、政策法规处（水政执法处）、财务处、人事处、水文水资源处、节约用水处（湖北省节约用水办公室）、建设处、河道处、湖泊处、水库处、河湖长制工作处（湖北省河湖长制办公室）、水土保持处、农村水利水电处、移民处、监督处、水旱灾害防御处、三峡工程管理处、南水北调工程管理处、科技与对外合作处等20个处室，另设机关党委、离退休干部处、水利工会（见图3）。

湖北省水利厅机关行政编制154名，设厅长1名（兼省湖泊局局长）、副厅长4名（其中1名兼省湖泊局副局长）、总工程师1名、总经济师1名；正处级领导职数26名（含督察专员3名、机关党委专职副书记1名、离退休干部处处长1名、工会主席1名），副处级领导职数30名（含机关纪委书记1名）。

2019年4月，湖北省委组织部以鄂组干〔2019〕256号文，重新核定省水利厅机关的职级职数，同意省水利厅机关设置一、二级巡视员7名，其中一级巡视员2名，二级巡视员5名；设置一至四级调研员69名，其中一、二级调研员34名，三、四级调研员35名。

2019年6月，湖北省委编办以鄂编办文〔2019〕67号文，下达2017年军转干部行政编制3名。

2019年10月，湖北省委组织部以鄂组干〔2019〕739号文，重新核定省水利厅机关职级职数，同意省水利厅机关设置一、二级巡视员8名，其中一级巡视员2名，二级巡视员6名；设置一至四级调研员76名，其中一、二级调研员38名，三、四级调研员38名。

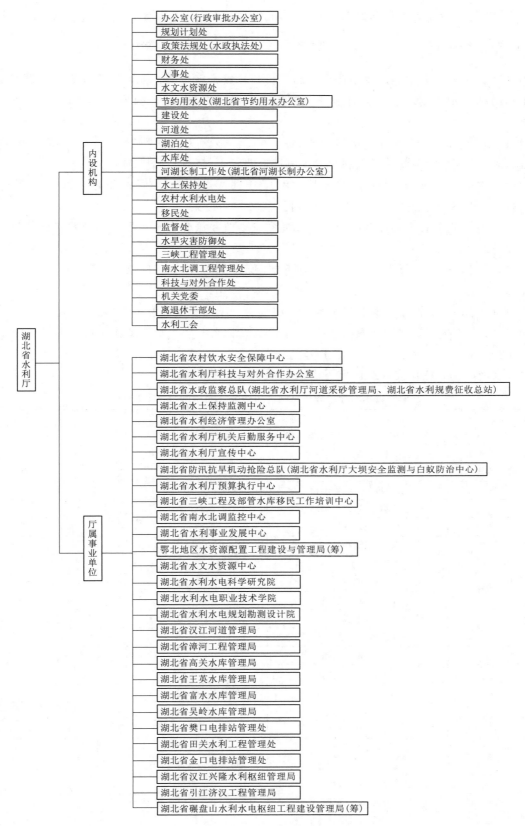

办公室(行政审批办公室)
规划计划处
政策法规处(水政执法处)
财务处
人事处
水文水资源处
节约用水处(湖北省节约用水办公室)
建设处
河道处
湖泊处
水库处
河湖长制工作处(湖北省河湖长制办公室)
水土保持处
农村水利水电处
移民处
监督处
水旱灾害防御处
三峡工程管理处
南水北调工程管理处
科技与对外合作处
机关党委
离退休干部处
水利工会

内设机构

湖北省水利厅

厅属事业单位

湖北省农村饮水安全保障中心
湖北省水利厅科技与对外合作办公室
湖北省水政监察总队(湖北省水利厅河道采砂管理局、湖北省水利规费征收总站)
湖北省水土保持监测中心
湖北省水利经济管理办公室
湖北省水利厅机关后勤服务中心
湖北省水利厅宣传中心
湖北省防汛抗旱机动抢险总队(湖北省水利厅大坝安全监测与白蚁防治中心)
湖北省水利厅预算执行中心
湖北省三峡工程及部管水库移民工作培训中心
湖北省南水北调监控中心
湖北省水利事业发展中心
鄂北地区水资源配置工程建设与管理局(筹)
湖北省水文水资源中心
湖北省水利水电科学研究院
湖北水利水电职业技术学院
湖北省水利水电规划勘测设计院
湖北省汉江河道管理局
湖北省漳河工程管理局
湖北省高关水库管理局
湖北省王英水库管理局
湖北省富水水库管理局
湖北省吴岭水库管理局
湖北省樊口电排站管理处
湖北省田关水利工程管理处
湖北省金口电排站管理处
湖北省汉江兴隆水利枢纽管理局
湖北省引江济汉工程管理局
湖北省碾盘山水利水电枢纽工程建设管理局(筹)

图 3　湖北省水利厅机构图（2021 年）

2020 年 12 月，湖北省委编办以鄂编办文〔2020〕64 号文，下达 2018 年军转干部行政编制 2 名。

（三）厅领导任免

2019 年 4 月，湖北省水利厅党组成员、副厅长刘元成、赵金河、荣以红晋升为一级巡视员，湖北省水利厅党组副书记、副厅长陈树林免职（鄂组干〔2019〕226 号，鄂发干〔2019〕93 号、177 号，鄂政任〔2019〕40 号、59 号）。

2019 年 10 月，湖北省水利厅党组成员、副厅长钱银芝免职（鄂发干〔2019〕405 号、鄂政任〔2019〕139 号）。万德学免湖北省水利厅党组成员（鄂发干〔2019〕317 号）。

2020 年 7 月，湖北省水利厅党组成员、副厅长郑应发、徐少军晋升为一级巡视员（鄂组干〔2020〕331 号、鄂发干〔2020〕153 号、鄂政任〔2020〕94 号）。

2020 年 9 月，湖北省水利厅党组成员、湖北省纪委监委派驻省水利厅纪检监察组组长徐长水免职（鄂发干〔2020〕204 号）。

2020 年 10 月，廖志伟任湖北省水利厅党组副书记、副厅长（正厅级）（鄂发干〔2020〕235 号、鄂政任〔2020〕144 号）。

2020 年 11 月，王勇挂职任湖北省水利厅党组成员、副厅长（鄂发干〔2020〕248 号）。

2020 年 12 月，湖北省水利厅党组成员、副厅长李静晋升为一级巡视员（鄂组干〔2020〕727 号、鄂发干〔2020〕341 号、鄂政任〔2021〕8 号）。

湖北省水利厅领导任免表（2019 年 1 月—2021 年 12 月）见表 3。

表 3　　　　　　　　　湖北省水利厅领导任免表（2019 年 1 月—2021 年 12 月）

组织机构	姓　名	职　　务	任免时间	备　注
湖北省水利厅	周汉奎	党组书记、厅长、省湖泊局局长	继任—	
	陈树林	党组副书记、副厅长	继任—2019 年 4 月	
	廖志伟	党组副书记、副厅长	2020 年 10 月—	正厅级
	徐长水	党组成员、纪检组长	继任—2020 年 9 月	
	丁凡璋	党组成员、副厅长	继任—	
	焦泰文	党组成员、副厅长	继任—	
	刘元成	一级巡视员	2019 年 4 月—	
		党组成员、副厅长	继任—2019 年 4 月	
	郑应发	一级巡视员	2020 年 7 月—	
		党组成员、副厅长	继任—2020 年 7 月	
	赵金河	一级巡视员	2019 年 4 月—	
		党组成员、副厅长	继任—2019 年 4 月	
	徐少军	一级巡视员	2020 年 7 月—	
		党组成员、副厅长	继任—2020 年 7 月	
	钱银芝	党组成员、副厅长	继任—2019 年 10 月	
	荣以红	一级巡视员	2019 年 4 月—	
		党组成员、副厅长	继任—2019 年 4 月	
	李　静	一级巡视员	2020 年 12 月—	
		党组成员、副厅长	继任—2020 年 12 月	
	唐　俊	党组成员、副厅长	继任—	
	王　勇	党组成员、副厅长	2020 年 11 月—2021 年 12 月	挂职
	刘文平	党组成员	继任—	副厅级
	万德学	党组成员	继任—2019 年 10 月	副厅级

（四）所属事业单位

湖北省水利厅所属事业单位有湖北省农村饮水安全保障中心、湖北省水利厅科技与对外合作办公室、湖北省水政监察总队（湖北省水利厅河道采砂管理局、湖北省水利规费征收总站）、湖北省水土保持监测中心、湖北省水利经济管理办公室、湖北省水利厅机关后勤服务中心、湖北省水利厅宣传中心、湖北省防汛抗旱机动抢险总队（湖北省水利厅大坝安全监测与白蚁防治中心）、湖北省水利厅预算执行中心、湖北省三峡工程及部管水库移民工作培训中心、湖北省南水北调监控中心、湖北省水利事业发展中心、鄂北地区水资源配置工程建设与管理局（筹）、湖北省水文水资源中心、湖北省水利水电科学研究院、湖北水利水电职业技术学院、湖北省水利水电规划勘测设计院、湖北省汉江河道管理局、湖北省漳河工程管理局、湖北省高关水库管理局、湖北省王英水库管理局、湖北省富水水库管理局、湖北省吴岭水库管理局、湖北省樊口电排站管理处、湖北省田关水利工程管理处、湖北省金口电排站管理处、湖北省汉江兴隆水利枢纽管理局、湖北省引江济汉工程管理局、湖北省碾盘山水利水电枢纽工程建设管理局（筹）。

执笔人：张　政　杨慧文

审核人：赵　敏　易兴涛

湖南省水利厅

湖南省水利厅是湖南省人民政府正厅级的组成部门，办公地点为湖南省长沙市韶山北路370号。

2001—2021年，湖南省水利厅组织沿革演变过程大体可分为5个阶段：2001年1月—2006年12月，2006年12月—2008年3月，2008年3月—2013年3月，2013年3月—2019年2月，2019年2月—2021年12月。

一、第一阶段（2001年1月—2006年12月）

2000年4月，湖南省委、省政府决定将湖南省水利水电厅更名为湖南省水利厅。

（一）机构主要职责

根据《湖南省人民政府办公厅关于印发〈湖南省水利厅职能配置、内设机构和人员编制规定〉的通知》（湘政办发〔2000〕41号），湖南省水利厅的主要职责如下：

（1）研究拟定全省水利工作的方针政策、发展战略、中长期规划和年度计划，拟定有关地方性法规和规章并监督实施。

（2）统一管理水资源（含空中水、地表水、地下水）；组织拟定全省和跨市、州水长期供求计划、水量分配方案并监督实施；组织有关国民经济总体规划、城市规划及重大建设项目的水资源和防洪的论证工作；组织实施取水许可制度和水资源费征收制度；拟定节约用水政策、编制节约用水规划，制定有关标准，组织、指导和监督全省节约用水工作；发布全省水资源信息；指导全省水文工作。

（3）按照国家和全省资源与环境保护的有关法律法规和标准，拟定水资源保护规划；组织水功能区的划分；监测江河湖库的水量、水质，审定水域纳污能力，提出不同水功能区限制排污总量控制意见。

（4）组织、指导水政监察和水行政执法；协调并仲裁部门间和市、州间的水事纠纷。

（5）拟定水利行业的经济调节措施；负责水利行业的国有资产保值增值的监管，对水利资金的使用进行宏观调节和监管；指导水利行业的供水、水电及多种经营工作；研究提出有关水利的价格、税收、信贷、财务等经济调节意见。

（6）负责全省水利建设与管理工作。组织编制和负责审查大中型水利基建项目建议书和可行性报告；组织重大水利科学研究和技术推广；组织拟定水利行业技术质量标准和水利工程的规程、规范并监督实施。

（7）组织、指导水利设施、水域及其岸线的管理与保护；组织指导江河、湖泊、水库、河口滩涂的治理和开发；组织建设和指导管理具有控制性的或跨市、州的重要水利工程；组织、指导水库、水电站大坝等安全监管。

（8）承担省防汛抗旱指挥部的日常工作，组织、协调、监督、指导全省防汛抗旱工作，对洞庭湖和主要河流及重要水利工程实施防汛抗旱调度。

（9）指导农村水利工作。组织协调农田水利基本建设、农村水电电气化和乡镇供水工作；指导节水灌溉和农村饮水工作；对大中型水电站建设的选址、库容规划提出意见。

（10）组织全省水土保持工作。研究制订水土保持工程措施规划，组织水土流失的监测和综合防治。

（11）负责省水利行业的科技教育和对外合作工作；指导全省水利队伍建设。

（12）管理省水文水资源勘测局、省洞庭湖水利工程管理局。

（13）承办省委、省人民政府交办的其他事项。

（二）编制与机构设置

1. 编制情况

根据《湖南省人民政府办公厅关于印发〈湖南省水利厅职能配置、内设机构和人员编制规定〉的通知》（湘政办发〔2000〕41号），湖南省水利厅机关行政编制为69名。其中：厅长1名，副厅长5名（含省防汛抗旱指挥部办公室主任1名），纪检组长1名，总工程师1名；正副处级领导职数25名〔含机关党委、纪检（监察）负责人各1名〕。

2000年9月，在机关接收安置军队转业干部，增加1名机关行政编制。

2003年1月，在机关接收安置军队转业干部，增加1名机关行政编制。

2005年2月，在机关接收安置军队转业干部，增加1名机关行政编制。

2006年4月，在机关接收安置军队转业干部，增加1名机关行政编制。

2. 厅内设机构

厅内设处室11个（见图1）：办公室、规划计划处、水政水资源处（加挂湖南省节约用水办公室）、财务处、科技教育处、水利建设与管理处、水土保持处、人事处、机关党委、纪检组（监察室）、离退休人员管理服务办公室。

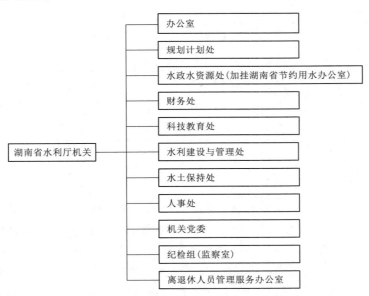

图1 湖南省水利厅机关机构图（2000年）

（三）厅领导任免

2001年9月，免去杨始伍党组成员、总工程师。

2002 年 6 月，甘明辉任党组成员、总工程师。

2003 年 2 月，免去宋再钦党组成员、副厅长。

2003 年 4 月，李皋任党组成员、副厅长。

2003 年 5 月，詹晓安、陈梦晖任党组成员、副厅长。

2003 年 6 月，龚凤祥任党组成员、纪检组长。

2003 年 7 月，免去成子久党组成员、副厅长。

2003 年 10 月，王孝忠连任党组书记、厅长。

2004 年 12 月，免去佘国云党组副书记、副厅长。

2006 年 5 月，钟再群任党组成员、副厅长。

2006 年 12 月，免去王孝忠党组书记、厅长；免去李皋党组成员、副厅长。

至 2006 年 12 月，本届厅领导有 13 人（见表1）。

表1　　　　　　　　湖南省水利厅领导任免表（2001 年 1 月—2006 年 12 月）

机构名称	姓 名	职 务	任 免 时 间	备 注
湖南省水利厅	王孝忠	党组书记、厅长	2000 年 12 月—2006 年 12 月	
	佘国云	党组副书记、副厅长	2000 年 4 月—2004 年 12 月	
	李 皋	党组成员、副厅长	2003 年 4 月—2006 年 12 月	
	成子久	党组成员、副厅长	2000 年 4 月—2003 年 7 月	
	宋再钦	党组成员、副厅长	1997 年 1 月—2003 年 2 月	
	詹晓安	党组成员、副厅长	2003 年 5 月—	
	刘佩亚	党组成员、副厅长	2000 年 12 月—	
	陈梦晖	党组成员、副厅长	2003 年 5 月—	
	张硕辅	党组成员、副厅长	2000 年 4 月—2003 年 3 月	
	钟再群	党组成员、副厅长	2006 年 5 月—	
	杨始伍	党组成员、总工程师	2000 年 4 月—2001 年 9 月	
	甘明辉	党组成员、总工程师	2002 年 6 月—	
	陈梦晖	党组成员、纪检组长	2000 年 8 月—2003 年 5 月	
	龚凤祥	党组成员、纪检组长	2003 年 6 月—	

（四）厅属企事业单位

（1）厅属事业单位 8 个：后勤服务中心、湖南省防汛抗旱指挥部办公室、湖南省洞庭湖水利工程管理局（副厅级）、湖南省水利工程管理局、湖南省水利重点工程办公室、综合事业局（2002 年 9 月由综合经营公司更名，原对外经济办公室、水利经济管理中心并入该局）、小水电公司〔2001 年 4 月更名为湖南省农村水电及电气发展中心（局）〕、水利水电物资仓库。

（2）厅属公司 6 个：湖南省洞庭总公司、湖南省疏浚有限公司、湖南省水利水电开发（集团）有限公司、湖南省水利水电工程建设监理公司、湖南省水利水电国际经济技术合作公司、湖南省水电建设公司。

（3）厅直属单位 17 个：湖南省水利水电勘测设计研究总院（副厅级）、湖南省水文水资源勘测局（副厅级）、湖南省水利水电科学研究所、湖南省防汛通讯中心、湖南省水利水电施工管理局、湖南省水利水电工程学校、湖南省水利水电医院、湖南省水工机械有限责任公司、湖南省双牌水电站、湖南省欧阳海灌区工程管理局、湖南省水府庙水电站、湖南省酒埠江水电站、湖南省南津渡水电站、湖南省水利水电工程总公司、湖南省水利水电第一工程公司、湖南省水利水电机械施工公司、湖南省江垭水库管理处。原湖南省水利水电学校并入长沙理工大学。

2003年10月—2006年12月期间，厅属事业单位8个，将物资公司列入厅属公司，增加信息中心。厅属公司7个，增加物资公司。厅直属单位湖南省水利水电工程学校升格为湖南省水利水电职业技术学院（副厅级）。

二、第二阶段（2006年12月—2008年3月）

（一）编制与机构设置

1. 编制情况

2007年5月，在机关接收安置军队转业干部增加1名机关行政编制，行政编制为74名。

2. 厅内设机构与厅属企事业单位

厅内设处室11个，厅属事业单位10个，厅属公司7个，厅直属单位17个，均与上届相同。

（二）厅领导任免

2006年12月，张硕辅任党组书记、厅长。

2007年3月，白超海任党组成员、省防汛抗旱指挥部办公室主任。

2007年11月，免去龚凤祥党组成员、纪检组长。

2007年12月，廉世界任党组成员、副厅长；邵建希任党组成员、纪检组长。

2008年3月，免去张硕辅党组书记、厅长。

至2008年3月，本届厅领导有10人（见表2）。

表2　　　　　　　　　湖南省水利厅领导任免表（2006年12月—2008年3月）

机构名称	姓 名	职 务	任免时间	备 注
湖南省水利厅	张硕辅	党组书记、厅长	2006年12月—2008年3月	
	詹晓安	党组副书记、副厅长	2006年12月—	
	刘佩亚	党组成员、副厅长	继任—	
	陈梦晖	党组成员、副厅长	继任—	
	廉世界	党组成员、副厅长	2007年12月—	
	钟再群	党组成员、副厅长	继任—	
	白超海	党组成员、省防汛抗旱指挥部办公室主任	2007年3月—	
	甘明辉	党组成员、总工程师	继任—	
	龚凤祥	党组成员、纪检组长	继任—2007年11月	
	邵建希	党组成员、纪检组长	2007年12月—	

三、第三阶段（2008年3月—2013年3月）

2008年3月，湖南省人大常委会任命戴军勇为湖南省水利厅厅长。

(一) 机构主要职责

根据《湖南省人民政府办公厅关于印发〈湖南省水利厅主要职责、内设机构和人员编制规定〉的通知》(湘政办发〔2009〕102号)精神,湖南省水利厅的主要职责如下:

(1) 负责保障全省水资源的合理开发和利用,拟定全省水利战略规划和政策,起草有关地方性法规、规章草案,组织编制省确定的重要江河湖泊的流域综合规划、防洪规划等重大水利规划。按规定制定水利工程建设有关制度并组织实施,负责提出水利固定资产投资规模、方向和省财政性资金安排的建议,按规定权限审批、核准省规划内和年度计划规模内固定资产投资项目;提出国家及省水利建设投资安排建议并组织实施。

(2) 负责生活、生产经营和生态环境用水的统筹兼顾和保障。实施水资源的统一监督管理,拟定全省和跨市州的水中长期供求规划、水量分配方案并监督实施,组织开展水资源调查评价工作,开展水能资源普查和调查评价。负责全省重要流域、区域的水资源调度,组织实施取水许可、水资源有偿使用制度和水资源论证、防洪论证制度,指导水利行业供水和乡镇供水工作。

(3) 负责水资源保护工作。组织编制水资源保护规划,组织拟定重要江河湖泊的水功能区划并监督实施,核定水域纳污能力,提出限制排污总量建议,负责入河排污口设置审批工作,指导饮用水水源保护工作,指导地下水开发利用和城市规划区地下水资源管理保护工作。

(4) 负责防治水旱灾害,承担省防汛抗旱指挥部的日常工作。组织、协调、监督、指挥全省防汛抗旱工作,对洞庭湖和主要河流及重要水利工程实施防汛抗旱调度和应急水量调度,编制省防汛抗旱应急预案并组织实施。指导水利突发公共事件的应急管理工作。

(5) 负责全省水能资源开发利用的统一监督管理,会同有关部门编制水能资源开发利用规划并监督实施,负责全省水能资源开发利用权有偿取得工作。

(6) 负责节约用水工作。拟定节约用水政策,编制全省节约用水规划,制定有关标准,指导和推动节水型社会建设工作。

(7) 指导水文工作。负责全省水文水资源监测、水文站网建设和管理,对江河湖泊、水库和地下水的水量、水质实施监测,发布水文水资源信息、情报预报和全省水资源公报。

(8) 组织指导水利设施、水域及其岸线的管理和保护,组织指导江河、湖泊、水库及河口、滩涂的治理和开发,负责河道管理工作,指导水利工程建设与运行管理,指导洞庭湖综合治理工作,组织实施具有控制性的或跨市州的重要水利工程建设及运行管理。

(9) 负责防治水土流失工作。拟定水土保持规划并监督实施,组织实施水土流失的综合防治、监测预报并定期公告,负责有关重大建设项目水土保持方案的审批、监督实施及水土保持设施的验收工作,指导重点水土保持建设项目的实施。负责水土保持规费征收制度的实施。

(10) 指导农村水利工作。组织协调农田水利基本建设,指导农村饮水安全、节水灌溉等工程建设与管理工作,指导农村水利社会化服务体系建设。指导农村水电电气化和小水电代燃料工作。

(11) 指导全省水利行业的国有资产监管工作,负责对水利资金的使用和厅属系统国有资产的监管工作;指导水利经济和水利风景区建设与管理工作。

(12) 负责重大涉水违法事件的查处,协调、仲裁跨市州水事纠纷,指导水政监察和水行政执法。依法负责水利行业安全生产工作,组织指导水库、水电站大坝的安全监管,指导水利建设市场的监督管理,组织实施水利工程建设的监督。

(13) 开展水利科技和外事工作,组织开展水利行业质量监督相关工作,指导和监督实施水利行业的技术标准、规程规范,承担水利统计工作,指导全省水利队伍建设,指导全省水利信息化工作。

(14) 承办省人民政府交办的其他事项。

（二）编制与机构设置

1. 编制情况

根据《湖南省人民政府办公厅关于印发〈湖南省水利厅主要职责、内设机构和人员编制规定〉的通知》（湘政办发〔2009〕102号），湖南省水利厅机关行政编制为86名（含离退休管理服务行政编制11名）。其中：厅长1名，副厅长4名，纪检组长1名，总工程师1名；正处级领导职数12名（含机关党委专职副书记、纪检监察负责人各1名），副处级领导职数18名。

2. 厅内设机构

根据《湖南省人民政府办公厅关于印发〈湖南省水利厅主要职责、内设机构和人员编制规定〉的通知》（湘政办发〔2009〕102号），湖南省水利厅内设处室12个（见图2）：办公室、规划计划处、水资源处（湖南省节约用水办公室）、财务处、建设管理处、水土保持处、科技外事处、安全监督处、人事处、离退休人员管理服务处、机关党委、纪检组（监察室）。

（三）厅领导任免

2008年3月，戴军勇任党组书记、厅长。
2011年1月，李建民任党组成员、副厅长。
2011年6月，免去陈梦晖党组成员、副厅长。
2011年8月，许向东任党组成员、副厅长。
2011年12月，免去廉世界党组成员、副厅长。
2011年12月，甘明辉任党组成员、副厅长。
2011年12月，张振全任党组成员、总工程师。
2012年12月，免去邵建希党组成员、纪检组长。
2013年1月，免去李建民党组成员、副厅长。
2013年3月，免去戴军勇党组书记、厅长。
至2013年3月，本届厅领导有12人（见表3）。

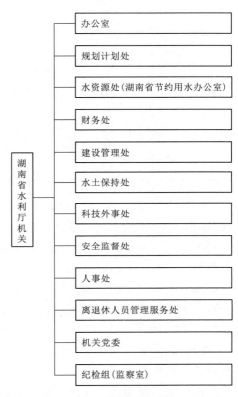

图2　湖南省水利厅机关机构图（2009年）

（湖南省水利厅机关：办公室、规划计划处、水资源处（湖南省节约用水办公室）、财务处、建设管理处、水土保持处、科技外事处、安全监督处、人事处、离退休人员管理服务处、机关党委、纪检组（监察室））

（四）厅属企事业单位

（1）厅属事业单位调整为10个：后勤服务中心、湖南省防汛抗旱指挥部办公室（副厅级）、湖南省洞庭湖水利工程管理局（副厅级）、湖南省农村水电及电气化发展中心（局）、湖南省水利工程管理局、综合事业局、湖南省水利水电重点工程办公室、信息中心、水利工程质量监督中心站、湖南省防汛抗旱物资储备中心（湖南省防汛抗旱机动抢险队）。

（2）厅属公司6个。根据加大水利投入的形势需要，新增设了有关投资公司，以利于发挥资金的最大效益，包括湖南省水利发展投资有限公司、湖南省水利投资有限公司、湖南省疏浚公司、湖南省水利水电开发集团公司、湖南省水利电力工程建设监理咨询公司、湖南省水利电力有限责任公司。

2012年8月—2013年3月，厅属公司7个，比上届新增湖南省水利水电物资公司（物资仓库）。

表3　　　　　　　　　　湖南省水利厅领导任免表（2008年3月—2013年3月）

机构名称	姓　名	职　　务	任　免　时　间	备　注
湖南省水利厅	戴军勇	党组书记、厅长	2008年3月—2013年3月	
	詹晓安	党组副书记、副厅长	继任—	
	李建民	党组成员、副厅长	2011年1月—2013年1月	
	刘佩亚	党组成员、副厅长	继任—	
	陈梦晖	党组成员、副厅长	继任—2011年6月	
	廉世界	党组成员、副厅长	继任—2011年12月	
	甘明辉	党组成员、副厅长	2011年12月—	
	钟再群	党组成员、副厅长	继任—	
	许向东	党组成员、副厅长	2011年8月—	
	白超海	党组成员、省防汛抗旱指挥部办公室主任	继任—	
	甘明辉	党组成员、总工程师	继任—2011年12月	
	张振全	党组成员、总工程师	2011年12月—	
	邵建希	党组成员、纪检组长	继任—2012年12月	

　　（3）厅直属单位16个：湖南省水利水电勘测设计研究总院（副厅级）、湖南省水文水资源勘测局（副厅级）、湖南水利水电职业技术学院（副厅级）、湖南省水利水电科学研究所、湖南省防汛通讯中心、湖南省水利水电施工管理局、湖南省水利水电医院、湖南省双牌水电站、湖南省水府庙电站、湖南省酒埠江水电站、湖南省南津渡水电站、湖南省水利水电工程总公司、湖南省水利水电第一工程公司、湖南省水利水电机械施工公司、湖南省欧阳海灌区水利水电工程管理局、湖南省江垭水库管理处。湖南省水工机械有限责任公司撤销实行整体改制。

　　2012年8月—2013年3月，厅直属单位由16个减少为13个：湖南省水利水电勘测设计研究总院（副厅级）、湖南省水文水资源勘测局（副厅级）、湖南省水利水电职业技术学院（副厅级）、湖南省水利水电科学研究所、湖南省防汛通讯中心、湖南省水利水电施工管理局、湖南省水利水电医院、湖南省双牌水电站、湖南省水府庙电站、湖南省酒埠江水电站、湖南省南津渡电站、湖南省欧阳海灌区水利水电工程管理局、湖南省江垭水库管理处。原湖南水总水利水电建设有限公司、湖南省水利水电第一工程有限公司、湖南省水利水电机械施工有限公司均划出实行整体改制。

四、第四阶段（2013年3月—2019年2月）

　　2013年3月，湖南省人大常委会任命詹晓安为湖南省水利厅厅长。2017年3月，詹晓安连任党组书记、厅长。

（一）编制与机构设置

1.编制情况

　　2017年3月，按照省委、省政府关于对机关进行机构改革的规定，单设湖南省纪委驻湖南省水利厅纪检组，划转4名机关行政编制。

　　2018年2月，在机关接收安置军队转业干部增加1名机关行政编制。

2. 厅内设机构

厅内设处室 13 个（见图 3）：办公室、规划计划处、水资源处（湖南省节约用水办公室）、财务处、建设管理处、水土保持处、农村水利处、科技外事处、安全监督处、人事处、离退休人员管理服务处、机关党委、纪检组（监察室）；2014 年 12 月新增农村水利处。

2017 年 3 月，按照省委、省政府关于对机关进行机构改革的规定，单设湖南省纪委驻湖南省水利厅纪检组，厅内设处室 12 个。

（二）厅领导任免

2013 年 3 月，詹晓安任党组书记、厅长。

2013 年 7 月，王跃生任党组成员、副厅长；李金任党组成员、纪检组长。

2014 年 9 月，免去刘佩亚党组成员、副厅长。

2015 年 9 月，钟再群任党组副书记、副厅长。

2015 年 10 月，陈绍金任党组成员、副厅长。

2015 年 11 月，免去许向东党组成员、副厅长；免去白超海党组成员、省防汛抗旱指挥部办公室主任。

2017 年 4 月，免去王跃生党组成员、副厅长。

2017 年 7 月，免去甘明辉党组成员、副厅长。

2017 年 8 月，易放辉任党组成员、副厅长。

2017 年 9 月，罗毅君任党组成员、副厅长。

2018 年 10 月，免去陈绍金党组成员、副厅长。

2019 年 1 月，免去李金驻厅纪检监察组组长、党组成员。

2019 年 2 月，免去詹晓安党组书记、厅长。

至 2019 年 2 月，本届厅领导有 12 人（见表 4）。

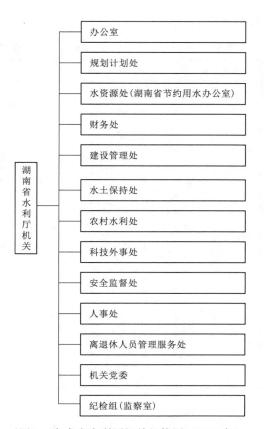

图 3　湖南省水利厅机关机构图（2017 年）

（三）厅属企事业单位

（1）厅属事业单位 10 个。与上届相同。

2017 年 3 月—2019 年 2 月期间，分别撤销综合事业局、湖南省水利水电重点工程办公室、厅信息中心，分别组建湖南省河道湖泊中心、厅技术评审中心、湖南省水资源中心。

（2）厅属公司 6 个。原湖南省水利水电物资公司（物资仓库）并入省防汛抗旱物资储备中心。

2015 年，依照国家政策规定，原厅直属的 6 个公司（湖南省水利发展投资有限公司、湖南省水利投资有限公司、湖南省疏浚公司、湖南省水利水电开发集团公司、湖南省水利电力工程建设监理咨询公司、湖南省水利电力有限责任公司）和湖南省双牌水电站、湖南省水府庙电站、湖南省酒埠江电站、湖南省南津渡电站等 10 个单位，其人员、资产全部由湖南省国有资产管理委员会收归管理。

（3）厅直属单位 9 个：湖南省水利水电勘测设计研究总院（副厅级）、湖南省水文水资源勘测局（副厅级）、湖南水利水电职业技术学院（副厅级）、湖南省水利水电科学研究院（原湖南省水利水电科学研究所更名）、湖南省水利信息技术中心、湖南省水利水电施工管理局、湖南省水利水电医院、湖南省欧阳海灌区水利水电工程管理局、湖南省江垭和皂市水库管理处（原湖南省江垭水库管理处更名）。

表4 　　　　　　　　湖南省水利厅领导任免表（2013年3月—2019年2月）

机构名称	姓　名	职　务	任免时间	备　注
湖南省水利厅	詹晓安	党组书记、厅长	2013年3月—2019年2月	
	钟再群	党组副书记、副厅长	2015年9月—	
	甘明辉	党组成员、副厅长	继任—2017年7月	
	钟再群	党组成员、副厅长	继任—2015年9月	
	刘佩亚	党组成员、副厅长	继任—2014年9月	
	许向东	党组成员、副厅长	继任—2015年11月	
	陈绍金	党组成员、副厅长	2015年10月—2018年10月	
	王跃生	党组成员、副厅长	2013年7月—2017年4月	
	罗毅君	党组成员、副厅长	2017年9月—	
	易放辉	党组成员、副厅长	2017年8月—	
	白超海	党组成员、省防汛抗旱指挥部办公室主任	继任—2015年11月	
	张振全	党组成员、总工程师	继任—	
	李金	党组成员、纪检组长	2013年7月—2019年1月	

五、第五阶段（2019年2月—2021年12月）

2019年2月，湖南省人大常委会任命颜学毛为湖南省水利厅厅长。

（一）机构主要职责

根据《中共湖南省委办公厅　湖南省人民政府办公厅关于印发〈湖南省水利厅职能配置、内设机构和人员编制规定〉的通知》（湘办〔2019〕44号），湖南省水利厅主要职责如下：

（1）负责保障水资源的合理开发利用。拟定水利政策和规划，起草有关地方性法规、规章草案，组织编制全省水资源规划、省确定的重要江河湖泊流域综合规划、防洪规划等重大水利规划。

（2）负责生活、生产经营和生态环境用水的统筹和保障。组织实施最严格水资源管理制度，实施水资源的统一监督管理，拟定全省和跨区域水中长期供求规划、水量分配方案并监督实施。负责重要流域、区域以及重大调水工程的水资源调度。组织实施取水许可、水资源论证和防洪论证制度，指导开展水资源有偿使用工作。指导全省水利行业供水和乡镇供水工作。

（3）按规定制定水利工程建设和运行管理有关制度并组织实施，负责提出水利固定资产投资规模、方向、具体安排建议并组织指导实施，按省政府规定权限审批、核准规划内和年度计划规模内固定资产投资项目，提出水利资金安排建议并负责项目实施的监督管理。

（4）指导水资源保护工作。组织编制实施水资源保护规划。指导饮用水水源保护有关工作。指导地下水开发利用、地下水资源管理保护。

（5）负责节约用水工作。拟定节约用水政策，组织编制节约用水规划并监督实施，组织制定有关标准。组织实施用水总量控制等管理制度，指导和推动节水型社会建设工作。

（6）负责水文工作。负责全省水文水资源监测、水文站网建设和管理。对江河湖库和地下水实施监测，发布水文水资源信息、情报预报和省级水资源公报。按规定组织开展水资源、水能资源调查评价和水资源承载能力监测预警工作。

（7）指导水利设施、水域及其岸线的管理、保护与综合利用。指导江河湖泊以及河口的治理、开发和保护。指导河湖水生态保护与修复、河湖生态流量水量管理以及河湖水系连通工作。指导洞庭湖区水利管理工作。承担河（湖）长制组织实施具体工作。

（8）指导监督水利工程建设与运行管理。组织指导水利基础设施网络建设和运行管理。指导水利建设市场的监督管理，组织实施水利工程建设的监督。

（9）负责水土保持工作。拟定水土保持规划并监督实施，组织实施水土流失的综合防治、监测预报并定期公告。负责建设项目水土保持监督管理工作，指导重点水土保持建设项目的实施。

（10）指导农村水利工作。组织开展大中型灌排工程建设与改造。指导农村饮水安全工程建设管理工作，指导节水灌溉有关工作。指导农村水利改革创新和社会化服务体系建设。指导农村水能资源开发、小水电改造和水电农村电气化工作。

（11）负责水利工程移民管理工作。拟定大中型水库移民有关政策并监督实施，组织实施水利工程移民安置验收、监督评估等制度。指导监督水库移民后期扶持政策的实施。协调推动水库移民对口支援等工作。

（12）指导协调重大涉水违法事件的查处，协调跨市州水事纠纷，指导水政监察和水行政执法。依法负责水利行业安全生产工作，组织指导水库、水电站大坝等水利工程设施的安全监管。

（13）开展水利科技和外事工作。拟定水利行业的地方技术标准、规程规范并监督实施，组织开展水利行业质量监督工作。

（14）负责落实综合防灾减灾规划相关要求，组织编制洪水干旱灾害防治规划和防护标准并指导实施。承担水情旱情监测预警工作。组织编制重要江河湖泊和重要水工程的防御洪水抗御旱灾调度及应急水量调度方案，按程序报批并组织实施。承担防御洪水应急抢险的技术支撑工作。承担台风防御期间重要水工程调度工作。

（15）完成省委、省政府交办的其他任务。

（16）职能转变。湖南省水利厅应切实加强水资源合理利用、优化配置和节约保护。坚持节水优先，从增加供给转向更加重视需求管理，严格控制用水总量和提高用水效率。坚持保护优先，加强水资源、水域和水利工程的管理保护，维护河湖健康美丽。坚持统筹兼顾，保障合理用水需求和水资源的可持续利用，为经济社会发展提供水安全保障。

（二）编制与机构设置

1. 编制情况

根据《中共湖南省委办公厅 湖南省人民政府办公厅关于印发〈湖南省水利厅职能配置、内设机构和人员编制规定〉的通知》（湘办〔2019〕44 号），湖南省水利厅机关行政编制 91 名。设厅长 1 名，副厅长 4 名，暂保留总工程师 1 名；正处级领导职数 16 名（含机关党委专职副书记、离退休人员管理服务处处长各 1 名），副处级领导职数 16 名。

2019 年 5 月，在机关接收安置军队转业干部增加 2 名机关行政编制。

2. 人员情况

据 2019 年 12 月统计，湖南省水利厅系统干部职工 3105 人，其中厅机关 323 人。

3. 厅内设处室 16 个

厅内设处室有办公室、规划计划与科技处、政策法规处、财务处、人事处、水资源处（湖南省节约用水办公室）、水利工程建设处、运行管理与监督处、河湖管理处、水土保持处、农村水利水电处、水库移民处、水旱灾害防御处、河长制工作处、机关党委、离退休人员管理服务处（见图 4）。

（三）厅领导任免

2019年2月，颜学毛任党组书记、厅长。

2019年5月，免去张振全党组成员、总工程师。

2019年5月，范金星任总工程师。

2019年7月，杨诗君任党组成员、副厅长。

2019年9月，金安荣任驻厅纪检监察组长、党组成员。

2020年6月，免去易放辉党组成员、副厅长。

2020年9月，免去罗毅君党组成员、副厅长；范金星任党组成员、副厅长。

2021年9月，免去钟再群党组副书记、副厅长；罗毅君任党组副书记、副厅长。

2021年10月，曾扬任党组成员、副厅长。

2021年12月，免去颜学毛党组书记、厅长；罗毅君任党组书记。

至2021年12月，本届厅领导共有9位（见表5）。

（四）厅属事业单位

1. 厅内属事业单位8个

根据湖南省编制委员会《关于湖南省洞庭湖水利事务中心机构编制事项调整通知》（湘编〔2019〕30号），设立湖南省洞庭湖水利事务中心，作为湖南省水利厅管理的副厅级公益一类事业单位。

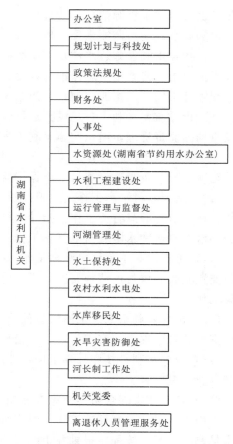

图4　湖南省水利厅机关机构图（2019年）

表5　湖南省水利厅领导任免表（2019年2月—2021年12月）

机构名称	姓　名	职　务	任　免　时　间	备　注
湖南省水利厅	颜学毛	党组书记、厅长	2019年2月—2021年12月	
	罗毅君	党组书记、副厅长	2021年12月—	
	钟再群	党组副书记、副厅长	继任—2021年9月	
	罗毅君	党组副书记、副厅长	2021年9月—2021年12月	
	金安荣	驻厅纪检监察组长、党组成员	2019年9月—	
	罗毅君	党组成员、副厅长	继任—2020年9月	
	易放辉	党组成员、副厅长	继任—2020年6月	
	范金星	党组成员、副厅长	2020年9月—	
	杨诗君	党组成员、副厅长	2019年7月—	
	曾　扬	党组成员、副厅长	2021年10月—	
	张振全	党组成员、总工程师	继任—2019年5月	
	范金星	总工程师	2019年5月—2020年9月	

根据湖南省编制委员会《关于湖南省水旱灾害防御事务中心机构编制事项调整通知》（湘编〔2019〕31号），设立湖南省水旱灾害防御事务中心，作为湖南省水利厅管理的副厅级公益一类事业单

位。湖南省防汛抗旱物资储备中心（湖南省防汛抗旱机动抢险队）人员编制划转到湖南省水旱灾害防御事务中心。

8个厅属事业单位分别为：后勤服务中心、湖南省水旱灾害防御事务中心（副厅级）、湖南省洞庭湖水利事务中心（副厅级）、湖南省农村水电及电气化发展中心（局）、湖南省水利工程管理局、湖南省水利厅技术评审中心、湖南省水资源中心、水利工程质量监督中心站。

2. 厅直属单位9个

根据湖南省编制委员会《关于湖南省水文水资源勘测中心机构编制事项调整通知》（湘编〔2019〕13号），湖南省水文水资源勘测局更名为湖南省水文水资源勘测中心，作为湖南省水利厅管理的副厅级公益一类事业单位。

根据湖南省编制委员会《关于湖南省库区移民事务中心机构编制事项调整通知》（湘编〔2019〕27号），设立湖南省库区移民事务中心，作为湖南省水利厅管理的副厅级公益一类事业单位。

9个厅直属单位分别为：湖南省库区移民事务中心（副厅级）、湖南省水文水资源勘测中心（副厅级）、湖南省水利水电勘测设计研究总院（副厅级）、湖南水利水电职业技术学院（副厅级）、湖南省水利水电科学研究院、湖南省水利水电施工管理局、湖南省水利水电医院、湖南省欧阳海灌区水利水电工程管理局、湖南省江垭和皂市水库管理处。

执笔人：陈文平　朱　毅　何　峰　唐光泽　吕　珈
审核人：罗毅君　杨诗君

广东省水利厅

广东省水利厅是广东省人民政府组成部门（正厅级），办公地点在广州市天河区天寿路116号广东水利大厦。

2001—2021年，广东省开展了多次机构改革，广东省水利厅均予保留设置。该时期广东省水利厅组织沿革划分为3个阶段：2001年1月—2009年10月，2009年10月—2018年12月，2018年12月—2021年12月。

一、第一阶段（2001年1月—2009年10月）

根据中共广东省委、广东省人民政府《关于印发〈广东省人民政府机构改革方案〉的通知》（粤发〔2000〕2号），设置广东省水利厅，为主管水行政的广东省人民政府组成部门。

（一）主要职责

（1）贯彻执行国家有关水行政的方针、政策和法规；拟定水利工作的政策、法规，并监督实施。

（2）拟定水利工作发展战略和中长期规划及年度计划、主要江河的综合规划并监督实施。

（3）统一管理水资源（含空中水、地表水、地下水）；负责拟定全省水长期供求计划、水量分配方案并监督实施；组织有关国民经济总体规划、城市规划及重大建设项目的水资源和防洪的论证工作；组织实施取水许可制度和水资源费征收制度；发布广东省水资源公报；负责管理全省水文工作。

（4）拟定节约用水政策、编制节约用水规划，制定有关标准，主管和监督节约用水工作。

（5）按照国家资源与环境保护的有关法律法规和标准，拟定水资源保护规划并实施监督管理；负责水功能区的划分和向饮水区等水域排污的控制；监测江河水库的水量、水质，审定水域纳污能力；提出限制排污总量的意见。

（6）组织指导水政监察和水行政执法；协调并仲裁部门间和各市、县间的水事纠纷。

（7）拟定水利行业的经济调节措施，对水利资金的使用进行宏观调节；指导水利行业的供水、水电及多种经营工作；研究提出有关水利的价格、税收、信贷、财务等经济调节意见。

（8）编制、审查大中型水利基建项目建议书和可行性报告；组织重大水利科学研究和技术推广；组织拟定水利行业技术质量标准和水利工程的规程、规范并监督实施。

（9）组织、指导水利设施、江河水域及其岸线的管理与保护；组织、指导大江、大河、河口和滩涂的综合治理和开发；负责水库、水电站大坝的安全监督。

（10）组织、指导农村水利工作；组织协调农田水利基本建设、农村水电电气化和农村乡镇供水、人畜饮水工作。

（11）组织全省水土保持工作，负责制定水土保持的工程措施规划，组织、指导水土流失的监测和综合防治。

（12）管理监督水利工程（含以水利为主，兼顾发电的水电工程。下同）；组织建设和管理大中型水利工程、指导水利队伍建设。

（13）负责水利系统的科技、教育和对外经济、技术合作与交流、外事工作；负责对港供水业务管理和指导澳门地区供水工作。

（14）承担广东省防汛防旱防风总指挥部的日常工作。

（15）承办广东省人民政府和水利部交办的其他事项。

（二）编制与机构设置

根据《广东省人民政府办公厅印发广东省水利厅职能配置、内设机构和人员编制规定的通知》（粤府办〔2000〕76号），广东省水利厅机关行政编制68名。其中厅长1名，副厅长4名（不含纪检组长），总工程师1名，正副处长（主任）26名（含机关党委专职副书记）。水库移民工作办公室事业编制8名，其中主任1名，副主任1名；防汛防旱防风总指挥部办公室事业编制18名，其中主任1名，副主任3名；水利水政监察总队事业编制30名，其中总队长1名，副总队长3名。

广东省水利厅设10个职能处（室）（见图1）：办公室、政策法规处、计划财务处（审计处）、水政水资源处、工程管理处、基本建设处、水保农水处、科教与外经处、人事处、监察室（与纪检组、机关党委办公室合署）。

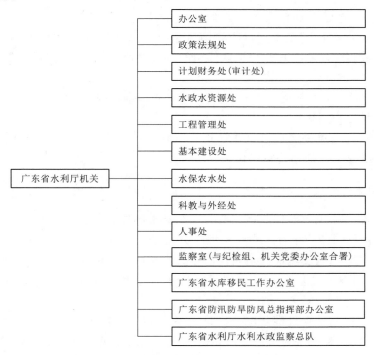

图1　广东省水利厅机关机构图（2001年）

广东省水库移民工作办公室，主要负责水利部门管理的水库移民安置工作。

广东省防汛防旱防风总指挥部办公室，挂靠广东省水利厅，主要负责防汛防旱防风总指挥部的日常工作。负责组织、协调、监督、指导全省防洪工作，对大江大河和重要水利工程实施防汛、防旱、防风调度。

广东省水利厅直属行政单位广东省水利厅水利水政监察总队，主要负责《中华人民共和国水法》《中华人民共和国水土保持法》《中华人民共和国防洪法》及有关法规实施监督检查；负责查处违法行为；依法征收水资源费及其他费用。

2001年6月，根据广东省人事厅《关于广东省水利厅国家公务员职位设置的复函》（粤人函〔2001〕681号），广东省水利厅机关设置国家公务员职位共68个。其中：厅长职位1个，副厅长职位4个，监察专员（纪检组长）职位1个，总工程师职位1个，助理巡视员职位2个，处长（主任）职位15个（含直属机关党委专职副书记职位1个、副总工程师职位4个），副处长（副主任）职位11个、调研员职位7个、助理调研员职位6个。此外，离退休人员管理处、广东省防汛防旱防风总指挥部办公室、广东省水库移民工作办公室和广东省水利厅水利水政监察总队均依照国家公务员制度进行管理，分别设置国家公务员职位11个、18个、8个和30个。

2002年11月，经广东省委组织部研究，同意广东省水利厅设巡视员和助理巡视员共2人（其中巡视员可设1人）。

2003年11月，经广东省机构编制委员会办公室（以下简称"广东省编办"）批准，广东省水利厅水政水资源处更名为水资源规划处。

2003年12月，经广东省编办同意，广东省水利厅水资源规划处加挂广东省节约用水办公室牌子。

2006年12月，经广东省编委会议研究决定，下达广东省水利厅机关行政编制11名，广东省水库移民工作办公室行政编制7名、后勤服务人员事业编制1名，广东省防汛防旱防风总指挥部办公室行政编制18名、后勤服务人员事业编制2名，相应核销厅机关离退休干部管理服务人员编制11名、广东省水库移民工作办公室机关事业编制8名、广东省防汛防旱防风总指挥部办公室机关事业编制20名。调整后，广东省水利厅机关行政编制79名；广东省水库移民工作办公室行政编制7名、后勤服务人员事业编制1名；广东省防汛防旱防风总指挥部办公室行政编制18名、后勤服务人员事业编制2名。广东省水利厅水利水政监察总队使用的机关事业编制31名重新核定为行政执法专项编制30名。

2007年10月，广东省编办下达广东省水利厅2006年军队转业干部行政编制1名。调整后，广东省水利厅机关行政编制为80名。

2008年2月，经广东省编委会议审议并报省委批准，同意增加广东省水利厅副厅长职数1名，兼任广东省防汛防旱防风总指挥部办公室主任。

（三）厅领导任免

2001年8月，广东省人民政府任命吕英明为广东省水利厅副厅长（粤人发〔2001〕166号）；中共广东省委组织部批准吕英明任广东省水利厅党组成员。

2002年1月，中共广东省委批准吴培诚任广东省水利厅助理巡视员（粤组干〔2002〕73号）。

2002年7月，广东省人民政府免去茹建辉的广东省水利厅总工程师职务（粤人发〔2002〕148号）。

2003年1月，中共广东省委批准蔡端丰任广东省水利厅纪检组组长、监察专员（粤组干〔2003〕55号）；中共广东省委组织部批准蔡端丰任广东省水利厅党组成员（粤组干〔2003〕56号）。中共广东省委批准何承伟任广东省水利厅总工程师；免去潘义根的广东省水利厅纪检组组长、监察专员职务，退休（粤组干〔2003〕57号）。

2003年3月，中共广东省委组织部批准吴培诚任广东省水利厅党组成员（粤组干〔2003〕89号）。

2003年10月，中共广东省委组织部免去邓荣滚的广东省水利厅助理巡视员职务，退休（粤组干〔2003〕776号）。

2004年2月，中共广东省委批准熊振时任广东省水利厅助理巡视员（粤组干〔2004〕78号）。

2005 年 12 月，中共广东省委组织部批准黄河洪任广东省水利厅党组成员（粤组干〔2005〕700 号）。

2006 年 2 月，广东省人民政府任命黄河洪为广东省水利厅副厅长（粤人发〔2006〕28 号）。

2006 年 10 月，中共广东省委批准黄柏青任广东省水利厅党组副书记（粤组干〔2006〕630 号）。

2006 年 12 月，广东省人民政府任命黄柏青为广东省水利厅副厅长（粤人发〔2006〕286 号）。

2007 年 4 月，中共广东省委批准黄柏青任广东省水利厅党组书记；免去周日方的广东省水利厅党组书记职务（粤组干〔2007〕346 号）。

2007 年 5 月，广东省人民政府任命黄柏青为广东省水利厅厅长，免去周日方的广东省水利厅厅长职务（粤人发〔2007〕147 号）。

2007 年 7 月，中共广东省委批准黄庆良任广东省水利厅巡视员（粤组干〔2007〕558 号）。

2007 年 8 月，广东省人民政府免去黄庆良的广东省水利厅副厅长职务。

2007 年 12 月，中共广东省委批准王建成任广东省水利厅副厅长（粤组干〔2007〕921 号）；中共广东省委组织部批准王建成任广东省水利厅党组成员（粤组干〔2007〕922 号）。

2008 年 5 月，中共广东省委批准邱德华任广东省水利厅副厅长（粤组干〔2008〕403 号）；中共广东省委组织部批准邱德华任广东省水利厅党组成员（粤组干〔2008〕404 号）。

2008 年 8 月，中共广东省委组织部免去吴培诚的广东省水利厅党组成员职务（粤组干〔2008〕690 号）。

2008 年 9 月，中共广东省委组织部批准林旭钿任广东省水利厅党组成员（粤组干〔2008〕833 号）。

2009 年 3 月，中共广东省委批准彭泽英任广东省水利厅巡视员（粤组干〔2009〕230 号）。

2009 年 4 月，广东省人民政府免去彭泽英的广东省水利厅副厅长职务（粤人发〔2009〕121 号）。

2009 年 7 月，中共广东省委批准朱福暖任广东省水利厅副巡视员（粤组干〔2009〕520 号）。

2009 年 9 月，中共广东省委批准刘敏任广东省水利厅副厅长（粤组干〔2009〕780 号）；中共广东省委组织部批准刘敏任广东省水利厅党组成员（粤组干〔2009〕781 号）。

广东省水利厅领导任免表（2001 年 1 月—2009 年 10 月）见表 1。

表 1　　　　　　　　　　广东省水利厅领导任免表（2001 年 1 月—2009 年 10 月）

机构名称	姓　名	职　务	任免时间	备　注
广东省水利厅	周日方	厅　长	2000 年 2 月—2007 年 5 月	
		党组书记	2000 年 2 月—2007 年 4 月	
	黄柏青	厅　长	2007 年 5 月—	
		党组书记	2007 年 4 月—	
		副厅长	2006 年 12 月—2007 年 5 月	
		党组副书记	2006 年 10 月—2007 年 4 月	
	朱兆华	党组成员	2000 年 3 月—	
		副厅长	1995 年 6 月—	
	彭泽英	巡视员	2009 年 3 月—	
		副厅长	1996 年 7 月—2009 年 4 月	
		党组成员	2000 年 3 月—	

机构名称	姓名	职务	任免时间	备注
广东省水利厅	黄庆良	巡视员	2007年7月—	
		党组成员	2000年3月—	
		副厅长	1999年3月—2007年8月	
	潘义根	纪检组组长、监察专员、党组成员	2000年2月—2003年1月	
	李粤安	副厅长、党组成员	2000年6月—	
	吕英明	副厅长、党组成员	2001年8月—	
	蔡端丰	纪检组组长、监察专员、党组成员	2003年1月—	
	黄河鸿（黄河洪）	副厅长	2006年2月—	黄河洪于2006年3月改名为黄河鸿
		党组成员	2005年12月—	
	王建成	副厅长、党组成员	2007年12月—	
	邱德华	副厅长、党组成员	2008年5月—	
	林旭钿	党组成员	2008年9月—	
	刘敏	副厅长、党组成员	2009年9月—	
	茹建辉	总工程师	1995年7月—2002年7月	
	何承伟	总工程师	2003年1月—	
	邓荣滚	助理巡视员	2000年2月—2003年10月	
	吴培诚	助理巡视员	2002年1月—	2006年1月任副巡视员
		党组成员	2003年3月—2008年8月	
	熊振时	助理巡视员	2004年2月—	2006年1月任副巡视员
	朱福暖	副巡视员	2009年7月—	

（四）流域机构、厅直属事业单位及直管社团

1. 流域机构

2001年3月，根据广东省编办《关于设立广东省韩江流域管理局的函》（粤机编办〔2001〕58号），设立广东省韩江流域管理局（正处级事业单位）。

2003年1月，根据广东省编办《关于成立广东省潮州供水枢纽管理处的函》（粤机编办〔2003〕5号），成立广东省潮州供水枢纽管理处（正处级事业单位）。

2003年8月，根据广东省编办《关于成立省珠江河口管理局的函》（粤机编办〔2003〕257号），成立广东省珠江河口管理局（正处级事业单位）。

2006年8月，根据广东省编办《关于成立东江、北江流域管理机构的函》（粤机编办〔2006〕253号），成立广东省东江流域管理局（正处级事业单位）；在广东省北江大堤管理局基础上组建广东省北江流域管理局（正处级事业单位）。

2007年9月，根据广东省委编办《关于广东省西江流域管理局机构编制问题的函》（粤机编办〔2007〕245号），广东省珠江河口管理局更名为广东省西江流域管理局（正处级事业单位）。

2008年5月，根据广东省人事厅《关于同意省水利厅直属四个流域管理局参照公务员法管理的

函》（粤人函〔2008〕1086号），广东省水利厅直属的广东省北江流域管理局、广东省东江流域管理局、广东省西江流域管理局、广东省韩江流域管理局等4个事业单位参照《中华人民共和国公务员法》管理。

2009年2月，根据广东省编办《关于省水利厅所属事业单位分类改革方案的函》（粤机编办〔2009〕42号），广东省东江流域管理局、广东省西江流域管理局、广东省北江流域管理局、广东省韩江流域管理局作为省水利厅执行机构。撤销广东省潮州供水枢纽管理处，由广东省韩江流域管理局设分支机构进行管理，广东省潮州供水枢纽发电、检修等职能划出，设立潮州供水枢纽水力发电中心。飞来峡、乐昌峡水利枢纽划入广东省北江流域管理局。

2009年9月，根据广东省编办《关于东江西江北江韩江流域水利水政执法问题的函》（粤机编办〔2009〕311号），广东省东江、西江、北江、韩江流域管理局分别加挂省水利厅水利水政监察局东江、西江、北江、韩江分局牌子。

2. 厅直属事业单位

广东省水利厅直属事业单位有广东省水文局，广东水利电力职业技术学院，广东省水利厅机关服务中心，广东省供水工程管理总局，广东省北江大堤管理局，广东省水利厅农村机电局，水利部、广东省水利厅从化疗养院，广东省水利电力勘测设计研究院，广东省北江防洪调度中心，广东省水利厅综合经营管理中心，广东省水利工程安全管理中心，广东省飞来峡水利枢纽建设管理局，广东省水利水电科学研究所，广东省水利厅对外经济管理中心，广东省水利水电建设管理中心（广东省水利建设造价管理站、广东省水利水电工程质量安全监督中心站），广东省水利厅幼儿园，广东省社会保险水利办事处，广东省宏利会计师事务所。

2001年10月，根据广东省编委《关于印发广东省水文局机构编制方案的通知》，广东省水文局为广东省水利厅管理的副厅级事业单位。下设广州、佛山、江门、湛江、汕头、惠州、韶关、肇庆、梅州、茂名等10个直属分局，均为副处级事业单位。

2001年11月，根据广东省编办《关于省水利厅所属事业单位机构改革方案的函》（粤机编办〔2001〕313号），保留广东省水利厅机关服务中心，广东省北江大堤管理局（加挂广东省北江防汛机动抢险队牌子），广东省水利厅农村机电局，水利部、广东省水利厅从化疗养院，广东省水利电力勘测设计研究院，广东省北江防洪调度中心（挂广东省水利水电信息中心、广东省水土保持监测站牌子），广东省水利厅综合经营管理中心等7家单位，均为正处级事业单位；保留广东省供水工程管理总局，不定级别；保留广东省水利工程安全管理中心，为副处级事业单位；广东省飞来峡水利枢纽建设管理局更名为广东省飞来峡水利枢纽管理局，为正处级事业单位；广东省水利水电科学研究所更名为广东省水利水电科学研究院，为正处级事业单位；广东省水利厅对外经济管理中心更名为广东省水利水电技术合作交流中心（挂广东省水利水电科技推广中心牌子），为副处级事业单位；设立广东省水利水电建设管理中心（挂广东省水利建设造价管理站的牌子）和广东省水利水电工程质量安全监督中心站，均为正处级事业单位；暂保留广东省水利厅幼儿园（待在园幼儿于2004年毕业后予以撤销），为正科级事业单位；撤销广东省社会保险水利办事处和广东省宏利会计师事务所。

2002年4月，根据广东省编委《关于印发广东省省级产业工会和厅、局工会机构改革方案的通知》（粤机编〔2002〕12号），设立广东省水利厅工会委员会。

2002年6月，经中共广东省水利厅党组研究决定，广东省水利厅幼儿园从2002年7月起停办。

2007年8月，根据广东省编办《关于调整省水利工程安全管理中心机构问题的函》（粤机编办〔2007〕204号），广东省水利工程安全管理中心加挂省水利工程白蚁防治中心牌子。

2007年11月，根据广东省委组织部、省人事厅《关于省直机关工会委员会等8个工会委员会列入参照公务员管理范围的批复》（粤组函〔2007〕247号），广东省水利厅工会委员会列入参照公务员法管理范围。

2008年6月，根据广东省人事厅《关于批准省水文局（机关）、省水利水电工程质量安全监督中心站参照公务员法管理的函》（粤人函〔2008〕1424号），广东省水文局（机关）、广东省水利水电工程质量安全监督中心站参照《中华人民共和国公务员法》管理。

2009年2月，根据广东省编办《关于省水利厅所属事业单位分类改革方案的函》（粤机编办〔2009〕42号），保留广东省水利厅农村机电局、广东省供水工程管理总局、广东省水利厅机关服务中心、广东省水文局、广东水利电力职业技术学院、广东省水利水电科学研究院。设立广东省水利厅政务服务中心；广东省水利水电建设管理中心（挂广东省水利建设造价管理站牌子）、广东省水利水电工程质量安全监督中心站、广东省水利工程安全管理中心（挂广东省水利工程白蚁防治中心牌子）、广东省水利水电技术交流合作中心（挂广东省水利水电科技推广中心牌子）进行资源整合，设立广东省水利水电技术中心（挂广东省水土保持监测站、广东省水利工程白蚁防治中心牌子）；广东省北江防洪调度中心（挂广东省水利水电信息中心、广东省水土保持监测站牌子）更名为广东省防汛抢险技术保障中心，撤销广东省水利水电信息中心、广东省水土保持监测站牌子；广东省水利电力勘测设计研究院更名为广东省水利水电规划研究勘测设计院；撤销水利部、广东省水利厅从化疗养院和广东省水利厅综合经营管理中心。上述单位中，除广东水利电力职业技术学院为副厅级、广东省供水工程管理总局不定机构规格外，其余均为正处级单位。

2009年9月，根据广东省编办《关于在广东省供水工程管理总局加挂牌子的函》（粤机编办〔2009〕308号），广东省供水工程管理总局加挂广东省水利投融资管理中心牌子。

3. 直管社团

广东省水利厅有一个直管社团，即广东省水利学会。

二、第二阶段（2009年10月—2018年12月）

根据《中共广东省委、广东省人民政府关于印发〈广东省人民政府机构改革方案〉的通知》（粤发〔2009〕8号），设立广东省水利厅，为广东省人民政府组成部门。

（一）主要职责

（1）贯彻执行国家和省有关水行政的方针政策和法律法规，组织起草有关地方性法规、规章草案和规章制度并组织实施。

（2）负责保障水资源的合理开发利用，拟定水利战略规划和政策，组织编制省内重要江河湖泊的流域综合规划和防洪规划，会同有关部门提出水利固定资产投资规模和方向、省财政性资金安排的建议，提出省级水利建设投资安排建议并组织实施，按规定权限审批有关水利项目初步设计。

（3）负责生活、生产经营和生态环境用水的统筹兼顾和保障。实施水资源的统一监督管理，拟定全省和跨地级以上市水中长期供求规划、水量分配方案并监督实施，组织开展水资源调查评价工作，按规定开展水能资源调查工作，负责重要流域、区域以及重大调水工程的水资源调度，组织实施取水许可、水资源有偿使用制度和水资源论证、防洪论证制度，指导水利行业供水和乡镇供水工作。

（4）负责水资源保护工作。组织编制水资源保护规划，组织拟定重要江河湖泊的水功能区划并监督实施，核定水域纳污能力，提出限制排污总量建议，指导饮用水水源保护工作，指导地下水开发利用和城市规划区地下水资源管理保护工作。

（5）组织、协调、监督、指挥全省防汛防旱防风和防低温雨雪冰冻工作，对重要江河湖泊和重要水工程实施防汛抗旱调度和应急水量调度，编制省防汛防旱防风和防低温雨雪冰冻应急预案并组织实施，指导水利突发公共事件的应急管理工作。

（6）负责节约用水工作。拟定节约用水政策，编制节约用水规划，制定有关标准，指导和推动节水型社会建设工作。

（7）负责管理全省水文工作。负责水文水资源监测、全省水文站网建设和管理，对江河湖库和地下水的水量、水质实施监测，发布水文水资源信息、情报预报和全省水资源公报。

（8）组织、指导水利设施、江河水域及其岸线的管理与保护，组织、指导大江、大河、河口和滩涂的综合治理和开发，指导水利工程建设与运行管理，组织实施具有控制性的或跨地级以上市及跨流域的重要水利工程建设与运行管理，承担水利工程移民管理工作。

（9）负责防治水土流失。拟定水土保持规划并监督实施，组织实施水土流失的综合防治、监测预报并定期公告，负责有关大中型建设项目水土保持方案的审批、监督实施及水土保持设施的验收工作，指导全省重点水土保持建设项目的实施。

（10）指导农村水利工作。组织协调农田水利基本建设，指导农村饮水安全、节水灌溉等工程建设与管理工作，指导农村水利社会化服务体系建设，按规定指导农村水能资源开发工作，指导农村水电、农村电气化和小水电代燃料工作。

（11）负责重大涉水违法事件的查处，协调、仲裁跨地级以上市间的水事纠纷，指导水政监察和水行政执法，依法负责水利行业安全生产工作，组织、指导水库、水电站大坝和其他水利水电工程的安全监管，指导水利建设市场的监督管理，组织实施水利工程建设的监督。

（12）开展水利科技与交流合作。组织开展水利行业质量监督工作，负责对香港供水业务管理和指导对澳门地区供水工作。

（13）承办广东省人民政府和水利部交办的其他事项。

（二）编制与机构设置

根据《广东省人民政府办公厅印发广东省水利厅主要职责内设机构和人员编制规定的通知》（粤府办〔2009〕113号），广东省水利厅机关核定行政编制78名。其中厅级领导职数：厅长1名、副厅长5名（其中1名兼任省防汛防旱防风总指挥部办公室主任），总工程师1名；正处级领导职数13名（含总规划师1名、机关党委专职副书记1名）、副处级领导职数19名。

广东省水利厅设11个内设机构（见图2）：办公室（与机关党委办公室合署）、政策法规处、规划计划处、财务审计处、水资源管理处（广东省节约用水办公室）、建设与管理处、水土保持处、农村水利处、安全监督处、科技与交流合作处、人事处（离退休人员服务处）。

广东省防汛防旱防风总指挥部办公室，挂靠广东省水利厅。组织、协调、监督、指挥全省防汛防旱防风防冻工作，对重要江河湖泊和重要水利工程实施防汛抗旱调度和应急水量调度；负责全省水旱灾情发布，指导、监督重要江河和水库的抗洪抢险工作；负责编制全省防汛防旱防风防冻应急预案并组织实施；指导水利突发公共事件的应急管理工作；承担广东省防汛防旱防风总指挥部的日常工作。核定行政编制18名，其中：主任1名（由副厅长兼任）、副主任5名。后勤服务人员数3名。

广东省水库移民工作局，为广东省水利厅直属行政单位。负责全省水利水电工程移民安置管理工作；负责对口支援三峡库区工作；指导全省新建、扩建、除险加固水利水电工程征地补偿和移民安置工作；指导、协调全省水利水电工程移民（包括以发电为主的新丰江等七大省属水库移民和安置在本省的三峡工程外迁移民）后期扶持管理工作。根据广东省编办《关于省水库移民工作局等机构编制的通知》（粤机编办〔2009〕333号），广东省水库移民工作局下设综合处（对口支援三峡库区工作办公室）、移民安置处、后期扶持处，核定行政编制17名，其中：局长1名、副局长（兼任处长）3名，副处级领导职数4名，后勤服务人员数3名。

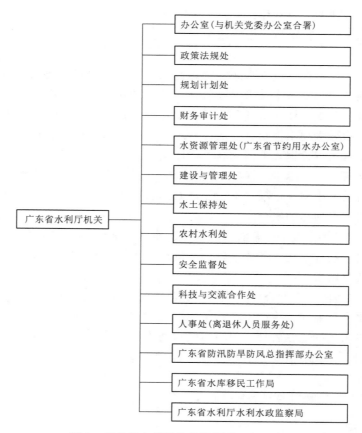

图 2　广东省水利厅机关机构图（2009 年）

广东省水利厅水利水政监察局为广东省水利厅直属行政单位，正处级。负责对有关法律、法规的执行情况实施监督检查；承担重大涉水违法事件的查处，协调跨地级以上市的水事纠纷；依法征收水资源费及其他费用；指导区域、流域水行政执法。根据广东省编办《关于省水库移民工作局等机构编制的通知》（粤机编办〔2009〕333 号），核定水利水政监察局行政执法专项编制 30 名，其中：局长 1 名、副局长 3 名。

2010 年 10 月，广东省编办下达广东省防汛防旱防风总指挥部办公室 2009 年军队转业干部行政编制 1 名，广东省水利厅水利水政监察局 2009 年军队转业干部行政执法专项编制 1 名。

2011 年 11 月，广东省编办下达广东省水利厅 2010 年军队转业干部行政编制 1 名。

2012 年 9 月，广东省编办批准，同意设立广东省防汛防旱防风督察专员 4 名，其中，1 名由广东省防汛防旱防风总指挥部办公室主任兼任，3 名由广东省防汛防旱防风总指挥部办公室副主任兼任（正处级）。

2012 年 11 月，广东省编办下达广东省水库移民工作局 2011 年度军队转业干部行政编制 1 名。

2014 年 12 月，广东省编办下达广东省水利厅 2013 年度军队转业干部行政编制 2 名，实行实名制单列管理。

2015 年 12 月，广东省编办下达广东省水库移民工作局 2014 年度军队转业干部行政编制 1 名，实行实名制单列管理。

2016 年 5 月，广东省编办明确广东省防汛防旱防风总指挥部办公室内设综合与减灾处、防汛防风处、防旱防冻处 3 个处；重新核定该办公室设主任 1 名（由广东省水利厅副厅长兼任），副主任（兼处长）3 名，副处级领导职数 3 名；督察专员 4 名（分别由该办公室主任、副主任兼任）。

2016 年 12 月，广东省编办下达广东省水库移民工作局 2015 年度军队转业干部行政编制 1 名，实行实名制单列管理。

2017 年 8 月，根据《广东省机构编制委员会办公室关于增设省水利厅河湖管理处等机构编制事项的函》（粤机编办发〔2017〕104 号），广东省水利厅设立河湖管理处，增加正、副处级领导职数各 1 名。

2017 年 9 月，根据《广东省机构编制委员会办公室关于调整省水利厅及所属事业单位机构编制事项的函》（粤机编办发〔2017〕128 号），设立广东省水利厅农村机电处，增加行政编制 26 名，其中，正处级领导职数 1 名，副处级领导职数 2 名。增加广东省水利厅水资源管理处负责港澳供水管理职责；将该处"指导入河排污口设置工作"职责调整为"指导入河排污口设置，负责省级入河排污口设置管理"。增加广东省水利厅规划计划处承担专用水文测站管理职责。将广东省水利厅水利水政监察局"指导区域、流域水行政执法"职责调整为"指导各地及东江、西江、北江、韩江流域省内片区水行政执法，负责组织跨地级以上市水行政执法和重大案件查处"。

2017 年 11 月，广东省公务员局同意广东省水利厅按照广东省编办在广东省承担行政职能事业单位改革试点等工作中先后下文增加的 26 名行政编制，以及 2 名正处级领导职数和 3 名副处级领导职数，增设公务员职位 26 个，其中，处长（主任）职位增设 2 个，副处长（副主任）职位增设 3 个，调研员职位增设 1 个，副调研员职位增设 2 个，并调整主任科员以下职位。

调整后，广东省水利厅机关设置公务员职位 105 个，其中：厅长职位 1 个，副厅长职位 5 个（其中兼任省防汛防旱防风总指挥部办公室主任职位 1 个），总工程师职位 1 个；副巡视员职位 1 个；处长（主任）职位 15 个（含总规划师职位 1 个、直属机关党委专职副书记职位 1 个），副处长（副主任）职位 22 个；调研员职位 9 个，副调研员职位 10 个；主任科员以下职位 41 个。

2018 年 1 月，根据《广东省机构编制委员会办公室关于下达省水利厅 2016 年度接收军队转业干部行政编制的通知》（粤机编办发〔2018〕18 号），下达广东省水利厅 2016 年度军队转业干部行政编制 2 名，广东省防汛防旱防风总指挥部办公室 2016 年度军队转业干部行政编制 1 名，实行实名制单列管理。

2018 年 9 月，根据《广东省机构编制委员会办公室关于下达省水利厅 2017 年度接收军队转业干部行政编制的通知》（粤机编办发〔2018〕165 号），下达广东省水利厅 2017 年度军队转业干部行政编制 2 名，实行实名制单列管理。

（三）厅领导任免

2009 年 10 月，中共广东省委批准朱兆华任广东省水利厅巡视员（粤组干〔2009〕873 号）；广东省人民政府任命林旭钿为广东省水利厅副厅长（粤人发〔2009〕276 号）。

2009 年 11 月，广东省人民政府免去朱兆华的广东省水利厅副厅长职务（粤人社发〔2009〕35 号）；中共广东省委组织部免去黄庆良的广东省水利厅巡视员、党组成员职务，退休（粤组干〔2009〕896 号）；中共广东省委组织部免去李粤安的广东省水利厅党组成员职务（粤组干〔2009〕898 号）。

2009 年 12 月，广东省人民政府免去李粤安的广东省水利厅副厅长职务（粤人社发〔2009〕55 号）。

2010 年 2 月，中共广东省委组织部批准李粤安退休；免去熊振时广东省水利厅副巡视员职务，退休（粤组干〔2010〕137 号）。

2010 年 4 月，中共广东省委组织部批准王春海任广东省水利厅党组成员（粤组干〔2010〕298 号）。

2010 年 5 月，广东省人民政府任命王春海为广东省水利厅副厅长（粤人社发〔2010〕162 号）。

2010 年 7 月，中共广东省委组织部免去黄河鸿的广东省水利厅党组成员职务（粤组干〔2010〕596 号）。

2010 年 8 月，广东省人民政府免去黄河鸿的广东省水利厅副厅长职务（粤人社发〔2010〕257 号）。

2010 年 9 月，中共广东省委批准茜平一任广东省水利厅副巡视员（粤组干〔2010〕703 号）。

2010年11月，中共广东省委组织部批准张黎明任广东省水利厅党组成员（粤组干〔2010〕778号）；免去彭泽英的广东省水利厅党组成员、巡视员职务，退休（粤组干〔2010〕847号）。

2010年12月，中共广东省委组织部免去吴培诚的广东省水利厅副巡视员职务，退休（粤组干〔2010〕910号）。

2012年3月，中共广东省委批准林旭钿任广东省水利厅党组书记；黄柏青任广东省水利厅党组副书记，免去其广东省水利厅党组书记职务（粤组干〔2012〕231号）。中共广东省委组织部免去朱兆华的广东省水利厅党组成员、视员职务，退休（粤组干〔2012〕235号）。

2012年4月，中共广东省委批准李秋萍任省纪委、省监察厅派驻省水利厅纪检组组长、监察专员；免去蔡端丰的省纪委、省监察厅派驻省水利厅纪检组组长、监察专员职务，退休（粤组干〔2012〕274号）。中共广东省委组织部批准李秋萍任广东省水利厅党组成员；免去蔡端丰的广东省水利厅党组成员职务（粤组干〔2012〕275号）。

2012年8月，中共广东省委批准卢华友任广东省水利厅副厅长（粤组干〔2012〕663号）；中共广东省委组织部批准卢华友任广东省水利厅党组成员（粤组干〔2012〕664号）。

2012年9月，中共广东省委批准张英奇任广东省水利厅副厅长（粤组干〔2012〕862号）。中共广东省委组织部批准张英奇任广东省水利厅党组成员；免去吕英明的广东省水利厅党组成员职务（粤组干〔2012〕863号）。

2012年10月，广东省人民政府免去吕英明的广东省水利厅副厅长职务（粤人社发〔2012〕227号）。

2013年3月，广东省人民政府任命林旭钿为广东省水利厅厅长，免去黄柏青的广东省水利厅厅长职务。

2013年4月，中共广东省委批准吴军雄任广东省水利厅副巡视员（粤组干〔2013〕207号）。

2013年5月，中共广东省委组织部免去吴军雄的广东省水利厅副巡视员职务，退休（粤组干〔2013〕355号）。

2013年8月，中共广东省委组织部免去朱福暖的广东省水利厅副巡视员职务，退休（粤组干〔2013〕711号）。

2013年12月，中共广东省委批准林进胜任广东省水利厅副巡视员（粤组干〔2013〕1095号）。

2014年4月，中共广东省委批准阮日生任广东省水利厅巡视员；贺国庆任广东省水利厅副巡视员（粤组干〔2014〕289号）。中共广东省委组织部免去林进胜的广东省水利厅副巡视员职务，退休（粤组干〔2014〕265号）。

2014年7月，中共广东省委组织部免去阮日生的广东省水利厅巡视员职务（粤组干〔2014〕644号）。

2016年2月，中共广东省委批准卢千里任省纪委、省监察厅派驻省水利厅纪检组组长、监察专员；免去李秋萍的省纪委、省监察厅派驻省水利厅纪检组组长、监察专员职务（粤组干〔2016〕172号）。广东省人民政府免去卢华友的广东省水利厅副厅长职务（粤人社发〔2016〕42号）。中共广东省委组织部批准，卢千里任广东省水利厅党组成员；免去李秋萍的广东省水利厅党组成员职务（粤组干〔2016〕175号）。

2016年4月，中共广东省委批准许永锞任广东省水利厅党组书记；免去林旭钿广东省水利厅党组书记职务（粤组干〔2016〕468号）。

2016年6月，广东省人民政府任命许永锞为广东省水利厅厅长；免去林旭钿的广东省水利厅厅长职务（粤人社发〔2016〕112号）。

2016年9月，中共广东省委组织部免去茜平一的广东省水利厅副巡视员职务，退休（粤组干〔2016〕1081号）；免去何承伟广东省水利厅党组成员职务（粤组干〔2016〕1176号）。

2016年10月，中共广东省委批准蔡泽辉任广东省水利厅党组副书记（粤组干〔2016〕1256号）；广东省人民政府免去何承伟的广东省水利厅总工程师职务，退休（粤人社发〔2016〕195号）。

2016 年 11 月，中共广东省委批准边立明任广东省水利厅副厅长、邝明勇任广东省水利厅总工程师（粤组干〔2016〕1473 号）。广东省人民政府任命蔡泽辉为广东省水利厅副厅长（粤人社发〔2016〕217 号）。中共广东省委组织部批准边立明任广东省水利厅党组成员（粤组干〔2016〕1474 号）。

2017 年 4 月，中共广东省委批准吴俊校任广东省水利厅副巡视员（粤组干〔2017〕635 号）。

2017 年 11 月，中共广东省委组织部免去吴俊校的广东省水利厅副巡视员职务，退休（粤组干〔2017〕1260 号）。

2018 年 2 月，根据监察体制改革精神，中共广东省委批准卢千里任广东省纪委、省监委驻省水利厅纪检监察组组长（粤组干〔2018〕202 号）。

2018 年 4 月，中共广东省委组织部免去边立明的广东省水利厅党组成员职务（粤组干〔2018〕346 号）。

2018 年 5 月，广东省人民政府免去边立明的广东省水利厅副厅长职务（粤人社发〔2018〕81 号）。

2018 年 6 月，中共广东省委批准王春海任广东省水利厅巡视员；邹振宇任广东省水利厅副厅长（粤组干〔2018〕529 号）。广东省人民政府免去王春海的广东省水利厅副厅长职务（粤人社发〔2018〕115 号）。中共广东省委组织部批准邹振宇任广东省水利厅党组成员；免去王春海广东省水利厅党组成员职务（粤组干〔2018〕530 号）。

2018 年 9 月，中共广东省委批准黄志坚任广东省水利厅副厅长（粤组干〔2018〕1213 号）；中共广东省委组织部批准黄志坚任广东省水利厅党组成员（粤组干〔2018〕1214 号）。

2018 年 10 月，中共广东省委同意孟帆任广东省水利厅副厅长（粤组干〔2018〕1115 号）；中共广东省委批准曾建生任广东省水利厅副巡视员（粤组干〔2018〕1215 号）；中共广东省委组织部批准孟帆任广东省水利厅党组成员（粤组干〔2018〕1116 号）；中共广东省委组织部免去张英奇的广东省水利厅党组成员职务（粤组干〔2018〕1162 号）。

2018 年 11 月，广东省人民政府免去张英奇的广东省水利厅副厅长职务（粤人社发〔2018〕241 号）。

广东省水利厅领导任免表（2009 年 10 月—2018 年 12 月）见表 2。

表 2 　　　　　　　　　　　广东省水利厅领导任免表（2009 年 10 月—2018 年 12 月）

机构名称	姓　名	职　务	任　免　时　间	备　注
广东省水利厅	黄柏青	厅　长	继任—2013 年 3 月	
		党组书记	继任—2012 年 3 月	
		党组副书记	2012 年 3 月—2013 年 3 月	
	林旭钿	厅　长	2013 年 3 月—2016 年 6 月	
		党组书记	2012 年 3 月—2016 年 4 月	
		副厅长	2009 年 10 月—2013 年 3 月	
		党组成员	继任—2012 年 3 月	
	许永锞	厅　长	2016 年 6 月—	
		党组书记	2016 年 4 月—	
	蔡泽辉	党组副书记	2016 年 10 月—	
		副厅长	2016 年 11 月—	
	朱兆华	巡视员	2009 年 10 月—2012 年 3 月	
		副厅长	继任—2009 年 11 月	
		党组成员	继任—2012 年 3 月	
	彭泽英	巡视员、党组成员	继任—2010 年 11 月	

机构名称	姓　名	职　务	任　免　时　间	备　注
广东省水利厅	黄庆良	巡视员、党组成员	继任—2009 年 11 月	
	阮日生	巡视员	2014 年 4 月—2014 年 7 月	
	王春海	巡视员	2018 年 6 月—	
		副厅长	2010 年 5 月—2018 年 6 月	
		党组成员	2010 年 4 月—2018 年 6 月	
	李粤安	副厅长	继任—2009 年 12 月	
		党组成员	继任—2009 年 11 月	
	吕英明	副厅长	继任—2012 年 10 月	
		党组成员	继任—2012 年 9 月	
	蔡端丰	纪检组组长、监察专员、党组成员	继任—2012 年 4 月	
	黄河鸿（黄河洪）	副厅长	继任—2010 年 8 月	
		党组成员	继任—2010 年 7 月	
	王建成	副厅长、党组成员	继任—2016 年 10 月	
	邱德华	副厅长、党组成员	继任—2016 年 10 月	
	刘　敏	副厅长、党组成员	继任—2016 年 8 月	
	张黎明	副厅长、党组成员	2010 年 11 月—2016 年 8 月	
	李秋萍	纪检组组长、监察专员、党组成员	2012 年 4 月—2016 年 2 月	
	卢华友	副厅长	2012 年 8 月—2016 年 2 月	
		党组成员	2012 年 8 月—	
	张英奇	副厅长	2012 年 9 月—2018 年 11 月	
		党组成员	2012 年 9 月—2018 年 10 月	
	卢千里	纪检组组长、监察专员（纪检监察组组长）、党组成员	2016 年 2 月—	
	边立明	副厅长	2016 年 11 月—2018 年 5 月	
		党组成员	2016 年 11 月—2018 年 4 月	
	邹振宇	副厅长、党组成员	2018 年 6 月—	
	黄志坚	副厅长、党组成员	2018 年 9 月—	
	孟　帆	副厅长、党组成员	2018 年 10 月—	
	何承伟	总工程师	继任—2016 年 10 月	
		党组成员	2011 年 7 月—2016 年 9 月	
	邝明勇	总工程师	2016 年 11 月—	
	吴培诚	副巡视员	继任—2010 年 12 月	
	熊振时	副巡视员	继任—2010 年 2 月	
	朱福暖	副巡视员	继任—2013 年 8 月	
	茜平一	副巡视员	2010 年 9 月—2016 年 9 月	
	吴军雄	副巡视员	2013 年 4 月—2013 年 5 月	
	林进胜	副巡视员	2013 年 12 月—2014 年 4 月	

续表

机构名称	姓 名	职 务	任 免 时 间	备 注
广东省 水利厅	贺国庆	副巡视员	2014 年 4 月—	2019 年 6 月套改为二级巡视员
	吴俊校	副巡视员	2017 年 4 月—2017 年 11 月	
	曾建生	副巡视员	2018 年 10 月—	2019 年 6 月套改为二级巡视员

（四）流域机构、厅直属事业单位及直管社团

1. 流域机构

广东省水利厅流域机构有广东省东江流域管理局（广东省水利厅水利水政监察局东江分局）、广东省西江流域管理局（广东省水利厅水利水政监察局西江分局）、广东省北江流域管理局（广东省水利厅水利水政监察局北江分局）、广东省韩江流域管理局（广东省水利厅水利水政监察局韩江分局）。

2009 年 10 月，根据广东省编委《关于印发广东省北江流域管理局（广东省水利厅水利水政监察局北江分局）机构编制方案的通知》（粤机编〔2009〕30 号），广东省北江流域管理局（广东省水利厅水利水政监察局北江分局）为广东省水利厅管理的事业单位，副厅级，行政类。北江大堤管理处、飞来峡水利枢纽管理处、乐昌峡水利枢纽管理处作为广东省北江流域管理局分支机构管理；设立广东省飞来峡水利枢纽水力发电中心，隶属飞来峡水利枢纽管理处；设立广东省乐昌峡水利枢纽水力发电中心，隶属乐昌峡水利枢纽管理处。

2011 年 11 月，根据广东省编办《关于省东江流域管理局机构规格问题的函》（粤机编〔2011〕121 号），广东省东江流域管理局局长由 1 名副厅级干部担任。

2011 年 12 月，根据广东省人力资源社会保障厅《关于省韩江流域管理局参照公务员法管理有关问题的复函》（粤人社函〔2011〕5174 号），广东省韩江流域管理局（含其分支机构潮州供水枢纽管理处）继续参照公务员法管理。

2015 年 11 月，根据《广东省机构编制委员会办公室关于调整省北江、韩江流域管理局机构编制事项的函》（粤机编办发〔2015〕147 号），飞来峡水利枢纽管理处、乐昌峡水利枢纽管理处由作为广东省北江流域管理局分支机构调整作为广东省北江流域管理局下属机构；潮州供水枢纽管理处由作为广东省韩江流域管理局分支机构调整作为广东省韩江流域管理局下属机构。

2017 年 11 月，根据《广东省机构编制委员会关于调整省水利厅所属 4 家流域管理局有关机构编制事项的函》（粤机编办发〔2017〕22 号），广东省东江流域管理局（省水利厅水利水政监察局东江分局）、广东省西江流域管理局（省水利厅水利水政监察局西江分局）、广东省北江流域管理局（省水利厅水利水政监察局北江分局）、广东省韩江流域管理局（省水利厅水利水政监察局韩江分局）统一更名为广东省东江流域管理局、广东省西江流域管理局、广东省北江流域管理局、广东省韩江流域管理局，调整为公益一类事业单位。

广东省韩江流域管理局所属的潮州供水枢纽管理处，广东省北江流域管理局所属的飞来峡水利枢纽管理处、乐昌峡水利枢纽管理处 3 家公益类事业单位，相关枢纽管理职能分别划归所在流域管理局，其他职能结合广东省飞来峡水利枢纽发电中心、广东省乐昌峡水利枢纽发电中心、潮州供水枢纽水力发电中心转企改制开展重组，一并打包转为企业。

广东省北江流域管理局内设机构名称统一由"处"调整为"部"。

2. 厅直属事业单位

广东省水利厅直属事业单位有广东省水利厅农村机电局、广东省供水工程管理总局（广东省水利投融资管理中心）、广东省水利水电技术中心（挂广东省水土保持监测站、省水利工程白蚁防治中心牌子）、广东省防汛抢险技术保障中心、广东省水利厅政务服务中心、广东省水利厅机关服务中心、广东

省水利厅工会委员会、广东省水文局（下设广州等 10 个直属分局）、广东水利电力职业技术学院、广东省水利水电规划研究勘测设计院、广东省水利水电科学研究院。

2009 年 12 月，根据广东省编办《关于成立广东省三防物资储备中心的函》（粤机编办〔2009〕427 号），成立广东省三防物资储备中心，副处级公益一类事业单位。

2009 年 12 月，根据广东省编委《关于印发广东省水文局机构编制方案的通知》（粤机编〔2009〕42 号），广东省水文局为省水利厅管理的行政类事业单位，副厅级，下设广州、惠州、肇庆、韶关、汕头、佛山、江门、梅州、湛江、茂名 10 个直属水文分局。其中，广州、惠州、肇庆、韶关、汕头 5 个水文分局为正处级，佛山、江门、梅州、湛江、茂名 5 个水文分局为副处级。

2015 年 6 月，根据《广东省机构编制委员会办公室关于同意设立清远水文分局的函》（粤机编办发〔2015〕60 号）设立广东省水文局清远水文分局，为广东省水文局直属分局，正处级。

2017 年 9 月，根据《广东省机构编制委员会办公室关于调整省水利厅及所属事业单位机构编制事项的函》（粤机编办发〔2017〕128 号），广东省供水工程管理总局（省水利投融资管理中心）主要任务调整为：协助制订对香港、澳门供水发展规划，协助处理对香港、澳门供水工作等事宜；香港、澳门供水资料、信息、舆情监测、分析，研究对香港、澳门供水建设和管理策略；承担省政府赋予的省城乡水利防灾减灾工程、重点水利工程建设、省水利建设工程新增贷款等贷款任务和经授权的支付管理工作；配合厅有关机构承担有关项目资金使用的绩效评估工作；承担上级交办的其他工作。撤销广东省水利厅农村机电局。收回原广东省水利厅农村机电局事业编制 30 名，其中，正处级领导职数 1 名、副处级领导职数 2 名；收回广东省供水工程管理总局（省水利投融资管理中心）事业编制 9 名。

3. 直管社团

广东省水利厅有一个直管社团，即广东省水利学会。

2009 年 9 月，根据广东省民政厅《关于同意筹备成立广东省水土保持学会的复函》批准筹备成立广东省水土保持学会；2010 年 3 月，根据广东省水利厅《关于成立广东省水土保持学会的通知》（粤水人事〔2010〕18 号），成立广东省水土保持学会。

三、第三阶段（2018 年 12 月—2021 年 12 月）

2018 年 12 月，根据《中共中央关于深化党和国家机构改革的决定》和《广东省机构改革方案》，广东省水利厅是广东省政府组成部门，为正厅级。

（一）主要职责

（1）负责保障水资源的合理开发利用。拟定水利发展规划和政策，起草有关地方性法规、规章草案，组织编制全省水资源综合规划、重要江河湖泊流域综合规划、防洪规划等重大水利规划。

（2）指导水资源保护工作。组织编制并实施水资源保护规划。指导饮用水水源保护有关工作，指导地下水开发利用和地下水资源管理保护。组织指导地下水超采区综合治理。

（3）负责生活、生产经营和生态环境用水的统筹和保障。组织实施最严格水资源管理制度，实施水资源的统一监督管理。拟定全省和跨地级以上市水中长期供求规划、水量分配方案并监督实施。负责重要流域、区域以及重大水工程的水资源调度。组织实施取水许可、水资源论证和防洪论证制度，指导实施水资源有偿使用工作。指导水利行业供水和乡镇供水工作。

（4）负责节约用水工作。拟定节约用水政策，组织编制节约用水规划并监督实施，组织制定有关标准。组织实施用水总量控制等管理制度，指导和推动节水型社会建设工作。

（5）负责提出水利固定资产投资规模、方向及省级财政性资金安排建议并组织指导实施。负责省级权限的水利基础设施项目审核工作，提出省级水利建设投资安排建议并负责项目实施的监督管理。

(6) 组织指导水利设施、水域及其岸线的管理、保护与综合利用。组织指导水利基础设施网络建设。指导江河湖泊及河口滩涂的治理、开发和保护。指导河湖水生态保护与修复、河湖生态流量水量管理以及河湖水系连通工作。

(7) 指导监督水利工程建设与运行管理。按规定制定水利工程建设有关制度并组织实施，组织指导工程验收有关工作。组织指导具有控制性的或跨地级以上市、跨流域的重要水利工程建设与运行管理。指导水利建设市场的监督管理。

(8) 负责水土保持工作。拟定水土保持规划并监督实施，组织实施水土流失的综合防治、监测预报并编制发布公告。负责建设项目水土保持监督管理工作，指导全省重点水土保持建设项目的实施。

(9) 指导水文工作。指导水文水资源监测、水文站网建设和管理。指导江河湖库和地下水监测，负责发布水文水资源信息、情报预报和全省水资源公报。组织开展水资源、水能资源调查评价和水资源承载能力监测预警工作。

(10) 指导农村水利工作。组织开展农村灌区骨干工程、涝区治理工程建设与改造。组织实施乡村振兴战略水利保障工作，指导农村饮水安全工程建设管理及节水灌溉有关工作。指导农村水利改革创新和社会化服务体系建设。指导农村水能资源开发、农村水电站改造和水电农村电气化工作。

(11) 指导水利水电工程移民管理工作。拟订水利水电工程移民有关政策并监督实施，组织实施水利水电工程移民安置验收、监督评估等制度。指导监督水库移民后期扶持政策的实施，协调监督三峡工程迁入移民后期扶持等工作。协调推动对口支援三峡库区工作。

(12) 组织指导水政监察和水行政执法。承担重大涉水违法事件的查处，协调和仲裁跨地级以上市水事纠纷。依法负责水利行业安全生产工作，指导监督工程安全运行，组织指导水库、水电站大坝、农村水电站的安全监管。

(13) 开展水利科技和交流合作。组织指导水利行业质量监督工作。拟定水利行业的技术标准、规程规范并监督实施。组织开展水利对外交流与合作。负责管理对香港供水业务和指导对澳门供水工作。

(14) 负责落实综合防灾减灾规划相关要求，组织编制洪水干旱灾害防治规划、防护标准并指导实施。负责水情旱情监测预警工作。组织编制重要江河湖泊和重要水工程的防御洪水抗御旱灾调度及应急水量调度方案，按程序报批并组织实施。负责防御洪水应急抢险的技术支撑工作。负责台风防御期间重要水工程调度工作。

(15) 完成广东省委、省政府和水利部交办的其他任务。

(16) 广东省水利厅应当坚持节水优先，从增加供给转向更加重视需求管理，严格控制用水总量和提高用水效率。坚持保护优先，加强水资源、水环境、水生态监管，强化水域和水利工程的管理保护，维护河湖生态健康。深入推进简政放权，完善公共服务管理体制，强化事中事后监管，切实加强水资源合理利用、优化配置和节约保护。坚持统筹兼顾，保障合理用水需求和水资源的可持续利用，为经济社会发展提供水安全保障。

(二) 编制与机构设置

根据《广东省水利厅职能配置、内设机构和人员编制规定》(粤办发〔2018〕105号)，广东省水利厅机关核定行政编制139名。设厅长1名，副厅长4名，总工程师1名；正处级领导职数20名(含总规划师1名、机关党委专职副书记1名)，副处级领导职数30名。

广东省水利厅设18个内设机构和机关党委(见图3)，内设机构具体为：办公室、政策法规处、规划计划处、财务与审计处、水资源管理处、省节约用水办公室、河湖管理处、水利工程建设处、运行管理处、水土保持处、农村水利水电处、水库移民处、监督处、水政监察处、水旱灾害防御处、水调度管理处、科技与交流合作处、人事处（离退休人员服务处）。

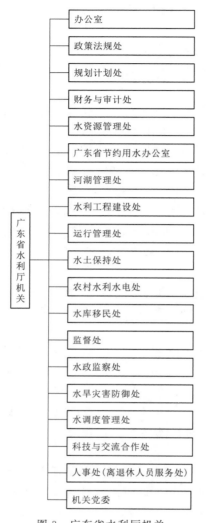

图 3　广东省水利厅机关
机构图（2018 年）

2018 年 12 月，根据《中共广东省委机构编制委员会办公室关于明确省水利厅行政执法专项编制的函》（粤机编办发〔2018〕253 号），核定广东省水利厅行政执法专项编制 31 名。

2019 年 5 月，根据《中共广东省委机构编制委员会办公室关于明确省水利厅后勤服务人员数的函》（粤机编办发〔2019〕74 号），暂保留广东省水利厅机关后勤服务人员数 6 名。

2019 年 8 月，根据广东省委组织部《关于省水利厅职级设置方案的批复》（粤组函〔2019〕360 号），核定广东省水利厅机关二级巡视员 5 名，一、二级调研员 38 名，三、四级调研员 38 名。

2019 年 8 月，根据《中共广东省委机构编制委员会办公室关于核增省水利厅行政执法专项编制的通知》，核增广东省水利厅行政执法专项编制 7 名。

2019 年 10 月，根据广东省委组织部《关于省水利厅职级设置方案的批复》（粤组函〔2019〕493 号），核定广东省水利厅机关二级巡视员 6 名，一、二级调研员 39 名，三、四级调研员 40 名。

2020 年 5 月，根据《中共广东省委机构编制委员会办公室关于下达省水利厅 2018 年度接收军队转业干部行政编制的函》（粤机编办发〔2020〕213 号），下达广东省水利厅 2018 年度军队转业干部行政编制 5 名，实行实名制单列管理。根据《中共广东省委机构编制委员会办公室关于收回省水利厅军队转业干部行政编制的函》，收回原下达广东省水利厅实行实名制单列管理的军队转业干部行政编制 1 名。

2020 年 7 月，根据《关于调整省水利厅机关职级设置方案的批复》（粤组函〔2020〕250 号），核定广东省水利厅机关二级巡视员 6 名，一、二级调研员 40 名，三、四级调研员 41 名。

2021 年 2 月，根据《中共广东省委机构编制委员会办公室关于收回省直有关单位机关后勤服务人员事业编制、后勤服务人员数和政府购买服务人员数的函》，收回广东省水利厅机关后勤服务人员数 6 名。

2021 年 6 月，根据《中共广东省委机构编制委员会办公室关于下达省水利厅 2019 年度接收军队转业干部行政编制的函》，下达广东省水利厅 2019 年度军队转业干部行政编制 3 名，实行实名制单列管理。根据《中共广东省委机构编制委员会办公室关于调整下达有关军队转业干部编制的函》，收回原下达广东省水利厅实行实名制单列管理的军队转业干部行政编制 1 名。

2021 年 12 月，根据《关于调整省水利厅机关职级设置方案的批复》（粤组函〔2021〕402 号），核定广东省水利厅机关二级巡视员 6 名，一、二级调研员 41 名，三、四级调研员 41 名。

（三）厅领导任免

2018年12月，中共广东省委组织部批准刘中春任广东省水利厅党组成员（粤组干〔2018〕1600号）。

2019年1月，广东省人民政府任命刘中春为广东省水利厅副厅长（粤人社发〔2019〕20号）。

2019年6月，中共广东省委批准王春海任广东省水利厅一级巡视员；贺国庆、曾建生任广东省水利厅二级巡视员（粤组干〔2019〕678号）。

2019年9月，中共广东省委组织部批准潘游任广东省水利厅党组成员，免去黄志坚的广东省水利厅党组成员职务（粤组干〔2019〕807号）。

2019年10月，广东省人民政府任命潘游为广东省水利厅副厅长；免去黄志坚的广东省水利厅副厅长职务（粤人社发〔2019〕138号）。

2019年11月，中共广东省委组织部免去贺国庆的广东省水利厅二级巡视员职级，退休（粤组干〔2019〕1000号）。

2019年12月，中共广东省委批准免去许永锞的广东省水利厅党组书记职务（粤组干〔2019〕1132号）。

2020年2月，中共广东省水利厅党组决定肖飞、蔡庆、卓汉东、颜文耀任广东省水利厅二级巡视员（粤水党〔2020〕6号）。

2020年3月，广东省第十三届人民代表大会常务委员会第十九次会议表决通过任命王立新为广东省水利厅厅长（粤人社发〔2020〕78号）；中共广东省委批准免去王春海的广东省水利厅一级巡视员职级，退休。

2020年5月，中共广东省委批准卢千里任广东省纪委监委驻广东省水利厅纪检监察组一级巡视员。

2020年11月，中共广东省水利厅党组免去肖飞的广东省水利厅二级巡视员职级，退休（粤水党〔2020〕63号）。

2020年12月，中共广东省水利厅党组免去蔡庆的广东省水利厅二级巡视员职级，退休（粤水党〔2020〕79号）。

2021年1月，中共广东省委批准王立新任广东省水利厅党组书记。

2021年3月，中共广东省水利厅党组免去颜文耀的广东省水利厅二级巡视员职级，提前退休（粤水党〔2021〕18号）。

2021年6月，中共广东省水利厅党组决定全万友、张辉、罗益信任广东省水利厅二级巡视员（粤水党〔2021〕51号）。

2021年7月，中共广东省委批准潘游任广东省水利厅一级巡视员；广东省人民政府免去潘游的广东省水利厅副厅长职务（粤府人字〔2021〕88号）；中共广东省水利厅党组免去潘游的广东省水利厅党组成员职务（粤组干〔2021〕337号）。

2021年10月，中共广东省委组织部批准陈仁著任广东省水利厅党组成员（粤组干〔2021〕524号）。

2021年11月，广东省人民政府任命陈仁著为广东省水利厅副厅长（粤府人字〔2021〕141号）；免去邝明勇的广东省水利厅总工程师职务，退休（粤府人字〔2021〕149号）；免去邹振宇的广东省水利厅副厅长职务（粤府人字〔2021〕160号）；中共广东省委组织部免去邹振宇的广东省水利厅党组成员职务（粤组干〔2021〕589号）；免去卢华友的广东省水利厅党组成员职务（粤组干〔2021〕632号）。

2021年12月，广东省人民政府任命朱军为广东省水利厅总工程师（粤府人字〔2021〕168号）。

广东省水利厅领导任免表（2018年12月—2021年12月）见表3。

表3 广东省水利厅领导任免表（2018年12月—2021年12月）

机构名称	姓 名	职 务	任 免 时 间	备 注
广东省水利厅	许永锞	厅 长	继任—2021年1月	
		党组书记	继任—2019年12月	
	王立新	厅 长	2021年3月—	
		党组书记	2021年1月—	
	蔡泽辉	党组副书记、副厅长	继任—	
	王春海	一级巡视员	继任—2020年3月	
	潘 游	一级巡视员	2021年7月—	
		副厅长	2019年10月—2021年7月	
		党组成员	2019年9月—2021年7月	
	卢华友	党组成员	继任—2021年11月	
	卢千里	一级巡视员	2020年5月—	
		纪检监察组组长、党组成员	继任—	
	邹振宇	副厅长、党组成员	继任—2021年11月	
	黄志坚	副厅长	继任—2019年10月	
		党组成员	继任—2019年9月	
	孟 帆	副厅长、党组成员	继任—	
	刘中春	副厅长	2019年1月—	
		党组成员	2018年12月—	
	陈仁著	副厅长	2021年11月—	
		党组成员	2021年10月—	
	邝明勇	总工程师	继任—2021年11月	
	朱 军	总工程师	2021年12月—	
	贺国庆	二级巡视员	继任—2019年11月	
	曾建生	二级巡视员	继任—	
	肖 飞	二级巡视员	2020年2—11月	
	蔡 庆	二级巡视员	2020年2—12月	
	卓汉东	二级巡视员	2020年2月—	
	颜文耀	二级巡视员	2020年2月—2021年3月	
	全万友	二级巡视员	2021年6月—	
	张 辉	二级巡视员	2021年6月—	
	罗益信	二级巡视员	2021年6月—	

（四）流域机构、厅直属事业单位及直管社团

1. 流域机构

广东省水利厅流域机构有广东省东江流域管理局、广东省西江流域管理局、广东省北江流域管理局（下设广东省飞来峡水利枢纽管理处、广东省乐昌峡水利枢纽管理处、广东省飞来峡水利枢纽水力发电中心、广东省乐昌峡水利枢纽水力发电中心）、广东省韩江流域管理局（下设广东省潮州供水枢纽管理处、广东省潮州供水枢纽水力发电中心）。

2019 年 9 月，根据《中共广东省委机构编制委员会办公室关于撤销广东省飞来峡水利枢纽管理处等 6 家单位的函》（粤机编办发〔2019〕158 号），撤销广东省飞来峡水利枢纽管理处、广东省乐昌峡水利枢纽管理处、广东省潮州供水枢纽管理处、广东省飞来峡水利枢纽水力发电中心、广东省乐昌峡水利枢纽水力发电中心、广东省潮州供水枢纽水力发电中心等 6 家单位，转企改制。

2020 年 7 月，根据《关于省北江流域管理局等 5 个单位继续列入参照公务员法管理范围的批复》（粤组函〔2020〕235 号），广东省北江流域管理局、广东省东江流域管理局、广东省西江流域管理局、广东省韩江流域管理局继续列入参照公务员法管理范围。

2021 年 7 月，根据《中共广东省委机构编制委员会办公室关于调整省水利厅所属流域管理局机构编制事项的函》（粤机编办发〔2021〕262 号），设立广东省粤西水资源管理局，加挂广东省鉴江流域管理局牌子，为公益一类事业单位，正处级。

2. 厅直属事业单位

广东省水利厅直属事业单位有广东省水利厅工会委员会、广东省供水工程管理总局、广东省水利水电技术中心（挂广东省水土保持监测站、省水利工程白蚁防治中心牌子）、广东省防汛抢险技术保障中心、广东省水利厅政务服务中心、广东省水利厅机关服务中心、广东省三防物资储备中心、广东省水文局（下设广州等 11 个直属水文分局）、广东水利电力职业技术学院、广东省水利电力规划勘测设计研究院、广东省水利水电科学研究院。

2018 年 12 月，根据《广东省人民政府关于同意广东水利电力职业技术学院成建制移交省教育厅管理的批复》（粤府函〔2018〕408 号），广东水利电力职业技术学院成建制移交省教育厅管理。

2020 年 6 月，广东省水利厅与广东粤海控股集团有限公司签订《广东省水利电力规划勘测设计研究院交接框架协议》，广东省水利电力规划勘测设计研究院整体划转广东粤海控股集团有限公司。

2020 年 12 月，根据《中共广东省委机构编制委员会办公室关于撤销广东省水利电力规划勘测设计研究院的函》（粤机编办发〔2020〕454 号），广东省水利电力规划勘测设计研究院转企改制。

2021 年 2 月，根据《中共广东省委机构编制委员会办公室关于撤销省直有关单位机关服务中心的函》（粤机编办发〔2021〕36 号），撤销广东省水利厅机关服务中心。

2021 年 5 月，根据《中共广东省委机构编制委员会办公室关于调整省水利厅所属有关事业单位机构编制事项的函》（粤机编办发〔2021〕113 号），整合广东省供水工程管理总局（广东省水利投融资管理中心）、广东省防汛抢险技术保障中心、广东省三防物资储备中心，设立广东省防汛保障与农村水利中心，为广东省水利厅管理的事业单位，公益一类，正处级。将广东省水利厅政务服务中心更名为广东省水利厅事务中心。将原广东省水利厅机关服务中心财政补助一类在编人员"连人带编"划入广东省水利厅事务中心，实行实名制单列管理，编制随自然减员退一收一；经费自理在编人员、离退休人员由该中心同步接管。

3. 直管社团

广东省水利厅直管社团有广东省水利学会、广东省水土保持学会。

执笔人：陈　艳　谢湖亮
审核人：耿华卫　张世发

广西壮族自治区水利厅

广西壮族自治区水利厅是广西壮族自治区人民政府组成部门，主管全区水行政工作。办公地点设在广西壮族自治区南宁市青秀区建政路 12 号。

2001—2021 年，广西壮族自治区水利厅组织沿革划分为 3 个阶段：2001 年 1 月—2010 年 8 月，2010 年 8 月—2019 年 1 月，2019 年 1 月—2021 年 12 月。

一、第一阶段（2001 年 1 月—2010 年 8 月）

根据《自治区人民政府办公厅关于印发广西壮族自治区水利厅职能配置内设机构和人员编制规定的通知》（桂政办发〔2000〕104 号），自治区水利厅是主管全区水行政工作的自治区人民政府组成部门。

（一）主要职责

（1）贯彻执行中央和地方性的水利管理行政法规，拟定水利中长期规划，负责提出全区水利管理地方立法项目的建议，根据自治区人民政府委托，起草有关水利管理的地方性法规、规章和规范性文件草案。

（2）统一管理全区水资源（含空中水、地表水、地下水）。组织拟订全区和跨地（市）水长期供求计划、水量分配方案并监督实施；组织有关全区国民经济总体规划、城市规划及重大建设项目的水资源和防洪的论证工作；组织实施取水许可制度和水资源费征收制度；发布全区水资源公报。

（3）拟定节约用水规划和具体措施，组织、指导和监督节约用水工作。

（4）按照国家资源与环境保护的有关法律法规和标准，拟定水资源保护规划；组织水功能区的划分和向饮水区等水域排污的控制；监测江河湖库的水量、水质，审定水域纳污能力；提出限制排污总量的意见。

（5）组织、指导水政监察和水行政执法；协调部门间和地（市）间的水事纠纷。

（6）拟定水利行业的经济调节措施；对水利资金的使用进行宏观调节；指导水利行业的供水、水电管理及多种经营工作；研究提出有关水利的价格、税收、信贷、财务等经济调节意见。

（7）编制、审查大中型水利基建项目建议书和可行性报告；组织重大水利科学研究和技术推广；组织拟定水利行业技术质量标准和水利工程的规程、规范，经批准后负责监督实施。

（8）组织、指导水利设施、水域及其岸线的管理与保护；组织指导江河、水库、河口滩涂、海岸滩涂、海堤的治理和开发。

（9）负责全区水工程建设的行业管理，组织建设和管理具有控制性的或跨地（市）的重要水利工程。归口管理全区水利工程、水利综合经营；组织、指导水库、水电站大坝及河海堤防的安全监管。

（10）指导全区农村水利工作；组织协调农田水利基本建设、农村水电电气化和乡镇供水、农村人畜饮水工作。

（11）组织全区水土保持工作。研究制定水土保持的工程措施规划，组织水土流失的监测和综合防治。

（12）对全区水文工作实行行业管理。

（13）负责全区水利系统的科技、教育、国际合作工作；指导、管理全区水利系统的队伍建设。

（14）承担自治区防汛抗旱指挥部的日常工作，组织、协调、监督、指导全区防洪工作，对区内重要河道、水利工程实施防汛抗旱调度，配合建设部门做好城市排涝工作。

（15）办理自治区人民政府交办的其他事项。

2004年12月，增加水能资源及地方电力农村水电（5万kW以下）管理职能。

（二）编制与机构设置

自治区水利厅机关行政编制52名。其中：厅长1名，副厅长3名，处级领导职数18名（含机关党委专职副书记1名）。离退休工作人员编制、机关后勤服务人员编制按有关规定另行核定。自治区水利厅机关设办公室、计划财务处、人事教育处、水政水资源处（广西壮族自治区节约用水办公室）、科学技术处、农田水利处、水土保持处等7个职能处（室）。另内设机关党委、离退休人员工作处。

2007年3月，下达自治区防汛抗旱办行政编制13名，核定机关后勤服务聘用人员控制数2名，核销该办的机关事业编制13名和机关后勤服务事业编制2名。

2007年11月，增设政策法规处，将水政水资源处更名为水资源管理处，仍增挂广西壮族自治区节约用水办公室牌子。

2008年7月，增核副厅长职数1名，兼任自治区防汛抗旱指挥部办公室主任。自治区防汛抗旱指挥部办公室设常务副主任1名（正处级），副主任2名（副处级）。自治区防汛抗旱指挥部办公室不设副处级总工程师。增核职数后，副厅长共4名。自治区防汛抗旱指挥部办公室主任1名（由自治区水利厅副厅长兼任），常务副主任1名，副主任2名。

2009年6月，增核机关行政编制3名，专用于2008年接收安置的军队转业干部。增加编制后，自治区水利厅机关行政编制总数为66名（含纪检监察编制3名、内部审计编制1名）。

2010年6月，增核机关行政编制1名，专用于2009年接收安置的军队转业干部。

2010年6月，明确自治区纪委、自治区监察厅派驻自治区水利厅纪检监察机构部门编制数为3名。

广西壮族自治区水利厅机关机构图（2009年）见图1。

（三）厅领导任免

2001年1月，自治区人民政府任命黄光强为自治区水利厅助理巡视员。

2003年4月，自治区党委免去李里宁的自治区水利厅党组书记职务，任命文明为自治区水利厅党组书记；自治区人大常委会任命文明为自治区水利

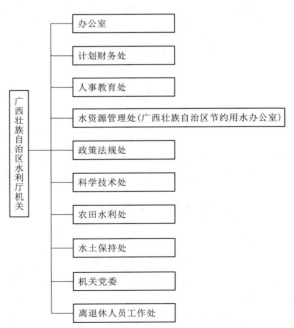

图1　广西壮族自治区水利厅机关机构图（2009年）

广西壮族自治区水利厅机关：办公室、计划财务处、人事教育处、水资源管理处（广西壮族自治区节约用水办公室）、政策法规处、科学技术处、农田水利处、水土保持处、机关党委、离退休人员工作处

厅厅长。

2003 年 6 月，自治区人民政府任命蔡德所为自治区水利厅副厅长。

2003 年 7 月，自治区党委组织部免去王运洪的自治区水利厅党组成员职务；自治区人民政府免去王运洪挂任的自治区水利厅副厅长职务。

2005 年 7 月，自治区人民政府任命闫九球为自治区水利厅总工程师；自治区党委组织部任命闫九球为自治区水利厅党组成员。

2005 年 11 月，自治区人民政府任命魏文达为自治区水文水资源局局长。

2005 年 12 月，自治区党委组织部任命魏文达为自治区水利厅党组成员。

2006 年 8 月，自治区党委任命肖军忍为自治区纪委派驻自治区水利厅纪检组组长，免去其中共钦州市委副书记、常委、委员、纪律检查委员会书记职务；免去杨荣旺的自治区纪委派驻自治区水利厅纪检组组长职务。

2006 年 8 月，自治区党委组织部任命肖军忍为自治区水利厅党组成员。

2006 年 8 月，自治区人民政府任命何材强为自治区水利厅副巡视员。

2007 年 3 月，自治区党委组织部免去杨荣旺自治区水利厅党组成员职务。

2007 年 3 月，自治区党委决定杨荣旺退休。

2007 年 4 月，自治区人民政府免去黄光强的自治区水利厅助理巡视员职务，退休。

2007 年 4 月，自治区党委任命钟想廷为自治区水利厅党组书记，免去其自治区审计厅党组书记职务；自治区党委任命文明为中共玉林市委委员、常委、书记，免去其自治区水利厅党组书记职务。

2007 年 5 月，自治区人大常委会任命钟想廷为自治区水利厅厅长，免去其自治区审计厅厅长职务，免去文明的自治区水利厅厅长职务。

2008 年 11 月，自治区党委决定张霍德（自治区水利厅副厅长）享受正厅级待遇。

2008 年 12 月，自治区人民政府免去张霍德的自治区水利厅副厅长职务，退休。

2008 年 12 月，自治区党委组织部免去张霍德的自治区水利厅党组成员职务。

2009 年 4 月，自治区党委任命杨焱为自治区水利厅党组副书记（正厅级）。

2009 年 4 月，自治区人民政府免去韩庆东的自治区水利厅副厅长职务。自治区党委组织部免去韩庆东的自治区水利厅党组成员职务。

2009 年 5 月，自治区人民政府任命王春林为自治区水利厅副厅长、自治区防汛抗旱指挥部办公室主任（兼）。

2009 年 7 月，自治区人民政府任命唐小勇为自治区水利厅副巡视员。

2009 年 12 月，自治区党委免去肖军忍自治区纪委派驻自治区水利厅纪检组组长职务，退休。

2010 年 5 月，自治区党委任命于开林为自治区纪委派驻自治区水利厅纪检组组长，免去其自治区纪委派驻自治区卫生厅纪检组组长职务。自治区党委组织部任命于开林为自治区水利厅党组成员。

广西壮族自治区水利厅领导任免表（2001 年 1 月—2010 年 8 月）见表 1。

（四）厅直属企事业单位

广西壮族自治区水利厅直属事业单位有广西壮族自治区水文水资源局、广西水利电力职业技术学院、广西壮族自治区水利工程管理局、广西壮族自治区水政监察总队、广西壮族自治区水利厅基本建设局、广西壮族自治区水利厅农村水电及电气化发展局、广西壮族自治区水利厅技术中心、广西水利水电工程质量与安全监督中心站、广西壮族自治区水利厅机关服务中心、广西水利电力勘测设计研究院、广西壮族自治区水利科学研究院、广西壮族自治区水土保持监测总站、广西壮族自治区水利厅大王滩水库管理处、广西壮族自治区水利厅凤亭河水库管理处、广西壮族自治区水利厅那板水库管理处。

表 1　　　　　　　　　　广西壮族自治区水利厅领导任免表（2001 年 1 月—2010 年 8 月）

机构名称	姓　名	职　务	任 免 时 间	备　注
广西壮族自治区水利厅	李里宁	厅　长	继任—2003 年 1 月	
		党组书记	继任—2003 年 4 月	
	黄光强	助理巡视员	2001 年 1 月—2007 年 4 月	
	文　明	厅　长	2003 年 4 月—2007 年 5 月	
		党组书记	2003 年 4 月—2007 年 4 月	
	钟想廷	厅　长	2007 年 5 月—	
		党组书记	2007 年 4 月—	
	张霍德	副厅长、党组成员	继任—2008 年 12 月	
	杨焱	副厅长、党组成员	继任—	
		党组副书记（正厅级）	2009 年 4 月—	
	蔡德所	副厅长	2000 年 4 月—2003 年 6 月	挂职
		副厅长、党组成员	2003 年 6 月—	
	韩庆东	副厅长、党组成员	2000 年 9 月—2009 年 4 月	
	王运洪	副厅长	2000 年 8 月—2003 年 7 月	挂职
		党组成员	继任—2003 年 7 月	
	廖世洁	总工程师	继任—2002 年 4 月	
	杨荣旺	纪检组组长	继任—2006 年 8 月	
		党组成员	继任—2007 年 3 月	
	闫九球	总工程师、党组成员	2005 年 7 月—	
	魏文达	自治区水文水资源局局长	2005 年 11 月—	
		党组成员	2005 年 12 月—	
	肖军忍	纪检组组长、党组成员	2006 年 8 月—2009 年 12 月	
	于开林	纪检组组长、党组成员	2010 年 5 月—	
	何材强	副巡视员	2006 年 8 月—	
	唐小勇	副巡视员	2009 年 7 月—	
	王春林	副厅长、自治区防汛抗旱指挥部主任	2009 年 5 月—	

　　广西壮族自治区水利厅企业单位有广西水利电业集团有限公司、广西电力物资供应公司、广西水利电力实业开发公司、广西水利电力综合经营公司、广西天湖水利电力有限公司、广西海河水利建设有限责任公司、广西水利供水有限责任公司、广西水利电力移民开发北海培训基地（北海天湖酒店）、广西水利电力职工桂林培训中心（桂林天湖酒店）、广西水电天湖彩印厂。

　　2001 年 12 月，广西壮族自治区水利厅地方电力局更名为广西壮族自治区水利厅农村水电及电气化发展局，增挂广西壮族自治区水利厅农村水电及电气化发展局牌子。

　　2002 年 8 月，同意广西水电学校提升为广西水利电力职业技术学院。

　　2002 年 11 月，设立广西壮族自治区水土保持监测总站。

　　2002 年 11 月，广西壮族自治区水利厅基本建设局由自收自支事业单位改为差额补助事业单位。

　　2003 年 7 月，广西水利电力技工学校并入广西水利电力职业技术学院。

　　2005 年 7 月，明确广西壮族自治区水文水资源局为副厅级全额拨款事业单位。

　　2005 年 12 月，核定广西水利电力职业技术学院为相当副厅级事业单位。

　　2006 年 7 月，广西壮族自治区工商行政管理局核发广西水利电业集团有限公司营业执照，广西水利电业有限公司更名为广西水利电业集团有限公司。

2006年10月，注销水利厅机关印刷厂事业单位机构转制为企业，设立广西水利水电质量与安全监督中心站。

2006年12月，同意广西壮族自治区水文水资源局为第一批参照公务员法管理的副厅级事业单位。

2006年12月，广西壮族自治区水利科学研究所更名为广西壮族自治区水利科学研究院。

2007年4月，同意广西壮族自治区水政监察总队、广西壮族自治区水利工程管理局为第二批参照公务员法管理的自治区人民政府工作部门所属事业单位。

2007年12月，成立广西壮族自治区水利厅技术中心，撤销广西壮族自治区水利厅干部训练班。

2008年6月，成立中共广西壮族自治区水文水资源局党组和中共广西壮族自治区水文水资源局党组纪检组。

2008年9月，同意广西水利水电工程质量与安全监督中心站参照公务员法管理。

2009年5月，同意广西壮族自治区水利厅基本建设局由差额拨款事业单位改为全额拨款事业单位。

二、第二阶段（2010年8月—2019年1月）

根据《自治区党委、自治区人民政府关于自治区人民政府机构设置的通知》（桂委会〔2009〕235号），设立自治区水利厅，为自治区人民政府组成部门。根据《广西壮族自治区水利厅主要职责内设机构和人员编制规定》（桂政办发〔2010〕158号），对自治区水利厅主要职责内设机构和人员编制明确如下。

（一）主要职责

（1）拟定水利中长期规划，组织编制重要江河的流域综合规划、防洪规划等重大水利规划。负责提出全区水利地方立法项目的建议，起草有关地方性法规、规章和规范性文件草案。

（2）对水利资金的使用进行宏观调节，组织制定、实施水利工程建设有关制度，负责提出水利固定资产投资规模和方向、国家和自治区财政性资金安排的意见，按规定权限，审批、核准国家、自治区规划内和年度计划规模内固定资产投资项目，提出中央和自治区水利建设投资安排建议并组织实施。

（3）统筹兼顾生活、生产经营和生态环境用水，实施全区水资源的统一监督管理。拟定全区水中长期供求规划、水量分配方案和调度计划并监督实施，组织开展水资源调查评价工作，按规定开展水能资源调查工作，组织实施取水许可、水资源有偿使用和水资源论证、防洪论证制度。指导乡镇供水工作。发布全区水资源公报。

（4）负责全区节约用水工作，拟定节约用水政策，编制节约用水规划，制订有关标准，指导和推动节水型社会建设工作。

（5）负责全区水资源保护工作。组织编制水资源保护规划，组织拟定全区主要江河水库水功能区划并监督实施，核定水域纳污能力，提出限制排污总量建议，指导饮用水水源保护工作。指导地下水开发利用和城市规划区地下水资源管理保护工作。

（6）负责全区重大水事违法案件的查处，协调、仲裁跨设区市的水事纠纷；组织、指导水政监察和水行政执法。

（7）审核大中型水利建设项目的项目建议书、可行性研究报告和初步设计；组织重大水利科学研究，负责水利科技成果鉴定、管理及技术推广；组织拟定水利行业技术质量标准和水利工程的规程、规范，经批准后，负责监督实施。

（8）组织、指导水利设施、水域及其岸线的管理与保护；组织、指导江河、水库、河口、海岸滩涂、海堤的治理和开发。负责组织国际界河水利工程规划编制和建设的管理工作。

（9）负责全区水工程建设与运行的行业管理，组织实施具有控制性的或跨设区市的重要水利工程建设与运行管理。组织开展水利行业质量监督工作，依法负责水利行业安全生产监督管理工作，组织、指导水库、水电站大坝及河海堤防的安全监管，指导水利建设市场的监督管理，组织实施水利工程建设的监督。

（10）指导全区农村水利工作。组织协调农田水利基本建设，指导农田灌溉节水排水、农村饮水安全及村镇供水等工程建设与管理工作，指导农村水利社会化服务体系建设。

（11）负责水能资源及地方电力农村水电的行业管理，负责组织实施水电农村电气化和小水电代燃料建设工作。

（12）负责防治水土流失。拟定全区水土保持规划并监督实施，组织实施水土流失的综合防治、监测预报并定期公告，负责有关生产建设项目水土保持方案的审批、监督实施及水土保持设施的验收工作，指导有关水土保持建设项目的实施。

（13）对全区水文工作实行行业管理。负责水文水资源监测，负责国家、自治区水文站网建设和管理，对江河湖库和地下水的水量、水质实施监测，发布水文水资源信息、情报预报。

（14）负责自治区防汛抗旱指挥部的日常工作，组织、协调、监督、指导全区防汛抗旱工作，对区内重要江河和重要水工程实施防汛抗旱调度，编制自治区防汛抗旱应急预案并组织实施。按分级管理规定，组织或指导水利突发公共事件的应急管理工作。

（15）承办自治区人民政府交办的其他事项。

2011 年 6 月，明确自治区水利厅负责全区节约用水工作，会同有关部门起草节约用水地方性法规，拟定节约用水政策，编制节约用水规划，制定有关标准，指导和推动节水型社会建设，制定用水总量控制、定额管理和计划用水制度并组织实施，指导节水用水灌溉工程建设与管理，会同有关部门对各地区水资源开发利用、节约保护主要指标的落实情况进行考核。

（二）编制与机构设置

自治区水利厅机关行政编制为 80 名（含自治区防汛抗旱指挥部办公室行政编制 18 名）。其中：厅长 1 名，副厅长 4 名（其中 1 名兼任自治区防汛抗旱指挥部办公室主任），总工程师（副厅级）1 名；正处级领导职数 13 名（含机关党委专职副书记 1 名、自治区防汛抗旱指挥部办公室常务副主任 1 名），副处级领导职数 16 名。

自治区水利厅机关设办公室、规划计划处、财务处、人事处、水资源处（自治区节约用水办公室）、政策法规处、科学技术处（行政审批处）、农村水利处、水土保持处、安全监督处、自治区防汛抗旱指挥部办公室（自治区防汛抗旱信息办公室）等 11 个职能处（室）。另内设机关党委、离退休人员工作处。

2011 年 4 月，增核水利厅机关行政编制 1 名，专用于 2010 年接收安置的军队转业干部。

2011 年 12 月，设立 4 名自治区防汛抗旱督察专员（正处级 2 名、副处级 2 名），增核自治区水利厅机关行政编制 2 名。调整后，自治区水利厅机关行政编制为 84 名。

2013 年 4 月，增核机关行政编制 1 名，专用于 2012 年接收安置的军队转业干部。增核后，自治区水利厅机关行政编制为 85 名。

2013 年 5 月，增加 1 名军队转业干部专用的处级非领导职数。

2013 年 12 月，增加 1 名军队转业干部专用的处级非领导职数。

2014 年 4 月，增核机关行政编制 1 名，专用于 2013 年接收安置的军队转业干部。增核后，自治区水利厅机关行政编制为 86 名。

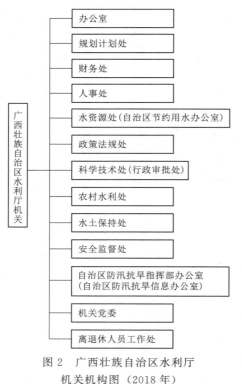

广西壮族自治区水利厅机关

- 办公室
- 规划计划处
- 财务处
- 人事处
- 水资源处（自治区节约用水办公室）
- 政策法规处
- 科学技术处（行政审批处）
- 农村水利处
- 水土保持处
- 安全监督处
- 自治区防汛抗旱指挥部办公室（自治区防汛抗旱信息办公室）
- 机关党委
- 离退休人员工作处

图 2　广西壮族自治区水利厅
机关机构图（2018 年）

2016 年 6 月，核定自治区党委农村办公室机关行政编制16 名，从自治区水利厅划转 1 名。调整后，自治区水利厅机关行政编制 85 名。

2016 年 11 月，增核自治区水利厅机关行政编制 2 名，专用于加强水行政监督工作；增核副处级领导职数 1 名。

2017 年 1 月，核减自治区水利厅机关行政编制 2 名；核减自治区水利厅纪检组组长（副厅级）1 名，调整后，自治区水利厅机关行政编制 85 名。

2017 年 9 月，设立河长制工作处，增核机关行政编制 6 名，调整后，自治区水利厅机关行政编制由 85 名调整为91 名。

2017 年 11 月，增加 1 名军队转业干部专用的处级非领导职数。

2018 年 6 月，增核机关行政编制 1 名，专用于 2017 年接收安置的军队转业干部。调整后，自治区水利厅机关行政编制为 92 名。

2018 年 11 月，根据《关于印发部门机构编制职责框架的通知》，因职责调整共划走行政编制 7 名，转隶人员 5 名。

广西壮族自治区水利厅机关机构图（2018 年）见图 2。

（三）厅领导任免

2011 年 4 月，自治区人民政府任命顾跃为自治区水利厅副厅长；免去何材强的自治区水利厅副巡视员职务，退休。

2012 年 1 月，自治区人大常委会免去钟想廷的自治区水利厅厅长职务；任命杨焱为自治区水利厅厅长。

2012 年 2 月，自治区党委组织部任命闫九球为广西右江水利开发有限责任公司副董事长（兼）；杨焱不再兼任广西右江水利开发有限责任公司副董事长职务。

2012 年 4 月，自治区人民政府任命刘中奇为自治区水利厅副厅长；自治区党委组织部任命刘中奇为自治区水利厅党组成员；自治区人民政府任命叶建平为自治区水利厅副巡视员。

2012 年 10 月，自治区党委组织部任命李名生为自治区水利厅厅长助理（挂任期二年），任命李名生为自治区水利厅党组成员（挂任期二年）。

2012 年 11 月，自治区党委组织部免去蔡德所的自治区水利厅党组成员职务；自治区人民政府任命蔡德所为自治区水利厅巡视员，免去其自治区水利厅副厅长职务。

2013 年 1 月，自治区党委任命杨焱为自治区水利厅党组书记；免去钟想廷的自治区水利厅党组书记职务；自治区人民政府免去蔡德所的自治区水利厅巡视员职务，退休；免去唐小勇的自治区水利厅副巡视员职务，退休。

2013 年 4 月，自治区党委组织部任命赵木林为自治区水利厅党组成员；自治区人民政府任命闫九球为自治区水利厅副厅长，免去其自治区水利厅总工程师职务；任命赵木林为自治区水利厅总工程师。

2013 年 11 月，自治区人民政府任命黄卫平为自治区水利厅副巡视员；任命赵木林为自治区水文水资源局局长，免去其自治区水利厅总工程师职务。

2014 年 3 月，自治区人民政府免去黄卫平的自治区水利厅副巡视员职务。

2014 年 5 月，自治区党委组织部任命何棠为自治区水利厅党组成员；自治区人民政府任命何棠为自治区水利厅副厅长、自治区防汛抗旱指挥部办公室主任（兼）；免去王春林的自治区水利厅副厅长、自治区防汛抗旱指挥部办公室主任（兼）职务。

2014 年 7 月，自治区人民政府任命陈润东为自治区水利厅副巡视员。

2014 年 12 月，自治区党委组织部任命陈润东为自治区水利厅党组成员；自治区党委组织部任命陈发科为自治区水利厅党组成员；自治区人民政府任命陈发科为自治区水利厅总工程师。

2015 年 9 月，自治区人民政府免去叶建平的自治区水利厅副巡视员职务，退休。

2016 年 2 月，自治区党委任命于开林为自治区纪委派驻自治区水利厅正厅级纪律检查员。

2016 年 4 月，自治区党委组织部免去赵木林的自治区水利厅党组成员职务；免去陈润东的自治区水利厅党组成员职务。

2016 年 6 月，自治区党委任命于开林为自治区纪委驻自治区水利厅纪检组组长。

2016 年 11 月，自治区人民政府任命伍伟星为自治区水利厅副巡视员。

2017 年 5 月，自治区水利厅免去伍伟星兼任的自治区水利厅规划计划处处长、厅总规划师的职务。

2017 年 6 月，自治区党委组织部任命倪鹏为自治区水利厅党组成员（挂任期二年），自治区水利厅厅长助理（挂任期二年）。

2017 年 8 月，自治区党委任命覃斌为自治区纪委驻自治区水利厅纪检组组长；免去于开林的自治区纪委驻自治区水利厅纪检组组长、正厅级纪律检查员职务，退休。

2017 年 11 月，自治区党委任命闫九球为自治区水文水资源局党组书记（兼）；免去赵木林的自治区水文水资源局党组书记职务。

2017 年 12 月，自治区人民政府任命闫九球为自治区水文水资源局局长（兼）；免去赵木林的自治区水文水资源局局长职务。

2018 年 3 月，自治区人民政府任命杨焱为自治区河长制办公室副主任（兼）。

2018 年 4 月，自治区人民政府任命陈润东为自治区河长制办公室专职副主任（副厅级），免去其自治区水利厅副巡视员职务。

2018 年 4 月，自治区人民政府任命黄开道为自治区水利厅副巡视员。

2018 年 11 月，自治区人民政府任命何棠为自治区应急管理厅副厅长（兼）。

广西壮族自治区水利厅领导任免表（2010 年 8 月—2019 年 1 月）见表 2。

表 2　　　　　　广西壮族自治区水利厅领导任免表（2010 年 8 月—2019 年 1 月）

机构名称	姓　名	职　务	任 免 时 间	备　注
广西壮族自治区水利厅	钟想廷	厅　长	继任—2012 年 1 月	
		党组书记	继任—2013 年 1 月	
	杨焱	副厅长	继任—2012 年 1 月	
		厅　长	2012 年 1 月—	
		广西右江水利开发有限责任公司董事长（兼）	继任—2012 年 2 月	
		党组副书记	继任—2013 年 1 月	
		党组书记	2013 年 1 月—	
		自治区河长制办公室副主任（兼）	2018 年 3 月—	
	蔡德所	副厅长、党组成员	继任—2012 年 11 月	
		巡视员	2012 年 11 月—2013 年 1 月	

机构名称	姓　名	职　务	任　免时间	备　注
广西壮族自治区水利厅	闫九球	广西右江水利开发有限责任公司董事长（兼）	2012年2月—	
		总工程师	继任—2013年4月	
		党组成员	继任—	
		副厅长	2013年4月—	
		自治区水文水资源局党组书记（兼）	2017年11月—	
		自治区水文水资源局局长（兼）	2017年12月—	
	于开林	纪检组组长	继任—2016年6月	
		纪检组组长（正厅级）	2016年6月—2017年8月	
		党组成员	继任—2017年8月	
		正厅级纪律检查员	2016年2月—2017年8月	
	何材强	副巡视员	继任—2011年4月	
	唐小勇	副巡视员	继任—2013年1月	
	王春林	副厅长、自治区防办主任（兼）	继任—2014年5月	
	顾跃	副厅长、党组成员	2011年4月—	
	刘中奇	副厅长、党组成员	2012年4月—	
	叶建平	副巡视员	2012年4月—2015年9月	
	李名生	厅长助理、党组成员	2012年10月—2017年5月	挂职
	赵木林	总工程师	2013年4—11月	
		党组成员	2013年4月—2016年4月	
		自治区水文水资源局局长	2013年11月—2017年12月	
		自治区水文水资源局党组书记	继任—2017年11月	
	黄卫平	副巡视员	2013年11月—2014年3月	
	何棠	副厅长、党组成员、自治区防汛抗旱办公室主任（兼）	2014年5月—	
		自治区应急管理厅副厅长（兼）	2018年11月—	
	陈发科	总工程师、党组成员	2014年12月—	
	陈润东	副巡视员	2014年7月—2018年4月	
		自治区河长制办公室专职副主任（副厅级）	2018年4月—	
	伍伟星	党组成员	2014年12月—2016年4月	
		副巡视员	2016年11月—2018年4月	
		规划计划处处长、厅总规划师	继任—2017年5月	
	覃斌	纪检组组长、党组成员	2017年8月—	
	倪鹏	厅长助理、党组成员	2017年6月—	挂职
	黄开道	副巡视员	2018年4月—	

（四）厅直属企事业单位

广西壮族自治区水利厅直属企事业单位有广西壮族自治区水文水资源局、广西水利电力职业技术学院、广西壮族自治区水利工程管理局、广西壮族自治区水利基本建设局、广西壮族自治区农村水电及电气化发展中心（广西壮族自治区农村水电及电气化发展局）、广西壮族自治区水利厅机关服务中心、广西水利水电工程质量与安全监督中心站、广西壮族自治区水利技术中心、广西壮族自治区水土保持监测总站（广西木棉麓水土保持科技示范园）、广西壮族自治区防汛抗旱物资储备中心（广西壮族自治区防汛机动抢险队）、广西壮族自治区水资源管理服务中心、广西水利电力勘测设计研究院、广西壮族自治区水利科学研究院、广西壮族自治区水利厅凤亭河水库管理处、广西壮族自治区水利厅那板水库管理处、广西壮族自治区水利厅幼儿园。

2010 年 10 月，大王滩水库整体划归南宁市管理。

2011 年 2 月，广西壮族自治区水利厅基本建设局等 5 个事业单位参照公务员法管理。

2011 年 9 月，广西水利电力移民开发北海培训基地（北海天湖酒店）的股权划转移交广西宏桂资产经营（集团）有限责任公司。

2011 年 9 月，广西水利电力职工桂林培训中心（桂林天湖宾馆）的股权划转移交广西宏桂资产经营（集团）有限责任公司。

2011 年 10 月，注销广西水电天湖彩印厂。

2013 年 2 月，广西壮族自治区水利厅基本建设局更名为广西壮族自治区水利基本建设局，广西壮族自治区水利厅农村水电及电气化发展中心（广西壮族自治区水利厅农村水电及电气化发展局）更名为广西壮族自治区农村水电及电气化发展中心（广西壮族自治区农村水电及电气化发展局），广西壮族自治区水利厅技术中心更名为广西壮族自治区水利技术中心。

广西壮族自治区农村水电及电气化发展中心（广西壮族自治区农村水电及电气化发展局）经费形式由差额拨款变更为财政全额拨款。

清理后，自治区水利厅共保留事业单位 15 个：广西壮族自治区水利厅机关服务中心、广西壮族自治区水利工程管理局、广西壮族自治区水政监察总队、广西壮族自治区水利基本建设局、广西水利水电工程质量与安全监督中心站、广西壮族自治区农村水电及电气化发展中心、广西壮族自治区水利技术中心、广西壮族自治区水利科学研究院、广西壮族自治区水土保持监测总站、广西壮族自治区水利厅凤亭河水库管理处、广西壮族自治区水利厅那板水库管理处、广西壮族自治区水利厅幼儿园、广西水利电力勘测设计研究院、广西壮族自治区水文水资源局、广西水利电力职业技术学院。

2013 年 6 月，成立广西壮族自治区防汛抗旱物资储备中心，增挂广西壮族自治区防汛机动抢险队牌子。

2013 年 11 月，设立广西壮族自治区水资源管理服务中心。

2013 年 12 月，广西壮族自治区水文水资源局为广西壮族自治区水利厅管理的相当副厅级全额拨款事业单位，增挂广西壮族自治区水环境监测中心牌子。

2014 年 12 月，广西壮族自治区水利厅所属事业单位分类如下：

1. 从事公益服务的事业单位

（1）广西壮族自治区水文水资源局（广西壮族自治区水环境监测中心）；

（2）广西壮族自治区水利工程管理局；

（3）广西壮族自治区水利基本建设局；

（4）广西壮族自治区农村水电及电气化发展中心（广西壮族自治区农村水电及电气化发展局）；

（5）广西壮族自治区水利厅机关服务中心；

（6）广西壮族自治区水政监察总队；

（7）广西水利水电工程质量与安全监督中心站；

（8）广西壮族自治区水利技术中心；

（9）广西壮族自治区水土保持监测总站；

（10）广西壮族自治区防汛抗旱物资储备中心（广西壮族自治区防汛机动抢险队）；

（11）广西壮族自治区水资源管理服务中心。

2. 公益二类事业单位

（1）广西水利电力职业技术学院；

（2）广西壮族自治区水利科学研究院；

（3）广西壮族自治区水利厅凤亭河水库管理处；

（4）广西壮族自治区水利厅那板水库管理处；

（5）广西壮族自治区水利厅幼儿园。

3. 从事生产经营活动的事业单位

广西水利电力勘测设计研究院。

2016 年 4 月，同意广西壮族自治区水土保持监测总站增挂广西木棉麓水土保持科技示范园牌子。

2016 年 11 月，撤销广西壮族自治区水政监察总队。

2017 年 1 月，设立广西壮族自治区纪委驻广西壮族自治区水利厅纪检组，撤销自治区纪委、监察厅派驻广西壮族自治区水利厅纪检组、监察室。

2017 年 9 月，设立广西壮族自治区河长制办公室，广西壮族自治区河长制办公室设立在广西壮族自治区水利厅。

2017 年 12 月，撤销广西壮族自治区水利厅水利经济发展办公室。

2017 年 12 月，撤销广西壮族自治区水利厅审计室和广西水利宣传中心。

2017 年 12 月，广西壮族自治区水利厅凤亭河水库管理处和广西壮族自治区水利厅那板水库管理处的事业单位类别由公益二类调整为公益一类，经费形式由差额拨款调整为全额拨款。

三、第三阶段（2019 年 1 月—2021 年 12 月）

根据《自治区党委办公厅自治区人民政府办公厅关于印发〈广西壮族自治区水利厅职能配置、内设机构和人员编制规定〉的通知》（厅发〔2019〕40 号），自治区水利厅是自治区人民政府组成部门，为正厅级。自治区水利厅贯彻落实党中央、自治区党委关于水利工作的方针政策和决策部署，在履行职责过程中坚持和加强党对水利工作的集中统一领导。

（一）主要职责

（1）负责保障全区水资源的合理开发利用。拟定全区水利战略规划和政策，起草有关自治区地方性法规、地方政府规章草案，组织编制全区水资源战略规划、自治区确定的重要江河湖泊流域综合规划、防洪规划等重大水利规划。

（2）负责全区生活、生产经营和生态环境用水的统筹和保障。组织实施最严格水资源管理制度，实施全区水资源的统一监督管理，拟定全区水中长期供求规划、水量分配方案并监督实施。负责重要区域以及重大水利工程的水资源调度。组织实施取水许可、水资源论证和防洪论证制度，指导开展水资源有偿使用工作。指导水利行业供水和乡镇供水工作。

（3）按规定制定全区水利工程建设有关制度并组织实施，负责提出全区水利固定资产投资规模、方向、具体安排建议并组织指导实施，按自治区人民政府规定权限审批、核准国家和自治区规划内和年度计划规模内固定资产投资项目，提出中央和自治区水利资金安排建议并负责项目实施的监督管理。

（4）指导全区水资源保护工作。组织编制并实施全区水资源保护规划。指导饮用水水源保护有关工作，指导地下水开发利用和地下水资源管理保护。组织指导地下水超采区综合治理。

（5）负责全区节约用水工作。拟定全区节约用水政策，组织编制节约用水规划并监督实施，组织制定有关标准。组织实施用水总量控制等管理制度，指导和推动节水型社会建设工作。

（6）负责全区水文工作。负责全区水文水资源（含水位、流量、水质等要素）监测，负责国家、自治区水文站网建设和管理。对江河湖库和地下水实施监测，发布水文水资源信息、情报预报和广西水资源公报。按规定组织开展水资源、水能资源调查评价和水资源承载能力监测预警工作。

（7）指导全区水利设施、水域及其岸线的管理、保护与综合利用。组织指导全区水利基础设施网络建设。指导全区重要江河湖泊的治理、开发和保护。指导全区河湖水生态保护与修复、河湖生态流量水量管理以及河湖水系连通工作。

（8）指导监督全区水利工程建设与运行管理。指导具有控制性的和跨设区市的重要水利工程建设与运行管理。指导监督病险水库、水闸、江河（海）堤防的除险加固。负责直属水库工程运行管理。

（9）负责全区水土保持工作。拟定全区水土保持规划并监督实施，组织实施水土流失的综合防治、监测预报并定期公告。负责生产建设项目水土保持监督管理工作，指导国家和自治区水土保持建设项目的实施。

（10）指导全区农村水利工作。组织开展大中型灌排工程建设与改造。指导农村饮水安全工程建设管理工作，指导节水灌溉有关工作。指导农村水利改革创新和社会化服务体系建设。指导全区农村水能资源开发、小水电改造和水电农村电气化工作。

（11）组织全区重大涉水违法事件的查处，协调跨设区市的水事纠纷，指导水政监察和水行政执法。组织开展水利行业质量监督工作。依法负责水利行业安全生产工作，组织指导水库、水电站大坝、农村水电站的安全监管。组织指导全区水利建设市场的监督管理和水利建设市场信用体系建设，组织实施水利工程建设的监督。

（12）开展全区水利科技工作。负责水利科学技术管理工作，组织开展水利行业质量技术监督工作，拟定水利行业的技术标准、规程规范并监督实施。办理国际河流有关涉外事务。

（13）承担全区全面推行河长制湖长制相关工作。承担自治区河长制办公室的日常工作事务，组织指导全区河长制湖长制实施和监督考核。督促落实自治区河长会议议决事项和自治区总河长、河长交办的其他工作。

（14）负责落实综合防灾减灾规划相关要求，组织编制全区洪水干旱灾害防治规划和防护标准并指导实施。承担江河水情旱情监测预报预警工作。组织编制重要江河湖泊和重要水工程防御洪水抗御旱灾调度及应急水量调度方案并组织实施。承担防御洪水应急抢险的专业技术支撑。承担台风防御期间重要水工程调度工作。

（15）完成自治区党委、自治区人民政府交办的其他任务。

（16）职能转变。自治区水利厅应切实加强水资源合理利用、优化配置和节约保护。坚持节水优先，从增加供给转向更加重视需求管理，严格控制用水总量和提高用水效率。坚持保护优先，加强水资源、水域和水利工程的管理保护，维护河湖健康美丽。坚持统筹兼顾，保障合理用水需求和水资源的可持续利用，为全区经济社会发展提供水安全保障。

（二）编制与机构设置

自治区水利厅机关行政编制 89 名。设厅长 1 名，副厅长 4 名，总工程师（副厅级）1 名，河长制办公室专职副主任（副厅级）1 名，正处级领导职数 16 名（含机关党委专职副书记 1 名），副处级领导职数 16 名，水利督察专员 4 名（其中正处级 2 名、副处级 2 名）。

2019 年 8 月，增核机关行政编制 1 名，专用于 2018 年接收安置的军队转业干部。调整后，自治区水利厅机关行政编制为 90 名。

2020 年 10 月，增核机关行政编制 1 名，专用于 2019 年接收安置的军队转业干部。调整后，自治区水利厅机关行政编制为 91 名。

2021年1月，将自治区水利厅现有专项内部审计编制1名划给自治区审计厅派出审计机构。

自治区水利厅机关内设机构14个：办公室、规划计划处、财务处、人事处、水资源处（自治区节约用水办公室）、政策法规处（水政监察处）、科学技术处（行政审批处）、农村水利水电处、水土保持处、水利工程建设处、水利工程运行管理处、监督处、河长制工作处（河湖管理处）和水旱灾害防御处（水利信息化办公室）。另设机关党委、离退休人员工作处。

广西壮族自治区水利厅机关机构图（2021年）见图3。

（三）厅领导任免

2019年7月，自治区党委组织部免去顾跃的自治区水利厅党组成员职务；自治区人民政府免去顾跃的自治区水利厅副厅长职务，退休。

2019年9月，自治区党委组织部任命李明为自治区水利厅党组成员（挂任期二年）。

2019年11月，自治区党委组织部决定黄开道套转为自治区水利厅二级巡视员，套转时间从2019年6月1日开始计算，原任非领导职务自然免除。

2019年12月，自治区党委组织部任命蒋晓军为自治区水利厅党组成员；任命刘延明为自治区水利厅二级巡视员。

2020年1月，自治区人民政府任命蒋晓军为自治区水利厅副厅长；自治区党委组织部免去刘中奇的自治区水利厅党组成员职务；自治区党委任命刘中奇为自治区水利厅一级巡视员。

2020年2月，自治区人民政府免去刘中奇的自治区水利厅副厅长职务。

2020年3月，自治区党委免去覃斌的自治区纪委监委驻自治区水利厅纪检监察组组长职务；自治区党委组织部免去覃斌的自治区水利厅党组成员职务；自治区党委组织部任命蔡柳萍（女）为自治区水利厅党组成员；自治区党委决定蔡柳萍（女）任自治区纪委监委驻自治区水利厅纪检监察组组长。

2020年4月，自治区党委组织部任命何棠为自治区应急管理厅党委委员（兼）。

2020年7月，自治区党委组织部任命甘幸为自治区水利厅党组成员。

2020年8月，自治区人民政府任命甘幸为自治区水利厅副厅长。

2020年10月，自治区党委决定刘延明提前退休；自治区党委组织部免去刘延明的自治区水利厅二级巡视员职级。

2021年7月，自治区党委组织部免去蒋晓军的自治区水利厅党组成员职务；自治区人民政府任命邓长球为自治区水利厅副厅长；免去蒋晓军的自治区水利厅副厅长职务；自治区党委组织部免去闫九球的自治区水利厅党组成员职务。

2021年8月，自治区人民政府免去闫九球的自治区水利厅副厅长职务。

2021年11月，自治区党委组织部任命刘中奇为广西工业振兴特派员工作队驻崇左市工作队队长。

广西壮族自治区水利厅领导任免表（2019年1月—2021年12月）见表3。

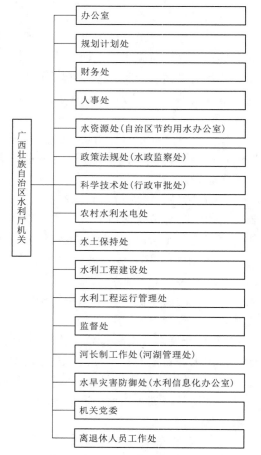

图3　广西壮族自治区水利厅
机关机构图（2021年）

机构图内容：
广西壮族自治区水利厅机关
- 办公室
- 规划计划处
- 财务处
- 人事处
- 水资源处（自治区节约用水办公室）
- 政策法规处（水政监察处）
- 科学技术处（行政审批处）
- 农村水利水电处
- 水土保持处
- 水利工程建设处
- 水利工程运行管理处
- 监督处
- 河长制工作处（河湖管理处）
- 水旱灾害防御处（水利信息化办公室）
- 机关党委
- 离退休人员工作处

表3　　　　　　　　广西壮族自治区水利厅领导任免表（2019年1月—2021年12月）

机构名称	姓名	职务	任免时间	备注
广西壮族自治区水利厅	杨焱	厅长、党组书记	继任—	
	闫九球	副厅长	继任—2021年8月	
		党组成员	继任—2021年7月	
	顾跃	副厅长、党组成员	继任—2019年7月	
	刘中奇	副厅长	继任—2020年2月	
		党组成员	继任—2020年1月	
		一级巡视员	2020年1月—	
		广西工业振兴特派员工作队驻崇左市工作队队长	2021年11月—	
	何棠	副厅长、党组成员、自治区应急管理厅副厅长（兼）	继任—	
		自治区应急管理厅党委委员（兼）	2020年4月—	
	陈发科	总工程师、党组成员	继任—	
	陈润东	自治区河长办专职副主任（副厅级）	继任—	
	甘幸	副厅长	2020年8月—	
		党组成员	2020年7月—	
	覃斌	纪检组组长、党组成员	继任—2020年3月	
	蔡柳萍	纪检监察组组长、党组成员	2020年3月—	
	倪鹏	厅长助理、党组成员	继任—2019年6月	挂职
	李明	党组成员	2019年9月—2021年6月	挂职
	黄开道	副巡视员	继任—2019年6月	
		二级巡视员	2019年6月—	
	刘延明	二级巡视员	2019年12月—2020年10月	
	蒋晓军	副厅长	2020年1月—2021年7月	
		党组成员	2019年12月—2021年7月	
	邓长球	副厅长	2021年7月—	

（四）厅直属事业单位

广西壮族自治区水利厅直属事业单位有广西壮族自治区水文中心（广西壮族自治区水环境监测中心）、广西水利电力职业技术学院、广西壮族自治区水利工程与河道管理中心、广西壮族自治区水利工程建设管理中心、广西壮族自治区水电管理中心、广西壮族自治区水利厅机关服务中心、广西水利水电工程质量与安全管理中心、广西壮族自治区水利技术中心、广西壮族自治区水土保持监测站（广西木棉麓水土保持科技示范园）、广西壮族自治区水资源管理服务中心、广西壮族自治区水利科学研究院、广西壮族自治区水利厅凤亭河水库管理中心、广西壮族自治区水利厅那板水库管理中心、广西壮族自治区水利厅幼儿园。

2019年7月，撤销广西壮族自治区防汛抗旱物资储备中心（广西壮族自治区防汛机动抢险队），广西壮族自治区水文水资源局（广西壮族自治区水环境监测中心）更名为广西壮族自治区水文中心（广西壮族自治区水环境监测中心）、广西壮族自治区水利水电工程质量与安全监督中心站更名为广西水利水电工程质量与安全管理中心、广西壮族自治区水利工程管理局更名为广西壮族自治区水利工程与河道管理中心、广西壮族自治区水利基本建设局更名为广西壮族自治区水利工程建设管理中心、广西壮族自治区农村水电及电气化发展中心（广西壮族自治区水利厅农村水电及电气化发展局）更名为广西壮族自治区水电管理中心、广西壮族自治区水利厅凤亭河水库管理处更名为广西壮族自治区水利厅凤亭河水库管理中心、广西壮族自治区水利厅那板水库管理处更名为广西壮族自治区水利厅那板水库管理中心、广西壮族自治区水土保持监测总站（广西木棉麓水土保持科技示范园）更名为广西壮族自治区水土保持监测站（广西木棉麓水土保持科技示范园）。调整后，广西壮族自治区水利厅所属事业单位 15 个。

2020 年 2 月，撤销广西水利电力勘测设计研究院。

2020 年 4 月，撤销广西壮族自治区水利电力移民开发北海培训基地。

2020 年 12 月，撤销中国共产党广西壮族自治区水文中心党组，成立中国共产党广西壮族自治区水文中心委员会，党组织关系隶属自治区党委区直机关工委。

执笔人：宾能勇　姜婷婷
审核人：谭德伦　吴　婷

海南省水务厅

海南省水务厅是主管全省水务工作的省政府组成部门，为正厅级。办公地点设在海口市美兰区琼山大道 11 号。

2001 年 1 月—2021 年 12 月，海南省水务厅的组织沿革划分为以下 3 个阶段：一是海南省水利局时期（2001 年 1 月—2003 年 5 月）；二是海南省水务局时期（2003 年 5 月—2009 年 5 月）；三是海南省水务厅时期（2009 年 5 月—2021 年 12 月）。

一、海南省水利局时期（2001 年 1 月—2003 年 5 月）

2000 年 5 月，根据海南省党政机构改革方案，设置海南省水利局。

（一）主要职责

（1）贯彻执行党和国家有关水利工作的方针政策、法律法规规章；依法拟定并组织实施本省水利工作的政策、法规和规章，以及发展规划、计划。

（2）统一管理全省水资源（含空中水、地表水、地下水）。按规定实施取水制度和水资源费征收制度；管理全省节约用水工作；发布全省水资源公报；指导全省水文工作。

（3）指导水政监察和水行政执法工作。

（4）指导、监督、管理全省江河综合治理以及开发利用；会同有关部门管理全省水土保持工作；协同有关部门检查、监督全省水利资金的使用。

（5）指导、监督全省以防洪、灌溉、供水为主的水力发电工程和农村小水电的管理与运行。

（6）负责组织管理全省重点水利工程项目建设，加强水利行业管理，组织实施水利行业技术质量标准。

（7）指导全省水利工程设施、水域、河道、堤防的管理和保护；指导有关部门做好水库移民工作。

（8）承担海南省防风防汛抗旱总指挥部的日常工作，管理全省防洪工作，对重要的大江、大河和水库实施防汛抗旱统一调度。

（9）组织、指导全省水利和农村小水电队伍建设及工作人员的教育培训。

（10）负责对所属事业单位贯彻执行党和国家的方针政策、法律法规规章和检查监督，协同有关部门监管其非经营性国有资产。

（11）承办海南省政府和上级部门交办的工作，检查指导各市县水利工作。

（二）编制与机构设置及主要职能

根据海南省党政机构改革方案，海南省水利局行政编制 42 名。其中：局长（副厅级）1 名，副局长（正处级）2 名；正副处级领导职数 16 名（含副局长、机关党委、机关工会领导职数）。机关工勤人员财政预算拨款事业编制 5 名。

根据主要职责，海南省水利局内设办公室（机关党委、机关工会）、规划计划处、水资源水土保持处、建设与管理处、农村水利处 5 个处级职能机构和海南省防汛防风抗旱总指挥部办公室 1 个挂靠机构（图 1）。

2001 年 5 月，海南省水利局升格为正厅级省政府直属机构（琼干〔2001〕76 号）。

（三）领导任免

2001 年 5 月，海南省委批准符乃雄任海南省水利局局长、党组书记，王扬俊任省水利局副局长、党组成员（琼干〔2001〕76 号）。

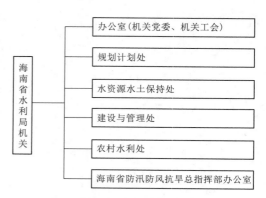

图 1 海南省水利局机关机构图（2001 年）

2001 年 12 月，海南省委批准严正任海南省水利局副局长、党组成员（琼干〔2001〕200 号）。

2003 年 2 月，海南省委免去符乃雄的海南省水利局党组书记职务，另有任用（琼干〔2003〕23 号）。

2003 年 3 月，海南省政府免去符乃雄的海南省水利局局长职务（琼人字〔2003〕6 号）。

海南省水利局领导任免表（2001 年 1 月—2003 年 5 月）见表 1。

表 1　　　　　　　　　　　海南省水利局领导任免表（2001 年 1 月—2003 年 5 月）

机构名称	姓　名	职　务	任　免　时　间	备　注
海南省水利局	符乃雄	局　长	2001 年 5 月—2003 年 3 月	
		党组书记	2001 年 5 月—2003 年 2 月	
	王扬俊	副局长、党组成员	2001 年 5 月—	
	严　正	副局长、党组成员	2001 年 12 月—	

（四）海南省水利局直属事业单位及直管（挂靠）社团

1. 直属事业单位

海南省水利局直属事业单位有海南省松涛水利工程管理局、海南省水文总站、海南省水利电力建筑勘测设计院、海南省水利水电技术中心、海南省水资源管理服务中心、海南省水利建设质量监督定额站、海南省水利水电培训中心。

2002 年 6 月，根据海南省机构编制委员会《关于印发海南省水文水资源勘测局机构编制方案的通知》（琼编〔2002〕60 号），海南省水文总站更名为海南省水文水资源勘测局。

2. 直管（挂靠）社团

海南省水利局无直管（挂靠）社团。

二、海南省水务局时期（2003 年 5 月—2009 年 5 月）

2003 年 5 月，根据《海南省人民政府关于调整部分机构的通知》（琼府〔2003〕27 号），海南省水利局更名为海南省水务局，各市县水利行业主管部门相继统一更名为水务局。

2004 年 5 月，《海南省人民政府办公厅关于印发海南省水务局主要职责内设机构和人员编制规定的通知》（琼府〔2004〕35 号）明确：海南省水务局是主管全省水务工作的海南省政府直属机构。将海南省建设厅承担的城市供水节水职能划入海南省水务局，增加海南省水务局指导城市排涝、中水回用工作的职能。

（一）主要职责

（1）贯彻执行党和国家有关水务工作的法律、法规、方针政策；依法拟定本省有关水务工作的法规、规章和政策，经批准后组织实施。

（2）统一管理全省水资源（含空中水、地表水、地下水）。组织编制全省水资源综合利用规划、计划并监督实施；组织重要建设项目的水资源论证和防洪论证工作；组织实施取水许可制度和水资源费等征收制度；发布全省水资源公报；指导全省水文工作和水资源信息系统建设。

（3）组织制定全省水资源保护规划；监测江河湖库的水量、水质；组织制定重要江河、湖泊的水功能区划；提出水域纳污能力以及限制排污总量的意见；负责江河、湖泊、水库等新建、改建和扩大排污口的审查工作，协助饮用水源的保护工作。

（4）组织审查水利建设项目建议书、可行性研究报告和初步设计报告；指导、监督全省重点水利工程项目建设；组织拟定水务行业技术质量标准并监督实施。

（5）组织、指导全省水务：工程设施、水域、河道的管理和保护工作；指导、监督全省江河综合治理以及开发利用。

（6）组织协调农田水利基本建设；指导、监督灌区建设、节水改造和以防洪、灌溉、供水为主的水力发电工程以及农村小水电的管理与运行；指导有关部门做好水库移民工作。

（7）负责全省城镇供水、农村饮水的指导和管理工作；审查城乡供水企业的资质；指导城镇供水、排涝和中水回用设施建设和管理工作；参与城镇供水价格核定工作。

（8）指导、监督、管理全省计划用水、节约用水工作；拟定节约用水政策；指导编制节约用水规划和年度计划；制订用水定额及有关标准，并监督实施。

（9）负责全省水土保持工作。组织制定水土保持规划，指导水土流失的监测和综合治理；审批开发建设项目水土保持方案并监督实施。

（10）指导全省水政监察和水行政执法工作，协调处理水事纠纷。

（11）负责水务科技工作，组织或参与有关水务工作的对外交流活动。指导全省水务队伍建设。

（12）负责对全省水务资金的使用进行宏观调节、检查监督。

（13）承担海南省防汛防风防旱总指挥部的日常工作，组织、协调、监督、指挥和管理全省防汛、防风、防旱工作，对重要江河和重要水利工程实施防汛防旱统一调度。

（14）负责对所属事业单位贯彻执行党和国家的法律、法规、规章、方针政策的情况进行检查监督，协同有关部门监管其非经营性国有资产。

（15）承办海南省政府和上级部门交办的其他工作。

（二）编制与机构设置及主要职能

根据《海南省人民政府办公厅关于印发海南省水务局主要职责内设机构和人员编制规定的通知》（琼府〔2004〕35号），海南省水务局机关行政编制47名。其中局长1名、副局长2名；正副处级领导职数16名（含机关党委、工会领导职数）。机关工勤人员财政预算拨款事业编制5名。

根据主要职责，海南省水务局内设办公室（机关党委、工会）、政策法规处、规划计划处、水资源水土保持处、建设与管理处、供水节水处6个处级职能机构和海南省防汛防风防旱总指挥部办公室1个挂靠机构。

2004年8月，海南省第三届人大常委会第十一次会议修订《海南经济特区水条例》明确：本经济特区实行涉水事务统一管理体制。省人民政府水行政主管部门负责本经济特区防洪、排涝、水源、供水、用水、节水、排水、污水处理及中水回用等涉水事务统一管理和监督工作。市、县、自治县人民政府行政主管部门负责本行政区域内涉水事务的统一管理和监督工作。县级以上人民政府有关部门按照职责分工，协同水行政主管部门负责有关的涉水事务管理工作。

海南经济特区水务一体化管理工作以立法形式确定下来。据此，2005 年海南省委编委再次调整海南省水务局职责，明确"将海南省建设厅承担的城市污水处理职能划入海南省水务局"，"给海南省水务局增加指导城市排涝、污水处理和中水回用工作，参与城镇污水处理和中水回用价格核定和地热水、矿泉水取水许可职能"。

2007 年 1 月，海南省委编委同意省水务局增设水库移民处（琼编〔2007〕8 号），负责国家水利工程移民政策法规的贯彻落实。同年 10 月，海南省委编委同意省水务局增设城市水务处和监察审计处（琼编〔2007〕70 号）。其中，城市水务处主要承担城市的综合管理工作，指导全省城市供排水、污水处理等职能。

海南省水务局机关机构图（2004 年）见图 2。

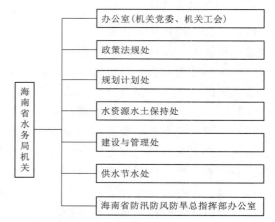

图 2　海南省水务局机关机构图（2004 年）

（三）领导任免

2003 年 5 月，海南省委批准王扬俊任海南省水务局局长、党组书记（琼干〔2003〕96 号）。

2003 年 6 月，海南省政府任命王扬俊为海南省水务局局长（琼人字〔2003〕22 号）。

2004 年 12 月，海南省委批准李天才任海南省水务局副局长、党组成员（琼干〔2004〕143 号）。

2005 年 2 月，海南省政府任命李天才为海南省水务局副局长（琼人字〔2005〕11 号）。

2006 年 11 月，海南省委免去严正的海南省水务局副局长、党组成员职务（琼干〔2006〕152 号）。

2007 年 3 月，海南省委批准李洪波任海南省水务局局长、党组书记（琼干〔2007〕54 号）。

2007 年 4 月，海南省政府任命李洪波为海南省水务局局长（琼人字〔2007〕20 号）；免去王扬俊的海南省水务局局长职务（琼人字〔2007〕10 号）。

2007 年 8 月，海南省委批准邢孔波任海南省水务局副局长、党组成员（琼干〔2007〕160 号）。

2007 年 9 月，海南省政府任命邢孔波为海南省水务局副局长（琼人字〔2007〕66 号）。

2007 年 12 月，海南省委批准王强任海南省水务局副局长、党组成员（琼干〔2007〕199 号）。海南省政府任命王强为海南省水务局副局长（琼人字〔2007〕80 号）。

海南省水务局领导任免表（2003 年 5 月—2009 年 5 月）见表 2。

（四）海南省水务局直属事业单位及直管（挂靠）社团

1. 直属事业单位

海南省水务局直属事业单位有海南省水利建设质量监督定额站、海南省水文水资源勘测局、海南省松涛水利工程管理局、海南省水利电力建筑勘测设计院。

2005 年 9 月，根据省委编委《关于在海南省水文水资源勘测局增挂海南省水土保持监测总站牌子的批复》（琼编〔2005〕41 号），海南省水文水资源勘测局增挂海南省水土保持监测总站牌子。

表 2　　　　　　　　海南省水务局领导任免表（2003 年 5 月—2009 年 5 月）

机构名称	姓　名	职　务	任免时间	备　注
海南省水务局	王扬俊	局长、党组书记	继任—2007 年 3 月	
	李洪波	局长、党组书记	2007 年 3 月—	
	严　正	副局长、党组成员	继任—2006 年 11 月	
	李天才	副局长、党组成员	2004 年 12 月—	
	邢孔波	副局长、党组成员	2007 年 8 月—	
	王　强	副局长、党组成员	2007 年 12 月—	

2. 直管（挂靠）社团

海南省水务局无直管（挂靠）社团。

三、海南省水务厅时期（2009 年 5 月—2021 年 12 月）

（一）2019 年机构改革前

2009 年 5 月，海南省水务局更名为海南省水务厅。同年 7 月，根据海南省人民政府机构改革方案，下发《海南省人民政府办公厅关于印发海南省水务厅主要职能内设机构和人员编制规定的通知》（琼府办〔2009〕136 号），设置海南省水务厅为主管全省水务工作的省政府组成部门。

1. 职责调整

取消的职责：已由海南省人民政府公布取消的行政审批事项。

划出的职责：已由海南省政府公布下放市县的行政管理事项。

加强的职责：水务安全生产工程质量监督和水务资金的内部审计和监察。

2. 主要职责

主要职责共十五项，内容基本与 2004 年省水务局设置的主要职责一致，调整部分包含对第一、第二项内容根据加强的职责做了充实调整；第十项调整为"依法负责全省水务行业安全生产工作，组织、指导水库、水电站大坝的安全监管，监督水利工程建设，指导全省水政监察和水行政执法工作，协调处理水事纠纷"；第十二项调整为"负责对全省水务资金的使用进行宏观调节、检查监督和内部审计监察"。

3. 编制与机构设置

海南省水务厅行政编制 70 名。其中厅长 1 名，副厅长 3 名，正副处级领导职数 29 名（含机关党委、机关工会、老干部工作处领导职数）。机关工勤人员财政预算管理事业编制 6 名。

2009 年 9 月，增加工勤人员财政预算管理事业编制 1 名。

2010 年 4 月，为 2009 年度在厅机关接收安置军队转业干部增加 2 名行政编制。

2010 年 7 月，增加副厅级专业技术领导职务职数 1 名，行政编制不变。

2010 年 7 月，海南省防汛防风防旱总指挥部办公室主任高配为副厅级。

2011 年 3 月，增加处级领导职数 1 名，行政编制不变。

2012 年 5 月，根据海南省委编委《关于设立海南省水利灌区管理局的批复》（琼编〔2012〕34 号），设立海南省水利灌区管理局，为隶属省水务厅正处级事业单位，局长高配为副厅级。

2012 年 6 月，为近年在厅机关接收安置军队转业干部增加 2 名行政编制。

2012 年 9 月，增加处级领导职数 2 名（1 正 1 副），行政编制不变。

2013 年 6 月，为 2012 年度在厅机关接收安置军队转业干部增加 2 名行政编制。

2014 年 8 月，为 2013 年度在厅机关接收安置军队转业干部增加 2 名行政编制。

2015 年 10 月，为 2014 年度在厅机关接收安置军队转业干部增加 1 名行政编制。

2016 年 4 月，减少正处级领导职数 1 名，从厅机关划转 4 名行政编制到海南省纪委统筹使用。

2016 年 7 月，结合 2012—2014 年厅机关接收军队转业干部的实际情况，核增 3 名行政编制。

2017 年 1 月，增加海南省三防办省防汛防风防旱督察专员职数 3 名（正处级），行政编制不变。

2017 年 1 月，减少机关工会专职领导职数 1 名，改为兼职。

2017 年 11 月，增加副处级领导职数 1 名，行政编制不变。

根据职责，海南省水务厅内设办公室（机关党委、机关工会、老干部工作处）、政策法规处、监察审计处、规划计划处、安全监督处、水资源水土保持处、水库移民处、建设与管理处、农村水利处、城市水务处、行政审批办公室 11 个处级职能机构和海南省防汛防风防旱总指挥部办公室 1 个挂靠机构。

2011 年 3 月，根据海南省委编委《关于省水务厅机构编制问题的批复》（琼编〔2011〕11 号），海南省水务厅增设组织人事处。

2012 年 7 月，根据海南省委编办《关于省水务厅部分内设机构加挂牌子的批复》（琼编办〔2012〕235 号），海南省水务厅建设与管理处加挂农村水电处牌子；规划计划处加挂国际合作与科技处牌子。

2012 年 9 月，根据海南省委编委《关于省水务厅内设机构调整的批复》（琼编〔2012〕49 号），海南省水务厅水资源水土保持处分设为水资源管理处和水土保持处。

2016 年 6 月，根据海南省委编办《关于落实省纪委派驻纪检机构全覆盖涉及省水务厅机构编制调整的通知》（琼编办〔2016〕133 号），撤销海南省水务厅监察审计处。

2017 年 11 月，根据海南省委编委《关于省水务厅水资源管理处加挂河长制工作处牌子的通知》（琼编〔2017〕58 号），海南省水务厅水资源管理处加挂河长制工作处牌子。

2017 年 12 月，根据海南省委编办《关于省水务厅河长制工作处单列的批复》（琼编办〔2017〕376 号），撤销海南省水务厅行政审批办公室，行政审批职能按业务归口原则划归海南省水务厅机关相关业务处室；河长制工作处单列，不再在海南省水务厅水资源管理处加挂牌子，所需人员编制由海南省水务厅内部调剂解决。

（二）2019 年机构改革后

2019 年 3 月，《中共海南省委办公厅、海南省人民政府办公厅关于印发〈海南省应急管理厅职能配置、内设机构和人员编制规定〉的通知》（琼办发〔2019〕45 号）中明确海南省应急管理厅主要职责之十八：承担海南省突发公共事件应急委员会、海南省安全生产委员会、海南省减灾委员会、海南省防汛防风防旱总指挥部、海南省森林防火指挥部、海南省抗震救灾指挥部日常工作。至此，海南省防汛防风防旱指挥部职责划入海南省应急管理厅。

2019 年 4 月，中共海南省委、海南省人民政府根据《中共中央、国务院关于支持海南全面深化改革开放的指导意见》（中发〔2018〕12 号）和《中共中央办公厅、国务院办公厅关于印发〈海南省机构改革方案〉的通知》（厅字〔2018〕80 号）精神，下发《中共海南省委办公厅、海南省人民政府办公厅关于印发〈海南省水务厅职能配置、内设机构和人员编制规定〉的通知》（琼办发〔2019〕67 号），明确海南省水务厅是主管全省水务工作的海南省政府组成部门，为正厅级。

1. 主要职责

（1）负责保障水资源的合理开发利用。拟订全省水务工作发展战略和政策措施，起草有关法规规章草案，组织编制水务发展规划、重要江河湖泊流域综合规划、防洪规划等重大水务规划。

（2）负责生活、生产经营和生态环境用水的统筹和保障。组织实施最严格的水资源管理制度，实施水资源的统一监督管理，拟定全省水中长期供求规划、重要江河水量分配方案并监督实施。负责重要流域及重大调水工程的水资源调度。组织编制省级水资源保护相关规划。组织实施取水许可、水资源论证和防洪论证等制度，指导开展水资源有偿使用工作。

（3）推进海岛型水利基础设施网络建设。提出水务固定资产投资规模和方向、国家和省级财政性水务资金安排建议并组织指导实施。

（4）指导水文工作。负责全省水文水资源监测、水文站网建设和管理。对江河湖库和地下水实施监测，发布水文水资源信息、情报预报和水资源公报。按规定组织开展水资源、水能资源调查评价和水资源承载能力监测预警工作。

（5）指导监督水务工程建设与运行管理。组织实施具有控制性和跨市县跨流域的重要水利工程建设与运行管理。按权限组织审查、审批水务建设项目可行性研究报告和初步设计。

（6）指导水务设施、水域及其岸线的管理、保护与综合利用。牵头负责全面实施河长制、湖长制工作，指导、监督重要江河湖库的治理、开发和保护；指导河湖水生态保护与修复、河湖生态流量水量管理以及河湖水系连通工作。

（7）指导农村水利工作。组织开展大中型灌排工程建设与改造；组织实施农村饮水安全工程建设与管理，指导节水灌溉有关工作；指导农村水利改革创新和社会化服务体系建设；指导农村水能资源开发、小水电改造和水电农村电气化工作。

（8）负责节约用水工作。拟定节约用水政策，组织编制省级节约用水规划，组织实施用水总量控制等管理制度，指导和推动节水型社会建设工作。

（9）指导城乡水务工作。指导全省城乡供水节水、排水防涝、污水处理及再生水利用等工程的建设与管理工作。参与城乡供水价格核定工作。

（10）负责水土保持工作。拟定全省水土保持规划并监督实施，组织实施水土流失的综合防治、监测预报并定期公告；负责生产建设项目水土保持监督管理工作，指导国家重点水土保持建设项目的实施。

（11）依法负责水务行业安全生产工作，组织指导水库、水电站大坝、农村水电站、城乡供排水行业的安全监管。指导水务建设市场的监督管理，组织实施水务工程建设的监督。协调跨市县水事纠纷，指导水政监察和水行政执法工作。

（12）开展水务科技与对外合作工作。组织开展水务行业质量监督工作，拟定海南省水务行业技术标准、规程规范并监督实施；组织、参与有关水务工作的对外交流工作。

（13）负责落实综合防灾减灾规划相关要求，组织编制洪水干旱灾害防治规划和防护标准并指导实施；承担水情旱情监测预警工作；组织编制重要江河湖泊和重要水工程的防御洪水抗御旱灾调度及应急水量调度方案，按程序报批并组织实施；承担防御洪水应急抢险的技术支撑工作；承担台风防御期间重要水工程调度工作。

（14）指导水利工程移民管理工作。

（15）完成海南省委、省政府和上级部门交办的其他任务。

2. 编制与机构设置

海南省水务厅机关行政编制61名，设厅长1名，副厅长3名。处级领导职数27名，其中正处级13名（含机关党委专职副书记1名、老干部工作处处长1名、总工程师1名），副处级14名。

根据职责，海南省水务厅设办公室（行政审批办公室）、人事处（与老干部工作处合署办公）、政策法规与监督处（审计处）、规划计划与科技处、水资源与节水管理处、水土保持与水库移民处、建设运行管理与水旱灾害防御处、农村水利水电处、城乡水务处、河湖管理处10个内设机构和机关党委。

海南省水务厅机关机构图（2019年）见图3。

（三）领导任免

2009 年 5 月，海南省人大任命李洪波为海南省水务厅厅长（琼常发〔2009〕4 号）。

2010 年 9 月，海南省委批准杨运暹任海南省水务厅党组成员（琼干〔2010〕249 号）。

2011 年 2 月，海南省政府免去李天才的海南省水务厅副厅长职务（琼人字〔2011〕28 号）。

2012 年 6 月，海南省政府任命陈宇清为海南省水利灌区管理局局长（副厅级）（琼人字〔2012〕72 号）。

2015 年 7 月，海南省委批准王强任海南省水务厅党组书记（琼干〔2015〕172 号）；免去李洪波的海南省水务厅党组书记职务（琼干〔2015〕139 号）。海南省人大常委会任命王强为海南省水务厅厅长（琼常发〔2015〕10 号）；免去李洪波的海南省水务厅厅长职务（琼常发〔2015〕7 号）。

2015 年 12 月，海南省委批准刘湘宁任海南省水务厅党组成员（琼干〔2015〕364 号）。

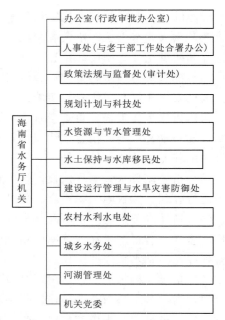

图 3　海南省水务厅机关机构图（2019 年）

办公室（行政审批办公室）

人事处（与老干部工作处合署办公）

政策法规与监督处（审计处）

规划计划与科技处

水资源与节水管理处

水土保持与水库移民处

建设运行管理与水旱灾害防御处

农村水利水电处

城乡水务处

河湖管理处

机关党委

海南省水务厅机关

2016 年 1 月，海南省政府任命刘湘宁为海南省水务厅副厅长（挂职两年）（琼人字〔2016〕1 号）。

2016 年 7 月，海南省委批准王威任海南省纪委监委派驻省水务厅纪检组组长（琼干〔2016〕212 号）。海南省委批准王威任海南省水务厅党组成员（琼干〔2016〕222 号）。

2017 年 12 月，海南省委免去王威的海南省水务厅党组成员职务（琼干〔2017〕412 号）。

2018 年 3 月，海南省委免去刘湘宁的海南省水务厅党组成员职务（琼干〔2018〕134 号）。

2018 年 5 月，海南省委批准邵芳、陈德皎任海南省水务厅党组成员（琼干〔2018〕191 号）；批准邵芳任海南省纪委监委派驻省水务厅纪检监察组组长（琼干〔2018〕196 号）。

2018 年 7 月，海南省政府任命陈德皎为海南省防汛防风防旱总指挥部办公室主任（副厅级）（琼人字〔2018〕11 号）。

2019 年 1 月，海南省政府免去陈宇清的海南省水利灌区管理局局长职务（琼人字〔2019〕1 号）。

2019 年 7 月，海南省委免去沈仲韬的海南省水务厅党组成员职务（琼干〔2019〕263 号）；批准吴清高任海南省水务厅党组成员（琼干〔2019〕284 号）。

2019 年 8 月，海南省委批准冯云飞任海南省水务厅党组成员（琼干〔2019〕309 号）。海南省政府任命吴清高任海南省水务厅副厅长（琼人字〔2019〕15 号）。

2019 年 10 月，海南省委批准张清勇任海南省水务厅党组成员（挂职两年）（琼干〔2019〕359 号）。海南省政府任命冯云飞为海南省水务厅副厅长（琼人字〔2019〕16 号）；任命张清勇为海南省水务厅副厅长（挂职两年）（琼人字〔2019〕17 号）。

2019 年 12 月，海南省委免去邵芳的海南省水务厅党组成员职务（琼干〔2019〕438 号）。

2021 年 7 月，海南省委免去陈宇清的海南省水务厅党组成员职务（琼干〔2021〕322 号）。

2021 年 8 月，海南省委批准甘飞任海南省纪委监委派驻海南省水务厅纪检监察组组长，海南省水务厅党组成员（琼干〔2021〕347 号）；免去冯云飞的海南省水务厅党组成员职务（琼干〔2021〕369 号）。

2021 年 9 月，海南省委批准梁誉腾任海南省水务厅党组成员（琼干〔2021〕489 号）。

2021 年 10 月，海南省委批准黄玮任海南省水务厅党组成员，免去张清勇的海南省水务厅党组成员职务，结束挂职（琼干〔2021〕601 号）。

2021 年 11 月，海南省委批准钟鸣明任海南省水务厅党组书记，王强任海南省水务厅党组副书记，免去其海南省水务厅党组书记职务（琼干〔2021〕698 号）。海南省政府任命梁誉腾为海南省水务厅副厅长（试用期一年）（琼人字〔2021〕24 号）；任命黄玮为海南省水务厅副厅长（挂职两年），免去张清勇的海南省水务厅副厅长职务，结束挂职（琼人字〔2021〕25 号）。

2021 年 12 月，海南省政府任命钟鸣明为海南省水务厅副厅长（正厅级）（琼人字〔2021〕29 号）。

海南省水务厅领导任免表（2009 年 5 月—2021 年 12 月）见表 3。

表 3   海南省水务厅领导任免表（2009 年 5 月—2021 年 12 月）

机构名称	姓名	职务	任免时间	备注
海南省水务厅	李洪波	厅长	继任—2015 年 5 月	
		党组书记	继任—2015 年 7 月	
	王强	党组副书记	2021 年 11 月—	
		党组书记	2015 年 7 月—2021 年 11 月	
		厅长	2015 年 7 月—	
		副厅长、党组成员	继任—2015 年 7 月	
	钟鸣明	副厅长（正厅级）、党组书记	2021 年 11 月—	
	李天才	副厅长、党组成员	继任—2011 年 2 月	
	邢孔波	副厅长、党组成员	继任—	
		党组纪检组组长	2011 年 4 月—2016 年 8 月	
	任松长	总工程师、党组成员	2011 年 7 月—	
	沈仲韬	副厅长	2012 年 6 月—2019 年 8 月	
		党组成员	2012 年 6 月—2019 年 7 月	
	陈宇清	省灌区局长	2012 年 6 月—2019 年 1 月	
		党组成员	2012 年 6 月—2021 年 7 月	
	杨运遑	三防办公室	2010 年 11 月—2014 年 4 月	
		党组成员	2010 年 9 月—2014 年 4 月	
	符传君	三防办主任、党组成员	2014 年 10 月—2017 年 3 月	
	刘湘宁	副厅长	2016 年 1 月—2018 年 3 月	挂职
		党组成员	2015 年 12 月—2018 年 3 月	
	王威	纪检监察组组长、党组成员	2016 年 7 月—2017 年 12 月	
	邵芳	纪检监察组组长、党组成员	2018 年 5 月—2019 年 12 月	
	陈德皎	防汛防风防旱总指挥部办公室主任	2018 年 7 月—2019 年 12 月	
		党组成员	2018 年 5 月—	
	张清勇	副厅长、党组成员	2019 年 10 月—2021 年 10 月	挂职
	吴清高	副厅长、党组成员	2019 年 8 月—	
	冯云飞	副厅长、党组成员	2019 年 8 月—2021 年 8 月	
	甘飞	纪检监察组组长、党组成员	2021 年 8 月—	
	梁誉腾	副厅长、党组成员	2021 年 9 月—	
	黄玮	副厅长、党组成员	2021 年 10 月—	挂职

（四）海南省水务厅直属事业单位及直管（挂靠）社团

1. 直属事业单位

海南省水务厅直属事业单位有海南省水务建设质量监督定额局、海南省水文水资源勘测局、海南省水利灌区管理局、海南省水利水电勘测设计研究院。

2011年4月，根据海南省政府《关于同意省价格监测中心等5家事业单位列入参照公务员法管理范围的批复》（琼府函〔2011〕75号），海南省水利建设质量监督定额局列入参照公务员法管理范围。

2011年7月，根据海南省委编办《关于省水利建设质量监督定额站更名等问题的批复》（琼编办〔2011〕147号），海南省水利建设质量监督定额站更名为省水务建设质量监督定额局。

2012年5月，根据海南省委编委《关于设立海南省水利灌区管理局的批复》（琼编〔2012〕34号），设立海南省水利灌区管理局。

2013年1月，根据海南省委编办《关于印发海南省水利灌区管理局松涛灌区管理分局机构编制方案的通知》（琼编办〔2013〕10号），海南省松涛水利工程管理局更名为海南省水利灌区管理局松涛灌区管理分局。

2020年9月，海南省水利水电勘测设计研究院由海南省水务厅转隶海南省国有资产监督管理委员会统一监管。

2. 直管（挂靠）社团

海南省水务厅无直管（挂靠）社团。

执笔人：陈郁智

审核人：曾海棉

重庆市水利局

重庆市水利局是重庆市人民政府组成部门，正厅局级单位。主要负责保障水资源的合理开发利用及水资源保护，指导水文工作，组织指导水利设施、水域及其岸线的管理、保护与综合利用，指导监督水利工程建设与运行管理，负责节约用水、水土保持、农村水利、水利工程移民管理等工作，负责组织重大涉水违法事件的查处，指导水政监察和水行政执法，开展水利科技和外事工作，负责落实综合防灾减灾规划相关要求，承担水情旱情监测预警工作。2001—2021 年，重庆市水利局历经 2 次机构改革，组织沿革按照机构改革时间划分为 3 个阶段：2001 年 1 月—2008 年 8 月，2008 年 9 月—2018年 9 月，2018 年 10 月—2021 年 12 月。

一、第一阶段（2001 年 1 月—2008 年 8 月）

根据重庆市党政机构改革方案和重庆市委、市政府《关于重庆市党政机构改革方案的实施意见》（渝委发〔2000〕18 号），重庆市水利电力局更名为重庆市水利局。重庆市水利局是主管全市水行政的市政府组成部门。

2003 年，重庆市水利局办公地点由重庆市渝中区人民路 238 - 1 号搬迁至重庆市渝北区龙溪街道新牌坊新南路 3 号。

（一）主要职责

2000 年，重庆市人民政府办公厅发文，明确重庆市水利局保留了重庆直辖时的重庆市水利电力局"三定"方案中水利建设管理、水土保持、河道管理、防汛抗旱等方面的职能。加强了水资源统一管理、水环境保护、水资源保护规划、水域排污控制、水量水质监测和审定纳污能力、限制排污总量等职能。将原重庆市水电局有关地方水电方面的行政管理职能移交给重庆市经济委员会承担，保留对水电实施行业管理的职能。

（二）编制人员

2001 年，局机关行政编制 78 人（含纪检监察单列编制和重庆市防汛抗旱指挥部办公室编制），单列行政编制 1 人，离退休工作人员专项编制 4 人。其中局长 1 人，副局长 3 人，总工程师 1 人；纪检组组长和机关党委书记按重庆市委有关规定配备；正副处长职数 30 人（含机关党委专职副书记 1 人）。2001—2008 年，局机关在职行政人员从 80 人增加至 115 人；事业单位在职职工由 333 人增加至 532 人。

（三）内设机构

2001 年，重庆市水利局机关设办公室（重庆市水利信息中心）、政策法规处（重庆市水政监察总队）、规划计划处、财务处、水资源处（重庆市节约用水办公室）、基本建设处、河道管理处（与重庆市防汛抗旱指挥部办公室合署办公）、水土保持处（重庆市水土保持办公室）、农村水利处、对外合作与科技处、组织人事处、离退休人员工作处、审计处（与重庆市纪委派驻重庆市水利局纪检组和重庆市监察局派驻重庆市水利局监察室合署办公）、直属机关党委。2004年，设立总工程师办公室。2007年，设立重庆市防汛抗旱指挥部办公室、大中型水利水电工程移民工作处。2008年，设立执法监督处，对外合作与科技处与总工程师办公室合署办公，单独设立重庆市纪委派驻重庆市水利局纪检监察室。

（四）直属事业单位

2001年，重庆市水利局直属事业单位有重庆市农村水电及电气化发展中心（重庆市水利局农村水电及电气化发展处）、重庆市水文水资源勘测局、重庆市水利电力学校、重庆市水利综合经营管理总站、重庆市河道管理站、重庆市水利工程质量监督中心站、重庆市水土保持生态环境监测总站、重庆市水资源管理站。2002年，设立重庆市水利局机关后勤服务中心，重庆市水利综合经营管理总站更名为重庆市水利工程管理总站。2003年，重庆市水文水资源勘测局挂重庆市水环境监测中心牌子。2004年，重庆市水利电力学校升格为重庆水利电力职业技术学院，为全日制普通高等专科学校。2005年，撤销重庆市水利局机关后勤服务中心。2006年，重庆市水利工程质量监督中心站增挂重庆市水利工程造价管理站牌子。

（五）直属企业

2001年，重庆市水利局直属企业有重庆市水利电力建筑勘测设计研究院、重庆市水利电力建设公司、重庆市水利电力物资供销公司、重庆市水利公司、重庆市水利电力产业（集团）有限公司。2003年，重庆市水利电力产业（集团）有限公司划转至重庆市国资委；重庆市水利投资有限公司成立，由重庆市水利局与重庆市国资委共同管理。2004年，重庆市水利投资有限公司更名为重庆市水利投资（集团）有限公司。2005年，涪陵水利电力投资集团有限责任公司的全资子公司控股企业重庆市江河建设有限公司兼并重庆市水利电力物资供销公司。2008年，重庆市水利投资（集团）有限公司由重庆市国资委管理。

（六）领导任免

2000年5月，任命傅钟鼎为重庆市水利局局长，叶学文、陈渝任重庆市水利局副局长，彭应时任重庆市水利局巡视员，程顺钦任重庆市水利局助理巡视员（渝府人〔2000〕10号），刘代荣任重庆市水利局巡视员（渝府人〔2000〕7号），杜蓉华任重庆市纪委派驻重庆市水利局纪检组组长（渝委〔2000〕140号）；8月，彭应时退休，免去其重庆市水利局巡视员职务（渝组干〔2000〕768号）；9月，任命王景福为重庆市水利局副局长（挂职两年）（渝府人〔2000〕20号）；11月，任命冀春楼为重庆市水利局总工程师（渝府人〔2000〕24号）。

2002年1月，任命韩正江为重庆市水利局副局长（渝府人〔2002〕1号）。

2003年1月，刘代荣退休，免去其重庆市水利局巡视员职务（渝府人〔2003〕1号）；3月，任命朱宪生为重庆市水利局局长（渝府人〔2003〕11号）；9月，杜蓉华为重庆市水利局助理巡视员（渝府人〔2003〕42号），免去其重庆市纪委派驻重庆市水利局纪检组组长职务，任命唐昌惠为重庆市纪委派驻重庆市水利局纪检组组长。

2004年2月，程顺钦退休，免去其重庆市水利局助理巡视员职务（渝府人〔2004〕6号）；4月，任命冀春楼为重庆市水利局副局长，任命吴盛海、祝良华为重庆市水利局副局长（试用期一年），任命叶学文为重庆市水利局助理巡视员，免去其重庆市水利局副局长职务（渝府人〔2004〕39号）；9月，叶学文退休，免去其重庆市水利局助理巡视员职务（渝府人〔2004〕125号）；12月，任命戴耀清为重庆市水利局助理巡视员（渝府人〔2004〕142号）。

2005年6月，杜蓉华退休，免去其重庆市水利局助理巡视员职务（渝府人〔2005〕16号）。

2007年1月，任命杨盛华为重庆市水利局副局长（渝府人〔2007〕2号）；2月，免去陈渝的重庆市水利局副局长职务（渝府人〔2007〕7号）；8月，任命唐昌惠为重庆市监察局派驻重庆市水利局监察专员（渝府人〔2007〕21号）；12月，任命王长惠为重庆市纪委派驻重庆市水利局纪检组组长，免去唐昌惠重庆市纪委派驻重庆市水利局纪检组组长。任命王长惠为重庆市监察局派驻重庆市水利局监察专员，免去唐昌惠重庆市监察局派驻重庆市水利局监察专员职务（渝府人〔2007〕31号）。

2008年1月，任命杨燕山为重庆市水利局副局长（挂职两年）（渝府人〔2008〕2号）；4月，任命王建秀为重庆市水利局副局长（渝府人〔2008〕9号）；8月，任命陈本利为重庆市水利局副巡视员（渝府人〔2008〕22号）。

二、第二阶段（2008年9月—2018年9月）

2008年9月，根据重庆市人民政府机构改革方案和《中共重庆市委　重庆市人民政府关于重庆市人民政府机构改革的实施意见》（渝委发〔2009〕6号），保留重庆市水利局，作为重庆市人民政府组成部门，主管全市水行政工作。取消已由国家和本市依法公布取消的行政审批事项，取消拟定水利行业经济调节措施，指导水利行业多种经营工作的职责。划入原重庆市政府农村工作办公室承担的农田基础设施建设、原重庆市农机局承担的农村机电提灌管理职责。加强水资源节约、保护和合理配置，保障城乡供水安全和水生态安全，促进水资源可持续利用的职责；加强防汛抗旱工作，减轻水旱灾害损失的职责。

（一）主要职责

2009年，重庆市人民政府办公厅发文，明确重庆市水利局职责如下：

负责保障水资源的合理开发利用。负责生活、生产经营和生态环境用水的统筹兼顾和保障。负责水资源保护工作。负责计划用水、节约用水工作。承担水利突发公共事件应急管理的责任。承担水利工程建设与运行安全监管责任。负责大中型水利水电工程移民及后期扶持管理工作。指导水文工作。组织、指导水域及其岸线、水利设施的管理与保护以及江河、湖泊、滩涂的治理和开发。负责防治水土流失。负责农村水利工作。负责重大涉水违法事件的查处，协调、仲裁跨区县（自治县）水事纠纷，组织、指导水政监察和水行政执法工作。负责水利科技、教育和对外交流工作。承办市政府交办的其他事项。

（二）人员编制

2009年，重庆市水利局机关行政编制为112名。其中局长1名，副局长4名，总工程师（副厅局级）1名，处级领导职数38名（含机关党委专职副书记1名、离退休人员工作处领导职数1名）。纪检组组长和机关党委书记按市委有关规定配备。机关后勤服务人员事业编制为11名。2009—2018年，因接收军队师团职转业干部、增设内设机构，机关行政编制从112名增加至138名，其中2016年划转1名行政编制至重庆市纪委派驻机构。2009—2018年，局机关在职行政人员从110人增加至125人；事业单位在职职工由532人增加至665人。

（三）内设机构

2009年，局机关设立办公室（重庆市水利信息中心）、规划计划处、政策法规处、水资源处（重庆市节约用水办公室）、财务处、组织人事处、对外合作与科技处、基本建设处、河道管理处、水土保持处（重庆市水土保持办公室）、农村水利处、执法监督处、重庆市防汛抗旱指挥部办公室、审计处、大中型水利水电工程移民工作处、勘察设计处（总工程师办公室）、机关党委、离退休人员工作处。2011年，设立安全监督处。2013年，设立宣传教育处。2014年，办公室挂研究室牌子。基本建设处更名为建设管理处。2017年，设立宣传教育与科技处、改革处（研究室）、机关党委办公室。

（四）直属事业单位

2009年，重庆市水利局直属事业单位有重庆市水利局农村水电及电气化发展中心、重庆市水文水资源勘测局（重庆市水环境监测中心）、重庆市水利工程管理总站（重庆市水库大坝安全监测中心）、重庆水利电力职业技术学院、重庆市水利工程质量监督中心站（重庆市水利工程造价管理站）、重庆市防汛抗旱抢险中心、重庆市水利发展研究中心、重庆市河道管理站、重庆市水资源管理站、重庆市水土保持生态环境监测总站。2011年，设立重庆市水利信息中心。2012年，重庆市防汛抗旱抢险中心挂重庆市防汛抗旱物资储备管理中心牌子。2013年，重庆市水利工程质量监督中心站增挂重庆市水利工程建设稽察中心牌子。

（五）直属企业

2009年，重庆市水利局直属企业有重庆市水利电力建筑勘测设计研究院、重庆市水利电力建设公司、重庆市水利公司。2011年，重庆市水利电力建设公司划转至重庆市建工集团有限责任公司。2016年，成立重庆市水利水电发展总公司。

（六）领导任免

2010年6月，任命赵建河为重庆市水利局副局长（挂职两年）（渝府人〔2010〕23号）。

2011年7月，免去王建秀的重庆市水利局副局长职务（渝府人〔2011〕24号）；10月，任命王爱祖为重庆市水利局局长，免去朱宪生的重庆市水利局局长职务（渝府人〔2011〕38号）。

2012年2月，任命牟维清为重庆市水利局副巡视员，免去戴耀清的重庆市水利局副巡视员职务（渝府人〔2012〕2号）；6月，牟维清退休，免去其重庆市水利局副巡视员职务（渝府人〔2012〕17号）；8月，任命谢宝文为重庆市水利局副巡视员（渝府人〔2012〕25号）；11月，任命王煜为重庆市水利局副局长（挂职两年）（渝府人〔2012〕35号）。

2013年2月，谢宝文提前退休，免去其重庆市水利局副巡视员职务（渝府人〔2013〕7号）；4月，任命吴萍为重庆市水利局副巡视员，免去吴盛海的重庆市水利局副局长职务（渝府人〔2013〕12号）；7月，吴萍提前退休，免去其重庆市水利局副巡视员职务（渝府人〔2013〕21号），任命刘正平为重庆市水利局副局长（渝府人〔2013〕22号）；11月，任命张光荣为重庆市水利局巡视员（渝府人〔2013〕31号）。

2014年1月，陈本利退休，免去其重庆市水利局副巡视员职务（渝府人〔2014〕4号）；3月，任命穆邦辑为重庆市水利局副巡视员（渝府人〔2014〕5号）；7月，王长惠退休，免去其重庆市监察局派驻重庆市水利局监察专员职务，穆邦辑提前退休，免去其重庆市水利局副巡视员职务（渝府人〔2014〕13号）；8月，任命王先列为重庆市水利局副巡视员（渝府人〔2014〕15号）；10月，王先列提前退休，免去其重庆市水利局副巡视员职务（渝府人〔2014〕22号）；11月，任命刘亚非为重庆市水利局副巡视员（渝府人〔2014〕23号）；12月，张光荣退休，免去其重庆市水利局巡视员职务（渝府人〔2014〕26号），任命罗利梅为重庆市纪委派驻重庆市水利局纪检组组长（渝委〔2014〕509号）、重庆市监察局派驻重庆市水利局监察专员（渝府人〔2014〕28号），任命易定明为重庆市水利局副巡视员（渝府人〔2014〕28号）。

2015年3月，刘亚非提前退休，免去其重庆市水利局副巡视员职务（渝府人〔2015〕8号）；4月，任命刘家明为重庆市水利局副巡视员（渝府人〔2015〕10号），易定明提前退休，免去其重庆市水利局副巡视员职务（渝府人〔2015〕11号）；5月，任命鲁锡海、张富能为重庆市水利局副巡视员（渝府人〔2015〕16号），任命秦向阳为重庆市水利局副局长（挂职两年）（渝府人〔2015〕17号）；9月，鲁锡海、张富能提前退休，免去其重庆市水利局副巡视员职务（渝府人〔2015〕25号）。

2016年1月，任命廖伦国、包继明为重庆市水利局副巡视员（渝府人〔2016〕1号）；6月，廖伦国、包继明提前退休，免去其重庆市水利局副巡视员职务（渝府人〔2016〕18号）；9月，任命杨中华、龙和生为重庆市水利局副巡视员（渝府人〔2016〕31号）；11月，任命谢飞为重庆市水利局总工程师（渝府人〔2016〕39号）。

2017年2月，任命韩正江为重庆市水利局巡视员，免去其重庆市水利局副局长职务（渝府人〔2017〕2号），龙和生提前退休，免去其重庆市水利局副巡视员职务（渝府人〔2017〕3号）；6月，杨中华提前退休，免去其重庆市水利局副巡视员职务（渝府人〔2017〕14号），任命吴盛海为重庆市水利局局长，免去王爱祖的重庆市水利局局长职务（渝府人〔2017〕18号），任命朱闽丰为重庆市水利局副局长（挂职两年）（渝府人〔2017〕19号）；7月，韩正江退休，免去其重庆市水利局巡视员职务（渝府人〔2017〕22号）。

2018年6月，任命刘力新为重庆市水利局副巡视员（渝府人〔2018〕14号），任命卢峰为重庆市水利局副局长（渝府人〔2018〕16号）；8月，任命廖代誉为重庆市水利局副巡视员（渝府人〔2018〕23号）。

三、第三阶段（2018年10月—2021年12月）

2018年10月，根据中共中央《深化党和国家机构改革方案》安排部署，重庆市委、市政府印发了《重庆市机构改革方案》，优化重庆市水利局职责，将重庆市移民局（重庆市三峡水库管理局）并入重庆市水利局，保留重庆市三峡水库管理局牌子。划入原重庆市水利局和原重庆市移民局（重庆市三峡水库管理局）的职责。将水资源调查和确权登记管理职责划至重庆市规划和自然资源局。将编制水功能区划、排污口设置管理、流域水环境保护职责划至重庆市生态环境局。将农田水利建设项目管理职责划至重庆市农业农村委员会。将水旱灾害防治、防汛抗旱指挥部有关职责划至重庆市应急管理局。将工程建设项目招投标的监督、管理、执法职责划至重庆市公共资源交易监督管理局。将自然保护区管理有关职责划至重庆市林业局。

（一）主要职责

2019年1月，中共重庆市委办公厅，重庆市人民政府办公厅发文明确重庆市水利局的主要职责如下：

（1）负责保障水资源的合理开发利用。

（2）负责生活、生产经营和生态环境用水的统筹和保障。

（3）按规定制定水利工程建设有关制度并组织实施，负责提出全市水利固定资产投资规模、方向、具体安排建议并组织指导实施，按重庆市政府规定权限审批、核准规划内和年度计划规模内固定资产投资项目，提出市级及以上水利资金安排建议并负责项目实施的监督管理。

（4）负责水资源保护工作。

（5）负责节约用水工作。

（6）指导水文工作。

（7）组织指导水利设施、水域及其岸线的管理、保护与综合利用。

（8）承担全市河（库）长制工作的组织和协调及重庆市河长办公室日常工作。

（9）指导监督水利工程建设与运行管理。

（10）承担重庆市渝西水资源配置工程建设领导小组办公室日常工作。

（11）负责水土保持工作。

（12）负责农村水利工作。

（13）负责水利工程移民管理工作。

（14）承担重庆市三峡库区对口支援办公室日常工作。

（15）负责组织重大涉水违法事件的查处，协调跨区县（自治县）的水事纠纷，指导水政监察和水行政执法。

（16）负责落实综合防灾减灾规划相关要求，组织编制全市洪水干旱灾害防治规划和防护标准并指导实施。

（17）完成重庆市委、市政府交办的其他任务。

（二）人员编制

重庆市水利局机关行政编制 176 名。设局长 1 名（兼重庆市三峡水库管理局局长），副局长 5 名（其中 1 名兼重庆市三峡水库管理局副局长），处级领导职数 62 名（含总工程师 1 名、总规划师 1 名、总经济师 1 名、督察专员 3 名、机关党委专职副书记兼机关党委办公室主任 1 名、机关党委办公室副主任 1 名、离退休人员工作处领导职数 1 名）。2019—2021 年，因接收军队师团职转业干部，机关行政编制从 176 名增加至 184 名。2019—2021 年，局机关在职行政人员从 197 人减少至 183 人；事业单位在职职工由 665 人增加至 790 人。

（三）内设机构

重庆市水利局机关设立办公室、规划计划处、政策法规处、财务处、组织人事处、水资源管理处、全市节约用水办公室、水利工程建设处、水利设施运行管理处、河道管理处、水生态建设与河长制工作处、水土保持处（重庆市水土保持委员会办公室）、农村水利水电处、水利工程移民安置处、水库移民后期扶持处、监督处、水文与水旱灾害防御处、三峡库区工作处、调水管理处（重庆市渝西水资源配置工程建设领导小组办公室）、对外合作与科技信息化处（重庆市三峡库区对口支援办公室）、勘察设计处（行政审批处）、审计处、信访处。设立机关党委（机关党委办公室）、离退休人员工作处。

重庆市水利局机关机构图（2021 年）见图 1。

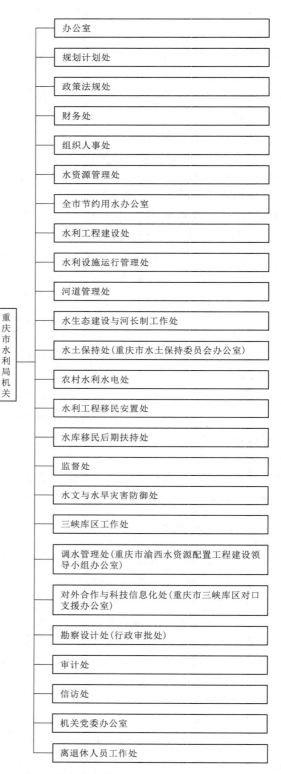

图 1 重庆市水利局机关机构图（2021 年）

（四）领导任免

2018年10月，任命彭亮、谭彦、任丽娟为重庆市水利局副局长，郭晓锋为重庆市水利局巡视员，罗治洪、杜华山为重庆市水利局副巡视员，杨盛华退休，免去其重庆市水利局巡视员职务（渝府人〔2018〕26号）。

2019年1月，杜华山退休，免去其重庆市水利局副巡视员职务（渝府人〔2019〕2号）；10月，郭晓锋退休，免去其重庆市水利局一级巡视员职级（渝委〔2019〕332号）；11月，任命官学文为重庆市水利局副局长（挂职两年）（渝府人〔2019〕31号）；12月，彭亮任重庆市水利局一级巡视员（渝委〔2019〕506号）。

2020年1月，免去彭亮重庆市水利局副局长职务（渝府人〔2020〕29号）；4月，廖代誉退休，免去其重庆市水利局二级巡视员职级（渝委〔2020〕58号），免去祝良华重庆市水利局副局长职务（渝府人〔2020〕13号）；7月，任命谢飞为重庆市水利局副局长（渝府人〔2020〕1号）。

2021年1月，彭亮退休，免去其重庆市水利局一级巡视员职级（渝委〔2021〕24号）；4月，任命叶和平为重庆市水利局副局长（渝府人〔2021〕10号），免去吴盛海重庆市水利局局长职务，任命张学锋为重庆市水利局局长（渝府人〔2021〕11号）；7月，刘正平任重庆市水利局一级巡视员（渝委〔2021〕323号），免去刘正平重庆市水利局副局长职务（渝府人〔2021〕25号）；10月，任命黄明忠为重庆市水利局副局长（渝府人〔2021〕46号）；11月，潘晓成任重庆市水利局一级巡视员（渝委〔2021〕757号）。

重庆市水利局局领导任免表（2001年1月—2021年12月）见表1。

表1　　　　　　　　重庆市水利局局领导任免表（2001年1月—2021年12月）

第一阶段（2001年1月—2008年8月）				
机构名称	姓　名	职　务	任免时间	备　注
重庆市水利局	傅钟鼎	局　长	2000年5月—2003年3月	
	朱宪生	局　长	2003年3月—	
	叶学文	副局长	2000年5月—2004年4月	
	陈　渝	副局长	2000年5月—2007年2月	
	韩正江	副局长	2002年1月—	
	冀春楼	副局长（兼总工程师）	2004年4月—	
	吴盛海	副局长	2004年4月—	
	祝良华	副局长	2004年4月—	
	杨盛华	副局长	2007年1月—	
	王建秀	副局长	2008年4月—	
	王景福	副局长	2000年9月—2002年9月	挂职
	杨燕山	副局长	2008年1月—	挂职
	张光荣	局长助理	2003年10月—	
	邓美荣	局长助理	2007年1月—	
	杜蓉华	纪检组组长	2000年5月—2003年9月	
	唐昌惠	纪检组组长	2003年9月—2007年12月	
	唐昌惠	纪检组组长、监察专员	2007年8—12月	
	王长惠	纪检组组长、监察专员	2007年12月—	

续表

第一阶段（2001 年 1 月—2008 年 8 月）				
机构名称	姓　名	职　务	任　免　时　间	备　注
重庆市水利局	冀春楼	总工程师	2000 年 11 月—2004 年 4 月	
	彭应时	巡视员	2000 年 5—8 月	
	刘代荣	巡视员	2000 年 5 月—2003 年 1 月	
	程顺钦	助理巡视员	2000 年 5 月—2004 年 2 月	
	杜蓉华	助理巡视员	2003 年 9 月—2005 年 6 月	
	叶学文	助理巡视员	2004 年 4—9 月	
	戴耀清	助理巡视员	2004 年 12 月—	
	陈本利	副巡视员	2008 年 8 月—	
第二阶段（2008 年 9 月—2018 年 9 月）				
重庆市水利局	朱宪生	局　长	继任—2011 年 10 月	
	王爱祖	局　长	2011 年 10 月—2017 年 6 月	
	吴盛海	局　长	2017 年 6 月—	
	韩正江	副局长	继任—2017 年 2 月	
	冀春楼	副局长（兼总工程师）	继任—2016 年 6 月	
	吴盛海	副局长	继任—2013 年 4 月	
	祝良华	副局长	继任—	
	杨盛华	副局长	继任—2018 年 3 月	
	王建秀	副局长	继任—2011 年 7 月	
	刘正平	副局长	2013 年 7 月—	
	卢　峰	副局长	2018 年 6 月—	
	杨燕山	副局长	继任—2010 年 1 月	挂职
	赵建河	副局长	2010 年 6 月—2012 年 6 月	挂职
	王　煜	副局长	2012 年 11 月—2014 年 11 月	挂职
	秦向阳	副局长	2015 年 5 月—2017 年 5 月	挂职
	朱闽丰	副局长	2017 年 6 月—	挂职
	张光荣	局长助理	继任—2013 年 11 月	
	邓美荣	局长助理	继任—2016 年 10 月	
	王长惠	纪检组组长、监察专员	继任—2014 年 7 月	
	罗利梅	纪检组组长、监察专员	2014 年 12 月—	
	谢　飞	总工程师	2016 年 11 月—	
	张光荣	巡视员	2013 年 11 月—2014 年 12 月	
	韩正江	巡视员	2017 年 2—7 月	
	杨盛华	巡视员	2018 年 3 月—	
	戴耀清	助理巡视员	继任—2012 年 2 月	
	陈本利	副巡视员	继任—2014 年 1 月	
	牟维清	副巡视员	2012 年 2—6 月	

第二阶段（2008 年 9 月—2018 年 9 月）				
机构名称	姓 名	职 务	任 免 时 间	备 注
重庆市水利局	谢宝文	副巡视员	2012 年 8 月—2013 年 2 月	
	吴 萍	副巡视员	2013 年 4—7 月	
	穆邦辑	副巡视员	2014 年 3—7 月	
	王先列	副巡视员	2014 年 8—10 月	
	刘亚非	副巡视员	2014 年 11 月—2015 年 3 月	
	易定明	副巡视员	2014 年 12 月—2015 年 4 月	
	刘家明	副巡视员	2015 年 4 月—	
	鲁锡海	副巡视员	2015 年 5—9 月	
	张富能	副巡视员	2015 年 5—9 月	
	廖伦国	副巡视员	2016 年 1—6 月	
	包继明	副巡视员	2016 年 1—6 月	
	杨中华	副巡视员	2016 年 9 月—2017 年 6 月	
	龙和生	副巡视员	2016 年 9 月—2017 年 2 月	
	刘力新	副巡视员	2018 年 6 月—	
	廖代誉	副巡视员	2018 年 8 月—	
第三阶段（2018 年 10 月—2021 年 12 月）				
重庆市水利局	吴盛海	局 长	继任—2021 年 4 月	
	张学锋	局 长	2021 年 4 月—	
	祝良华	副局长	继任—2020 年 4 月	
	刘正平	副局长	继任—2021 年 7 月	
	卢 峰	副局长	继任—	
	彭 亮	副局长	2018 年 10 月—2020 年 1 月	
	谭 彦	副局长	2018 年 10 月—2020 年 8 月	
	任丽娟	副局长	2018 年 10 月—	
	谢 飞	副局长	2020 年 7 月—	
	叶和平	副局长	2021 年 4 月—	
	黄明忠	副局长	2021 年 10 月—	
	朱闽丰	副局长	继任—2019 年 6 月	挂职
	官学文	副局长	2019 年 11 月—2020 年 8 月	挂职
	罗利梅	纪检监察组长	继任—	
	谢 飞	总工程师	继任—2018 年 10 月	
		党组成员	2018 年 10 月—2020 年 7 月	
	杨盛华	巡视员	继任—2018 年 10 月	
	郭晓锋	巡视员	2018 年 10 月—2019 年 10 月	
	彭 亮	一级巡视员	2019 年 12 月—2021 年 1 月	
	刘正平	一级巡视员	2021 年 7 月—	

续表

第三阶段（2018 年 10 月—2021 年 12 月）				
机构名称	姓 名	职 务	任 免 时 间	备 注
重庆市水利局	潘晓成	一级巡视员	2021 年 11 月—	
	刘家明	二级巡视员	继任—	
	刘力新	二级巡视员	继任—	
	廖代誉	二级巡视员	继任—2020 年 4 月	
	罗治洪	副巡视员	2018 年 10 月—	
	杜华山	副巡视员	2018 年 10 月—2019 年 1 月	

（五）直属事业单位

2019 年，重庆市水利局直属事业单位有重庆水利电力职业技术学院、重庆市农村水利水电中心、重庆市水利信息中心、重庆市水利发展研究中心（重庆市水利规划院）、重庆市河道事务中心、重庆市水资源综合事务中心、重庆市水文监测总站（重庆市水质监测中心）、重庆市水利工程质量中心站（重庆市水利工程造价站、重庆市水利建设稽察技术服务中心）、重庆市水利工程运行安全总站（重庆市水库大坝安全监测中心）、重庆市水土保持监测总站、重庆市水旱灾害防御中心（重庆市水利防灾物资储备中心）、重庆市三峡库区工作服务中心、重庆市水利培训中心、重庆市水利局机关后勤服务中心（见图 2）。

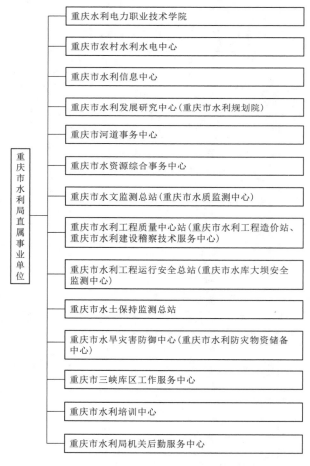

图 2　重庆市水利局直属事业单位机构图

重庆市区县（自治县）2021年水利机构名录见表2。

表2　　　　　　　　　　　重庆市区县（自治县）2021年水利机构名录

机 构 名 称	机 构 名 称
万州区水利局	黔江区水利局
涪陵区水利局	渝中区交通局
大渡口区农业农村委员会	江北区农业农村委员会
沙坪坝区农业农村委员会	九龙坡区农业农村委员会
南岸区农业农村委员会	北碚区水利局
渝北区水利局	巴南区水利局
长寿区水利局	江津区水利局
合川区水利局	永川区水利局
南川区水利局	綦江区水利局
大足区水利局	璧山区水利局
铜梁区水利局	潼南区水利局
荣昌区水利局	开州区水利局
梁平区水利局	武隆区水利局
城口县水利局	丰都县水利局
垫江县水利局	忠县水利局
云阳县水利局	奉节县水利局
巫山县水利局	巫溪县水利局
石柱土家族自治县水利局	秀山土家族苗族自治县水利局
酉阳土家族苗族自治县水利局	彭水苗族土家族自治县水利局
两江新区城市管理局	重庆高新区管委会生态环境局
万盛经开区水务局	

（六）直属企业

2019年，重庆市水利局直属企业有重庆市水利电力建筑勘测设计研究院、重庆市弘禹水利咨询有限公司、重庆市水利水电发展总公司。

2019年11月，根据《重庆市人民政府关于同意重庆市市属水利国有企业专业化重组的批复》（渝国资委文〔2019〕181号），重庆市水利电力建筑勘测设计研究院、重庆市弘禹水利咨询有限公司、重庆市水利水电发展总公司划转重庆市水投集团。

执笔人：陈益兵　陈　泓　陈亮亮　刘沛丰
审核人：江　夏　任丽娟

四川省水利厅

　　四川省水利厅为主管四川省水行政的省级人民政府组成部门（正厅级）。2000年以来的历次机构改革，四川省水利厅均予保留设置。该时期组织沿革划分为以下3个阶段：2001年1月—2010年7月，2010年7月—2019年3月，2019年3月—2021年12月。办公地点设在四川省成都市青羊区文武路69号。

一、第一阶段（2001年1月—2010年7月）

　　根据四川省人民政府机构改革方案和四川省委、省政府《关于实施四川省人民政府机构改革方案有关问题的意见》（川委发〔2000〕19号），四川省水利电力厅更名为四川省水利厅，是主管全省水行政和渔业行政的省政府组成部门。

（一）主要职责

　　（1）贯彻执行有关法律法规，组织起草配套的有关实施办法及规范性文件，并监督实施；拟定全省水利、水产工作的方针政策、发展战略和中长期规划。

　　（2）统一管理全省水资源（含空中水、地表水、地下水）；组织制定全省水资源总体规划、流域规划和专业规划；拟定全省跨市、地（州）水中长期供求计划、水量分配方案并监督实施；组织有关全省国民经济总体规划、城市规划及重大建设项目的水资源和防洪的论证工作；组织实施取水许可制度和水资源费征收制度；发布四川省水资源公报；指导全省水文工作和水文站网的规划、管理。

　　（3）拟定节约用水政策，编制全省计划用水、节约用水规划，制定有关标准；组织指导和监督计划用水、节约用水工作。

　　（4）根据国家资源与环境保护的有关法律、法规和标准，拟定全省水资源保护规划；组织水功能区的划分和向饮水区等水域排污的控制；监测江河湖库的水量、水质，审定水域纳污能力；提出限制排污总量的意见；审查向湖泊、河道排污口的设置和扩大。

　　（5）组织指导全省水政监察和水行政执法；协调并仲裁部门间、市（地、州）间的重大水事纠纷，查处重大的水事违法案件。

　　（6）拟定水利行业经济调节措施；对水利资金的使用进行宏观调节、管理、监督、审计；指导全省水利行业的供水、水电、水产及多种经营工作；研究提出有关水利的价格、税收、信贷、财务等经济调节意见；监督省级和指导市、地、州、县水利、水产、水利行业地方电力国有资产的管理。

　　（7）编制、审查大、中型水利基本建设项目建议书和可行性研究报告；初审转报大、中型水利基本建设项目初步设计；组织指导省管江河、湖泊、河口及滩涂的治理和开发；组织建设和管理具有控制性的或跨市、地、州的重要水利工程；组织、指导水库、水电站大坝的安全监管；组织指导城市防洪工作。

（8）指导全省农村水利工作；组织、协调全省农田水利基本建设；指导全省乡镇供水工作。

（9）组织实施职责范围内的地方电力管理工作；指导水利行业地方电站、电网管理；实施技术监督；组织实施农村电气化建设。

（10）主管全省水产工作；拟定渔业资源保护规划，实施渔业环境监测；对全省水生动物自然保护区实行宏观管理；负责水生动物的防疫、境内检疫工作；协调仲裁重大渔事纠纷，查处重大渔政案件；指导渔船、渔港的安全监管。

（11）组织全省水土保持工作；研究制定水土保持工程措施规划并组织实施；组织水土流失的监测和综合防治工作。

（12）负责水利方面的科技与外事外经工作；组织重大水利行业科学研究和技术推广；组织拟定水利行业技术质量标准和规程、规范并监督实施；指导水利行业的知识产权有关事宜，承办水利行业对外经济、技术合作与交流等涉外事务。

（13）指导全省水利行业职工队伍和服务体系建设；指导水利行业劳动保护、安全生产工作。

（14）承担四川省政府防汛抗旱指挥部的日常工作；组织、协调、监督、指导全省防洪抗旱工作，对大江大河和重要水利工程实施防洪抗旱调度。

（15）承办四川省政府交办的其他事项。

2007年10月，《四川省机构编制委员会关于撤销省政府救灾办公室和原省政府应急管理办公室新设立省政府应急管理办公室的批复》（川编发〔2007〕92号）将原四川省政府救灾办公室承担的"处理农田水利基本建设事宜，指导农田水利基本建设工作"职能改由四川省水利厅承担。

（二）人员编制和内设机构

根据四川省人民政府办公厅关于印发《四川省水利厅职能配置、内设机构和人员编制规定的通知》（川办发〔2000〕103号），明确四川省水利厅机关内设办公室、规划计划处、水政水资源处（四川省节约用水办公室）、财务与经济管理处、人事劳动教育处、科技与对外合作处、建设与管理处、水土保持处、农村水利处、审计处10个职能处（室）和机关党委。另设四川省人民政府防汛抗旱指挥部办公室，省纪委、省监察厅派驻纪检（监察）室和离退休人员工作处（见图1）。

四川省水利厅机关行政编制为75名，省纪委、省监察厅派驻纪检（监察）室行政编制5人，离退休人员工作处行政编制9人，单列管理行政编制2人，2000年转业干部分配增加行政编制1人。其中：厅长1人，副厅长3人，总工程师1人，按省委规定配备；机关党委书记按四川省委规定配备；处级领导职数27人（含机关党委专职副书记或机关党委办事机构负责人和副总工程师1人）。

2002年8月，中共四川省委机构编制委员会办公室以川编办〔2002〕137号文同意水利厅在建设与管理处增挂河道管理处牌子。

2007年9月，中共四川省委机构编制委员会以川编发〔2007〕85号文同意水利厅设立信访处，增加处级领导职数2名（1正1副）。

2009年4月，中共四川省委机构编制委员会办公室以川编办〔2009〕29号文重新核定单列管理行政编制1名，收回原核定编制数3名。

（三）厅领导任免

2001年5月，罗松柏任水利厅副厅长。

2002年1月，胡云任水利厅副厅长。

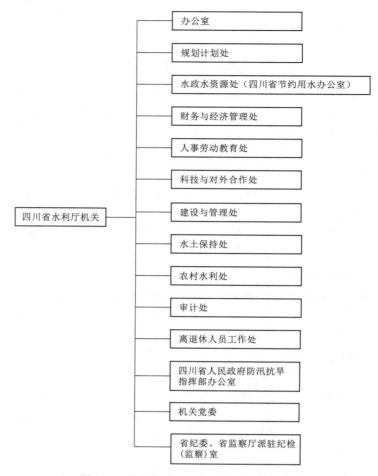

图1 四川省水利厅机关机构图（2000年）

2003年1月，免去罗松柏水利厅副厅长职务；4月，朱兵任水利厅副厅长；12月，彭述明任水利厅副厅长，陈荣仲任水利厅副厅长，免去胡云水利厅副厅长职务。

2005年2月，刘俊舫任水利厅副厅长；8月，免去余国成水利厅副厅长职务，免去朱家清水利厅副厅长职务；9月，彭述明任水利厅厅长，免去孙砚方水利厅厅长职务。

2006年8月，胡云任水利厅副厅长。

2008年1月，冷刚任水利厅厅长，免去彭述明水利厅厅长职务。

2009年8月，祝瑞祥任水利厅副厅长（挂职）。

2010年5月，张强言任水利厅副厅长。

（四）直属单位

四川省水利厅直属单位有四川省水利厅信息中心、四川省农田水利局、四川省水利干部学校、四川省水利厅机关服务中心、四川省水利科学研究院、四川省水利电力工会委员会、四川水利职业技术学院、四川省都江堰管理局、四川省都江堰东风渠管理处、四川省都江堰人民渠第一管理处、四川省都江堰人民渠第二管理处、四川省都江堰外江管理处、四川省玉溪河灌区管理局、四川省长葫灌区管理局、四川省水利综合监察总队、四川省水利基本建设工程质量监督中心站、四川省向家坝灌区工程筹建处、四川省水产局、四川省水产学校。

2001年2月，中共四川省委机构编制委员会办公室印发的《关于同意四川省水利电力厅农田水利管理局等单位更名的批复》（川编办发〔2001〕16 号），同意四川省水利电力厅农田水利管理局、四川省水利电力厅干部学校、四川省水利电力厅机关后勤服务中心更名为四川省农田水利局、四川省水利干部学校、四川省水利厅机关服务中心。

2001 年 11 月，中共四川省委机构编制委员会印发《关于四川省水利电力研究所更名的批复》（川编发〔2001〕104 号），批复同意将四川省水利电力研究所更名为四川省水利科学研究院。

2003 年 4 月，四川省人民政府《关于建立四川水利职业技术学院的批复》（川府函〔2003〕90 号），同意在四川水利电力学校的基础上建立四川水利职业技术学院。四川水利电力学校建制同时撤销。

2007 年 12 月，中共四川省委机构编制委员会印发《关于四川省水利厅直属水利工程管理单位定性定编的批复》（川编发〔2007〕115 号），同意四川省玉溪河灌区管理处更名为四川省玉溪河灌区管理局，同意直属的 7 个水利工程管理单位四川省都江堰管理局、四川省都江堰东风渠管理处、四川省都江堰人民渠第一管理处、四川省都江堰人民渠第二管理处、四川省都江堰外江管理处、四川省玉溪河灌区管理局、四川省长葫灌区管理局为准公益性事业单位。

2009 年 7 月，中共四川省委机构编制委员会印发《关于成立四川省向家坝灌区工程筹建处的批复》（川编发〔2009〕44 号），批复同意先行设立四川省向家坝灌区工程筹建处。

二、第二阶段（2010 年 7 月—2019 年 3 月）

根据《中共四川省委　四川省人民政府关于印发〈四川省人民政府机构改革方案〉和〈关于四川省人民政府机构改革方案的实施意见〉的通知》（川委发〔2009〕24 号），设立四川省水利厅，为四川省政府组成部门。

（一）主要职责

（1）贯彻执行国家有关水行政管理工作的方针、政策和法律、法规，起草有关地方性法规和规章。负责保障水资源的合理开发利用，拟定水利战略规划和政策，组织编制全省重要江河湖泊的流域综合规划、防洪规划等重大水利规划，按规定制定水利工程建设有关制度并组织实施，负责提出水利固定资产投资建议，按照规定权限审批、核准相关固定资产投资项目，提出省级水利建设投资安排建议并组织实施。

（2）负责生活、生产经营和生态环境用水的统筹兼顾和保障。实施水资源的统一监督管理，拟定全省和跨市（州）水中长期供求规划、水量分配方案并监督实施，组织开展水资源调查评价工作，按规定开展水能资源调查工作，负责重要流域、区域以及重大调水工程的水资源调度，组织实施取水许可、水资源有偿使用制度和水资源论证、防洪论证制度。

（3）负责水资源保护工作。组织编制水资源保护和水源地保护规划，组织拟定重要江河湖泊的水功能区划并监督实施，核定水域纳污能力，提出限制排污总量建议，指导饮用水水源保护工作，指导地下水开发利用和城市规划区地下水资源管理保护工作。

（4）负责防治水旱灾害，承担四川省政府防汛抗旱指挥部的具体工作。组织、协调、监督、指挥全省防汛抗旱工作，对重要江河湖泊和重要水工程实施防汛抗旱调度和应急水量调度，编制全省防汛抗旱应急预案并组织实施，指导水利突发公共事件应急管理工作。

（5）负责节约用水工作。拟定全省节约用水政策，编制节约用水规划，制定有关标准，指导和推动节水型社会建设工作。

（6）负责水文工作。负责水文水资源监测、全省水文站网建设和管理，对江河湖库和地下水的水量、水质实施监测，发布水文水资源信息、情报预报、水域水质通报和全省水资源公报。

（7）指导水利设施、水域及其岸线的管理与保护，指导全省重要江河、湖泊、水库、滩涂的治理和开发，指导水利工程建设与运行管理，组织实施具有控制性或跨市（州）及跨流域的重要水利工程建设与运行管理，负责河道采砂的统一监督管理工作。

（8）负责防治水土流失。拟定水土保持规划并监督实施，组织实施全省水土流失的综合防治、监测预报并定期公告，负责有关重大建设项目水土保持方案的审批、监督实施及水土保持设施的验收工作，指导重点水土保持建设项目的实施。

（9）指导农村水利工作。组织协调农田水利基本建设，指导农村饮水安全、节水灌溉等工程建设与管理工作，协调牧区水利工作，指导农村水利社会化服务体系建设。按规定指导农村水能资源开发工作，指导水电农村电气化和小水电代燃料工作。

（10）负责重大涉水违法事件的查处，协调、仲裁跨市（州）水事纠纷，指导水政监察和水行政执法。负责水利建设工程项目的招标投标活动的监督执法。依法负责水利行业安全生产工作，组织、指导水库大坝、水电站大坝等水利工程的安全监管，组织实施水利工程建设的监督，指导水利建设市场的监督管理。

（11）开展水利科技和对外合作交流工作。组织开展水利行业质量监督工作，拟定水利行业的地方技术标准、规程规范并监督实施，组织重大水利科学研究、技术推广和成果管理，承担水利统计工作。

（12）负责水产渔政工作。拟定渔业资源保护、利用规划，负责全省渔业生产，指导水产品加工、流通和市场建设，负责水产品质量安全管理和水生动物的防疫、境内检疫工作以及鱼药、鱼饲料使用环节的监督检查，负责水生生物自然保护区和水产种质资源保护区管理，实施渔业环境监测，牵头查处渔业污染事故，协调仲裁重大渔事纠纷，查处重大渔政案件，负责渔船管理，指导渔业安全生产。

（13）承担四川省政府公布的有关行政审批事项。

（14）承办四川省政府交办的其他事项。

2016年12月，《中共四川省委办公厅、四川省人民政府办公厅关于印发〈四川省环境保护工作职责分工方案〉的通知》（川委厅〔2016〕87号），环境保护工作水利部门职责：①负责保障水资源合理开发利用，组织编制重要江河湖泊流域综合规划、防洪规划等重大水利规划。②实施水资源统一监督管理，拟定全省水中长期供求规划、水量分配方案并监督实施，组织开展水资源调查评价工作。③组织编制水资源保护规划、组织拟定重要江河湖泊水功能区划，核定水域纳污能力，提出限制排污总量建议，指导地下水开发利用。④严格用水总量控制、用水效率控制、水功能区限制纳污"三条红线"管理，会同有关部门加强对各地水资源开发利用、节约保护主要指标落实情况的管理和考核。⑤指导水文工作。负责水文水资源监测、国家水文站网建设和管理，发布水文水资源信息、情报预报和水资源公报。⑥指导水利设施、水域及其岸线管理，指导大江、大河、大湖及河口、滩涂治理和开发。⑦负责防治水土流失。拟定水土保持规划并监督实施，组织实施水土流失综合防治、监测预报并定期公告，负责有关重大建设项目水土保持方案审批、监督实施及水土保持设施的验收工作。

2017年1月，根据中共四川省委、四川省人民政府《关于印发四川省贯彻落实〈全面推行河长制的意见〉实施方案的通知》（川委发〔2017〕3号）的规定，四川省河长制办公室设在水利厅，承担河长制组织实施具体工作，负责协调、督促、落实领导小组、总河长、河长会议确定的事项；拟制省级层面工作方案、相关制度及考核办法；指导各地、各有关部门（单位）制定工作方案、明确工作目标任务，督导市、县、乡同步全面落实河长制相关工作；督促省直有关部门按照职能职责，落实责任，密切配合，协调联动，共同推进河湖管理保护工作。

2017年12月，《中共四川省委机构编制委员会办公室　四川省安全生产监督管理局关于进一步明确第三批省级有关部门（单位）安全生产和职业健康工作职责的通知》（川编办发〔2017〕153号）明确，①各部门（单位）共同职责。宣传贯彻党中央、国务院和四川省委、四川省政府关于安全生产和职业健康的方针、政策、法律、法规、规章和标准，将安全生产和职业健康工作与经济发展、行业领域管理的有关工作协调一致，实行同时计划、安排、检查和总结；加强生产安全事故预防和职业病防治，协调解决安全生产和职业健康工作中遇到的矛盾、困难和问题，开展安全生产和职业病危害专项整治，及时组织、指导、督促、协调有关单位消除所涉及行业领域的安全隐患；加强安全生产应急管理，编制应急预案，建立完善应急体系并组织演练，加强部门间的应急联动，充分应用有效资源，有效处置生产安全事故（事件），减少事故（事件）损失；积极参加安全生产重大活动，完成四川省委、四川省政府及省政府安全生产委员会（以下简称"四川省政府安委会"）下达的安全生产工作目标和综合目标任务；依据有关规定负责承办党中央、国务院和四川省委、四川省政府及四川省政府安委会、上级有关主管部门交办的安全生产其他工作事项；指导、督促下级对口部门做好安全生产和职业健康工作。②负有安全生产监督管理职责的有关部门（单位）职责。依法依规履行相关行业领域安全生产和职业健康监管职责，强化监管执法，严厉查处违法违规行为。③水利厅安全生产和职业健康工作职责。依法依规负责水利行业安全生产和职业健康监督管理工作；负责职责范围内水库（塘、堰）、水利设施、水电站、河道及其岸线的安全监督管理；严格职责范围内的水利水电工程准入，依法依规负责水利水电工程勘察、设计、施工、检测等建设中的安全监督管理；负责河道管理范围内建设项目洪水影响评价审查和河道采砂（石）现场作业的安全监督管理；负责制定职责范围内的安全生产年度监督检查计划并组织实施。

（二）人员编制和内设机构

根据《中共四川省委　四川省人民政府关于印发〈四川省人民政府机构改革方案〉和〈关于四川

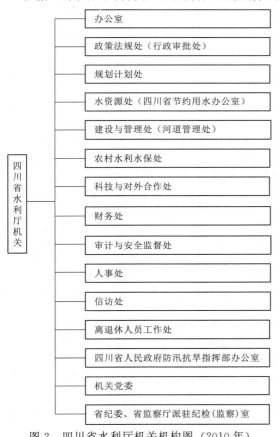

图 2　四川省水利厅机关机构图（2010 年）

省人民政府机构改革方案的实施意见〉的通知》（川委发〔2009〕24 号），明确四川省水利厅机关内设办公室、政策法规处（行政审批处）、规划计划处、水资源处（四川省节约用水办公室）、建设与管理处（河道管理处）、农村水利水保处、科技与对外合作处、财务处、审计与安全监督处、人事处、信访处、离退休人员工作处等 12 个职能处（室）。另设四川省人民政府防汛抗旱指挥部办公室，机关党委，省纪委、省监察厅派驻纪检（监察）组（见图 2）。

四川省水利厅机关行政编制 86 名。其中：厅长 1 名、副厅长 3 名；机关党委书记按省委规定配备；总工程师 1 名；正处级领导职数 14 名（含机关党委专职副书记或机关党办主任 1 名、副总工程师 1 名），副处级领导职数 18 名。

单列管理行政编制 1 名。

省纪委、省监察厅派驻纪检监察专项编制 5 名。其中：纪检组长（监察专员）1 名，监察室主任（纪检组副组长）1 名。按照《中共四川省委办公厅　四川省人民政府办公厅关于转发〈省纪委、省委组织部、省编办、省监察厅关于对省纪委、省监察厅派驻机构实行统一管理的实施意见〉的通知》（川委办〔2005〕30 号）规定管理。

机关离退休服务人员控制数 3 名。

2014 年 6 月，四川省人民政府办公厅《关于印发四川省农业厅主要职责内设机构和人员编制规定的通知》（川办发〔2014〕48 号）的规定，将水利厅的水产渔政行政管理职责整合划入农业厅。

2015 年 5 月，四川省人民政府办公厅《关于恢复四川省水土保持委员会的通知》（川办函〔2015〕97 号），将水土保持委员会办公室设在水利厅。

2015 年 11 月，四川省委机构编制委员会以川编发〔2015〕45 号文批复同意核增副厅长职数 1 名。

2016 年 7 月，四川省委机构编制委员会以川编发〔2016〕39 号文划转水利厅现有纪检监察编制 5 名，调剂部门编制 1 名，核销现有纪检监察职数厅级 1 名、正处级 1 名。

2016 年 12 月，四川省委机构编制委员会以川编发〔2016〕72 号文批复同意核增总规划师 1 名。

2017 年 4 月，四川省委机构编制委员会以川编发〔2017〕3 号文批复同意水利厅增设河湖管理保护处，核定行政编制 5 名（增加 3 名，内部调剂 2 名），核增处级领导职数 1 正 1 副。撤销建设与管理处加挂的河道管理处牌子。

2017 年 7 月，四川省委机构编制委员会办公室以川编办发〔2017〕70 号文批复同意水利厅安全职能内设机构调整，将审计与安全监督处承担的水利行业安全监督职责划入建设与管理处，并在该处加挂安全监督处牌子。将审计与安全监督处更名为审计处。

（三）厅领导任免

2011 年 10 月，免去祝瑞祥水利厅副厅长职务。

2012 年 7 月，免去刘俊舫水利厅副厅长职务。

2012 年 9 月，张文彪任水利厅副厅长，免去陈荣仲水利厅副厅长职务，免去朱兵水利厅副厅长职务。

2014 年 6 月，免去胡云水利厅副厅长职务；11 月，李勇蔺任水利厅副厅长。

2016 年 3 月，胡云任水利厅厅长，免去冷刚水利厅厅长职务。

2017 年 7 月，王华任水利厅副厅长。

2018 年 2 月，刘辉任水利厅副厅长。

2019 年 9 月，谭小平任水利厅副厅长。

（四）直属单位

四川省水利厅直属单位有四川省农田水利局、四川省地方电力局（省河湖保护局）、四川省水文水资源勘测局、四川省水利发展保障中心、四川省都江堰管理局、四川省都江堰东风渠管理处、四川省都江堰人民渠第一管理处、四川省都江堰人民渠第二管理处、四川省都江堰外江管理处、四川省玉溪河灌区管理局、四川省长葫灌区管理局、四川省水利电力工会委员会、四川省水利综合监察总队、四川省水利厅信息中心、四川省水利厅机关服务中心、四川省水利工程建设与安全技术中心、四川省水土保持生态环境监测总站、四川省水资源调度管理中心、四川省水利水电勘测设计研究院、四川省电力设计院、四川省水利科学研究院、四川水利职业技术学院、四川省水利干部学校、四川省向家坝灌区工程筹建处。

2012 年 12 月，中共四川省委机构编制委员会印发《关于设立防汛抗旱督察专员的批复》（川编发〔2012〕101 号），批复同意设立防汛抗旱督察专员 3 名（副处级），其中，2 名设在四川省政府防汛抗旱指挥部办公室，1 名设在省农田水利局（抗旱办公室）。防汛抗旱职能及其机构将按照有利于工作的原则适时予以整合。

2017 年 4 月，中共四川省委机构编制委员会印发《关于省地方电力局增挂牌子的批复》（川编发〔2017〕7 号），批复同意省地方电力局增挂省河湖保护局牌子，增加"承担河湖保护的支持保障和技术支撑等工作"职责。其他机构编制事项不变。

2019年1月，中共四川省委机构编制委员会印发《关于部分事业单位有关机构编制事项调整的通知》（川编发〔2019〕25号），将水利厅所属四川省防汛抗旱指挥部办公室划归应急管理厅管理，并更名为四川省应急管理保障中心，公益一类事业单位，核定事业编制60名（划转5名、新增55名），领导职数1正3副（正、副处级）。

中共四川省委机构编制委员会印发《关于设立四川省水资源调度管理中心的批复》（川编发〔2019〕28号），批复同意设立四川省水资源调度管理中心，为水利厅所属公益一类事业单位，实行"收支统管、全额保障"的预算管理办法。核定事业编制20名，其中领导职数1正2副（正、副处级）。

三、第三阶段（2019年3月—2021年12月）

根据《四川省机构改革方案》（川委发〔2018〕26号）和《关于〈四川省机构改革方案〉的实施意见》（川机改〔2018〕8号），2019年3月，四川省委机构编制委员会《关于调整水利厅机构编制事项的通知》（川编发〔2019〕67号）调整水利厅有关机构编制事项。

（一）主要职责

（1）贯彻执行国家有关水行政管理工作的方针、政策和法律、法规，起草有关地方性法规和规章。负责保障水资源的合理开发利用，拟定水利战略规划和政策，组织编制全省重要江河湖泊的流域综合规划、防洪规划等重大水利规划，按规定制定水利工程建设有关制度并组织实施，负责提出水利固定资产投资建议，按照规定权限审批、核准相关固定资产投资项目，提出省级水利建设投资安排建议并组织实施。

（2）负责生活、生产经营和生态环境用水的统筹兼顾和保障。实施水资源的统一监督管理，拟定全省和跨市（州）水中长期供求规划、水量分配方案并监督实施，按规定开展水能资源调查工作，负责重要流域、区域以及重大调水工程的水资源调度，组织实施取水许可、水资源有偿使用制度和水资源论证、防洪论证制度。指导水利行业供水和乡镇供水工作。

（3）负责水资源保护工作。组织编制水资源保护和水源地保护规划，指导饮用水水源保护工作，指导地下水开发利用和地下水资源管理保护。组织指导地下水超采区综合治理。参与编制水功能区划工作。

（4）负责节约用水工作。拟定全省节约用水政策，编制节约用水规划，制定有关标准，指导和推动节水型社会建设工作。

（5）负责水文工作。负责水文水资源监测、全省水文站网建设和管理，对江河湖库和地下水的水量、水质实施监测，发布水文水资源信息、情报预报、水域水质通报和全省水资源公报。按规定组织开展水资源、水能资源调查评价和水资源承载能力监测预警工作。

（6）指导水利设施、水域及其岸线的管理、保护与综合利用，指导全省重要江河、湖泊、水库、滩涂的治理和开发，指导水利工程建设与运行管理，组织实施具有控制性或跨市（州）及跨流域的重要水利工程建设与运行管理，负责河道采砂的统一监督管理工作。指导入河排污口设置管理工作。

（7）负责防治水土流失。拟定水土保持规划并监督实施，组织实施全省水土流失的综合防治、监测预报并定期公告，负责有关重大建设项目水土保持方案的审批、监督实施及水土保持设施的验收工作，指导重点水土保持建设项目的实施。

（8）指导农村水利工作。组织开展大中型灌排工程建设与改造。指导农村饮水安全工程建设管理工作，指导节水灌溉有关工作。协调牧区水利工作。指导农村水利改革创新和社会化服务体系建设。按规定指导农村水能资源开发工作，指导水电农村电气化和小水电代燃料工作。

（9）负责重大涉水违法事件的查处，协调、仲裁跨市（州）水事纠纷，指导水政监察和水行政执法。负责水利建设工程项目的招标投标活动的监督执法。依法负责水利行业安全生产工作，组织、指导水库大坝、水电站大坝等水利工程的安全监管，组织实施水利工程建设的监督，指导水利建设市场的监督管理。

（10）开展水利科技和对外合作交流工作。组织开展水利行业质量监督工作，拟定水利行业的地方技术标准、规程规范并监督实施，组织重大水利科学研究、技术推广和成果管理，承担水利统计工作。

（11）贯彻执行国家有关河湖保护、治理、管理工作的方针政策和法律法规；负责组织制定全省河湖治理保护规划，落实"一河一策、综合施策、多方共治"。承担四川省河长制办公室的具体工作。指导河湖水系连通工作。

（12）负责落实综合防灾减灾规划相关要求，组织编制并实施洪水干旱灾害防治规划和防护标准；承担水情旱情监测预警工作。组织编制重要江河湖泊和重要水工程的防御洪水抗御旱灾调度和应急水量调度方案，按程序报批并组织实施；承担防御洪水应急抢险的技术支撑工作。

（13）承担四川省政府公布的有关行政审批事项。

（14）承办四川省政府交办的其他事项。

（二）人员编制和内设机构

根据四川省委机构编制委员会《关于调整水利厅机构编制事项的通知》（川编发〔2019〕67号），按照优化协同高效的原则，根据工作需要，适当调整设置相关内设机构。撤销信访处，将其职责划入办公室并挂信访处牌子，设立水旱灾害防御与水文处。将建设与管理处（安全监督处）更名为水利工程建设处，不再保留安全监督处牌子。将审计处更名为审计与安全监督处，划入原建设与管理处（安全监督处）承担的安全监督职责。内设办公室、规划计划处、政策法规处（行政审批处、综合执法监督处）、财务处、人事处、水资源处、水利工程建设处、河湖管理保护处、水土保持处、农村水利处、信访处（移民综合协调处）、移民安置处、移民后期扶持处、审计与安全监督处、水旱灾害防御处、水文处（四川省节约用水办公室）等16个职能处（室），另设机关党委办公室、离退休人员工作处（见图3）。

根据职责划转，相应划转机关行政编制2名到生态环境厅。根据新增职责，相应增加行政编

图3　四川省水利厅机关机构图（2021年）

制 3 名。

2019 年 5 月，四川省人民政府以川府函〔2019〕98 号文明确水利厅为应急委员会委员单位，1 名副厅长任应急委员会办公室副主任。

2019 年 6 月，四川省委机构编制委员会办公室以川编办发〔2019〕90 号文下达水利厅 2017 年接收安置军队转业干部行政编制 2 名。

2019 年 7 月，四川省委机构编制委员会以川编发〔2019〕133 号文将水旱灾害防御与水文处分设为水旱灾害防御处、水文处，为水旱灾害防御处增加行政编制 5 名，核定正处级领导职数 1 名、副处级领导职数 2 名，编制不足部分由水利厅内部调剂解决。

2019 年 8 月，四川省委机构编制委员会办公室以川编办发〔2019〕120 号文同意撤销科技与对外合作处，设立水土保持处，原科技与对外合作处承担的科技职责划入规划计划处、外事职责划入人事处。同意将农村水利水保处更名为农村水利处，原农村水利水保处承担的水土保持职责划入水土保持处、农村水电相关职责划入河湖管理保护处。同意将水资源处（四川省节约用水办公室）节约用水职责及四川省节约用水办公室牌子划入水文处，水资源处（四川省节约用水办公室）承担的指导排污口设置职责划入河湖管理保护处、指导城市供水的水源规划职责划入规划计划处。

（三）厅领导任免

2019 年 9 月，免去张文彪水利厅副厅长职务。

2021 年 3 月，郭亨孝任水利厅厅长，免去胡云水利厅厅长职务。

四川省水利厅领导任免表（2001 年 1 月—2021 年 12 月）见表 1。

表 1　　　　　　　　　　四川省水利厅领导任免表（2001 年 1 月—2021 年 12 月）

机构名称	姓　名	职　务	任　免　时　间	备　注
四川省水利厅	孙砚方	厅　长	2000 年 5 月—2005 年 9 月	
	彭述明	厅　长	2005 年 9 月—2008 年 1 月	
	冷　刚	厅　长	2008 年 1 月—2016 年 3 月	
	胡　云	厅　长	2016 年 3 月—2021 年 3 月	
	郭亨孝	厅　长	2021 年 3 月—	
	罗松柏	副厅长	2001 年 5 月—2003 年 1 月	
	余国成	副厅长	1994 年 1 月—2005 年 8 月	
	朱家清	副厅长	1996 年 6 月—2005 年 8 月	
	胡　云	副厅长	2002 年 1 月—2003 年 12 月	
			2006 年 8 月—2014 年 6 月	
	朱　兵	副厅长	2003 年 4 月—2012 年 9 月	
	彭述明	副厅长	2003 年 12 月—2005 年 9 月	
	陈荣仲	副厅长	2003 年 12 月—2012 年 9 月	
	刘俊舫	副厅长	2005 年 2 月—2012 年 7 月	
	祝瑞祥	副厅长	2009 年 8 月—2011 年 10 月	挂职
	张文彪	副厅长	2012 年 9 月—2019 年 9 月	
	张强言	副厅长	2010 年 5 月—	
	李勇蔺	副厅长	2014 年 11 月—	
	王　华	副厅长	2017 年 7 月—	

机构名称	姓　名	职　务	任免时间	备　注
四川省水利厅	刘　辉	副厅长	2018 年 2 月—	
	谭小平	副厅长	2019 年 9 月—	
	李光怀	驻厅纪检组组长	2000 年 12 月—2005 年 7 月	
	徐亚莎	驻厅纪检组组长	2007 年 8 月—2015 年 3 月	
	郭世一	驻厅纪检组组长	2015 年 4 月—2018 年 7 月	
	李启兵	驻厅纪检组组长	2018 年 11 月—	
	李庆筠	机关党委书记	2000 年 5 月—2009 年 8 月	
	肖　帆	机关党委书记	2011 年 7 月—2013 年 11 月	
	赵　斌	机关党委书记	2014 年 9 月—	
	胡　云	总工程师	2000 年 5 月—2002 年 1 月	
	张强言	总工程师	2004 年 3 月—2010 年 5 月	
	梁　军	总工程师	2011 年 5 月—	
	权　燕	总规划师	2018 年 12 月—	
	都　勤	总经济师	2021 年 6 月—	

（四）直属单位

（1）副厅级单位：四川省农村水利中心、四川省河湖保护和监管事务中心（四川省农村水电中心）、四川省水文水资源勘测中心（四川省量水设施设备计量检测中心）、四川省都江堰水利发展中心、四川水利职业技术学院。

（2）直管企业：四川省水利发展集团有限公司。

（3）群团组织：四川省水利电力工会委员会。

（4）支撑事业单位：四川省水安全与水旱灾害防御中心、四川省水利厅机关服务中心、四川省水利厅信息中心、四川省水土保持生态环境监测总站、四川省水利工程建设质量与安全中心站、四川省水资源调度管理中心、四川省水利人才资源开发与档案中心、四川省水利规划研究院、四川省水利水电工程移民中心。

（5）科研院所：四川省水利科学研究院。

（6）水管单位：四川省玉溪河灌区运管中心、四川省长葫灌区运管中心、四川省升钟水利工程运管中心、四川省武都引水工程运管中心、四川省青衣江乐山灌区运管中心。

（7）其他单位：四川省水电职工疗休中心、四川省向家坝灌区工程筹建处。

2019 年 5 月，中共四川省委机构编制委员会办公室印发《关于调整水利厅所属部分事业单位机构编制事项的批复》（川编办发〔2019〕53 号），同意从四川省水利水电勘测设计研究院划转 20 名事业编制到省水土保持生态环境监测总站。划转后，四川省水土保持生态环境监测总站事业编制 28 名，其他机构编制事项不变。同意将四川省水利基本建设工程质量监督中心站更名为省水利工程建设质量与安全技术中心。

2019 年 12 月，中共四川省委机构编制委员会办公室印发《关于省水土保持局更名等机构编制事项的批复》（川编办发〔2019〕165 号），同意四川省水土保持局更名为四川省水利发展保障中心；同意从四川省农田水利局划转事业编制 25 名、四川省地方电力局事业编制 8 名到该中心，并将四川省农田水利局的 3 名防汛抗旱督察专员职数调整到该中心。调整后，四川省水利发展保障中心事业编制 70 名，领导职数 1 正 1 副（正、副处级）、防汛抗旱督察专员 3 名（副处级），四川省农田水利局事业编制 101 名，四川省地方电力局事业编制 135 名。其他机构编制事项维持不变。

2020 年 1 月，中共四川省委机构编制委员会印发《关于调整水利厅部分事业单位机构编制事项的批复》（川编发〔2020〕18 号），同意撤销四川省水利干部学校；同意设立四川省水利人才资源开发与档案中心；同意将四川省都江堰灌区毗河供水工程筹建组更名为四川省都江堰毗河工程运行保护中心。

2020 年 6 月，中共四川省委机构编制委员会办公室印发《关于水利厅所属部分事业单位有关机构编制事项调整的批复》（川编办发〔2020〕79 号），同意撤销四川省电力设计院，其承担的公益职能整合到四川省水利水电勘测设计研究院；同意四川省水利水电勘测设计研究院更名为四川省水利规划研究院。

2021 年 4 月，中共四川省委机构编制委员会印发《关于调整设置水利厅综合执法监督机构的批复》（川编发〔2021〕8 号），整合四川省水利综合监察总队的职责和水利厅机关相关处室的行政处罚、行政强制职能，由水利厅政策法规处（行政审批处）承担，政策法规处（行政审批处）加挂综合执法监督处牌子，将四川省水利综合监察总队的 7 名行政执法人员编制、7 名人员划转并锁定到厅机关，不再保留四川省水利综合监察总队。为水利厅机关增核副处级领导职数 1 名，专门用于加强综合执法监督工作。

根据中共四川省委机构编制委员会《关于印发四川省农村水利中心等事业单位机构职能编制规定的通知》（川编发〔2021〕29 号），水利厅所属的四川省农田水利局更名为四川省农村水利中心，四川省地方电力局（四川省河湖保护局）更名为四川省河湖保护和监管事务中心（四川省农村水电中心），四川省水文水资源勘测局更名为四川省水文水资源勘测中心，四川省都江堰管理局更名为四川省都江堰水利发展中心，四个单位的机构规格明确为副厅级。

2021 年 5 月，中共四川省委机构编制委员会印发《关于调整水利水电工程移民职责有关机构编制事项的通知》（川编发〔2021〕62 号），将原四川省扶贫开发局 1 名总工程师领导职数、2 个处室（移民安置处、移民后期扶持处）、23 名行政编制及人员划转水利厅。明确设立四川省水利水电工程移民中心，为公益一类正处级事业单位，核定事业编制 15 名、领导职数 1 正 1 副。

中共四川省委机构编制委员会印发《关于为水利厅增设内设机构等事项的批复》（川编发〔2021〕63 号），组建水利厅信访处，并加挂移民综合协调处牌子，核定行政编制 9 名（所需编制从原四川省扶贫开发局划转编制中解决），处级领导职数 1 正 1 副，主要职责为：指导全省水利行业和水利水电工程移民有关信访维稳工作，负责水利厅信访接待、处理、管理等工作。负责水利水电工程移民的综合协调保障工作。指导水利水电工程移民安置规划大纲、移民安置及后期扶持规划的编制等工作。参与移民安置设计变更的审核批复和移民安置验收工作。调整后，水利厅办公室不再加挂信访处牌子。

中共四川省委机构编制委员会印发《关于在水利厅加挂省水利水电工程移民工作办公室牌子的通知》（川编发〔2021〕65 号），根据中央编办《关于四川省水利厅加挂省水利水电工程移民工作办公室牌子的批复》（中编办复字〔2021〕96 号）有关精神，将原四川省扶贫开发局承担的水利水电工程移民职责划转到水利厅，并在水利厅加挂四川省水利水电工程移民工作办公室牌子。

中共四川省委机构编制委员会印发《关于水利厅总工程师职数更名的批复》（川编发〔2021〕69 号），同意将四川省水利厅 1 名总工程师更名为总经济师。调整后，厅级领导职数仍为 9 名不变，其中厅长 1 名，副厅长 4 名，总工程师、总规划师、总经济师和机关党委书记各 1 名。

2021 年 7 月，中共四川省委机构编制委员会办公室《关于印发四川省水利厅机关服务中心等 14 个事业单位机构编制规定的通知》（川编办发〔2021〕124 号），明确四川省水利发展保障中心更名为四川省水安全与水旱灾害防御中心、四川省水利工程建设质量与安全技术中心更名为四川省水利工程建设质量与安全中心站、四川省长葫灌区管理局更名为四川省长葫灌区运管中心、四川省玉溪河灌区管理局更名为四川省玉溪河灌区运管中心、四川省南充升钟水利工程建设管理局更名为四川省升钟水利工程运管中心、四川省绵阳武都引水工程建设管理局更名为四川省武都引水工程运管中心、四川省青衣江乐山灌区（流域）管理局更名为四川省青衣江乐山灌区运管中心。

执笔人：何锡军　费　刚　李霜琪　赵心悦
审核人：刘　桃　黎定华

贵州省水利厅

贵州省水利厅是贵州省人民政府组成部门（正厅级），办公地点设在贵州省贵阳市南明区西湖巷29号。

2001年以来，贵州省水利厅名称未发生过变化。期间经历2009年和2018年两次机构改革，该时期贵州省水利厅组织沿革划分为以下3个阶段：2001年1月—2009年11月，2009年11月—2018年12月，2018年12月—2021年12月。

一、第一阶段（2001年1月—2009年11月）

根据《贵州省人民政府办公厅关于印发贵州省水利厅职能配置内设机构和人员编制规定的通知》（黔府办发〔2000〕134号）规定，贵州省水利电力厅更名为贵州省水利厅，是主管全省水行政工作的省人民政府组成部门。

（一）主要职责

（1）根据全省经济社会发展总体规划和战略目标，拟定水利发展战略和中长期规划，组织拟定主要江河综合利用规划和专业规划并监督实施；负责有关法律法规的行政执法工作。

（2）统一管理水资源（含空中水、地表水、地下水），组织拟定全省和跨地、州、市水长期供求计划、水量分配方案并监督实施；组织有关国民经济总体规划、城市规划及大中型建设项目的水资源和防洪的论证工作；组织实施取水许可制度和水资源费征收制度；发布贵州省水资源公报；指导全省水文工作。

（3）拟定节约用水政策，制定有关标准，编制节约用水规划，组织、指导和监督节约用水工作。

（4）按照国家资源与环境保护的有关法律法规和标准，拟定水资源保护规划；组织水功能区的划分和向饮水区等水域排污的控制；监测江河湖库的水量、水质，审定水域纳污能力；提出限制排污总量的意见。

（5）组织、指导水政监察和水行政执法；协调并仲裁部门间和地、州、市间的水事纠纷。

（6）拟定水利行业的经济调节措施；对水利资金的使用进行调节；指导水利行业的供水、水电及多种经营工作；研究提出有关水利的价格、税收、信贷、财务等经济调节意见。

（7）负责水利基建项目建议书、可行性报告、初步设计、概算和施工图审查并组织验收和后评价；组织水利科学研究和技术推广；指导水利行业技术质量标准和水利工程的规程、规范的实施和监督。

（8）组织、指导水利设施、水域及其岸线、城市河道的管理与保护；组织、指导江河湖库、城市河道的治理和开发；牵头组织建设和管理具有控制性的或跨地、州、市的重要水利工程；组织、指导水库、水电站大坝安全监管。

(9) 指导农村水利工作；组织协调农田水利基本建设、农村水利水电电气化和乡镇供水、人畜饮水工作。

(10) 指导水利行业的水电管理，组织协调农村水电电气化建设工作，组织实施水利行业农电体制改革。

(11) 负责全省水土保持工作，研究拟定水土保持规划，组织水土流失的动态监测、预防监督、执法管理和综合防治。

(12) 负责水利方面的科技和外事工作；指导全省水利队伍建设。

(13) 承担贵州省人民政府防汛抗旱指挥部的日常工作，组织、协调、监督、指导全省防洪工作，对主要江河和重要水利工程实施防汛抗旱调度。

(14) 承办贵州省人民政府、水利部和国家防汛抗旱总指挥部交办的其他事项。

(二) 编制与机构设置

根据《贵州省人民政府办公厅关于印发贵州省水利厅职能配置内设机构和人员编制规定的通知》（黔府办发〔2000〕134号），贵州省水利厅机关行政编制为52名。其中厅长1名，副厅长4名，机关党委书记1名，总工程师1名，巡视员或助理巡视员2名；正副处长（主任）18名，调研员或助理调研员6名。离退休干部工作人员单列编制6名，其中，处级领导职数1名，由财政全额预算管理。建立省水利厅机关服务中心，为厅属县级事业单位，事业编制11名，由财政全额预算管理。

根据《贵州省人民政府办公厅关于印发贵州省水利厅职能配置内设机构和人员编制规定的通知》（黔府办发〔2000〕134号），贵州省水利厅设10个职能处（室）：办公室、规划计划处、政策法规处、水资源处（节约用水办公室）、财务经济处、人事处、科技与外事处、建设处、水土保持处（省水土保持委员会办公室）、农村水利处。

贵州省人民政府防汛抗旱指挥部办公室设在省水利厅，单列编制10名，其中，处级领导职数3名，非领导职数1名。

建立贵州省水政监察总队，与政策法规处合署办公，单列编制8名，其中处级领导职数2名，非领导职数1名。

2007年6月，增加行政编制6名、处级领导职数3名。

2006年3月，根据贵州省机构编制委员会办公室《关于调整省水利厅内设机构的批复》（省编办发〔2006〕54号），农村水利处撤销，设置饮水安全管理处、"三小"工程管理处、烟水配套工程管理处（见图1）。饮水安全管理处主要职责：研究提出农村水利建设发展规划，监督实施有关规范和标准；指导和协调村镇供水、农村饮水安全和农村节约用水工作；组织拟定农村饮水工程建设规划并监督实施；指导灌溉排水和节水灌溉等工作；实施灌区、水泵站工程节水改造发展规划。"三小"工程管理处主要职责：指导和协调全省农田水利基本建设和雨水集蓄利用"三小"工程工作；组织实施以工代赈农田水利项目建设；指导和协调农村水利管理体制和运行机制改革及农村水利社会化服务体系

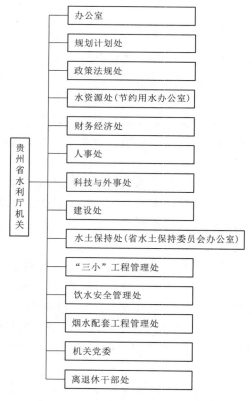

图1 贵州省水利厅机关机构图（2009年）

建设。烟水配套工程管理处主要职责：指导和协调烟水配套工程工作；组织拟定烟叶生产配套水源工程规划并监督实施；指导农村水利技术推广工作；组织拟定技术标准并监督实施。

（三）厅领导任免

2003年3月，中共贵州省委批准朱开茗任贵州省水利厅党组书记（黔干任〔2003〕70号）。

2003年4月，贵州省第十届人民代表大会常务委员会会议通过决定任命朱开茗为贵州省水利厅厅长。

2004年11月，中共贵州省委组织部批准周登涛任贵州省水利厅党组成员（黔干任〔2004〕327号）。

2004年12月，中共贵州省委组织部批准帅文任贵州省水利厅党组成员（黔干任〔2004〕327号）。

2004年12月，贵州省人民政府任命帅文、周登涛为贵州省水利厅副厅长，杨朝晖任贵州省水利厅总工程师（黔府任〔2006〕2号）。

2006年4月，中共贵州省委组织部批准王扬任贵州省水利厅党组成员。

2006年11月，中共贵州省委组织部批准鲁红卫任贵州省水利厅党组成员（黔干任〔2006〕303号）。

2006年11月，贵州省人民政府任命鲁红卫为贵州省水利厅副厅长（黔府任〔2006〕19号）。

2007年3月，贵州省第十届人民代表大会常务委员会第二十六次会议审议通过，决定免去朱开茗的贵州省水利厅厅长职务，任命黎平为贵州省水利厅厅长。

2007年5月，中共贵州省委组织部批准马平任贵州省水利厅党组成员、纪检组组长（黔干任〔2007〕137号）。

2007年6月，中共贵州省委组织部批准金康明任贵州省水利厅党组成员（黔干任〔2007〕238号）。

2007年7月，贵州省人民政府任命金康明为贵州省水利厅副厅长（黔府任〔2007〕17号）。

贵州省水利厅领导任免表（2001年1月—2009年11月）见表1。

表1　　　　　　　　　　贵州省水利厅领导任免表（2001年1月—2009年11月）

机构名称	姓　名	职　务	任　免　时　间	备　注
贵州省水利厅	郑荣华	厅　长	1998年3月—2003年4月	
		党组书记	1998年1月—2003年3月	
	朱开茗	厅　长	2003年4月—2007年3月	
		党组书记	2003年3月—2007年3月	
	黎　平	厅长、党组书记	2007年3月—	
	肖利声	副厅长、党组成员	1994年5月—2004年9月	
	陈启国	纪检组长、党组成员	1994年5月—2006年5月	
	涂　集	副厅长、党组成员	1994年5月—	
	金世俊	机关党委书记、党组成员	1994年5月—	
	帅　文	副厅长	2004年12月—2006年11月	
		党组成员	2004年12月—2006年10月	
	周登涛	副厅长、党组成员	2004年12月—	
	杨朝晖	总工程师、党组成员	2004年9月—	
	王　扬	党组成员	2006年4月—	
	鲁红卫	副厅长、党组成员	2006年11月—	
	马　平	纪检组长、党组成员	2007年5月—	
	金康明	副厅长	2007年7月—	
		党组成员	2007年6月—	

（四）直属企事业单位

贵州省水利厅直属企事业单位有贵州省水利工程管理局、贵州省农村及电气化发展局、贵州省水文水资源局、贵州省黔中水利枢纽工程建设管理局、贵州省水政监察总队、贵州省水利厅机关服务中心、贵州省大坝安全监测中心、贵州省松柏山生态保护示范基地、贵州省水利水电建设工程交易中心、贵州省水利电力综合开发经营总站、贵州省水利工程养护维修中心、贵州省水利科学研究院（贵州省水利建设工程质量监督检测中心）、贵州省防汛抗旱应急抢险总队、贵州省水利电力学校、贵州省水利厅职工培训中心、贵州省水利水电建设工程咨询中心、贵州省水利旅游管理中心、贵州省松柏山水库管理处、贵州省松柏山水库维修养护中心、贵州省水土保持科技示范园管理处、贵州省水土保持监测站（贵州省水土保持世界银行贷款项目办公室）。

2001年6月，根据贵州省机构编制委员会办公室《关于贵州省水利科学研究所更名的批复》（省编办发〔2001〕71号），贵州省水利科学研究所更名为贵州省水利科学研究院，建立贵州省水利建设工程质量监督检测中心，与贵州省水利科学研究院一个机构，两块牌子。

2001年12月，根据贵州省机构编制委员会办公室《关于建立贵州省防汛机动抢险队的批复》（省编办发〔2001〕289号），建立贵州省防汛机动抢险队，为贵州省水利厅所属副县级事业单位，实行独立核算，经费自理。

2002年7月，根据贵州省机构编制委员会办公室《关于建立贵州省松柏山生态保护示范基地的批复》（省编办发〔2002〕143号），建立贵州省松柏山生态保护示范基地，为贵州省水利厅水利水电建设管理总站下属科级事业单位，独立核算，自收自支。

2002年7月，根据贵州省机构编制委员会办公室《关于贵州省水利电力厅职工培训中心更名及有关事项的批复》（省编办发〔2002〕160号），贵州省水利电力厅职工培训中心更名为贵州省水利厅职工培训中心。

2002年9月，中共贵州省委常委会议定（省委常委会会议纪要九届2002第7号）贵州省水文水资源局机构规格由正处级调整为副厅级。

2002年10月，根据贵州省机构编制委员会办公室《关于贵州省大坝安全监测中心从贵州省水利水电勘测设计研究院剥离的批复》（省编办发〔2002〕213号），将贵州省大坝安全监测中心从贵州省水利水电勘测设计院剥离出来，为贵州省水利厅所属县级事业单位。

2003年3月，根据贵州省机构编制委员会办公室《关于建立贵州省水利工程养护维修中心的批复》（省编办发〔2003〕41号），设立贵州省水利工程养护维修中心，为贵州省水利厅县级自收自支事业单位。

2003年7月，根据贵州省机构编制委员会办公室《关于建立贵州龙里水土保持科技示范园管理处的批复》（省编办发〔2003〕124号），设立贵州龙里水土保持科技示范园管理处，为贵州省水利厅所属副县级事业单位。

2005年3月，根据贵州省机构编制委员会办公室《关于建立贵州省水土保持世界银行贷款项目办公室的批复》（省编办发〔2005〕40号），建立贵州省水土保持世界银行贷款项目办公室，与贵州省水土保持监测站一个机构，两块牌子。

2005年8月，根据贵州省机构编制委员会办公室《关于贵州龙里水土保持科技示范园管理处更名的批复》（省编办发〔2005〕134号），贵州龙里水土保持科技示范园管理处更名为贵州省水土保持科技示范园管理处。

2005年10月，根据贵州省机构编制委员会办公室《关于成立贵州省松柏山水库维修养护中心的批复》（省编办发〔2005〕192号），将水库维修养护职能从贵州省松柏山水库管理处分离出来，成立贵州省松柏山水库维修养护中心，为省松柏山水库管理处管理的正科级事业单位。

2008年1月，根据贵州省机构编制委员会办公室《关于贵州省防汛机动抢险队更名等事项的批复》（省编办发〔2008〕18号），贵州省防汛机动抢险队更名为贵州省防汛抗旱应急抢险总队。

2009年3月，根据贵州省机构编制委员会办公室《关于贵州省黔中水利枢纽工程建设管理局机构编制方案的批复》（省编办发〔2009〕49号），设立贵州省黔中水利枢纽工程建设管理局，为省水利厅所属副厅级事业机构。

二、第二阶段（2009年11月—2018年11月）

根据贵州省人民政府机构改革方案和《中共贵州省委、贵州省人民政府关于省人民政府机构改革的实施意见》（黔党发〔2009〕7号），《省人民政府办公厅关于印发贵州省水利厅主要职责内设机构和人员编制规定的通知》（黔府办发〔2009〕124号），设立贵州省水利厅，为贵州省人民政府组成部门。

（一）主要职责

（1）负责保障水资源的合理开发利用。拟定水利发展总体规划，研究起草有关地方性法规规章草案，组织编制主要江河的综合规划、防洪规划等重大水利规划。按规定制定水利工程建设有关制度并组织实施，负责提出水利固定资产投资规模和方向、政府财政性资金安排意见，按省人民政府规定权限，审批、核准全省规划内和年度计划规模内固定资产投资项目；提出全省水利建设投资安排建议并组织实施。

（2）负责生活、生产经营和生态环境用水的统筹兼顾和保障。实施水资源的统一监督管理，拟定全省和跨市（州、地）水中长期供求规划、水量分配方案并监督实施，组织开展水资源调查评价工作，开展水能资源调查工作，负责主要江河以及重大调水工程的水资源调度，组织实施取水许可、水资源有偿使用制度和水资源论证、防洪论证制度。指导水利行业供水和乡镇供水工作。

（3）负责水资源保护工作。组织编制水资源保护规划，组织拟定主要江河的水功能区划并监督实施，核定水域纳污能力，提出限制排污总量建议，指导饮用水水源保护工作，指导地下水开发利用和城市规划区地下水资源管理保护工作。

（4）负责节约用水工作。拟定节约用水政策，编制节约用水规划及有关标准，指导和推动节水型社会建设工作。

（5）负责防治水土流失。拟定水土保持规划并监督实施，组织实施水土流失的综合防治、监测预报并定期公告，审核大中型开发建设项目水土保持方案并监督实施。

（6）指导水文工作。负责水文水资源监测、全省水文站网建设和管理，对江河湖库和地下水的水量、水质实施监测，发布水文水资源信息、情报预报和全省水资源公报。

（7）指导水利设施、水域及其岸线的管理与保护，指导江河治理和开发，指导水利工程建设与运行管理，组织实施具有控制性的或跨市（州、地）的重要水利工程建设与运行管理。

（8）指导农村水利工作。组织协调农田水利基本建设，指导农村饮水安全、节水灌溉等工程建设与管理工作，指导农村水利社会化服务体系建设，指导农村水能资源开发工作，指导烟水配套工程管理工作，指导水电农村电气化和小水电代燃料工作。

（9）负责重大涉水违法事件的查处工作。协调、仲裁跨市（州、地）水事纠纷，指导水政监察和水行政执法，负责水利行业安全生产工作，组织、指导水库、水电站大坝的安全监管，指导水利建设市场以及水利水电工程招标投标的监督管理工作，组织实施水利工程建设监督。

（10）开展水利科技和对外合作工作。组织开展水利行业质量监督工作；拟定水利行业的技术标准、规程规范并监督实施；承担水利统计工作；负责省际河流有关事务和对外合作工作。

（11）指导贵州省黔中水利枢纽工程建设管理工作。

（12）承办贵州省人民政府和水利部交办的其他事项。

（二）编制与机构设置及其主要职能

根据《贵州省人民政府办公厅关于印发贵州省水利厅主要职责内设机构和人员编制规定的通知》（黔府办发〔2009〕124 号），贵州省水利厅机关行政编制为 64 名。其中厅长 1 名、副厅长 4 名，总工程师 1 名、机关党委书记 1 名，处级领导职数 19 名。省纪委派驻省水利厅纪检组、省监察厅派驻省水利厅监察室，行政编制 3 名，其中：纪检组长 1 名，纪检组副组长（监察室主任）1 名。

2010 年 3 月，设置巡视员、副巡视员 2 名，设置调研员、副调研员 10 名。

2010 年 3 月，贵州省人民政府防汛抗旱指挥部设置调研员、副调研员 2 名；贵州省水政监察总队设置调研员、副调研员 2 名。

2010 年 7 月，单独设置安全监督处，不再与建设处合署办公，增加行政编制 5 名，处级领导职数由 19 名增至 21 名。

2010 年 9 月，贵州省纪委派驻贵州省水利厅纪检组、贵州省监察厅派驻贵州省水利厅监察室行政编制由 3 名增至 4 名。

2011 年 1 月，增设处级非领导职务职数 1 名。

2011 年 6 月，增设贵州省人民政府防汛抗旱督察专员 2 名。

2012 年 3 月，增加厅机关处级领导职数 3 名。

2012 年 11 月，增设处级非领导职务职数 1 名。

2013 年 5 月，核增处级领导职数 1 名。

2016 年 7 月，设置机关党委专职副书记职数 1 名（正处级）。

2017 年 2 月，核减机关行政编制 1 名。

2017 年 5 月，增加机关行政编制 2 名。

2018 年 2 月，为 2016 年在厅机关接收安置军队转业干部增加 1 名机关行政编制。

根据《贵州省人民政府办公厅关于印发贵州省水利厅主要职责内设机构和人员编制规定的通知》（黔府办发〔2009〕124 号），贵州省水利厅机关设 12 个内设机构：办公室、规划计划处、政策法规处、水资源处（贵州省节约用水办公室）、财务处、科技与外事处、建设处（安全监督处）、水土保持处、饮水安全处、"三小"工程处、烟水配套工程管理处、人事处。机关党委及机关党委办公室、离退休干部处、派驻纪检监察机构按有关规定单独设立。

2010 年 7 月，根据贵州省机构编制委员会办公室《关于贵州省水利厅设置安全监督处的批复》（黔编办发〔2010〕128 号），单独设置安全监督处，不再与建设处合署办公。主要职责为：指导水利行业安全生产工作及其水库、水电站大坝的安全监管；组织开展水利工程质量和安全监督检查；组织参与重大水利生产安全事故的调查处理；履行法律规定的行政许可职责中涉及安全的有关事项。

2010 年 11 月，根据贵州省机构编制委员会办公室《关于省水利厅内设机构更名等事项的批复》（黔编办发〔2010〕206 号），贵州省水利厅"三小"工程处更名为灌溉工程处。主要职责为：指导农村灌溉排水工程；组织协调农田水利基本建设及其他小型农村水利建设；指导农村雨水集蓄利用及灌溉节水工作；组织实施灌区续建配套与节水改造等工作。

2013 年 2 月，根据贵州省机构编制委员会办公室《关于调整贵州省水土保持科技示范园管理处机构规格的批复》（黔编办发〔2013〕48 号），贵州省水土保持科技示范园管理处机构规格由副县级调整为正县级。

2013 年 5 月，根据贵州省机构编制委员会办公室《关于设置贵州省水利应急管理办公室的批复》（黔编办发〔2013〕129 号），设置贵州省水利厅应急管理办公室，与厅办公室合署办公，主要职责为：负责指导水利系统应急管理体系建设；汇总、研判、处理、报告水利突发事件有关信息；协调编制或修改水利应急预案，协助厅领导组织处置水利应急事件；制定完善水利应急管理制度，开展水利应急管理督察。

2014 年 12 月，根据贵州省机构编制委员会办公室《关于省水利厅政策法规处加挂法律顾问室牌子的批复》（黔编办发〔2014〕292 号），在政策法规处加挂法律顾问室牌子，加挂牌子后，新增职责：提供法律咨询服务；为重大改革、重大行政行为、重大活动提供法律意见；为重大决策、重大项目、重大资产处置、涉及社会管理与稳定的重大事项以及涉及公民、法人、其他组织权利义务的重大举措进行法律论证；参与重大合同的谈判、签订和审查，准备谈判所需要的有关法律依据和法律文书；接受厅机关委托代办有关民事法律事务等。

2016 年 7 月，根据贵州省机构编制委员会办公室《关于省水利厅设置机关党委专职副书记职数的批复》（黔编办发〔2016〕125 号），贵州省水利厅办公室加挂机关党委办公室牌子，设置机关党委专职副书记 1 名（正处级）。

2016 年 12 月，根据贵州省机构编制委员会办公室《关于撤销贵州省水政监察总队有关事项的批复》（黔编办发〔2016〕334 号），撤销贵州省水政监察总队，其承担的相关行政职责收回机关，交由贵州省水利厅政策法规处承担。

2017 年 5 月，根据贵州省机构编制委员会办公室《关于省水利厅加挂省河长制办公室牌子等有关事项的批复》（黔编办发〔2017〕172 号），贵州省水利厅加挂贵州省河长制办公室牌子，主要职责为：指导全面推行河长制工作，负责对河长制各项工作任务落实情况进行检查、督促、考核，向河长提出工作建议，落实河长确定的事项；协调督导解决河长制工作重点事项和重大问题。负责拟定全面推行河长制有关法规、政策、制度；协调推进水资源保护、河湖水域安全管理保护、水污染防治、水环境治理、水生态修复、执法监管等工作；组织指导全省江河湖泊岸线利用和采砂管理，负责管理贵州省管河道整治及采砂许可、开发利用及涉河工程项目审批。

贵州省水利厅机关机构图（2018 年）见图 2。

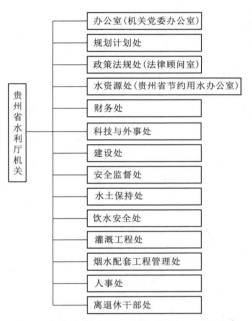

图 2 贵州省水利厅机关机构图（2018 年）

（组织结构图内容）

贵州省水利厅机关

- 办公室（机关党委办公室）
- 规划计划处
- 政策法规处（法律顾问室）
- 水资源处（贵州省节约用水办公室）
- 财务处
- 科技与外事处
- 建设处
- 安全监督处
- 水土保持处
- 饮水安全处
- 灌溉工程处
- 烟水配套工程管理处
- 人事处
- 离退休干部处

（三）厅领导任免

2010 年 11 月，贵州省人民政府任命王扬兼任贵州省水利厅副厅长（黔府任〔2010〕21 号）。

2012 年 5 月，中共贵州省委批准吴春任贵州省水利厅党组成员（黔干任〔2012〕143 号）。

2012 年 5 月，贵州省人民政府任命吴春为贵州省水利厅副厅长（黔府任〔2012〕9 号）。

2014 年 1 月，中共贵州省委批准黄家培任贵州省水利厅党组书记（黔干任〔2014〕122 号）。

2014 年 3 月，贵州省第十二届人民代表大会常务委员会第八次会议表决通过，决定免去黎平的贵州省水利厅厅长职务，任命黄家培为贵州省水利厅厅长。

2014 年 8 月，中共贵州省委批准张维任贵州省水利厅党组成员（黔干任〔2014〕443 号）。

2016 年 4 月，中共贵州省委批准王扬任贵州省水利厅党组书记（黔干任〔2016〕234 号）。

2016 年 5 月，贵州省第十二届人民代表大会常务委员会第二十二次会议第三次全体会议表决通过，决定免去黄家培的贵州省水利厅厅长职务，任命王扬为贵州省水利厅厅长。

2016 年 8 月，贵州省人民政府任命杨朝晖为贵州省水利厅副厅长（黔府任〔2016〕18 号）。

2016 年 8 月，贵州省人民政府任命李晋为贵州省水利厅总工程师（黔府任〔2016〕18 号）。

2016 年 11 月，中共贵州省委批准帅文任贵州省水利厅党组副书记（黔干任〔2016〕595 号）。

2016 年 12 月，贵州省人民政府任命帅文为贵州省水利厅副厅长（黔府任〔2016〕27 号）。

2018 年 10 月，中共贵州省委批准周从启任贵州省水利厅党组成员（黔干任〔2018〕674 号）。

2018 年 11 月，贵州省人民政府任命周从启为贵州省水利厅副厅长（黔府任〔2018〕26 号）。

贵州省水利厅领导任免表（2009 年 11 月—2018 年 11 月）见表 2。

表 2 贵州省水利厅领导任免表（2009 年 11 月—2018 年 11 月）

机构名称	姓 名	职 务	任 免 时 间	备 注
贵州省水利厅	黎 平	厅 长	继任—2014 年 3 月	
		党组书记	继任—2014 年 1 月	
	黄家培	厅 长	2014 年 3 月—2016 年 5 月	
		党组书记	2014 年 1 月—2016 年 4 月	
	王 扬	厅 长	2016 年 5 月—	
		党组书记	2016 年 4 月—	
		副厅长	2010 年 11 月—2016 年 5 月	正厅级
	金世俊	机关党委书记、党组成员	继任—2011 年 9 月	
	周登涛	副厅长、党组成员	继任—2011 年 11 月	
	金康明	副厅长、党组成员	继任—2011 年 8 月	
	涂 集	副厅长、党组成员	继任—2016 年 6 月	
	吴 春	副厅长、党组成员	2012 年 5 月—	
	陈黔珍	机关党委书记	2012 年 5 月—2018 年 10 月	
	马 平	纪检组长、党组成员	继任—2014 年 5 月	
	杨朝晖	党组成员	继任—	
		副厅长	2016 年 8 月—	
		总工程师	继任—2016 年 8 月	
	帅 文	副厅长	2016 年 12 月—	
		党组副书记	2016 年 11 月—	
	鲁红卫	副厅长、党组成员	继任—2018 年 10 月	
	周从启	副厅长	2018 年 11 月—	
		党组成员	2018 年 10 月—	
	张 维	党组成员	2014 年 8 月—	
	李 晋	总工程师	2016 年 8 月—2018 年 11 月	

（四）直属事业单位

贵州省水利厅直属事业单位有贵州省水文水资源局、贵州省人民政府防汛抗旱指挥部办公室、贵州省防汛抗旱应急抢险总队、贵州省水政监察总队、贵州省水利工程管理局、贵州省农村水电及电气化发展局、贵州省黔中水利枢纽工程建设管理局、贵州省水利厅机关服务中心、贵州省水土保持监测站、贵州省水利经济管理中心、贵州省水利电力学校、贵州省水利科学研究院、贵州省大坝安全监测中心、贵州省松柏山水库管理处、贵州省水利水电建设管理总站、贵州省水利工程养护维修中心、贵州省水利电力综合开发经营总站、贵州省地方电力中心试验所、贵州省水利旅游管理中心、贵州省水土保持科技示范园管理处、贵州省水利水电工程咨询中心、贵州省水利厅职工培训中心、贵州省水利水电勘测设计研究院、贵州省水利水电基本建设工程处、贵州省水利机械化实业总公司、贵州省水利电力物资公司、贵州省水电开发公司。

2010 年 2 月，根据贵州省机构编制委员会办公室《关于设立贵州省水土保持技术咨询研究中心的批复》（省编办发〔2010〕18号），设立贵州省水土保持技术咨询研究中心，为贵州省水土保持监测站管理的正科级自收自支事业单位。

2010年7月，根据贵州省机构编制委员会办公室《关于调整贵州省水利厅职工培训中心机构规格的批复》（省编办发〔2010〕130号），省水利厅职工培训中心机构规格由副县级调整为正县级。

2011年4月，根据《贵州省人民政府关于组建贵州省水利投资有限责任公司的批复》（黔府函〔2011〕74号），将黔中水利枢纽管理局改制组建贵州省水利投资有限责任公司，为独立法人的国有独资有限责任公司，经营和管理省政府授权范围内国有资产的大（一）型企业，贵州省人民政府为出资人，授权贵州省水利厅履行出资人职责。

2012年5月，根据贵州省机构编制委员会办公室《关于撤销贵州省水利水电工程咨询中心和贵州省水利厅职工培训中心单位建制的批复》（省编办发〔2012〕116号），撤销贵州省水利水电工程咨询中心、贵州省水利厅职工培训中心事业单位建制。

2012年11月，根据贵州省机构编制委员会办公室《关于贵州省水利厅所属事业单位清理规范意见的通知》（黔编办发〔2012〕283号），贵州省水利经济管理中心更名为贵州省水利新闻宣传中心，业务范围：承办贵州省水利厅交办的重大宣传活动；组织实施全省水利宣传工作计划；承办贵州省水利厅新闻发布会的筹备与协调实施工作；承办新闻媒体和记者对贵州省水利厅采访事宜的协调安排工作；指导、协调省内水利报刊、网站等媒体业务工作；承担水利舆情监测与报告工作；承担水利信息搜集、整理、分析研究与信息服务等工作；承担中国水利报社驻贵州记者站的具体工作；协调组织水文化建设与管理工作；承办江河水利志修编组织工作；承办省水利厅交办的其他事项。

2012年11月，根据贵州省机构编制委员会办公室《关于贵州省水利厅所属事业单位清理规范意见的通知》（黔编办发〔2012〕283号），贵州省水利电力学校挂贵州省水利干部培训学校牌子，并将被撤销的贵州省水利职工培训中心培训水利职工的职责划入。

2013年2月，根据贵州省机构编制委员会办公室《关于调整贵州省水土保持科技示范园管理处机构规格的批复》（省编办发〔2013〕48号），贵州省水土保持科技示范园管理处机构规格由副县级调整为正县级。

2014年4月，根据贵州省机构编制委员会办公室《关于撤销贵州省松柏山水库维修养护中心的通知》（黔编办发〔2014〕103号）、《关于撤销贵州省水利旅游管理中心的通知》（黔编办发〔2014〕104号），撤销贵州省水利旅游管理中心、贵州省松柏山水库维修养护中心事业单位建制。

2016年6月，根据贵州省机构编制委员会办公室《关于建立贵州省水利水电职业技术学院等事项的批复》（黔编办发〔2016〕106号），建立贵州省水利水电职业技术学院，为贵州省水利厅管理的公益二类事业单位，机构规格等事项比照省内普通高等专科学校管理。

2016年12月，根据贵州省机构编制委员会办公室《关于撤销贵州省水政监察总队有关事项的批复》（黔编办发〔2016〕334号），撤销贵州省水政监察总队，其承担的相关行政职责收回机关，交由贵州省水利厅政策法规处承担。

2017年12月，根据贵州省机构编制委员会办公室《关于调整设立贵州省水利工程建设质量与安全中心等有关事项的批复》（黔编办发〔2017〕366号）设立贵州省水利工程建设质量与安全中心，为贵州省水利厅所属正县级财政全额预算管理公益一类事业单位。业务范围：贯彻国家水利行业有关工程质量与安全生产管理的方针、政策；参与制定水利工程质量与安全监督的有关政策规定；承担水利工程质量、安全生产和水利工程稽查等技术监测及相关事务工作；开展水利工程质量与安全生产业务培训和考核工作；参与对重大水利工程质量事故和安全生产事故的调查处理；承担贵州省水利厅交办的其他工作。撤销贵州省地方电力中心试验研究所。

三、第三阶段（2018年11月—2021年12月）

根据《中共贵州省委办公厅　贵州省人民政府办公厅关于印发〈贵州省水利厅职能配置、内设机构和人员编制规定〉的通知》（黔委厅字〔2018〕86号），贵州省水利厅是贵州省人民政府组成部门，为正厅级。

（一）主要职责

（1）负责保障水资源的合理开发利用。拟定水利发展总体规划和政策，起草有关地方性法规、政府规章草案，组织编制全省水资源规划、重要江河湖泊综合规划、防洪规划等重点水利规划。

（2）负责生活、生产经营和生态环境用水的统筹和保障。组织实施最严格水资源管理制度，实施水资源的统一监督管理，拟定全省和跨市（州）区域水中长期供求规划、水量分配方案并监督实施。负责重要流域、区域以及大中型调水工程的水资源调度。组织实施取水许可、水资源论证和防洪论证制度，指导开展水资源有偿使用工作。指导水利行业供水和乡镇供水工作。协助做好污水处理、给排水、黑臭水体整治等相关工作，协调市、县水务部门接受生态环境、住房和城乡建设等部门业务指导。

（3）按规定制定水利工程建设有关制度并组织实施，负责提出水利固定资产投资规模、方向、具体安排建议并组织指导实施，按贵州省人民政府规定权限协助开展审批、核准规划内和年度计划规模内固定资产投资项目，提出水利资金安排建议并负责项目实施的监督管理。

（4）指导水资源保护工作。组织编制并实施水资源保护规划。协助做好集中式饮用水水源地保护工作。指导地下水开发利用和地下水资源管理保护。组织指导地下水超采区综合治理。

（5）负责节约用水工作。拟定节约用水政策，组织编制节约用水规划并监督实施，组织制定地方性标准。组织实施用水总量控制等管理制度，指导和推动节水型社会建设工作。

（6）指导水文工作。组织拟定水文水资源行业管理的有关政策，组织编制水文事业发展规划、水文建设规划和其他水文专项规划。负责水文水资源监测、水文站网建设和管理。对江河湖库和地下水实施监测，发布水文水资源信息、情报预报和全省水资源公报。按规定组织开展水资源、水能资源调查评价和水资源承载能力监测预警工作。

（7）指导水利设施、水域及其岸线的管理、保护与综合利用。组织指导水利基础设施网络建设。指导江河湖泊的治理、开发和保护。指导河湖水生态保护与修复、河湖生态流量水量管理以及河湖水系连通工作。

（8）指导监督水利工程建设与运行管理。组织实施跨区域跨流域的重要水利工程建设与运行管理。组织提出并协调落实大中型水利工程运行和后续工程建设的有关政策措施，指导监督水利工程安全运行，组织水利工程验收有关工作，督促指导地方配套水利工程建设。

（9）负责水土保持工作。拟定水土保持规划并监督实施，组织实施水土流失的综合防治、监测预报并定期公告。负责生产建设项目水土保持监督管理工作，指导重点水土保持建设项目的实施。

（10）指导农村水利工作。组织开展大中型灌排工程建设与改造。指导农村饮水安全工程建设管理工作，负责农村千人以下饮用水水源地保护。指导节水灌溉有关工作。指导农村水利改革创新和社会化服务体系建设。指导农村水能资源开发、小水电改造和水电农村电气化工作。

（11）负责重大涉水违法事件的查处，协调跨市（州）水事纠纷，指导水政监察和水行政执法。组织指导水利行业管理的水库、水电站大坝和管理权限内农村水电站及其配套电网的安全监管。指导水利建设市场的监督管理，组织实施水利工程建设的监督。

（12）开展水利科技和对外合作工作。组织开展水利行业质量监督工作，拟定水利行业的地方性技术标准、规程规范并监督实施。协调省际河流有关事务。

（13）负责落实综合防灾减灾规划相关要求，组织编制洪水干旱灾害防治规划和防护标准并指导实施。承担水情旱情监测预警工作。组织编制重要江河湖泊和重要水工程的防御洪水抗御旱灾调度及应急水量调度方案，按程序报批并组织实施。承担防御洪水应急抢险的技术支撑工作。承担台风防御期间重要水工程调度工作。

（14）协调构建河长组织体系，明确河长工作职责，建立河长制相关制度；承担贵州省河长制办公室日常工作，协调推进河长制各项工作任务落实。

（15）结合部门职责，做好军民融合、扶贫开发等相关工作；加大科技投入，提高科技创新能力，为推进创新驱动发展提供保障；负责本部门、本行业领域的安全生产和消防安全工作；按规定做好大数据发展应用和政务数据资源管理相关工作，依法促进部门政务数据资源规范管理、共享和开放。

（16）完成贵州省委、贵州省政府和水利部交办的其他任务。

（二）编制与机构设置

根据《中共贵州省委办公厅 贵州省人民政府办公厅关于印发〈贵州省水利厅职能配置、内设机构和人员编制规定〉的通知》（黔委厅字〔2018〕86号），贵州省水利厅机关行政编制72名。设厅长1名，副厅长5名；处级领导职数22名（含机关党委专职副书记1名，总工程师1名，总规划师1名）。

2019年6月，根据贵州省委组织部《关于贵州省水利厅公务员职级职数的批复》（黔组函〔2019〕76号），贵州省水利厅机关设置二级巡视员3名，一级至四级调研员共32名。

根据《中共贵州省委办公厅 贵州省人民政府办公厅关于印发〈贵州省水利厅职能配置、内设机构和人员编制规定〉的通知》（黔委厅字〔2018〕86号），贵州省水利厅下设18个内设机构：办公室（机关党委办公室）、规划计划处、政策法规处、财务处、水资源管理处、节约用水处（贵州省节约用水办公室）、水利工程建设处、运行管理处、河（湖）长制工作处、水土保持处、农村水利水电处、烟水配套工程处、监督处、水旱灾害防御处、水文处、科技与合作处、人事处、离退休工作处。

2019年12月，根据贵州省委机构编制委员会办公室《关于贵州省水利厅内设机构更名等事项的批复》（黔编办发〔2019〕440号），贵州省水利厅内设机构中的河长制工作处更名为河（湖）长制工作处。

贵州省水利厅机关机构图（2021年）见图3。

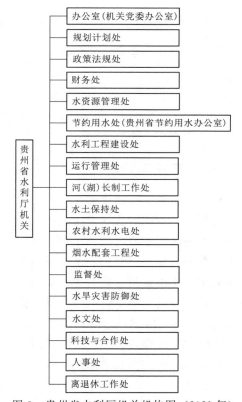

图3　贵州省水利厅机关机构图（2021年）

（三）厅领导任免

2019年3月，贵州省人民政府任命喻兴铸为贵州省水利厅副厅长（黔府任〔2019〕5号）。

2019年12月，中共贵州省委批准樊新中任贵州省水利厅党组书记（黔干任〔2019〕800号）。

2020年1月，贵州省人民代表大会常务委员会任命樊新中为贵州省水利厅厅长（黔人常任〔2020〕2号）。

2020年6月，中共贵州省委批准曾信波任贵州省水利厅党组成员（黔干任〔2020〕257号）。

2020年7月，贵州省人民政府任命曾信波为贵州省水利厅副厅长（黔府任〔2020〕19号）。

2021年7月，中共贵州省委批准王开禄任贵州省水利厅党组成员（黔干任〔2021〕777号）。

2021年8月，贵州省人民政府任命王开禄为贵州省水利厅副厅长（黔府任〔2021〕20号）。

2021年8月，中共贵州省委批准易耘任贵州省水利厅党组成员（黔干任〔2021〕965号）。

2021年9月，贵州省人民政府任命易耘为贵州省水利厅副厅长（黔府任〔2021〕24号）。

2021年12月，中共贵州省委批准周登涛任贵州省水利厅党组书记，樊新中不再担任贵州省水利厅党组书记职务（黔干任〔2021〕1239号）。

贵州省水利厅领导任免表（2018年11月—2021年12月）见表3。

表3　　　　　　　贵州省水利厅领导任免表（2018年11月—2021年12月）

机构名称	姓名	职务	任免时间	备注
贵州省水利厅	王扬	厅长	继任—2020年1月	
		党组书记	继任—2019年12月	
	樊新中	厅长	2020年1月—	
		党组书记	2019年12月—2021年12月	
	周登涛	党组书记	2021年12月—	
	帅文	副厅长、党组成员	继任—2019年3月	
	周从启	副厅长、党组成员	继任—2021年7月	
	吴春	副厅长、党组成员	继任—	
	喻兴铸	副厅长	2019年3月—	
		党组成员	2019年2月—	
	曾信波	副厅长	2020年7月—	
		党组成员	2020年6月—	
	王开禄	副厅长	2021年8月—	
		党组成员	2021年7月—	
	易耘	副厅长	2021年9月—	
		党组成员	2021年8月—	

（四）直属事业单位

贵州省水利厅直属事业单位有贵州省水文水资源局、贵州省防汛抗旱应急抢险总队、贵州省水利工程管理局、贵州省农村水电及电气化发展局、贵州省水利厅机关服务中心、贵州省水土保持监测站、贵州省水利新闻中心、贵州水利水电职业技术学院、贵州省水利科学研究院（贵州省水利工程建设质量与安全监测中心、贵州省灌溉试验中心站）、贵州省大坝安全监测中心、贵州省松柏山水库管理处、贵州省水利水电建设管理总站、贵州省水利工程养护维修中心、贵州省水利电力综合开发经营总站、贵州省水土保持科技示范园管理处、贵州省水旱灾害防御中心。

2019年4月，根据贵州省委机构编制委员会办公室《关于调整省水利厅所属部分事业单位机构编制事项的批复》（黔编办发〔2019〕125号），撤销贵州省人民政府防汛抗旱指挥部办公室，核定的22名事业编制划转到贵州省水利厅所属其他事业单位。

2019年12月，根据贵州省委机构编制委员会办公室《关于撤销贵州省黔中水利枢纽工程建设管理局的通知》（黔编办发〔2019〕441号），撤销贵州省黔中水利枢纽工程建设管理局，其资产、债权债务等处理工作由贵州省水利厅按规定商相关职能部门妥善处理。

2021年11月，根据贵州省委机构编制委员会办公室《关于设立贵州省水旱灾害防御中心等事项的批复》（黔编办发〔2021〕250号），设立贵州省水旱灾害防御中心，加挂贵州省河湖保护中心牌子，为贵州省水利厅所属正县级财政全额预算管理公益一类事业单位。业务范围：贯彻国家水利行业有关水旱灾害防御、河湖保护有关方针、政策；参与水旱灾害防御、河湖保护等相关政策的拟定；承担水行政审批事项技术服务工作；承担水旱灾害防御应急值班和河湖保护信息收集、分析、报送等事务工作；负责水旱灾害防御、河湖保护等信息化系统建设与维护；承担贵州省水利厅交办的其他工作。

执笔人：曹缤尹

审核人：周登涛　喻兴铸　张　渊

云南省水利厅

云南省水利厅是云南省人民政府主管全省水行政的职能部门，正厅级机构，办公地点为云南省昆明市五华区华山南路 78 号五华山光复楼。2001—2021 年，云南省水利厅组织沿革大体可分为 3 个阶段：2001 年 1 月—2009 年 9 月，2009 年 10 月—2018 年 11 月，2018 年 12 月—2021 年 12 月。

一、第一阶段（2001 年 1 月—2009 年 9 月）

（一）主要职责

（1）贯彻执行国家水行政的方针、政策和法规；拟定全省水利工作的方针、政策，组织起草有关法规、规章并监督实施。

（2）组织拟定水利工作的发展战略和中长期规划及年度计划；组织编制重要江河的流域综合规划和指导协调流域的有关专业规划并监督实施。

（3）统一管理水资源（含空中水、地表水、地下水）；组织拟定全省和跨地州市水中长期供求计划、水量分配方案并监督实施；组织有关国民经济总体规划、城市规划及重大建设项目的水资源和防洪的论证工作；组织实施取水许可制度和水资源费征收制度；发布全省水资源公报；负责管理全省水文工作。

（4）拟定计划用水、节约用水政策，编制节约用水规划，制定有关标准，组织、指导和监督节约用水工作。

（5）按照国家资源与环境保护的有关法律法规和标准，拟定水资源保护规划并实施监督管理；组织水功能区的划分和向饮水区等水域排污的控制；监测江河湖库的水量、水质，审定水域纳污能力；提出限制排污总量的意见。

（6）组织、指导水政监察和水行政执法；协调并仲裁部门间和地州市间的水事纠纷。

（7）拟定水利行业的经济调节措施；对水利资金的使用进行调节并实施监督；指导水利行业的供水及多种经营工作；研究提出有关水利的价格、税收、信贷、财务等经济调节意见；监督和管理水利行业国有资产。

（8）组织编制并负责审查、审批大中型和跨地州市水利基建项目建议书、可行性报告、初步设计报告；组织水利科学研究和技术推广；组织拟定水利行业技术质量标准和水利工程的规程规范并监督实施。

（9）组织、指导水利设施、水域及其岸线的管理与保护；组织指导江河湖泊及河口、滩涂的治理和开发；办理省际河流和国际河流云南段的有关事务；组织建设和管理具有控制性的或跨地州市的重要水利工程；组织、指导水库、水电站大坝的安全监管。

（10）主管农村水利、农村饮水和乡镇供水工作；组织协调农田水利基本建设工作；指导农村水利社会化服务体系建设。

（11）组织全省水土保持工作；会同有关部门编制水土保持规划；审批建设项目中涉及的水土保持方案；组织水土流失的监测、综合防治并发布公告。

（12）指导水利行业的小水电建设和管理工作；组织协调农村水电电气化工作；组织协调实施水利行业的农电体制改革、安网改造、城乡用电同网同价和电力扶贫工作。

（13）负责水利系统的科技、教育和对外经济、技术合作与交流及外事工作；指导水利队伍建设。

（14）承担云南省防汛抗旱指挥部的日常工作，组织、协调、监督、指导全省防汛和抗旱工作，对江河湖泊和重要水利水电工程的防汛抗旱实施统一调度。

（15）承办云南省委、省政府和上级有关部门交办的其他事项。

（二）编制与机构设置及职责调整

根据《中共云南省委　云南省人民政府关于印发〈中共云南省委机构改革方案〉、〈云南省人民政府机构改革方案〉、〈云南省省级党政机构改革实施意见〉的通知》（云发〔2000〕10号），云南省水利水电厅更名为云南省水利厅。

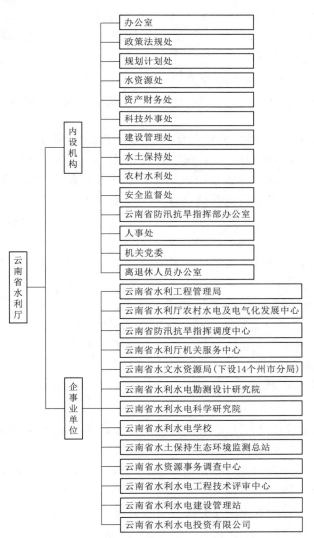

图1　云南省水利厅机构图（2009年）

根据《云南省人民政府办公厅关于印发云南省水利厅职能配置、内设机构和人员编制规定的通知》（云政办发〔2000〕130号），核定机关行政编制60名（不含离退休干部工作机构编制），其中设厅长1名、副厅长3名，处级领导职数20名（含机关党委专职副书记和总工程师）。

根据《云南省人民政府办公厅关于印发云南省水利厅职能配置、内设机构和人员编制规定的通知》（云政办发〔2000〕130号），云南省水利厅机关设办公室、规划计划处、水政水资源处（全省节约用水办公室）、资产财务处、人事处、科技外事处、建设管理处、水土保持处（云南省水土保持委员会办公室）、农村水利处9个内设机构（正处级），同时增设机关党委，负责云南省水利厅机关及在昆直属单位的党群工作。

2000年7月，云南省水利厅"老干办"升格为正处级，核定编制5名，干部纳入公务员管理。云南省防汛抗旱指挥部办公室在水利厅单独设置，行使行政职能，使用事业编制，参照执行国家公务员制度，核定事业编制15名。

2006年4月，在云南省水利厅水政水资源处加挂云南省水政监察总队牌子。

2007年4月，将云南省水利厅机关承担的河道管理职能划转由云南省防汛抗旱指挥部办公室承担。职能划转后，云南省防汛抗旱指挥部办公室在行使河道管理职能时，可使用"云南省河道管理局"的名称。

云南省水利厅机构图（2009年）见图1。

（三）厅领导任免

2000 年 5 月，中共云南省委批准孔垂柱为云南省水利厅党组书记（党组字〔2000〕112 号）。

2000 年 7 月，云南省人民政府任命谢承或、李正黄、杨荣新为云南省水利厅副厅长（云政任〔2000〕60 号）；中共云南省委组织部批准谢承或、李正黄、杨荣新为云南省水利厅党组成员（党组字〔2000〕157 号）。

2000 年 9 月，云南省人民政府任命孔垂柱为云南省水利厅厅长（云政任〔2000〕70 号）。

2000 年 10 月，云南省人民政府免去周声存助理巡视员职务（云政任〔2000〕81 号）。

2001 年 6 月，云南省人民政府任命王家仁为云南省水利厅巡视员（云政任〔2001〕64 号）。

2001 年 9 月，云南省人民政府任命李新尧为云南省水利厅助理巡视员（云政任〔2001〕79 号）。

2001 年 12 月，云南省人民政府任命陈坚为云南省水利厅副厅长（云政任〔2001〕85 号）。

2002 年 1 月，云南省人民政府免去王家仁云南省水利厅巡视员职务（云政任〔2002〕2 号）。

2002 年 2 月，云南省人民政府批准周声存退休（云政任〔2002〕4 号）。

2002 年 7 月，云南省人民政府任命马晓佳为云南省水利厅总工程师（副厅级）（云政任〔2002〕14 号）。

2002 年 8 月，中共云南省委免去郎金栋驻云南省水利厅纪检组组长职务（党组字〔2002〕134 号）；中共云南省委组织部免去郎金栋云南省水利厅党组成员职务（云组干任〔2002〕90 号）；批准周运龙为云南省水利厅党组成员（云组干任〔2002〕110 号）。

2002 年 9 月，云南省人民政府任命郎金栋、李正黄为云南省水利厅巡视员（云政任〔2002〕16 号）；任命周运龙为云南省水利厅副厅长（云政任〔2002〕22 号）；免去刘忠武云南省水利厅巡视员职务，退休（云政任〔2002〕28 号）。

2002 年 12 月，中共云南省委批准杨合辉为云南省水利厅党组成员、驻厅纪检组组长（党组字〔2002〕360 号）；中共云南省委组织部批准陈坚为云南省水利厅党组成员（云组干任〔2002〕205 号）。

2003 年 1 月，中共云南省委批准李映德为云南省水利厅党组书记，免去孔垂柱云南省水利厅党组书记职务（云委〔2003〕3 号）；云南省人民代表大会常务委员会任命李映德为云南省水利厅厅长，免去孔垂柱云南省水利厅厅长职务。

2003 年 3 月，中共云南省委批准王家仁退休（云委〔2003〕59 号）。

2003 年 7 月，中共云南省委批准谢承或为云南省水利厅党组书记（云委〔2003〕177 号）；云南省人民代表大会常务委员会任命谢承或为云南省水利厅厅长。

2004 年 2 月，云南省人民政府免去李正黄云南省水利厅巡视员职务，退休（云政任〔2004〕8 号）；免去马晓佳云南省水利厅总工程师（副厅级）职务（云政任〔2004〕11 号）。

2004 年 6 月，云南省人民政府任命李苦峰为云南省水文水资源局局长（云政任〔2004〕25 号）。

2004 年 11 月，云南省人民政府任命李林为云南省水利厅助理巡视员（云政任〔2004〕37 号）。

2007 年 4 月，云南省人民政府任命谢雁崎为云南省防汛抗旱指挥部专职副指挥长（副厅级）（云政任〔2007〕18 号）。

2007 年 12 月，中共云南省委批准周运龙为云南省水利厅党组书记，免去谢承或云南省水利厅党组书记职务（云委〔2007〕430 号）。

2008 年 1 月，云南省人民代表大会常务委员会任命周运龙为云南省水利厅厅长，免去谢承或云南省水利厅厅长职务（云人发〔2008〕12 号）。

2008 年 3 月，中共云南省委组织部批准王仕宗为云南省水利厅党组成员（云组干〔2008〕25 号）。

2008 年 7 月，云南省人民政府任命严锋为云南省水利厅副巡视员（云政任〔2008〕32 号）。

2008 年 10 月，云南省人民政府任命刘加喜为云南省水利厅副厅长（云政任〔2008〕40 号）。

（四）直属单位

2000 年 7 月，机构改革中云南省地方电力局更名为云南省水利厅农村水电及电气化发展中心（对外可使用云南省水利厅农村水电及电气化发展局），核定事业编制 27 名。

2001 年 12 月，成立云南省水土保持生态环境监测总站，为云南省水利厅管理的相当于处级事业单位，核定事业编制 12 名。

2002 年 2 月，明确云南省水文水资源局昆明、昭通、曲靖、楚雄、玉溪、红河、文山、思茅、西双版纳、大理、保山、德宏、丽江、临沧共 14 个水文水资源分局的机构规格相当于副处级事业单位。

2003 年，云南省水利厅直属企业云南省水利水电工程有限公司（原云南省水利水电工程总队）与云南省水利厅脱钩，由云南省国资委管理；云南省水利厅直属企业云南水利机械厂与云南省水利厅脱钩，由云南省国有资产经营有限责任公司管理。

2003 年 12 月，云南省水利经济管理办公室更名为云南省水利工程管理办公室，根据工作需要，在对外联系和交往中可使用云南省水利工程管理局的牌子。

2004 年 11 月，撤销云南省水利厅物资供应站，组建云南省水资源事务调查中心。

2005 年年底，云南省水利厅设有云南省水文水资源局、云南省水利水电学校、云南省水利水电勘测设计研究院、云南省水利水电科学研究所、云南省水利厅农村水电及电气化发展中心、云南省水利水电技术咨询中心、云南省水利水电建设管理站、云南省阳宗海管理处、云南省水土保持生态环境监测总站、云南省水资源事务调查中心、云南省水利水电教育培训中心共 11 个事业单位。其中云南省水利水电建设管理站、云南省水利水电教育培训中心为自收自支事业单位，其余为全额拨款事业单位。

2007 年 4 月，云南省防汛抗旱指挥部办公室、云南省水利厅农村水电及电气化发展中心、云南省阳宗海管理处列入参照公务员法管理事业单位。

2007 年 5 月，云南省水文水资源局思茅分局更名为云南省水文水资源局普洱分局。

2007 年 6 月，云南省水文水资源局加挂云南省水环境监测中心牌子，所属州（市）相应加挂云南省水环境监测中心××分中心牌子。

2007 年 6 月，云南省防汛抗旱指挥调度中心成建制并入云南省防汛抗旱指挥部办公室。云南省防汛抗旱指挥部办公室加挂云南省防汛抗旱指挥调度中心牌子。

2007 年 7 月，云南省水利水电投资有限公司挂牌成立，云南省水利厅行使国有资产出资人的职能。

2007 年 12 月，云南省水利工程管理局列入参照公务员法管理事业单位。

2008 年 5 月，云南省水文水资源局红河分局加挂红河哈尼族彝族自治州水文水资源局牌子。

2008 年 9 月，云南省水利水电科学研究所更名为云南省水利水电科学研究院。

2008 年 12 月，云南省水文水资源局昆明、曲靖、玉溪、普洱、楚雄、德宏、文山、西双版纳、昭通、大理、保山、丽江、临沧等 13 个分局加挂××州（市）水文水资源局牌子。

2009 年 1 月，云南省牛栏江—滇池补水工程协调小组办公室加挂云南省牛栏江—滇池补水工程建设指挥部牌子，设两个内设机构，核定事业编制 20 名。

2009 年 9 月，云南省水利水电技术咨询中心更名为云南省水利水电工程技术评审中心。

二、第二阶段（2009 年 10 月—2018 年 11 月）

（一）主要职责

（1）负责保障水资源的合理开发利用，拟订水利战略规划和政策，起草有关地方性法规、政府规章草案，组织编制重要江河湖泊的流域综合规划、防洪规划等重大水利规划。按照规定制定水利工程建设有关制度并组织实施。负责提出水利固定资产投资规模和方向、财政性资金安排的意见，按照规定权限审批、核准规划内和年度计划规模内固定资产投资项目；提出省级水利建设投资安排建议并组织实施。

（2）负责生活、生产经营和生态环境用水的统筹兼顾和保障。实施水资源的统一监督管理，拟订全省和跨州（市）水中长期供求规划、水量分配方案并监督实施，组织开展水资源调查评价工作，按规定开展水能资源调查工作，负责重要流域、区域以及重大调水工程的水资源调度，组织实施取水许可、水资源有偿使用制度和水资源论证、防洪论证制度。指导水利行业供水和乡镇供水工作。

（3）负责水资源保护工作。组织编制水资源保护规划，组织拟订重要江河湖泊的水功能区划并监督实施，核定水域纳污能力，提出限制排污总量建议，指导饮用水水源保护工作。指导地下水开发利用和城市规划区地下水资源管理保护工作。

（4）负责防治水旱灾害，承担云南省防汛抗旱指挥部的具体工作。组织、协调、监督、指挥全省防汛抗旱工作，对重要江河湖泊和重要水工程实施防汛抗旱调度和应急水量调度，编制防汛抗旱应急预案并组织实施。指导水利突发公共事件的应急管理工作。

（5）负责节约用水工作。拟订节约用水政策，编制节约用水规划，拟订有关标准，指导和推动节水型社会建设工作。

（6）指导水文工作。负责水文水资源监测、水文站网建设和管理，对江河湖库和地下水的水量、水质实施监测，发布水文水资源信息、情报预报、水域水质通报和全省水资源公报。

（7）指导水利设施、水域及其岸线的管理与保护，指导重要江河湖泊及河口、滩涂的治理和开发，指导水利工程建设与运行管理，组织实施具有控制性的或跨州（市）及跨流域的重要水利工程建设与运行管理。归口管理水生态修复和水利风景区建设。

（8）负责防治水土流失。拟订水土保持规划并监督实施，组织实施水土流失的综合防治、监测预报并定期公告，负责有关重大建设项目水土保持方案的审批、监督实施及水土保持设施的验收工作，指导省重点水土保持建设项目的实施。

（9）指导农村水利工作。组织协调农田水利基本建设，指导农村饮水安全、节水灌溉等工程建设与管理工作，协调牧区水利工作，指导农村水利社会化服务体系建设。按照规定指导农村水能资源开发工作，指导水电农村电气化和小水电代燃料工作。

（10）负责重大涉水违法事件的查处，协调、仲裁跨州（市）水事纠纷，指导水政监察和水行政执法工作。依法负责水利行业安全生产工作，组织、指导水库、水电站大坝的安全监管，指导水利建设市场的监督管理，组织实施水利工程建设的监督。

（11）开展水利科技和水利涉外事务。组织开展水利行业质量监督工作，拟订水利行业的技术标准、规程规范并监督实施。承担水利统计工作。配合水利部办理国际河流有关涉外事务。

（12）承办云南省人民政府交办的其他事项。

（二）编制与机构设置及职责调整

根据《中共云南省委办公厅 云南省人民政府办公厅关于印发〈云南省人民政府机构改革实施意见〉的通知》（云厅字〔2009〕2 号），设立云南省水利厅，为云南省人民政府组成部门，正厅级。

根据《云南省人民政府办公厅关于印发〈云南省水利厅主要职责内设机构和人员编制规定〉的通知》（云政办发〔2009〕221 号），核定行政编制 89 名，其中设厅长 1 名、副厅长 4 名、云南省防汛抗旱指挥部专职副指挥长 1 名（副厅级），正处级领导职数 16 名（含总工程师 1 名、总规划师 1 名、机关党委专职副书记 1 名、离退休人员办公室主任 1 名）、副处级领导职数 14 名（含离退休人员办公室副主任 1 名）。

根据《云南省人民政府办公厅关于印发〈云南省水利厅主要职责内设机构和人员编制规定〉的通知》（云政办发〔2009〕221 号），云南省水利厅机关设办公室、政策法规处、规划计划处、水资源处（全省节约用水办公室）、资产财务处、科技外事处、建设管理处、水土保持处（云南省水土保持委员会办公室）、农村水利处、安全监督处、云南省防汛抗旱指挥部办公室、人事处 12 个内设机构（正处级）和机关党委、离退休人员办公室。机关党委负责机关和直属单位的党群工作，离退休人员办公室负责机关离退休人员工作，指导直属单位离退休人员工作。

2012 年 3 月，将云南省水利厅机关农村水利处分设为农村水利一处、农村水利二处。

2014 年 5 月，设立云南省水利厅滇中产业聚集区（新区）分局，为云南省水利厅的派出机构，机构规格为正处级，核定行政编制 5 名。

2015 年 4 月，根据云南省委全面深化改革领导小组第五次会议有关精神和《云南省机构编制委员会关于省水利厅主要职责内设机构和人员编制调整的通知》（云编〔2015〕6 号），将云南省中低产田地改造综合协调领导小组办公室承担的省中低产田地改造综合协调职能，由云南省人民政府办公厅调整交由云南省水利厅承担；在云南省水利厅增设中低产田地改造综合协调处，加挂云南省中低产田地改造综合协调领导小组办公室牌子；将云南省人民政府办公厅 7 名行政编制整体划转至云南省水利厅机关，核增处级领导职数 1 正 1 副，用于新增内设机构和划转人员安置；调整后，云南省水利厅机关设 14 个内设机构（正处级）和机关党委、离退休人员办公室，行政编制 116 名，其中设厅长 1 名、副厅长 5 名、云南省防汛抗旱指挥部专职副指挥长 1 名（副厅级），正处级领导职数 20 名（含总工程师 1 名、总规划师 1 名、机关党委专职副书记 1 名、离退休人员办公室主任 1 名、省防汛抗旱督查专员 2 名）、副处级领导职数 20 名（含离退休人员办公室副主任 1 名、省防汛抗旱督查专员 2 名）。

2015 年 10 月，撤销云南省水利厅滇中产业聚集区（新区）分局，原核定的行政编制 5 名和实有人员，收回云南省水利厅机关。

2017 年 12 月，云南省河长制办公室设在云南省水利厅，在云南省水利厅机关设立河长（湖长）制工作处，为厅机关正处级内设机构，具体承担云南省河长制办公室日常工作，保障河长（湖长）制工作处行政编制 10 名。

2018 年 1 月，在云南省水利厅水土保持处加挂行政审批处牌子。

云南省水利厅机构图（2018 年）见图 2。

（三）厅领导任免

2010 年 4 月，中共云南省委组织部批准程海云为云南省水利厅党组成员（挂职两年）（云组干〔2010〕35 号）。

2010 年 12 月，中共云南省委组织部批准谢

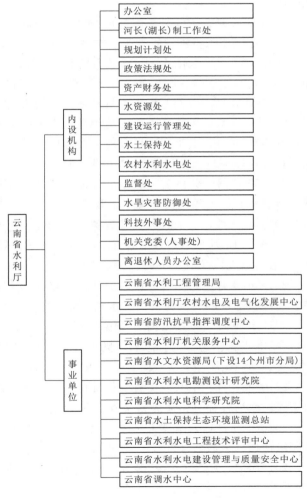

图 2　云南省水利厅机构图（2018 年）

雁崎为云南省水利厅党组成员（云组干〔2010〕126 号）。

2010 年 12 月，中共云南省委组织部批准李苦峰为云南省水利厅党组成员（云组干〔2010〕126 号）；免去杨荣新云南省水利厅党组成员职务（云组干〔2010〕131 号）。

2011 年 1 月，云南省人民政府免去杨荣新云南省水利厅副厅长职务（云政任〔2011〕5 号）；任命达瓦为云南省水利厅副巡视员（云政任〔2011〕10 号）。

2011 年 6 月，云南省人民政府任命胡朝碧为云南省水利厅副厅长（云政任〔2011〕44 号）；中共云南省委组织部批准胡朝碧为云南省水利厅党组成员（云组干〔2011〕111 号）。

2011 年 7 月，云南省人民政府免去达瓦云南省水利厅副巡视员职务，退休（云政任〔2011〕45 号）。

2012 年 6 月，中共云南省委批准陈坚为云南省水利厅党组副书记（云委〔2012〕149 号）。

2012 年 10 月，中共云南省委组织部批准申华东为云南省水利厅党组成员（云组干〔2012〕163 号）；免去谢雁崎云南省水利厅党组成员职务（云组干〔2012〕166 号）。

2012 年 12 月，中共云南省委免去周运龙云南省水利厅党组书记职务（云委〔2012〕544 号）；云南省人民代表大会常务委员会任命陈坚为云南省水利厅厅长。云南省人民政府任命巫明强为云南省水利厅副厅长（挂职两年）（云政任〔2012〕59 号）；任命申华东为云南省水利厅副厅长（云政任〔2012〕63 号）。中共云南省委组织部批准谢雁崎为云南省水利厅党组成员（云组干〔2012〕176 号）。

2013 年 3 月，中共云南省委批准莫崇海为驻云南省水利厅纪检组组长（云委〔2013〕152 号）；中共云南省委组织部批准莫崇海为云南省水利厅党组成员（云组干〔2013〕58 号）。

2013 年 4 月，云南省人民政府任命陈明为云南省防汛抗旱指挥部专职副指挥长（副厅级）（云政任〔2013〕31 号）；中共云南省委组织部批准陈明为云南省水利厅党组成员（云组干〔2013〕71 号）。

2013 年 8 月，中共云南省委批准杨立华为云南省水利厅党组书记（云委〔2013〕383 号）。

2014 年 5 月，中共云南省委组织部批准严锋为云南省水利厅党组成员（云组干〔2014〕50 号）。

2014 年 6 月，云南省人民政府任命陈明为云南省水利厅副厅长，免去其云南省防汛抗旱指挥部专职副指挥长职务（云政任〔2014〕20 号）。

2014 年 7 月，云南省人民政府任命严锋为云南省防汛抗旱指挥部专职副指挥长（副厅级），免去其云南省水利厅副巡视员职务（云政任〔2014〕23 号）。

2014 年 8 月，云南省人民政府免去李苦峰云南省水文水资源局局长职务（云政任〔2014〕33 号）。

2014 年 12 月，中共云南省委组织部免去李苦峰云南省水利厅党组成员职务（云组干〔2014〕97 号）；云南省人民政府免去杨合辉云南省水利厅巡视员职务，退休（云政任〔2014〕51 号）。

2015 年 6 月，云南省人民政府任命和俊为云南省水利厅副厅长（云政任〔2015〕29 号）；中共云南省委组织部批准和俊为云南省水利厅党组成员（云组干〔2015〕116 号）。

2015 年 9 月，中共云南省委免去杨立华云南省水利厅党组书记职务，退休（云委〔2015〕742 号）；批准张新弘为云南省水利厅党组成员（云委〔2015〕655 号）。

2015 年 10 月，中共云南省委批准刘刚为云南省水利厅党组书记（云委〔2015〕835 号）。

2016 年 8 月，中共云南省委批准肖治平为驻云南省水利厅纪检组组长（云委〔2016〕694 号）；云南省人民政府任命莫崇海为云南省水利厅巡视员（云政任〔2016〕69 号）。

2016 年 9 月，云南省人民政府免去谢雁崎全省实施兴水强滇战略产业督导协调组组长职务，保留正厅级待遇（云政任〔2016〕72 号）。

2016 年 11 月，中共云南省委组织部免去谢雁崎云南省水利厅党组成员职务（云组干〔2016〕322 号）。

2016 年 12 月，云南省人民政府任命高嵩为云南省水文水资源局局长（云政任〔2016〕111 号）；

中共云南省委组织部批准高嵩为云南省水利厅党组成员（云组干〔2016〕372 号）。

2017 年 1 月，中共云南省委免去陈坚云南省水利厅党组副书记职务（云委〔2017〕82 号）。

2017 年 3 月，云南省人民代表大会常务委员会任命刘刚为云南省水利厅厅长，免去陈坚云南省水利厅厅长职务（云人发〔2017〕9 号）。

2017 年 5 月，中共云南省委批准谢雁崎退休（云委〔2017〕265 号）。

2017 年 6 月，中共云南省委组织部免去严锋云南省水利厅党组成员职务（云组干〔2017〕86 号）。

2017 年 7 月，云南省人民政府任命周金辉为云南省水利厅副厅长（挂职两年）（云政任〔2017〕35 号）；任命严锋为云南省水利厅巡视员，免去其云南省防汛抗旱指挥部专职副指挥长（副厅级）职务（云政任〔2017〕36 号）。中共云南省委组织部批准周金辉为云南省水利厅党组成员（云组干〔2017〕75 号）。

2017 年 9 月，云南省人民政府免去王仕宗云南省水利厅副厅长职务（云政任〔2017〕57 号）。中共云南省委组织部免去王仕宗云南省水利厅党组成员职务（云组干〔2017〕168 号）；免去陈明云南省水利厅党组成员职务（云组干〔2017〕185 号）。

2017 年 10 月，云南省人民政府免去陈明云南省水利厅副厅长职务（云政任〔2017〕60 号）。

2017 年 11 月，云南省人民政府任命张新弘为云南省水利厅副厅长（云政任〔2017〕69 号）；免去莫崇海云南省水利厅巡视员职务，退休（云政任〔2017〕72 号）。中共云南省委组织部批准李存贵为云南省水利厅党组成员（云组干〔2017〕267 号）。

2017 年 12 月，云南省人民政府任命李存贵为云南省防汛抗旱指挥部专职副指挥长（副厅级）（云政任〔2017〕81 号）。

2018 年 1 月，中共云南省委组织部免去胡朝碧云南省水利厅党组成员职务（云组干〔2018〕23 号）。

2018 年 1 月，云南省人民政府免去胡朝碧云南省水利厅副厅长职务（云政任〔2018〕4 号）；中共云南省委组织部批准阎楠为云南省水利厅党组成员（云组干〔2018〕24 号）。

2018 年 3 月，云南省人民政府任命阎楠为云南省水利厅副厅长（云政任〔2018〕16 号）；任命胡荣为云南省水利厅副厅长（云政任〔2018〕17 号）；免去严锋云南省水利厅巡视员职务，退休（云政任〔2018〕24 号）。中共云南省委组织部批准胡荣为云南省水利厅党组成员（云组干〔2018〕50 号）。

2018 年 5 月，云南省人民政府任命张明为云南省水利厅副巡视员（云政任〔2018〕38 号）。

2018 年 10 月，云南省人民政府免去刘加喜云南省水利厅副厅长职务（云政任〔2018〕88 号）；中共云南省委组织部免去李存贵云南省水利厅党组成员职务（云组干〔2018〕222 号）。

2018 年 11 月，云南省人民政府任命培布为云南省水利厅副巡视员（云政任〔2018〕108 号）。

（四）直属单位

2009 年 10 月，撤销云南省阳宗海管理处，人员编制由省编办收回。

2009 年 12 月，单独设立云南省防汛抗旱指挥调度中心，为云南省水利厅管理的正处级单位。

2011 年 4 月，云南省水资源事务调查中心加挂云南省水政监察总队牌子。

2012 年 5 月事业单位清理规范，根据《中共云南省委机构编制办公室关于印发〈云南省水利厅事业单位清理规范方案〉的通知》（云编办〔2012〕158 号），撤销云南省水利水电教育培训中心，收回事业编制 3 名，云南省水利厅设置 26 个事业单位：云南省水利工程管理局，云南省水利厅农村水电及电气化发展中心（加挂云南省水利厅农村水电及电气化发展局牌子），云南省防汛抗旱指挥调度中心，云南省水利厅机关服务中心，云南省水文水资源局（加挂云南省水环境监测中心牌子），云南省水文水资源局昆明分局（加挂昆明市水文水资源局、云南省水环境监测中心昆明分中心牌子），云南省水文水资源局曲靖、玉溪、普洱、楚雄、德宏、文山、西双版纳、昭通、大理、保山、丽江、临沧、红河等

13个分局［加挂××州（市）水文水资源局、云南省水环境监测中心××分中心牌子］，云南省水利水电勘测设计研究院，云南省水利水电科学研究院，云南省水利水电学校，云南省水土保持生态环境监测总站，云南省水资源事务调查中心，云南省水利水电工程技术评审中心，云南省水利水电建设管理站，云南省水利厅所属事业单位共核定事业编制1796名。

2012年12月，成立云南省调水中心，核定30名事业编制，为云南省水利厅管理的正处级事业单位，同时撤销加挂在云南省牛栏江—滇池补水工程协调小组办公室的云南省牛栏江—滇池补水工程建设指挥部牌子。云南省水利水电建设管理站更名为云南省水利水电建设管理与质量安全中心。

2014年6月，根据《中共云南省委机构编制办公室关于调整云南省水利水电建设管理与质量安全中心事业编制的批复》（云编办〔2014〕71号），同意从云南省调水中心调整1名事业编制到云南省水利水电建设管理与质量安全中心。调整后，云南省调水中心核定事业编制29名；云南省水利水电建设管理与质量安全中心核定事业编制15名。

2014年9月，根据《中共云南省委机构编制办公室关于云南省水利厅所属事业单位分类的通知》（云编办〔2014〕123号），云南省水利厅纳入分类范围的所属事业单位27个，其中云南省水利水电勘测设计研究院、云南省水利水电学校划入公益二类事业单位，其余25个划入公益一类事业单位，明确云南省水利水电教育培训中心按照分类推进事业单位改革中从事生产经营活动事业单位的规定实施转企改制。

2015年10月，在云南省防汛抗旱指挥调度中心加挂云南省水利信息中心牌子。

2016年6月，云南省水资源事务调查中心（云南省水政监察总队）列入参照公务员法管理事业单位。

2016年10月，成立云南水利水电职业学院，为云南省水利厅管理的公益二类事业单位，不明确机构规格；将云南省水利水电学校整体并入云南水利水电职业学院，保留云南省水利水电学校牌子。

2017年6月，云南省水利水电投资有限公司划转移交云南省国资委管理。

2018年10月，云南省水利水电职业学院的隶属关系由云南省水利厅所属事业单位调整为云南省教育厅所属事业单位。

三、第三阶段（2018年12月—2021年12月）

（一）主要职责

（1）负责保障水资源的合理开发利用，拟定水利战略规划和政策，起草有关地方性法规、政府规章草案，组织编制重要江河湖泊的流域综合规划、防洪规划等重大水利规划。按照规定制定水利工程建设有关制度并组织实施。负责提出水利固定资产投资规模和方向、财政性资金安排的意见，按照规定权限审批、核准规划内和年度计划规模内固定资产投资项目；提出省级水利建设投资安排建议并组织实施。

（2）负责生活、生产经营和生态环境用水的统筹兼顾和保障。实施水资源的统一监督管理，拟定全省和跨州（市）水中长期供求规划、水量分配方案并监督实施，负责重要流域、区域以及重大调水工程的水资源调度，组织实施取水许可、水资源有偿使用制度和水资源论证、防洪论证制度。指导水利行业供水和乡镇供水工作。

（3）负责水资源保护工作。组织编制水资源保护规划，指导饮用水水源保护工作。指导地下水开发利用和城市规划区地下水资源管理保护工作。

（4）组织编制洪水干旱防治规划和防护标准、重要江河湖泊和重要水工程的防御洪水抗御旱灾调度以及应急水量调度方案并组织实施。承担水情旱情预警工作。组织协调指导蓄滞洪区安全建设、管理和运用补偿工作，承担洪泛区、蓄滞洪区和防洪保护区的洪水影响评价工作。组织指导水域及其岸线的管理和保护，指导重要江河湖泊、河口的开发、治理和保护，监督管理河道采砂工作，指导河道采砂规划和计划的编制，组织实施河道管理范围内工程建设方案审查制度。指导监督河道管理范围内建设项目和活动管理有关工作。

（5）负责节约用水工作。拟定节约用水政策，编制节约用水规划，拟定有关标准，指导和推动节水型社会建设工作。

（6）指导水文工作。负责水文水资源监测、水文站网建设和管理，对江河湖库和地下水的水量、水质实施监测，发布水文水资源信息、情报预报、水域水质通报和全省水资源公报。

（7）指导水利设施、水域及其岸线的管理与保护，指导重要江河、湖泊及河口、滩涂的治理和开发，指导水利工程建设与运行管理，组织实施具有控制性的或跨州（市）及跨流域的重要水利工程建设与运行管理。归口管理水生态修复。

（8）负责防治水土流失。拟定水土保持规划并监督实施，组织实施水土流失的综合防治、监测预报并定期公告，负责有关重大建设项目水土保持方案的审批、监督实施及水土保持设施的验收工作，指导省重点水土保持建设项目的实施。

（9）指导农村水利工作。指导农村饮水安全、节水灌溉等工程建设与管理工作，协调牧区水利工作，指导农村水利社会化服务体系建设。按照规定指导农村水能资源开发工作，指导水电农村电气化、农村水电增效扩容改造和小水电代燃料工作。

（10）负责重大涉水违法事件的查处，协调、仲裁跨州（市）水事纠纷，指导水政监察和水行政执法工作。依法负责水利行业安全生产工作，组织、指导水库、水电站大坝的安全监管，指导水利建设市场的监督管理，组织实施水利工程建设的监督。

（11）开展水利科技和水利涉外事务。组织开展水利行业质量监督工作，拟定水利行业的技术标准、规程规范并监督实施。承担水利统计工作。配合水利部办理国际河流有关涉外事务。

（12）承担云南省河长制办公室的日常工作。

（13）承办云南省人民政府交办的其他事项。

（二）编制与机构设置及职责调整

2018年12月，根据《中共云南省委办公厅 云南省人民政府办公厅关于调整省水利厅职责机构编制的通知》（云厅字〔2018〕97号），核定行政编制107名，其中设厅长1名、副厅长5名、督查专员1名（副厅级），正处级领导职数18名（含总工程师1名、总规划师1名、督查员2名、机关党委专职副书记1名、离退休人员办公室主任1名）、副处级领导职数19名（含督查员2名、机关纪委书记1名、离退休人员办公室副主任1名）。

根据《中共云南省委办公厅 云南省人民政府办公厅关于调整省水利厅职责机构编制的通知》（云厅字〔2018〕97号），划出水资源调查和确权登记管理职责，由云南省自然资源厅承担；划出编制水功能区划、排污口设置管理、流域水环境保护职责，由云南省生态环境厅承担；划出农田水利建设项目管理职责，由云南省农业农村厅承担，相应划出中低产田地改造综合协调处；划出水旱灾害应急救援职责和"云南省防汛抗旱指挥部"的应急救援职责，由云南省应急管理厅承担；划出水利风景区管理职责，由云南省林业和草原局承担；将人事处与机关党委合署办公，将云南省水文水资源局（云南省水环境监测中心）承担的专用水文测站审批行政职能交由云南省水利厅承担；将农村水利一处、农村水利二处整合设置为农村水利水电处；设立水旱灾害防御处；将建设管理处更名为建设运行管理处；将安全监督处更名为监督处。调整后，云南省水利厅设办公室、河长（湖长）制工作处、规划计划处、政策法规处、资产财务处、水资源处（全省节约用水办公室）、建设运行管理处、水土保持处（云南省水土保持委员会办公室、行政审批处）、农村水利水电处、监督处、水旱灾害防御处、科技外事处共12个内设机构和机关党委（人事处）、离退休人员办公室。

2019年6月，《云南省公务员职务与职级并行制度实施方案》正式颁行，公务员职务与职级并行制度在云南省水利厅综合管理类公务员中正式组织实施。

（三）厅领导任免

2019年1月，云南省人民政府免去培布云南省水利厅副巡视员职务，退休（云政任〔2019〕5号）。

2019年5月，云南省人民政府任命高嵩为云南省水利厅副厅长，免去其云南省水文水资源局局长职务（云政任〔2019〕36号）；任命李伯根为云南省水文水资源局局长，熊执中为云南省水利厅副巡视员（云政任〔2019〕40号）。中共云南省委组织部批准李伯根为云南省水利厅党组成员（云组干〔2019〕310号）。

2019年6月，中共云南省委批准马洪斌为驻云南省水利厅纪检监察组组长（云委〔2019〕343号）。中共云南省委组织部批准马洪斌为云南省水利厅党组成员（云组干〔2019〕341号）；免去肖治平云南省水利厅党组成员职务（云组干〔2019〕343号）。

2019年6月，中共云南省委批准张明为云南省水利厅二级巡视员（云委〔2019〕476号）。

2019年6月，中共云南省委批准熊执中为云南省水利厅二级巡视员（云委〔2019〕476号）。

2019年7月，云南省人民政府任命赵永军为云南省水利厅副厅长（挂职两年）（云政任〔2019〕59号）；中共云南省委组织部批准赵永军为云南省水利厅党组成员（云组干〔2019〕392号）。

2019年10月，云南省人民政府任命邹松为云南省水利厅督查专员（副厅级）（云政任〔2019〕68号）。

2020年1月，中共云南省委批准胡荣为云南省水利厅一级巡视员（云委〔2020〕94号）。中共云南省委组织部批准杨国柱为云南省水利厅党组成员（云组干〔2020〕37号）；免去胡荣云南省水利厅党组成员职务（云组干〔2020〕44号）。

2020年2月，云南省人民政府任命杨国柱为云南省水利厅副厅长，免去胡荣云南省水利厅副厅长职务（云政任〔2020〕9号）。

2020年3月，中共云南省委免去张明云南省水利厅二级巡视员职务，退休（云委〔2020〕150号）；批准李苦峰退休（云委〔2020〕151号）。

2020年2月，中共云南省水利厅党组决定罗瑞祥任云南省水利厅二级巡视员（云水党〔2021〕43号）。

2021年6月，中共云南省委批准胡朝碧为云南省水利厅党组书记（云委〔2021〕782号）；免去刘刚云南省水利厅党组书记职务（云委〔2021〕772号）。中共云南省委组织部免去刘加喜云南省水利厅党组成员职务（云组干〔2021〕405号）。中共云南省水利厅党组决定傅骅任云南省水利厅二级巡视员（云水党〔2021〕103号）。

2021年7月，云南省人民代表大会常务委员会任命胡朝碧为云南省水利厅厅长，免去刘刚云南省水利厅厅长职务（云人发〔2021〕12号）。

2021年10月，中共云南省水利厅党组免去傅骅云南省水利厅二级巡视员职级，提前退休（云水党〔2021〕121号）。

2021年12月，中共云南省水利厅党组决定王静任云南省水利厅二级巡视员（云水党〔2022〕37号）。
云南省水利厅各阶段领导任免表见表1。

表 1 云南省水利厅各阶段领导任免表

机构名称	姓　名	职　务	任　免　时　间	备　注
		第一阶段（2000 年 7 月—2009 年 9 月）		
云南省水利厅	孔垂柱	党组书记	2000 年 7 月—2003 年 1 月	
		厅　长	2000 年 9 月—2003 年 1 月	
	李映德	党组书记、厅长	2003 年 1—5 月	
	谢承彧	党组书记	2003 年 7 月—2007 年 12 月	
		厅　长	2003 年 7 月—2008 年 1 月	
	周运龙	厅　长	2008 年 1 月—	
		党组书记	2007 年 12 月—	
		党组成员	2002 年 8 月—	
		副厅长	2002 年 9 月—2008 年 1 月	
	李正黄	党组成员、副厅长	2000 年 7 月—2002 年 9 月	
	谢承彧	党组成员、副厅长	2000 年 7 月—2003 年 7 月	
	杨荣新	党组成员、副厅长	2000 年 7 月—	
	陈　坚	党组成员	2002 年 12 月—	
		副厅长	2001 年 12 月—	
	郎金栋	党组成员、纪检组组长	继任—2002 年 8 月	
	杨合辉	党组成员、纪检组组长	2002 年 12 月—	
	李苦峰	党组成员、省水文水资源局长	2004 年 6 月—	
	王仕宗	党组成员、副厅长	2008 年 3 月—	
	刘加喜	党组成员、副厅长	2008 年 10 月—	
	谢雁崎	省防汛抗旱指挥部专职副指挥长（副厅级）	2007 年 4 月—	
	刘忠武	巡视员	继任—2002 年 9 月	
	王家仁	巡视员	2001 年 6 月—2002 年 7 月	
		助理巡视员	继任—2001 年 6 月	
		保留待遇	2002 年 1 月—2003 年 3 月	
	李正黄	巡视员	2002 年 9 月—2004 年 2 月	
	郎金栋	巡视员	2002 年 9 月—2003 年 4 月	
	马晓佳	总工程师	2002 年 7 月—2004 年 2 月	
	周声存	助理巡视员	继任—2000 年 10 月	
		保留待遇	2000 年 10 月—2002 年 2 月	
	李新尧	助理巡视员	2001 年 9 月—2007 年 7 月	
	李　林	助理巡视员	2004 年 11 月—	
	严　锋	副巡视员	2008 年 7 月—	

机构名称	姓　名	职　务	任　免　时　间	备　注
		第二阶段（2009 年 10 月—2018 年 11 月）		
云南省水利厅	周运龙	党组书记、厅长	继任—2012 年 12 月	
	陈坚	党组副书记	2012 年 6 月—2017 年 1 月	
		厅　长	2012 年 12 月—2017 年 3 月	
		党组成员、副厅长	继任—2012 年 12 月	
	杨立华	党组书记	2013 年 8 月—2015 年 9 月	
	刘刚	党组书记	2015 年 10 月—	
		厅　长	2017 年 3 月—	
	谢雁崎	党组成员	2012 年 12 月—2016 年 11 月	
		云南省实施兴水强滇战略产业督导协调组组长（正厅级）	2012 年 12 月—2016 年 9 月	
		党组成员	2010 年 12 月—2012 年 10 月	
		省防汛抗旱指挥部专职副指挥长（副厅级）	继任—2012 年 12 月	
	杨荣新	党组成员	继任—2010 年 12 月	
		副厅长	继任—2011 年 1 月	
	杨合辉	党组成员、纪检组组长	继任—2012 年 5 月	
	王仕宗	党组成员、副厅长	继任—2017 年 9 月	
	刘加喜	党组成员	继任—	
		副厅长	继任—2018 年 10 月	
	申华东	党组成员	2012 年 10 月—2014 年 1 月	
		副厅长	2012 年 12 月—2014 年 1 月	
	程海云	党组成员、副厅长	2010 年 4 月—2012 年 4 月	挂职两年
	李苦峰	党组成员	2010 年 12 月—2014 年 12 月	
		云南省水文水资源局长	继任—2014 年 8 月	
	胡朝碧	党组成员、副厅长	2011 年 6 月—2018 年 1 月	
	巫明强	党组成员、副厅长	2012 年 12 月—2014 年 12 月	挂职两年
	莫崇海	党组成员、驻厅纪检组组长	2013 年 3 月—2016 年 8 月	
	陈明	副厅长	2014 年 6 月—2017 年 10 月	
		党组成员	2013 年 4 月—2017 年 9 月	
		省防汛抗旱指挥部专职副指挥长（副厅级）	2013 年 4 月—2014 年 6 月	
	严锋	党组成员	2014 年 5 月—2017 年 6 月	
		省防汛抗旱指挥部专职副指挥长（副厅级）	2014 年 7 月—2017 年 7 月	
	和俊	党组成员、副厅长	2015 年 5 月—	
	张新弘	副厅长	2017 年 11 月—	
		党组成员	2015 年 9 月—	

续表

机构名称	姓 名	职 务	任 免 时 间	备 注
		第二阶段（2009年10月—2018年11月）		
云南省水利厅	肖治平	党组成员、驻厅纪检组组长	2016年8月—	
	高 嵩	党组成员、省水文水资源局长	2016年12月—	
	周金辉	党组成员、副厅长	2017年7月—2019年7月	挂职两年
	李存贵	党组成员	2017年11月—2018年10月	
		省防汛抗旱指挥部专职副指挥长（副厅级）	2017年12月—2018年10月	
	简 楠	党组成员	2018年1月—	
		副厅长	2018年3月—	
	胡 荣	党组成员、副厅长	2018年3月—	
	杨合辉	巡视员	2012年5月—2014年12月	
	莫崇海	巡视员	2016年8月—2017年11月	
	严 锋	巡视员	2017年7月—2018年3月	
		副巡视员	继任—2014年7月	
	谢雁崎	保留正厅级待遇	2016年9月—2017年5月	
	李苦峰	保留副厅级待遇	2014年8月—	
	达 瓦	副巡视员	2011年1月—2011年7月	
	张 明	副巡视员	2018年5月—	
	培 布	副巡视员	2018年11月—	
		第三阶段（2018年12月—2021年12月）		
云南省水利厅	刘 刚	党组书记	继任—2021年6月	
		厅 长	继任—2021年7月	
	胡朝碧	党组书记	2021年6月—	
		厅 长	2021年7月—	
	刘加喜	党组成员	继任—2021年6月	
	张新弘	党组成员、副厅长	继任—	
	和 俊	党组成员、副厅长	继任—	
	高 嵩	党组成员	继任—	
		云南省水文水资源局长	继任—2019年5月	
		副厅长	2019年5月—	
	简 楠	党组成员、副厅长	继任—	
	胡 荣	党组成员	继任—2020年1月	
		副厅长	继任—2020年2月	

续表

机构名称	姓名	职务	任免时间	备注
		第三阶段（2018年12月—2021年12月）		
云南省水利厅	李伯根	党组成员、 云南省水文水资源局长	2019年5月—	
	肖治平	党组成员、 驻厅纪检监察组组长	继任—2019年6月	
	马洪斌	党组成员、 驻厅纪检监察组组长	2019年6月—	
	赵永军	党组成员、副厅长	2019年7月—2021年7月	挂职两年
	杨国柱	党组成员	2020年1月—	
		副厅长	2020年2月—	
	邹松	督查专员（副局级）	2019年10月—	
	胡荣	一级巡视员	2020年1月—	
	李苦峰	保留副厅级待遇	继任—2020年3月	
	培布	副巡视员	继任—2019年1月	
	张明	副巡视员	继任—2019年6月	
		二级巡视员	2019年6月—2020年3月	
	熊执中	副巡视员	2019年5月—2019年6月	
		二级巡视员	2019年6月—	
	罗瑞祥	二级巡视员	2020年2月—	
	傅骅	二级巡视员	2021年6月—2021年10月	
	王静	二级巡视员	2021年12月—	

（四）直属单位

2018年12月，将云南省水文水资源局（加挂云南省水环境监测中心牌子）承担的除行政执法职能外的其他行政职能划归云南省水利厅。

2018年12月，云南省水利产业开发中心注销登记。

2019年6月，根据《中共云南省委机构编制委员会办公室关于印发〈云南省水利厅所属事业单位机构编制方案〉的通知》（云编办〔2019〕49号），将云南省水资源事务调查中心交由云南省自然资源厅管理，云南省水资源事务调查中心不再加挂云南省水政监察总队牌子，水政监察职能交由云南省水利厅承担。调整后，云南省水利厅所属事业单位共25个：云南省水利工程管理局，云南省水利厅农村水电及电气化发展中心（加挂云南省水利厅农村水电及电气化发展局牌子），云南省防汛抗旱指挥调度中心（加挂云南省水利厅水利信息中心牌子），云南省水利厅机关服务中心，云南省水文水资源局（加挂云南省水环境监测中心牌子），云南省水文水资源局昆明分局（加挂昆明市水文水资源局、云南省水环境监测中心昆明分中心牌子），云南省水文水资源局曲靖、玉溪、普洱、楚雄、德宏、文山、西双版纳、昭通、大理、保山、丽江、临沧、红河等13个分局［加挂××州（市）水文水资源局、云南省水环境监测中心××分中心牌子］，云南省水利水电勘测设计研究院，云南省水利水电科学研究院，云南省水土保持生态环境监测总站，云南省水利水电工程技术评审中心，云南省水利水电建设管理与质量安全中心，云南省调水中心。

2019 年 12 月，云南省水利水电教育培训中心注销登记。

云南省州（市）、县（市、区）水利机构名录（2019 年）见表 2。

表 2　　　云南省州（市）、县（市、区）水利机构名录（2019 年）

机 构 名 称	机 构 名 称
一、昆明市水务局	三、曲靖市水务局
五华区水务局	麒麟区水务局
盘龙区水务局	沾益区水务局
官渡区水务局	马龙区水务局
西山区水务局	宣威市水务局
东川区水务局	陆良县水务局
安宁市水务局	师宗县水务局
呈贡区水务局	罗平县水务局
晋宁区水务局	富源县水务局
富民县水务局	会泽县水务局
宜良县水务局	四、玉溪市水利局
嵩明县水务局	红塔区水利局
石林彝族自治县水务局	江川区水利局
禄劝彝族苗族自治县水务局	澄江市水利局
寻甸回族彝族自治县水务局	通海县水利局
阳宗海管理委员会生态和水资源保护局	华宁县水利局
空港经济区水务局	易门县水利局
度假区滇管水务局	峨山彝族自治县水利局
二、昭通市水利局	新平彝族傣族自治县水利局
昭阳区水务局	元江哈尼族彝族傣族自治县水利局
鲁甸县水务局	五、保山市水务局
巧家县水务局	隆阳区水务局
镇雄县水务局	施甸县水务局
彝良县水务局	腾冲市水务局
威信县水务局	龙陵县水务局
盐津县水务局	昌宁县水务局
大关县水务局	六、楚雄彝族自治州水务局
永善县水务局	楚雄市水务局
绥江县水务局	双柏县水务局
水富市水务局	牟定县水务局

机 构 名 称	机 构 名 称
南华县水务局	景东彝族自治县水务局
姚安县水务局	景谷傣族彝族自治县水务局
大姚县水务局	镇沅彝族哈尼族拉祜族自治县水务局
永仁县水务局	墨江哈尼族自治县水务局
元谋县水务局	江城哈尼族彝族自治县水务局
武定县水务局	澜沧拉祜族自治县水务局
禄丰市水务局	孟连傣族拉祜族佤族自治县水务局
七、红河州水利局	西盟佤族自治县水务局
蒙自市水务局	十、西双版纳傣族自治州水利局
开远县水务局	景洪市水务局
个旧市水务局	勐海县水务局
建水县水务局	勐腊县水务局
石屏县水务局	十一、大理白族自治州水务局
弥勒市水务局	大理市水务局
泸西县水务局	漾濞县水务局
红河县水务局	祥云县水务局
元阳县水务局	宾川县水务局
绿春县水务局	弥渡县水务局
金平县水务局	南涧县水务局
河口县水务局	巍山县水务局
屏边县水务局	永平县水务局
八、文山壮族苗族自治州水务局	云龙县水务局
文山市水务局	洱源县水务局
砚山县水务局	剑川县水务局
西畴县水务局	鹤庆县水务局
麻栗坡县水务局	十二、德宏傣族景颇族自治州水利局
马关县水务局	芒市水利局
丘北县水务局	梁河县水利局
广南县水务局	盈江县水利局
富宁县水务局	陇川县水利局
九、普洱市水务局	瑞丽市水利局
思茅区水务局	十三、丽江市水务局
宁洱哈尼族彝族自治县水务局	古城区水利局

续表

机 构 名 称	机 构 名 称
玉龙县水务局	德钦县水务局
永胜县水务局	维西县水务局
华坪县水利局	十六、临沧市水务局
宁蒗县水务局	临翔区水务局
十四、怒江傈僳族自治州水利局	云县水务局
泸水市水利局	凤庆县水务局
福贡县水利局	永德县水务局
贡山独龙族怒族自治县水利局	镇康县水务局
兰坪白族普米族自治县水利局	耿马傣族佤族自治县水务局
十五、迪庆藏族自治州水务局	沧源佤族自治县水务局
香格里拉市水务局	双江拉祜族佤族布朗族傣族自治县水务局

执笔人：欧阳明　韦昌华　张立兵

审核人：霍玉河　李云涛

西藏自治区水利厅

西藏自治区水利厅是西藏自治区人民政府的组成部门，正厅级单位，是全区水行政主管部门，负责保障全区水资源的合理开发利用和节约用水工作，指导农村水利、水文、水土保持、河长制湖长制以及水利工程建设与管理等工作。办公地点设在西藏自治区拉萨市城关区色拉路78号。

2000年以来，自治区党委、政府先后进行了多次机构改革，自治区水利厅均予保留设置。新组建一大批水行政管理和技术服务机构，水利机构得到明显加强，地、县一级水行政管理机构基本健全，初步形成区、地（市）、县三级水利管理体系，以及水利技术服务支撑体系。该时期自治区水利厅组织沿革划分为以下3个阶段：2001年1月—2009年10月，2009年10月—2019年1月，2019年1月—2021年12月。

一、第一阶段（2001年1月—2009年10月）

2000年9月4日，根据《关于西藏自治区政府部门机构改革的实施意见》（藏政办发〔2000〕51号）和《西藏自治区人民政府办公厅关于印发自治区水利厅职能配置机构设置和人员编制方案的通知》（藏政办发〔2000〕96号），西藏自治区水利局由副厅级升格为正厅级，更名为西藏自治区水利厅，为主管全区水行政的自治区政府组成部门。

（一）主要职责

（1）划出的职能：在宜林地区以植树、种草等生物措施防治水土流失的政府职能，交给西藏自治区林业局承担。

（2）划入的职能：将原西藏自治区地质矿产厅承担的地下水行政管理职能交给西藏自治区水利厅承担。开采矿泉水、地热水，只办理取水许可证，不再办理采矿许可证。将原由西藏自治区城乡建设环境保护厅承担的指导城市防洪职能、城市规划区地下水资源的管理保护职能，交给西藏自治区水利厅承担。

（3）转变的职能：按照国家资源与环境保护的法律法规和标准，拟定全区水资源保护规划，组织水功能区划分，监测江河湖库的水质，审定水域纳污能力，提出限制排污总量的意见。有关数据和情况应通报区环境保护局。拟定节约用水政策、编制节约用水规划，拟定有关标准，指导全区节约用水工作。建设部门负责指导城市采水和管网输水、用户用水中的节约用水工作并接受水利部门的监督。

（4）调整后主要职责：①贯彻执行国家有关水利方针、政策、法律、法规，拟定西藏水利工作的方针政策、发展战略和中长期规划；组织起草有关地方性法规、规章并监督实施。②统一管理全区水资源（含空中水、地表水、地下水）。组织有关部门和地区进行全区水资源的综合科学考察和调查评价，制定全区江河流域或区域的综合规划并负责监督实施；组织监督实施取水许可证制度和水资源费征收制度。③主管全区河道、湖泊和水库等水域及岸线、防汛抗旱、节约用水、水文工作。④按照有关法律、法规编制全区的水资源保护规划、水功能区划、监测江河湖泊的水量、水质，审定水域纳污能力，提出限制排污总量意见。⑤组织指导水政监察和水行政执法，调解、处理跨地（市）和重大的水事纠纷，协助有关部门依法查处违反国家有关水利法律、法规的案件。⑥拟定水利行业经济调节措施，负责水利资金的使用、管理，指导水利行业的供水、水电及多种经营工作，研究提出有关全区水利价格、信贷、财务等经济调节意见。⑦对全区水利建设进行行业管理，负责规划建设和指导管理具有控制性的或跨地（市）的重要水利工程；组织指导水库、水电站大坝的安全监管；负责江河湖泊的综合治理、开发和保护工作。⑧主管农牧区水利及人畜饮水工作；组织协调农田水利基本建设、农牧区水电电气化和乡镇供水工作。组织建设、管理县及县以下和水利部门投资的水电站及供电设施，并指导监督上述设施的维护。⑨会同有关部门做好全区水土保持工作。研究拟定水土保持的工程措施规划；组织水土流失的监测和综合防治。⑩负责全区水利科技教育和相关外事工作；组织实施水利行业技术质量标准和水利工程的规程、规范并监督实施。指导全区水利队伍建设。⑪承办自治区人民政府交办的其他事项。

（二）编制与机构设置

根据《西藏自治区人民政府办公厅关于印发自治区水利厅职能配置机构设置和人员编制方案的通知》（藏政办发〔2000〕96号），水利厅机关行政编制45名。其中，厅领导职数5名（含纪检监察领导职数1名），处级领导职数16名（含机关党委领导职数1名），规定可设总工程师或副总工程师1名。机关后勤服务中心为科级建制，事业编制7名。

自治区水利厅机关内设办公室、计划财务审计处、水政水资源科技处（节约用水办公室）、规划建设管理处（水利工程质量监督中心站）、农水农电水保处（水电农村电气化办公室）、政工人事处（机关党委、纪检监察室）、防汛抗旱指挥部办公室7个处（室）。

2008年2月23日，自治区水利厅内设机构水利工程质量监督中心站更名为水利工程建设质量与安全监督中心站（藏机编发〔2008〕22号）。

西藏自治区水利厅机关机构图（2001年1月—2009年10月）见图1。

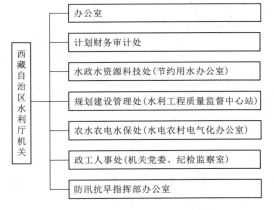

图1　西藏自治区水利厅机关机构图
（2001年1月—2009年10月）

（三）厅领导任免

2001年8月，自治区人民政府任命张汝石为自治区水利厅副厅长（列徐建昌之后）（藏政发〔2001〕80号）。

2001年11月，自治区人民政府任命扎西为自治区水利厅助理巡视员，免去其阿里地区行署副专员职务（藏政发〔2001〕112号）。

2001年12月，自治区党委组织部任命郭潇为自治区水利厅党组成员（藏组字〔2001〕701号）；2001年12月，自治区人民政府任命郭潇为自治区水利厅总工程师（副厅级）（藏政发〔2001〕124号）。

2003年8月，自治区党委免去徐建昌的自治区水利厅党组副书记职务（藏委〔2003〕77号）；2003年8月，自治区人民政府任命徐建昌为自治区发展计划委员会副主任，免去其自治区水利厅副厅长职务（藏政发〔2003〕55号）。

2003 年 8 月，自治区党委任命张承红为自治区水利厅纪检组长（副厅级）（藏委〔2003〕77 号）；2003 年 8 月，自治区党委组织部任命张承红为自治区水利厅党组成员（藏组字〔2003〕407 号）。

2003 年 8 月，自治区党委组织部任命扎西为自治区水利厅党组成员（藏组字〔2003〕407 号）；2003 年 8 月，自治区人民政府任命扎西为自治区水利厅副厅长，免去其自治区水利厅助理巡视员职务（藏政发〔2003〕55 号）。

2004 年 8 月，自治区党委组织部任命滕建仁为自治区水利厅党组成员（藏组字〔2004〕222 号）；2004 年 8 月，自治区人民政府任命滕建仁为自治区水利厅副厅长（藏政发〔2004〕45 号）。

2005 年 4 月，自治区人民政府任命东堆朗杰为自治区水利厅巡视员（藏政发〔2005〕11 号）。

2005 年 7 月，自治区党委免去董克义的自治区水利厅党组副书记职务（藏委〔2005〕53 号）。

2005 年 7 月，自治区党委任命李文汉为自治区水利厅党组书记（藏委〔2005〕53 号）。

2005 年 7 月，自治区党委任命白玛旺堆为自治区水利厅党组副书记（藏委〔2005〕53 号）。

2005 年 7 月，自治区党委免去张承红的自治区水利厅纪检组组长职务（藏委〔2005〕53 号）；2005 年 7 月，自治区人民政府任命张承红为自治区水利厅副厅长（藏政发〔2005〕23 号）。

2006 年 9 月，自治区党委组织部任命丁积成为自治区水利厅党组成员（藏组字〔2006〕109 号）。

2007 年 3 月，自治区党委组织部批准东堆朗杰退休（藏组字〔2007〕47 号）。

2007 年 6 月，自治区人民政府任命李克恭为自治区水利厅副巡视员（藏政发〔2007〕39 号）。

2007 年 7 月，自治区党委组织部任命骆涛为自治区水利厅党组成员（藏组字〔2007〕156 号）；2007 年 7 月，自治区人民政府任命骆涛为自治区水利厅副厅长（列扎西之后）（藏政发〔2007〕49 号）。

2008 年 1 月，自治区人民政府任命扎西为自治区水利厅巡视员，免去其自治区水利厅副厅长职务（藏政发〔2008〕21 号）。

西藏自治区水利厅领导任免表（2001 年 1 月—2009 年 10 月）见表 1。

（四）所属事业单位

（1）所属事业单位有：西藏自治区水文水资源勘测局、西藏自治区水土保持局、西藏自治区满拉水利枢纽管理局、西藏自治区水利规划勘测设计研究院、西藏自治区重点水利建设项目管理中心、西藏自治区防汛机动抢险队、西藏自治区农村水电管理局、西藏自治区旁多水利枢纽管理局。

（2）所属企业单位有：西藏自治区水利发展公司、西藏满拉水电厂。

二、第二阶段（2009 年 10 月—2019 年 1 月）

2009 年 10 月 30 日，根据《西藏自治区人民政府办公厅关于印发西藏自治区水利厅主要职责内设机构和人员编制规定的通知》（藏政办发〔2009〕118 号），明确西藏自治区水利厅为自治区政府组成部门。

（一）主要职责

（1）职责调整：①取消已由国务院、自治区人民政府公布取消的行政审批事项。②取消拟定水利行业经济调节措施，指导水利行业多种经营工作的职责。③增加指导水利工程移民管理职责。④加强水资源的节约、保护、优化配置和高效利用，完善水资源统一管理体制。加强防汛抗旱工作，减轻水旱灾害损失。强化山洪、泥石流、冰湖灾害防御体系和防汛抗旱应急机制建设。⑤加强水利工程运行

表1　　　　　西藏自治区水利厅领导任免表（2001年1月—2009年10月）

机构名称	姓　名	职　务	任免时间	备　注
西藏自治区水利厅	次　仁	党组书记、厅长	2000年3月—2003年1月	
	董克义	厅　长	2003年1月—2005年7月	主持工作
		党组副书记	2000年3月—2005年7月	
		副厅长	2000年3月—2003年1月	
	徐建昌	党组副书记、副厅长	2000年3月—2003年8月	
	李文汉	党组书记	2005年7月—	
		副厅长	2000年5月—	
		党组成员	2000年5月—2005年7月	
	白玛旺堆	党组副书记、厅长	2005年7月—	
		副厅长、党组成员	2000年5月—2005年7月	
	尹宏伟	党组成员、副厅长	2000年11月—2001年7月	援藏
	张汝石	党组成员、副厅长	2001年8月—2004年7月	援藏
	扎　西	巡视员	2008年1月—	
		党组成员	2003年8月—	
		副厅长	2003年8月—2008年1月	
		助理巡视员	2001年11月—2003年8月	
	滕建仁	党组成员、副厅长	2004年8月—2007年7月	援藏
	张承红	副厅长	2005年7月—	
		党组成员	2003年8月—	
		纪检组长	2003年8月—2005年7月	
	东堆朗杰	巡视员	2005年4月—2007年3月	
	丁积成	党组成员、纪检组长	2006年9月—	
	李克恭	副巡视员	2007年6月—2009年11月	
	骆　涛	党组成员、副厅长	2007年7月—	援藏

管理，完善水利工程质量和水利执法监督体制。⑥加强水能资源管理。按照全区水资源综合规划的要求，加强水能资源调查评价、组织编制水能资源开发利用规划。⑦加强水土保持工作，统筹兼顾和保障生活、生产经营和生态环境用水。

（2）调整后的主要职责：①贯彻执行国家有关水利工作的方针政策和法律法规；负责全区水资源的合理开发利用，拟定水利战略规划、中长期发展规划，起草有关水利工作的地方性法规、规章草案，组织编制全区重要江河湖泊的流域综合规划、防洪专项规划等；按规定制定水利工程建设有关制度并组织实施，负责提出水利固定资产投资规模和方向、自治区财政性资金安排的意见，按规定权限，审批、核准自治区规划内和年度计划内固定资产投资项目，提出自治区水利建设投资安排建议并组织实施。②负责生活、生产经营和生态环境用水的统筹兼顾和保障。实施水资源的统一监督管理，拟定全区和跨地（市）水中长期供求规划、水量分配方案并监督实施，组织开展水资源调查评价工作，开展水能资源调查评价工作，组织编制水能资源开发利用规划，负责重要流域、区域以及重大水利工程的水资源调度，组织实施取水许可、水资源有偿使用、水资源论证、防洪论证和规划同意书制度。指导水利行业供水和乡（镇）供水工作。③负责水资源保护工作。组织编制水资源保护规划，组织拟定重要江河湖泊的水功能区划并监督实施，核定水域纳污能力，提出限制排污总量建议，指导饮用水水源保护工作，指导地下水开发利用和城市规划地下水资源管理保护工作。④负责防治水旱灾害，承担自治区防汛抗旱指挥部的具体工作。组织、协调、监督、指挥全区防汛抗旱工作，对重要江河湖泊和重要水工程实施防汛抗旱调度和应急水量调度，编制自治区防汛抗旱应急预案并组织实施。指导水利突发公共事件的应急管理工作。⑤负责节约用水工作。拟定节约用水政策，编制节约用水规划，制定有关标准，指导和推动节水型社会建设工作。⑥指导水文工作。负责水文水资源监测、水文站网建设和管理，对江河湖库和地下水的水量、水质实施监测，发布水文水资源信息，情报预报和水资源公报。⑦指导水利设施、水域及岸线的管理与保护，指导重要江河湖泊治理和开发，指导水利工程建设管理，组织实施具有控制性的或跨地（市）及跨流域的重要水利工程建设与运行管理，指导水利工程移民管理工作。⑧指导防治水土流失。拟定水土保持规划并监督实施，组织实施水土流失的综合防治、监测预报并公告，负责自治区级建设项目水土保持方案的审批、监督实施及水土保持设施的验收工作，指导全区重点水土保持建设项目的实施。⑨指导农村水利工作。组织协调农田水利基本建设，指导农村饮水安全、节水灌溉等工程建设与管理，指导牧区水利、农村水利、农村水能资源开发、水电农村电气化和小水电代燃料工作。⑩负责重大涉水违法事件的查处，协调、仲裁跨地（市）水事纠纷，指导水政监察和水行政执法。依法负责水利行业安全生产工作，组织、指导水库、水电站大坝的安全监管，指导水利建设市场的监督管理，组织实施水利工程建设的监督。⑪开展水利科技和外事工作。组织开展水利行业质量监督工作，组织重大水利科学研究、技术引进和科技推广，拟定水利行业的地方性技术标准、规程规范并监督实施，按规定办理国际河流有关涉外事务。承担水利统计工作，指导水利信息化、水利行业队伍建设。⑫承办自治区人民政府交办的其他事项。

（二）编制与机构设置及主要职能

根据《西藏自治区人民政府办公厅关于印发西藏自治区水利厅主要职责内设机构和人员编制规定的通知》（藏政办发〔2009〕118号），水利厅机关行政编制54名（含纪检监察派驻机构编制3名）。其中，厅领导职数6名（含副厅级总工程师1名）；内设机构处级领导职数21名（含机关党委专职副书记1名）；纪检组组长1名，纪检组（监察室）处级领导职数1名。区水利厅机关后勤服务中心为副县级建制，核定事业编制9名，1名副县级领导职数。

水利厅内设：办公室、财务处、规划计划处、水政水资源科技处（节约用水办公室）、建设与管理处、农村水利水保处、自治区人民政府防汛抗旱指挥部办公室、政工人事处（机关党委）8个处（室）。纪检组（监察室）为自治区纪委（监察厅）派驻机构。

2012年1月，增加1名厅级领导职数（藏机编发〔2012〕6号）。

2015年，1名纪检组组长职数、1名纪检组（监察室）处级领导职数被收回，区水利厅部门厅级领导职数为7个，内设机构处级领导职数为21个（藏党办发〔2015〕32号）。

2015年12月，原核定到区水利厅纪检组（监察室）的1个副调研员职数收回。重新核定区水利厅非领导职数，重新核定后，区水利厅设置副巡视员职数1个，调研员职数4个，副调研员职数7个（藏机编发〔2015〕385号）。

2016年9月，设立自治区纪委驻自治区交通运输厅纪检组，综合监督自治区交通运输厅、自治区水利厅、自治区公路局、自治区水利电力规划勘测设计研究院4家单位。从自治区水利厅划转行政编制1名（藏机编发〔2016〕78号）。

2016年9月，撤销自治区水利厅纪检组（监察室），收回原纪检组（监察室）行政编制3名，核销原纪检组长职数1名、纪检组（监察室）处级领导职数1名（藏机编发〔2016〕94号）。

2017 年 11 月，增设自治区河长制办公室工作处，为水利厅正处级内设机构，核增行政编制 2 名，处级领导职数 2 名。调整后，水利厅机关内设机构 9 个，机关行政编制 52 名，其中内设机构处级领导职数 23 名（藏机编发〔2017〕57 号）。

西藏自治区水利厅机关机构图（2009 年 10 月—2019 年 1 月）见图 2。

（三）厅领导任免

2009 年 11 月，自治区党委组织部任命李克恭为自治区水利厅党组成员（藏组字〔2009〕229 号）；2009 年 11 月，自治区人民政府任命李克恭为自治区水利厅总工程师（藏政发〔2009〕67 号）。

2010 年 11 月，自治区党委组织部任命郭永刚为自治区水利厅党组成员（藏组发〔2010〕153 号）；2010 年 11 月，自治区人民政府任命郭永刚为自治区水利厅副厅长（藏政发〔2010〕76 号）。

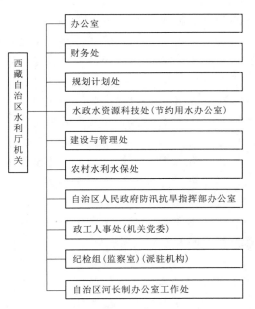

图 2 西藏自治区水利厅机关机构图
（2009 年 10 月—2019 年 1 月）

2011 年 1 月，自治区党委任命骆涛为自治区水利厅副厅长（正厅级）（藏委〔2011〕3 号）。

2011 年 1 月，自治区党委组织部任命巩同梁为自治区水利厅党组成员（藏组发〔2011〕25 号）；2011 年 1 月，自治区人民政府任命巩同梁为自治区水利厅副厅长（藏政发〔2011〕1 号）。

2011 年 6 月，自治区党委任命肖长伟为水利电力规划勘测设计研究院党委书记（藏委〔2011〕61 号）；2011 年 6 月，自治区党委组织部任命肖长伟为水利电力规划勘测设计研究院副院长（藏组发〔2011〕224 号）。

2011 年 6 月，自治区党委组织部免去丁积成自治区水利厅党组成员职务（藏组发〔2011〕185 号）；2011 年 6 月，自治区党委任命丁积成为自治区人民政府办公厅纪检组组长，免去其自治区水利厅纪检组组长职务（藏委〔2011〕61 号）。

2011 年 6 月，自治区党委任命张健明为自治区水利厅纪检组组长（藏委〔2011〕61 号）；2011 年 6 月，自治区党委组织部任命张健明为自治区水利厅党组成员（藏组发〔2011〕185 号）。

2011 年 6 月，自治区党委组织部任命达桑为水利电力规划勘测设计研究院党委副书记（藏组发〔2011〕224 号）；2011 年 6 月，自治区人民政府任命达桑为水利电力规划勘测设计研究院院长（藏政发〔2011〕58 号）。

2011 年 11 月，自治区党委组织部批准张承红退休（藏组发〔2011〕303 号）。

2011 年 12 月，自治区人民政府任命李克恭为自治区水利厅副厅长（藏政发〔2011〕143 号）。

2011 年 12 月，自治区党委组织部任命阿松为自治区水利厅党组成员（藏组发〔2011〕380 号）；2011 年 12 月，自治区人民政府任命阿松为自治区水利厅副厅长（藏政发〔2011〕143 号）。

2012 年 1 月，自治区党委组织部任命扎西平措为自治区水利厅党组成员（列李克恭之后）（藏组发〔2012〕25 号）；2012 年 1 月，自治区人民政府任命扎西平措为自治区水利厅副厅长（列李克恭之后），免去其林芝地区行署副专员职务（藏政发〔2012〕1 号）。

2012 年 4 月，自治区党委任命白玛旺堆为阿里地委副书记，免去其自治区水利厅党组副书记职务（藏委〔2012〕59 号）。

2012 年 4 月，自治区党委任命达娃扎西为自治区水利厅党组副书记，免去其阿里地委副书记职务（藏委〔2012〕59 号）；2013 年 1 月，西藏自治区第十届人民代表大会常务委员会第一次会议任命达娃扎西为自治区水利厅厅长（第 061 号）。

2013 年 8 月，自治区党委组织部任命赵东晓为自治区水利厅党组成员（藏组发〔2013〕219 号）；2013 年 8 月，自治区人民政府任命赵东晓为自治区水利厅副厅长（列扎西平措之后）（藏政发〔2013〕89 号）。

2014 年 1 月，自治区党委组织部任命王及平为自治区水利厅党组成员（藏组发〔2014〕5 号）；2014 年 1 月，自治区人民政府任命王及平为自治区水利厅副厅长（藏政发〔2014〕6 号）。

2014 年 8 月，自治区党委组织部批准张健明提前离岗休养（藏组发〔2014〕276 号）。

2015 年 1 月，自治区党委组织部批准扎西退休（藏组发〔2015〕29 号）。

2015 年 5 月，自治区党委组织部任命巴桑为自治区水利厅党组成员（列李克恭之后）（藏组发〔2015〕116 号）。

2015 年 7 月，自治区人民政府任命李克恭为自治区水利厅巡视员，免去其自治区水利厅副厅长、总工程师职务（藏政发〔2015〕70 号）。

2015 年 6 月，自治区党委组织部任命周建华为自治区水利厅党组成员（藏组发〔2015〕203 号）；2015 年 7 月，自治区人民政府任命周建华为自治区水利厅总工程师（藏政发〔2015〕57 号）。

2015 年 7 月，自治区人民政府任命热旦为自治区水利厅副巡视员（藏政发〔2015〕70 号）。

2016 年 2 月，自治区党委任命李文汉为自治区人大常委会党组成员（藏委〔2016〕59 号）；2016 年 1 月，西藏自治区第十届人民代表大会第四次会议选举李文汉为自治区人大常委会副主任。

2016 年 6 月，自治区党委组织部免去巴桑自治区水利厅党组成员职务（藏组发〔2016〕294 号）；2016 年 7 月，自治区党委任命巴桑为自治区地质矿产勘查开发局党委书记、副局长（藏委〔2016〕153 号）。

2016 年 8 月，自治区党委组织部任命曲达为自治区水利厅党组成员（藏组发〔2016〕364 号）；2016 年 8 月，自治区人民政府任命曲达为自治区水利厅副厅长（藏政人〔2016〕28 号）。

2016 年 9 月，自治区党委任命达娃扎西为自治区水利厅党组书记（藏委〔2016〕230 号）。

2016 年 9 月，自治区党委任命孙献忠为自治区水利厅党组副书记（藏委〔2016〕230 号）；2016 年 9 月，西藏自治区第十届人民代表大会常务委员会第二十六次会议决定任命孙献忠为自治区水利厅厅长（第 260 号）。

2016 年 9 月，自治区党委组织部任命许德志为自治区水利厅党组成员（列王及平之后）（藏组发〔2016〕478 号）；2016 年 9 月，自治区人民政府任命许德志为自治区水利厅副厅长（列王及平之后）（藏政人〔2016〕42 号）。

2017 年 1 月，自治区党委组织部任命赵辉挂职为自治区水利厅党组成员（藏组发〔2017〕16 号）；2017 年 1 月，自治区人民政府任命赵辉挂职为自治区水利厅副厅长（藏政人〔2017〕4 号）。

2017 年 1 月，自治区党委组织部免去王及平自治区水利厅党组成员职务（藏组发〔2017〕41 号）。

2017 年 4 月，自治区党委组织部任命达桑为自治区水利厅党组成员（列巩同梁之后）（藏组发〔2017〕106 号）；2017 年 4 月，自治区人民政府免去达桑水利电力规划勘测设计研究院院长职务（藏政人〔2017〕24 号）。

2017 年 7 月，自治区人民政府聘任李克恭为自治区人民政府参事（藏政发〔2017〕33 号）。

2018 年 7 月，自治区党委组织部免去曲达自治区水利厅党组成员职务（藏组发〔2018〕194 号）；2018 年 7 月，自治区人民政府任命曲达为自治区人民政府副秘书长（列桑珠次仁之后），免去其自治区水利厅副厅长职务（藏政人〔2018〕38 号）。

2018 年 9 月，自治区党委组织部任命热旦为自治区水利厅党组成员（藏组发〔2018〕259 号）；2018 年 9 月，自治区人民政府任命热旦为自治区水利厅副厅长，免去其自治区水利厅副巡视员职务（藏政人〔2018〕46 号）。

2018 年 9 月，自治区人民政府任命西曲为自治区水利厅副巡视员（藏政人〔2018〕46 号）。

2018年11月，自治区党委组织部免去巩同梁自治区水利厅党组成员职务（藏组发〔2018〕338号）；2018年11月，自治区人民政府任命巩同梁为自治区应急管理厅副厅长，免去其自治区水利厅副厅长职务（藏政人〔2018〕72号）。

西藏自治区水利厅领导任免表（2009年10月—2019年1月）见表2。

表2   西藏自治区水利厅领导任免表（2009年10月—2019年1月）

机构名称	姓　名	职　务	任　免　时　间	备　注
西藏自治区水利厅	李文汉	党组书记、副厅长	继任—2016年2月	
	白玛旺堆	党组副书记、厅长	继任—2012年4月	
	达娃扎西	党组书记、副厅长	2016年9月—2019年2月	
		党组副书记	2012年4月—2016年9月	
		厅　长	2013年1月—2016年9月	
	孙献忠	党组副书记、厅长	2016年9月—	
	扎　西	党组成员、巡视员	继任—2015年1月	
	张承红	党组成员、副厅长	继任—2011年11月	
	丁积成	党组成员、纪检组组长	继任—2011年6月	
	骆　涛	副厅长（正厅级）	2011年1月—2013年7月	援藏
		党组成员	继任—2013年7月	
		副厅长	继任—2011年1月	
	张健明	党组成员、纪检组组长	2011年6月—2014年8月	
	李克恭	巡视员	2015年7月—	
		副厅长	2011年12月—2015年7月	
		党组成员	2009年11月—	
		总工程师	2009年11月—2015年7月	
	赵东晓	党组成员、副厅长	2013年7月—2016年7月	援藏
	王及平	党组成员、副厅长	2014年1月—2017年1月	
	郭永刚	党组成员、副厅长	2010年11月—2012年11月	博士服务团
	许德志	党组成员、副厅长	2016年9月—	援藏
	巴　桑	党组成员、副厅长	2015年5月—2016年6月	
	扎西平措	党组成员、副厅长	2012年1月—	
	巩同梁	党组成员、副厅长	2011年1月—2018年11月	
	达　桑	党组成员、水利电力规划勘测设计研究院党委书记	2017年4月—	
	阿　松	党组成员、副厅长	2011年12月—	
	周建华	党组成员、总工程师	2015年7月—	
	曲　达	党组成员、副厅长	2016年8月—2018年7月	
	赵　辉	党组成员、副厅长	2017年1月—2019年4月	博士服务团
	左旭东	党组成员、副厅长	2017年12月—2018年12月	博士服务团
	热　旦	党组成员、副厅长	2018年9月—	
		副巡视员	2015年7月—2018年9月	
	西　曲	副巡视员	2018年9月	

（四）所属企事业单位

（1）所属事业单位：截至2019年1月，西藏自治区水利厅直属事业单位12个。其中，1个副厅级单位：西藏自治区水利电力规划勘测设计研究院；9个正县级单位：西藏自治区水文水资源勘测局、西藏自治区水土保持局、西藏自治区满拉水利枢纽管理局、西藏自治区重点水利建设项目管理中心、西藏自治区旁多水利枢纽管理局、西藏自治区农村水电管理局、西藏自治区防汛机动抢险队、西藏自治区水利工程建设质量与安全监督中心、西藏自治区拉洛水利枢纽及灌区管理局；2个副县级单位：西藏自治区水利信息中心、水利厅机关后勤服务中心。

（2）所属企业单位：西藏满拉水电厂、西藏旁多水力发电有限责任公司、西藏拉洛水利发电有限公司。

三、第三阶段（2019年1月—2021年12月）

2019年1月30日，根据《中共西藏自治区委员会办公厅 西藏自治区人民政府办公厅关于印发〈西藏自治区水利厅职能配置、内设机构和人员编制规定〉的通知》（藏委厅〔2019〕46号），明确西藏自治区水利厅为自治区人民政府组成部门，为正厅级。

（一）主要职责

（1）主要职责：①负责保障水资源的合理开发利用。拟定全区水利战略规划和政策，起草有关水利工作的地方性法规和政府规章草案，组织编制全区水资源规划、重要江河湖泊流域综合规划、防洪规划等。②负责生活、生产经营和生态环境用水的统筹和保障。组织实施最严格水资源管理制度，实施水资源的统一监督管理，拟定全区和跨地市水中长期供求规划、水量分配方案并监督实施。负责全区重要流域、区域以及重大水利工程的水资源调度。组织实施取水许可、水资源论证、防洪论证和规划同意书制度，指导开展水资源有偿使用工作。指导水利行业供水和乡镇供水工作。③按规定制定水利工程建设有关制度并组织实施，负责提出全区水利固定资产投资规模、方向、具体安排建议并组织指导实施，按规定权限审批、核准自治区规划内和年度计划规模内固定资产投资项目，提出全区水利资金安排建议并负责项目实施的监督管理。④指导水资源保护工作。组织编制并实施水资源保护规划。指导饮用水水源保护工作，指导地下水开发利用和地下水资源管理保护。组织指导地下水超采区综合治理。⑤负责节约用水工作。拟定全区节约用水政策，组织编制节约用水规划并监督实施，组织制定有关标准。组织实施用水总量控制等管理制度，指导和推动节水型社会建设工作。⑥指导水文工作。负责水文水资源监测、水文站网建设和管理。对江河湖库和地下水实施监测，发布水文水资源监测信息、情报预报和自治区水资源公报。按规定组织开展水资源、水能资源调查评价和水资源承载能力监测预警工作。⑦指导水利设施、水域及岸线的管理、保护与综合利用。组织指导水利基础设施网络建设。指导全区重要江河湖泊及河口的治理、开发和保护。指导河湖水生态保护与修复、河湖生态流量水量管理以及河湖水系连通工作。⑧指导监督水利工程建设及运行管理。组织实施具有控制性的或跨地（市）跨流域的重要水利工程建设与运行管理。⑨负责水土保持工作。拟定水土保持规划并监督实施，组织实施水土流失的综合防治、监测预报并定期公告。负责全区建设项目水土保持监督管理工作和重大生产建设项目水土保持方案审批工作。指导全区重点水土保持建设项目的实施。⑩指导农村水利工作。组织开展大中型灌排工程建设与改造。指导农村饮水安全工程建设管理工作，指导节水灌溉有关工作。协调牧区水利工作。指导农村水利改革创新和社会化服务体系建设。指导农村水能资源开发、小水电改造和水电农村电气化工作。⑪指导水利工程移民管理工作。拟定水利工程移民有关政策并监督实施，组织实施水利工程移民安置验收、监督评估等制度。指导监督水库移民后期扶持政策的实施。⑫负责全区重大涉水违法事件的查处，协调和仲裁跨地（市）水事纠纷，指导水政监察和水行政执法。依法负责水利行业安全生产工作，组织指导水库、水电站大坝、农村水电站的安全监督。指导水利建设市场的监督管理，组织实施水利工程建设的监督。⑬开展水利科技和外事工作。组织开展水利行业质量监督工作，组织重大水利科学研究、技术引进和技术推广，制定水利行业的地方性技术标准、规程规范并监督实施，按规定办理国际河流有关涉外事务。承担水利统计工作，指导水利信息化、水利行业队伍建设。⑭负责落实综合防灾减灾规划相关要求，组织编制自治区洪水干旱灾害防治规划和防护标准并指导实践。承担全区水情旱情监测预警工作。组织编制全区重要江河湖泊和重要水工程的防御洪水抗御旱灾调度及应急水量调度方案，按程序报批并组织实施。承担防御洪水应急抢险的技术支撑工作。⑮负责贯彻落实自治区全面推行河长制工作领导小组的部署安排，组织协调自治区全面推行河长制工作领导小组成员单位落实河长制湖长制各项任务，开展河湖管理保护相关工作。指导各地市全面推行河长制湖长制工作。组织开展全区河长制湖长制考核评估和监督管理。⑯完成自治区党委和自治区人民政府交办的其他任务。

（2）职能转变：自治区水利厅应切实加强全区水资源合理利用、优化配置和节约保护。坚持节水优先，从增加供给转向更加重视需求管理，严格控制用水总量和提高用水效率。坚持保护优先，加强水资源、水域和水利工程的管理保护，维护河湖健康美丽。坚持统筹兼顾，保障合理用水需求和水资源的可持续利用，为经济社会发展提供水安全保障。

（3）有关职责分工：①与自治区自然资源厅的有关职责分工。自治区水利厅负责保障水资源的合理开发利用，实施水资源的统一监督管理，按规定组织开展水资源、水能资源调查评价和水资源承载能力监测预警工作。自治区自然资源厅负责水资源调查和确权登记管理工作。②与自治区生态环境厅的有关职责分工。自治区水利厅指导水资源保护工作，组织编制并实施水资源保护规划，指导饮用水水源保护有关工作。自治区生态环境厅负责编制水功能区划、排污口设置管理和流域水环境保护工作。③与自治区农业农村厅的有关职责分工。自治区水利厅负责指导农村水利工作，组织开展大中型灌排工程建设与改造，指导农村饮水安全工程建设管理工作，指导节水灌溉有关工作，协调牧区水利工作。自治区农业农村厅负责中央和地方财政水利发展资金安排的面上小型农田水利设施建设项目管理。④与自治区应急管理厅的有关职责分工。自治区水利厅负责落实综合防灾减灾规划相关要求，组织编制自治区洪水干旱灾害防治规划和防护标准并指导实践。承担全区水情旱情监测预警工作。组织编制重要江河湖泊和重要水工程的防御洪水抗御旱灾调度及应急水量调度方案，按程序报批并组织实施。承担防御洪水应急抢险的技术支撑工作。自治区应急管理厅负责组织编制自治区总体应急预案和自然灾害类专项预案，组织协调重大灾害应急抢险救援工作。组织编制综合防灾减灾规划，指导协调相关部门水旱灾害防治工作。

（二）编制与机构设置及主要职能

根据《中共西藏自治区委员会办公厅　西藏自治区人民政府办公厅关于印发〈西藏自治区水利厅职能配置、内设机构和人员编制规定〉的通知》（藏委厅〔2019〕46号），厅机关行政编制50名。其中，厅领导职数7名（含总工程师1名）；内设机构处级领导职数23名（含机关党委专职副书记1名）。

水利厅内设办公室（政策法规处）、规划计划处、财务处、水文水资源处（自治区节约用水办公室）、建设与管理处、农村水利水电水保处、河湖管理处（自治区河长制办公室工作处）、水旱灾害防御处（国际合作与科技处）、政工人事处（机关党委）9个处（室）。

2020年5月，核定水利厅一级巡视员1名，二级巡视员2名，一级至四级调研员22名（藏组发〔2020〕50号）。

2021年2月，厅总工程师从部门职数中调出，单独核定，调整为正处级，在现有处级领导职数中调剂解决。调整后，水利厅领导职数为 7 名，处级领导职数为 23 名（含机关党委专职副书记 1 名，总工程师 1 名）。

西藏自治区水利厅机关机构图（2019 年 1 月—2021 年 12 月）见图 3。

（三）厅领导任免

2019 年 2 月，自治区党委组织部任命陆伟东为自治区水利厅党组成员（藏组发〔2019〕36 号）；2019 年 3 月，自治区人民政府任命陆伟东为自治区水利厅副厅长（藏政人〔2019〕4 号）。

2019 年 2 月，自治区党委组织部批准达娃扎西退休（藏组发〔2019〕46 号）。

2019 年 3 月，自治区人民政府任命许德志为自治区水利厅副厅长（正厅级，列李克恭之后）（藏政人〔2019〕7 号）。

2019 年 3 月，自治区人民政府任命金泰植为自治区水利电力规划勘测设计研究院副院长（副厅级）（藏政人〔2019〕8 号）。

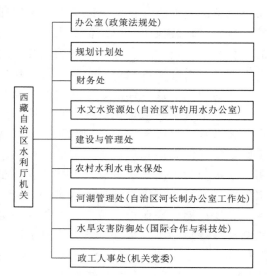

图 3　西藏自治区水利厅机关机构图
（2019 年 1 月—2021 年 12 月）

2019 年 5 月，自治区人民政府任命扎西平措为自治区水利厅巡视员，免去其自治区水利厅副厅长职务（藏政人〔2019〕22 号）。

2019 年 6 月，自治区党委组织部任命赵辉为自治区水利厅党组成员（藏组发〔2019〕120 号）；2019 年 6 月，自治区人民政府任命赵辉为自治区水利厅副厅长（藏政人〔2019〕30 号）。

2019 年 8 月，自治区党委组织部任命王平为自治区水利厅党组成员（藏组发〔2019〕157 号）；2019 年 8 月，自治区人民政府任命王平为自治区水利厅副厅长（藏政人〔2019〕46 号）。

2019 年 8 月，自治区党委组织部批准李克恭提前离岗休养（藏组发〔2019〕133 号）。

2019 年 9 月，自治区党委任命拉巴次仁为自治区水利厅党组书记（藏委〔2019〕233 号）；2019 年 12 月，自治区人民政府任命拉巴次仁为自治区水利厅副厅长（藏政人〔2019〕70 号）。

2020 年 4 月，自治区人民政府任命泽仁多吉为自治区水利厅二级巡视员（藏政人〔2020〕10 号）。

2020 年 6 月，自治区人民政府任命王平为自治区水利厅一级巡视员（藏政人〔2020〕15 号）。

2020 年 6 月，自治区人民政府任命周双为自治区水利厅二级巡视员（藏政人〔2020〕15 号）。

2020 年 12 月，自治区人民政府任命周建华为自治区水利厅副厅长，免去其自治区水利厅总工程师职务（藏政人〔2020〕45 号）。

2021 年 3 月，自治区党委组织部批准扎西平措退休（藏组发〔2021〕54 号）。

2021 年 9 月，自治区党委组织部任命时毅军为自治区水利厅党组成员（藏组发〔2021〕252 号）；2021 年 9 月，自治区人民政府任命时毅军为自治区水利厅副厅长（藏政人〔2021〕53 号）。

西藏自治区水利厅领导任免表（2019 年 1 月—2021 年 12 月）见表 3。

（四）所属企事业单位

（1）所属事业单位：截至 2021 年 12 月，西藏自治区水利厅直属事业单位 12 个。其中，1 个副厅级单位：西藏自治区水利电力规划勘测设计研究院；9 个正县级单位：西藏自治区水文水资源勘测局、西藏自治区水土保持局、西藏自治区满拉水利枢纽管理局、西藏自治区重点水利建设项目管理中心、西藏自治区旁多水利枢纽管理局、西藏自治区农村水电管理局、西藏自治区防汛机动抢险队、西藏自治区水利工程建设质量与安全监督中心、西藏自治区拉洛水利枢纽及灌区管理局；2 个副县级单位：

西藏自治区水利信息中心、水利厅机关后勤服务中心。

表3 　　　　　**西藏自治区水利厅领导任免表（2019年1月—2021年12月）**

机构名称	姓 名	职 务	任 免 时 间	备 注
西藏自治区水利厅	拉巴次仁	党组书记	2019年9月—	
		副厅长	2019年12月—	
	孙献忠	党组副书记、厅长	继任—	
	李克恭	党组成员、巡视员	继任—2019年8月	
	许德志	副厅长（正厅级）	2019年3月—2019年7月	援藏
		副厅长	继任—2019年3月	
		党组成员	继任—2019年7月	
	扎西平措	巡视员	2019年5月—2019年6月	
		一级巡视员	2019年6月—2021年3月	
		副厅长	继任—2019年5月	
		党组成员	继任—2021年3月	
	王 平	一级巡视员	2020年6月—	援藏
		党组成员	2019年8月—	
		副厅长	2019年8月—2020年6月	
	达 桑	党组成员、水电院党委书记	继任—	
	阿 松	党组成员、副厅长	继任—	
	周建华	副厅长	2020年12月—	
		党组成员	继任—	
		总工程师	继任—2020年12月	
	热 旦	党组成员、副厅长	继任—	
	赵 辉	党组成员、副厅长	2019年6月—	
	陆伟东	党组成员	2019年2月—2020年2月	博士服务团
		副厅长	2019年3月—2020年2月	
	西 曲	副巡视员	继任—2019年6月	
		二级巡视员	2019年6月—	
	周 双	二级巡视员	2020年6月—	援藏
	时毅军	党组成员、副厅长	2021年9月—	援藏
	泽仁多吉	二级巡视员	2020年4月—	

（2）所属企业单位：西藏满拉水电厂、西藏旁多水力发电有限责任公司、西藏拉洛水利发电有限公司。

执笔人：张喜院
审核人：拉巴次仁

陕西省水利厅

陕西省水利厅是省政府组成部门，为正厅级，负责贯彻落实党中央、省委关于水利工作的方针政策和决策部署，在履行职责过程中坚持和加强党对水利工作的集中统一领导，主管全省水资源的合理开发利用、水旱灾害防御、水土保持治理、水利工程建设管理、河道湖泊管理等水行政工作。办公地点设在西安市新城区尚德路150号。

2001年以来，党和国家进行多次机构改革，省水利厅均予保留设置。2001年1月—2021年12月期间，省水利厅组织沿革可划分为以下5个阶段：2001年1月—2009年6月，2009年6月—2014年6月，2014年6月—2019年1月，2019年1月—2020年4月，2020年4月—2021年12月。

一、第一阶段（2001年1月—2009年6月）

2000年9月，陕西省人民政府办公厅印发《陕西省水利厅职能配置内设机构和人员编制规定》（陕政办发〔2000〕106号），明确陕西省水利厅为主管水行政的省政府组成部门。

（一）职能调整

（1）水电建设方面的政府职能，交给省经济贸易委员会。

（2）在宜林地区以植树、种草等生物措施防治水土流失的政府职能，交给省林业厅承担。

（3）原地质矿产厅承担的地下水行政管理职能，交给水利厅承担。开采矿泉水、地热水，只办理取水许可证，不再办理采矿许可证。

（4）原由建设厅承担的指导城市防洪职能、城市规划区地下水资源的管理保护职能，交给水利厅承担。

（5）按照国家资源与环境保护的有关法律法规和标准，拟定水资源保护规划，组织水功能区划分，监测江河湖库的水质，审定水域纳污能力，提出限制排污总量的意见。有关数据和情况应通报省环保局。

（6）组织指导全省节约用水工作；拟定节约用水政策，编制节约用水规划，制定有关标准。

（二）主要职责

根据以上职能调整，水利厅的主要职责如下：

（1）贯彻执行《中华人民共和国水法》《中华人民共和国水土保持法》《中华人民共和国防洪法》《中华人民共和国渔业法》《中华人民共和国水生野生动物保护实施条例》等法律、法规；拟定全省水利、防洪、渔业等工作的政策、发展战略和中长期规划，并编制年度计划；组织编制和审批全省水土保持总体发展战略、中长期规划和年度计划；起草地方性水法规、规章，并负责监督实施。

（2）统一管理全省水资源（含空中水、地表水、地下水）；组织拟定全省和跨地（市、区）水中长期供求计划、水量分配方案并监督实施；组织有关全省国民经济总体规划、城市及重大建设项目的水资源和防洪的论证工作；组织实施取水许可制度和水资源费的征收管理工作；发布全省水资源公报；指导全省水文工作。

（3）拟定全省节约用水政策，编制节约用水规划，制定有关标准、实施办法，组织、指导和监督节约用水工作。

（4）组织拟定水资源保护规划；组织水功能区的划分和向饮水区等水域排污的控制；监测江河、水库、湖泊的水量、水质，审定水域纳污能力，提出限制排污总量的意见。

（5）指导全省水政监察和水政、水保执法；协调和仲裁市（地区）、流域及部门之间的水事纠纷，指导水土保持局协调处理地区之间的水土保持纠纷。

（6）实施全省水利行业的经济调节措施；指导全省水利行业的供水、水电及综合经营工作；研究提出有关水利的价格、信贷、财务等经济调节建议；受省政府委托负责公益性水利工程建设的融资工作。

（7）组织编制大型和跨地区水利基建项目建议书及可行性报告；审查大中型水利基建项目建议书和可行性报告；组织拟定水利行业技术标准、规程、规范并监督实施。

（8）组织指导对全省水利设施、水域及岸线的管理与保护；组织指导全省重要江河、湖泊、水库、滩涂的治理和开发；组织建设和管理具有控制性和跨地区的重要水利工程；指导水库、水电站大坝的安全监管。

（9）指导农村水利工作，负责省内大型水利灌区管理及联网调度工作；指导地（市）已成灌区管理工作；组织协调全省农田水利基本建设、农村水电电气化建设；负责城市、乡镇供水水源及自来水管理工作。

（10）归口管理全省水土保持工作。

（11）负责水利科技与教育工作；组织水利科研技术成果的推广和对外经济技术合作与交流；指导全省水利队伍建设。

（12）负责全省渔业工作；组织编制全省渔业发展战略、中长期规划和年度计划；主管全省水生野生动物保护工作。

（13）承担全省防汛抗旱总指挥部的日常工作。组织、协调、指导、监督全省防汛抗旱工作；对主要江河和重要水库、水电站工程实施防汛抗旱调度。

（14）受省政府委托，负责全省库区移民工作。

（15）承办省政府交办的其他事项。

（三）内设机构和人员编制

根据陕西省人民政府办公厅《陕西省水利厅职能配置内设机构和人员编制规定》（陕政办发〔2000〕106 号），省水利厅内设机构有办公室、规划计划与资金管理处、政策法规处（挂陕西省水政监察总队牌子）、水资源与科技处（挂陕西省节约用水办公室牌子）、人事教育处、水利工程建设与管理处、农村水利水保处、渔业管理处（挂陕西省渔业管理局牌子）、机关党委（按照党章规定设置）、纪检组、监察室（按有关规定设置）。厅机关行政编制 50 名。厅领导职数 5 名，其中厅长 1 名、副厅长 4 名。总工程师 1 名（副厅级）。处级领导职数 20 名（含机关党委专职副书记、副总工程师各1 名）。

陕西省水利厅机构图（2001 年）见图 1。

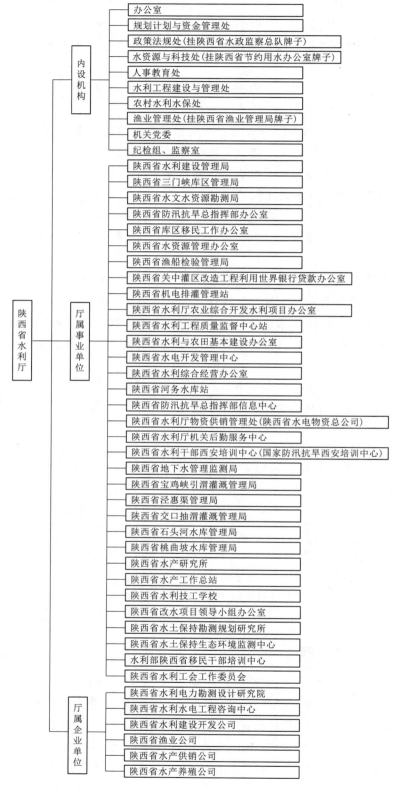

图 1　陕西省水利厅机构图（2001 年）

（四）主要职能变化

2006年12月，陕西省机构编制委员会办公室印发《关于农村水电建设管理职能分工的通知》（陕编办发〔2006〕131号），对农村水电建设管理职能分工进行了明确，具体如下：

（1）省发展改革委主要负责全省农村水电建设的总体规划及水电建设项目的核准工作。

（2）省水利厅主要承担农村水电建设具体行政管理工作，其主要职责是：

1）负责全省水能资源开发利用管理工作；组织编制省内河流水能资源开发利用规划并监督实施。

2）研究拟定农村水电建设管理的有关政策、规定及技术标准并监督实施；负责农村水电建设项目的可研报告、立项前期的水资源论证、水土保持、移民方案等工作。

3）负责审查水电设计单位的资质、设计方案；负责监督水电建设工程施工质量；负责水电建设工程竣工的验收工作。

4）负责农村水电建设工程的后续监督管理工作，承担农村水电在抗旱、防洪、发电中的组织协调工作。

（3）省工业交通办公室负责农村水电的并网、上网协调工作。

（五）机构编制调整

2001年1月—2009年6月期间机构编制调整情况：2002年2月，省编委同意省水利厅配备机关党委专职书记（副厅级），不再配备专职副书记，增加副厅级领导职数1名，收回处级领导职数1名。2005年10月，省编办将原核定省水利厅机关党委专职书记（副厅级）收回，核定机关党委专职副书记职数1名（正处级）。2006年9月，省编委将省水土保持局由省政府直属事业单位调整为由水利厅管理的副厅级事业单位。2006年12月，省编办同意设置"省水利厅机关离退休人员服务管理处"，列入行政处室管理，人员编制6名，处级领导职数2名。2007年2月，省编办批复将省水利厅内设机构规划计划与资金管理处分设为规划计划处、财务审计处，给财务审计处增加1名处级领导职数。

（六）厅属企事业单位

陕西省水利厅有厅属事业单位33个：陕西省水利建设管理局、陕西省三门峡库区管理局、陕西省水文水资源勘测局、陕西省防汛抗旱总指挥部办公室、陕西省库区移民工作办公室、陕西省水资源管理办公室、陕西省水利工程质量监督中心站、陕西省水利与农田基本建设办公室、陕西省改水项目领导小组办公室、陕西省渔船检验管理局、陕西省关中灌区改造工程利用世界银行贷款办公室、陕西省机电排灌管理站、陕西省水利厅农业综合开发水利项目办公室、陕西省水电开发管理中心、陕西省水利综合经营办公室、陕西省河务水库站、陕西省防汛抗旱总指挥部信息中心、陕西省水利厅物资供销管理处（陕西省水电物资总公司）、陕西省水利厅机关后勤服务中心、陕西省水利干部西安培训中心（国家防汛抗旱西安培训中心）、陕西省地下水管理监测局、陕西省宝鸡峡引渭灌溉管理局、陕西省泾惠渠管理局、陕西省交口抽渭灌溉管理局、陕西省石头河水库管理局、陕西省桃曲坡水库管理局、陕西省水产研究所、陕西省水产工作总站、陕西省水利技工学校、陕西省水土保持勘测规划研究所、陕西省水土保持生态环境监测中心、水利部陕西省移民干部培训中心、陕西省水利工会工作委员会。

陕西省水利厅有厅属企业单位6个：陕西省水利电力勘测设计研究院、陕西省水利水电工程咨询中心、陕西省水利建设开发公司、陕西省渔业公司、陕西省水产供销公司、陕西省水产养殖公司。

（七）厅主要领导任免

2003年2月23日，陕西省第十届人民代表大会常务委员会第二次会议通过，任命谭策吾为陕西省水利厅厅长。

2003 年 2 月 23 日，陕西省第十届人民代表大会常务委员会第二次会议通过，免去彭谦的陕西省水利厅厅长职务。

二、第二阶段（2009 年 6 月—2014 年 6 月）

2009 年 6 月，陕西省人民政府办公厅印发《关于印发省水利厅主要职责内设机构和人员编制规定的通知》（陕政办发〔2009〕72 号），设立陕西省水利厅，为省政府组成部门。

（一）职责调整

（1）取消已由陕西省政府公布取消的行政审批事项。

（2）取消拟定水利行业经济调节措施、指导水利行业多种经营工作的职责。

（3）加强水资源的节约、保护和合理配置，保障城乡供水安全，促进水资源的可持续利用。加强防汛抗旱工作，减轻水旱灾害损失。

（二）主要职责

（1）负责保障水资源的合理开发利用，拟定全省水利发展规划和政策，起草有关地方性法规、政府规章草案，组织编制全省重要江河湖泊的流域综合规划、防洪规划等重大水利规划。按规划制定水利工程建设有关制度并组织实施，负责提出全省水利固定资产投资规模方向、中省财政性资金安排的意见，按规定权限，审批、核准规划内和年度计划规模内固定资产投资项目；提出中省水利建设投资安排建议并组织实施。

（2）负责生活、生产经营和生态环境用水的统筹兼顾和保障。实施水资源的统一监督管理，拟定全省和跨市水中长期供求规划、水量分配方案并监督实施，组织开展水资源调查评价工作，按规定开展水能资源调查工作，负责重要流域、区域以及重大调水工程的水资源调度，组织实施取水许可、水资源有偿使用制度和水资源论证、防洪论证制度。指导全省水利行业供水和乡镇供水工作；指导县及县以下供水管理工作。

（3）负责水资源保护工作。组织编制水资源保护规划，组织拟定重要江河湖泊的水功能区划并监督实施，核定水域纳污能力，提出限制排污总量建议，指导饮用水水源保护工作，指导地下水开发利用和城市规划区地下水资源管理保护工作。

（4）负责防治水旱灾害，承担省防汛抗旱总指挥部的具体工作。组织、协调、监督、指挥全省防汛抗旱工作，对重要江河湖泊和重要水工程实施防汛抗旱调度和应急水量调度，编制全省防汛抗旱应急预案并组织实施。指导水利突发公共事件的应急管理工作。

（5）负责节约用水工作。拟定节约用水政策，组织编制节约用水规划，制定有关标准，指导和推动节水型社会建设工作。

（6）指导水文工作。负责水文水资源监测、全省水文站网建设和管理，对江河湖库和地下水的水量、水质实施监测，发布水文水资源信息、情报预测和水资源公报。

（7）指导水利设施、水域及其岸线的管理与保护，指导全省重要江河、湖泊、水库、滩涂的治理和开发；指导水利工程建设与运行管理，组织实施具有控制性和跨地区重要水利工程的建设与运行管理；承担水利水电工程移民管理工作。

（8）负责防治水土流失。拟定水土保持有关政策，编制水土保持规划并监督实施；负责全省水土流失综合治理、预防监督和监测预报工作；负责重大开发建设项目水土保持方案的审批、监督实施及水土保持设施的验收工作；指导重点水土保持建设项目的实施。

（9）负责农村水利工作。组织协调全省农田水利基本建设，指导农村饮水安全，节水灌溉等工程建设与管理，指导农村水利社会化服务体系建设。按规定指导农村水能资源开发工作，指导水电农村电气化和小水电代燃料工作。

（10）负责重大涉水违法事件的查处，协调、仲裁跨地区水事纠纷，指导水政监察和水行政执法。负责水利行业安全生产工作，组织、指导水库、水电站大坝的安全监管，指导水利建设市场的监督管理，组织实施水利工程建设的监督。

（11）负责全省渔业管理工作。组织编制全省渔业发展战略、政策、规划、计划并指导实施；负责水产品质量监督工作，主管全省水生野生动植物保护工作；指导全省渔政执法和队伍建设。

（12）开展水利科技和外事工作。组织开展水利行业质量监督工作，拟定水利行业的技术标准、规程规范并监督实施，承担水利统计工作，办理有关涉外事务。指导全省水利职工队伍建设。

（13）承办省政府交办的其他事项。

（三）内设机构和人员编制

根据陕西省政府办公厅《关于印发省水利厅主要职责内设机构和人员编制规定的通知》（陕政办发〔2009〕72号），省水利厅内设机构有办公室、规划计划处、政策法规处、水资源与科技处（陕西省节约用水办公室）、财务审计处、人事处、建设与管理处、农村水利处、渔业局（陕西省渔政局）、安全监督处（陕西省水政监察总队）、机关党委、离退休人员服务管理处、纪检组、监察室（按有关规定设置）。厅机关行政编制68名，其中厅长1名，副厅长4名，总工程师、总规划师各1名（副厅级）。处级领导职数27名（含机关党委专职副书记1名）。

陕西省水利厅机构图（2009年）见图2。

（四）主要职能变化

根据陕西省政府办公厅《关于印发省水利厅主要职责内设机构和人员编制规定的通知》（陕政办发〔2009〕72号），将省水利厅部分职能进行调整，具体为：

（1）水资源保护与水污染防治的职责分二。陕西省水利厅对水资源保护负责，陕西省环境保护厅对水环境质量和水污染防治负责。两部门要进一步加强协调与配合，建立部门协调机制，定期通报水资源保护与水污染防治有关情况，协商解决有关重大问题。陕西省环境保护厅发布水环境信息，对信息的准确性、及时性负责；陕西省水利厅发布水文水资源信息中涉及水环境质量的内容，应与陕西省环境保护厅协商一致。

（2）将城市涉水事务的具体管理职责交给各市人民政府，并由各市人民政府确定供水、节水、排水、污水处理方面的管理体制，陕西省政府各相关部门根据所承担的责任负责业务上的指导。

（3）河道采砂管理职责分工，按照《陕西省河道管理条例》和《陕西省河道采砂管理办法》的规定执行。

（五）机构编制调整

2009年6月—2014年6月期间机构调整情况：2009年12月，省编委以陕编发〔2009〕22号文撤销陕西省关中灌区改造工程利用世界银行贷款办公室，组建陕西省引汉济渭工程领导小组办公室。2011年3月，省编委以陕编发〔2011〕1号文确定将陕西省水利工会工作委员会整建制划转至陕西省总工会直接管理。2011年5月，省编委以陕编发〔2011〕2号文成立陕西省渭河综合治理办公室。

（六）厅属企事业单位

陕西省水利厅有厅属事业单位32个，其中参照《中华人民共和国公务员法》管理的事业单位8个：陕西省水土保持局、陕西省防汛抗旱总指挥部办公室、陕西省库区移民工作办公室、陕西省城乡

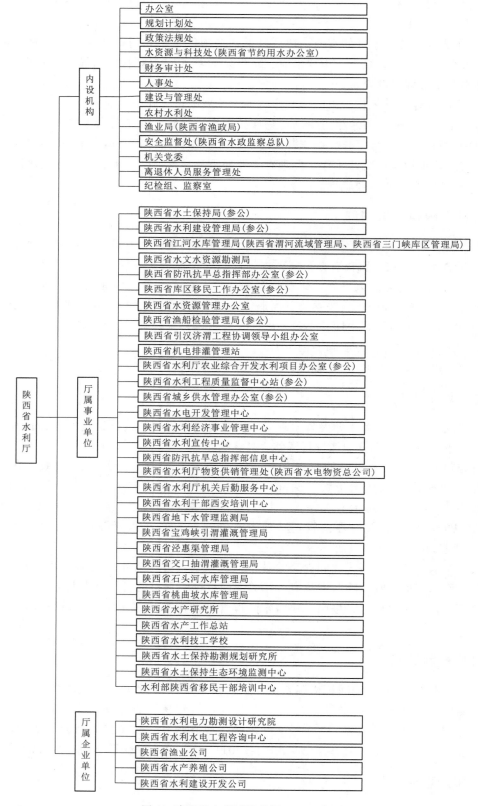

图 2　陕西省水利厅机构图 （2009 年）

供水管理办公室、陕西省渔船检验管理局、陕西省水利厅农业综合开发水利项目办公室、陕西省水利工程质量监督中心站、陕西省水利建设管理局。其他事业单位 24 个：陕西省江河水库管理局（陕西省渭河流域管理局、陕西省三门峡库区管理局）、陕西省水文水资源勘测局、陕西省水资源管理办公室、陕西省引汉济渭工程协调领导小组办公室、陕西省机电排灌管理站、陕西省水电开发管理中心、陕西省水利经济事业管理中心、陕西省水利宣传中心、陕西省防汛抗旱总指挥部信息中心、陕西省水利厅物资供销管理处（陕西省水电物资总公司）、陕西省水利厅机关后勤服务中心、陕西省水利干部西安培训中心、陕西省地下水管理监测局、陕西省宝鸡峡引渭灌溉管理局、陕西省泾惠渠管理局、陕西省交口抽渭灌溉管理局、陕西省石头河水库管理局、陕西省桃曲坡水库管理局、陕西省水产研究所、陕西省水产工作总站、陕西省水利技工学校、陕西省水土保持勘测规划研究所、陕西省水土保持生态环境监测中心、水利部陕西省移民干部培训中心。

厅属企业单位 5 个：陕西省水利电力勘测设计研究院、陕西省水利水电工程咨询中心、陕西省渔业公司、陕西省水产养殖公司、陕西省水利建设开发公司。

（七）厅主要领导任免

2010 年 1 月 13 日，陕西省第十一届人民代表大会常务委员会第十二次会议通过，任命王锋为陕西省水利厅厅长。

2010 年 1 月 13 日，陕西省第十一届人民代表大会常务委员会第十二次会议通过，免去谭策吾的陕西省水利厅厅长职务。

三、第三阶段（2014 年 6 月—2019 年 1 月）

2014 年 6 月，陕西省人民政府办公厅印发《关于印发省水利厅主要职责内设机构和人员编制规定的通知》（陕政办发〔2014〕84 号），设立陕西省水利厅，为省政府组成部门。

（一）职能转变

（1）加强水资源的节约、保护、管理和合理配置，保障城乡供水安全，促进水资源的可持续利用。
（2）加强防汛抗旱工作，减轻水旱灾害损失。

（二）主要职责

根据省政府办公厅 2014 年批复的"三定"方案，省水利厅的主要职责如下：
（1）负责保障水资源的合理开发利用，拟定全省水利战略规划和政策，起草有关地方性法规、政府规章草案，组织编制全省重要江河湖泊的流域综合规划、防洪规划等重大水利规划。按规划制定水利工程建设有关制度并组织实施，负责提出全省水利固定资产投资规模、方向及中省财政性资金安排的意见，按规定权限审批、核准规划内和年度计划规模内固定资产投资项目；提出中省水利建设投资安排建议并组织实施。
（2）负责生活、生产经营和生态环境用水的统筹兼顾和保障。实施水资源的统一监督管理，拟定全省和跨市水中长期供求规划、水量分配方案并监督实施，组织开展水资源调查评价工作，按规定开展水能资源调查工作，负责重要流域、区域以及重大水工程的水资源调度，组织实施取水许可、水资源有偿使用制度和水资源论证、防洪论证制度。指导全省水利行业供水工作；指导县及县以下供水管理工作。
（3）负责水资源保护工作。组织编制水资源保护规划，组织拟定重要江河湖泊的水功能区划并监督实施，核定水域纳污能力，提出限制排污总量建议，指导饮用水水源保护工作，指导地下水开发利用和城市规划区地下水资源管理保护工作。

（4）负责防治水旱灾害，承担省防汛抗旱总指挥部的具体工作。组织、协调、监督、指挥全省防汛抗旱工作，对重要江河湖泊和重要水工程实施防汛抗旱调度和应急水量调度，编制全省防汛抗旱应急预案并组织实施。指导水利突发公共事件的应急管理工作。

（5）负责节约用水工作。拟订节约用水政策，编制节约用水规划，制定有关标准，指导和推动节水型社会建设工作。

（6）指导水文工作。负责水文水资源监测、全省水文站网建设和管理，对江河湖库和地下水的水量、水质实施监测，发布水文水资源信息、情报预测和水资源公报。

（7）指导水利设施、水域及其岸线的管理与保护，指导全省重要江河、湖泊、水库、滩涂的治理和开发；指导水利工程建设与运行管理，组织实施具有控制性和跨地区重要水利工程的建设与运行管理；承担水利水电工程移民管理工作。

（8）负责防治水土流失。拟定水土保持有关政策，编制水土保持规划并监督实施；负责全省水土流失综合防治、预防监督和监测预报工作；负责重大开发建设项目水土保持方案的审批、监督实施及水土保持设施的验收工作；指导重点水土保持建设项目的实施。

（9）负责农村水利工作。组织协调全省农田水利基本建设，指导农村饮水安全，节水灌溉等工程建设与管理，指导农村水利社会化服务体系建设。按规定指导农村水能资源开发工作，指导水电农村电气化和小水电代燃料工作。

（10）负责重大涉水违法事件的查处，协调、仲裁跨地区水事纠纷，指导水政监察和水行政执法。负责水利行业安全生产工作，组织、指导水库、水电站大坝的安全监管，指导水利建设市场的监督管理，组织实施水利工程建设的监督。

（11）负责全省渔业管理工作。组织编制全省渔业发展战略、政策、规划、计划并指导实施；负责水产品质量监督工作，主管全省水生野生动植物保护工作；指导全省渔政执法和队伍建设。

（12）开展水利科技工作。组织开展水利行业质量监督工作，拟定水利行业的技术标准、规程规范并监督实施，承担水利统计工作。指导全省水利职工队伍建设。

（13）承办省政府交办的其他事项。

（三）内设机构和人员编制

根据陕西省政府办公厅《关于印发省水利厅主要职能内设机构和人员编制规定的通知》（陕政办发〔2014〕84号），省水利厅内设机构有办公室、规划计划处、政策法规与安全监督处、水资源与科技处（陕西省节约用水办公室）、财务审计处、人事处、建设与管理处、农村水利处、渔业局（陕西省渔政局）、机关党委、离退休人员服务管理处，纪检组、监察室（按有关规定设置）。厅机关行政编制71名。其中厅长1名、副厅长4名，总工程师、总规划师各1名（副厅级）。处级领导职数27名（含机关党委专职副书记1名）。

陕西省水利厅机构图（2014年）见图3。

（四）职能划转

2018年11月，陕西省机构编制委员会办公室印发《关于省水利厅职责机构编制和人员转隶通知》（陕编办发〔2018〕95号），对省水利厅职责和机构编制进行了调整，具体如下：①划入陕西省发展和改革委员会的南水北调工程项目区管理职责；②划出渔业管理职责，随职责划转渔业局（渔政局）及5名行政编制；③划出农田水利基本建设项目管理、水资源调查和确权登记管理、编制水功能区划、排污口设置管理、流域水环境保护、渔船检验和监督管理、水旱灾害防治、自然保护区和风景名胜区

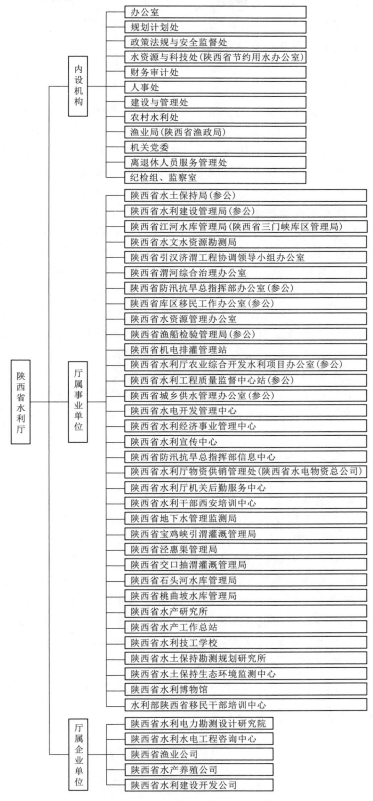

图 3　陕西省水利厅机构图（2014 年）

管理等职责；④陕西省渔船检验管理局整建制转隶陕西省交通运输厅；⑤陕西省水产研究与工作总站（陕西省水产研究所）整建制转隶陕西省农业农村厅；⑥陕西省防汛抗旱总指挥部办公室、陕西省防汛抗旱物资管理中心整建制转隶陕西省应急管理厅。

（五）机构编制调整

根据陕西省机构编制委员会办公室《关于印发〈陕西省水利厅所属事业单位整合机构精简编制规范管理方案〉的通知》（陕编办发〔2016〕200号），将陕西省防汛抗旱总指挥部信息中心、陕西省水利宣传中心、陕西省水利博物馆合并，组建陕西省水利信息宣传教育中心，保留陕西省防汛抗旱总指挥部信息中心牌子；将陕西省水利厅机关后勤服务中心、陕西省水利干部西安培训中心合并，组建陕西省水利厅后勤与培训中心；将陕西省机电排灌管理站、陕西省水利经济事业管理中心、陕西省水电开发管理中心合并，组建陕西省灌溉排水与水利水电发展中心；将陕西省水产工作总站、陕西省水产研究所合并，组建陕西省水产研究与工作总站，保留陕西省水产研究所牌子；将陕西省城乡供水管理办公室、陕西省水利厅农业综合开发水利项目办公室合并，组建陕西省城乡供水与农业综合开发中心；将陕西省水土保持生态环境监测中心并入陕西省水土保持勘测规划研究所，加挂陕西省水土保持生态环境监测中心牌子；将陕西省渭河综合治理办公室名称调整为陕西省渭河生态区管理局（陕西省渭河综合治理办公室）；撤销陕西省江河水库管理局加挂的陕西省渭河流域管理局牌子；将水资源管理办公室更名为陕西省水资源与河库调度管理中心；将陕西省水利厅物资供销管理处更名为陕西省防汛抗旱物资管理中心；将陕西省水利工程质量监督中心站更名为陕西省水利工程质量稽察中心；将陕西省引汉济渭工程协调领导小组办公室更名为陕西省水利发展调查与引汉济渭工程协调办公室。陕西省水利技工学校于2015年12月30日，整建制转隶陕西省教育厅。陕西省水利厅所属事业单位经整合精简、转隶后，编制总量由6098名核减为4261名。整合精简后，暂允许事业单位超编运行，人员逐步消化。

（六）厅属企事业单位

陕西省水利厅有厅属事业单位24个：陕西省水土保持局、陕西省库区移民工作办公室、陕西省水利建设管理局、陕西省水利发展调查与引汉济渭工程协调办公室、陕西省江河水库管理局（陕西省三门峡库区管理局）、陕西省渭河生态区管理局、陕西省水文水资源勘测局、陕西省防汛抗旱总指挥部办公室、陕西省水利工程质量稽察中心、陕西省渔船检验管理局、陕西省城乡供水与农业综合开发中心、陕西省地下水管理监测局、陕西省水资源与河库调度管理中心、陕西省水土保持勘测规划研究所、陕西省水利信息宣传教育中心、陕西省灌溉排水与水利水电发展中心、陕西省水产研究与工作总站、陕西省宝鸡峡引渭灌溉管理局、陕西省泾惠渠灌溉管理局、陕西省交口抽渭灌溉管理局、陕西省石头河水库灌溉管理局、陕西省桃曲坡水库灌溉管理局、陕西省水利厅后勤与培训中心、陕西省防汛抗旱物资管理中心。

陕西省水利厅有厅属企业单位2个：省水利电力勘测设计研究院、省水利水电工程咨询中心。

（七）厅主要领导任免

2016年1月13日，陕西省第十二届人民代表大会常务委员会第二十四次会议通过，任命王拴虎为陕西省水利厅厅长。

2016年1月13日，陕西省第十二届人民代表大会常务委员会第二十四次会议通过，免去王锋的陕西省水利厅厅长职务。

四、第四阶段（2019年1月—2020年4月）

2019年1月，陕西省委办公厅、陕西省人民政府办公厅印发《关于印发〈陕西省水利厅职能配置内设机构和人员编制规定〉的通知》（陕办字〔2019〕8号），设立陕西省水利厅，正厅级，为省政府组成部门。

（一）主要职责

（1）负责保障全省水资源的合理开发利用。贯彻落实国家有关水利工作的方针政策、法律法规，拟定全省水利发展规划和政策，组织起草地方性法律规章草案，组织编制全省水资源战略规划及重要流域（区域）水利综合规划、防洪规划等重大水利规划。

（2）负责生活、生产经营和生态环境用水的统筹和保障。组织实施最严格水资源管理制度，实施水资源的统一监督管理，拟定全省和跨区域水中长期供求规划、水量分配方案并监督实施。负责重大调水工程的水资源调度。组织实施取水许可、水资源论证和防洪论证制度，指导开展水资源有偿使用工作。指导水利行业供水和乡镇供水工作。

（3）按规定制定水利工程建设的有关制度并组织实施。负责提出省级水利固定资产投资规模、方向、具体安排建议并组织指导实施，提出省级水利资金安排建议并负责项目实施的监督管理。

（4）指导水资源保护工作。组织编制并实施全省水资源保护规划。指导全省饮用水水源保护有关工作，指导地下水开发利用和地下水资源管理保护。组织指导地下水超采区综合治理。

（5）负责节约用水工作。拟定节约用水政策，组织编制全省节约用水规划并监督实施，组织制定有关标准。组织实施用水总量控制等管理制度，指导和推进节水型社会建设工作。

（6）负责水文工作。负责水文水资源监测、全省水文站网建设和管理。对江河湖库和地下水实施监测，发布水文水资源信息、情报预报和全省水资源公报。按规定组织开展水资源、水能资源调查评价和水资源承载能力监测预警工作。

（7）指导水利设施、水域及其岸线的管理、保护与综合利用。组织指导水利基础设施网络建设。指导重要江河湖库及河口的治理、开发和保护。指导河湖水生态保护与修复、河湖生态流量水量管理以及河湖水系连通工作。

（8）指导监督水利工程建设与运行管理。组织实施全省重大水利工程建设与运行管理。制定水利工程建设有关政策、制度并监督实施。指导水利建设市场分级监督管理，组织实施水利工程建设的监督。

（9）负责水土保持工作。拟定全省水土保持规划并监督实施，组织实施全省水土流失综合防治、监测预报并定期公告。负责建设项目水土保持监督管理工作，指导省级重点水土保持建设项目的实施。

（10）负责农村水利工作。组织开展大中型灌排工程建设与改造。指导农村饮水安全工程建设管理工作，指导节水灌溉有关工作。协调牧区水利工作。指导农村水利改革创新和社会化服务体系建设。指导农村水能资源开发、小水电改造和水电农村电气化工作。

（11）负责水利工程移民管理工作。拟定水利工程移民有关政策并监督实施，组织实施水利工程移民安置前期工作、移民安置验收和监督评估等制度。指导监督水库移民后期扶持政策的实施。

（12）负责重大涉水违法事件的查处，协调跨流域、跨设区市的水事纠纷，指导水政监察和水行政执法。督促检查水利重大政策、决策部署和重点工作的贯彻落实情况。依法负责水利行业安全生产工作，组织指导水库、水电站大坝、农村水电站的安全监管。

（13）开展水利科技和外事工作。组织开展水利行业质量监督工作，拟定相关技术标准、规程规范并监督实施。

（14）负责落实综合防灾减灾规划相关要求，组织编制洪水干旱灾害防治规划和防护标准并指导实施。承担水情旱情监测预警工作。组织编制重要江河湖泊和重要水工程的防御洪水抗御旱灾调度及应急水量调度方案，按程序报批并组织实施。承担防御洪水应急抢险的技术支撑工作。

（15）完成省委、省政府交办的其他任务。

（二）职能转变

陕西省水利厅应切实加强水资源合理利用、优化配置和节约保护。坚持节水优先，从增加供给转向更加重视需求管理，严格控制用水总量和提高用水效率。坚持保护优先，加强水资源、水域和水利工程的管理保护，维护河湖健康美丽。坚持统筹兼顾，保障合理用水需求和水资源的可持续利用，为全省经济社会发展提供水安全保障。

（三）内设机构和人员编制

根据陕西省委办公厅、省政府办公厅《关于印发〈陕西省水利厅职能配置内设机构和人员编制规定〉的通知》（陕办字〔2019〕8号），陕西省水利厅内设机构有办公室、规划计划处、政策法规处、财务审计处、人事处、水资源水文防灾处、全省节约用水办公室（科技处）、建设监督处（渭河生态区管理工作处）、河湖运行处（河长制湖长制工作处）、水土保持治理处、农村水利水电处、工程移民处、机关党委、离退休人员服务管理处。行政编制95名。设厅长1名，副厅长4名。处级领导职数40名（含总工程师1名、总规划师1名、总经济师1名、督查专员3名、机关党委专职副书记1名、机关纪委书记1名和离退休人员服务管理处领导职数）。

陕西省水利厅机构图（2019年）见图4。

（四）机构编制调整

2019年1月，陕西省机构编制委员会办公室印发《关于调整省水利厅所属承担行政职能事业单位机构编制的通知》（陕编办发〔2019〕12号），将陕西省库区移民工作办公室、陕西省水土保持局、陕西省江河水库管理局（陕西省三门峡库区管理局）、陕西省渭河生态区管理局（陕西省渭河综合治理办公室）、陕西省水文水资源勘测局、陕西省城乡供水与农业综合开发中心、陕西省水利工程质量稽察中心、陕西省灌溉排水与水利水电发展中心承担的行政职能划归陕西省水利厅机关。将陕西省库区移民工作办公室、陕西省水土保持局整合为陕西省水土保持和移民工作中心。将陕西省江河水库管理局（陕西省三门峡库区管理局）更名为陕西省江河水库工作中心（陕西省三门峡库区管理中心）。将陕西省渭河生态区管理局（陕西省渭河综合治理办公室）更名为陕西省渭河生态区保护中心（陕西省渭河流域治理保护中心）。将陕西省水文水资源勘测局更名为陕西省水文水资源勘测中心。将陕西省城乡供水与农业综合开发中心更名为陕西省城乡供水安全中心。将陕西省灌溉排水与水利水电发展中心更名为陕西省水利水电发展中心。

2019年10月，陕西省机构编制委员会办公室印发《关于调整规范省水利厅部分事业单位名称的通知》（陕编办发〔2019〕160号），将陕西省宝鸡峡引渭灌溉管理局、陕西省泾惠渠灌溉管理局、陕西省交口抽渭灌溉管理局、陕西省石头河水库灌溉管理局、陕西省桃曲坡水库灌溉管理局分别更名为陕西省宝鸡峡引渭灌溉中心、陕西省泾惠渠灌溉中心、陕西省交口抽渭灌溉中心、陕西省石头河水库灌溉中心、陕西省桃曲坡水库灌溉中心；将陕西省水利发展调查与引汉济渭工程协调办公室更名为陕西省水利发展调查与引汉济渭工程协调中心；将陕西省水利建设管理局更名为陕西省水利建设工程中心；将陕西省地下水监测管理局更名为陕西省地下水保护与监测中心；将陕西省水利信息宣传教育中心（陕西省防汛抗旱总指挥部信息中心）更名为陕西省水利信息宣传教育中心（陕西省水利博物馆）；将陕西省水资源与河库调度管理中心更名为陕西省水资源与河库调度中心。

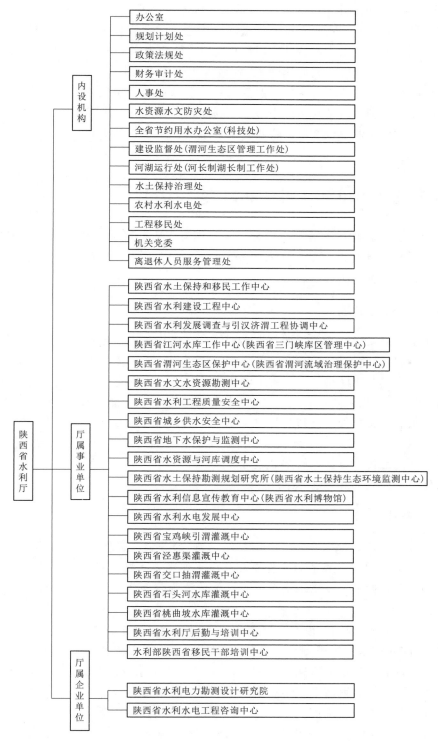

图 4　陕西省水利厅机构图（2019 年）

（五）厅属企事业单位

陕西省水利厅有厅属事业单位 20 个：陕西省水土保持和移民工作中心、陕西省水利建设工程中心、陕西省水利发展调查与引汉济渭工程协调中心、陕西省江河水库工作中心（陕西省三门峡库区管理中心）、陕西省渭河生态区保护中心（陕西省渭河流域治理保护中心）、陕西省水文水资源勘测中心、陕西省水利工程质量安全中心、陕西省城乡供水安全中心、陕西省地下水保护与监测中心、陕西省水资源与河库调度中心、陕西省水土保持勘测规划研究所（陕西省水土保持生态环境监测中心）、陕西省水利信息宣传教育中心（陕西省水利博物馆）、陕西省水利水电发展中心、陕西省宝鸡峡引渭灌溉中心、陕西省泾惠渠灌溉中心、陕西省交口抽渭灌溉中心、陕西省石头河水库灌溉中心、陕西省桃曲坡水库灌溉中心、陕西省水利厅后勤与培训中心、水利部陕西省移民干部培训中心。

陕西省水利厅有厅属企业单位2个：陕西省水利电力勘测设计研究院、陕西省水利水电工程咨询中心。

五、第五阶段（2020年4月—2021年12月）

2020年4月，陕西省机构编制委员会印发《关于调整省水利厅内设机构和人员编制的通知》（陕编发〔2020〕9号），将"水资源水文防灾处"分设为"水资源水文管理处"和"水旱灾害防御处"，增加行政编制5名，处级领导职数2名。

（一）内设机构和人员编制

根据陕西省机构编制委员会《关于调整省水利厅内设机构和人员编制的通知》（陕编发〔2020〕9号），省水利厅机构调整后内设机构15个：办公室、规划计划处、政策法规处、财务审计处、人事处、水资源水文管理处、水旱灾害防御处、全省节约用水办公室（科技处）、建设监督处（渭河生态区管理工作处）、河湖运行处（河长制湖长制工作处）、水土保持治理处、农村水利水电处、工程移民处、机关党委、离退休人员服务管理处。调整后行政编制101名。设厅长1名，副厅长4名。处级领导职数42名（含总工程师1名、总规划师1名、总经济师1名、督查专员3名、机关党委专职副书记1名、机关纪委书记1名和离退休人员服务管理处领导职数）。

陕西省水利厅机构图（2020年）见图5。

（二）厅属企事业单位

2019年12月，陕西省委组织部《关于印发省直参照公务员法管理机关（单位）名单的通知》（陕组通字〔2019〕167号），认定陕西省水土保持和移民工作中心、陕西省水利建设工程中心、陕西省水利工程质量安全中心、陕西省城乡供水安全中心4个单位为陕西省水利厅机构改革后的参照公务员法管理的事业单位。

陕西省水利厅有厅属事业单位20个：陕西省水土保持和移民工作中心（参公）、陕西省水利建设工程中心（参公）、陕西省水利工程质量安全中心（参公）、陕西省城乡供水安全中心（参公）、陕西省江河水库工作中心（陕西省三门峡库区管理中心）、陕西省水文水资源勘测中心、陕西省水利发展调查与引汉济渭工程协调中心、陕西省渭河生态区保护中心（陕西省渭河流域治理保护中心）、陕西省水利水电发展中心、陕西省水资源与河库调度中心、陕西省水利信息宣传教育中心（陕西省水利博物馆）、陕西省水利厅后勤与培训中心、陕西省水土保持勘测规划研究所（陕西省水土保持生态环境监测中心）、陕西省地下水保护与监测中心、陕西省宝鸡峡引渭灌溉中心、陕西省泾惠渠灌溉中心、陕西省交口抽渭灌溉中心、陕西省石头河水库灌溉中心、陕西省桃曲坡水库灌溉中心、水利部陕西省移民干部培训中心。

陕西省水利厅有厅属企业单位2个：陕西省水利电力勘测设计研究院、陕西省水利水电工程咨询中心。

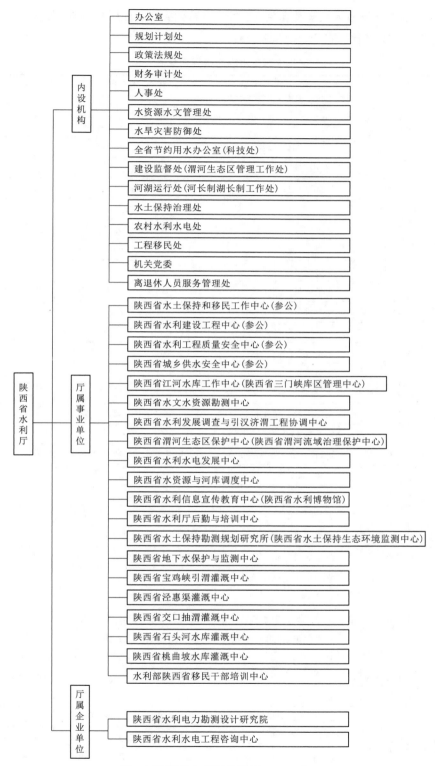

图 5　陕西省水利厅机构图（2020 年）

（三）厅主要领导任免

2020 年 11 月 26 日，陕西省人大常委会任命魏稳柱为陕西省水利厅厅长（陕人常发〔2020〕79 号）。

2020 年 11 月 26 日，陕西省人大常委会免去王拴虎的陕西省水利厅厅长职务（陕人常发〔2020〕79 号）。陕西省水利厅领导任免表见表 1。

表 1　　　　　　　　　　　　　陕西省水利厅领导任免表

机构名称	姓　名	职　　务	任 免 时 间	备　　注
陕西省水利厅	彭　谦	党组书记、厅长	1996 年 12 月—2003 年 2 月	
	谭策吾	党组书记、厅长	2003 年 2 月—2010 年 1 月	
	王　锋	党组书记、厅长	2010 年 1 月—2016 年 1 月	
	王拴虎	党组书记、厅长	2016 年 1 月—2020 年 11 月	
	魏稳柱	党组书记、厅长	2020 年 11 月—	
	王保安	巡视员	2008 年 9 月—2009 年 12 月	
		党组成员、副厅长	1994 年 8 月—2008 年 9 月	
	洪小康	巡视员	2013 年 12 月—2014 年 4 月	
		党组成员、巡视员	2012 年 2 月—2013 年 12 月	
		党组成员、副厅长	1995 年 12 月—2012 年 2 月	
	马卫东	党组成员、副厅长	1997 年 11 月—2004 年 2 月	
	李润锁	巡视员	2010 年 5 月—2011 年 1 月	
		副厅长	2010 年 4—5 月	
		党组成员、副厅长	1998 年 11 月—2010 年 4 月	
	田万全	巡视员	2012 年 9 月—2013 年 8 月	
		党组成员、副厅长	2005 年 1 月—2012 年 9 月	
		总工程师	1998 年 10 月—2005 年 1 月	
	张秦岭	党组成员、省水保局局长	2007 年 3 月—2017 年 2 月	
	管黎宏	一级巡视员	2020 年 5—10 月	
		党组成员、副厅长	2008 年 12 月—2020 年 5 月	
	张玉忠	巡视员	2018 年 7 月—2019 年 3 月	
		党组成员、副厅长	2010 年 1 月—2018 年 7 月	
	薛建兴	党组成员、副厅长	2011 年 12 月—2016 年 8 月	
	魏小抗	党组成员、副厅长	2012 年 2 月—	
	席跟战	一级巡视员	2021 年 6 月—	
		党组成员、副厅长	2012 年 9 月—2021 年 6 月	
		总规划师	2011 年 5 月—2012 年 9 月	
	丁纪民	党组成员、副厅长	2018 年 7 月—	2020 年 3 月—2021 年 1 月任省应急管理厅副厅长
	蒋学文	巡视员	2004 年 6 月—2007 年 6 月	
		党组成员、纪检组长	2000 年 7 月—2004 年 6 月	
	廉泾南	巡视员	2012 年 2 月—2013 年 2 月	
		党组成员、纪检组长	2005 年 11 月—2011 年 12 月	
	张　敏	党组成员、纪检组长	2012 年 4 月—	
	孙平安	总工程师	2005 年 8 月—2011 年 1 月	
	王建杰	总工程师	2011 年 9 月—	
	黄兴国	总规划师	2013 年 12 月—	

续表

机构名称	姓 名	职 务	任 免 时 间	备 注
陕西省水利厅	杨稳新	总经济师	2019 年 5 月—2021 年 3 月	
	雷春荣	巡视员	2017 年 8 月—2019 年 1 月	
	吴志贤	助理巡视员	1998 年 12 月—2003 年 5 月	
	李永杰	副巡视员	2004 年 7 月—2019 年 4 月	
	左占清	一级巡视员	2019 年 11 月—2020 年 4 月	
		二级巡视员	2019 年 6—11 月	
		副巡视员	2006 年 6 月—2019 年 6 月	
	杨耕读	副巡视员	2009 年 7 月—2009 年 7 月	
	马志成	副巡视员	2009 年 7—7 月	
	付应根	副巡视员	2009 年 7—7 月	
	毛 敏	副巡视员	2009 年 7—7 月	
	胡宗民	副巡视员	2009 年 7—7 月	
	郑生民	副巡视员	2010 年 11 月—2013 年 7 月	
	李国平	一级巡视员	2021 年 11 月—	
		二级巡视员	2019 年 6 月—2021 年 11 月	
		副巡视员	2011 年 12 月—2019 年 6 月	
	李新华	二级巡视员	2019 年 6 月—	
		副巡视员	2012 年 9 月—2019 年 6 月	
	刘恒福	副巡视员	2011 年 9 月—2014 年 8 月	
	权渭南	副巡视员	2013 年 12 月—2015 年 4 月	
	马景国	副巡视员	2013 年 12 月—2018 年 3 月	
	郑公社	副巡视员	2017 年 6—8 月	
	宇 涛	党组成员、副厅长	2021 年 6 月—	
	党德才	党组成员、副厅长	2021 年 6 月—	

执笔人：刘 芳
审核人：丁纪民

甘肃省水利厅

甘肃省水利厅为主管全省水利工程建设管理、水旱灾害防御、节约用水、河道湖泊管理等水行政工作的甘肃省人民政府组成部门（正厅级）。办公地点设在甘肃省兰州市城关区广场南路13号统办三号楼。

2001年以来的历次机构改革，省水利厅均予以保留。该时期组织沿革划分为以下3个阶段：2001年1月—2009年11月，2009年12月—2019年1月，2019年2月—2021年12月。

一、第一阶段（2001年1月—2009年11月）

根据《甘肃省人民政府办公厅关于印发甘肃省水利厅职能配置内设机构和人员编制规定的通知》（甘政办发〔2001〕22号），设置甘肃省水利厅，为主管全省水行政的甘肃省人民政府组成部门。

（一）主要职责

（1）组织拟定全省水利工作的方针政策、发展战略、中长期规划和年度发展计划；组织拟定全省主要河流、跨地区河流、跨流域调水的水利规划；组织起草有关法规、条例和规章并监督实施。

（2）统一管理全省水资源（含空中水、地表水、地下水）。组织拟定全省和跨地区（自治州、市）、跨流域水长期供求计划、水量分配方案并监督实施；组织有关全省国民经济总体规划、城市规划及大型建设项目的水资源和防洪的论证工作；组织实施取水许可制度和水资源费征收工作；发布全省水资源公报；指导全省水文工作。

（3）拟定全省节约用水政策，编制节约用水规划，制定有关标准；组织、指导和监督节约用水工作。

（4）按照国家和甘肃省资源与环境保护的有关法律、法规和标准，拟定水资源保护规划，对水资源保护实施监督管理；组织水功能区划分和向饮水区等水域排污的控制；监测江河湖库的水量、水质，审定水域纳污能力，提出限制排污总量的意见。

（5）组织实施水行政监察和水行政执法；协调并仲裁部门间和地区（自治州、市）间的水事纠纷。

（6）拟定全省水利行业的经济调节措施；对水利资金的使用进行监督检查；指导全省水利行业的供水、水电及多种经营工作；研究提出有关水利的价格、税收、信贷、财务等经济调节意见。

（7）组织编制、审查大中型水利基建项目建议书和可行性报告；负责水利、水电、土木工程的设计单位、施工单位、金属结构及混凝土构件制造单位、监理单位的资质管理；组织拟定水利行业技术质量标准和水利工程的规程、规范并监督实施。

（8）组织实施水利设施、水域及其岸线的管理与保护；组织实施全省主要河道、湖泊、水库、渠道及其岸线、行洪、蓄洪、工程保护区内滩涂地的治理和开发；组织建设和管理具有控制性的或跨地区（自治州、市）、跨流域的重要水利工程和大中型灌区；组织、指导大中型水库、水电站大坝的安全监管。

（9）指导全省农村水利、牧区水利、人畜饮水、病区改水和乡镇供水工作；组织、指导全省农田水利基本建设、农村水电及电气化县建设工作。

（10）组织全省水土保持工作。拟定水土保持的工程措施规划；组织实施水土流失的监测和综合防治。

（11）拟定全省生态环境建设的水利规划，指导全省生态环境建设的水利配套服务工作。

（12）指导全省水利队伍建设，编制全省水利职工教育规划和年度计划；归口管理厅属单位的县处级干部；管理厅机关并指导厅系统的干部、人事、劳动工资、机构编制等工作。

（13）拟定全省水利科学技术发展规划，组织水利科学研究和技术推广工作；负责全省水利系统的对外经济联络、技术经济合作。

（14）承担省抗旱防汛指挥部的日常工作，组织、协调、监督、指导全省防洪工作，对省内江、河流域的重要水利工程实施抗旱防汛调度。

（15）承办省委、省政府交办的其他事项。

（二）编制和内设机构

根据《甘肃省人民政府办公厅关于印发甘肃省水利厅职能配置内设机构和人员编制规定的通知》（甘政办发〔2001〕22号），明确甘肃省水利厅内设办公室、人事劳动教育处、经济财务处、规划计划处、水政水资源处（甘肃省节约用水办公室）、建设管理处、科技外事处、农村水利处（甘肃省水土保持生态环境建设办公室）、农村水电处9个职能处（室）。直属机关党委、水利工会、纪检（监察）和审计机构按有关规定设置。

甘肃省水利厅机关行政编制45名。其中厅长1名，副厅长4名，纪检组长1名，处级领导职数26名（含机关党委专职副书记1名）。非领导职务职数按有关规定另行核定。根据有关规定，单列编制3名。核定离退休职工管理工作人员编制7名。保留原核定的机关后勤服务中心10名事业编制、2名处级领导职数和系统工会事业编制2名。

2003年，甘肃省水利厅机关核销单列的行政编制3名，调整后，行政编制52名，事业编制2名。

2007年5月，甘肃省水利厅机关核定行政编制53名。

甘肃省水利厅机构图（2007年）见图1。

（三）厅领导任免

2001年9月，甘肃省人民政府任命刘斌为甘肃省水利厅副厅长（甘政任字〔2001〕55号），甘肃省委组织部任命刘斌为甘肃省水利厅党组成员（组任字〔2001〕191号）。

2001年11月，甘肃省人民政府任命王光勤为甘肃省水利厅助理巡视员（甘政任字〔2001〕64号）。

2002年1月，甘肃省委组织部免去贾德治甘肃省水利厅党组成员职务（组任字〔2002〕1号），甘肃省人民政府免去其甘肃省水利厅副厅长职务（甘政任字〔2002〕2号）。

2002年5月，甘肃省委任命康国玺为甘肃省水利厅党组成员（甘任字〔2002〕90号）；6月，甘肃省人民政府任命其为甘肃省水利厅副厅长（甘政任字〔2002〕17号）。

2003年2月，甘肃省委组织部免去康国玺甘肃省水利厅党组成员职务（组任字〔2003〕9号），甘肃省人民政府免去康国玺甘肃省水利厅副厅长职务（甘政任字〔2003〕8号），甘肃省人民政府任命盛维德为甘肃省水利厅厅长（甘政任字〔2003〕12号）。

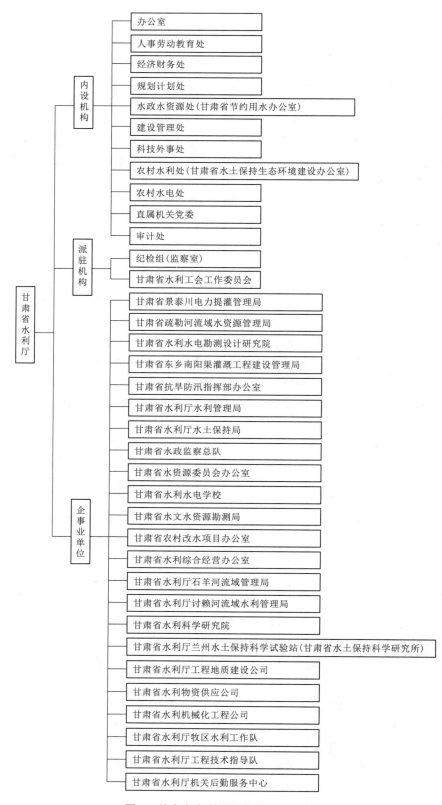

图1 甘肃省水利厅机构图（2007年）

2003 年 4 月，甘肃省人民政府免去冯婉玲甘肃省水利厅巡视员职务，退休（甘政任字〔2003〕22 号）。

2003 年 4 月，甘肃省人民政府免去朱传彬甘肃省水利厅助理巡视员职务，退休（甘政任字〔2003〕22 号）。

2003 年 10 月，甘肃省委组织部决定陈晓军挂职工作期间任甘肃省水利厅党组成员（组任字〔2003〕126 号）；11 月，甘肃省人民政府任命其为甘肃省水利厅副厅长（挂职）（甘政任字〔2003〕37 号）。

2003 年 12 月，甘肃省委组织部免去马啸非甘肃省水利厅党组成员职务（组任字〔2003〕144 号）；2004 年 2 月，甘肃省人民政府免去马啸非甘肃省水利厅总工程师职务，退休（甘政任字〔2004〕10 号）。

2004 年 2 月，甘肃省委免去王嵩山纪律检查委员会驻甘肃省水利厅纪检组组长、甘肃省水利厅党组成员职务，退休（甘任字〔2004〕25 号）。

2004 年 5 月，甘肃省委组织部任命康国玺为甘肃省水利厅党组成员（组任字〔2004〕33 号）；6 月，甘肃省人民政府任康国玺为甘肃省水利厅副厅长（正厅级）（甘政任字〔2004〕34 号）。

2004 年 8 月，甘肃省人民政府免去王光勤甘肃省水利厅助理巡视员职务，退休（甘政任字〔2004〕58 号）。

2004 年 12 月，甘肃省委任命何春三为甘肃省纪律检查委员会驻甘肃省水利厅纪检组组长（试用期一年）、甘肃省水利厅党组成员（甘任字〔2004〕326 号），甘肃省人民政府任命谢信良为甘肃省水利厅巡视员（甘政任字〔2004〕92 号）。

2005 年 1 月，甘肃省人民政府任命徐登为甘肃省水利厅助理巡视员（甘政任字〔2005〕3 号）。

2005 年 4 月，甘肃省委免去盛维德甘肃省水利厅党组书记职务（甘任字〔2005〕141 号），甘肃省委任命金涛为甘肃省水利厅党组副书记（甘任字〔2005〕142 号）。

2005 年 4 月，甘肃省人民政府免去盛维德甘肃省水利厅厅长职务（甘政任字〔2005〕44 号），甘肃省委任命许文海为甘肃省水利厅党组书记（甘任字〔2005〕202 号）。

2005 年 8 月，甘肃省人民政府任命许文海为甘肃省水利厅厅长（甘政任字〔2005〕120 号）。

2005 年 11 月，甘肃省人民政府免去谢信良甘肃省水利厅巡视员职务（甘政任字〔2005〕132 号）。

2005 年 12 月，甘肃省委任命何春三为甘肃省纪律检查委员会驻甘肃省水利厅纪检组组长（甘任字〔2005〕568 号）。

2006 年 5 月，甘肃省委免去金涛甘肃省水利厅党组副书记职务（甘任字〔2006〕131 号）；6 月，甘肃省人民政府免去金涛甘肃省水利厅副厅长职务，退休（甘政任字〔2006〕35 号）。

2006 年 6 月，甘肃省委组织部任命周兴福为甘肃省水利厅党组成员（组任字〔2006〕46 号）；7 月，甘肃省人民政府任命周兴福为甘肃省水利厅副厅长、甘肃省引大入秦灌溉工程管理局局长（甘政任字〔2006〕64 号）。

2006 年 11 月，甘肃省委组织部任命魏宝君为甘肃省水利厅党组成员（组任字〔2006〕125 号）；12 月，甘肃省人民政府任命魏宝君为甘肃省水利厅副厅长（甘政任字〔2006〕93 号）。

2006 年 12 月，甘肃省人民政府任命贾德治为甘肃省水利厅巡视员（甘政任字〔2006〕103 号）；2007 年 5 月，甘肃省人民政府免去贾德治甘肃省水利厅巡视员职务，退休（甘政任字〔2007〕20 号）。

2008 年 4 月，甘肃省委组织部兼任康国玺为甘肃省水利学会第十届理事会理事长（组兼任字〔2008〕4 号）。

2008 年 5 月，甘肃省委组织部免去刘斌甘肃省水利厅党组成员职务（组任字〔2008〕37 号）。

2009 年 1 月，甘肃省委组织部任命栾维功为甘肃省水利厅党组成员（组任字〔2009〕15 号），甘肃省人民政府任命栾维功为甘肃省水利厅副厅长（甘政任字〔2009〕5 号）。

2009 年 5 月，甘肃省委免去许文海甘肃省水利厅党组书记、成员职务（甘任字〔2009〕131 号）；6 月，甘肃省人民政府免去许文海甘肃省水利厅厅长职务（甘政任字〔2009〕75 号）。

2009 年 7 月，甘肃省委任命康国玺为甘肃省水利厅党组书记（甘任字〔2009〕274 号）；8 月，甘肃省人民政府任命康国玺为甘肃省水利厅厅长（甘政任字〔2009〕112 号）。

（四）厅属企事业单位

甘肃省水利厅有厅属企事业单位 23 家：甘肃省景泰川电力提灌管理局、甘肃省疏勒河流域水资源管理局、甘肃省引洮水电开发有限责任公司（甘肃省引洮工程建设管理局）、甘肃省水利水电勘测设计研究院、甘肃省水利厅机关后勤服务中心、甘肃省抗旱防汛指挥部办公室、甘肃省水利厅水土保持局、甘肃省水利厅水利管理局、甘肃省水政监察总队、甘肃省库区移民局、甘肃省水资源委员会办公室、甘肃省水文水资源局、甘肃省水利厅水利工程建设质量与安全管理中心、甘肃省水利厅水利工程建设造价与规费管理中心、甘肃省水利厅信息中心、甘肃省水利厅石羊河流域管理局、甘肃省水利厅讨赖河流域管理局、甘肃省水利科学研究院、甘肃省水利厅工程地质建设公司、甘肃省水利厅物资供应公司、甘肃省水利机械化工程公司、甘肃省水利培训中心、甘肃省水利厅兰州水土保持科学试验站（甘肃省水土保持科学研究所）。

二、第二阶段（2009 年 12 月—2019 年 1 月）

根据《甘肃省人民政府办公厅关于印发甘肃省水利厅主要职责内设机构和人员编制规定的通知》（甘政办发〔2009〕212 号），设立甘肃省水利厅，为省政府组成部门。

（一）主要职责

（1）贯彻执行国家水利政策。负责保障水资源的合理开发利用，拟定全省水利战略规划和政策，起草有关法规草案，制定部门规章，组织编制重要河流的流域综合规划、防洪规划等重大水利规划。按规定制定水利工程建设有关制度并组织实施，负责提出水利固定资产投资规模和方向、国家和省上财政性资金安排的意见，按规定权限，审批、核准全省规划内和年度计划规模内固定资产投资项目；提出全省水利建设投资安排建议并组织实施。

（2）负责全省生活、生产经营和生态环境用水的统筹兼顾和保障。实施水资源的统一监督管理，拟定全省和跨市（州）、跨流域水中长期供求规划、水量分配方案并监督实施，组织开展水资源调查评价工作，按规定开展水能资源调查工作，负责重要流域、区域以及重大调水工程的水资源调度，组织实施取水许可、水资源有偿使用制度和水资源论证、防洪论证制度。指导水利行业供水和乡镇供水工作。

（3）负责水资源保护工作。组织编制水资源保护规划，组织拟定重要河流的水功能区划并监督实施，核定水域纳污能力，提出限制排污总量建议，指导饮用水水源保护工作。指导地下水开发利用和城市规划区地下水资源管理保护工作。

（4）负责防治水旱灾害，承担省防汛抗旱总指挥部的具体工作。组织、协调、监督、指挥全省防汛抗旱工作，对重要河流和重要水工程实施防汛抗旱调度和应急水量调度，编制防汛抗旱应急预案并组织实施。指导水利突发公共事件的应急管理工作。

（5）负责节约用水工作。拟定节约用水政策，编制节约用水规划，制定有关标准，指导和推动节水型社会建设工作。

（6）指导水文工作。负责水文水资源监测、全省水文站网建设和管理，对河流湖库和地下水的水量、水质实施监测，发布水文水资源信息、情报预报和全省水资源公报。

（7）指导全省水利设施。水域及其岸线的管理与保护，指导重点河流滩涂的治理和开发，指导水利工程建设与运行管理，负责全省水利工程建设造价管理工作，组织实施具有控制性的或跨市（州）

及跨流域的重要水利工程建设与运行管理，承担水利工程移民管理工作。

（8）负责防治水土流失。拟定水土保持规划并监督实施，组织实施水土流失的综合防治、监测预报并定期公告，负责有关重大建设项目水土保持方案的审批、监督实施及水土保持设施的验收工作，指导全省重点水土保持建设项目的实施。

（9）指导农村水利工作。组织协调全省农田水利基本建设，指导农村饮水安全、节水灌溉等工程建设与管理工作，协调牧区水利工作，指导农村水利社会化服务体系建设。按规定指导农村水能资源开发工作，指导水电农村电气化和小水电代燃料工作。

（10）负责重大涉水违法事件的查处，协调、仲裁跨市（州）水事纠纷，指导水政监察和水行政执法、依法负责全省水利行业安全生产工作，组织、指导水库、水电站大坝的安全监督，指导水利建设市场的监督管理，组织实施水利工程建设的监督。

（11）开展水利科技和外事工作。组织开展水利行业质量监督工作，拟定全省水利行业的技术标准、规程规范并监督实施。承担全省水利统计工作。

（12）承办省委、省政府和水利部交办的其他事项。

（二）编制和内设机构

2009年甘肃省政府机构改革。根据《甘肃省人民政府办公厅关于印发甘肃省水利厅主要职责内设机构和人员编制规定的通知》（甘政办发〔2009〕212号），甘肃省水利厅内设办公室、财务处、规划计划处、水政水资源处、人事处、建设管理处、科技外事处、农村水利处、农村水电处、安全监督处等10个职能处（室）。机关党委、审计机构按有关规定设置。

甘肃省水利厅机关行政编制61名。其中厅长1名、副厅长4名、纪检组长1名、总工程师1名（正处级），处级领导职数27名（含机关党委专职副书记1名）。纪检、监察机构的人员编制和领导职数，按省编办、省纪委甘机编办发〔2006〕34号文规定执行。

保留机关后勤事业编制16名，处级领导职数2名。保留水利工会事业编制3名，处级领导职数2名。将甘肃省发展改革委库区移民办公室整建制划入甘肃省水利厅，保留事业编制10名，处级领导职数3名。

2010年11月，增设政策法规处。同年12月，水政水资源处更名为水资源处。

2016年5月，甘肃省编办规定，成立甘肃省纪委派驻甘肃省水利厅纪检组。纪检组行政编制10名，其中纪检组长（副厅级）1名，为甘肃省水利厅领导班子成员；副组长（正处级）3名。所需10名行政编制连人带编从甘肃省水利厅划转5名（含纪检组长编制），另外5名分别从甘肃省工商局、甘肃省食药监局、甘肃省质监局、甘肃省工信委连人带编各划转1名，从甘肃省纪委机关划转1名。撤销甘肃省监察厅派驻甘肃省水利厅监察室，核销监察室处级领导职数1名。调整后，厅机关行政编制74人。

2017年8月，经甘肃省编办批复，成立甘肃省河长制办公室。同月，将甘肃省水利厅农村水电处更名为河湖管理处。

甘肃省水利厅机构图（2010年）见图2。

（三）厅领导任免

2009年11月，甘肃省委组织部任命杨成有为甘肃省水利厅党组成员（组任字〔2009〕237号）；12月，甘肃省人民政府任命杨成有为甘肃省水利厅副厅长（正厅级）（甘政任字〔2009〕116号）。

2010年1月，甘肃省人民政府任命李发喜为甘肃省水利厅副巡视员（甘政任字〔2010〕4号）。

2010年10月，甘肃省委任命王金城为甘肃省纪律检查委员会驻甘肃省水利厅纪检组组长（试用期一年）、甘肃省水利厅党组成员，免去何春三甘肃省纪律检查委员会驻甘肃省水利厅纪检组组长职务（甘任字〔2010〕412号）。

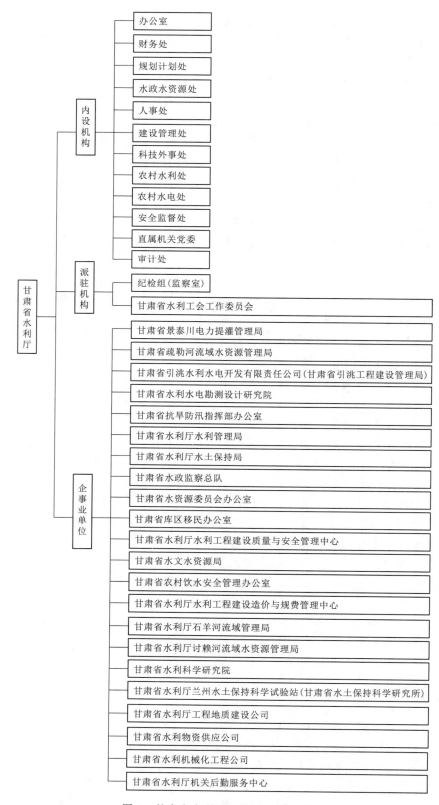

内设机构
办公室
财务处
规划计划处
水政水资源处
人事处
建设管理处
科技外事处
农村水利处
农村水电处
安全监督处
直属机关党委
审计处

派驻机构
纪检组（监察室）
甘肃省水利工会工作委员会

甘肃省水利厅

企事业单位
甘肃省景泰川电力提灌管理局
甘肃省疏勒河流域水资源管理局
甘肃省引洮水利水电开发有限责任公司（甘肃省引洮工程建设管理局）
甘肃省水利水电勘测设计研究院
甘肃省抗旱防汛指挥部办公室
甘肃省水利厅水利管理局
甘肃省水利厅水土保持局
甘肃省水政监察总队
甘肃省水资源委员会办公室
甘肃省库区移民办公室
甘肃省水利厅水利工程建设质量与安全管理中心
甘肃省水文水资源局
甘肃省农村饮水安全管理办公室
甘肃省水利厅水利工程建设造价与规费管理中心
甘肃省水利厅石羊河流域管理局
甘肃省水利厅讨赖河流域水资源管理局
甘肃省水利科学研究院
甘肃省水利厅兰州水土保持科学试验站（甘肃省水土保持科学研究所）
甘肃省水利厅工程地质建设公司
甘肃省水利物资供应公司
甘肃省水利机械化工程公司
甘肃省水利厅机关后勤服务中心

图 2　甘肃省水利厅机构图（2010 年）

2010 年 11 月，甘肃省人民政府任命何春三为甘肃省水利厅副厅长（甘政任字〔2010〕83 号），甘肃省人民政府免去李发喜甘肃省水利厅副巡视员职务，退休（甘政任字〔2010〕94 号）。

2011 年 1 月，甘肃省委组织部免去魏宝君甘肃省水利厅党组成员职务（组任字〔2011〕8 号）；2 月，甘肃省人民政府免去魏宝君甘肃省水利厅副厅长职务（甘政任字〔2011〕23 号）。

2011 年 3 月，甘肃省委组织部任命陈德兴为甘肃省水利厅党组成员（组任字〔2011〕40 号）；4 月，甘肃省人民政府任命陈德兴为甘肃省水利厅副厅长（甘政任字〔2011〕35 号）。

2011 年 4 月，甘肃省人民政府任命翟自宏为甘肃省水利厅副巡视员（甘政任字〔2011〕39 号）。

2011 年 10 月，甘肃省委任命王金城为甘肃省纪律检查委员会驻甘肃省水利厅纪检组组长（甘任字〔2011〕749 号）。

2013 年 4 月，甘肃省委组织部免去周兴福甘肃省水利厅党组成员职务（组任字〔2013〕36 号），甘肃省委组织部任命李均为甘肃省水利厅党组成员（组任字〔2013〕34 号），甘肃省人民政府任命李均为甘肃省水利厅副厅长、甘肃省引大入秦工程管理局（甘肃省引大入秦建设指挥部）局长（指挥），免去周兴福甘肃省水利厅副厅长、甘肃省引大入秦工程管理局（甘肃省引大入秦建设指挥部）局长（指挥）职务（甘政任字〔2013〕4 号），甘肃省人民政府任命魏宝君为甘肃省水利厅厅长（甘政任字〔2013〕5 号），甘肃省委任命杨成有为甘肃省水利厅党组副书记（甘任字〔2013〕161 号）。

2013 年 12 月，甘肃省委组织部兼任翟自宏为甘肃省水利学会第十一届理事会理事长（组兼任字〔2013〕50 号）。

2014 年 10 月，甘肃省人民政府免去徐登甘肃省水利厅助理巡视员职务，享受正厅级非领导职务待遇，退休（甘政任字〔2014〕17 号）。

2015 年 1 月，甘肃省委免去杨成有甘肃省水利厅党组副书记职务（甘任字〔2015〕26 号）。

2015 年 2 月，甘肃省人民政府任命张世华为甘肃省水利厅副巡视员（甘政任字〔2015〕3 号）。

2015 年 10 月，甘肃省委任命陈新江为甘肃省纪律检查委员会派驻甘肃省水利厅纪检组副地级纪律检查员（甘任字〔2015〕384 号）。

2016 年 3 月，甘肃省委组织部任命李旺泽为甘肃省水利厅党组成员，免去李均甘肃省水利厅党组成员职务（组任字〔2016〕42 号）。

2016 年 4 月，甘肃省人民政府任命李旺泽为甘肃省水利厅副厅长、甘肃省引大入秦工程管理局（甘肃省引大入秦建设指挥部）局长（指挥），免去李均甘肃省水利厅副厅长、甘肃省引大入秦工程管理局（甘肃省引大入秦建设指挥部）局长（指挥）职务（甘政任字〔2016〕10 号），甘肃省委组织部免去栾维功甘肃省水利厅党组成员职务（组任字〔2016〕47 号）。

2016 年 5 月，甘肃省人民政府免去栾维功甘肃省水利厅副厅长职务（甘政任字〔2016〕11 号）。

2016 年 6 月，甘肃省委组织部免去何春三甘肃省水利厅党组成员职务（组任字〔2016〕79 号），甘肃省委组织部任命张天革为甘肃省水利厅党组成员（组任字〔2016〕91 号）。

2016 年 10 月，甘肃省委组织部任命姚进忠为甘肃省水利厅党组成员（组任字〔2016〕177 号）。

2016 年 11 月，甘肃省人民政府任命姚进忠为甘肃省水利厅副厅长、免去其甘肃省水利厅水土保持局局长职务（甘政任字〔2016〕34 号）。

2017 年 7 月，甘肃省委组织部免去陈德兴甘肃省水利厅党组成员职务（组任字〔2017〕44 号），甘肃省人民政府免去陈德兴甘肃省水利厅副厅长职务（甘政任字〔2017〕33 号）。

2017 年 9 月，甘肃省委任命王勇为甘肃省水利厅党组副书记（列李旺泽之后）（甘任字〔2017〕408 号）；10 月，甘肃省人民政府任命王勇为甘肃省水利厅副厅长（甘政任字〔2017〕39 号）。

2017 年 12 月，甘肃省人民政府任命魏宝君为甘肃省河长制办公室主任（兼）（甘政任字〔2017〕42 号），甘肃省直属机关工作委员会任命王勇为甘肃省水利厅直属机关党委委员、书记，免去张天革甘肃省水利厅直属机关党委书记、委员职务（省直工任字〔2017〕144 号）。

2018 年 2 月，甘肃省委组织部免去李旺泽甘肃省水利厅党组成员职务（组任字〔2018〕15 号）。

2018 年 3 月，甘肃省人民政府任命韩临广为甘肃省水利厅副厅长，免去李旺泽甘肃省水利厅副厅长职务（甘政任字〔2018〕11 号），甘肃省委组织部任命韩临广为甘肃省水利厅党组成员（组任字〔2018〕36 号）。

2018 年 5 月，甘肃省委免去陈新江甘肃省纪律检查委员会派驻甘肃省水利厅纪检组副地级纪律检查员职务，退休（甘任字〔2018〕182 号），甘肃省委组织部任命吴天临为甘肃省水利厅党组成员，免去张天革甘肃省水利厅党组成员职务（组任字〔2018〕78 号），甘肃省人民政府任命吴天临为甘肃省水利厅副厅长，免去张天革甘肃省水利厅副厅长职务（甘政任字〔2018〕21 号）。

2018 年 8 月，甘肃省委组织部免去王金城甘肃省水利厅党组成员职务（组任字〔2018〕164 号），甘肃省委免去王金城甘肃省纪律检查委员会派驻甘肃省水利厅纪检组组长职务，退休（甘任字〔2018〕424 号）。

2018 年 10 月，甘肃省委任命齐永强为甘肃省纪律检查委员会、甘肃省监察委员会派驻甘肃省水利厅纪检检查组组长（试用期一年）（甘任字〔2018〕528 号），甘肃省委组织部任命齐永强为甘肃省水利厅党组成员（组任字〔2018〕212 号），甘肃省委任命王勇为甘肃省水利厅党组成员，免去其甘肃省水利厅党组副书记职务，免去韩临广甘肃省水利厅党组成员职务（甘任字〔2018〕571 号），甘肃省人民政府免去韩临广、王勇甘肃省水利厅副厅长职务（甘政任字〔2018〕43 号）。

2019 年 1 月，甘肃省人民政府任命翟自宏为甘肃省水利厅副厅长（试用期一年），免去其甘肃省水利厅副巡视员职务（甘政任字〔2019〕2 号），甘肃省委组织部任命翟自宏为甘肃省水利厅党组成员（组任字〔2018〕282 号）。

（四）厅属企事业单位

甘肃省水利厅共有厅属企事业单位 21 家：甘肃省景泰川电力提灌管理局、甘肃省疏勒河流域水资源管理局、甘肃省引洮工程建设管理局、甘肃省水利水电勘测设计研究院、甘肃省水利厅机关后勤服务中心、甘肃省抗旱防汛指挥部办公室、甘肃省水利厅水土保持局、甘肃省水利厅水利管理局、甘肃省水政监察总队、甘肃省库区移民局、甘肃省水资源委员会办公室、甘肃省水文水资源局、甘肃省水利厅水利工程建设质量与安全管理中心、甘肃省水利厅水利工程建设造价与规费管理中心、甘肃省农村饮水安全管理办公室、甘肃省水利厅信息中心、甘肃省水利厅石羊河流域管理局、甘肃省水利厅讨赖河流域管理局、甘肃省水利科学研究院、甘肃省水务投资有限责任公司、甘肃省水利厅兰州水土保持科学试验站（甘肃省水土保持科学研究所）。

1990 年 1 月，根据甘肃省编制委员会《关于成立"农村改水项目办公室"的通知》（甘编〔1990〕003 号），成立甘肃省农村改水项目办公室，县级事业单位，属甘肃省爱国卫生运动委员会世界银行贷款农村改水项目领导小组领导。1992 年 11 月，根据甘肃省机构编制委员会《关于将甘肃省农村改水项目办公室移交省水利厅的批复》（甘机编〔1992〕134 号），整建制移交甘肃省水利厅。

2009 年 8 月，根据甘肃省机构编制委员会办公室《关于机构更名的通知》（甘机编办通字〔2009〕47 号）和《甘肃省水利厅关于甘肃省农村改水项目办公室更名为甘肃省农村饮水安全管理办公室的通知》（甘水发〔2009〕544 号），单位更名为甘肃省农村饮水安全管理办公室。

三、第三阶段（2019 年 2 月—2021 年 12 月）

（一）主要职责

根据甘肃省政府 2009 年批复的"三定"规定，甘肃省水利厅是甘肃省政府的组成部分，主管全省水行政工作。其主要职责是负责保障水资源的合理开发利用，负责全省生活、生产经营和生态环境用水的统筹兼顾和保障，负责水资源保护、防治水旱灾害、防治水土流失、节约用水工作，指导全省水利工程建设与管理、农村水利工作、水文工作。开展水利科技和外事工作，承办甘肃省委、省政府和水利部交办的其他事项。

根据《中共甘肃省委办公厅　甘肃省人民政府办公厅关于调整甘肃省水利厅职能配置、内设机构和人员编制的通知》（甘办字〔2019〕49号），划入甘肃省水利水电工程移民管理局全部行政职责。划入甘肃省抗旱防汛指挥部办公室防汛抗旱预警预报和汛期水利工程调度等职责。划入甘肃省疏勒河流域水资源管理局、甘肃省水利厅石羊河流域管理局、甘肃省水利厅讨赖河流域水资源管理局、甘肃省水利厅水土保持局承担的行政许可、征收、处罚等职责。将水旱灾害防治相关职责划给甘肃省应急管理厅。将水资源调查和确权登记管理职责划给甘肃省自然资源厅。将编制水功能区划、入河排污口设置管理、流域水环境保护职责划给甘肃省生态环境厅。将农田水利建设项目管理职责划给甘肃省农业农村厅。将风景名胜区管理职责划给甘肃省林业和草原局；加强水资源合理利用、优化配置和节约保护。

（二）编制和内设机构

根据《中共甘肃省委办公厅　甘肃省人民政府办公厅关于调整甘肃省水利厅职能配置、内设机构和人员编制的通知》（甘办字〔2019〕49号），撤销审计处、科技外事处。将农村水利处更名为农村供水处，将安全监督处更名为监督处。设立水土保持处、水旱灾害防御处、水库移民处、甘肃省节约用水办公室、老干部处。

调整后，甘肃省水利厅内设办公室、规划计划处、政策法规处、财务处、人事处、水资源处、甘肃省节约用水办公室、建设管理处、河湖管理处、水土保持处、农村供水处、水库移民处、水旱灾害防御处、监督处等职能处（室）14个，另设机关党委、老干部处。

甘肃省水利厅机关行政编制72名，事业编制25名。处级领导职数41名（含总工程师1名、总规划师1名、机关党委专职副书记1名）。

保留甘肃省水利工会事业编制3名，处级领导职数1名。保留甘肃省水利厅机关后勤服务中心，事业编制15名，处级领导职数2名。甘肃省水利厅所属事业单位的设置、职责和编制事项另行规定。

甘肃省水利厅机构图（2021年）见图3。

（三）厅领导任免

2019年3月，甘肃省委组织部免去王勇甘肃省水利厅党组成员职务（组任字〔2019〕91号）；4月，甘肃省人民政府任命王勇为甘肃省水利厅巡视员（甘政任字〔2019〕14号）。

2019年5月，甘肃省委组织部任命朱建海为甘肃省水利厅党组成员（组任字〔2019年〕181号）；6月，甘肃省人民政府任命朱建海为甘肃省水利厅副厅长（甘政任字〔2019〕21号）。

2019年7月，甘肃省委组织部免去翟自宏甘肃省水利厅党组成员职务（组任字〔2019〕253号），甘肃省委免去魏宝君甘肃省水利厅党组书记、成员职务（甘任字〔2019〕283号），甘肃省人民政府任命朱建海为甘肃省河长制办公室副主任（兼），免去翟自宏甘肃省水利厅副厅长职务，免去魏宝君甘肃省河长制办公室主任（兼）职务，免去王勇甘肃省河长制办公室副主任（兼）职务（甘政任字〔2019〕25号），甘肃省委组织部任命王勇为甘肃省水利厅一级巡视员（组任字〔2019〕272号），甘肃省人民代表大会常务委员会决定任命霍卫平为甘肃省水利厅厅长，决定免去魏宝君甘肃省水利厅厅长职务（甘人大常发〔2019〕13号）。

2019年9月，甘肃省委组织部任命朱建海为甘肃省水利厅党组书记（列霍卫平之前）（组任字〔2019〕374号）；10月，甘肃省人民政府免去其甘肃省水利厅副厅长、甘肃省河长制办公室副主任（兼）职务（甘政任字〔2019〕34号）。

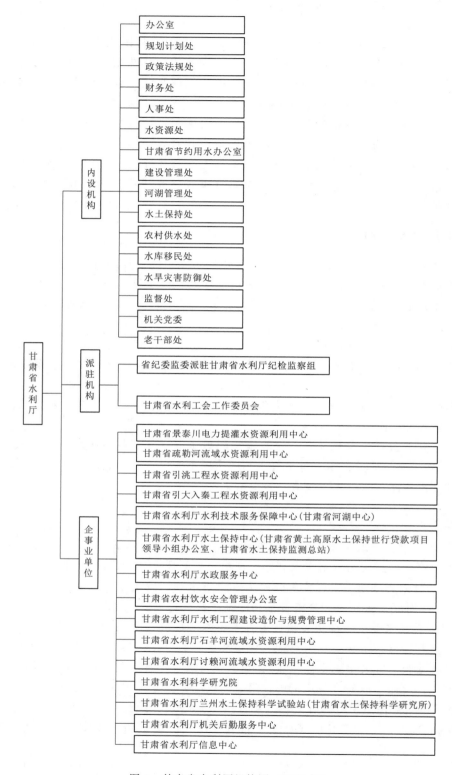

图 3　甘肃省水利厅机构图（2021 年）

2019年11月，甘肃省委组织部任命牛军、陈继军为甘肃省水利厅党组成员，免去姚进忠甘肃省水利厅党组成员职务（组任字〔2019〕342号），甘肃省人民政府任命牛军为甘肃省水利厅副厅长，任命陈继军为甘肃省水利厅副厅长，免去姚进忠甘肃省水利厅副厅长职务（保留副厅长待遇）（甘政任字〔2019〕37号）。

2019年11月，甘肃省委组织部晋升贾文平、郭海临为甘肃省水利厅二级巡视员（组任字〔2019〕428号），甘肃省委任命齐永强为甘肃省纪律检查委员会、甘肃省监察委员会派驻甘肃省水利厅纪检监察组组长（甘任字〔2019〕447号）。

2019年12月，甘肃省委直属机关工作委员会任命牛军为甘肃省水利厅直属机关党委委员、书记，免去王勇甘肃省水利厅直属机关党委书记、委员职务（省直工组字〔2019〕198号）。

2020年8月，甘肃省委免去王勇甘肃省水利厅一级巡视员职务，退休（甘任字〔2020〕302号）。

2021年4月，甘肃省第十三届人民代表大会常务委员会任命朱建海为甘肃省水利厅厅长，免去霍卫平的甘肃省水利厅厅长职务（甘人大常发〔2021〕17号）。

2021年5月，甘肃省人民政府任命朱建海为甘肃省河长制办公室主任（兼）；免去霍卫平甘肃省河长制办公室主任（兼）职务（甘政任字〔2021〕17号）。

2021年7月，甘肃省委组织部任命程江芬为甘肃省水利厅党组成员，甘肃省政府任命程江芬为甘肃省水利厅副厅长（试用期一年）。

甘肃省水利厅领导任免表（2001年1月—2021年12月）见表1。

表1　　　　　　　　　　甘肃省水利厅领导任免表（2001年1月—2021年12月）

机构名称	姓　名	职　务	任免时间	备　注
甘肃省水利厅	马啸非	总工程师	1994年11月—2004年2月	
	金　涛	副厅长	1995年5月—2006年6月	
		副书记	2005年3月—2006年5月	
	盛维德	党组书记、厅长	1998年4月—2005年4月	
	贾德治	副厅长	1998年4月—2002年1月	
	李效栋	副厅长	1998年4月—2006年2月	
	王嵩山	纪检组长	1998年10月—2004年2月	
	朱传彬	助理巡视员	1999年3月—2003年4月	
	冯婉玲	巡视员	2000年5月—2003年4月	
	刘　斌	副厅长	2001年9月—2008年5月	
	王光勤	助理巡视员	2001年11月—2004年8月	
	康国玺	副厅长	2002年6月—2003年2月	
	陈晓军	副厅长	2003年11月—2004年11月	挂职
	康国玺	党组成员	2004年5月—2007年5月	正厅级
		副厅长	2004年6月—2007年5月	
	何春三	纪检组长	2004年12月—2010年10月	
	谢信良	巡视员	2004年12月—2005年11月	
	徐　登	助理巡视员	2005年1月—2014年10月	
	许文海	党组书记	2005年4月—2009年5月	
		厅　长	2005年8月—2009年6月	
	周兴福	副厅长	2006年7月—2013年4月	

机构名称	姓名	职务	任免时间	备注
甘肃省水利厅	魏宝君	党组成员	2006年11月—2011年1月	
		副厅长	2006年12月—2011年1月	
	贾德治	巡视员	2006年12月—2007年5月	
	栾维功	党组成员	2009年1月—2016年4月	
		副厅长	2009年1月—2016年5月	
	康国玺	党组成员、副厅长	2002年7月—2003年2月	
		党组成员、副厅长	2004年6月—2009年7月	正厅级
		党组书记、厅长	2009年7月—2013年4月	
	杨成有	党组成员、副厅长、党组副书记	2009年11月—2015年1月	正厅级
	李发喜	副巡视员	2010年1月—2010年11月	
	何春三	党组成员、副厅长	2010年11月—2016年6月	
	王金城	纪检组长	2010年10月—2018年8月	
	陈德兴	党组成员	2011年3月—2017年7月	
		副厅长	2011年4月—2017年7月	
	李均	党组成员、副厅长	2013年4月—2016年4月	
	魏宝君	党组书记、厅长	2013年4月—2019年7月	
	杨成有	党组副书记	2013年4月—2015年1月	
	陈新江	副地级纪律检查员	2015年10月—2018年5月	
	李旺泽	党组成员	2016年3月—2018年2月	
		副厅长	2016年4月—2018年3月	
	张天革	党组成员、副厅长	2016年6月—2018年5月	
	姚进忠	党组成员	2016年10月—2019年10月	
		副厅长	2016年11月—2019年11月	
	王勇	巡视员	2019年4月—2019年6月	
		党组成员	2018年10月—2019年3月	
		党组副书记	2017年9月—2018年10月	
		副厅长	2017年10月—2018年10月	
	韩临广	副厅长、甘肃省引大入秦工程管理局（甘肃省引大入秦建设指挥部）局长（指挥）党委书记	2018年3月—2018年10月	
	翟自宏	副巡视员	2011年4月—2019年1月	
		党组成员、副厅长	2019年1月—2019年7月	
	霍卫平	厅长	2019年7月—2021年4月	
	朱建海	党组书记	2019年10月—2023年1月	
		厅长	2021年4月—2023年1月	
		党组成员、副厅长	2019年6月—2019年10月	
	牛军	党组成员、副厅长	2019年11月—	
	陈继军	党组成员、副厅长	2019年11月—	
	齐永强	党组成员、纪检组长	2018年10月—	

机构名称	姓 名	职 务	任 免 时 间	备 注
甘肃省水利厅	程江芬	党组成员、副厅长	2021 年 7 月—	
	吴天临	党组成员、副厅长	2018 年 5 月—	
	张世华	副巡视员	2015 年 2 月—2019 年 7 月	
		二级巡视员	2019 年 7—11 月	

（四）厅属企事业单位

甘肃省水利厅共有厅属企事业单位 17 家：甘肃省景泰川电力提灌水资源利用中心、甘肃省疏勒河流域水资源利用中心、甘肃省引大入秦工程水资源利用中心、甘肃省水利厅水利技术服务中心（甘肃省河湖中心）、甘肃省水利厅水土保持中心、甘肃省水政服务中心、甘肃省水资源委员会办公室、甘肃省水利厅水利工程建设质量与安全管理中心、甘肃省水文站、甘肃省农村饮水安全管理办公室、甘肃省水利厅水利工程建设造价与规费管理中心、甘肃省水利厅石羊河流域水资源利用中心、甘肃省水利厅讨赖河流域水资源利用中心、甘肃省水利科学研究院、甘肃省水利厅兰州水土保持科学试验站（甘肃省水土保持科学研究所）、甘肃省水利厅机关后勤服务中心、甘肃省水利厅信息中心。

2018 年 11 月，根据甘肃省省直有关事业单位机关编制调整方案相关规定，将甘肃省抗旱防汛办公室应急抢险等职责及人员编制 15 名划转给新组建的甘肃省应急管理厅，将防汛抗旱预警报和汛期水利工程调度等职责及人员编制 13 名划转给甘肃省水利厅，收回空编 1 名，核销处级领导职数 6 名。不再保留甘肃省抗旱防汛指挥部办公室。将甘肃省水利水电工程移民管理局全部职责及人员编制 12 名划给甘肃省水利厅，核销处级领导职数 3 名。不再保留甘肃省水利水电工程移民管理局。

2021 年 4 月，根据《中共甘肃省委机构编制委员会办公室关于甘肃省水利厅所属部分事业单位更名的批复》（甘编办复字〔2021〕14 号），将甘肃省水文水资源局更名为甘肃省水文站；甘肃省水利厅水利管理局（甘肃省河湖管理中心）更名为甘肃省水利厅水利技术服务保障中心（甘肃省河湖中心）；甘肃省水利厅水土保持局（甘肃省黄土高原保持世行贷款项目领导小组办公室、甘肃省水土保持监测站）更名为甘肃省水利厅水土保持中心（甘肃省水土保持世行贷款项目领导小组办公室、甘肃省水土保持监测站）；甘肃省讨赖河流域水资源局更名为甘肃省水利厅讨赖河流域水资源利用中心；甘肃省石羊河流域水资源局更名为甘肃省水利厅石羊河流域水资源利用中心；甘肃省水政监察总队承担的综合行政执法职能划入甘肃省水利厅政策法规处，将该机构更名为甘肃省水利厅水政服务中心。

2021 年 4 月，根据《中共甘肃省委机构编制委员会关于甘肃省引大入秦工程管理局更名的通知》（甘编委发〔2021〕4 号），将甘肃省引大入秦工程管理局（甘肃省引大入秦建设指挥部）更名为甘肃省引大入秦工程水资源利用中心，撤销加挂的甘肃省引大入秦建设指挥部牌子，隶属关系调整为甘肃省水利厅管理，机构规格不变。

2021 年 4 月，根据《中共甘肃省委机构编制委员会关于甘肃省水利厅所属部分事业单位更名的通知》（甘编委发〔2021〕7 号），将甘肃省景泰川电力提灌管理局（景电二期工程指挥部）更名为甘肃省景泰川电力提灌水资源利用中心，撤销加挂的景电二期工程指挥部牌子；甘肃省疏勒河流域水资源局〔甘肃省河西走廊（疏勒河）农业灌溉暨移民安置综合开发建设管理局〕更名为甘肃省疏勒河流域水资源利用中心，撤销加挂的甘肃省河西走廊（疏勒河）农业灌溉暨移民安置综合开发建设管理局牌子；甘肃省引洮工程建设管理局（甘肃省引洮水利水电开发有限责任公司）更名为甘肃省引洮工程水资源利用中心，不再加挂甘肃省引洮水利水电开发有限责任公司牌子。以上单位更名后，隶属关系和机构规格不变。

执笔人：吴有麟　王红艳

审核人：朱泓霖

青海省水利厅

青海省水利厅是青海省人民政府组成部门（正厅级），主管全省水行政管理工作。办公地点设在青海省西宁市昆仑路 18 号。

青海省水利厅从 2001 年 1 月机构组建到 2021 年 12 月，其组织沿革演变过程大体可分 4 个阶段：第一阶段（2000 年 5 月—2009 年 8 月），第二阶段（2009 年 8 月—2014 年 7 月），第三阶段（2014 年 7 月—2018 年 12 月），第四阶段（2018 年 12 月—2021 年 12 月）。

一、第一阶段（2000 年 5 月—2009 年 8 月）

根据青海省人民政府机构改革方案和《中共青海省委、青海省人民政府关于省政府机构设置的通知》，设置青海省水利厅。青海省水利厅是主管全省水行政的省政府组成部门。

（一）职能调整

（1）划出的职能：在宜林地区以植树、种草等生物措施防治水土流失的政府职能，交给青海省林业局承担。

（2）划入的职能：①原地质矿产厅承担的地下水行政管理职能，交水利厅承担。开采矿泉水、地热水、办理取水许可证。②建设厅承担的指导城市防洪职能、城市规划区地下水资源管理保护职能，交给水利厅承担。

（3）转变的职能：按照国家资源与环境保护的有关法律、法规和标准，拟定水资源保护规划，组织水功能区划分，监测江河湖库的水质，审定水域纳污能力，提出限制排污总量的意见。有关数据和情况应通报青海省环境保护局。

（二）主要职责

根据以上职能调整，水利厅主要职责如下：

（1）拟定全省水利工作的政策、发展战略和中长期规划、年度计划；依据国家有关法律、法规，负责起草本省地方性法规和规章并组织实施。

（2）统一管理水资源（含空中水、地表水、地下水）。组织拟定全省和跨地区水长期供求计划、水量分配方案并监督实施；组织有关国民经济规划、城市规划及重大建设项目的水资源和防洪的论证工作；组织实施取水许可制度和水资源费征收制度；发布全省水资源公报；指导全省水文工作。

（3）拟定节约用水政策，编制节约用水规划，执行有关标准，指导全省节约用水工作，监督建设部门负责的采水和管网输水、用户用水中的节约用水工作。

（4）按照国家资源与环境保护的有关法律、法规和标准，对全省水资源保护实施监督管理。拟定水资源保护规划；组织水功能区的划分和向饮水区等水域排污的控制；监测全省江河湖库的水量、水质，审定水域纳污能力；提出限制排污总量的意见。

（5）指导、监督水政监察和水行政执法；协调并仲裁部门间和州、地、市间的水事纠纷。

（6）拟定水利行业的经济调节措施；对水利资金的使用进行宏观调节；指导水利行业多种经营工作；研究提出有关水利的价格、税收、信贷、财务等经济调节意见；指导本系统的小水电建设及管理。

（7）审查水利基本建设项目建议书和可行性报告；组织省内重点水利科学研究和技术推广；监督实施水利行业技术质量标准和水利工程的规程、规范。负责协调地方新建水库移民安置工作。

（8）组织、指导全省水利设施、水域及其岸线的管理与保护，组织指导省内河流、湖泊的治理和开发；组织实施江河省内流域（区域）综合治理规划；组织建设和管理具有控制性的或跨州、地、市的重要水利工程；组织指导水库、水电站大坝的安全监管。

（9）指导农村牧区水利工作；组织协调农田、草原水利基本建设、农村牧区水电电气化和乡镇供水工作。

（10）指导全省水土保持工作。研究制定水土保持的工程措施规划、组织水土流失的监测和综合防治。

（11）承担省防汛抗旱指挥部的日常工作，负责全省防洪工作，对重要水利工程实施防汛抗旱调度。

（12）承办省政府交办的其他事项。

（三）内设机构

根据上述职责，水利厅设7个职能处（室）：

（1）办公室（挂政策法规处牌子）：协助厅领导组织机关日常工作，对厅内各部门进行综合协调；承办文秘档案、政务信息、重大会议组织、信访工作；拟定全省水利工作的政策；拟定节约用水政策；依据国家有关法律、法规，负责起草本省地方性法规、规章草案并协调实施。

（2）人事劳动教育处：按照干部管理权限，负责厅机关直属单位的人事管理、机构编制、劳动工资管理工作，负责水利系统职工教育培训和安全生产工作；指导水利行业职工队伍建设。负责机关安全保卫工作。

（3）经济财务处：负责行业经济运行调控；对水利资金的使用进行宏观调节；配合省综合部门提出有关水利的价格、税收、信贷、财务等经济调节意见，指导厅属单位的财务、负责厅机关财务管理。

（4）规划计划处：组织拟定全省和跨地区水长期供求计划、水量分配方案并监督实施；组织拟定全省水利中长期发展规划及水利建设项目投资计划；对大中型水利水电建设项目的选址、防洪、库容规划提出意见；组织有关国民经济规划、城市规划及重大建设项目的水资源和防洪的论证工作；负责水利方面外事工作及外资项目的管理工作。

（5）水政水资源水文处（挂水政监察处牌子）：统一管理水资源（含空中水、地表水、地下水）；按国家资源与环境保护有关的法律法规和标准，对全省水源保护实施监督管理。拟定水资源保护规划；组织水功能区划分，监测全省江河湖库及地下水的水量、水质，审定水域纳污能力；提出限制排污的意见。组织实施取水许可制度和水资源费征收制度；发布全省水资源公报；指导全省水文工作和用水工作，编制节约用水规划，监督建设部门负责的城市采水和管网输水、用户用水中的节约用水工作；组织、指导水政监察和水行政执法工作；协调并仲裁部门间及州、地、市间的水事纠纷。

（6）农村牧区水利水保处（挂水电处牌子）：组织、指导全省水利设施、水域及其岸线的管理和保护；组织实施江河省内流域（区域）综合治理规划；组织指导水库、水电站大坝的安全监管；指导本系统的小水电建设及管理；指导农村牧区水利工作；组织协调农田草原水利基本建设、农村牧区水电和乡镇供水工作；组织全省水土保持工作。研究制定水土保持的工程措施规划、组织水土流失的监测和综合防治。

（7）建设与科技处：审查水利基本建设项目建议书和可行性研究报告及初步设计文件；组织指导省内河流、湖泊的治理开发，组织省内重点水利工程的建设与验收；组织重点水利科学研究和技术推广；监督实施水利行业技术质量标准和水利工程的规程、规范。

直属机关党委。负责厅机关及所属单位的党群工作。

纪检（监察）机构编制另行规定。

（四）厅直属事业单位

1. 保留的单位 12 个

（1）青海省人民政府防汛抗旱指挥部办公室：行政管理类事业单位，承办指挥部的日常工作。列事业编制 12 名，核定县级领导职数 2 名。经费实行全额预算。

（2）青海省水土保持局（青海省水土保持生态环境监测总站）：行政管理类事业单位。水土保持局主要职责：负责水土保持法律、法规的贯彻落实，水土保持生态环境监测总站主要业务范围：承担水土保持生态环境监测的成果鉴定，质量认证，网络建设；指导重点防治区监测分站工作。列事业编制 67 名，其中，水土保持生态环境监测总站 13 名，核定县级领导职数 3 名。经费实行全额预算。

（3）青海省水文水资源勘测局（挂青海省水环境监测中心牌子）：社会公益类事业单位。主要业务范围：负责全省地表水、地下水、水质监测与河道监测；开展水文预报、水文信息管理、水文研究、科技咨询；监测省管河道排污口水质，审定排污能力；进行行业管理。列事业编制 278 名，核定县级领导职数 5 名。经费实行全额预算。

（4）青海省利用外资发展水利项目领导小组办公室（挂青海省水利工程前期工作管理中心牌子）：社会公益类事业单位。承担全省利用外资发展农业水利项目领导小组的日常工作。列事业编制 20 名，核定县级领导职数 3 名。经费实行全额预算。

（5）青海省水资源费征收办公室：行政管理类事业单位。主要职责：负责全省水资源费征收、管理工作；编制全省水资源年度用水计划和预算；负责取水计量设备的年检和取水量的年审工作。列事业编制 6 名，核定副县级领导职数 1 名。经费实行全额预算，预算外收入实行收支两条线。

（6）青海省水利厅水利管理局：行政管理类事业单位。主要职责：负责全省水库大坝的安全监测和管理；负责全省小型农田水利、草原水利及人畜饮水解困工程的建设与管理；负责全省节水灌溉工作；管理青海省水政监察总队第二支队。列事业编制 84 名，核定县级领导职数 4 名。经费实行全额预算。

（7）青海省水利厅水利建设管理中心：社会公益兼经营服务类事业单位。主要业务范围：承办水利水电工程建设技术标准编制工作；承办水利部和水利厅下达的水利工程建设有关经济定额的业务工作；承办水利水电工程建设项目工程质量及质量评定工作；组织指导水利水电工程建设项目招投标工作。列事业编制 10 名，核定县级领导职数 2 名。经费实行差额补助。

（8）青海省水利厅河道治理工程管理局：社会公益类事业单位。主要业务范围：负责省管河流、河道治理项目初设文件的编制上报和组织工程建设；负责河道治理工程建成后的运行管理工作。列事业编制 26 名，核定县级领导职数 2 名。经费实行全额预算。

（9）省水利厅抗旱服务中心：社会公益类事业单位。负责全省防汛抗旱物资储备和防汛抗旱新材料、新技术推广工作。列事业编制 5 名。经费实行全额预算。

（10）水利管理局东大滩水库管理所：社会公益兼经营服务类事业单位。负责东大滩水库的管理和水库防洪与沿线节水灌溉工作。列事业编制 21 名。经费实行差额补助。

（11）厅老干部服务所：老干部服务与管理工作的县级事业单位。列事业编制 4 名，核定副县级领导职数 1 名。经费实行全额预算。

（12）厅机关后勤服务中心：暂保留为社会公益兼经营服务类事业单位。承担厅机关后勤保障服务，并向社会提供服务。列事业编制 45 名，核定副县级领导职数 2 名。经费实行差额补助。

2. 新成立的单位 3 个

（1）青海省水利厅网络宣传信息中心：社会公益类事业单位。主要业务范围：承担水利系统新闻宣传工作；负责水利信息资源收集和网络建设管理工作。列事业编制 15 名，核定县级领导职数 2 名。经费实行全额预算。

（2）青海省水利厅农村水电和电气化发展管理中心（对外称青海省水利厅农村水电和电气化发展管理局）：行政管理类事业单位。主要职责：指导全省农村牧区小水电建设及管理；组织协调农村水电电气化工作；编报全省中小水电建设的年度计划和长远发展规划；研究拟定小水电体改、农网建设改造和城乡同网同价的政策法规及办法，并组织实施。列事业编制 10 名，核定县级领导职数 2 名。经费实行全额预算。

（3）青海省格尔木温泉水库管理所：社会公益兼经营服务类事业单位。负责温泉水库的管理和运行。列事业编制 25 名，核定副县级领导职数 1 名，经费实行自收自支。

3. 不再保留事业性质和撤销的单位 6 个

（1）青海省水利水电工程局：不再保留事业单位性质，整体转为企业。原有 907 名自收自支事业编制收回。

（2）青海省水利厅物资供应处：不再保留事业单位性质，整体转为企业。原有 49 名差额补助事业编制收回。

（3）青海省水利厅水利管理局水电规划勘测设计处：改企转制后，原 25 名全额事业编制收回。

（4）撤销水利管理局增挂的地方水电处牌子。

（5）青海省黑泉水库工程建设局：不再保留事业单位性质，整体转为企业。原有 49 名自收自支事业编制收回。

（6）青海省水利厅招待所：不再保留事业单位性质，整体转为企业。原有 14 名自收自支事业编制收回。

青海省水利厅所属事业单位机构编制调整后，重新核定全额预算事业编制 527 名，差额补助事业编制 76 名，自收自支事业编制 25 名。精简财政供养人员 97 人（全额 34 人，差额 63 人），收回事业编制 1618 名（其中：全额 104 名，差额 569 名，自收自支 945 名）。

二、第二阶段（2009 年 8 月—2014 年 7 月）

根据青海省人民政府机构改革方案和中共青海省委、青海省人民政府《关于省政府机构设置的通知》，设立青海省水利厅，为省政府组成部门。

（一）职责调整

（1）取消已由省政府公布取消的行政审批事项。

（2）取消拟定水利行业经济调节措施，指导水利行业多种经营工作的职责。

（3）加强水资源的节约、保护和合理配置，保障城乡供水安全，促进水资源的可持续利用。加强防汛抗旱工作，减轻水灾害损失。

（二）主要职责

（1）负责保障水资源的合理开发利用，拟定水利发展规划和政策，起草有关法规规章草案，组织拟定省管主要河湖的流域综合规划、防洪规划等重大水利规划。按规定制定水利工程建设有关制度并组织实施，负责提出水利固定资产投资规模、方向和财政性资金安排的意见，按规定权限审批、核准规划内和年度计划规模内水利固定资产投资项目，提出水利建设投资安排建议并组织实施。

（2）负责生活、生产经营和生态环境用水的统筹兼顾和保障。实施水资源的统一监督管理，拟定全省和跨地区水中长期供求规划、水量分配方案并监督实施，组织开展水资源调查评价和水能资源调查工作，负责省内主要流域、区域以及大型水利工程的水资源调度，组织实施取水许可、水资源有偿使用制度和城乡规划及各类建设项目的水资源论证、防洪论证制度。指导水利行业供水和乡镇供水工作。

（3）负责水资源保护工作。拟定全省水资源保护规划和省内主要河湖水功能区划并监督实施，按规定核定水域纳污能力，提出限制排污总量建议，指导饮用水水源保护工作，指导地下水开发利用和城市规划区地下水资源管理保护工作。

（4）负责节约用水工作。拟定节约用水政策、措施、规划和相关标准，指导和推动节水型社会建设工作。

（5）负责水文工作。承担水文水资源监测、水文站网建设和管理，对河流、湖库和地下水的水量、水质实施监测，发布水文水资源信息、情报预报和水资源公报。

（6）指导水利设施、水域及其岸线的管理与保护，负责省管河流、湖泊及河岸、滩涂的治理、开发建设，指导和监督水利工程建设与运行管理，组织实施重大水利工程建设与运行管理。

（7）负责防治水土流失。拟定水土保持规划并监督实施，组织实施水土流失的综合防治、监测预报并定期公告，按分工负责建设项目水土保持方案的审批、监督实施及水土保持设施的验收工作，指导重点水土保持及有关生态建设项目的实施。

（8）指导农村牧区水利工作。组织协调农田、草原水利基本建设，指导饮水安全、节水灌溉等工程建设与管理工作，指导水利设施管理和社会化服务体系建设。指导省管河流、水能资源开发工作，组织实施水电电气化和小水电代燃料工作。

（9）负责重大涉水违法事件的查处，协调、仲裁跨州、市、地水事纠纷，指导水政监察和水行政执法。依法负责水利行业安全生产工作，负责对省管水库、水电站大坝的安全监管，负责水利建设市场的监督管理，组织实施水利工程建设的监督。

（10）负责防治水旱灾害，承担省政府防汛抗旱指挥部的具体工作。组织、协调、监督全省防汛抗旱工作，对主要河湖和重要水利工程实施防汛抗旱调度和应急水量调度，编制防汛抗旱应急预案并组织实施。指导水利突发公共事件的应急管理工作。

（11）开展水利科技工作。组织开展水利行业质量监督工作，拟定水利行业地方技术标准、规程规范并监督实施。承担水利统计工作。

（12）承办省政府交办的其他事项。

（三）内设机构

根据上述职责，青海省水利厅设8个内设机构：

（1）办公室（政策法规处）：负责文电、会务、机要、档案等机关日常运转工作；承担信息、保密、信访、政务公开、新闻发布、督查督办等工作；起草有关法规规章草案；承办厅机关规范性文件合法性审核、备案管理和行政应诉、行政复议、行政赔偿工作；指导水行政许可和行政审批工作，对水行政执法工作实施监督检查。

（2）规划计划处：拟定水利发展规划，审核重大建设项目洪水影响评价和水利工程建设规划意见书，组织审核、报批全省重点水利工程项目建议书和可行性研究报告。

（3）水资源水文处（水电处）：负责水资源调查、评价和监测工作；编制水资源专业规划并监督实施；监督实施水资源论证制度、取水许可制度和水资源有偿使用制度；组织编制节约用水规划，拟定各行业用水定额并监督实施；指导城市供水、排水、节水、污水处理回用等方面的有关工作；指导地下水资源开发利用和保护工作；负责发布水文水资源信息和水资源公报；指导农村牧区水电电气化和小水电代燃料工作；指导省管河流水能资源开发、小水电建设及管理工作；承担省节约用水办公室的日常工作。

（4）财务处：编报部门预（决）算，承担厅机关并指导直属单位的财务管理工作，承担厅系统国有资产监督管理工作，办理厅直属单位、所属企业国有资本经营预算、资产评估管理和产权登记等有关工作，承担内部审计工作。

（5）建设管理与科技处：指导水利设施、河道、湖泊、水域及其岸线的管理和保护；组织水利建设项目初步设计审核和工程建设与验收；指导水利工程建设管理，负责水利工程质量监督管理，指导水利工程开工审批、蓄水安全鉴定和验收；指导重点建设项目和病险水库除险加固工程的建设管理；指导水利建设市场的监督管理；负责水利科技工作，负责水利科技项目和科技成果的管理工作。

（6）农村牧区水利水保处：拟定农村牧区水利政策、发展规划和技术标准并监督实施组织协调全省农田、草原水利基本建设工作；指导农村牧区饮水安全、村镇供水排水工作，指导实施农村牧区饮水安全工程建设；指导农田灌溉与草原灌溉工作，组织实施节水灌溉、雨水集蓄利用、灌区续建配套与节水改造、草原节水灌溉示范项目、泵站建设与改造工程建设，指导农村牧区节水工作；组织实施小型农田水利工程建设；承担水土流失综合防治；组织编制水土保持规划并监督实施；负责开发建设项目水土保持方案的审核并监督实施；组织水土流失监测、预报并公告。

（7）安全监督与水政监察处：承担水利行业安全生产工作；指导省管水库、水电站大坝的安全监管，组织重大水利安全事故的调查；组织编制水库运行调度规程，指导水库、水电站大坝的运行管理与确权划界；指导省管河流、湖泊及河岸的治理开发；组织指导河道采砂管理，指导河道管理范围内建设项目管理有关工作，组织实施河道管理范围内工程建设方案审查制度；指导全省水政监察和水行政执法工作；承担重大涉水违法事件的查处。

（8）人事处：负责机关和厅属单位的人事管理、教育培训、机构编制、劳动工资工作。

机关党委：负责机关和所属单位的党群工作。

离退休干部处：负责机关的离退休干部工作，指导所属单位的离退休干部工作。

（四）厅直属事业单位

根据青海省机构编制委员会《关于调整省引大济湟工程建设管理局经费形式的批复》，经 2012 年 3 月 23 日省编委会议研究，同意将省引大济湟工程建设管理局 40 名自收自支事业编制调整为全额预算事业编制，其经费形式相应调整。

（五）其他事项

（1）水资源保护与水污染防治的职责分工。水利厅对水资源保护负责，环境保护厅对水环境质量和水污染防治负责。水利厅发布水文水资源信息中涉及水环境质量的内容，应与环境保护厅协商一致。

（2）河道采砂管理的职责分工。水利厅对河道采砂影响防洪安全、河势稳定、堤防安全负责，国土资源厅对保障河道内砂石资源合理开发利用负责。由水利厅牵头，会同国土资源厅等部门，负责河道采砂监督管理工作，统一编制河道采砂规划和计划。

（3）将原厅老干部服务所职责整合划入离退休干部处。

三、第三阶段（2014 年 7 月—2018 年 12 月）

根据青海省人民政府职能转变和机构改革方案和《中共青海省委、青海省人民政府关于省政府机构设置的通知》，设立青海省水利厅。为省政府组成部门。

（一）职能转变

1. 取消的职责

（1）水利工程开工审批的职责。

（2）水文监测资料使用审查的职责。

（3）开发建设项目水土保持方案备案的职责。

（4）根据《青海省人民政府职能转变和机构改革方案》需要取消的其他职责。

2. 调整下放的职责

（1）向西宁市经济技术开发区、柴达木循环经济试验区、海东工业园区下放水利基建项目初步设计文件行政审批、开垦禁止开垦坡度以下5度以上国有荒坡地行政审批、河道管理范围内建设项目行政审批以及河道范围内采砂许可等4项行政审批权限。

（2）水利工程审批管理实行分区分类审查审批制度。除玉树藏族自治州、果洛藏族自治州和黄南藏族自治州外，其他市（州）农村牧区饮水安全、新建小型水利、水土保持、节水灌溉增效示范项目、牧区节水灌溉示范、老化失修小型水利维修改造等项目的审批权限在限额内审批。

（3）调整政府水利部门的水利工程质量与安全监督管理权限。

（4）根据《青海省人民政府职能转变和机构改革方案》需要下放的其他职责。

3. 加强的职责

（1）加强水生态文明建设，推进依法治水，实行最严格水资源管理制度，强化水利综合执法。

（2）加强水利建设与管理，保障水利工程质量和安全。

（二）主要职责

（1）贯彻执行国家和省有关水资源利用管理的方针政策和法律法规，拟定全省水利规划和政策；起草有关地方性法规、政府规章草案；负责协调推进深化水利改革工作；组织拟定省管主要江河湖泊的流域综合规划、防洪规划等重大水利规划；按规定拟定水利工程建设有关制度并组织实施；负责提出全省水利固定资产投资规模、方向和财政性资金安排的意见；按规定权限，审批、核准规划内和年度计划规模内水利固定资产投资项目，提出全省水利建设投资安排建议并监督实施。

（2）实施水资源的统一监督管理；负责生活、生产经营和生态环境用水的统筹和保障；拟定全省和跨地区水中长期供求规划、水量分配方案并监督实施；组织开展水资源调查评价和水能资源调查工作；负责省内主要流域、区域以及大型水利工程的水资源调度，组织实施取水许可、水资源有偿使用制度和城乡规划及建设项目的水资源论证、防洪论证制度；指导全省水利行业供水和乡镇供水工作。

（3）负责水生态文明建设和水资源保护工作；拟定水生态文明建设规划和水资源保护规划；组织拟定省内主要江河湖泊水功能区划并监督实施；核定水域纳污能力，提出限制排污总量建议，指导饮用水水源保护工作；指导地下水开发利用和城市规划区地下水资源管理保护工作。

（4）负责节约用水工作，拟定节约用水政策、措施、规划和相关标准；指导和推动节水型社会建设工作。

（5）负责防治水土流失，拟定全省水土保持规划并监督实施，组织实施水土流失的综合防治、监测预报并定期公告；负责有关生产建设项目水土保持方案的审批、监督实施及水土保持设施的验收工作，指导重点水土保持及有关生态建设项目的实施。

（6）负责防治水旱灾害，承担省政府防汛抗旱指挥部的具体工作；组织、协调、监督全省防汛抗旱工作，对主要河湖和重要水利工程实施防汛抗旱调度和应急水量调度；编制防汛抗旱应急预案并组织实施；指导水利突发事件的应急管理工作。

（7）负责省内重大涉水违法事件的查处，协调、仲裁跨市（州）水事纠纷，指导水政监察和水利综合执法；依法负责水利行业安全生产工作，负责省管水库、水电站大坝的安全监管；负责水利建设市场的监督管理，组织实施水利工程建设质量和安全监督。

（8）管理水文工作，负责水文水资源监测、水文站网建设和管理；监测省内江河湖库和地下水的水量、水质，发布水文水资源信息、情报预报和全省水资源公报；指导水资源信息系统建设。

（9）指导水利设施、水域及其岸线的管理与保护，负责省管河流、湖泊及河岸、滩涂的治理和开发；指导和监督水利工程建设、运行和安全管理，组织省内重大水利工程建设、运行和安全管理。

（10）指导农村牧区水利工作，组织协调全省农田、草原水利基本建设，组织实施农村牧区饮水安全、节水灌溉等工程建设与管理工作；指导农村牧区小水电建设和水利社会化服务体系建设，组织协调并实施水电农村电气化和小水电代燃料工作。

（11）组织开展水利科技工作，负责全省水利行业质量技术标准管理工作，拟定水利行业地方技术标准、规程规范并监督实施；负责水利统计工作；指导水利系统对外交流、利用外资人才队伍建设和信息化等工作。

（12）承办省政府交办的其他事项。

（三）内设机构

根据上述职责，省水利厅设 8 个内设机构：

（1）办公室（挂政策法规处牌子）：负责文电、会务、机要、档案等机关日常运转工作；承担信息、保密、信访、政务公开、新闻发布、督查督办等工作；协调指导深化水利改革有关工作，组织起草有关地方性法规、政府规章草案；拟定有关水利改革发展的政策建议；参与并指导水行政管理体制改革工作；指导水行政许可工作并监督检查；承办机关规范性文件合法性审查、备案管理和行政应诉、行政复议、行政赔偿工作。

（2）规划计划处：拟定水利发展规划和年度投资建议计划；参与并指导水利投融资体制改革工作；组织编制重大水利综合规划、专业规划和专项规划；组织审核、报批重点水利工程项目建议书和可行性研究报告；组织水利综合统计工作；指导水利工程建设项目合规性审查工作。

（3）财务处：编报部门预（决）算，承担厅机关并指导直属单位的财务管理工作，承担厅系统国有资产监督管理工作，办理厅直属单位、所属企业国有资本经营预算、资产评估管理和产权登记等有关工作，承担内部审计工作。

（4）建设管理与科技处：指导水利设施、河道、湖泊、水域及其岸线的管理、治理开发和保护；参与并指导水利工程建设管理和运行管理体制改革工作；组织省管水利建设项目初步设计审查、审批和验收，负责水库蓄水安全鉴定及验收；指导水利工程建设管理，负责省管水利工程建设质量监督管理；指导水利建设市场的监督管理；指导水利工程运行管理；组织开展水利行业质量技术标准的管理工作；负责水利科技项目和科技成果的管理工作。

（5）农村牧区水利处：组织拟定农村牧区水利政策、发展规划和技术标准并监督实施；协调指导农村牧区水利改革；指导农田、草原水利基本建设和村镇供水工作，组织实施农村牧区饮水安全、节水灌溉、灌区续建配套与节水改造、草原节水灌溉示范、小型农田水利等工程建设与管理，指导农村牧区节水工作；指导农村牧区水利社会化服务体系建设。

（6）水资源处（挂省节约用水办公室牌子）：承担水资源管理、配置、节约和保护工作；参与并指导水资源管理体制、水权制度、水生态文明制度改革工作；指导实施取水许可、水资源有偿使用、水资源论证等制度；组织水资源调查、评价和监测工作；拟定水量分配方案、水功能区划并监督实施；指导水资源调度工作；组织编制水生态文明建设规划和水资源保护规划，指导水生态文明建设、饮用水水源保护和城市供水、排水、污水处理回用等工作；指导地下水开发利用和管理保护工作；负责发布水文水资源信息和水资源公报；组织、指导水资源信息系统建设；指导计划用水、节约用水工作；指导节水型社会建设，组织编制节约用水规划；组织拟定各行业用水定额并监督实施；承担省节约用水办公室的日常工作。

（7）安全监督与水政监察处：指导水利行业安全生产工作，负责安全生产综合监督管理；组织开展水利行业安全生产大检查和专项督查；组织、指导水利工程建设项目稽查工作；指导省管水库、水电站大坝的安全监管，组织重大水利安全事故的调查；组织水行政法规、规章实施情况的监督检查；指导水政监察和水利综合执法工作；协调跨市（州）水事纠纷；承担重大涉水违法事件的查处。

（8）人事处：组织拟定水利人才规划及相关政策，负责机关和厅直属单位的人事管理、机构编制及队伍建设等工作。

机关党委：负责机关和所属单位的党群工作。

离退休干部处：负责机关的离退休干部工作，指导所属单位的离退休干部工作。

（四）厅直属事业单位

2014年11月，根据青海省机构编制委员会办公室《关于青海省河道治理工程管理局更名为青海省水利技术评审中心的批复》，经研究，同意将青海省河道治理工程管理局更名为青海省水利技术评审中心。更名后，编制、领导职数和经费形式保持不变。

2015年4月，根据青海省机构编制委员会办公室《关于省水利厅农村水电和电气化发展管理局挂青海省黄河干流防洪工程建设局的批复》，为做好青海省黄河干流防洪工程的实施工作，经研究，同意青海省水利厅农村水电和电气化发展管理局挂青海省黄河干流防洪工程建设局牌子。不增加编制和领导职数。工程结束后，青海省黄河干流防洪工程建设局牌子相应撤销。

2017年5月，根据青海省机构编制委员会办公室《关于确定省水利厅网络宣传信息中心事业单位类别的通知》，经青海省分类推进事业单位改革工作领导小组专题会议审定，确定青海省水利厅所属网络宣传信息中心为公益一类事业单位。

2017年11月，根据青海省机构编制委员会办公室《关于确定省水土保持局事业单位类别的通知》，确定青海省水土保持局（青海省水土保持生态环境监测总站）为公益一类事业单位。

（五）其他事项

（1）水资源保护与水污染防治的职责分工。青海省水利厅对水资源保护负责，青海省环境保护厅对水环境质量和水污染防治负责。青海省水利厅发布水文水资源信息中涉及水环境质量的内容，应与青海省环境保护厅协商一致。

（2）河道采砂管理的职责分工。青海省水利厅对河道采砂影响防洪安全、河势稳定、堤防安全负责，青海省国土资源厅对保障河道内砂石资源合理开发利用负责。由青海省水利厅牵头，会同青海省国土资源厅等部门，负责河道采砂监督管理工作，统一编制河道采砂规划和计划。

四、第四阶段（2018年12月—2021年12月）

根据青海省机构改革方案和《中共青海省委　青海省人民政府关于省政府机构设置的通知》，青海省水利厅是省政府组成部门，为正厅级。

青海省水利厅领导任免表见表1。

表1   青海省水利厅领导任免表

机构名称	姓　名	职　务	任　免　时　间	备　注
青海省水利厅	丹　果	党组成员、副厅长	2000 年 3 月—2008 年 11 月	
	张晓宁	党组成员、副厅长	2000 年 3 月—2015 年 5 月	
	赵延琪	党组成员、驻厅纪检组组长	2001 年 5 月—2008 年 10 月	
	张新玉	党组成员、副厅长	2002 年 3 月—2003 年 5 月	援青
	刘伟民	党组书记、厅长	2002 年 12 月—2008 年 9 月	
	宋玉龙	党组成员、副厅长	2002 年 11 月—2012 年 9 月	
	张世丰	党组成员、副厅长	2003 年 12 月—2016 年 9 月	
	王玫林	党组成员、副厅长	2004 年 8 月—2008 年 10 月	
	张　伟	党组成员、副厅长	2008 年 9 月—2018 年 6 月	
	于丛乐	党组书记、厅长	2008 年 9 月—2013 年 11 月	
	周　慧	党组成员、驻厅纪检组组长	2009 年 1 月—2016 年 8 月	
	尚长坤	党组成员、副厅长	2010 年 7 月—2013 年 7 月	援青
	张生福	党组成员、总工程师	2010 年 11 月—2018 年 11 月	
	石建平	党组成员、副厅长	2012 年 10 月—2021 年 6 月	
	陈兴龙	党组书记、厅长	2013 年 11 月—2019 年 9 月	
	薛敬平	党组成员、副厅长	2013 年 7 月—2016 年 7 月	援青
	赵　雄	党组成员、副厅长	2014 年 12 月—2017 年 8 月	
	马晓潮	党组成员、副厅长	2015 年 12 月—	
	谢遵党	党组成员、副厅长	2016 年 8 月—2019 年 7 月	援青
	董晓琪	党组成员、驻厅纪检组组长	2016 年 8 月—2018 年 12 月	
	张世丰	党组书记、厅长	2016 年 11 月—	
	王海平	党组成员、副厅长	2017 年 2 月—2020 年 12 月	
	刘泽军	党组成员、副厅长	2018 年 9 月—	
	张生福	党组成员	2018 年 11 月—	
	余　欣	党组成员、副厅长	2019 年 8 月—	援青
	彭作为	党组成员、副厅长	2020 年 10 月—	

（一）主要职责

（1）贯彻执行国家和省有关水资源开发利用管理的方针政策和法律法规。拟定全省水利规划和政策。起草有关地方性法规草案、政府规章草案。负责协调推进深化水利改革工作。组织编制全省水资源规划、省管重要江河湖泊流域综合规划、防洪规划。

（2）负责生活、生产经营和生态环境用水的统筹保障工作。组织实施最严格水资源管理制度，实施水资源的统一监督管理，拟定全省和跨地区水中长期供求规划、水量分配方案并监督实施。负责省内重要流域、区域以及大型水利工程的水资源调度。组织实施取水许可、水资源论证和防洪论证制度，指导开展水资源有偿使用工作。指导全省水利行业供水和乡镇供水工作。

（3）按规定拟定水利工程建设有关制度并组织实施，负责提出全省水利固定资产投资规模、方向和财政性资金安排的意见。按规定权限审批、核准规划内和年度计划规模内固定资产投资项目，提出全省水利资金安排建议并负责项目实施的监督管理。

（4）指导水资源保护工作。组织编制并实施水资源保护规划。指导饮用水水源保护有关工作、地下水资源管理保护和开发利用工作。

（5）负责节约用水工作。拟定节约用水政策，组织编制节约用水规划并监督实施，组织制定有关标准。组织实施用水总量控制等管理制度，指导和推动节水型社会建设工作。

（6）负责水文工作。负责水文水资源监测、水文站网建设和管理。对省内江河湖库和地下水实施监测，发布水文水资源信息、情报预报和全省水资源公报。按规定组织开展水资源、水能资源调查评价和水资源承载能力监测预警工作。

（7）指导水利设施、水域及其岸线的管理、保护与综合利用。指导水利基础设施网络建设。指导重要河流、湖泊及河岸的治理、开发和保护。指导河湖水生态保护与修复、河湖生态流量水量管理以及河湖水系连通工作。

（8）指导监督水利工程建设、运行与安全管理。组织指导实施省内重大水利工程建设、运行与安全管理。

（9）负责水土保持工作。拟定全省水土保持规划并监督实施，组织实施水土流失的综合防治、监测预报并定期公告。负责建设项目水土保持方案的审批、监督实施及水土保持设施的验收工作，指导重点水土保持建设项目的实施。

（10）指导农村牧区水利工作。组织开展大中型灌排工程建设与改造。指导农村牧区饮水安全工程建设管理工作，指导节水灌溉有关工作。指导农村牧区水利改革创新和社会化服务体系建设工作。指导农村牧区水能资源开发、小水电改造和水电农村电气化工作。

（11）负责省内重大涉水违法事件的查处，协调和仲裁跨市（州）水事纠纷，指导水政监察和水行政执法。依法负责水利行业安全生产工作，负责省管水库、水电站大坝、农村水电站的安全监管。监督管理水利建设市场，组织实施水利工程建设的质量和安全监督。

（12）开展水利科技工作。负责全省水利行业质量技术标准管理工作，拟定水利行业地方技术标准、规程规范并监督实施。负责水利统计工作。指导水利系统对外交流、利用外资、人才队伍建设和信息化等工作。

（13）负责落实综合防灾减灾规划相关要求，组织编制省内洪水干旱灾害防治规划和防护标准并指导实施。承担水情旱情监测预警工作。组织编制省内重要江河湖泊和重要水工程的防御洪水抗御旱灾及应急水量调度方案，按程序报批并组织实施。承担防御洪水应急抢险的技术支撑工作。

（14）完成省委、省政府交办的其他任务。

（15）职能转变。加强水资源合理利用、优化配置和节约保护职责。坚持节水优先，从增加供给转向更加重视需求管理，严格控制用水总量和提高用水效率。坚持保护优先，加强水资源、水域和水利工程的管理保护，维护河湖健康美丽。坚持统筹兼顾，保障合理用水需求和水资源的可持续利用，强化水安全保障工作。

（二）内设机构

（1）办公室（挂政策法规处牌子）：负责机关日常运转工作，承担信息、安全、保密、信访、政务公开、信息化、新闻宣传、普法、后勤保障等工作。组织起草有关地方性法规草案、省政府规章草案，研究拟定水利工作的政策并监督实施；指导水行政审批工作并监督检查；承担行政复议、行政应诉和有关规范性文件的合法性审查工作。

（2）规划计划财务处：拟定全省水利发展规划，承担水利专项规划、区域规划和综合规划的编制、申报、审批工作；指导全省水利工程前期工作；负责组织重点水利工程建设项目建议书、可行性研究报告和初步设计的编制申报工作；组织指导有关防洪论证工作；组织指导水利工程建设项目合规性审查工作。组织拟定全省水利建设投资计划建议并统筹协调项目实施的监督管理和绩效评价；编制部门预算并组织实施，承担财务管理和资产管理工作；负责厅系统内部审计工作；负责全省水利统计工作。

（3）水文水资源管理处：组织全省水文工作，承担水文水资源（含水位、流量、水质等要素）监测、水文站网建设和管理工作；组织实施江河湖库和地下水监测。组织发布水文水资源信息、情报预报；承担实施最严格水资源管理制度相关工作，组织实施水资源取水许可、水资源论证等工作，指导水资源有偿使用工作；指导水量分配工作并监督实施，指导河湖生态流量水量管理；指导河湖水生态保护与修复以及河湖水系连通工作；组织编制水资源保护规划，指导饮用水水源保护有关工作；指导省内重要流域、区域以及大型水利工程的水资源调度管理。组织开展水资源调查、评价有关工作，组织编制并发布水资源公报；参与水功能区划编制和入河排污口设置管理工作。

（4）青海省节约用水办公室：拟定全省节约用水政策，组织编制并协调实施节约用水规划，指导计划用水、节约用水工作；组织实施用水总量控制、用水效率控制、计划用水和定额管理制度；指导和推动节水型社会建设工作；指导城市污水处理回用等非常规水源开发利用工作。

（5）建设管理与科技处：指导全省水利工程建设和安全管理，制定有关制度并组织实施；拟定水利行业技术标准、规程、规范并监督实施；组织实施水利工程质量监督；组织指导水利工程蓄水安全鉴定和验收，指导重要支流、中小河流治理和病险水库、水闸的除险加固；指导水利建设市场的监督管理和信用体系建设工作；拟定水利科技发展规划，组织水利科学研究、技术引进和科技推广。

（6）运行管理处：指导水利设施的管理、保护和综合利用，组织编制水库运行调度规程；指导省管水库、水电站大坝，堤防、水闸等水利工程的运行管理与划界。

（7）河湖管理处：指导省内水域及其岸线的管理和保护，指导江河湖泊的开发、治理和保护；监督管理河道采砂工作，指导河道采砂规划和计划的编制，组织实施河道管理范围内工程建设方案审查制度；承担省全面推行河湖长制工作领导小组办公室日常工作。

（8）农村水利水保水电处：组织开展大中型灌排工程建设与改造，指导农村饮水安全工程建设管理工作，指导节水灌溉有关工作；承担水土流失综合防治工作，组织编制水土保持规划并监督实施，组织水土流失监测、预报并公告，审核大中型开发建设项目水土保持方案并监督实施；指导农村牧区水能资源开发工作。指导农村牧区水利社会化服务体系建设。

（9）监督处：督促检查水利重大政策、决策部署和重点工作的贯彻落实情况；组织指导水政监察和水行政执法，协调跨市（州）水事纠纷，组织查处重大涉水违法事件；组织实施水利工程安全监督；指导水利行业安全生产工作，指导省管水库、水电站大坝的安全监管；组织指导水利工程建设项目稽查工作。

（10）水旱灾害防御处：组织编制全省洪水干旱防治规划和防护标准并指导实施，编制重要江河湖泊和重要水工程的防御洪水抗御旱灾及应急水量调度方案并组织实施；承担水情旱情预警工作；承担防洪保护区的洪水影响评价工作。

（11）人事处（挂离退休干部处牌子）：承担厅机关及所属单位的干部人事、机构编制、劳动工资、人事档案、干部监督、目标考核等工作；指导水利行业人才队伍建设。负责离退休干部工作。

（12）机关党委（机关纪委）：负责机关及所属单位的党群纪检工作。

青海省水利厅机构图（2021年）见图1。

（三）厅直属事业单位

根据省委编委《关于青海省水利厅所属事业单位机构设置的通知》和《关于核定省水利厅所属事业单位编制和领导职数的通知》及省委编办《关于省水利厅所属事业单位机构改革方案的通知》，批准省水利厅所属事业单位13个。

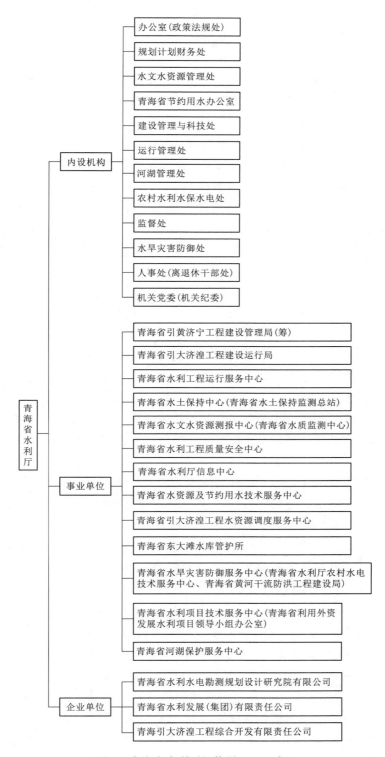

图 1 青海省水利厅机构图 (2021 年)

（1）青海省引黄济宁工程建设管理局（筹）：青海省水利厅管理的公益一类事业单位，经费形式为全额拨款，实行无等级规格管理。核定全额拨款事业编制 56 名；设局长 1 名、副局长 3 名；核定内设机构 6 个，领导岗位 15 名（6 正 9 副）。

（2）青海省引大济湟工程建设运行局：青海省水利厅管理的公益一类事业单位，经费形式为全额拨款，实行无等级规格管理。核定全额拨款事业编制40名；核定副厅级领导职数1名，正处级领导职数3名；核定内设机构4个，处级领导职数8名（4正4副）。

（3）青海省水利工程运行服务中心：青海省水利厅管理的公益一类事业单位，机构规格为正处级，经费形式为全额拨款。核定全额拨款事业编制69名；核定处级领导职数6名（2正4副）；核定内设机构5个，科级领导职数15名（5正10副）。

（4）青海省水土保持中心（挂青海省水土保持监测总站牌子）：青海省水利厅管理的公益一类事业单位，机构规格为正处级，经费形式为全额拨款。核定全额拨款事业编制66名；核定处级领导职数4名（1正3副）；核定内设机构6个，科级领导职数18名（6正12副）。

（5）青海省水文水资源测报中心（挂青海省水质监测中心牌子）：青海省水利厅管理的公益一类事业单位，机构规格为正处级，经费形式为全额拨款。核定全额拨款事业编制264名；核定处级领导职数7名（2正5副）；核定内设机构10个、派出机构6个，科级领导职数42名（16正26副）。

（6）青海省水利工程质量安全中心：青海省水利厅管理的公益一类事业单位，机构规格为正处级，经费形式为全额拨款。核定全额拨款事业编制25名；核定处级领导职数3名（1正2副）；核定内设机构3个，科级领导职数7名（3正4副）。

（7）青海省水利厅信息中心：青海省水利厅管理的公益一类事业单位，机构规格为正处级，经费形式为全额拨款。核定全额拨款事业编制15名；核定处级领导职数2名（1正1副）；核定内设机构2个，科级领导职数5名（2正3副）。

（8）青海省水资源及节约用水技术服务中心：青海省水利厅管理的公益一类事业单位，机构规格为正处级，经费形式为全额拨款。核定全额拨款事业编制14名；核定处级领导职数2名（1正1副）；核定内设机构3个，正科级领导职数3名。

（9）青海省黑泉水库管护所：青海省水利厅管理的公益一类事业单位，机构规格为正处级，经费形式为全额拨款。核定全额拨款事业编制15名；核定处级领导职数2名（1正1副）；核定内设机构2个，科级领导职数4名（2正2副）。

（10）青海省东大滩水库管护所：青海省水利厅管理的公益一类事业单位，机构规格为正处级，经费形式为全额拨款。核定全额拨款事业编制11名；核定处级领导职数2名（1正1副）；核定内设机构2个，科级领导职数3名（2正1副）。

（11）青海省水旱灾害防御服务中心（挂青海省水利厅农村水电技术服务中心牌子）：青海省水利厅管理的公益一类事业单位，机构规格为正处级，经费形式为全额拨款。核定全额拨款事业编制15名；核定处级领导职数2名（1正1副）；核定内设机构2个，科级领导职数4名（2正2副）。暂保留青海省黄河干流防洪工程建设局牌子，待工程项目结束后，撤销挂牌。

（12）青海省水利项目技术服务中心：青海省水利厅管理的公益一类事业单位，机构规格为正处级，经费形式为全额拨款。核定全额拨款事业编制30名；核定处级领导职数3名（1正2副）；核定内设机构5个，科级领导职数10名（5正5副）。暂保留青海省利用外资发展水利项目领导小组办公室牌子，待工程项目结束后，撤销挂牌。

（13）青海省河湖保护服务中心：青海省水利厅管理的公益一类事业单位，机构规格为正处级，经费形式为全额拨款。核定全额拨款事业编制14名；核定处级领导职数2名（1正1副）；核定内设机构3个，正科级领导职数3名。

青海省水利厅直属单位名录（2021年）见表2。

表2　　　　　　　　　　　**青海省水利厅直属单位名录（2021年）**

单 位 名 称	级 别	单 位 名 称	级 别
青海省引黄济宁工程建设管理局（筹）	无等级	青海省水资源及节约用水技术服务中心	正处级
青海省引大济湟工程建设运行局	无等级	青海省黑泉水库管护所	正处级
青海省水利工程运行服务中心	正处级	青海省东大滩水库管护所	正处级
青海省水土保持中心	正处级	青海省水旱灾害防御服务中心	正处级
青海省水文水资源测报中心	正处级	青海省水利项目技术服务中心	正处级
青海省水利工程质量安全中心	正处级	青海省河湖保护服务中心	正处级
青海省水利厅信息中心	正处级		

（四）其他事项

2021年8月根据省委编委《关于省黑泉水库管护所机构编制调整事宜的通知》规定，将青海省黑泉水库管护所更名为青海省引大济湟工程水资源调度服务中心，为青海省引大济湟工程建设运行局管理的公益一类正处级事业单位。更名后，经费形式保持不变。

（1）主要业务范围：承担引大济湟工程水资源统一调度和水质监测工作；承担调水总干渠、北干渠一期、二期和西干渠干渠工程及松多水库、黑泉水库的运行维护和安全防汛等工作；承担引大济湟工程信息自动化系统运行维护工作；承担黑泉水库、松多水库反恐怖工作；承办青海省水利厅和青海省引大局交办的其他事项。

（2）编制调整：核定青海省引大济湟工程水资源调度服务中心全额拨款事业编制35名。其中，从原青海省黑泉水库管护所连人带编划转15名，青海省水土保持中心、青海省水文水资源测报中心空编内分别划转5名、15名。

（3）领导职数：核定青海省引大济湟工程水资源调度服务中心处级领导职数3名（1正2副），内设机构科级领导职数11名（6正5副）。

（4）内设机构：青海省引大济湟工程水资源调度服务中心内设机构6个。

1）综合部：负责处理日常党务、政务、事务工作，起草综合性文稿；组织拟定各项规章制度。负责公文处理、协调督办、政务信息、政务公开、档案、保密、机要、信访、印章管理等工作；组织筹备各类会议和活动，督办落实会议决定事项。负责普法工作和法制宣传教育；组织协调社会信用体系建设工作。负责后勤保障服务工作；负责财务管理、会计核算、年度预算、决算编制和上报工作；负责政府采购和固定资产管理工作；负责水费资金管理。负责干部队伍建设和人才工作，拟定人才规划；负责人力资源管理与配置、外事管理、劳动工资、职工医疗、养老、失业、工伤保险，住房公积金、个人所得税等工作；做好退休人员管理和服务工作。负责党建，党风廉政建设、精神文明建设等工作，推动落实党内政治生活制度；负责工会、共青团和妇委会等工作。负责年度目标考核等有关工作。承办中心交办的其他事项。核定全额拨款事业编制6名（含中心领导3名），其中部长1名。

2）西宁调度部：负责对引大济湟工程水资源和工程运行进行统一调度。负责编制、报批引大济湟工程年度调度运用计划及安全防汛等综合应急预案，并做好调度运行和安全防汛工作；负责处置工程运行突发事件。负责协调、指导、调度各部门信息自动化系统的运行管理和技术支撑。负责统计、分析、整编、上报引大济湟工程水量、水质、安全监测、安全防汛等工程运行资料。负责编制上报引大济湟工程年度财务预算和信息系统、建筑物、设备的维护、检修计划等相关工作。承办中心交办的其他事项。核定全额拨款事业编制9名，其中部长1名、副部长2名。

3）调水总干渠管护部：负责调水总干渠工程的运行、维护、安全防汛、安全保卫、巡查和反恐怖等工作，处置突发事件；完成水资源调度和运行管理工作。按照批准的引大济湟工程综合、专项应急预案，编制上报调水总干渠的应急预（方）案，做好管护范围内安全防汛等应急工作。负责调水总干渠鱼类增殖等相关工作。负责统计、分析、整编、上报调水总干渠水量、水质、安全监测、安全防汛等工程运行资料。负责上报本部门年度财政预算和建筑物、设备的维护、检修计划等相关工作。做好城乡居民生活、生态、农业灌溉等用水服务工作；做好水费收缴工作。承办中心交办的其他事项。核定全额拨款事业编制4名，其中部长1名。

4）北干渠管护部：负责北干渠干渠及松多水库运行、维护、安全防汛、安全保卫、巡查和反恐怖等工作，处置突发事件；完成水资源调度和运行管理工作。按照批准的引大济湟工程综合应急预案，编制上报北干渠干渠及松多水库年度度汛方案、应急预案和反恐怖预案；落实安全防汛值班制度，定期报送水（雨）情信息。负责统计、分析、整编北干渠干渠及松多水库的水量、水质、安全监测、安全防汛等工程运行资料。负责上报本部门年度财政预算和建筑物、设备的维护、检测计划等相关工作。做好城乡居民生活、生态、农业灌溉等用水服务工作；做好水费收缴工作。负责松多水库管理范围内的环境整治工作。承办中心交办的其他事项。核定全额拨款事业编制5名，其中部长1名、副部长1名。

5）西干渠管护部：负责西干渠干渠的运行、维护、管理和安全防汛工作，处置突发事件；完成水资源调度和运行管理工作。按照批准的引大济湟工程综合、专项应急预案，编制上报西干渠干渠的应急预（方）案，做好管护范围内安全防汛等应急工作。负责统计、分析、整编西干渠干渠的水量、水质、安全监测、安全防汛等工程运行资料。负责上报本部门的年度财政预算和建筑物、设备的维护检修计划等相关工作。做好城乡居民生活、生态、农业灌溉等用水服务工作；做好西干渠水费收缴工作。完成中心交办的其他事项。核定全额拨款事业编制5名，其中部长1名、副部长1名。

6）黑泉水库管护部：负责黑泉水库运行、维护、安全防汛、安全保卫、巡查和反恐怖等工作，处置水库突发事件；完成水资源调度和运行管理工作。按照批准的引大济湟工程综合、专项应急预案，编制上报黑泉水库年度度汛方案、应急预案和反恐怖预案；落实安全防汛值班制度，定期报送水（雨）情信息。负责统计、分析、整编、上报黑泉水库的水量、水质、安全监测、安全防汛等工程运行资料。负责上报本部门年度财政预算和建筑物、设备的维护、检修计划等相关工作。做好城乡居民生活、生态、农业灌溉、发电等用水服务工作；做好水费收缴工作。负责黑泉水库管理范围内的环境整治工作。承办中心交办的其他事项。核定全额拨款事业编制6名，其中部长1名、副部长1名。

执笔人：王　利　安倩倩
审核人：刘泽军

宁夏回族自治区水利厅

宁夏回族自治区水利厅是自治区人民政府的组成部门，是自治区水行政主管部门，正厅级机构。2015 年 10 月，水利厅办公地点由宁夏回族自治区银川市兴庆区解放西街 426 号搬迁至银川市金凤区枕水巷 159 号。

2001—2021 年间，水利厅组织沿革可分为 4 个阶段：第一阶段是 2001 年 1 月—2009 年 3 月，第二阶段是 2009 年 4 月—2014 年 6 月，第三阶段是 2014 年 7 月—2018 年 11 月，第四阶段是 2018 年 12 月—2021 年 12 月。

一、第一阶段（2001 年 1 月—2009 年 3 月）

2000 年 7 月，根据宁政办发〔2000〕85 号文设置自治区水利厅，为主管水行政的自治区人民政府组成部门。

（一）职能调整

划出的职能：

（1）水电建设方面的政府职能，交给自治区经济贸易委员会承担。

（2）在宜林地区以植树、种草等生物措施防治水土流失的政府职能，交给自治区林业局承担。

（3）将农业综合开发职能交给自治区财政厅承担。

划入的职能：

（1）原地质矿业厅承担的地下水行政管理职能，交给水利厅承担。开采矿泉水、地热水，只办理取水许可证，不再办理开采许可证。

（2）原由自治区建设厅承担的城市防洪职能、城市规划区地下水资源的管理保护职能，交给水利厅承担。

转变的职能：

（1）按照国家资源与环境保护的有关法律法规和标准，拟定水资源保护规划，组织水功能区划分，监测河流、湖泊、水库的水质，审定水域纳污能力，提出限制排污总量的意见。有关数据和情况应通报自治区环境保护局。

（2）执行节约用水政策，编制节约用水规划，制定有关标准，指导全区节约用水工作。建设部门负责指导城市采水和管网输水、用户用水中的节约用水工作并接受水利部门的监督。

（3）按照政企分开的原则，不再管理所属企业。

（二）主要职责

（1）拟定自治区水利工作的政策、发展战略和中长期规划，依据国家法律、法规，起草本区地方性配套法规并组织实施。

（2）统一管理水资源（含空中水、地表水、地下水）；执行国家水长期供求计划、水量分配方案，拟定自治区水长期供求计划、水量分配方案并监督实施；组织有关国民经济总体规划、城市规划及重大建设项目的水资源和防洪论证工作；组织实施取水许可制度和水资源费征收制度；发布自治区水资源公报，管理全区水文工作。

（3）拟定节约用水政策、编制节约用水规划，制定地方有关标准，组织、指导和监督节约用水工作。

（4）按照国家资源与环境保护的有关法律法规和标准，拟定水资源保护规划；组织水功能区的划分和向饮水区等水域排污的控制；监测河流湖泊水库的水量、水质，审定水域纳污能力；提出限制排污总量的意见。

（5）组织、指导水政监察和水行政执法；协调并仲裁部门间和地、市、县间的水事纠纷。

（6）参与拟定水利行业的经济调节措施；对水利资金的使用进行宏观调节；指导水利行业的供水、水电及多种经营工作；研究提出有关水利的价格、税收、信贷、财务等经济调节意见。

（7）编制、审查大中型水利基建项目建议书和可行性报告；组织重大水利科学研究和技术推广；监督实施水利行业技术质量标准和水利工程的规程、规范。

（8）组织、指导自治区水利设施、水域及其岸线的管理与保护；组织指导区内河流、湖泊的综合治理和开发；组织建设和管理具有控制性的或跨地、市、县的重要水利工程；组织、指导水库、水电站大坝的安全监管。

（9）指导农村水利工作；组织协调农田水利基本建设、农村水电电气化和乡镇供水工作。

（10）组织全区水土保持工作；制定水土保持的工程措施规划，组织水土流失的监测和综合防治。

（11）承担自治区防汛抗旱指挥部的日常工作，组织、协调、监督、指导全区防洪工作，对流经自治区河流和重要水利工程实施防汛抗旱调度。

（12）负责水利方面的科技教育及合作交流；指导全区水利队伍建设。

（13）承办自治区人民政府交办的其他事项。

（三）编制与内设机构

水利厅机关行政编制为 37 名，其中：党委书记 1 名，厅长 1 名，副厅长 3 名，纪委书记（监察专员）1 名，总工程师 1 名；正处级领导职数 8 名（含机关党委专职副书记），副处级领导职数 7 名。

纪检（监察）机构、编制另行规定。

离退休干部工作机构、后勤服务机构及编制，按有关规定另行核定。

根据上述职责，水利厅设 7 个职能处（室）：办公室、规划计划处、农村水利处、经济财务处、建设与科技教育处、水政水资源处（水政监察总队）、组织人事处。

取水许可证由自治区水利厅实施统一管理，不再授权其他部门颁发。

自治区农业综合开发办公室整建制划归财政厅。

2004 年 7 月，根据宁编发〔2004〕47 号文，批准设立阿依河管理局，根据宁编办发〔2004〕159 号文，同年 9 月更名为阿依沙河管理局，核定全额预算事业编制 20 名，为水利厅所属正处级事业单位。

同月，根据宁编发〔2004〕108 号文，批准设立宁夏水利信息中心，核定全额预算事业编制 6 名，为水利厅所属正科级事业单位。

2005 年 1 月，根据宁编发〔2005〕13 号文，批准设立自治区节约用水办公室，挂自治区节约用水领导小组办公室牌子，核定全额预算事业编制 7 名，为水利厅所属正处级事业单位。

2005 年 3 月，根据宁编办发〔2005〕40 号文，自治区阿依沙河管理局更名为艾依河管理局，为水利厅所属正处级事业单位。

2005 年 7 月，根据宁编发〔2005〕42 号文，将宁夏水利工程建设管理局与宁夏扶贫扬黄工程建设总指挥部合并，组建宁夏水利水电工程建设管理局，挂宁夏扶贫扬黄灌溉工程建设总指挥部牌子，为水利厅管理的正厅级事业单位。原宁夏水利工程建设管理局更名为宁夏水利工程建设中心，为宁夏水利水电工程建设管理局所属处级事业单位。

2006 年 5 月，根据宁编发〔2006〕250 号文，宁夏回族自治区防汛抗旱指挥部办公室挂宁夏回族自治区黄河整治工程指挥部办公室、宁夏回族自治区青铜峡库区移民办公室牌子（同年 10 月更名为宁夏回族自治区水库移民办公室），核定全额预算事业编制 15 名，为自治区水利厅所属正处级事业单位，原加挂宁夏回族自治区防汛机动抢险队牌子不再保留。

2006 年 11 月，撤销监察专员办公室，改设为监察室。

2007 年 7 月，根据宁编发〔2007〕61 号文，成立宁夏水库移民管理办公室，为正处级全额预算事业单位。

2008 年 1 月，根据宁编发〔2008〕3 号文，红寺堡扬水工程筹建处更名为红寺堡扬水管理处，核批定额补助事业编制 543 名，为水利厅所属正处级事业单位。

2008 年 6 月，根据宁编办发〔2008〕88 号文，成立自治区水利水电建设工程质量监督站，为不定级别的全额预算事业单位，核定全额预算编制 6 名。之前自治区水利水电建设工程质量监督站虽独立开展工作，但牌子一直挂在原宁夏水利水电工程建设管理局。

2008 年 10 月，根据宁编发〔2008〕69 号文，将自治区大柳树水利枢纽工程前期工作办公室职能与宁夏水利水电工程建设管理局合并，挂自治区大柳树水利枢纽工程前期工作办公室和宁夏扶贫扬黄灌溉工程建设总指挥部两块牌子，原核定 60 名定额补助事业编、内设机构和领导职数等其他机构编制事项维持不变。

2008 年 11 月，根据宁政函〔2008〕126 号文，宁夏水利水电开发建设总公司增资扩股并更名为宁夏水务投资集团有限公司，为国有独资公司，由一个全资子公司（宁夏水利水电工程建设管理局）、两个控股子公司（宁夏宁东水务有限责任公司、宁夏太阳山水务有限责任公司）和一个参股公司（宁夏沙坡头水利枢纽有限公司）组成。公司资产由自治区国资委监管，业务由自治区水利厅管理。

截至 2008 年 11 月，水利厅实有编制 62 名，其中行政编制 57 名，军转专项 5 名。领导职数厅级 2 正 5 副，处级 10 正 10 副；非领导职数巡视员 1 名，副巡视员 2 名，调研员 3 名，副调研员 12 名。内设 9 个内设机构：办公室、规划计划处、农村水利处、经济财务处、建设与科技处、水政水资源处、组织人事处、离退休干部服务处、监察室，实有人员 53 人。为了便于工作，厅机关党委与水利工会合署单独办公，厅团委合并在厅组织人事处。

水利厅所属事业单位 28 个，其中正厅级单位 1 个，正处级单位 22 个，不定级别单位 3 个，科级单位 2 个；其中，财政全额拨款事业单位 15 个，财政定额补助事业单位 4 个，自收自支事业单位 9 个。水利厅管理国有独资公司 1 家：宁夏水务投资集团有限公司；组建国有经济房地产企业 1 家：银水房地产开发有限责任公司；保留党团组织关系的非公经济股份公司 2 家：宁夏青龙管业股份有限责任公司、宁夏水利水电勘测设计研究院有限责任公司。

（四）厅领导任免

2002 年 2 月，根据宁党干字〔2002〕55 号文，免去马三刚党委书记职务，调任自治区纪委副书记。

2002 年 10 月，根据宁党干字〔2002〕95 号文，肖云刚任党委书记、厅长。

2003 年 12 月，根据宁党干字〔2003〕136 号、宁党干字〔2003〕135 号文，免去肖云刚党委书记、厅长职务，调任吴忠市委书记。

2004 年 2 月，根据宁党干字〔2004〕17 号、宁党干字〔2004〕18 号文，袁进琳任水利厅党委书记、厅长。

2007 年 4 月，根据宁党干字〔2007〕58 号文，免去袁进琳党委书记、厅长职务，调任自治区发展和改革委员会主任。吴洪相任党委书记、厅长。

宁夏回族自治区水利厅领导任免表（2001 年 1 月—2009 年 3 月）见表 1。

表 1　　　　　　　　宁夏回族自治区水利厅领导任免表（2001 年 1 月—2009 年 3 月）

机构名称	姓　名	职　务	任 免 时 间	备　注
宁夏回族自治区水利厅	马三刚	党委书记	2000 年 4 月—2002 年 2 月	
	肖云刚	党委书记、厅长	2002 年 10 月—2003 年 12 月	
		党委副书记、厅长	2000 年 4 月—2002 年 10 月	
	袁进琳	党委书记、厅长	2004 年 2 月—2007 年 4 月	
		党委副书记、副厅长	2002 年 10 月—2004 年 2 月	
	吴洪相	党委书记、厅长	2007 年 4 月—	
	白耀华	副厅长	2006 年 6 月—2007 年 9 月	
	阮廷甫	副厅长	1994 年 5 月—2004 年 12 月	
	马继祯	党委副书记、副厅长	2004 年 4 月—2005 年 4 月	
		党委委员、副厅长	1999 年 1 月—2004 年 4 月	
	姚占河	党委副书记、副厅长	2004 年 12 月—2007 年 6 月	
	刘慧芳	党委委员、副厅长	2002 年 10 月—2004 年 2 月	
	李刚军	副厅长	2004 年 4 月—2007 年 2 月	
	任　福	监察专员、纪委书记	2000 年 11 月—2007 年 5 月	退休
		巡视员	2007 年 6 月—2007 年 11 月	
	郭进挺	党委副书记、副厅长	2007 年 9 月—	
	杜永发	副厅长	2002 年 10 月—	
	毕廷和	副厅长	2007 年 8 月—	
	崔　莉	纪委书记	2007 年 6 月—	
	方　彦	副厅长	2008 年 9 月—	
	郭　浩	副巡视员	2007 年 10 月—2008 年 1 月	
		副厅长	2008 年 1 月—	
	李洪山	副巡视员	2006 年 3 月—	
	闫国伟	副巡视员	2006 年 10 月—	
	陈广宏	副巡视员	2009 年 1 月—	
	薛塞光	总工程师	2004 年 9 月—	

宁夏回族自治区水利厅机构图（2009 年）见图 1。

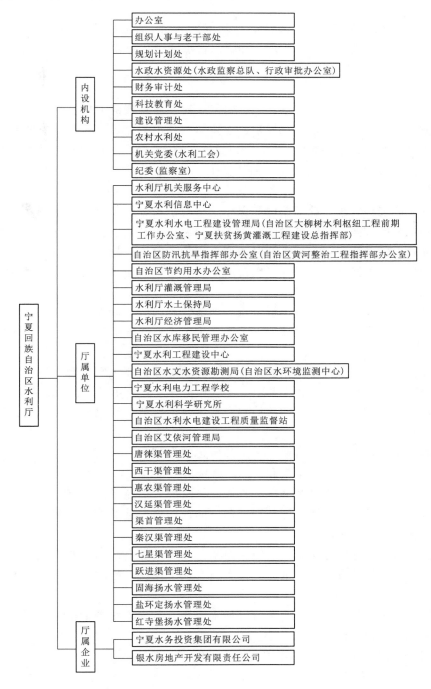

图 1　宁夏回族自治区水利厅机构图（2009 年）

二、第二阶段（2009 年 4 月—2014 年 6 月）

2009 年 4 月，根据宁政办发〔2009〕83 号文，设立宁夏回族自治区水利厅，为自治区人民政府组成部门。

（一）职能调整

取消国家和自治区人民政府已公布取消的行政审批事项。加强水资源的节约、保护和合理配置，保障城乡供水安全，促进水资源的统一管理。加强水资源的统一管理。

（二）主要职责

（1）贯彻实施有关法律、法规、规章，执行国家水利事业发展的方针、政策；拟定自治区水利发展战略规划和政策；组织编制全区水资源规划、重要河流湖泊的流域综合规划、防洪规划等重大水利规划；组织实施水利工程建设有关制度；拟定水利行业的技术标准、规程、规范并监督实施；负责提出水利固定资产投资规模和方向，提出自治区财政性水利资金安排意见，提出自治区水利建设投资安排意见并组织实施。

（2）负责水资源的统一管理、统筹兼顾和保障生活、生产经营和生态环境用水；执行国家水资源长期供求计划、水量分配方案，拟定自治区水资源中长期供求计划、水量分配方案并监督实施；组织开展水资源调查评价工作；按规定开展水能资源调查工作；负责流域、区域以及重大调水工程的水资源调度；组织实施取水许可制度、水资源有偿使用制度和水资源论证、防洪论证制度；指导水利行业供水和乡镇供水工作。

（3）组织编制水资源保护规划；组织拟定重要河流、湖泊的水功能区划并监督实施；核定水域纳污能力，提出限制排污总量建议；指导饮用水水源保护工作；指导地下水开发利用和城市规划区地下水资源管理保护工作。

（4）组织、协调、监督防汛抗旱工作；对重要河流湖泊和重要水利工程实施防汛抗旱调度和应急水量调度；编制自治区防汛抗旱应急预案并组织实施；指导水利突发公共事件的应急管理工作。

（5）拟定节约用水政策；编制节约用水规划、拟定自治区节约用水的有关标准；指导和推动节水型社会建设工作。

（6）组织实施水文水资源监测、自治区水文站网建设和管理；对河湖库和地下水的水量、水质实施监测；发布水文水资源信息、情报预报和自治区水资源公报。

（7）组织、指导水利设施、水域及其岸线的管理与保护；指导区内河流、湖泊的治理和开发；指导水利工程建设与运行管理；自治区实施具有控制性的或跨市、县的重要水利工程建设和管理；承担水利工程移民政策扶持的有关工作。

（8）拟定水土保持规划并监督实施；组织实施水土流失的综合防治、监测预报并定期公告；负责大中型开发建设项目水土保持方案的审批、监督实施及水土保持设施的验收工作；指导自治区重点水土保持建设项目的实施。

（9）组织协调农田水利基本建设；指导农村饮水安全、节水灌溉等工程建设与管理工作；指导农村水利社会化服务体系建设工作。

（10）组织、指导水政监察和水行政执法工作；负责重大涉水违法事件的查处；协调水事纠纷；负责水利行业安全生产工作，组织实施水利行业建设工程质量监督工作；组织和指导水库、水电站大坝的安全监督；负责水利建设市场的监督管理；开展水利科技、教育培训及合作交流工作。

（11）承办自治区人民政府交办的其他事项。

（三）编制与内设机构

行政编制58名，其中：厅长1名，副厅长4名，纪委书记1名，总工程师1名；正处级领导职数10名（含纪委副书记兼监察室主任1名、机关党委专职副书记1名），副处级领导职数11名。

根据职责，设8个内设机构：办公室、组织人事与老干部处、规划计划处、水政水资源处（水政监察总队、行政审批办公室）、财务审计处、科技教育处、建设管理处、农村水利处。

纪委（监察室为内设机构，与纪委合署办公），负责机关及所属单位的纪检、监察、信访工作。

机关党委，负责机关党的建设工作。

2009年5月，根据宁编办发〔2009〕73号文，宁夏水利学校更名为宁夏水利电力工程学校，其他机构编制事项维持不变。

2011年1月，根据宁编发〔2011〕6号文，将宁夏水利水电工程建设管理局更名为自治区移民局（保留宁夏扶贫扬黄灌溉工程建设总指挥部牌子），调整为自治区发展和改革委员会管理的正厅级事业单位。原在宁夏水利水电工程建设管理局挂牌的自治区大柳树水利枢纽工程前期工作办公室调整为自治区水利厅所属正处级事业单位，主要承担大柳树水利枢纽工程前期工作，核定事业编10名，单位性质定额补助事业单位。原宁夏水利水电工程建设管理局管理的宁夏水利建设中心调整为自治区水利厅管理的事业单位，其他机构事项维持不变。

2011年9月，根据宁水发〔2011〕100号文，成立水利厅信息化建设领导小组，研究制定自治区水利信息化建设规划和年度计划，组织实施自治区水利信息化项目建设，解决建设工作中出现的重大问题等。领导小组下设办公室，办公室设在自治区水文水资源勘测局，为水利信息化建设项目法人单位。

2012年2月，根据宁编办发〔2012〕36号文，宁夏水利水电建设工程质量监督站增挂宁夏水利水电建设工程定额站牌子。

2012年2月，根据宁编发〔2012〕37号文，设立宁夏水利博物馆，核定全额预算编制6名，为水利厅所属副处级事业单位。将自治区节约用水办公室、自治区水利厅灌溉管理局合并，组建自治区水资源管理局，核定全额预算编制38名，为水利厅所属事业单位。

2012年6月，根据宁编发〔2012〕69号文，自治区跃进渠管理处退出事业单位序列，核销原核定的57名自收自支事业编制及处级领导职数2正2副、科级领导职数10正15副，注销事业单位法人。

2012年9月，根据宁编办发〔2012〕254号文，宁夏水利科学研究所改名为宁夏水利科学研究院，其他机构编制事项维持不变。

2013年10月，根据宁编发〔2013〕215号文，宁夏水利工程建设中心更名为宁夏水利工程建设管理局，其他机构编制事项维持不变。

宁夏回族自治区水利厅领导任免表（2009年4月—2014年6月）见表2。

表2　　　　　　宁夏回族自治区水利厅领导任免表（2009年4月—2014年6月）

机构名称	姓名	职务	任免时间	备注
宁夏回族自治区水利厅	吴洪相	党委书记、厅长	继任—	
	郭进挺	党委副书记、副厅长	继任—2012年12月	
	毕廷和	副厅长	继任—	
	崔莉	纪委书记	继任—	
	方彦	副厅长	继任—2013年6月	
	周京梅	副厅长	2011年3月—	
	李永春	副厅长	2012年10月—	
	郭浩	副厅长	2008年1月—	
	朱云	副厅长	2013年7月—	
	李洪山	副巡视员	继任—2012年12月	
	闫国伟	副巡视员	继任—	
	陈广宏	副巡视员	继任—	
	薛塞光	总工程师	继任—	

宁夏回族自治区水利厅机构图（2014 年）见图 2。

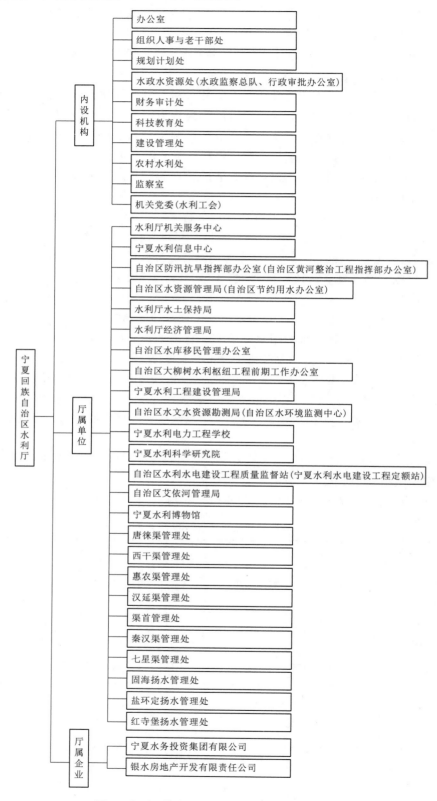

图 2　宁夏回族自治区水利厅机构图（2014 年）

三、第三阶段（2014年7月—2018年11月）

2014年7月，根据宁政办发〔2014〕114号文，设立自治区水利厅，为自治区人民政府组成部门。

（一）职能转变

取消和下放的职责：取消、下放国家和自治区人民政府公布取消、下放的行政审批事项。

加强的职责：

（1）建立和落实水资源管理取用水总量、用水效率、水功能区限制纳污"三条红线"制度，加强水资源管理。

（2）加强水资源的节约、保护和合理配置，推进农业、工业和服务业节约用水工作，保障城乡供水安全，促进水资源的可持续利用。

（二）主要职责

（1）贯彻实施国家、自治区有关法律、法规、规章，执行国家水利事业发展的方针、政策；拟定自治区水利发展战略规划、水资源规划等综合规划，组织编制防洪、灌溉等专项规划。

（2）落实最严格的水资源管理制度，统一管理水资源，统筹保障生活、生产和生态用水；执行国家中长期水资源配置计划，自治区中长期水资源配置方案、年度水量调度方案并监督实施；负责农业供水，指导工业、生态及城镇供水工作；组织开展水资源调查评价；组织实施水资源论证、取水许可、水资源有偿使用制度；配合相关部门提出调整水资源费、水价的建议。

（3）组织和指导节水型社会建设，指导、监督计划用水节约用水；拟定节约用水政策、有关标准和用水定额并监督实施。

（4）组织、指导水生态文明建设。编制水资源保护规划、重要水功能区划并监督实施；核定水域纳污能力，提出限制排污总量建议；指导饮用水水源保护工作；负责地下水开发利用和城市规划区地下水资源管理保护工作。

（5）指导全区水利工程建设与运行管理，并组织重大水利工程建设；监督实施水利行业技术标准、规程、规范；指导水利设施、水域及其岸线的管理与保护；组织、指导重要河流、湖泊的治理和开发；指导水利行业安全生产工作；组织实施水利建设工程的质量安全监督、稽查；指导水库、水电站大坝的安全监督；负责水利建设市场的监督管理。

（6）承担自治区防汛抗旱总指挥部日常工作。组织、协调防汛抗旱工作；编制自治区防汛抗旱应急预案并组织实施；对重要河流湖泊和重要水利工程实施防汛抗旱调度和应急水量调度；组织实施防洪论证制度。

（7）组织指导农田水利基本建设。指导农村饮水安全、农业节水和农田灌排等工程建设与管理；指导农村水利基层服务体系建设；组织实施水库移民后期扶持工作。

（8）组织指导水土流失综合治理、预防监督和监测并定期公告；负责大中型开发建设项目水土保持方案的审查审批和验收工作。

（9）负责全区水文工作。组织实施水文、水环境监测，对重要水功能区和地下水的水量、水质实施监测和评价；发布水文水资源信息、情报预报和自治区水资源公报。

（10）组织指导水政监察和水行政执法工作。组织查处重大涉水违法事件；协调重大水事纠纷；指导水利突发公共事件的应急管理工作。

（11）负责提出水利固定资产投资规模和方向、自治区财政性水利资金安排意见；提出自治区水利建设投资安排意见并组织实施。

（12）组织指导水利科技创新、新技术推广应用、信息化建设、合作交流。

（13）承办自治区人民政府交办的其他事项。

（三）编制与内设机构

行政编制 65 名，其中：厅长 1 名，副厅长 5 名（1 名副厅长兼水资源管理局局长），纪委书记 1 名，总工程师 1 名；正处级领导职数 11 名（含纪委副书记兼监察室主任 1 名、机关党委专职副书记 1 名），副处级领导职数 12 名。

根据职责，设 8 个内设机构：办公室、组织人事与老干部处、规划计划处、水资源水政处（水政监察总队、行政审批办公室）、财务审计处、科技教育处、建设管理处、农村水利处。

监察室（为内设机构，与纪委合署办公），负责机关及所属单位的纪检、监察工作。

机关党委，负责机关党的建设工作。

2014 年 9 月，根据水利厅党委会议纪要〔2014〕12 号文，成立水利厅网络安全和信息化领导小组，将原设立的水利厅信息化领导小组办公室更名为水利厅信息化建设办公室（简称"信建办"），仍设在水文水资源勘测局。

2015 年 12 月，宁夏水务投资集团有限公司划转至自治区国资委，由宁夏国有资本运营集团管理。

2016 年 4 月，根据宁编发〔2016〕18 号文，将自治区水利水电建设工程质量监督站更名为宁夏回族自治区水利安全生产与质量监督管理局，挂宁夏水利水电建设工程定额站牌子，核定全额预算事业编制 31 名，为水利厅直属正处级事业单位。

撤销自治区水利厅经济管理局，设置自治区农村水利建设管理中心，将自治区农田水利基本建设指挥部办公室职责并入自治区农村水利建设管理中心，挂自治区农田水利基本建设指挥部办公室牌子，核定全额预算事业编制 14 名，为水利厅所属正处级事业单位。

2017 年 8 月，根据宁编发〔2017〕37 号文，自治区水利厅增设河湖管理处、承担河长制办公室日常工作，增加处级领导职数 1 正 1 副，调整后水利厅处级领导职数 11 正（含机关党委专职副书记 1 名）13 副。

2017 年 9 月，根据宁编发〔2017〕43 号文，撤销自治区水库移民管理办公室，注销事业单位法人，原核定的 1 正 1 副处级领导职数核销，自治区水利厅增设水库移民处，增加处级领导职数 1 正 1 副。水库移民处的主要职责是：贯彻落实国家有关水库移民政策，负责全区水库移民后期扶持政策的具体实施和项目建设管理工作；负责全区大中型水库移民后期扶持规划以及库区和移民安置区基础设施建设和经济发展规划的编制和审查工作。

将自治区水利厅水土保持局承担的"负责全区水土流失预防监督工作和水土保持方案的审查工作，依法查处违反水土保持法律、法规的行为"等行政职能剥离划归水资源水政处，将自治区水利厅水土保持局更名为自治区水土保持监测总站。

将自治区水资源管理局承担的"参与水资源管理、保护和水量调度、取水许可等违法事件的调查、取证工作"等行政职能剥离划归水资源水政处，将自治区水资源管理局更名为自治区水利调度中心。

调整后，自治区水利厅设置 10 个内设机构：办公室、组织人事与老干部处、规划计划处、水资源水政处（水政监察总队、行政审批办公室）、财务审计处、科技教育处、建设管理处、农村水利处、河湖管理处、水库移民处及机关党委。核定处级领导职数 12 正（含机关党委专职副书记 1 名、副总工程师 1 名）14 副。

2018 年 11 月，根据银组通〔2018〕93 号文，宁夏水利水电勘测设计研究院有限公司党委的隶属关系从宁夏水利厅党委转移至中共银川市住房和城乡建设系统非公企业行业委员会。

（四）厅领导任免

2016年5月，根据宁政干发〔2016〕17号文，吴洪相任自治区人民政府参事。

2016年10月，根据宁人常〔2016〕32号文，白耀华任水利厅厅长，党委书记，免去吴洪相自治区水利厅厅长职务。

宁夏回族自治区水利厅领导任免表（2014年7月—2018年11月）见表3。

表3　　　　宁夏回族自治区水利厅领导任免表（2014年7月—2018年11月）

机构名称	姓名	职务	任免时间	备注
宁夏回族自治区水利厅	吴洪相	厅长、党委书记	继任—2016年10月	
	白耀华	厅长、党委书记	2016年10月—	
	毕廷和	副厅长	继任—2016年5月	
	郭浩	副厅长	继任—2018年11月	
		巡视员	2018年11月—	
	周京梅	副厅长	继任—2015年2月	
		巡视员	2015年2月—2016年5月	
	朱云	副厅长	继任—2017年11月	
	李永春	副厅长	继任—	
	崔莉	纪委书记	继任—2016年12月	
		巡视员	2016年1—12月	
	王振升	驻厅纪检组组长	2016年4月—	
	薛塞光	总工程师	继任—2017年1月	
		巡视员	2017年1—6月	
	麦山	副厅长	2016年6月—	
	潘军	副厅长	2017年2月—	
	王新军	总工程师	2017年2月—	
	闫国伟	副巡视员	继任—2018年1月	
	陈广宏	副巡视员	继任—2018年12月	
	郜涌权	副巡视员	2015年2月—	
	李茂书	副巡视员	2016年4月—2017年1月	

宁夏回族自治区水利厅机构图（2018年）见图3。

四、第四阶段（2018年12月—2021年12月）

2018年12月，根据宁党办〔2018〕124号文，批准设立自治区水利厅，是自治区人民政府组成部门，为正厅级。

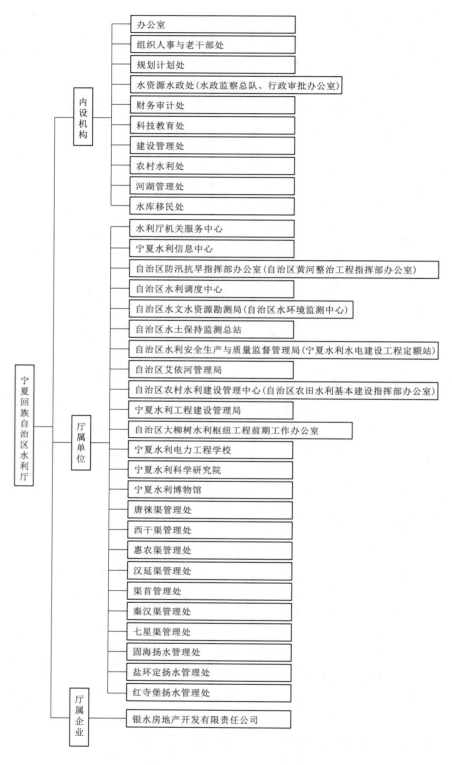

图 3　宁夏回族自治区水利厅机构图（2018 年）

（一）职能转变

自治区水利厅切实加强水资源合理利用优化配置和节约保护。坚持节水优先，从增加供给转向更加重视需求管理，严格控制用水总量和提高用水效率。坚持保护优先，加强水资源、水域和水利工程的管理保护，维护河湖健康美丽。坚持统筹兼顾，保障合理用水需求和水资源的可持续利用，为经济社会发展提供水安全保障。

（二）主要职责

（1）负责保障水资源的合理开发利用。拟定全区水利发展政策和规划，起草相关地方性法规、政府规章草案。组织编制自治区水资源规划、黄河及重要湖泊、流域（区域）水利综合规划、防洪规划等重大水利规划。

（2）负责生活、生产经营和生态环境用水的统筹和保障。组织实施最严格水资源管理制度，统一监督管理全区水资源，拟定全区和跨区域水中长期供求规划、水量分配方案并监督实施。负责全区及跨区域重大调水工程的水资源调度。组织实施取水许可、水资源论证和防洪论证制度，指导开展水资源有偿使用工作。指导和管理工业、农业、生态及城乡供水工作。

（3）负责提出全区水利固定资产投资规模、方向和具体安排建议并组织指导实施。提出自治区财政性水利专项资金安排建议并负责项目实施的监督管理。

（4）指导水资源保护工作。组织编制并实施水资源保护规划。指导全区饮用水水源保护有关工作。指导地下水开发利用和地下水资源管理保护。组织指导地下水超采区综合治理。参与编制水功能区划和指导入河排污口设置管理工作。

（5）负责全区节约用水工作。拟定节约用水政策措施，组织编制节约用水规划并监督实施，组织制定有关标准并监督实施。组织实施用水总量控制等管理制度，指导和推进节水型社会建设工作。

（6）负责水文工作。负责水文水资源监测、自治区水文站网建设和管理。对河湖水库和地下水实施监测，发布水文水资源信息、情报预报和自治区水资源公报。按规定组织开展水资源、水能资源调查评价和水资源承载能力监测预警工作。

（7）指导全区水利设施、水域及其岸线的管理、保护与综合利用。组织指导水利基础设施网络建设。指导重要河湖水库的治理、开发和保护。指导河湖水生态保护与修复、河湖生态流量水量管理以及河湖水系连通工作。负责全区河湖采砂的管理和监督检查，指导河湖采砂规划和计划的编制，组织实施河道管理范围内工程建设方案审查制度。

（8）指导监督全区水利工程建设与运行管理。组织实施自治区重大水利工程建设与运行管理。督促指导市、县（区）配套工程建设。制定水利工程建设有关政策措施并监督实施。指导全区水利工程建设质量监督，组织实施重要水利工程建设的质量监督。

（9）负责水土保持工作。拟定全区水土保持规划并组织实施。指导和组织实施全区水土保持和水土流失综合治理、预防监督监测并定期公告。负责建设项目水土保持方案的审查审批、监督实施和水土保持设施的验收工作，指导国家、自治区重点水土保持建设项目的实施。

（10）指导全区农村水利工作。组织开展大中型灌排工程建设与改造，指导现代化灌区建设。指导农村饮水安全工程建设管理工作，指导节水灌溉有关工作。指导农村水利改革创新和社会化服务体系建设。指导农村水能资源开发、小水电改造工作。

（11）负责水利工程移民管理工作。拟定水利工程移民有关政策措施并监督实施，组织实施水利工程移民安置验收、监督评估等制度。指导监督水库移民后期扶持政策的实施。协调推动水利扶贫工作。

（12）负责重大涉水违法事件的查处，协调和仲裁跨区域水事纠纷，指导水政监察和水行政执法。督促检查水利重大政策、决策部署和重点工作的贯彻落实情况。依法负责水利行业安全生产工作，组织指导水库、大坝、农村水电站的安全监管。指导水利建设市场的监督管理，组织实施水利工程建设的监督。组织指导水利投资项目稽查、节水及水资源管理督查。组织指导水利突发公共事件的应急管理工作。

（13）组织开展水利科技工作。组织指导水利科技创新、新技术推广应用、信息化工作、对外合作与交流。组织重大水利科学研究、技术引进和科技推广。负责水利科技项目和科技成果的管理工作。拟定水利地方技术标准、规程规范并监督实施。

（14）负责落实综合防灾减灾规划相关要求，组织编制洪水干旱灾害防治规划和防护标准并指导实施。承担水情旱情监测预警工作。组织编制重要河湖和重要水工程的防御洪水抗御旱灾调度及应急水量调度方案，按程序报批并组织实施。承担防御洪水应急抢险的技术支撑工作，保障防洪安全、河势稳定和堤防安全。

（15）完成自治区党委和政府交办的其他任务。

（三）编制与内设机构

核定行政编制 70 名，其中：厅长 1 名，副厅长 3 名；正处级领导职数 15 名（含总工程师 1 名、机关党委专职副书记 1 名），副处级领导职数 17 名。

根据职责，设 13 个内设机构：办公室、组织人事与老干部处、规划计划处、法规处与水资源管理处、节约用水与城乡供水处、工程建设与运行管理处、财务审计处、农村水利处、河湖管理处、水土保持处、科技与信息化处、安全生产与监督处、水库与移民管理处。

机关党委，负责机关和直属单位的党群工作。

2019 年 5 月，根据宁编发〔2019〕12 号文，撤销自治区防汛抗旱指挥部办公室（自治区黄河整治工程指挥部），设置自治区水旱灾害防御中心，核定全额预算事业编制 20 名，为自治区水利厅所属正处级公益一类事业单位。

将自治区农村水利建设管理中心（自治区农田水利基本建设指挥部）更名为自治区灌溉排水服务中心，核定全额预算事业编制 25 名，为自治区水利厅所属正处级公益一类事业单位。

将自治区水利安全生产与质量监督管理局（宁夏水利水电建设工程定额站）更名为自治区水利工程定额和质量安全中心，为自治区水利厅所属正处级公益一类事业单位，主要承担在建水库、水电站大坝等重大水利工程安全评价和质量检测工作，承担水利水电建设工程定额的调查、编制工作。

将自治区艾依河管理局更名为自治区河湖事务中心，核定全额预算事业编制 23 名，为自治区水利厅所属正处级公益一类事业单位。

将自治区水利工程建设管理局更名为自治区水利工程建设中心，将自治区大柳树水利枢纽工程前期工作办公室更名为自治区大柳树水利枢纽工程前期工作中心，将自治区水文水资源勘测局（自治区水环境监测中心）更名为自治区水文水资源监测预警中心。

2021 年 4 月 26 日，根据宁编办发〔2021〕25 号文，水利厅组织人事与老干部处和机关党委合署办公，增加 1 名副处级领导职数，用于加强机关和事业单位干部人事工作。机关党委（组织人事与老干部处）主要职责：负责机关和直属单位的党群、干部人事、机构编制、教育培训、劳动工资、水利行业专业技术职务评聘及专家管理、服务等工作；指导水利行业人才队伍建设；承担水利体制改革有关工作；负责离退休干部工作。将法规与水资源管理处分设为政策法规处、水资源管理处。政策法规处主要职责：负责自治区水利改革发展政策研究工作；负责起草水利地方性法规、政府规章草案；承担规范性文件合法性审查工作。承担水利重大行政决策、重大执法决定和行政审批、行政应诉、行政复议等相关工作；组织、指导全区水政监察和水行政执法，协调水事纠纷，组织查处重大涉水违法事件。水资源管理处主要职责：负责组织、监督实施最严格水资源管理制度，组织实施取水许可、水资源论证制度，指导水资源有偿使用工作；指导水量分配工作并监督实施，指导河湖生态流量水量管理；组织编制水资源保护规划，指导饮用水水源保护有关工作；组织开展水资源调查、评价有关工作，组织编制并发布水资源公报；参与编制水功能区划工作；组织开展水资源承载能力预警工作，指导水资源监控能力建设；指导地下水开发利用和地下水资源管理和保护，组织指导地下水超采区综合治理。调整后，自治区水利厅内设机构处级领导职数15正（含总工程师1名、机关党委专职副书记1名）18副。

截至2021年12月，水利厅设14个内设机构：办公室、机关党委（组织人事与老干部处）、规划计划处、政策法规处、水资源管理处、节约用水与城乡供水处、工程建设与运行管理处、财务审计处、农村水利处、河湖管理处、水土保持处、科技与信息化处、安全生产与监督处、水库与移民管理处。核定行政编制71名，其中：厅长1名，副厅长3名；正处级领导职数15名（含总工程师1名，机关党委专职副书记1名），副处级领导职数18名。下属事业单位有水利厅机关服务中心、宁夏水利信息中心、自治区水旱灾害防御中心、自治区水利调度中心、自治区水土保持监测总站、自治区水利工程定额和质量安全中心、自治区大柳树水利枢纽工程前期工作中心、自治区灌溉排水服务中心、自治区水利工程建设中心、自治区水文水资源监测预警中心、宁夏水利电力工程学校、自治区河湖事务中心、宁夏水利博物馆、宁夏水利科学研究院、唐徕渠管理处、西干渠管理处、惠农渠管理处、汉延渠管理处、渠首管理处、秦汉渠管理处、盐环定扬水管理处、七星渠管理处、固海扬水管理处、红寺堡扬水管理处。

宁夏回族自治区水利厅领导任免表（2018年12月—2021年12月）见表4。

表4　　　　　宁夏回族自治区水利厅领导任免表（2018年12月—2021年12月）

机构名称	姓名	职务	任免时间	备注
宁夏回族自治区水利厅	白耀华	厅长、党委书记	继任—	
	李永春	副厅长	继任—2021年10月	
	麦山	副厅长	继任—	
	潘军	副厅长	继任—	
	张伟	副厅长	2021年2月—	
	王振升	驻厅纪检组组长	继任—2019年1月	
	路东海	驻厅纪检组组长	2019年1月—	
	王新军	总工程师	继任—2019年10月	
	郭浩	巡视员	继任—2020年4月	
	郜涌权	副巡视员	继任—	
	徐宁红	副巡视员	2018年12月—2020年6月	
	江静	副巡视员	2019年6月—	
	张平	二级巡视员	2019年10月—	

宁夏回族自治区水利厅机构图（2021年）见图4。

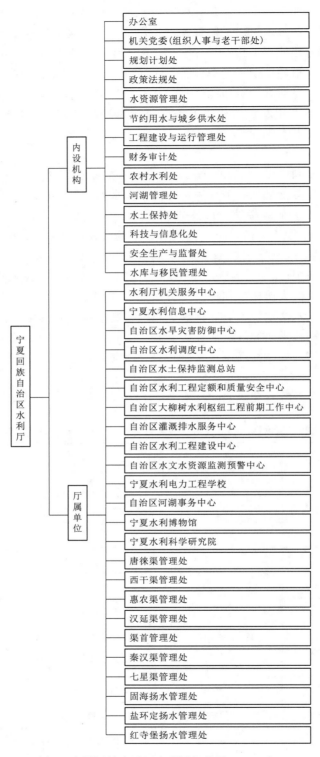

宁夏回族自治区水利厅

内设机构
- 办公室
- 机关党委（组织人事与老干部处）
- 规划计划处
- 政策法规处
- 水资源管理处
- 节约用水与城乡供水处
- 工程建设与运行管理处
- 财务审计处
- 农村水利处
- 河湖管理处
- 水土保持处
- 科技与信息化处
- 安全生产与监督处
- 水库与移民管理处

厅属单位
- 水利厅机关服务中心
- 宁夏水利信息中心
- 自治区水旱灾害防御中心
- 自治区水利调度中心
- 自治区水土保持监测总站
- 自治区水利工程定额和质量安全中心
- 自治区大柳树水利枢纽工程前期工作中心
- 自治区灌溉排水服务中心
- 自治区水利工程建设中心
- 自治区水文水资源监测预警中心
- 宁夏水利电力工程学校
- 自治区河湖事务中心
- 宁夏水利博物馆
- 宁夏水利科学研究院
- 唐徕渠管理处
- 西干渠管理处
- 惠农渠管理处
- 汉延渠管理处
- 渠首管理处
- 秦汉渠管理处
- 七星渠管理处
- 固海扬水管理处
- 盐环定扬水管理处
- 红寺堡扬水管理处

图 4　宁夏回族自治区水利厅机构图（2021 年）

执笔人：周　钰　李　伟
审核人：宋正宏

新疆维吾尔自治区水利厅

新疆维吾尔自治区水利厅是新疆维吾尔自治区人民政府组成部门，机构规格为正厅级，主管全区水行政管理工作。2001年1月—2021年12月，按照中央和自治区关于机构改革工作要求，共经历2001年、2010年、2018年3次机构编制和职能调整。办公地点位于乌鲁木齐市沙依巴克区黑龙江路146号。

一、第一阶段（2001年3月—2010年1月）

2001年3月，自治区人民政府办公厅印发《新疆维吾尔自治区水利厅职能配置、内设机构和人员编制规定》（新政办〔2001〕31号），对水利厅部分职能和机构编制进行了调整。

（一）主要职责

（1）拟定自治区水行政的政策法规、发展战略和中长期规划，并依法监督实施。

（2）统一管理水资源（含空中水、地表水、地下水）。组织拟定自治区水长期供求计划、水量分配方案并监督实施；组织有关自治区国民经济总体规划、城市规划及重大建设项目的水资源和防洪论证工作；组织实施取水许可制度和水资源费征收制度；发布自治区水资源公报；对全区水文工作实行行业管理。

（3）拟定节约用水政策，编制节约用水规划，制定有关标准，组织、指导和监督节约用水工作。

（4）按照国家资源与环境保护的有关法律法规和标准，拟定水资源保护规划；组织水功能区的划分和向饮水区等水域排污的控制；监测河湖库的水量、水质，审定水域纳污能力；提出限制排污总量的意见。

（5）组织、指导水政监察和水行政执法；协调并仲裁自治区境内水事纠纷。

（6）拟定水利、水电、水产行业的经济调节措施，对水利资金的使用进行宏观调节；指导水利行业的供水、水电及多种经营工作；会同有关部门研究提出有关水利的价格、税收、信贷、财务等经济调节意见。

（7）编制、审查大中型水利、水电、水产基建项目建议书和可行性报告及初步设计；组织重大水利、水电、水产科学研究和技术推广；组织拟定水利行业技术质量标准和水利工程的规程、规范并监督实施。

（8）组织、指导水利设施、水域及其岸线的管理与保护；组织全区河流、湖库的治理和开发；协助办理有关国际河流的涉外事务；组织建设和管理具有控制性的或跨地区的重要水利工程；组织、指导水库、水电站大坝的安全监管。

（9）指导农村水利工作；组织协调农田水利基本建设、农村水电电气化和乡镇供水工作。

（10）组织自治区水土保持工作。研究制定水土保持的工程措施规划，组织水土流失的监测和综合防治。

（11）负责水利、水电和水产方面的科技和外事工作；指导自治区水利队伍建设。

（12）承担自治区防汛抗旱总指挥部的日常工作，组织、协调、监督、指导自治区防汛抗旱工作，对重要河湖及水利工程实施防汛抗旱调度。

（13）承办自治区人民政府交办的其他事项。

（二）编制与内设机构及厅属单位

1. 机关处室

2001 年 3 月，根据《关于印发新疆维吾尔自治区水利厅职能配置、内设机构和人员编制规定的通知》（新政办〔2001〕31 号），增设农牧水利处、建设与管理处；撤销基本建设处、水利经济管理处、审计处；办公室、水政水资源处加挂政策研究室、自治区节约用水办公室防军事；政治处（保卫处）撤销保卫处牌子。计划财务处更名为规划计划财务处，农村水利水土保持处更名为水土保持处，劳动培训处更名为劳动人事处。

调整后，水利厅机关由原来的 11 个职能处室减少至 9 个，分别为：办公室（政策研究室）、规划计划财务处、水政水资源处（自治区节约用水办公室）、建设与管理处、科技管理处、水土保持处、农牧水利处、政治处、劳动人事处。另设机关党委，纪检组、监察室及老干部工作处。

水利厅机关核定行政编制 63 名。其中：厅级领导职数 5 名（含纪检组长 1 名），处级领导职数 26 名（含机关党委专职副书记）。纪检组、监察室行政编制 5 名，处级领导职数 2 名。老干部工作处单列编制 11 名，领导职数 3 名。

2002 年 10 月，根据《关于自治区水利厅增设财务审计处的批复》（新机编字〔2002〕81 号），规划计划财务处更名为规划计划处；增设财务审计处，核定处级领导职数 2 名。调整后，水利厅机关职能处（室）增加至 10 个。

2007 年 4 月，根据《关于调整自治区水利厅机关部分处室名称及职责的通知》（新机编办〔2007〕115 号），政治处更名为组织人事处，劳动人事处更名为劳动安全培训教育处，科技教育处更名为科技管理处。

2007 年 4 月，根据《关于二〇〇六年度军队转业干部编制问题的通知》（新机编办〔2007〕121 号），水利厅机关增加行政编制 1 名。

2007 年 10 月，根据《关于自治区水利厅设置政治部等问题的通知》（新机编〔2007〕70 号），组织人事处更名为政治部，升格为副厅级。调整后，水利厅机关增加厅级领导职数 1 名。

2007 年 12 月，根据《关于下达行政编制用于置换自治区水利厅老干部工作处单列编制的通知》（新机编办〔2007〕325 号），核销自治区水利厅老干部工作处单列编制 11 名；核定行政编制 8 名，全额预算管理事业单位编制 3 名；3 名全额预算管理事业编制由机关服务中心管理。调整后，老干部工作处作为自治区水利厅机关内设机构，自治区水利厅机关行政编制增加至 77 名。

至 2010 年 1 月，水利厅内设职能处（室）10 个，分别为：办公室（政策研究室）、规划计划处、财务审计处、水政水资源处（自治区节约用水办公室）、建设与管理处、科技教育处、水土保持处、农牧水利处、政治部、劳动安全培训教育处。另设机关党委、纪检组、监察室及老干部工作处。

2. 事业单位

2007 年 4 月，根据《关于自治区水利厅外资办公司增挂中德财政合作增款新疆扶贫项目执行办公室牌子的批复》（新机编办〔2007〕111 号），水利厅外资办公室加挂中德财政合作增款新疆扶贫项目执行办公室牌子，不增加编制和领导职数。

2007 年 5 月，根据《关于新疆维吾尔自治区水利厅所属事业单位机构编制方案的批复》（新机编办〔2007〕179号），对水利厅所属事业单位调整如下：

（1）撤销新疆铜场水库管理局。

（2）将伊犁河渔政管理总站移交伊犁州水利局管理；将额尔齐斯河渔政管理总站移交阿勒泰地区水利局管理；将新疆水磨河流域管理处、阿拉沟水管站移交乌鲁木齐市管理。

（3）机构更名。将自治区水利厅计算机中心更名为新疆防汛抗旱通信管理中心；将新疆牧区水利管理总站更名为新疆农牧区水利规划总站；将新疆特种水产养殖场与新疆水产良种繁育实验场合并，更名为新疆水生野生动物救护中心。

（4）加挂牌子。在自治区水利管理总站加挂新疆灌溉中心实验站牌子。

（5）将自治区水生野生动物救护中心、自治区渔业环境监测中心、自治区水产品质量检测中心、自治区渔业病害防治中心、自治区水产技术推广总站等五个机构的职能并入新疆水产科学研究所，保留其牌子。

（6）新设立新疆防汛机动抢险队。

至2010年1月，水利厅所属事业单位41个，分别为：新疆塔里木河流域管理局、新疆额尔齐斯河流域开发工程建设管理局、新疆伊犁河流域开发建设管理局、自治区水文水资源局、新疆水利水电勘测设计研究院、自治区水利厅外资办公室（中德财政合作赠款新疆扶贫项目执行办公室）、自治区水产局（自治区渔政管理总站、新疆渔政监察总队、新疆渔业船舶检验局）、自治区水电及农村电气化发展局、自治区水政监察总队、自治区改水防病办公室（自治区农村饮水安全工作领导小组办公室）、新疆水利经济民警大队、新疆农牧水利资金监督检查所、塔里木河流域执行委员会办公室、新疆防汛机动抢险队、新疆防汛抗旱通信管理中心、自治区水利厅乌拉泊水库绿化工程管理站、新疆农牧区水利规划总站、新疆水利水电规划设计管理局（新疆流域规划委员会办公室）、自治区水利水电科技信息中心、新疆水利水土保持技术推广中心（新疆水土保持生态环境监测总站）、自治区水利管理总站（新疆灌溉中心试验站）、自治区水利厅工矿石油供水管理总站、新疆水利水电建设工程造价管理总站、新疆水利水电工程质量监督中心站、新疆水利水电工程建设监理中心、新疆水产科学研究所（新疆渔业环境监测中心、新疆水产品质量检测中心、新疆渔业病害防治中心、新疆水生野生动物救护中心、新疆水产技术推广总站）、新疆水利水电学校（河海大学乌鲁木齐教学中心）、新疆水利水电技工学校、新疆喀什水利水电学校、自治区水利厅培训中心、自治区风能研究所、新疆水利水电科学研究院、新疆地方电力中心试验研究所、自治区水土改良实验场、新疆乌鲁瓦提水利枢纽工程建设管理局、新疆克孜尔水库管理局、新疆头屯河流域管理处、新疆玛纳斯河流域管理处、新疆金沟河流域管理处、新疆喀什噶尔河流域管理处、自治区水利厅机关服务中心。

（三）厅领导任免

2000年4月，自治区党委任命吐尔逊·托乎提为厅党组书记，自治区人民政府任命其为副厅长。

2000年4月，自治区党委任命王世江为厅党组副书记，7月自治区人民政府任命其为厅长。

2000年4月，自治区党委任命乌斯满·沙吾提为厅党组成员，自治区人民政府任命其为副厅长。

2000年4月，自治区党委任命李世新为厅党组成员，自治区人民政府任命其为副厅长。

2000年7月，自治区党委任命邓铭江为厅党组成员，自治区人民政府任命其为厅总工程师。

2001年5月，自治区党委免去罗尧增厅党组副书记、纪检组组长职务。

2001年6月，自治区党委免去祝向民党组成员职务，自治区人民政府免去其副厅长职务。

2002年1月，自治区党委任命李自生为厅党组成员、党组副书记。

2002年1月，自治区党委任命祝向民为厅党组成员，自治区人民政府任命其为副厅长。

2002年7月，自治区党委免去李兰奇厅党组成员职务，自治区人民政府免去其副厅长职务。

2003年2月，自治区党委免去吐尔逊·托乎提厅党组书记职务，自治区人民政府免去其副厅长职务。

2003 年 3 月，自治区党委任命乌斯满·沙吾提为厅党组书记。

2004 年 2 月，自治区党委任命托乎提·艾合买提为厅党组成员，3 月自治区人民政府任命其为副厅长。

2006 年 11 月，自治区人民政府任命邓铭江为副厅长。

2006 年 11 月，自治区党委任命洪佳师为厅党组成员，自治区人民政府任命其为副厅长。

2006 年 11 月，自治区党委免去李自生厅党组副书记、厅党组成员职务。

2006 年 11 月，自治区党委免去托乎提·艾合买提厅党组成员职务，自治区人民政府免去其副厅长职务。

2006 年 12 月，自治区党委任命覃新闻为厅党组成员，自治区人民政府任命其为副厅长。

2007 年 3 月，自治区党委任命凯色尔·阿不都卡的尔为厅党组成员，4 月自治区人民政府任命其为副厅长。

2007 年 8 月，自治区党委任命吴秋生为厅党组成员、纪检组组长。

2007 年 8 月，自治区党委任命周小兵为厅党组成员。

2007 年 8 月，自治区党委免去李世新厅党组成员职务，自治区人民政府免去其副厅长职务。

2008 年 3 月，自治区党委任命关静为厅党组成员、政治部主任。

2008 年 8 月，自治区人民政府任命董新光为副厅长。

2008 年 12 月，自治区党委免去乌斯满·沙吾提厅党组书记职务，自治区人民政府免去其副厅长职务。

2008 年 12 月，自治区党委任命伊力哈木·沙比尔为厅党组书记，自治区人民政府任命其为副厅长。

二、第二阶段（2010 年 2 月—2018 年 11 月）

2010 年 2 月，自治区人民政府办公厅印发《关于印发新疆维吾尔自治区水利厅主要职责、内设机构和人员编制规定的通知》（新政办发〔2010〕50 号），对水利厅部分职能和机构编制进行了调整。

（一）主要职责

（1）负责保障水资源的合理开发利用。起草相关地方性法规和规章，拟定水利发展政策，组织编制自治区流域综合规划、防洪规划、地下水开发利用保护规划、水能规划等自治区重大水利规划，并依法监督实施。制定水利工程建设有关制度并组织实施，负责提出水利固定资产投资规模和方向、国家及自治区财政性资金安排的意见，按照规定权限，审批、核准规划内和年度计划规模内固定资产投资项目；提出水利建设投资安排建议并组织实施。

（2）负责生活、生产经营和生态环境用水的统筹兼顾和保障。实施自治区水资源的统一监督管理，拟定自治区水中长期供求规划、水量分配方案并监督实施，组织开展水资源调查及水能资源调查评价工作，负责重要流域、区域以及重大调水工程的水资源调度，组织实施取水许可、水资源有偿使用制度和水资源论证、防洪论证制度；负责水能资源开发利用、水电建设管理，指导水利行业供水和乡镇供水工作。

（3）负责水资源保护工作。组织编制自治区水资源保护规划，组织拟定重要河流湖泊的水功能区划并监督实施，指导入河排污口设置工作，核定水域纳污能力，提出限制排污总量建议，指导饮用水水源保护工作，指导地下水开发利用和城市规划区地下水资源管理保护工作，指导水生态保护与修复工作。

（4）负责防治水旱灾害，承担自治区防汛抗旱总指挥部的具体工作。组织、协调、监督、指挥自治区防汛抗旱工作，对重要河流、湖泊及水工程实施防汛抗旱调度和应急水量调度。指导水利突发公共事件的应急管理工作。

（5）负责节约用水工作。拟定节约用水政策，编制节约用水规划。制定有关标准定额，组织、指导和监督节约用水工作，组织指导节水型社会建设工作。

（6）负责水文工作，对水文工作实行行业管理。组织实施水文水资源监测、水文站网建设和管理，发布水文水资源信息、情报、预报和自治区水资源公报。

（7）指导水利设施、水域及其岸线的管理与保护，指导河流、湖泊、水库、河口、滩涂的治理和开发，负责河道管理范围内工程项目建设的管理，组织实施河道采砂许可制度。

（8）指导水利工程建设与运行管理。组织具有控制性或跨流域、跨区域的重要水利工程的建设与运行管理。组织实施水利工程建设的监督和稽查。指导水利建设市场的监督管理。

（9）负责防治水土流失。拟定水土保持规划并监督实施，组织水土流失的综合防治、监测预报并定期公告，负责开发建设项目水土保持方案的审批、监督实施及水土保持设施的验收工作，组织水土保持设施补偿费和水土流失防治费的征收及监督使用，指导重点水土保持建设项目的实施。

（10）指导农村水利工作。组织协调农田水利基本建设、农村饮水安全、节水灌溉等工程建设与管理工作，组织指导牧区水利工作，指导农村水利社会化服务体系建设，指导农村电气化和小水电代燃料工作。

（11）负责重大涉水违法事件的查处，协调、仲裁自治区境内重大水事纠纷。组织指导水政监察和水行政执法。监督指导水利行业安全生产工作，指导水利工程的安全监管。

（12）开展水利科技、教育和外事工作。组织重大水利、水电、水产、风能等科学研究、技术引进和科技推广，拟定水利地方技术标准、规程规范并监督实施，组织开展自治区水利行业质量监督工作，指导水利信息化工作，会同有关部门办理国际河流有关涉外事务，指导水利行业外资引进工作。

（13）负责自治区渔业水产工作。

（14）承担自治区人民政府交办的其他事项。

（二）编制与内设机构及厅属单位

1. 机关处室

2010年2月，根据《关于印发新疆维吾尔自治区水利厅主要职责、内设机构和人员编制规定的通知》（新政办发〔2010〕50号），增设安全监督处；机关党委加挂党建处牌子；劳动安全培训教育处更名为劳动培训教育处，科技管理处更名为科技与国际合作处，老干部工作处更名为离退休干部工作处。

调整后，水利厅机关由原来的10个职能处（室）增加至11个，分别为：办公室（政策研究室）、规划计划处、财务审计处、水政水资源处（自治区节约用水办公室）、建设与管理处、水土保持处、农牧水利处、科技与国际合作处、安全监督处、政治部、劳动培训教育处。另设机关党委（党建处）、监察室、离退休干部工作处。

水利厅机关核定行政编制90名。其中：厅级领导职数7名（含纪检组长），政治部主任1名，总工程师1名，总规划师1名，处级领导职数36名（含机关党委专职副书记1名、离退休干部工作处领导职数3名）。

2011年3月，根据《关于二〇〇九年度军队转业干部编制问题的通知》（新机编办〔2011〕35号），水利厅机关增加行政编制1名。

2011年8月，根据《关于二〇一〇年度军队转业干部编制问题的通知》（新机编办〔2011〕109号），水利厅增加行政编制1名。

2012年12月，根据《关于下达2011年度军队转业干部编制的通知》（新党编办〔2012〕123号），水利厅机关增加行政编制 1 名。

2014 年 7 月，根据《关于下达 2013 年度军队转业干部编制的通知》（新党编办〔2014〕92 号），水利厅机关增加行政编制 2 名。

2015 年 10 月，根据《关于整合自治区不动产登记职责的通知》（新编委〔2015〕7 号），从水利厅机关划转 1 名行政编制到自治区国土资源厅。

2015 年 11 月，根据《关于下达 2014 年度军队转业干部编制的通知》（新党编办〔2015〕148 号），水利厅机关增加行政编制 3 名。

2018 年 4 月，根据《关于下达 2016 年军队转业干部编制的通知》（新党编办〔2018〕56 号），水利厅机关增加行政编制 2 名。

至 2018 年 11 月，自治区水利厅内设职能处（室）11 个，与 2010 年 2 月机构改革时相一致。

2. 事业单位

2011 年 8 月，根据《关于调整自治区水利厅所属事业单位机构编制的批复》（新机编办〔2011〕134 号），撤销自治区水利厅工矿石油供水管理总站，收回自收自支编制 12 名、县（处）级领导职数 3 名；为自治区水利管理总站增加全额预算管理事业编制 10 名、县（处）级领导职数 1 名。调整后，自治区水利管理总站编制总额为 36 名、领导职数 4 名。

2011 年 12 月，根据《关于为新疆喀什噶尔河流域管理处增加事业编制的批复》（新机编办〔2011〕184 号），新疆喀什噶尔河流域管理处增加自收自支事业编制 41 名，所需编制从自治区水利厅机关服务中心调剂 8 名；调整后，新疆喀什噶尔河流域管理处编制总额为 253 名，自治区水利厅机关服务中心编制总额为 43 名（其中：全额预算管理事业编制 26 名，自收自支事业编制 17 名）。

2012 年 3 月，根据《关于组建新疆金风新能源（集团）有限责任公司有关问题的批复》，将水利厅所属自治区风能研究所及其所持金风科技股份公司股权划入新疆金风新能源（集团）有限责任公司。

2012 年 4 月，根据《关于设立自治区卡拉贝利水利枢纽工程建设管理局和吉音水利枢纽工程建设管理局的批复》（新机编办〔2012〕43 号），成立新疆维吾尔自治区卡拉贝利水利枢纽工程建设管理局、吉音水利枢纽工程建设管理局，隶属水利厅管理。

2012 年 7 月，根据《关于调整自治区水利水土保持技术推广中心机构编制事宜的批复》（新机编办〔2012〕22 号），将自治区水利水土保持技术推广中心机构规格调整为相当县（处）级，增加 16 名全额预算管理事业编制和 1 名领导职数。所需编制从自治区风能研究所划转 6 名、新疆水利水电学校划转 5 名、新增 5 名。同时，收回自治区水土改良实验场差额预算管理事业编制 14 名。调整后，自治区水利水土保持技术推广中心、自治区风能研究所、新疆水利水电学校和自治区水土改良实验场事业编制总额分别为 30 名、12 名、185 名和 39 名，自治区水利水土保持技术推广中心领导职数为 3 名。

2014 年 3 月，根据《关于印发〈新疆维吾尔自治区水利厅所属事业单位改革方案〉的通知》（新事改办〔2014〕85 号），对水利厅所属事业单位进行了调整。调整如下：

（1）撤销自治区地方电力中心试验研究所，将职能和现有人员划入自治区水利水电科学研究院。

（2）将自治区水利水电工程质量监督中心站、自治区水利水电建设工程造价管理总站、自治区水利厅水利水电工程建设监理中心整合，组建“新疆维吾尔自治区水利厅建设管理与质量安全中心”。

（3）将新疆水利水电技工学校和新疆水利水电学校整合，组建新疆水利水电学校（新疆水利水电技工学校）。

（4）将喀什水利水电学校事业编制由 85 名精简为 80 名后，移交喀什地区管理。

（5）将新疆水利水电勘测设计研究院水资源规划研究所的隶属关系由新疆水利水电勘测设计研究院调整为自治区水利厅，并更名为新疆维吾尔自治区水利厅水资源规划研究所。

（6）将新疆头屯河流域管理处、新疆玛纳斯河流域管理处、新疆金沟河流域管理处、新疆喀什噶尔河流域管理处分别更名为新疆头屯河流域管理局、新疆玛纳斯河流域管理局、新疆金沟河流域管理局、新疆喀什噶尔河流域管理局，并将其水利工程管理职能剥离，分别设立新疆头屯河流域管理局水利管理中心、新疆玛纳斯河流域管理局水利管理中心、新疆金沟河流域管理局水利管理中心、新疆喀什噶尔河流域管理局水利管理中心。

（7）新设立新疆维吾尔自治区水资源中心。

（8）将自治区水利水土保持技术推广中心（自治区水土保持生态环境监测总站）更名为新疆维吾尔自治区水土保持生态环境监测总站；自治区防汛机动抢险队更名为新疆维吾尔自治区防汛抗旱物资储备调运中心；自治区防汛抗旱通信管理中心更名为新疆维吾尔自治区水利厅网络信息中心（新疆维吾尔自治区防汛抗旱通信管理中心）；自治区水利水电科技信息中心更名为新疆维吾尔自治区水利科技推广总站；自治区水利厅培训中心更名为新疆维吾尔自治区水利厅宣传教育中心；自治区乌鲁瓦提水利枢纽工程建设管理局更名为新疆维吾尔自治区乌鲁瓦提水利枢纽管理局；自治区水土改良实验场更名为新疆维吾尔自治区水利厅水土改良实验场。

2014年3月，根据《新疆维吾尔自治区水文局分类改革方案的通知》（新事改办〔2014〕87号），将自治区水文水资源局更名为新疆维吾尔自治区水文局。

2014年4月，根据《关于设立白杨河流域管理局的批复》（新党编办〔2014〕57号），设立新疆白杨河流域管理局，隶属水利厅管理，并下设新疆白杨河流域管理局水利管理中心。

2015年9月，根据《关于设立自治区水利厅会计核算中心的批复》（新党编办〔2015〕119号），设立自治区水利厅会计核算中心，核定全额事业编制20名；撤销自治区水利厅宣传教育中心，将现有人员划入自治区水利厅会计核算中心。

2016年1月，根据《关于将新疆水利水电勘测设计研究院划为经营类事业单位的批复》（党编委〔2016〕2号），将新疆水利水电勘测设计研究院划为经营类事业单位，暂保留事业单位名称，收回现有事业编制971名、副厅级领导职数2名、县（处）级领导职数39名、科级领导职数21名。

2016年1月，根据《关于变更自治区水产科研所隶属关系的批复》（新党编办〔2016〕11号），将自治区水产科学研究所隶属关系由自治区水利厅调整为自治区水产局。

2017年4月，根据《关于为新疆金沟河流域管理局增加领导职数的批复》（新党编办〔2017〕55号），新疆金沟河流域管理局增加县（处）级领导职数2名，所需领导职数从水利厅事业单位分类改革收回的领导职数中调剂解决。调剂后，新疆金沟河流域管理局领导职数5名。

2017年4月，根据《关于设立新疆头屯河楼庄子水库工程建设管理局的批复》（新党编办〔2017〕56号），设立新疆头屯河楼庄子水库工程建设管理局，隶属新疆头屯河流域管理局。

2017年8月，根据《关于核减收回自治区水利厅所属事业单位部分编制的通知》（新党编办〔2017〕136号），核减收回机关服务中心空编22名，其他事业单位（不含新疆水利水电学校）按编制数的6%核减，收回编制共计351名。

2018年1月，根据《关于设立自治区河湖管理中心（自治区河湖长制办公室）的批复》（新党编办〔2018〕12号），成立自治区河湖管理中心（自治区河湖长制办公室）。

至2018年11月，自治区水利厅所属事业单位46个，分别为：新疆塔里木河流域管理局、新疆额尔齐斯河流域开发工程建设管理局、新疆伊犁河流域开发建设管理局、自治区水文局、自治区水产局、自治区水利水电勘测设计研究院、自治区水政监察总队、自治区防汛抗旱总指挥部办公室、自治区农牧资金监督检查所、自治区水电及农村电气化发展局、自治区水利厅改水防病办公室（自治区农村饮水安全工作领导小组办公室）、自治区水利外资项目办公室、自治区水利经济民警大队、自治区塔里木河流域执行委员会办公室、自治区农牧区水利规划总站、新疆头屯河流域管理局、新疆玛纳斯河流域管理局、新疆金沟河流域管理局、新疆喀什噶尔河流域管理局、新疆白杨河流域管理局、自治区水利水电科学研究院、新疆水利水电学校（新疆水利水电技工学校）、新疆乌鲁瓦提水利枢纽管理局、新疆卡拉贝利水利枢纽工程建设管理局、新疆吉音水利枢纽工程建设管理局、新疆克孜尔水库管理局、自治区水利水电规划设计管理局（自治区流域规划委员会办公室）、自治区水利科技推广总站、自治区水利管理总站（自治区灌溉中心试验站）、自治区水利厅建设管理与质量安全中心、自治区水土保持生态环境监测总站、自治区水资源中心、自治区水利厅网络信息中心（自治区防汛抗旱通信管理中心）、自治区水利厅会计核算中心、自治区水利厅乌拉泊水库绿化工程管理站、自治区水利厅水资源规划研究所、新疆头屯河流域管理局水利管理中心、新疆玛纳斯河流域管理局水利管理中心、新疆金沟河流域管理局水利管理中心、新疆喀什噶尔河流域管理局水利管理中心、新疆白杨河流域管理局水利管理中心、新疆头屯河楼庄子水库工程建设管理局、自治区水利厅水土改良实验场、自治区水利厅机关服务中心、自治区河湖管理中心、自治区防汛抗旱物资储备调动中心。

（三）厅领导任免

2010 年 12 月，自治区党委免去祝向民厅党组成员职务，自治区人民政府免去其副厅长职务。

2011 年 1 月，自治区党委任命马学良为厅党组成员，2 月自治区人民政府任命马学良为副厅长。

2011 年 2 月，自治区党委免去洪佳师厅党组成员职务，自治区人民政府免去其副厅长职务。

2011 年 7 月，自治区党委任命樊君梅为厅党组成员，自治区人民政府任命其为副厅长。

2012 年 2 月，自治区党委免去吴秋生厅党组成员职务、纪检组组长职务。

2013 年 2 月，自治区党委免去王世江党组副书记职务，自治区人民政府免去其厅长职务。

2013 年 2 月，自治区人民政府免去董新光副厅长职务。

2013 年 3 月，自治区党委免去伊力哈木·沙比尔厅党组书记职务，自治区人民政府免去其副厅长职务。

2013 年 3 月，自治区党委任命覃新闻为厅党组副书记，自治区人民政府任命其为厅长。

2013 年 12 月，自治区党委任命杨振海为厅党组成员、纪检组组长。

2014 年 11 月，自治区党委任命吐逊江·艾力为厅党组书记，自治区人民政府任命其为副厅长。

2014 年 11 月，自治区党委免去邓铭江厅党组成员职务，12 月自治区人民政府免去其副厅长、总工程师职务。

2015 年 6 月，自治区党委免去关静厅党组成员、政治部主任职务。

2015 年 11 月，自治区党委免去吐逊江·艾力厅党组书记职务，自治区人民政府免去其副厅长职务。

2016 年 1 月，自治区党委免去马学良厅党组成员职务，自治区人民政府免去其副厅长职务。

2016 年 4 月，自治区党委任命侯建新为厅党组成员，自治区人民政府任命其为副厅长。

2016 年 5 月，自治区党委任命伊力汗·奥斯曼为厅党组书记，自治区人民政府任命其为副厅长。

2016 年 6 月，自治区党委任命邓铭江为厅党组副书记，自治区人民政府任命其为副厅长。

2016 年 12 月，自治区党委免去杨振海纪检组组长职务，任命其为自治区纪委驻水利厅纪检组组长。

2017 年 11 月，自治区党委免去周小兵厅党组成员职务。

2017 年 11 月，自治区党委任命贺兴利为厅党组成员、政治部主任。

2018 年 4 月，自治区党委任命彭国春为厅党组成员。

2018 年 11 月，自治区党委免去邓铭江厅党组副书记职务，自治区人民政府免去其副厅长职务。

2018 年 11 月，自治区党委免去覃新闻厅党组副书记职务，免去凯色尔·阿不都卡的尔厅党组成员职务，免去樊君梅厅党组成员职务，免去杨振海厅党组成员、自治区纪委驻水利厅纪检组组长职务。自治区人民政府免去覃新闻厅长职务、凯色尔·阿不都卡的尔副厅长职务、樊君梅副厅长职务。

2018 年 11 月，自治区党委任命李更生为厅党组副书记，自治区人民政府任命其为厅长。

2018 年 11 月，自治区党委任命贺兴利为厅党组成员，免去其政治部主任职务，自治区人民政府任命其为副厅长。

三、第三阶段（2018 年 12 月—2021 年 12 月）

2018 年 12 月，根据《自治区党委办公厅 自治区人民政府办公厅关于印发〈新疆维吾尔自治区水利厅职能配置、内设机构和人员编制规定〉的通知》（新党厅字〔2018〕157 号），对水利厅部分职能和机构编制进行了调整。

（一）主要职责

（1）负责保障水资源的合理开发利用。拟定地方性水利发展规划和政策，起草相关地方性法规和政府规章草案，组织编制自治区重大水资源发展规划、重要河流湖泊流域综合规划、防洪规划等重大水利规划。

（2）负责生活、生产经营和生态环境用水的统筹和保障。组织实施最严格水资源管理制度，实施水资源的统一监督管理，拟定自治区和跨区域水中长期供求规划、水量分配方案并监督实施。负责重要流域、区域以及重大调水工程的水资源调度。组织实施取水许可、水资源论证和防洪论证制度，指导开展水资源有偿使用工作。指导水利行业供水和乡镇供水工作。

（3）按规定制定水利工程建设有关制度并组织实施，负责提出水利固定资产投资规模、方向、具体安排建议并组织实施，按照规定权限审批、核准规划内和年度计划规模内固定资产投资项目，提出水利资金安排建议并负责项目实施的监督管理。

（4）指导水资源保护工作。组织编制水资源保护规划。指导饮用水水源保护有关工作，指导地下水开发利用和地下水资源管理保护；组织指导地下水超采区综合治理。

（5）负责节约用水工作。拟定节约用水政策，组织编制节约用水规划并监督实施，组织制定有关标准。组织实施用水总量控制等管理制度，指导和推动节水型社会建设工作。

（6）指导水文工作。负责水文水资源监测、水文站网建设和管理。对河流湖泊和地下水实施监测、发布水文水资源信息、情报预报和水资源公报。按规定开展水资源、水能资源调查评价和水资源承载能力监测预警工作。

（7）指导水利设施、水域及其岸线的管理、保护与综合利用。组织指导水利设施网络建设。指导重要河流湖泊及河口的治理、开发和保护。指导河湖水生态保护与修复、河湖生态流量水量管理以及河湖水系连通工作。

（8）指导监督水利工程建设与运行管理。组织实施具有控制性或跨区域跨流域的重要水利工程的建设与运行管理。指导监督水利工程安全运行。

（9）负责水土保持工作。拟定水土保持规划并监督实施，组织水土流失的综合防治、监测预报并定期公告。负责建设项目水土保持监督管理工作，指导重点水土保持建设项目的实施。

（10）指导农村水利工作。组织开展大中型灌排工程建设与改造。指导农村饮水安全工程建设管理工作，指导节水灌溉有关工作。协调牧区水利工作。指导农村水利改革创新和社会化服务体系建设。指导农村水能资源开发、小水电改造和水电农村电气化工作。

（11）负责重大涉水违法事件的查处，协调和仲裁地（州、市）水事纠纷，指导水政监察和水行政执法。依法负责水利行业安全生产工作，组织指导水库、水电站大坝、农村水电站的安全监管。指导水利建设市场的监督管理，组织实施水利工程建设的监督。

（12）开展水利科技和外事工作。组织开展水利行业质量监督工作。拟定水利行业的技术标准、规程规范并监督实施。办理国际河流有关涉外事务。指导水利外资工作。

（13）负责落实综合防灾减灾规划相关要求，组织编制洪水干旱灾害防治规划和防护标准并指导实施。承担水情旱情监测预警工作。组织编制重要河流湖泊和重要水工程的防御洪水抗御旱灾调度及应急水量调度方案，按程序报批并组织实施。承担防御洪水应急抢险的技术支撑工作。

（14）完成自治区党委、自治区人民政府交办的其他任务。

（15）职能转变。自治区水利厅应切实加强水资源合理利用、优化配置和节约保护。坚持节水优先，从增加供给转向更加重视需求管理，严格控制用水总量和提高用水效率。坚持保护优先，加强水资源、水域和水利工程的管理保护，维护河湖健康美丽。坚持统筹兼顾，保障合理用水需求和水资源的可持续利用，为经济社会发展提供水安全保障。

（二）编制与内设机构及厅属单位

1. 机关处室

2018 年 12 月，根据《自治区党委办公厅 自治区人民政府办公厅关于印发〈新疆维吾尔自治区水利厅职能配置、内设机构和人员编制规定〉的通知》（新党厅字〔2018〕157 号），增设政策法规处、自治区节约用水办公室、运行管理与调水处、河湖管理处、水旱灾害防御处；办公室（政策研究室）更名为办公室，水政水资源处（自治区节约用水办公室）更名为水资源管理处，建设与管理处更名为水利工程建设处，农牧水利处更名为农牧水利水电处，安全监督处更名为监督处，劳动培训教育处更名为宣传教育培训处，政治部更名为人事处。

调整后，水利厅机关由原来的 11 个内设处室增加至 16 个，分别是：办公室、规划计划处、政策法规处、财务审计处、水资源管理处、自治区节约用水办公室、水利工程建设处、运行管理与调水处、河湖管理处、水土保持处、农牧水利水电处、监督处、水旱灾害防御处、科技和国际合作处、宣传教育培训处、人事处。另设机关党委、离退休干部工作处。

水利厅机关核定行政编制 94 名，其中厅级领导职数 5 名、处级领导职数 51 名（含总工程师 1 名、总规划师 1 名、总经济师 1 名、督察专员 3 名、机关党委专职副书记 1 名、机关纪委书记 1 名、离退休干部工作处领导职数 3 名）。

2019 年 8 月，根据《关于下达 2017 年军队转业干部编制的通知》（新党编办〔2019〕48 号），水利厅机关增加行政编制 1 名。

2020 年 3 月，根据《关于调整自治区水库移民管理职责和机构编制的通知》（新党编办〔2020〕6 号），将自治区扶贫开发办公室承担的水库移民管理相关职责划入水利厅；在水利厅机关设立水库移民处，核定 3 名处级领导职数；将自治区扶贫开发办公室的 7 名事业编制（参照公务员法管理）划转至水利厅。调整后，水利厅机关内设机构增加到 17 个。

2020 年 12 月，根据《关于下达 2018 年军队转业干部编制的通知》（新党编办〔2020〕55 号），水利厅机关增加行政编制 1 名。

至 2021 年 12 月，水利厅机关内设职能处（室）17 个，分别为：办公室、规划计划处、政策法规处、财务审计处、水资源管理处、自治区节约用水办公室、水利工程建设处、运行管理与调水处、河湖管理处、水土保持处、农牧水利水电处、监督处、水库移民处、水旱灾害防御处、科技和国际合作处、宣传教育培训处、人事处。另设机关党委、离退休干部工作处。

2. 事业单位

2019 年 8 月，根据《关于自治区水利厅所属事业单位机构编制调整的通知》（新党编委〔2019〕30 号），撤销自治区河湖管理中心，收回县（处）级领导职数 3 名，原核定的 10 名全额预算管理事业编制暂由自治区水利厅使用。自治区水电及农村电气化发展局更名为自治区水电及农村电气化发展中心，自治区水利厅改水防病办公室（自治区农村饮水安全工作领导小组办公室）更名为自治区农村饮水安全管理总站，自治区水利厅外资项目办公室更名为自治区水利外资项目中心，自治区水利管理总站（新疆维吾尔自治区灌溉中心试验站）更名为自治区水利管理总站（自治区大坝水闸安全管理中心），自治区农牧区水利规划总站更名为自治区灌溉排水发展中心（自治区灌溉中心实验站），自治区防汛抗旱指挥办公室与防汛抗旱物资储备调运中心合并成立自治区防汛抗旱服务中心。新成立自治区寒旱区水资源与生态水利工程研究中心（院士专家工作站）。将自治区水产科学研究所（自治区渔业环境监测中心、自治区水产品质量检测中心、自治区渔业病害防治中心、自治区水生野生动物救护中心、自治区水产技术推广总站）整建制划转至自治区农业农村厅。

2019年9月，根据《关于调整自治区部分厅级事业单位机构编制有关事项的通知》（新党编办〔2019〕55号），自治区水产局更名为自治区水产发展中心，由自治区农业农村厅管理。

2020年12月，根据《关于印发〈新疆额尔齐斯河流域开发工程建设管理局转企改制方案〉的通知》（新事改办〔2020〕11号），新疆额尔齐斯河流域开发工程建设管理局改制为国有企业，撤销额河建管局，注销事业单位法人，收回事业编制441名，核销领导职数，由新疆水利投资控股有限公司履行出资人职责，改制后公司名称为：新疆额尔齐斯河投资开发（集团）有限公司。根据自治区事业单位改革工作领导小组办公室《关于印发〈新疆伊犁河流域开发建设管理局转企改制方案〉的通知》（新事改办〔2020〕12号），新疆伊犁河流域开发建设管理局改制为国有企业，撤销伊河建管局，注销事业单位法人，收回事业编制361名，核销领导职数，由新疆水利投资控股有限公司履行出资人职责，改制后公司名称为：新疆伊犁河水利水电投资开发（集团）有限公司。根据自治区事业单位改革工作领导小组办公室《关于印发〈新疆水利水电勘测设计研究院转企改制方案〉的通知》（新事改办〔2020〕13号），新疆水利水电勘测设计研究院改制为国有企业，注销事业单位法人，由新疆水利投资控股有限公司履行出资人职责，改制后公司名称为：新疆水利水电勘测设计研究院有限责任公司。

2021年6月，根据《自治区党委编办关于设立新疆库尔干水利枢纽工程建设管理中心的批复》（新党编办〔2021〕48号），设立新疆库尔干水利枢纽工程建设管理中心，为新疆喀什噶尔河流域管理局事业单位，机构规格暂定为科级，核定事业编制23名。

2021年6月，根据《自治区党委编办关于设立新疆金沟河红山水库工程建设管理中心的批复》（新党编办〔2021〕49号），设立新疆金沟河红山水库工程建设管理中心，为新疆金沟河流域管理局所属科级事业单位，核定事业编制20名。

至2021年12月，自治区水利厅所属事业单位43个，分别为：新疆塔里木河流域管理局、自治区水文局、自治区水政监察总队、自治区防汛抗旱服务中心、自治区水电及农村电气化发展中心、自治区农村饮水安全管理总站、自治区水利外资项目中心、自治区水利经济民警大队、自治区塔里木河流域执行委员会办公室、自治区农牧水利资金监督检查所、新疆头屯河流域管理局、新疆玛纳斯河流域管理局、新疆金沟河流域管理局、新疆喀什噶尔河流域管理局、新疆白杨河流域管理局、自治区水利水电科学研究院、新疆水利水电学校（新疆水利水电技工学校）、新疆乌鲁瓦提水利枢纽管理局、新疆卡拉贝利水利枢纽工程建设管理局、新疆吉音水利枢纽工程建设管理局、新疆克孜尔水库管理局、自治区灌溉排水发展中心（自治区灌溉中心试验站）、自治区水利水电规划设计管理局（自治区流域规划委员会办公室）、自治区水利科技推广总站、自治区水利管理总站（自治区大坝水闸安全管理中心）、自治区水利厅建设管理与质量安全中心、自治区水土保持生态环境监测总站、自治区水资源中心、自治区水利厅网络信息中心（自治区防汛抗旱通信管理中心）、自治区水利厅会计核算中心、自治区水利厅乌拉泊水库绿化工程管理站、自治区水利厅水资源规划研究所、新疆头屯河流域管理局水利管理中心、新疆玛纳斯河流域管理局水利管理中心、新疆金沟河流域管理局水利管理中心、新疆喀什噶尔河流域管理局水利管理中心、新疆白杨河流域管理局水利管理中心、新疆头屯河楼庄子水库工程建设管理局、自治区寒旱区水资源与生态水利工程研究中心（院士专家工作站）、自治区水利厅水土改良实验场、自治区水利厅机关服务中心、新疆库尔干水利枢纽工程建设管理中心、新疆金沟河红山水库工程建设管理中心。

（三）厅领导任免

2019年2月，自治区党委任命周忠宇为厅党组成员、自治区纪委监委驻水利厅纪检监察组组长。

2019年11月，自治区党委免去侯建新厅党组成员职务，自治区人民政府免去其副厅长职务。

2020年4月，自治区党委免去周忠宇厅党组成员职务、自治区纪委监委驻水利厅纪检监察组组长职务。

2021年1月，自治区党委免去贺兴利厅党组成员职务，自治区人民政府免去其副厅长职务。

2021年3月，自治区党委任命周海鹰为厅党组成员，自治区人民政府任命其为副厅长。

2021年9月，自治区党委免去伊力汗·奥斯曼厅党组书记职务，自治区人民政府免去其副厅长职务。

2021年9月，自治区党委任命王江为厅党组书记，自治区人民政府任命其为副厅长。

新疆维吾尔自治区水利厅领导任免表（2001年1月—2021年12月）见表1。

新疆维吾尔自治区水利厅机构图见图1。

表1　　　　　　　新疆维吾尔自治区水利厅领导任免表（2001年1月—2021年12月）

机构名称	姓　名	职　务	任 免 时 间	备　注
新疆维吾尔自治区水利厅（2001年1月—2010年1月）	吐尔逊·托乎提	党组书记、副厅长	2000年4月—2003年2月	
	王世江	党组副书记、厅长	2000年7月—	2000年4月任党组副书记
	乌斯满·沙吾提	党组成员、副厅长	2000年4月—2003年3月	
		党组书记、副厅长	2003年3月—2008年12月	
	李世新	党组成员、副厅长	2000年4月—2007年8月	
	邓铭江	党组成员、总工程师	2000年7月—2006年11月	
		党组成员、副厅长	2006年11月—	
	罗尧增	党组副书记、纪检组组长	1997年10月—2001年5月	
	李兰奇	党组成员、副厅长	1999年7月—2002年7月	
	祝向民	党组成员、副厅长	1999年11月—2001年6月	
			2002年1月—	
	李自生	党组成员、副书记	2002年1月—2006年11月	
	托乎提·艾合买提	党组成员、副厅长	2004年3月—2006年11月	2004年2月任党组成员
	洪佳师	党组成员、副厅长	2006年11月—	
	覃新闻	党组成员、副厅长	2006年12月—	
	凯色尔·阿不都卡的尔	党组成员、副厅长	2007年4月—	
	吴秋生	党组成员、纪检组组长	2007年8月—	
	周小兵	党组成员	2007年8月—	
	关　静	党组成员、政治部主任	2008年3月—	
	董新光	副厅长	2008年8月—	
	伊力哈木·沙比尔	党组书记、副厅长	2008年12月—	

续表

机构名称	姓 名	职 务	任 免 时 间	备 注
新疆维吾尔自治区水利厅（2010年2月—2018年11月）	伊力哈木·沙比尔	党组书记、副厅长	继任—2013年3月	
	王世江	党组副书记、厅长	继任—2013年2月	
	覃新闻	党组成员、副厅长	继任—2013年3月	
		党组副书记、厅长	2013年3月—2018年11月	
	邓铭江	党组成员、副厅长	继任—2014年11月	
		党组副书记、副厅长	2016年6月—2018年11月	
	祝向民	党组成员、副厅长	继任—2010年12月	
	洪佳师	党组成员、副厅长	继任—2011年2月	
	凯色尔·阿不都卡的尔	党组成员、副厅长	继任—2018年11月	
	吴秋生	党组成员、纪检组组长	继任—2012年2月	
	周小兵	党组成员	继任—2017年11月	
	关 静	党组成员、政治部主任	继任—2015年6月	
	董新光	副厅长	继任—2013年2月	
	马学良	党组成员、副厅长	2011年2月—2016年1月	2011年1月任党组成员
	樊君梅	党组成员、副厅长	2011年7月—2018年11月	
	杨振海	党组成员、纪检组组长	2013年12月—2016年12月	
		党组成员、自治区纪委驻水利厅纪检组组长	2016年12月—2018年11月	
	吐逊江·艾力	党组书记、副厅长	2014年11月—2015年11月	
	伊力汗·奥斯曼	党组书记、副厅长	2016年5月—	
	侯建新	党组成员、副厅长	2016年4月—	
	贺兴利	党组成员、政治部主任	2017年11月—	
	彭国春	党组成员、设计院党委书记	2018年4月—	
新疆维吾尔自治区水利厅（2018年12月—2021年12月）	王 江	党组书记、副厅长	2021年9月—	
	李更生	党组副书记、厅长	2018年11月—	
	伊力汗·奥斯曼	党组书记、副厅长	继任—2021年9月	
	侯建新	党组成员、副厅长	继任—2019年11月	
	贺兴利	党组成员、副厅长	2018年11月—2021年1月	
	周忠宇	党组成员、自治区纪委监委驻水利厅纪检监察组组长	2019年2月—2020年4月	
	周海鹰	党组成员、副厅长	2021年3月—	
	彭国春	党组成员、设计院党委书记	继任—2021年11月	
		党组成员、一级巡视员、设计院党委书记	2021年11月—	

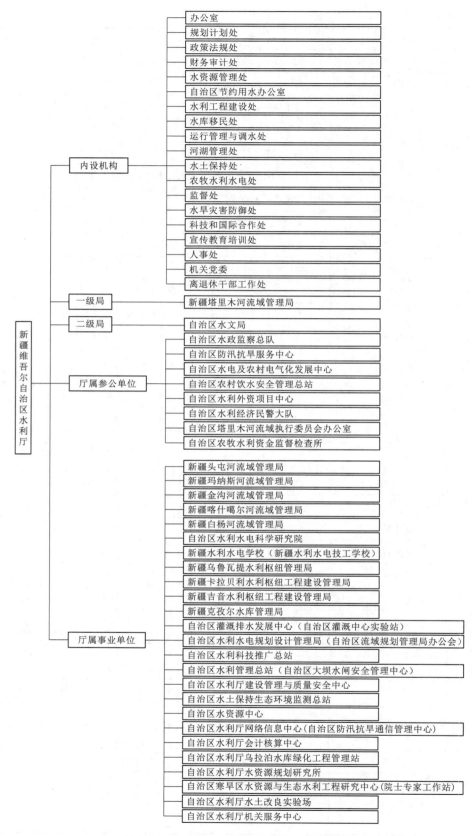

图1（一）　新疆维吾尔自治区水利厅机构图

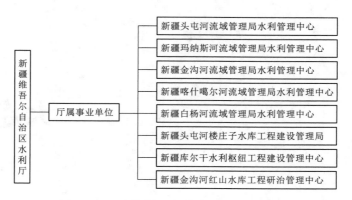

新疆头屯河流域管理局水利管理中心

新疆玛纳斯河流域管理局水利管理中心

新疆金沟河流域管理局水利管理中心

新疆喀什噶尔河流域管理局水利管理中心

新疆白杨河流域管理局水利管理中心

新疆头屯河楼庄子水库工程建设管理局

新疆库尔干水利枢纽工程建设管理中心

新疆金沟河红山水库工程研治管理中心

图1（二）　新疆维吾尔自治区水利厅机构图

执笔人： 胡义荣　郑昌江　王　琪
审核人： 马忠业　陈　杰

大连市水务局

大连市水务局为主管全市水行政的市人民政府组成部门（正局级）。办公地点设在大连市中山区丹东街 135 号。

2001 年以来的历次机构改革，均予保留设置。该时期组织沿革划分为以下 3 个阶段：2001 年 11 月—2016 年 12 月，2016 年 12 月—2019 年 1 月，2019 年 1 月—2021 年 12 月。

一、第一阶段（2001 年 11 月—2016 年 12 月）

（一）主要职责

2001 年 11 月，大连市委、市政府印发《中共辽宁省委、辽宁省人民政府关于大连市党政机构改革方案的通知》（大委发〔2001〕28 号），文件规定：大连市水务局为负责全市水资源管理、开发、利用、城市供水、排水、污水处理、抗旱防汛、农田水利基本建设、水土保持等职能。

（二）编制与机构设置

2002 年 1 月 16 日，大连市水务局挂牌成立，为大连市人民政府组成部门。其前身为大连市公用事业管理局和大连市水利局。

2004 年 3 月 7 日，大连市人民政府办公厅印发了《大连市水务局职能配置、内设机构和人员编制规定》（大政办发〔2004〕27 号）。文件规定：大连市水务局为正局级建制，是负责水务管理、执法监察的市政府工作部门。

大连市水务局内设 11 个职能处（室）：办公室、水政法规处、水资源管理处（市节约用水办公室）、供水管理处、农村水利处（市农田基本建设办公室）、建设与管理处（市防汛抗旱指挥部办公室）、计划财务处、人事教育处、科技外事处、党委办公室、纪委（监察室）。

核定市水务局行政编制 63 名，老干部服务人员事业编制 1 名。工勤人员事业编制 9 名。正、副局级领导职数 5 名，总工程师职数 1 名（正处级），职能处（室）处长（主任）职数 10 名，副处长（副主任）职数 11 名，机关党委专职副书记职数 1 名（正处级），市防汛抗旱指挥办公室主任由分管副局长兼任，副主任职数 1 名（正处级）。

2011 年 7 月，市水务局机关行政编制调整为 64 名、工勤人员事业编制 9 名。

（三）局直属企事业单位

大连市水务局成立后，有下属企事业单位 20 个。其中事业单位有市河道管理处、市水土保持办公室、市水利建筑设计院、市水利科学研究所、市碧流河水库管理局、市河道修建维护费征收管理中心、市卧龙水库（供水公司代管）、市水库渔业中心（碧流河水库代管）、市引碧供水管理所（供水公司代管）、市工程地质公司、市水利测绘公司、市水利局物资设备管理处、市水利局经济管理中心、松辽水利培训中心、安波温泉疗养所。水务局下属企业有市自来水集团有限公司、市供水公司、大禹神酒店、水利监理公司、水利造船厂。2002 年 8 月 8 日，大连市编委下发《关于成立大连市水务工程质量监督站的批复》（大编发〔2002〕48 号），批准成立市水务工程质量监督站，为水务局所属事业单位，处级建制。

2004 年 6 月，市水务局组织了系统内事业单位公开招聘工作，选配了水务工程质量监督站相关人员。

2004 年 4 月 12 日，大连市编委下发《关于成立大连市水政监察支队的批复》（大编发〔2004〕22 号），批准成立市水政监察支队，为市水务局所属事业单位，处级建制。主要职责是受市水务局委托，行使水资源、水域、水工程、城市供水用水、水土保持生态环境、防汛抗旱等方面法律、法规规定的行政处罚权。市水政监察支队核定人员编制 15 名，处级领导职数 2 名，内设机构 3 个，人员经费按照财政部门有关规定办理。

2004 年 6 月，市水务局组织了系统内事业单位人员公开招聘工作，选配了水政监察支队相关人员。根据事业单位机构编制管理的有关要求，鉴于少数事业单位职能消亡，任务结束或长期不开展工作。2004 年 11 月，经市水务局研究，将局物资设备管理处和水利经济开发管理中心在职人员全部调入到市碧流河水库管理局和市水利建筑设计院等单位。

2005 年 9 月 12 日，大连市编委下发《关于收回市计算技术研究所等单位人员编制的通知》（大编发〔2005〕75 号），将市水务局物资设备管理处和水利经济开发管理中心列入收回原核定的全部事业编制范围。

2011 年 7 月，市水务局拥有直属企事业单位 17 个：市自来水集团有限公司、市供水有限公司、市水利建筑设计院（企业，其二级管理企业为市水利测绘公司、市水利监理公司）、市水利科学研究所（企业）；市水库渔业技术开发中心（事业单位，市碧流河水库管理局代管）、市碧流河水库管理局（事业单位）、市卧龙水库管理处（事业单位，供水公司代管）、大连市水利规划设计院（事业单位）、市水利通讯管理中心（事业单位）、市水利科学研究所（事业单位，其二级企业为抗旱服务中心）；市城市供水管理处（参公）、市河道管理处（参公）、市水土保持办公室（参公）、市河道维护费征收管理中心（参公）、市水政监察支队（参公）、市水务工程质量监督站（参公）、市水库移民后期扶持办公室（参公）。

2016 年 5 月，市水库移民后期扶持办公室更名为市水利水电工程移民局，市城市供水管理处更名为市城市节约用水管理处。2016 年 12 月，撤销市水库渔业技术开发中心。

大连市水务局机构图（2004 年）见图 1。

二、第二阶段（2016 年 12 月—2019 年 1 月）

（一）主要职责

2016 年 7 月机构改革，设立大连市水务局，正局级建制，为市政府工作部门。市水务局党委履行市委规定的职责。

2016 年 7 月，经市政府批准，大连市水务局主要职责如下：

（1）贯彻执行国家、省有关水务管理的方针、政策和法律法规；组织起草地方性法规草案和市政府规章，拟定相关政策，并组织实施。

（2）组织拟定全市水务发展中长期规划和年度计划；组织拟定全市水务各专业规划，并组织实施。

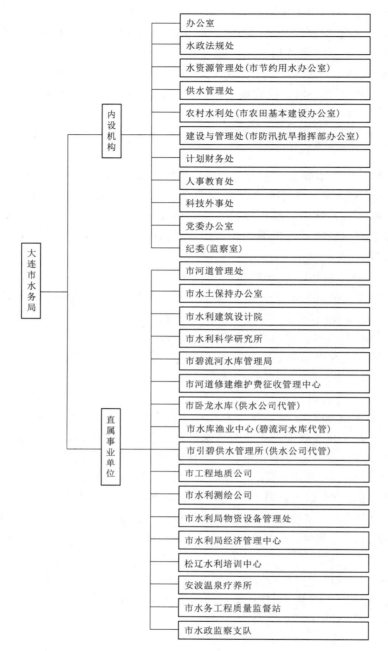

图1 大连市水务局机构图（2004年）

（3）负责生活、生产经营和生态环境用水的科学配置和保障；统一管理全市水资源（含地表水、地下水），会同有关部门对地热水、矿泉水资源进行管理；组织拟定全市和跨地区的水资源中长期供求规划、水量分配方案，并组织实施；组织开展水资源调查评价工作，组织实施取水许可制度、水资源有偿使用制和水资源论证制度，发布全市水资源公报；协调全市水文工作。

（4）拟定全市计划用水、节约用水政策，编制节约用水规划，拟定行业用水标准，组织、指导和监督节约用水工作；指导和推动节水型社会建设；指导非常规水资源开发利用工作。

（5）组织编制水资源保护规划；组织拟定水功能区划，并组织实施；核定水域纳污能力，提出限制排污总量的意见；组织实施饮用水水源保护工作，参与全市水污染治理和水环境保护政策、规划的拟定工作；组织指导入河排污口设置的管理工作。

（6）组织、指导全市水政监察及水行政执法；协调并处理区市县间的水事纠纷。

（7）组织编制、审查全市大中型水务基本建设项目建议书和可行性报告，监督实施水务行业技术质量标准和水务工程规程、规范。

（8）组织、指导全市水务设施、水域及其岸线的管理和保护；组织、指导全市河流、河口的治理与开发；指导全市河道采砂管理工作，组织实施河道采砂许可制度；指导水务工程建设与运行管理，组织实施具有控制性或跨区市县界的重要水务工程建设与运行管理。

（9）负责水务行业安全生产工作；承担协调水务突发公共事件的应急工作。

（10）负责城市供水行业监督管理；提出有关水务价格和收费的建议；组织、协调城市建设中涉及水务设施的配套工作。

（11）指导全市农村水利工作；组织、指导全市农田水利基本建设工作；指导全市农村水利社会化服务体系建设；组织、指导全市水土保持工作，组织水土流失的监测和综合防治。

（12）负责落实市防汛抗旱指挥部的调度命令，组织、协调、监督和指导全市防汛抗旱减灾工作；组织实施防洪论证制度；编制市防汛抗旱应急预案，并组织实施；承担市防汛抗旱指挥部的日常工作。

（13）组织、指导全市水务科技、信息化建设及对外经济技术合作与交流。

（14）组织、指导、监督全市水利水电工程移民工作。

（15）承办市委、市政府交办的其他事项。

（二）编制与机构设置

2016 年 7 月，市水务局设 10 个内设机构：办公室、法制处、行政审批办公室、水资源管理处（市节约用水办公室）、供水管理与科技处、农村水利处、建设与管理处（市防汛抗旱指挥部办公室）、规划财务处、安全监督处、党委办公室（人事处、机关党委）。设置纪委、监察室（合署办公）。

2016 年 7 月，市水务局机关行政编制 63 名（含监察室编制 1 名）。

（三）局直属企事业单位

2016 年 5 月，市水库移民后期扶持办公室更名为市水利水电工程移民局，市城市供水管理处更名为市城市节约用水管理处。2016 年 12 月，撤销市水库渔业技术开发中心。

2017 年 2 月，政企分离，市自来水集团有限公司、市供水有限公司、市水利建筑设计院、市水利科学研究所（企业）以及相关企业合并组建市水务集团有限公司，划归市国资委。市水务局拥有直属事业单位 12 个：市碧流河水库管理局（事业单位）、市卧龙水库管理处（事业单位）、市水利规划设计院（事业单位）、市水利通讯管理中心（事业单位）、市水利科学研究所（事业单位）；市城市供水管理处（参公）、市河道管理处（参公）、市水土保持办公室（参公）、市河道维护费征收管理中心（参公）、市水政监察支队（参公）、市水务工程质量监督站（参公）、市水库移民后期扶持办公室（参公）。

2018 年 7 月，组建市水务事务服务中心，整合市水务局所属 9 个事业单位。市河库管理局、市水利规划设计院、市水利科学研究院、市河道工程修建维护费征收管理中心、市水利水电工程移民局、市水政监察支队、市城市节约用水管理处、市水土保持办公室、市水利通讯管理中心，组建市水务事务服务中心，为市水务局所属事业单位；2 个事业单位改企：市碧流河水库管理局（事业单位）、市卧龙水库管理处（事业单位）改为企业，划归市水务集团有限公司；市水务工程质量监督站（参公）划归市建设工程质量与安全监督中心。

大连市水务局机构图（2017 年）见图 2。

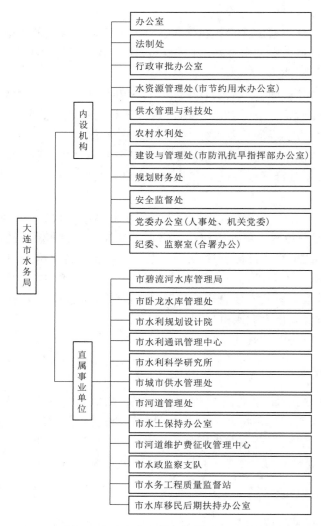

图 2　大连市水务局机构图（2017 年）

三、第三阶段（2019 年 1 月—2021 年 12 月）

（一）主要职责

2019 年 2 月，经市委批准，大连市水务局贯彻落实党中央、省委关于水利工作的方针政策和决策部署，在履行职责过程中坚持和加强党对水利工作的集中统一领导。

其主要职责如下：

（1）负责保障水资源的合理开发利用。拟定全市水务发展规划和政策，贯彻执行国家水利法律、法规及有关方针政策，起草有关地方性法规、市政府规章草案，组织编制全市水资源综合规划、重要河流流域综合规划、防洪规划、供水规划等重大水务规划。

（2）负责生活、生产经营和生态环境用水的统筹和保障。组织实施最严格水资源管理，拟定全市和跨区市县（开放先导区）水中长期供求规划、水量分配方案并监督实施。负责重要流域、区域以及重大调水工程的水资源调度。组织实施取水许可、水资源论证和防洪论证制度，指导开展水资源有偿使用工作。指导水务行业供水和乡镇供水工作。

（3）组织实施国家和省、市水务工程建设有关制度，负责提出市水务固定资产投资规模、方向、具体安排建议并组织指导实施，按市政府规定权限审批、核准中央和省、市规划内和年度计划规模内固定资产投资项目，提出中央和省、市水务资金安排建议并负责项目实施的监督管理。

（4）指导水资源保护工作。组织编制并监督实施全市水资源保护规划。指导饮用水水源保护有关工作，指导地下水开发利用和地下水资源管理保护。组织指导地下水超采区综合治理。

（5）负责节约用水工作。拟定全市节约用水政策，组织编制全市节约用水规划并监督实施，组织拟定有关标准。组织实施用水总量控制等管理制度，指导和推动节水型社会建设工作。指导非常规水资源开发利用工作。

（6）负责城市供水行业监督管理。组织有关部门编制城市供水、用水规划，提出有关水务价格和收费的建议，协调城市建设中涉及水务设施的配套工作，指导供水设施的建设管理和保护工作，负责城市供水服务质量的监察考核工作。

（7）指导水利设施、水域及其岸线的管理、保护与综合利用。组织指导全市水务基础设施网络建设。指导全市重要河流、河口的治理、开发和保护。指导河库水生态保护与修复、河库生态流量水量管理以及河库水系连通工作。负责全市河道采砂管理工作。指导全市水库工程管理工作。

（8）指导监督水务工程建设与运行管理。指导具有控制性的和跨区域跨流域的重要水利工程建设与运行管理，组织提出、协调落实有关政策措施，指导监督工程安全运行，参与组织工程验收有关工作。

（9）负责水土保持工作。拟定全市水土保持规划并监督实施，负责实施水土流失的综合防治、监测预报并定期公告。负责建设项目水土保持监督管理工作，指导国家和省、市重点水土保持建设项目的实施。

（10）指导农村水利工作。指导开展大中型灌排工程建设与改造。指导农村饮水安全工程建设管理工作，指导节水灌溉有关工作。指导农村水利改革创新和社会化服务体系建设。

（11）组织、指导水利水电工程移民管理工作。拟定全市水利水电工程移民有关政策并监督实施，组织实施水利水电工程移民安置验收、监督评估等制度。指导监督水库移民后期扶持政策的实施，协调推动对口支援等工作。

（12）负责重大涉水违法事件的查处，协调和仲裁跨区市县（开放先导区）水事纠纷，组织指导水政监察和水行政执法。依法负责水务行业安全生产工作，组织指导水务工程的安全监管，负责水务工程质量监督。指导全市水务建设市场的监督管理，组织实施水务工程建设的监督。

（13）开展水务科技和外事工作。组织开展水务行业质量监督工作，拟定全市水务行业的技术标准、规程规范并监督实施。

（14）负责落实综合防灾减灾规划相关要求，组织编制全市洪水干旱灾害防治规划和防护标准并指导实施。承担水情旱情监测预警工作。组织编制全市重要河流、水库和重要水工程的防御洪水抗御旱灾调度及应急水量调度方案，按程序报批并组织实施。承担防御洪水应急抢险的技术支撑工作。承担台风防御期间重要水工程调度工作。

（15）市河（库）长制办公室设在市水务局，承担全市河（库）长制的组织实施工作。负责全面推行河（库）长制工作的组织协调、调度督导、检查考核，落实市总河长、副总河（库）长及河（库）长确定的事项，协调市直有关部门开展河（库）长制相关工作。

（16）对大连市建设工程质量与安全监督服务中心承担的水利工程质量安全监督相关技术支持和服务保障工作进行业务指导。

（17）完成市委、市政府交办的其他任务。

（18）职能转变。市水务局应加强水资源综合利用、优化配置和节约保护。坚持节水优先，从增加供给转向更加重视需求管理，严格控制用水总量和提高用水效率。坚持保护优先，加强水资源、水域和水利工程的管理保护，维护河库健康美丽。坚持统筹兼顾，保障合理用水需求和水资源的可持续利用，为经济社会发展提供水安全保障。

（19）与市自然资源局、市应急管理局等部门在自然灾害防救方面的职责分工：

1）市水务局负责落实综合防灾减灾规划相关要求，组织编制洪水干旱灾害防治规划和防护标准并指导实施。承担水情旱情监测预警工作，组织编制重要江河湖泊和重要水工程的防御洪水抗御旱灾调度和应急水量调度方案，按程序报批并组织实施，承担防御洪水应急抢险的技术支撑工作，承担台风防御期间重要水工程调度工作。

2）市自然资源局负责落实综合防灾减灾规划相关要求，组织编制地质灾害防治规划和防护标准并指导实施，组织指导协调和监督地质灾害调查评价及隐患的普查、详查、排查，指导开展群测群防、专业监测和预报预警等工作，指导开展地质灾害工程治理工作，承担地质灾害应急救援的技术支撑工作，组织编制森林火灾防治规划和防护标准并指导实施，指导开展防火巡护、火源管理、防火设施建设等工作，组织指导国有林场林区开展防火宣传教育、监测预警、督促检查等工作。

3）市应急管理局负责组织编制全市总体应急预案和安全生产类、自然灾害类专项预案，综合协调应急预案衔接工作，组织开展预案演练。按照分级负责的原则，指导自然灾害类应急救援，组织协调重大灾害应急救援工作，并按权限作出决定，承担市突发事件应急管理委员会工作，协助市委、市政府指定的负责同志组织较大灾害应急处置工作。组织编制综合防灾减灾规划，指导协调相关部门森林火灾、水旱灾害、地震和地质灾害等防治工作，会同市自然资源局、市水务局、市气象局等有关部门建立统一的应急管理信息平台，建立监测预警和灾情报告制度，健全自然灾害信息资源获取和共享机制，依法统一发布灾情。开展多灾种和灾害链综合检测预警，指导开展自然灾害综合风险评估，负责森林火情监测预警工作发布森林火险、火灾信息。

4）必要时，市自然资源局、市水务局等部门可以提请市应急管理局，以市应急指挥机构名义部署相关防治工作。

（二）编制与机构设置及主要职能

2019年2月，市水务局设10个内设机构：办公室、规划财务处、行政审批办公室（政策法规处）、供水管理处、水资源管理处（市节约用水办公室）、建设与运行管理处（水旱灾害防御处）、河库管理处〔河（库）长制工作处〕、农村水利处、安全监督处（市水务工程建设项目稽查办公室）、机关党委办公室（人事处）。2019年2月，大连市水务局机关行政编制55名。

2019年12月2日，中共大连市委机构编制委员会办公室对市水务局机构编制进行调整：将安全监督处、河库管理处进行整合，成立建设管理与监督处〔河（库）长制工作处、市水务工程建设项目稽察办公室〕。将安全监督处全部职能、河库管理处全部职能和建设与运行管理处（水旱灾害防御处）的建设与运行管理职能划入新组建的建设管理与监督处；将建设与运行管理处（水旱灾害防御处）更名为水旱灾害防御处。

调整优化后，市水务局编制58名，内设9个处（室），建设管理与监督处〔河（库）长制工作处、市水务工程建设项目稽察办公室〕编制为8名；水旱灾害防御处编制为8名；行政审批办公室（政策法规处）编制为6名，其余6个处室编制均为5名。市水务局机关行政编制58名，其中局长1名，副局长3名。正处级领导职数11名（含机关党委专职副书记1名、总工程师1名），副处级领导职数11名。

9个处室及职责分别如下：

（1）办公室：负责文电、会务、机要、档案、督查等机关日常运转工作，承担信访、安全、保密、政务公开、新闻宣传等工作，负责人大代表建议、政协提案的办理工作。

（2）规划财务处：拟定水务发展规划，组织编制重要水务综合规划、专业规划和专项规划，审核重要水务建设项目建议书、可行性研究报告和初步设计，指导水务工程建设项目合规性审查工作。负责提出全市水务基本建设、中央和省、市投资计划建议，组织提出市级水务财政资金安排建议，并统筹协调项目实施的监督管理和绩效评价。拟定水务资金管理制度，监督管理水务资金和国有资产，提出有关水务价格、收费、信贷的建议。负责水务统计工作。负责机关及直属单位财务管理和内部审计工作。

（3）行政审批办公室（政策法规处）：贯彻落实国家、省和市有关行政审批工作的法律、法规、规章和方针、政策，负责全局进入市政务服务大厅行政审批等事项的咨询、受理、审核、办结工作，拟定相关工作制度及工作流程，协调涉及多部门共同办理的事项，负责市水务局进驻市政务服务大厅人员的管理，指导本系统区、市、县（开放先导区）相关部门的行政审批工作，承担营商环境建设相关任务，承办市水务局和市行政审批局交办的其他工作。拟定全市水务法治建设规划，组织起草水行政管理地方性法规、市政府规章草案。指导实施水政监察和水行政执法工作，承担市内重大水事违法案件的查处，协调地区间的水事纠纷。承担行政复议、行政应诉、行政赔偿工作，负责规范性文件合法性审查工作。督查检查本系统、本行业行政执法工作。指导水务系统法治宣传教育和普法工作，组织拟定水务普法规划和年度计划并监督实施。

（4）供水管理处：负责城市供水行业监督管理；负责组织有关部门编制城市供水用水规划，制订年度供水计划；负责城市供水水源的水量调配，制订水量运用计划，指导供水设施的建设管理和保护工作，参与有关城市供水工程建设的审查、论证、实施和验收；负责城市供水二次供水企业及二次供水行业的管理协调工作；负责城市新、改、扩建用水项目实施的监督工作；负责城市供水设施停水方案的审批，重大停水事故的调查工作及停水事故后供水的协调、调配工作；负责城市供水服务质量的监督检查考核工作。承办国际合作和外事工作，组织重大水务科技研究、技术引进和科技推广。拟定全市水务行业技术标准、规范规程并监督实施。

（5）水资源管理处（市节约用水办公室）：承担实施最严格水资源管理制度相关工作，组织实施水资源取水许可、水资源论证等制度，指导开展水资源有偿使用工作。拟定全市各区、市、县（开放先导区）水量分配方案并监督实施，指导河库生态流量水管理。组织编制全市水资源保护规划，指导饮用水水源保护有关工作。组织开展水资源调查、评价有关工作，组织编制并发布全市水资源公报。参与编制水功能区划和指导入河排污口设置管理工作。拟定节约用水政策，组织编制并协调实施全市节约用水规划，组织指导计划用水、节约用水工作。组织实施用水总量控制、用水效率控制、计划用水和定额管理制度。指导和推动节水型社会建设工作。指导非常规水资源开发利用工作。

（6）水旱灾害防御处：组织编制全市洪水干旱防治规划和防洪标准、重要河流和重要水工程的防御洪水抗御灾害调度以及应急水量调度方案并组织实施。承担水情旱情预警，指导水旱灾害防治工程建设。承担台风防御期间重要水工程调度工作。承担全市水利工程移民管理和后期扶持工作，组织实施水利工程移民安置验收、监督评估等制度，负责大中型水利工程移民安置规划审核的有关工作并监督实施，组织开展新增水库移民后期扶持人口核定，协调推动对口支援工作。承担市防汛抗旱指挥部办公室日常工作。

（7）建设管理与监督处〔河（库）长制工作处、市水务工程建设项目稽查办公室〕：督促检查水务重大政策、决策部署和重点工作的贯彻落实情况。组织实施水务工程质量和安全监督。承担水务行业安全生产监督管理工作，组织开展水务行业安全生产监督和专项检查，组织开展水务工程建设安全生产和水库、水电站大坝等水利工程安全的监督检查。组织或参与重大水务安全事故的调查处理，组织开展对重点水利工程建设项目的稽查和整改落实情况的监督检查。承担市水务工程建设项目稽查办公室日常工作，承担协调水务突发公共事件的应急工作。指导全市水域及其岸线的管理、保护和水利风景区建设管理工作，指导市内重要河流、河口的开发、治理和保护，指导河库水生态保护与修复以及河库水系连通工作。负责河道采砂管理工作，指导河道采砂规划和计划的编制，负责河道管理范围内工程建设方案审查制度的有关工作。指导全市水库建设与管理工作，组织指导水利工程蓄水安全鉴定和验收，指导河道堤防、病险水库除险加固，组织编制水库运行调度规程，指导水库、堤防等水利工程的运行管理与划界。承担全市河（库）长制的组织实施工作，指导推行河（库）长制工作的组织协调、调度督导、检查考核。

（8）农村水利处：组织拟定全市农村水利政策，组织编制并实施农村水利发展规划。指导开展全市大中型灌排工程建设与改造，指导农村饮水安全工程建设与管理工作，组织实施农村饮水安全巩固提升工程，指导节水灌溉有关工作。指导农村水利改革创新和社会化服务体系建设，负责组织实施全市"大禹杯"竞赛活动。指导水闸建设与管理工作。负责全市水土流失综合防治工作，组织编制全市水土保持规划并监督实施，组织水土流失监测、预报并公告，负责全市大中型开发建设项目水土保持方案审核的有关工作并监督实施。

（9）机关党委办公室（人事处）：负责机关和直属单位的党群工作。负责机关和直属单位机构编制、人事管理、队伍建设及教育培训等工作，指导水务行业人才队伍建设。承担水务体制改革的有关工作。负责机关离退休干部工作，指导直属单位离退休干部工作。

（三）局直属企事业单位

2018 年 11 月原局属单位合并，成立局属事业单位市大连市水务事务服务中心。

大连市水务事务服务中心设 9 个内设机构，分别是：综合工作部、河长制办公室工作部、农村水利与水土保持工作部、河库工作部、水资源与供水节水工作部、水利水电工程移民与建设安全工作部、规划科研工作部、通讯技术保障部、党群工作部；1 个分支机构：大连市水政监察支队。

大连市水务局机构图（2019 年）见图 3。

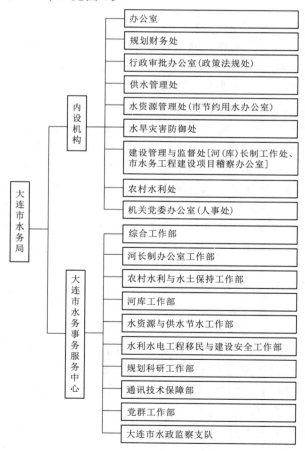

图 3 大连市水务局机构图（2019 年）

大连市水务局领导任免表（2001 年 1 月—2021 年 12 月）见表 1。

表 1 　　　　　　　　　　大连市水务局领导任免表（2001 年 1 月—2021 年 12 月）

机构名称	姓　名	职　务	任 免 时 间	备　注
大连市水务局	宋光禄	党委书记、局长	2000 年 7 月—2005 年 12 月	
	郎连和	党委书记、局长	2006 年 7 月—2016 年 12 月	
	孙国宽	党委书记、局长	2016 年 12 月—2019 年 1 月	
	李卫国	党委书记、局长	2019 年 1 月—	
	谭树茂	党委委员、副局长	2001 年 12 月—2013 年 11 月	
	程爱民	党委委员、副局长	1996 年 12 月—2012 年 12 月	
	刘兆坤	副局长	1997 年 12 月—2019 年 3 月	
	宋庆生	党委委员、副局长	2011 年 7 月—2016 年 6 月	
	李卫国	党委委员、副局长	2011 年 10 月—2019 年 1 月	
	张大力	党委委员、副局长	2011 年 7 月—2018 年 3 月	2011 年 7 月—2013 年 5 月 援藏，副厅长
	姜德全	党委副书记、纪委书记	2005 年 11 月—2011 年 10 月	
	丛滋全	党委副书记、纪委书记	2011 年 7 月—2013 年 11 月	
	吴　澜	党委副书记、纪委书记	2013 年 11 月—2016 年 12 月	
	卢　冬	副局长	2019 年 5 月—2021 年 12 月	
	林乐毅	局党组成员、副局长	2019 年 1 月—	
	李海波	局党组成员、副局长	2019 年 5 月—	

执笔人：汪明昊

审核人：金韶青

宁波市水利局

宁波市水利局是宁波市人民政府工作部门，正局级单位，主管全市水利工作。2001年以来，宁波市开展了多次机构改革，市水利局均保留设置。该时期市水利局组织沿革主要划分为以下4个阶段：2001年1月—2002年2月，2002年2月—2011年8月，2011年8月—2019年3月，2019年3月—2021年12月。办公地点设在宁波市海曙区卖鱼路64号。

一、第一阶段（2001年1月—2002年2月）

根据《中共浙江省委、浙江省人民政府关于宁波市党政机构改革方案的通知》（省委发〔1995〕52号）、《中共宁波市委办公厅、宁波市人民政府办公厅关于印发〈宁波市市级机关"三定"工作实施意见〉的通知》（市委办〔1995〕97号）和宁波市人民政府办公厅《关于印发宁波市水利局职能配置内设机构和人员编制的通知》（甬政办发〔1996〕54号），制定宁波市水利局职能配置、内设机构和人员编制方案。

（一）主要职责

（1）贯彻执行《中华人民共和国水法》《中华人民共和国水土保持法》等法律、法规，结合宁波市实际，研究制定水利工作政策，起草地方性法规、规章草案，经审议通过后，负责组织实施和监督检查。

（2）组织制定全市水利发展规划、中长期和年度计划；组织制定全市主要江河的流域（区域）综合规划和有关专业规划，并负责监督实施。

（3）主管全市河道、湖泊、人工渠道、大中型水库等水域和江堤海塘，负责姚江、甬江、奉化江等三江六岸的综合治理和开发，组织大型水利工程建设；协同有关部门对市区河道进行建设、整治和管理。

（4）统一管理全市水资源；负责组织全市水资源的监测和调查评价；会同有关部门制订全市和跨地区水长期供求计划、水量分配方案并负责监督管理；组织实施取水许可制度；归口管理全市节约用水工作；对水资源保护实施监督管理。

（5）主管全市的防汛防旱工作和水土保持工作，负责市防汛防旱指挥部的日常工作。

（6）归口管理农村小水电及其电网，负责综合利用水库水电站的开发和管理；归口管理全市海涂围垦，加强标准海塘建设工作。

（7）管理全市农村水利、乡镇供水、人畜饮水和农村基层水利服务体系的建设工作；负责城市地表供水的水源建设。

（8）对全市水文工作实行行业管理。

（9）负责管理水利科技、教育、国际合作；指导和管理全市水利队伍建设；指导水利系统的精神文明建设。

（10）归口管理全市水利经济工作；配合有关部门制定有关财务政策及水费、水资源费的价格政策。

（11）协同有关部门进行水事纠纷调处，受市人民政府的委托协调处理部门之间和地区之间的水事矛盾。

（12）承办市人民政府交办的其他事项。

（二）编制与机构设置

根据宁波市人民政府办公厅《关于印发宁波市水利局职能配置内设机构和人员编制的通知》（甬政办发〔1996〕54号），市水利局机关行政编制26名（含后勤服务人员编制），领导职数：局长1名，副局长2名，总工程师1名，正副处长7名。

根据宁波市人民政府办公厅《关于印发宁波市水利局职能配置内设机构和人员编制的通知》（甬政办发〔1996〕54号），水利局机关设6个职能处（室）：办公室、水利工程处（海涂围垦处）、水政水资源处、计划财务处、科技教育处、防汛抗旱处（市人民政府防汛防旱指挥部办公室）。

（三）局领导任免

2001年12月，宁波市第十一届人民代表大会常务委员会，任命徐立毅为宁波市水利局局长；免去杨祖格宁波市水利局局长职务（市人大〔2001〕43号）。

2001年12月，中共宁波市委批准，徐立毅为中共宁波市水利局委员会书记，朱英福为中共宁波市水利局委员会副书记（甬干任〔2001〕37号）。

2001年12月，宁波市人民政府任命杨祖格为宁波市水利局巡视员（甬政干〔2001〕19号）。

（四）局直属事业单位

直属事业单位：水文站、机电排灌站、姚江大闸管理处、甬江奉化江余姚江河道管理所、亭下水库灌区管理处、水利水电规划设计研究院、水利水电工程质量监督管理站、水利水电科技培训中心、水利投资开发有限公司、水利综合经营管理站、水政水资源管理所。

宁波市水利局领导任免表（2001年1月—2002年2月）见表1。

表1　　　　宁波市水利局领导任免表（2001年1月—2002年2月）

机构名称	姓　名	职　务	任　免　时　间	备　注
宁波市水利局	杨祖格	党委（党组）书记、局长	1993年6月—2001年12月	
		巡视员	2002年1月—	
	徐立毅	党委书记、局长	2001年12月—	
	朱英福	副书记、副局长	2001年12月—	
		委员、副局长	1993年11月—2001年12月	
	张金荣	委员、副局长	1995年5月—	
	葛其荣	委员、副局长	1996年11月—	兼任
	马静光	委员、局长助理	1996年2月—	
	王硕威	副总工程师	1998年12月—	

宁波市水利局机关机构图（2001 年）见图 1。

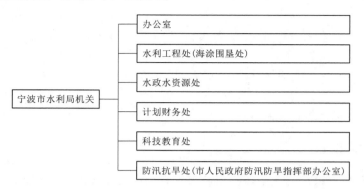

图 1　宁波市水利局机关机构图（2001 年）

二、第二阶段（2002 年 2 月—2011 年 8 月）

根据《中共浙江省委、浙江省人民政府关于宁波市机构改革方案的通知》（浙委发〔2001〕54 号），宁波市人民政府办公厅《关于印发宁波市水利局职能配置内设机构和人员编制的通知》（甬政办发〔2002〕25 号），设置宁波市水利局，市水利局是主管水行政的市政府组成部门。

（一）主要职责

（1）贯彻执行《中华人民共和国水法》《中华人民共和国水土保持法》《中华人民共和国防洪法》等法律法规和水行政工作的方针、政策；受委托研究起草有关水行政管理的地方性法规、规章草案，经审议通过后组织实施；研究制定全市水利发展规划和有关政策，并组织实施；组织编制全市主要江河的流域（区域）综合规划和有关专业规划，并监督实施；组织有关国民经济总体规划、城市规划及重大建设项目中有关水资源、防洪和水土保持的论证工作。

（2）统一管理全市水资源（含空中水、地表水、地下水）；制定全市水资源开发、利用规划和全市、跨县（市）区水中长期供求计划、水量分配调度方案并监督实施；实施取水许可制度和水资源费的征收制度；发布全市水资源公报，组织、指导和监督全市节约用水工作；按照国家资源与环境保护的有关法律、法规和标准，拟定水资源保护规划，提出水功能区划分和水域排污控制的意见，有关数据和情况通报市环境保护局；承担市水资源管理委员会的日常工作。

（3）编制、审查大中型水利基建项目建议书、可行性研究报告、初步设计和施工图；组织实施水利行业技术质量标准和水利工程的规程、规范；归口管理全市河道、湖泊和各类水利工程，主管甬江、奉化江、姚江河道堤防，白溪水库、周公宅水库等具有控制性或跨地区的重要水利工程的建设与管理；组织指导水利设施、水域及其岸线的管理与保护；管理河道采砂；组织指导水库、大坝的安全监管和除险加固。

（4）组织编制海涂围垦规划，管理并指导海涂围垦工作。

（5）组织实施水政监察和水行政执法；受市人民政府委托，协调部门之间和县（市）区之间的水事矛盾；负责有关行政复议和行政诉讼应诉工作。

（6）组织、协调、监督、指导全市防汛防旱和水土保持工作；承担市人民政府防汛防旱指挥部的日常工作。

（7）指导全市农村水利工作，组织协调农田水利基本建设。

（8）对全市水文工作实行行业管理。

（9）负责全市水利科技、教育和对外技术合作工作；指导全市水利队伍和农村基层水利服务体系建设。

（10）制定全市水利行业的经济调节措施，参与水利资金使用管理；指导水利行业的供水、水电及多种经营工作，研究提出有关水利价格、税收、信贷、财务等经济调节意见；监管局直属单位的水利国有资产。

（11）承办市政府交办的其他事项。

（二）编制与机构设置

根据宁波市人民政府办公厅《关于印发宁波市水利局职能配置内设机构和人员编制的通知》（甬政办发〔2002〕25 号），市水利局机关行政编制 19 名，后勤服务人员编制 3 名。领导职数：局长 1 名，副局长 3 名，总工程师 1 名，正副处长 6 名。局机关离退休干部工作人员编制按有关规定另行核定。

宁波市人民政府防汛防旱指挥部办公室设在市水利局，核定事业编制 8 名，处级领导职数 2 名，人员依照国家公务员制度进行管理。

2004 年 7 月，印发《关于重新核定市直属各单位离退休干部工作人员编制的通知》（甬编办行〔2004〕13 号），市水利局编制 2 名。

2005 年 11 月，根据市委办公厅、市政府办公厅转发《市纪委、市委组织部、市人事局、市监察局、市编委办关于对市纪委市监察局派驻（出）机构实行统一管理的实施意见》的通知（甬党办发〔2005〕127 号），建立市纪委、市监察局派驻市水利局纪检组、监察室，编制从派驻（出）单位中调剂解决，核编 2 人。

2006 年 7 月，印发《关于重新核定市直属各单位离退休干部工作人员编制的通知》（甬编办行〔2006〕12 号），市水利局编制 2 名。

2007 年 6 月，《关于调整市人民政府防汛防旱指挥部办公室机构编制性质的通知》（甬编〔2007〕8 号），市人民政府防汛防旱指挥部办公室原核定的 8 名事业编制予以核销，核增行政编制 8 名，机关行政编制由原来的 19 名调整为 27 名，后勤服务人员编制 3 名维持不变，处级领导职数由原来的 6 名调整为 8 名。

2007 年 6 月，《关于安置军队转业干部核增行政编制的通知》（甬编〔2007〕43 号）核增行政编制 1 名，行政编制由 29 名调整为 30 名。

2010 年 11 月，根据（甬编办行〔2010〕25 号）核增机关处级领导 1 名，用于配备机关党委专职副书记，机关处级领导由原来的 8 名调整为 9 名。

根据宁波市人民政府办公厅《关于印发宁波市水利局职能配置内设机构和人员编制的通知》（甬政办发〔2002〕25 号），市水利局机关设 5 个内设机构：办公室、政治处、水利工程处（海涂围垦处）、水政水资源处（市节约用水办公室、市水土保持办公室）、计划财务处。

2004 年 7 月，经市委编办批准（甬编办行〔2004〕11 号），市水利局水利工程处（海涂围垦处）更名为建设与管理处。原职责、职能不变。

2007 年 6 月，根据市编办《关于调整市政府防汛防旱指挥部办公室机构编制性质的通知》（甬编〔2007〕8 号），市人民政府防汛防旱指挥部办公室调整为市水利局内设的正处级机构。

2008 年 12 月，经市委编办批准（甬编办行〔2008〕53 号），市水利局水政水资源处增挂行政审批处牌子。将各处室的行政审批相关职责划归行政审批处承担。

（三）局领导任免

2002 年 4 月，中共宁波市委批准张晓峰为中共宁波市水利局委员会委员（甬干任〔2002〕12 号）。

2002 年 4 月，宁波市人民政府任命张晓峰为宁波市水利局副局长（甬政干〔2002〕7 号）。

2002 年 5 月，中共宁波市委组织部任命叶立光为宁波市水利局局长助理（市组干〔2002〕28 号）。

2002 年 5 月，中共宁波市委批准叶立光为中共宁波市水利局委员会委员（甬干任〔2002〕13 号）。

2002 年 9 月，中共宁波市委批准金俊杰为中共宁波市水利局委员会书记，免去徐立毅中共宁波市水利局委员会书记职务（甬干任〔2002〕28 号）。

2002 年 10 月，宁波市人民代表大会常务委员会任命金俊杰为宁波市水利局局长；免去徐立毅宁波市水利局局长职务（市人大〔2002〕35 号）。

2003 年 7 月，宁波市人民政府任命朱英福、张金荣、葛其荣、张晓峰为宁波市水利局副局长（甬政干〔2003〕13 号）。

2004 年 9 月，中共宁波市委批准陈小兆任中共宁波市水利局委员会委员（甬干任〔2004〕38 号）。

2004 年 10 月，宁波市人民政府任命叶立光为宁波市水利局副局长（试用期一年）（甬政干〔2004〕23 号）。

2004 年 12 月，中共宁波市委批准倪勇康为中共宁波市水利局委员会委员（甬干任〔2004〕59 号）；宁波市人民政府任命倪勇康为市水利局副局长（甬政干〔2004〕27 号）。

2007 年 2 月，中共宁波市委免去朱英福中共宁波市水利局委员会副书记职务（甬干任〔2007〕9 号）。

2007 年 3 月，宁波市人民政府任命朱英福为宁波市水利局巡视员，免去朱英福宁波市水利局副局长职务（甬政干〔2007〕4 号）。

2007 年 8 月，中共宁波市委批准建立中共宁波市纪律检查委员会驻宁波市水利局纪检组，沈季民任组长（试用期一年）（甬干任〔2007〕44 号）。

2007 年 8 月，中共宁波市委批准任命沈季民为中共宁波市水利局委员会委员（甬干任〔2007〕42 号）。

2009 年 3 月，中共宁波市委批准张拓原为中共宁波市水利局委员会书记，免去金俊杰中共宁波市水利局委员会书记职务，免去陈小兆中共宁波市水利局委员会委员职务（甬干任〔2009〕3 号）。

2009 年 3 月，宁波市人民政府任命陈小兆为宁波市水利局巡视员（甬政干〔2009〕3 号）。

2009 年 4 月，宁波市人民代表大会常务委员会任命张拓原为宁波市水利局局长；免去金俊杰宁波市水利局局长职务（甬人大常〔2009〕7 号）。

2009 年 12 月，宁波市人民政府任命劳均灿为宁波市水利局副巡视员（甬政干〔2009〕16 号）。

2010 年 9 月，宁波市人民政府任命朱晓丽为宁波市水利局总工程师（试用期一年）（甬政干〔2010〕13 号）。

2011 年 4 月，中共宁波市委免去张金荣中共市水利局委员会委员职务（甬干任〔2011〕16 号）。

2011 年 4 月，中共宁波市委批准薛琨为中共宁波市水利局委员会委员（甬干任〔2011〕17 号）。

2011 年 4 月，宁波市人民政府任命薛琨为宁波市水利局副局长（甬政干〔2011〕5 号）。

2011 年 4 月，宁波市人民政府任命张金荣为宁波市水利局副巡视员，免去其宁波市水利局副局长职务（甬政干〔2011〕4 号）。

（四）局直属事业单位

宁波市水利局直属事业单位有宁波市水政监察支队（水政水资源管理所）、宁波市水文站、宁波市农村水利管理处（机电排灌站、宁波市水利综合经营管理站）、宁波市水利工程质量与安全监督站（水利水电工程质量监督站）、宁波市境外引水办公室、宁波市三江河道管理局（宁波市姚江大闸管理处、宁波市甬江奉化江余姚江管理所、宁波市亭下水库灌区管理处和宁波市江北翻水站）、宁波市白溪水库管理局、宁波市周公宅水库管理局、水利水电规划设计研究院、宁波原水集团有限公司（水利投资开发有限公司）、水利水电科技培训中心。

1. 宁波市水政监察支队（水政水资源管理所）

2005 年 7 月，市编委以甬编〔2005〕50 号文批复，市水利局独立设置宁波市水政监察支队，机构性质为市水利局直属事业单位，级别相当于行政正处级，内设机构 2 个，即综合科、执法科；核定编制 10 名，单位领导职数 2 名，经费由财政全额补助。原设在水政水资源处的宁波市水政水资源管理所成建制并入宁波市水政监察支队。

2007 年 12 月 29 日，宁波市机构编制委员会以甬编办事〔2007〕55 号文批准宁波市水政监察支队为监督管理类事业单位。内设机构 2 个：综合科，执法科；核对人员编制 10 人，单位领导职数 1 正 1 副，中层领导职数 2 名。经费预算为全额财政补助。

2010 年 1 月，宁波市人事局以甬人公〔2010〕2 号文批复，同意宁波市水政监察支队参照公务员法管理。

2. 宁波市水文站

2005 年 1 月，经市编委办批准（甬编办事〔2005〕5 号），宁波市水文站机构升格为正处级单位；单位领导职数 3 名，中层领导职数 4 名，内设机构 4 个，即办公室、水情预报科、信息资料科、水质与站网科。

2007 年 12 月，经省水文机构批准（浙水文监〔2007〕11 号），宁波市水文站成立浙江省水资源监测中心宁波分中心。

3. 宁波市农村水利管理处（机电排灌站）

2002 年 4 月，宁波市水利综合经营管理站被撤销，人员并入宁波市机电排灌站。

2002 年 4 月，市编委办（甬编办事〔2002〕9 号）撤销宁波市水利综合经营站，将其 3 名事业编制人员并入市机电排灌站，编制增至 16 名。

2006 年 9 月，市编办《关于宁波市机电排灌站更名及调整机构级别的批复》（甬编办〔2006〕17 号），同意宁波市机电排灌站更名为宁波市农村水利管理处，单位机构级别调整为行政正处级。

4. 宁波市水利工程质量与安全监督站（水利水电工程质量监督站）

2007 年 12 月，经市编委办批复（甬编办事〔2007〕45 号），同意宁波市水利水电工程质量监督站更名为宁波市水利工程质量与安全监督站，机构级别相当于行政正处级，人员编制增加到 12 名，经费形式仍维持不变。

2008 年，财政部与国家发展和改革委员会联合发文（财综〔2008〕78 号），自 2009 年 1 月 1 日起停止全国取消工程质量监督收费。水利质监收费同时停止。

2011 年 1 月，市编委办批复（甬编办事〔2011〕5 号）同意市水利工程质量与安全监督站为承担行政职能事业单位，级别为正处级，编制为 12 名，经费形式为财政全额补助。

5. 宁波市境外引水办公室

2003 年 9 月，为了贯彻落实省委、省政府关于浙东引水工作的部署，宁波市人民政府办公厅发文（甬政办发〔2003〕200 号），决定成立宁波市境外引水工程领导小组。领导小组下设办公室，办公室设在市水利局，朱英福兼任办公室主任（后由叶立光兼任），郑贤君任副主任。

2006 年 7 月，市编委发文（甬编〔2006〕15 号），批准成立宁波市境外引水办公室，为市水利局下属全民事业单位，机构级别相当于行政副处级，核定人员编制 6 名，单位领导职数 1 名，经费预算形式为全额财政补助。

2011 年 8 月，市编委办发文（甬编〔2011〕25 号）同意，宁波市境外引水办公室机构规格调整为行政正处级，人员编制由 6 名增加到 8 名，单位领导职数增加到 2 人（1 正 1 副）。

6. 宁波市三江河道管理局（原宁波市姚江大闸管理处、宁波市甬江奉化江余姚江管理所、宁波市亭下水库灌区管理处和宁波市江北翻水站合并）

2005 年 7 月，市编委批复（甬编〔2005〕49 号），撤销市水利局下属的宁波市姚江大闸管理处、宁波市甬江奉化江余姚江管理所、宁波市亭下水库灌区管理处和宁波市江北翻水站 4 个事业单位独立建制，合并组建宁波市三江河道管理局。为市水利局下属全民事业单位，机构级别相当于行政正处级，经费预算形式为财政差额补助（原经费渠道不变）。内设机构 5 个，即办公室、河道堤防科、涵闸科、水政科、灌区科。核定人员编制 38 名，单位领导职数 4 名，内设机构领导职数 8 名。

2005 年 8 月，经市水利局党委批准（甬水党〔2005〕28 号），建立市三江河道管理局党支部。

2010 年 5 月，经市编委办批复（甬编办事〔2010〕27 号），市三江河道管理局暂定为公益一类。

7. 宁波市白溪水库管理局

白溪水库建于 20 世纪 90 年代。1995 年 12 月，成立宁波市白溪水库建设领导小组及指挥部，葛其荣任总指挥，陈小兆、马静光任副总指挥。水库工程建设历时 8 年，于 2003 年 9 月竣工。

2004 年 6 月，经宁波市机构编制委员会同意（甬编〔2004〕22 号），建立宁波市白溪水库管理局。宁波市白溪水库管理局为宁波市水利局所属正处级事业单位，核定编制 18 名；内设 3 个机构（办公室、水文水保科、工程管理科），处级领导职数 2 名，中层领导职数 4 名；经费预算形式为自收自支。2004 年 10 月，撤销宁波市白溪水库建设领导小组及指挥部，宁波市白溪水库管理局正式挂牌成立。

2005 年 3 月，经宁波市水利局党委批准（甬水党〔2005〕11 号），建立宁波市白溪水库管理局党总支。

2006 年 12 月，市机构编制委员会办公室发文（甬编办事〔2006〕42 号）批复同意白溪水库管理局事业人员编制增加到 40 名，内设 5 个科室，即办公室、计划财务科、工程管理科、运行调度科、行政保卫科，单位领导职数 3 名（1 正 2 副），中层领导职数 8 名。经费预算形式为自收自支。

8. 宁波市周公宅水库管理局

20 世纪 90 年代，周公宅水库建设前期准备工作由鄞县人民政府开始启动。1999 年 8 月，成立鄞县周公宅水库前期办公室。2000 年 7 月，成立宁波市周公宅水库前期办公室，周公宅水库正式成为宁波市的重点工程。

2000 年 9 月，成立宁波市周公宅水库工程建设领导小组，组长：郭正伟，副组长：虞云秧、殷志远、杨祖格。水库工程建设历时 9 年，于 2011 年 4 月竣工。

2008 年 3 月，经宁波市机构编制委员会批准（甬编办〔2008〕5 号），成立宁波市周公宅水库管理局，为宁波市水利局所属准公益类事业单位，机构级别相当于行政正处级；内设 5 个机构，即办公室、计划财务科、工程管理科、运行调度科、行政保卫科；核定人员编制 35 名，单位领导职数 1 正 2 副（含总工），中层领导职数 8 名；经费预算形式为自收自支。

2009 年 4 月，经宁波市水利局党委批复同意，成立中共宁波市周公宅水库管理局支部委员会。

9. 宁波市水利水电规划设计研究院

2010 年 5 月，市编委办文件（甬编办事〔2010〕27 号），明确市水利水电规划设计研究院为从事公益服务的事业单位（公益二类），同年 10 月，经市水利局党委员会同意，成立中共宁波市水利水电规划设计研究院总支委员会，下设：设计支部、综合支部、科技公司支部、老干部支部。

10. 宁波原水集团有限公司（水利投资开发有限公司）

2005 年 12 月，市人民政府第 64 次常务会议决定，同意组建宁波原水（集团）有限公司。同月，宁波市国资委（甬国资委〔2005〕113 号）批准成立宁波原水（集团）有限公司；宁波市工商行政管理局（甬工商名称变核内〔2005〕第 064483 号）核准宁波市水利投资开发有限公司名称变更为"宁波原水（集团）有限公司"（集团名：宁波原水集团）。原事业编制人员仍保留事业性质。

2007 年 9 月，经宁波市工商行政管理局批准（甬工商名称变核内〔2007〕第 077666 号），宁波原水集团母公司名称变更为"宁波原水集团有限公司"。

2008 年 6 月，经宁波市水利局党委（甬水党〔2008〕19 号）批复同意，成立中共宁波原水集团有限公司委员会。同年 8 月，王文成任党委书记。

宁波市水利局领导任免表（2002 年 2 月—2011 年 8 月）见表 2。

表 2　　　　　　　　宁波市水利局领导任免表（2002 年 2 月—2011 年 8 月）

机构名称	姓　名	职　务	任免时间	备　注
宁波市水利局	徐立毅	党委书记、局长	继任—2002 年 9 月	
	金俊杰	党委书记、局长	2002 年 9 月—2009 年 4 月	
	张拓原	党委书记、局长	2009 年 4 月—	
	朱英福	副书记、副局长	继任—2007 年 2 月	
		委员、副局长	继任—2001 年 12 月	
		巡视员	2007 年 2 月—2007 年 10 月	
	张金荣	委员、副局长	继任—2011 年 6 月	
		副巡视员	2011 年 6 月—2013 年 2 月	
	葛其荣	委员、副局长	继任—2009 年 6 月	兼任
	张晓峰	委员、副局长	2002 年 4 月—	
	叶立光	委员、副局长	2003 年 1 月—	
		委员、局长助理	2002 年 5 月—2004 年 10 月	
	倪勇康	委员、副局长	2004 年 12 月—	
	陈小兆	委员、副局长	2004 年 9 月—2009 年 3 月	
		巡视员	2009 年 3 月—2009 年 4 月	
	沈季民	委员、纪检组长	2007 年 8 月—	
	朱晓丽（女）	总工程师	2010 年 10 月—	
	薛　琨	委员、副局长	2011 年 6 月—	
	马静光	委员、局长助理	继任—2004 年 3 月	
	杨祖格	巡视员	继任—2003 年 3 月	
	劳均灿	巡视员	2009 年 12 月—	
	陈永东	副总工程师	2005 年 3 月—	
	王硕威	副总工程师	继任—2002 年 8 月	

宁波市水利局机关机构图（2002 年）见图 2。

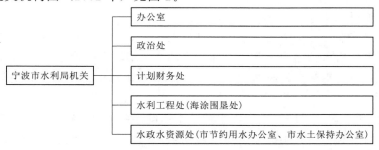

图 2　宁波市水利局机关机构图（2002 年）

三、第三阶段（2011 年 8 月—2019 年 3 月）

根据《中共浙江省委办公厅、浙江省人民政府办公厅关于印发〈宁波市人民政府机构改革方案〉的通知》（浙委办〔2011〕8 号）和宁波市人民政府办公厅印发《宁波市水利局主要职责内设机构和人员编制规定》（甬政办发〔2011〕249 号），设立宁波市水利局，市水利局是主管全市水利工作的市政府工作部门。

（一）主要职责

（1）贯彻执行国家、省、市有关法律、法规、规章和政策；起草有关水行政管理的地方性法规、规章草案和规范性文件，经批准后组织实施。

（2）负责保障水资源的合理开发利用。拟定水利发展规划、水资源开发利用规划，组织编制并监督实施全市重要江河湖泊的流域（区域）综合规划、防洪规划和有关专业规划；按规定制定水利工程建设与管理的有关制度并组织实施；负责提出水利固定资产投资规模和方向、市级财政性资金安排的意见；提出市级水利建设投资建议，并组织实施。

（3）负责统一管理水资源。组织开展水资源调查评价工作，拟定全市水资源中长期供求规划、水量分配方案，并监督实施，负责重要流域、区域以及重大调水工程的水资源调度，负责城市建成区供水水源的规划、建设和管理；组织实施取水许可、水资源有偿使用制度，组织有关国民经济总体规划和有关专项规划及重大建设项目的水资源论证和防洪论证工作；组织编制并发布全市水资源公报；指导水利行业供水和农村供水工作。

（4）负责水资源保护工作。组织编制水资源保护规划，拟定水功能区划并监督实施，指导饮用水水源保护工作和地下水开发利用、城市规划区地下水资源管理保护工作；核定水域纳污能力，提出限制排污总量意见，指导入河排污口设置工作；指导全市水生态建设。

（5）负责水利设施、水域及其岸线的管理与保护。负责全市水利基建项目建议书、可行性研究报告、初步设计和施工图的审查、审批；负责重要江河、水库、湖泊及河口的治理和开发，组织实施具有控制性或跨地区的重要水利工程的建设与运行管理，负责组织有关涉河涉堤建设项目审批（含占用水域审批）并监督实施，负责水利工程建设项目和水利建设市场的监督管理；管理全市河道及采砂，依法负责水利行业安全生产；负责滩涂资源的管理、保护和开发。

（6）负责水旱灾害防治工作。组织、协调、监督、指导全市防汛抗旱工作，组织编制市防汛抗旱应急预案并组织实施，对重要江河湖泊和重要水工程实施防汛抗旱调度和应急水量调度；负责水利突发公共事件的应急管理工作；承担市人民政府防汛防旱指挥部的日常工作。

（7）负责水土保持工作。拟定水土保持规划并监督实施，组织实施水土流失的综合防治、监测预报并定期公告，负责有关建设项目水土保持方案的审批、监督实施及水土保持设施的验收工作，负责市重点水土保持建设项目的实施。

（8）负责节约用水工作。拟定节约用水政策和有关标准，组织编制节约用水规划，发布节约用水情况通报，组织、监督全市节约用水工作，指导和推动节水型社会建设工作。

（9）组织、指导水政监察和水行政执法。负责重大涉水违法事件的查处，协调、指导水事纠纷的处理。

（10）指导农村水利工作。组织协调农田水利基本建设，指导农村饮水安全、节水灌溉等工程建设和管理工作，指导农村水利社会化服务体系建设；在职责范围内负责水能资源开发、利用、管理。

（11）指导水文工作。负责水文水资源监测、水文站网建设和管理，对江河湖库和地下水的水量、水质实施监测，发布水文水资源信息、情报预报。

（12）开展水利科技和教育工作。组织水利科学研究、技术推广及国际合作交流，拟定水利行业的技术标准、规程规范、定额并监督实施；组织开展水利行业质量监督工作，指导全市水利队伍和农村基层水利服务体系建设；指导水利信息化工作。

（13）监督市级水利资金和直属单位国有资产的运行管理。

（14）承办市政府交办的其他事项。

（二）编制与机构设置

根据宁波市人民政府办公厅印发《宁波市水利局主要职责内设机构和人员编制规定》（甬政办发〔2011〕249号），市水利局机关行政编制31名，其中：局长1名，副局长3名，总工程师1名；处级领导11名（含机关党委专职副书记1名）。后勤服务人员编制3名。纪检、监察机构的设置、人员编制和领导职数按有关文件规定执行。

2012年2月，根据市委办公厅、市政府办公厅批转市纪委等部门《关于调整市纪委、市监察局派驻（出）纪检监察机构设置范围、人员编制和中层领导职数的请示》的通知（甬党办〔2012〕15号），市委文件批复市水利局纪检组、监察室人员编制3人，设中层领导职数1人。编制在市水利局现有编制中调剂（编制专用）。

2015年5月，根据《关于安置军队转业干部核增行政编制的通知》（甬编办函〔2015〕41号），核增行政编制1名，行政编制由31名调整为32名，后勤服务人员编制3名。

2015年7月，根据《关于实行统一管理后核定市直派驻纪检机构人员编制的通知》（甬编〔2015〕38号），驻市水利局纪检组（核定编制4名）。

2015年8月，根据市委办公厅《关于加强市纪委派驻机构统一管理工作的通知》（甬党办〔2015〕63号），为顺利推进市直派驻纪检机构全覆盖工作，经市编委会议研究，原市水利局纪检监察机构3名行政编制调剂至驻水利局纪检组，原核定的监察室主任职数同步划转。调整后，市水利局行政编制为29名，处级领导职数为10名（含机关党委专职副书记1名）。

2016年10月，甬编〔2016〕33号文增设水资源与水土保持处，核增行政编制2名、正处长职数1名。调整后，行政编制由29名调整为31名，后勤服务人员编制仍为3名。市水利局处级领导职数由10名调整为11名（含机关党委专职副书记1名）。

2017年9月，根据甬编〔2017〕26号文同意在市防汛防旱指挥部办公室设立2名防汛防台抗旱督察专员（正处级），调整后市水利局处级领导职数由11名调整为13名（含市防汛防台抗旱督察专员2名、机关党委专职副书记1名）。

2019年3月，深化机构改革协调小组办公室印发《关于市水利局机构编制框架的函》（甬机改〔2019〕45号），撤销市水利局内设的市人民政府防汛防旱指挥部办公室，市人民政府防汛防旱管理职责划转至市应急管理局，市水利局3名行政编制划归市应急管理局；市城管局（行政执法局）供水、排水、节水、城区内河管理等管理职能划转至市水利局，该局城管二处4名行政编制划归市水利局；因新增供排水职能，增加行政编制1名。

根据宁波市人民政府办公厅印发《宁波市水利局主要职责内设机构和人员编制规定》（甬政办发〔2011〕249号），内设职能处（室）6个：办公室、组织人事处（由原政治处更名）、计划财务处、建设与管理处、水政水资源处（行政审批处）、市人民政府防汛防旱指挥部办公室。机关党委负责局机关党群工作。

2011年8月，根据市政府印发的《宁波市水利局主要职责内设机构和人员编制规定》（甬政办发〔2011〕249号），市人民政府防汛防旱指挥部办公室主任由市水利局副局长兼任，常务副主任高配副局级。

2011年8月，根据市政府甬政办发〔2011〕249号文规定，政治处更名为组织人事处。

2011年9月，根据中共宁波市直属机关工作委员会《关于同意成立中共宁波市水利局机关委员会及机关纪律委员的批复》（市机党组〔2011〕54号），同意成立宁波市水利局机关委员会及机关纪律检查委员会。机关党委书记由局党委班子副局级领导担任，配备机关党委专职副书记（正处级）；机关纪委书记由机关党委专职副书记担任。

2015年8月，根据市委办公厅《关于加强市纪委派驻机构统一管理工作的通知》（甬党办〔2015〕63号），为顺利推进市直派驻纪检机构全覆盖工作，经市编委会议研究，原市水利局纪检监察机构3名行政编制调剂至驻水利局纪检组，原核定的监察室主任职数同步划转。

2016年6月，市委决定，撤销市一级党和国家机关派驻（内设）纪检监察机构（甬党办〔2016〕51号）。市监察局驻市水利局监察室随之撤销，原承担职能统一归市纪委驻市水利局纪检组负责。

2016年10月，根据市委编办《关于同意增设市水利局内设机构的批复》（甬编〔2016〕33号），市水利局增设水资源与水土保持处。原有的水政水资源处更名为水政处，挂行政审批处牌子。

2017年11月，经市水利局党委研究决定，组织人事处和局机关党委开始合署办公，日常承担工作相对独立，人员统筹使用。

2017年12月，根据市委编办《关于同意市水利局建设与管理处增挂安全监督处牌子等事宜的函》（甬编办函〔2017〕131号），建设与管理处增挂安全监督处牌子；原由办公室承担的水利行业安全生产工作职责划入建设与管理处；原由建设与管理处承担的水利科学研究和技术推广工作职责划入水政处（行政审批处）。

2017年12月，经市委编办甬编办函〔2017〕131号文同意，原由建设与管理处承担的水利科学研究和技术推广工作职责划转至水政处（行政审批处）。

2019年1月，根据中共宁波市委甬党干〔2019〕11号文，建立中共宁波市水利局党组。

2019年2月，根据派驻机构改革的要求，市委决定撤销市纪委、市监委派驻市水利局纪检监察组。市水利局的纪律监督和监察执纪等工作，由市纪委、市监委派驻市生态环境局纪检监察组负责（综合派驻）。

（三）局领导任免

2011年11月，中共宁波市委批准罗焕银为中共宁波市水利局委员会委员（甬干任〔2011〕41号）。

2011年11月，宁波市人民政府任命罗焕银为宁波市水利局副局长（试用期一年）（甬政干〔2011〕14号）。

2012年8月，中共宁波市委批准张晓峰为中共宁波市水利局委员会副书记、劳均灿为中共宁波市水利局委员会委员（甬干任〔2012〕32号）。

2012年8月，宁波市人民政府任命朱鸿瑞为宁波市水利局副巡视员，免去劳均灿宁波市水利局副巡视员职务（甬政干〔2012〕23号）。

2012年10月，中共宁波市委批准周建成为中共宁波市水利局委员会委员、中共宁波市纪律检查委员会驻宁波市水利局纪检组组长。免去倪勇康中共市委员会委员职务，免去沈季民中共宁波市水利局委员会委员、中共宁波市纪律检查委员会驻宁波市水利局纪检组组长职务（甬党干〔2012〕125号）。

2012年10月，宁波市人民政府任命倪勇康为宁波市水利局巡视员，免去其宁波市水利局副局长职务；任命沈季民为宁波市水利局副巡视员（甬政干〔2012〕30号）。

2013年2月，中共宁波市委批复同意张金荣退休（甬党干〔2013〕29号）。

2013年12月，宁波市人民政府免去叶立光宁波市水利局副局长职务（甬政干〔2013〕17号）。

2013年12月，宁波市人民政府任命许武松为宁波市水利局副局长，免去其宁波石化经济技术开发区管理委员会副主任职务（甬政干〔2013〕17号）。

2014年10月，宁波市人民政府任命史俊伟为宁波市水利局副巡视员（甬政干〔2014〕18号）。

2015年4月，中共宁波市委批复同意朱鸿瑞退休（甬党干〔2015〕100号）。

2015年9月，中共宁波市委批复同意沈季民退休（甬党干〔2015〕181号）。

2016年11月，中共宁波市委组织部批准余成国为中共宁波市水利局委员会委员（甬组干〔2016〕69号）。

2016年11月，中共宁波市委批准余成国为中共宁波市纪律检查委员会驻宁波市水利局纪检组组长（试用期一年），免去周建成中共宁波市纪律检查委员会驻宁波市水利局纪检组组长职务（甬党干〔2016〕234号）。

2017年4月，任命劳可军为宁波市水利局委员会书记。

2017年4月，宁波市人民代表大会常务委员会批准劳可军任宁波市水利局局长（甬人大常〔2017〕27号）。

2017年4月，中共宁波市委批复同意陈小兆退休（甬党干〔2017〕120号）。

2017年5月，宁波市人民政府免去庄孟勇宁波市水利局副巡视员职务（甬政干〔2017〕8号）。

2017年9月，宁波市人民政府任命史俊伟为宁波市水利局总工程师（试用期一年），免去其宁波市水利局副巡视员（甬政干〔2017〕14号）。

2018年7月，中共宁波市委批复同意张拓原退休（甬党干〔2018〕107号）。

2018年12月，宁波市人民政府任命张永石为宁波市水利局副巡视员（甬政干〔2018〕42号）。

2019年1月，宁波市人民政府任命陆东晓为宁波市水利局副局长，免去其宁波市综合行政执法局（宁波市城市管理局）副局长职务（甬政干〔2019〕1号）。

2019年1月，中共宁波市委批准建立中共宁波市水利局党组，由劳可军、张晓峰、陆东晓、罗焕银、史俊伟、薛琨等组成，劳可军任书记，张晓峰任副书记。同时，撤销中共宁波市水利局委员会，相关组成人员职务同时免去（甬党干〔2019〕11号）。

2019年1月，中共宁波市委批复同意周建成退休（甬党干〔2019〕62号）。

2019年1月，中共宁波市委批复同意张永石退休（甬党干〔2019〕63号）。

2019年2月，中共宁波市委批准余成国为中共宁波市委直属机关纪检监察工作委员会书记，免去其中共宁波市纪律检查委员会驻宁波市水利局纪检监察组组长职务（甬党干〔2019〕37号）。

宁波市水利局领导任免表（2011年8月—2019年3月）见表3。

表3　　　　　　　　　　　宁波市水利局领导任免表（2011年8月—2019年3月）

机构名称	姓　名	职　务	任免时间	备　注
宁波市水利局	张拓原	党委书记、局长	继任—2017年4月	
		局　长	2017年4月—2018年7月	
	劳可军	党委（党组）书记、局长	2017年4月—	
	张晓峰	党委（党组）副书记、副局长	2012年8月—	
		委员、副局长	继任—2012年8月	
		巡视员	2016年3月—	
	倪勇康	委员、副局长	继任—2012年11月	
		巡视员	2012年11月—2015年10月	
	叶立光	委员、副局长	继任—2013年12月	

机构名称	姓　名	职　务	任　免　时　间	备　注
宁波市水利局	薛　琨	委员、副局长	继任—2016 年 1 月	
		委员（党组）、巡视员	2016 年 1 月—	
	罗焕银	委员（党组）、副局长	2011 年 11 月—	
	许武松	委员、副局长	2013 年 12 月—2019 年 1 月	
	陆东晓	党组成员、副局长	2019 年 1 月—	
	沈季民	委员、纪检组长	继任—2012 年 10 月	
		副巡视员	2012 年 11 月—2015 年 9 月	
	朱晓丽（女）	总工程师	继任—2016 年 11 月	
	劳均灿	委员、防汛办专职副主任	2012 年 9 月—2019 年 1 月	副局级
		副巡视员	继任—2019 年 1 月	
	周建成	委员、纪检组长	2012 年 10 月—2016 年 11 月	
	余成国	委员、纪检组长	2016 年 11 月—2019 年 1 月	
	史俊伟	委员（党组）、总工程师	2017 年 9 月—	
		副巡视员	2014 年 11 月—2017 年 4 月	
	陈小兆	巡视员	继任—2017 年 4 月	
	张金荣	副巡视员	继任—2013 年 2 月	
	朱鸿瑞	副巡视员	2012 年 9 月—2015 年 5 月	
	吕振江	副巡视员	2017 年 9 月—	
	张永石	副巡视员	2018 年 12 月—2018 年 12 月	
	陈永东	副总工程师	继任—2013 年 3 月	

（四）局直属事业单位

宁波市水利局直属事业单位有宁波市水政监察支队、宁波市水文站、宁波市农村水利管理处、宁波市水利工程质量与安全监督管理站、宁波市水资源信息管理中心（宁波市境外引水办公室）、宁波市三江河道管理局、宁波市水利发展研究中心（水利水电科技培训中心）、宁波市皎口水库管理局、宁波市白溪水库管理局、宁波市周公宅水库管理局、宁波市水利水电规划设计研究院、宁波原水集团有限公司。

1. 宁波市水政监察支队

2012 年 12 月，甬水党〔2012〕25 号文批准，市水政监察支队与市水利水电科技培训中心两家单位联合建立宁波市水政监察支队党支部，俞红军任书记。

2018 年 4 月，市水政监察支队单独成立党支部，徐长流任书记。

2019 年 3 月，市深化机构改革协调小组办公室甬机改〔2019〕130 号文核定，市水政监察支队人员编制由 10 名核减为 9 名。

2. 宁波市水文站

2015 年 6 月，经市编委办甬编办函〔2015〕60 号文同意，宁波市水文站原水质与站网科分设为水质科、站网科，增加中层领导职数 3 名（1 正 2 副），调整后内设机构为 5 个，即办公室、水情预报科、站网科、信息资料科、水质科，中层领导职数为 7 名（5 正 2 副）。

3. 宁波市农村水利管理处

2012 年 2 月，市编委办甬编办〔2012〕21 号文调整宁波市农村水利管理处为承担行政职能的事业单位。

4. 宁波市水利工程质量与安全监督管理站

2012 年 12 月，经市水利局党委批准（甬水党〔2012〕25 号），建立中共宁波市水利工程质量与安全监督站支部委员会，杨军任书记。

5. 宁波市水资源信息管理中心（宁波市境外引水办公室）

2016 年 10 月，市编办发文（甬编〔2016〕95 号）同意，宁波市境外引水办公室更名为宁波市水资源信息管理中心，挂宁波市境外引水办公室牌子。内设 2 个科，即综合科、调度科，核定中层领导职数 3 名（2 正 1 副）；核增编制 2 名（从宁波市水利水电规划设计研究院调剂）。

6. 宁波市三江河道管理局

2013 年 5 月，经市编委办文件（甬编办函〔2013〕52 号）同意，增挂宁波市防汛物资管理中心和宁波市防汛机动抢险队两块牌子；增加单位领导职数 1 名（副处），增加编制 8 名；增加内设机构 1 个（防汛物资管理科），增加中层职数 1 名（正科）。调整后，市三江局人员编制 46 名、单位领导职数 5 名（1 正 4 副）、内设机构 6 个、中层领导职数 9 名（6 正 3 副）。

2014 年 12 月，市编委办调整市三江河道管理局职责任务，增加"具体承担三江流域的相关管理工作"。2015 年 6 月，经市编委批复文件（甬编办函〔2015〕58 号）同意，市三江河道管理局内设机构名称调整为办公室、水政科、防汛科、计划财务科、工程技术科、运行管理科。调整后，内设机构仍为 6 个，中层领导职数增至 12 名（6 正 6 副）。

2015 年 8 月，经市水利局机关党委文件（甬水机党〔2015〕10 号）同意，并报中共宁波市直属机关工作委员会批准，中共宁波市三江河道管理局支部委员会升格为中共宁波市三江河道管理局委员会，并同步建立中共宁波市三江河道管理局纪律检查委员会。

7. 宁波市水利发展研究中心（水利水电科技培训中心）

2015 年 6 月，根据市编委办《关于调整宁波市水利水电科技培训中心机构编制有关事项的函》（甬编办函〔2015〕66 号），宁波市水利水电科技培训中心更名为宁波市水利发展研究中心，暂时保留宁波市水利水电科技培训中心牌子，为市水利局所属公益二类事业单位。内设机构 2 个，即综合科、规划与技术科；增加人员编制 7 名，单位领导职数 1 名（副职）。增加后，人员编制 12 名，单位领导职数为 2 名（1 正 1 副），核定中层领导职数 2 名；经费预算形式仍为自收自支。

2018 年 2 月，根据市编委办《关于同意宁波市水利发展研究中心增挂宁波市水利项目前期办公室牌子的函》（甬编办函〔2018〕15 号），宁波市水利发展研究中心增挂宁波市水利项目前期办公室牌子。单位全称为宁波市水利发展研究中心（宁波市水利水电科技培训中心、宁波市水利项目前期办公室）。

8. 宁波市皎口水库管理局

2017 年 2 月，因宁波市区划调整，根据市编委办批复文件（甬编办字〔2017〕2 号），宁波市鄞州区皎口水库管理局成建制转入宁波市水利局管理，机构更名为宁波市皎口水库管理局。

2018 年 2 月，根据市编委办批复文件（甬编办函〔2018〕16 号），市水利局为所属公益二类事业单位，宁波市皎口水库管理局机构规格升为正处级。内设机构 6 个，核定人员编制 56 名，单位领导职数 4 名（1 正 3 副），中层领导职数 9 名（6 正 3 副）；经费预算形式为自收自支。其他机构编制事项维持不变。

9. 宁波市水利水电规划设计研究院

2013 年 5 月，根据市委编委办甬编办函〔2013〕52 号文通知，市水利水电规划设计研究院划转 5

个事业编制给宁波市三江河道管理局，事业编制从 24 名减至 19 名。

2015 年 6 月，市编委办以甬编办函〔2015〕66 号文，将市水利水电规划设计研究院"受委托承担全市水利发展战略和规划研究、水利发展中急需解决的重大问题的分析研究，并提出相应的政策建议等；参与拟定全市水利科研发展规划、计划；参与重大水利工程、技术方案审查；参与组织拟定相关技术标准、规程规范及宣传和贯彻等工作"职能，划入宁波市水利发展研究中心。

2016 年 10 月，经市委编办甬编办函〔2016〕95 号文批准，市水利水电规划设计研究院 2 名事业编制划转到市水资源信息管理中心。事业编制从 19 名减至 17 名。

2018 年 4 月，宁波市人民政府批复同意市水利局《关于宁波市水利水电规划设计研究院改制方案》（甬政笺〔2018〕34 号），市水利水电规划设计研究院 8 名事业编制职工，其中 2 人参与改制，1 人选择提前退休，5 人划入水利发展研究中心；其余 9 名事业编制按市编委有关规定统筹调剂。

2019 年 3 月，市水利水电规划设计研究院按照市财政局的批复意见，完成国有资产处置。2019 年 7 月，"宁波市水利水电规划设计研究院有限公司"完成工商注册登记，成为员工持股的股份制企业。

10. 宁波原水集团有限公司

2014 年 8 月，经中共宁波市人民政府国有资产监督管理委员会甬国资党干〔2014〕3 号文批准，建立中共宁波原水集团有限公司委员会，王文成任书记。

2014 年 8 月，宁波市国资委提议王文成任宁波原水集团董事长，卢林全任宁波原水集团总经理。更选王文成、卢林全为公司董事，选举王文成为董事长，聘任卢林全为总经理。

2014 年 9 月，宁波原水集团总部率先进行人事改革，原事业编制人员统一转变为企业人员。

2018 年 3 月，根据中共宁波市委组织部甬组通〔2018〕25 号文件通知，宁波原水集团党组织隶属关系从市水利局党委（市水利局直属机关党委）调整至市委国资工委，市委组织部会同市委国资工委履行企业党建工作的具体指导职能，市委国资工委履行企业党建工作的日常管理职责。

2018 年 4 月，中共宁波市委办公厅印发《关于市属企业领导人员管理体制调整的若干意见》（甬党办〔2018〕48 号）的通知，宁波原水集团有限公司为比照副局级单位管理的企业。

2020 年 4 月，根据宁波市人民政府办公厅印发的《宁波市水务环境集团有限公司组建方案》（甬政办发〔2020〕21 号），宁波原水集团有限公司并入新组建的宁波市水务环境集团有限公司，原水集团有限公司原股东所持有的全部股权整体进入市水务环境集团水资源管理子公司。

宁波市水利局机关机构图（2011 年）见图 3。

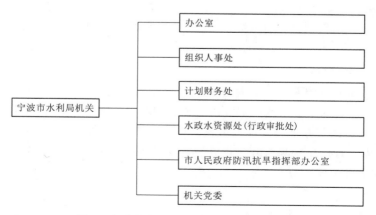

图 3　宁波市水利局机关机构图（2011 年）

四、第四阶段（2019年3月—2021年12月）

根据《中共中央关于深化党和国家机构改革的决定》《中共浙江省委关于市县机构改革的总体意见》，省委、省政府批准的《宁波市机构改革方案》和中共宁波市委办公厅、宁波市人民政府办公厅关于印发《宁波市水利局职能配置、内设机构和人员编制规定》（厅发〔2019〕59号）的通知，宁波市水利局是市政府工作部门，为正局级。

（一）主要职责

（1）负责保障水资源的合理开发利用。拟定水利水务战略规划和政策，在法定权限内起草有关地方性法规、规章草案、政策文件。组织编制全市水资源战略规划、全市重要江河湖泊的流域（区域）综合规划、防洪规划、水资源中长期供求规划等重大水利水务规划。

（2）负责生活、生产经营和生态环境用水的统筹和保障。组织实施最严格水资源管理制度。实施水资源的统一监督管理，拟定全市和跨区域水量分配方案并监督实施。负责重要流域、区域以及重大引调水工程的水资源调度，组织实施取水许可、水资源论证和防洪论证制度，指导开展水资源有偿使用工作。负责全市供水行业监督管理。

（3）按规定制定水利工程建设与水利水务设施管理的有关制度并组织实施。负责提出水利固定资产投资规模、方向、具体安排建议并组织指导实施。按规定权限审核规划内和年度计划规模内固定资产投资项目，提出中央水利资金、市级财政性水利水务资金安排建议并负责项目实施的监督管理。

（4）指导水资源保护工作。组织编制并实施水资源保护规划。指导饮用水水源保护有关工作，指导地下水开发利用和地下水资源管理保护。组织指导地下水超采区综合治理。

（5）负责全市排水行业监督管理，指导全市城镇排水和污水处理、再生水利用工作。指导市级污水处理厂建设。负责供排水和污水处理特许经营或委托经营工作。

（6）负责节约用水工作。拟定节约用水政策，组织编制节约用水规划并监督实施，组织制定有关标准，组织实施用水总量控制等管理制度。发布节约用水情况通报，组织、监督全市节约用水工作，指导和推动节水型社会建设工作。

（7）指导水文工作。负责水文水资源监测、水文站网建设和管理，对江河湖库和地下水实施监测，发布水文水资源信息、情报预报和全市水资源公报。按规定组织开展水资源调查评价和水资源承载能力监测预警工作。负责指导水利水务信息化工作。

（8）指导水利水务设施、水域及其岸线的管理、保护与综合利用。组织指导水利基础设施网络建设。指导重要江河、水库、湖泊及河口的治理、开发和保护。指导河湖水生态保护与修复、河湖生态流量水量管理以及河湖水系连通工作。负责全面推行河长制湖长制工作。负责滩涂围垦有关工作。

（9）指导监督水利工程建设与水利水务设施的运行管理。组织实施具有控制性的和跨区跨流域的相关重要水利工程建设与水利水务设施的运行管理。组织提出并协调落实市管工程运行有关政策措施，指导监督工程安全运行，督促指导县级配套工程建设。按分工负责水利水务行业生态环境保护工作、组织开展水利工程建设与水利水务设施运行管理市场的监督管理。

（10）负责水土保持工作。拟定水土保持规划并监督实施，组织实施水土流失的综合防治、监测预报并定期公告。负责建设项目水土保持监督管理工作。指导市重点水土保持建设项目的实施。

（11）指导农村水利水务工作。组织开展大中型灌排工程建设与改造。指导圩区防洪排涝工程和农村饮水工程建设和管理。指导农村水利水务改革创新和社会化服务体系建设。按规定组织开展水能资源调查评价，指导农村水能资源开发、小水电改造、水电农村电气化工作。

（12）指导水政监察和水行政执法，负责重大涉水违法事件的查处，指导协调水事纠纷的处理。负责水利水务行业安全生产监督管理，指导水库、农村水电站、江堤海塘等水利工程及管网设施运维的安全生产管理工作。组织实施水利工程建设的监督。

（13）开展水利水务科技、教育和对外交流工作。组织水利水务科学研究、科技推广与引进及对外交流。组织开展水利水务行业质量监督工作。组织拟定水利水务行业的技术标准、规程规范、定额并监督实施。

（14）负责落实综合防灾减灾规划相关要求，组织编制洪水干旱灾害防治规划和防护标准并指导实施。承担水情旱情监测预警工作。组织编制重要江河湖泊和重要水工程的防御洪水抗御旱灾调度及应急水量调度方案，按程序报批并组织实施。承担防御洪水、台风暴潮应急抢险的技术支撑工作。承担重要水工程调度工作。承担蓄滞洪区和防洪保护区的洪水影响评价工作。组织制定水旱灾害防御水利水务相关政策并监督实施。

（15）完成市委、市政府交办的其他任务。

（16）职能转变。切实加强水资源合理利用、优化配置和节约保护。坚持节水优先，从增加供给转向更加重视需求管理，严格控制用水总量和提高用水效率。坚持保护优先，加强水资源、水域和水利水务工程的管理保护，维护河湖健康美丽。坚持城乡统筹，保障合理用水需求和水资源的可持续利用，为经济社会发展提供水安全保障。坚持建管并重，加强水利水务工程管理工作。坚持深入推进简政放权、放管结合、优化服务改革，推动水利水务领域"最多跑一次"改革向纵深发展。推动水利水务数字化转型，加快推进水利水务现代化。

（二）编制与机构设置

根据中共宁波市委办公厅、宁波市人民政府办公厅关于印发《宁波市水利局职能配置、内设机构和人员编制规定》（厅发〔2019〕59号）的通知。市水利局行政编制32名。设局长1名，副局长3名，总工程师1名；处级领导职数13名，其中正处级10名（含机关党委专职副书记1名、正处级防汛防台抗旱督察专员1名）、副处级3名，后勤服务人员编制4名。

根据中共宁波市委办公厅宁波市人民政府办公厅关于印发《宁波市水利局职能配置、内设机构和人员编制规定》（厅发〔2019〕59号）的通知。市水利局共设8个内设机构（见图4）：办公室、组织人事处（机关党委）、规划计划处、水资源管理处（挂市节约用水办公室牌子）、建设与安全监督处、河湖管理处（挂行政审批处牌子）、水旱灾害防御处、排水管理处。成立宁波市水旱灾害防御工作领导小组，劳可军任组长，局党组班子成员任副组长，领导小组办公室设在水旱灾害防御处。

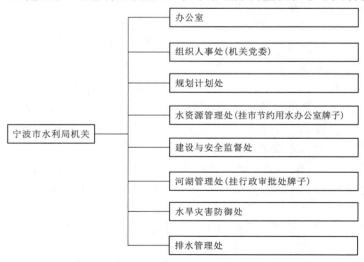

图4　宁波市水利局机关机构图（2019年）

2019 年 3 月，深化机构改革协调小组办公室印发《关于市水利局机构编制框架的函》（甬机改〔2019〕45 号）的要求，撤销市水利局内设的市人民政府防汛防旱指挥部办公室，市人民政府防汛防旱管理职责划转至市应急管理局；市城管局（行政执法局）供水、排水、节水、城区内河管理等管理职能划转至市水利局。宁波市供排水集团有限公司的行业主管部门由宁波市综合行政执法局（市城管局）变更为宁波市水利局。

（三）局领导任免

2019 年 4 月，中共宁波市委组织部批准竺灵英为中共宁波市水利局党组成员（甬组干〔2019〕31 号）。

2019 年 12 月，中共宁波市委组织部批准翁瑞华为中共宁波市水利局党组成员（甬组干〔2019〕132 号）。

2019 年 12 月，中共宁波市委批准翁瑞华为宁波市水利局二级巡视员（甬党干〔2019〕334 号）。

2020 年 6 月，中共宁波市委组织部免去罗焕银中共宁波市水利局党组成员职务（甬组干〔2020〕34 号）。

2020 年 6 月，宁波市人民政府免去罗焕银宁波市水利局副局长职务（甬政干〔2020〕23 号）。

2020 年 8 月，中共宁波市委组织部免去薛琨中共宁波市水利局党组成员职务（甬组干〔2020〕69 号）。

2021 年 7 月，中共宁波市委批准劳可军任宁波市水利局一级巡视员（甬党干〔2021〕119 号）。

2021 年 11 月，中共宁波水利局党组批准竺灵英任宁波市水利局一级调研员（甬水干〔2021〕23 号）。

2021 年 11 月，中共宁波市委免去劳可军中共宁波市水利局党组书记职务（甬党干〔2021〕199 号）。

2021 年 11 月，中共宁波市委批准张晓峰任中共宁波市水利局党组书记，免去其宁波市水利局二级巡视员职级（甬党干〔2021〕29 号）。

2021 年 11 月，中共宁波市委批准史俊伟任中共宁波市水利局党组副书记（甬党干〔2021〕29 号）。

2021 年 11 月，宁波市人民政府任命史俊伟任宁波市水利局副局长，免去其宁波市水利局总工程师职务（甬政干〔2021〕22 号）。

2021 年 11 月，宁波市人民代表大会常务委员会批准张晓峰为宁波市水利局局长，免去劳可军的宁波市水利局局长职务（甬人大常〔2021〕56 号）。

2021 年 12 月，中共宁波市委批准罗焕银任宁波市水利局二级巡视员（甬党干〔2021〕305 号）。

宁波市水利局领导任免表（2019 年 3 月—2021 年 12 月）见表 4。

表 4　　　　　　　宁波市水利局领导任免表（2019 年 3 月—2021 年 12 月）

机构名称	姓名	职务	任免时间	备注
宁波市水利局	劳可军	党组书记、局长	继任—2021 年 11 月	
		一级巡视员	2021 年 7 月—	
	张晓峰	党组书记、局长	2021 年 11 月—	
		副书记、副局长、巡视员	继任—2019 年 6 月	
		副书记、副局长、二级巡视员	2019 年 6 月—2021 年 11 月	
	史俊伟	副书记、副局长	2021 年 11 月—	
		党组成员、总工程师	继任—2021 年 11 月	
	陆东晓（女）	党组成员、副局长	继任—	

机构名称	姓　名	职　　务	任免时间	备　　注
宁波市水利局	罗焕银	党组成员、副局长	继任—2020年6月	
		一级调研员	2020年6月—	
		二级巡视员	2021年12月	
	薛琨	党组成员、巡视员	继任—2019年6月	
		党组成员、二级巡视员	2019年6月—2020年8月	
		二级巡视员	2020年8月—	
	翁瑞华	党组成员、二级巡视员	2019年12月—	
	吕振江	副巡视员	继任—2019年6月	
		一级调研员	2019年6月—	
	竺灵英（女）	党组成员、一级调研员	2021年11月—	
	劳均灿	副巡视员	继任—2019年6月	
		一级调研员	2019年6月—	

（四）局直属事业单位

宁波市水利局直属事业单位如下：宁波市水政监察支队、宁波市水文站、宁波市水务设施运行管理中心（宁波市农村水利管理处）、宁波市水利工程质量安全管理中心（水利水电工程质量监督站）、宁波市水资源信息管理中心（宁波市境外引水管理中心）、宁波市三江河道管理中心、宁波市水利发展规划研究中心、宁波市水库管理中心。

1. 宁波市水政监察支队

2020年4月，市委编委办发文（甬编办函〔2020〕65号）规定，宁波市水政监察支队为宁波市水利局所属的公益一类（执法）事业单位，机构规格为正处级。设2个内设机构：综合科和执法科。事业编制9名。设支队长1名，副支队长1名；内设机构科级领导职数2名，其中正科级2名。所需经费由财政全额补助。

2. 宁波市水文站

2020年4月，宁波市委编委办文件（甬编办函〔2020〕65号）规定，宁波市水文站为宁波市水利局所属的公益一类事业单位，机构规格为正处级，事业编制25名，设站长1名，副站长2名；内设机构科级领导职数7名，其中正科级5名、副科级2名；设5个内设机构：办公室、水情预报科、信息资料科、水质科、站网科。所需经费由财政全额补助。

3. 宁波市水务设施运行管理中心（宁波市农村水利管理处）

2019年3月，根据宁波市深化机构改革协调小组《关于同意市水利局所属事业单位调整方案的函》（甬机改〔2019〕130号），市农村水利管理处的行政职能划转给市水利局机关（原农田水利建设管理职责已划转至市农业农村局相关部门）。市农村水利管理处更名为市水务设施运行管理中心，划入市城管局排水相关职责，挂宁波市农村水利管理中心牌子，不再保留宁波市排水管理处牌子，分类类别调整为公益一类；设立内设机构3个，设分支机构1个，核定人员编制39名，其中管理人员编制21名，单位领导职数3名，中层领导职数5名；分支机构人员编制18名，领导职数2名。经费预算形式为财政全额补助。

2019年9月，根据市委编办《关于同意调整宁波市水务设施运行管理中心机构编制事项的函》（甬编办函〔2019〕78号），市水务设施运行管理中心增设内设机构1个，增加人员编制3名，单位领导职数 1 名，中层领导职数 2 名。

2020 年 4 月，根据市委编委办文件（甬编办函〔2020〕65 号），宁波市水务设施运行管理中心为宁波市水利局所属公益一类事业单位，机构规格为正处级，挂宁波市农村水利管理中心牌子。设 4 个内设机构，即综合科、农水管理科、排水管理科、海塘管理科。设分支机构 1 个：排水设施管理所。管理人员事业编制 24 名。设主任 1 名，专职副书记 1 名，副主任 2 名；内设机构科级领导职数 7 名，其中正科级 4 名、副科级 3 名。分支机构编制 18 名。设科级领导职数 2 名，其中正科级 1 名、副科级 1 名。分支机构人员只出不进。所需经费由财政全额补助。

4. 宁波市水利工程质量安全管理中心（水利水电工程质量监督站）

2019 年 3 月，根据宁波市深化机构改革协调小组办公室甬机改〔2019〕130 号文批复，宁波市水利工程质量与安全监督站更名为宁波市水利工程质量安全管理中心，分类类别调整为公益一类；设内设机构 2 个，即综合科、质量安全科；核定人员编制 10 名，单位领导职数 2 名（1 正 1 副），中层领导职数 2 名。其他机构编制事项维持不变。

2020 年 4 月，根据市委编委办印发的《宁波市水利工程质量安全管理中心职能配置、内设机构和人员编制规定》（甬编办函〔2020〕65 号），宁波市水利工程质量安全管理中心为宁波市水利局所属的公益一类事业单位，机构规格为正处级。设 2 个内设机构：综合科、质量安全科。事业编制 10 名。设主任 1 名，副主任 1 名；内设机构科级领导职数 2 名，其中正科级 2 名。所需经费由财政全额补助。

5. 宁波市水资源信息管理中心（宁波市境外引水管理中心）

2019 年 3 月，经宁波市深化机构改革协调小组办公室甬机改〔2019〕130 号文批复，宁波市水资源信息管理中心（宁波市境外引水办公室）更名为宁波市水资源信息管理中心（宁波市境外引水管理中心），划入城市供节水管理职责，不再保留宁波市城市供节水管理办公室牌子。设立 3 个内设机构，核定事业编制 15 名，其中领导职数 2 名、中层职数 3 名。其他机构编制事项维持不变。

2020 年 4 月，宁波市委编委办印发《宁波市水资源信息管理中心职能配置、内设机构和人员编制规定》（甬编办函〔2020〕65 号）。宁波市水资源信息管理中心为宁波市水利局所属的公益一类事业单位，机构规格为正处级，挂宁波市境外引水管理中心牌子。设 3 个内设机构：综合科、信息化科、水资源管理科。事业编制 15 名。设主任 1 名，副主任 1 名；内设机构科级领导职数 3 名，其中正科级 3 名。所需经费由财政全额补助。

2021 年 10 月，根据宁波市委编委办公室印发的《关于同意调整波市水资源信息管理中心机构编制事项的函》（甬编办函〔2021〕122 号），为加强宁波市水资源管理工作，经研究，同意增加宁波市水资源信息管理中心事业编制 2 名，单位领导职数 1 名（1 副）内设机构 1 个（节水科），内设机构领导职数 2 名（1 正 1 副）。调整后宁波市水资源信息管理中心事业编制 17 名，单位领导职数 3 名（1 正 2 副）内设机构 4 个（综合科、信息化科、水资源管理科、节水科），内设机构领导职数 5 名（4 正 1 副），其他机构编制事项维持不变。

6. 宁波市河道管理中心（挂市三江河道管理站、市水利抢险物资管理中心牌子）

2019 年 3 月，根据宁波市深化机构改革协调小组办公室批复意见（甬机改〔2019〕130 号），市城管局所属的市城区内河管理处成建制划入市水利局，与市三江河道管理局整合，设立宁波市河道管理中心，挂宁波市三江河道管理站和宁波市水利抢险物资管理中心牌子，为市水利局所属公益一类事业单位，机构规格为相当于正处级；内设机构 9 个，核定人员编制 73 名，单位领导职数 5 名（1 正 4 副），中层领导职数 18 名（9 正 9 副）；设专职党委副书记 1 名，享受单位副职（副处）待遇；经费预算形式为财政部分补助。

2020年4月，根据宁波市委编委办公室印发《宁波市河道管理中心职能配置、内设机构和人员编制规定》（甬编办函〔2020〕65号），宁波市河道管理中心（宁波市三江河道管理站、宁波市水利抢险物资管理中心）为宁波市水利局所属的公益二类事业单位，机构规格为正处级。设立9个内设机构，即办公室、人事教育科、计划财务科、水政科、生态科、工程科、运调科、河道科、设施科。事业编制73名。设主任1名，专职副书记1名，副主任4名；内设机构科级领导职数18名，其中正科级9名、副科级9名。所需经费由财政适当补助。

2021年10月，根据宁波市委编委办公室印发《关于同意调整宁波市河道管理中心机构编制事项的函》（甬编办函〔2021〕123号），同意宁波市河道管理中心增挂"宁波市闸泵调度管理中心"牌子，不再保留宁波市三江河道管理站牌子，增加事业编制1名，内设机构1个（水保科），内设机构领导职数3名（1正2副）调整后，宁波市河道管理中心（宁波市闸泵调度管理中心、宁波市水利抢险物资管理中心）事业编制74名，内设机构10个（办公室、人事教育科、计划财务科、水政科、生态科、工程科、运调科、河道科、设施科、水保科）内设机构领导职数21名（10正11副），其他机构编制事项维持不变。

7. 宁波市水利发展规划研究中心（宁波市水利发展研究中心）

2019年3月，根据宁波市深化机构改革协调小组办公室甬机改〔2019〕130号文批复意见，宁波市水利发展研究中心（市水利项目前期办公室）更名为市水利发展研究中心（市水利项目前期服务中心）。

2020年4月，根据市委编委办印发《宁波市水利发展规划研究中心职能配置、内设机构和人员编制规定》（甬编办函〔2020〕65号）。宁波市水利发展研究中心更名为宁波市水利发展规划研究中心。为宁波市水利局所属的公益二类事业单位，机构规格为正处级，挂宁波市水利水电科技培训中心和宁波市水利项目前期服务中心牌子；设4个内设机构：综合科、规划科、技术科、前期科；事业编制22名，设主任1名，副主任2名；内设机构科级领导职数6名，其中正科级4名、副科级2名。所需经费自理。

8. 宁波市水库管理中心（宁波市白溪水库管理站、宁波市周公宅水库管理站、宁波市皎口水库管理站）

2019年3月，经宁波市深化机构改革协调小组办公室甬机改〔2019〕130号文批复同意，宁波市皎口水库管理局更名为宁波市皎口水库管理站，并按规定办理相关事业法人登记手续；宁波市白溪水库管理局更名为宁波市白溪水库管理站，并按规定办理相关事业法人登记手续；宁波市周公宅水库管理局更名为宁波市周公宅水库管理站，并按规定办理相关事业法人登记手续。

2019年5月，经市水利局直属机关党委甬水机党〔2019〕11号文批复同意，党组织名称变更为"中共宁波市皎口水库管理站委员会"。

2020年4月，根据市委编委办《宁波市水库管理中心职能配置、内设机构和人员编制规定》（甬编办函〔2020〕65号），宁波市白溪水库管理站、宁波市周公宅水库管理站、宁波市皎口水库管理站整合组建宁波市水库管理中心。宁波市水库管理中心为宁波市水利局所属的公益二类事业单位，机构规格为正处级，挂宁波市白溪水库管理站、宁波市周公宅水库管理站、宁波市皎口水库管理站牌子。设15个内设机构：办公室、组织人事科、计划财务科、工程管理科、防汛调度科、安全监督科、皎口水库综合科、白溪水库综合科、周公宅水库综合科、皎口水库工程科、白溪水库工程科、周公宅水库工程科、皎口水库运调科、白溪水库运调科、周公宅水库运调科。事业编制103名。设主任1名，专职副书记1名，副主任5名；内设机构科级领导职数25名，其中正科级15名、副科级10名。所需经费自理。原为宁波市白溪水库管理站、宁波市周公宅水库管理站、宁波市皎口水库管理站核定的机构编制事项不再有效。

2020 年 6 月 12 日，经市水利局直属机关党委甬水机党〔2020〕15 号文批准，成立中共宁波市水库管理中心委员会和中共宁波市水库管理中心纪律检查委员会。同日，市水利局党组发文（甬水党〔2020〕6 号）任命宁波市水库管理中心领导班子。同年 6 月 13 日，宁波市水库管理中心举行授牌仪式。

执笔人：禹继顺
审核人：竺灵英

厦门市水利局

厦门市水利局是厦门市人民政府工作部门（副厅级），贯彻落实党中央、福建省委和厦门市委关于水利工作的方针政策和决策部署，在履行职责过程中坚持和加强党对水利工作的集中统一领导。办公地点设在厦门市湖里区枋钟路216号水利大厦。

2002年以来，党和国家开展了多次机构改革，厦门市水利局均予以保留设置。该时期厦门市水利局组织沿革划分为以下3个阶段：2002年11月—2012年5月，2012年5月—2019年3月，2019年3月—2021年12月。

一、第一阶段（2002年11月—2012年5月）

2002年11月，根据《中共福建省委、福建省人民政府关于厦门市党政机构改革方案的通知》（闽委〔2002〕127号）和《中共厦门市委、厦门市人民政府关于党政机构改革方案的通知》（厦委〔2002〕005号），决定撤销厦门市水利水电局，重新组建厦门市水利局，将原水利水电局的水电行政管理职能划归经济发展局，确定厦门市水利局为厦门市人民政府水行政主管部门，对全市水资源开发利用和保护实行统一管理与分级分部门管理相结合的管理制度。

（一）主要职责

（1）贯彻执行《中华人民共和国水法》《中华人民共和国防洪法》《中华人民共和国水土保持法》和国家、省有关水利工作的方针、政策、法规、规章；结合全市实际情况拟定厦门市水行政工作的地方性政策法规规章，经批准后监督实施。

（2）统一管理水资源（含空中水、地表水、地下水），实施取水许可制度，负责水资源费征收、使用和管理，制定全市水资源规划和水中长期供求计划、水量分配方案并监督实施；组织有关国民经济总体规划、城市规划及重点建设项目的水资源和防洪的论证工作；发布水资源公报；指导全市水文工作。

（3）按照国家水资源环境保护有关法律、法规和标准，拟定全市水资源保护规划；组织水功能区划，监督向饮用水源地等水域排污；协同有关部门负责监测江河湖库的水质，审定水域纳污能力，提出限制排污总量的意见；发布主要供水水源地水源质量状况旬报。

（4）组织指导水政监察和水行政执法，协调处理水事纠纷。

（5）负责制定全市水的中长期规划及年度计划，会同计划、财政部门对水利资金投入和水利固定资产进行管理监督。

（6）编制、审查全市大中型水利基建项目建议书和可行性研究报告；监督、管理水利专项资金的使用；提出有关水利的价格、税收、信贷、财务等经济调节意见和建议。

（7）贯彻执行水利行业技术质量标准，监督实施水利工程的技术规程、规范；指导水利工程招标投标；制定与上述法规相关的地方性实施细则。

（8）组织指导河道、湖泊、水库及河口滩涂、海堤的治理和开发；组织指导具有控制性或跨区的重要水利工程的建设管理；组织指导水库大坝的安全监督管理。

（9）指导农村水利工作；组织协调农田水利基本建设，指导乡镇供水工作。

（10）组织开展水利方面的科学研究、技术推广和对外经济技术交流与合作；指导全市水利队伍建设。

（11）承办厦门市水土保持委员会的日常工作；组织指导全市水土保持工作，拟定水土保持区划、规划并监督实施，组织指导水土流失的监测和综合防治，审批建设项目水土保持方案。

（12）承办市防汛抗旱指挥部的日常工作；组织、协调、指导、监督、监督全市防汛抗旱工作，对主要江河和重要水利工程实施防汛抗旱调度。

（13）承办厦门市人民政府交办的其他事项。

（二）编制与机构设置

2002年9月，根据《中共厦门市委办公厅　厦门市人民政府办公厅关于印发厦门市水利局职能配置、内设机构和人员编制规定的通知》（厦委办发〔2002〕84号），厦门市水利局机关行政编制为13名。其中，局领导职数4名（含纪检组长1名）；另设总工程师1名，正副处级领导职数6名（含党务专职职数）。根据工作需要核定机关事业编制2名。纪检、监察人员编制和处级领导职数另定。机关工勤人员按有关规定核定机关事业编制2名。离退休干部工作机构和人员编制按有关规定另行核定。

厦门市水利局职能处（室）：办公室、政治处、计划财务处、水政水资源管理处、水利建设处。挂靠机构2个：厦门市人民政府防汛抗旱指挥部办公室，核定厦门市人民政府防汛抗旱指挥部办公室机关事业编制4名，其中，处级领导职数1名；厦门市水土保持办公室，核定厦门市水土保持办公室机关事业编制3名，其中，处级领导职数1名。

厦门市水利局机关机构图（2002年）如图1所示。

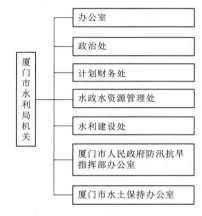

图1　厦门市水利局机关机构图（2002年）

（三）局主要领导任免

2007年6月，叶勇义任厦门市水利局局长，免去刘水在的厦门市水利局局长职务（厦常任〔2007〕7号、厦府〔2007〕10号）。

2009年3月，叶勇义任中共厦门市水利局党组书记，免去刘水在的中共厦门市水利局党组书记职务（厦委干〔2009〕021号）。

（四）局属事业单位及主管社团

1. 局属事业单位

局属事业单位包括厦门市水政监察支队、厦门市水土保持监督站、厦门市水利工程质量监督站、厦门市洪水预警报中心、厦门市水利电力技术队、厦门市水利电力管理站、厦门市同安区汀溪水库管理处、厦门市同安区供水管理所。

2003年1月，根据《关于划转福建省同安祥溪国有林场等4家事业单位的机构编制、职能、人员和资产的通知》（厦委编办〔2003〕067号），厦门市同安区汀溪水库管理处、厦门市同安区供水管理所划归厦门市水利局管理。

2006 年 3 月，根据《关于成立厦门市水利技术服务中心和人员编制问题的批复》（厦委编〔2006〕13 号），厦门市水利电力技术队、厦门市水利电力管理站整合为厦门市水利技术服务中心。

2006 年 3 月，根据《关于成立厦门市水政水保监察支队和人员编制问题的批复》（厦委编〔2006〕15 号），厦门市水政监察支队、厦门市水土保持监督站整合为厦门市水政水保监察支队。

2006 年 6 月，根据《关于厦门市同安区汀溪水库管理处和厦门市同安区供水管理所合并为厦门市汀溪水库管理处的批复》（厦委编〔2006〕39 号），厦门市同安区汀溪水库管理处和厦门市同安区供水管理所合并为厦门市汀溪水库管理处。

2010 年 12 月，根据《关于厦门市水利工程质量监督站更名的批复》（厦委编办〔2010〕124 号），厦门市水利工程质量监督站更名为厦门市水利工程质量与安全监督站。

2. 主管社团

主管社团包括厦门市水利学会。

二、第二阶段（2012 年 5 月—2019 年 3 月）

2012 年 5 月，根据《中共福建省委办公厅、福建省人民政府办公厅关于印发〈厦门市人民政府机构改革方案〉的通知》（闽委办〔2010〕87 号）、《中共厦门市委、厦门市人民政府关于厦门市人民政府机构改革的实施意见》（厦委〔2010〕40 号）和《厦门市人民政府办公厅关于印发厦门市水利局主要职责内设机构和人员编制规定的通知》（厦委办发〔2012〕161 号），职责调整：取消已公布取消的行政审批事项；增加承担 5 万 kW 以下水电站建设行政管理，指导水利行业水电管理的职责；加强水资源的统一管理，保障城乡供水安全，促进水资源的可持续利用；加强防汛抗旱工作，减轻水旱灾害损失。

（一）主要职责

（1）贯彻执行国家有关水利工作的法律法规和政策，拟定并组织实施水利工作的地方性法规、规章和政策；组织编制厦门市人民政府确定的重要流域综合规划、防洪规划等重大水利规划；按规定制定水利工程建设相关制度并组织实施，负责提出水利固定资产投资规模和方向、厦门市人民政府财政性资金安排的建议；提出厦门市水利建设投资安排建议并组织实施。

（2）统一水资源管理（包括地表水、地下水和区域外调入水）。负责制定全市水资源规划和水中长期供求计划，组织开展水资源调查评价工作，按规定开展水能资源调查，指导水能资源开发；负责水资源的合理开发利用；负责制定流域、区域水资源开发总量和取水总量控制指标体系；负责全市水资源优化配置，组织制定全市城乡供水水源的水量分配方案并监督实施，负责本地水源工程和重大引调水工程的水资源调度，组织实施取水许可、水资源有偿使用制度和水资源论证、防洪论证制度；负责地下水开发利用和管理工作；负责发布水资源公报；指导全市水文工作；指导水利行业供水和乡镇供水工作。

（3）负责水资源保护。组织编制水资源保护规划，负责核定水域纳污能力，提出限制排污总量建议，会同环境保护行政主管部门和其他有关部门组织拟定重要河库的水功能区划并监督实施，加强饮用水水源地保护。

（4）负责防治水旱灾害。承担厦门市人民政府防汛抗旱指挥部的日常工作，组织、协调、监督全市防汛抗旱工作；编制厦门市防汛抗旱应急预案并组织实施，对重要水系和重要水工程实施防汛抗旱调度和应急水量调度；指导水利突发公共事件的应急管理工作。

（5）负责水利工程的统一监督管理。指导主要流域和河口的治理和开发，组织、指导河堤海堤建设；组织实施市级直属或本市跨区及流域的重要水利工程的建设与运行管理；指导水利设施、水域及其岸线的管理和保护；依法负责水利行业安全与质量监督工作，组织、指导水库、水闸、水电站大坝的安全监管；组织协调农田水利基本建设；承担 5 万 kW 以下小水电建设行政管理工作，指导水利行业水电管理；指导基层水利服务体系建设。

（6）负责防治水土流失。拟定水土保持规划并监督实施，组织实施水土流失的综合防治、监测预报并定期公告；负责有关建设项目水土保持方案的审批、监督实施及水土保持设施的验收工作；指导市重点水土保持建设项目的实施。

（7）协调、仲裁跨区域的水事纠纷。负责重大涉水行政违法案件的查处；负责全市河道采砂规划的审批，组织实施对河道采砂的监督管理。

（8）负责水利科技和外事工作。组织实施水利行业的技术质量标准和水利工程的规程规范；组织水利科学研究、技术引进和科技推广；办理水利有关涉外事务。

（9）承办厦门市委、厦门市人民政府交办的其他事项。

（二）编制与机构设置

2012 年 5 月，经核定，机关行政编制 18 名（不含待核销机关事业编制 4 名），其中，局长 1 名、副局长 2 名、总工程师 1 名；正处级领导职数 8 名（含机关党组织专职副书记 1 名）。厦门市水利局根据《厦门市人民政府办公厅关于印发厦门市水利局主要职责内设机构和人员编制规定的通知》（厦委办发〔2012〕161 号），内设机构设置：办公室、计划财务处、水政水资源处、水利建设与管理处、水土保持处、厦门市人民政府防汛抗旱指挥部办公室、组织人事处、机关党委。厦门市水利局机关机构图（2012 年）如图 2 所示。

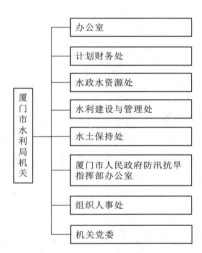

图 2　厦门市水利局机关机构图（2012 年）

2015 年 1 月，核增机关行政编制 3 名，调整后，机关行政编制 21 名（不含待核销机关事业编制 4 名和纪检监察行政编制 2 名）。

2015 年 9 月，待核销机关事业编制予以冲销，冲销后，行政编制为 25 名。

2017 年 8 月，根据《市委机构编制委员会关于调整市水利局机构编制的批复》（厦委编〔2017〕19 号），增加副局级领导职数 1 名，用于担任厦门市河长制办公室专职副主任；水政水资源处加挂河务处牌子。

（三）局主要领导任免

2014 年 9 月，郭金炼任中共厦门市水利局党组书记、厦门市水利局局长，免去叶勇义中共厦门市水利局党组书记、厦门市水利局局长职务（厦常任〔2014〕14 号）。

2019 年 1 月，免去郭金炼的中共厦门市水利局党组书记、厦门市水利局局长职务（厦府〔2019〕74 号）。

（四）局属事业单位及主管社团

1. 局属事业单位

局属事业单位包括厦门市水政水保监察支队、厦门市水利工程质量与安全监督站、厦门市洪水预警报中心、厦门市水资源与河务管理中心、厦门市汀溪水库管理处。

2015 年 4 月，根据《关于厦门市水利技术服务中心更名的批复》（厦委编办〔2015〕136 号），厦门市水利技术服务中心更名为厦门市水资源管理中心。

2017年3月，根据《关于厦门市水资源管理中心机构编制事项调整的批复》（厦委编办〔2017〕39号），厦门市水资源管理中心更名为厦门市水资源与河务管理中心。

2.主管社团

主管社团包括厦门市水利学会。

三、第三阶段（2019年3月—2021年12月）

2019年2月根据《中共厦门市委办公厅　厦门市人民政府办公厅关于印发〈厦门市市级机构改革实施方案〉的通知》（厦委办发〔2019〕4号），厦门市农业局承担的移民管理职责划入厦门市水利局。厦门市水利局的水资源调查和确权登记管理职责划至厦门市自然资源和规划局；编制水功能区划、排污口设置管理和流域水环境保护职责划至厦门市生态环境局；农田水利建设项目等管理职责划至厦门市农业农村局；水灾害防治相关职责转至厦门市应急管理局；农村供水管理职责划至厦门市市政园林局。

（一）主要职责

厦门市水利局贯彻落实党中央、福建省委和厦门市委关于水利工作的方针政策和决策部署，在履行职责过程中坚持和加强党对水利工作的集中统一领导。主要职责是：

（1）负责保障水资源的合理开发利用。贯彻执行国家有关水利工作的法律法规规章和政策，起草并组织实施有关水利工作的地方性法规、政府规章，拟定厦门市水利规划和政策，组织编制厦门市水资源规划、主要河流综合规划与防洪规划等。

（2）负责原水供应和生态环境用水的统筹和保障。组织实施最严格水资源管理制度，实施水资源的统一监督管理，拟定厦门市水资源中长期供求规划、水量分配方案并监督实施。组织实施取水许可、水资源论证和洪水影响评价制度。指导水利行业供水工作。

（3）按规定拟定厦门市水利工程建设相关制度并组织实施。负责提出厦门市水利固定资产投资规模和方向、具体安排建议并组织指导实施，按权限审批厦门市规划内和年度计划规模内固定资产投资项目，提出厦门市水利资金安排建议并负责项目实施的监督管理。

（4）指导水资源保护工作。组织编制并实施水资源保护规划。指导饮用水水源保护有关工作，参与水功能区划编制，指导地下水开发利用和地下水资源管理保护。组织指导地下水超采区综合治理。

（5）指导水利设施、水域及其岸线的管理、保护与综合利用。组织指导水利基础设施网络建设。指导厦门市主要河流的治理、开发和保护。指导河湖水生态保护与修复、河湖生态流量水量管理以及河湖水系连通工程。

（6）指导监督水利工程建设与运行管理。组织实施厦门市水利工程建设与运行管理。

（7）负责河长制、湖长制组织实施的具体工作，开展综合协调、政策研究、督导考核等日常工作，协调组织执法检查、监测发布和相关突出问题的清理整治等工作。

（8）负责水土保持工作。拟定水土保持规划并监督实施，组织实施水土流失的综合防治、监测预报并定期公告。负责建设项目水土保持监督管理工作，指导市重点水土保持建设项目的实施。

（9）指导农村水利工作。组织开展大中型灌排工程建设与改造，指导边远山区农村饮水安全工程建设与管理工作。指导农村水利改革创新和社会化服务体系建设。承担总装机5万kW及以下水电站建设和行业管理工作，并负责指导和监督其落实生态下泄流量要求。

（10）指导水利水电工程移民管理工作。拟定水利水电工程移民有关政策并监督实施。按权限审核或审批水利水电工程移民安置规划，监督管理移民安置工作。负责水库移民后期扶持扶助政策的实施和监督，负责中央及省、市水库移民扶持基金使用管理。

（11）负责有关重大涉水违法事件的查处，指导水政监察和水行政执法。依法负责水利行业安全生产工作，组织指导水库、农村水电站、河海堤防、水闸等水利工程、水利设施的安全监管。组织开展水利建设市场的监督管理相关工作。负责河道采砂统一管理。

（12）开展水利科技和外事工作。组织开展水利行业质量监督工作，贯彻落实水利行业的技术标准、规程规范。组织有关水利科学研究、技术引进和科技推广。会同有关部门办理水利有关涉外事务。

（13）负责落实综合防灾减灾规划相关要求，组织编制洪水干旱灾害防治规划和防护标准并指导实施。承担水情旱情监测预警工作。组织编制河流湖泊和主要水工程的防御洪水抗御旱灾调度及应急水量调度方案，按程序报批并组织实施。承担防御洪水应急抢险的技术支撑工作。承担台风、暴雨防御期间主要水工程调度工作。

（14）负责该系统、该领域人才队伍建设。

（15）完成厦门市委和厦门市人民政府交办的其他任务。

（二）编制与机构设置

2019年3月，经核定，机关行政编制21名。其中，局长1名、副局长2名（其中1名兼任市河长制办公室副主任）、总工程师（副局级）1名，正处级领导职数6名（含机关党组织专职副书记1名）、副处级领导职数1名。

厦门市水利局内设机构：办公室、规划建设与财务处（审批处）、运行管理与监督处、河湖管理处、水资源与水土保持处、机关党委（人事处）。厦门市水利局机关机构图（2019年）如图3所示。

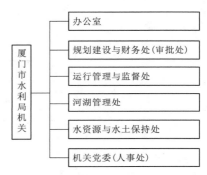

图3　厦门市水利局机关
机构图（2019年）

（三）局主要领导任免

2019年3月，王伟文任中共厦门市水利局党组书记、厦门市水利局局长（厦委干〔2019〕46号、厦常任〔2019〕3号）。

（四）局属事业单位及主管社团

1. 局属事业单位

局属事业单位包括厦门市水政水保监察支队、厦门市水利工程质量安全站、厦门市洪水预警报中心、厦门市水资源与河务中心、厦门市汀溪水库。

2019年3月，根据《关于调整规范市水利局所属部分事业单位名称和主要职责的通知》（厦委编办〔2019〕153号），厦门市水利工程质量与安全监督站更名为厦门市水利工程质量安全站；厦门市水资源与河务管理中心更名为厦门市水资源与河务中心；厦门市汀溪水库管理处更名为厦门市汀溪水库。

2. 主管社团

主管社团包括厦门市水利学会。

厦门市水利局领导任免表（2002年11月—2021年12月）见表1。

表 1   厦门市水利局领导任免表（2002 年 11 月—2021 年 12 月）

机构名称	姓 名	职 务	任 免 时 间	备 注
厦门市水利局	吴海秋	副局长	1996 年 2 月—2002 年 5 月	
	纪乃武	副局长	1996 年 2 月—2002 年 11 月	
	邹国荣	副局长	1996 年 4 月—2002 年 11 月	
	刘水在	党组书记、局长	2002 年 11 月—2007 年 6 月	
		党组书记	2007 年 6 月—2009 年 3 月	
		党组书记、局长	1996 年 1 月—2002 年 11 月	
	叶勇义	党组副书记、副局长	2007 年 1 月—2007 年 6 月	
		党组副书记、局长	2007 年 6 月—2009 年 2 月	
		党组书记、局长	2009 年 3 月—2014 年 9 月	
	郭金炼	党组书记、局长	2014 年 9 月—2019 年 1 月	
	王伟文	党组书记、局长	2019 年 3 月—	
	纪乃武	党组成员、副局长	2002 年 11 月—2007 年 8 月	
	邹国荣	党组成员、副局长	2002 年 11 月—2011 年 5 月	
	杨庆斌	党组成员、副局长	2003 年 6 月—2014 年 6 月	
	陈世真	党组成员、副局长	2003 年 12 月—2017 年 6 月	
	江国强	党组副书记、纪检组组长	2006 年 3 月—2012 年 11 月	
	郭小清	党组副书记	2007 年 1 月—2017 年 12 月	
	杨文和	党组成员、总工程师	2008 年 4 月—2018 年 4 月	
	欧卫国	党组成员、副局长	2012 年 5 月—2019 年 3 月	
	周 斌	党组成员、纪检组组长	2012 年 11 月—2017 年 6 月	
	侯卫群	党组成员、纪检组组长	2017 年 6 月—2018 年 7 月	
	陈 忠	党组成员、副局长	2017 年 7 月—	
	周光明	党组成员、副局长	2017 年 12 月—	
	康永滨	党组成员、市河长制办专职副主任	2018 年 1 月—	
	庄少生	党组成员、副局长	2019 年 3 月—2020 年 10 月	
	李永福	党组成员、驻局纪检监察组组长	2019 年 5 月—	
	林 明	党组成员、副局长	2020 年 12 月—	

执笔人：王 靓
审核人：周光明 陈淑婷

青岛市水务管理局

青岛市水务管理局是青岛市人民政府工作部门（副省级市正局级），负责青岛市水务行政管理工作。2001年以来，青岛市水利局历经2次机构改革，至2018年12月组建青岛市水务管理局，不再保留青岛市水利局。2001—2021年，组织沿革划分为3个阶段：青岛市水利局（2001年7月—2010年8月），青岛市水利局（2010年8月—2019年1月），青岛市水务管理局（2019年1月—2021年12月）。

一、第一阶段：青岛市水利局（2001年7月—2010年8月）

2001年7月，根据《中共青岛市委、青岛市人民政府关于青岛市人民政府机构改革的实施意见》（青发〔2001〕12号），设置青岛市水利局。将原青岛市地矿局承担的地下水资源行政管理职能，交青岛市水利局。

（一）主要职责

（1）贯彻执行国家和山东省有关水利工作的方针政策和法律法规；拟定全市水利工作的政策法规、中长期发展规划和年度计划并监督实施。

（2）统一管理水资源（空中水、地表水、地下水）实施取水许可制度，负责水资源费征收、使用和管理，拟定全市和跨区（市）水长期供求计划、水量分配方案并监督实施；组织有关国民经济总体规划、城市规划及重点建设项目的水资源和防洪的论证工作；发布全市水资源公报；指导全市水文工作。

（3）拟定计划用水、节约用水政策、规划和标准，组织、指导和监督管理全市计划用水和节约用水工作。

（4）拟定全市水资源保护规划；组织水功能区划，监督向饮水区等水域排污；协同有关部门负责监测江河湖库的水质，审定水域纳污能力，提出限制排污总量的意见。

（5）编制、审查全市大中型水利基建项目建议书和可行性报告；监督、管理水利专项资金的使用；提出有关水利的价格、税收、信贷、财务等经济调节意见和建议；指导水利行业的供水、水电及多种经营工作。

（6）贯彻执行水利行业技术质量标准，监督实施水利工程的技术规程、规范；指导水利工程招标投标。

（7）组织指导河道、湖泊、水库及河口滩涂、海堤的治理和开发；组织建设和管理具有控制性或跨区（市）的重要水利工程；组织指导水库大坝的安全监督管理；指导水库库区移民扶贫工作。

（8）指导农村水利基本建设、节水灌溉、人畜饮水和乡镇供排水工作。

（9）组织指导水政监察和水行政执法，协调、处理水事纠纷。

（10）组织开展水利方面的科学研究、技术推广和对外经济技术交流与合作；指导全市水利队伍建设。

（11）承办青岛市水资源与水土保持工作领导小组的日常工作；组织指导全市水土保持工作，拟定水土保持区划、规划并监督实施，组织指导水土流失的监测和综合防治。

（12）承办青岛市防汛抗旱指挥部的日常工作；组织、协调、指导、监督全市防汛抗旱工作；对大型和边界河道、大中型水库和重要水利工程实施防汛抗旱调度。

（13）承办青岛市人民政府和上级业务部门交办的其他事项。

（二）内设机构及编制

设5个职能处室：办公室、组织人事处、计划财务处、水政法规处（青岛市水政监察支队）、科教与工程管理处，并设置纪检组（监察室）和机关党委。行政编制26名，纪检监察人员编制2名，工勤人员编制4名。其中局长1名，副局长3名，纪检组长兼监察室主任1名，总工程师1名。青岛市水利局机关机构图（2001年）如图1所示。

（三）直属单位

青岛市水利局直属单位有青岛市水资源管理办公室、青岛市大沽河管理处、黄岛供水管理处、青岛市水利工程建设站、青岛市水土保持管理站、青岛市水利物资站、青岛市水利培训中心、青岛市水利经济管理处。

2005年7月，组建青岛市水政监察支队，为隶属局管理的处级事业单位。同年12月，成立青岛市胶东调水管理局，规格为副局级，隶属青岛市水利局管理。2006年6月，将黄岛供水管理处更名为青岛市水利局西海岸供水管理处。2009年7月，设立青岛市水利移民管理局，规格为副局级，隶属水利局管理。

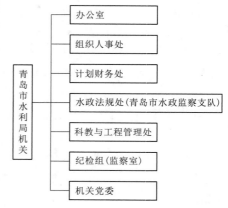

图1　青岛市水利局机关机构图（2001年）

二、第二阶段：青岛市水利局（2010年8月—2019年1月）

2010年8月，根据山东省委办公厅、山东省人民政府办公厅《关于印发〈青岛市人民政府机构改革方案〉的通知》（鲁厅字〔2009〕43号）和《中共青岛市委、青岛市人民政府关于青岛市人民政府机构改革的意见》（青发〔2009〕21号），设立青岛市水利局，为青岛市人民政府工作部门。职责调整如下：①取消已由国务院、山东省人民政府和青岛市人民政府公布取消的行政审批事项；②取消指导水利行业多种经营工作的职责；③加强水资源的节约、保护和合理配置，保障城乡供水安全，促进水资源的可持续利用；④加强防汛抗旱工作，减轻水旱灾害损失；⑤加强水生态建设，促进水环境改善。

（一）主要职责

（1）负责保障水资源的合理开发利用。起草有关地方性法规、规章草案；拟定全市水利发展中长期规划和政策，组织编制水利综合规划和专业规划并监督实施；负责提出水利固定资产投资规模和方向及财政性资金、水利建设投资安排建议并组织实施；负责市级水利资金和水利国有资产监督管理工作；提出有关水利价格、收费、信贷的政策建议。

（2）负责生活、生产经营和生态环境用水的统筹兼顾和保障。实施水资源的统一监督管理；拟定全市水中长期供求规划、水量分配方案并监督实施；负责重要流域、区域以及重点调水工程的水资源调度；组织实施取水许可、水资源有偿使用、水资源论证等制度；指导雨洪资源开发利用、水利行业供水和农村水能资源开发等工作。

（3）承担水资源保护和节约用水的责任。组织编制全市水资源保护规划；组织拟定重要河流、水库的水功能区划并监督实施；参与核定水域纳污能力，提出限制排污总量意见；指导入河排污口设置工作；指导饮用水水源、地下水开发利用和保护工作；统一监督管理全市节约用水工作，拟定节约用水政策和规划、计划并监督实施，指导和推动节水型社会建设。

（4）组织、协调、监督、指挥全市防汛抗旱工作。负责对土地利用总体规划、城市规划和其他涉及防洪的规划、重大建设项目布局的防洪论证提出意见；负责对大中型边界河道、大中型水库和重要水利工程实施防汛抗旱调度；负责重要蓄滞洪区和防洪保护区的洪水影响评价工作；拟定防汛抗旱应急预案；指导水利突发公共事件的应急管理工作；承担青岛市人民政府防汛抗旱指挥部的日常工作。

（5）指导水利工程建设与管理工作。指导水利设施、水域及其岸线的管理与保护；指导河流、水库、河口滩涂、海堤的治理和开发；组织实施具有控制性的或跨区市的重要水利工程建设与运行管理；组织实施水利工程建设有关制度；监督管理水利建设市场；按规定权限审查河道管理范围内建设项目、工程建设方案；负责河道采砂管理的有关工作；监督管理水利移民工作。

（6）指导农村水利工作。组织协调农田水利基本建设；指导农田灌溉排水、村镇供水工作；组织农村饮水安全、节水灌溉等工程的建设与管理；指导农村水利社会化服务体系建设。

（7）负责水土保持工作。组织编制水土保持和水生态建设规划并监督实施；组织实施水土流失的综合防治、监测预报并定期公告；负责重点开发建设项目水土保持方案的审批、监督实施和水土保持设施的验收工作；参与管理"四荒"（荒山、荒丘、荒滩、荒沟）的治理开发工作。

（8）指导水政监察和水行政执法工作。负责查处较大涉水违法事件；协调处理区市间的水事纠纷，受青岛市人民政府委托协调处理市际间水事纠纷；依法征收水利规费。

（9）负责重点水利工程安全生产监督管理工作；指导水利行业安全生产工作；监督管理水利建设市场；组织实施水利工程质量和安全监督。

（10）组织开展水利科学研究、技术推广工作；负责行业技术标准和规程规范的监督实施；指导水利系统对外交流、利用外资、引进国（境）外智力等工作；指导水利宣传、信息化、人才队伍和精神文明建设等工作。

（11）负责水资源监测管理；对地表水和地下水水量、水质实施监测；发布雨情、水情等水资源信息、情报预报和水资源公报；指导全市水文工作。

（12）承办青岛市委、青岛市人民政府交办的其他事项。

（二）内设机构及编制

设6个职能处室：办公室、人事处、财务处、规划计划处、水政法规处（行政审批办公室）、科教工程管理处（水利安全监督办公室），按规定设置机关党委。行政编制38名，工勤人员编制4名。其中，局长1名，副局长3名，总工程师1名。青岛市水利局机关机构图（2010年）如图2所示。

（三）局领导任免

青岛市水利局领导任免表（2001年7月—2019年1月）见表1。

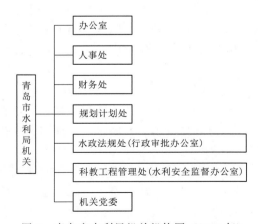

图2　青岛市水利局机关机构图（2010年）

表1　　　　　　　　　青岛市水利局领导任免表（2001年7月—2019年1月）

机构名称	姓　名	职　务	任　免　时　间	备　注
青岛市水利局	滕胜叶	局　长	1998年5月—2004年8月	
	于　睿	局　长	2004年8月—2013年4月	
	赵兴书	局　长	2013年4月—2019年1月	
	刘高锡	副局长	2002年1月—2012年10月	
	鲁好迅	副局长	2002年1月—2011年4月	
	郭可汾	副局长	2002年1—12月	
	孙本玉	副局长	2002年1月—2012年10月	
	杨焕武	副局长	2002年12月—2009年11月	
	韩光华	副局长	2005年8月—2011年12月	
	成金洲	副局长	2007年10月—2012年10月	
	贺如泓	副局长	2009年11月—2019年1月	
	王　达	副局长	2012年10月—2014年10月	
	黄　勇	副局长	2014年4月—2015年7月	
	苟新诗	副局长	2015年3月—2019年1月	
	刘　峰	副局长	2015年7月—2019年1月	

（四）直属单位

青岛市水利局直属单位有青岛市胶东调水管理局、青岛市水利移民管理局、青岛市水资源管理办公室、青岛市大沽河管理处、西海岸供水管理处、青岛市水利工程建设站、青岛市水土保持管理站、青岛市水利物资站、青岛市水政监察支队、青岛市水利培训中心、青岛市水利经济管理处。

2013年7月，设立青岛市大沽河管理局，规格为处级，隶属青岛市水利局，收回原青岛市大沽河管理处。2014年5月，撤销青岛市水利培训中心、青岛市水利经济管理处。2016年9月，青岛市胶东调水管理局更名为青岛市调水管理局。

三、第三阶段：青岛市水务管理局（2019年1月—2021年12月）

2018年12月，根据《中共青岛市委、青岛市人民政府关于青岛市市级机构改革的实施意见》（青发〔2018〕61号），将青岛市水利局的职责，以及青岛市城市管理局、青岛市城乡建设委员会的供水、节水、排水、污水处理等职责，相关事业单位承担的水务行政职能整合，组建青岛市水务管理局，作为青岛市人民政府工作部门。不再保留青岛市水利局。

（一）主要职责

（1）贯彻执行水务工作法律法规，保障水资源的合理开发利用。起草有关地方性法规、政府规章草案，拟定青岛市水利发展中长期规划、水务发展综合规划、流域综合规划、防洪规划和政策措施并组织实施。

（2）负责拟定运用市场机制优化配置水资源、解决水问题、引导社会资本参与资源供给等政策措施，研究提出有关水务价格、税费、基金、信贷等政策建议并协调落实。负责培育、引导、扶持水务行业协会发展，推进行业协会自律，发挥服务国家、服务社会、服务群众、服务行业的作用。推动政府向社会力量购买服务。

（3）负责青岛市水资源的统一规划和配置，实施水资源统一监督管理，统筹和保障生活、生产经营、生态环境等用水。组织实施最严格水资源管理制度，拟定青岛市水中长期供求规划、水量分配方案并组织实施。制定和完善水资源调度方案、预案和计划，对水资源实行统一调度和配置。组织实施水资源论证、取水许可等制度以及水资源有偿使用工作。负责中水、海水淡化、城市污水处理回用等非常规水资源和雨洪资源开发利用工作。

（4）负责组织实施并监督指导水务改革发展工作，参与成效考核。提出水务固定资产投资规模和方向、财政性资金安排建议，提出水务建设投资安排建议，管理权限内水务固定资产投资项目。按照规定负责市级水务资金和水务国有资产监督管理工作。负责对水务领域公共资源交易依法履行监督管理职责。指导水务行业行政事业性收费征收管理工作。

（5）负责水资源保护工作。会同有关部门组织编制水资源保护规划，负责饮用水水源保护，地下水开发利用和地下水资源管理保护等工作。负责组织开展水资源评价有关工作，按照规定组织水资源承载能力预警等工作，组织发布水资源公报。

（6）负责节约用水工作。负责节约用水的统一管理和监督工作，拟定节约用水政策，组织编制节约用水规划和标准规范并组织实施。负责用水总量控制的监督管理工作，指导推动节水型社会建设和节水型城市建设工作。

（7）负责供水行业管理工作。拟定供水行业专项规划、标准规范和政策措施并组织实施。建立完善行业监督管理体系，加强事中事后监管。指导村镇供水管理工作。提出供水产品价格和服务收费标准的建议。组织发布供水水质等相关公告。对供水企业进行业务指导与监管。

（8）负责排水与污水处理行业管理。拟定排水与污水处理行业专项规划、标准规范和政策措施并组织实施。建立完善行业监督管理体系，加强事中事后监管。对排水与污水处理企业进行业务指导与监管，指导村镇排水与污水处理工作。

（9）负责水务工程设施、水域及其岸线的管理保护与综合利用。组织指导水务基础设施网络建设。指导河道、湖泊、河口、海岸滩涂等治理、开发和保护。指导河湖水生态保护与修复、河湖生态流量水量管理以及河湖水系连通工作。负责推进河长制湖长制组织实施工作，承担青岛市河长制办公室的日常工作。

（10）负责水务工程建设与管理工作。组织落实水务工程建设与安全管理有关制度。负责具有控制性的或者跨区（市）、跨流域的重要水务工程的建设与运行管理。负责供水、排水、污水处理等设施的建设与运行管理等工作。指导防潮堤建设与管理。指导监督区（市）和功能区水务工程建设与管理工作。

（11）负责水土保持和水生态建设工作。拟定水土保持和水生态建设规划并组织实施。负责水土流失的综合防治、监测预报并定期公告。组织实施重点水土保持建设项目。负责荒山、荒丘、荒滩、荒沟水土流失治理工作。

（12）负责农村水利工作。组织编制农村水利发展规划和地方行业技术标准并组织实施。负责灌排工程建设管理，组织实施大中型灌区和大中型灌排泵站工程建设与改造。组织实施农村饮用水安全工程建设管理，指导节水灌溉工作。推进农村水利改革创新和基层水利服务体系建设。指导农村水能资源开发和水电农村电气化工作。

（13）负责水利水电工程移民工作。拟定水利水电工程移民有关政策、规划和贯彻落实措施并组织实施。负责管理监督大型水利水电工程移民安置工作，组织实施水利水电工程移民安置验收、监督评估等工作。组织实施水库移民后期扶持工作，协调监督三峡工程库区移民后期扶持工作。承担青岛市水利工程移民工作领导小组的日常工作。

（14）负责水法治建设工作。组织查处重大涉水违法违规案件，调查处理或者受委托调查处理跨区域水事纠纷。负责水行政执法监督工作，指导水政监察和水行政执法工作。

（15）负责水务行业安全生产和质量监督工作。组织开展行业质量监督工作，组织拟定行业地方技术标准和规程规范并监督实施；负责重点水利工程安全生产监督管理工作。负责水务建设市场的监督管理，组织实施水务工程质量和安全监督。

（16）负责水务科技和交流合作工作。负责组织指导水务科学研究、技术推广和创新服务工作，组织开展对外宣传、交流合作、信息化建设、人才队伍建设、招商引资和招才引智等工作。配合有关部门承担水务领域优化营商环境相关工作。

（17）负责落实青岛市综合防灾减灾规划相关要求，组织编制洪水干旱灾害防治规划和防护标准并组织实施。负责对土地利用总体规划、城市规划和其他涉及防洪的规划、重大建设项目布局的防洪论证提出意见，指导重要洪泛区、蓄滞洪区和防洪保护区等洪水影响评价工作。承担水情旱情监测预警工作。组织编制重要河道湖泊、重要水工程和涉水市政基础设施的防御洪水抗御旱灾调度以及应急水量调度方案，按照程序报批并组织实施。组织实施城市防汛和防内涝工作。承担防御洪水、城市防汛和防内涝应急抢险的技术支撑工作。承担台风防御期间重要水工程调度工作。

（18）完成青岛市委、青岛市人民政府交办的其他任务。

（二）内设机构及编制

设办公室（政策法规处）、人事处、财务审计处、市场配置促进处（发展规划处）、供排水管理处、工程建设和安全监督处、水资源管理处、河湖管理处（河长制工作处）、农村水利和移民处、水旱灾害防御处（水土保持处），并设机关党委、离退休工作处。行政编制65名。设局长1名，副局长3名；正处级领导职数13名（含总工程师1名、机关党委专职副书记1名、离退休工作处处长1名），副处级领导职数9名（含机关纪委书记1名）。

2020年3月，为2017年度接收军转干部增加4名行政编制。

2020年3月，为接收功能区改革分流人员增加1名行政编制。

2020年11月，为2018年度接收军转干部增加1名行政编制。

2020年12月，为深化相对集中行政许可权改革减少1名行政编制。

2021年7月，为2019年度接收军转干部增加3名行政编制。

青岛市水务管理局机关机构图（2019年）如图3所示。

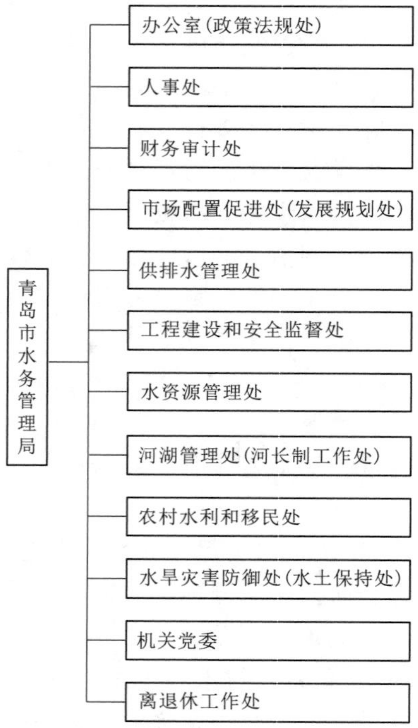

（三）局领导任免

青岛市水务管理局领导任免表（2019年1月—2021年12月）见表2。

（四）直属单位

青岛市水务管理局直属单位有青岛市水利移民管理局、青岛市大沽河管理局、青岛市水利工程建设站、青岛市水政监察支队、青岛市调水管理局、青岛市水资源管理办公室、青岛市水土保持管理站、西海岸供水管理处、青岛市水利物资站。

图3　青岛市水务管理局机关机构图（2019年）

青岛市水务管理局

- 办公室（政策法规处）
- 人事处
- 财务审计处
- 市场配置促进处（发展规划处）
- 供排水管理处
- 工程建设和安全监督处
- 水资源管理处
- 河湖管理处（河长制工作处）
- 农村水利和移民处
- 水旱灾害防御处（水土保持处）
- 机关党委
- 离退休工作处

表 2 　　　　　青岛市水务管理局领导任免表（2019 年 1 月—2021 年 12 月）

机构名称	姓　名	职　务	任免时间	备　注
青岛市 水务管理局	于成璞	局　长	2019 年 1 月—2020 年 6 月	
		党组书记	2019 年 1 月—2020 年 5 月	
	宋明杰	局　长	2020 年 6 月—	
		党组书记	2020 年 5 月—	
	刘高锡	副局长、党组副书记	2019 年 1 月—2021 年 12 月	
	贺如泓	副局长	2019 年 1 月—2021 年 9 月	
		二级巡视员	2018 年 2 月—	
	刘　峰	副局长、党组成员	2019 年 1 月—	
	苟新诗	副局长、党组成员	2019 年 1 月—	
	万光临	副局长、党组成员	2021 年 12 月—	
	刘国会	副局长、党组成员	2021 年 11 月—	

2019 年 3 月，将青岛市供水管理处、青岛市排水管理处整建制划归青岛市水务管理局。

2019 年 4 月，撤销青岛市调水管理局，青岛市水资源管理办公室更名为青岛市水资源服务中心，青岛市水利移民管理局更名为青岛市水利和移民管理服务中心，青岛市水利工程建设站更名为青岛市水务工程服务中心，青岛市供水管理处更名为青岛市供水服务中心，青岛市排水管理处更名为青岛市排水服务中心，青岛市水土保持管理站更名为青岛市水土保持服务中心，青岛市大沽河管理局更名为青岛市大沽河流域服务中心，西海岸供水管理处更名为青岛市西海岸水务工程运行服务中心。

2019 年 10 月，明确青岛市水利和移民管理服务中心为青岛市水务管理局所属事业单位，撤销青岛市西海岸水务工程运行服务中心，青岛市水务工程服务中心更名为青岛市水务工程建设和安全服务中心，青岛市供水服务中心更名为青岛市供水事业发展中心，青岛市排水服务中心更名为青岛市排水事业发展中心，青岛市水资源服务中心更名为青岛市水资源发展中心，青岛市水土保持服务中心更名为青岛市水土保持监测中心，青岛市水利物资站更名为青岛市水务物资储备中心，青岛市大沽河流域服务中心更名为青岛市大沽河服务中心，设立青岛市水旱灾害防御中心。

2020 年 12 月，整合青岛市水务工程建设和安全服务中心、青岛市供水事业发展中心、青岛市排水事业发展中心、青岛市水资源发展中心、青岛市水土保持监测中心、青岛市水旱灾害防御中心、青岛市水务物资储备中心等 7 个事业单位，组建青岛市水务事业发展服务中心，为青岛市水务管理局所属副局级公益一类事业单位。青岛市大沽河服务中心更名为青岛市大沽河管理服务中心。

执笔人：李红良
审核人：王志洋

深圳市水务局

深圳市水务局为主管水行政工作的深圳市人民政府组成部门（正局级）。办公地点设在深圳市福田区莲花路 1098 号水源大厦。

2001 年以来的历次机构改革，深圳市水务局均予保留设置。该时期组织沿革划分为以下 5 个阶段：2001 年 1—11 月，2001 年 11 月—2004 年 9 月，2004 年 9 月—2009 年 9 月，2009 年 9 月—2019 年 3 月，2019 年 3 月—2021 年 12 月。

一、第一阶段（2001 年 1—11 月）

根据《关于市水务局"三定"方案的批复》（深编〔1993〕021 号），深圳市水务局是深圳市政府主管水务（含水行政）工作的职能机构。

（一）主要职责

（1）贯彻执行《中华人民共和国水法》和有关水务方面法规，负责拟定深圳市水务行政管理的实施细则和管理办法，经批准后组织实施。

（2）负责制定全市水利和城市供水中、长期规划及年度计划，会同计划、财务部门对水利资金投入和水利固定资产进行监督管理。

（3）根据城市总体规划，编制深圳市水源建设和城乡供水、防洪排涝建设专业规划，经规划国土部门综合平衡审定后组织实施。

（4）负责全市水资源的开发管理工作（含地表、地下水），组织水资源的调查评价，实施取水许可制度，依法征收水资源费、堤防保护费及其他应征收的费用。

（5）负责组织水源、供水和防洪排涝及农田水利等重点水务工程的建设工作，包括审查水务工程的规划设计文件、招投标的组织、建筑施工及设计队伍的选择、工程的质量监督管理以及竣工验收的组织等工作，并负责对新设水务企业和外地来深水务专业队伍承接水务工程建设的资格进行初审。

（6）按照分级管理原则，负责全市河道、水库、堤防、滞洪区及其水利设施的管理工作。

（7）负责全市供水企业资质审核发证和原水价格、自来水价格核算的组织、管理以及节约用水工作。

（8）依照《中华人民共和国水土保持法》组织协调并监督检查有关部门做好水土保持工作，配合环保部门做好水源水质的监测、保护工作。

（9）负责全市水政监察和水政监察队伍的建设管理工作。

（10）负责全市水利、供水、防洪排涝行业管理以及水务系统职工队伍培训的组织工作。

（11）负责全市水务信息的收集、整理，以及组织水务科技的研究、应用、推广。

（12）归口管理三防指挥部办公室和深圳河治理工程办公室，指导区、镇水务部门的工作。

（13）承办深圳市委、深圳市人民政府和上级主管部门交办的其他有关事项。

（二）编制与机构设置

根据《关于市水务局"三定"方案的批复》（深编〔1993〕021号），明确深圳市水务局内设一室五处：办公室、计划财务处、水政水资源处、工程规划建设处、工程管理处、供水管理处。

深圳市水务局机关总编制55名，其中行政编制48名，附属编制7名，局领导职数3名，处领导职数12～14名。

1994年3月，根据深编〔1994〕28号文，深圳市水务局增设政工人事处，新增2名编制、1名局领导职数。调整后，深圳市水务局内设一室六处，机关总编制57名，其中行政编制50名，附属编制7名，局领导职数4名，处室领导职数13～15名。

深圳市水务局机构图（2001年）如图1所示。

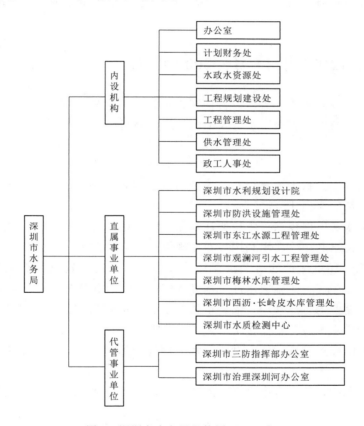

图1　深圳市水务局机构图（2001年）

（三）局领导任免情况

2001年8月，深圳市委组织部批准李长兴为深圳市水务局党组成员（深组干〔2001〕102号）；深圳市人民政府任命李长兴为深圳市水务局总工程师（副局级），任命姚玉珍为深圳市水务局助理巡视员，免去其深圳市水务局副局长职务，任命李妙坤为深圳市水务局助理巡视员，到龄办理退休手续（深府任〔2001〕43号）。深圳市水务局领导任免表（2001年1—11月）见表1。

表 1　　　　　　　　　　　　深圳市水务局领导任免表（2001 年 1—11 月）

机构名称	姓　名	职　务	任免时间	备　注
深圳市水务局	姚玉珍（女）	副局长	1993 年 11 月—2001 年 8 月	
		助理巡视员	2001 年 8 月—	
	黄添元	党组书记、局长	1998 年 7 月—	
	陈　波	党组成员、副局长	1999 年 12 月—	
	李妙坤	助理巡视员	2001 年 8 月—	
	李长兴	党组成员、总工程师（副局级）	2001 年 8 月—	

（四）事业单位

该阶段深圳市水务局有直属事业单位 7 家：深圳市水利规划设计院、深圳市防洪设施管理处、深圳市东江水源工程管理处、深圳市观澜河引水工程管理处、深圳市梅林水库管理处、深圳市西沥·长岭皮水库管理处、深圳市水质检测中心。代管事业单位 2 家：深圳市三防指挥部办公室、深圳市治理深圳河办公室。

二、第二阶段（2001 年 11 月—2004 年 9 月）

根据《关于深圳市水务局职能配置内设机构和人员编制的批复》（深编〔2001〕65 号），设置深圳市水务局，为深圳市人民政府主管全市水行政工作的工作部门。

（一）主要职责

（1）贯彻执行国家和广东省有关水行政工作的方针、政策和法律、法规；拟定深圳市水务工作的政策与法规，经批准后组织实施。

（2）组织编制全市水务发展规划、中长期计划和年度计划，以及水资源、防洪排涝、供水、节水、水土保持、污水回用、中水利用、海水利用等专业规划，并组织实施。

（3）按照国家资源与环境保护的有关法律法规和标准，拟定水资源保护规划；统一管理水资源（含空中水、地表水、地下水）；实施取水许可制度，依法征收水资源费；发布全市水资源公报。

（4）负责全市水务企业的行业管理，依法审核供水企业的资质和组织核算相关的水价格；负责全市管道直饮水的管理和供水水质日常监督工作。

（5）负责水务工程的建设管理，政府投资及水务固定资产的监督，以及水务工程质量及安全的监督管理工作。

（6）按照分级管理原则，负责全市水库、河道、堤防、河口滩涂、滞洪区及其他水务设施的监督管理。

（7）负责全市水土保持工作，组织协调水土流失的监测和综合防治。

（8）组织水功能区的划分，监测河道、水库的水量，检验其水质，审定其水域纳污能力，提出限制排污总量的意见，并协助环保部门做好水源水质的保护。

（9）负责全市节约用水工作；指导污水回用、中水、海水利用工作。

（10）负责全市水务信息化建设的组织协调和水务系统的科技工作；组织水务系统职工的业务培训。

（11）负责水政监察和水行政执法有关工作，调解水事纠纷。

（12）代管深圳市三防指挥部办公室和深圳市治理深圳河办公室；指导区、镇水务工作。

（13）承办上级交办的其他有关事项。

（二）人员编制和内设机构情况

根据《关于深圳市水务局职能配置内设机构和人员编制的批复》（深编〔2001〕65号），深圳市水务局内设办公室、政工人事处（机关党委办公室）、政策法规处、综合计划处、水资源处、河道堤防处、水土保持处（深圳市水土保持办公室）、供水管理处（深圳市节约用水办公室）8个处室，另代管深圳市三防指挥部办公室、深圳市治理深圳河办公室。

深圳市水务局机关总编制52名。其中行政编制44名，为离退休干部服务人员专项编制1名，附属编制7名；局领导职数4名（其中1名副局长兼三防办主任），处室领导职数17名；党务纪检干部和技术管理领导按有关规定配备，所需编制在总编制内解决。

（三）局领导任免情况

2002年8月，深圳市委组织部批准杨耕为深圳市水务局党组成员（深组干〔2002〕108号）；深圳市人民政府任命杨耕为深圳市水务局副局长（深府任〔2002〕56号）。

2002年9月，深圳市委组织部批准盛代林为深圳市水务局党组成员（深组干〔2002〕139号）；深圳市人民政府任命盛代林为深圳市水务局副局长（深府任〔2002〕75号）。

2003年3月，深圳市委组织部批准何培为深圳市水务局党组成员，免去陈波的深圳市水务局党组成员职务（深组干〔2003〕36号）；深圳市人民政府任命何培为深圳市水务局副局长，免去陈波的深圳市水务局副局长职务（深府任〔2003〕31号）。

深圳市水务局领导任免表（2001年11月—2004年9月）见表2。

表2　　　　　　　深圳市水务局领导任免表（2001年11月—2004年9月）

机构名称	姓　名	职　务	任免时间	备　注
深圳市水务局	姚玉珍（女）	助理巡视员	继任—2002年1月	
	黄添元	党组书记、局长	继任—	
	陈　波	党组成员、副局长	继任—2003年3月	
	李长兴	党组成员、总工程师（副局级）	继任—	
	杨　耕	党组成员、副局长	2002年8月—	
	盛代林	党组成员、副局长	2002年9月—	
	何　培	党组成员、副局长	2003年3月—	

（四）事业单位

2002年12月，根据《关于市西沥·长岭皮水库管理处更名及增加编制的批复》（深编办〔2002〕136号），深圳市西沥·长岭皮水库管理处更名为深圳市西丽水库管理处。

2003年6月，根据《关于成立深圳市水务工程质量监督站的批复》（深编办〔2003〕72号），成立深圳市水务工程质量监督站，为深圳市水务局直属事业单位，不定级别。

2004年7月，根据《关于成立深圳市三洲田·铜锣径水库管理处的批复》（深编办〔2004〕24号），成立深圳市三洲田·铜锣径水库管理处，为深圳市水务局直属事业单位，级别为正科级。

调整后，深圳市水务局有直属事业单位9家：深圳市防洪设施管理处、深圳市东江水源工程管理处、深圳市观澜河引水工程管理处、深圳市梅林水库管理处、深圳市西丽水库管理处、深圳市三洲田·铜锣径水库管理处、深圳市水质检测中心、深圳市水务工程质量监督站、深圳市水利规划设计院。

代管事业单位 2 家：深圳市三防指挥部办公室、深圳市治理深圳河办公室。深圳市水务局机构图（2004 年）如图 2 所示。

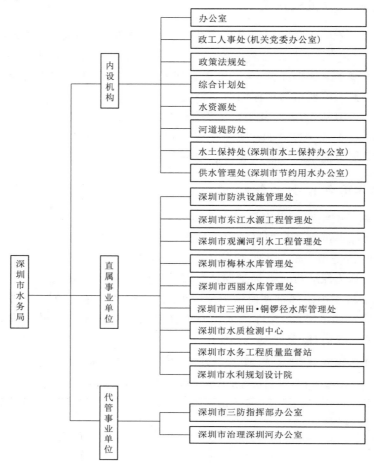

图 2　深圳市水务局机构图（2004 年）

三、第三阶段（2004 年 9 月—2009 年 9 月）

根据《印发深圳市水务局职能配置内设机构和人员编制规定的通知》（深府办〔2004〕136 号），设置深圳市水务局，是主管全市水行政工作的市政府组成部门。

（一）主要职责

（1）贯彻执行国家和省有关水行政工作的方针、政策和法律、法规；拟定深圳市水务工作的政策与法规，经批准后组织实施。

（2）组织编制全市水务发展规划、中长期计划和年度计划，以及水资源、防洪排涝、供水、排水、节水、水土保持、污水处理及回用、中水利用、海水利用等专业规划，并组织实施。

（3）按照国家资源与环境保护的有关法律法规和标准，拟定水资源保护规划；统一管理水资源（含空中水、地表水、地下水）；实施取水许可制度，组织重大建设项目水资源的论证工作，依法征收水资源费；发布全市水资源公报。

（4）负责全市水务企业的行业管理，负责水务行业的特许经营管理，依法监督供水企业的资质和组织核算相关的水价格；负责全市管道直饮水的管理和供水水质日常检测和监督工作。

（5）负责水务工程的建设管理及水务工程质量和安全的监督管理工作；负责政府投资水务固定资产的监督及小农水专项资金的管理工作。

（6）按照分级管理原则，负责全市水库、河道、堤防、河口滩涂、滞洪区及其他水务设施的监督管理，负责水工程管理范围内建设项目的审批工作。

（7）负责全市水土保持工作，组织协调水土流失的监测和综合防治。

（8）组织水功能区的划分，监测河道、水库的水量，检验其水质，审定其水域纳污能力，并向环保部门提出限制排污总量的意见。

（9）负责全市排水及污水处理设施的建设管理和污水处理费的监管工作；负责全市节约用水工作；负责污水回用、中水、海水利用工作。

（10）负责全市水务信息化建设的组织协调和水务系统的科技工作；组织水务系统职工的业务培训。

（11）负责水政监察和水行政执法有关工作，调解水事纠纷。

（12）代管深圳市水环境综合整治办公室、深圳市三防指挥部办公室和深圳市治理深圳河办公室；指导各区的水务工作。

（13）建立完善与企业对话沟通制度，提供高效优质服务。

（14）承办上级交办的其他有关事项。

（二）人员编制和内设机构情况

根据《印发深圳市水务局职能配置内设机构和人员编制规定的通知》（深府办〔2004〕136号），深圳市水务局内设办公室、政工人事处（机关党委办公室）、政策法规处、综合计划处、水资源处、河道堤防处、水土保持处（深圳市水土保持办公室）、供水管理处（深圳市节约用水办公室）8个处室，另代管深圳市水环境综合整治办公室、深圳市三防指挥部办公室、深圳市治理深圳河办公室。深圳市排水管理处划归深圳市水务局管理，为深圳市水务局直属行政事务机构。

深圳市水务局机关总编制50名。其中行政编制44名，雇员编制6名（为离退休干部服务人员雇员编制1名，工勤雇员编制5名）；局领导职数4名（其中1名副局长兼三防办主任），处室领导职数17名。党务纪检干部按有关规定配备，所需编制在总编制内解决。

2004年10月，根据深编〔2004〕48号文，深圳市水环境综合整治办公室更名为深圳市水污染治理指挥部办公室，由深圳市水务局代管。深圳市水污染治理指挥部办公室内设综合督查处、技术处2个处，设总工程师1名，按正处级待遇；人员编制12名。

2004年11月，根据深编〔2004〕54号文，深圳市三防指挥部办公室2名附属编制转为1名工勤雇员编制；根据深编〔2004〕59号文，深圳市排水管理处增加雇员编制2名。

2005年1月，根据深编〔2005〕9号文，深圳市水务局增加行政编制1名。调整后，深圳市水务局机关总编制51名，其中行政编制45名。

2006年2月，根据深编〔2006〕18号文，设深圳市节约用水办公室，为深圳市水务局正处级行政事务机构，相应撤销原加挂在供水管理处的牌子；根据深编〔2006〕19号文，局政策法规处加挂深圳市水务行政执法大队牌子。

2007年10月，根据深编〔2007〕96号文，设立深圳市水政监察支队，为深圳市水务局直属的正处级行政执法机构。核定行政执法专项编制7名，辅助管理雇员5名；其中，支队领导职数2名。

2008年2月，根据深人函〔2008〕79号文，深圳市排水管理处、深圳市三防指挥部办公室调整为行政管理类事业单位。

2008年3月，根据深编〔2008〕15号文，深圳市水污染治理指挥部办公室增加事业编制3名，副处级领导职数 1 名。

2008 年 8 月，根据深人函〔2008〕471 号文，深圳市节约用水办公室调整为行政管理类事业单位。

2009 年 5 月，根据深编〔2009〕31 号文，深圳市排水管理处增加事业编制 8 名、专业技术雇员 2 名。调整后，总编制 20 名（其中事业编制 16 名，专业技术雇员 2 名，老干辅助雇员 2 名）。

（三）局领导任免情况

2005 年 6 月，深圳市人民政府任命李长兴为深圳市水务局副局长，免去其深圳市水务局总工程师职务（深府任〔2005〕29 号）。

2005 年 7 月，深圳市委组织部批准蒋尊玉为深圳市水务局党组成员、书记，免去黄添元的深圳市水务局党组书记、成员职务（深组干〔2005〕127 号）；深圳市人民政府任命蒋尊玉为深圳市水务局局长（深府任〔2005〕51 号），任命黄添元为深圳市水务局巡视员（深府任〔2005〕54 号）。

2005 年 10 月，深圳市人民政府任命胡嘉东为深圳市水污染治理指挥部办公室专职副主任（副局级）（深府任〔2005〕96 号）。

2006 年 11 月，深圳市委组织部批准胡嘉东为深圳市水务局党组成员（深组干〔2006〕151 号）。

2007 年 8 月，深圳市人民政府任命刘中强为深圳市水务局副巡视员（深府任〔2007〕58 号）。

2009 年 8 月，深圳市委组织部批准张绮文为深圳市水务局党组书记，免去蒋尊玉的深圳市水务局党组书记职务（深组干〔2009〕68 号）；深圳市人民政府任命张绮文为深圳市水务局局长，免去蒋尊玉的深圳市水务局局长职务（深府任〔2009〕36 号）；深圳市人民政府任命胡嘉东为深圳市水务局副局长（深府任〔2009〕61 号）；深圳市委组织部免去何培的深圳市水务局党组成员职务（深组干〔2009〕88 号），深圳市人民政府免去何培的深圳市水务局副局长职务（深府任〔2009〕48 号）。

深圳市水务局领导任免表（2004 年 9 月—2009 年 9 月）见表 3。

表 3 　　　　　　　　　　深圳市水务局领导任免表（2004 年 9 月—2009 年 9 月）

机构名称	姓　名	职　　务	任　免　时　间	备　注
深圳市水务局	黄添元	巡视员	2005 年 7 月—2008 年 1 月	
		党组书记、局长	继任—2005 年 7 月	
	李长兴	党组成员、副局长	2005 年 6 月—	
		党组成员、总工程师（副局级）	继任—2005 年 6 月	
	杨耕	党组成员、副局长	继任—	
	盛代林	党组成员、副局长	继任—	
	何培	党组成员、副局长	继任—2009 年 8 月	
	蒋尊玉	党组书记、局长	2005 年 7 月—2009 年 8 月	
	胡嘉东	党组成员、副局长、深圳市水污染治理指挥部办公室专职副主任	2009 年 8 月—	
		党组成员、深圳市水污染治理指挥部办公室专职副主任	2006 年 11 月—2009 年 8 月	
		深圳市水污染治理指挥部办公室专职副主任（副局级）	2005 年 10 月—2006 年 11 月	
	刘中强	副巡视员	2007 年 8 月—	
	张绮文	党组书记、局长	2009 年 8 月—	

（四）事业单位

2005 年 1 月，根据《关于成立市大鹏半岛水源工程管理处的批复》（深编〔2005〕3 号），成立深圳市大鹏半岛水源工程管理处，为市水务局直属事业单位，级别为副处级。

2005 年 6 月，根据《关于调整市观澜河引水工程管理处机构编制问题的批复》（深编〔2005〕67 号），调整深圳市观澜河引水工程管理处级别为副处级。

2006 年 7 月，根据深圳市党政机关事业单位所属企业、转企事业单位划转工作相关文件规定，深圳市水利规划设计院划转至市国资委系统。

2006 年 8 月，根据《关于成立深圳市水务局财务管理中心的批复》（深编〔2006〕83 号），成立深圳市水务局财务管理中心，为深圳市水务局直属事业单位，级别为正处级。

2006 年 11 月，根据《关于设立深圳市铁岗·石岩水库管理处的批复》（深编〔2006〕102 号），成立深圳市铁岗·石岩水库管理处，为深圳市水务局直属事业单位，级别为正处级。

2007 年 4 月，根据《关于成立深圳市水务工程建设管理中心的批复》（深编〔2007〕18 号），成立深圳市水务工程建设管理中心，为深圳市水务局直属事业单位，级别为正处级。根据《关于市治理深圳河办公室调整经费形式及更名的批复》（深编〔2007〕19 号），深圳市治理深圳河办公室加挂深圳河管理处牌子。

2008 年 3 月，根据《关于市水务工程质量监督站有关机构编制事项调整的批复》（深编〔2008〕25 号），调整深圳市水务工程质量监督站级别为副处级。

2009 年 6 月，根据《关于市观澜河引水工程管理处机构编制事项调整的批复》（深编〔2009〕33 号），深圳市观澜河引水工程管理处更名为深圳市北部水源工程管理处，级别调整为正处级。根据《关于调整市大鹏半岛水源工程管理处机构编制事项的批复》（深编〔2009〕34 号），深圳市大鹏半岛水源工程管理处级别调整为正处级。

调整后，深圳市水务局有直属事业单位 12 家：深圳市水务局财务管理中心、深圳市水务工程建设管理中心、深圳市防洪设施管理处、深圳市东江水源工程管理处、深圳市铁岗·石岩水库管理处、深圳市北部水源工程管理处、深圳市大鹏半岛水源工程管理处、深圳市水质检测中心、深圳市水务工程质量监督站、深圳市西丽水库管理处、深圳市梅林水库管理处、深圳市三洲田·铜锣径水库管理处。代管事业单位 2 家：深圳市水污染治理指挥部办公室、深圳市治理深圳河办公室（深圳河管理处）。

深圳市水务局机构图（2009 年）如图 3 所示。

四、第四阶段（2009 年 9 月—2019 年 3 月）

根据《关于印发市政府工作部门主要职责、内设机构和人员编制规定的通知》（深府办〔2009〕100 号），设置深圳市水务局，为深圳市人民政府工作部门，由深圳市人居环境委归口联系。

（一）主要职责

（1）贯彻执行国家、省、市有关水行政工作的法律、法规、规章和政策；起草相关法规、规章，拟定相关政策，经批准后组织实施。

（2）拟定水务发展规划及水资源、防洪排涝、农田水利、供水、排水、节水、水土保持、污水处理及回用、中水利用、海水利用等专业规划，经批准后组织实施。

（3）承担生活、生产经营和生态环境用水保障责任。实施水资源的统一监督管理；根据全省水资源分配方案，做好跨境水资源规划衔接工作；发布全市水资源公报。

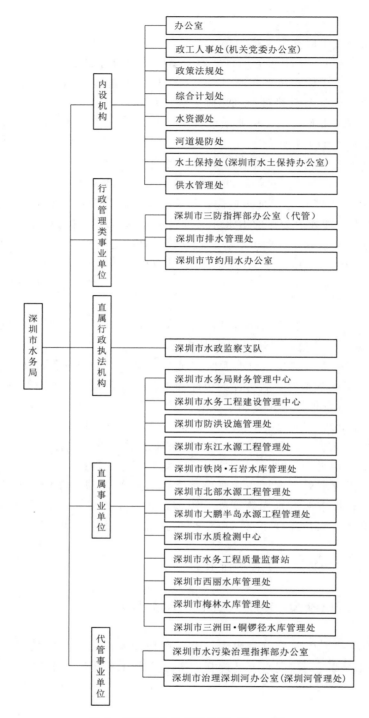

图3 深圳市水务局机构图（2009年）

（4）负责水资源保护工作。组织水功能区的划分，并监督实施；监测河道、水库的水量，检测其水质，核定其水域纳污能力，提出限制排污总量的意见，并协助做好水源保护工作。

（5）参与全市水污染治理和水环境保护政策、规划的拟定工作，承担水污染治理工程和水环境保护工程的建设管理和运行监管责任。

（6）承担城市供水水质安全责任。负责水务企业的行业管理，负责水务行业的特许经营管理；负责管道直饮水的管理以及原水、供水水质日常检测和管理工作。

（7）承担水务工程的建设管理及其质量和安全的监督管理责任；负责河道工程修建维护费的征收管理工作；负责政府投资水务固定资产的监管及水务发展专项资金的业务管理工作。

（8）按照分级管理原则，负责全市水库、河道、堤防、河口滩涂、滞洪区及其他水务设施的监督管理；负责全市大、中、小型水库，河道，滞洪区及其他水工程设施的防洪防风安全；负责水工程范围内建设项目审批。

（9）负责防治水土流失。组织协调水土流失的综合防治、监测预报并定期公告；负责审批并监督实施建设项目水土保持方案。

（10）负责节约用水工作。拟定节约用水政策及有关标准，指导和推动节水型城市建设工作。

（11）承担全市排水设施（含污水处理设施）的建设管理责任。负责对全市供排水运营单位监督考核；负责污水处理费的征收管理工作；制定运营服务费的支付标准。

（12）负责水政监察和水行政执法，调解水事纠纷。

（13）承办上级交办的其他有关事项。

（二）人员编制和内设机构情况

根据《关于印发市政府工作部门主要职责、内设机构和人员编制规定的通知》（深府办〔2009〕100 号），深圳市水务局内设办公室、人事处、综合计划处、水资源处、河道堤防处、水土保持处（深圳市水土保持办公室）、供水管理处、水污染治理处 8 个处室。不再保留深圳市水污染治理指挥部办公室。

深圳市水务局机关行政编制 53 名，雇员编制 6 名（其中，离退休干部服务雇员 1 名，工勤雇员 5 名）；其中局长 1 名，副局长 3 名（1 名副局长兼三防办主任）；内设机构领导职数 19 名（正处级 8 名，副处级 11 名）。

2009 年 11 月，根据深编办〔2009〕83 号文，将深圳市水务局主要职责第 11 条中的"制定运营服务费的支付标准"调整为"参与制定运营服务费的支付标准"。根据深编〔2009〕97 号文，深圳市水务局领导职数为 3 名，较调整前减少 1 名。

2010 年 5 月，根据深编〔2010〕39 号文，深圳市水政监察支队增加行政执法编制 8 名，其中支队副职领导职数 1 名（副处级）。

2011 年 2 月，经深圳市委编办备案，同意深圳市水务局机关内设机构的职责及其名称调整。调整后，深圳市水务局内设办公室、组织人事处、综合计划处、法规和科技处、水资源和供水保障处、河道和堤防管理处、水土保持处（深圳市水土保持办公室）、水污染治理处 8 个处室。

2013 年 4 月，根据深编〔2013〕14 号文，深圳市三防办配备领导职数 3 名，其中主任 1 名，高配副局级并兼任深圳市水务局副局长（不占深圳市水务局编制和职数），副主任 2 名（副处级）。

2016 年 2 月，根据深编〔2016〕9 号文，深圳市治水提质指挥部办公室设在深圳市水务局，主要负责全市水污染治理工作的组织领导、统筹协调、督察督办。新增编制 10 名、内设机构 2 个、内设机构领导职数 3 名（2 正 1 副）；其中主任由深圳市水务局局长兼任，配备专职副主任 1 名（副局级）。调整后，深圳市水务局（含深圳市治水提质指挥部办公室）行政编制 63 名，内设机构领导职数 22 名（正处级 10 名，副处级 12 名）。

2016 年 3 月，经深圳市委编办备案，同意深圳市水务局机关内设机构名称进行调整。调整后，深圳市水务局内设办公室、组织人事处（党办）、规划计划处、法规和行政许可处、技术处、建设和安全监管处、水资源和供水保障处、防洪治涝处、水土保持处（深圳市水土保持办公室）、水污染治理处 10 个处室。

2016 年 8 月，根据深编〔2016〕85 号文，收回深圳市水政监察支队行政执法专项编制 1 名。调整后，该支队行政执法专项编制 14 名。

2018 年 12 月，根据深水治污办〔2018〕8 号文，深圳市治水提质指挥部更名为深圳市水污染治理指挥部、深圳市治水提质指挥部办公室更名为深圳市水污染治理指挥部办公室。

（三）局领导任免情况

2011 年 11 月，深圳市委组织部免去胡嘉东的深圳市水务局党组成员职务（深组干〔2011〕228 号），深圳市人民政府免去胡嘉东的深圳市水务局副局长职务（深府任〔2011〕123 号）。

2013 年 7 月，深圳市委组织部批准钟伟民为深圳市水务局党组成员（深组干〔2013〕125 号），深圳市人民政府任命钟伟民为深圳市三防办主任（副局级），兼任深圳市水务局副局长（深府任〔2013〕38 号）。

2014 年 4 月，深圳市委组织部免去盛代林的深圳市水务局党组成员职务（深组干〔2014〕64 号），深圳市人民政府免去盛代林的深圳市水务局副局长职务（深府任〔2014〕22 号）。

2015 年 4 月，深圳市委组织部免去李长兴的深圳市水务局党组成员职务（深组干〔2015〕28 号），深圳市人民政府免去李长兴的深圳市水务局副局长职务（深府任〔2015〕18 号）。

2015 年 6 月，深圳市委组织部免去杨耕的深圳市水务局党组成员职务（深组干〔2015〕73 号），深圳市人民政府免去杨耕的深圳市水务局副局长职务（深府任〔2015〕36 号）。

2015 年 7 月，深圳市委组织部批准王立新为深圳市水务局党组书记，免去张绮文的深圳市水务局党组书记职务（深组干〔2015〕94 号）；深圳市人民政府任命王立新为深圳市水务局局长，免去张绮文的深圳市水务局局长职务（深府任〔2015〕50 号）。

2015 年 10 月，深圳市委组织部免去刘中强的深圳市水务局副巡视员职务（深组干〔2015〕167 号）。

2016 年 1 月，深圳市委组织部批准段洪雷为深圳市水务局党组成员（深组干〔2016〕61 号），深圳市人民政府任命段洪雷为深圳市水务局副局长（深府任〔2016〕10 号）。

2016 年 8 月，深圳市委组织部批准林翰章为深圳市水务局党组成员，龚利民为深圳市水务局党组成员（深组干〔2016〕372 号），任命林翰章为深圳市水务局巡视员，王富永为深圳市水务局副巡视员（深组干〔2016〕371 号）；深圳市人民政府任命龚利民为深圳市治水提质办专职副主任（深府任〔2016〕61 号）。

2016 年 9 月，深圳市委组织部批准胡细银为深圳市水务局党组成员（深组干〔2016〕408 号），深圳市人民政府任命胡细银为深圳市水务局副局长（深府任〔2016〕68 号）。

2016 年 11 月，深圳市委组织部免去王富永的深圳市水务局副巡视员职务（深组干〔2016〕599 号）。

2018 年 8 月，深圳市委组织部批准张礼卫为深圳市水务局党组书记，免去王立新的深圳市水务局党组书记职务（深组干〔2018〕238 号）；深圳市人民政府任命张礼卫为深圳市水务局局长、深圳市治水提质办主任，免去王立新的深圳市水务局局长、深圳市治水提质办主任职务（深府任〔2018〕37 号）。

2019 年 1 月，深圳市委组织部任命黄强平、罗宜兵为深圳市水务局副巡视员（深组干〔2019〕43 号）；深圳市委组织部免去段洪雷的深圳市水务局党组成员职务（深组干〔2019〕117 号），深圳市人民政府免去段洪雷的深圳市水务局副局长职务（深府任〔2019〕27 号）；深圳市委组织部批准赵彬斌为深圳市水务局党组成员（深组干〔2019〕172 号）；深圳市人民政府任命张礼卫兼任深圳市水污染治理指挥部办公室主任，龚利民兼任深圳市水污染治理指挥部办公室副主任，赵彬斌为深圳市水务局副局长，免去钟伟民的深圳市三防指挥部办公室主任职务（深府任〔2019〕62 号）。

2019 年 3 月，深圳市委组织部免去黄强平的深圳市水务局副巡视员职务（深组干〔2019〕211 号）。

深圳市水务局领导任免表（2009 年 9 月—2019 年 3 月）见表 4。

表 4　　　　　　　　　　深圳市水务局领导任免表（2009 年 9 月—2019 年 3 月）

机构名称	姓　名	职　务	任免时间	备　注
深圳市水务局	李长兴	党组成员、副局长	继任—2015 年 4 月	
	杨耕	党组成员、副局长	继任—2015 年 6 月	
	盛代林	党组成员、副局长	继任—2014 年 4 月	
	胡嘉东	党组成员、副局长	继任—2011 年 11 月	
	刘中强	副巡视员	继任—2015 年 10 月	
	张绮文	党组书记、局长	继任—2015 年 7 月	
	钟伟民	党组成员、副局长	2019 年 1 月—	
		党组成员、副局长、深圳市三防办主任	2013 年 7 月—2019 年 1 月	
	王立新	党组书记、局长	2015 年 7 月—2016 年 2 月	
		党组书记、局长、深圳市治水提质指挥部办公室主任	2016 年 2 月—2018 年 8 月	
	段洪雷	党组成员、副局长	2016 年 1 月—2019 年 1 月	
	王富永	副巡视员	2016 年 8—11 月	
	林翰章	党组成员、巡视员	2016 年 8 月—	
	龚利民	党组成员、深圳市水污染治理指挥部办公室副主任	2019 年 1 月—	
		党组成员、深圳市治水提质指挥部办公室专职副主任	2016 年 8 月—2019 年 1 月	
	胡细银	党组成员、副局长	2016 年 9 月—	
	张礼卫	党组书记、局长、深圳市水污染治理指挥部办公室主任	2019 年 1 月—	
		党组书记、局长、深圳市治水提质指挥部办公室主任	2018 年 8 月—2019 年 1 月	
	黄强平	副巡视员	2019 年 1—3 月	
	罗宜兵	副巡视员	2019 年 1 月—	
	赵彬斌	党组成员、副局长	2019 年 1 月—	

（四）事业单位

2010 年 2 月，根据《关于调整市西丽水库管理处有关机构编制事项的批复》（深编〔2010〕16号），调整深圳市西丽水库管理处最高行政管理岗位等级为职员六级。

2012 年 2 月，根据《关于成立深圳市清林径引水调蓄工程管理处的批复》（深编〔2012〕10 号），成立深圳市清林径引水调蓄工程管理处，为深圳市水务局直属事业单位，最高行政管理岗位等级为职员五级。

2013 年 3 月，根据《关于成立深圳市公明供水调蓄工程管理处的批复》（深编〔2013〕11 号），成立深圳市公明供水调蓄工程管理处，为深圳市水务局直属事业单位，最高行政管理岗位等级为职员五级。

2016 年 12 月，根据《深圳市机构编制委员会办公室关于深圳市防洪设施管理处有关机构编制问题的批复》（深编办〔2016〕52 号），深圳市防洪设施管理处更名为深圳市河道管理中心。

2017 年 5 月，根据《深圳市机构编制委员会关于调整市水务局直属事业单位有关机构编制事项的批复》（深编〔2017〕25 号），成立深圳市东部水源管理中心、深圳市水务科技信息中心，为深圳市水务局直属事业单位，最高行政管理岗位等级为职员五级，不再保留深圳市大鹏半岛水源工程管理处、深圳市清林径引水调蓄工程管理处。根据《深圳市机构编制委员会关于调整深圳市水质检测中心机构编制事项的批复》（深编〔2017〕26 号），深圳市水质检测中心更名为深圳市水文水质中心，最高行政管理岗位等级为调整职员五级。

2017 年 7 月，根据《深圳市机构编制委员会关于市水务工程质量监督站有关机构编制事项的批复》（深编〔2017〕29 号），深圳市水务工程质量监督站更名为深圳市水务工程质量安全监督站，加挂深圳市水务工程造价管理站牌子，级别调整为正处级。

2018 年 3 月，根据《广东省水利厅关于同意加挂"广东省水文局深圳水文分局"牌子的函》（粤水人事函〔2018〕551 号），深圳市水文水质中心加挂广东省水文局深圳水文分局牌子。

调整后，深圳市水务局有直属事业单位 14 家：深圳市水务局财务管理中心、深圳市水文水质中心（广东省水文局深圳水文分局）、深圳市水务科技信息中心、深圳市水务工程建设管理中心、深圳市水务工程质量安全监督站（深圳市水务工程造价管理站）、深圳市河道管理中心、深圳市东江水源工程管理处、深圳市铁岗·石岩水库管理处、深圳市北部水源工程管理处、深圳市东部水源管理中心、深圳市公明供水调蓄工程管理处、深圳市西丽水库管理处、深圳市梅林水库管理处、深圳市三洲田·铜锣径水库管理处。代管事业单位 1 家：深圳市治理深圳河办公室（深圳河管理处）。

深圳市水务局机构图（2019 年）如图 4 所示。

五、第五阶段（2019 年 3 月—2021 年 12 月）

根据中共深圳市委办公厅、深圳市人民政府办公厅关于深圳市水务局"三定"方案相关文件规定，设置深圳市水务局，为深圳市人民政府工作部门，为正局级。

（一）主要职责

（1）拟定水务发展规划和政策，拟定水资源、防洪排涝、农田水利、供水、排水、节水、水土保持、污水处理及回用、再生水利用、海水利用等专业规划，经批准后组织实施。起草有关地方性法规、规章草案。

（2）负责生活、生产经营和生态环境用水的统筹和保障工作。组织实施最严格水资源管理制度，实施水资源的统一监督管理。根据全省水资源分配方案，做好跨境水资源规划衔接工作。发布全市水资源公报。

（3）负责水资源保护工作。负责水文水资源监测，指导、监督水文站网建设和管理工作。监测河道、水库的水量，检测其水质，协助做好水源保护工作。

（4）负责全市水环境综合整治工作的组织领导、统筹协调、督察督办工作。负责水污染治理、内涝整治、排水管网建设的指导、协调、监督工作。组织拟定全市水环境治理专项规划及流域综合治理规划、年度工作任务及实施计划，并监督实施。参与拟定全市水环境保护政策和规划。

（5）负责城市供水水质安全工作。负责水务企业的行业管理，负责水务行业的特许经营管理。负责管道直饮水的管理以及原水、供水水质日常检测和管理工作。

（6）承担水务工程建设管理及其质量和安全监督管理工作。负责水务行业安全生产工作。负责河道工程修建维护费的征收管理工作。负责政府投资水务固定资产的监管及水务发展专项资金的业务管理工作。

（7）按照分级管理原则，负责全市水库、河道、堤防、河口滩涂、滞洪区及其他水务设施的监督管理工作。指导重要河湖、河口滩涂的治理、开发和保护。负责河湖水生态保护与修复、河湖生态水量管理以及河湖水系连通工作。负责全市大、中、小型水库、河道、滞洪区及其他水工程设施的防洪防风安全工作。负责水工程范围内建设项目审批工作。

（8）负责防治水土流失工作。组织协调水土流失的综合防治、监测预报并定期公告。负责建设项

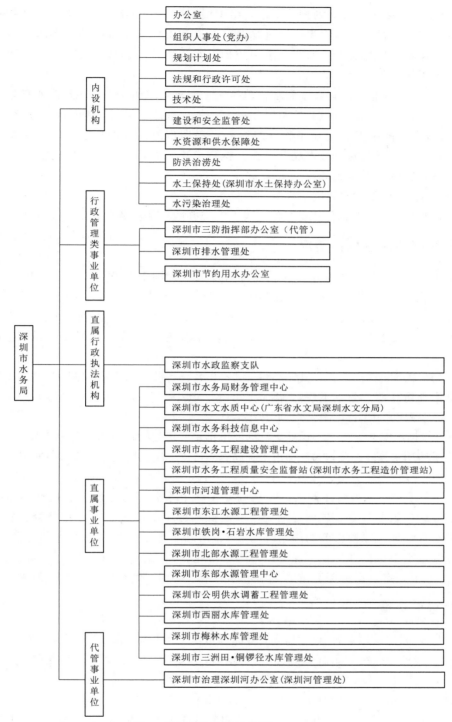

图 4　深圳市水务局机构图（2019 年）

目水土保持方案的审批和监督实施工作。

（9）负责节约用水工作。拟定节约用水政策及有关标准，指导和推动节水型社会和节水型城市建设工作。

（10）负责排水行业管理工作。承担全市排水设施（含污水、污泥处理设施）的建设管理责任，负责对全市排水运营单位监督考核工作。负责污水处理费的征收管理工作。制定运营服务费的支付标准。

（11）负责落实综合防灾减灾规划相关要求，组织编制洪水干旱灾害防治规划、防护标准并指导实施。负责水情旱情监测预警工作。组织编制重要河道湖泊和重要水工程的防御洪水抗御旱灾调度和应急水量调度方案，按程序报批后组织实施。承担防御洪水应急抢险的技术支撑工作。承担台风防御期间重要水工程调度工作。

（12）组织指导和协调监督水政监察和水行政执法，调解水事纠纷。组织拟定水务监察政策，完善相关法规规章，统一执法标准。组织查处跨区、重大、复杂案件。组织开展专项或联合执法行动。

（13）负责统筹全市海绵城市建设工作。组织制定深圳市海绵城市建设工作技术规范、标准，协调、指导、督促相关单位开展海绵城市建设工作。拟定全市海绵城市建设工作方案，经批准后监督实施。负责深圳市海绵城市建设绩效考核工作。

（14）负责指导水务行业人才队伍建设。

（15）完成深圳市委、深圳市人民政府和上级部门交办的其他任务。

（二）人员编制和内设机构情况

根据中共深圳市委办公厅、深圳市人民政府办公厅关于深圳市水务局"三定"方案相关文件规定，深圳市水务局内设办公室、规划计划处、审批服务处（政策法规处）、技术处、建设管理处、水资源和供水保障处、河湖工作处、水旱灾害防御处、水污染治理处、水土保持处（深圳市水土保持办公室）、安全监管和执法监督处、机关党委（人事处）等12个处室。深圳市水污染治理指挥部办公室设在深圳市水务局。

深圳市水务局机关总编制79名，其中行政编制62名、行政执法专项编制17名。设局长1名（兼任深圳市水污染治理指挥部办公室主任），副局长4名（其中1名兼任深圳市水污染治理指挥部办公室副主任）；正处级领导职数12名，副处级领导职数16名。

2019年9月，根据深编办〔2019〕90号文，深圳市排水管理处为深圳市水务局直属行政单位，行政编制16名。深圳市节约用水管理办公室为深圳市水务局直属行政单位，加挂深圳市海绵城市建设办公室牌子，行政编制7名。

2021年11月，经深圳市委编办备案，同意调整深圳市水务局部分内设机构和直属行政机构。调整后，深圳市水务局内设办公室、规划计划处、审批服务处（政策法规处）、审计处、建设管理处、水资源管理处、供水管理处（深圳市节约用水办公室）、河湖工作处、水旱灾害防御处、水污染治理处、水土保持处（深圳市水土保持办公室、深圳市海绵城市建设办公室）、安全监管和执法监督处、机关党委（人事处）等13个处室，撤销深圳市节约用水办公室（深圳市海绵城市建设办公室）。

（三）局领导任免情况

2019年5月，深圳市委组织部任命乐茂华为深圳市水务局副巡视员（深组干〔2019〕298号）。

2019年6月，深圳市委组织部任命林翰章为深圳市水务局二级巡视员，罗宜兵、乐茂华为深圳市水务局一级调研员，原巡视员、副巡视员职务自然免除（深组干〔2019〕427号）。

2019年9月，深圳市人民政府任命龚利民为深圳市水务局副局长（深府任〔2019〕106号）；深圳市委组织部免去乐茂华的深圳市水务局一级调研员职务（深组干〔2019〕543号）。

2020年9月，深圳市委组织部批准胡嘉东为深圳市水务局党组书记，免去张礼卫的深圳市水务局党组书记职务（深组干〔2020〕287号）；深圳市委组织部提名胡嘉东为深圳市水务局局长人选，同意张礼卫不再担任深圳市水务局局长职务（深组干〔2020〕288号）；深圳市人民政府任命胡嘉东为深圳市水污染治理指挥部办公室主任，免去张礼卫的深圳市水污染治理指挥部办公室主任职务（深府任〔2020〕28号）。

2020年10月，深圳市人大常委会任命胡嘉东为深圳市水务局局长，免去张礼卫的深圳市水务局局长职务（深常发〔2020〕15号）。

2020年12月，深圳市委组织部免去胡细银的深圳市水务局党组成员职务（深组干〔2020〕377号）；深圳市人民政府任命沈凌云为深圳市水务局副局长；免去胡细银的深圳市水务局副局长职务（深府任〔2020〕48号）。

2021年2月，深圳市委组织部免去龚利民的深圳市水务局党组成员职务（深组干〔2021〕104号），深圳市人民政府免去龚利民的深圳市水务局副局长、深圳市水污染治理指挥部办公室主任职务（深府任〔2021〕27号）。

2021年3月，深圳市委组织部批准黄海涛为深圳市水务局党组成员（深组干〔2021〕150号），深圳市人民政府任命黄海涛为深圳市水务局副局长、深圳市水污染治理指挥部办公室副主任（深府任〔2021〕37号）。

深圳市水务局领导任免表（2019年3月—2021年12月）见表5。

表5　　　　　　　　　　深圳市水务局领导任免表（2019年3月—2021年12月）

机构名称	姓名	职务	任免时间	备注
深圳市水务局	钟伟民	党组成员、副局长	继任—	
	林翰章	党组成员、二级巡视员	2019年6月—	
		党组成员、巡视员	继任—2019年6月	
	龚利民	党组成员、副局长、深圳市水污染治理指挥部办公室副主任	2019年9月—2021年2月	
		党组成员、深圳市水污染治理指挥部办公室副主任	继任—2019年9月	
	胡细银	党组成员、副局长	继任—2020年12月	
	张礼卫	党组书记、局长、深圳市水污染治理指挥部办公室主任	继任—2020年9月	
	罗宜兵	一级调研员	2019年6月—	
		副巡视员	继任—2019年6月	
	赵彬斌	党组成员、副局长	继任—	
	乐茂华	一级调研员	2019年6—9月	
		副巡视员	2019年5—6月	
	胡嘉东	党组书记、局长、深圳市水污染治理指挥部办公室主任	2020年10月—	
		党组书记、局长人选、深圳市水污染治理指挥部办公室主任	2020年9—10月	
	沈凌云（女）	副局长	2020年12月—	
	黄海涛	党组成员、副局长、深圳市水污染治理指挥部办公室副主任	2021年3月—	

（四）事业单位

2019年11月，根据《中共深圳市委机构编制委员会关于完善我市流域管理体制机制的通知》（深编〔2019〕34号），成立深圳市茅洲河流域管理中心、深圳市深圳河湾流域管理中心（深圳市治理深圳河办公室）、深圳市龙岗河坪山河流域管理中心、深圳市观澜河流域管理中心，为深圳市水务局直属事业单位，最高行政管理岗位等级为职员五级。不再保留深圳市治理深圳河办公室、深圳市河道管理中心、深圳市西丽水库管理处、深圳市梅林水库管理处、深圳市三洲田·铜锣径水库管理处。

2021年5月，根据《中共深圳市委机构编制委员会关于市水务局所属事业单位有关机构编制事项的通知》（深编〔2021〕55号），成立深圳市智慧水务综合指挥调度和保障中心，最高行政管理岗位等级为职员五级，不再保留深圳市水务科技信息中心、深圳市水务局财务管理中心；深圳市铁岗·石岩水库管理处更名为深圳市西部水源管理中心。

调整后，深圳市水务局有直属事业单位13家：深圳市智慧水务综合指挥调度和保障中心、深圳市水文水质中心（广东省水文局深圳水文分局）、深圳市水务工程建设管理中心、深圳市水务工程质量安全监督站（深圳市水务工程造价管理站）、深圳市东江水源工程管理处、深圳市西部水源管理中心、深圳市北部水源工程管理处、深圳市东部水源管理中心、深圳市公明供水调蓄工程管理处、深圳市茅洲河流域管理中心、深圳市深圳河湾流域管理中心（深圳市治理深圳河办公室）、深圳市龙岗河坪山河流域管理中心、深圳市观澜河流域管理中心。

深圳市水务局机构图（2021年）如图5所示。

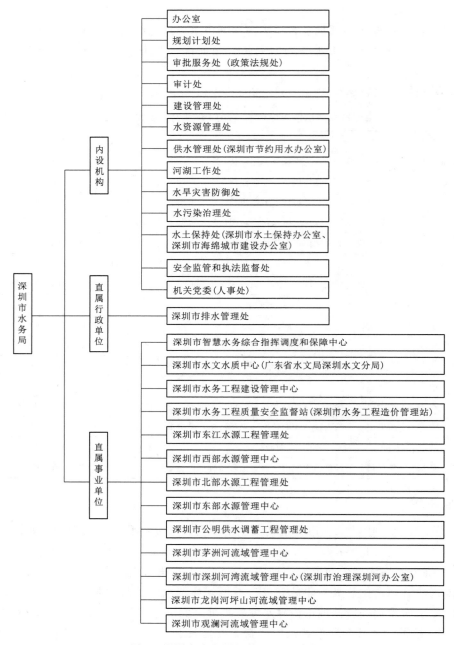

图 5　深圳市水务局机构图（2021 年）

执笔人：范楚婷

审核人：赵彬斌　何　珊

新疆生产建设兵团水利局

新疆生产建设兵团水利局为主管全兵团水行政的新疆维吾尔自治区生产建设兵团机关组成部门，其前身为1995年5月成立的新疆生产建设兵团水利局（水产局）；2018年2月，更名为新疆生产建设兵团水利局，现有直属单位3个。

2019年3月，根据《兵团党委办公厅 兵团办公厅关于印发〈兵团水利局主要职责内设机构和人员编制规定〉的通知》（新兵党厅字〔2019〕33号），新疆生产建设兵团水利局是新疆生产建设兵团行政工作部门，为正厅级。

一、主要职责

新疆生产建设兵团水利局贯彻落实党中央关于水利工作的方针政策和决策部署以及新疆生产建设兵团党委工作要求，在履行职责过程中坚持和加强党对水利工作的集中统一领导。主要职责如下：

（1）负责保障水资源的合理开发利用。拟定新疆生产建设兵团水利发展规划和政策，组织编制新疆生产建设兵团重大水资源发展规划，流域综合规划、防洪规划等重大水利规划。

（2）负责生活、生产经营和生态环境用水的统筹和保障。组织实施新疆生产建设兵团最严格水资源管理制度，实施新疆生产建设兵团水资源的统一监督管理，拟定新疆生产建设兵团水中长期供求规划、水量分配方案并监督实施。组织实施新疆生产建设兵团辖区取水许可、水资源论证和防洪论证制度，指导开展水资源有偿使用工作。指导水利行业供水和团场（镇）供水工作。

（3）按规定制定水利工程建设有关制度并组织实施，负责提出新疆生产建设兵团水利固定资产投资规模、方向、具体安排建议并组织实施，按规定权限审批、核准规划内和年度计划规模内固定资产投资项目，提出水利资金安排建议并负责项目实施的监督管理。

（4）指导水资源保护工作。组织编制新疆生产建设兵团水资源保护规划。指导新疆生产建设兵团饮用水水源保护工作，指导地下水开发利用和地下水资源管理保护；组织指导地下水超采区综合治理。

（5）负责节约用水工作。拟定新疆生产建设兵团节约用水政策，组织编制节约用水规划并监督实施，组织制定有关标准。组织实施新疆生产建设兵团用水总量控制等管理制度，指导和推动节水型社会建设工作。

（6）指导水文工作。负责水文水资源监测、水文站网建设和管理。对新疆生产建设兵团管辖河流湖泊和地下水实施监测、发布水文水资源信息情报预报和水资源公报。按规定开展新疆生产建设兵团水资源、水能资源调查评价和水资源承载能力监测预警工作。

（7）指导水利设施、水域及其岸线的管理、保护与综合利用。组织指导新疆生产建设兵团水利设施网络建设。指导重要河流及河口的治理、开发和保护。指导河湖库水生态保护与修复、河湖库生态流量水量管理以及河湖库水系连通工作。

（8）指导监督水利工程建设与运行管理。组织新疆生产建设实施兵团具有控制性或跨师市跨流域的重要水利工程的建设与运行管理。指导监督水利工程安全运行。

（9）负责水土保持工作。拟定新疆生产建设兵团水土保持规划并监督实施，组织水土流失的综合防治、监测预报并定期公告。负责建设项目水土保持监督管理工作，指导重点水土保持建设项目的实施。

（10）指导农村水利工作。组织开展新疆生产建设兵团大中型灌排工程建设与改造。指导团场连队饮水安全工程建设管理工作，指导节水灌溉有关工作。协调牧区水利工作。指导农村水利改革创新和社会化服务体系建设。指导农村水能资源开发、小水电改造和水电电气化工作。

（11）指导水利工程移民管理工作。拟定新疆生产建设兵团水利工程移民有关政策并监督实施，组织实施水利工程移民安置验收、监督评估等制度。指导监督水库移民后期扶持政策的实施等工作。

（12）负责重大涉水违法事件的查处，协调和仲裁新疆生产建设兵团境内、兵地重大水事纠纷，指导水政监察和水行政执法。依法负责新疆生产建设兵团水利行业安全生产工作，组织指导水库、水电站大坝、团场连队水电站的安全监管。指导新疆生产建设兵团水利建设市场的监督管理，组织实施水利工程建设的监督。

（13）开展水利科技和外事工作。组织开展新疆生产建设兵团水利行业质量监督工作；拟定新疆生产建设兵团水利行业的技术标准、规程规范并监督实施。办理国际河流有关涉外事务。指导水利外资工作。

（14）负责落实综合防灾减灾规划相关要求，组织编制新疆生产建设兵团洪水干旱灾害防治规划和防护标准并指导实施。承担水情旱情监测预警工作。参与新疆维吾尔自治区编制重要河流和重要水工程的防御洪水抗御旱灾调度及应急水量调度方案，按程序报批并组织实施。承担防御洪水应急抢险的技术支撑工作。

（15）完成新疆生产建设兵团党委、新疆生产建设兵团交办的其他任务。

（16）职能转变。新疆生产建设兵团水利局应切实加强水资源合理利用、优化配置和节约保护。坚持节水优先，从增加供给转向更加重视需求管理，严格控制用水总量和提高用水效率。坚持保护优先，加强水资源、水域和水利工程的管理保护，维护河湖库健康美丽。坚持统筹兼顾，保障合理用水需求和水资源的可持续利用，为经济社会发展提供水安全保障。

二、编制与机构设置

（一）编制情况

1997年10月—2003年11月，根据《兵团机构编制委员会关于印发〈兵团水利局职能配置、内设机构和人员编制方案〉的通知》（兵编发〔1995〕5号），新疆生产建设兵团水利局（水产局）机关行政编制24名。

2003年11月，根据新疆生产建设兵团《关于印发兵团水利局（水产局）主要职责内设机构和人员编制规定的通知》（新兵党办发〔2003〕44号），新疆生产建设兵团水利局（水产局）机关行政编制22名。

2004年10月，根据新疆生产建设兵团编委《关于核定离退休干部工作人员编制的通知》（兵编办发〔2004〕56号），核定新疆生产建设兵团水利局离退休干部工作人员编制1名。

2018年2月，根据《兵团党委办公厅　兵团办公厅关于印发〈兵团水利局主要职责内设机构和人员编制暂行规定〉的通知》（新兵党办发〔2018〕47号），新疆生产建设兵团水利局机关行政编制29名。其中，部门领导职数3名（局长1名，副局长2名），总工程师1名，处级领导职数12名。

2019年3月，根据《兵团党委办公厅　兵团办公厅关于印发〈兵团水利局主要职责内设机构和人员编制规定〉的通知》（新兵党厅字〔2019〕33号），新疆生产建设兵团水利局机关政编制34名。其中，厅级领导职数4名、处级领导职数17名（含正处级总工程师和总规划师各1名、督察专员2名）。

（二）局内设机构

局内设处室5个：办公室、政策法规研究处（监督处）、规划计划处（农牧水利水电处、水土保持处）、水资源管理处（水旱灾害防御处、新疆生产建设兵团节约用水办公室）、水利工程建设处（河湖管理处）。

新疆生产建设兵团水利局机关机构图（2021年）如图1所示。

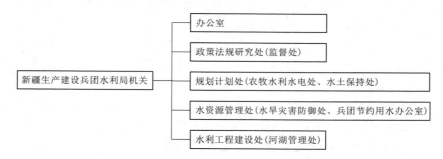

图1　新疆生产建设兵团水利局机关机构图（2021年）

三、局领导任免

2002年8月，新疆生产建设兵团委员会批准顾斌杰为新疆生产建设兵团水利局党组成员、副局长（援疆）。

2002年12月，新疆生产建设兵团委员会批准张幸福为新疆生产建设兵团水利局总工程师（兵党干字〔2002〕88号）。

2003年4月，新疆生产建设兵团委员会批准刘兰育为新疆生产建设兵团水利局党组书记、局长，免去黄凯申新疆生产建设兵团水利局党组书记、局长职务（兵党干字〔2003〕29号）。

2005年8月，新疆生产建设兵团委员会批准陈茂山为新疆生产建设兵团水利局党组成员、副局长（援疆）（兵党干字〔2005〕71号）。

2006年2月，新疆生产建设兵团委员会批准王全胜为新疆生产建设兵团水利局党组书记、局长，免去刘兰育新疆生产建设兵团水利局党组书记、局长职务；批准张敏为新疆生产建设兵团水利局党组成员、副局长；批准张幸福为新疆生产建设兵团水利局党组成员（兵党干字〔2006〕48号）。

2007年6月，新疆生产建设兵团委员会批准张幸福为新疆生产建设兵团水利局党组成员、副局长，免去其新疆生产建设兵团水利局总工程师职务，批准苏亮为新疆生产建设兵团水利局总工程师（兵党干字〔2007〕52号）。

2008年1月，新疆生产建设兵团委员会批准田克军为新疆生产建设兵团水利局党组成员、副局长（援疆）（兵党干字〔2008〕1号）。

2008年9月，新疆生产建设兵团委员会批准杨谦为新疆生产建设兵团水利局党组成员、副局长

（援疆）（兵党干字〔2008〕47 号）。

2008 年 11 月，新疆生产建设兵团委员会批准刘长明为新疆生产建设兵团水利局副巡视员（兵党干字〔2008〕72 号）。

2008 年 11 月，新疆生产建设兵团委员会批准辛平为新疆生产建设兵团水利局党组成员、纪检组组长（兵党干字〔2008〕72 号）。

2010 年 5 月，新疆生产建设兵团委员会批准丁颂国为新疆生产建设兵团水利局党组书记、副局长；批准田克军为新疆生产建设兵团水利局党组副书记、局长；免去王全胜新疆生产建设兵团水利局党组书记、局长职务（兵党干字〔2010〕46 号）。

2011 年 8 月，新疆生产建设兵团委员会批准田克军为新疆生产建设兵团水利局党组书记，批准李国隆为新疆生产建设兵团水利局党组成员、副局长（援疆），免去丁颂国新疆生产建设兵团水利局党组书记、副局长职务（兵党干字〔2011〕60 号）。

2011 年 8 月，新疆生产建设兵团委员会批准免去杨谦新疆生产建设兵团水利局党组成员、副局长职务（兵党干字〔2011〕70 号）。

2012 年 9 月，新疆生产建设兵团委员会批准张生龙为新疆生产建设兵团水利局党组成员、副局长；张敏为新疆生产建设兵团水利局副巡视员，免去其新疆生产建设兵团水利局党组成员、副局长职务（新兵党干字〔2012〕134 号）。

2014 年 9 月，新疆生产建设兵团委员会批准徐雪红为新疆生产建设兵团水利局副局长（援疆），免去李国隆新疆生产建设兵团水利局党组成员、副局长职务（新兵党干字〔2014〕75 号）。

2015 年 1 月，新疆生产建设兵团委员会批准免去刘长明新疆生产建设兵团水利局副巡视员职务（新兵党干字〔2015〕2 号）。

2015 年 1 月，新疆生产建设兵团委员会批准王川为新疆生产建设兵团水利局副巡视员（新兵党干字〔2015〕17 号）。

2015 年 10 月，新疆生产建设兵团委员会批准免去张敏新疆生产建设兵团水利局副巡视员职务（新兵党干字〔2015〕69 号）。

2016 年 2 月，新疆生产建设兵团委员会批准张幸福为新疆生产建设兵团水利局巡视员，免去其新疆生产建设兵团水利局党组成员、副局长职务（新兵党干字〔2016〕14 号）。

2016 年 4 月，新疆生产建设兵团委员会批准免去王川新疆生产建设兵团水利局副巡视员职务（新兵党干字〔2016〕31 号）。

2016 年 9 月，新疆生产建设兵团委员会批准免去新疆生产建设兵团田克军水利局党组书记、局长职务（新兵党干字〔2016〕99 号）。

2017 年 7 月，新疆生产建设兵团委员会批准徐雪红明确为正师级援疆干部（新兵党干字〔2017〕127 号）。

2017 年 8 月，新疆生产建设兵团委员会批准辛平为新疆生产建设兵团水利局副巡视员（新兵党干字〔2017〕195 号）。

2017 年 9 月，新疆生产建设兵团委员会批准李旭为新疆生产建设兵团水利局党组书记（新兵党干字〔2017〕314 号）。

2017 年 9 月，新疆生产建设兵团委员会批准徐雪红为新疆生产建设兵团水利局局长（援疆）（新兵党干字〔2017〕306 号），批准王宝龙为新疆生产建设兵团水利局党组成员、副局长（新兵党干字〔2017〕314 号）。

2018 年 1 月，新疆生产建设兵团委员会批准徐增辉为新疆生产建设兵团水利局党组成员、副局长（博士服务团）（新兵党干字〔2018〕7 号）。

2018年4月，新疆生产建设兵团委员会批准张东升为新疆生产建设兵团水利局党组书记，免去李旭新疆生产建设兵团水利局党组书记职务（新兵党干字〔2018〕98号）。

2018年4月，新疆生产建设兵团委员会批准免去辛平新疆生产建设兵团水利局副巡视员职务（新兵党干字〔2018〕109号）。

2018年5月，新疆生产建设兵团委员会批准周力为新疆生产建设兵团水利局党组成员、副局长（新兵党干字〔2018〕182号）。

2018年12月，新疆生产建设兵团委员会批准耿民贤为新疆生产建设兵团水利局副巡视员（新兵党干字〔2018〕415号）。

2019年3月，新疆生产建设兵团委员会批准苏亮为新疆生产建设兵团水利局巡视员；批准张海军为新疆生产建设兵团水利局副巡视员（新兵党干字〔2019〕106号）。

2019年4月，新疆生产建设兵团委员会批准免去苏亮新疆生产建设兵团水利局巡视员职务；批准免去张海军新疆生产建设兵团水利局副巡视员职务（新兵党干字〔2019〕155号）。

2019年5月，新疆生产建设兵团委员会批准赵福义为新疆生产建设兵团水利局党组书记（新兵党干字〔2019〕199号）。

2019年5月，新疆生产建设兵团委员会批准胡卫东为新疆生产建设兵团水利局副巡视员（新兵党干字〔2019〕229号）。

2019年6月，新疆生产建设兵团委员会批准张幸福为新疆生产建设兵团水利局一级巡视员，批准耿民贤、胡卫东为新疆生产建设兵团水利局二级巡视员（新兵党干字〔2019〕285号）。

2020年9月，新疆生产建设兵团委员会批准孙斐为新疆生产建设兵团水利局党组成员、副局长（援疆），免去徐雪红新疆生产建设兵团水利局局长职务；批准免去张幸福新疆生产建设兵团水利局一级巡视员职级（新兵党干字〔2020〕50号）。

2020年10月，新疆生产建设兵团委员会批准赵福义为新疆生产建设兵团水利局局长（新兵党干字〔2020〕94号）。

2021年3月，新疆生产建设兵团委员会批准免去耿民贤新疆生产建设兵团水利局二级巡视员职级（新兵党干字〔2021〕26号）。

至2021年12月，本届局领导有5人。

新疆生产建设兵团水利局领导任免表（2001年1月—2021年12月）见表1。

表1　　　　　　　新疆生产建设兵团水利局领导任免表（2001年1月—2021年12月）

机构名称	姓名	职务	任免时间	备注
新疆生产建设兵团水利局	黄凯申	党组书记、局长	2000年8月—2003年4月	
	刘兰育	党组书记、局长	2003年4月—2006年2月	
		党组成员、副局长	1997年10月—2003年4月	
	王全胜	党组书记、局长	2006年2月—2010年5月	
	丁颂国	党组书记	2010年5月—2011年8月	
	田克军	党组书记	2011年8月—2016年9月	
		党组副书记、局长	2010年5月—2016年9月	
		党组成员、副局长	2008年1月—2010年5月	援疆
	李旭	党组书记	2017年9月—2018年4月	
	张东升	党组书记	2018年4月—2019年2月	
	赵福义	党组书记	2019年5月—	
		局长	2020年10月—	

机构名称	姓 名	职 务	任 免 时 间	备 注
新疆生产建设兵团水利局	徐雪红	局 长	2017 年 9 月—2020 年 9 月	援疆
		副局长	2014 年 7 月—2017 年 9 月	
	孙国胜	党组成员、副局长	2000 年 9 月—2006 年 11 月	
	顾斌杰	党组成员、副局长	2002 年 8 月—2005 年 8 月	援疆
	陈茂山	党组成员、副局长	2005 年 8 月—2008 年 1 月	援疆
	张 敏	党组成员、副局长	2002 年 2 月—2011 年 9 月	
		副巡视员	2012 年 9 月—2015 年 10 月	
	张幸福	一级巡视员	2019 年 6 月—	
		巡视员	2016 年 2 月—2019 年 6 月	
		党组成员、副局长	2007 年 6 月—2016 年 2 月	
		总工程师	2002 年 12 月—2007 年 6 月	
	杨 谦	党组成员、副局长	2008 年 9 月—2011 年 7 月	援疆
	李国隆	党组成员、副局长	2011 年 8 月—2014 年 8 月	援疆
	张生龙	党组成员、副局长	2012 年 9 月—2017 年 9 月	
	徐增辉	党组成员、副局长	2018 年 1 月—2019 年 1 月	博士服务团
	王宝龙	党组成员、副局长	2017 年 9 月—	
	周 力	党组成员、副局长	2018 年 5 月—	
	孙 斐	党组成员、副局长	2020 年 9 月—	援疆
	苏 亮	巡视员	2019 年 3—4 月	
		总工程师	2007 年 6 月—2019 年 3 月	
	刘长明	副巡视员	2008 年 11 月—2015 年 1 月	
	王 川	副巡视员	2015 年 1 月—2016 年 4 月	
	张海军	副巡视员	2019 年 3—4 月	
	耿民贤	副巡视员	2018 年 12 月—2019 年 6 月	
		二级巡视员	2019 年 6 月—2021 年 3 月	
	胡卫东	副巡视员	2019 年 5—6 月	
		二级巡视员	2019 年 6 月—	
	辛 平	副巡视员	2017 年 8 月—2018 年 4 月	
		纪检组组长	2008 年 11 月—2017 年 8 月	

四、局属事业单位

新疆生产建设兵团水利局所属事业单位 3 个：新疆生产建设兵团水利工程质量与安全中心（参照公务员法管理）、新疆生产建设兵团水土保持与水利发展中心、新疆生产建设兵团河湖与水文水资源中心（水环境监测中心）。

执笔人：唐启勇　王堆雄
审核人：周　力

水利部各社团
组织沿革

中国水利学会

中国水利学会在水利部和中国科学技术学会的领导下，根据国内水利事业的发展需要和国际水利科学技术的进展，有序地开展学术交流、科学普及、智库咨询、标准管理与研制、人才培养与举荐、成果评价、专业认识、国际交流与合作、展览展示等活动，是中国科学技术学会所属全国学会。学会在民政部登记注册，主管单位为中国科学技术协会，挂靠单位为水利部。秘书处办公地点在北京市西城区白广路二条 16 号。

一、主要职能

（1）2002 年起，协助水利部开展有关水利标准化工作，包括水利技术标准体系的规划、计划、项目管理、宣贯、改革制度建设以及有关标准的研究、研制、实施和国际化工作等。

（2）2003 年起，承担水利部职称考试工作。2003—2006 年，承担职称评审工作。

（3）2006 年起，在水利部、商务部等的支持下，发起并主办中国水博览会和中国（国际）水务高峰论坛，主要包括产品展示、技术交流、学术论坛、科普活动等。

（4）2007 年起，开展水利类工程教育专业认证工作，2011 年，中国科学技术学会会同教育部成立了全国工程教育专业认证专家委员会水利类专业认证分委员会，秘书处设在中国水利学会。

（5）2019 年起，开展水利水电类工程能力国际互认工作。

（6）2015 年起，研制发布中国水利学会团体标准。

（7）2015 年起，开展智库建设，创办《参阅信息》。

（8）2017 年，经水利部批准，开展科技成果评价工作。

二、分支机构情况

2004 年 4 月 8 日，在第八届理事会成立之初，学会共有 32 个分支机构。中国水利学会分支机构情况表（2004 年）见表 1。

表 1   **中国水利学会分支机构情况表（2004 年）**

编号	分 支 机 构 名 称	挂 靠 单 位	城市
1	泥沙专业委员会	中国水利水电科学研究院	北京
2	岩土力学专业委员会	南京水利科学研究院岩土工程研究所	南京
3	水工结构专业委员会	中国水利水电科学研究院	北京
4	水文专业委员会	水利部信息中心	北京

编号	分支机构名称	挂靠单位	城市
5	环境水利专业委员会	水利部水利水电规划设计总院	北京
6	水利管理专业委员会	水利部大坝安全管理中心	南京
7	水利史与水利遗产研究专业委员会	中国水利水电科学研究院	北京
8	港口航道专业委员会	交通部水运规划设计院	北京
9	遥感专业委员会	中国水利水电科学研究院	北京
10	水利水电信息专业委员会	水利部发展研究中心	北京
11	水利规划与战略研究专业委员会	水利水电规划设计总院	北京
12	水文气象学专业委员会	水利部信息中心	北京
13	水利信息化专业委员会	水利部信息中心	北京
14	水法研究专业委员会	河海大学	南京
15	减灾专业委员会	中国水利水电科学研究院	北京
16	水利统计专业委员会	水利部规划计划司	北京
17	淮河分会	淮河水利委员会	蚌埠
18	水资源专业委员会	中国水利水电科学研究院	北京
19	人力资源和社会保障专业委员会	水利部人才资源开发中心	北京
20	泵及泵站专业委员会	中国灌溉排水发展中心	北京
21	水力发电专业委员会	水利部农村电气化研究所	杭州
22	地基与基础工程专业委员会	中国水电基础局有限公司	天津
23	碾压混凝土筑坝专业委员会	中国安能建设集团	北京
24	混凝土面板堆石坝专业委员会	水利部水利水电规划设计总院	北京
25	通信专业委员会	水利部信息中心	北京
26	牧区水利专业委员会	水利部牧区水利科学研究所	呼和浩特
27	工程爆破专业委员会	武汉大学水利水电学院	武汉
28	会计专业委员会	水利部预算中心	北京
29	科普工作委员会	中国水利水电出版社	北京
30	青年科技工作委员会	中国水利水电科学研究院	北京
31	国际合作与交流工作委员会	水利部国际合作交流中心	北京
32	海峡两岸科技促进交流工作委员会	中国水利水电科学研究院	北京

第八届理事会期间（2004 年 4 月 8 日—2009 年 5 月 25 日），新成立了 10 家分支机构。新增分支机构情况表（2009 年）见表 2。

表 2 　　　　　　　　　　　　　新增分支机构情况表（2009 年）

编号	分支机构名称	挂靠单位	城市
1	施工专业委员会	中国安能建设集团	北京
2	农村水利专业委员会	水利部农水司	北京
3	水力学专业委员会	中国水利水电科学研究院	北京
4	水利量测技术专业委员会	河海大学	南京
5	勘测专业委员会	长江三峡勘测研究院有限公司（武汉）	武汉
6	水生态专业委员会	水利部中国科学院水工程生态研究所	武汉

编号	分 支 机 构 名 称	挂 靠 单 位	城市
7	滩涂湿地保护与利用专业委员会	浙江省水利厅	杭州
8	河口治理与保护专业委员会	上海勘测设计研究院有限公司	上海
9	水利水电风险管理专业委员会	中国水利水电科学研究院	北京
10	地下水科学与工程专业委员会	河海大学	南京

第九届理事会期间（2009 年 5 月 25 日—2015 年 6 月 30 日），新成立了 3 家分支机构。新增分支机构情况表（2015 年）见表 3。

表 3　　　　　　　　　　　　　　新增分支机构情况表（2015 年）

编号	分 支 机 构 名 称	挂 靠 单 位	城市
1	城市水利专业委员会	中国水利水电科学研究院	北京
2	雨水利用专业委员会	甘肃省水利科学研究院	兰州
3	调水专业委员会	水利部南水北调规划设计管理局	北京

第十届理事会期间（2015 年 6 月 30 日—2020 年 12 月 21 日），新成立了 8 家分支机构。新增分支机构情况表（2020 年）见表 4。

表 4　　　　　　　　　　　　　　新增分支机构情况表（2020 年）

编号	分 支 机 构 名 称	挂 靠 单 位	城市
1	疏浚与泥处理利用专业委员会	河海大学	南京
2	水工金属结构专业委员会	河海大学	南京
3	生态水利工程学专业委员会	中国水利水电科学研究院	北京
4	大坝安全监测专业委员会	南瑞集团有限公司	南京
5	流域发展战略专业委员会	黄河水利科学研究院	郑州
6	水利政策研究专业委员会	水利部发展研究中心	北京
7	检验检测专业委员会	中国水利水电科学研究院	北京
8	期刊工作委员会	中国水利水电科学研究院	北京

至 2021 年年底，学会共有 53 家分支机构。中国水利学会分支机构情况表（2021 年）见表 5。

表 5　　　　　　　　　　中国水利学会分支机构情况表（2021 年）

编号	分 支 机 构 名 称	挂 靠 单 位	城市
1	泥沙专业委员会	中国水利水电科学研究院	北京
2	岩土力学专业委员会	南京水利科学研究院岩土工程研究所	南京
3	施工专业委员会	中国安能建设集团	北京
4	水工结构专业委员会	中国水利水电科学研究院	北京
5	水文专业委员会	水利部信息中心	北京
6	农村水利专业委员会	水利部农村水利水电司	北京
7	水力学专业委员会	中国水利水电科学研究院	北京
8	环境水利专业委员会	水利部水利水电规划设计总院	北京
9	水利管理专业委员会	水利部大坝安全管理中心	南京

编号	分 支 机 构 名 称	挂 靠 单 位	城市
10	水利史与水利遗产研究专业委员会	中国水利水电科学研究院	北京
11	港口航道专业委员会	交通部水运规划设计院	北京
12	遥感专业委员会	中国水利水电科学研究院	北京
13	水利水电信息专业委员会	水利部发展研究中心	北京
14	水利量测技术专业委员会	河海大学	南京
15	水利规划与战略研究专业委员会	水利部水利水电规划设计总院	北京
16	水文气象学专业委员会	水利部信息中心	北京
17	勘测专业委员会	长江三峡勘测研究院有限公司（武汉）	武汉
18	水生态专业委员会	水利部中国科学院水工程生态研究所	武汉
19	水利信息化专业委员会	水利部信息中心	北京
20	水法研究专业委员会	河海大学	南京
21	减灾专业委员会	中国水利水电科学研究院	北京
22	滩涂湿地保护与利用专业委员会	浙江省水利厅	杭州
23	水利统计专业委员会	水利部规划计划司	北京
24	淮河分会	淮河水利委员会	蚌埠
25	水资源专业委员会	中国水利水电科学研究院	北京
26	人力资源和社会保障专业委员会	水利部人才资源开发中心	北京
27	泵及泵站专业委员会	中国灌溉排水发展中心	北京
28	水力发电专业委员会	水利部农村电气化研究所	杭州
29	地基与基础工程专业委员会	中国水电基础局有限公司	天津
30	碾压混凝土筑坝专业委员会	中国安能建设集团	北京
31	混凝土面板堆石坝专业委员会	水利部水利水电规划设计总院	北京
32	通信专业委员会	水利部信息中心	北京
33	牧区水利专业委员会	水利部牧区水利科学研究所	呼和浩特
34	工程爆破专业委员会	武汉大学水利水电学院	武汉
35	城市水利专业委员会	中国水利水电科学研究院	北京
36	雨水利用专业委员会	甘肃省水利科学研究院	兰州
37	河口治理与保护专业委员会	上海勘测设计研究院有限公司	上海
38	水利水电风险管理专业委员会	中国水利水电科学研究院	北京
39	地下水科学与工程专业委员会	河海大学	南京
40	调水专业委员会	水利部南水北调规划设计管理局	北京
41	疏浚与泥处理利用专业委员会	河海大学	南京
42	会计专业委员会	水利部预算执行中心	北京
43	水工金属结构专业委员会	河海大学	南京
44	生态水利工程学专业委员会	中国水利水电科学研究院	北京

编号	分 支 机 构 名 称	挂 靠 单 位	城市
45	大坝安全监测专业委员会	南瑞集团有限公司	南京
46	流域发展战略专业委员会	黄河水利科学研究院	郑州
47	水利政策研究专业委员会	水利部发展研究中心	北京
48	检验检测专业委员会	中国水利水电科学研究院	北京
49	科普工作委员会	中国水利水电传媒集团	北京
50	青年科技工作委员会	中国水利水电科学研究院	北京
51	国际合作与交流工作委员会	水利部国际合作交流中心	北京
52	海峡两岸科技促进交流工作委员会	中国水利水电科学研究院	北京
53	期刊工作委员会	中国水利水电科学研究院	北京

三、单位人员编制情况

1981 年，经中央机构编制委员会办公室批复，中国水利学会共有 15 个事业编制，至今无变化。

四、单位内设机构及负责人情况

1. 内设机构

中国水利学会常设办事机构为秘书处。

2001 年 12 月，水利部批复《中国水利学会机构改革实施方案》，根据学会工作需要将秘书处内设机构设为综合组织处和学术交流处。

2002 年 10 月，经学会七届四次常务理事会批准，学会秘书处内设综合组织部、学术交流部和标准化部。由此，综合组织处和学术交流处更名为综合组织部和学术交流部，并增设了标准化部。另外，注册成立了北京海碧水利信息咨询中心。

2009 年 3 月，经水利部批准，学会秘书处增设事业发展部。

2018 年，注销北京海碧水利信息咨询中心。

2021 年 11 月，经水利部批准，在学术交流与科普部加挂国际合作部的牌子。

2. 学会秘书处负责人

秘书处是中国水利学会的常设办事机构，在秘书长领导下处理学会的日常工作，对理事会（常务理事会）负责。中国水利学会秘书处负责人见表 6。

表 6　　　　　　　　　中国水利学会秘书处负责人

姓　名	职　务	任　免　时　间
曹征齐	秘书长	2000 年 8 月—2004 年 4 月
李赞堂	副秘书长	2001 年 7 月—2004 年 4 月
	秘书长	2004 年 4 月—2015 年 2 月
于琪洋	秘书长	2015 年 2 月—2017 年 12 月
汤鑫华	秘书长	2017 年 12 月—
李赞堂	副秘书长	2015 年 2 月—2017 年 7 月
吴伯健	副秘书长	2015 年 4 月—2020 年 10 月

续表

姓 名	职 务	任 免 时 间
刘咏峰	副秘书长	2017 年 7 月—2020 年 10 月
吴 剑	副秘书长	2017 年 7 月—
鲁胜力	副秘书长	2021 年 1 月—
张淑华	副秘书长	2020 年 10 月—

五、负责同志任免情况

（一）第八次全国会员代表大会

学会第八次全国会员代表大会于 2004 年 4 月 8 日在北京召开。会议修改了章程，选举产生新一届理事会，朱尔明再次当选为理事长，郑守仁、陈效国、赵春明、曹右安、曹广晶、高季章、张瑞凯、张长宽为副理事长，李赞堂为秘书长。

（二）第九次全国会员代表大会

学会第九次全国会员代表大会于 2009 年 5 月 25 日在北京召开。会议修改了章程，选举产生新一届理事会，推选汪恕诚、陈雷、朱尔明、高安泽为名誉理事长。敬正书再次当选为理事长，顾浩为常务副理事长，匡尚富、张建云、沈凤生、曹广晶、马建华、薛松贵、王乘、雷志栋、殷保合、晏志勇为副理事长，李赞堂连任秘书长。

（三）第十次全国会员代表大会

学会第十次全国会员代表大会于 2015 年 6 月 30 日在北京召开。会议修改了章程，选举产生新一届理事会，胡四一当选为理事长，顾浩为常务副理事长，匡尚富、张建云、马建华、薛松贵、李新军、殷保合、徐辉、陈永灿、吴澎为副理事长，于琪洋为秘书长。2017 年 12 月，根据工作需要，秘书长变更为汤鑫华。2018 年 3 月，副理事长马建华、李新军因工作变动，变更为金兴平、张忠义。

（四）第十一次全国会员代表大会

学会第十一次全国会员代表大会于 2020 年 12 月 21 日在北京召开。会议修改了章程，选举产生新一届理事会，魏山忠当选为理事长，汪安南、胡春宏、陈生水、金兴平、周海燕、唐洪武、张建民、于合群、范夏夏、王斌、潘海涛为副理事长，汤鑫华为副理事长兼秘书长。首次成立了监事会，匡尚富任监事长，卢健、黄金华、逯毅瑾、钟启明为监事。

执笔人：李志平
审核人：汤鑫华

中国水利经济研究会

中国水利经济研究会（简称"水经会"）于 1980 年 11 月正式成立，由从事水利经济研究工作的相关单位和个人自愿结成的全国性、学术性、非营利性的社会组织。办公地点为北京市西城区白广路二条 1 号，水经会自成立以来，未发生合并、名称变更、撤销、办公地点迁移等情况。

自 2001—2021 年，水经会经历了 2 个发展阶段。

一、第一阶段（2001—2009 年）

（一）主要职能

按照水经会《章程》，主要职能如下：开展水利经济研究和学术交流，宣传党的政策和国家法律、法规，普及水利科技知识，促进水资源的开发、利用、节约、保护、统一管理、优化配置和水旱灾害的治理；组织、协调、推动、团结广大水利工作者及社会有关方面人士，开展水利建设与管理中的重大水利经济问题的研究等学术活动；发挥社会中介组织作用，积极开展水利经济政策和法规等方面的研究与咨询服务工作；定期出版本会刊物《水利经济》。

（二）隶属关系变革及人员编制情况

2001 年 4 月，水利部印发《关于印发水利社团机构改革意见通知》（人教劳〔2001〕18 号），明确了水经会作为水利部 4 个直管社团之一，业务指导司局为水利部原经济调节司和政策法规司，挂靠在水利部综合事业局。文件同时明确了由水经会代水利部管理中国老区建设促进会（以下简称"老促会"）和中国黄河文化经济发展研究会（以下简称"黄发会"）两个社会团体组织。2007 年，老促会主管单位由水利部调整为国家乡村振兴局（原国务院扶贫办），水经会不再代管。

（三）理事会领导机构

1. 第六届（1999 年 12 月—2004 年 12 月）

理 事 长：陈美章

副理事长：苏 亮　杨启声　张 岳　吴国昌　冯广志　王经国

秘 书 长：陈美章（兼）

副秘书长：林泽忠　张淑华　赫崇成　陈霁巍　潘云生

2. 第七届（2005 年 1 月—2011 年 3 月）

理 事 长：綦连安

副理事长：陈美章　王经国　徐　乘　张　岳　冯广志　刘　文　李焕雅　薛建枫　胡　军
　　　　　祁正卫

秘　书　长：祁正卫（兼）

副秘书长：张淑华　陈霁巍　潘云生　田克军　陈　献　江　桦

（四）内设机构情况

（1）水经会下设秘书处，人员、业务、经费等均由其统一管理。

（2）会刊《水利经济》（双月刊）创刊于1983年，由水经会与河海大学联合主办。编辑部设在河海大学期刊部，人员编制由河海大学管理。2005年，经多项学术指标综合评价和多位同行专家评议，《水利经济》被收录为科技部"中国科技论文统计期刊源期刊"即中国科技核心期刊。

（3）为发挥水经会的人才智力优势，服务水利和经济社会发展，经北京市原宣武区工商管理局批准，水经会于2001年注册成立了北京江河汇源技术咨询有限责任公司。主要经营范围是水利项目的经济技术咨询、评价、经济价格、水利政策、法规、信息研究与咨询等。

二、第二阶段（2010—2021年）

（一）主要职能

按照水经会《章程》，主要职能如下：组织、协调、团结广大会员及水利经济研究工作者，开展与国家发展战略相衔接、与经济社会发展要求相适应、与水利改革发展密切相关的重大水利经济问题研究，为水利高质量发展提供智力支持；搭建学术交流平台，围绕水利改革发展中重大水利经济问题，组织开展多形式、多层次的学术交流；发挥社会组织的桥梁纽带作用，促进政府部门、企事业单位、社会团体的交流与合作，鼓励公众参与和对话；为相关单位提供技术咨询、业务培训等服务；依照有关规定，编辑出版会刊《水利经济》，宣传水利经济理论知识和研究成果；接受有关单位委托，组织开展相关团体标准制编修及发布等工作。

（二）隶属关系变革及人员编制情况

2010年3月，水利部人事司印发《关于明确中国水利经济研究会人员机构管理有关事项的通知》（人事机〔2010〕4号），将水经会的挂靠单位由水利部综合事业局调整为水利部发展研究中心。黄发会仍由水经会代管。

（三）理事会领导机构

1. 第八届（2011年4月—2016年9月）

理　事　长：王　海（2011年4月—2015年4月）　李　晶（2015年5月—2016年9月）

副理事长：李　鹰　赫崇成　徐　乘　祁正卫　王冠军　胡　军　游赞培　万　隆　浦晓津

秘　书　长：陈　献

副秘书长：岳　恒　倪　鹏　张　程　郭全发　孟建川　樊思林　朱春省

2. 第九届（2016年10月—2021年12月）

理　事　长：董　力

专职副理事长：袁建军（2019年5月—2021年12月）

副理事长：段红东　李　鹰　陈　琴　杨　谦　牛玉国　晋加仕　陈　献　张爱辉　杨启祥
　　　　　朱春省　李剑平　蒋　翼　陈新忠　王湘潭

中国水利经济研究会

秘　书　长：陈　献（兼，2016 年 10 月—2021 年 6 月）　乔根平（2021 年 7 月—2021 年 12 月）

副秘书长：孙宇飞　张瑞美　吴钦山　姜　楠　杨东利　樊思林　赵福生　张　华　邵月顺
　　　　　　杨义忠

（四）内设机构情况

（1）2017 年 1 月，水经会秘书处印发了《中国水利经济研究会秘书处（办事机构）部门职责的通知》（水经秘〔2017〕11 号），明确设立综合管理部、咨询服务部、学术交流部、评价评估部 4 个内设部门。

（2）会刊《水利经济》编辑部仍设在河海大学期刊部。

（3）2018 年 8 月，下属公司北京江河汇源技术咨询有限责任公司，经北京市工商行政管理局西城分局及国家税务总局北京市西城区税务局核准，予以正式注销。

　　　　　　　　　　　　　　　　　　　　　　　　执笔人：张瑞美　赵　汕
　　　　　　　　　　　　　　　　　　　　　　　　审核人：王冠军

中国水利职工思想政治工作研究会

一、政研会及代管社团情况

（一）社团情况

2001年4月，水利部人事劳动教育司印发《水利社团机构改革意见》明确，中国水利职工思想政治工作研究会（简称"政研会"）为水利部直管社团，业务指导司局为水利部直属机关党委，挂靠单位为水利部综合事业局。受水利部委托，政研会代管中国水利文学艺术协会、中国江河体育协会（后更名为中国水利体育协会）。

2021年3月，经水利部同意、民政部核准，中国水利体育协会注销登记。中国水利体育协会注销后，其业务职能和人、财、物等并入政研会。

批复依据：

（1）《关于印发〈水利社团机构改革意见〉的通知》（人教劳〔2001〕18号）。

（2）《水利部关于同意中国水利体育协会办理注销登记的批复》（水人事函〔2021〕2号）。

（3）《民政部关于中国水利体育协会注销登记的行政许可决定书》（民社登〔2021〕6号）。

（二）办公地点

政研会在北京市西城区白广路二条1号国调楼、白广路北口水电综合楼两处办公。

二、政研会性质、主要职能、人员编制及内设机构

（一）社团性质

中国水利职工思想政治工作研究会是全国水利系统关心支持水利职工思想政治和水文化建设研究工作的有关单位自愿结成的全国性、行业性、非营利性的社会组织。

（二）主要职能

1. 业务范围

（1）贯彻党和国家水利方针，根据水利部党组工作部署，坚持围绕中心、服务大局，在加强党的建设、精神文明建设、思想政治建设、水文化建设和全民健身中发挥参谋助手作用。

（2）组织开展水利思想政治工作研究，总结推广水利思想政治工作经验与做法，提高水利思想政

治工作的针对性、实效性，为加快水利改革发展、促进人水和谐提供思想政治保障。

（3）组织开展水文化研究，提出水文化研究的发展方向和水文化建设的框架体系。组织水文化遗产挖掘整理，开展水文化遗产宣传与传承，推动水文化遗产保护与管理。为水利基层单位开展水文化建设提供咨询服务。

（4）组织开展水利职工全民健身活动，因时因地因需举办水利职工体育赛事，强健水利职工体质，促进水利职工全面发展。

（5）组织开展调查研究，及时了解社会舆情、水利职工队伍的思想动态和思想政治工作情况，提出意见建议，为有关部门加强水利思想政治工作提供依据。

（6）配合有关部门开展党建工作和水利精神文明建设工作研究，落实管党治党措施，严格党内政治生活，不断加强党的建设和精神文明建设。

（7）加强思想政治工作队伍建设，组织思想政治工作和水文化建设干部业务培训，提高思想政治工作队伍的业务素质和专业能力。

（8）指导会员单位开展思想政治工作和水文化建设的研究工作。

（9）组织开展国内国际间文化与学术交流活动和群众性体育赛事活动。

（10）加强意识形态监督，落实意识形态责任，依照有关规定，办好政研会会刊《中国水文化》杂志和中国水文化网站。

（11）承担水利部和有关部门委托的其他工作。

2. 对代管社团的职责

（1）负责向代管社团传达或转发部有关文件、会议精神。

（2）协同业务指导司局（单位）指导、监督代管社团的重大业务活动。

（3）提出代管社团改革、调整和规范发展建议；负责向职能司局上报社团登记前的审查和年度检查的初审意见；负责代管社团秘书长以上人员变更的初审。

（4）审核、监督代管社团对外交往、接受境外捐赠资助事项，并及时报部审批。

（5）监督检查代管社团遵纪守法情况。

（三）内设机构

2001年4月，《水利社团机构改革意见》明确，政研会内设秘书处，为政研会常设办事机构。

2010年1月，经水利部人事司批复，同意中国水利职工思想政治工作研究会、中国水利文学艺术协会、中国水利体育协会办事机构合署办公，组建办公室，同时履行3个协会（研究会）秘书处的职责。办公室下设综合处、发展联络处和研究室，办公室主任由中国水利职工思想政治工作研究会秘书长兼任。

2020年9月，第八届政研会会长办公会研究决定，政研会秘书处下设综合体育部、党建与思想政治工作部和水文化工作部。

批复依据：《关于中国水利职工思想政治工作研究会　中国水利文学艺术协会　中国水利体育协会办事机构合署办公有关事项的批复》（人事机〔2010〕1号）。

三、社团负责同志任免情况

（一）第五届理事会（2000年10月—2006年4月）

2003年4月，梁世闻任政研会第五届理事会秘书长。

2004年8月，增补张渝生为政研会第五届理事会副会长。

2005 年 9 月，敬正书任政研会第五届理事会会长。

批复依据：

（1）《关于中国水利职工思想政治工作研究会秘书长人选的批复》（人教干〔2003〕14 号）。

（2）《关于增补张渝生为中国水利职工思想政治工作研究会副会长的批复》（人教干〔2004〕53 号）。

（3）《关于中国水利职工思想政治工作研究会会长人选的批复》（人教干〔2005〕55 号）。

（二）第六届理事会（2006 年 4 月—2011 年 3 月）

2006 年 4 月，中国水利职工思想政治工作研究会第六届会员代表大会在河南郑州召开。会议选举敬正书为政研会第六届理事会会长，张渝生为常务副会长，梁世闻、杨得瑞、陈自强、陈小江、王星、袁建军、成京生为副会长，张渝生为秘书长（兼）。

2007 年 10 月，刘学钊任政研会副会长。

2008 年 11 月，张印忠任政研会第六届理事会会长。

批复依据：

（1）《关于中国水利职工思想政治工作研究会第六届理事会领导成员人选的批复》（人教干〔2006〕12 号）。

（2）《关于推荐刘学钊同志为中国水利职工思想政治工作研究会副会长人选的函》（人教干函〔2007〕41 号）。

（3）《关于推荐张印忠同志任中国水利职工思想政治工作研究会会长的函》（人事干函〔2008〕48 号）。

（三）第七届理事会（2011 年 3 月—2016 年 9 月）

2011 年 3 月，中国水利职工思想政治工作研究会、中国水利文学艺术协会和中国水利体育协会在河南洛阳召开政研会第七届会员代表大会、水利文协第六届会员代表大会、水利体协第八届会员代表大会。会议选举张印忠为政研会第七届理事会会长，王星、刘雅鸣、刘学钊、郭孟卓、杨得瑞、袁建军、成京生、李春安、张善臣、张秀荣、张渝生为副会长，李晓华为秘书长。

2012 年 2 月，经本会第七届理事会第三次会议表决通过，新增曲吉山、陈茂山、何源满、陈祥建为副会长。

批复依据：

（1）《关于中国水利职工思想政治工作研究会第七届理事会领导成员人选的批复》（人事干〔2011〕15 号）。

（2）《关于增补中国水利职工思想政治工作研究会副会长的批复》（人事干〔2012〕3 号）。

（四）第八届理事会（2016 年 9 月—　　）

2016 年 9 月 19 日，中国水利职工思想政治工作研究会、中国水利文学艺术协会和中国水利体育协会在北京召开政研会第八届会员代表大会、水利文协第七届会员代表大会、水利体协第九届会员代表大会。会议选举王星为政研会第八届理事会会长，刘学钊、陈梦晖、陈飞、李春安、火来胜、张善臣、张秀荣为副会长，火来胜为秘书长。

2017 年 11 月，刘学钊任政研会第八届理事会会长。

2018 年 12 月，周鹏飞任政研会第八届理事会秘书长。

2020 年 10 月，颜庭国任政研会第八届理事会副会长。

2021 年 7 月，郑宇辉任政研会第八届理事会秘书长。

2021 年 9 月，张仁杰任政研会第八届理事会会长。

批复依据：

（1）《关于中国水利职工思想政治工作研究会第八届理事会领导成员人选的批复》（人事干〔2016〕75 号）。

（2）《关于提名中国水利职工思想政治工作研究会会长人选的通知》（人事干〔2017〕96 号）。

（3）《关于提名周鹏飞为中国水利职工思想政治工作研究会秘书长人选的通知》（人事干〔2018〕48 号）。

（4）《关于提名中国水利职工思想政治工作研究会副会长人选的通知》（人事干〔2020〕60 号）。

（5）《关于提名郑宇辉为中国水利职工思想政治工作研究会秘书长人选的通知》（人事干〔2021〕23 号）。

（6）《关于提名张仁杰为中国水利职工思想政治工作研究会会长人选的通知》（人事干〔2021〕31 号）。

中国水利职工思想政治工作研究会领导任免见表 1。

表 1　　　　中国水利职工思想政治工作研究会领导任免表

届数	第五届 （2000 年 10 月—2006 年 4 月）	第六届 （2006 年 4 月—2011 年 3 月）	第七届 （2011 年 3 月—2016 年 9 月）	第八届 （2016 年 9 月—　）
会长	李昌凡 敬正书 （2005 年 9 月—2006 年 4 月）	敬正书 （2006 年 4 月—2008 年 11 月） 张印忠 （2008 年 11 月—2011 年 3 月）	张印忠	王　星 （2016 年 9 月—2018 年 3 月） 刘学钊 （2018 年 4 月—2021 年 12 月） 张仁杰 （2021 年 12 月—　）
副会长	顾　浩 周保志 王　星 王文珂 曾华樟（常务） 廖显铨 张渝生	张渝生（常务） 梁世闻 杨得瑞 陈自强 陈小江 王　星 袁建军 成京生 刘学钊	王　星 刘雅鸣 刘学钊 郭孟卓 杨得瑞 袁建军 成京生 李春安 张善臣 张秀荣 张渝生 曲吉山 陈茂山 何源满 陈祥建	刘学钊 陈梦晖 陈　飞 李春安 火来胜 张善臣 张秀荣 颜庭国

续表

届数	第五届 （2000 年 10 月—2006 年 4 月）	第六届 （2006 年 4 月—2011 年 3 月）	第七届 （2011 年 3 月—2016 年 9 月）	第八届 （2016 年 9 月— ）
秘书长	曾华樟（兼） （2000 年 10 月—2003 年 4 月） 梁世闻 （2003 年 4 月—2006 年 4 月）	张渝生（兼）	李晓华	火来胜（兼） （2016 年 9 月— 2019 年 4 月） 周鹏飞 （2019 年 5 月— 2021 年 5 月） 郑宇辉 （2021 年 8 月— ）

执笔人：蔡志强

审核人：张仁杰

中国水利文学艺术协会

中国水利文学艺术协会简称中国水利文协，内设文学分会（水利作协，中国作家协会团体会员）、摄影分会（水利摄协，中国摄影家协会团体会员）、美术分会、书法分会、音乐舞蹈戏剧分会、水文化工作委员会、集邮分会等7个分支机构。中国水利文协有团体会员97个，办事机构设有综合部、策划部和水文化部3个部门。

2001年9月，中国水利文协第四届理事会在黄河万家寨召开。会议选举产生了第四届理事会领导机构。

主　　席：李昌凡

副 主 席：谭　林（常务）　唐志翔　陈小江　乔世珊　王经国　莫　测

秘 书 长：谭　林（兼）

副秘书长：邓铭江　刘小青　孙秀蕊　李宝达　李庆筠　陈岳军　徐　乘　栾卫国

2006年5月，中国水利文协第五届理事会在浙江省杭州市召开。会议选举产生了第五届理事会领导机构。

主　　席：敬正书

副 主 席：谭　林（常务）　王　萍　陈小江　熊　铁　郭国顺　成京生　王经国

秘 书 长：孙秀蕊

副秘书长：王勇进　孙东安　段　军　蔡尚途　蔡恭杰

2011年3月，中国水利文协在河南小浪底水利枢纽建设管理局召开第六届会员代表大会。会议通过了新一届《中国水利文学艺术协会章程》。会议选举产生了第六届理事会领导机构。

主　　席：张印忠

副 主 席：王经国　陈庚寅　熊　铁　成京生　陈祥建　张晓辉

秘 书 长：赵晓阳

2012年，增补何源满为中国水利文学艺术协会副主席（专职）。

2016年9月，中国水利文协第七届会员代表大会在北京召开。会议选举产生了第七届理事会领导机构。

主　　席：何源满

副 主 席：凌先有

秘 书 长：司毅兵

一、协会的性质

中国水利文学艺术协会是水利部直属社团，是中国文学艺术界联合会的团体会员单位，是全国水利系统关心支持水利文学艺术和水文化建设工作的有关单位及艺术家、水文化专家自愿结成的全国性、行业性、非营利性的社会组织。

二、协会的宗旨

中国水利文学艺术协会坚持以马克思列宁主义、毛泽东思想、邓小平理论、"三个代表"重要思想、科学发展观和习近平新时代中国特色社会主义思想为指导，坚持党的基本理论、基本路线、基本方略，坚持党的全面领导，坚持社会主义先进文化前进方向，坚持水利文艺为人民服务、为社会主义服务、为水利服务的方向和百花齐放、百家争鸣的方针，坚定不移走中国特色社会主义文艺发展道路和群团发展道路。树立"四个意识"，坚定"四个自信"。贯彻新发展理念，构建新发展格局，助力水利高质量发展，满足水利干部职工的精神文化需求，开展丰富多彩的群众性文艺活动，传承中华优秀传统文化，弘扬水利精神，推进社会主义物质文明、政治文明、精神文明、社会文明和生态文明协调发展，培育有理想、有道德、有文化、有纪律的水利职工队伍，为党的建设和水利事业服务。

中国水利文学艺术协会遵守宪法、法律、法规和国家政策，践行社会主义核心价值观，弘扬爱国主义精神，遵守社会道德风尚，自觉加强诚信自律建设。

中国水利文学艺术协会接受业务主管单位水利部、社团登记管理机关民政部的业务指导和监督管理。

中国水利文学艺术协会坚持中国共产党的全面领导，根据中国共产党章程的规定，设立中国共产党的组织，开展党的活动，为党组织的活动提供必要条件。

三、协会的业务范围

（1）贯彻党和国家水利方针，根据业务主管单位党组工作部署，坚持围绕中心、服务大局，在加强水利文学艺术工作和水文化建设中发挥参谋助手作用。

（2）围绕水利改革与发展，根据水利精神文明建设总体要求，制定水利文艺工作发展规划，并组织实施。

（3）组织开展水利文学艺术理论研究与实践探索，总结推广水利文学艺术工作经验与做法，提高水利文学艺术工作的实效性，为加快水利改革发展、促进人水和谐提供思想文化保障。

（4）组织开展水文化建设理论研究与实践探索，总结推广各会员单位水文化建设工作经验与做法，提供水文化建设技术支撑，开展水文化建设咨询服务。

（5）会同有关部门举办水利艺术节和美术、书法、摄影、集邮等展览活动。

（6）组织开展文学艺术家深入生活、深入基层、扎根人民、扎根水利文艺采风、艺术创作和走基层送文化、志愿服务等活动。

（7）加强水利文学艺术人才队伍建设，组织文学艺术和水文化建设干部业务培训，培养水利文艺人才，强化行业自律，提高水利文学艺术人才队伍的政治素养、业务素质和专业能力。

（8）依照有关规定编辑出版文艺刊物、文学艺术作品，保护作者合法权益。

（9）向中国文联、中国作协等相关部门推荐优秀作品、优秀人才和扶持创作项目。

（10）组织文化艺术交流活动，开展业务咨询服务，承接有关部门和单位委托的文艺活动组织与水文化建设研究课题。

（11）协助会员开展文学艺术活动和水文化建设。

（12）承担业务主管单位和中国文学艺术界联合会、中国作家协会等有关部门委托的其他工作。

执笔人：徐　梓
审核人：李先明

中国水利教育协会

中国水利教育协会（简称"教育协会"）成立于1994年2月，是在原全国水利职工教育学会、全国水利职业技术教育学会和中国水利高等教育学会的基础上组建的全国性、专业性、非营利性社会组织。原业务主管单位为教育部，2002年起业务主管单位变更为水利部。

2001—2021年，教育协会的组织沿革按理事会届次划分为4个阶段：2001年7月—2007年3月为第二届理事会时期，2007年3月—2013年12月为第三届理事会时期，2013年12月—2021年12月为第四届理事会时期，2021年12月开始为第五届理事会时期。

一、第一阶段：第二届理事会时期（2001年7月—2007年3月）

2001年7月，教育协会第二次会员代表大会在哈尔滨召开。会议审议并通过了第一届理事会工作报告、《中国水利教育协会章程（修订稿）》、《中国水利教育协会会费收缴、使用暂行办法》、《中国水利教育协会学术委员会章程》，会议选举产生教育协会第二届理事会。

第二届理事会领导成员名单

名 誉 理 事 长：索丽生　张季农

理　　事　　长：朱登铨

常务副理事长：陈自强

副 理 事 长：王志峰　刘宪亮　严大考　李兴旺　李新民　张渝生　陈再平　姜弘道　徐维浩
　　　　　　　黄自强　彭泽英　傅秀堂　窦以松

秘　　书　　长：彭建明

2002年，教育协会业务主管单位由教育部变更为水利部；同年11月，教育协会挂靠单位由水利部人才资源开发中心变更为中国水利学会。

2001年11月，教育协会法定代表人由窦以松变更为彭建明；2005年7月，教育协会理事长变更为周保志。

2006年2月，在原分会会刊基础上，整合更名的教育协会会刊《中国水利教育与人才》第1期正式发行。

2007年2月，水利部印发《关于在水利人才培养中进一步发挥中国水利教育协会作用的通知》，明确了教育协会在水利人才培养中承担的具体工作。

二、第二阶段：第三届理事会时期（2007年3月—2013年12月）

2007年3月，教育协会第三次会员代表大会在北京召开。会议审议并通过了第二届理事会工作报告、《中国水利教育协会章程（修订稿）》、《中国水利教育协会会费收缴使用管理办法》、《中国水利教育协会 2001—2006 年会费收缴使用情况报告》、《中国水利教育协会工作制度》、《中国水利教育协会所属机构管理办法》、《中国水利教育协会秘书处工作制度》、《中国水利教育与人才编辑部工作制度》，会议选举产生教育协会第三届理事会。

第三届理事会领导成员名单

名誉会长：胡四一　朱登铨

会　　长：周保志

副 会 长：王志峰　乌斯满·沙吾提　刘宪亮　严大考　杜平原　李兴旺　张长宽　张寿全　陈自强　陈　楚　茜平一　徐　乘　谈广鸣　彭建明　熊　铁

秘 书 长：彭建明（兼）

三、第三阶段：第四届理事会时期（2013 年 12 月—2021 年 12 月）

2013 年 12 月，教育协会第四次会员代表大会在北京召开。会议审议并通过了《中国水利教育协会章程（修订稿）》《中国水利教育协会会费收缴使用管理办法（修订稿）》，会议选举产生教育协会第四届理事会。

第四届理事会领导成员名单

名誉会长：胡四一　朱登铨

会　　长：周保志

副 会 长：孙高振　江　洧　刘国际　李兴旺　李建林　李燕明　严大考　陈　飞　陈　楚　陈自强　徐　乘　金志农　徐　辉　徐章文　谈广鸣　彭建明

秘 书 长：彭建明（兼）

2016 年 8 月教育协会会长由周保志变更为彭建明，秘书长由彭建明变更为王韶华。2017 年 8 月教育协会会长由彭建明变更为黄河。2017 年 9 月教育协会法定代表人由彭建明变更为黄河。

2018 年 5 月，经水利部批准，教育协会挂靠单位由中国水利学会变更为水利部综合事业局。2018 年 7 月经水利部综合事业局党委批准，中国水利教育协会党支部成立。

四、第四阶段：第五届理事会时期（2021 年 12 月）

2021 年 12 月，教育协会第五次会员代表大会在北京召开。会议审议并通过了《中国水利教育协会第四届理事会工作报告》《中国水利教育协会第四届理事会财务报告》《中国水利教育协会章程（修订稿）》《中国水利教育协会会费收缴使用管理办法（修订稿）》《中国水利教育协会分支机构管理办法》《中国水利教育协会会员管理办法》，会议选举产生教育协会第五届理事会。

第五届理事会领导成员名单

会　　长：张明俊

副 会 长：王冬生　王新跃　王韶华　刘文错　江　洧　孙晶辉　李建林　汪绪武　金志农　屈文谦　胡　昊　徐　辉　徐德毅　涂曙明　童志明

秘 书 长：王韶华（兼）

执笔人：于文文

审核人：王韶华

中国黄河文化经济发展研究会

中国黄河文化经济发展研究会是 1993 年在民政部注册成立的全国非营利性社会团体。业务主管单位为水利部。宗旨是对中央有关重大决策的贯彻落实提出建议；促进黄河流域文化和经济发展；加快黄河流域和长江流域地区的互动与交流，推进东西部协调发展；保护、传承和弘扬黄河文化。办公地址：北京市海淀区火器营路 1 号院 1 号楼。

一、社团性质、主要职能、内设机构情况

（1）社团性质：全国性、非营利性的社会组织。

（2）主要职能：宗旨是开展对黄河文化的研究，弘扬黄河文化，加强爱国主义宣传，通过文化交流增进黄河流域人民同世界各国人民的相互了解，建立友谊。为黄河流域的文化与经济开发利用创造有利条件，提供有效的咨询服务。

（3）内设机构：秘书处、联络部、对外合作部。

二、隶属关系变革

中国黄河文化经济发展研究会由中国水利经济研究会代管。

三、历届理事会领导机构

第一届（1994—2004 年）

会长（兼法人）： 柴泽民

副会长： 张　沛　毛　铎　王春德　高　梁　董　辅　李　准　官爵才朗　郭　洪　黑伯理　李溪薄　李修仁　解　峰　巴图巴根　刘玉洁　梁步庭　黄　超　刘晋峰　庄炎林　千昌奎　冯　清　毛国华　周小鹤

秘书长和副秘书长： 李生泉　张广智　皱鹏宏　陈亚舟　魏登田

第二届（2004—2009 年）

会　长： 齐怀远（2004—2009 年）

副会长： 谢善骁　史绥德　唐麒麟　陈效国

秘书长（兼法人）： 季　军

第三届（2009 年—　　）

会　长： 原　焘（2009 年 8 月—2011 年 8 月）

何光暐（2011 年 8 月—　　）

副会长：谢善骁　史绥德　唐麒麟　陈泽峰

秘书长（兼法人）：季　军

执笔人：税　欣
审核人：张坚钟

中国大坝工程学会

中国大坝工程学会（简称"大坝学会"）（Chinese National Committee on Large Dams，CHINCOLD），正式成立于 1973 年 11 月，曾用名中国大坝委员会，代表中国参与国际大坝委员会活动。办公地址为北京市海淀区玉渊潭南路 1 号中国水利水电科学研究院 A 座。

一、历届大会选举产生的领导机构

第五届（2005 年，北京）

名 誉 主 席：潘家铮

主　　　　席：陆佑楣

副　 主　 席：王柏乐　田　勇　朱尔明　汪　洪　陈方枢　张廷克　周大兵　林初学　贺　恭
　　　　　　　钟　俊　高季章　徐尚阁　矫　勇

常 务 委 员：史立山　刘志广　陈　飞　邴凤山　陈洪斌　李赞堂　周厚贵　黄新生

秘 书 长：贾金生

第六届（2009 年，北京）

荣誉理事长：钱正英　张光斗　陆佑楣　潘家铮

理 事 长：汪恕诚

副理事长：矫　勇　张　野　周大兵　岳　曦　高安泽　晏志勇　匡尚富　张建云　贾金生
　　　　　刘志明　杨　淳　廖义伟　林初学　寇　伟　曲　波　程念高　张宗富　张晓鲁
　　　　　孙洪水　张丽英

常 务 理 事：马洪琪等 37 人

理　　　　事：于滨等 72 人

秘 书 长：贾金生

副秘书长：杨　骏　周建平　温续余　张国新　徐泽平　于　滨

第七届（2014 年，北京）

1. 理事会

荣誉理事长：钱正英　陆佑楣　汪恕诚

理 事 长：汪恕诚（2014—2016 年）　矫　勇（2016—2020 年）

副理事长：矫　勇　张　野　周大兵　晏志勇　匡尚富　张建云　贾金生　刘志明　魏山忠
　　　　　钮新强　苏茂林　林初学　张启平　寇　伟　曲　波　程念高　张宗富

常 务 理 事：马洪琪等 47 人

理　　　　事：于永军等 116 人

秘　书　长：贾金生

副 秘 书 长：杨　骏　周建平　温续余　张国新　徐泽平　郑璀莹（2018 年 11 月增补）

2. 监事会（2018 年，郑州）

监　事　长：吕炯涛

监　　　事：刘　毅　邓　刚　王富强　王远见

第八届（2020 年，北京）

1. 理事会

荣誉理事长：钱正英　陆佑楣　汪恕诚

理　事　长：矫　勇

副 理 事 长：刘伟平　曲　波　刘金焕　李　昇　李文学　杨清廷　汪际峰　沈凤生　张建云
　　　　　　　张曙光　陈云华　陈生水　陈国平　周厚贵　胡甲均　胡春宏　钮新强　晏志勇
　　　　　　　景来红　樊启祥

常　务　理　事：王复明等 39 人

理　　　事：于永军等 129 人

秘　书　长：贾金生

副 秘 书 长：杨　骏　周建平　温续余　张国新　徐泽平　郑璀莹

2. 监事会

监　事　长：吕炯涛

副 监 事 长：刘　毅

监　　　事：邓　刚　王富强　王远见

二、所属机构组织沿革

（一）秘书处

中国大坝工程学会秘书处挂靠在中国水利水电科学研究院，在秘书长领导下处理学会的日常工作，对理事会（常务理事会）负责。秘书处设专职秘书长 1 人，副秘书长 6 人（其中专职副秘书长 1 人），秘书处共有 16 人。

（二）分支机构

专业委员会、工作委员会是根据水库大坝相关领域的研究、开发及应用的发展需要，由中国大坝工程学会设立的分支机构。分支机构作为中国大坝工程学会的重要组成部分，共同为促进行业学术交流、技术进步和专业学科创新发展作出了重要贡献。专业委员会、工作委员会接受中国大坝工程学会的直接领导。中国大坝工程学会自 2001 年以来，共设立 1 个工作委员会，16 个专业委员会。专业委员会、工作委员会的成员皆为兼职。

1. 工作委员会

中国大坝工程学会青年工作委员会成立于 2013 年 11 月，秘书处挂靠在中国长江三峡集团有限公司。主要职责是组织召开青年沙龙及青年学术交流活动等。陈先明担任第一届、第二届主任委员，朱红兵担任第一届、胡连兴担任第二届秘书长。

2. 专业委员会

（1）中国大坝工程学会多功能水库大坝专业委员会成立于 2013 年 11 月，秘书处挂靠在黄河勘测规划设计公司。李文学担任第一届、第二届主任委员，王煜担任第一届、第二届秘书长。该专委会已于 2020 年，经中国大坝工程学会第三届二次理事会决议撤销。

（2）中国大坝工程学会胶结坝专业委员会成立于 2013 年 11 月，秘书处挂靠在中国水利水电科学研究院。主要职责是开展胶结坝技术研究、交流与推广，编写技术公报及相关规程规范等。贾金生担任第一届、第二届主任委员，郑璀莹担任第一届、第二届秘书长。

（3）中国大坝工程学会水库泥沙处理与资源利用专业委员会成立于 2017 年 5 月，秘书处挂靠在黄河水利委员会黄河水利科学研究院。主要职责是研究、掌握水库泥沙处理与资源利用专业国内外发展动态，开展相关学术交流活动等。江恩慧担任第一届、第二届主任委员，王仲梅担任第一届、第二届秘书长。

（4）中国大坝工程学会水库大坝公众认知与公共关系工作委员会成立于 2017 年 11 月，秘书处挂靠在中国长江三峡集团有限公司。主要职责是召开水库大坝公众认知论坛，借助媒体的力量，为促进社会对水库大坝的认知而宣传发声；组织行业专家、知名学者、媒体代表调研水库大坝，并形成传播的文稿、著作和新闻作品等。杨骏担任第一届、第二届主任委员，石劲草担任第一届秘书长、商伟担任第二届秘书长。

（5）中国大坝工程学会流域水循环与调度专业委员会成立于 2017 年 11 月，秘书处挂靠在中国水利水电科学研究院。主要职责是组织开展流域水循环与调度专业国内外学术交流、科学技术调研活动和相关国际学术交流与合作等活动。雷晓辉担任第一届主任委员，田雨担任第一届秘书长。

（6）中国大坝工程学会大坝数值模拟专业委员会成立于 2018 年 3 月，秘书处挂靠在中国水利水电科学研究院。主要职责是组织开展数值模拟专业国内学术交流和科学技术调研活动、学术交流与合作等。张国新担任第一届主任委员，刘毅担任第一届秘书长。

（7）中国大坝工程学会智能建设与管理专业委员会成立于 2018 年 3 月，秘书处挂靠在天津大学。主要职责是组织开展智能化建设与管理国内外学术交流活动及领域内重大科技问题的调研和技术咨询；编辑出版智能建设与管理技术规范、技术标准、文集和技术成果专著；普及推广智能建设与管理先进知识和理念，开展相关信息宣传活动等。钟登华担任第一届主任委员，王葳担任第一届秘书长。

（8）中国大坝工程学会水库大坝管理新技术产学研分会成立于 2018 年 7 月，秘书处挂靠在四川省水利科学研究院。主要职责是组织水库大坝建设与管理的国内外发展动向探讨和研究，主导或者参与制定相关技术标准，围绕水库大坝在科学研究、工程建设、生产管理和行业发展中的焦点问题开展学术交流等。梁军担任第一届主任委员，李晓鹏担任第一届秘书长。

（9）中国大坝工程学会水工混凝土建筑物检测与修补加固专业委员会成立于 2018 年 7 月，秘书处挂靠在中国水利水电科学研究院。主要职责是组织水工混凝土建筑物检测与修补加固专业学术交流活动，推广修补加固的新材料、新技术、新工艺和新理论等。孙志恒担任第一届主任委员，夏世法担任第一届秘书长。

（10）中国大坝工程学会生态环境工程专业委员会成立于 2018 年 11 月，秘书处挂靠在黄河勘测规划设计研究院有限公司。主要职责是围绕环境生态领域的热点问题，尤其是工程建设和运行中的难点问题，开展学术讨论、成果推广活动等。王超担任第一届主任委员，王沛芳担任第一届秘书长。

（11）中国大坝工程学会过鱼设施专业委员会成立于 2019 年 7 月，秘书处挂靠在武汉大学。主要职责是搭建平台，开展学术交流与合作；围绕大坝过鱼的科学问题和技术难点开展研究，重点从鱼类行为学、水工学、生态水力学等方面建立过鱼设施连通生境的理论体系，研发过鱼设施设计及评估的技术体系，构建过鱼设施长效监测、运行及维护的管理机制等。常剑波担任第一届主任委员，穆祥鹏担任第一届秘书长。

（12）中国大坝工程学会流域水工程智慧联合调度与风险调控技术专业委员会成立于 2019 年 9 月，秘书处挂靠在长江设计集团有限公司。主要职责是组织开展流域水工程智慧联合调度与风险调控技术领域的国内外学术交流、技术调研、技术咨询等活动，为决策部门提供咨询意见和建议。黄艳担任第一届主任委员，张睿担任第一届秘书长。

（13）中国大坝工程学会大坝混凝土与岩石断裂力学专业委员会成立于 2020 年 3 月，秘书处挂靠在浙江大学。主要职责是开展学术交流活动，组织混凝土与岩石断裂基础理论研究交流，开展新型混凝土前沿技术研究，为大坝安全提供基础理论支撑和新型混凝土材料研究的关键技术支撑；为大坝混凝土提供新理论、新材料、新技术、新工艺，从根本上提升大坝安全性、完整性和耐久性等。徐世烺担任第一届主任委员，李庆华担任第一届秘书长。

（14）中国大坝工程学会灰坝专业委员会成立于 2020 年 10 月，秘书处挂靠在中国水利水电科学研究院。主要职责是搭建合作交流平台，凝聚优势力量，对灰坝的坝体结构、材料性质、长期稳定性、排渗结构、排水结构、防洪度汛、风险评估和信息化等方面进行深入研究，推进灰坝工程技术不断升级，促进灰坝领域国际交流与合作，为灰坝安全建设和运行提供技术支持等。温彦锋担任第一届主任委员，李维潮担任第一届秘书长。

（15）中国大坝工程学会库坝渗流与控制专业委员会成立于 2020 年 12 月，秘书处挂靠在武汉大学。主要职责是组织渗流力学基础理论的交流与探讨，开展防渗新材料前沿技术研究，提升水电工程领域渗流分析与安全控制的技术水平，在岩土体渗透特性、渗流规律、分析理论和控制技术等方面取得新的突破，为我国水利水电工程的建设与运维保驾护航。周创兵担任第一届主任委员，陈益峰担任第一届秘书长。

（16）中国大坝工程学会土石坝安全管理技术专业委员会成立于 2021 年 3 月，秘书处挂靠在中国水利水电科学研究院。主要职责是凝聚优势力量，形成技术合力，共同为土石坝安全管理提供强有力的科技支撑。陈祖煜担任第一届主任委员，邓刚担任第一届秘书长。

执笔人：周　虹　陈丹妮
审核人：贾金生

世界泥沙研究学会

世界泥沙研究学会（World Association for Sedimentation and Erosion Research，WASER，以下简称"学会"）是由世界各地从事土壤侵蚀与泥沙科学技术研究的工作者和团体自愿组成、依法登记成立的国际性、学术性、非营利性民间社会团体。学会于 2004 年 10 月在中国正式宣布成立，于 2009 年 7 月完成在民政部的注册登记。业务主管单位为水利部，接受水利部、民政部的业务指导和监督管理。秘书处设在国际泥沙研究培训中心（简称"国际泥沙中心"）。

学会秘书处地址：北京市海淀区车公庄西路 20 号。

一、宗旨与任务

学会宗旨是联络各国泥沙工作者开展技术交流与合作，共同促进泥沙领域的研究、设计和管理水平的提高，为合理利用水土资源、保护生态环境、实现可持续发展提供知识和技术支持。任务包括：组织开展土壤侵蚀与泥沙国际和地区性学术交流和科学技术考察活动；组织泥沙运动理论与技术的研究和培训；出版发行会刊及其他相关科技书刊、报告和简报，举办科技展览，设立并管理学会网站；发展同相关国际学术组织的友好交往与合作等。

学会主要活动包括：召开河流泥沙国际学术讨论会（International Symposia on River Sedimentation），该学术讨论会是与国际泥沙中心共同主办的系列学术大会，每三年一届；出版《国际泥沙研究》（International Journal of Sediment Research），本刊为学会会刊，是与国际泥沙中心联合编辑出版发行的国际英文期刊，双月刊；不定期举办其他学术交流、学术培训活动。

二、领导体制

学会最高权力机构是会员代表大会，会员代表大会每三年一届，一般在河流泥沙国际学术讨论会期间召开。理事会是会员代表大会的执行机构，每届任期三年。理事会在会员代表大会闭会期间领导本会开展日常工作。秘书处在秘书长的领导下按学会章程处理本会日常管理工作。

学会理事会设主席 1 名，副主席 2~3 名，理事若干名，第六届理事会由来自世界各地的专家 20 人组成。秘书处设秘书长 1 名，司库 1 名。

历届理事会主要负责人及我国专家任职理事情况：

第一届（2004—2007 年）

主　席：德斯·沃林（Des E. Walling）（英国）

副主席：杨志达（Ted C. Yang）（美国）　詹保罗·迪·西尔维奥（Giampaolo Di Silvio）（意大利）

理事中的中国专家：林秉南

秘书长：王兆印

第二届（2007—2010 年）

主　席：德斯·沃林（Des E. Walling）（英国）

副主席：杨志达（Ted C. Yang）（美国）　詹保罗·迪·西尔维奥（Giampaolo Di Silvio）（意大利）

理事中的中国专家：胡春宏　王兆印

秘书长：于琪洋

司　库：刘孝盈

第三届（2010—2013 年）

主　席：詹保罗·迪·西尔维奥（Giampaolo Di Silvio）（意大利）

副主席：王兆印　哥瑞特·巴森（Gerrit Basson）（南非）　欧利奇·赞克（Ulrich Zanke）（德国）

理事中的中国专家：胡春宏　王光谦

秘书长：胡春宏

司　库：刘孝盈

第四届（2013—2016 年）

主　席：詹保罗·迪·西尔维奥（Giampaolo Di Silvio）（意大利）

副主席：王兆印　欧利奇·赞克（Ulrich Zanke）（德国）

理事中的中国专家：胡春宏　李义天

秘书长：胡春宏

司　库：刘孝盈（至 2015 年 9 月）

执行秘书长兼司库：刘　成（自 2015 年 9 月起）

第五届（2016—2019 年）

主　席：王兆印

副主席：海尔姆特·哈贝萨克（Helmut Habersack）（奥地利）　中川一（Hajime Nakagawa）（日本）

理事中的中国专家：李义天　杨克君　方红卫

秘书长：刘广全

执行秘书长兼司库：刘　成

第六届（2019 年—　　）

主　席：王兆印

副主席：海尔姆特·哈贝萨克（Helmut Habersack）（奥地利）　中川一（Hajime Nakagawa）（日本）
　　　　萨巴辛·德伊（Subhasish Dey）（印度）

理事中的中国专家：方红卫　杨克君　刘广全　刘　成　张文胜

秘书长：刘广全

执行秘书长兼司库：刘　成

执笔人：刘　成
审核人：刘广全

国际沙棘协会

国际沙棘协会（International Seabuckthorn Association，ISA）由水利部沙棘开发管理中心联合各国专家发起，2001年各成员国代表在印度会议上同意成立，第一次会员代表大会通过了《国际沙棘协会章程》。2011年，经水利部批准，在民政部登记，成为第27家总部设在我国的国际组织。

国际沙棘协会秘书处挂靠水利部沙棘开发管理中心，与中心科技合作处合署办公。

一、国际沙棘协会性质、主要职能及内设机构

（一）国际沙棘协会性质

2011年9月，经批准，国际沙棘协会完成了成立登记（民函〔2011〕240号），成为第27家总部设在中国的国际组织，其业务主管单位为中华人民共和国水利部。

（二）主要职能

（1）发挥沙棘行业自律作用，制定行业规章，规范行业行为，推动行业发展。

（2）调查研究国内外沙棘发展动态和趋势，提供沙棘建设与开发咨询服务。

（3）承办政府机构等组织委托或资助的国际交流与合作项目。

（4）建设国际沙棘信息网络和资料库，促进国际沙棘交流与合作。

（5）按照有关规定，编辑出版专业刊物，加大沙棘知识的普及和宣传力度。

（6）组织举办国内外沙棘学术研讨会等交流活动。

（7）开展沙棘领域的人才培训和交流考察。

（三）内设机构

按照第一次会员代表大会通过、2011年9月经民政部备案同意的《国际沙棘协会章程》，国际沙棘协会主要由会员代表大会、理事会、专业分会、秘书处四级组织管理机构组成。同时，设立技术委员会作为科技合作交流的咨询机构。

1. 会员代表大会

会员代表大会是国际沙棘协会的最高权力机构，每五年召开一次会议。目前，协会有团体会员90个、个人会员325人，分别来自蒙古国、印度、尼泊尔、巴基斯坦、日本、芬兰、德国、希腊、意大利、拉脱维亚、罗马尼亚、俄罗斯、瑞典、英国、玻利维亚、加拿大和中国等20多个国家。

2. 理事会

理事会是会员代表大会的执行机构，在闭会期间领导协会开展日常工作，对会员代表大会负责，

每年召开一次会议。任期为5年，现有1名主席、3名副主席、14名理事。

3. 分支机构

现有分支机构（分会）1个。2017年5月，经理事会批准，成立国际沙棘协会（中国）沙棘企业联合会，现有团体会员近48家，集中了全国各地沙棘加工、销售的骨干企业。根据民政部要求，2019年9月，更名为国际沙棘协会（中国）沙棘企业委员会。

4. 秘书处

秘书处主要负责协会日常工作，组织协调召开国际沙棘协会大会，开展会员的注册与管理，推动国际间沙棘的双边和多边合作等工作。

5. 科技委员会

科技委员会作为技术咨询机构主要负责组织国际沙棘协会大会的技术交流，制定国际性沙棘研发协作体系、标准以及相关课题，组织开展重点专题研究活动。每年召开一次会议，一般与理事会年会同时召开。

二、国际沙棘协会领导体制及隶属关系

（一）国际沙棘协会领导体制

工作人员实行专兼职相结合，沙棘中心主任兼任协会理事会主席，分管副主任兼任协会秘书长（法人代表），综合处负责人兼任协会副秘书长，同时协会聘任一名专职副秘书长。

（二）隶属关系

国际沙棘协会业务主管单位为水利部，秘书处挂靠在水利部沙棘开发管理中心。

三、协会负责同志任免

2019年10月，经水利部批准，国际沙棘协会在德国柏林组织召开了换届大会。

主　席：赵东晓

秘书长：卢顺光

国际沙棘协会机构图见图1，国际沙棘协会第一届、第二届理事会成员名单见表1和表2。

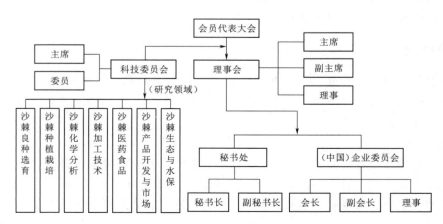

图1　国际沙棘协会机构图

表 1 　　国际沙棘协会第一届理事会成员名单（2011 年 9 月 13 日—2019 年 10 月 15 日）

序号	姓　名	性别	国家	工作单位	职务	在协会的任职
1	邰源临 （Tai Yuanlin）	男	中国	水利部沙棘开发 管理中心	原主任 （已退休）	主席、理事
2	维里·马尔库·科特涅米 （Veli‐Markku Korteniemi）	男	芬兰	Aromtech 有限公司	总经理	副主席、理事
3	约尔·托马斯·莫塞尔 （Jörg‐Thomas Mörsel）	男	德国	UBF 有限公司	首席执行官	副主席、理事
4	尤里·祖巴列夫 （Yury A. Zubarev）	男	俄罗斯	西伯利亚利萨 文科园艺研究所	高级研究员	副主席、理事
5	吕荣森 （Lü Rongsen）	男	中国	中国科学院 成都生物研究所	教授	理事
6	维伦德拉·辛格 （Virendra Singh）	男	印度	喜马偕尔农业大学	教授，印度 沙棘协会秘书长	理事
7	杨宝茹 （Yang Baoru）	女	芬兰	图尔库大学	教授，食品科学系 主任	理事
8	达里加·瑟格丽娜 （Dalija Seglina）	女	拉脱维亚	拉脱维亚园艺研究所	加工生化部主任	理事
9	纳塔莉亚·杰米多娃 （Natalia Demidova）	女	俄罗斯	俄罗斯北方林业研究所	科学部副主任	理事
10	安德烈·布鲁威利斯 （Andrejs Bruvelis）	男	拉脱维亚	拉脱维亚沙棘协会	主席	理事
11	阿尔芬斯·乌提欧 （Alphonsus Utioh）	男	加拿大	农业部食品研发中心	博士	理事
12	夏静芳 （Xia Jingfang）	女	中国	水利部沙棘开发 管理中心	处长	理事

表 2 　　　　　　　国际沙棘协会第二届理事会成员名单（2019 年 10 月 15 日—　　）

序号 （No.）	姓名 （Name）	性别 （Sex）	国家 （Country）	工作单位 （Employed Institution）	职务 （Title）	在协会的任职 （Title in ISA）
1	张文聪 （Zhang Wencong）	男 （M）	中国 （China）	水利部沙棘开发管理中心 （Management Center for Seabuckthorn Development，Ministry of Water Resource）	主任 （Director General）	主席、理事 （Chairman）
2	维里·马尔库· 科特涅米 （Veli‐Markku Korteniemi）	男 （M）	芬兰 （Finland）	Aromtech 有限公司 （Aromtech Ltd.）	总经理 （General Manager）	副主席、理事 （Vice Chairman）
3	约尔·托马斯· 莫塞尔 （Jörg‐ Thomas Mörsel）	男 （M）	德国 （Germany）	UBF 有限公司 （UBF Ltd.）	首席执行官 （CEO）	副主席、理事 （Vice Chairman）
4	尤里·祖巴列夫 （Yury A. Zubarev）	男 （M）	俄罗斯 （Russia）	西伯利亚利萨文科园艺研究所 （Lisavenko Research Institute of Horticulture for Siberia）	高级研究员 （Senior Researcher）	副主席、理事 （Vice Chairman）

序号 （No.）	姓名 （Name）	性别 （Sex）	国家 （Country）	工作单位 （Employed Institution）	职务 （Title）	在协会的任职 （Title in ISA）
5	吕荣森 （Lü Rongsen）	男 （M）	中国 （China）	中国科学院成都生物研究所 （Biology Insititute，Chinese Academy of Science）	教授 （Professor）	理事 （Board member）
6	维伦德拉·辛格 （Virendra Singh）	男 （M）	印度 （India）	喜马偕尔农业大学 （CSK Himachal Pradesh Agricultural University）	教授，印度沙棘 协会秘书长（Professor）	理事 （Board member）
7	莫沫 （Mo Mo）	男 （M）	中国 （China）	水利部水土保持司 （Dep. of Soil and Water Conservation）	副司长 （Deputy Director General）	理事 （Board member）
8	杨宝茹 （Yang Baoru）	女 （F）	芬兰 （Finland）	图尔库大学 （University of Turku）	教授，食品科学系主任 （Professor，Head of Dept. of Food Science）	理事 （Board member）
9	达里加·瑟格丽娜 （Dalija Seglina）	女 （F）	拉脱维亚 （Latvia）	拉脱维亚园艺研究所 （Institute of Horticulture，Latvia）	加工生化部主任 （Head of Unit of Processing and Biochemistry）	理事 （Board member）
10	纳塔莉亚·杰米多娃 （Natalia Demidova）	女 （F）	俄罗斯 （Russia）	俄罗斯北方林业研究所 （Northern Research Institute of Forestry）	科学部副主任 （Deputy Director on Sciences）	理事 （Board member）
11	安德烈·布鲁威利斯 （Andrejs Bruvelis）	男 （M）	拉脱维亚 （Latvia）	拉脱维亚沙棘协会 （Seabuckthorn Association of Latvia）	主席 （Head）	理事 （Board member）
12	阿尔芬斯·乌提欧 （Alphonsus Utioh）	男 （M）	加拿大 （Canada）	食品研发中心 （Center for Food Research and Development）	博士 （Senior Reseacher）	理事 （Board member）
13	卢顺光 （Lu Shunguang）	男 （M）	中国 （China）	水利部沙棘开发管理中心 （Management Center for Seabuckthorn Development，Ministry of Water Resource）	副主任 （Deputy Director General）	秘书长、理事 （Secretary General）
14	夏静芳 （Xia Jingfang）	女 （F）	中国 （China）	水利部沙棘开发管理中心 （Management Center for Seabuckthorn Development，Ministry of Water Resource）	处长 （Division Chief）	副秘书长、理事 （Deputy Secretary General）

执笔人：张　滨
审核人：卢顺光

黄河研究会

黄河研究会（The Yellow River Research Association，YRRA）成立于1993年2月12日，秘书处设在黄河水利委员会国际合作与科技局，接受业务主管单位水利部和社团登记管理机关民政部的业务指导和监督管理。黄河研究会是在中国共产党领导下的研究黄河治理保护和管理的学术团体，由黄河水利委员会委属单位、有关高等院校、科研院所、沿黄各省区水利行政主管部门的科技工作者自愿结成的全国性、行业性社会团体，是非营利性社会组织，是发展黄河水利科技事业的重要社会力量。

黄河研究会的宗旨是团结全体会员，贯彻执行中央有关水利工作的方针政策。开展黄河治理保护重大问题的研究和学术交流，宣传普及黄河科技知识，促进科技成果推广转化，为黄河流域生态保护和高质量发展献计献策，为广大热爱黄河事业的科技工作者服务。

黄河研究会的业务范围是：

（1）组织或受托对黄河重大问题开展技术评估、技术论证、咨询服务等，向有关部门提出建议。

（2）宣传普及水利科技知识，根据治黄需要举办水利讲座培训班等，努力提高会员的水利科技水平。发现、培训和优先推荐科技人才。

（3）根据治黄需要，组织调研和技术考察。

（4）组织科技成果推广。

（5）开展国际民间水利学术交流活动，组织会员参加国际水利科技合作项目等，发展同国内外相关学术组织和科技工作者的友好交往与合作。

（6）授权负责与港澳台地区的学术交流和技术合作。

（7）汇编、刊印有关黄河问题的学术资料、通信报道和研究动态。

（8）反映会员的意见和要求，维护会员的合法权益，为会员服务。

黄河研究会的发展历经五届理事会：第一届理事会从1993年2月至2002年1月，第二届理事会从2002年1月至2007年5月，第三届理事会从2007年5月至2014年6月，第四届理事会从2014年6月至2020年11月，第五届理事会从2020年11月始。

一、第一届理事会成员名单（1993年2月—2002年1月）

名誉理事长： 钱正英　张含英

顾　　问： 王长路　王锐夫　叶永毅　龙毓骞　李保如　刘善建　吴以敩　陈赞廷　张光斗

张季农　张泽祯　袁隆　徐乾清　徐福龄　龚时旸　谢鉴衡　窦国仁　戴定忠

苏铎　刘锡田　徐四复　汪云峰　吴天铺　齐兆庆　苏发祥　陈俊林　王钟浩

理　事　长： 亢崇仁

副理事长： 朱承中　黄自强　冯长海　王伦平　李建国　毛光启　邱沛　张国昌

理　事（按姓氏笔画排列）：王伦平　毛光启　亢崇仁　邓盛明　石德容　叶采鹏　邱　沛　冯长海
　　　　　　　　　　　　边凯元　朱承中　李建国　杨庆安　吴本陵　吴致尧　宋建洲　张民琪
　　　　　　　　　　　　张国昌　陈天兴　陈效国　林　昭　孟庆枚　赵天义　赵业安　袁　钟
　　　　　　　　　　　　贾　玮　高善良　黄自强　曾庆华　谭伯琥

秘　书　长：吴致尧（兼）

副秘书长：邓盛明　高善良

1994 年 6 月前，黄河水利委员会主任亢崇仁任黄河研究会理事长（法人），之后因工作需要调离黄河水利委员会。1994 年 6 月，黄河水利委员会主任綦连安为黄河研究会理事长（法人）。1997 年，黄河研究会原法定代表人綦连安调水利部工作。1999 年 10 月，黄河水利委员会副主任黄自强为黄河研究会理事长（法人）。

二、第二届理事会成员名单（2002 年 1 月—2007 年 5 月）

理　事　长：黄自强

副理事长：石春先　刘伟民　李效栋　于长剑　杜永发　潘军峰　洪小康　李福中　耿福明
　　　　　祝向民　刘晓燕

理　事（按姓氏笔画排列）：王　浩　王江涛　王兴奎　韦直林　任建华　芮孝芳　杜玉海　李良年
　　　　　　　　　　　　杨建设　沈凤生　宋　臻　张金良　张柏山　郑新民　胡　炜　姚文艺
　　　　　　　　　　　　郭雪莽　董保华　曾肇京

秘　书　长：刘晓燕（兼）

三、第三届理事会成员名单（2007 年 5 月—2014 年 6 月）

名誉理事长：李国英

顾　　　问：索丽生　李殿魁　高　波　刘昌明　高安泽　朱尔明　徐乾清　徐志恺　韩其为
　　　　　　王　浩　张　仁　龚时旸

理　事　长：黄自强

副理事长：徐　乘　薛松贵　王文珂　石春先　冯国斌　刘晓燕　尚宏琦　刘伟民　魏宝君
　　　　　薛塞光　于长剑　裴　群　洪小康　王铁牛　尚梦平　邓铭江　殷保合

理　事（按姓氏笔画排列）：尹正民　王光谦　王渭径　韦直林　乔西现　刘　恒　刘汉东　刘红宾
　　　　　　　　　　　　吕爱华　吕雪萍　朱庆平　朱跃龙　宋纯鹏　张金良　张柏山　张善臣
　　　　　　　　　　　　李中树　李文学　李坤刚　杜玉海　杨含峡　杨启祥　杨建设　连　煜
　　　　　　　　　　　　邵明安　陈伯让　郑新民　姚文艺　胡春宏　郝金之　倪晋仁　高　航
　　　　　　　　　　　　高丹盈　梅锦山　黄犀砚　景来红　董保华　覃新闻　端木礼明　燕同胜

秘　书　长：尚宏琦（兼）

2013 年 12 月，鉴于第三届理事长黄自强已超过黄河研究会章程规定的任职年龄和任期界限，经理事长推荐、理事会表决通过，水利部审核，以及民政部批准，由黄河水利委员会副主任苏茂林担任理事长、法定代表人。

四、第四届理事会成员名单（2014 年 6 月—2020 年 11 月）

名誉理事长：陈小江

顾　　　问：刘昌明　韩其为　王　浩　张建云　康绍忠　高　波　徐　乘

理 事 长：苏茂林

理事（按姓氏笔画排列）：于长剑　王光谦　王继元　王道席　王　鹏　石秋池　田　斌　朱跃龙

刘汉东　刘国彬　祁志峰　许新宜　杜玉海　李文学　李赞堂　杨成有

杨同柱　杨含峡　连　煜　何兴照　宋纯鹏　张　伟　张　健　张　磊

张玉忠　张洪山　尚宏琦　赵国民　胡春宏　钟登华　徐章文　高　航

高丹盈　谈广鸣　梅锦山　韩建国　窦希萍　端木礼明　薛塞光

秘 书 长：尚宏琦（兼）

2020 年 5 月，为贯彻落实国家关于进一步加强和规范社团管理的有关要求，并征得水利部人事司同意，根据《黄委关于黄河研究会秘书处机构设置的通知》（黄人事〔2020〕115 号），黄河研究会秘书处挂靠单位转为黄河水利委员会黄河水利科学研究院，承担黄河研究会各项日常工作。秘书处内设综合部、科技研究部、学术交流部 3 个部门，其中综合处设主任、副主任各 1 名，科技研究部、学术交流部各设主任 1 名。秘书处的办公地点由河南省郑州市金水区金水路 11 号迁移至河南省郑州市金水区顺河路 45 号。

五、第五届理事会成员名单（2020 年 11 月—　　）

名誉理事长：岳中明

顾　　　问：王光谦　倪晋仁　夏　军　崔　鹏　傅伯杰　彭建兵　胡春宏　王　浩　王　超

邓铭江　杨志峰　张建云　康绍忠　钮新强　王复明　张建民　冯夏庭

理 事 长：苏茂林

副理事长：王道席　郜国明

理事（按姓氏笔画排列）：丁纪民　马承新　王　飞　王光谦　王贵平　王复明　王晓东　王晓玲

王通战　朱寿峰　朱跃龙　刘咏峰　刘泽军　刘雪梅　许新宜　李　典

李　彬　李永春　杨希刚　吴天临　张金良　彭国春　陈和春　陈建光

苗长虹　赵晋灵　侯传河　袁东良　郭庆超　谈广鸣　梅生伟　崔节卫

提文献　韩　悌　韩利学　曾　永　谢小平

秘 书 长：田玉清

根据《中共水利部党组关于印发水利部领导干部兼职管理办法的通知》（水党〔2019〕102 号），经理事长推荐、理事会表决通过，水利部审核，以及民政部批准，法定代表人变更为田玉清。

2021 年 3 月，王道席被任命为宁夏回族自治区人民政府副主席、党组成员，根据工作需要，不再兼任黄河研究会副理事长职务。

2021 年 12 月，根据《中共水利部党组关于印发水利部领导干部兼职管理办法的通知》（水党〔2019〕102 号）以及工作需要，岳中明不再兼任黄河研究会名誉理事长职务。

黄河研究会目前尚未建立分支机构。

执笔人：龚　真

审核人：苏茂林　郜国明　田玉清

南方水土保持研究会

南方水土保持研究会（简称"南方水保会"），于 2006 年 8 月在安徽绩溪进行了换届选举，南昌工程学院王志锋校长当选第四届理事会理事长，李凤教授当选为秘书长。2010 年 10 月于昆明进行了第五届理事会选举，南昌工程学院党委书记李水弟当选为理事长，李凤教授当选为秘书长。2017 年 4 月在桂林市召开了第六次会员代表大会，南昌工程学院校长金志农当选为第六届理事会理事长，李凤教授当选为秘书长。截至 2021 年 12 月，会员有 1506 人，理事单位 82 个，理事 96 人。

南方水保会已在民政部注册登记，业务主管部门为水利部，业务指导司局是水利部水土保持司，挂靠单位为南昌工程学院。

一、宗旨

遵守宪法、法律、法规和国家政策，践行社会主义核心价值观，弘扬爱国主义精神，遵守社会道德风尚，自觉加强诚信自律建设。认真贯彻党的基本路线和"百花齐放，百家争鸣"的方针；坚持实事求是的科学态度和优良作风；坚持民主办会；坚持科学技术是第一生产力的思想；倡导"献身、创新、求实、协作"的精神；团结广大的水土保持科技工作者，促进水土保持科学技术的繁荣和发展，促进水土保持科学技术的普及和推广，促进科技人才的成长，促进水土保持科技与市场经济的结合，实施科教兴国和水土保持可持续发展战略，为建设和谐、资源节约和环境友好的社会作出贡献。

二、业务范围

（1）南方水保会联系覆盖的地域范围包括南方各省（自治区、直辖市）（山东、安徽、湖北、湖南、四川、贵州、云南、广西、广东、海南、江西、江苏、浙江、上海、福建以及港澳台地区）以及其他地区全国性的专业科研院（所）和高等院校。

（2）组织开展国内外水土保持学术交流活动和科学技术考察活动；促进民间水土保持科技交流与合作。

（3）普及水土保持科学技术，传播科学精神、科学思想与科学方法；推广水土保持先进技术。

（4）编辑出版有关科技书刊与科普读物及相关的音像制品。

（5）开展继续教育和技术培训工作，为会员和科技工作者更新知识、提高学术水平和管理水平服务。

（6）积极开展中介业务，做好技术推广和技术咨询活动，在水土保持科学发展战略和重点水土保持项目技术论证方面发挥咨询作用，向有关部门提出合理化建议；接受委托进行项目评估与论证，科技成果鉴定，科技文献编纂与技术标准的编审等工作。

（7）推荐科技人才，积极发展新会员。

（8）为会员和水土保持科技工作者服务，反映会员的心声，维护会员合法权益。

（9）其他有关专业活动。

南方水土保持研究会历届领导任免表见表1。

表1　　　　　　　　　　　　　南方水土保持研究会历届领导任免表

姓　名	职　务	任　免　时　间
第四届理事会		
王志锋	理事长	2006 年 8 月—2010 年 10 月
管日顺	副理事长	2006 年 8 月—2010 年 10 月
杨学震	副理事长	2006 年 8 月—2010 年 10 月
廖纯艳	副理事长	2006 年 8 月—2010 年 10 月
吴长文	副理事长	2006 年 8 月—2010 年 10 月
章梦涛	副理事长	2006 年 8 月—2010 年 10 月
朱克成	副理事长	2006 年 8 月—2010 年 10 月
李　锐	副理事长	2006 年 8 月—2010 年 10 月
李智广	副理事长	2006 年 8 月—2010 年 10 月
余新晓	副理事长	2006 年 8 月—2010 年 10 月
李　凤	秘书长	2006 年 8 月—2010 年 10 月
第五届理事会		
李水弟	理事长	2010 年 10 月—2017 年 4 月
扎西顿珠	副理事长	2010 年 10 月—2013 年 10 月
左长清	副理事长	2010 年 10 月—2017 年 4 月
黄炎和	副理事长	2010 年 10 月—2017 年 4 月
冯明汉	副理事长	2010 年 10 月—2017 年 4 月
吴长文	副理事长	2010 年 10 月—2017 年 4 月
朱克成	副理事长	2010 年 10 月—2017 年 4 月
李智广	副理事长	2010 年 10 月—2017 年 4 月
余新晓	副理事长	2010 年 10 月—2017 年 4 月
樊后保	副理事长	2010 年 10 月—2017 年 4 月
第五届理事会		
朱志勇	副理事长	2010 年 10 月—2017 年 4 月
孙发政	副理事长	2010 年 10 月—2017 年 4 月
张金池	副理事长	2014 年 9 月—2017 年 4 月
李　凤	秘书长	2010 年 10 月—2017 年 4 月

姓　名	职　务	任免时间
第六届理事会		
金志农	理事长	2017 年 4 月—
王　莹	副理事长	2017 年 4 月—
孙发政	副理事长	2017 年 4 月—
李智广	副理事长	2017 年 4 月—
吴长文	副理事长	2017 年 4 月—
余新晓	副理事长	2017 年 4 月—
何长高	副理事长	2017 年 4 月—
张金池	副理事长	2017 年 4 月—
张平仓	副理事长	2019 年 11 月—
易云飞	副理事长	2017 年 4 月—
梁　音	副理事长	2017 年 4 月—
樊后保	副理事长	2017 年 4 月—
李　凤	秘书长	2017 年 4 月—

执笔人：李　凤　刘文飞
审核人：金志农

中国保护黄河基金会

中国保护黄河基金会是在民政部登记注册，由水利部主管的水利系统唯一一家国家级公募性基金会。

一、宗旨

（1）开展经常性的保护母亲河活动，促进黄河健康生命的长久维持。

（2）遵守宪法、法律、法规和国家政策，践行社会主义核心价值观，弘扬爱国主义精神，遵守社会道德风尚，自觉加强诚信自律建设。

二、业务范围

（1）依法募集和接收国内外自然人、法人或者其他组织的捐赠和资助，根据中国保护黄河基金会宗旨和捐赠者意愿，组织保护黄河的公益项目及其相关活动。

（2）资助保护黄河研究的相关项目。

（3）组织和资助母亲河保护的公益宣传、行动及募捐等活动。

（4）奖励为保护河流健康生命做出显著贡献者。

（5）资助黄河国际论坛等国际研讨会，开展科学技术及应用等相关学术讨论，促进国际交流与合作。

（6）资助和开展人才培养及相关的项目。

（7）依照国家法律和政策规定，组织实施基金保值增值的经营和投资活动。

（8）资助和开展有利于维护黄河健康生命的基础建设、生态保护、文化保护、民生救助等活动及公益事业。

（9）资助和开展符合本基金会宗旨的其他项目及活动。

三、机构设置

中国保护黄河基金会是独立的法人组织，理事会是其最高决策机构，办事机构为秘书处。秘书处下设4个业务部门，为具体执行部门，分别为综合部、基金运作部、事业发展部、财务部。

（一）综合部

协助秘书处领导处理基金会秘书处日常事务；起草基金会综合性工作计划、总结、规划、报告及有关材料；协调组织秘书长办公会议、做好会议准备和会议纪要整理，并对会议执行情况进行检查督促；掌管理事会、秘书处印鉴、介绍信，审定各部门印章的刻制，并按规定宣布启用及销毁；负责工作人员的人事档案和工资管理工作；理事长交办的其他事项。

（二）基金运作部

负责基金会对外联络、策划、管理捐赠募捐事务；分级管理捐赠物资，设立捐赠物资总账和分类账；对下属各工作站实施业务指导和监督管理；对专题保护黄河流域项目进行调研分析，筹备计划及制定具体方案，提交秘书处讨论；对项目实施监督，并向相关负责人提供项目执行、进行报告及评估报告；拟定项目部的年度财务预算方案，提出本部的项目设置和人事安排建议；秘书处交办的其他事项。

（三）事业发展部

负责基金会公益慈善事业的开拓和发展，对资助保护黄河研究的相关项目调研、筹备计划、审定和组织实施，按照基金会战略规划，提出项目方案，并负责项目实施、推广及评估工作，承担项目管理工作，对项目实施监督，并向相关负责人提供项目执行、进展报告及评估报告；拟定事业发展部的年度财务预算方案，确定本部的项目设置和人员安排；秘书处交办的其他各项工作。

（四）财务部

负责建账、算账、报账，以及慈善资金、物资的财务核算；办理财务各种拨款及会计工作；负责对基金会汇集核算管理，财务核算管理；接受税务、会计主管部门依法实施的税务监督和会计监督；向理事会提交上年度业务报告及经费收支决算、本年度业务计划及经费收支预算、财产清册；会同其他部门，定期组织清查盘点，做到账卡物相符；分解资金占用额，合理化、有计划性地调度占用资金；负责资金缴、拔、按时上交税款；办理现金收支和银行结算业务；及时登记现金和银行存款日记账，保管库存现金，保管好有关印章、空白收据、空白支票；协助、配合审计部门及相关中介机构对财务进行审计及资产评估工作；协助综合部发放工作人员工资福利，与综合部共同编制职能机构劳动工资计划和奖金福利预算；完成秘书处交办的其他事项。

四、组织建设

《中国保护黄河基金会章程》规定，本基金会由 5～25 名理事组成理事会，理事每届任期为 5 年，任期届满，连选可以连任。

第一届（2009—2014 年）

理事长：冯国斌

秘书长：王渭泾

理　事：徐　乘　尚宏琦　张善臣　庄安尘　刁兆秋　夏明海　张俊峰　李兰奇

监　事：李春安

第二届（2014—2021 年）

理事长：夏明海

秘书长：刁兆秋

理　事：徐　乘　尚宏琦　张善臣　殷保合（2014—2018 年）　张立新（2018—2021 年）　张保平　李明堂　张俊峰　张金良　马跃生　李兰奇（2014—2016 年）　董德中（2016—2021 年）　王光谦　张建云　宋国卿

监　事：苏　铁

执笔人：崔瑞英　马博文
审核人：田依林　于保亮

国际小水电联合会

国际小水电联合会（简称"联合会"），英文名称为 International Network on Small Hydro Power（INSHP），由联合国工业发展组织、联合国开发计划署、中国水利部和商务部共同发起成立，是新中国成立以来第一个总部设在中国的国际组织。截至 2021 年 12 月 31 日，联合会拥有来自 80 个国家的 441 家会员。

一、历史沿革

2001 年 6 月 7—8 日，第三届国际小水电网协调委员会工作会议在印度特里凡得琅召开。会议进行了换届选举，审议通过了国际小水电网 2000 年度工作报告、2001—2002 年度工作计划、第三届协调委员会名单。

2004 年 12 月 11 日，第四届国际小水电组织协调委员会工作会议在中国浙江省杭州市召开。会议审议通过了《国际小水电网章程（修订稿）》，同意将国际小水电网更名为国际小水电组织。会议进行了换届选举，并审议通过了国际小水电组织 2001—2004 年度工作报告、2005 年度工作计划、第四届协调委员会名单、十周年宣言。12 月 12 日，召开了国际小水电组织成立十周年纪念大会。

2007 年 2 月 5 日，国际小水电组织在中国民政部登记注册，登记注册名称为"国际小水电联合会"。按照《社会团体登记管理条例》要求，联合会对章程进行了修订。

2009 年 5 月 12 日，第五届国际小水电联合会协调委员会工作会议在中国浙江省杭州市召开。会议进行了换届选举，审议通过了国际小水电联合会 2008 年度工作报告、2009—2010 年度工作计划、第五届协调委员会名单，交流讨论了国际小水电联合会发展战略。

2016 年 11 月 2 日，第六届国际小水电联合会协调委员会工作会议在中国浙江省杭州市召开。会议进行了换届选举，审议通过了国际小水电联合会 2010—2015 年度工作报告、2016—2017 年度工作计划、第六届协调委员会名单，交流讨论了全球小水电发展情况。

2021 年 9 月 15 日，第七届国际小水电联合会协调委员会工作会议以通信方式召开。会议进行了换届选举，审议通过了国际小水电联合会 2016—2020 年度工作报告、2021—2023 年度工作计划、第七届协调委员会名单。

二、性质任务

（一）性质宗旨

按照联合会章程规定，联合会性质为由国内外能源相关非政府组织、水电开发公司、科研和设计院所、高等院校、水电设备制造厂家等单位及其他相关组织和个人自愿自行组织建立的国际性、行业性、非营利性社会组织，是国际小水电行业实行行业服务和自律管理的社会团体法人。

联合会宗旨为通过发展中国家、发达国家、国际组织三边的技术和经济合作，促进全球小水电的开发，从而为发展中国家广大的农村地区提供清洁、廉价和足量的能源，增加农村就业机会，改善生态环境，扶贫并改善农村的物质和精神生活条件，促进农村经济的发展。

（二）业务范围

按照联合会章程规定，联合会业务范围如下：

（1）通过技术合作，特别是技术信息交流，互用培训设施，调节需求关系等，促进小水电发展，从而使之成为促进农村社会、经济与环境发展的有效手段。

（2）帮助协调区域内和区域间小水电资源的有效利用、低成本开发及其管理和运行。

（3）通过会议、出版物及技术考察活动，交流包括投资回收等方面的小水电开发的经验和信息。

（4）为各会员的有关小水电项目提供实际的技术咨询服务；组织援助发展中国家某些合适的小水电项目的开发。

（5）就如何建立一个适当的立法制度鼓励私人投资小水电项目为发展中国家提供咨询；协助开发世界小水电技术市场，包括给发展中国家提供适当资助，从而促进小水电技术的发展，降低小水电设备成本。

（6）设立国际小水电联合会奖励基金，用以资助全球小水电的活动和资源的开发利用，表彰奖励为全球小水电发展作出卓越贡献的组织与个人。

（三）机构人员

联合会在国内的湖南、甘肃、浙江、江苏、湖北建立了 6 个示范基地和 1 个示范区，在国外建立了印度、尼日利亚、哥伦比亚 3 个区域分中心。

本会的总部机构为设立在杭州的国际小水电中心，办事机构为秘书处办公室，共有 16 名工作人员。

三、组织形式

（一）领导体制

联合会的登记单位是民政部，业务主管单位是水利部。

按照联合会章程规定，联合会的最高权力机构是协调委员会，理事会是协调委员会的执行机构。常务理事会由理事会选举产生，负责主持联合会工作。

（二）分支机构

联合会设有 1 个分支机构，为国际小水电联合会多能互补专业委员会，设立时间为 2021 年 9 月 15 日，设立地址为浙江省杭州市南山路 136 号。其业务范围为政策研究、标准编制、会议会展、业务培训和技术咨询。

四、历届领导

历届主席、副主席名单见表 1，历届总干事、副总干事名单见表 2。

表 1   历届主席、副主席名单

姓　名	届别及时间	联合会职务
钮茂生	第二届 （1998—2001 年）	名誉主席（1998 年）
张基尧		名誉主席（1999—2001 年）
Lopez Rodas		名誉主席
程回洲		主　席
H. Baguenier		副主席
Ulf Riise		副主席
Godfrey Turyahikayo		副主席
Michel Clair		副主席
Shevardnadze Eiduard Amvrosievich	第三届 （2001—2004 年）	名誉主席
陈　雷		名誉主席
章孟进		名誉主席
程回洲		主　席
H. Baguenier		副主席
Julio Herrera		副主席
Kocherli Raman Narayanan	第四届 （2004—2009 年）	名誉主席
索丽生		名誉主席
章猛进		名誉主席
程回洲		主　席
陈　雷	第五届 （2009—2016 年）	荣誉主席
胡四一		荣誉主席
Abdalmahmood Abdalhaleem Mohamad		荣誉主席
Nassir Abdulaziz Al-Nasser		荣誉主席
M. R. Nyambuya		荣誉主席
田中兴		主　席
M. M. C. Ferdinando		副主席
Chileshe Kapwepwe	第六届 （2016—2021 年）	荣誉主席
田中兴		主　席（2016—2018 年）
邢援越		主　席（2018—2021 年）
Mohamedain E. Seif Elnasr		副主席
Chileshe Kapwepwe	第七届 （2021 年—　　）	荣誉主席
邢援越		主　席

表 2 历届总干事、副总干事名单

姓　名	届别及时间	联合会职务
童建栋	第三届 （2001—2004 年）	总干事
曾月华		副总干事
赵永利		副总干事
V. K. Damodaran		副总干事
Claude Barraud		副总干事
童建栋	第四届 （2004—2009 年）	总干事
曾月华		副总干事
V. K. Damodaran		副总干事
刘　恒	第五届 （2009—2016 年）	总干事
刘德有		副总干事
程夏蕾	第六届 （2016—2021 年）	总干事（2016—2018 年）
刘德有		副总干事（2016—2018 年） 总干事（2019—2021 年）
樊新中		副总干事（2016—2017 年）
黄　燕		副总干事（2018—2021 年）
付自龙		副总干事（2018—2021 年）
刘德有	第七届 （2021 年—　）	总干事
黄　燕		副总干事
付自龙		副总干事

注　总干事、副总干事职务自第三届协调委员会开始设立。

执笔人：郑　良　邱大乐
审核人：刘德有

世界水土保持学会

世界水土保持学会（World Association of Soil and Water Conservation，WASWAC，原中文翻译为"世界水土保持协会"，2014 年在中国登记注册期间，依其宗旨和活动内容改为"世界水土保持学会"）于 1983 年 1 月在美国夏威夷召开国际水土保持和土壤侵蚀学术交流会期间，由与会代表倡议成立。

世界水土保持学会为全球性的非政府、非营利性学术组织。

一、世界水土保持学会宗旨

世界水土保持学会的宗旨是：联络各国土壤侵蚀与水土保持工作者开展技术交流与合作，共同促进世界土壤侵蚀与水土保持领域的研究、设计和管理水平的提高，为合理利用水土资源、保护生态环境、实现可持续发展提供知识和技术支持。

二、世界水土保持学会秘书处

自 1983 年世界水土保持学会成立至 2002 年，秘书处的工作由美国水土保持学会承担。2002 年 5 月由水利部承办在北京召开的第 12 届国际水土保持大会，取得了巨大成功。世界水土保持学会理事会认为中国在水土保持综合治理、监督管理、教育和科学研究等各个方面都走在了世界前列，应当在世界水土保持学会中发挥更大的作用，提议将秘书处迁到中国。2002 年 8 月时任世界水土保持学会主席的泰国皇家土地开发局萨姆兰·颂巴派内特（Samran Sombatpanit）博士代表学会与水利部水土保持司签署备忘录，同意将秘书处迁到中国，由水利部沙棘开发管理中心承担日常工作。但因当时没有明确秘书处具体组成人员，中国的秘书处一直没有真正运转起来，实际工作由时任主席所在的泰国皇家土地开发局技术处承担。

2010 年 6 月 9 日，水利部人事司、国科司、水保司、中国水利水电科学研究院、中国科学院资源环境科学与技术局、国际泥沙研究培训中心、中国科学院水利部水土保持研究所、中国水土保持学会等单位的代表，以及世界水土保持学会总协调人萨姆兰·颂巴派内特（Samran Sombatpanit）博士在北京召开学会秘书处工作会议。会议商定：以国际泥沙研究培训中心作为世界水土保持学会常设秘书处的依托单位，由水土保持司刘震司长担任名誉秘书长，国际泥沙研究培训中心宁堆虎副主任担任秘书长，国科司、水土保持司、中国科学院水利部水土保持研究所、中国水土保持学会等单位的同志分别担任副秘书长，同时开展学会在中国的注册登记和会刊出版等工作。

2010 年 7 月，在国际泥沙研究培训中心正式组建了新的学会秘书处，并着手开展相关工作。

2015 年 4 月 30 日，民政部以民函〔2015〕149 号文件批复准予世界水土保持学会登记，水利部为该学会业务主管单位。

三、主要职能

依世界水土保持学会章程，主要开展以下工作：

（1）组织开展土壤侵蚀与水土保持国际和地区性学术交流和科学技术考察活动。

（2）组织土壤侵蚀与水土保持运动理论与技术的研究和培训。

（3）按照有关规定，出版发行会刊及其他相关科技书刊、报告和简报，举办科技展览，设立并管理世界水土保持学会网站。

（4）开展水土保持科学普及和标准编制工作。

（5）发展同相关领域国际学术组织的友好交往与合作。

（6）经有关部门批准，按照相关规定和程序要求。

（7）努力为会员和本学科科技工作者服务，反映他们的意见和要求，维护他们的合法权益。

世界水土保持学会每 3 年举办一次的国际学术研讨会（WASWAC World Conference），每 3 年举办一次国际水土保持青年论坛（International Youth Forum of Soil and Water Conservation）；协助国际泥沙研究培训中心等单位出版会刊 International Soil and Water Conservation Research （《国际水土保持研究》）。每月在线出版学会简报（WASAWAC Hot News）。

四、领导体制

世界水土保持学会的最高权力机构为会员代表大会，每 3 年召开一次，负责制定和修改学会章程、选举和罢免理事会成员等事宜。

世界水土保持学会的日常领导机构为理事会，由 1 名主席、若干名副主席、若干名理事和 1 名秘书长组成。理事会内设立 6 个工作委员会，负责相应的事务。

世界水土保持学会设常务理事会，常务理事由理事会选举产生。理事会闭会期间，由常务理事会行使相应职权，并对理事会负责。

世界水土保持学会的日常执行机构为秘书处。

五、世界水土保持学会历任主席

世界水土保持领域专家先后担任学会主席，分别如下：

（1）1998 年 1 月—2001 年 12 月，大卫·桑德斯（David Sanders）（英国）。

（2）2002 年 1 月—2004 年 12 月，2005 年 4 月—2006 年 12 月，萨姆兰·颂巴派内特（Samran Sombatpanit）（泰国）。

（3）2005 年 1—3 月，马丁·黑格（Martin Haigh）（英国）。

（4）2007 年 1 月—2010 年 12 月，米奥德拉格·兹拉蒂奇（Miodrag Zlatic）（塞尔维亚）。

（5）2011 年 1 月—2019 年 12 月，李锐（中国）。

（6）2020 年 1 月—，宁堆虎（中国）。

执笔人：杜鹏飞

审核人：刘孝盈　宁堆虎

中国水资源战略研究会

中国水资源战略研究会又名全球水伙伴中国委员会（Global Water Partnership China，GWP China），成立于 2000 年 11 月，代表中国参加国际组织全球水伙伴。2016 年 3 月，在民政部注册为中国水资源战略研究会。中国水资源战略研究会与全球水伙伴中国委员会是一套班子，两块牌子。秘书处设在中国水利水电科学研究院。

中国水资源战略研究会是由支持中国水资源可持续利用和关注水资源战略的相关企事业单位、社会组织自愿结成的学术性、全国性、非营利性的社会组织。中国水资源战略研究会接受社团登记管理机关民政部、业务主管单位水利部的监督管理和业务指导。

中国水资源战略研究会现有单位会员 199 个，个人会员 1025 个，自成立到 2021 年，共召开了 4 次伙伴（会员）代表大会，20 余年间，组织不断扩大，会员不断增加，成为水资源领域较有影响力的社团组织之一。

一、历史沿革

中国水资源战略研究会的发展历程可以分为 3 个阶段。第一阶段：全球水伙伴中国技术顾问委员会（2000 年 11 月—2006 年 9 月）；第二阶段：全球水伙伴中国委员会（2006 年 9 月—2016 年 3 月）；第三阶段：中国水资源战略研究会暨全球水伙伴中国委员会（2016 年 3 月—2021 年 12 月）。

（一）第一阶段：全球水伙伴中国技术顾问委员会（2000 年 11 月—2006 年 9 月）

为加强水资源管理，促进可持续发展，推动国际交流合作，2000 年 7 月 8 日，水利部决定筹备成立"全球水伙伴中国技术顾问委员会"，同年 11 月 8—9 日宣布全球水伙伴中国技术顾问委员会正式成立，该委员会由 10 人组成，梁瑞驹教授任主席，秘书处挂靠在中国水利水电科学研究院，办公地点在北京市海淀区车公庄西路 20 号中国水科院北院新主楼 6 楼。

2003 年 9 月 30 日，杨振怀担任全球水伙伴中国技术顾问委员会名誉主席，董哲仁为主席，杨国炜为副主席，王浩为秘书处秘书长。

（二）第二阶段：全球水伙伴中国委员会（2006 年 9 月—2016 年 3 月）

根据全球水伙伴中国地区发展战略和工作要求，自 2005 年开始，着手筹备由技术顾问委员会向地区委员会的转型工作，并专门成立了转型筹备组。

1. 全球水伙伴中国委员会第一次伙伴代表大会

2006 年 9 月 7—8 日，全球水伙伴中国委员会第一次伙伴代表大会在南京召开，完成了全球水伙伴中国技术顾问委员会向全球水伙伴中国委员会的转型工作，通过了《全球水伙伴中国委员会章程》，选举产生了第一届理事会。

大会选举的第一届领导机构和领导：

理　　事　　长：董哲仁

秘　　书　　长：王　浩

理　　　　事：丁东华等 18 人

2008 年 1 月 11 日，在全球水伙伴中国委员会第一届理事会第四次会议上选举王浩为副理事长，郑如刚为秘书长。

2008 年秋，办公地点迁至北京市海淀区玉渊潭南路 1 号中国水利水电科学研究院南院办公楼 A 座。

2. 全球水伙伴中国委员会第二次伙伴代表大会

2009 年 5 月 14 日，全球水伙伴中国委员会召开第二次伙伴代表大会。

大会选举的第二届领导机构和领导：

理　　事　　长：汪恕诚

常务副理事长：董哲仁

副 理 事 长：王　浩

秘　　书　　长：郑如刚

理　　　　事：王如松等 37 人

（三）第三阶段：中国水资源战略研究会暨全球水伙伴中国委员会（2016 年 3 月—2021 年 12 月）

为规范组织管理，全球水伙伴中国委员会在水利部的支持下，以中国水利水电科学研究院作为发起单位，以中国水资源战略研究会的名称向民政部提交社团组织登记注册申请。民政部于 2014 年 3 月 20 日以《关于中国水资源战略研究会筹备成立的批复》（民函〔2014〕75 号）批复同意召开中国水资源战略研究会成立大会，2016 年 11 月完成登记手续，社团法人为王浩。

1. 中国水资源战略研究会第一次会员代表大会暨全球水伙伴中国委员会第三次伙伴代表大会

2016 年 3 月 22 日，中国水资源战略研究会第一次会员代表大会暨全球水伙伴中国委员会第三次伙伴代表大会在北京召开，宣布正式成立中国水资源战略研究会，通过了《中国水资源战略研究会章程》，选举了中国水资源战略研究会第一届和全球水伙伴中国委员会第三届领导机构和领导。

大会选举的第一届领导机构和领导：

理　　事　　长：蔡其华（女）

常务副理事长：王　浩

副 理 事 长：匡尚富等 8 人

秘　　书　　长：蒋云钟

常　务　理　事：王俊等 33 人

理　　　　事：丁留谦等 99 人

2016 年 11 月 4 日民政部发布《民政部关于中国水资源研究会成立登记的批复》（民函〔2016〕273 号），决定准予中国水资源战略研究会成立登记，成为全国性社会团体法人。

2. 中国水资源战略研究会第二次会员代表大会暨全球水伙伴中国委员会第四次伙伴代表大会

按照《中国水资源战略研究会章程》规定，2020 年 12 月 15 日，中国水资源战略研究会第二次会员代表大会暨全球水伙伴中国委员会第四次伙伴代表大会在北京召开。

会议通过《中国水资源战略研究会章程》修订，选举产生了中国水资源战略研究会第二届暨全球水伙伴中国委员会第四届领导机构。

大会选举的第二届领导机构和领导：

理　　事　　长：蔡其华（女）

常务副理事长：王　浩

副　理　事　长：于兴军等 16 人

秘　　书　　长：蒋云钟

理　　　　　事：马中等 72 人

监　　　　　事：石秋池等 3 人

二、宗旨、业务范围和主要职能

中国水资源战略研究会的宗旨是促进水资源可持续开发利用和保护的战略研究，推动水资源综合管理，坚持以人为本和实现人与自然和谐相处，积极宣传贯彻实施《中华人民共和国水法》，促进国内不同涉水部门、单位、团体和社会各界人士之间的交流与合作，促进社会公众的广泛参与和对话，促进国际交流与合作。

业务范围和主要职能是推动和促进水资源保护、开发和可持续利用战略研究；在国家、流域和省级层面搭设跨部门、跨行业的多方利益相关者交流平台；促进水资源综合管理方面的政策、战略及计划的制定；致力于提高水资源治理水平，通过提供论坛、会议等对话及讨论空间和举办其他公开和中性的活动，以支持与水资源综合管理有关的战略和政策的改进和有效实施；促进与水资源管理有关的部门和组织之间的交流与合作，促进广泛的公众参与和对话；促进与加强国际合作、交流和经验共享，组织中国水资源专家参加与水资源有关的国际组织的活动，发展与各国同行间的友好联系；实现宗旨所需开展的其他有关业务。

三、组织机构设置

（一）分支机构

截至 2021 年 12 月，中国水资源战略研究会暨全球水伙伴中国委员会下设 6 个分支机构：全球水伙伴（中国福建）2002 年成立，全球水伙伴（中国河北）2003 年成立，全球水伙伴（中国陕西）2004年成立，全球水伙伴（中国黄河）2005 年成立，全球水伙伴（中国湖南）2008 年成立，全球水伙伴（中国长江）2018 年成立。

（二）秘书处

秘书处现有工作人员 6 人，其中全职 2 人，兼职 4 人。

（三）技术委员会

王浩兼任技术委员会主任，严登华等 15 人担任委员。

执笔人：张代娣

审核人：蒋云钟　田　雨

中国土工合成材料工程协会

中国土工合成材料工程协会的登记管理机关是中华人民共和国民政部，协会秘书处设在石家庄铁道大学。

协会是全国唯一专业从事土工合成材料的产品开发、生产制造、试验检测、理论研究、技术创新、工程应用、标准编制、技术咨询和业务培训等各项业务的多学科、跨行业、跨部门的非营利性全国性社会团体。主要由产品原料企业、产品制造企业、仪器设备制造企业、试验检测企业、高等院校及科研机构、各行业设计及施工企业、工程技术服务机构等单位和个人会员构成。截至 2021 年年底，协会单位会员 393 家、个人会员 169 人。

协会每 4 年召开一届会员代表大会暨全国土工合成材料学术会议，截至 2021 年共召开了十届全国土工合成材料学术会议、九届全国土工合成材料产品性能及测试技术研讨会、七届全国土工合成材料加筋土技术研讨会、六届全国土工合成材料防渗排水学术研讨会、六届全国环境岩土工程与土工合成材料学术研讨会等学术会议，累计参会代表超万人。

协会始终坚持民主办会、实事求是的科学态度，倡导和发扬"奉献、创新、团结、务实"的传统精神，积极贯彻执行国家方针政策、维护行业整体利益，以政策研究、信息服务、标准编制、市场规范、行业自律、会展服务、国际交流、行业培训等为主要职能，充分发挥提供服务、反映诉求、规范行为、搭建平台等方面的作用，助力土工合成材料在各个领域的应用推广，提高我国土工合成材料行业的科学技术水平，是推动和发展我国土工合成材料事业的主要社会力量。

2001—2021 年，协会历史沿革如下：

2000 年 11 月，在宜昌举行换届大会，并召开第五届全国土工合成材料学术会议。2001—2006 年，协会秘书处地址为：天津市河北省水利水电勘测设计研究院，天津市河北区金钟河大街 238 号。第五届理事会理事长由包承纲担任；副理事长由师新明、程华英、王育人三位同志担任；秘书长由王育人担任。

2004 年 12 月，在西安举行换届大会，并召开第六届全国土工合成材料学术会议。2005 年 5 月，经民政部批准完成法人变更、负责人变更等工作，协会秘书处地址变更为：上海勘测设计研究院，上海市虹口区逸仙路 388 号。第六届理事会理事长由李广信担任；副理事长由师新明、陈云敏、田俊峰三位同志担任；秘书长由白建颖担任。

2008 年 6 月，在上海举行换届大会，并召开第七届全国土工合成材料学术会议。2008 年 6 月，经民政部批准完成法人变更、负责人变更等工作。第七届理事会理事长由李广信担任；副理事长由师新明、田俊峰、陈云敏、石小强四位同志担任；秘书长由白建颖担任。

2012 年 5 月，在天津举行换届大会，并召开第八届全国土工合成材料学术会议。2012 年 10 月，经民政部批准完成法人变更、负责人变更等工作。第八届理事会理事长由束一鸣担任；副理事长由陆忠民、陈云敏、田俊峰、王园、周诗广、杨宝和六位同志担任；秘书长由白建颖担任。

2016 年 9 月，在武汉举行换届大会，并召开第九届全国土工合成材料学术会议。2016 年 12 月，经民政部批准完成法人变更、负责人变更等工作。协会秘书处地址变更为：石家庄铁道大学，河北省石家庄市北二环东路 17 号。第九届理事会理事长由陆忠民担任；副理事长由周诗广、杨宝和、徐超、肖新民、任回兴、詹良通六位同志担任；秘书长由杨广庆担任。

执笔人：杨广庆

审核人：周诗广

中国农业节水和农村供水技术协会

中国农业节水技术协会经水利部批准于 1995 年 10 月正式注册成立。2007 年 11 月经水利部、民政部批准，中国农业节水技术协会更名为中国农业节水和农村供水技术协会，并将农村供水纳入协会职能范围。

协会是民政部注册的国家一级协会，由相关企事业单位、科研机构、大专院校及个人自愿组成的全国性、行业性社会团体，是非营利性社会组织。协会内设办公室、财务部、会员服务部、项目部，下设现代管业专委会、农业节水设备分会、农村供水分会、农艺节水分会、农村水利信息化分会 5 家分支机构和《中国节水》杂志编辑部。协会办公地点为北京市西城区白广路北口水利综合楼 7 层。

一、协会发展历程

中国农业节水技术协会经水利部批准于 1995 年 10 月正式注册成立，为国家一级协会，法人代表为张岳。2001 年水利部在水利社团机构改革的方案中，明确了协会业务指导司局为农水司和水资源司，挂靠中国灌溉排水发展中心。

2007 年 7 月，召开中国农业节水技术协会理事会会议，总结中国农业节水技术协会成立以来的工作，听取协会换届筹备组的汇报，通过了中国农业节水和农村供水技术协会第一届理事会人选名单。会议选举翟浩辉任会长，选举李代鑫任常务副会长，王韩民、陈萌山、赵晖、高而坤、李仰斌、冯广志、祁正卫、茆智、高占义、马祖融任副会长，选举倪文进任秘书长，聘任高俊才、赵鸣骥为高级顾问。

2007 年 8 月，协会申请将中国农业节水技术协会更名为中国农业节水和农村供水技术协会，将农村供水纳入协会职能范围。2007 年 11 月经水利部、民政部批准更名。

2013 年 9 月，协会第二次会员代表大会在水利部召开。大会审议通过新修改的《中国农业节水和农村供水技术协会章程》《会费管理办法》。经过选举，产生了第二届理事会。会议选举茆智院士为名誉会长，翟浩辉连任会长，选举李代鑫、王爱国、陈明忠、何才文、李仰斌、康绍忠、高而坤、祁正卫、高占义、马祖融、张小马、王奕霖、鞠茂森为副会长，鞠茂森兼任秘书长。聘任高俊才、王建国、赵晖、王韩民、王超、冯广志为高级顾问。

2017 年 7 月，根据《中共中央办公厅 国务院办公厅关于印发〈行业协会商会与行政机关脱钩总体方案〉的通知》及《关于做好第二批全国性行业协会商会与行政机关脱钩试点工作的通知》，协会完成脱钩工作，解除与水利部主管的关系以及与灌排中心挂靠关系；同时，现职公务员不再担任协会负责人职务。

932

二、协会历届领导机构

中国农业节水技术协会

理事会负责人名单（2001—2007 年）

会　　长：张　岳

副会长：张丛明　郭庭双　高俊才　任光照　姜开鹏　刘润堂

副会长兼秘书长：李京生

中国农业节水和农村供水技术协会

第一届理事会负责人名单（2008—2012 年）

会　　　长：翟浩辉

常务副会长：李代鑫

高级顾问：高俊才　赵鸣骥

副会长：王韩民　陈萌山　赵　晖　高而坤　李仰斌　冯广志　祁正卫　苪　智　高占义
　　　　马祖融

秘书长：倪文进　鞠茂森

第二届理事会负责人名单（2013—2017 年）

会　　　长：翟浩辉

副会长：李代鑫　王爱国　陈明忠　何才文　李仰斌　康绍忠　高而坤　祁正卫　高占义
　　　　马祖融　张小马　王奕霖　鞠茂森

秘书长：鞠茂森　严家适　吴玉芹

三、协会宗旨

协会始终秉承建会宗旨，围绕我国农业节水和农村供水发展的需要，按照"提供服务、反映诉求、规范行为"的要求，组织开展有利于本行业的各类活动，为会员、政府和社会提供有特色、有针对性的服务，促进我国农业节水和农村供水事业的健康发展。协会遵守宪法、法律、法规和国家政策，践行社会主义核心价值观，弘扬爱国主义精神，遵守社会道德风尚，自觉加强诚信自律建设。

四、协会业务范围

（1）组织开展农业节水和农村供水专题调研，向有关部门提出行业规划、产业政策及有关管理等方面的建议。

（2）组织农业节水和农村供水国内外技术、产品、信息、管理等研讨会、交流会、展览会、推介会，开展有关技术、政策、管理等服务、咨询和培训。

（3）组织研发、引进、示范推广农业节水和农村供水领域的新技术、新产品、新经验。

（4）组织制定、发布农业节水和农村供水产品技术、工程建设与管理团体标准，跟踪了解标准实施情况。

（5）根据相关标准，通过规范和细化科技成果评价指标和程序，组织开展农业节水和农村供水方面的"科技成果评价"工作。

（6）加强行业诚信自律建设，发布有关信息，推动建立规范的市场秩序。

（7）积极反映会员诉求，维护行业和会员的合法权益。

（8）根据授权开展有关行业调查和行业统计，发布行业信息，供有关部门、单位或组织参考。

（9）承接农业节水和农村供水政府购买服务项目，参与有关行业规划编制、政策制定、决策咨询等工作。

（10）接受政府部门、会员单位及有关组织委托的其他业务。

执笔人：邱志刚
审核人：吴玉芹

中国灌区协会

一、中国灌区协会的成立、性质、宗旨和主要职能

中国灌区协会是 1991 年 9 月 7 日，水利部以水人劳〔1991〕110 号文批准成立的；同年 12 月 28 日，通过民政部登记。现办公地址为北京市丰台区西三环南路乙六号银河大厦。

中国灌区协会是由灌区、泵站工程管理单位、相关企事业单位以及灌排行业的专家学者，自愿结成的全国性、行业性社会团体，是非营利性社会组织。

中国灌区协会的宗旨是组织和团结全国灌区、泵站以及相关单位，在党的路线、方针、政策指导下，按照党中央、国务院有关水利规划发展的决策部署，牢固树立民生水利发展理念，积极践行可持续发展治水思路，紧紧围绕水利工作的中心任务，以灌区、泵站现代化建设为核心，以"服务政府、服务社会、服务会员"为工作定位，积极开展好协会的各项工作。

中国灌区协会的主要职能如下：

（1）发现、总结、推广灌区、泵站工程建设与管理的经验，宣传灌区、泵站改革与发展成就，扩大灌区、泵站的影响。

（2）开展调查研究，了解和掌握灌区、泵站工程在建设管理和改革发展中出现的新情况、新问题，研究对策，为政府决策提供依据，当好参谋。

（3）组织开展国内外技术交流和考察活动，推动灌区、泵站工程管理单位、相关科研院校、企业单位之间的技术交流与协作，相互学习、相互协作，共同合作、开发，推动有较高技术进步、社会效益和经济效益的项目，为促进行业技术与经济发展服务。

（4）开展技术培训和继续教育，推广先进技术和经验，在灌区、泵站的建设与管理中积极推广新技术、新设备、新材料，提高灌区、泵站工程建设与管理的技术水平。

（5）向会员提供信息服务和科技咨询，及时准确地传递国内外灌溉和排水方面的政策、科技、经济信息。反映会员的建议、意见和诉求，维护会员的合法权益。

（6）经政府有关部门的批准，根据灌区、泵站发展与改革的需要，开展专题研究、项目评估、成果评价、技术标准制定等工作。经政府委托承办或根据行业发展需要举办推动本行业发展的技术、科技成果展览会等活动。

（7）开展水文化建设活动，依法办好中国灌区网站，依照有关规定编辑出版灌区、泵站、史志、期刊、书籍及其他文集、资料，组织制作音像作品，加强水文化交流，不断提高行业水文化建设水平。

（8）与世界银行、国际灌溉排水委员会、中国国家灌溉排水委员会、相关技术专业委员会等国内外组织合作，搭建好国内外技术经济交流合作和友好往来的平台。

（9）完成政府有关部门或单位委托的其他任务。

二、中国灌区协会的发展变革

2003 年，第三届会员大会以通信方式召开，冯广志当选为会长，会员单位增加为 300 个。

2008 年，第四届会员大会在陕西西安市召开，李代鑫当选为会长，会员单位增加为 308 个。

2012 年，第五届会员大会在北京市召开，李仰斌当选为会长，会员单位增加为 343 个。

2017 年 7 月，根据国务院关于行业协会商会改革的精神，按脱钩联合工作组办公室《关于做好第二批全国性行业协会商会与行政机关脱钩试点工作的要求》（联组办〔2016〕17 号）和《关于中国农业节水和农村供水技术协会等 2 家协会脱钩实施方案的批复》（联组办〔2017〕12 号），正式与水利部脱钩，同时与挂靠单位——中国灌溉排水发展中心在机构、职能、资产财务、人员管理、党建、外事等事项脱钩。

三、中国灌区协会的分支机构

2014 年 9 月 26 日，经第五届理事会表决通过，设立微灌分会，龚时宏任分会会长；2021 年 11 月 5 日，李光永任分会会长。

四、中国灌区协会领导体制和组织机构

中国灌区协会的最高领导机构是会员大会。理事会是会员大会的执行机构，理事会选举产生会长、副会长、常务理事。理事会下设常务理事会负责主持协会工作。常务理事会下设秘书处、微灌分会、灌区信息化分会和灌区量测水分会。秘书处主要负责日常工作，实行秘书长负责制，秘书长由会长提名或公开招聘，经理事会表决通过并报监管部门核准。秘书处设专职秘书长 1 人，专业技术人员 2 人、办事人员和财会人员 2 人。协会现有 4 名党员。中国灌区协会组织架构如图 1 所示。

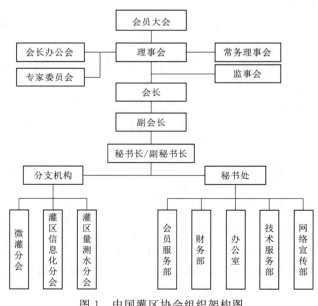

图 1 中国灌区协会组织架构图

五、中国灌区协会历届负责人的任职情况

按民政部的有关要求，协会负责人由所在单位人事部门推荐，通过主管部门审查同意后，经会员

大会选举产生，每届任期五年。

第二届负责人名单（1997年12月—2003年11月）

名 誉 会 长：张春园

会　　　长：冯广志

副 会 长：胡尔新　杨永成　张根福　韩木斋　林善钿

秘 书 长：年立新

副 秘 书 长：季仁保

2002年1月，聘任季仁保担任副秘书长，管理协会日常工作。

第三届负责人名单（2003年11月—2008年11月）

名 誉 会 长：翟浩辉

会　　　长：冯广志

常务副会长：顾宇平

副 会 长：李焕雅　卫　平　王永乐　史存生　赵金河　彭述明　马祖融　王学秀　贺大斌

秘 书 长：季仁保

第四届负责人名单（2008年11月—2012年12月）

名 誉 会 长：翟浩辉

会　　　长：李代鑫

常务副会长：顾宇平

副 会 长：卫　平　周银平　史存生　张笑天　刘道国　武银星　王学秀　袁建明

秘 书 长：季仁保

第五届负责人名单（2012年12月—2017年7月）

名 誉 会 长：李代鑫

会　　　长：李仰斌

副 会 长：姜开鹏　李　琪　严家适　王玉冰　赵以国　史存生　张笑天　刘道国　武银星
宗克昌　王　洁　袁建明　胡理相　袁国荣　单清明　李世军　肖宏武　卢逢春
徐光儒　刘广胜

秘 书 长：季仁保

执笔人：钱镠丹　张　进　赵　颖

审核人：徐学华

中国水利水电勘测设计协会

中国水利水电勘测设计协会（简称"中水勘协"），是由全国水利水电勘测、设计、咨询单位、有关地区勘测设计协会和热心水利事业的个人自愿结成的非营利性、全国性的行业自律组织，同时也是全国水利水电勘测设计咨询行业唯一全国性社会团体。

中水勘协现有会员单位650家，覆盖了勘测设计行业部分综合甲级和水利水电勘测设计行业全部甲级和骨干乙级勘测设计单位。现任理事261人，常务理事87人，理事长1人，副理事长15人，秘书长1人（由副理事长兼任），副秘书长6人。中水勘协下设技术标准研究委员会、计算机应用工作委员会、设计单位改革研究委员会、信用评价工作委员会、道德委员会、质量工作委员会6个分支机构。秘书处内设科技信息服务部、咨询培训部、资质管理部、综合部和财务部5个办事机构。

一、历史沿革

2002年4月，在广西召开第七届三次理事会，按照水利部《水利社团机构改革意见》整顿和理顺了中水勘协的管理体制和运行机制，进一步明确了中水勘协的宗旨和业务范围。2003年11月召开第七届七次常务理事会，为便于各片区开展活动，秘书处对各片组成单位进行调整，由五片区划分为七片区，即东北片、华北片、华东片、华中片、华南片、西南片和西北片。

2004年6月，在北京召开第八次会员代表大会，本次会议选举产生了第八届理事会的工作机构和负责人。2005年12月在北京召开中国水利水电勘测设计协会成立20周年庆祝大会。2006年12月，在哈尔滨召开八届三次理事会暨八届五次常务理事会。

2008年，在北京召开第九次会员代表大会，会议成功选举新一届协会执行机构、工作机构、办事机构和机构负责人。2009年11月，在广州召开九届二次理事会，会议审议通过了聘任新一届名誉理事长的建议。

2012年11月，在北京召开第十次会员代表大会。2014年10月在协会的倡议和推动下，23个省（直辖市）相继成立了本地区水利水电勘测设计协会。2016年8月以通信方式召开十届五次理事会，审议通过了《关于延期召开第十一次会员代表大会和第十届理事会延期换届的建议》。截至第十次会员代表大会，中水勘协的单位会员发展到435家。

2017年7月31日，在北京召开第十一次会员代表大会。会议听取了《第十届理事会工作报告》等议题，并进行了换届选举。2018年12月，以通信方式召开十一届二次理事会议，对《中国水利水电勘测设计行业自律公约》（征求意见稿）进行了审议。

二、组织形式和主要职能

（一）分支机构

2008 年 4 月，八届八次常务理事会议审议通过了成立技术标准研究委员会、计算机应用工作委员会、设计单位改革研究委员会、信用评价工作委员会四个分支机构的建议；2009 年 3 月，在成都召开第九届一次常务理事会，审议通过了《中国水利水电勘测设计协会分支机构管理办法》；2016 年 11 月，第十届七次理事会审议通过了道德委员会组成方案的建议；2016 年 8 月，第十届八次常务理事会审议通过了《关于成立中国水利水电 BIM 设计联盟和设立 BIM 设计联盟基金的建议》；2019 年 1 月，第十一届四次常务理事会会议表决了质量工作委员会组成方案的建议。

（二）管理制度建设

2011 年 12 月，经民政部批准，中水勘协内正式设立科技信息服务部、咨询培训部、资质管理部、综合部和财务部五个办事机构，并选聘了各部门负责人。

2004 年 6 月第八次会员代表大会，2014 年 11 月第十次会员代表大会二次会议，2017 年 7 月第十一次会员代表大会，先后三次审议修订了《中国水利水电勘测设计协会章程》。

2004 年 6 月第八次会员代表大会至 2018 年 9 月第十一届六次理事会，先后五次会议表决通过了会费标准及规范会费档次的建议。2020 年 3 月经秘书长办公会审议通过，修订了《中国水利水电勘测设计协会财务管理办法》。

2004 年 6 月，中水勘协与水利部水利水电规划设计总院对原工作网站进行全面改版，共同建设"中国水利水电勘测设计网"。2009 年 3 月，第九届一次常务理事会审议通过了《中国水利水电勘测设计协会行政管理办法（试行）》《中国水利水电勘测设计协会劳动人事管理办法（试行）》。2016 年 3 月，第十届六次常务理事会审议通过了《中国水利水电勘测设计协会财务管理办法》。2016 年 11 月，第十届七次理事会审议通过了《中国水利水电勘测设计协会新闻发布管理办法》，为建立健全中水勘协新闻发布制度，完善新闻发言人工作机制，确定了中水勘协新闻发言人。2019 年 12 月，第十一届五次理事会审议通过了《中国水利水电勘测设计协会"三重一大"事项管理办法》。

（三）承担主管部门及有关单位委托的各项任务

2005 年 9 月，注册土木工程师（水利水电工程）执业资格制度正式实施，中水勘协秘书处承担全国勘察设计注册工程师水利水电专业管理委员会日常工作。

2009 年 3 月，第九届一次常务理事会，会议决定开展 2009 年度全国水利水电勘测设计行业信用评价工作。2014 年，水利部、国家发展和改革委员会联合印发了《关于加快水利建设市场信用体系建设的实施意见》（水建管〔2014〕323 号）就加快推进水利建设市场信用体系建设、推广应用信用评价结果等工作进行了具体部署，受水利部委托，中水勘协负责水利建设市场主体勘察、设计、咨询单位信用评价工作，完成了《水利建设市场主体信用等级评价标准》勘察、设计、咨询部分的编制，开发完成了信用评价申报管理系统和协会信用信息公示平台。2019 年，在水利部的领导下，会同中国水利工程协会、中国水利企业协会共同编制了《水利建设市场主体信用信息管理办法》《水利建设市场主体信用评价管理办法》，经水利部备案，中水勘协承担水利建设市场主体信用评价工作。

2014 年 4 月，水利部党组决定将"建设项目水资源论证机构资质认定""水文水资源调查评价机构资质认定""移民安置规划编制人员资格认定"取消行政审批，交由中水勘协进行水平评价工作的具体认定，实行行业自律管理。

2016年10月印发了《中国水利水电勘测设计协会标准化工作管理办法》（中水协秘〔2016〕54号），并于2018年列入国家标准委第二批团标试点名单，于2020年5月顺利通过第二批团体标准工作试点验收，截至2020年8月底，共发布了11项具有较大行业影响力的团体标准，有力推动了行业市场的发展。

2016年10月，由中国水利水电勘测设计协会的34家会员单位共同发起成立了水利水电BIM联盟。

三、管理体制和历届领导

2002年4月，按照水利部《水利社团机构改革意见》整顿和理顺了协会的管理体制和运行机制，进一步明确了中水勘协的宗旨和业务范围。中水勘协在行业管理、市场准入、调查研究、培养交流等方面积极为会员单位提供服务，进一步完善中水勘协的组织结构体系。根据中共中央办公厅、国务院办公厅《行业协会商会与行政机关脱钩总体方案》有关精神，2017年9月，水利部印发与中水勘协机构分离的通知，明确脱钩实施方案经联合工作组批复后，取消与中水勘协的主管关系，同时取消水利部水利水电规划设计总院与中水勘协的挂靠关系，于2018年2月完成脱钩工作。

中国水利水电勘测设计协会各届领导任免表见表1。

表1   中国水利水电勘测设计协会各届领导任免表

届次	姓 名	工作单位和职务	协会任职	任免时间
第八届	陈 雷	水利部副部长	名誉理事长	2004年3月—2008年11月
	潘家铮	中国水电专家、两院院士	名誉理事长	
	高安泽	全国政协委员、水利部南水北调规划设计管理局总工程师	名誉理事长	
	张国良	南水北调工程建设委员会专家委员会秘书长	名誉理事长	
	沈凤生	水利水电规划设计总院副院长	理事长	
	刘志明	水利水电规划设计总院副院长兼总工程师	理事长	
	彭 程	中国水电工程顾问集团公司总工程师	副理事长	
	金正浩	中水东北勘测设计研究有限责任公司总经理	副理事长	
	顾 辉	河北省水利水电勘测设计研究院院长	副理事长	
	李小榕	福建省水利水电勘测设计研究院院长	副理事长	
	李文学	黄河勘测规划设计有限公司董事长	副理事长	
	钮新强	长江勘测规划设计研究院院长	副理事长	
	游赞培	中水珠江规划勘测设计有限公司总经理	副理事长	
	蔡绍宽	国电公司昆明勘测设计研究院院长	副理事长	
	郑声安	国电公司成都勘测设计研究院院长	副理事长	
	郑合顺	国电公司西北勘测设计研究院院长	副理事长	
	董在志	原水利水电规划设计总院副总工兼科技处处长	副理事长	
	李孝振	水利水电规划设计总院办公室主任	副理事长兼秘书长	
第九届	陈 雷	水利部副部长	名誉理事长	2008年11月—2012年11月
	潘家铮	中国水电专家、两院院士	名誉理事长	
	高安泽	全国政协委员、水利部南水北调规划设计管理局总工程师	名誉理事长	
	张国良	南水北调工程建设委员会专家委员会秘书长	名誉理事长	

续表

届次	姓 名	工作单位和职务	协会任职	任免时间
第九届	汪 洪	水利部总工程师	名誉理事长	2008 年 11 月—2012 年 11 月
	刘志明	水利水电规划设计总院副院长兼总工程师	理事长	
	彭 程	中国水电工程顾问集团公司总工程师	副理事长	
	金正浩	中水东北勘测设计研究有限责任公司总经理	副理事长	
	顾 辉	河北省水利水电勘测设计研究院院长	副理事长	
	李小榕	福建省水利水电勘测设计研究院院长	副理事长	
	李文学	黄河勘测规划设计有限公司董事长	副理事长	
	钮新强	长江勘测规划设计研究院院长	副理事长	
	游赞培	中水珠江规划勘测设计有限公司总经理	副理事长	
	蔡绍宽	国电公司昆明勘测设计研究院院长	副理事长	
	郑声安	国电公司成都勘测设计研究院院长	副理事长	
	郑合顺	国电公司西北勘测设计研究院院长	副理事长	
	李孝振	水利水电规划设计总院办公室主任	副理事长兼秘书长	
第十届	矫 勇	水利部党组副书记、副部长	名誉理事长	2012 年 11 月—2017 年 7 月
	汪 洪	水利部总工程师	名誉理事长	
	晏志勇	中国电力建设集团有限公司党委书记、水电水利规划设计总院院长	名誉理事长	
	刘志明	水利水电规划设计总院副院长兼总工程师	理事长	
	彭 程	水电水利规划设计总院副院长	副理事长	
	周建平	中国水电工程顾问集团公司副总经理	副理事长	
	宗敦峰	中国水利水电建设股份有限公司副总经理	副理事长	
	李文学	黄河勘测规划设计有限公司董事长	副理事长	
	张和平	中水北方勘测设计研究有限公司总经理	副理事长	
	金正浩	中水东北勘测设计研究有限公司总经理	副理事长	
	马海晨	中国水电顾问集团西北勘测设计研究院院长	副理事长	
	冯峻林	中国水电顾问集团昆明勘测设计研究院院长	副理事长	
	章建跃	中国水电顾问集团成都勘测设计研究院院长	副理事长	
	石小强	上海勘测设计研究院院长	副理事长	
	游赞培	中水珠江规划勘测设计有限公司董事长	副理事长	
	钮新强	长江勘测规划设计研究院院长	副理事长	
	李孝振	水利水电规划设计总院办公室主任	副理事长兼秘书长	
第十一届	汪 洪	水利部原总工程师	理事长	2017 年 7—9 月
	刘志明	水利水电规划设计总院副院长	常务副理事长	
	李 昇	水利水电规划设计总院副院长	副理事长	

续表

届次	姓　名	工作单位和职务	协会任职	任免时间
第十一届	周建平	中国电力建设股份有限公司总工程师	副理事长	2017年7—9月
	宗敦峰	中国电力建设股份有限公司总工程师	副理事长	
	李孝振	中水北方勘测设计研究有限责任公司董事长	副理事长	
	金正浩	中水东北勘测设计研究有限责任公司董事长	副理事长	
	石小强	上海勘测设计研究院有限公司董事长	副理事长	
	安新代	黄河勘测规划设计有限公司总经理	副理事长	
	赵成生	长江勘测规划设计有限公司副院长	副理事长	
	凌耀忠	中水珠江规划勘测设计有限公司董事长	副理事长	
	冯峻林	中国电建集团昆明勘测设计研究院有限公司执行董事、总经理	副理事长	
	黄　河	中国电建集团成都勘测设计研究院有限公司执行董事、总经理	副理事长	
	廖元庆	中国电建集团成都勘测设计研究院有限公司执行董事、总经理	副理事长	
	尹迅飞	中国水利水电勘测设计协会	副理事长兼秘书长	

执笔人：张　瑄
审核人：陈　雷

中国水利企业协会

中国水利企业协会是经中华人民共和国民政部批准成立的全国性社会团体，2018年2月脱钩之前业务主管单位为中华人民共和国水利部。

中国水利企业协会的业务范围为行业管理、信息交流、业务培训、展览展示、咨询服务、国际合作。

中国水利企业协会的职能为宣传贯彻中央水利方针政策，开展水利行业和水利企事业单位改革发展重大问题研究，为制定相关行业政策、规范、标准和行业指南等提供建议、服务和支撑；通过法律法规授权或受政府委托，开展行业准入、统计调查、安全生产和质量管理等方面的基础性工作；组织制定并颁布团体标准，推进行业诚信体系建设，建立健全行业自律机制，督促水利企事业单位履行社会责任，反映企业诉求，维护会员的合法权益，维护行业内的公平竞争；推动水利企事业单位改革、创新和加强管理，提高水利企事业单位整体素质和经营管理水平；总结、鉴定、评价和推广企业科技创新和管理创新成果；按照规定承担水利企业资质、从业人员（执业、职业）资格管理和有关专业技术人员培训工作；根据行业发展需要或会员单位的要求，搭建国内外交流与合作平台，组织举办专题研讨、展览和展示等推介活动；承担政府主管部门委托的其他业务。

中国水利企业协会现有分会6家，会员单位1725家。中国水利企业协会办公地点在北京市西城区南线阁10号基业大厦7层。

一、第三届理事会

第三届理事会自2001年9月—2005年9月。2001年9月选举产生了第三届理事会，朱登铨担任第三届理事会会长。第三届理事会产生后，在机构设置、会员发展和业务开拓等方面进行了调整。中国水利企业协会成立之初挂靠在水利部综合开发管理中心，水利事业单位体制改革后挂靠水利部综合事业局，业务主管司局为水利部经济调节司。中国水利企业协会独立设置办事机构，独立开展各项活动。

（一）领导班子

中国水利企业协会第三届理事会领导见表1。

表1 中国水利企业协会第三届理事会领导

姓　名	职　务	任 职 时 间
翟浩辉	名誉会长	2001年9月
陈　雷	名誉会长	2001年9月
万　里	名誉会长	2001年9月

姓　名	职　务	任 职 时 间
朱登铨	会　长	2001 年 9 月
周瑞光	常务副会长	2001 年 9 月
郑通汉	副会长	2001 年 9 月
孟志敏	副会长	2001 年 9 月
杨春锦	副会长	2001 年 9 月
叶旭全	副会长	2001 年 9 月
贺　平	副会长	2001 年 9 月
是国华	秘书长	2001 年 9 月

（二）分支机构

中国水利企业协会分支机构有：地方电力分会、机械分会、灌排企业分会、受部委托代管中国灌区协会、中国水利水电勘测设计协会。

（三）内设机构

中国水利企业协会内设机构有办公室、研究部、培训咨询部、国际合作部。

二、第四届理事会

第四届理事会自 2005 年 10 月—2012 年 5 月。2005 年 10 月选举产生了第四届理事会，朱登铨担任第四届理事会会长。

（一）领导班子

中国水利企业协会第四届理事会领导见表 2。

表 2　　　　　　　　　　中国水利企业协会第四届理事会领导

姓　名	职　务	任 职 时 间
朱登铨	会　长	2005 年 10 月
周瑞光	常务副会长	2005 年 10 月
王文珂	副会长	2005 年 10 月
王宗敏	副会长	2005 年 10 月
王猛照	副会长	2005 年 10 月
王增发	副会长	2005 年 10 月
刘道国	副会长	2005 年 10 月
沈凤生	副会长	2005 年 10 月
陈　建	副会长	2005 年 10 月
何少润	副会长	2005 年 10 月
杨晓东	副会长	2005 年 10 月

续表

姓　名	职　务	任职时间
杨春锦	副会长	2005 年 10 月
贺　平	副会长	2005 年 10 月
赵风华	副会长	2005 年 10 月
黄迪领	副会长	2005 年 10 月
彭道富	副会长	2005 年 10 月
是国华	秘书长	2005 年 10 月
冯玉禄	秘书长	2009 年 5 月

（二）分支机构

中国水利企业协会分支机构有：机械分会、灌排企业分会、劳动安全卫生专业委员会、受水利部委托代管中国灌区协会、中国水利水电勘测设计协会。

（三）内设机构

中国水利企业协会内设机构有办公室、研究部、培训咨询部、国际合作部。

三、第五届理事会

第五届理事会自 2012 年 6 月—2017 年 5 月。2012 年 6 月选举产生了第五届理事会，顾洪波担任第五届理事会会长（2012 年 7 月，民政部批复法定代表人由朱登铨变更为顾洪波）。

（一）领导班子

中国水利企业协会第五届理事会领导见表 3。

表 3　　　　　　　　　　中国水利企业协会第五届理事会领导

姓　名	职　务	任职时间
李国英	名誉会长	2012 年 6 月
朱登铨	名誉会长	2012 年 6 月
顾洪波	会　长	2012 年 6 月
张红兵	常务副会长	2012 年 10 月
陈庚寅	副会长	2012 年 6 月
乔世珊	副会长	2012 年 6 月
是国华	副会长	2012 年 6 月
赫崇成	副会长	2012 年 6 月
徐　乘	副会长	2012 年 6 月
熊　铁	副会长	2012 年 6 月
穆范椭	副会长	2012 年 6 月
殷保合	副会长	2012 年 6 月

姓　名	职　务	任 职 时 间
韩树君	副会长	2012 年 6 月
王宗敏	副会长	2012 年 6 月
朱宪生	副会长	2012 年 6 月
任　福	副会长	2012 年 6 月
冯玉禄	秘书长	2012 年 6 月

（二）分支机构

中国水利企业协会分支机构有：机械分会、脱盐分会、灌排设备企业分会、合同节水管理专业委员会、劳动安全卫生专业委员会。

（三）内设机构

中国水利企业协会内设机构有综合部、会员工作部、业务咨询部、标准化办公室。

四、第六届理事会

第六届理事会自 2017 年 6 月始。2017 年 6 月选举产生了第六届理事会，张志彤担任第六届理事会会长。中国水利企业协会于 2018 年 2 月完成与业务主管单位水利部的脱钩。脱钩后，中国水利企业协会的登记管理机关是民政部，党建工作机构是中央和国家机关工作委员会，行业管理部门是水利部。

（一）领导班子

中国水利企业协会第六届理事会领导见表 4。

表 4　　　　　　　　　　　　中国水利企业协会第六届理事会领导

姓　名	职　务	任 职 时 间
张志彤	会　长	2017 年 6 月
张金宏	副会长	2019 年 3 月
骆　涛	副会长	2020 年 10 月
叶建桥	副会长	2017 年 6 月
陈怡勇	副会长	2017 年 6 月
何晓东	副会长	2017 年 6 月
张晓林	副会长	2017 年 6 月
谢彦辉	副会长	2017 年 6 月
乌力吉	副会长	2017 年 6 月
冯玉禄	副会长兼秘书长	2017 年 6 月

（二）分支机构

中国水利企业协会分支机构有：机械分会、脱盐分会、节水分会、水环境治理分会、智慧水利分会、防灾与抢险装备技术分会。

（三）内设机构

中国水利企业协会内设机构有综合部、会员工作部、业务咨询部、技术标准部和信用评价部。

执笔人：李　琳
审核人：王　丽

中国水利工程协会

中国水利工程协会是由全国水利工程建设管理、施工、监理、运行管理、维修养护等企事业单位及热心水利事业的其他相关组织和个人，自愿结成的非营利性、全国性的行业自律组织。中国水利工程协会经民政部注册，由水利部主管。中国水利工程协会的宗旨是团结广大会员遵守宪法、法律、法规，遵守社会道德风尚；贯彻执行国家有关方针政策；促进社会主义物质文明、精神文明和和谐社会建设；服务于政府、服务于社会、服务于会员；维护会员的合法权益；起到联系政府与会员之间的桥梁与纽带作用，发展繁荣水利事业。经过多年发展协会目前有单位会员1.6万余家，个人会员68万余名。

一、历史沿革

2005年8月18日，中国水利工程协会成立大会暨第一次全国会员代表大会在北京召开。大会选举产生了中国水利工程协会第一届理事会、常务理事会。

按照《关于全面推开行业协会商会与行政机关脱钩改革的实施意见》总体部署，中国水利工程协会于2020年10月完成了全面脱钩。

二、主要职能

2005年水利部印发《水利部关于将一批改变管理方式的行政审批项目移交到有关行业自律组织（或中介机构）的通知》，将水利部负责的水利工程建设总监理工程师资格审批、水利工程建设监理工程师资格审批、水利工程建设监理员资格审批、水利工程造价工程师资格审批、水利工程质量检测员资格认定、水利行业造价咨询单位资格（甲级）审核等6项职能，移交到中国水利工程协会进行管理。

三、历届领导

第一届（2005年）
名誉会长：敬正书　矫　勇　潘家铮　周保志
会　　长：俞衍升（2005—2008年）
　　　　　　周保志（2009—2010年）
副 会 长：乔世珊　张严明
秘 书 长：安中仁

第二届（2011 年）

名誉会长：矫　勇

会　　长：周保志

副 会 长：孙继昌　张严明　李兰奇　韦志立　安中仁　陈光临　石小强　孙洪水　张宗言
　　　　　宋光明

秘 书 长：安中仁（兼）

第三届（2016 年）

会　　长：孙继昌

副 会 长：周金辉　赵存厚　安中仁　张利新　宗敦峰　孙公新　石小强　蒋文龙

秘 书 长：周金辉（兼）
　　　　　安中仁（兼）（2016—2019 年）

四、组织机构

中国水利工程协会秘书处内设部门有：综合部、会员管理部、资格资质管理部、教育培训部、信用管理部、质量安全部、科技发展部。

执笔人：于侍明

审核人：赵存厚

中国水利体育协会

中国水利体育协会是全国水利行业群众性体育团体，是中华全国体育总会的团体会员（简称"中国水利体协"）。协会业务主管单位是水利部，并接受国家体育总局、中华全国体育总会和民政部业务指导和监督管理。协会的最高权力机构是会员代表大会（理事会）。协会按照民主协商的原则，由会员单位推荐理事组成中国水利体协理事会。理事会闭幕期间，由常务理事会行使职权。截至2021年，中国水利体协已成立65周年，团体会员110个。

一、历史沿革

2002年，根据水利部机构改革的意见，中国水利体育协会与中华江河体育游乐促进会合并，定名为中国水利江河体育协会（简称"中国水利江河体协"）。

2009年，民函〔2009〕266号文同意将中国水利江河体育协会更名为中国水利体育协会。

2021年1月，水利部关于同意中国水利体育协会办理注销登记的批复（水人事〔2021〕2号），并经民政部（民社登〔2021〕6号）核准，中国水利体育协会于2021年3月18日完成在民政部的注销登记手续。按照水利部社团改革精神，中国水利体协注销后人、财、物整体并入到水利政研会，水利政研会《章程》已增加组织开展全国水利系统职工全民健身体育活动等工作任务。

二、中国水利体育协会第五届至第九届理事会领导成员名单

第五届（中国水利体协）全国理事会（1995年3月—2002年8月）

名 誉 理 事 长：钮茂生

理　　事　　长：朱登铨

顾　　　　　问：张季农　刘　吉　李昌凡　王守强

常务副理事长：傅希文

副 理 事 长：董　力　于宗泰　何文垣　康业男

秘　书　长：傅希文（兼）

副 秘 书 长：刘振祥　徐佩忠　戴　伟（专职）　王梦秋（专职）

第六届（中国水利江河体协）全国理事会（2002年8月—2006年4月）

理　　事　　长：李昌凡

常务副理事长：郑　贤

副 理 事 长：张德尧　席有余　唐志翔

秘　书　长：戴　伟（专职）

副 秘 书 长：王梦秋

第七届（中国水利江河体协）全国理事会（2006 年 4 月—2011 年 3 月）

理 事 长：敬正书

常务副理事长：袁存礼

副 理 事 长：成京生　张晓辉　幸群英

秘 书 长：王梦秋

第八届（中国水利体协）全国理事会（2011 年 3 月—2016 年 9 月）

理 事 长：张印忠

副 理 事 长：袁存礼　成京生　袁建军　郭国顺　陈功奎　韩建国　张晓辉　卢良梅

秘 书 长：蔡志强（专职）

第九届（中国水利体协）全国理事会（2016 年 9 月—2021 年 3 月）

理 事 长：陈祥建（2016 年 9 月—2019 年 7 月）

武国堂（2019 年 8 月—2021 年 3 月）

副 理 事 长：周振红　杨振存

秘 书 长：蔡志强（专职）

执笔人：蔡志强
审核人：张仁杰